PATHOLOGISCHE PHYSIOLOGIE DES CHIRURGEN

(EXPERIMENTELLE CHIRURGIE)

EIN LEHRBUCH FÜR STUDIERENDE UND ÄRZTE

VON

PROF. DR. FRANZ ROST
LEITENDER ARZT DER CHIRURGISCHEN ABTEILUNG
DES STÄDTISCHEN KRANKENHAUSES MANNHEIM

DRITTE, VERMEHRTE UND UMGEARBEITETE AUFLAGE

LEIPZIG
VERLAG VON F. C. W. VOGEL
1925

ISBN-13: 978-3-642-98286-6 e-ISBN-13: 978-3-642-99097-7
DOI: 10.1007/978-3-642-99097-7

Softcover reprint of the hardcover 3rd edition 1925

VORWORT

Das vorliegende Lehrbuch ist aus dem Unterricht heraus entstanden. Wenn man in Kursen mit beschränkter Zuhörerzahl in nahe Beziehung zu den Studierenden tritt, merkt man sehr bald, wie groß das Bedürfnis bei ihnen ist, auch chirurgische Fragen von einem etwas allgemeineren pathologisch-physiologischen Standpunkt aus behandelt zu bekommen, so, wie das im Unterricht der inneren Medizin eigentlich von jeher mehr oder weniger geschieht. Es genügt dem Studenten nicht, zu erfahren, daß ein Mensch dieses oder jenes Organ entbehren kann, daß er z. B. eine totale Magenresektion gut verträgt; er will vielmehr wissen, in welcher Weise die Natur es fertig bringt, die oft gewaltigen Defekte, die durch eine Operation gesetzt worden sind, wieder auszugleichen. In den gebräuchlichen Lehrbüchern findet er hierüber nicht viel und zu Spezialstudien hat er keine Zeit.

Es ist aber nicht allein das außerordentlich Anregende, was die Besprechung solcher pathologisch-physiologischer Fragen im klinischen Unterricht wünschenswert macht. Der chirurgische Unterricht ist mehr als jeder andere ein »Anschauungsunterricht«. In wenigen Semestern bekommt der Student eine unendliche Fülle von Einzeleindrücken, die er in der Hauptsache rein gedächtnismäßig aufnimmt. Zweifellos ist dieser Weg, Chirurgie zu lehren, der wichtigste und muß der wichtigste bleiben. Erfahrung, Erinnerungsbilder spielen bei der Lehre der äußeren Erkrankungen stets eine Hauptrolle. Bei der gewaltigen Ausdehnung des Gebietes kann aber in den drei Semestern, die gewöhnlich dem Studium der Chirurgie gewidmet werden, in dieser Weise nur ein ganz oberflächlicher Firnis chirurgischer Kenntnisse erworben werden. Was dann oft fehlt, ist das Verständnis für die Eigenart des chirurgischen Denkens.

In der Chirurgie sieht man, wie sonst in keinem Zweige der klinischen Medizin, die krankhaften Veränderungen täglich bei den Operationen sinnfällig vor sich. Der Chirurg greift in das Getriebe des Körpers ein und verändert es durch seine operativen Eingriffe; er sieht die Endzustände zu spät operierter Fälle und bekommt so seinen eigenen Begriff von Krankheitsursache und Wirkung. Das bedingt das Besondere im chirurgischen Denken, das sich stützt auf die Beobachtung der Lebensvorgänge im krankhaft veränderten Organismus unter Zuhilfenahme der der Chirurgie eigenen Methoden. Sich in diesen Gedankengang des Chirurgen einzufühlen, soll nun der Student in der Zeit seiner Ausbildung erlernen; mit anderen Worten, der Student soll nicht zum Chirurgen ausgebildet werden, aber er soll den Chirurgen verstehen lernen. Denn nur dadurch wird er später als praktischer Arzt in die Lage gesetzt, im gegebenen Falle richtig zu beurteilen, welche Krankheiten einer chirurgischen Behandlung zugängig sind, wann der Eingriff am zweckmäßigsten stattfindet und was wohl am besten zu geschehen hat, auch wenn er einem Fall gegenübersteht, den er sich nicht erinnert, in seiner Studentenzeit gesehen zu haben. In dieser Weise das Verständnis für die chirurgische Auffassung der Erkrankungen des menschlichen Körpers dem Studierenden und dem Arzt zu vermitteln, ist der Zweck des vorliegenden Buches.

Es ist aber nicht der Student allein, dem es schwer fällt, sich über irgendeine pathologisch-physiologische Frage in der Chirurgie Auskunft zu holen, dasselbe gilt für den jungen Assistenten, ja auch für den selbständigen Chirurgen, wenn er nicht gerade an einer Zentrale sitzt, wo ihm eine reiche Bibliothek zur Verfügung steht. Denn die Literatur, die das Material enthält, ist außerordentlich zerstreut in den Zeitschriften der verschiedensten Spezialdisziplinen der Medizin. Ein köstlicher Schatz pathologisch-physiologischer Arbeiten liegt vor allem in der chirurgischen Literatur selbst; denn es ist auf diesem Gebiet und nach dieser Richtung sehr viel von chirurgischer Seite besonders experimentell gearbeitet worden.

Die Beschäftigung mit solchen pathologisch-physiologischen Fragen gewinnt für den Chirurgen in immer steigendem Maße an Bedeutung. Das chirurgisch-technische ist ein im wesentlichen abgeschlossenes und so sorgfältig durchgearbeitetes Kapitel, daß es nicht allzu schwer zu erlernen ist, wenn man eine einigermaßen geschickte Hand und ein künstlerisch empfindendes Auge hat. Das Technische allein macht aber nicht den guten Chirurgen. Es muß die Fähigkeit hinzukommen, die Kräfte des Patienten mit der Größe der jeweiligen Operation in Einklang zu bringen, auch bei unerwarteten Zufällen aus dem Befund und dem Zustand des Patienten heraus rasch den geeigneten Eingriff zu bestimmen und manches mehr, was ein nicht geringes Maß physiologischer Kenntnisse und Verstehen zur Voraussetzung hat. Nur durch Erweiterung dieser physiologischen Betrachtungsweise werden sich Fortschritte in der Chirurgie erzielen lassen.

Ich habe in dem Buche rein technische Dinge, also z. B. Tierversuche über die brauchbarsten Operationsmethoden, nur dann besprochen, wenn dabei gleichzeitig pathologisch-physiologische Fragen erörtert worden sind. Ich habe ferner Abschnitte, die in den gebräuchlichen Lehrbüchern der allgemeinen Chirurgie ausführlich behandelt werden, fortgelassen oder nur angedeutet, so die Transplantation, die Regeneration, die Rachitis u. v. a. m. Hier die Grenze zu ziehen, war nicht immer leicht.

Ich habe an dem Buche sieben Jahre gearbeitet und habe gleichwohl bei seiner Herausgabe immer noch das peinliche Empfinden, daß ich vielleicht doch ein oder die andere wichtige Arbeit übersehen habe. Für entsprechende Hinweise werde ich stets dankbar sein.

Bei der Herausgabe des Buches gedenke ich in Dankbarkeit aller der Herren, an deren Instituten und Kliniken ich mir als Assistent die Ausbildung verschafft habe, die es mir erst ermöglicht hat, dieses Buch zu schreiben. Es sind das die Herren Geh. Rat Prof. Dr. Knauff† und Prof. Dr. R. O. Neumann (Hygienisch-bakteriologisches Institut Heidelberg); Prof. Dr. Weintraud (Innere Abteilung des Städt. Krankenhauses Wiesbaden); Geh. Rat Prof. Dr. Fürbringer† (Anatomisches Institut Heidelberg); Geh. Rat Prof. Dr. Schmorl (Pathologisch-anatomisches Institut Dresden-Friedrichstadt); Geh. Rat Prof. Dr. Wilms† und Geh. Rat Prof. Dr. Enderlen (Chirurgische Universitätsklinik Heidelberg).

Ich danke ferner dem Herrn Verleger für sein großes Entgegenkommen bei der Herausgabe des Buches.

Heidelberg, im Mai 1920 **Franz Rost**

VORWORT ZUR DRITTEN AUFLAGE

Seit dem Erscheinen der letzten Auflage sind $3\frac{1}{2}$ Jahre vergangen. Es wird auf allen Gebieten der Medizin wieder besser und mehr gearbeitet als die Jahre vorher, so daß in der vorliegenden Auflage rund 1000 Neuerscheinungen angeführt und verarbeitet werden mußten. Ich danke allen denjenigen Herren, die mir durch Zusendung von Sonderabdrücken diese Arbeit erleichtert haben. Das ausländische, besonders englisch-amerikanische Schrifttum der Kriegsjahre hatte mir bei der Herausgabe der ersten Auflage z. T. gefehlt. In der englischen Ausgabe dieses Buches hatte der Übersetzer, Herr Dr. Reimann, diese fehlenden Arbeiten hinzugefügt. Ich habe diese Schrifttumnachweise in der vorliegenden Auflage übernommen und sie kenntlich gemacht.

Durch gründliche Umarbeitung aller Abschnitte und durch Einfügen von Kleindruck ist es mir gelungen den Umfang des Buches nicht zu vergrößern.

Mannheim, März 1925 **Franz Rost**

INHALTSVERZEICHNIS

Verdauungsorgane.

Mundhöhle, Speicheldrüsen, Zunge, Speiseröhre.

Die Verdauung der Nahrung beginnt in der **Mundhöhle.** Mit Hilfe der Zähne, Zunge und Wange wird der eingeführte Bissen zerkleinert und geformt und mit dem ersten Verdauungssekret, dem Speichel, gehörig vermischt. Dieser **Speichel**[1] ist in der Hauptsache ein Produkt der Glandula parotis, der Submaxillaris und der Sublingualis, jener Drüsen, welche von jeher die klassischen Objekte bei dem Studium über Drüsensekretion abgegeben haben. Es ist hier vor allem an die Untersuchungen von LUDWIG[2] und HEIDENHAIN[3] zu erinnern, welche die Grundlagen für zahlreiche Arbeiten späterer Autoren geworden sind. Zum ersten Male ist es an den Speicheldrüsen, und zwar mit glänzendem Erfolge, versucht worden, mit Hilfe des Mikroskopes die feineren Vorgänge zu beobachten, die sich in den einzelnen Zellen während ihrer Tätigkeit abspielen.

Die Innervation der Speicheldrüsen ist eine doppelte, sie erhalten sympathische Fasern vom Plexus caroticus und autonome Fasern vom Glossopharyngeus. Für die Glandula submaxillaris haben wir nach COHNSTAMM[4] ein besonderes Zentrum zwischen dem Kern des Fazialis und dem des motorischen Trigeminus (Nucleus salivatorius). Die Fasern aus diesem Kern verlaufen zunächst in der Portio intermedia in der Bahn des Fazialis, dann als Chorda tympani dem N. lingualis angelagert zu den beiden Drüsen. Die Fasern für die Parotis gehen vom Ggl. petrosum n. glossopharyngei als N. tympanicus und dessen Fortsetzung der N. petrosus superficialis minor zum Ggl. oticum des Trigeminus. Von diesen Ganglien aus wird die Parotis durch den N. auriculotemporalis versorgt.

---

1 Lit. s. KRAUS in NOTHNAGELS Handbuch XVI. Teil. 1. Hälfte. HEINECKE, Deutsche Chirurgie 33. Lief. 1913. 2 Ztschrft. f. rat. Med. 1851. Wiener med. Wochenschrift 1860. 31. Naturforschervers. 1856. 3 PFLÜGERS Arch. 1872 ff. 4 Anat. Anz. 21. Bd. 1902. S. 362.

Durchtrennung des N. auriculotemporalis bringt den Speichelfluß bei Speicheldrüsenfisteln zum Versiegen (LERICHE[1], TRONYL[2]). Die gleiche Operation wurde auch ausgeführt, um den unerträglichen Speichelfluß bei Gesichtsschüssen einzudämmen (vgl. ROST[3]).

Die Untersuchungen über Speichelsekretion sind meist an der sehr gut zugänglichen Glandula submaxillaris des Hundes angestellt worden. Wir haben jedoch im Grunde die gleiche Wirkung an der Parotis bei Reizung des N. tympanicus bzw. petrosus superf. minor als wie an der Submaxillaris bei Reizung der Chorda und können deshalb die Vorgänge an den drei Speicheldrüsen gemeinsam besprechen.

Es kommt bei Reizung der Chorda zu einer hochgradigen Erweiterung der Blutgefäße innerhalb der Submaxillaris, daher ist der Chordaspeichel dünnflüssig, während wir bei Reizung der die Blutgefäße begleitenden Sympathikusfasern oder des Halssympathikus eine erhebliche Verengerung der Blutgefäße sehen, bei gleichzeitiger Sekretion eines spärlichen, infolge des Muzingehalts fadenziehenden Speichels. Der Glossopharyngeus-Speichel enthält nur sehr wenige Speichelkörperchen; er ist außerdem um etwa $1^1/_2{}^0$ wärmer als das Carotisblut, ein Beweis dafür, daß die Speichelbildung nicht einfach ein Filtrationsprozeß ist, sondern mit erheblicher Oxydation in der Drüse einhergeht.

Die Anregung zur Speichelsekretion erfolgt reflektorisch, und zwar sowohl von der Hirnrinde aus — z. B. Speichelfluß beim Anblick und Geruch schmackhafter Speisen — als auch durch periphere Reize in erster Linie vom Munde und Rachen aus, jedoch auch von anderen Stellen des Körpers aus. So findet man nach GAULTIER[4] manchmal schon im Beginn eines Ösophaguskrebses starke Sekretion der Speicheldrüsen, und ebenso ist, nach Ansicht des genannten Autors, der oft sehr lästige Speichelfluß beim Ösophagoskopieren auf Reflexverbindungen zwischen Ösophagus und Speicheldrüsen zurückzuführen. Allgemein bekannt ist der starke Speichelfluß bei Stomatitis und bei Verletzungen und davon abhängiger Entzündung der Mundschleimhaut. Einzelne in der Nachbarschaft der Ausführungsgänge gelegene Stellen scheinen die Speichelsekretion ganz besonders zu vermitteln, wenigstens hat man die Beobachtung gemacht, daß die Drüsen der Mundseite, auf der man kaut, ganz besonders stark, oder ausschließlich sezernieren (SCHEUNERT und TRAUTMANN[5]).

Es ist nun geradezu staunenerregend wie unendlich fein abgestimmt, und zwar nicht nur bezüglich der Menge, sondern auch bezüglich der Zusammensetzung die Speichelsekretion bei den verschiedenen nervösen Reizen ist. Das zeigen

---

1 Ztbl. f. Chir. 1914. Nr. 18. 2 Ztbl. f. Chir. 1917. Nr. 48. 3 Gesicht und Mundhöhle, in BORCHARD-SCHMIEDEN, Lehrbuch der Kriegschirurgie II. Aufl. 1920. 4 Arch. des malad. de l'appareil digestif 1909. Bd. III. 5 PFLÜGERS Arch. f. d. ges. Physiol. 192. 1921.

vor allem Untersuchungen PAWLOWS[1] und seiner Schüler. Danach ruft trockene Nahrung einen viel stärkeren Speichelerguß hervor, als wie feuchte; stark reizende Substanzen, wie Säuren usw., veranlassen gleichfalls einen beträchtlichen Speichelerguß. Über die qualitative Änderung des Speichels beim Menschen als Folge verschiedenartiger Reize hat BRUNACCI[2] Selbstversuche mitgeteilt, aus denen hervorgeht, daß der Speichel, der auf mechanischen Reiz hin entleert wird, am meisten von dem unterschieden ist, der auf „Sauer" ergossen wird. Zwischen diesen Extremen lassen sich die anderen Speichel einordnen. Nach POPIELSKI[3] ist die Menge des auf einen Säurereiz hin ausgeschiedenen Speichel lediglich abhängig von der Menge der sauren Ionen, gleichgültig, welcher Art die Säure ist. Zu den Stoffen, die von der Schleimhaut des Mundes aus einen starken Speichelfluß bedingen, gehört auch der Äther; daher die starke Speichelsekretion im Beginn der Äthernarkose.

Auch bei Reizungen des zentralen Nervensystems erhält man nach JAPPELIS[4] einen Speichel, der je nach der Reizstelle verschieden zusammengesetzt ist. JAPPELIS fand weiterhin, daß man von der Hirnrinde und vom Kleinhirn aus die Speichelabsonderung nicht nur erregen, sondern auch hemmen kann. Ob wir auf eine Reizung dieser hemmenden Zentren die Herabsetzung der Speichelsekretion bei schweren fieberhaften Krankheiten zurückführen müssen (JAWEIN[5]), ist nicht sicher bekannt, aber wohl möglich. Die in tiefer Narkose zu beobachtende Verminderung der Speichelsekretion ist nicht auf eine Lähmung des Speichelzentrums zu beziehen, sondern ist wohl entweder die Folge einer Erschöpfung der im Beginn der Narkose übermäßig stark sezernierenden Drüse oder ist eine Lähmung der peripheren Nerven.

Die Menge und Konzentration des Speichels ist weiterhin abhängig vom Wassergehalt des Blutes[6]. Deshalb haben wir das Gefühl der Trockenheit im Munde nach starkem Schweißverlust, und diese Trockenheit im Munde ist ihrerseits wieder die Ursache für das auftretende Durstgefühl.

Es sind auch sehr genaue Untersuchungen über die chemische Zusammensetzung des normalen Speichels angestellt worden (vgl. FLECKSEDER[7]), auf die ich aber erst später zu sprechen kommen werde.

---

1 Ergebnisse d. Physiologie 1904. III. 1. S. 177 bzw. S. 184 f. 2 Arch. de Fisiol. VIII. 3 PFLÜGERS Arch. Bd. 127. S. 443. 4 Ztschrft. f. Biol. Bd. 51. S. 42. 1908 und S. 127. 5 Wiener med. Presse 1892. Nr. 15. 6 vgl. JAPELLIS Ztschr. f. Biol ,1906. Bd. 48. S. 398. 7 Ztschr. f. Heilkunde 27. 1906. I. M. S. 231 (Literatur).

Für alle Untersuchungen über die Speichelsekretion ist es wichtig, sich daran zu erinnern, daß normalerweise sowohl die Menge des Speichels, als auch seine Zusammensetzung (besonders bezüglich der Fermente) regelmäßige Schwankungen an den verschiedenen Tageszeiten aufweist, und daß Unterschiede bestehen zwischen dem Speichel der einzelnen Speicheldrüsen und gemischtem Speichel (CHITTENDEN VAN RICHARDS[1], HOFBAUER[2]).

Welche **funktionelle Bedeutung** hat nun der **Speichel?** Von der Beobachtung ausgehend, daß Wunden im Munde meist anstandslos heilen, obwohl sie keineswegs aseptisch sind, daß bei Hunden eine primäre Heilung jeder Art von Wunde nur dann erfolgt, wenn sie dieselbe lecken können, daß schließlich viele Pflanzensamen bei Speichelzusatz zur Erde nicht gedeihen (FLORAIN[3]), schloß man, daß dem Speichel eine starke antiseptische Kraft zukommen müsse. Das trifft aber in dieser allgemeinen Fassung nicht zu, wenn auch der Speichel gewisse bakterizide Eigenschaften hat (SANARELLI[4], CLAIRMONT[5]).

Es finden eine Reihe von Bakterien, darunter vor allem die gewöhnlichen Eitererreger, die Staphylokokken und Streptokokken im Speichel ungünstige Lebensbedingungen, so daß beispielsweise letztere bei Zusatz von Speichel zum Nährboden in Form von langen Ketten wachsen als Zeichen der Schädigung. Andere Bakterien, wie Pneumokokken, gedeihen hingegen im Speichel recht gut, so daß GRAWITZ und STEFFEN[6] geradezu Zusatz von Speichel zu den Nährböden empfehlen, um Pneumokokken zu züchten. Am meisten desinfiziert nach den Versuchen von CLAIRMONT[7] Speichel der Parotis. Von den chemischen Bestandteilen des Speichels macht man für die bakterienzerstörende Kraft im allgemeinen den Gehalt an Rhodankalium verantwortlich, das im Tierkörper mit stickstoffhaltigen Substanzen bestimmte, hier nicht näher zu beschreibende Umwandlungen erfahren soll (EDINGER[8]). Dadurch soll eine Verbindung entstehen, die stärker bakterientötend wirkt, als das einfache Rhodankalium. Es ist allerdings der Einwand erhoben worden, Rhodankalium sei in der Verdünnung, wie es im Speichel vorkomme, unwirksam; das scheint mir jedoch nicht genügend bewiesen zu sein. Wir dürfen den Einfluß, den ein Stoff auf Bakterien im Tierkörper hat, niemals nach Reagenzglasversuchen beurteilen, da Mittel, die im Reagenzglas ganz unwirksam sind, sehr stark bakterientötend im Tierkörper wirken können und umgekehrt. Der Rhodangehalt des Speichels ist bei Rauchern stärker als bei Nichtrauchern (FLECKSEDER[9]).

Zusatz von Nährboden zu Speichel hebt, wie CLAIRMONT gezeigt hat, die bakterientötende Wirkung des Speichels völlig auf. Mechanische Mundreinigung ist deshalb nach jeder Mahlzeit geboten, trotz der bakteriziden Kraft des Speichels, um die als Nährboden dienenden Speisereste von den Zähnen zu entfernen.

---

1 Americ. Journ. of Physiol. I. S. 462. 2 PFLÜGERS Arch. Bd. 65. S. 503. 3 Gaz. méd. de Paris 1889. Nr. 27. 4 Centralbl. f. Bakt. 1891. Bd. 10. S. 817. 5 Wiener klin. Wochenschrift 1906. S. 1397. 6 Berliner klin. Wochenschrift 1894. S. 419. 7 l. c. 8 Deutsche med. Wochenschrift 1895. S. 381. 9 l. c. S. 240.

Außer auf Bakterien hat der Speichel auch einen zerstörenden Einfluß auf gewisse Toxine. So verlieren Schlangengift und Tetanustoxin durch Speichel ihre verderbliche Wirkung (WEHRMANN[1], CARRIÈRE[2]).

Die vielfache klinische Beobachtung, daß Wunden in der Mundhöhle oft unerwartet gut heilen, haben also durch diese Experimente eine gewisse Begründung erfahren, wenn auch die Bakterien tötende Wirkung des Speichels nur eine geringe ist und sich nicht gleichmäßig auf alle Bakterien erstreckt. Nun haben aber GOTTLIEB und SICHER[3] nachweisen können, daß die Mundverletzungen beim Hunde genau so gut heilen, wenn alle Speicheldrüsen entfernt oder ihre Gänge unterbunden sind. Daraus folgt, daß man die Bedeutung des Speichels für die Wundheilung nicht überschätzen darf. Man muß vielmehr zur Erklärung dafür, daß Verletzungen im Munde so gut heilen, noch nach anderen Ursachen suchen. Hier wäre die reichliche Blutversorgung der Mundschleimhaut anzuführen. Aber auch diese allein genügt nicht. Es muß betont werden, daß wir in der Chirurgie ganz alltäglich beobachten, daß Wunden an einzelnen Körperstellen schlecht (z. B. Unterschenkel), an anderen besonders gut heilen (z. B. Gesicht), ohne daß wir sicher wissen warum. Hier sind weitere Untersuchungen nötig.

Die Bedeutung des Speichels für die Verdauung wurde recht verschieden hoch angeschlagen. Im allgemeinen ist durch die Untersuchungen der letzten Jahre nachgewiesen worden, daß der Speichel eine recht bedeutende Rolle bei der Verdauung spielt, und daß er mit Unrecht eine Zeitlang unterschätzt worden ist. Zunächst ist der Speichel[4] infolge seines großen Wassergehaltes ein Lösungsmittel für verschiedene Nahrungsmittel; mit seiner Hilfe wird der Bissen geformt, schluck- und gleitfähig gemacht. Der Speichel vermittelt den Geschmack; im Magen wird er, wie HAMARSTEN annimmt, leicht resorbiert und mit ihm die in ihm gelösten Stoffe. Infolge seiner alkalischen Reaktion vermag der Speichel Säuren, die mit der Nahrung oder vom Magen her (Salzsäure) in den Mund gelangt sind, abzuschwächen; schließlich, und das dürfte man wohl als seine wichtigste Funktion bezeichnen, kommt ihm ein amylolytisches Ferment zu, das die Stärke der Nahrung in Zucker abbaut. Dieses diastatische Ferment ist, wie auch aus den Untersuchungen SALKOWSKIS[5] hervorgeht, außer-

---

1 Annales de l'inst. Past. 1898. Bd. XII. S. 510. 2 Ebenda 1899. S. 435 und C. r. Soc. Biol. 1899. S. 179. 3 85. Naturforscherversammlung Wien 1913. 4 vgl. FLECKSEDER l. c. S. 252. 5 VIRCH. Arch. 109. S. 358.

ordentlich kräftig, und da nach den bekannten GRÜTZNERschen Befunden die Speisen im Magen so gelagert sind, daß die zuletzt geschluckten den zentralen Kern des Ballen bilden, und erst allmählich an die Magenwand herankommen, so wirkt die Diastase des Speichels auf die Speisen auch noch im Magen längere Zeit nach und wird nicht, wie man früher annahm (CL. BERNARD), sofort zerstört.

Man hat auch dem Speichel eine den „Magen reizende" Eigenschaft zugesprochen, die darin bestehen soll, daß der nachgeschluckte Speichel den Magen zu erhöhter Salzsäureproduktion veranlaßt. STICKER und später BIERNACKI[1] fanden nämlich, daß bei Ernährung mit Magenschlauch die Salzsäuremenge des Magens geringer war, als bei normal gekauten Speisen. Ich glaube jedoch, daß wir bei dieser Versuchsanordnung psychische Momente nicht ausschließen können, von denen wir durch die Arbeiten PAWLOWS wissen, daß sie einen wesentlichen Einfluß auf die Zusammensetzung des Magensaftes haben (s. Abschnitt Gastrostomie).

Aus der Pathologie der Speichelsekretion verdient zunächst der vermehrte Speichelfluß, die **Salivation**, eine kurze Besprechung. Da wir in der Norm den Speichel verschlucken und es uns deshalb gar nicht zum Bewußtsein kommt, wieviel Speichel wir eigentlich bilden, wird man leicht geneigt sein, in den Fällen, wo vielleicht wegen Fazialislähmung der Speichel aus dem Munde ausfließt, eine erhöhte Speichelbildung anzunehmen. Hier ist Vorsicht am Platze. Eine wirkliche Salivation finden wir[2] erstens bei einer Reihe mit heftigen Schmerzen einhergehenden Erkrankungen, wie Trigeminusneuralgie, gastrischen Krisen usw., zweitens bei Erkrankungen, besonders Entzündungen der Mundhöhle und Tonsillen, drittens bei einer ganzen Reihe von Magen- und Darmerkrankungen (bei Ösophaguskrebs, bei den den Pylorus stenosierenden Prozessen, bei Eingeweidewürmern usw.), viertens als Folge von Giften: Quecksilber, Jod, Kokain auf die Schleimhaut des Mundes gebracht, Äthernarkose, Karbol; zu nennen sind hier ferner die eigentlichen Silagoga, wie Muskarin, Pilokarpin, Physostigmin, Nikotin usw. Von diesen Giften weiß man[3], daß Pilokarpin, Physostigmin und Muskarin die autonomen Nervenfasern an ihren Endigungen erregen, während Nikotin an den zugehörigen Ganglienzellen angreift. Fünftens finden wir Salivation bei einer Reihe von organischen und funktionellen Erkrankungen des Nervensystems. Hierzu ist

---

1 Ztschrft. klin. Med. 21. 1892. S. 97. 2 vgl. FLECKSEDER l. c. S. 260.
3 MAYER-GOTTLIEB, Die exp. Pharmak. 1910. S. 141.

vielleicht der erhöhte Speichelfluß während der Gravidität[1] zu rechnen, doch ist die Erklärung dieses Zustandes durchaus nicht eindeutig. Es gehört aber zu dieser Gruppe die sogenannte „paralytische Salivation". Wenn man nämlich die Chorda tympani oder das JACOBSONsche Ganglion zerstört, so hat das zunächst völligen Stillstand der Speichelsekretion zur Folge. Nach 24 Stunden beginnt aber die Drüse wieder kontinuierlich zu sezernieren („paralytische Sekretion" [CL. BERNARD[2]]) und diese Sekretion hört erst mit der Degeneration der Drüse auf[3]. Worauf diese paralytische Sekretion beruht, ist noch nicht geklärt. LANGLEY[4] glaubt, daß der zentrale Chordastumpf nach der Durchschneidung erhöhte Reizbarkeit zeige, und daß die Sekretion reflektorisch vom Zentrum aus erfolge. Den Chirurgen interessiert dieser paralytische Speichelfluß deshalb, weil bei Submaxillaris-[5] oder Parotistumoren[6] häufig eine hochgradige Salivation beobachtet wird, die dem Patienten sehr lästig sein kann, „so daß er gerade dieses Symptomes wegen die Operation wünscht" (KÜTTNER, l. c.). Eine Erklärung für die Erscheinung ist bisher nicht gegeben worden; ich glaube, wir dürfen hier an eine Zerstörung der betreffenden sekretorischen Hirnnerven denken und als Folge davon an eine paralytische Salivation.

Man hat übrigens auch verschiedentlich aus therapeutischen Gründen mit Erfolg versucht, die Speichelsekretion durch Kauen von Gummi usw. anzuregen. Man glaubte dadurch pathologische Ergüsse aller Art, wie Aszites, Pleuritis usw., zur schnellen Aufsaugung bringen zu können (v. LEUBE[7]). In der Chirurgie benutzt man dieses Kauenlassen von Gummi, um den Patienten, die nach einer Operation mehr oder weniger dürsten müssen, durch Anregung der Speichelsekretion über diese unangenehme Zeit hinweg zu helfen.

Weniger erforscht als die Salivation sind die chemischen und physikalischen Änderungen, die der Speichel bei Allgemeinerkrankungen erfährt. Man hat zwar eine ganze Anzahl von Einzelbeobachtungen gemacht, so z. B. die Reaktion des Speichels bei allen möglichen fieberhaften Erkrankungen und bei Erkrankungen der Abdominalorgane sauer gefunden (FLECKSEDER l. c., SALKOWSKI[8]) und hat auch Änderungen in der fermentativen Fähigkeit und im Rhodangehalt des Speichels nachgewiesen; letzteres besonders dann, wenn

---

1 SCHRAMM, Berliner klin. Wochenschrift 1886. Dez. 2 Journ. de l'Anat. et de la Physiol. 1864. p. 507. 3 Vgl. MAXIMORO, Die Veränderungen d. Speicheldrüsen nach Durchtrennung d. Chorda tympani. Zentralbl. f. Physiol. 1900. S. 249. 4 Journ. of Physiol. VI. S. 71. 5 Vgl. KÜTTNER im Handbuch f. prakt. Chirurgie Bd. I. S. 743. 6 Eigene Beobachtung. 7 Festschrift z. 50jährigen Bestehen d. Würzburger phys. med. Gesellsch. 1899. 8 VIRCH. Arch. 109. S. 358 fand bei Angina ziemlich reichlich Chlorammonium im Speichel.

bei Mittelohrerkrankungen die Chorda betroffen war (ALEXANDER und REKO [1]). STARS [2] hat die Wasserstoffionenkonzentration des Speichels bei einer großen Anzahl von Menschen untersucht und glaubt, eine Änderung bei Ermüdung und Erregung feststellen zu können. Auch bei Stotterern soll die H-Ionenkonzentration anders sein, als bei normalen Menschen.

Eine Verminderung der Speichelmenge findet man zunächst bei kachektischen Individuen, dann, wie angenommen wird, als Folge des großen Flüssigkeitsverlustes bei Diabetes, Cholera, Dysenterie usw. Auch schwerere Blutverluste können zu Oligosialie führen, sie ist ferner die Begleiterscheinung einer Reihe fieberhafter Infektionskrankheit, wie Typhus und Pneumonie[3].

Häufig beobachtet man Fehlen von Speichelsekretion auf der entsprechenden Seite bei Erkrankungen des Mittelohres, wenn durch die Eiterung oder die Operation die Chorda in Mitleidenschaft gezogen worden ist. Es liegt ferner eine Beobachtung vor, wo es durch wahrscheinlich luetische Zerstörung des Nucleus salivatorius zu einem völligen Aufhören der Speichelsekretion kam (ZAGARI[4]). Besonders eigenartig und gar nicht geklärt sind die Fälle von „idiopathischer Asialie“, die auch bei Psychosen beobachtet werden. BUXTON[5] beschreibt einen Fall von fehlender Speichelsekretion nach Mumps, der auf Behandlung mit dem konstanten Strom zur Heilung kam. Bei Röntgenbestrahlungen tuberkulöser Halslymphdrüsen klagen die Patienten oft über starke Trockenheit im Munde. Es ist dann wohl unmittelbar das Gewebe der Speicheldrüsen durch die Röntgenstrahlen in seiner Tätigkeit geschädigt worden.

Die Folgeerscheinungen bei hochgradiger Verminderung oder völligem Fehlen der Speichelsekretion für den Patienten sind aus dem, was über die physiologische Bedeutung des Speichels gesagt worden ist, ohne weiteres verständlich. Subjektiv ist vor allem die hochgradige Trockenheit des Mundes lästig.

Die Folgen des völligen Verlustes der Speicheldrüsen hat man vielfach experimentell studiert (MORANO und BACCARANI[6], HEMMETER[7], MOHR[8], GOLJANITZKI[9]). Die Untersucher kommen zu dem Schluß, daß die Folgeerscheinungen nach der Exstirpation, die hauptsächlich in einer Verminderung der Magensaftsekretion, daneben auch Marasmus, bestanden, sich nicht allein aus dem Ausfall

---

1 Wiener klin. Wochenschrift 1902. S. 1089. 2 Americ. journ. of psychol. Bd. 33. 1922. 3 cf. JAWEIN, Wiener med. Presse 1892. Nr. 15. 4 Policlinico 1907. Febr. Ref. Zentralbl. f. innere Med. 1907. S. 473. 5 Lancet 1883. Bd. I. S. 1087. 6 Zit. nach Zentralbl. f. Chir. 1902. 7 Bioch. Ztschrft. 1908. Bd. 11. S. 238. 8 Arch. f. klin. Chir. 130. 1924. 9 Zit. nach Übers. von REJMANN, S. 7.

der äußeren Sekretion der Speicheldrüsen erklären ließen, sondern daß man noch eine **innere Sekretion** dieser Drüsen annehmen müsse. Es wurde nämlich bei Hunden, bei denen durch Entfernung der Speicheldrüsen die Magensaftsekretion stark vermindert war, diese nicht wieder normal, wenn man dem Tier eine Nahrung verabreichte, die von einem anderen Hunde gut gekaut und eingespeichelt worden war, hingegen gelang es Ausfallserscheinungen nach der Exstirpation der Drüsen durch Transplantation einer Speicheldrüse in die Bauchhöhle oder intravenöse bzw. intraperitoneale Einspritzung eines aus einer normalen Speicheldrüse gewonnenen Preßsaftes zu beheben. SWANSON[1] konnte diese Angaben allerdings nicht bestätigen. Auch klinische Beobachtungen am Menschen weisen auf eine innersekretorische Funktion der Speicheldrüsen hin, und zwar scheinen die Speicheldrüsen in einer gewissen, durchaus noch nicht geklärten Wechselbeziehung zu den Genitaldrüsen zu stehen (vgl. BIEDL[2] und S. 12/13).

Die für den Chirurgen praktisch wichtigste Erkrankung der Speicheldrüsen ist die **postoperative eitrige Parotitis**[3]). Sie tritt meist ganz plötzlich mit hohem Fieber nach allen möglichen Bauchoperationen auf und hat eine sehr hohe Mortalität (etwa 30%, WAGNER[4]). Klinisch ist die Entstehung und der Verlauf der Parotitis, wie wir nachher noch ausführlicher begründen werden, durchaus die einer Sepsis oder einer hämatogenen Infektion. Dem scheint nur immer das anatomische Bild zu widersprechen. Von allen histologischen Untersuchern, wie VIRCHOW[5], WENDT[6], MÜLLER[7], HANAU[8], DITTRICH[9], CLAISSE und DUPRÉ[10], NICOL[11] u. a. wurde nämlich in allen untersuchten Fällen nachgewiesen, daß *die erste Veränderung bei eitriger Entzündung der Parotisdrüse das Auftreten von Eiter bzw. Bakterien in den Ausführungsgängen ist*, und daß von da ab erst sekundär die Entzündung der anderen Drüsenbestandteile erfolgt.

Es sind bisher nur *zwei* anatomisch untersuchte Fälle in der Literatur bekannt geworden, bei denen der Ductus Stenonianus frei von Eiter, hingegen ein Drüsenlappen der Parotis vereitert war. (SABRAZÉS und FAGUET[12], ROBERT zitiert nach CLAISSE und DUPRÉ [l. c. S. 60]). Hier fanden sich die in der Parotis gelegenen Venen, ebenso wie die Halsvenen, mit Eiter gefüllt.

---

1 Zit. nach Übers. d. Buches von REIMANN. S. 7. 2 Innere Sekretion. 3. Aufl. URBAN u. SCHWARZENBERG 1916. 3 HEINECKE, Deutsche Chirurgie 1913. 33. Lief. Hft. 2. S. 406; KÜTTNER, Handb. d. prakt. Chir. 1913. IV. Aufl. Bd. 1. S. 718. 4 Wiener kl. Wochenschrift 1904. S. 1414. 5 Alte Charité-Annalen 1858. VIII. Jahrg. Hft. 3. 6 New York med. journ. 1880. XXXII. p. 248. 7 Inaug.-Diss. Halle 1883. S. 26. 8 ZIEGLERS Beitr. z. Pathol. 1889. Bd. 4. S. 487. 9 Ztschrft. f. Heilk. 1891. XII. S. 275. 10 Arch. de méd. exp. 1894. VI. p. 41 et 250. 11 ZIEGLERS Beitr. 1912. Bd. 54. S. 385. 12 Gaz. des hôpit. 1894. p. 1039.

Wenn wir also den anatomischen Befund zugrunde legen, so müßten wir annehmen, daß die eitrige Parotitis immer eine aszendierende Infektion ist. Nun konnte jedoch ROST[1] in tierexperimentellen Untersuchungen zeigen, daß der geschilderte anatomische Befund nicht das beweist, was er zu beweisen scheint. ROST spritzte bei Hunden in die Arteria maxillaris interna, von der die Parotis versorgt wird, Reinkulturen von Bakterien, und fand dann, wenn er die Drüse zwischen dem 3. und 14. Tag entfernte, regelmäßig nur die Speichelgänge mit Eiter gefüllt; niemals fand sich eine eitrige Thrombose oder Embolie. Wie die Injektion der Gefäße zeigte, hängt das rasche Übertreten des Eiters in die Gänge der Speicheldrüsen damit zusammen, daß die Blutgefäße die Speicheldrüse unmittelbar umspülen. Es gibt also auch bei der Parotis eine eitrige Entzündung der Gänge im Sinne einer Ausscheidungsparotitis, genau wie an der Niere (Nephritis papillaris mycotica ORTH[2]), und wir brauchen, wenn wir im gegebenen Falle entscheiden wollen, ob eine postoperative Parotitis hämatogenen oder aszendierenden Ursprungs ist, uns nicht mehr durch das anatomische Bild beeinflussen lassen, sondern können die Frage lediglich nach dem klinischen Verlaufe entscheiden. Denn es besteht, wie gesagt, kein Unterschied im anatomischen Bilde zwischen der aszendierenden und der hämatogenen Parotitis.

Sehen wir uns nun einmal das klinische Tatsachenmaterial an (vgl. MÖRICKE[3], BUMM[4], RÜTTERMANN[5], HELLENDAL[6] u. a.). Man hat zunächst, um die Möglichkeit der hämatogenen Infektion der Parotis darzutun, darauf hingewiesen, daß einzelne Chemikalien mit Vorliebe durch die Speicheldrüsen ausgeschieden würden. Hierzu gehören[7] Jodide, Bromide, Quecksilber, Blei und einige Alkaloide, wie Morphium und Chinin. Ferner hat man angeführt, daß die meisten der eitrigen Parotitiden bei nicht ganz aseptisch verlaufenden Operationen gefunden werden (TEBBI[8]), und daß das klinische Bild der postoperativen Parotitis mit dem plötzlichen unvermittelten Beginn, den hohen Temperaturen und der hohen Mortalität von 30% (WAGNER l. c.) doch ganz zu dem einer Sepsis oder Pyämie paßt, wozu noch kommt, daß in einem großen Teil der sezierten Fälle auch sonstige Eiterherde im Körper gefunden worden sind (R. LEVY[9]). Für die hämatogene Entstehung

---

1 Deutsche Ztschrft. f. Chir. Bd. 130. S. 305. 1914. 2 Nachr. v. d. kgl. Ges. d. Wissensch. Göttingen 1895. S. 19 und Lehrb. d. spez. pathol. Anat. 1889. Bd. 2. S. 64. 3 Ztschrft. f. Geb. u. Gynäk. Bd. V. 1880. S. 348. 4 Münchener med. Wochenschrift 1887. Nr. 16. 5 Inaug.-Diss. Berlin 1893. 6 Med. Klinik 1908. S. 452. 7 MEYER-GOTTLIEB l. c. S. 142. 8 HEINECKE l. c. S. 450. 9 Berliner klin. Wochenschrift 1912. I. S. 765 (Sitzungsbericht).

der postoperativen Parotis spricht weiterhin sehr, daß in dem Eiter der Speicheldrüse fast stets Reinkulturen von Staphylokokken oder Streptokokken, auch Gonokokken, bei Adnexoperationen (WITTMER[1]) gefunden werden, während man bei Infektion vom Speichelgang aus doch häufiger ein Bakteriengemisch erwarten sollte.

Früher erblickte man einen wichtigen Beweis für die hämatogene Entstehung der Parotitis ferner darin, daß man sie fast nur nach Ovariotomien sah. Man dachte an die schon von HIPPOKRATES[2] erwähnten Beziehungen zwischen Genital- und Speicheldrüse, die, wenn auch noch wenig geklärt, in der Orchitis bei Mumps[3] und in der Parotitis bei Hodenquetschung (BILLROTH[4]) in den vikariierenden Schwellungen der Parotis bei ausbleibenden oder spärlichen Menses in der gesteigerten Tätigkeit der Speicheldrüsen während der Brunstzeit usw. (MOHR[5], KRAPP[6]) ihren Ausdruck finden und schloß, es wäre durch die Ovariotomie irgendeine vasomotorische Störung in der Speicheldrüse ausgelöst worden, wodurch diese an Widerstandskraft gegen im Blute kreisende Infektionserreger gelitten habe. Daß dieser Schluß in seinem letzten Teile nicht zwingend ist, ist ohne weiteres ersichtlich. Es kommt nun aber die postoperative Parotitis gar nicht so überwiegend häufig bei Ovariotomien vor, nur war in der Zeit, aus der die meisten dieser Statistiken stammen, die Ovariotomie von allen Laparotomien die häufigste. Gegenwärtig ist das auch anders geworden, und so gibt es jetzt reichlich kasuistische Mitteilungen über postoperative Parotitiden bei allen möglichen Bauchoperationen, und zwar, wie gesagt, hauptsächlich bei nicht ganz aseptisch verlaufenden, wie eitrigen Appendizitiden Gallenblasen, Magenoperationen usw. (TEPPS l. c.). Es ist mir dabei aufgefallen, daß postoperative Parotitiden, ebenso übrigens wie Thrombosen durchaus nicht nur bei intraabdominellen Abszessen, sondern besonders häufig bei Bauchdeckenabszessen nach irgend welchen Bauchoperationen auftreten. Wie das kommt, weiß ich nicht.

Mit der Lehre einer aszendierenden Infektion ließ sich weiterhin nicht recht in Einklang bringen, warum gerade immer die Parotis befallen war und nur ganz selten die anderen Speicheldrüsen. Daß der Ductus Stenonianus eine für das Eindringen von Infektionserregern besonders günstige Lage habe (HANAU[7]), befriedigt nicht so recht, um so weniger als Fremdkörper meistens im Duct. Whartonianus, seltener im Steno-

1 Ztbl. f. Gynäkol. 1923. 2 Zit. nach MÖRICKE l. c. S. 348. 3 Die Kombination der beiden Erkrankungen hat HERB (Ref. Zentralbl. f. innere Med. 1900) auch exp. erzeugt. 4 Zit. nach WAGNER l. c. 5 15. Vers. d. Deutschen Ges. f. Gynäk. Halle 1913. 6 Phil. med. times 1879. 7 ZIEGLERS Beitr. Bd. 4. S. 487.

nianus gefunden werden; und die nach HEINEKE einzige Erklärungsmöglichkeit, daß der Muzingehalt des Speichels der Submaxillaris und Sublingualis die Entwicklung der Eitererreger verhindere, findet im Experiment bisher wenigstens keine Stütze. Im Gegenteil kommt nach den neueren Untersuchungen (vgl. oben) gerade dem Speichel der Parotis eine stärkere bakterizide Kraft zu, als dem der Submaxillaris und Sublingualis. Es ist deshalb unklar, warum gerade die Parotis durch aszendierende Infektion erkranken soll. Bevorzugung einzelner Gewebe bei hämatogener Infektion sind uns viel geläufiger, wenn wir sie auch noch nicht erklären können.

Gegen eine aszendierende Infektion spricht schließlich, daß die Eiterung der Ohrspeicheldrüse fast nie als Folge einer Stomatitis beobachtet wird; ja beim Mumps, der häufigsten Entzündung der Ohrspeicheldrüse, geht, wie SCHOTTMÜLLER[1] ausdrücklich betont, nur selten eine Entzündung der Mundschleimhaut vorher.

Nun treffen ja allerdings die Speicheldrüsen bei und nach einer Operation eine Reihe von Schädlichkeiten, die wohl imstande sind, eine Infektion der Parotis von der Mundhöhle aus zu begünstigen. In erster Linie kommt hier die Wasserverarmung, an der operierte Patienten in der Regel leiden und die daraus folgende mangelhafte Speichelsekretion in Betracht. Vor der Operation haben die Patienten gefastet und haben durch reichlich gegebene Abführmittel viel Wasser verloren und trinken nach der Operation dürfen sie oft mehrere Tage nichts, sondern sind auf Einläufe und Infusionen angewiesen. Auch bei Ulkuskuren, wo der Körper ja in gleicher Weise nur wenig Wasser zugeführt bekommt und deshalb die Speichelsekretion vermindert ist, sind Parotitiden beobachtet worden (GAULTIER[2]). Es führt ferner die Operation als solche zur Verminderung der Speichelsekretion. PAWLOW[3] hat im Tierexperiment nachgewiesen, daß allein durch die Laparotomie und das Hervorziehen einer Darmschlinge eine Herabsetzung oder völliges Aufhören der Speichelsekretion eintritt, wobei der entleerte Speichel zugleich zähflüssig und trübe wird. Zu einer Änderung der Speichelsekretion führt ferner die Narkose[4], und zwar können wir sowohl bei der Chloroform-, noch mehr aber bei der Äthernarkose im Beginn eine sehr stark vermehrte Speichelsekretion beobachten. Wird die Narkose tief, so kommt es

---

1 NOTHNAGELS spez. Path. Bd. III. 2. S. 37. 1904. 2 Arch. des maladies de l'appareil digest. 1910. 3 PFLÜGERS Archiv Bd. XII. 1878. S. 272. 4 cf. BERTH, Über Parotitis nach gynäkol. Operationen. Inaug.-Diss. Greifswald 1886.

zu einem Stillstand der Sekretion (BÜTTERMANN[1]), teils weil durch die vorangehende Hypersekretion die Drüse erschöpft ist, teils wohl als Folge von Lähmung des sekretorischen Nervens. Alle diese Einwirkungen während und nach der Operation vermindern die Menge des Speichels. Es muß aber betont werden, daß die Entzündung der Ohrspeicheldrüse meist erst mehrere Tage nach der Operation eintritt, also zu einer Zeit, wo alle diese soeben angeführten Operationsschädigungen keine Rolle mehr spielen können (HELLENDAL[2]). Schließlich ist angeführt worden, daß es durch Druck auf die Parotis während der Narkose bei etwas zu energischer und ungeschickter Anwendung des ESMARCHschen Handgriffes zu einer Schädigung der Drüse kommen kann (WAGNER l. c.). Die danach auftretende Infektion kann natürlich genau so gut hämatogen als aszendierend sein. Alles in allem wird man wohl die postoperative eitrige Parotitis in der überwiegenden Mehrzahl der Fälle als eine hämatogene Infektion auffassen müssen.

Im Anschluß an die eitrige Parotitis sei das Krankheitsbild der **Pneumatozele** kurz erwähnt. Es kommt bei Glasbläsern, und zwar bei solchen, die hauptsächlich mit den Backen blasen, zu einem Eintritt von Luft in die Parotis. Das Eindringen der Luft in den Duct. Stenonianus ist hier eine Folge der Schlaffheit der Backen, die oft noch durch wiederholte Entzündungen geschädigt sind (NARATH[3]).

Speichelsteine werden in der überwiegenden Mehrzahl der Fälle im Ductus Whartonianus, seltener im Stenonianus beobachtet. Um ihre Entstehung zu erklären, müssen wir die neueren physikalisch-chemischen Untersuchungen über steinbildende Prozesse im Körper mit heranziehen (siehe auch bei Gallensteinen). Danach sind derartige Steine als „Mischfällungen von Kolloiden und Kristalloiden anzusehen“ (SCHADE[4], LIESEGANG[5]). Alle Körperflüssigkeiten, in denen es zur Steinbildung gelegentlich kommt, wie Harn, Galle, Speichel usw., sind kolloidale Lösungen. In diesen Lösungen kommt es unter sehr verschiedenartigen Bedingungen, die wir im einzelnen noch nicht kennen, zu Ausfällungen, und zwar unterscheidet man bei den Kolloiden eine reversible und eine irreversible Ausfällung. Als Beispiel einer reversiblen Ausfällung im menschlichen Körper nennt SCHADE die Harnsäureinfarkte der Neugeborenen, die sich ja bekanntlich später wieder restlos aufzulösen pflegen. Zu den irreversiblen Kolloidfällungen gehören die

---

1 Parotitis nach Ovariotomie. Inaug.-Diss. Berlin 1893. 2 Med. Klinik 1908. S. 452. 3 Deutsche Ztschrft. f. Chir. 119. S. 201. 1912. 4 Münchener med. Wochenschrift 1909. Nr. 1 u. 2 und Med. Klinik 1911. S. 565. 5 Kolloidchemie d. Lebens III. Aufl. 1923.

eigentlichen Steine (Gallen-, Harn- und Speichelsteine). Über das Zustandekommen der Schichtung in solchen Steinen vgl. LIESEGANG. Es ist SCHADE geglückt, derartige Steinbildung im Reagenzglas nachzuahmen, indem er zu Blutplasma Kalziumphosphat, Kalziumkarbonat oder Tripelphosphat hinzusetzte. Bei fehlendem Fibrin, also z. B. mit Blutserum, gelang ihm diese experimentelle Steinbildung nicht. Es folgt aus diesen Erörterungen, daß wir als primäre Ursache für die Entstehung der Speichelsteine eine Entzündung der Drüse oder ihrer Ausführungsgänge annehmen müssen — da wir eben Fibrin gebrauchen —. Zu der gleichen Ansicht kamen auf Grund anderer Überlegungen DAL FABBRO (Zit. nach KROISS) und KROISS[1]. Es braucht eine derartige Entzündung, die zu der Ausfällung von Kolloiden und Kristalloiden führt, keineswegs eine dauernde Veränderung der Drüse zu bewirken. Sonst wäre es nicht recht erklärlich, warum wir nur sehr selten nach Entfernung des ersten Steines ein Rezidiv sehen (HEINEKE[2]). Es ist ferner sicher, daß nicht jede Entzündung in der Speicheldrüse zur Steinbildung führt; sonst müßten Steine in der Parotis ja häufiger sein als in der Submaxillaris, während gerade das Umgekehrte der Fall ist. Es muß vielmehr entweder die Entzündung eine besondere sein — „steinbildender Katarrh“ — oder es müssen neben der Entzündung noch andere die Steinbildung begünstigende oder auslösende Dinge eine Rolle spielen. Man könnte hier an all die Theorien denken, die sonst noch zur Erklärung für die Entstehung von Speichelsteinen aufgestellt worden sind, wie Verengerungen des Ganges, chronischer Reiz desselben bei Pfeifenrauchen (HAURREL[3]), Eindringen von Fremdkörpern (AUERBACH[4]), Bakterien usw. (cf. auch KRAUS[5]); im ganzen müssen wir jedoch sagen, wir kennen die hier in Betracht kommenden Dinge bei der Speicheldrüse ebensowenig wie bei der Niere. Nun sind gelegentlich Fremdkörper und besonders auch Leptothrixfäden (KLEBS[6], GALIPPE[7] ALEXANDRE[8]) als Zentrum von Speichelsteinen nachgewiesen worden und man ist in solchen Fällen im allgemeinen sehr geneigt, anzunehmen, daß diese Fremdkörper oder Bakterien eine Ursache für die Steinbildung abgeben, gewissermaßen ein Kristallisationszentrum darstellen. Man denkt auch an eine biologische Tätigkeit der Bakterien. KLEBS bezeichnet solche Leptothrixfäden geradezu als Kalkalgen, das

1 BRUNS' Beitr. 1905. Bd. 47. S. 470. 2 l. c. S. 392. 3 Wiener klin. Wochenschrift 1900. S. 163. 4 Jahrbuch f. Kinderheilkunde 22. S. 213. 1910. 5 NOTHNAGELS Handbuch XVI. 1. Teil. 1. Hälfte. 6 Arch. f. exp. Path. Bd. V. 1876. S. 350, spez. S. 365. 7 Compt. rend. des séance de l'acad. 1893. Nr. 19. 8 Revue de chir. 1906. I. S. 732.

sind die dem Geologen sehr bekannten Algen, die ganze Gebirge dadurch bilden, daß sie aus doppelkohlensauren Lösungen kohlensaure Salze zur Abscheidung bringen.

Die Folgen eines solchen Speichelsteines sind die sogenannten Speichelkoliken, der Tumor salivalis, das sind schmerzhafte Anschwellungen der Speicheldrüse und Gänge, die bei jeder Nahrungsaufnahme oder auch schon beim Anblick des Essens (vgl. oben psychische Salivation) auftreten können. Diese Koliken sind verursacht durch den andrängenden Speichel, der seinen Abfluß gehindert sieht. Meist drängt sich der Speichel schließlich doch noch neben dem Stein vorbei oder preßt den Stein aus dem Gange heraus; es kann dann zu einer Spontanheilung kommen. Die Drüse ist bei länger bestehenden Speichelsteinen dauernd vergrößert und hart und zeigt mikroskopisch beträchtliche Bindegewebswucherung (LANGEMAK[1]). Bei dauerndem Verschluß kommt es schließlich zu völliger Verödung der Drüse. Man findet dann einen zystischen Tumor in der Gegend der Gld. submaxillaris, der den erweiterten Drüsengängen entspricht. Interessanterweise ist ein solcher Tumor schon unmittelbar nach der Geburt beobachtet worden, was eine intrauterine Speichelsekretion beweist (SULTAN[2]).

Die Folgen der **Unterbindung der Speichelgänge** sind vielfach untersucht worden, weil man damit eine Methode der Heilung von Speichelfisteln auch am Menschen anwenden zu können hoffte, die den Tierärzten schon lange bekannt war (VIBORG[3]). VIBORG, PELSCHINSKY[3], ROLANDO[4], CLAISSE und DUPRÉ[5], MARZOCCHI und BIZZOZERO[6], LANGEMAK[7], KROISS[8] u. a. fanden ziemlich übereinstimmend nach Unterbindung des Speichelganges zunächst Erweiterung der Ausführungsgänge, dann Hyperplasie des gesamten Bindegewebes, vielleicht als Folge der venösen Stauung. Schließlich geht das Drüsengewebe zugrunde. Im Experiment verläuft dieser Untergang der Drüse ohne wesentliche Entzündungserscheinung. In den wenigen Fällen jedoch, in denen man beim Menschen wegen Speichelfistel den Ausführungsgang unterbunden hat, um damit die Drüse zur Verödung zu bringen (HIRSCHFELD[9], drei Fälle von v. BRAMANN), ist es zu schweren Entzündungen, zum Teil Vereiterungen der Drüse gekommen, so daß man diese Methode völlig verlassen hat. Man arbeitet in solchen Fällen von Speichelfisteln eben in schwer pathologisch verändertem und infiziertem Gewebe.

---

1 VIRCH. Arch. Bd. 175. S. 299. 1904. 2 Deutsche Ztschrft. f. Chir. 1898. Bd. 48. S. 133. 3 LANGEMAK l. c. 4 Zentralbl. f. Chir. 1899. S. 985. 5 Arch. de méd. exp. 1894. p. 250. 6 Zentralbl. f. Chir. 1903. S. 1295. 7 VIRCH. Arch. Bd. 175. 1904. 8 l. c. S. 487. 9 Inaug.-Diss. Berlin 1889/1890.

Zunge, Schluckakt, Speiseröhre.

Die Aufgabe der Zunge ist eine dreifache. Einmal ist sie das Organ, das hauptsächlich den Geschmack vermittelt, zweitens kommt ihr eine wesentliche Bedeutung bei der Zerkleinerung und Fortbewegung der Speisen zu und drittens hat sie eine große Bedeutung für die Sprache.

Der Geschmacksnerv der Zunge ist der N. glossopharyngeus. Er versorgt den Zungengrund, den ja bekanntlich für Geschmackseindrücke empfindlichsten Teil der Zunge, mit Geschmacksfasern, zum Teil übermittelt er der Zunge Geschmacksfasern durch die in der Bahn des Lingualis verlaufende Chorda tympani[1]. Alle Geschmacksfasern entstammen in letzter Linie dem Trigeminus. Das wissen wir jetzt sicher, da nach Exstirpation des Ggl. Gasseri die Geschmacksfunktion der Zunge stets völlig aufgehoben ist (BIRCHER[2]).

Die motorischen Impulse empfängt die Zunge vom N. hypoglossus, sensible vom N. lingualis und in einem kleinen Bezirk vom N. laryngeus superior. Die Zunge ist die empfindlichste Stelle der Mundhöhle, besonders für thermische und mechanische Reize. Andere Stellen der Mundschleimhaut, so die Wangen, fühlen Temperaturunterschiede sehr viel weniger genau (ZIMMERMANN[3]). Über die Schmerzempfindlichkeit der Mundhöhle hat MARX[4] Untersuchungen angestellt, und hat außer der schon von KIESEN beschriebenen Zone von fehlender Schmerzempfindung an der Wange ähnliche schmerzunempfindliche Stellen am Zäpfchen und den angrenzenden Teilen der hinteren Mundhöhle gefunden.

Der **Geschmackssinn** ist nicht an das Vorhandensein der Zunge gebunden. Das haben uns Untersuchungen an Patienten gelehrt, deren Zunge wegen einer bösartigen Geschwulst vollständig entfernt worden war. THIERY[5] und später EHRMANN[6], denen wir die genauesten Untersuchungen an zungenlosen Menschen verdanken, konnten feststellen, daß zwar stets eine Störung des Geschmackssinns bei derartigen Patienten vorhanden war, so daß sie nicht gerade mehr als „Feinschmecker" bezeichnet werden können, daß sie aber doch noch in einem gewissen, nicht zu unterschätzenden Grade mit Hilfe des weichen Gaumen, der Gaumenbögen und vielleicht auch eines Teiles der hinteren Pharynxwand Geschmackseindrücke aufnehmen konnten. Ganz genau sind wir bisher nicht davon unterrichtet, welche Punkte des Verdauungsapparates den Geschmack vermitteln; es gibt, wie THIERY sagt, kaum eine Stelle vom Lippenrot bis zum Magen, der nicht gelegentlich eine Ge-

---

1 cf. CORNING, Topographische Anatomie 1911. 3. Aufl. Abb. 99 u. 100.
2 Deutsche Ztschrft. f. Chir. Bd. 109.
3 Mitt. aus d. Grenzgebieten Bd. 20. 1909. S. 454.
4 Naturhist.-Med. Verein Heidelberg 1922.
5 Untersuchungen über die Geschmacksempfindungen usw. eines Zungenlosen. Arch. f. klin. Chir. Bd. 32. S. 414. 1885.
6 Funktionsstörungen an Geschmackssinn, Sprache, Kau- und Schluckbewegungen nach Totalexstirpation der Zunge. BRUNS, Beiträge Bd. 11. S. 595. 1894.

schmacksfunktion zugeschrieben worden wäre[7]. Die Ausfallserscheinungen im Geschmack bei partieller Verletzung des N. glossopharyngeus bzw. N. lingualis etwa nach Geschwulstexstirpation, sind natürlich noch geringfügiger und ergeben sich aus der anatomischen Verteilung dieser Nerven von selbst (Fall von HALBAN[2]).

Sehr viel störender, als der Ausfall im Gebiete des Geschmackssinns bei Erkrankungen oder Fehlen der Zunge sind die **Sprachstörungen.** Schon eine geringfügige Wunde oder eine Entzündung im Bereich der Zunge bewirkt, daß die Sprache undeutlicher wird. Dasselbe beobachten wir bei Verletzung des N. hypoglossus[3] oder Hemiatrophie (RANZIER[4]) der Zunge, wie sie bei Wirbelkaries vorkommt. Am hochgradigsten ist natürlich die Störung, wenn die ganze Zunge fehlt, oder beide Hypoglossi durchtrennt sind[4].

Beobachtungen über die Sprachstörungen nach Zungenexstirpation hat man im groben schon in den ältesten Zeiten der Geschichte der Menschheit angestellt, als das Herausreißen oder -schneiden der Zunge eine beliebte Strafe war. Heutzutage soll diese Strafe noch im Innern Persiens vollzogen werden; in Europa liest man von einem Herausreißen der Zunge nur bei Geisteskranken (Beobachtung von BRONADEL bei einer hysterischen Frau[5]). Man findet von diesen Fällen meist berichtet, daß sie sich in unmittelbarem Anschluß an die Verletzung noch gut hätten verständigen können. Diese Mitteilungen haben jedoch keinen großen wissenschaftlichen Wert, da sie zu ungenau sind. Von THIERY und EHRMANN ist nun bei Patienten nach vollkommener Zungenentfernung zu verschiedenen Zeiten nach der Operation sorgfältig untersucht worden, welche Laute sie sprechen können und welche nicht (cf. auch SCHULTÉN[6]). Sie fanden, daß von den Konsonanten die Lippenlaute normal bleiben, daß aber alle Konsonanten, zu deren Bildung die Zunge nötig ist, auch längere Zeit nach der Operation sehr schlecht ausgesprochen werden, also vor allem die Nasal- und Reibungslaute, so daß die Sprache im ganzen außerordentlich undeutlich wird. Für k und t wird ein p-ähnlicher Explosionslaut hervorgebracht. Zwischen a und ä wird kein Unterschied gemacht, ebensowenig zwischen o, ö und e. Die Beispiele, die SCHULTÉN anführt, lassen es erkennen, daß tatsächlich

1 cf. auch GIESORO u. HAHN, Über Geschmacksempfindungen im Kehlkopf. Ztschrft. f. Physiologie u. Psychologie d. Sinnesorgane Bd. 27. 1902. 2 Zur Physiologie d. Zungennerven. Wiener klin. Rundschau 1896. Nr. 4. 3 Deutsche Chir. 34. Lief. Nr. 132. 4 Montpellier méd. Bd. 36. Nr. 14 u. 15. 1913. 5 Annales d'Hygien. publ. 1904. Nr. 8. Ref. Zentralbl. f. Chir. 1904. S. 1167. 6 Deutsche Ztschrft. f. Chir. Bd. 35. 1893. S. 417.

nur derjenige einen solchen Patienten versteht, der sich an diese Buchstabenänderung gewöhnt hat.

Eine Besserung der Sprache tritt dann ein, wenn sich am Mundboden, wie das zuweilen vorkommt, eine Verdickung der Schleimhaut bildet, die dann gewissermaßen als Ersatz für das fehlende Organ dient (EHRMANN), oder wenn noch ein Rest der Zunge übriggeblieben ist (KETTNER[1]). Bei dem Herausreißen der Zunge in alter Zeit wird wohl auch meist ein Stumpf des Organs übrig geblieben sein, mit dessen Hilfe sich die armen Menschen dann wenigstens noch leidlich haben verständlich machen können. Daß auch schon geringgradige Beeinträchtigung der Zunge, wie teilweises Festwachsen oder Fehlen der Spitze zu recht erheblicher Sprachstörung führt, haben die Kriegserfahrungen gelehrt.

Wenn wir hier anschließend die Sprachstörungen nach **Kehlkopfexstirpation** kurz erwähnen wollen, so muß man sich darüber im klaren sein, daß zum Sprechen nicht nur die Artikulation, wie sie die Zunge vermittelt, gehört, sondern außerdem die Stimmbildung und die Atmung. Ist der ganze Kehlkopf operativ entfernt, so fehlt die Stimmbildung und die Atmung. Aber der Organismus weiß sich zu helfen. Auch ohne die geistreichen, besonders von GLUCK ausgebildeten Apparate kommt es nach der Kehlkopfexstirpation in günstigen Fällen zu einem Sprechvermögen. Wie die Untersuchungen von STERN[2] gezeigt haben, wird die fehlende Glottis durch eine enge Stelle zwischen Zungengrund und hinterer Rachenwand oder durch den Ösophagusmund oder schließlich durch eine Stelle an der unteren Grenze des Mesopharynx ersetzt. Als Windkessel, der diese die Stimmbildung vermittelnde Stelle in Bewegung setzt, dient der Magen mit seiner Magenblase, so daß wir hier ein echtes Bauchreden haben. Solche Menschen können oft trotz völligem Fehlen des Kehlkopfes laut und verständlich sprechen.

Die für das Leben unserer Patienten zweifellos wichtigste Aufgabe der Zunge ist ihre Beteiligung am Schluckakt. **Der Schluckakt** ist ein außerordentlich verwickelter Vorgang, an dem so zahlreiche Muskeln beteiligt sind, daß wir ihn als Ganzes betrachten müssen und nicht die Beteiligung der Zunge einseitig herauskehren dürfen. Zahlreiche Forscher aller Länder haben

---

1 Freie Ver. d. Chirurg. Berlins. 10. Dez. 1906. cf. Zentralbl. f. Chir. 1907. S. 193. Cf. auch WEIL in MASCHKAS Handbuch d. gerichtlichen Medizin 1881. Bd. I. S. 258, der einen von BILLROTH operierten Mann mit Zungenkarzinom sah, der, trotzdem die Zunge bis auf einen kleinen Rest entfernt worden war, keine Einbuße in der Deutlichkeit seiner Sprache erlitten hatte. 2 Wiener klin. Wochenschr. 1920. S. 540.

sich seit dem Altertum bis in die neueste Zeit hinein mit diesem. Problem befaßt, eine große Menge von Einzeltatsachen und Einzelbeobachtungen sind beschrieben worden, dennoch kann man noch nicht sagen, daß der Vorgang des Schluckens in allen Einzelheiten bekannt wäre, ja er ist noch nicht einmal so weit erforscht, daß unserem praktischen chirurgischen Bedürfnis damit Genüge geleistet würde.

Man unterscheidet nach dem Vorgang von SCHREIBER[1], KRAUS u. a. eine bukkopharyngeale Phase des Schluckaktes von einer ösophageo-pharyngealen. Natürlich hat eine solche Einteilung, wie eben jede Zerlegung eines schnell verlaufenden Vorgangs, etwas Willkürliches an sich, sie hat aber praktisch mancherlei für sich. Rein physiologisch ist es richtiger, die Vorwärtsbewegung des Bissens durch die Zunge bis zum Isthmus faucium als zum Kauakt gehörig zu bezeichnen. Es ist nämlich diese Bewegung vom Willen abhängig. Der zweite Teil, die Zusammenziehung der Constrictores pharyngis, das Heben und Schließen des Kehlkopfes, die Bewegung der Speiseröhre usw. ist ein reiner Reflexvorgang, wie schon MAGENDIE betont hat, und als solcher zahlreichen chirurgisch außerordentlich wichtigen Störungen unterworfen.

Verfolgen wir einen Bissen in Gedanken einmal auf seinem Wege vom Munde nach abwärts, so wie es uns durch die schönen Röntgenbilder von SCHEIER[2] dargestellt wird, so sehen wir als ersten, einleitenden Akt eine Bewegung der Zunge. Die Zunge legt sich von der Spitze anfangend, fest an den harten Gaumen an und schiebt durch diese Bewegung die Speisen von vorn nach hinten, dem Pharynx zu. Es ist diese Bewegung nicht etwa lediglich eine Funktion der Eigenmuskeln der Zunge (MM. verticalis, longitudinales, transversus), sondern es sind dabei vielmehr auch solche Muskeln wesentlich beteiligt, welche am Zungenbein ihren Ursprung und Ansatz haben, vor allem der Mylohyoideus und Hyoglossus (KRONECKER und MELTZER[3]); aber auch der Geniohyoideus, Genioglossus und schließlich indirekt der Thyreohyoideus, die sich wenigstens nur Bruchteile von Sekunden später kontrahieren, als die zuerst gegenannten Muskeln (SCHREIBER[4]). Die Schluckbeschwerden, die nach Strumaoperation auftreten, erklären sich zum Teil daraus, daß der M. thyreohyoideus durchschnitten worden ist,

---

1 Über den Schluckmechanismus. Arch. f. exp. Pathol. u. Pharmakol. Bd. 46. 1901. S. 446. u. Arch. f. Verdauungskrankheiten Bd. XVII. 1911. 2 Zur Verwertung der Röntgenstrahlen f. d. Physiologie des Schluckaktes. Fortschritte auf d. Gebiete d. Röntgenstrahlen Bd. 18. S. 377. 1911–1912. 3 Der Schluckmechanismus, seine Erregung und Hemmung. Arch. f. (Anat.) u. Physiol. 1882/1883. Suppl. S. 328. 4 Über den Schluckmechanismus. Arch. f. exp. Pathol. u. Pharmakol. 46. 1901. S. 446.

wenngleich hier noch andere Faktoren mit in Betracht kommen. Gerade diese einleitende Zungenbewegung ist deshalb für den Schluckakt so bedeutungsvoll, weil sie dem Bissen seine Triebkraft gibt, so daß er dadurch allein — wie wenigstens KRONECKER und MELTZER annehmen — bis zur Kardia geschleudert werden kann. Durch die Untersuchungen von SCHREIBER[1] wissen wir allerdings, daß in der Regel die Beförderung der Speisen nicht allein durch den Bewegungsantrieb, der ihnen von der Zunge her erteilt wird, erfolgt, sondern auch durch Eigenbewegung der Speiseröhre, immerhin muß man die Bedeutung der Zungen- und oberen Halsmuskeln sehr hoch einschätzen. Wir wissen ferner durch Versuche von MELTZER[2], daß allein Durchschneidung des Nerven für den M. mylohyoideus genügt, damit das Tier erhebliche Schluckstörungen bekommt, die sich darin äußern, daß der Bissen nur durch Hintenüberwerfen des Kopfes in den Pharynx befördert werden kann.

Ist der Bissen bis zum Anfang des weichen Gaumens gelangt, so legt sich die Zungenwurzel an die hintere Rachenwand. Gleichzeitig hebt sich der weiche Gaumen und berührt den sogenannten PASSAVANTschen Wulst, der sich aus der hinteren Rachenwand gebildet hat; dadurch wird der Pharynx nach oben zu abgeschlossen. Diese Bewegung des weichen Gaumens hat beispielsweise COUVELAIRE[3] an einem Patienten studiert, dessen Nasen-Rachenräume nach Exstirpation eines Karzinoms des inneren Augenwinkels breit frei lagen. Auch EINTHOVEN hat ähnliche Beobachtungen am lebenden Menschen gemacht (zit. nach EYKMANN[4]).

Ist der Bissen bis zum Isthmus faucium gelangt, beginnt das praktisch so außerordentlich wichtige Heben des Kehlkopfes; das Zungenbein stellt sich ganz nahe unter den Rand des Unterkiefers. Durch Kontraktion hauptsächlich des M. thyreohyoideus rückt auch der Schildknorpel und damit der gesamte Kehlkopf näher an das Zungenbein. Gleichzeitig mit dem Kehlkopf und der Trachea heben sich alle diejenigen Gebilde, die mit dem Kehlkopf verwachsen sind, wie Strumen usw. Das ist bekanntlich ein wichtiges differentialdiagnostisches Zeichen. Dieses Heben des gesamten Kehlkopfes nach oben und wahrscheinlich auch etwas nach vorn ist ein Schutz gegen das Verschlucken, insofern das subhyoide Fettpolster die Epiglottis stark nach hinten drückt und dadurch den Verschluß

---

1 l. c. Arch. f. exp. Pathol. u. Pharmakol. 67. 1911. S. 72; ferner Grenzgebiete Bd. 24. S. 356. 2 Arch. f. Anat. u. Physiol. 1880. S. 296. Demonstration KRONECKER in der Berliner physiol. Ges. 3 Sur le rôle du voile du palais pendant la déglutition etc. Journ. de Physiol. II. S. 280. 4 Sitzungsbericht d. k. k. Akad. d. Wissenschaften Wien. Math.-naturw. Kl. Abt. III. 1891.

des Larynx veranlaßt (Eykmann[1]). Die Epiglottis legt sich wohl gleichzeitig durch ein gewisses Nachhintenüberneigen des oberen Teiles des Kehlkopfes (bedingt durch Muskelzug und durch die Zungenwurzel, Réthi[1]) der hinteren Rachenwand an und bildet auf diese Art ein Dach für den Kehlkopfeingang. Es ist dabei eine noch nicht endgültig gelöste Frage, ob der Kehldeckel gänzlich über den Aditus laryngis herüberklappt. Beobachtungen an Operierten (Eykmann S. 570) und besonders die Tuscheversuche Passavants[2], der sich auf den Rand des Kehldeckels Tusche brachte und nach dem Schlucken den Abdruck davon auf den Taschenbändern beobachten konnte, sprechen dafür, daß beim Menschen sich die Epiglottis beim Schlucken bis auf den Boden des oberen Kehlkopfraumes legt. Es wird also, wie aus dem Gesagten hervorgeht, die Epiglottis nicht, wie man früher glaubte, durch den mechanischen Druck der Bissen über den Kehldeckel geklappt; ja, es ist überhaupt sehr zweifelhaft, ob ein Bissen mitten über den Kehldeckel herübergeht und nicht vielmehr seitlich durch den Recessus piriformis in den Ösophagus gleitet. Dieser sog. „geteilte Schluckakt" (Schmidt-Bruns, Waldeyer u. a., zit. nach Eykmann) erklärt es gut, daß Gräten, Nadeln u. dgl. so gern im Sinus piriformis stecken bleiben.

Um den Schluß des Kehlkopfes beim Schlucken noch vollkommener zu gestalten, zieht sich, wie wir schon seit Czermak[3] wissen und wie neuerdings wieder aus den Tierversuchen von Meltzer hervorgeht, die Glottis schon in dem Augenblick, wo sich die MM. mylohyoidei kontrahieren (also beim Beginn des Schluckens) zusammen. Zugleich oder wenig später rücken die Aryknorpel aneinander und bücken sich so stark nach unten und vorn, daß sie fast die vordere Wand der Schildknorpel berühren.

Einen weiteren Schutz gegen das Eindringen von Speisen in den Kehlkopf bildet die Unterbrechung der Atmung während des Schluckaktes (Marckwald[4]). Ein Teil der Autoren nimmt an, daß Schluck- und Atemzentrum in einer gewissen Beziehung zueinander stehen und folgern dies u. a. daraus, daß durch Atemnot Schluckbewegungen ausgelöst würden (Schwartz[5], Ducceschi[6]). Ganz eindeutig sind jedoch die Verhältnisse nicht, da sich die Beobachtungen (z. B. Wasser im Magen Ertrunkener) auch anders erklären lassen (vgl. auch Cahn[7]).

Der bukkopharyngeale, der wichtigste Teil des Schluckaktes, ist

---

1 Sitzungsbericht d. k. k. Akad. d. Wissenschaften Wien. Math.-naturw. Kl. Abt. III. 1891. 2 Virch. Arch. 104. S. 444. 3 Gesammelte Schriften Bd. 6. Abt. II. 4 Ztschrft. f. Biol. N. F. Bd. 7. 1889. 5 Zentralbl. f. Physiol. XIX. S. 995. 1905. 6 Ebendort S. 889. 7 Ebendort S. 990.

damit vollendet. Der Bissen gleitet in den, in der Ruhe geschlossenen, jetzt geöffneten Ösophagusmund (KILLIAN[1]). Bevor wir das Verhalten des Ösophagus beim Schluckakt besprechen, wollen wir sehen, was für Ausfallserscheinungen im Schlucken wir nach unseren chirurgischen Eingriffen und bei chirurgisch interessanten Erkrankungen der Zunge zu gewärtigen haben.

Durch Zungenexstirpation oder Lähmung der Zunge, etwa nach Durchtrennung des N. hypoglossus, kann der Schluckakt recht wesentlich gestört sein. Damit der Bissen zunächst einmal in den hinteren Rachenteil gelangt, pflegen derartige Patienten beim Schlucken den Kopf nach hinten zu schieben (THIERY l. c., EHRMANN l. c.). Es kommt noch als störend hinzu, daß beim Fehlen der Zunge der Bissen weniger gründlich zerkaut und mit Speichel gemischt werden kann; größere Stücke zu schlucken, macht deshalb solchen Patienten viel Mühe. Einen gewissen Ersatz für das fehlende Organ bildet, wenn erhalten, der muskulöse Mundboden, der, ebenso wie die Wange, lernt, viel ausgiebigere Bewegungen zu machen, als wie beim normalen Menschen. Man tut deshalb gut, bei der Operation beide möglichst zu schonen.

Ist der Bissen im hinteren Rachenraum angelangt, so suchen die Patienten ihn gewöhnlich durch Drehen des Kopfes bei der Epiglottis vorbeizubekommen, was auch meist gelingt, obgleich bei Fehlen des Zungengrundes die Epiglottis nicht normal verschlossen werden kann. Es sind jedoch die anderen oben besprochenen Verschlußmechanismen des Aditus laryngis vollständig ausreichend, so daß beispielsweise ein Hund auch bei Entfernung des ganzen pharyngealen Teiles der Epiglottis, ohne sich zu verschlucken, saufen kann, vorausgesetzt, daß er nicht aufgeregt wird (MAGENDIE LONGET[2] und besonders SCHIFF[3]). Auch beim Menschen kann der Kehldeckel ganz oder zum größten Teil fehlen, ohne daß das Schlucken beeinträchtigt wird (MORGAGNI[4], ROSENBAUM[5], SCHMIDT[6]). Beim operierten Hunde konnte SCHIFF beobachten, daß eine weitere Aufgabe des Kehldeckels darin besteht, die nach dem eigentlichen Schluckakt vom Gaumendach und den Pharynxwänden herabfallenden Tropfen vom Larynx abzuhalten.

Wir finden in der bukkopharyngealen Phase des Schluckaktes weiterhin eine erhebliche Störung, wenn durch Lähmung des

1 Münchener med. Wochenschrift 1907. Nr. 34 und 1908. 2 Leçons sur la physiologie de la digestion 1868. 13 leçon. 3 Zit. nach EYKMANN S. 527/28. 4 De sedibus et causis. morborum. Lit. III, Nr. 13. 1761. Venedig. 5 Arch. f. klin. Chir. Bd. 49. 1894. S. 773. 6 Die Krankheiten der oberen Luftwege 1894. S. 44.

weichen Gaumens (Diphtherie) oder Defekt in ihm und dem harten Gaumen der Abschluß der Mundhöhle gegen die Nase zu ein unvollkommener ist. Es läuft dann, z. B. bei Kindern mit Gaumenspalte, flüssige Nahrung leicht zur Nase heraus. Es kommen schließlich Lähmungen im Bereich der Pharynxmuskulatur vor (z. B. in der Agone bei Typhus, bei Apoplexien usw.), doch haben diese kaum ein speziell chirurgisches Interesse und können deshalb übergangen werden. Erwähnenswert ist hier nur die Lähmung des Orbicularis oris bei Fazialisverletzungen, die deshalb sehr störend ist, weil bei fehlendem Lippenschluß Flüssigkeit wieder aus dem Munde herausfließen kann. Dasselbe gilt natürlich auch für den mangelhaften Mundschluß bei Hasenscharte, der ja, wie bekannt, häufig mit Defekt am Gaumen — Gaumenspalte — verbunden ist. Die Nahrung läuft solchen Kindern dann oft zu Mund und Nase heraus; außerdem sind sie am Saugen gehindert. Dasselbe gilt für entsprechende Verletzungen, wie besonders die Kriegserfahrung gezeigt hat.

Die ausgesprochensten Störungen, ja gänzliche Unmöglichkeit zu Schlingen, findet man schließlich auch bei Frakturen oder auch leichteren Verletzungen (Luxationen) des Zungenbeines, besonders des großen Zungenbeinhornes, worauf zuerst von VALSALVA hingewiesen worden ist (DYSPHAGIA VALSALVAE[1]). Es entspricht der oben gewürdigten großen Bedeutung, die das Heben des Zungenbeines für den Schluckakt hat, daß derartige Patienten sofort nach der Verletzung keine Schlingbewegung mehr ausführen können und oft längere Zeit mit der Schlundsonde ernährt werden müssen. Die Prognose dieser Brüche ist, nicht am wenigsten wegen des mangelhaften Schluckens und der damit verbundenen Gefahr einer Schluckpneumonie, eine sehr ernste (ca. 50% Mortalität).

Die Folgen einer Durchtrennung des M. mylohyoideus allein oder seiner Nerven, habe ich oben bereits angeführt. Schwerwiegender ist es, wenn auch die anderen zu dieser Gruppe gehörigen Zungenmuskeln durchtrennt werden, vor allem der Genioglossus, aber auch der Geniohyoideus. In dem Augenblick, wo bei Resektionen des Mittelstücks vom Unterkiefer der Genioglossus durchtrennt wird, sinkt der Zungengrund zum Teil der Schwere nach, zum Teil wohl durch eine Art Spasmus der Antagonisten (Hyoglossi, Styloglossi, Stylohyoidei) nach hinten und lagert sich über den Kehlkopfeingang, dadurch die schwerste Erstickungsgefahr bedingend. Da der Geniohyoideus und Mylohyoideus wohl meist mit durchtrennt sind, verliert gleichzeitig

1 ALBERT, Lehrbuch d. Chirurg. 1881. Bd 1. S. 425.

das Zungenbein seinen vorderen Halt und erhöht die Atemstörung. Die Verhältnisse sind experimentell von SZYMANOWSKY[1] studiert worden. Auch bei den Gesichtsschüssen wird ähnliches beobachtet, und es sind während des Krieges besondere Verbände konstruiert worden, um dieses Zurücksinken der Zunge zu verhindern (s. ROST[2]).

Über die Beteiligung der **Speiseröhre** am Schluckakt („pharyngoösophageale Phase") wissen wir folgendes: KRONECKER und MELTZER[3] hatten bei ihren sinnreichen Versuchen, wobei der eine sich einen kleinen Ballon in die Speiseröhre einführte, dessen Bewegung beim Schluckakt aufgezeichnet wurde, gefunden, daß der Bissen — die Untersuchungen bezogen sich hauptsächlich auf breiige und flüssige Substanzen — mit einem Schuß bis zur Kardia gespritzt wurde, und zwar durch Kontraktion der Mylohyoidei, was CANNON und MOSER[4] mit Hilfe der Röntgenbeobachtung bestätigen konnten. Feste Bissen werden durch die Ösophagusmuskulatur nach abwärts befördert, und zwar, wie SCHREIBER[5] feststellen konnte, mit verschiedenen Geschwindigkeiten; im Halsteil schneller als im Brustteil, was SCHREIBER damit in Zusammenhang bringt, daß der Halsteil quergestreifte, der Brustteil glatte Muskulatur hat. Eine Pause findet die Fortbewegung des Bissens am Eingang des Ösophagus und vor der Kardia (vgl. auch MELTZER[6]).

Beim Eingießen von Flüssigkeiten in die Speiseröhre wie man das z. B. nach Operationen im Bereich des Pharynx macht, wobei man das Drainrohr durch Mund oder Nase bis in den Anfangsteil des Ösophagus legt (v. MIKULICZ[7]), fließt das Eingegossene ohne Hindernis in den Magen entsprechend der Schwere ohne eine peristaltische Bewegung der Speiseröhre.

Folgende **Nerven** ordnen diesen pharyngoösophagealen Teil des Schluckaktes. An dem sensiblen Teil des Reflexbogens sind der II. Ast des Trigeminus, der Glossopharyngeus, der N. laryngeus superior und vielleicht auch der inferior beteiligt. Beim Kaninchen erfolgt eine Schluckbewegung bei Berührung des weichen Gaumens (II. Ast des Trigeminus [KAHN[8]]). Auch beim Menschen wird das Schlucken von den sensiblen Teilen des Rachens (vielleicht Zungen-

---

1 Zit. nach KÖNIG, Lehrb. d. Chirurg. 2. Aufl. 1878. S. 304. 2 Gesicht u. Mundverletzungen in BORCHARD-SCHMIEDER, Lehrbuch d. Kriegschirurgie. II. Aufl. 3 Arch. f. Anat. u. Physiologie 1882/1883. Suppl. S. 328. 4 Arch. f. exp. Pathol. u. Pharmakol. 46. 1901. Ders. Über den Schluckmechanismus. Berlin 1904. Aug. Hirschwald und Arch. f. Verdauungskrankheiten Bd. 17. 1911. 5 Americ. Journ. of Physiol. I. 1898. S. 435. 6 Zentralbl. f. Physiol. XXI. S. 94. 1907. 7 Mitt. aus den Grenzgebieten 12. 1903. S. 509. 8 Arch. f. (Anat.) u. Physiol. 1903. S. 386.

grund) reflektorisch ausgelöst (WASSILIEFF). Durch Kokainisierung dieser Gegend oder durch Verätzung der Schleimhaut (CARLSON[1]) wird das Schlucken für etwa 1/4 Stunde aufgehoben. Es tritt dabei ein Spasmus des Ösophagusmundes auf (DESSECKER[2]). Auf welchem Wege jedoch dieser Reiz zentralwärts fortgeleitet wird, wissen wir nicht genau. Man könnte hier mit Erfolg die Leitungsanästhesie heranziehen. Die Epiglottis, ein weiterer Punkt, von dem aus der das Schlucken auslösende Reiz zentripetal geleitet werden könnte, wird sensibel vom N. laryngeus sup. versorgt. Seine Durchschneidung beim Menschen wird hauptsächlich bei Tuberkulose der aryepiglottischen Falten vorgenommen, um die Schmerzen beim Schlucken zu beseitigen (Lit. s. ZENCKER[3]). Störungen des Schluckaktes sind nach dieser Operation nicht beobachtet worden; derartige Fälle sind jedoch wohl auch für solche physiologische Untersuchungen ungeeignet. Nach Strumaoperationen findet man gelegentlich noch lange Zeit nach der Operation, daß sich die Patienten leicht „verschlucken". Es trifft das besonders zu bei Kröpfen, die weit nach oben reichen, und man nimmt im allgemeinen an, daß hier der N. laryngeus superior geschädigt worden ist (v. EISELSBERG[4]). Genauer sind die dabei vorhandenen Schluckstörungen jedoch bisher nicht untersucht worden.

Die sensiblen Bahnen für den Ösophagus verlaufen durch den Recurrens (LÜSCHER[5]), stehen aber auch in Verbindung mit spinalen Ganglienzellen (DE WITT[6]). Nach den Untersuchungen von ZIMMERMANN[7] ist die Speiseröhre in ihrem unteren Teil unempfindlich für Berührungen und elektrische Reize, während sie in ihrem oberen Teile diese Reize wahrnimmt. Sie ist in ihrer ganzen Länge für Druck und Temperaturunterschiede, sowie für einzelne Chemikalien (Alkohol) unempfindlich. Andere Chemikalien, wie Menthol werden nur ungefähr bis zur Höhe des Kehlkopfes an dem dadurch ausgelösten Kältegefühl wahrgenommen. Dieses Kältegefühl durch Menthol tritt dann erst wieder auf, wenn das Menthol sich kurz oberhalb des Afters befindet (SCHWENKENBECHER[8]).

Der motorischen Innervation des Rachens und Ösophagus dient der Vagus, und zwar hat er erstens Fasern, deren Reizung die Speiseröhre zur Kontraktion veranlaßt, zweitens solche, die

1 Journ. of the Americ. med. assoc. Bd. 78. S. 789. 1922. 2 Mitt. aus d. Grenzgeb. Bd. 37. 3 Münchener med. Wochenschrift 1919. S. 1167. 4 Im Handbuch d. prakt. Chir. IV. Aufl. 1913. Bd. 2. S. 386. 5 Ztschrft. f. Biol. Bd. 35. 1897. 6 Journ. of comp. Neurol. 10. 1900. p. 382. 7 Mitt. aus d. Grenzgebieten Bd. 20. Hft. 3. 1909. 8 Münchener med. Wochenschrift 1908. Nr. 28.

den Tonus der Muskulatur aufrecht erhalten (GOLTZ[1]). Außer dieser Verbindung mit dem Gehirn hat die Speiseröhre, wie ja der ganze Darm, ein zweites motorisches Zentrum in sympathischen Ganglienzellenhaufen, die in der Wand des Ösophagus liegen. GREVING[2] konnte anatomisch nachweisen, daß zur Speiseröhre stets auch dünne Fäden aus den Grenzsträngen laufen, die einige Verbindungen mit dem N. vagus eingehen. Verwickelt werden die Innervationsverhältnisse noch dadurch, daß die Muskelgebiete der einzelnen Nerven ineinander übergreifen (KAHN[3]).

Das Schluckzentrum liegt im verlängerten Mark oberhalb des Atemzentrums; daher die Beziehungen von Schlucken zur Atmung (s. S. 24).

Bei der Bulbärparalyse treten durch Zerstörung des Zentrums Schluckstörungen auf. Ob auch die Schluckstörungen (Krämpfe) beim Kopftetanus (ROSE[4]) und bei Lyssa zentral zustande kommen, ist nicht bekannt.

Bei künstlichem Ersatz für die Speiseröhre z. B. nach der ROUXschen Methode, wobei Dünndarm unter der Brusthaut bis zur oberen Thoraxapertur verlagert worden ist, sieht man, daß der Bissen sehr langsam, und zwar immer mit Luft vermischt, nach abwärts gleitet (KAZNELSON[5], SCHREIBER[6] u. a.).

Anhangsweise sei hier erwähnt, daß ALBERT WOLFF[7] bei einem Verwundeten Mitbewegungen des Epistropheus beim Schlucken beobachtet hat.

Eine große Bedeutung für die Lage von Verätzungen, für das Liegenbleiben von Fremdkörpern, auch wohl für das Auftreten der bösartigen Geschwülste, hat man den sogenannten **„Engen des Ösophagus"** zugeschrieben[8] (Lit. s. ENDERLEN[9]). Die Angaben der Autoren hierüber lauten sehr verschieden. So beschreibt SAPPEY nur eine Enge, VIRCHOW[10] u. a. drei, MEHNERT dreizehn. Am meisten Verbreitung hat immer noch die alte Lehre von den drei VIRCHOWschen Engen (1. unterhalb des unteren Randes der Cartilago cricoidea, 2. etwa 2 cm unterhalb der Bifurkation, 3. etwa 2 cm über der Kardia). Allerdings hat diese Lehre durch die genauen Vermessungen von TELEMANN[11] eine gewisse Änderung erfahren. Danach sind, wenn man die aufgeschnittene Speiseröhre mißt,

---

1 PFLÜGERS Arch. Bd. 6. 1872. S. 616. 2 I. d. Würzburg. 3 Arch f. (Anat.) u. Physiol. 1906. S. 355. 4 Deutsche Chirurgie. Lief. 8. 5 PFLÜGERS Arch. Bd. 118. S. 327. 1907. 6 Arch. f. exp. Pathol. u. Pharmak. 67. S. 72. 1911 und Grenzgebiete. Bd. 24. S. 356. 7 Berliner klin. Wochenschrift 1918. S. 422. 8 v. HACKER im Handbuch d. Chirurgie IV. Aufl. S. 13. Bd. 2. 9 Deutsche Ztschrft. f. Chir. Bd. 61. 10 VIRCH. Arch. 1883. Bd. 11. 11 Dissert. Königsberg 1906.

anatomische Engen überhaupt nicht vorhanden. Es sind die beschriebenen Engen lediglich funktioneller Natur, teils bedingt durch ungleichmäßige Zusammenziehungen der einzelnen Ösophagusabschnitte (Kardia, Hiatus oesophageus), teils durch Druck benachbarter Gebilde (Bifurcatio, Ringknorpel).

Eine besondere Besprechung verdient von den verschiedenen Teilen des Ösophagus die **Kardia**. In der Ruhe ist die Kardia geschlossen, und zwar durch längsgestellte Muskelzüge, die auf den Magen übergehen, wodurch eine Art Ventilbildung entsteht (v. Mikulicz[1], Rosenheim[2], Gottstein[3], Kelling[4], Retzius[5]). Weiterhin wirken als Verschluß des Ösophagus Zwerchfellfasern, die den Ösophagus zirkulär umgeben (Sauerbruch und Haecker[6]). Nähert man beim Ösophagoskopieren den Tubus der Kardia, so öffnet sich diese und man kann, ohne einen stärkeren Widerstand zu fühlen, das Rohr in den Magen vorschieben. Ebenso öffnet sich die Kardia bei jeder Drucksteigerung im unteren Ösophagusabschnitt, die ein gewisses Maß überschreitet, mag dieser Druck nun durch künstliches Einpumpen von Luft oder Eingießen von Flüssigkeit oder aber durch den Schluckakt hervorgerufen werden (v. Mikulicz). Die Speisen verweilen an der Kardia eine Zeitlang, wie röntgenologische Untersuchungen von Paluggay[7] gezeigt haben, ehe sie in den Magen gelangen.

Unter **Kardiospasmus** versteht man den krampfartigen Verschluß der Kardia, der sich bei jedem Bissen einstellt und dazu führt, daß die Patienten den Bissen zwar zu schlucken vermögen, dieser jedoch nicht bis in den Magen gelangt, sondern im unteren Ösophagusabschnitt oder oberen Magenabschnitt stecken bleibt und dann durch einen Würgvorgang ,der sich vom eigentlichen Erbrechen u. a. durch das Fehlen der Nausea unterscheidet, wieder nach oben befördert wird. Die sonstigen subjektiven Beschwerden, besonders die Schmerzen derartiger Patienten, sind verschieden. Sie können sehr hochgradig sein, so daß die Menschen das Gefühl haben, es zerrisse ihnen etwas in der Brust (Fleiner[8]). Nach hastigem Trinken oder Essen hat wohl schon jeder bei sich dieses unangenehme Gefühl in der Speiseröhre beobachtet, das durch einc Zusammenziehung des Ösophagus bei gleichzeitigem Verschluß der Kardia hervorgerufen wird.

---

1 Mitt. aus d. Grenzgebieten 12. 1903. S. 569. 2 Deutsche med. Wochenschrift 1895. Nr. 45. 3 Mitt. aus d. Grenzgebieten Bd. 6 u. 8. 1899. 1901. 4 Arch. f. klin. Chir. 64. S. 402. 5 Zit. nach Fleiner, Naturhist. med. Verein Heidelberg 1919. 6 Deutsche med. Wochenschrift 1906. Nr. 31. 7 Pflügers Arch. f. d. ges. Physiol. Bd. 187 1921. 8 Münchener med. Wochenschrift 1900, 1910 u. 1919.

Oberhalb der Kardia findet man bei Kardiospasmus eine hochgradige Erweiterung des Ösophagus, von der man gewöhnlich annimmt, daß sie rein passiv durch die Stauung der Bissen entstanden sei. Es ist jedoch in den meisten Fällen wahrscheinlich vielmehr so, daß gleichzeitig mit einem Spasmus der Kardia eine Atonie des oberhalb gelegenen Teiles der Speiseröhre verbunden ist. Dafür spricht, daß bei organischen Strikturen, wie stenosierenden Karzinomen, auch wenn sie in tieferen Abschnitten liegen (GOTTSTEIN l. c. S. 111), eine so hochgradige Erweiterung des Ösophagus oberhalb des Hindernisses nicht gefunden wird, als wie bei Kardiospasmus (OBERNDORFFER[1]). Früher hat man diese Erweiterung als das Erste im Krankheitsbild des Kardiospasmus betrachtet (STARK[2], ROSENHEIM l. c., ÖTTINGER und CABALLERO[3]), besonders wohl auch deshalb, weil man bei Sektionen zwar Erweiterung der Speiseröhre fand („Vormagen“ [FLEINER l. c.]), von dem Krampf der Kardia aber naturgemäß nichts mehr nachweisen konnte. Nach den neueren, besonders röntgenologischen und Sondenuntersuchungen FLEINERS soll übrigens das Hindernis nicht an der Kardia allein sitzen, sondern es sollen auch die Muskeln des Sinus gastricus (s. später) beteiligt sein, die eine zu enge Rinne für die Speisen bilden. Man kommt deshalb bei Kardiospasmus mit der Sonde um 10—15 cm weiter, als der Kardia entspricht. Andererseits zeigen die operativen Erfolge von HELLER[4] (3 cm lange Längsinzision der Kardiamuskulatur) und WENDEL[5] (7 cm lange Längsinzision durch die ganze Kardia und Quervernähung), daß der umschriebene Krampf der Kardia in der Mehrzahl der Fälle doch wohl das Wesentlichste im Krankheitsbilde des Kardiospasmus darstellt. Man unterscheidet einen angeborenen und einen erworbenen Kardiospasmus (FLEINER). Letzterer tritt z. B. sekundär bei Verätzung der Speiseröhrenschleimhaut auf.

Was für eine Störung in der nervösen Versorgung der Speiseröhre und im besonderen der Kardia liegt nun dem Krankheitsbild des Kardiospasmus zugrunde? Wie am ganzen Magen-Darmkanal, so haben wir auch an der Kardia eine Anhäufung von Ganglienzellen, die in der Muskulatur gelegen sind. Dadurch gewinnt der Schließmuskel eine weitgehende Selbständigkeit. Alle Reize, die durch Vagus und Splanchnikus zur Kardia gelangen, werden in diesen Ganglienzellen erst umgesetzt, ihre Wirkung ist also keine so einfache, wie die irgendeines motorischen Nerven an einer Gliedmasse.

---

1 Diskussionsbemerkung, cf. Münchener med. Wochenschrift 1911. S. 1988. 2 Die diffuse Erweiterung der Speiseröhre. Sep. Abdr. aus „Deutsche Praxis“. München 1903. 3 Arch. des malad. de l'appareil dig. Bd. 11. 1921. 4 Mitt. ausd. Grenzgebieten Bd. 27. 5 Verh. d. Deutsch. Ges. f. Chir. 1910.

Die Folge davon ist, daß elektrische Reizung von Vagus und Splanchnicus durchaus nicht immer gleiche Ergebnisse an der Kardia haben. Einmal bekommt man Öffnung, einmal Schließung, und außerdem sind die Ergebnisse bei einzelnen Tierarten noch sehr verschieden (vgl. BORCHERS[1], PRIBRAM[2], CARLSON und Pearcy[3]). Zentren für die Bewegungen der Kardia liegen nach den Untersuchungen von v. OPENCHOWSKI[4] im Bereiche des Vierhügels, im Nucleus caudatus, in den vorderen Strängen des Rückenmarks und in der Gehirnrinde in der Nähe des Sulcus cruciatus.

Wegen dieser Selbständigkeit der Kardia wird man auch bei dem Krankheitsbild des Kardiospasmus nicht den Hauptwert auf eine Erkrankung der zuleitenden Nerven legen, sondern wird die Ursache für den Krampf in letzter Linie in dem Schließmuskel selbst und in seinen Ganglienzellen suchen. Gleichwohl weisen klinische und anatomische Befunde auf eine Mitbeteiligung von Vagus und Splanchnikus bei dem Krankheitsbild des Kardiospasmus hin. So fand KRAUS[5] in einem Fall von Kardiospasmus mit hochgradiger Erweiterung der Speiseröhre eine Erkrankung beider Nn. vagi. Ähnliche Fälle beschreiben PALTAUF[6] und HEYROWSKY[7]. Klinisch hat man bei solchen Kranken auch andere, auf den Vagus bezügliche nervöse Störungen beobachtet. So beschreibt KAUFMANN[8] einen Fall, bei dem an Tagen, wo der Kardiospasmus besonders ausgeprägt war, auch die Pulsfrequenz auf 40 Schläge sank und wo die Vagusreizung durch Atropin wesentlich gebessert wurde. Bei Durchschneidung der Nn. vagi am Halse gerät die Kardia, wie aus den Versuchen von KRONECKER und MELTZER, SCHIFF, A. BERNARD[9], SINNHUBER[10], CARLSON und PEARCY[11] u. a. hervorgeht, dank der selbständigen Funktion der in ihr gelegenen sympathischen Ganglienzellen in einen Kontraktionszustand, in dem sie tagelang verharrt. Werden die Vagi unterhalb des Lungenhilus durchschnitten, so ist keine Beeinflussung der Kardia oder des Ösophagus mehr nachweisbar (STARK[12], GOTTSTEIN, SAUERBRUCH, HÄCKER[13]). KREHL[14] hat nach dem Durchschneiden der Nn. vagi am Halse eine Lähmung und Erweiterung der Speiseröhre beobachten können. Nach dem

1 Ztbl. f. Chir. 1920. 2 Archiv f. klin. Chirurg. Bd. 120. 3 Americ. journ. of physiol. Bd. 61. 1922 und Archiv of int. med. Bd. 30. 1922. Journ. of the Americ. med. assoc. 78. 1922. S. 784. 4 Archiv f. (Anat. u.) Physiol. 1889. S. 551. 5 Festschr. f. Leyden 1902. Bd. I. 6 Wiener klin. Wochenschrift 1908. 7 Wiener klin. Wochenschrift 1912. 8 Wiener klin. Wochenschrift 1908. KAUFMANN u. KIENBÖCK. Wiener klin. Wochenschrift 1909. 9 Zit. nach KRAUS l. c. 10 Ztschrft. f. klin. Med. Bd. 50. 11 Americ. journ. of physiol. Bd. 61 1922 und Arch. of int. med. Bd. 30. 1922. 12 Münchener med. Wochenschrift 1904. 13 Deutsche med. Wochenschrift1906. 14 Arch. f. Anat. u. Physiol. 1892. Suppl. S. 278.

Gesagten kann also das Bild des Kardiospasmus aus Erkrankungen des Nervus vagus erklärt werden, und zwar würde es sich dann um einen vagoparalytischen Vorgang handeln. Daneben können Erscheinungen von Vagusreizung in anderen, vom Vagus versorgten Gebieten vorhanden sein (NEUGEBAUER[1], WILMS[2] u. a.). In welchem Teil der Vagusbahn die Veränderungen ihren primären Sitz haben, ist nicht bekannt, wahrscheinlich wohl auch in den einzelnen Fällen verschieden. Die Beobachtung von GOLTZ[3], der nicht nur nach Durchschneidung beider Vagi, sondern auch nach Zerstörung der Medulla oblongata beim Frosch einen andauernden Krampf des Ösophagus gesehen hat, weist jedenfalls darauf hin, daß die Störung in letzter Linie auch durch Veränderungen im Gehirn hervorgerufen werden können.

Es sei hier anhangsweise erwähnt, daß nach der Zusammenstellung von WIDMER[4], TILMANN[5], REICH[6] u. a. beim Menschen die einseitige Durchschneidung des Vagus am Halse außer der bleibenden Rekurrensschädigung nur eine rasch vorübergehende Pulsbeschleunigung zur Folge hat. Hingegen sind Zerrungen, also Reizungen, des N. vagus außerordentlich gefährlich und oft vom Exitus gefolgt. Durch vorheriges Kokainisieren des N. vagus läßt sich diese Gefahr umgehen (REICH l. c., HELLER und WEISS[7]).

Nun ist durchaus nicht gesagt, daß bei Kardiospasmus immer eine Erkrankung im Vagusgebiet vorhanden sein muß. Das Krankheitsbild läßt sich genau so gut durch Veränderungen im Sympathikus erklären. Es gibt z. B. Fälle von Kardiospasmus bei Bleivergiftung (v. BERGMANN, CURSCHMANN, v. ORTNER und SCHIFF), die THIEDING[8] zusammengestellt hat; nun wissen wir von der Bleivergiftung, daß sich bei ihr sowohl das autonome, wie auch das sympathische Nervensystem in einem Reizzustand befindet und schließen deshalb, daß auch beim Kardiospasmus Änderungen im Bereich des Sympathikus schuld an dem Krampfzustand sein können. Auch bei Gicht, Urämie und Erkrankungen der Drüsen mit innerer Sekretion ist Kardiospasmus beobachtet worden, ohne daß man bisher eine klare Deutung des Zusammenhanges geben kann. In vielen Fällen von Kardiospasmus wird man wohl keine gröberen anatomischen Veränderungen in den Nerven zu erwarten brauchen. Hierfür spricht der oft erstaunlich glatte Heilerfolg einer einmaligen, energischen Dehnung der Kardia (GOTTSTEIN, WILMS). Nicht ganz selten sind solche Spasmen an der Kardia etwas Sekundäres. Die Reizursache

---

1 Wien. klin. Woch. 1914. 2 Deutsche Ztschrft. f. Chir. Bd. 144. 3 PFLÜGERS Arch. Bd. VI. 1872. S. 588 u. 616. 4 Deutsche Ztschrft. f. Chir. Bd. 36. 5 Deutsche Ztschrft. f. Chir. Bd. 48. 6 BRUNS' Beiträge Bd. 56. 7 Ztschrft. f. d. ges. exp. Med. Bd. 2. 8 BRUNS' Beitr. 120. S. 237 1921.

kann z. B. eine oberhalb gelegene Verätzung bilden oder ein Magenkarzinom sein (SCHLESINGER[1]), so daß ein Pylorus-Ösophagusreflex zu bestehen scheint.

Außer dieser Vereinigung von schlaffer Lähmung der Speiseröhre mit Kontraktion der Kardia findet man auch isolierte **Lähmungen** höher gelegener Teile **des Ösophagus.** Völlige Lähmungen kommen bei Bulbärparalyse, multipler Sklerose und anderen Erkrankungen des zentralen Nervensystems vor, meist erst kurz vor dem Tode (ZENKER, v. ZIEMSSEN l. c.). Von GOTTSTEIN[2] ist eine postdiphtherische Parese des Ösophagus beschrieben worden, also eine Lähmung bei Erkrankung der peripheren Nerven. Handelt es sich nicht um völlige Lähmung, sondern nur um Schwäche der Speiseröhrenmuskulatur, so spricht man von Atonie des Ösophagus, die meist Teilerscheinung einer allgemeinen Atonie ist. Man kann sie vor dem Röntgenschirm daran erkennen (HOLZKNECHT und OLBERT[3]), daß kleine Mengen weicher Bissen über die Wandung des ganzen Organs hin ausgestrichen werden. Noch besser scheint dabei die Untersuchung in Beckenhochlagerung zu sein, wie sie PALUGYAY[4] angewandt hat. Eine Art Atonie der Speiseröhre finden wir nicht ganz selten bei Strumen (ST. JATROU[5]), angeblich als Folge eines Druckes auf den Vagus.

Außer Dysphagie durch Lähmung kommt in den oberen Ösophagusabschnitten auch eine Dysphagia spasmodica vor (F. HOFMANN[6]). Für ihr Verständnis sind die oben kurz geschilderten anatomischen Daten von großem Wert, besonders die Versuche von GOLTZ, der bei Fröschen reflektorisch, z. B. durch Reiz, der Ösophaguswand, ferner des N. ischiadicus Kontraktion der Speiseröhre beobachten konnte. An größeren Warmblütern sind allerdings entsprechende Untersuchungen meines Wissens bisher noch nicht ausgeführt worden. Immerhin sprechen auch unsere klinischen Erfahrungen, besonders die Krämpfe bei Entzündung des Ösophagus, bei Reiz von Fremdkörpern usw. dafür, daß diese Spasmen in den mittleren Abschnitten der Speiseröhre Reflexvorgänge sind, ausgelöst durch periphere Reize verschiedener Art.

Die bei Hysterischen häufig vorkommenden Schluckkrämpfe lassen sich zurzeit noch nicht genau erklären.

Eine besondere Bedeutung hat noch der Krampf des Ösopharyngis als einen besonderen Muskelring beschrieben (M. fundifor-

---

1 Wien. med. Woch. 1923 u. Mitteil. a. d. Grenzgeb. Bd. 38. 2 Mitt. aus d. Grenzgebieten Bd. 8. 1901. 3 Ztschrft. f. klin. Med. Bd. 71. S. 91. 4 Mitt. aus d. Grenzgebieten Bd. 37. 5 Mitt. aus d. Grenzgebieten Bd. 36. 6 De morbis oesophagi spasmodicis opera omnia. Edit. Genev. Tom. III. p. 130. Zit. nach ZENKER u. v. ZIEMSSEN.

phaguseinganges. KILLIAN[1] hat jenen Teil des M. constrictor mis). Es soll dieser Muskel genau so wie die Kardia in der Ruhe geschlossen sein, während ja die übrige Speiseröhre ein offenes luftgefülltes Rohr darstellt (v. MIKULICZ l. c., SAUERBRUCH[2]). Auch dieser Ösophaguseingang ist gelegentlich der Sitz von Krämpfen (BECK[3], BOENNINGHAUS[4], GOTTSTEIN[4]), die der Einführung des Ösophagoskopes große Schwierigkeiten bereiten können. Einen solchen krampfartigen Verschluß des Ösophagusmundes bekommt man z. B. bei Anästhesierung des Meso- und Hypopharynx (DESSECKER[5]). KILLIAN betrachtet diese Krämpfe als die auslösende Ursache bei der Entstehung der sogenannten **Pulsionsdivertikel.**

Diese Divertikel, auch wohl „ZENKERsche[6] Divertikel“ genannt, sind „sackförmige Ausstülpungen der hinteren oder seitlichen Schlundwand an der Grenze von Pharynx und Ösophagus“ (STARK[7]). Die Erklärung der ersten Ursache für die Entstehung dieser Gebilde hat den Forschern von jeher große Schwierigkeiten bereitet. Man hat sie als Hemmungsbildung aufgefaßt, hat sie mit den Kiemenfurchen in Beziehung gesetzt, hat auch an atavistische Zustände gedacht (z. B. Rachentasche beim Schwein), alles Theorien, für die sich aber aus der sie stützen sollenden Entwicklungsgeschichte[8] nur sehr wenig beweisendes Material heranziehen ließ. Deshalb hat bisher immer noch die ZENKER-v. ZIEMSSENsche Theorie ihren Platz behauptet, nach der diese Divertikel rein mechanisch entstanden sind. „Eine umschriebene Stelle der Schlundwand verliert ihre Widerstandsfähigkeit gegen den beim Schlingakt von innen auf sie wirkenden Druck, indem sie infolge einer lokalisierten Einwirkung auf die ihr zur Stütze dienenden Muskelfasern dieser Stütze beraubt wird“ (ZENKER, v. ZIEMSSEN l. c. S. 58). Nun kennen wir tatsächlich aus der normalen Anatomie eine derartige schwache Stelle in der hinteren Wand des Schlundrohres am Übergang von Pharynx zu Ösophagus. Es fehlen hier in einem dreieckigen, von LAIMER[9] beschriebenen Raum die longitudinalen Muskelfasern, die im übrigen gerade als wesentlichster Stützapparat für Pharynx und Ösophagus gelten.

Daß diese schwache Stelle, besonders wenn der Ösophaguseingang noch krampfartig geschlossen ist (eine Annahme, die übrigens MONRO[9] schon im Jahre 1811 gemacht hat), durch die andringenden Bissen allmählich sackartig

---

1 Münchener med. Wochenschrift 1907. Nr. 34. 2 BRUNS' Beiträge Bd. 46. S. 423. 3 Naturhist. med. Verein Heidelberg 1917. 4 Breslauer chir. Ges. 15. XI. 1920. Ref. Centralbl. f. Chir. 1921. S. 577. Ztschr. f. Ohrenheilkunde Bd. 81. 1921. 5 Mitt. aus d. Grenzgebieten Bd. 37. 6 v. ZIMMSSENS Handbuch Bd. 7. I. Anhang. 7 Die Divertikel der Speiseröhre. Leipzig 1900. S. 45. 8 STARK l. c. S. 84. 9 The morbid anatomy of the human Gallet etc. Edinburgh 1811. S. 12.

ausgestülpt wird, erscheint durchaus verständlich, besonders da überdies diese in der Höhe des Ringknorpel gelegene Stelle, nach den Untersuchungen von PILLAUX und MOUTON (zit. nach STARK S. 76) die geringste Ausdehnungsmöglichkeit hat. Trotzdem diese Theorie unser Kausalitätsbedürfnis in weitgehendem Maße befriedigt, wird sie doch keineswegs allgemein anerkannt. Besonders die seitlich am Eingang des Ösophagus gelegenen Divertikel werden vielfach als Reste von Kiemengängen aufgefaßt (v. BERGMANN[1], VIRCHOW), obgleich ja die Kiemengänge beim Menschen in der Entwicklungsperiode niemals so weit nach abwärts reichen. Da man aber bei histologischer Untersuchung der Divertikel in der Mehrzahl der Fälle die Kuppe frei von Muskelfasern findet (BRUNS[2], JURACZ[3], MARUYAMA[4], STARK[5], LÜBKE[6] u. a.), so hat die oben gegebene Darstellung, daß das Divertikel eine Vorstülpung der Schleimhaut durch eine Muskellücke hindurch ist, viel für sich. Untersuchungen von den das Divertikel versorgenden Nerven liegen bisher nicht vor, wären aber sehr wünschenswert.

Es gibt nun andererseits auch sicher kongenital entstandene Divertikel. Diese liegen aber höher als die ZENKERschen, nämlich im Pharynx selbst; sie leiten sich von einer inneren, unvollständigen Halsfistel ab.

Außer den typischen pharyngoösophagealen finden wir Pulsionsdivertikel auch in anderen Teilen des Ösophagus. Sie sind fast ausschließlich an der vorderen Wand der Speiseröhre gelegen, und zwar entweder unmittelbar oberhalb der Kardia (epikardial DESSECKER[7], KREMER[8]) oder über dem linken Bronchus (epibronchial). Ein Teil der hier beschriebenen Gebilde muß sicherlich als ursprüngliches Traktionsdivertikel aufgefaßt werden, das durch den Druck der sich in ihm fangenden Speisen erweitert worden ist (Traktions-Pulsionsdivertikel [STARK]). Ein anderer Teil kann auf kongenitale Anlage zurückgeführt werden, insofern bei der Trennung des ursprünglich gemeinsamen Darmrespirationsrohres durch irgendwie geartete Verwachsungsstränge Ausbuchtungen am Ösophagus zustande gekommen sind. Man findet auch erworbene schwache Stellen in der Ösophaguswand auf Grund von entzündlichen Geschwüren, Dekubitalnekrosen usw. (s. weiter hinten); sie sind jedoch als Ursache von Pulsionsdivertikeln im mittleren Ösophagusabschnitt bisher nicht beschrieben worden. Daß auch bei Divertikeln in diesem Teil der Speiseröhre spastische Krämpfe der Muskulatur vorkommen und eine auslösende Ursache darstellen, wird vielfach behauptet (JACOBS[9]), ist aber noch nicht einwandfrei bewiesen.

1 Münchener med. Wochenschrift 1890. S. 819. (VIRCHOW, Diskussionsbemerkung). 2 BRUNS' Beitr. Bd. 41. 3 BRUNS' Beitr. Bd. 71. 4 Mitteilungen a. d. Grenzgebieten 28. 5 Sammlung zwangloser Abhandlg. a. d. Gebiet der Verdauungs- u. Stoffwechselkrankheiten Bd. I. 6 BRUNS' Beitr. 121. 7 Arch. f. klin. Chir. 128. 8 D. Ztschr. f. Chir. 187. 9 Deutsche med. Wochenschrift 1912. S. 997.

Die meisten oft nur zufällig bei Sektionen gefundenen Divertikel der mittleren und unteren Speiseröhre sind Traktionsdivertikel, entstanden durch den Zug anthrakotisch veränderter Lymphdrüsen. Diese Divertikel können völlig symptomlos verlaufen. Sie brechen aber auch oft in die Umgebung durch und führen dann zu ganz schweren klinischen Erscheinungen, Mediastinitis, Ösophagus-Trachealfisteln u. a. Als Assistent am pathologischen Institut in Dresden, wo wegen der Häufigkeit der Anthrakose derartige Divertikel ganz alltäglich sind, sah ich u. a. wiederholt Durchbruch eines solchen Divertikels gleichzeitig in die Trachea und in einen Hauptast der Art. pulmonalis.

Außer den soeben beschriebenen Störungen der Motilität des Ösophagus gibt es auch **sensible** Störungen in diesem Organ. Normalerweise ist, wie aus den Untersuchungen Zimmermanns[1] hervorgeht, der untere Teil der Speiseröhre unempfindlich für Berührung und elektrische Reize, während die oberen Partien für diese Reize empfindlich sind. Die Speiseröhre ist in ganzer Länge empfindlich für Druck und Temperatureindrücke sowie konzentrierten Alkohol, dagegen unempfindlich für 1%ige Salzsäure. Anästhesie oder Hypästhesie ist wiederholt bei Hysterischen gelegentlich der Ösophagoskopie beobachtet worden (Gottstein l. c.). Genauere Sensibilitätsprüfungen, die Rosenhaim an solchen Patienten anstellen wollte, haben bisher zu keinem Ergebnis geführt. Es gibt auch Sensibilitätsstörungen des Ösophagus zentraler Natur. Dabei beobachtete Dessecker[2] einen Krampf des Ösophagusmundes und ein Einlaufen des Breies in den Bronchialbaum.

Die **organischen Stenosen** des Ösophagus machen dem physiologischen Verständnis weniger Schwierigkeiten, als wie die nervösen. Man teilt diese organischen Verengerungen zweckmäßig ein in Verengerungen, die durch Erkrankungen der Speiseröhre selbst entstehen = Strikturen im engeren Sinne und Stenosen durch Druck von außen. Letzteres kommt gelegentlich bei Strumen zur Beobachtung. Von den eigentlichen Strikturen sind die häufigsten die nach Verätzung entstandenen. Sie sitzen, den oben besprochenen „drei Engen" entsprechend, besonders gern am Eingang der Speiseröhre, an der Bifurkation oder an der Kardia. Oberhalb der Striktur entwickelt sich eine Hypertrophie der Muskulatur und eine, übrigens meist nicht besonders hochgradige Erweiterung. Diese Erweiterung reicht bis zu der engsten Stelle der Striktur, infolgedessen ist ein unvermittelter Übergang von Erweiterung der Speiseröhre zu hochgradiger Verengerung vorhanden, wodurch die

1 Mitt. aus d. Grenzgebieten Bd. 20. S. 445. 1909. 2 Diss. Königsberg. 1906.

Bougierung von oben oft nicht gelingt, während man vom Magen aus anstandslos die engste Stelle findet, da sich die Striktur nach unten zu nur allmählich und trichterförmig erweitert. Die Gefahr, in solchen Fällen von oben her falsche Wege zu bahnen, ist recht groß. Wie v. HACKER[1] nachgewiesen hat, sitzen in der Höhe der Bifurkation die Perforationen immer an der linken Wandseite der Speiseröhre, da diese dort nach rechts abbiegt; umgekehrt wird eine Perforation oberhalb der Kardia meist in der rechten Wand des Ösophagus sitzen, da hier das Organ beim Durchtritt durch das Zwerchfell sich nach links wendet.

Auf die angeborenen Stenosen oder das völlige Fehlen eines Teiles des Ösophagus kann hier nicht eingegangen werden. Sie sind entwicklungsgeschichtlich gut erklärbar (KREUTER[2]). Einen besonders merkwürdigen Fall von Wulst im Ösophagus teilt GUISCZ[3] mit.

Daß ein Organ, das so mannigfachen thermischen, chemischen, bakteriellen und mechanischen Reizen ausgesetzt ist, wie die Speiseröhre, auch gelegentlich der Sitz von **Entzündungen** ist, kann nicht weiter wunderlich erscheinen. Dank des vortrefflichen Schutzes des die Speiseröhre auskleidenden Plattenepithels sind diese Entzündungen immerhin verhältnismäßig selten. Für den Chirurgen ist wichtig zu wissen, daß durch solche Katarrhe Spasmen ausgelöst werden können, die ohne Ösophagoskopie schwer zu deutende Schluckbeschwerden verursachen, daß sich ferner, besonders im Anschluß an Scharlach (FRÄNKEL[4]), aber auch nach anderen Infektionskrankheiten, tiefgreifende Ulzerationen im Ösophagus finden, die zu Verengerungen führen. Die schwerste der diffusen Entzündungen der Speiseröhre ist die phlegmonöse, die — abgesehen von den Fällen, wo sich eine Phlegmone nach Einspießung eines Fremdkörpers entwickelt — der Magenphlegmone entspricht. Ihre Entstehungsursache ist ebensowenig aufgeklärt wie die der Magenphlegmone.

Auch die umschriebenen Geschwürsbildungen sind nicht gerade häufig; zu nennen wäre hier das luetische, das aktinomykotische und das tuberkulöse Geschwür. Letzteres ist neuerdings wiederholt beschrieben worden. Ob dabei die Tuberkelbazillen auf dem Blut- oder Lymphwege nach dem Ösophagus verschleppt werden, ob sie vom Munde oder Darm aus dorthin gelangen und die oft recht beträchtliche Geschwürsbildung hervorrufen, die übrigens häufig auffallend wenig Beschwerden macht (KÜMMELL[5]), ist nicht sicher bekannt.

---

1 Handbuch d. prakt. Chirurgie IV. Aufl. Bd. II. S. 513. 2 Die angeborenen Verengerungen und Verschließungen des Darmkanals usw. Leipzig 1905. 3 Soc. des chir. Paris 18 Nov. 1910. 4 VIRCH. Arch. 1902. Bd. 167. S. 92. 5 Münchener med. Wochenschrift 1906. S. 453.

Eine besondere Gruppe bilden die **Dekubitalgeschwüre.** Auch sie treten mit Vorliebe an den drei physiologischen Engen des Ösophagus auf, von denen ich oben schon sagte, daß sie auch die geringste Dehnungsfähigkeit besäßen. KERMAUNER[1] hat Fälle beschrieben, wo durch Dauersonden ausgedehnte Nekrosen am Hiatus, Bifurkation und Kardia entstanden waren. In der Agone bilden sich gelegentlich solche Geschwüre, besonders in der Höhe des Ringknorpels, wenn der Kehlkopf nach hinten sinkt und gegen die Wirbelsäule drückt. Solche Dekubitalnekrosen des Ösophagus kommen auch dann vor, wenn Geschwülste oder geschwulstähnliche Gebilde von außen her auf das Organ drücken. Die mannigfaltigsten Dinge, wie Aneurysmen, Strumen, Varizen usw., sind hier beschrieben worden. Am gefährlichsten in dieser Richtung sind immer die Exostosen der Wirbelsäule (ROY[2], HEINLEIN[3]). Wir kennen danach also eine ganze Reihe äußerer Faktoren für die Entstehung solcher Geschwüre. Warum jedoch in letzter Linie gerade an den bezeichneten Punkten die Nekrosen auftreten, warum überhaupt die Speiseröhre trotz ihrer großen Plastizität so unverhältnismäßig leicht durch Dekubitalgeschwüre zerstört wird, wissen wir nicht, zum Teil mag es mit der schlechten Blutgefäßversorgung des Ösophagus zusammenhängen (vgl. DEMEL[4]).

Eine viel umstrittene Erkrankung in der Speiseröhre bildet das **Ulcus pepticum.** Noch in der großen zusammenfassenden Arbeit von ZENKER und v. ZIEMSSEN (l. c.) über die Erkrankungen der Speiseröhre wird das Vorkommen derartiger Ulzera bestritten. Neuerdings sind nun aber doch eine Reihe (etwa 16) sicher beobachteter Fälle von Ulcus pepticum im Ösophagus beschrieben worden (Zusammenstellung von KAPPIS[5]). Ein Teil der Patienten hatte zugleich Ulzera im Magen oder Duodeum, was auf einen gewissen Zusammenhang dieser Erkrankungen hinweist. Für die Entstehungsursache, über die wir sonst nichts Sicheres wissen, dürfte bemerkenswert sein, daß bei Ulzera des Ösophagus ab und an Magenschleimhautinseln in der Speiseröhre gefunden worden sind, was vielleicht auf eine gewisse angeborene verringerte Widerstandsfähigkeit der Speiseröhre schließen läßt. Man hat angenommen, daß in diesen Fällen das zur Entstehung des Geschwürs nötige peptische Ferment aus dem Ösophagus selbst stammt und nicht, wie in den meisten anderen Fällen, aus dem zurückgeflossenen Mageninhalt. Das Erbrechen allein wird wohl kaum einmal die

1 Wiener klin. Wochenschrift 1898. S. 974.
2 Lancet 1911. S. 1765.
3 Münchener med. Wochenschrift 1911. S. 436.
4 Arch. f. klin. Chir. 128.
5 Mitt. aus d. Grenzgebieten Bd. 21. S. 746. 1910.

Ursache für die Entstehung eines Ulcus oesophagi sein. Immerhin kann man sehr wohl verstehen, daß, wenn ein Mensch eine kleine, vielleicht durch irgendeinen harten Bissen entstandene Wunde in der Speiseröhre hat, diese schlecht heilt und schließlich zu einem „Geschwür" wird, wenn er häufiger erbricht.

Bei mangelhafter Blutzirkulation, also hauptsächlich in der Agone, ist ferner die verdauende Wirkung des erbrochenen, oder, bei fehlendem Verschluß der Kardia, zurückgeflossenen Mageninhalts für die Entstehung der **Ösophagomalazie** und der damit zusammenhängenden spontanen Ruptur der Speiseröhre verantwortlich gemacht worden. Ein Ödem des unteren Abschnittes der Speiseröhre findet man recht häufig, wenn die Speiseröhre bei Peritonitis toxisch geschädigt ist und der Kranke zuletzt noch viel erbrochen hatte (Rost[1]). Der gegenwärtige Standpunkt der Autoren in der vielumstrittenen Frage der Ösophagomalazie ist der, daß eine solche Erweichung der Speiseröhre sicher vorkommt, allerdings wohl nur in der Agone (Zenker, v. Ziemssen l. c., Cohn[2]), und daß diese Ösophagomalazie bei Erbrechen zur Ruptur des Organs führen kann. Bei gesunden Individuen ist jedoch eine von früheren Autoren angenommene plötzlich einsetzende Ösophagomalazie bisher nicht einwandfrei beobachtet worden. Man muß deshalb die bei solchen Personen gelegentlich beobachteten plötzlichen Zerreißungen der Speiseröhre im Anschluß an Erbrechen anders zu erklären suchen.

Nach der kasuistischen Zusammenstellung von Cohn findet man plötzliche, im Anschluß an Erbrechen auftretende **Zerreißungen der Speiseröhre** fast nur bei Männern im mittleren Alter, die schwere Potatoren sind. Der gefundene Riß ist eigentlich stets ein Längsriß. Ein solcher Längsriß ist nun geradezu typisch für eine Ruptur infolge zu hohen Innendruckes. Man kann sich davon leicht überzeugen, wenn man einen Gummischlauch an einem Ende fest zubindet und das andere Ende an der Wasserleitung befestigt und füllt; es platzt dann im gegebenen Augenblick der Schlauch stets mit einem Längsriß (Brosch[3]). Bei der Speiseröhre fragt es sich nur: Tritt die Zerreißung allein deshalb ein, weil der Innendruck bei dem verhängnisvollen Brechen zu hohe Werte erreicht hat, etwa, wie man angenommen hat durch Abknickungen oder Verzerrungen des Ösophagus nach Pleuritis, bei Vorhandensein eines kräftigen M. bronchooesophagealis, ferner bei spastischer Kontraktion eines Muskelabschnittes usw., oder trifft ein normal hoher Druck eine abnorm schwache Speiseröhren-

---

1 Deutsche med. Wochenschrift 1912. Nr. 36. 2 Mitt. aus d. Grenzgebieten Bd. 18. 1908. S. 295. 3 Virch. Arch. Bd. 162. S. 114. 1900.

wandung. Verdünnungen der Ösophaguswand sind vielfach beschrieben worden. Es handelte sich um ulzerative, narbige und arteriitische Prozesse. Brosch (l. c.) hat auch Untersuchungen ber die Wandstärke von normalen Speiseröhren angestellt und dabei gefunden, daß man dabei recht beträchtliche Dickenunterschiede in den einzelnen Abschnitten findet; besonders besteht ein dünner Streifen vorn im Verlauf der Trachea. Bekannt ist ferner, wie außerordentlich verschieblich die starke Muskulatur des Ösophagus gegen die Schleimhaut ist. Man muß ja aus diesem Grunde bei Ösophagotomien den Schlitz sofort durch Fadenschlingen fixieren und klaffend halten, sonst schiebt sich die Muskularis über das Loch in der Schleimhaut (v. Hacker[1]). Es ist danach denkbar, daß durch solche Verschiebung der Muskularis gegen die Schleimhaut eine Stelle der Ösophaguswand, die im übrigen unverändert ist, in einem gegebenen Augenblick dünner wird. Einen Fall von Zerreißung der Speiseröhre, wo durch Exostose der Brustwirbelsäule eine nachweisliche Verdünnung der Wand verursacht worden war, beschreibt Roy[2]. Es sind also beide Entstehungsmöglichkeiten für plötzliche Zerreißungen der Speiseröhre durchaus denkbar. Nach meiner Ansicht wird man bei querverlaufendem Riß (vgl. die Zusammenstellung von Cohn) mehr geneigt sein, an eine schwache Stelle in der Ösophaguswand zu denken, während man bei Längsriß und Fehlen jeglicher mikroskopischen Veränderung an der zerrissenen Wand den plötzlich erhöhten Überdruck allein wird verantwortlich machen dürfen (vgl. Petren[3], v. Lichtenberg[4]).

Zum Schlusse dieses Abschnittes will ich noch eine eigenartige Anomalie im Verlauf der Art. subclavia dextra erwähnen, die zu differentialdiagnostisch sehr schwierig zu deutenden Schluckbeschwerden führt. Es kann nämlich die genannte Arterie auf der linken Seite des Aortenbogens entspringen und zwischen Speiseröhre und Wirbelsäule oder Speiseröhre und Trachea nach rechts verlaufen, dadurch Trachea und Ösophagus zusammendrücken. Girard[5] und Mouton[6] teilten mehrere solcher Fälle von **Dysphagia** und **Dyspnoe lusoria** mit.

Bauchfell.

Die Anatomie und Physiologie der „Serosa“, das ist die Haut, die, entsprechend ihrer Entstehung aus einer gemeinsamen

1 Handbuch d. prakt. Chir. II. S. 486. 2 Lancet 1911. S. 1765. 3 Bruns' Beiträge Bd. 61. 1909. S. 265 (hier nordische Literatur zu dieser Frage). 4 Naturh.-med. Verein Heidelberg 1907. Münchener med. Wochenschrift 1907. 5 Chirurgenkongreß 1913. 6 Bruns' Beiträge Bd. 115. 1919.

Zölomhöhle, **Peritoneum, Pleura** und **Perikard** in gleicher Weise auskleidet, weist für die drei Höhlen eine große Anzahl gemeinsamer physiologischer und pathologischer Eigenschaften auf, die deshalb hier an dem Beispiel des Peritoneum zusammenfassend besprochen werden sollen.

Die seröse Haut wird von einer dünnen Lage Bindegewebe und von einer einschichtigen Lage Plattenepithel oder, wie man es gegenwärtig gewöhnlich nennt, Endothel gebildet. Man hat dieses Endothel vielfach vom echten Epithel abtrennen wollen und hat es zum Bindegewebe gerechnet. Es sind jedoch durch KOLOZOFF und v. BRUNN [1] Flimmerhaare auf der Oberfläche der Serosa nachgewiesen worden, ein Befund, dessen Richtigkeit allerdings bezweifelt wird[2].

Eine der für den Chirurgen wichtigsten Eigenschaften der Serosa ist ihre Fähigkeit, zu verkleben. Ungeschädigte Serosablätter verkleben nicht miteinander. Die Serosa muß zuerst verwundet werden, d. h. die Lebensfähigkeit ihrer Zellen muß in irgendeiner Weise geschädigt werden. Dann wird genau wie bei jeder anderen Verwundung das Kollagen verflüssigt und damit ist der „Leim" geliefert, der die Serosablätter aneinanderfügt. Durch Entquellung oder Ausfällung wird das Kollagen wieder fest und es setzt der Vorgang ein, den wir als Organisation des Fibrins aus der Pathologie her kennen (GAZA[3]). Dieser Teil des Verklebungsvorganges ist mikroskopisch-anatomisch von GRASER[4], HEINZ[5], VOGEL[6], MARCHAND[7], BURCI[8], MUSCATELLO[9] u. a. hinreichend geklärt worden, wenn sich auch die Untersucher über Einzelheiten noch nicht ganz einig sind. Man findet in solchen Adhäsionen Bindegewebe und gelegentlich glatte Muskulatur. (SCHÖNBAUER u. SCHNITZER[10]). Die Lehren der allgemeinen Kolloidchemie bieten uns viele Beispiele einer solchen Verflüssigung und Wiederfestwerden kolloidaler Stoffe; es ist das geradezu eine Grundeigenschaft kolloidaler Körper (vgl. gewöhnlichen Tischlerleim) — s. BECHTOLD. Welche Kräfte aber im Tierkörper diese Änderung im kolloidchemischen Zustande der Stützsubstanz bedingen, ist noch nicht geklärt, und doch hängt von der Kenntnis dieser Kräfte unser ganzes Verständnis des Vorganges ab. Dementsprechend sind wir auch bisher mit unseren Versuchen, diese Verklebungen zu verhüten, nicht über ein gewisses Herumprobieren hinweggekommen.

---

1 ZIEGLERS Beiträge Bd. 30. 2 REIMANN in d. Übers. d. Buches S. 161. 1. Aufl. 3 Kolloidchem. Ztschrft. Bd. 23. H. 1 u. 2 u. BRUNS' Beiträge Bd. 110. H 2. 4 Deutsche Ztschrft. f. Chir. Bd. 27. 1888 und Arch. f. klin. Chirurgie Bd. 100. S. 887. 1895. 5 VIRCHOWS Archiv Bd. 160. S. 365. 1900. 6 Deutsche Ztschrft. f. Chir. Bd. 63. 1902. S. 296 u. Erg. d. Chir. Bd. 16. 1923. 7 Deutsche Chir. Bd. 16. S. 293. 1901. 8 Lo sperimentale 1903. Hft. 5. 9 Münchener med. Wochenschrift 1900. Nr. 20. 10 Arch. f. klin. Chir. 129.

Adhäsionen der Peritonealblätter können sich nun aber auch wieder lösen. UJENO[1] hat bei Kaninchen durch Jodlösung zunächst Verwachsungen der Peritonealblätter erzeugt, sich von deren Vorhandensein durch eine zweite Laparotomie vergewissert und dann diese Adhäsionen durch Massage des Bauches wieder zur Lösung gebracht. Der histologische Vorgang, der sich bei diesem Lösen der Verwachsungen abspielt, besteht in Degeneration und Resorption der Zellen; das Wiederverkleben der Serosablätter wird dadurch verhindert, daß die Wundflächen vom Rande aus mit Endothelzellen überwachsen werden, die sich nach v. BRUNN als schlauchförmige Gebilde inselförmig in den Adhäsionszonen finden. Auch dieser Lösung der Verklebungen liegt ein kolloidchemischer Vorgang[2] zugrunde. Aber ebensowenig, wie beim Zustandekommen der Verklebungen, wissen wir bei ihren Lösungen von den Kräften, die hier wirken. Ob die entwicklungsgeschichtlich gleichwertigen Serosablätter des Bauchraums, Brustraums und Herzbeutels in gleicher Weise zu Verklebungen neigen, ist noch unentschieden. LENNANDER[3] glaubt, daß die Zellen des Peritoneum leichter verkleben, während BURKHARDT[4] dies nicht für eine besondere Eigenschaft der Endothelien des Bauchraumes hält, sondern dafür mechanische Verschiedenheiten verantwortlich macht. Daß gleichwohl gewisse Unterschiede in der Lebenstätigkeit von Peritoneum, Pleura und Perikard bestehen, geht daraus hervor, daß man aus dem Peritoneum des Tieres eigentlich stets leicht beim Ansaugen Leukozyten erhält, nicht aber aus der Pleura und aus dem Perikard. Wie weit diese Leukozyten mit dem Verklebungsvorgang etwas zu tun haben — etwa als Fermentträger — ist unbekannt.

Die histologischen Veränderungen an der Serosa bei Einheilung von aseptischen Fremdkörpern haben v. BAEYER[5] und MÖNKEBERG[6] experimentell studiert. Die Abkapselung kleiner Fremdkörper geht so vor sich, daß es zuerst zu einer Degeneration der Endothelzellen und bindegewebigen Umwachsung des Fremdkörpers kommt. Die Endothelzellen wachsen dann vom Rande her über den Defekt, wodurch möglichst normale Verhältnisse wieder hergestellt werden. Bei größeren Fremdkörpern findet gelegentlich eine Abstoßung des Fremdkörpers mitsamt seiner bindegewebigen Kapsel statt (v. BAEYER), so daß bei Eröffnung der Bauchhöhle der Fremdkörper gewissermaßen herausfällt.

---

1 BRUNS' Beiträge Bd. 65. S. 277. 1909. 2 Kolloid. Ztschrft. Bd. 23. H. 1 u. BRUNS' Beiträge Bd. 110. H. 2. 3 BRUNS Beitr. Bd. 58 u. 70. 4 ZIEGLERS Beiträge Bd. 34. 5 Deutsche Ztschrft. f. Chir. Bd. 63. S. 1. 1902. 6 Arch. f. klin. Chir. Bd. 108. S. 399. 1917.

Eine vollständige Zusammenstellung der Mittel, die die Verklebung der Serosa verhindern sollen, gibt PAYR[1]. Einmal hat man durch Einbringung von irgendwelchen Substanzen in den Bauchraum die Därme gewissermaßen zu schmieren versucht, zweitens hat man besonderen Wert darauf gelegt, die Peristaltik sogleich nach der Operation kräftig anzuregen, um dadurch ein Verkleben der Därme von vornherein zu erschweren (LAWSON TAIT, HEIDENHAIN, VOGEL[2]). Von den Substanzen, die angewandt worden sind, um mittels Eingießen in die Bauchhöhle die Verklebung der Därme zu verhindern, sei nur Olivenöl, Kampferöl, Paraffinum liquidum, Gummi arabicum, Gelatine, Hühnereiweiß, Salepabkochungen, Menschenfett genannt, ferner Goldschlägerhäutchen, Kollodium und Protektivsilk, mit denen die Därme bedeckt wurden (STERN[3], LAUENSTEIN[4], VOGEL, BUSCH und BIBERGEIL[5], EDEN und LIEBIG[6], HIRSCHEL[7] u. v. a.). Schließlich suchte man die Verklebungen durch auflösend wirkende Stoffe zum Verschwinden zu bringen (Fibrolysin-, Pregl-Pepsinlösung Payr[8]). Solange wir aber nicht über die ersten Ursachen der Verklebungen unterrichtet sind, nämlich darüber, warum das eine Exsudat im Bauchraum gerinnt, das andere nicht, fehlt allen diesen Versuchen die richtige Grundlage.

Eine für den Chirurgen besonders auffallende Tatsache ist es, daß **Blut** innerhalb der serösen Höhlen **flüssig bleibt** oder sagen wir etwas vorsichtiger, daß man Blut, das sich in den Bauchraum ergossen hat, bei den Operationen vielfach ganz oder zum größten Teil in flüssigem Zustande antrifft. Zur Klärung dieser Frage sind eine große Anzahl Versuche angestellt worden, die sich aber in ihren Ergebnissen teilweise stark widersprechen (s. LEDDERHOSE[9]). An Kaltblütern arbeiteten BRÜCKE[10] und LISTER, an verschiedenen Warmblütern TROUSSEAU und LEBLANC[11], PENZOLDT[12], CORDUA[13] NÉLATON, RIEDEL[14], JAFFE[15], PAGENSTECHER[16].

PENZOLDT fand bei Einspritzung von Blut in die Brusthöhle nach 24 Stunden schon Gerinnsel, aber daneben bis zu 9 Tagen auch flüssiges Blut. In den ersten 2 Stunden nach der Überleitung des Blutes gerann das in der Brusthöhle flüssige Blut außerhalb des

1 Naturforscherversammlung Wien 1913. 2 Deutsche Ztschrft. f. Chir. Bd. 63. 3 BRUNS' Beiträge Bd. 4. 1889. 4 Arch. f. klin. Chir. Bd. 45. 5 Arch. f. klin. Chir. Bd. 87. 6 Deutsche med. Wochenschrift 1920. 7 Münchener med. Wochenschrift 1912. 8 Ztbl. f. Chir. 1922. 9 Beitr. z. Kenntnis d. Beobachtens v. Blutergüssen in seinen Höhlen. Straßburg 1885. 10 VIRCHOWS Archiv Bd. 12. S. 178. 11 Journ. de med. vétérinaire 5. S. 104. 12 Deutsches Arch. f. klin. Med. Bd. 18. 1876. 13 Über den Resorptionsmechanismus von Blutergüssen. Preisschrift. Berlin. HIRSCHWALD. 1877. 14 Deutsche Ztschrft. f. Chir. 12. 1870. 15 Arch. f. kl. Chir. Bd. 54. S. 90. 16 BRUNS' Beiträge Bd. 13. S. 364. 1895.

Körpers. Später gerann es nicht mehr, bis zum 5. Tage. Dann trat wieder Gerinnung in den Proben auf, aber so verzögerte, daß PENZOLDT wohl mit Recht folgert, daß es sich hier nicht um Blutgerinnung, sondern um Gerinnung eines pleuritischen Exsudates gehandelt habe. Fast regelmäßig konnte PENZOLDT entzündliche Veränderungen am Brustfell nachweisen. Wurde das Blut in die Bauchhöhle geleitet, so fand sich auch bei beträchtlichen Blutergüssen nach 3 Tagen kein Blut mehr vor, oder in anderen Fällen nur einige Koagula: Hieraus folgert PENZOLDT, daß das Blut längere Zeit im Peritonealraum flüssig geblieben sein müsse. Veränderungen im Sinne einer Peritonitis waren nicht nachweisbar.

RIEDEL[1] sah nach Einspritzung von Blut in die Pleurahöhle in drei Versuchen eine sehr rasche Resorption des Blutes. Der größte Teil des Blutes blieb flüssig, nur kleine Mengen gerannen. Bei Bluteinspritzung in das Gelenk gibt er an, daß $^1/_3$ gerann, $^2/_3$ ungeronnen geblieben seien. JAFFE[2] glaubt, daß das Blut in den Gelenken zunächst gerinnt und später wieder flüssig wird. PAGENSTECHER[3], der Blut durch direkte Überleitung aus der Karotis in die Brusthöhle desselben Tieres brachte, fand, daß nach 2 Stunden noch fast alles flüssig war, und daß nach 6 Stunden eine blutähnliche, nicht gerinnende Flüssigkeit neben Gerinnseln vorhanden war. Die französischen Autoren geben im allgemeinen an, das Blut, wenn es in eine der Körperhöhlen gelangt, gerinne vollständig und presse Serum aus, das resorbiert würde, eine Angabe, die aber den leicht zu erhebenden Beobachtungen bei Operationen widerspricht. Dabei findet man nämlich immer ein Nebeneinander von Gerinnseln und flüssigem Blut. Quantitativ läßt sich das Verhältnis beider nur schätzen. Bei langsamen, z. B. Nachblutungen, findet man mehr Gerinnsel und weniger flüssiges Blut. Bei schnellen Blutungen (Leberruptur, Mesenterialblutungen) ist das Verhältnis umgekehrt.

Warum bleibt denn überhaupt Blut, das doch außerhalb des Tierkörpers sofort gerinnt, normalerweise innerhalb der Gefäße flüssig? In groben Umrissen hat diese Lehre folgende Wandlungen durchgemacht[4]. Nach der Ansicht von BRÜCKE[5] bleibt das Blut in den Gefäßen so lange flüssig, als die Gefäßwand intakt und lebend ist. Es handelt sich also um einen irgendwie gearteten vitalen Vorgang, den wir nicht näher kennen. FREUND[6]

1 Deutsche Zeitschrft. f. Chir. 12. S. 447. 1880. 2 Arch. f. klin. Chir. 54. S. 90. 3 BRUNS' Beiträge 13. S. 264. 1895. 4 Vgl. MORAWITZ, Erg. d. Physiol. Bd. 4. 5 VIRCHOWS Archiv Bd. 12. 1857. 6 Jahrb. d. k. k. ärztl. Ges. Wien 1886.

glaubt, daß das Fehlen einer Reibung, also ein rein physikalischer Vorgang zur Erklärung ausreiche. Obgleich man gegenwärtig die Bedeutung der geringen Reibung durchaus nicht unterschätzt, schließt man doch „vitale“ Prozesse nicht völlig aus. Man kennt im Blut und im Gewebe gerinnungsfördernde und gerinnungshemmende Stoffe oder wenigstens Vorstufen solcher Stoffe (SCHMIDT[1]) und weiß z. B., daß man auf experimentellem Wege durch Einspritzung von Witte-Pepton (SCHMIDT MÜLLHEIM[2]) oder Gewebsextrakten (NAUNYN[3]) die Gerinnung des Blutes aufhalten kann. Man glaubt, daß solche Stoffe auch bei dem Flüssigbleiben des Blutes innerhalb der lebenden Gefäße eine bedeutsame Rolle spielen, ja daß in letzter Linie das Gerinnen oder Flüssigbleiben des Blutes bei Berührung mit tierischem Gewebe von dem Gleichgewicht oder dem Überwiegen der die Gerinnung hemmenden oder fördernden Bestandteile abhängt[4].

Die gleichen Dinge, die daran schuld sind, daß das Blut in den Gefäßen flüssig bleibt, sollen nun auch das Blut in den serösen Höhlen flüssig halten. Auch die Endothelien der serösen Höhlen sollen antithrombotische Eigenschaften haben (RIEDEL, BENECKE[4], PERAZZI[5]). Nun haben wir aber gesehen, daß das Blut, das man bei einem solchen Erguß in die Körperhöhle flüssig findet, auch außerhalb des Körpers nicht mehr gerinnt. Es ist also außerdem irgendeine Änderung mit dem Blut selbst vorgegangen. Da muß man den frischen Bluterguß (etwa 24 Stunden alt) und die bei späteren Punktionen gefundene, sanguinolente Flüssigkeit streng voneinander scheiden. An dem frischen Bluterguß in der Pleurahöhle haben ZAHN und CHANDLER[6], sowie HENSCHEN, HERZFELD und KLINGER[7], ferner ISRAEL[8] Untersuchungen unter Zugrundelegen unserer modernen Ansichten über Blutgerinnung angestellt. Sie fanden, „daß nicht antithrombotische Substanzen, sondern nur Fibrinogenmangel die Ursache des Ausbleibens der Gerinnung sein kann“. Das Blut gerinnt nämlich nach Zusatz von Fibrinogen leicht und wenn man neben Fibrinogen noch wachsende Mengen fertigen Thrombins zusetzt, so zeigt die Gerinnung der Mischung gegenüber der Kontrolle keine Verzögerung, wie dies der Fall sein müßte, wenn gerinnungshemmende Stoffe im Plasma vorhanden wären. Es ließen sich ferner auch

---

1 Blutlehre. Leipzig, F. C. W. Vogel, 1892. 2 Arch. f. Anat. u. Physiol. 1880. 3 Arch. f. Pharmak. I. S. 1. 1873. 4 Cf. FREUND im MARCHAND-KREHLschen Handbuch d. allg. Pathol. Bd. II. S. 32ff.; ferner BENEKE, ebendort. 5 Fol. gynaecol. Bd. 13 1920. 6 Bioch. Ztschrft. 1913. Bd. 58. S. 130. 7 BRUNS' Beiträge 104. S. 196. 1916. 8 Mitt. aus d. Grenzgebieten Bd. 30. S. 171. 1918.

keine gerinnungshemmenden Stoffe aus den Endothelien extrahieren. Während aber ZAHN und CHANDLER an eine besondere Veränderung des Fibrinogens im Blute bei Berührung mit den Pleuraendothelien dachten, sahen HENSCHEN, HERZFELD und KLINGER sowie A. ISRAEL den ganzen Vorgang als „Defibrination“ an: Durch die Bewegung der Lunge, des Herzens oder der Bauchorgane wird das Fibrin in genau der gleichen Weise ausgefällt, wie beim Schlagen des Blutes mit einem Glasstab. Je nachdem, ob dieses Bewegen des Blutes heftiger oder weniger heftig stattfindet, findet man bei der Operation solcher Verletzungen mehr oder weniger Blut flüssig oder geronnen, mag es sich dabei um Bauchraum, Pleura oder Perikard handeln. Daß die Wirkung der Darmbewegung nicht unterschätzt werden darf, kann man daraus ersehen, daß Luftbläschen, die etwa bei gedeckter Magenperforation in das Abdomen gelangen, außerordentlich fein über die ganze Serosa hin verteilt werden, was ja auch ein gewisses „Schlagen“ der Luft zur Voraussetzung hat. Daß die glatte Oberfläche der Serosa auch dazu beiträgt, daß die Gerinnung langsamer erfolgt, wird man daneben nicht verkennen.

STUBER[1] bestreitet übrigens neuerdings, daß die Blutgerinnung ein fermentativer Vorgang sei.

In dem flüssig gebliebenen Blut senken sich die roten Blutkörperchen. Die Punktate solcher älteren Ergüsse sind deshalb, worauf PAGENSTECHER (l. c. S. 276) besonders hinweist, hämoglobinärmer und zeigen Verminderung der Zahl der roten Blutkörperchen. Letztere zersetzen sich allmählich, es treten reichlich „Blutschatten“ auf und gleichzeitig findet man eine starke Vermehrung der weißen Blutkörperchen (CORDUA), was auf Exsudationsvorgänge hinweist. Die Exsudation überwiegt in den folgenden Tagen ganz beträchtlich, so daß, wenn nach Tagen oder Wochen ein solcher Bluterguß punktiert wird, man kein flüssiges Hämatom, sondern im wesentlichen ein Exsudat entleert (LEDDERHOSE), das reichlich Schleim enthält (PAGENSTECHER[2]). Diese starke Exsudation beweist uns aber zugleich, daß das Blut in den Gelenken oder serösen Höhlen durchaus kein gleichgültiger Körper ist. Es reizt vielmehr recht beträchtlich, wie wir auch von den BIERschen Blut Injektionen zur Beförderung der Kallusbildung bei Pseudarthrosen her wissen. Die Ausbildung von Verwachsungen wird hingegen durch Blut in der Bauchhöhle nicht begünstigt, wie Versuche von SCHRÜNDER[3] gezeigt haben. Die Schmerzhaftigkeit

---

1 Münch. med. Woch. 1924. S. 1590 u. Bioch. Ztschr. 134. 140. 149. 150. 154. 2 Grenzgebiete Bd. 25. S. 670. 1913. 3 Inaug.-Diss. Heidelberg 1914.

bei Blutergüssen unter der Haut führt PAGENSTECHER wohl nicht mit Unrecht auf den durch das Blut bedingten Gewebsreiz zurück und dasselbe gilt wohl auch für die erhöhte Körpertemperatur bei Blutergüssen, das »Resorptionsfieber«.

Ein Bluterguß in den Bauchraum führt zum peritonealen Schock. Das klinische Bild einer solchen intraperitonealen Blutung, z. B. bei Milz- oder Leberverletzung, auch bei geplatzter Tubarschwangerschaft, sieht deshalb immer sehr bedrohlich aus; tatsächlich ist aber die Gefahr einer Verblutung gar nicht so sehr groß (NÖTZEL[1]); bei Leber- oder Milzverletzungen ist man oft erstaunt, eine wie geringe Menge Blut sich eigentlich nur im Bauchraum findet, wenn die Patienten ganz ausgeblutet aussehen. Die Gynäkologen sind deshalb auch neuerdings zurückhaltender geworden mit den operativen Eingriffen bei geplatzter Tubarschwangerschaft.

Nach der Berechnung von WEGNER[2] beträgt die Summe der Oberfläche der peritonealen Organe und Wandungen, bei einer mittleren weiblichen Person gemessen, 17182 qcm, während die Gesamtoberfläche des Körpers nach demselben Autor 17502 qcm mißt. Es ist danach also die Oberfläche des Peritoneums ungefähr gleich groß, wie die gesamte Körperoberfläche und diese gewaltige Ausdehnung erklärt die Bedeutung der **Resorptions- und Exsudationsvorgänge am Bauchfell** für den übrigen Körper. Es sind seit WEGNER diese Resorptions- und Exsudationsverhältnisse des Bauchfells unter den verschiedensten Bedingungen und mit den verschiedensten Methoden von chirurgischer Seite aus studiert worden. Man muß die Resorptionsgröße von der Resorptionsgeschwindigkeit trennen und muß einen Unterschied machen zwischen der Resorption kristalloider oder gelöster und kolloider Stoffe, zu denen auch die korpuskulären Elemente wie die Bakterien zählen. WEGNER selbst spritzte Kaninchen bestimmte Mengen Kochsalzlösung und Serum in die Bauchhöhle, tötete die Tiere nach einiger Zeit und zog die in der Bauchhöhle vorhandene Flüssigkeitsmenge von der eingespritzten ab. Es ist, wie diese Versuche zeigten, das Resorptionsvermögen des Bauchfells für Flüssigkeiten ein erstaunlich großes. Um die Geschwindigkeit der Resorption zu prüfen, bringt man kleine Mengen einer Flüssigkeit in den Bauchraum, deren Ausscheidung im Urin oder Kammerwasser sich leicht bestimmen läßt, z. B. Jodkali (SCHNITZLER

---

1 BRUNS' Beiträge Bd. 61. S. 226. 1908. 2 Arch. f. klin. Chir. Bd. 20. S. 64. 1877.

und EWALD[1], CLAIRMONT und HABERER[2]), Milchzucker (KLAPP[3]), Salizyl oder Ferrozyankalilösung (SCHNITZLER und EWALD), Fluorescein (HARA[4]) oder schließlich Farblösungen, wie Methylenblau oder dgl. Es ist bei diesen Versuchen die Zeit bis zum positiven Ausfall der Reaktion erstens abhängig von der Resorption der Stoffe durch das Peritoneum und zweitens von der Ausscheidung der Stoffe durch die Niere. Wir bekommen danach mit solcher Versuchsanordung immer nur Vergleichswerte. Wenn deshalb nach den Versuchen von SCHNITZLER und EWALD sowie CLAIRMONT und HABERER die Ausscheidung des Jods zwischen 15 und 30 Minuten beginnt und 4—5 Stunden anhält, so beginnt zweifellos die Resorption durch das Bauchfell sehr viel früher, wie wir nach Analogie mit anderen Salzen, die schneller durch die Nieren ausgeschieden werden, schließen können. So ist z. B. Salizyl, das in die Bauchhöhle eingespritzt wurde, sehr viel schneller im Urin nachweisbar (SCHNITZLER und EWALD) und, wie WEGNER gezeigt hat, wirkt die intraabdominelle Einspritzung von Zyankali fast augenblicklich tödlich, so, als ob man das Gift in die Blutbahn gespritzt habe. Es ist also auch die Geschwindigkeit der Resorption von seiten des gesunden Bauchfells eine recht beträchtliche. Das Bauchfell resorbiert jedoch nicht dauernd in gleicher Weise; es ist vielmehr, wie PEISER[5] gezeigt hat, bei einem Kaninchen nach 2 Stunden nicht mehr von einer Kochsalzlösung resorbiert worden, als nach 1 Stunde. Nach den Versuchen von PRIBRAM[6] soll das jugendliche Bauchfell schneller resorbieren als das alte.

Flüssigkeiten oder echte Lösungen werden im allgemeinen unmittelbar in die Blutbahn aufgenommen. Nur ein verschwindend kleiner Teil wird auf dem Lymphwege fortgeführt. Das kann man jederzeit zeigen, wenn man Tieren irgendeine Farblösung in den Bauchraum schüttet und gleichzeitig eine Fistel am Ductus thoracicus anlegt (DANIELSEN[7]). Der Urin ist dann früher gefärbt als die Lymphe des Ductus thoracicus (STARLING und TUBBY[8]), dessen Menge auch nach Einbringen großer Massen von Kochsalzlösung in die Bauchhöhle nicht zunimmt (ORLOW[9] und HEIDENHAIN[10]). Daß die Aufnahme flüssiger Substanzen weitgehend von der Durchblutung der Bauchhöhle abhängig ist, ist leicht verständlich, da die Flüssigkeiten ja geradewegs in die Blutbahn übergehen. Dement-

1 Deutsche Ztschrft. f. Chir. Bd. 41. S. 341. 2 Arch. f. klin. Chir. Bd. 76. S. 1. 1905. 3 Mitt. aus d. Grenzgebieten Bd. 10. S. 254. 1902. 4 Biochem. Zeitschr. Bd. 126. 1922. 5 BRUNS' Beiträge Bd. 51. 1906. 6 Ztbl. f. Chir. 1924. 7 BRUNS' Beiträge Bd. 54. S. 458. 1907. 8 Journ. of Physiol. XVI. 1894. S. 140. 9 PFLÜGERS Archiv 59. 10 Ebendort Bd. 62. S. 320. 1896.

sprechend konnte Klapp[1], wenn er beim Tier durch Behandlung im Heißluftkasten eine aktive Hyperämie der Bauchorgane erzielte, eine beträchtliche Erhöhung der Resorptionsgröße nachweisen, während umgekehrt Clairmont und Haberer bei venöser Hyperämie die Resorption verlangsamt sahen. Auch wenn der venöse Abfluß durch intraabdominelle Druckerhöhung schlechter geworden ist (beispielsweise bei einem großen Exsudat), ist die Resorption verlangsamt. Sie nimmt in solchen Fällen an Geschwindigkeit wieder zu, wenn durch teilweises Ablassen des Ergusses die komprimierten Venen entlastet sind und der Blutabfluß dadurch ein besserer geworden ist. Bei Kälteeinwirkung auf den Bauch vermindert sich die Resorption (Danielsen l. c.) und hierauf beruht wohl die günstige Wirkung des Eisbeutels bei Peritonitis.

Es erfolgt die Resorption im Bauchraum hauptsächlich vom Zwerchfell aus, aber auch andere Teile des Peritoneums, so besonders das große Netz, das Lig. latum, das Lig. gastrohepaticum, der Douglas u. a. m. beteiligen sich an der Aufsaugung (Dubar und Remy[2], Mafucci[3], Heusner[4]). Die Rolle, die das Zwerchfell bei der Resorption von Lösungen aus dem Bauchraum spielt, wird besonders durch einen Versuch von Clairmont und Haberer deutlich, die das Zwerchfell von Tieren mit Kollodium anstrichen und dadurch eine starke Verzögerung in der Aufsaugung ihrer Jodlösung erzielten. Die Endothelzellen beteiligen sich aktiv an der Resorption; das geht besonders daraus hervor, daß man durch Narkotika oder Lokalanästhetika die Geschwindigkeit der Aufnahme gelöster Stoffe verzögern kann (Hara s. später).

Im Gegensatze zu den kristalloiden Stoffen nehmen die kolloidalen Körper ihren Weg durch die Lymphbahnen, wie Danielsen (l. c.) nachgewiesen hat. Zu den kolloidalen Stoffen gehören auch die Bakterien. Von ungelösten Substanzen, wie Ölkügelchen, Milchkügelchen, Blutzellen, Tusche u. a., hatte schon 1863 v. Recklinghausen[5] nachgewiesen, daß sie den Weg durch die Lymphbahnen des Zwerchfells nehmen und durch den Ductus thoracicus weiter befördert werden. Man hat deswegen neuerdings sogar vorgeschlagen, bei Peritonitis eine Fistel am Ductus thoracicus anzulegen, um so die Bakterien nach außen abzuleiten. Über den Reichtum des Zwerchfells an Lymphgefäßen geben die anatomischen Untersuchungen Küttners[6] Auskunft, auf den ich auch bezüglich

---

1 Deutsche Ztschrft. f. Chir. 104. S. 535 und Mitt. aus d. Grenzgebieten 18. S. 79. 2 Journ. de l'Anat. et Physiol. 18. 1882. 3 Giorn. internaz. delle Scienze med. 1882. 4 Münch. med. Wochenschrift 1905. S. 11. 30. 5 Virchows Arch. Bd. 26. S. 172. 1863. 6 Bruns' Beiträge Bd. 40. S. 136. 1903.

der Frage der von v. RECKLINGHAUSEN angenommenen, jetzt mit Sicherheit als nicht vorhanden nachgewiesenen Stomata, das sind intraepitheliale Spalten im Bereich des Zwerchfells, verweise (vgl. auch MUSCATELLO[1]).

Die Resorption unlöslicher Substanzen erfolgt außerordentlich langsam, im Gegensatz zu der oben besprochenen Resorption von Flüssigkeit. Öl (WEGENER l. c., v. RECKLINGHAUSEN l. c., GLIMM[2], HIRSCHEL[3], BEITZKE und BREIDENBACH[4]), Paraffinum liquidum (BUSCH und BIBERGEIL[5]) kann man noch nach 24 Stunden unresorbiert im Bauchraum finden. Es kommt bei diesen Versuchen und Beobachtungen allerdings sehr darauf an, ob der Patient oder das Versuchstier nach der Einspritzung sich in einer Lage befunden haben, in der das Zwerchfell der tiefste Punkt war oder nicht, da auch die Resorption kolloidaler Lösungen hauptsächlich vom Zwerchfell aus erfolgt (MUSCATELLO). Man kann die Resorption des Peritoneums wesentlich einschränken, wenn man den Patienten so lagert, daß Brust und oberer Bauchraum erhöht liegen, während das Becken den tiefsten Punkt bildet (FOWLERsche Lage). Das macht man sich ja bei der Behandlung der Bauchfellentzündung gern zunutze. Nach dem Zwerchfell gelangen die Substanzen, wie u. a. MUSCATELLO zeigen konnte, nicht nur entsprechend der Schwere, sondern auch entgegen der Schwerkraft, als Folge einer Flüssigkeitsströmung, die sich in der Richtung nach dem Zwerchfell hin bewegt und vielleicht durch die Bewegungen des Zwerchfells und der Därme bedingt ist. Ganz klar ist jedoch die Ursache dieser Flüssigkeitsströmung nicht. Jedenfalls aber bewirkt, wie schon v. RECKLINGHAUSEN nachgewiesen hat, die Auf- und Abwärtsbewegung des Zwerchfells auch beim toten Tier eine raschere Aufnahme aufgestreuter fester Substanzen in die Lymphbahnen des Zwerchfells, als sie ohne Bewegung statthat. Bei der Resorption von Exsudaten aus dem Bauchraum kommt es vielleicht außerdem sehr darauf an, um was für Eiweißkörper es sich handelt (vgl. LANDSBERG[6]). Hierüber wissen wir noch sehr wenig. Um ein Beispiel anzuführen, so sehen wir Bauchfellentzündungen mit viel und mit wenig Verklebungen. Meist spricht man dann von „konstitutionellen Besonderheiten" der betreffenden Menschen, aber wir wissen noch nicht einmal sicher, ob das einzelne Exsudat viel Thrombin oder viel Fibrin hat und ob überhaupt die Gerinnung dieser Exsudate, die doch zum Zustandekommen der Verklebungen unbedingt

---

1 VIRCHOWS Archiv Bd. 142. S. 327. 1895. 2 Deutsche Ztschrft. f. Chir. Bd. 83. S. 254. 3 BRUNS' Beiträge Bd. 56. S. 263. 1907. 4 Ztschr. f. d. ges. exp. Med. Bd. 33. 5 Arch. f. klin. Chir. Bd. 87. S. 99. 1908. 6 Wien. Arch. f. inn. Med. Bd. 2. 1921.

nötig ist, genau so verläuft, wie im Blut (vgl. MORAWITZ[1]), wenn wir das jetzt auch annehmen (vgl. auch STUEER[2]).

Ein Teil der korpuskulären Elemente wird übrigens zunächst von Wanderzellen phagozytiert und kann auf diese Weise durch Netz und Mesenterium aufgenommen und in die Lymphbahnen weiter befördert werden (METSCHNIKOFF[3]). Gase werden verschieden schnell aus der Bauchhöhle beseitigt, am raschesten reines Stickoxydul und Kohlensäure, langsamer Sauerstoff, am langsamsten Stickstoff (FÜHNER[4], RIBADEAU-DUMAS[5]). Die Resorption der eingeblasenen Luft zieht sich über Tage hin.

Wie verhält sich nun die Resorption des Bauchfells unter pathologischen Bedingungen, besonders bei Operationsschädigungen, Entzündungen usw.? Hierüber liegen ausgedehnte Untersuchungen vor von SCHNITZLER und EWALD, KLAPP, A. EXNER, CLAIRMONT und HABERER, PEISER[6] u. a. Die einfache Laparotomie führt nach CLAIRMONT und HABERER zu einer geringen Verzögerung der Resorption, d. h. der Beginn der Resorption ist gegen die Norm nicht hinausgeschoben, wohl aber zieht sich die Resorption über einen längeren Zeitraum hin. Werden die Därme vorgelagert, so sind die Störungen in den Resorptionsverhältnissen schon ausgesprochener. Die Resorption setzt gewöhnlich später ein. Etwas gebessert werden die Verhältnisse wieder, wenn bei der Vorlagerung die Därme mit warmer physiologischer Kochsalzlösung gespült wurden. Die Narkose beeinflußt die Resorption des Bauchfells nicht nennenswert. Ist die Peristaltik herabgesetzt, so ist es auch die Aufsaugungsfähigkeit des Bauchfells (SCHNITZLER und EWALD, CLAIRMONT und HABERER). Wird das Peritoneum durch lokale Anwendung von Novokain-Adrenalin anästhesiert, so tritt eine starke Verzögerung in der Resorption ein, ebenso bei Rückenmarksanästhesie oder Morphiumeinspritzung (HARA[7]). Bei vermehrter Peristaltik kann man umgekehrt das erste Auftreten der Resorption früher beobachten, auch ist die Resorptionsfähigkeit des Bauchfellsbeträchtlich gesteigert (PRIMA[8]), so daß man bei der Nachbehandlung von Kranken mit Peritonitis etwas vorsichtig sein muß, um nicht durch zu frühe Ernährung und Abführmittel die Vergiftungsgefahr zu erhöhen (WEIL[9]), und man stellt von alters her den Darm durch Opium ruhig, wenn man eine Appendizitis konservativ behandelt.

---

1 In ABDERHALDENS Handbuch. 2 Münchener med. Wochenschrift 1924. S. 1590. 3 In KOLLE-WASSERMANNS Handbuch d. pathogenen Mikroorganismen II. S. 1. 704. 4 D. med. Wochenschr. 1921. S. 1393. 5 Bull. et mém. de la soc. méd. des höp. de Paris 1921. p. 150. 6 BRUNS' Beiträge Bd. 51. S. 681. 1906. 7 Bioch. Ztschr. Bd. 126. 1922. 8 Mitt. aus d. Grenzgebieten Bd. 36. 9 Ergebn. d. Chir. II. S. 295. 1911.

Das entzündete Bauchfell resorbiert nach CLAIRMONT und HABERER in den ersten Stadien der Peritonitis schneller als normal, in den späteren Stadien tritt eine Verlangsamung ein. Diese Beschleunigung der Resorption in den Anfangsstadien der Peritonitis wird besonders sinnfällig, wenn man die Entzündung auf chemischem Wege hervorruft. Bei der bakteriellen Entzündung ist die Beschleunigung der Resorption nicht so deutlich. •In den späteren Zeiten der Entzündung fanden SCHNITZLER und EWALD sowie CLAIRMONT und HABERER bei der Prüfung mit Jodkalilösung eine Verzögerung der Resorption, während GLIMM mit Milchzuckereinspritzung eine solche nicht feststellen konnte. PEISER beobachtete bei Einspritzung von Bakterien in die Bauchhöhle zuerst eine starke und dann eine nur sehr geringgradige Resorption. Dieser Widerspruch in den Ergebnissen der Tierversuche ist nicht so ganz unerklärlich. Ist doch schon das grob anatomische Bild der Peritonitis durchaus nicht gleichartig. Wir finden z. B. das eine Mal viel Exsudat, das andere Mal wenig, und genau so wechselnd ist die Fibrinausscheidung. Da erscheint es nur natürlich, daß beim Prüfen der Resorption mit bakterieller Infektion ungleiche Ergebnisse erzielt werden.

Eine chronische Entzündung des Peritoneums riefen SCHNITZLER und EWALD sowie v. BAEYER[1] durch Einbringen mechanisch reizender Stoffe, wie Sand, Glas- oder Zelluloidkugeln, in die Bauchhöhle hervor; während WEGNER das gleiche durch oft wiederholte Lufteinblasungen zu erreichen suchte. Es resorbiert nach diesen Versuchen das chronisch entzündete Peritoneum weniger als das normale, das stimmt, wie auch SCHNITZLER und EWALD betonen, mit der klinischen Erfahrung überein, daß ein chronisch entzündetes Peritoneum schwerer septisch zu infizieren ist als ein normales. Eine Zeitlang wurde deshalb besonders von den Gynäkologen versucht, die Gefahr einer postoperativen Peritonitis durch vorheriges Einspritzen von reizenden Substanzen, wie Kampferöl oder dgl. (HÖHNE[2]), herabzusetzen, während man jetzt bei Anwendung der gleichen Maßnahme annimmt, eine Art Proteinkörpertherapie zu treiben. Einmalige oder nicht zu oft wiederholte Lufteinblasung in das Peritoneum ruft keine anatomisch nachweisbaren Veränderungen an diesem hervor, was mit Rücksicht auf das zu diagnostischen Zwecken jetzt vielfach verwendete Pneumoperitoneum wichtig ist.

Die Transsudation des Peritoneums leidet nicht nachweislich bei trockener oder feuchter Vorlagerung der Därme (CLAIRMONT

---

1 BRUNS' Beitr. Bd. 58. 2 Münchener med. Wochenschrift 1909.

und HABERER). Die Menge des bei einer akuten Entzündung gebildeten Transsudates ist eine sehr große, so führt nach Angabe von WEGNER[1] Einbringung von Glyzerin oder hypertonischer Zucker- oder Kochsalzlösung in den Bauchraum zu einer Exsudation, die in 23—12 Stunden dem Körpergewicht des Versuchstieres gleichkommt. Dabei vermag aber das Bauchfell normalerweise in $12^1/_2$—30 Stunden ohne Schwierigkeiten eine Flüssigkeitsmenge zu resorbieren, die dem Körpergewicht des Versuchstieres gleichkommt. Transsudation und Resorption gleichen sich nach diesen Versuchsergebnissen WEGNERS beim nicht chronisch entzündlichen Bauchfell so ziemlich aus, und deswegen hält sich bei einer akuten Bauchfellentzündung die Menge des Ergusses in mäßigen Grenzen. Ob nicht aber bei den verschiedenen Arten der Entzündung auch die Menge der Transsudate verschieden groß ist, ist doch nicht sicher. Anders liegt der Fall bei der chronischen Entzündung des Bauchfells. Hier ist, wie oben gesagt wurde, die Resorption herabgesetzt. Kommt es bei einem chronisch entzündlich veränderten Bauchfell zu einer erhöhten Transsudation, z. B. bei Pfortaderstauung, so bleibt im Bauchraum eine beträchtliche Flüssigkeitsmenge zurück. Wir sprechen dann von einem Aszites (s. bei Lebererkrankungen). Über das anatomische Verhalten der Endothelzellen bei der Exsudation geben uns die Untersuchungen von BORST[2] Auskunft.

Die **Blutversorgung des Bauchfells** und der von ihm eingeschlossenen Organe wird vom Splanchnikus aus innerviert, der verengernde Fasern nicht nur für die Arterien, sondern auch für die Venen des Pfortaderkreislaufs hat (PAL[3], SCHMID[4]). Dieses vom Splanchnikus innervierte Stromgebiet ist ein außerordentlich großes; es dient deshalb als Regulator des Gesamtblutdruckes. Eine Erweiterung der Gefäße an anderen Stellen des Körpers, z. B. der Hautoberfläche, wird spielend durch eine geringe Verengerung der Blutbahn im Splanchnikusgebiet ausgeglichen. Der Blutdruck in der Aorta bleibt erhalten. Er sinkt jedoch sofort beträchtlich, wenn, wie das z. B. bei schweren Peritonitiden der Fall ist, eine Lähmung der vasokonstriktorischen Fasern des Splanchnikus eintritt. Der Mensch verblutet sich dann gewissermaßen in die Gefäße seines Bauches. Über die Blutfülle der vom Splanchnikus versorgten Gefäße gibt ein Versuch MALLS[5] einen guten Begriff; danach kann man durch Reizung des Splanchnikus 3—27% der

1 Arch. f. klin. Chir. 20. S. 106. 1876. 2 Das Verhalten der Endothelien bei der akuten und chronischen Entzündung usw. Würzburg 1897. 3 Jahrbücher d. Wiener Ärzte 1888. 4 PFLÜGERS Archiv 126. 1909, bes. S. 176 u. 192. 5 Arch. f. (Anat. u.) Physiol. 1892. S. 419.

gesamten vom Hunde beherbergten Blutmenge aus dem Pfortaderkreislauf in andere Gebiete überleiten. Es ist Blutdrucksenkung durch Splanchnikuslähmung eine der hauptsächlichsten Todesursachen bei Peritonitis (s. später). Im einzelnen hat MEISEL[1] die Blut- und Lymphgefäßversorgung des Bauchfells studiert. Danach ist die Blut- und Lymphgefäßversorgung des viszeralen Peritoneums sehr viel besser als die des parietalen, obgleich beiden ein sehr reiches Kapillarnetz zur Verfügung steht, das in dem lockeren subendothelialen Gewebe verläuft.

Die **Sensibilität des Bauchfells und der Baucheingeweide** hat in den letzten Jahren von chirurgischer Seite vielfach Bearbeitung gefunden (Lit. vgl. BUCH[2], NEUMANN[3], KAPPIS[4]). Hieran ist vor allem die Einführung der Lokalanästhesie schuld, die auch für Bauchoperationen in steigendem Maße Anwendung findet. Man wird bei der Besprechung der Sensibilität der Eingeweide die Empfindung auf mechanische Reize von der Eigenempfindung der Eingeweide trennen müssen. Besonders seit den Arbeiten LENNANDERS[5] ist die Frage nach der Empfindlichkeit der Eingeweide bei Schneiden, Quetschen, Nähen u. dgl., also bei mechanischen Reizen, vielfach behandelt worden. LENNANDER und WILMS[6] waren zunächst der Ansicht, daß nur das parietale Peritoneum schmerzempfindlich sei, da sie bei Patienten sahen, daß z. B. bei einer Darmresektion das Nähen am Darm keinerlei Schmerzen auslöse, während das Arbeiten am parietalen Peritoneum stets schmerzhaft empfunden wurde. Es hatten dabei LENNANDER und WILMS beobachtet, daß auch das Abbinden des Mesenteriums schmerzhaft ist, und diese Beobachtung wurde bald von PROPPING[7], RITTER[8] u. v. a. bestätigt, und dürfte jetzt als zweifelsfrei festgestellt gelten. Wegen des Schmerzreizes führt Abbinden am Mesenterium regelmäßig zu gewissen Herzstörungen (Tachykardien, Bradykardien oder Herzblock, WYSS und MESSERLI[9]) Das Anatomische der die Gefäße begleitenden Nerven und „sternförmigen Zellen“ ist vor allem von DOGIEL[10] untersucht worden. Nach den Versuchen von A. W. MEYER[11] und BRESLAUER[12] erstrecken sich die sensiblen Fasern des Mesenteriums vom Mesenterialansatz auf den

1 BRUNS' Beiträge Bd. 40. 1903. 2 Arch. f. (Anat. u.) Physiol. 1901. 197. 3 Zentralbl. f. d. Grenzgebiete Bd. XIII. 1910. 4 Mitteilung. a. d. Grenzgebieten Bd. 26. 1913. 5 Zentralbl. f. Chir. 1901; Mitt. aus d. Grenzgebieten Bd. 10, 15, 16; Deutsche Ztschrft. f. Chir. Bd. 73. 1904. 6 Münchener med. Wochenschrift 1904; Mitt. aus d. Grenzgebieten Bd. 16; Deutsche Ztschrft. f. Chir. 100; Med. Klinik 1911. Nr. 1. 7 BRUNS' Beiträge Bd. 63. 8 Arch. f. klin. Chir. Bd. 90. 9 Pflügers Arch. Bd. 196. 1922. 10 Arch. f. Anat. (u. Physiol.) 1899. 11 Mittelrh. Chirurgentag Juli 1914 und Deutsche Ztschrft. f. Chir. Bd. 151. 1919. 12 BRUNS' Beiträge 121. S. 301.

Darm bis etwa zu der Hälfte seines Umfanges. Den dem Mesenterialansatz gegenüberliegenden Teil des Darmes konnten sie ruhig aufblasen oder sonst mechanisch reizen, ohne dadurch Schmerzen auszulösen. Natürlich kann mit solchen Versuchen nur ein gewisser Grenzwert festgestellt werden. Daß sich die sensiblen Äste an einer scharfen Linie verlieren, ist von vornherein nicht sehr wahrscheinlich. Es ist wohl nur anzunehmen, daß die empfindlichen Nerven spärlicher werden, so daß wir also ein allmähliches Geringerwerden der Sensibilität vom parietalen Peritoneum aus bis zum Darm zu hätten. Es wäre danach die Unempfindlichkeit des dem Mesenterialansatze gegenüberliegenden Darmabschnittes nur eine relative. Man kann für diese Ansicht die Tatsache verwerten, daß sich die Empfindlichkeitszone am Darm bei den verschiedenen Tiersorten verschieden weit erstreckt. Es ist z. B. der Darm des Menschen deutlich weniger empfindlich als der der Katze, während diese wieder weniger empfindlich ist als der Hund (Franke[1], Engelhorn[2]). Auf Rechnung einer solchen individuellen Verschiedenheit wird man es wohl setzen müssen, wenn einzelne Autoren (Ritter, Kast, Meltzer[3]) ab und zu auch beim Menschen und Tier Schmerzhaftigkeit des Darmrohres auf mechanischen Reiz gefunden haben.

Man kann also jetzt sagen, daß im allgemeinen auf mechanischen Reiz hin eine Schmerzempfindung nur vom parietalen Peritoneum und vom Mesenterium, und zwar hier in geringerem Grade als vom parietalen Peritoneum, ausgelöst wird. In dieser Beziehung besteht eine erfreuliche Übereinstimmung der Ansichten, die durch tägliche Beobachtungen bei Operationen bestätigt wird.

Eine ganz andere Frage ist es nun aber, auf welche Weise Gefühlseindrücke im Bereich der Eingeweide, abgesehen von diesen mechanischen Reizen, zustande kommen, wie vor allem die Bauchschmerzen bei Peritonitis, Ileus u. dgl. zu erklären sind. Ein Teil der Autoren, vor allem Wilms und Lennander, stehen auf dem Standpunkt, daß man alle Gefühlseindrücke im Bereich der Bauchorgane als durch Zerrung oder Druck auf das parietale Peritoneum bedingt erklären müßte. Wenn, wie Wilms zeigen konnte, durch Aufblasen eines Dünndarmabschnittes eine derartige Spannung im Mesenterium erreicht werden kann, daß ein Einschnitt parallel zum Darm sofort zu einem runden Loch wird, so wird man die Erklärung für den bei Ileus auftretenden Schmerz als Zerrungsschmerz für durchaus annehmbar halten. Aber nicht jeder

---

1 Berliner klin. Wochenschrift 1912. S. 1997. 2 Ztschrft. f. Geb. u. Gynäk. Bd. 69. S. 66. 1911. 3 Mitt. aus d. Grenzgebieten Bd. 19.

Schmerz in den Eingeweiden läßt sich auf diese Weise erklären; es gibt vielmehr eine Anzahl von recht schmerzhaften Erkrankungen am Magen und Darm, bei denen von einer Zerrung der Eingeweide füglich nicht gesprochen werden kann, wie die Bleikolik, die tabischen Krisen, die Ulkusschmerzen u. v. a. (L. R. MÜLLER[1], KUTTNER[2]). Vorläufig kommen wir bei dem Versuch, diese Form von Schmerzen zu erklären, doch immer wieder dazu, anzunehmen, daß, wenn auch die Eingeweide selbst gegen Schneiden, Stechen und Brennen unempfindlich sind, sie trotzdem in der Lage sind, auf bestimmte Formen der Erkrankungen mit Schmerzen zu antworten. Man verlegt damit also das Zustandekommen der Eigenempfindungen der Eingeweide in das Darmrohr selbst und nicht allein in das Mesenterium bzw. das Peritoneum. Ob hierbei, wie NOTHNAGEL[3] angibt, „die Anämie den adäquaten Reiz bildet, durch welchen die, für äußere Reize unerregbaren sensiblen Nerven des Darmes in Erregung versetzt werden", ist bisher nicht sicher erwiesen. Von LENNANDER wird diese Theorie bestritten, da durch Anämisierung des Darmes mit dem faradischen Strom keine Schmerzempfindung ausgelöst wird. Die klinische Beobachtung, daß wir bei Arteriosklerose der Mesenterialgefäße oft außerordentlich heftige Leibschmerzen haben (ORTNER[4]), kann andererseits für die Richtigkeit der NOTHNAGELschen Anschauung angeführt werden.

Bei geschwürigen Prozessen des Magens oder Darmes glaubt KAPPIS, daß der Schmerz dadurch ausgelöst würde, daß die im kleinen Netz bis zum Ansatz an den Darm verlaufenden Nerven direkt durch den Magensaft gereizt würden. Diese Ansicht stützt KAPPIS unter anderem durch Versuche mit Einspritzung von Terpentin in die Magenwand. Hierbei tritt zunächst kein Schmerz auf; erst wenn sich die Flüssigkeit ausbreitet und die Wurzeln des großen oder kleinen Netzes berührt, gibt das Tier Schmerzäußerungen von sich. Auch von der normalen Schleimhaut des Magen-Darmkanals aus gelingt es, wie BRÜNING und GOHRBRAND[5] zeigen konnten, durch Einspritzung von Salzsäure, Äther, Terpentin u. a. Schmerzempfindungen auszulösen, und zwar treten diese Schmerzempfindungen dann auf, wenn sich die Muskeln krampfartig zusammenziehen. Nach PAHL[6] sollen dann die Nerven-

---

1 Mitt. aus d. Grenzgebieten 18. Hft. 4. S. 614ff. 1908. 2 Über abdominale Schmerzanfälle in ALBUS Sammlung zwangloser Abhandlungen aus d. Gebiete d. Verdauungs- u. Stoffwechselkrankheiten Bd. I. Hft. 3. 3 Arch. f. Verdauungskrankheiten Bd. 11. 4 v. VOLKMANNS Sammlung Nr. 347. 5 Berl. kl. Wochenschr. 1921. S. 1433. u. Ztschr. f. d. ges. exp. Med. Bd. 29, 1922. 6 Med. Klinik. 1922, S. 522.

endungen durch die sich kontrahierenden Muskeln eingeklemmt werden. Gerade solche Versuche, die durch Reizung des Darmes von der Schleimhaut aus die Schmerzempfindlichkeit prüfen, befördern unser Verständnis für den Eigenschmerz bei Erkrankungen der Därme ganz besonders. Bei klinischen Beobachtungen (Eigenbeobachtung von BRÜNING [1]) läßt sich feststellen, daß Schmerzen jedesmal dann auftreten, wenn es zu einer heftigen Zusammenziehung der Darmmuskulatur kommt. Man erinnere sich nur daran, in welchem Augenblick man selbst bei jedem Durchfall Schmerzen verspürt. Man ist übrigens bei der Prüfung des Gefühlsvermögens der Eingeweide im Tierversuch nicht auf die Schmerzäußerung der Tiere angewiesen, sondern es läßt sich diese Untersuchung wesentlich verfeinern, wenn man die reflektorische Beeinflussung der Herztätigkeit beobachtet (HESS und WYSS [2]). Man findet dann, daß schon die bloße Berührung des Magens mit einem Tasthaar eine Hemmung der Vorhofstätigkeit hervorruft. Kein Wunder, wenn wir dann bei unseren großen Bauchoperationen reflektorisch Herzstörungen sehen.

Die Schmerzempfindlichkeit, die von der Schleimhaut des Magen-Darmkanals ausgelöst wird, geht auf dem Wege des Sympaticus zentralwärts. Das dürfte nach den Durchschneidungsversuchen von FRÖHLICH und MEYER [3] und KAPPIS l. c. sowie vor allem durch die Bauchoperationen in Lokalanästhesie nach den Methoden von BRAUN und KAPPIS sicher gestellt sein.

Diese Anschauung, die wohl jetzt von den meisten Chirurgen vertreten wird, daß die Empfindung der Eingeweide durch den Sympathikus vermittelt wird, wurde früher deshalb immer abgelehnt, weil die Physiologie lehrte, daß durch Reizung des normalen Sympathikus kein Schmerz ausgelöst werden könnte. Die zahlreichen hierüber angestellten Versuche sind in einer ausführlichen Arbeit von BUCH [4] kritisch zusammengestellt worden. Da aber VALENTIN, BRACHET u. a. zeigen konnten, daß durch den Sympathikus sofort die heftigsten Schmerzen vermittelt werden, wenn er oder seine Ganglien sich in einem entzündlichen Zustand befinden, z. B. längere Zeit an der Luft gelegen haben, so läßt sich die Lehre, daß der Sympathikus kein schmerzvermittelnder Nerv sei, in dieser allgemeinen Form nicht aufrecht erhalten. LEWANDOWSKY [5] hat die Vorstellung, daß bei einer gewissen Stärke die in der Norm nur bis zum Rückenmark fortgeleitete Empfindung sich plötzlich weiter fortpflanzt und dann als Schmerz zur Peripherie kommt. Er vergleicht diese Verhältnisse mit denen bei der quer gestreiften Muskulatur, von der wir für gewöhnlich auch nichts spüren, während wir bei besonders starken Zusammenziehungen, wie beim Wadenkrampf, sehr heftige Schmerzen in der Muskulatur haben.

Die sympathischen Fasern gehen von den Därmen zunächst

---

1 Arch. f. kl. Chir. 116. 2 PFLÜGERS Archiv Bd. 194, 1922. 3 Wiener klin. Wochensch. 1912. S. 29 u. Ztschr. f. d. ges. exp. Med. Bd. 29. 1922. 4 Arch. f. (Anat. u.) Physiol. 19. 1. S. 197. 5 Handbuch der Neurologie. In ähnlicher Weise erklärt sich L. den Schmerz der Darmkoliken, Wehen usw.

zum Ganglion coeliacum. Hier haben sie ihr erstes Zentrum, und daran liegt es, daß alle reinen Eingeweideschmerzen nicht am Orte der Auslösung, sondern in der Nabelgegend (Sitz der großen Ganglien) empfunden werden. Wenn man die sympathischen Elemente durch Nikotin ausschaltet, so werden die durch Chlorbarium ausgelösten Darmkrämpfe vom Tier nicht mehr als schmerzlich empfunden (BRÜNING und GOHRBRAND[1]). Vom Ganglion coeliacum aus verlaufen die Fasern nach dem Rückenmark. Über die anatomischen Einzelheiten im Verlauf der sympathischen Nerven durch das Rükkenmark ist bei L. R. MÜLLER[2] nachzulesen. Für den Arzt ist wichtig zu wissen, daß bei Durchtrennung des Rückenmarks im oberen Brust- und Halsmark eine diffuse Peritonitis völlig sehmerzlos verlaufen kann, worauf schon KOCHER[3] hingewiesen hat.

Auf welchem Wege sich die sympathischen Fasern durch das Rückenmark nach dem Gehirn zu fortsetzen, wie also die gefühlten Schmerzen zum Bewußtsein gelangen, wissen wir nicht genau. Es ist aber durch die Arbeiten von HEAD[4] erwiesen, daß wahrscheinlich in der grauen Substanz des Rückenmarkes ein enger Kontakt besteht zwischen sympathischen, von den Eingeweiden kommenden Bahnen und spinal sensiblen Hautnerven, ebenso wie übrigens schon im Ganglion coeliacum. Auf dieser engen Verbindung beruht es, daß wir bei einer ganzen Reihe von Erkrankungen der Eingeweide eine hochgradige Überempfindlichkeit in den Hautbezirken haben, deren spinale, sensible Fasern in dasselbe Rückenmarksegment ziehen, wie die dem erkrankten Organ entsprechenden sympathis chen Rami communicantes. Ich erinnere an die Schulterschmerzen bei Gallensteinfällen, die Schmerzen im Plexus brachialis bei Angina pectoris, die Rückenschmerzen bei Herzerkrankungen, die Nackenschmerzen bei Hirnschüssen (WILMS[5], FÖRDERREUTHER[6]). Es gelingt, wie BERGMANN[7] und LÄWEN[8] angeben, bei Gallensteinanfällen den Schmerzanfall durch Anästhesierung des entsprechenden Interkostalnerven sofort zu unterbrechen.

Eine gesonderte Stellung in ihrer sensiblen Innervation nehmen die Anfangs- und die Endteile des Darmtraktus einschließlich der

---

1 Klin. Wochenschr. 1922. S. 1657. 2 Deutsche med. Wochenschr. 1911. Mitt. aus d. Grenzgebieten Bd. 18. 1908. Arch. f. klin. Med. Bd. 105. 1911. Das vegetative Nervensystem. Springers Verlag 1921. II. Aufl. 1924. 3 Mitt. aus d. Grenzgebieten Bd. 18. 1908. 4 Die Sensibilitätsstörungen d. Haut bei Viszeralerkrankungen (August Hirschwald. 1898). 5 Mitt. a. d. Grenzgebieten XI. 697. 6 Über HEADsche Zonen bei Viszeralerkrankungen. Inaug.-Diss. Heidelberg. 1913. 7 Chirurgen-Kongreß 1922. 8 Münch. med. Woch. 1922 u. Ztbl. f. Chir. 1922.

Blase ein. Wir kommen bei der Besprechung dieser Organe hierauf zurück (vgl. ZIMMERMANN[1]).

Weiterhin verdient die **Innervation des Zwerchfells** eine besondere Erwähnung, weil aus ihr heraus sich das jedem Chirurgen bekannte Phänomen der Schulter- und Halsschmerzen bei Erkrankungen des oberen Bauchraumes, z. B. Gallensteinen erklärt[2]. Der N. phrenicus, der das Zwerchfell versorgt, führt sensible und motorische Fasern. Er enthält reichlich sympathische Äste (FELIX[3]). Es ist dabei allerdings zu beachten, daß nach den Untersuchungen von RAMSTRÖM[4], FELIX u. a. nur die mehr zentral gelegenen Partien des Zwerchfells in ihrem Peritonealteile vom Phrenikus versorgt werden, während die Randpartie des Zwerchfells ihre sensible und motorische Innervation von Nerven der Bauchwand her empfängt. (Nervus intercostalis XII.) Wie ÖHLECKER[5] ausführt, ist anzunehmen, daß im Rückenmark ein Überleiten der Gefühlseindrücke von den dem Phrenikus zugehörigen Ganglienzellen auf andere zu diesen Segmenten (III—V) gehörige sensible Nerven statthat (vgl. auch HESS[6]).

Die motorische und sekretorische Innervation der Bauchorgane soll erst bei der Besprechung der Organe selbst abgehandelt werden.

Die Frage nach der funktionellen Bedeutung des **großen Netzes** hat von jeher die Phantasie und Beobachtungsgabe der Forscher beschäftigt (Lit. s. BROMANN[7]). Weil man weiß, daß ein Organ, das keine Funktion besitzt, in der Tierreihe verkümmert und zugrunde geht, ist es ja selbstverständlich, daß auch das Netz im Haushalte des Körpers seine Aufgaben zu erfüllen hat. Ob wir diese Aufgaben schon alle kennen, ist zweifelhaft. In der Bewertung der einzelnen Funktionen gehen die Ansichten der Autoren sehr auseinander. So ist die Tatsache, daß ein stets mit Fett durchwachsenes großes Netz die von ihm bedeckten Organe gegen Kälte schützt, ja nicht zu bestreiten. Wenn aber schon ARISTOTELES, GALEN und andere hierin die eigentliche Funktion des großen Netzes erblicken, wird man mit Recht einwenden können, daß eine entsprechend dickere Fettschicht in der Bauchwand denselben Dienst tut (BROMANN), so daß man aus dieser „Funktion" noch nicht die Daseinsberechtigung des großen Netzes herleiten kann.

---

1 Münch. med. Woch. 1922 u. Ztbl. f. Chir. 1922. 2 NOTHNAGELS Handbuch Bd. 14. S. 570. 3 D. Ztschr. f. Chir. Bd. 171. 1922. 4 Mitt. aus d. Grenzgebieten Bd. 15. S. 642. 1906. Ders., Anat. Hefte 91. 5 Zentralbl. f. Chir. 1913. S. 852. 6 Münchener med. Wochenschrift 1906. 7 Die Entwicklungsgeschichte d. Bursa omentalis usw. Wiesbaden, Bergmann. 1904. Ders., Ergebn. d. Anat. u. Entwicklungsgesch. 15. 1905. S. 394. Ders. im Handbuch d. Anat. d. Menschen, herausgegeben von BARDELEBEN, Bd. 6. III. Abt. 2. Teil. S. 98.

Ein Fettspeicher ist das große Netz nicht, wie ältere Autoren (BAUHIN, HENSING, STOSCH, GLISSON u. a.) annahmen; denn der Fettgehalt des Netzes geht im allgemeinen demjenigen des übrigen Körpers parallel, wenn es auch vorkommt (SCHIEFFERDECKER[1]), daß eine fettreiche Leiche ein fettarmes Netz hat, während mir über umgekehrte Beobachtungen nichts bekannt geworden ist. Noch weniger geklärt sind die Ansichten der Autoren über eine rein mechanische Funktion des großen Netzes, die man mit dem Schlagwort zusammengefaßt hat, das Netz diene als „Füllsel" in der Bauchhöhle (FRANSEN[2]); deswegen sei es in pathologischen Ausstülpungen der Bauchhöhle, also in Bruchsäcken, besonders häufig zu finden. Diese an sich unbestreitbare Tatsache zeigt zunächst nur die große Beweglichkeit des Netzes und ist ein Beweis für das, was später über den intraabdominalen Druck zu sagen sein wird (S. 64ff.). Man kann aber aus ihr keine hervorstechende „Funktion" des großen Netzes ableiten, ebensowenig daraus, daß das Netz die Rundung des Dünndarmes sichert (FRANSEN) und damit die Peristaltik begünstigt. Man hat häufig versucht, aus der anatomischen Lage des Netzes eine Funktion zu konstruieren. So brachte HEUSNER[3] in neuerer Zeit die ganze Frage nach der Aufgabe des großen Netzes dadurch wieder in Fluß, daß er es für ein Halt- oder Haftorgan des Magens und des Colon transversum erklärte, eine Annahme, die sich in dieser Form nicht durch Tatsachen stützen läßt und deshalb sogleich lebhaften Widerspruch hervorgerufen hat (WITZEL, SCHIEFFERDECKER, GUNDERMANN[3], BROMANN).

FABRICIUS AB AQUAPEDENTE hielt das große Netz für eine Vorratsfalte des Magens; der Magen entfalte sich zwischen den Blättern des Omentum, so daß er in gefülltem Zustande zum Teil von einer Serosa bedeckt würde, die dem großen Netz angehöre. Diese Hypothese wird auch nach CUVIER benannt. Nach BROMANN trifft eine solche Annahme nur für die dem Magen am nächsten liegenden 5 cm Netz zu. Rein hypothetisch wäre es nach BROMANN denkbar, „daß unsere Vorfahren einmal vielleicht so starke Großfresser waren, daß nur eine Vorratsfalte von der großen Ausdehnung des Omentum majus bei der stärksten Magenerweiterung genügte". GUNDERMANN[4] konnte sich im Tierversuch nicht von der Richtigkeit der geschilderten Annahme, daß das Netz eine Vorratsfalte sei, überzeugen.

Die schon von RIVINUS und ZIGERUS vertretene Ansicht, das große Netz müsse als ein Blutregulator des Bauchraums auf-

1 Deutsche med. Wochenschrift 1906. S. 988. 2 Ztschrft. f. angew. Anat. u. Konstitutionslehre Bd. I. S. 258—268. 1914. 3 Münchener med. Wochenschrift 1905. S. 1130. 4 BRUNS' Beiträge Bd. 84. S. 590. 1913.

gefaßt werden, wurde neuerdings von WITZEL, SCHIEFFERDECKER und GUNDERMANN wieder aufgenommen. WITZEL faßt die blutigen Stühle nach Netzsekretion als Beweis für eine gestörte Blutregulierung auf. Es handelt sich bei diesen Magen-Darmblutungen nach Netzresektion um retrograde Embolien, wie v. EISELSBERG[1] und FRIEDRICH[2] nachweisen konnten. Nach der Ansicht von GUNDERMANN deutet ein solcher retrograder Transport eines Embolus auf ungenügende Schlußfähigkeit der Venenklappen des Netzes. Da einzelne Tiersorten solche Klappen haben, während sie bei anderen fehlen, würde dieses verschiedene anatomische Verhalten die Abweichungen in den experimentellen Ergebnissen erklären. Auch nach Milzexstirpationen hat man solche Blutungen im Magen-Darmkanal beschrieben (s. oben Kap. Milz).

GUNDERMANN beobachtete beim laparotomierten Hunde die Blutfülle des Netzes bei leerem Magen und wenn der Magen aufgeblasen war und glaubte eine Erweiterung der Netzgefäße bei Magenblähung nachweisen zu können. Man kann aus diesen Versuchen jedoch nicht ersehen, wieviel Blut sich bei Magenblähung im Netz ansammelt. Das müßte man wissen, wenn man dem Netz die Eigenschaft zusprechen will, es sei ein Blutregulator der Bauchhöhle. Bewiesen ist also diese Annahme nicht.

Für den Chirurgen hat das große Netz hauptsächlich die Bedeutung eines Schutzorgans bei Bauchfellentzündungen. Man hat es geradezu den Polizeidiener der Bauchhöhle genannt. Es kapselt die Entzündungen ab und hilft vielleicht auch mit bei der Vernichtung der Bakterien. Durch die anatomischen Untersuchungen von BROMANN wissen wir, daß das große Netz erst in der Säugetierreihe auftritt und daß es als ein Lymphgefäßorgan aufzufassen ist; wir wissen ferner, daß es bei Raubtieren besonders kräftig entwickelt ist, was man sich nach BROMANN so erklären kann, daß die Raubtiere infolge ihrer Ernährung häufiger Verletzungen der Darmwand durch Knochensplitter erleiden und deshalb stärker gefährdet sind, an Peritonitis zu erkranken, als Tiere, die in der Hauptsache von Vegetabilien leben.

Experimentelle Untersuchungen zu der Frage, wie weit das große Netz ein Schutz gegen Infektion ist, sind zuerst von ROGER[3] angestellt worden. Er exstirpierte Kaninchen und Meerschweinchen das Netz und spritzte ihnen nach einiger Zeit Staphylokokkenkulturen in die Bauchhöhle. Die Tiere starben nach 2—3 Tagen, während Kontrolltiere die gleiche Dosis Bakterienkultur anstandslos vertrugen. Der Schutz, den das große Netz gegen Bakterien bietet, beruht wohl in der Hauptsache in seiner resorptiven Tätigkeit.

---

1 Arch. f. klin. Chir. Bd. 59. 2 Arch. f. klin. Chir. Bd. 61. 3 La semaine médicale 18. S. 79. 1898.

Damit befassen sich die Arbeiten von HEUSNER (l. c.), HEGER[1], ROSER[2], GOLDMANN, GUNDERMANN (l. c.), KOCH[3], STUZER[4], SEIFERT[5] u. a. Tötet man Tiere unmittelbar, (15 Minuten) nach Einspritzung von Karmin, Tusche oder Bakterien in die Bauchhöhle (GUNDERMANN), so findet man das Zwerchfell, besonders das Centrum tendineum stark gefärbt, während das Netz noch keinen Farbstoff angenommen hat. Tötet man die Tiere später, also z. B. nach 24 Stunden, so ist die Sache gerade umgekehrt (HEUSNER, KOCH): das Zwerchfell enthält dann weniger Farbstoff, während das große Netz stark gefärbt ist. Und zwar nimmt das große Netz die Farbkörnchen und Bakterien erstens d i r e k t in seine Lymphbahnen auf, beteiligt sich aber zweitens auch in der Weise an der Vernichtung der in den Bauchraum eingedrungenen Fremdlinge, daß es zellige Elemente (M a k r o p h a g e n) abgibt, die ihrerseits die Bakterien usw. fressen und dann wieder in das Netz zurückwandern. Es ist also eine i n d i r e k t e Art der Resorption (KOCH). Über die Herkunft der bei der Phagozytose im Bauchraum beteiligten Leukozyten siehe WEIDENREICH[6] und SCHOTT[7]. Die Lymphknötchen des großen Netzes schwellen bei der Resorption von Bakterien beträchtlich an und vermehren sich. Bei chronisch verlaufenden Entzündungen, wie z. B. bei experimenteller Einspritzung von Tuberkelbazillen beim Kaninchen oder Meerschweinchen, findet man nach 24—48 Stunden das große Netz teigig geschwollen, gerötet und zusammengerollt, während die Serosa im übrigen glatt und spiegelnd ist. Wie SEIFERT zeigen konnte, vermehren sich die Netzzellen sehr stark, sobald Fremdkörper, wie Tuscheteile oder gar Tuberkelbazillen, in den Bauchraum gespritzt werden, so daß das Netz dann seinen histologischen Charakter ändert. Aber nicht nur Bakterien und Farbpartikel nimmt das Netz in dieser Weise auf, sondern auch ganze Organteile. PIRONE[8] unterband bei Kaninchen die Milzgefäße und sah, wie das große Netz sich um die Milz herumlegte und diese innerhalb von 3 Wochen völlig aufsaugte. ROST[9] konnte ähnliches am Pankreasgewebe beobachten. Bringt man Tieren Pankreasstücke in den freien Bauchraum, so sterben sie an Fettgewebsnekrose (s. bei Pankreas); das geschieht nicht, wenn man das Pankreas in das Netz einhüllt; es ist dann die äußere Gestalt des Pankreas noch nach Wochen unverändert, das spezifische Gewebe ist jedoch völlig vernichtet und durch Leukozyten (Makrophagen) ersetzt. Bei Leberruptur fand SUZUCKI[10] in erweiterten Lymphgefäßen des großen Netzes Leberzellen und Gallengangepithelien. Ganz ähnlich, wie das Netz, verhalten sich nach SEIFERT[11] LUBOSCH u. a. die A p p e n d i c e s e p i p l o i c a e des menschlichen Dickdarms.

Es werden vom großen Netz auch Bakterien, die sich im Innern des Darmrohres befinden, aufgenommen. KOCH (l. c.) brachte einem Kaninchen b o v i n e T u b e r k e l b a z i l l e n in den Darm durch Laparotomie und fand dann nach einigen Wochen das große Netz von Tuberkeln übersät, während die Darmschleimhaut intakt war. Vielleicht auf demselben Wege sind die Staphylokokken in das Netz gelangt, die DUDGEON und ROOS[12] häufig bei völlig gesunden Meerschweinchen fanden. PIRONE[13] glaubte sogar den Nachweis erbringen zu

---

1 Zit. nach BROMANN. 2 Inaug.-Diss. Straßburg 1907. 3 Med. Klinik 1911. Nr. 51 und Ztschrft. f. Hyg. 1911. Bd. 69. 4 Diss. Petersburg 1913. Ref. Zentralbl. f. d. ges. Chir. II. S. 635. 5 BRUNS' Beiträge Bd. 119. Arch. f. kl. Chir. 116. 1921. 6 Anatomenkongreß 20. 7 Arch. f. mikrosk. Anat. Bd. 74. 1909. 8 Arch. ital. Biol. F. 2. 1903 (Ref.). 9 Unveröff. Versuche. 10 VIRCHOWS Archiv Bd. 202. 11 Klin. Wochenschr. 1922. S. 1438. 12 Americ. Journ. of med. Sciences Bd. 132. S. 37. 13 Zit. nach DANIELSEN, BRUNS' Beitr. 54. S. 468.

können, daß das Netz als Ersatz für die Milz eintritt. Nach Einspritzung von taurocholsaurem Natron kommt es nämlich bei normalen Tieren zu einer starken „phagozytären Reaktion“ in der Milz, während bei entmilzten Tieren eine hochgradige Hyperplasie der Lymphfollikel des großen Netzes nachweisbar ist. Wie weit sich das Netz an der Bildung der Antikörper beteiligt, ist noch nicht geklärt.

Ganz besonders auffallend für den Chirurgen ist die Fähigkeit des Netzes, Entzündungsprozesse abzukapseln, Peritonealdefekte oder Wunden der Eingeweide zu schließen, Eigenschaften, die die Bedeutung des großen Netzes als Schutzorgan der Bauchhöhle ganz besonders sinnfällig machen. Ist die vordere Bauchwand durch einen Schuß oder Stich eröffnet, so fällt das Netz vor und verschließt das gefährliche Loch. In Bauchfellausstülpungen, den Bruchsäcken, ist es überaus häufig zu finden. Entzündet sich der Appendix, so legt sich das Netz schützend, wie ein Mantel über ihn, und oft findet man bei der Operation, wie der völlig zerstörte Wurmfortsatz in diese Schutzhöhle hinein durchgebrochen ist; der Abszeß ist abgegrenzt geblieben, das übrige Bauchfell kaum nennenswert entzündet. Auch Verletzungen der Harnblase können in dieser Weise durch Netz abgestopft und verschlossen werden (Cornil und Carnot[1], Enderlen[2], Morison[3], Rost[4]). Über die Frage, welche Kräfte es sind, die das Netz an die gefährdeten Punkte bringen, wissen wir nichts Genaues. Die Ansicht von Morison, daß das Netz zielbewußt die betreffenden Stellen aufsuche, ist zunächst nur eine ganz unbewiesene Annahme, der Beattie, Buru und Doummond auch sofort entgegengetreten sind. Das Netz besitzt keine Eigenbewegung, was Rubin[5] nachweisen konnte. Die klinischen Beobachtungen machen es vielmehr wahrscheinlich, daß das Netz nur dann abkapselnd wirkt, wenn der gefährdete Punkt in seiner unmittelbaren Nachbarschaft liegt. Wir finden z. B. bei experimenteller Blasenruptur doch immer nur in einem Teil der Fälle das Blasenloch mit Netz verstopft (Rost). Aber genau wissen wir darüber nicht Bescheid, ob das Netz auch zu Entzündungsstellen gelangt, die ihm nicht unmittelbar anliegen, sondern entfernter sind. Noch viel weniger kennen wir die Kräfte, die das Netz an einen gefährdeten Punkt bringen könnten. Aug. Mayer[6] glaubte ein Wandern der Organe zum Netz und umgekehrt annehmen zu müssen, da er nach experimenteller Abtragung des großen Netzes beobachtete, wie tiefsitzende Darmperforationen unter den übriggebliebenen Netzstumpf gelangten und so gedeckt

1 La semaine méd. 1898. 2 Deutsche Ztschrft. f. Chir. Bd. 55. 3 Brit. med. journ. 1906. S. 76—78. 4 Münchener med. Wochenschrift 1917. Nr. 1. 5 Surg., gynec. and obstetr. 1911. Bd. XII. 6 Münchener med. Wochenschrift 59. S. 2497. 1912.

wurden. Daß an der Lage, die das Netz einnimmt, mechanische Momente einen Hauptanteil haben, geht aus einer Mitteilung von KRASKE[1] und von BAKÈS[2] hervor. Ersterer führt einen Fall an, wo durch TRENDELENBURGsche Lage das durch Fettreichtum schwere Netz sich zwerchfellwärts verschoben und den Tod des Patienten herbeigeführt hatte. Letzterer sah einen Equilibristen, der seine Kunststücke gewöhnlich im Handstand vorführte, bei dem sich das große Netz vor den Magen und die Leber gelegt hatte und nach hinzugekommener Entzündung als Tumor imponierte. HOFMANN[3] beschreibt einen Fall, bei den durch einen ähnlichen Mechanismus das Kolon anch oben geschlagen wurde und den Magen abdrückte.

Der Annahme von SCHIEFFERDECKER, daß sich zunächst ein Fibrinfaden bildet, der durch seine Schrumpfung das Netz heranholt, liegt ein Gedankengang zugrunde, dem man wohl folgen kann. Nur darf man die Sache mit dem Fibrinfaden nicht zu wörtlich nehmen. Daß aber das Exsudat, das sich zwischen dem Entzündungsherd und dem Netz bildet, durch Gerinnung das Netz zunächst festhält, ist nicht von der Hand zu weisen. Die weiteren Bewegungen des großen Netzes besorgt dann wohl die Peristaltik. Man darf aber bei diesen Erörterungen nie vergessen, daß das Netz doch eine sehr große Ausdehnung hat und eigentlich allen der Bauchwand nicht allzu fernen Entzündungsherden, wie Gallenblase, Appendix, Tuben, benachbart liegt.

Das große Netz hat in ausgesprochenem Maße die Eigenschaft, an jeder Serosawunde oder Entzündung, haften zu bleiben und zu verkleben. Wir haben diese „plastische Eigenschaft“, die ja der ganzen Serosa eigentümlich ist, schon oben bei den allgemeinen Eigenschaften des Bauchfelles besprochen. Die praktische Chirurgie macht sich diese plastische Eigenschaft des Netzes vielfach zunutze: Unsichere Darmnähte deckt man durch Netz; um Verlagerungen des Magens nach Gallensteinoperationen durch Narbenschrumpfung zu vermeiden, legt man das Netz in das Wundbett; will bei Leberverletzungen die Blutung nicht stehen, so näht man ein freies Stück Netz in den Defekt, kurzum täglich, macht man sich die guten Eigenschaften des Netzes in der Bauchchirurgie zunutze (HESSE[4], RHODE[5]).

Besonders überraschend sind die Versuche von BENKER[6], LANZ[7] und ROSENSTEIN[8], die Gefahr einer Darmgangrän nach Abtren-

---

1 Chirurgenkongreß 1904. 2 Arch. f. klin. Chir. Bd. 72. S. 70. 1904. 3 Münch. med. Woch. 1923. S. 144. 4 BRUNS' Beiträge z. klin. Chir. 82. Hft. 1. 5 LEXER Transplantationen. Neue Deutsche Chir. Bd. 266. 6 Inaug.-Diss. Heidelberg 1893. 7 Zentralbl. f. Chir. 1907. S. 617. 8 Deutscher Chirurgenkongreß 1909. I. S. 172.

nung des Mesenterium durch Umhüllung des Darmes mit Netz zu verringern. LANZ löste im Tierversuch das Mesenterium nahe an seinem Ansatz am Darme zunächst in einer Länge von 5 cm los und hüllte den Darm, der alle Zeichen einer Ernährungsstörung darbot, in Netz ein. Diese Operation wiederholte er an demselben Tiere noch mehrere Male, so daß schließlich 50 cm Dünndarm von dem ernährenden Mesenterium ausgeschaltet waren, aber am Leben blieben, weil sie mit Netz eingehüllt waren. Daß Gleiches auch beim Menschen geht, zeigen Fälle von LANZ und ROSENSTEIN. Andere Operateure waren weniger glücklich (v. HABERER[1], eigene Beobachtung). Der Unterschied in den experimentellen Ergebnissen ist wohl hauptsächlich darin zu suchen, daß LANZ den Darm allmählich in Pausen durch mehrfache Unterbindungen von seinem Mesenterium löste. Das verträgt der Dünndarm besser. Jedenfalls erscheint es nicht ratsam, bei Unterbindung der Colica media im Vertrauen auf die verklebende Eigenschaft des großen Netzes den in seiner Ernährung gestörten Dickdarmteil nicht zu resezieren, wie das vorgeschlagen worden ist.

Bei diesen zahlreichen für unsere chirurgische Therapie wesentlichen Eigenschaften des großen Netzes ist es begreiflich, daß sich Vorschläge, wie der von CARLSSON[2], das große Netz abzutragen, um die Bauchhöhle bei Peritonitis besser drainieren zu können, keine Geltung haben verschaffen können.

Gelegentlich kommt es zu **Drehungen des Netzes** mit dem klinischen Bilde des Strangulationsileus. Wenn auch diese Drehungen selten sind (Lit. s. HOCHENEGG[3], PAYR[4], RIEDEL[5], HADDA[6], PRETSCH[7], FINSTERER[8]), so haben sie deshalb ein großes allgemein pathologisches Interesse, weil die Netzdrehungen die Veranlassung gegeben haben, die Drehung intraabdomineller Organe im allgemeinen zu studieren. Die Ursachen für die Netzdrehung sind keine einheitlichen. Zunächst kommen sie, worauf RIEDEL vor allem hingewiesen hat, häufig im Verein mit Hernien vor. Man hat sich nun vorgestellt, daß ein solcher Netzzipfel in einer gewissen schraubenförmigen Windung in den Bruchsack eingepreßt würde, etwa so, wie die Flintenkugel in den gezogenen Lauf. Fälle, bei denen die Drehung in dieser Weise entstanden ist, gehören aber zweifellos zu den großen Seltenheiten. Hingegen bestehen noch andere Beziehungen zwischen einer Hernie und einer Netzdrehung: Netz,

1 Arch. f. klin. Chir. 1910. 2 Hygiea 1898, zit. nach ALI KROGIUS, v. VOLKMANNS Samml. Nr. 467/468. 3 Wiener klin. Wochenschrift 1900. S. 291. 4 Arch. f. klin. Chir. Bd. 68. 1902 und Deutsche Ztschrft. f. Chir. Bd. 85. S. 392. 5 Münch. med. Wochenschr. 1905. 6 Arch. f. klin. Chir. Bd. 92. 7 BRUNS' Beitr. Bd. 48. 8 BRUNS' Beitr. Bd. 68.

das häufiger in einem Bruchsack liegt, zeigt entzündliche Veränderungen; der betreffende Zipfel ist zu einem Netzklumpen entartet. Damit bekommen die einzelnen Teile des Netzes ein verschiedenes spezifisches Gewicht. Auf die Bedeutung des verschiedenen spezifischen Gewichtes der einzelnen Teile eines intraperitoneal gelegenen Organes hat vor allem PAYR hingewiesen. Er erhielt durch Einbringung von Magnesiummetall in die Bauchhöhle von Versuchstieren am Netz zahlreiche mit reinem Wasserstoffgas gefüllte Zysten. In einem Teil dieser Fälle fand er dann eine spontane intraabdominelle Netzdrehung. Daß an dieser Drehung des Netzes bei den vorhandenen Veränderungen die Peristaltik wesentlich schuld ist, erscheint sehr naheliegend. In anderen Versuchen konnte PAYR Netztorsionen erzielen durch Einnähung von Kork, Holz, Paraffin oder dgl. Er konnte so auf experimentellem Wege die gleichen physikalischen Verhältnisse erhalten, wie sie beim „ungleichen Wachstum" der einzelnen Teile einer Geschwulst oder beim Netzklumpen vorhanden sind.

Weiterhin wird nach PAYR die Drehung eines Organes begünstigt durch die verschiedene Länge von Arterien und Venen. Die Venen sind stets etwas länger als die Arterien. Tritt nun eine Stauung in den Venen auf, so dehnen sie sich und bäumen sich auf im Gegensatz zu den Arterien. An Modell- und Leichenversuchen konnte PAYR in der Tat zeigen, daß es durch Steigerung des Druckes in den Venen sowohl beim Netz als auch bei einer Anzahl Tumoren gelingt, eine solche Drehung auf „hämodynamischem" Wege zu erzielen. Es hat diese Erklärung besonders für die Drehung des Samenstranges, wie sie NICOLADONI[1] zuerst beschrieben hat, etwas sehr Bestechendes. Daß die Drehungen innerer Organe auch von Drehungen des Körpers abhängig sein können und die Richtung der Drehung dann ganz gesetzmäßig erfolgt, hat SELLHEIM[2] gezeigt. Nach dem „KÜSTNERschen[3] Gesetz" drehen sich linksseitige Tumoren rechtsherum, rechtsseitige umgekehrt, was nach TENCKHOFF[4] mit dem Gang des Menschen in Zusammenhang stehen soll (vgl. hierzu auch SCHÄTZ[5] und PAYR[6]).

Über die **Druckverhältnisse in der Bauchhöhle** liegen Untersuchungen von SCHATZ[7], WEISKER[8], MORITZ[9], KELLING[10], HÖR-

---

1 Arch. f. klin. Chir. Bd. 31. 2 Ztbl. f. Chir. 1923. S. 407. Mitteldeutscher Chir.-Tag Halle 1922. 3 Ztbl. f. Gynäk. 1890 u. 1891. 4 D. Ztschr. f. Chir. 178. 5 D. Ztschr. f. Chir. 184 u. Virch. Arch. 241. 6 Ztbl. f. Chir. 1923. S. 410. 7 Verh. d. Deutsch. Ges. f. Gyn. 4. Kongr. Leipzig 1892. S. 173. 8 SCHMIDTS Jahrbücher Bd. 219. S. 277. 9 Ztschrft. f. Biologie Bd. 32. 1895. 10 v. VOLKMANNS Sammlung klin. Vorträge (I. M. Nr. 44) Nr. 144.

MANN[1], R. MEYER[1], KEPPICH[3], E. u. P. MELCHIOR, WILDEGANS[4] u. a. vor.

Der Druck in der Bauchhöhle setzt sich nach KELLING aus folgenden Faktoren zusammen:

1. dem atmosphärischen Druck,
2. dem statischen Druck,
3. dem Eigendruck,
4. Druckschwankungen durch Anwendung der Bauchpresse,
5. solche durch Atmung und Herzstoß,
6. eine besondere Kompression der Organe bei gewissen Körperlagen,
7. pathologisch bei Überfüllung der Bauchhöhle durch abnorme passive Spannung der Bauchwand.

Die Bedeutung des „intraabdominellen Druckes“ ist eine Zeitlang zweifellos sehr überschätzt worden. Wie man an Gefrierdurchschnitten des Bauches jederzeit feststellen kann, ist ein freier leerer Raum zwischen den einzelnen Organen nicht vorhanden. Der auf den nachgiebigen Wänden des Bauchraums ruhende atmosphärische Druck gleicht durch Einziehen und Ausdehnen der Bauchwände Druckschwankungen innerhalb der Gedärme sofort aus, soweit sich solche Druckschwankungen nicht durch stärkere oder geringere Blähung der luftgefüllten Organe regeln. Der atmosphärische Druck, mit anderen Worten die Eigenschwere der Bauchorgane, ist danach, wie ja eigentlich selbstverständlich, in erster Linie bestimmend für das, was man in etwas unklarer Weise mit dem Ausdruck „intraabdomineller Druck“ bezeichnet hat. Die ungleiche Schwere der Eingeweide bewirkt, daß der Druck, der an den verschiedenen Stellen des Bauchraumes herrscht, sich ungleich gestaltet (HÖRRMANN). Auf der Seite des Zwerchfells ist außerdem der atmosphärische Druck geringer, weil hier die elastische Lunge einen gewissen Zug ausübt, der nach KELLING bei Exspirationsstellung 8 cm, bei Inspirationsstellung 40 cm Wassersäule beträgt. Deshalb haben die Eingeweide die Neigung, sich nach dem oberen Teil der Bauchhöhle hin zu verschieben, und deshalb treten bei einer Verletzung des Zwerchfells die Baucheingeweide in den Brustraum ein („Zwerchfellhernie“). Öffnet man bei einer aufrecht hängenden Leiche den Thorax, so sinkt das Zwerchfell und damit die Eingeweide nach abwärts. Sicher ist auch die Zwerchfellbewegung bei der Atmung nicht ohne Einfluß auf den Druck in den oberen Abschnitten des Bauchraumes.

---

1 Zentralbl. f. Gyn. 1902. 2 Arch. f. kl. Chir. 116. 1921. 3 Mitt. aus d. Grenzgeb. 37. 1924. 4 Ztbl. f. Chir. 1923, S. 410.

Wenn so die Organe des Bauches ohne Zwischenraum aneinander liegen, ist es begreiflich, daß die Lage der Organe zueinander nicht allein durch Bänderfixation bestimmt wird, sondern dadurch, daß die oberen auf den unteren gewissermaßen wie auf einem Kissen ruhen.

Da bei der Beweglichkeit der Därme eine Verschiebung der einzelnen Organe der Bauchhöhle ihrer Schwere nach sehr leicht möglich ist, werden die spezifisch schwereren, wie die Leber, die Niere, der gefüllte Magen usw., sich nach abwärts senken, wenn in den Spannungsverhältnissen der Bauchorgane eine Änderung eintritt, wie das z. B. der Fall ist, wenn die Bauchwand oder die Beckenmuskulatur erschlaffen.

Im allgemeinen liegen die Eingeweide, weil sie mit ihrer Eigenschwere aufeinander ruhen, beim Stehen um 2—3 cm tiefer als beim Liegen, was man ja bei jeder Röntgendurchleuchtung beobachten kann. Dieser statische Druck kann auch negativ werden, z. B. in den Beckenorganen bei Beckenhochlagerung; es kann dann bei dieser Lage Luft in die Vagina eindringen, um bei normaler Lage wieder zu entweichen: „Garrulitas vulvae". Ebenso kann man gelegentlich das Eindringen von Luft in die Blase beim Katheterisieren beobachten und bei Operationen in Beckenhochlagerung beim Eröffnen des Peritoneums die Luft in den Bauchraum einzischen hören. Nach SCHREIBER[1] soll auch im Magen gelegentlich ein negativer Druck herrschen, besonders bei Inspiration mit geschlossener Glottis (MORITZ).

Der Druck im Rektum ist gleich der Höhe einer Wassersäule, welche dem Abstand vom höchsten Punkt der Bauchhöhle zum tiefsten entspricht. Das spezifische Gewicht der Eingeweide ist nämlich ungefähr gleich 1. Die Hohlorgane des Magen-Darmrohres haben ferner einen gewissen Eigendruck, genau so wie z. B. die Blutgefäße, der abhängig ist von der Spannung der Muskulatur und sich bei Peristaltik usw. ändert. Daher beobachtet man gelegentlich im Tierversuch, wenn Ballons in verschiedene Abschnitte der Bauchhöhle gebracht werden, einen verschiedenen Druck (KERTECZ[2]). Die Entstehung des Eigendruckes wird begünstigt durch die Spannung der Bauchwand. Diese Spannung entsteht dadurch, daß während der Entwicklung die Bauchwand in langsamerem Tempo wächst als der Bauchinhalt. Ob zwischen diesem Eigendruck der Eingeweide und ihrer Tätigkeit gewisse Beziehungen bestehen, ist noch nicht sicher bekannt.

Wie die Versuche von KELLING[3] gezeigt haben, hat mäßige

1 Deutsches Arch. f. klin. Med. Bd. 33. 1883. 2 Deutsche med. Wochenschrift 1903 und Berliner klin. Wochenschrift 1904. 3 Arch. f. klin. Chir. 62. 1. S. 14. 1900.

Füllung der Eingeweide keinen Einfluß auf den Innendruck; erst bei starker Füllung steigt er an. Wir brauchen also bei frischen Magenoperationen nicht jeden Flüssigkeitsgenuß zu verbieten, da durch mäßige Füllung die Nähte nicht stark in Anspruch genommen werden. Man hat diesen Eigendruck vielfach mit dem „intraabdominellen Druck" verwechselt (SCHATZ), was eine rechte Verwirrung angerichtet hat.

Für gewöhnlich übt die Bauchwand keinen Druck auf die Eingeweide aus. Es steigt aber der Innendruck bei starker Anspannung der Bauchdecke, und umgekehrt verstärkt die Bauchdecke dann den Druck im Bauchraum, wenn, wie z. B. bei Ileus, der Eigendruck der Därme ein besonders hoher ist und die Bauchwand hierdurch angespannt wird. So konnte KEPPICH[1] bei Peritonitis einen positiven Druck von 18 cm Wasser erhalten, während er normalerweise negativ ist, wie oben gesagt wurde. Daß die Atmung und die Herztätigkeit Einfluß auf den Druck im Bauchraum hat, kann übergangen werden. Langsam wachsende Tumoren, Gravidität usw. führen nicht zu einer Erhöhung des intraabdominellen Druckes, da die Dehnbarkeit der Bauchdecken eine sehr große ist (HÖRMANN l. c. S. 553). Das haben auch die Versuche von COOMBS[2] gezeigt, der langsam Flüssigkeit in die Bauchhöhle einlaufen ließ und dann den Druck bestimmte. Die Dehnung der Bauchdecken, wie sie bei jeder Nahrungsaufnahme nötig ist, ist übrigens kein passiver Vorgang, sondern die Spannung der Bauchdecke läßt bei Füllung des Magens reflektorisch nach. Wie aus den Versuchen von BRUNS[3] hervorgeht, ist der Vagus unbeteiligt an diesem Reflex, der mit größter Wahrscheinlichkeit von der Innenwand des Darmkanals ausgeht. Wenigstens führt Aufblasen der Peritonealhöhle nicht zu einem Nachlassen der Bauchdeckenspannung und nach Resektion des Ganglion coeliacum fehlt dieser Reflex. Ob die „Entspannungshyperämie" beim Öffnen der Bauchhöhle, von der WAGNER berichtet, wirklich eine Folge der Druckentlastung ist und nicht vielmehr auf einen Reflex, sei es durch den Reiz der hinzutretenden kühleren Luft, sei es durch den Schmerz bei Zerrung am Peritoneum, zurückgeführt werden muß, ist bisher nicht sichergestellt. Jedenfalls ist die praktische Bedeutung dieser plötzlichen Füllung der Bauchgefäße eine sehr große, da sie zu Kollapsen führen kann. Wenn man in Lokalanästhesie oder in leichtem Rauschzustand die Bauchhöhle eröffnet, beobachtet man sehr häufig im Augenblick der Durchtrennung des Bauchfells ein Blasserwerden im Gesicht

---

1 Archiv f. klin. Chirurg. 116. 1921. 2 Americ. journ. of physiol. Bd. 61. 1922. 3 Med. Ges. Göttingen 10. Juli 1919.

des Patienten als Ausdruck dieser plötzlichen Druckänderung. Es wird ferner behauptet, daß man bei der Peritonitisbehandlung dadurch bessere Erfolge erzielt, daß man den intraabdominellen Druck wieder herstellt, also die Bauchhöhle bis auf einen kleinen Drain verschließt (NÖTZEL, GULEKE[1], s. später).

Eine besondere Bedeutung hat man diesem „intraabdominellen Druck" für die Entstehung der **Enteroptose** zugesprochen[2]. Zweifellos insofern mit Recht, als die oben in Einzelfaktoren zerlegten Druck- und Spannungsverhältnisse ausschlaggebend für die Lage der Eingeweide sind.

Die rein mechanischen Bedingungen zum Zustandekommen einer Enteroptose sind:

1. Erweiterung des Bauchraumes im allgemeinen. Die Enteroptose bei Hängebauch wird von vielen Chirurgen (ROVSING[3]) als eine besondere Form (materne Enteroptose) angesehen und von anderen Formen (virginelle Enteroptose) abgetrennt. Physiologisch haben ja solche Trennungen stets etwas Willkürliches; dem praktischen Bedürfnis tragen sie Rechnung, wie nachher noch zu besprechen sein wird. Die Bedeutung der Bauchwand für die Lage der Eingeweide wird dadurch gut veranschaulicht, daß sich bei jedem Menschen mit schlaffen Bauchdecken durch eine gut sitzende Bauchbinde die Bauchorgane nach oben drängen, also heben lassen, wie man am Röntgenschirm sehen kann (cf. BORBJÄRG und FISCHER[4]). Die häufigste Form der Eingeweidesenkung ist die bei Erweiterung und gleichzeitiger Erschlaffung der Bauchdecken und des Beckenbodens bei Frauen, die geboren haben. Fast jede Gallensteinoperation an solchen Frauen zeigt uns den Tiefstand der Leber, der ja oft so hochgradig ist, daß die akute Cholezystitis mit einer Appendizitis verwechselt wird. weil der Hauptschmerzpunkt am MCBURNEYschen Punkt liegt.

Von den Erweiterungen des Bauchraumes haben die Hernien und die Schwäche der Beckenmuskulatur nicht die Bedeutung für das Entstehen einer Enteroptose, wie die Erschlaffung der Bauchmuskulatur. Als Unterabteilung sei hier mehr des historischen Interesses wegen angeführt, daß der Autor, auf dessen Arbeiten hin die ganze Enteroptosenfrage eigentlich erst ins Rollen gekommen ist (GLÉNARD[5]), als besonders wichtig für die Entstehung der Enteroptose das Leersein bzw. die Schrumpfung der Därme und da-

---

1 BRUNS' Beiträge Bd. 60. 1908. S. 673. 2 Lit. bei BURCKHARDT, Splanchnoptose, in Ergebn. d. Chir. Bd. 4. 1912; ferner WIEDHOPF, Deutsche Ztschrft. f. Chir. Bd. 128. 3 Die Unterleibschirurgie. F. C. W. Vogel. 1912. 4 Arch. f. Verdauungskrankheiten 1912. Bd. 18. Hft. 4. 5 Les ptoses viscérales. Paris 1899.

mit des Bauchinhaltes ansah. Im allgemeinen handelt es sich jedoch bei diesem Leersein der Därme um sekundäre, nicht primäre Veränderungen.

Als zweite mechanische Bedingung für das Zustandekommen einer Enteroptose ist im Gegensatz zu der allgemeinen Erweiterung des Bauchraumes die Verengerung eines seiner Teile, und zwar des oberen Bauchraumes, des sogenannten Hypochondrium, anzuführen. Tiefstand des Zwerchfells, wie er sich bei Emphysem oder Tuberkulose findet (FLEINER[1]), ist in einem recht erheblichen Prozentsatz der Fälle von Splanchnoptose begleitet, wenn diese bei den genannten Erkrankungen auch nur geringgradig ist. So fand BIAL[2] bei 26 Fällen von Emphysem 18mal Splanchnoptose. Wesentlicher scheint für das Zustandekommen der Enteroptose das Schnüren zu sein, sei es durch Korsett, sei es durch Rockbänder oder Leibgurt. Durch das Schüren wird einmal der obere Bauchraum verengert, und zweitens durch die Feststellung des Thorax die Atmung behindert, die, wie wir oben gesehen haben, von besonderer Bedeutung für die Lage der Eingeweide ist. Über die Beziehungen der Form des Brustkastens zu der des Magens s. FABER[3].

Diese zuletzt geschilderten, schädlichen mechanischen Bedingungen wirken nun zweifellos auf eine große Anzahl von Menschen ein, die keine Spur von Enteroptose zeigen. Das hat zu der Annahme geführt, daß dem mechanischen Moment nur eine die Splanchnoptose fördernde Bedeutung zugesprochen werden dürfe, während die eigentliche Ursache in einer konstitutionellen Gewebsschwäche zu suchen sei. STILLER[4] legt auf die Konstitution einen besonderen Wert für das Zustandekommen der Eingeweidesenkung, und er schildert seinen Habitus enteroptoticus als einen Menschen mit flachem, länglichem Thorax, herabhängenden Rippen, leichtem Hängebauch, grazilem Körperbau, besonders was Haut und Knochen anbetrifft, Bruchanlagen, Neigung zu Plattfuß, kurzum es ist ungefähr der gleiche Typus, den man früher als phthisischen bezeichnet hat. An dieser Anschauung, daß die mechanischen Momente in vielen Fällen nicht genügen, um eine Eingeweidesenkung herbeizuführen, sondern daß eine gewisse Gewebsschwäche begünstigend wirkt, ist zweifellos etwas sehr Richtiges. Nur ist diese „Gewebsschwäche“, die zur Enteroptose führt, durchaus nicht immer etwas Angeborenes, etwas Konstitutionelles, sondern viel häufiger etwas Erworbenes, sei es durch

---

1 Münchener med. Wochenschrift 1895. Nr. 42—45. 2 Berliner klin. Wochenschrift 1896. S. 1107. 3 Grundzüge der Asthenie. Verlag von Enke. 1916. 4 Klin. Wochenschr. 1923. S. 813.

Geburten, sei es durch Krankheiten. Gerade die oben schon erwähnte Eingeweidesenkung der Frauen, die geboren haben, zeigt die Vereinigung von erworbener Gewebsschwäche oder sagen wir besser Nachlassen der sonst vorhandenen Gewebsspannung und den mechanischen Bedingungen, die das Zustandekommen der Eingeweidesenkung begünstigen, sehr deutlich, und auf das Auftreten von Hernien als Folge chronischer Unterernährung hat man in letzter Zeit von chirurgischer Seite aus (KÖNIG[1], OPPEL[2] u. a.) vielfach hingewiesen. Dabei soll durchaus nicht bestritten werden, daß auch die konstitutionelle Gewebsschwäche, die „Asthenie", zu Eingeweidesenkung führt. Ich will aber absichtlich auf die konstitutionelle Gewebsschwäche nicht näher eingehen, da es notwendig ist, daß hierzu zunächst einmal Tatsachen gesammelt werden. Es kann augenblicklich gar nicht genug betont werden, daß das, was wir wirklich über konstitutionelle Gewebsschwäche wissen, außerordentlich wenig ist.

Genau so wie die Entstehungsursache, muß man auch die Beschwerden, die durch die Enteroptose entstehen, von einem etwas mehr allgemeinen Standpunkt aus betrachten. Gewiß sind Zerrungsschmerzen oder das Gefühl von Schwere im Leib erklärbar bei Enteroptose, aber für gewöhnlich sind doch die Beschwerden sehr viel mehr allgemeiner Natur. In diesem Zusammenhang interessant sind Versuche von EMMA SCHULZ[3], die bei plethysmographischen Messungen an Gesunden und Enteroptotikern einen Unterschied nachweisen konnte in der Art, daß bei Enteroptotikern eine Füllung des Armes bei Lagewechsel, vielleicht infolge venöser Stauung, ausblieb, die beim Gesunden regelmäßig vorhanden war. Die Füllung des Armes konnte aber auch beim Enteroptotiker wieder hervorgerufen werden, sobald die Eingeweide gehoben wurden.

Für die Therapie leiten wir aus dem Gesagten ab, daß wir in einem sehr großen Teil der Fälle die Enteroptose durch eine Leibbinde oder durch eine Bauchdeckenplastik (WIEDHOPF[4]) bessern können. Ein operativer Eingriff an einem einzelnen Organ — in Betracht kommt vor allem Magen und Niere — ist nur dann gerechtfertigt, wenn in der Entleerung dieser Organe als Folge der Eingeweidesenkung Hindernisse bestehen. Die Erkenntnis, daß eine angeborene oder erworbene Gewebsschwäche als Ursache für die Enteroptose häufig mit in Frage kommt, hat dazu geführt, daß die Mehrzahl der Chirurgen mit operativen Eingriffen bei Ein-

---

1 Deutsche med. Wochenschr. 1917. 2 Arch. f. klin. Med. Bd. 113. S. 402. 1914. 3 Deutsche Ztschrft. f. Chir. Bd. 128. 4 Ref. Chir. Kongr. Ztbl. Bd. 18. S. 418.

geweidesenkung zurückhaltender geworden ist. Denn meist wird durch die Operation nur ein Symptom, nicht die Krankheitsursache gefaßt.

Für die Entstehung der Brüche, ebenso wie für die Lagerung der Baucheingeweide ist neben dem intraabdominellen Druck die **Festigkeit des Bauchfells** von Bedeutung. Die ersten experimentellen Untersuchungen zu dieser Frage stammen von SCARPA[1]. Wiederholt und erweitert hat MORO[2] diese Versuche. Er prüfte mit Hilfe des pneumatischen Druckes bei Hunden und menschlichen Leichen, zum Teil am in situ frei präparierten, zum Teil am herausgeschnittenen Bauchfell dessen Widerstandskraft und fand, daß die mechanische Widerstandsfähigkeit des Peritoneum parietale des Menschen sehr hoch ist und im Mittel einen Atmosphärendruck übersteigt. Auch die Elastizität ist eine sehr große. Es gelingt eigentlich niemals, im Experiment die Elastizität zu überwinden; das Bauchfell zerreißt vielmehr vorher. Noch größer ist die Widerstandsfähigkeit und Elastizität des Bauchfells, wenn man einen Bruchsack prüft. Es ist deshalb nicht anzunehmen, daß sich ein Bruch durch Dehnung seines Bruchsackes vergrößert, es handelt sich bei dem Größerwerden eines Bruches vielmehr entweder um ein echtes Wachstum des Bruchsackes oder um ein Nachgleiten des zunächst noch in der Bauchhöhle gelegenen Bauchfells. Im Experiment gelingt es allerdings nicht, ein Verschieben des Bauchfells nachzuweisen, wenn das Bauchfell durch Wegnahme eines Stückes der muskulären Bauchwand frei präpariert war, und gleichzeitig der Druck im Bauchraum erhöht wurde. Daß solche Verschiebung des Bauchfells unter pathologischen Verhältnissen gleichwohl vorkommen kann, beweisen die sogenannten Gleitbrüche. Offenbar ist bei den Patienten mit Gleitbruch die Verbindung des Bauchfells mit seiner Unterlage eine weniger feste als bei den zu solchen Versuchen verwendeten Hunden. Wie oft bei den gewöhnlichen Brüchen eine derartige Verschiebung des Bauchfells vorkommt, ist schwer zu beurteilen. Man kann nur sagen, daß es sehr große, langsam entstandene Brüche gibt (besonders Nabelbrüche), bei denen die Verwachsung des Bruchsackes mit der Bruchpforte eine so feste ist, daß die Möglichkeit einer Verschiebung ausgeschlossen werden kann.

Die Verschieblichkeit und Ausdehnungsfähigkeit des Bauchfells ist übrigens ein sehr wesentlicher Schutz, worauf DANIELSEN[3] mit Recht hinweist. Extraperitoneal gelegene Abszesse

---

1 Reale Stamperia Milano 1809. 2 BRUNS' Beiträge 63. 1909. S. 208 u. 225.
3 BRUNS' Beiträge 54. S. 458. 1907.

drängen das Bauchfell vor sich her, durchbrechen es aber nicht, und eine mit Eiter gefüllte Gallenblase kann ihre Serosa um ein Vielfaches dehnen, ehe es zur Perforation kommt. Wenn das Bauchfell durch einen solchen extraperitonealen Abszeß von seiner Unterlage abgehoben ist, fragt man sich, wie eigentlich die Ernährung zustande kommt (MORVAN[1]). Hierüber wissen wir nichts genaues. Vielleicht vermag das Bauchfell aus dem Eiter selbst ernährende Stoffe aufzunehmen, vielleicht bezieht es ähnlich wie die Gelenkmäuse (s. diese) aus der im Bauchraum vorhandenen Flüssigkeit seine Nahrung.

Bevor wir uns der wichtigsten Erkrankung des Bauchfells, der Peritonitis, zuwenden, müssen wir zunächst die Physiologie und Pathologie der Eingeweide besprechen.

Magen.

Die **Form**[2] und die **Bewegungen** des **Magens** sind seit der allgemeinen Anwendung der Röntgenstrahlen gründlich studiert worden; dadurch sind unsere Kenntnisse auf diesem Gebiet, die sich früher nur auf Beobachtungen am Tier gründeten, wobei die Versuchsanordnung nicht immer einmal eine besonders physiologische war, wesentlich erweitert und vertieft worden. Eine ganze Reihe von neuen Krankheitsbildern sind durch das Röntgenverfahren aufgedeckt worden, an bekannten Erkrankungen haben wir Erscheinungen kennen gelernt, die, chirurgisch behandelt, nicht nur selbst heilten, sondern nach der Operation auch eine wesentliche Besserung der Allgemeinerkrankung bewirkten.

Vom chirurgischen Standpunkte aus muß man auf die Untersuchung der motorischen Fähigkeiten des Magens größeren Wert legen als auf die Verhältnisse der Sekretion, wennschon beide vielfach miteinander zusammenhängen. Es ist den Untersuchungen mit Hilfe der Wismutkontrastmahlzeit oft der Vorwurf gemacht worden, sie seien unphysiologisch, die damit gefundenen Bilder seien Kunstprodukte (STILLER). Dieser Vorwurf ist jedoch durchaus unbegründet. Richtig ist nur, wie aus den Röntgenaufnahmen von BEST und COHNHEIM[3] an Fistelhunden hervorgeht, daß, wenn man Wismut mit Fleisch gibt, auf dem Röntgenschirm die Entleerung später zu sehen ist, als sie in Wirklichkeit erfolgt ist. Das hängt damit zusammen, daß das Fleisch im Magen verflüssigt wird und früher zur Ausschei-

1 Persönliche Mitteilung. 2 Zusammenfassend MÜLLER, Erg. d. Anat. u. Entwicklungsgeschichte Bd. 23. 1921. SCHULZE, Ergeb. d. allg. Pathol. und pathol. Anat. 20. 1922. 3 Münchener med. Wochenschrift 1911. S. 2732.

dung kommt als das Wismut. Es verzögert ferner das Wismut etwas den Aufenthalt der Speisen im Magen, ebenso wie im Dünndarm. Barium sulfuricum tut das nicht. Die Form des Magens ebenso wie seine Bewegungen werden durch die Wismutmahlzeit in keiner Weise verändert, sondern können mit Hilfe der Röntgenstrahlen durchaus naturgetreu festgestellt werden. Das beweisen u. a. die sehr lehrreichen Versuche, die GROEDEL und SEYBERTH[1] angestellt haben. Sie nähten an einen Hundemagen entsprechend der großen und kleinen Kurvatur Silberperlen und machten einige Zeit nach der Operation von diesem Tier Röntgenaufnahmen mit und ohne Wismutmahlzeit. In beiden Fällen war die Form und Bewegung des Magens die gleiche.

Den Anatomen war es im Anfang nicht sehr einleuchtend, daß der Magen beim Lebenden eine „Angelhakenform" (RIEDER) oder „Rinderhornform" (HOLZKNECHT) haben sollte, aber auch sie überzeugten sich bald von der Richtigkeit der Röntgenbilder; denn wenn man die Organe eines Hingerichteten sofort nach dem Tode durch Einspritzen von Formalin in die Blutbahn lebendfrisch fixiert, erhält man dieselben Formen des Magens wie sie das Röntgenbild zeigt (HIS, SIMMONDS[2]). Allerdings ist, wie die Untersuchungen von F. W. MÜLLER[3] an frisch fixierten Leichen Hingerichteter gezeigt haben, die Rinderhornform des Magens nur das Kennzeichen einer bestimmten Magenstellung, nicht eine besondere Magenform. Schon vor der Entdeckung der Röntgenstrahlen war übrigens von einzelnen Chirurgen und Anatomen die Magenform an Leichen, die mit Formalin bald nach dem Tode fixiert worden waren, ziemlich richtig dargestellt worden (DOYEN[4], PETERSEN[5]). Die Siphonform des Magens wird oft als ein Zeichen für Magensenkung angesprochen, sie wird aber bei so vielen Menschen beobachtet, daß man sie nicht ohne weiteres wird als pathologisch bezeichnen dürfen, zumal die Entleerung des Magens auch bei dieser Form ganz normal sein kann (HOLZKNECHT, JONAS[6]).

Der nüchterne Magen ist ein faltenreicher Schlauch, dessen Wände bandartig aneinander liegen (FAULHABER[7], ferner GROEDEL[8], HOLZKNECHT und JONAS). Die große Kurvatur steht, wie das das HISsche Gipsmodell sehr schön zeigt, infolge Kontraktion der

---

1 Archiv f. Verdauungskrankheiten 18. S. 8. 2 Über die Form und Lage des Magens unter normalen und abnormen Bedingungen. Jena 1907. 3 Klinische Wochenschr. 1923. S. 1109. 4 Traitement chir. des affect. de l'estomac 1895. 5 BRUNS' Beiträge z. klin. Chirurgie 29. S. 601. 1900. 6 Ergebnisse d. inneren Medizin 4. 1909. S. 455. 7 Arch. f. phys. Med. u. med. Techn. 3. 1908. u. 4. 1909. 8 Die Magenbewegungen. Ergänzungsband zu d. Fortschritten auf d. Gebiete d. Röntgenstrahlen. 1912.

Fibrae arcuatae vorn, so daß die Vorderwand des Magens kopfwärts sieht (s. auch F. W. MÜLLER [1].) Der Pylorus liegt dann von dem Magen bzw. der großen Kurvatur teilweise verdeckt nach rückwärts (WILMS[2], ELZE[2]). ASCHOFF[3] ist besonders auf Grund von Sektionen, die er sehr früh nach dem Tode anstellen konnte, der Ansicht, daß der leere oder wenig gefüllte Magen in den nicht gefüllten Partien kontrahiert ist, so daß „Engpässe" entstehen. Demgegenüber vertritt ELZE[4] die Meinung, daß es sich bei diesen Engpässen, hauptsächlich auch bei dem etwa in der Magenmitte gelegenen Isthmus, nur um einen mehr oder weniger zufälligen Leichenbefund handelt, wesentlich bedingt durch Morphium. KRATZEISEN und GRUBER[5] fanden ähnliche Einziehungen wie ASCHOFF bei Leichen, die intra vitam kein Morphium erhalten hatten. Über die genauere Anordnung der Magenmuskulatur und ihre Beziehung zur Form des Magens s. FORSELL[6] und BAUER[7].

Funktionell muß man am Magen drei Abschnitte unterscheiden, den Fundusteil, das Antrum pylori und den eigentlichen Pylorus. Die Einteilung des Magens ist bei den einzelnen Autoren eine etwas verschiedene (s. hierüber BAUER[7]). Ersterer ist seiner Größe nach der Hauptmagen und stellt gewissermaßen einen Vorratsraum dar, während das Antrum pylori der eigentliche Motor für die Fortbewegung des Mageninhaltes ist (COHNHEIM[8]; vgl. auch ASCHOFF[3]). Zwischen diesen beiden Abschnitten des Magens besteht zwar keine scharfe anatomische Grenze, wohl aber kann man ungefähr an dieser Stelle auch beim Menschen, genau wie HOFMEISTER und SCHÜTZ[9] es am Hunde fanden, eine tiefe ringförmige Einschnürung beobachten. Sie bildet sich immer wieder von neuem durch Fortschreiten der peristaltischen Welle, die vom Fundusteil längs der großen und kleinen Kurvatur verläuft. (KÄSTLE, RIEDER, ROSENTAL[10], FLEINER[11]. Auch nach dem histologischen Aufbau kann man nach ASCHOFF[13] den Magen in 4 Teile zerlegen, in das Korpusgebiet, in das Vestibulumgebiet und in das Pylorusgebiet, dazu die Kardiazone.

In das Wesen der Magenperistaltik haben uns vor allem

1 Klinische Wochenschr. 1923. S. 1109. 2 Med.-naturhistorischer Verein. Ref. Münchener med. Wochenschrift 1917. 3 Über den Engpaß des Magens. Jena, Fischer, 1918. Med. Klinik 1920. Nr. 38. 4 Med. Klinik 1921. S. 157. 5 Verhandl. d. Deutsch. pathol. Ges. 1921. 6 Über die Beziehungen der Röntgenbilder des menschlichen Magens zu seinem anatomischen Bau. Hamburg 1913. 7 Arch. f. kl. Chir. 124. 1923. 8 Physiologie der Verdauung u. Ernährung S. 15. Urban & Schwarzenberg 1908. 9 Archiv f. exp. Pathol. 1886. 10 Münchener med. Wochenschrift 1909. S. 280. Ztschr. f. Röntgenkunde. Bd. 12. 11 Münchener med. Wochenschr. 1919. Nr. 22/23 u. 40/41. 12 Pflügers Arch. Bd. 201.

die Untersuchungen von SCHWARZ[1] interessante Einblicke verschafft. Danach hängt zunächst die Flachheit oder Tiefe einer Kontraktionswelle von der Schichtdicke der Muskulatur ab, in der Art, daß wir bei dicker Muskulatur eine kurze, aber tiefe Welle bekommen, umgekehrt bei dünner Muskulatur eine lange, aber flache Welle. Nun ist die Schichtdicke des Magens nach den Untersuchungen von ALBERT MÜLLER[2] eine wechselnde, insofern die einzelnen Muskelelemente je nach dem Dehnungszustand der Wand bald übereinander, bald nebeneinander zu liegen kommen. Im allgemeinen nimmt die Muskulatur gegen den Pylorus an Stärke zu. Infolgedessen vertiefen sich auch hier die Kontraktionswellen. Da gleichzeitig die lichte Weite des Magens nach dem Pylorus zu an Größe abnimmt, berühren sich schließlich im Antrum pylori bei kräftigen Kontraktionen die gegenüberliegenden Wände, es kommt zu einer völligen Abschnürung des Speisebreies, zu dem, was man als Sphincter antri bezeichnet hat.

Wenn in diesen im Hungerzustand lumenlos zusammengefalteten Magenschlauch Speise eintritt, so entfaltet sich der Magen. Das geschieht weniger durch das Eigengewicht der Speisen, als durch nervöse Regulationsvorrichtungen am Magen selbst. Diese aktive Entfaltung des Magens ist für das Verständnis vieler physiologischer und pathologischer Verhältnisse von größter Bedeutung. Warum ist man z. B. bei Speisen, die nicht zu den Lieblingsspeisen zählen, so schnell satt? FLEINER (l. c. S. 113) erklärt diese mangelhafte Entfaltung des Magens als „Abwehrreflex" und führt eine Anzahl hierher gehöriger Beispiele aus dem Gebiete der Magenkrankheiten an (vgl. auch HOLZKNECHT und LUGER[1]). Die Entfaltung des Magens ist eine verschiedene, je nachdem feste oder flüssige Speise genommen wird (BRÄUNING[2]). Im ersteren Falle bleibt der Speisebrei zuerst einige Minuten unmittelbar unterhalb der Magenblase, also im obersten Teil des Fundus, liegen und schiebt sich langsam keilförmig nach abwärts, den Tonus des Magens überwindend. Erst mehrere Minuten nachdem der letzte Bissen gegessen ist, erreicht der Brei den untersten Teil des Magens. Nach den Untersuchungen von KATSCH und v. FRIEDRICH[3] berühren Speisen, wenn sie in den Magen eintreten, die kleine Kurvatur nur auf eine ganz kurze Strecke; von dort aus verteilen sich die Speisen sehr schnell über die Magenwand. Das gilt aber nach ORATOR[4] nur, wenn im Magen

1 Mitt. aus d. Grenzgebieten Bd. 26. S. 669. 2 Münchener med. Wochenschrift 1909. S. 277. 3 Mitt. a. d. Grenzgebieten 34. 1921. 4 Mitt. a. d. Grenzgeb. 36. 1923.

Flüssigkeit vorhanden ist, bei leerem Magen wird der Magen von der kleinen Kurvatur ausgefüllt (s. auch BAUER[1]). Flüssigkeit gelangt sehr schnell, als schmaler Bach, bis zum tiefsten Punkt des Magens und dehnt, wenn dieser erreicht ist, den Magen in die Breite hin aus. Flüssigkeit, bei vollem Magen getrunken, läuft nicht, wie man eine Zeitlang annahm (COHNHEIM[2]), der kleinen Kurvatur entlang, sondern umfließt den Mageninhalt auf vielen Wegen (MÜLLER[3], KÄSTLE[4], LEHMANN[5]). Beim Hund tritt allerdings im Röntgenbild eine Art „Magenstraße“ auf, wenn er wenig Flüssigkeit bei vollem Magen trinkt. Trinkt er viel, so vermengt sich aber auch bei ihm die Flüssigkeit mit dem Speibrei (KATSCH u. v. FRIEDRICH[6]).

Im allgemeinen sind die Bewegungen, die der Fundusanteil des Magens macht, sehr geringfügige im Vergleich zu den Bewegungen des Antrum. Die Hauptbewegungsform des Fundus ist die erwähnte tonische Kontraktion. Es kommt deshalb in diesem Abschnitt nicht zu einer Durchknetung und Vermischung der aufgenommenen Nahrung; diese schichtet sich vielmehr im Fundusteil in der Reihenfolge auf, wie sie zeitlich in den Magen gelangt. Es nehmen, wie aus den Untersuchungen von GRÜTZNER[7] und ELLENBERGER[8] hervorgeht, die zuletzt geschluckten Massen im allgemeinen die zentrale Stelle in dem Nahrungsballen ein. Die Schichtung der Speisen findet eine Unterbrechung, wenn die Tiere beim Fressen herumgejagt werden, und es tritt dann auch eine deutliche Störung in der Kohlehydratverdauung auf (ABDERHALDEN[9]). Vom Rand her geht eine Verflüssigung des Nahrungsballen vor sich und in dem Maße, wie die Nahrungsstoffe verdaut werden, werden sie durch schwache und im Vergleich zu den Antrumbewegungen auch langsame (CANNON[10]) peristaltische Wellen, die von der Kardia nach dem Pylorus zu fortschreiten und die sich röntgenologisch in den seichten Einkerbungen der Kurvaturen äußern, in den eigentlichen motorischen Abschnitt, das Antrum pylori, gepreßt. KÄSTLE ist auf Grund seiner röntgenologischen Untersuchungen allerdings der Ansicht, daß die Bewegungen des Magenfundus nicht schwächer seien, als die des Antrum pylori. Dem stehen aber die Druckmessungen von MORITZ entgegen, der im Fundus einen Druck von 6—8 cm Wasser, im Antrum einen solchen von 50 cm Wasser fand. Es scheint nach den

---

1 Arch. f. kl. Chir. 124. 1923. 2 Münchener med. Wochenschrift 1907. S. 2581. 3 Mitt. aus d. Grenzgebieten Bd. 22. 1911. 4 Fortschritte auf dem Gebiete d. Röntgenstrahlen Bd. 26. 1919. 5 Arch. f. klin. Chir. 127. 1923. 6 Fortsch. auf d. Geb. d. Röntgenstrahlen Bd. XXX S. 290. 7 PFLÜGERS Arch. Bd. 106. 1905. S. 463. 8 Ebendort Bd. 114. S. 93. 1906. 9 Ebendort Bd. 194. 1922. 10 Americ. Journ. of Physiol. 1. S. 359. 1898 und Bd. 12. S. 387. 1904.

Untersuchungen von FISCHL[1] sicher zu sein, daß einzelne Nahrungsmittel besonders lange im Magen verweilen. So konnte FISCHL Spinat noch nach 48 Stunden im Magen nachweisen, während die Probemahlzeit den Magen schon nach 7 Stunden verlassen hatte.

Das Antrum führt sehr kräftige Bewegungen aus, und zwar sind es, wie aus den Untersuchungen DUCCESHIS[2] und den kinematographischen Aufnahmen von KÄSTLE, RIEDER und ROSENTHAL[3] hervorgeht, regelmäßige Kontraktionen und Erschlaffungen der Muskulatur, im ganzen: „Systolen und Diastolen". Die Antrumbewegungen sind also Auspressungs- und Mischbewegungen. Es folgen sich die Kontraktionen mit außerordentlicher Regelmäßigkeit. CANNON[4], der wohl als erster mit Röntgenstrahlen bei Katzen die Verdauung beobachtet hat, gibt an, daß das Antrum sich sechsmal in der Minute zusammenziehe und wieder erschlaffe, und zwar konnte er die geradezu maschinenmäßige Arbeit über 7 Stunden lang beobachten. Beim Menschen folgen sich nach HOLZKNECHT die einzelnen Kontraktionen in Abständen von etwa 22 Sekunden. Wenn der Magen fast leer geworden ist, wird der Rest, wie SICK[5] zeigen konnte, mit Hilfe der Muscularis mucosae herausbefördert.

Die Reize, die eine Bewegung des Magens auslösen, sind erstens mechanische und zweitens chemische. Der leere Magen zeigt gewöhnlich keine Bewegung. Nur alle $1^1/_2$ bis $2^1/_2$ Stunden bemerkt man die zuerst von PAWLOW und BOLDIREFF[6] beobachtete Leertätigkeit der gesamten der Verdauung dienenden Gebilde, die etwa 10 Minuten andauert. Während dieser Zeit kommt es außer zur Bewegung des Darmes auch zur Sekretion sämtlicher Verdauungsdrüsen. Als mechanischer Anreiz, um eine Magenbewegung in Gang zu bringen, genügt schon die Berührung der Magenschleimhaut mit einer Sonde (LUCIANI l. c. 168). Von chemischen Reizstoffen sind es vor allem die Salzsäure und das Pepsin, also beides physiologische Produkte der Magendrüsen, die eine Bewegung des Magens auslösen. Hierbei ist es interessant, daß sich der Fundusteil und der Antrumteil ziemlich entgegengesetzt verhalten, insofern die Bewegungen des Fundus durch Salzsäure angeregt, die des Antrum durch denselben Reiz verlangsamt, bzw. bei stärkeren Lösungen zum Stillstand gebracht werden. Auch kommt es bei Einwirkung von stärkeren Salzsäurelösungen auf das Antrum pylori zu antiperistaltischen Wellen (DUCCESHI l. c.). Die Temperatur der

---

1 Prager med. Wochenschrift Bd. 33. 1908. 2 Zit. nach LUCIANI, Physiologie d. Menschen Bd. II. S. 165 (Arch. per le scienze mediche 1897). 3 Münchener med. Wochenschrift 1909. S. 280. 4 Americ. Journ. of Physiol. 1. S. 359. 1898 u. 12. S. 387. 1904. 5 Kl. Wochenschr. 1923. S. 293. 6 Zentralbl. f. Physiol. 18. S. 489. 1904.

Speisen hat auf die Schnelligkeit der Entleerung des Magens keinen Einfluß (EGAU[1]).

Der dritte funktionell gesonderte Abschnitt am Magen ist der Pylorus, der Schließmuskel des Magens. Er steht bei leerem Magen offen, so daß, wenn die ersten Bissen in den Magen gelangt sind, man durch Druck auf den Magen Inhalt durch den Pförtner hindurch in das Duodenum zu schieben vermag, wie man bei Röntgendurchleuchtungen sehen kann (HOLZKNECHT[2]). Die Bewegungen des Pylorus, die in Öffnung und Schließung des Magens gegen den Darm zu bestehen, werden zum Teil durch Reflexe geregelt, die von der Schleimhaut des Duodenums und von der des Magens ihren Ursprung nehmen (TOBLER[3], COHNHEIM[4]). Ist der Dünndarm z. B. bei einem Hund mit Duodenalfistel leer, so entleert sich bei jeder Kontraktion des Antrum ein Schuß Speisebrei aus der Fistel (HIRSCH[5], v. MERING und ALDEHOFF[6], MORITZ[7]), zuerst gut, später mangelhaft verdaut. Spritzt man jedoch nun dem Hund das, was sich aus der Fistel entleert, wieder in den abführenden Schenkel ein, so schließt sich für einige Zeit der Pylorus und öffnet sich, wie meistens gesagt wird, erst wieder, wenn der Salzsäurereiz des in das Duodenum eingespritzten Mageninhaltes durch die alkalischen Darmsekrete neutralisiert ist (TOBLER). Es schließt sich der Pylorus außerdem für kürzere oder längere Zeit, wenn anisotonische Lösungen in den Magen eingeführt werden (OTTO[8]), wenn die Temperatur des Genossenen wesentlich von der des Magens abweicht (JOHANNES MÜLLER[9]) und schließlich bei schmerzhaften Reizen aller Art (COHNHEIM[10]). Endlich läßt der Pylorus auch feste Speiseteile nicht in den Darm gelangen, sondern nur flüssige und halbweiche Massen. Sicherlich gilt das alles nur mit Einschränkungen. Beim Menschen konnten wenigstens McCLURE, REYNOLDS und SCHWARCK[11] bei eingeführter Duodenalsonde und Röntgendurchleuchtung keinen Einfluß auf die Tätigkeit des Pylorus erkennen, wenn sie $^1/_{10}$ Normalsalzsäure in das Duodenum brachten und auch BARSONY[12] kommt auf Grund seiner

---

1 Münchener med. Wochenschrift 1916. Nr. 2. 2 Ergebn. d. inneren Med. Bd. 4. 1909. S. 466. 3 Ztschrft. f. phys. Chemie Bd. 45. 1905. S. 185. 4 Münchener med. Wochenschrift 1907. S. 2581. Ders. u. DREYFUSS, ebenda 1908. S. 2484. 5 Zentralbl. f. innere Med. 1892. S. 993; 1893. S. 73, 377, 601; 1901. S. 33. 6 12. Kongreß f. innere Medizin 1893. S. 471. 7 Ztschrft. f. Biol. 42. 1901. S. 565, hier Lit. Münchener med. Wochenschrift 1895 u. 1898. 8 Arch. f. exp. Path. u. Pharmakol. 52. S. 370. 1905. 9 Ztschrft. f. diät. Therapie 8. Hft. II. (Zit. nach COHNHEIM). 10 Die Physiologie der Verdauung 1908. S. 18 u. 26. 11 Arch. of intern med. Bd. 26. 1920. 12 Wien. kl. Wochenschr. 1924. Nr. 34 zusammen mit HORTOBÁGYI.

Versuche zu der Anschauung, daß zwar die Magenbewegung durch Salzsäureeinspritzung im Duodenum verlangsamt wird, daß es aber keinen reflektorisch bedingten Pylorusverschluß gibt.

Die **sekretorische** Tätigkeit des Magens hat für den Chirurgen nicht das gleiche Interesse, wie die motorische, obgleich sie der viel ausgiebiger studierte, wenn auch deshalb nicht etwa besser gekannte Teil der Magenphysiologie ist (Lit. s. BABKIN[1], ROSEMANN[2], FÖLDES[3]). Der Magensaft wird in der Hauptsache vom Fundusteil geliefert. Hier stehen die langen tubulären Drüsen, von denen jede, wie wir seit HEIDENHAIN wissen, aus Haupt- und Belegzellen besteht, dicht gedrängt. Die Hauptzellen sezernieren das Pepsin, die Belegzellen sollen die Salzsäure liefern, was aber noch nicht einwandfrei bewiesen ist. Der Magensaft enthält ferner noch eine Lipase[4], ein Labferment, viele anorganische Salze, ein bezüglich seiner Bedeutung nach unklares Nukleoproteid und Schleim.

Die Tätigkeit dieser Drüsen ist erst seit den klassischen Versuchen PAWLOWS[5], der die Sekretion am „kleinen Magen" und mit Hilfe von Magen- und Duodenalfisteln zu beobachten gelehrt hat, mit Erfolg studiert worden (TOBLER, COHNHEIM l. c. u. a.). Wir wissen jetzt, daß die Sekretion des Magensaftes in der Hauptsache ein reflektorischer Vorgang ist. Es kommt beim Hunde schon bei der Begierde zu fressen zur Sekretion der Magendrüsen („psychische Sekretion"). Auch beim Menschen ist eine solche „psychische Sekretion" vorhanden, wie HEGER[6] in sehr hübschen Versuchen an Hypnotisierten nachweisen konnte, denen er irgendeine Nahrungsaufnahme suggerierte und den Magensaft durch eine Dauersonde auffing. Der Kauakt als solcher ändert nach den Untersuchungen an Menschen mit Magen- und Ösophagusfisteln, die BAUER[7] angestellt hat, die Sekretion des Magensaftes nicht. Eine solche Änderung tritt nur ein, wenn appetitanregende Sachen gekaut werden. Dann ist aber die Bedeutung des Kauaktes für die Magensekretion eine große (FRIEDRICH[8]). Weiterhin kann reflektorisch vom Duodenum aus die Sekretion der Magendrüsen geregelt werden. So bewirkt beispielsweise, wie COHNHEIM und MARCHAND[9] fanden, Einführung von Salzsäure in das Duodenum

---

1 Die äußere Sekretion der Verdauungsdrüsen. Springers Verlag. 1914. 2 VIRCHOWS Arch. Bd. 229. 1920. 3 Kl. Wochenschr. 1924. S. 1951. 4 Stammt möglicherweise aus dem Duodenum; cf. ABDERHALDEN, Physiol. Chemie 1909. S. 661. 5 Die Arbeit der Verdauungsdrüsen. Deutsch von A. WALTHER. Wiesbaden 1898; ferner BABKIN l. c. 6 Arch. f. Verdauungskrankheiten Bd. 27. 1921. 7 Ztschr. f. physikal. u. diät. Therapie Bd. 23. 1921. 8 Arch. f. Verdauungskrankheiten Bd. 28. 1921. 9 Ztschr. f. physiol. Chemie Bd. 63. S. 41.

eine Herabsetzung der Salzsäureproduktion im Magen, und umgekehrt bewirken die aus dem Fett gebildeten Seifen vom Duodenum aus eine erhöhte Sekretion der Magendrüsen. Drittens wird die Tätigkeit der Fundusdrüsen vom Antrum pylori aus angeregt, und zwar erfolgt diese Anregung mit Hilfe eines Hormons (Gross[1], Edkins[2]), das gebildet wird, wenn Fleischextrakt oder Pepton von der Antrumschleimhaut resorbiert werden. Daß in der Tat im letzteren Falle die Anregung der Fundusdrüsen durch ein Hormon erfolgt, kann man u. a. daraus schließen, daß von der Antrumschleimhaut aus eine Magensaftsekretion noch angeregt werden kann (Popielski[3]), wenn die die Magensekretion beeinflussenden Nerven durch Atropin ausgeschaltet worden sind. Es kommt danach den intrastomachalen Ganglien eine nicht zu unterschätzende Bedeutung bei der Sekretion des Magensaftes zu, was auch daraus hervorgeht, daß der Magen weiter sezerniert, wenn alle zum Magen verlaufenden Nerven durchtrennt worden sind (Schiff, Contejean[4]). Die vermehrte Salzsäureausscheidung im Magen ist nach Földes abhängig von einer Zunahme saurer Valenzen im Blut.

Je nach den aufgenommenen Nahrungsmitteln ist nun die verdauende Kraft des Magensaftes eine verschiedene, bei Milch anders wie bei Brot, bei diesem wieder anders wie bei Fleisch und so fort (Pawlow). Auch die Erwärmung der Speisen hat auf die Magensekretion einen wesentlichen Einfluß (Salle[5]). Der Mensch verhält sich bezüglich der sekretorischen Anpassungsfähigkeit seines Magens sehr ähnlich wie der Hund, wie aus den Untersuchungen an Menschen mit Magen- bzw. Darmfisteln (Hornborg[6], Umber[7], Bogen[8], Bickel[9], Biernacki[10] u. a.) zu ersehen ist, so daß wir die bei diesem Tier gewonnenen Ergebnisse, ohne große Fehlschlüsse befürchten zu müssen, auf den Menschen übertragen können.

Der Magensaft als solcher nun enthält die verschiedenen Fermente, speziell das Pepsin, nicht im fertigen, d. h. wirksamen Zustand, sondern als Vorstufe, die man ganz allgemein bei Fermenten als Zymogen bezeichnet. Das Pepsinogen wird erst unter dem Einfluß der Salzsäure wirksam. Von den einzelnen Nahrungsstoffen wird das Eiweiß im Magen am besten, nämlich bis zu

1 Arch. f. Verdauungskrankheiten 12. 1906. S. 507. 2 Journ. of Physiol. 34. S. 133. 1906. 3 Zentralblatt f. Physiologie 16. S. 121. 1902. 4 Contrib. à l'étude de la physiol. de l'estomac. Thèse de Paris 1892. 5 Ref. Inneres Kongreßzentralblatt II. S. 43. 6 Skand. Arch. f. Physiol. 15. S. 209. 1904. 7 Berliner klin. Wochenschrift 1905. Nr. 3. 8 Pflügers Archiv 117. S. 150. 1907. 9 Deutsche med. Wochenschrift 1906 u. 1907. 10 Zeitschrft. für klin. Medizin 21. S. 97. 1892.

Albumosen[1] abgebaut; wir sahen schon, daß, wenn man einem Hunde mit hoher Duodenalfistel Fleisch zu fressen gibt, dieses als klarer dünnflüssiger Saft sich aus der Fistel entleert. Die Kohlehydrate greift der Magensaft selbst nicht an; er zerstört im Gegenteil das diastatische Ferment des Speichels. Da aber die einzelnen Nahrungsballen im Magen zunächst zentral, also ohne in Berührung mit dem Magensaft zu kommen, liegen (ELLENBERGER, GRÜTZNER l. c.), geht auch die Kohlehydratverdauung durch den Speichel im Magen noch eine Zeitlang weiter. Fett wird im Magen in der Hauptsache nur verflüssigt. Ein wesentlicher Abbau findet nicht statt. Eine große physiologische Bedeutung während der Säuglingszeit kommt dem Labferment zu, das die Milch durch Ausfällen des Kaseins zur Gerinnung bringt, wodurch sie weiterhin für den Magensaft angreifbar wird. Über die normale Physiologie des Magen- und Darmtraktus beim Säugling vgl. UFFENHEIMER[2].

Die Frage, ob im Magen auch eine nennenswerte **Resorption von Nahrungsstoffen,** speziell Eiweiß, stattfindet, ist wohl zu verneinen (vgl. im Gegensatz dazu TOBLER[3]).

Für den Chirurgen ist es ganz besonders wichtig zu wissen, daß auch Wasser im Magen nicht in nennenswerter Menge resorbiert wird, sondern erst im Dünndarm. Daher die Austrocknung der Patienten bei Pylorusstenose (s. später).

Die verwickelte motorische und chemische Tätigkeit des Magens wird von einem außerordentlich empfindlichen **nervösen Apparat** gesteuert[4]. Es ist die motorische Innervation des gesamten Magen-Darmrohres eine in ihren Grundzügen übereinstimmende. Wir können sie deshalb hier gemeinsam besprechen, nachdem die sensible Innervation in dem Abschnitt „Bauchfell" abgehandelt worden ist. Wir verdanken unsere Kenntnisse von der Darminnervation hauptsächlich den Arbeiten LANGLEYS[5] und seiner Schule, ferner OPENCHOWSKI[6], MAGNUS[7], PAWLOW[8], BAYLISS und STARLING[9], ELLIOT und SMITH[10], POPIELSKI[11], GOLTZ[12],

---

1 Nach TOBLER sogar bis zu Pepton (80%), doch wird dieser Befund neuerdings mit versuchstechnischen Fehlern in Zusammenhang gebracht (cf. TSCHEKUNOW, Ztschrft. f. phys. Chemie Bd. 87. 1913. S. 316. 2 Ergebn. f. innere Med. Bd. 2. 1908. S. 271. 3 Ztschrft. f. physiol. Chemie 1905. Bd. 45. S. 185. 4 Zusammenfassung s. BÖWING, Arch. f. Verd.-Krkh. Bd. 33. HAHN, Ergeb. d. Chir. Bd. 17. 1924. 5 Ergebn. d. Physiol. II. 1903. S. 830. 6 Arch. f. (Anat. u.) Physiol. 1889. S. 549. 7 Ergebn. d. Physiol. Bd. VII. 1908. Ders., PFLÜGERS Arch. Bd. 102. S. 123 u. 349; Bd. 103. S. 515 u. 525; Bd. 108. S. 1; Bd. 111. S. 152. (1903 bis 1906.) 8 Arch. f. (Anat. u.) Physiol. 1895. S. 53. 9 Journ. of Physiol. Bd. 26. S. 107. 1906. 10 Ebenda Bd. 31. S. 157. 1904. 11 Arch. f. (Anat. u.) Physiol. 1903. S. 338. 12 PFLÜGERS Arch. Bd. 8. S. 460. 1874. Ders. u. EWALD, ebenda Bd. 63. S. 362. 1896.

v. FRANKL-HOCHWART und FRÖHLICH[1], COURTADE und GUYON[2], STIERLIN[3], BORCHERS[4], KÖNNECKE[5] und vielen anderen.

Zunächst besitzen alle Organe mit glatter Muskulatur ein im Muskel gelegenes nervöses Zentrum, bestehend aus einer Anhäufung von Ganglienzellen (v. OPENCHOWSKI) das im Darm als AUERBACHscher Plexus bezeichnet wird. Diese Anhäufung von Ganglienzellen gehört entwicklungsgeschichtlich zum Vaguszysten und verhält sich auch im Nikotinversuch wie die postganglionären Zellen des Vagus (DRESEL[6]). Mit Hilfe dieses Zentrums ist der Darm in der Lage, auch außerhalb des Tierkörpers gleichmäßige Bewegungen auszuführen und den Kot vorwärts zu treiben, ebenso wie der herausgeschnittene Magen seine regelmäßigen Bewegungen noch eine Zeitlang weiter ausführt (HOFMEISTER und SCHÜTZ[7]). Aus dem Vorhandensein dieses selbständigen Zentrums erklärt es sich auch, daß der Pylorus nach Querdurchtrennung des Magens noch einen festen Verschluß zeigt (NEUGEBAUER[8]) und daß wir bei direktem Reiz des Magens eine langdauernde Zusammenziehung der Magenwand bekommen, die schon manches Mal mit einer Ulkusnarbe verwechselt worden ist. Wartet man eine Zeitlang, so ist dieser Wulst mit der blassen Verfärbung der Serosa wieder verschwunden. Da er auch beim Magen nach Durchschneidung der Vagi und Splanchnici auftritt (STIERLIN), ist er von der äußeren Innervation unabhängig.

Das zweite in der Darmwand gelegene nervöse Zentrum, der MEISSNERsche Plexus, regelt die Bewegungen der Muscularis mucosae (EXNER[9]), also der unmittelbar unter der Schleimhaut gelegenen Muskellage. Diese Muscularis mucosae hat die Aufgabe, die Schleimhaut vor Verletzungen durch Fremdkörper zu schützen und den Magen völlig zu entleeren, wenn er nur noch wenig gefüllt ist (SICK[10]). Das geschieht in der Weise, daß bei Berührung mit spitzen Gegenständen der Tonus der Muscularis mucosae herabgesetzt wird. Dadurch wird der getroffene Schleimhautteil ausgebuchtet und weicht aus.

Zum AUERBACHschen Plexus treten zwei Gruppen von Nerven, die im allgemeinen eine entgegengesetzte Wirkung haben: Erstens sympathische oder autonome Fasern und zweitens sogenannte parasympathische Fasern aus dem kraniosakralen System, Der Parasympathikus umfaßt die in der Bahn des Okulomotorius, Facialis, Glossopharyngeus und Vagus verlaufen-

1 PFLÜGERs Archiv Bd. 81. S. 420. 1900. 2 Journ. de Physiol. 1899. 3 Deutsche Zeitschrift f. Chir. 152. 4 Zentralbl. f. Chir. 1920. 5 Ztschr. f. d. ges. exp. Medic. Bd. 28. 1922. 6 Ztschr. f. d. ges. exp. Medic. Bd. 37. 1923. 7 Arch. f. exp. Pathol. u. Pharmak. Bd. 20. 1885. 8 Ztbl. f. Chir. 1921 9 PFLÜGERs Arch. Bd. 89. S. 253. 1902. 10 Kl. Wochenschr. 1923. S. 293.

den vegetativen Fasern aus Mittelhirn und Oblongata sowie den N. pelvicus aus dem Sakralmark (vgl. SCHÄFFER[1]). Der Antagonismus der beiden Gruppen von Nerven ist im allgemeinen der, daß, wenn bei Reizung des einen Nerven sich ein Muskel zusammenzieht, er bei Reizung des anderen erschlafft. Im einzelnen Falle kann man jedoch nicht voraussagen, wie sich bei Reizung eines der beiden Nerven der zugehörige Muskel verhalten wird. Man muß immer bedenken, daß der Reiz, der einen der langen Nerven trifft, nicht direkt auf die Muskelzelle wirkt, sondern stets zunächst nur auf den AUERBACHschen Plexus, von dem er weiter verarbeitet wird. Alle vegetativen Fasern werden in der sogenannten Synapse unterbrochen. Hier endet die präganglionäre Faser und es beginnt die postganglionäre. Der Gegensatz von Vagus und Sympathikus zeigt sich weiterhin in der gegensätzlichen Beeinflußbarkeit durch Gifte, wozu im weitesten Sinne wohl auch Sekrete der innersekretorischen Drüsen zu rechnen sind (vgl. SCHUR[2])

Es ist nun bei den einzelnen Darmabschnitten durchaus verschieden, in welchem Grade sie von einer zentralen Innervation abhängig sind. Der Dünndarm ist in dieser Beziehung der selbständigste Teil. Man findet im allgemeinen angegeben, daß der Darm gewöhnlich, wie wir noch genauer besprechen werden, bei Sympathikusreizung mit Verlangsamung der Bewegung, bei Vagusreizung mit einer tonischen Kontraktion antwortet (s. später).

Die Angaben der Autoren darüber, wie weit die motorische Tätigkeit des Magens durch Reizung oder Durchschneidung vom N. vagus oder sympathicus aus beeinflußt werden kann, widersprechen einander sehr. Das liegt zunächst einmal an der Technik der Versuchsanordnung, vor allem daran, ob nach der Durchschneidung der Nerven längere Zeit mit der Untersuchung der Bewegungsvorgänge am Magen gewartet wurde, oder ob die Versuche sogleich im Anschluß an die Nervendurchschneidung stattgefunden haben. Ferner kommt es auf den Ort der Nervendurchschneidung an. Es sind im allgemeinen subdiaphragmale Vagusdurchschneidungen von geringerem Einfluß auf die Magenbewegung als die hohe Durchschneidung am Halse (unterhalb des Abganges der Herzfasern). Vielleicht weil im Bereich der Kardia sympathische Äste mit durchtrennt werden. So konnten ALDEHOFF und v. MERING[3] außer einer nur kurze Zeit nach der Operation bestehenden Verzögerung der Entleerung des Magens und einer verminderten Salzsäurebildung keine Veränderung der Motilität oder Sekretion des Magens beobachten, wenn sie die Speiseröhre kurz oberhalb der Kardia durchtrennten und wieder mit dem Magen vereinigten, während KREHL[4] nach hoher Durchschneidung des Vagus eine Verzögerung der Magenentleerung fand. Nach den Angaben von BRAUN-HONCKGEEST[5],

---

1 Übersichtsreferat SCHÄFFER, Klinische Wochenschr. 1922, S. 908. 2 Wien. klin. Woch. 1924. S. 1229. 3 12. Kongr. f. innere Med. 1893. 4 Archiv f. (Anat. u.) Physiol. 1892. Suppl. S. 278. 5 PFLÜGERS Archiv Bd. 6. S. 266. 1872.

Page May[1], Cannon[2], Müller[3], Kirschner und Mangold[4], Klef[5], Braun und Seidel[6], Stierlin[7], Litthauer[7] u. a. soll nach doppelseitiger Vagusdurchschneidung die Magenbewegung verlangsamt und oberflächlicher werden. Könnecke[8] und Meyer[9] fanden als Dauerwirkung der Vagusausschaltung eine ausgeprägte Magenektasie und träge Magenperistaltik, während bei Splanchnikus-Durchtrennung ein erhöhter Magentonus und eine Beschleunigung der gesamten Magen- und Darmtätigkeit nachweisbar war. Zu ähnlichen Ergebnissen kam Nieden[10]. Borchers[11] konnte am Tier mit Bauchfenster weder nach doppelseitiger subdiaphragmaler Vagusdurchschneidung noch nach querer Magenresektion, wobei alle Vagus- und sympathischen Fasern durchtrennt waren, eine Änderung in der Magenperistaltik nachweisen, wenn zwischen Nervendurchschneidung und Beobachtung ein längerer Zeitraum lag. Es gelang Borchers auch nicht durch elektrische Reizung vom Halzsvagus aus, eine Peristaltik am Magen auszulösen. Außerdem konnte er am vaguslosen Magen durch Pilokarpin die gleichen Spasmen hervorrufen wie am normalen Magen und durch Atropin dieselben Lähmungen. Infolgedessen schätzt Borchers die Bedeutung des Vagus als motorischen Nerven des Magens sehr gering ein. Klee[12] wiederum bekam bei Reizung des Splanchnikus einen Dauerverschluß des Pylorus (s. später).

Bei gleichzeitiger Durchtrennung des Vagus und Sympathikus erfolgt nach Stierlin die Entleerung des Magens schneller als gewöhnlich, während Cannon[13] bei solchen Versuchen die Magenbewegung ungestört fand.

Außerordentlich zahlreich sind die Versuche, die Wirkung der Exstirpation des Gangl. coeliacum zu studieren (Adlehoff u. v. Mering[14], Bürger u. Churchmann[15], Peiper[16], Exner u. Jäger[17], Streuhl[18], Stierlin[19]. Könnecke u. v. a. Die Operationen am Ganglion sind sehr schmerzhaft und gewöhnlich von schweren Schocks gefolgt. Man findet vielfach danach Schleimhautläsionen im Magen-Darmkanal und blutigen und schleimigen Stuhlgang (s. auch bei Ulcus ventriculi). Bei den überlebenden Tieren besteht im allgemeinen eine Hypermotilität des Dünndarms.

Wenn man sich aus diesen zahlreichen, aber sich oft widersprechenden Versuchen ein Urteil bilden will, über das, was wir nun eigentlich wirklich von dem Einfluß des Vagus und Sympathikus auf die motorische Tätigkeit des Magens wissen, so spricht mancherlei dafür, daß der N. vagus einen gewissen die Magenbewegung verstärkenden, der Sympathikus die Bewegung abschwächenden Einfluß hat. Aber dieser Ein-

---

1 Brit. med. journ. 1902 u. Journ. of Physiol. Bd. 31. 1904. S. 260. 2 Zentralblatt f. Physiol. 20. S. 613. 1906 und Americ. Journ. of Physiol. Bd. 17. 1906. S. 429. 3 Deutsches Archiv f. klin. Med. 1910. Bd. 101. 4 Mitt. aus d. Grenzgebieten Bd. 23. 1911. S. 446. 5 Münchener med. Wochenschrift 1914. S. 1044. 6 Mitteilungen aus den Grenzgebieten. 7 Deutsche Zeitschrift f. Chir. 152. 8 Arch. f. klin. Chir. 113. S. 712. 9 Ztschr. f. d. ges. exp. Med. Bd. 18. 1922. (Lit.) Mitt. a. d. Grenzgebieten Bd. 35. 10 Arch. f. kl. Chir. 117. 11 Zentralbl. f. Chir. 1920. S. 1535. 12 Arch. f. kl. Med. 128. 129. 13 Zentralbl. f. Physiol. 1906. S. 613. 14 Verh. d. Kongr. f. innere Med. 1899. 15 Mitt. a. d. Grenzgeb. Bd. 16. 16 Ztschr. f. kl. Med. 17. 17 Mitt. a. d. Grenzgebieten 20. 18 Arch. f. kl. Chir. 75. u. D. Ztschr. f. Chir. 50. 19 D. Ztschr. f. Chir. 152.

fluß tritt nicht rein zutage, weil die Nerven die Magenmuskulatur nicht direkt versorgen, sondern weil die in der Magenwand gelegenen Ganglienzellenhaufen dazwischen geschaltet sind und weil diese Ganglienzellen weitgehend selbständig sind. Vielleicht werden sich diese Widersprüche in den Angaben über den Erfolg der Nervenreizung auf die Darmbewegung dann klären, wenn wir etwas Genaueres darüber wissen, wie sich die Erregung der Nerven auf das periphere Erfolgsorgan überträgt. Auf diesem Gebiet ist in letzter Zeit viel und mit Erfolg gearbeitet worden (HOWELL[1], ZONDECK[2], ASCHER[3], FRANK[4], FRÖHLICH u. PICK[5], KOLM u. PICK[6] u. a.). Wir wissen jetzt, daß der Erfolg einer Vagus- oder Sympathikus-Reizung weitgehend von dem Gehalt der Erfolgsorgane an Kalium oder Kalzium abhängt. Weiterhin scheinen bei solchen Nervenreizungen sich in den Zellen Hormone zu bilden, die genau so wirken, wie die elektrische Reizung der Nerven.

Vagus und Splanchnikusbahn haben ihr Zentrum im vegetativen Kerngebiet des verlängerten Marks (vgl. KLEE[7]) und in höheren Kerngebieten. So ist es verständlich, daß alle möglichen Eindrücke, wie Freude und Schmerz, bestimmend auf die Magentätigkeit einwirken, indem sie entweder die Tätigkeit des Magens herabsetzen oder steigern. Wenn CANNON vor dem Röntgenschirm sah, wie die Tätigkeit des Antrum pylori bei seinen Katzen sich sofort verlangsamte, wenn die Tiere geärgert wurden, und wenn PAWLOW durch sensible Reize von der Peripherie aus dasselbe erreichte, so sind uns damit experimentelle Grundlagen gegeben, auf die wir bei der diätetischen Behandlung unserer Patienten achten müssen. Den Einfluß psychischer Momente auf Form und Entleerung des Magens hat HEYER[8] an einer Anzahl von Kranken untersucht. Man kann im Experiment sehr viele der beim Menschen zu beobachtenden „Innervationsstörungen“ wie Spasmen und Atonieen nachahmen (KLEE l. c.) Es werden aber andererseits Versuche, Störungen der Motilität des Magens mit Nervendurchschneidungen zu behandeln, von vornherein sehr wenig Aussicht auf Erfolg haben. (STIERLIN l. c., STEINTHAL[9]).

Der sekretorische Nerv des Magens ist gleichfalls der Vagus, dessen elektrische Reizung, wie PAWLOW fand, Magensaftfluß bewirkt und nach dessen Durchschneidung der reflektorische Magensaftfluß beim Fressen ausbleibt (PAWLOW-SCHUMOW-

1 Americ. journ. of phys. Bd. 21. 2 Deutsch. med. Wochenschr. 1921. 3 PFLÜGERS Arch. 193. 4 Inn. Kongreß. Wiesbaden 1921. 5 Ztbl. f. Phyiol. 1913. 6 PFLÜGERS Arch. 189. 7 Klinische Wochenschrift 1924. Nr. 19. 8 Ebenda 1923. S. 2274. 9 Südwestdeutscher Chirurgenkongreß Freiburg 1920.

SIMANOWSKAJA[1]), daher der Unterschied der Versuchsergebnisse beim Magenblindsack nach HEIDENHAIN und dem nach PAWLOW. Bei ersterem ist der Blindsack ganz vom übrigen Magen getrennt und die Sekretion des Magensaftes beginnt in diesem Blindsack $^1/_4$ bis $^1/_2$ Stunde nach der Nahrungsaufnahme. Beim PAWLOW-Magen ist nur die Schleimhaut völlig durchtrennt, die übrige Magenwand steht in Verbindung mit dem Blindsack; dieser beginnt mit der Sekretion schon 5 Minuten nach der Nahrungszufuhr. Allmählich nimmt die Sekretion des Magensaftes ab. Es sind allerdings auch die Angaben über den Einfluß der Innervation auf die Magensaftsekretion durchaus nicht eindeutig (s. BABKIN[5], RHEINBOLDT[3]).

POPIELSKI[4] fand nach Durchschneidung beider Vagi, Entfernung des Rükkenmarks, des Plexus coeliacus und des Grenzstranges den Sekretionsreflex von der Magenschleimhaut aus unbeeinflußt. LITTHAUER[5] gibt an, daß nach Durchschneidung beider Vagi in der Brusthöhle eine Magensaftsekretion auch in nüchternem Zustande vorhanden war. Hohe Durchschneidung beider Vagi soll sogar eine erhöhte Salzsäureproduktion bewirken, wodurch es zu einer spastischen Kontraktion des Pylorus und Gastrektasie kommt (KATSCHKOWSKY[6], FRITSCH[7]). Nach HESS u. FALTISCHEK[8] findet man eine Erhöhung der Aziditätswerte im Magen nach paravertebraler Novocaininjektion in das VII. und VIII. Dorsalsegment. Die Pepsinbildung nach Vagusdurchschneidung ist herabgesetzt und es kommt leicht zu Fäulnis der im Magen stagnierenden Massen (KREHL l. c.). ALDEHOFF und v. MERING fanden nach Durchschneidung der Vagi unterhalb des Zwerchfells zunächst herabgesetzte Salzsäurewerte, die sich aber nach 14 Tagen wieder ausglichen. Über den Einfluß der Durchtrennung sympathischer Nerven auf den Magensaft ist nichts bekannt, gleichwohl bestehen wohl zweifellos hier gewisse Beziehungen.

Bei der Betrachtung der verschiedenen nervösen Störungen der Magen-Darmtätigkeit muß man beachten, daß das vegetative Nervensystem stark durch allerhand Stoffwechselprodukte und „innere" Sekrete beeinflußt wird. Die Durchschneidungsversuche geben infolgedessen nur ein ganz grobes Bild von den unter krankhaften Bedingungen am Magen ablaufenden nervösen Störungen. Wir werden an verschiedenen Stellen des Buches auf diese Dinge eingehen (vgl. Durchfall, Basedow, usw.).

Von der pathologisch veränderten motorischen Tätigkeit des Magens sei zunächst das **Erbrechen**[9] erwähnt. Es beginnt nach v. OPENCHOWSKI[10] mit einer starken Unruhe der Gedärme,

---

1 Arch. f. (Anat. u.) Physiol. 1895. S. 65. 2 Die äußere Sekretion der Verdauungsdrüsen. Berlin, Springers Verlag, 1914. 3 Int. Beitr. z. Pathol. u. Therapie d. Ernährungsstörungen Bd. 1. Hft. 1. 4 Zentralbl. f. Physiol. 1902. Nr. 16. 5 Arch. f. klin. Chir. Bd. 113. S. 712. 6 PFLÜGERS Archiv Bd. 84. S. 48. 1901. 7 BRUNS' Beiträge z. klin. Chir. Bd. 70. S. 559. 1910. 8 Wien. klin. Wochenschr. 1924. 9 S. LEHMANN, Klinische Wochenschr. 1924, Nr. 43. 10 Arch. f. (Anat. u.) Physiol. 1889. S. 552.

darauf folgt spastischer Schluß des Pylorus und Unruhe im Magen, wobei wir eine Erweiterung des kardialen und eine Verengerung des pylorischen Teiles des Magens haben. Der Magen nimmt eine „Birnenform“ an und entleert sich zum Teil durch seine Eigenbewegung, zum Teil mit Hilfe der Bauchpresse nach oben hin. Das Erbrechen ist aber nicht an das Vorhandensein eines Magens gebunden. MAGENDIE[1] beobachtete vielmehr Erbrechen bei einem Hunde, dem er eine Schweinsblase anstatt des Magens eingesetzt hatte, und wir kennen auch beim Menschen ein Erbrechen nach Entfernung des ganzen Magens (s. S. 143).

Das Erbrechen beruht in letzter Linie auf einer Reizung des in der Medulla oblongata gelegenen Brechzentrums (HATCHER u. WEISS[2]). Ein solcher Reiz kann durch chemische Stoffe, die auf das Brechzentrum selbst einwirken (Apomorphin, auch Morphium), ausgelöst werden oder er kann reflektorisch an allen möglichen Stellen des Körpers, in erster Linie jedoch an der Magenschleimhaut und dem Peritoneum, entstehen. Wir finden deshalb reflektorisches Erbrechen bei Magenkatarrh, Gallenblasenentzündungen, im ersten Stadium des Ileus, bei Stieldrehung intraabdomineller Organe, bei Peritonitis u. a. m.

Man kann nach OPENCHOWSKI zwei Wege unterscheiden, auf denen der Reiz nach dem Brechzentrum gelangt, je nach dem Brechmittel, das man gibt; der eine führt durch die Vagi, der andere auf dem Wege des Splanchnikus bzw. des Grenzstranges des Sympathikus zum Rückenmark und von dort nach den Vierhügeln. KLEE[3] konnte an der großhirnlosen Katze zeigen, daß bei Vagusreizung regelmäßig Erbrechen auftrat, und zwar kam es zuerst zu Verschluß des Pylorus, dann zu einer Hemmung der Peristaltik, zu einer Kontraktion des präpylorischen Magenteiles, schließlich zu Öffnung der Kardia. Der für das Zustandekommen des Erbrechens wichtige Pylorusverschluß ist abhängig von der Splanchnikusbahn; die Fähigkeit zu erbrechen soll durch Splanchnikusdurchschneidung aufgehoben werden (KLEE), stellt sich aber nach den Versuchen von BRAUN und SEIDEL[4] in einigen Tagen wieder her.

Gegen das Erbrechen bei und nach der Narkose (v. BRUNN[5]) hat man entsprechend dem Gesagten eine Anzahl Hilfsmittel angegeben, so Magenspülungen mit Sodalösung (LENEWITSCH, GUNBY), Einnehmen von Essig, wodurch das aus dem Chloroform stammende Chlor

1 Zit. nach BRAUUN. BRUNS Beitr. 128. 2 The journ. of pharmakol. 22. 1924. 3 Arch. f. klin. Med. Bd. 128 u. 129. 1919. 4 Mitteil. aus d. Grenzgebieten 17. S. 546. 5 v. BRUNN, Die Allgemeinnarkose. Neue Deutsche Chirurgie. Lief. 5.

gebunden werden soll, schließlich beim Erbrechen Kompression des Vagus und Phrenikus seitlich vom Jugulum (Joos). Es spielen aber individuelle Verschiedenheiten und Empfindlichkeiten beim Erbrechen bekanntlich eine so große Rolle, daß die Beurteilung aller dieser angegebenen Hilfsmittel nur mit größter Vorsicht geschehen kann.

Im Anschluß an das Erbrechen sei der Singultus erwähnt. Lit. s. KREMER[1]. Ihm liegt eine kurzdauernde krampfartige Zusammenziehung des Zwerchfells zugrunde. In einem Teil der Fälle wird diese krampfartige Zusammenziehung durch eine entzündliche Reizung des N. phrenicus ausgelöst, wie sie z. B. durch Peritonitis gegeben ist. Anästhesierung oder Durchschneidung des N. phrenicus führt oft zum Aufhören des Singultus (KROH[2]), aber nicht in allen Fällen (OEHLER[3]). Warum wir bei Peritonitis so häufig Singultus haben, bei Empyem der Brusthöhle so selten, bleibt ungeklärt. In anderen, selteneren Fällen tritt postoperativer Singultus ohne nachweisbare Peritonitis auf (KÜTTNER[4]). Hier ist es noch schwerer, eine begründete Erklärung für den Singultus zu geben und man beschränkt sich darauf, tonische oder dergleichen Reizungen des Phrenikus anzunehmen.

Für die Behandlung der **gastrischen Krisen,** bei denen ja das Erbrechen eine wesentliche Rolle spielt, hat man zwei Operationsverfahren ausgearbeitet, die sich eng an die soeben besprochene äußere Innervation des Magens anlehnen. Es setzen sich die gastrischen Krisen zusammen aus sensiblen, motorischen und sekretorischen Reizerscheinungen im Gebiete des Magens. Wie FÖRSTER und KÜTTNER[5] annehmen, sind die sensiblen Reizerscheinungen das erste, durch sie sollen rein reflektorisch die motorischen und sekretorischen Störungen (Erbrechen und Magensaftfluß) ausgelöst werden. FÖRSTER und KÜTTNER gingen deshalb so vor, daß sie die sensiblen hinteren Fasern, die im 7.—9. Dorsalsegment liegen, durchtrennten. Aber nicht alle operierten Fälle besserten sich auf die Operation hin, vor allem blieb das Erbrechen manchmal unbeeinflußt. Wegen der Mißerfolge bei der FÖRSTERschen Operation durchtrennte EXNER[6] die zweite das Erbrechen vermittelnde Bahn, die im N. vagus verläuft, durch Resektion dieses Nerven an der Kardia. Tabesfälle mit Erkrankung der Vaguskerne sind vielfach beschrieben worden und EXNER konnte bei einer Anzahl seiner operierten Fälle geradezu Entzündungen im peripheren Vagus nachweisen. Mit beiden Opera-

---

1 Münch. med. Wochenschr. 1922. S. 807. 2 Erg. d. Chir. Bd. 15. 1922. 3 Münch. med. Woch. 1922. 4 Deutsche med. Wochenschrift 1921. 5 BRUNS' Beiträge z. klin. Chir. Bd. 63. S. 246. 1909. 6 Deutsche Zeitschr. f. Chir. Bd. 111. S. 576. 1911. Derselbe mit SCHWARZMANN, Mitt. aus d. Grenzgebieten Bd. 28. S. 31.

tionsmethoden sind nach der Mitteilung der Autoren gute Anfangserfolge erzielt worden. Von Dauererfolgen hat man wenig gehört und die Erfahrung hat gelehrt, daß sich nur selten einmal ein Fall von Tabes für einen solchen immerhin nicht kleinen Eingriff eignet.

Eine weitere **Störung der Magenbewegung** ist dann gegeben, wenn der Pylorus aus irgendeinem Grunde die Entleerung der Speisen erschwert. Hier ist zunächst an den Pylorusspasmus der Säuglinge zu erinnern, der ja nach den zahlreichen Untersuchungen, die hierüber angestellt worden sind, wahrscheinlich auf einem spastischen Verschluß einer hypertrophischen Pylorusmuskulatur beruht[1]. Eine Ursache, warum in solchen Fällen die Muskulatur des Pförtners hypertrophisch und spastisch ist, kennen wir nicht. Das erste ist wohl der Spasmus; die Hypertrophie der Pförtnermuskulatur ist etwas Sekundäres. Der Magen arbeitet mit aller Kraft gegen das Hindernis. Während wir normalerweise von den Bewegungen des Magens nichts sehen, können wir beim Pylorusspasmus die peristaltischen Wellen deutlich durch die Bauchdecken wahrnehmen. Ist der Verschluß ein hochgradiger, so kommt es zu Erbrechen. Der Pylorusverschluß beim Erwachsenen ist in der Mehrzahl der Fälle durch eine Ulkusnarbe bedingt, die am Pförtner ihren Sitz hat. Es ist dann ein rein mechanisches Hindernis für die Magenentleerung vorhanden; die Folgen sind die gleichen wie beim Pylorusspasmus der Säuglinge. Viel interessanter sind die Fälle von verzögerter Magenentleerung der Erwachsenen, bei denen sich kein mechanisches Hindernis am Pförtner findet. Hierher gehört zunächst einmal die verzögerte Magenentleerung bei pylorusfernem Ulcus ventriculi. Bisher war die Anschauung die, daß bei diesen irgendwo an der Kardia oder am Magenkörper gelegenen Geschwüren ein spastischer Verschluß des Pförtners eintritt. Nun haben aber neuerdings SCHLESINGER[2] und BASSONY beobachtet, daß bei solchen pylorusfernen Geschwüren der Pförtner nicht spastisch geschlossen ist, sondern daß er vielmehr offen steht und gelähmt ist.

Über sekundäre Spasmen an anderen Stellen des Magens berichten HOLZKNECHT und LUGER[3]. Man liest auch von einem Pylorusspasmus der Erwachsenen ohne Ulkus. MANASSE[4] und WILMS[5] haben solche Fälle beschrieben. Ersterer fand dabei Varizen und einmal ein Myom in der Magenwand. Es muß jedoch betont werden, daß der Beweis für einen Pylorusspasmus

1 IBRAHIM, Die Pylorusstenose der Säuglinge. Erg. d. inneren Medizin Bd. 1. 1908. S. 208. 2 Mitt. aus d. Grenzgebieten. Bd. 32. S. 30. 3 Deutsche Zeitschrift f. Chir. 144. 1918. Naturhistor.-med. Verein Heidelberg 1912. 4 Mitt. aus d. Grenzgebieten Bd. 26. S. 669. 5 Chir.-Kongreß 1911.

in diesen Fällen streng genommen nicht erbracht ist. Wir erfahren nur etwas von einer verzögerten Magenentleerung mit krampfartigen Schmerzen bei negativem Operationsbefund. HEIDENHAIN u. GRUBER[1] beschreiben Fälle von chronischen Pylorusstenosen beim Erwachsenen, wobei die Verengerung durch Schleimhautwulstung und Muskelhypertrophie bedingt war, die sich vielleicht auf angeborene Veränderungen am Pförtner aufbaute. Gefährlich für unsere Patienten mit Pylorusstenose ist vor allem die Wasserverarmung des Körpers; denn das Wasser wird, wie oben ausgeführt wurde, nur im Darm, nicht im Magen resorbiert, und dorthin gelangt es nicht in genügender Menge.

Mit den Folgen starker **Wasserverarmung** des Körpers haben wir es in der Chirurgie fast nach jeder Operation zu tun. Versuche über den Einfluß des Durstes auf das Verhalten und den Stoffwechsel von Tieren stammen von NATHWANG[2], STRAUB[3] und KUDO[4]. Ersterer ließ Tauben dursten und fand dann, daß die Tiere beim Tode etwa 22% ihres Wassers verloren hatten. Muskeln und Organe waren an diesem Wasserverlust ziemlieh gleichmäßig beteiligt; das Blut war eingedickt. Schon bei etwa 10% Wasserverlust treten im allgemeinen sehr ernste Störungen auf, die sich bei Hunden in Erbrechen äußern. Nach KUDO ist gleichzeitig in den verschiedensten Organen ein starker Gewichtsverlust nachweisbar. Im Stoffwechselversuch zeigt sich nach STRAUB ein erhöhter Eiweißzerfall, der auch nach Zufuhr von Wasser noch einige Tage anhält. Nach FRANKENTHAL[5] soll es sich bei dieser vermehrten N.-Ausscheidung allerdings nur um die Ausschwemmung vorher zurückgehaltener Schlacken handeln. Der Fettstoffwechsel bleibt unbeeinflußt. Klinisch fallen vor allem die Verwirrtheitszustände bei den stark ausgetrockneten Patienten auf; ob es sich dabei um eine einfache Folge der Wasserverarmung des Gehirns oder um einen toxischen Zustand, etwa als Folge der zerfallenen Eiweißkörper handelt, ist nicht bekannt. Über den Einfluß lange dauernden **Hungers** finden wir in der russischen Literatur der letzten Jahre reichliches Material (ANITSCHKOFF und SAWODSKY[6]). Danach tritt Erschlaffung der Schließmuskeln, Abnehmen der Sexualkraft, später Hungerödem ein. Es besteht Salzhunger. Durchfälle spielen in den Krankheitsberichten eine große Rolle. Über den Einfluß des Hungers auf den Stoffwechsel siehe bei TIGERSTEDT[7]. Mikroskopisch kommt es zu einer Vermehrung der Lipoide in der Nebennierenrinde, den Kupfferschen Sternzellen und den retikuloendothelialen Zellen der Milz, die ihre Ursache in einer Vermehrung des Cholesterins im Blut haben (OKUNEFF[8]). Chirurgisch ist bedeutungsvoll, daß schon eine Ernährung mit vitaminfreier Kost zu einer Veränderung der Wundheilung führt. Die Verklebung der Wunde erfolgt später und unvollkommener (ISHIDO[9]).

Es gibt nun weiterhin Krankheitsbilder, wo bei normal arbeitendem Pylorus die Speisen verzögert aus dem Magen entleert werden, da der Magenkörper mehr oder weniger gelähmt ist. Und

---

1 D. Ztschr. f. Chir. 179. 1923. 2 Arch. f. Hygiene 14. 172. 3 Zeitschrift f. Biol. 38 u. 41. 4 Americ. journ. of anat. 25. 1921. Ref. Berichte über die ges. Physiologie Bd. X. 1921. 5 Ztschr. f. kl. Med. 92. 1921. 6 Ref. Chir. Kongr. Ztbl. XXI. S. 218. 7 NAGELS Handbuch d. Physiologie Bd. I S. 375. 8 ZIEGLERS Beitr. z. pathol. Anat. Bd. 71. 1922. 9 Virch. Arch. Bd. 240. 1922.

zwar kann ein bis dahin vollständig gesunder Magen bei Einwirkung bestimmter Schädlichkeiten plötzlich seine Bewegungen einstellen. Er hängt dann als ein großer schlaffer Sack im Bauchraum, gewaltige Mengen von Flüssigkeit, teils Magensaft, teils Darminhalt, vermischt mit dem getrunkenen Wasser, sammeln sich in ihm an und werden von dem Patienten periodenweise erbrochen. Eine hochgradige Flüssigkeitsverarmung macht sich geltend, an der die Patienten komatös zugrunde gehen. Bei dieser für den Chirurgen so außerordentlich wichtigen Form der **akuten Magenlähmung** unterscheidet man im allgemeinen zwei Krankheitsbilder, nämlich die eigentliche Magenlähmung von der mechanischen Behinderung der Magenentleerung, dem sogenannten **arterio-mesenterialen Darmverschluß** (BRAUN[1], GOLDBERG[2], MELCHIOR[3]). Für das Auftreten einer akuten Magenlähmung soll, wie aus den Mitteilungen BRAUNS, TUFFIERS, PAYERS[4] u. a. hervorgeht, eine individuelle Neigung bestehen. Wie man sich die zu denken hat, entzieht sich unserer Kenntnis, da wir bei den betreffenden Kranken, deren Krankengeschichten in der Literatur mitgeteilt worden sind, nicht genügend über die motorische Tätigkeit des Magens außerhalb der Anfälle unterrichtet sind. Das Wahrscheinlichste ist, daß es sich um eine längere Zeit schon bestehende mangelhafte Leistung des Magens mit hinzukommender akuter Störung handelte.

Es gibt nun aber eine Reihe von schädigenden Momenten, die auch bei einem gesunden Magen zu einer plötzlich einsetzenden Magenlähmung führen können. Zunächst wäre hier die Narkose zu nennen. Es ist durch die Versuche von KELLING[5], sowie von BRAUN und SEIDEL[6] nachgewiesen worden, daß man den Magen von Versuchstieren in der Narkose stark aufblähen kann, ohne daß es zu Aufstoßen kommt, während das am wachen Tier nicht möglich ist. Die Autoren schließen aus ihren Versuchen übereinstimmend, daß die Narkose lähmend auf den Magen wirke; aber während KELLING die Lähmung nur auf den „Entleerungsreflex“ bezieht, indem er annimmt, daß an der Kardia ein besonderer Klappenmechanismus vorhanden ist, dessen Öffnung durch die Narkose beeinträchtigt wird, glauben BRAUN und SEIDEL aus der Beobachtung, daß der Magen in der Narkose „regungslos unter den Bauchdecken lag“, schließen zu dürfen, daß das Primäre eine Lähmung des Magenzentrums sei und daß die Klappe, die KELLING beobachtet hat, nur eine Folge der Aufblähung sei. PAYER, der genaue Magenuntersuchungen an

1 BRUNS Beitr. Bd.128. 1923. 2 Ztbl. f. Chir. 1921. 3 Arch. f. kl. Chir. 125. 1923. 4 Mitt. aus d. Grenzgebieten 22. 1911. S. 446. 5 Archiv f. klin. Chirurgie 64. 1901. S. 393. 6 Mitt. aus d. Grenzgebieten 17. 1907. S. 533.

Menschen nach Narkosen ausgeführt hat, führt mit Recht gegen die KELLINGsche Klappentheorie ins Feld, daß Patienten mit Magenlähmung nach Narkose gewaltige Massen erbrechen, was gegen einen mechanischen Kardiaverschluß spricht. Wir werden beim Ileus noch genauer auszuführen haben, wie am ganzen Magen-Darmrohr eine enge Beziehung besteht zwischen Lähmung, Blähung und Stauungshyperämie. Ist ein Darmteil gelähmt, so staut sich das venöse Blut in seiner Wand; die Darmgase werden wegen dieser Stauung in ungenügendem Maße resorbiert; sie dehnen den Darm weiterhin passiv aus und so fort. Ob das Primäre die Lähmung oder die Blähung oder die Blutstauung ist, ist ganz gleichgültig; die drei Störungen stehen in ringförmiger Abhängigkeit zueinander.

Nehmen wir bei der akuten Magenerweiterung eine motorische Lähmung des Magens an, so erhebt sich die Frage, an welcher Stelle des nervösen Apparates die lähmende Wirkung des Narkotikums einsetzt. Sind es die in der Magenwand gelegenen Ganglienzellen, sind es die zerebralen Zentren, die beeinflußt werden? Daß nach Ansicht einzelner Autoren Vagusdurchschneidung zu einer Magendilatation und verzögerter Entleerung führt, ist oben schon erwähnt worden, aber es wurde auch gesagt, daß diese Angaben sehr umstritten sind. Nach KLEE [1] ist die akute Magenatonie eine Lähmung des parasympathischen Apparates (oder Reizung des sympathischen?) Für die postnarkotische Magenlähmung kann der Vagus deshalb nicht in Betracht kommen, weil nach den Untersuchungen von MANGOLD [2] (wenigstens bei Vögeln) dieselben Erregungsstörungen am Magen in der Narkose bei durchschnittenen Vagi zu beobachten sind, wie bei intaktem Vagus. Die PAYERsche Ansicht, daß der AUERBACHsche oder OPENCHOWSKIsche Plexus bei der postoperativen Magenlähmung geschädigt sein müsse, erscheint viel annehmbarer. Nach PAYER ließe es sich sonst nicht erklären, „warum die postnarkotische motorische Insuffizienz des Magens sämtliche anderen Narkosewirkung überdauert“. Hierfür spricht auch ein Versuch von NIEDEN [3], wo durch Morphium bei Durchschneidung von Vagus und Sympathikus die Entleerung des Magens ganz besonders stark verzögert wurde.

Nun fragt es sich weiterhin, ob die Lähmung primär den Magen betrifft, oder ob zunächst ein anderes Organ geschädigt ist, das nun seinerseits den Magen sekundär in Mitleidenschaft zieht. Nach einer Theorie von ARCANGELI soll es sich nämlich

1 Kl. Wochenschr. 1924, S. 818. 2 Münchener med. Wochenschrift 1911. S. 1861. 3 Arch. f. kl. Chir. 117.

bei der akuten Magenerweiterung zunächst um ein Versagen der Nebennierentätigkeit handeln, eine Angabe, die durch entsprechende Fälle von GILBERTI[1] und KURU[2] gestützt wird. Bis jetzt ist das vorliegende Material noch zu dürftig, um zu dieser Theorie Stellung nehmen zu können. Es ist jedoch wünschenswert, daß bei der Sektion von Fällen akuter Magenlähmung die Nebenniere genau untersucht wird. Die Theorie ist von besonderem Interesse im Hinblick auf die Fälle von Magenlähmung ohne vorhergegangene Narkose. So etwas sieht man gelegentlich bei Operationen in Lokalanästhesie, oder ohne Operation, wenn eine schnürende Bandage angelegt worden ist (Gipskorsett, KELLING l. c.), ferner als Folge schwächender vorhergegangener Allgemeinerkrankungen, wie Typhus und Eiterungen (KURU[3]), nach Blasen- (BRAUN[4]) oder Ureterkatheterismus (LEGUEN[4]), bei Fall (TUFFIER[4]), nach unmäßigem Speisegenuß (KÖRTE[5]) usw. Während man bei einzelnen Operationen, z. B. Gallensteinen, eine lokale Peritonitis oder die Tamponade als Ursache anschuldigt, wird man bei anderen Fällen von Magenlähmung wohl an reflektorische Einflüsse denken müssen, ähnlich, wie wir ja auch Insuffizienz der Blase bei allen möglichen Operationen, wie Amputationen, Hämorrhoiden usw. zu sehen bekommen (BIER[5]). Sehr charakteristisch ist in dieser Hinsicht ein Fall von HABERER[6], der bei Tamponade der Außenseite des Peritoneums reflektorisch ausgelöste Magenerweiterung sah. Nach jedem Arbeiten an den Bauchorganen gibt es in den ersten Tagen eine gewisse Magenlähmung, was CANNON und MURPHY[7] durch Versuche bestätigen konnten. Jeder vielbeschäftigte Chirurg wird Fälle erlebt haben, bei denen solche akute Magenlähmung den operativen Erfolg gestört hat. TORRACA[8] hat die Schädigung der Nervenzellen in der Magenwand nach operativen Eingriffen histologisch untersucht und fand, daß bei den Versuchstieren schon bei geringen Eingriffen, wie bei einer Darmnaht, Veränderungen in den Ganglienzellen nachweisbar waren, die bei Peritonitis sehr hohe Grade erreichten.

Als Folge einer akuten Magenerweiterung kann nun weiterhin der unterste Abschnitt des Duodenums durch die Radix mesenterii bzw. die in ihr verlaufende Art. mesenterica superior abgeknickt werden (s. auch KÖNNECKE[9]). Wir nennen das den arteriomesenterialen Darmverschluß.

---

1 Boll. d. clin. 37. 1920 (zit. n. Chir. Kongrbl. Bd. 11. S. 90). 2 Mitt. aus d. Grenzgebieten. Bd. 23 S. 911. 3 Mitt. aus d. Grenzgebieten 23. 1911. S. 169. 4 Zit. nach PAYER, Mitt. aus d. Grenzgebieten 22. S. 446. 5 Zentralbl. f. Chirurgie 1909. S. 160. 6 Ergebn. d. Chirurgie Bd. V. S. 475. 1913. 7 Ann. of surgery April 1906. 8 Sperimentale 74. 1920. 9 BRUNS Beitr. Bd. 127.

Gelegentlich gibt er wohl auch einen arterio-mesenterialen Darmverschluß ohne primäre Magendilatation (cf. v. HABERER[1]). Doch muß man nach der kritischen Arbeit von MELCHIOR[2] sagen, daß er außerordentlich selten ist. Ich selbst beobachtete auf dem Sektionstisch einen Fall, wo eine sehr hohe Dünndarmschlinge im Douglas durch umschriebene Peritonitis fest verklebt war, wodurch es zur Abknickung des Duodenum gekommen war. Daß das möglich ist, zeigen die Versuche von P. A. ALBRECHT[3], die von P. MÜLLER[4] u. ACH[5] wiederholt worden sind. Sie belasteten bei einer Leiche das Mesenterium mit Zugrichtung beckenwärts und fanden, daß dadurch das Duodenum so vollkommen abgegnickt wurde, daß Wasser nur noch unter sehr starkem Druck in das Jejunum gelangen konnte. Die Therapie wird sich in erster Linie gegen die Magenerweiterung richten: Die wiederholt ausgeführte Magenspülung entfernt die im Magen angehäuften zersetzten Massen, die möglicherweise die Zentren der Magenwand weiterhin lähmen, vor allem aber beseitigt sie die Blähung, die, wie oben gesagt wurde, in ringförmiger Beziehung zur venösen Stauung und Lähmung steht. Lagerwechsel, besonders Bauchlage, fördert die Entleerung der Gase, aber wohl nicht in dem Sinne einer Aufhebung der arterio-mesenterialen Abknickung, wie man das eine Zeitlang glaubte.

Neben dieser akuten Insuffizienz des Magens gibt es auch eine **chronisch-motorische Insuffizienz**, bei der die Speisen abnorm lange im Magen verweilen und dadurch beträchtliche Ernährungsstörungen entstehen (MATHIEU und ROUX[6]), ohne daß ein mechanisches Hindernis für die Entleerung des Magens vorliegt. Häufig ist diese chronisch-motorische Insuffizienz vereinigt mit einer Magensenkung (Gastroptose nach GLÉNARD[7]). Man ist deshalb neuerdings geneigt, die chronisch-motorische Mageninsuftizienz als Teilerscheinungen einer Konstitutionskrankheit, einer „Asthenie“ im Sinne STILLERS[8] anzusprechen (vgl. BAUER[9]).

Als anatomische Grundlage dieser chronischen Insuffizienz des Magens sind histologische Veränderungen der glatten Muskulatur beschrieben worden (KUSSMAUL[10]), die in trüber Schwellung und fettiger Entartung bestehen. Sie sind aber wohl mehr als Folgezustände, nicht als Ursache der ungenügenden Leistungsfähigkeit zu deuten, die ihrerseits auf irgendwelche Störungen der Innervation des Magens beruht. Welcher Art diese Störungen

---

1 Ergebn. d. Chirurgie V. S. 467 u. Arch. f. kl. Chir. 132. 1924. 2 Arch. f. kl. Chir. 125. 3 VIRCH. Archiv Bd. 156. 1899. S. 305. 4 Deutsche Zeitschrift f. Chir. Bd. 56. 1900. S. 500. 5 BRUNS' Beiträge Bd 83. 6 Ergebn. d. inneren Medizin V. 1910. S. 252. 7 Les ptoses viscérales. Paris 1899. 8 Die asthenische Konstitutionskrankheit. Stuttgart, Enkes Verlag, 1907. 9 Konst. Disp. zu inneren Krankheiten. Springers Verlag. 1917. 10 v. VOLKMANNS Sammlung kl. Vorträge Nr. 181. 1880.

allerdings sind, ob es sich dabei um Veränderungen im Gebiet des Vagus, oder, was mit Rücksicht auf die akute Insuffizienz des Magens mehr für sich hat, um solche im AUERBACHschen Plexus handelt, entzieht sich gegenwärtig noch unserer Kenntnis.

In der ersten Zeit der chronischen Insuffizienz ist besonders der Fundusteil befallen. Seine Wandung ist schlaff und atonisch. Während die Füllung des Magens, wie oben gesagt wurde, in der Norm so vor sich geht, daß der längsgefaltete Magenschlauch zunächst ziemlich in ganzer Länge mit Flüssigkeit angefüllt wird und sich dann erst in die Breite ausdehnt, finden wir das Umgekehrte bei solchen atonischen Mägen. Sie weichen beim Eingießen von Flüssigkeit sofort nach der Breite hin aus und ihre Wandung legt sich der Flüssigkeitssäule nicht eng an. BRUNS[1] hat eine Methode ausgearbeitet, mit Hilfe deren man den Tonus des Magens in einfacher Weise objektiv messen kann. Klinisch äußert sich der verringerte Tonus in dem Auftreten eines Plätschergeräusches bei Stoß gegen den Magen. Die Entleerung des Mageninhaltes kann bei dieser Form der Atonie noch ziemlich normal sein, da sie, wie gesagt, nur den Fundus, nicht den Pylorusteil, den eigentlichen Motor des Magens, betrifft.

In den Spätfällen von Mageninsuffizienz kommt nun eine mangelhafte Entleerung des Magens hinzu. Wenn dabei gleichzeitig eine Magensenkung vorhanden ist, so nimmt man vielfach an, daß der abnorme Verlauf der Pars pylorica, bezüglich des oberen Duodenums, bei gesenktem Magen dessen Entleerung erschwert. Das ist durchaus möglich, und wird noch wahrscheinlicher, wenn man, wie das in solchen Fällen manchmal vorkommt, am Pylorus ein kleines Ulkus findet, das wir wohl als sekundär entstanden bezeichnen müssen, bedingt durch die Ernährungsstörung des scharf geknickten Magenteiles (vgl. KREMPELHUBER[2], WERTHEIMER[3], eigene Beobachtung). Hauptsächlich beruht aber die mangelhafte Entleerung des Magens in solchen Fällen auf einer Erschlaffung des Magens. Der Magen ist dann wie ein schlaffer Sack, der im Röntgenbild nur mangelhafte Bewegungen zeigt. Dann hilft, worauf vor allem ROVSING[4] immer wieder hingewiesen hat, eine Gastroenterostomie nichts. Der Magen entleert sich auch nach Gastroenterostomie ungenügend, da ihm eben die motorische Triebkraft fehlt. Wir können diese vielfach angegriffene Ansicht ROVSINGS bestätigen, da wir auch mehrere Fälle solcher Mageninsuffizienz mit Gastroenterostomie wegen der ungenügenden Ent-

1 Deutsches Arch. f. klin. Med. Bd. 131. 2 Deutsche med. Wochenschrift 1919. S. 1099. 3 Arch. f. Verd.-Krankh. 33. 1924. 4 Unterleibschirurgie. Leipzig, Verl. v. F. C. W. Vogel, 1912. S. 194ff.

leerung des Magens verloren, bei denen die Sektion keine andere Ursache für die mangelhafte Entleerung des Magens aufdeckte. Die letzte Ursache für dieses Krankheitsbild der chronisch-motorischen Insuffizienz des Magens ist nicht bekannt. REICHMANN[1] glaubte, daß eine krankhafte Hypersekretion von Magensaft das Primäre sei. Durch diese massenhafte Sekretion sollte der Magen gedehnt werden. Die anatomischen Untersuchungen von HAYEM[2] haben jedoch gezeigt, daß man in fast allen Fällen von sogenannter REICHMANNscher Krankheit ein mechanisches Hindernis, ein Ulkus oder dessen Narben am Pylorus findet, so daß die Hypersekretion als ein sekundärer Vorgang aufgefaßt werden muß, bedingt durch die als Folge der Stauung auftretende Entzündung der Magenschleimheit. In anderen Fällen kann es sich um Stenose am Duodenum handeln, ähnlich wie beim arteriomesenterialen Darmverschluß (KÖNNECKE u. MEYER[3]).

Die Folgen dieser chronisch-motorischen Insuffizienz des Magens bestehen auch wieder in erster Linie in der Wasserverarmung und Unterernährung des Körpers. Die eigentümlich welke, schlaffe Haut solcher Patienten, die man in großen Falten abheben kann, ist ja außerordentlich charakteristisch.

Eine sehr merkwürdige, viel studierte Folgeerscheinung der chronisch-motorischen Insuffizienz des Magens ist weiterhin das Auftreten von tetanieähnlichen Erscheinungen (Tetania gastrica KUSSMAUL[4], FLEINER[5], WIRTH[6] u. a.). Eine echte Tetanie ist es nicht, wenigstens sind Veränderungen der Epithelkörperchen nach ERDHEIM bei der „Magentetanie" nicht vorhanden, wenn auch HABERFELD[7] in einem Falle anatomische Veränderungen gefunden hat. Sicherlich wesentlich für die Tetania gastrica ist die Stauung und Zersetzung des Mageninhaltes, wenn auch trotz aller Mühe ein Krämpfe erzeugendes Gift aus dem Mageninhalt nicht hat gewonnen werden können. Eine wesentliche Förderung unserer Kenntnisse der Tetania gastrica haben die Tierversuche von MAC CALLUM, LINTZ, VERMILYE, LEGGET und BOAS[8] gegeben. Sie konnten nachweisen, daß bei verschlossenem Pylorus und Entfernung des Magensaftes — also Verhältnissen, die denen bei klinischer Pylorusstenose mit Erbrechen sehr nahe kommen — eine Verminderung der Chloride im Blutplasma und eine Steigerung des Alkaligehaltes

1 Berliner klin. Wochenschrift 1882. 2 Zit. nach MATHIEU u. ROUX. 3 Deut. Ztschr. f. Chir. Bd. 175. 4 Arch. f. klin. Med. Bd. VI. 5 Deutsche Zeitschrift f. Nervenheilkunde. Bd. 5. 1900. Arch. f. Verdauungskrankheiten Bd. 5. 1909. Münchener med. Wochenschrift 1903. 6 Zentralbl. f. d. Grenzgebiete. Bd. 13. 1910 (hier zusammenfassende Lit.). 7 VIRCHOWS Archiv Bd. 203. 1911. 8 Bull. of John Hopkins hosp. 31. 1920.

statthat. Auch die H-Ionenkonzentration des Blutplasma soll vermindert sein (HASTINGS u. MURRAY[1]). Von größter Bedeutung ist weiterhin die Eindickung des Blutes. Wir haben oben schon die Verwirrtheitszustände beim Durst besprochen. Diese Wasserverarmung spielt auch zur Erklärung der Tetanie bei Enteritis eine große Rolle (FALTA u. KAHN[2]). Andere Autoren denken an eine im Vagus gelegene, gemeinsame Ursache für das Magen-Darmleiden und die Tetanie (JONAS u. RÜDINGER[3]). PAWLOW[4] faßt die Magentetanie ebenso wie viele andere Störungen als reflektorische auf und glaubt, daß in allen Geweben zwei antagonistisch arbeitende trophische Nerven vorhanden sind. Aus ihrer Existenz könnte man viele unklare Beziehungen von Hautveränderungen und Verdauungsstörungen erklären (vgl. belegte Zunge). Wird die Stauung operativ durch Gastroenterostomie beseitigt, so schwindet auch die Tetanie.

Für die Entstehung des **Ulcus ventriculi** und **duodeni** kommen nach unseren heutigen Anschauungen mehrere ineinandergreifende Bedingungen in Betracht, von denen die wichtigste in der **verdauenden Tätigkeit des Magensaftes** zu suchen ist, die zweite in einer **Schädigung der Magen-** bzw. **Darmzellen,** die stets vorhanden sein muß, wenn der Magensaft seine verdauende Wirkung entfalten soll. Diese Schädigung der Magen- oder Darmzellen ist nicht einfach gleichbedeutend mit einer Verwundung der Schleimhaut. Schleimhautwunden kommen im Magen zweifellos außerordentlich häufig vor, aber sie verheilen, wie uns die operativen Erfahrungen gezeigt haben, auch beim Menschen gewöhnlich glatt und rasch ohne irgendwelche Zwischenfälle. Dabei besteht durchaus die Möglichkeit, ja Wahrscheinlichkeit, daß aus einer solchen Schleimhautverletzung ein akutes, tiefgreifendes Ulkus wird. Dafür spricht das nicht so selten zu beobachtende Nebeneinander von oberflächlichen Schleimhautwunden und tiefgehenden echten Ulzera an ein und demselben Magen. Die Frage ist nur die: Warum verheilt eine solche Schleimhautverletzung am Magen so und so oft anstandslos, und warum und wodurch sind ab und zu die Zellen im Bereich einer solchen Schleimhautwunde so geschädigt, daß sie für die Verdauungsfermente des Magensaftes angreifbar werden. In dieser Frage liegt nach unserer heutigen Anschauung das Wesentlichste des Ulkusproblems; aber bevor wir an die Beantwortung dieser Frage gehen, müssen wir uns zuerst mit der verdauenden Wirkung des Magensaftes auf die Gewebe im allgemeinen beschäftigen.

---

1 Journ. of biol. chem. 46. 1921. 2 Zentralblatt f. klin. Med. 74. 1911. 3 Wiener klin. therap. Wochenschr. 1904. 4 Ref. Berichte über d. ges. Physiol. Bd. XIV S. 538.

Ohne vorhergegangene Schädigung wird die Magenwand nicht verdaut. Um diese Schutzkraft der Magenschleimhaut gegen die Verdauungssäfte zu erklären, sind eine ganze Reihe Hypothesen aufgestellt und experimentell geprüft worden.

Zunächst schützt der Schleim, der Magen- und Darmepithel in gleicher Weise überzieht, sehr gegen die verdauenden Fermente (ROUX und RIVA[1], CLAUDE BERNARD), und zwar scheint diese Wirkung hauptsächlich dem Muzin zuzukommen (KLUG[2]), während von anderer Seite (DANILEWSKY[3]) ein sogenanntes Antipepsin (s. später) im Schleim angenommen wird. Klinisch ist von KAUFMANN[4] bei Ulcus ventriculi regelmäßig ein Mangel an Schleim im Magen nachgewiesen worden. Daß dieser Schleim jedoch keinen unbedingten Schutz gegen die Verdauung gewährt, geht am besten daraus hervor, daß es experimentell z. B. durch Thrombosierung (PAYR, s. später) der Magengefäße, wobei die Verteilung des Schleims auf der Innenfläche des Magens ja in keiner Weise berührt worden ist, doch gelingt, richtige, tiefgehende Geschwüre zu erzeugen. Die alte PAVYsche Theorie, nach welcher das in der Magenwand zirkulierende Blut reicher an Alkali sein soll, weil ihm das für die Salzsäurebildung nötige Chlor von dem Drüsenepithel entzogen worden sei, hat sich zeitweise weitgehender Anerkennung erfreut, obgleich für die Richtigkeit der Theorie nie ein Beweis erbracht worden ist. Es ist im Gegenteil durch EDINGER[5] nachgewiesen worden, daß die saure Reaktion nicht nur an der Oberfläche, sondern auch in den tiefen Schichten der Magenschleimhaut zu finden ist. Die PAVYsche Theorie ist jetzt verlassen worden.

Der Grund dafür, daß die Magenwand vom Magensaft nicht verdaut wird, ist in einer Besonderheit der Magenzellen selbst zu suchen. Es fragt sich nur: Ist diese Widerstandsfähigkeit gegen die Verdauungssäfte eine allgemeine Eigenschaft der lebenden Zelle, so wie es HUNTER[6] annahm, oder ist es eine besondere Eigenschaft des Magenepithels.

Die HUNTERsche Lehre, daß jede lebende Zelle einen gewissen Schutz gegen die Verdauungssäfte habe, schien durch die berühmten Versuche CLAUDE BERNARDS[7] überwunden zu sein, der die Schenkel eines lebenden Frosches in eine Magenfistel brachte und sah, wie sie anstandslos verdaut wurden und durch die Versuche PAVYS, der dasselbe beim Kaninchenohr beobachtete. Dennoch beweisen die Versuche CLAUDE BERNARDS und PAVYS nicht das, was sie sollen; denn in beiden Versuchen ist nicht das lebende, sondern das vorher abgetötete Protoplasma verdaut worden. Das zeigen besonders schön die fein durchdachten Versuche von MATTHES[8], der nachwies, daß bei dieser Versuchsanordnung die Salzsäure des Magensaftes als Protoplasmagift zuerst die Zellen abtötet, bevor sie verdaut werden. In den CLAUDE BERNARDschen und PAVYschen Versuchen wurde diese zerstörende Wirkung der Salzsäure noch dadurch begünstigt, daß bei dem Einbinden des Froschschenkels oder Kaninchenohres zweifellos Zirkulationsstörungen in dem betreffenden Gliede gesetzt

---

1 Compt. rend. Soc. Biol. Bd. 60. S. 537. 1906. 2 Arch. int. de physiol. V. 1907. 3 Zit. nach MÖLLER, Ergebn. d. inn. Med. Bd. 7. 1911. S. 533. 4 Arch. f. Verdauungskrankheiten Bd. 12. 1906. 5 PFLÜGERS Archiv Bd. 29. S. 247. 1882. 6 Philosophical Transactions 1772. S. 450. 7 Leçons de physiol. expériment. 1859. 8 ZIEGLERS Beiträge Bd. VIII. 1893. S. 309.

worden sind. „Gegenüber dem lebenden nicht geschädigten Gewebe sind die verdauenden Enzyme unwirksam“ (MATTHES).

Aus der Tatsache, daß nicht nur Magenschleimhaut, sondern auch anderes lebendes Gewebe gegen die Verdauungsfermente des Magens widerstandsfähig ist, hat die praktische Chirurgie Nutzen gezogen. Wir können bei durchgebrochenen Magengeschwüren, wenn sich das Loch durch Naht nicht schließen läßt, ein Stück Netz auf das Loch nähen, ohne befürchten zu müssen, daß es durch die verdauende Tätigkeit des Magensaftes zerstört wird (TIETZE[1]).

Warum wird nun die Magenschleimhaut nicht von der Salzsäure des Magens geschädigt? Auch auf diese Frage geben uns die Versuche von MATTHES wenigstens bis zu einem bestimmten Punkte hin Antwort. Er fand nämlich, daß ein natürlicher Magensaft von hohem Säuregehalt Eiweiß zwar schneller und besser verdaute als wie ein künstlicher, trotzdem aber auf lebendes Gewebe viel weniger schädigend einwirkte, als wie der künstliche Magensaft, auch wenn dessen Säuregehalt geringer war. Offenbar hängt das damit zusammen, daß die Salzsäure im natürlichen Magensaft zum Teil an Albumosen und Peptone gebunden, zum Teil von dem Schleim irgendwie eingehüllt wird. Jedenfalls ist der natürliche Magensaft weniger schädlich, als seinem Salzsäuregehalt entsprechen würde. Die Abschwächung der Säurewirkung innerhalb des Magens kann aber nicht der einzige Grund dafür sein, daß seine Schleimhaut normalerweise von der Salzsäure nicht angegriffen wird, sonst wäre es unverständlich, warum ein Magensaft, der die Magenschleimhaut ganz unversehrt gelassen hat, wenn er aus einer Fistel austritt, so stark verdauend auf die Haut einwirkt, wie wir das zu unserem großen Leidwesen bei Patienten mit undichter Magenfistel beobachten müssen. Wir sind danach doch genötigt, als Ursache für die Unempfindlichkeit der Magenschleimhaut gegen Salzsäure eine spezifische Eigenschaft der Magenepithelien anzunehmen, die wir lediglich als Tatsache buchen, aber noch nicht genauer erklären können. Es haben uns übrigens weitere Versuche von MATTHES gezeigt, daß auch die anderen Gewebe des Körpers von der Salzsäure in ganz verschiedenem Maße beeinflußt werden, und es scheint auch die Magenwand nicht gegen die Ätzwirkung der Salzsäure völlig geschützt zu sein. Wenigstens gibt MATTHES an (l. c. S. 559), daß traumatische Ulzera langsamer heilten, wenn er den Hunden zugleich per os Salzsäure (etwa 50 g einer 0,56 %igen Lösung) auf leeren Magen gab. Es sind allerdings diese Versuche nicht unwidersprochen geblieben (NEUMANN[2]). Man

1 BRUNS' Beiträge Bd. 25. S. 411. 1899. 2 VIRCHOWS Archiv Bd. 184. 1906. S. 383.

hat MATTHES eingewendet, daß er ja mit diesen geringen Salzsäuregaben den prozentualen Säuregehalt des Mageninhaltes kaum gesteigert habe; jedoch ist dieser Einwand deshalb nicht richtig, weil, wie oben gesagt, künstliche Salzsäure stärker ätzend wirkt wie die teilweise gebundene des natürlichen Magensaftes.

KEHRER[1] stellte von demselben Gesichtspunkte aus folgende Versuche an. Er leitete Gallen- und Pankreassaft bei Hunden nach Durchtrennung der betreffenden Gänge in tiefere Darmteile. Dadurch bleibt der Speisebrei im Duodenum länger sauer und der Pförtner bleibt geschlossen. Der Magen enthält dann einen Saft mit viel freier Salzsäure. KEHRER bekam in einigen Fällen mit dieser Versuchsanordnung in der Tat Ulzerationen der Magenschleimhaut.

Immerhin soll damit nicht gesagt sein, daß man in den erhöhten Salzsäurewerten eine besonders wichtige Bedingung für die Entstehung eines Ulcus ventriculi erblicken müßte. Hier muß auf eine physiologische Unrichtigkeit hingewiesen werden, die sich in den klinischen Arbeiten immer wieder findet. Es ist von ROSEMANN[2] in einer Anzahl von Arbeiten sichergestellt worden, daß es eine „Hyperazidität", d. h. Absonderung eines Saftes von höherem Salzsäuregehalt als normal (0,5—0,6 %) nicht gibt. Wenn also in der Klinik oder in Arbeiten, die sich mit der Entstehungursache des Magengeschwürs beschäftigen, von Hyperazidität gesprochen wird, so handelt es sich dabei um eine Hypersekretion oft in Verbindung mit einer Motilitätsstörung. Eine solche Hypersekretion ist nun nach den neuesten Statistiken zwar „eine häufige, aber keineswegs regelmäßige Erscheinung bei Magenulkus" (MÖLLER l. c. S. 540). Sie ist wahrscheinlich die Folge der durch das Geschwür bedingten Motilitätsstörung des Magens, nicht die Ursache des Geschwürs. Vermehrte freie Salzsäure würde übrigens, was schon VIRCHOW[3] betont, ohne lokale Schädigung nur eine Gastromalazie, niemals ein umschriebenes Ulkus zur Folge haben können.

Obgleich durch die Versuche von MATTHES eigentlich bewiesen ist, daß es sich bei der Frage, warum die normale Magenschleimhaut nicht verdaut wird, nur darum handelt, daß sie besonders widerstandsfähig gegen Salzsäure ist, so hat man doch immer wieder vermutet, die Magenschleimhaut sei auch gegen das Pepsin besonders widerstandsfähig. Es gewann diese Behauptung besonders an Boden, als man anfing, sogenannte Antipepsine im Magensaft und Blut nachzuweisen.

Was diese sogenannten Antipepsine im allgemeinen anbetrifft, so wissen wir eigentlich nur, daß die Pepsinwirkung sehr häufig einmal gehemmt wird, und zwar durch ganz verschiedene

1 Mitteil. aus den Grenzgebieten Bd. 27. 2 VIRCHOWS Archiv Bd. 229.
3 VIRCHOWS Archiv Bd. V. 1853.

Stoffe. Wenn z. B. von dem Antipepsin angegeben wird, daß es kochbeständig sei, so kann man daraus entnehmen, daß es jedenfalls nicht zu den wirklichen Antikörpern zu rechnen ist. Es sind solche, die Pepsinwirkung hemmenden Stoffe in großer Zahl in den verschiedensten auch niedrigsten Lebewesen, wie Bakterienextrakten nachgewiesen worden (KRASNOGORSKI[1]) und sie sind nichts dem Magensaft und den Eingeweidewürmern Eigentümliches, wie man eine Zeitlang glaubte. Immerhin sind einige Chirurgen der Ansicht, daß das Ulcus ventriculi auf Fehlen des Antipepsins in der Magenwand zurückzuführen sei (KATZENSTEIN[2], KAWAMURA[3] u. a.).

Zum Beweis dieser Ansicht hatte KATZENSTEIN die alten oben besprochenen Versuche wiederholt und Darmabschnitte, Milz, Netz usw. in den Magen eingepflanzt und regelmäßig Verdauung gefunden, während eingepflanzte Magenwand nicht verdaut wurde. Er konnte ferner durch Zerstörung des Antipepsins in der Magenwand chronische penetrierende Ulzera bei Tieren erzeugen. Für die erste Gruppe von Versuchen gilt dasselbe, was bei den CLAUDE BERNARDschen Versuchen gesagt worden ist. Es handelt sich auch in diesen Fällen nicht um Verdauung eines lebenden, sondern eines in seiner Ernährung gestörten Gewebes. VIOLA und GASPARDI[4], sowie CONTEJEAN[5] hatten schon vor KATZENSTEIN entgegengesetzte Resultate bei gleichen Versuchen erhalten und auch LICINI[6] und HOTZ[7], die die Versuche nach KATZENSTEIN in gleicher Weise wiederholten, aber besondere Rücksicht nahmen auf die ungestörte Ernährung des implantierten Teiles, fanden keinerlei Andauung an Darm oder Milz. Zu entgegengesetztem Ergebnis kam neuerdings wieder BEST[8]. Es ist bei der Art der Versuchsanordnung selbstverständlich, daß die negativen Versuchsergebnisse sehr viel mehr Beweiskraft haben, als die positiven. Denn eine Ernährungsstörung läßt sich eben nie mit Sicherheit ausschließen. Und was die zweite Gruppe von Versuchen anbetrifft, wobei verdünnte Salzsäurelösung zur Abschwächung des Antipepsins, das nur in alkalischer Lösung wirken soll, in die Magenwand oder die Blutbahn eingespritzt wurde, so lassen auch diese Versuche sich anders erklären, nämlich dadurch, daß erstens Säure an sich das Gewebe schädigt und zweitens die Schädigung durch reflektorischen Gefäßkrampf (s. später) verstärkt worden ist.

Es bleibt deshalb vorläufig die Annahme, daß der Schutz des Magens gegen Selbstverdauung auf einem Antipepsingehalt beruhe und ein Magenulkus dann entstünde, wenn eine Verminderung dieses Antipepsingehaltes der Magenwand eintritt, lediglich eine noch zu beweisende Theorie.

STUBER[9] glaubte neuerdings umgekehrt, daß es nicht der

---

1 Lit. z. Antipepsin Oppenheimer d. Fermente IV. Aufl. 1913. S. 545. 2 Berl. klin. Wochenschrift 1908. Arch. f. klin. Chir. Bd. 100. Hft. 4 u. Bd. 101. Hft. 1. Chirurgenkongreß 1911. S. 209. 3 Mitt. aus d. Grenzgebieten Bd. 26. 1913. S. 379. 4 Arch. ital. de Biol. 1889. Bd. XII. Kongreßbericht S. 7. 5 Zit. nach MÖLLER, l. c. S. 532. 6 BRUNS' Beiträge Bd. 82. 1912. 7 Mitt. aus d. Grenzgebieten Bd. 21. 1910. S. 143. 8 ZIEGLERS Beiträge 60. 1914. 9 Ztschrft. f. exp. Pathol. u. Therapie Bd. 16. 1914 und Münchener med. Wochenschrift 1914.

Magensaft sei, der die Andauung des Magens bei der Geschwürsbildung besorge, sondern der Pankreassaft, das Trypsin, das bei „neurogener Pylorusinsuffizienz“ in den Magen gelangt. Er suchte die Richtigkeit der Versuche durch einige Tierversuche zu beweisen. Er bekam bei fünf Hunden nach teilweiser Entfernung der Pylorusmuskulatur und Gaben von Natr. bicarbonicum im Magen zahlreiche, z. T. sehr tiefgehende Geschwüre. Es wird notwendig sein, diese Versuche, die ja eine große Bedeutung gerade auch für die Therapie des Ulcus ventriculi haben, nachzuprüfen, bevor man ein endgültiges Urteil abgeben kann. Ich glaube, daß das Trypsin vielleicht für die Duodenalulzera und die Ulcera jejuni nicht ohne Bedeutung ist, zumal bei der v. EISELSBERGschen Pylorusausschaltung. Hierfür sprechen Versuche von ENDERLEN, FREUDENBERG und v. REDWITZ[1], die die verdauende Fähigkeit des Duodenalsaftes nach dieser Operation beim Fistelhund wesentlich erhöht fanden. Andererseits ist es nicht sehr wahrscheinlich, daß die pylorusfernen Ulzera unter der Einwirkung des Trypsins stehen sollen, und man wird vorläufig daran festhalten dürfen, daß es die verdauende Kraft des Magensaftes ist, die das allmähliche Tieferwerden des Geschwürs bedingt. Dafür spricht vor allem die Form des Ulkus; wir haben einen überhängenden Rand kardiawärts und einen flach und glatt abfallenden Rand pyloruswärts. Das erklärt sich nach ASCHOFF-STROMEYER[2] und BAUER[3] daraus, daß der Speisebrei bei seinem Weg durch den Magen die Schleimhaut gewissermaßen über das Geschwür hinüberschiebt und der Magensaft dort besonders seine Wirkung entfaltet, wo er längere Zeit stehen bleibt; das ist unter der überhängenden Schleimhaut. v. REDWITZ[4] konnte allerdings auch wiederholt das Umgekehrte beobachten, daß also bei den Magengeschwüren der überhängende Rand pyloruswärts lag.

Aus der im Vorhergehenden erörterten Tatsache, daß normale Magenzellen vom Magensaft nicht verdaut werden, folgt als zweite zum Zustandekommen eines Ulkus wesentliche Bedingung, daß die Magenzellen zunächst in ihrer Lebensfähigkeit geschädigt sein müssen, um für den Magensaft angreifbar zu werden. Eine solche Schädigung ist in einer einfachen Verwundung der Schleimhaut, etwa durch ein Stückchen Knochen oder dgl. gegeben, und so kann man in der Tat von Kranken, die sich gut beobachtet haben gelegentlich erfahren, daß das Ulkus nach einer Verletzung (z. B. Verschlucken einer Nußschale) zuerst aufgetreten ist. Im

---

1 Diskussionsbemerkung. Bayer. Chirurgentag Juni 1921. 2 ZIEGLERS Beitr. 1912. 3 Mitteil. aus d. Grenzgebieten Bd. 32. 1920. 4 BRUNS' Beiträge 1921.

allgemeinen heilen aber solche kleine Schleimhautwunden sehr rasch und es ist zum Zustandekommen eines fortschreitenden Ulkus eine Dauerschädigung nötig, die ihre Ursache erstens in anatomischen Besonderheiten bestimmter vom Ulkus bevorzugter Teile des Magens haben kann, zweitens in einer länger anhaltenden Ernährungsstörung der Magenwand, und drittens in einer länger dauernden Störung in der Innervation der Magengefäße, die ihrerseits wieder eine Ernährungsstörung setzt.

Über anatomische Besonderheiten, die die Heilung des Ulkus verhindern können, geben die Untersuchungen von Aschoff[1] und Bauer[2] Auskunft. Danach sitzen fast alle Geschwüre des Magens an der kleinen Kurvatur in oder unmittelbar neben der Magenstraße (Waldeyer[2]), aber nicht an der sogenannten Magenenge (Westphal[3]). Diese Magenstraße nimmt anatomisch eine Sonderstellung ein. Sie soll nach Bauer[4] als ein Überbleibsel der Schlundrinne der Wiederkäuer aufzufassen sein. Während sich im übrigen Magen Schleimhautfalten netzförmig verbinden, liegen hier vier Falten „straff angespannt wie die Seiten einer Geige". Die Schleimhaut ist im Bereich der Magenstraße nur wenig verschieblich; die Muskulatur zeigt eine besondere Anordnung (Forsell[5]). die Zirkulationsverhältnisse sollen an der kleinen Kurvatur besonders ungünstige sein (Hofmann u. Nather[6]) z. T. bedingt durch die Anlagerung der Leber (Aolide[7]). Für eine Wunde im Bereich der Magenstraße sind also die Heilungsbedingungen schlechte. Die Wundränder klaffen, die schlecht verschiebbare Schleimhaut legt sich nicht über die Wunde so wird diese durch jeden vorbeistreifenden Bissen erneut geschädigt und von dem ungehindert zudringenden Magensaft angedaut. Daß die verschiedene Heilfähigkeit geschwüriger Erkrankungen anatomische Ursachen hat, ist eine Anschauung, die dem Chirurgen sehr liegt. So wissen wir, daß ein Einriß am After deshalb nicht heilt, weil die ständige Zerrung der Muskulatur an den Wundrändern diese nicht zur Verklebung kommen läßt. Aus dieser Erkenntnis heraus hat sich dann eine Behandlungsart entwickelt, die auf den ersten Blick sehr merkwürdig erscheint: Die Wunde wird nämlich durch einen Schnitt in den Schließmuskel hinein vergrößert. Aber diese größere Wunde heilt ohne Schwierigkeiten, weil nach dem

---

1 Deutsche med. Wochenschrift 1912 u. Zeitschriftf. angew. Anat. u. Konstitutionslehre 1918. 2 Mitteil. aus den Grenzgebieten. Bd. 32. 1920. H. 5. 3 Sitzungsber. der Preuß. Akad. d. Wissensch. 1908. 1. 4 Arch. f. kl. Chir. 124. 1923. 5 Fortschritte a. d. Gebiet der Röntgenstrahlen. 1913. 30. Erg.-Bd. 6 Arch. f. kl. Chir. 115. 1921. 7 Bruns Beitr. Bd. 127.

Schnitt die Muskulatur nicht mehr an den Wundrändern zerrt. An die schlechte Heilungsneigung einer über einem vorspringenden Knochen gelegene Wunde oder an das Ulcus cruris sei hier nur kurz erinnert. Daß auch beim Magengeschwür, sobald es nur einmal die Muskularis zerstört hat, das Zerren der Muskelfasern am Wundrand die Geschwürsheilung verhindert, betonen auch HAUSER und v. REDWITZ[1] auf Grund mikroskopischer Untersuchungen. Den sicheren Beweis dafür, daß dieses Zerren an den Wundrändern und die Starre der Wundränder eine wesentliche Schuld daran trägt, daß das Geschwür nicht zur Ausheilung kommt, hat aber schon KRASKE[2] mit seiner Operationsmethode des Ulkus gebracht: er öffnete den Magen, frischte die Wundränder in bestimmter Weise an und vernähte sie; das Geschwür heilte glatt aus. SCHMIEDEN[3] empfahl, die Magenstraße bei Ulkus heraus zu schneiden; man darf dabei aber nicht vergessen, daß sich nach der Heilung des so operierten Magens wieder eine kleine Kurvatur bildet. Die „Magenstraße" ist also nicht beseitigt (BORCHERS[4]). Diese anatomische Besonderheit der Magenstraße ist, wie auch ASCHOFF ausdrücklich betont, nur eine Bedingung unter vielen, die zusammentreffen müssen, damit es zu einem fortschreitenden Ulkus kommt. Das wird besonders deutlich, wenn man hört, daß beim Tier, bei dem die anatomischen Bedingungen am Magen doch ziemlich die gleichen sind, von selbst entstandene chronische Magengeschwüre nicht vorkommen. Und schließlich hat vermutlich jeder Mensch einmal eine Wunde an seiner Magenstraße gehabt und wie wenige bekommen ein Ulkus.

Jedenfalls ist aber die Entstehung des ersten Defektes eine Grundbedingung für die schließliche Entwicklung des Magengeschwüres.

Eine solche Schleimhautwunde wird oft durch eine mechanische Verletzung entstehen. Jedes scharfe Knochenstück, jede Gräte oder auch jeder harte und kantige Bissen kann die Schleimhaut verletzen. DECKER[5] konnte durch wiederholtes Einbringen von auf 50 Grad erwärmter Flüssigkeit unter der Schleimhaut gelegene hämorrhagische und tiefgehende Wunden bekommen, und es ist ja eine bekannte klinische Tatsache, daß Köchinnen, vielleicht weil sie so häufig heiß kosten, verhältnismäßig oft an Magengeschwüren erkranken, ebenso wie ein Magengeschwür bei den Berufen häufiger beobachtet wird, die, wie die Spiegelschleifer, Metallarbeiter und Porzellandreher, leicht scharfe Splitter in den Mund und Magen bekommen. Im Anschluß an klinische Beobachtungen an der

1 BRUNS' Beiträge 122, H. 2 u. 3. 2 Mittelrhein. Chir.-Kongr. Freiburg. Juli 1920 und BRUNS' Beiträge 1921. 3 Ztbl. f. Chir. 1921. S. 1534. 4 Arch. f. kl. Chir. 122. 5 Berliner klin. Wochenschrift 24. 1887. S. 369.

LEUBEschen Klinik hat RITTER[1] beim Hund die Folgen von Schlägen, die den Magen durch die Bauchdecken hindurch treffen, experimentell studiert und gefunden, daß es sich dabei in der Hauptsache „um eine in toto erfolgte Trennung der Mukosa von der Submukosa mit hämorrhagischem Erguß in die zerrissene Submukosa handelte", neben kleineren Blutungen in den anderen Schichten des Magens. Ein eigentliches Ulkus hat er bei diesen einmaligen kurzdauernden Verletzungen des Magens nicht bekommen. Ein chronisches Trauma, dessen Bedeutung für die Entstehung eines Ulkus stets sehr verschieden bewertet worden ist, ist durch starkes Schnüren bedingt. Es ist bei dem gegenwärtigen Stand unserer Kenntnisse die Bedeutung des Schnürens für die Entstehung eines Magengeschwürs außerordentlich schwer genau abzumessen, aber jedenfalls durchaus nicht zu leugnen. Als chronische Verletzungen wirken ferner Lageveränderungen des Magens. Man hat z. B. bei Hernia diaphragmatica gar nicht selten ausgedehnte Magengeschwüre beobachtet (KIENBÖCK[2], v. BONIN[3], eigene Beobachtung[4]). Genauere Temperaturmessungen an den Speisen, die wir gewöhnlich genießen, hat KEISER[5] angestellt.

Von dem Gedankengange ausgehend, daß die normale Magenzelle vom Magensaft nicht angedaut wird, wohl aber die geschädigte, kam man zu der Anschauung, daß eine Ernährungsstörung der Magenzelle infolge ungenügender Blutzufuhr eine weitere Bedingung für die Entstehung und Entwicklung des Magengeschwürs abgeben könne (VIRCHOW[6]). Über die Anatomie der die Magenschleimhaut versorgenden Gefäße s. DISSE[7] und HOFMANN u. NATHER[8] sowie ARMBRUSTER[9]. Man hat sich allerdings experimentell vielfach vergeblich bemüht, durch einfache Gefäßunterbindung oder durch Herausschneiden eines Stückes der Magenwand und wieder Einsetzen dieses Stückes (KÖNIGSBERGER[10]) die Magenwand so in ihrer Ernährung zu schädigen, daß ein typisches Ulkus entstünde (PAVY[11], KÖRTE[12], LITTHAUER[13], CLAIRMONT[14], MÜLLER[11], FENWICK[11], SUZUKI[15] u. a.). Nach BRAUN (ALBERTS[16]) kann man $^4/_5$ und mehr der Magengefäße ohne Gefahr einer Gangrän unterbinden. Nur FIBICH[17] will nach einfacher Unterbindung der Arterien (Exzi-

1 Ztschrft. f. klin. Med. XII. 1887. S. 592. 2 Ztschrift. f. kl. Med. Bd. 62. S. 321. 3 BRUNS' Beiträge Bd. 103. 4 Veröffentl. v. V. HOFFMANN, Münch. med. Wochenschrift 1920. 5 Med. Klinik 1922. 6 VIRCHOWS Archiv Bd. V. 1853. 7 Arch. f. mikrosk. Anat. Bd. 63. 1904. 8 Arch. f. klin. Chir. 115. 1921. 9 BRUNS Beitr. 126. 1922. 10 Niederrh. Ges. f. Natur u. H. (Kunde 2). Jan. 1924. 11 Zit. nach MÖLLER, l. c. S. 545. 12 Dissert. Straßburg 1875. 13 VIRCHOWS Archiv 195. 1908. 14 Archiv f. klin. Chirurgie 86. S. 1. 15 Arch. f. klin. Chir. 98. 1912. S. 632. 16 Deutsche Ztschrft. f. Chir. Bd. 130. 17 Arch. f. klin. Chirurgie Bd. 79.

sion eines Stückes der Schleimhaut und Verätzung des Grundes) fortschreitende Ulzera auf der Magenschleimhaut bekommen haben. Aber Clairmont[1] konnte bei Nachprüfung der Versuche die Fibichschen Ergebnisse nicht bestätigen. Nur sehr große Wunden sollen nach Ribbe[3]rt auch beim gesunden Tier keine Neigung haben, zu verheilen. Im allgemeinen genügen jedoch die zahlreichen Anastomosen der Magengefäße stets für die normale Ernährung, so daß künstlich gesetzte Defekte der Schleimhaut bei gleichzeitiger Unterbindung der Arterien anstandslos ausheilen. Für die praktische Chirurgie ergibt sich daraus die Nutzanwendung, daß man mit Gefäßunterbindungen am Magen nicht ängstlich zu sein braucht. Andererseits kann man die Blutung bei blutendem Magengeschwür durch Gefäßunterbindung von außen her nicht sicher stillen.

Da also die einfache Gcfäßunterbindung zur Entstehung eines ulcus nicht genügte, war der Gedanke sehr folgerichtig die Blutversorgung der Magenwand durch Verlegung der Kapillaren auf embolischem Wege zu stören, besonders da Panum[3] nachgewiesen hatte, daß bei Einbringen von Wachskügelcheno der dgl. in die Art. femoralis (entgegen dem Blutstrom) Ulzera am Magen- und Darmtraktus entstehen können. Cohnheim[4] injizierte in die Magenarterie Chromblei und fand dann ,,bei allen Tieren, die am folgenden oder nächsten Tage umkamen oder getötet wurden, große Geschwüre mit steil abfallenden Rändern und ganz reinem Grund“. Diese durch Embolie erzeugten Ulzera heilen in der Regel sehr schnell (Cohnheim), was ein wesentliches Unterscheidungsmerkmal gegen die beim Menschen vorkommenden Magengeschwüre ist. Nur Payr[5] gelang es, durch Einspritzung von Formalin in die Gefäße fortschreitende Ulzera zu bekommen, die keine Neigung zur Heilung hatten. Die Geschwüre reichten bis in die Submukosa. Grossi[6], der die Versuche von Payr nachprüfte, bekam sogar tiefer gehende Geschwüre. Jedenfalls beweisen diese Versuchsergebnisse, daß die Gefäßschädigung nur ausgedehnt genug sein muß, wie dies schon Hauser[7] auf Grund seiner pathologisch-anatomischen Untersuchungen annahm, wenn ein Ulkus entstehen soll. Daß man bei Ulcus ventriculi sehr häufig Thrombosen im Bereich des Ulkus findet, konnten v. Redwitz[8], Nicolaysen[9], Askanzy[10] Armbruster[11] u. a. auf Grund histologischer Unter-

---

1 Archiv f. klin. Chir. Bd. 86. Hft. 1. 2 Frankf. Ztschr. f. Pathol. Bd. 16. 1915. 3 Virchows Archiv Bd. 25. S. 488. 1862. 4 Allgemeine Pathologie Bd. II. S. 53. 1880. 5 Archiv f. klin. Chirurgie Bd. 84. 1907 u. Bd. 93 S. 436. 6 Clin. chirurg. 27. 1920. S. 289. 7 Das chronische Magengeschwür. F. C. W. Vogel. 1883. S. 7. 8 Bruns' Beiträge. 122. 3. 9 D. Ztschr. f. Chirurg. 167. 1921. 10 Virch. Arch. 234. 1921. 11 Bruns Beitr. 126. 1922.

suchungen bestätigen. Es fragt sich natürlich immer, ob solche Thrombosen etwas Primäres oder etwas Sekundäres sind.

Bietet uns nun die pathologische Anatomie Anhaltspunkte dafür, daß bei Ulcus ventriculi Embolien in die Arterien des Magens vorhergegangen sind, durch die in gleicher Weise wie im Experiment die Magenwand in ihrer Ernährung geschädigt worden ist? Die Frage ist im allgemeinen zu verneinen.

Eine Anzahl entsprechender Fälle sind zwar in der Literatur niedergelegt worden. So hat v. RECKLINGHAUSEN[1] und später MERKEL[2] Fälle von embolisch entstandenem Ulcus ventriculi veröffentlicht, und HAUSER (l. c.) teilt wenigstens einen Fall von hämorrhagischem Infarkt der Magenwandung mit. Die embolischen Herde waren meist die Folge einer Endokarditis oder, wie bei v. RECKLINGHAUSEN, einer ausgedehnten Venenthrombose. Für die große Menge der Magengeschwüre kommen solche Embolien aber nicht in Betracht.

Es gehören weiterhin in diese Gruppe Fälle von embolischem Verschluß der Magenvenen, die besonders bei Netzresektionen beobachtet worden sind. Diesen kommt ein sehr viel größeres chirurgisches Interesse zu, da sie zu den gefürchteten postoperativen Magenblutungen führen (v. EISELSBERG[3], FRIEDRICH[4], HOFFMANN[5], BUSSE[6], STHAMER[7], ENGELHARDT und NECK[8] u. a.).

Der seinerzeit sehr heftige Streit darüber, ob solche Embolien nach Netzresektion nur bei Infektion vorkämen, ist jetzt dahin entschieden, daß eine Infektion kein notwendiges Erfordernis ist, aber daß bei Infektionen solche Thrombosen und Geschwüre jedenfalls häufiger vorkommen (vgl. auch SPRENGEL[9]). Man wird besser diese Fälle von Magenblutungen nach Operation von den nicht operierten Fällen, bei denen es sich wohl stets um eine Infektion, vor allem eine Peritonitis, handelt, trennen. In der Literatur ist das nicht geschehen, was viele Unklarheiten in diesem schwierigen Gebiete zur Folge hatte. Vielfach sind nach Netzunterbindungen außer Thromben in den Magengefäßen solche in der Leber mit anschließenden Nekrosen beobachtet worden und das zeigt, daß es sich um einen retograden Transport im Gebiete der Pfortader handelt. Diese Verhältnisse sind sehr genau von PAYR[10] studiert worden, der einerseits durch Vereisung der peripheren Netzteile Thrombosen erzeugte, dann aber besonders deren Verschleppung mit Hilfe von Fremdkörpereinspritzung studierte. Er konnte so experimentell nachweisen, daß „retograd auf der Venenbahn magenwärts gelangende Emboli tatsächlich die ihnen schon längst zugeschriebenen Veränderungen zu erzeugen imstande sind". Begünstigt wird diese Art retograder Embolie durch den verhältnismäßig geradlinigen Verlauf der Venen, ferner dadurch, daß beim über 20jährigen Individuum nach den Untersuchungen von HOCHSTETTER[11] Klappen in diesem Venenbezirk nicht mehr vorhanden sind, umgekehrt soll das Vorhandensein von Klappen beim Kind ein Grund dafür sein, daß bei ihm postoperative Magengeschwüre nicht

---

1 VIRCHOWS Archiv Bd. 30. S. 368. 1864. 2 Zit. nach HAUSER. 3 Arch. f. klin. Chir. 59. 4 Ebenda Bd. 61. S. 998. 1900. 5 Inaug.-Diss. Leipzig 1900. 6 Arch. f. klin. Chir. Bd. 76. 7 Deutsche Ztschrft. f. Chir. 61. S. 518. 8 Ebendort Bd. 58. S. 308. 1901. 9 Die Appendizitis. Deutsche Chirurgie Lief. 46d. 1906 (Abschnitt Erbrechen). 10 Archiv f. klin. Chirurgie Bd. 84. S. 799. 1907. 11 Arch. f. Anat. u. Entwicklungsgeschichte 1887.

beobachtet werden. Die PAYRschen Versuche wurden von YATSUSHIRO[1] nachgeprüft. Er kam auf Grund seiner Versuche zu der Ansicht, daß PAYR nur deshalb eine retrograde Embolie bekommen hat, weil der Druck, den er bei der Einspritzung angewendet hat, zu groß gewesen sei.

Einzelne, besonders interne, Kliniker glauben übrigens, daß es sich auch bei den Ulzera nach Bauchoperationen nicht um embolische Vorgänge, sondern um einen reflektorischen Gefäßkrampf (s. später) handelt. Tatsächlich werden nämlich bei der Sektion solcher Fälle Thromben in den Magengefäßen nicht in so großer Masse gefunden, daß sie zur Erklärung des oft sehr reichlichen blutigen Erbrechens („vomito negro") ausreichen würden.

Im Anschluß an diese nach Operationen oder Bauchfellentzündungen entstandenen Magenblutungen, bei denen in der Hauptsache Thrombosen eine große Rolle spielen, seien die sogenannten **parenchymatösen Magenblutungen** erwähnt (REICHARD[2]), von denen wir eigentlich nur wissen, daß sie familiär vorkommen. Es handelt sich dabei nicht um Bluter im gewöhnlichen Sinne, und ein Geschwür, aus dem es blutet, ist auch bei der Sektion nicht zu finden. Wird in solchen Fällen eine Operation ausgeführt, so blutet es aus den Schnittflächen des Magens wohl nicht reichlicher als sonst aber die Blutung steht nicht, obgleich keine verzögerte Gerinnung des Blutes nachweisbar ist. Vielleicht können sich die Kapillaren nicht so gut zusammenziehen, wie normale; Genaueres weiß man aber nicht. Die Fälle sind selten. Ich habe nur einen einzigen, der auch seziert worden ist, mit beobachtet. Ob diese Fälle in Beziehung zur Thrombopenie (FRANK) stehen, ist nicht bekannt.

Von pathologisch-anatomischen Beobachtungen, die eine Zirkulations- und damit Ernährungsstörung in der Schleimhaut des Magens als Entstehungsursache des ulcus beweisen sollen, sind noch die durch Stauung, bei Gehirnaffektionen und die als Folge von Erbrechen auftretenden Erosionen zu nennen (ORTH[3]), ferner besonders bei älteren Männern mehr oder weniger ausgedehnte Arteriosklerose der Gefäße und gelegentlich auch einmal eine Degeneration in ihnen (KAUFMANN[4]), schließlich traumatische Veränderungen der Blutversorgung, z. B. das oben erwähnte Ulkus am Pylorus bei Gastroptose.

Schließlich kommt als Zirkulationsstörung die Verlegung der Gefäße mit Bakterien in Betracht (NEUMANN[5]). Ich erwähnte schon, daß für die Entstehung von Magengeschwüren nach Unterbindungen am Netz eine infektiöse Ursache von vielen Autoren angenommen wird. Bei einer Anzahl von sogenannten Erosionen, die seit VIRCHOW wohl mit Recht als Vorstufen des Ulkus an-

---

1 VIRCHOWS Archiv Bd. 207. 2 Münchener med. Wochenschrift 1900. S. 327 (2 Frauen). 3 Lehrbuch d. path. Anatomie Bd. I. 1887. S. 738. 4 Lehrbuch d. spez. pathol. Anat. 3. Aufl. 384. 5 VIRCHOWS Archiv Bd. 184. 1906.

gesprochen werden, haben NAUWERCK[1], W. BUSSE[2] und FRITZ MAYER[3] den sicheren Nachweis geführt, daß sie durch Bakterienembolien entstehen. NITSCHE[4] hat einen Fall von Blutbrechen nach Appendizitis mitgeteilt, bei dem die 3 Stunden nach dem Tode ausgeführte Sektion mikroskopisch kleine Schleimhautnekrosen und Blutungen zeigte, die er beim Fehlen von Thromben auf eine Ausscheidung giftiger Substanzen durch die Magendrüsen bezieht. Diese Giftausscheidung soll die Magenepithelien schädigen. Besonders in der englischen Literatur spielt die Vorstellung, daß „Giftstoffe" an der Entstehung des Magengeschwüres beteiligt seien, eine große Rolle. So stellte BOLTON[5] durch Einspritzung von Magenzellen in die Bauchhöhle von Tieren ein sogenanntes „gastrotoxisches" Serum her und spritzte dann dieses Serum in die Magenwand eines Versuchstieres und bekam auf diese Art tiefgehende Geschwüre, ohne daß Thrombosen aufgetreten wären. In anderer Weise, aber gleichfalls durch eine Gifteinwirkung zerfallener Zellen, und zwar Leberzellen bedingt, erklärt sich GUNDERMANN[6] die Schleimhautgeschwüre, die er bei Pfortaderunterbindung im Magen von Kaninchen erhielt. Wie gesagt, kann man aber mit solchen „Geschwüren" am Kaninchenmagen nicht viel anfangen. Experimentell konnten LETULLE[7], WURTZ und LENDET[8], BESANÇON und GRIFFON[9], CHANTEMESSE und WIDAL[9], CHARRIN[9], STEINHARTER[10], ROSENOW[11], NAKAMURA[12] u. a. durch Einspritzung der mannigfaltigsten Bakterien unter die Haut oder in die Vene der Versuchstiere Magengeschwüre erzeugt, aber immer nur oberflächliche; und auch NICOLAYSEN[13], der durch Vereisung der Magenwand von außen nach der RIBBERTschen Methode beim Kaninchen Ulzera setzte und diese dann durch Verfütterung von Bakterien infizierte, bekam keine tiefgreifenderen Geschwüre. SINGER[14] erhielt Magenulzera in 71 % der Fälle bei schlecht gehaltenen Ratten durch Ernährung mit Brot, das mit tierischen Fäkalien beschmutzt war, und TÜRK[15] fand chronische fortschreitende Magengeschwüre bei Hunden, denen er durch Monate hindurch große Massen von Coli-Kultur zu fressen gegeben und sie dabei unter

1 Münchener med. Wochenschrift 1895. S. 877. 2 Archiv f. klin. Chir. Bd. 76. 1905. S. 122. 3 Inaug.-Diss. Bonn 1912. 4 Deutsche Zeitschrift f. Chir. Bd. 64. S. 180. 1902. 5 Proceedings of the royal society of London Bd. 74. 1905. S. 135; Bd. 77. 1906. S. 426; Bd. 79. 1907. S. 533; Bd. 82. 1910. S. 233. 6 BRUNS' Beiträge Bd. 90. S. 1. 7 Compt. rend. Acad. Scienc. 1888. 8 Arch. med. exp. 1891. S. 485. Bd. III. 9 Zit. nach MÖLLER, l. c. S. 555. 10 Inneres Kongreßzentralblatt X. S. 210. 11 Surg. gyneol. a obst. 33. 1921. 12 Ann. of surg. 79. 1924. 13 Deutsche Ztschr. f. Chir. Bd. 167. 1921. 14 Lancet 185. S. 279. 1913. 15 Ztschrft. f. exp. Path. u. Therapie Bd. 7. S. 615. 1910.

schlechten Allgemeinbedingungen gelassen hatte. ROSENOW glaubt aus einer großen Zahl von Tierversuchen folgern zu können, daß die Ansiedlung der Bakterien von ihrer Virulenz abhängt. ASKANAZY[1], und MEYENBURG[2] haben Oidium albicans aus Magengeschwüren gezüchtet und konnten durch Einbringen von abgeschabtem Geschwürsgrund in Wunden der Schleimhaut typische Ulzera erzielen, Beobachtungen, die von MERKE[3] bestätigt werden, während KIRCH u. STAHNKE[4] die Bedeutung des Oidium albicans für die Entstehung der Magengeschwüre sehr gering einschätzen. Daß solche Pilze eine gewisse Bedeutung für das Fortbestehen von Geschwürsbildungen im Magen haben, wird man nicht ganz bestreiten können.

Von klinischen Beobachtungen, die für eine bakterielle Entstehungsursache der Magengeschwüre angeführt werden, sei genannt, daß MOYNIHAN für die Entstehung eines Ulcus duodeni eine vorangegangene Appendizitis verantwortlich macht, eine Anschauung, die in Deutschland fast von allen Chirurgen abgelehnt wird (KÜTTNER[5]) v. HABERER[6] u. a.). Zur Stütze der Ansicht von der Beziehung der Appendix zum Pylorus wird angeführt, daß eine direkte Lymphbahn zwischen diesen beiden Organen besteht (BRAITHWAITE[7]). Es ist naturgemäß nicht immer leicht, von den in der pathologisch-anatomischen Literatur als infektiöse Ulzera angeführten Fällen sicher zu sagen, ob die gefundenen Bakterien die Ursache für die Entstehung des Geschwüres waren, oder ob es sich nur um eine sekundäre Infektion eines schon lange bestehenden Geschwüres handelt, da die Geschwüre ja ständig von zahllosen Bakterien umgeben sind und einen günstigen Nährboden für diese abgeben (zur Bakteriologie des Mageninhaltes s. BRÜTT[8] und LÖHR[9]). Besonders interessant nach dieser Richtung hin ist ein Fall von BREUS[10], wo ein durch Verätzung mit Kalilauge entstandenes Ulkus sich sekundär tuberkulös infiziert hatte. Wenig beweisend ist vor allem der Befund von ubiquitären Bakterien wie Staphylokokken, Streptokokken, Bakt. coli, Schimmelpilzen u. dgl. (vgl. Fälle von SJUBIMOWA[11], ROSENOW[12] u. a.) im Grunde eines Magenulkus, während dem Befund von spezifischen Erregern und vielleicht auch spezifischen histologischen Veränderungen schon eine etwas größere, wenn auch keine absolute Beweiskraft

1 Revue méd. de la Suisse romande Bd. 40. 1920. Virch. Arch. 234. 1921. 2 Münch. med. Woch. 1921. 3 BRUNS' Beiträge Bd. 130. 4 Mitt. a. d. Grenzgeb. 36. 1923. 5 Chirurgenkongreß 1913. Bd. 42. 6 Arch. f. klin. Chir. 109. S. 413. 7 Brit. journ. of surg. Bd. 11. 1923. Zit. Chir. Kongr. Bd. XXIV. S. 112. 8 Erg. d. Chir. Bd. 16. 9 D. Ztschr. f. Chir. 187. 10 Wiener med. Wochenschrift 1878. Nr. 28. 11 Zit. nach Chir. Kongreßblatt III. S. 529. 12 The journal of Americ. med. Assoc. Bd. 61. S. 1947.

zukommt. Zu nennen sind hier Milzbrand, Typhus, Lues und besonders die Tuberkulose (ZESAS[1], KELLER[2], GOSSMANN[3]). Da die tuberkulöse Infektion die relativ häufigste der genannten ist, so sind wir auch bei ihr besonders gut über die Eintrittspforten unterrichtet. Wir wissen (vgl. GOSSMANN[3]), daß die tuberkulöse Infektion des Magens von der Schleimhaut des Magens, auf dem Lymph- oder Blutwege (WILMS[4]) und fortgeleitet von der Serosa aus entstehen kann.

Es wurde oben ausgeführt, daß die dritte Möglichkeit einer Dauerschädigung der Magenwand in Störungen der Innervation gesucht wird, und zwar wäre da einmal an ähnliche Einflüsse zu denken wie beim Mal perforant, also an trophische Störungen oder an Gefäßkrämpfe, die durch die Innervationsstörung ausgelöst werden.

Diese gegenwärtig, wenn auch in verjüngter Gestalt, wieder im Mittelpunkt des Interesses stehende Theorie von der Bedeutung des Nervensystems für die Entstehung von Ulzerationen im Magen ist schon im Jahre 1828 von CAMMERER[5] experimentell angegangen worden, der mit Durchtrennung des Vagus und gleichzeitigem Geben von Essigsäure eine Zerstörung der Magenwand herbeizuführen suchte. Über die Bedeutung des Vagus für die Entstehung der Magengeschwüre schreibt TALMA[6], daß durch die Reizung dieses Nerven eine Kontraktion der Muskulatur ausgelöst würde, „die, wenn sie anhaltend ist, die Ursache der Bildung runder Geschwüre sein kann". Eine Fülle von Tierversuchen sind in der Folgezeit angestellt worden, aber es muß von vornherein betont werden, daß nur solche Versuche eine Beweiskraft haben, die fortschreitende tiefe Ulzera ergeben haben. Oberflächliche Schleimhautdefekte beweisen, besonders beim Kaninchen, gar nichts; die kann man auf alle mögliche Art bekommen. Viel genannt sind die Versuche von v. IJZEREN[7], der den Vagus bei 20 Kaninchen unterhalb des Diaphragma durchtrennte und dann bei 10 Tieren Geschwüre fand, von denen das älteste 289 Tage alt war. Es fanden sich an ihm neben regenerativen Prozessen „degenerative Veränderungen, welche die Heilung verhinderten". In ähnlicher Weise fanden LICHTENBELT[8] und ANTONINI[9] Magengeschwüre nach Vagusdurchschneidung, während andere Autoren keine Geschwüre bekamen (KREHL l. c., DELLA VEDOVA[10], DONATI[11]). KEPPICH[12] brachte beim Kaninchen Elektroden zur Einheilung, die mit den Nn. vagi in Verbindung gebracht wurden, und reizte dann den N. vagus täglich wiederholt mit dem faradischen Strom, während STAHNKE[13] beim Hunde diese elektrische Vagusreizung mit Hilfe einer Sonde erzielte, die er in die Speiseröhre gebracht hatte. Beide bekamen Ulzera der Magenschleimhaut. SINGER[14] beobachtete einen Fall, wo der N. vagus in

1 Grenzgebiete XXVI. 1913. 2 BRUNS' Beiträge Bd. 88. 3 Mitt. aus den Grenzgebieten Bd. 26. S. 771. 4 Zentralbl. f. Pathologie 1897. S. 783. 5 Zit. nach LIEBLEIN u. HILGENREINER, Deutsche Chir. Lief. 46e. 6 Ztschrft. f. klin. Med. Bd. 17. Hft. 1. 1890. 7 Ztschr. f. klin. Med. Bd. 43. 1901. S. 181. 8 Die Ursache des chronischen Magengeschwürs. Jena, Fischer, 1912. 9 Riforma med. 30. S. 88. 1914. 10 Arch. f. Verdauungskrankheiten Bd. 8. 1902. Hft. 3. 11 Arch. f. klin. Chirurgie Bd. 73. 1904. S. 908 (hier bes. auch italienische Lit.). 12 Wiener klin. Wochenschrift 1921. S. 109 und 118. 13 Ztbl. f. Chir. 1924. S. 2096 u. Arch. f. kl. Chir. 132. 1924. 14 Deutsche med. Wochenschrift 1918. S. 456 und Wiener klin. Wochenschrift 1921. S. 43.

tuberkulöse Drüsen eingebacken war und danach Symptome wie bei einem Ulcus duodeni aufgetreten waren. Ähnliche Fälle von anatomischen Veränderungen am N. vagus beim Magengeschwür sind von NENNER, PALTAUF, KOLBIGE, ORTNER, REITER[1] u. a. berichtet worden. STOERK fand im Bereich eines Ulcus callosum Verdickungen des Nerven, die wie bei einem Amputationsneurom aussahen, und er glaubt, daß geradezu ein Circulus vitiosus entstehen könnte, wenn durch solche anatomische Veränderungen die Innervation der Schleimhaut dauernd Not leidet.

Weiterhin sind Versuche angestellt worden, durch Reizung oder Zerstörung des Ganglion coeliacum oder des N. sympathicus Magengeschwüre zu erzeugen. Positive Erfolge hatten in dieser Hinsicht vor allem DELLA VEDOVA und GUNDELFINGER[2]. Letzterer bekam in zahlreichen Versuchen an Hunden regelmäßig nach Exstirpation des Ggl. coeliacum Geschwüre im Magen oder Zwölffingerdarm, während Vagusausschneidung ohne Einfluß war. Auch KOBOGASHI[3], KAWAMURA[4], NAGAMAS[5], VORSCHÜTZ[6] konnten bei Kaninchen nach Stichelung bzw. Exstirpation des Ggl. coeliacum, durch Rückenmarksdurchschneidung, aber auch Abbindung des N. vagus multiple Erosionen auf der Magenschleimhaut beobachten. KÖNNECKE[7] fand bei Ausschaltung des Pylorus und gleichzeitiger Splanchnikusdurchschneidung Ulcera duodeni, während die Pylorusausschaltung allein nicht von Geschwürsbildung gefolgt war. SCHIFF[8], EBSTEIN[9] u. a. sahen solche Geschwüre nach Durchschneidung der Thalami optici, Pedunculi cerebri, Medulla oblongata und Rückenmark. Alle diese Versuche am Kaninchen beweisen aber kaum etwas. Außerdem hat man in den wenigsten Fällen den Eindruck, daß es sich wirklich um chronisch fortschreitende Geschwüre gehandelt hat; auch die Geschwüre, die LUNI[10] durch Einspritzen von Adrenalin in die Magenwand erhielt, wobei die Gefäßkontraktionen eine vermittelnde Rolle gespielt haben sollen, heilten sehr rasch wieder. Nach Untersuchungen von POLLAK[11] findet man gelegentlich bei Ulkuskranken encephalitische Herde im verlängerten Mark visceraler Nervenbahnen.

Wie so oft in der Geschichte der Medizin, sind diese Tierversuche recht verschieden bewertet worden. Sehr hoch schätzte KLEBS[12] die Bedeutung des Nervensystems für die Entstehung des Ulkus ein; er war der Ansicht, daß die Schädigung der Magenwand, die die Grundbedingung für die Entstehung eines Ulkus abgibt, durch einen Gefäßkrampf bedingt sei, eine Annahme, die COHNHEIM[13] und nach ihm viele andere deshalb ablehnten, weil der Krampf ein zu lang dauernder sein müßte. Die Ansicht von dem reflektorischen Gefäßkrampf als Ursache des Magengeschwürs nahm dann neuerdings BENEKE[14] wieder auf und sie hat seitdem immer weiter an Boden gewonnen, so daß wir sie wohl heute als die verbreitetste Theorie bezeichnen müssen, die besonders unter den

1 Zit. nach KEPPICH, Berl. klin. Wochenschrift 1921. S. 416. 2 Mitt. aus d. Grenzgebieten Bd. 30. S. 189. 1918. 3 Frankfurter Ztschrft. f. Path. 3. S. 566. 4 Deutsche Ztschrft. f. Chirurgie 109. (Lit.). 5 Inaug.-Dissert. Würzburg 1910. 6 D. Ztschr. f. Chir. 183.1923. 7 Arch. f. kl. Chir. Bd. 120. 8 Unters. z. Physiol. d. Nervensystems 1885. 9 Arch. f. experimentelle Path. u. Pharmakologie 2. 1874. S. 183. 10 BRUNS' Beiträge Bd. 79. 1912. S. 462. 11 Zit. nach HOLLER Med. Klinik. 1924. S. 964. 12 Handbuch d. path. Anatomie S. 185. 13 Allgemeine Pathologie 1880. S. 52. 14 Verhandl. d. path. Gesellschaft 1908.

internen Klinikern, aber auch unter den pathologischen Anatomen zahlreiche Anhänger zählt (vgl. LICHTENBELT l. c., v. BERGMANN[1] und seine Schule, WESTPHAL und KATSCH[2], JANUSCHKE[3], HART[4] u. v. a.). RÖSSLE[5] spricht vom Ulkus geradezu als von einer „zweiten Krankheit". Er fand bei Magengeschwüren ziemlich regelmäßig auch an anderen Organen Veränderungen, von denen er annimmt, daß sie von Krankheiten herrührten, die dem Magengeschwür zeitlich vorhergegangen waren. MANDL[6] rechnet hierzu z. B. die epigastrische Hernie. Durch diese ältere Erkrankung soll reflektorisch ein Gefäßkrampf ausgelöst werden. Nach HART findet man solche Veränderungen in anderen Organen mit einiger Regelmäßigkeit aber nur bei alten Leuten, die während ihres langen Lebens noch an irgendeiner anderen Krankheit gelitten haben außer an dem Magengeschwür. Der reflektorische Gefäßverschluß wird nach LICHTENBELT bedingt durch Kontraktion der Muscularis mucosae, die man angeblich sogar vor dem Röntgenschirm beobachten kann (v. BERGMANN[7]).

Dieser pathologischen Zusammenziehung der Muscularis mucosae soll ein erhöhter Reizzustand des Vagus zugrunde liegen. Dafür spricht nach WESTPHAL[8], FRIEDMANN, NICOLAYER[9], HAYASHI[10] u. a., daß man durch reichliche Gaben eines Vagusreizmittels, also Pilokarpin oder Muskarin oder dgl., Ulzerationen der Magenschleimhaut erhält. BORCHERS bekam jedoch dieselben Spasmen nach Pilokarpin auch bei durchschnittenem Vagus. Also kann man diese Versuche nicht als Beweis dafür verwenden, daß solche Zusammenziehungen der Muscularis mucosae die Folge eines Vagusreizes seien.

Der einzige, ziemlich sichere Beweis dafür, daß ein Magengeschwür durch einen Gefäßkrampf entstehen kann, ist das Magengeschwür bei Bleivergiftung. GLASER fand unter 21 Fällen von Bleivergiftung 12 sichere und 4 wahrscheinliche Ulcera des Magens oder Zwölffingerdarms und RÖSLER[11] teilt einen Fall mit, wo lange Zeit bevor ein Ulkus entstand, röntgenologisch Kontraktionen der Ringmuskulatur nachweisbar waren, so daß der Magen eine ausgesprochene Sanduhrform annahm.

Von jeher hatte man ja die Beobachtung gemacht, daß schwächliche Leute, besonders chlorotische Mädchen, leicht ein Ulcus ventriculi bekämen und man hatte deshalb stets dieser allgemeinen Körperbeschaffenheit eine große Bedeutung für die Entstehung des Ulkus zuerkannt. Auch bei Versuchstieren hat man sich bemüht, eine derartige Körperschwäche zu erzielen, indem man

---

1 Münchener med. Wochenschrift 1913. S. 169. Berl. kl. Woch. 1918. Nr. 23. 2 Mitt. a. d. Grenzgeb. Bd. 26. S. 391 u. D. Arch. f. kl. Med. Bd. 114. 3 Therap. Monatshefte 28. 1914. 244. 4 Grenzgebiete Bd. 31. S. 291 u. 350. 5 Mitteilungen aus den Grenzgebieten Bd. 25. 6 Arch. f. klin. Chir. 115. 7 Münchener med. Wochenschrift 1913. S. 169. 8 Zit. v. BERGMANN l. c. 9 Lit. Norsk. magaz. f. laegevidenskaben 81. 1920 (zit. Chir. Kongreßblatt VII S. 454). 10 Ztschr. f. d. ges. exp. Med. Bd. 34. 1923. 11 Med. Klinik 1919. S. 1057.

die Tiere in dunklen feuchten Räumen, ohne viel Bewegungs möglichkeit, hielt (TÜRK, GEY[1] u. a.), oder sie künstlich anämisch machte, etwa wie QUINCKE und DETTWEILER[2] durch Entbluten, wonach dann die auf thermischem oder chemischem Wege gesetzten Ulzera langsamer zur Heilung kamen. Diese künstliche Anämie steigerten SILBERMANN[3] und FÜTTERER[4] durch Pyrogallol und LITTHAUER[5] durch Pyrodin, alle mit positivem Erfolge; die Magendefeke heilten langsam oder gar nicht. Das wissen wir jedoch auch von anderen Wunden, daß sie bei anämischen Individuen schlechter heilen als bei Normalen. Deshalb wird eine Magenwunde noch nicht zu einem chronischen Ulkus.

Die ganze Frage der „konstitutionellen Schwäche bei Magengeschwür" kommt m. E. darauf hinaus, daß man feststellen muß, ob das Magengeschwür eine lokale Erkrankung oder ob es Teilerscheinung einer Allgemeinerkrankung im weiteren Sinne des Wortes ist. Für den Chirurgen ist es stets überraschend, wie rasch sich die bei großem Ulkus ausgebluteten, schwer kranken Patienten erholen, wenn das Ulkus entfernt worden ist. Der Unterschied gegenüber einem Patienten, der wegen Magenkarzinom reseziert worden ist, ist meist außerordentlich deutlich. Das spricht nicht sehr für die Annahme einer schweren konstitutionellen Störung. Es mögen dabei regionäre Verschiedenheiten eine Rolle spielen, denn auch v. BERGMANN ist nach den Beobachtungen an den Ulkuskranken in Marburg von der von ihm früher auf Grund seines Altonaer Materials vertretenen Ansicht von der konstitutionellen Schwäche der Ulkuspatienten etwas zurückgekommen (nach WESTPHAL[6]). Wenn also bei einem Menschen mit Ulkus Zeichen einer konstitutionellen Minderwertigkeit gefunden werden, so beweist das noch keinen ursächlichen Zusammenhang, da soundsoviele normale Menschen auch ein Ulkus bekommen, aber immerhin überwiegen unter den Ulkuskranken nach den Untersuchungen von TSCHERNING[7] die schlanken Leute, bei denen sich oft noch asthenische Züge finden. Hier sind die histologischen Untersuchungen von MOSKOWICZ[8] am „ulkusbereiten Magen" von besonderer Bedeutung. Er fand bei Ulkusmägen histologische Veränderungen an der Schleimhaut des ganzen Magens, darunter solche, die vielleicht als konstitutionelle angesprochen werden müssen.

Neben dem Geschwür findet man am Ulkusmagen ziemlich regel-

---

1 Arch. f. int. Med. 1920. S. 6. 2 Deutsche med. Wochenschrift 1882. Nr. 6. 3 Deutsche med. Wochenschrift 1886. Nr. 29. 4 Festschrift f. RINDFLEISCH 1907. S. 89. 5 VIRCHOWS Archiv 195. 1908. 6 Mitt. aus d. Grenzgebieten Bd. 32. 7 Arch. f. Verdauungskrankh. Bd. 31. 1923. 8 Arch. f. kl. Chir. 122.

mäßig herdförmig auftretende Entzündungen (Gastritis) aus der heraus sich sicherlich auch ein Teil der Beschwerden dieser Kranken erklärt und die vielleicht in bestimmter Beziehung zur Entstehung der Magengeschwüre stehen (NAUWERK[1], KALIMA[2], KONJETZNY[3]).

Was wissen wir nun von einer erhöhten Disposition zu Gefäßkrämpfen im Gebiet des Magens? (vgl. ASCHNER[4]). Eine solche setzt eine erhöhte Reizbarkeit des vegetativen Nervensystems voraus; einen Zustand, über den uns in dem letzten Jahre besonders die Arbeiten von EPPINGER und HESS[5] wesentliche Aufklärung gebracht haben.

Es wurde schon oben ausgeführt, daß der Magen-Darmtraktus eine doppelte Innervation hat, eine sympathische und eine parasympathische, welch letztere man auch als kranio-sakrales System oder als erweiterte Vagusgruppe bezeichnet. Man nimmt nun an, daß jedes dieser beiden Nervensysteme tonisch erregt sei, und daß ferner der Tonus in jedem dieser Systeme krankhaft gesteigert sein kann. Es läßt sich nach der Ansicht von EPPINGER und HESS durch Einverleibung von Pilokarpin oder Adrenalin nachweisen, ob ein Mensch einen besonders empfindlichen Parasympathikus hat. Von der etwas zu schematischen Einteilung in Vagotonie und Sympathikotonie ist man auf Grund der zahlreichen Beobachtungen in den letzten Jahren zwar abgekommen (LEHMANN[6]), meistens kamen Störungen in beiden Gebieten vor (vgl. MARTIUS). Aber so vollständig abgetan ist die Lehre von EPPINGER und HESS doch nicht. Wir kennen Mittel, die den Sympathikus elektiv ausschalten (Histamine); bei einer solchen Vergiftung bekommen wir dann ein Symptomenbild, das als Überfunktion des Parasympathikus zu deuten ist: Ödembildung, Blutdrucksenkung, Bronchialmuskelkrampf, unwillkürlicher Harnabgang u. a. m. (vgl. FRANK[7]), also Krankheitsbilder, die Ähnlichkeit mit der Anaphylaxie haben.

Man hat nun auch versucht, den Begriff der Vagotonie für die Entstehungsursache des Ulcus ventriculi nutzbar zu machen (BERGMANN[8]), ist aber nach anfänglich sehr weit gesteckten Hoffnungen von dieser Theorie mehr und mehr zurückgekommen. Man spricht jetzt vorsichtig von einer „Schwäche im vegetativen System“, ohne einen der beiden in Betracht kommenden Nerven als besonders erkrankt zu bezeichnen. Nach MARTIUS[9] und BAUER[10] ist es ein „degenerativer Boden“, auf dem sich das Ulkus entwickelt, wobei es offen bleiben muß, ob es sich um eine lymphatische Konstitutionsanomalie oder eine Asthenie im Sinne STILLERS[11] oder sonst

1 Münch. med. Woch. 1817. 2 Arch. f. kl. Chir. 128. 3 Arch. f. kl. Chir. 129. 4 Ztschr. f. d. ges. Anat. Abt. 2. Bd. 9. 1923. 5 Ztschrft. f. inn. Med. Bd. 67 u. 68. Die Vagotonie in v. NOORDENS Samml. kl. Abh. Nr. 9/10. 1910. 6 Berliner klin. Wochenschrift 1919. S. 772 und Ztschrft. f. klin. Med. Bd. 81. 9 Deutsche med. Wochenschrift 1921. H. 6 u. 7. 8 Berliner klin. Wochenschrift 1913 u. 1918; ferner WESTPHAL, Arch. f. klin. Med. Bd. 114. WESTPHAL u. KATSCH, Mitt. aus d. Grenzgebieten Bd. 26. S. 491. 9 Konstitution u. Vererbung. Springers Verlag. 1912. 10 Konst. Disp. z. inneren Krankheiten. Springers Verlag. 1917. S. 398. 11 Die asthenische Konstitutionskrankheit. Stuttgart.

eine Degeneration handelt. Sehr gefördert sind damit unsere tatsächlichen Kenntnisse aber auch nicht. Ob die regionären Verschiedenheiten der Magengeschwüre, die z. B. in Brasilien kaum beobachtet werden, auf solche konstitutionelle Momente (Rasseneigentümlichkeit) hinweisen oder auf den Einfluß der Lebens- und besonders der Ernährungsweise (RÜTIMEYER [1]) zurückzuführen sind, ist unentschieden. Bei uns hat in letzter Zeit das Ulkus anscheinend zugenommen.

Die **Schmerzen,** über die die Kranken mit **Magengeschwür** klagen, sind wohl verschieden zu erklären. Über das Allgemeine der Bauchschmerzen ist schon oben ausführlich gesprochen worden, und es wurde dort auch erwähnt, daß KAPPIS zur Erklärung der Magenschmerzen bei geschwürigen Prozessen annimmt, daß die Nerven im kleinen Netz durch den Magensaft gereizt würden. Für die tiefgehenden Geschwüre mag das zutreffen, für die oberflächlichen Geschwüre nimmt man jetzt im allgemeinen an, daß der Schmerz durch krampfhafte Zusammenziehungen der Pars pylorica zu erklären sei (vgl. L. R. MÜLLER[2]). Bei dem Hungerschmerz, wie er besonders bei Ulcus duodeni vorkommt, ist der Magen nicht leer, sondern mit saurem Magensaft gefüllt bei gleichzeitigem festem Verschluß des Pylorus. Auch dieser Schmerz wird als Krampf des Pylorus gedeutet (v. HABERER[3]). LENNANDER[4] ist der Ansicht, daß alle derartigen Leibschmerzen nur vom parietalen Peritoneum aus wahrgenommen würden, z. B. dadurch, daß eine abnorme Lymphe resorbiert würde, während MÜLLER[5], TALMA[6] u. a. glauben, daß die Salzsäure als solche die Schmerzen auslöse. JOH. ERNST SCHMIDT[7] konnte allerdings keinen Schmerz auslösen, wenn er Menschen mit Magenfisteln in den leeren Magen HCl goß. Daß aber gleichwohl von der Schleimhaut aus Schmerzempfindungen ausgelöst werden können, wurde oben besprochen (BRÜNING l. c.).

Bevor wir auf die Frage, welche Operationen man bei Ulcus ventriculi ausführen kann, und in welcher Art sie wirken, eingehen, müssen wir zunächst etwas **Allgemeines über den Heilungsverlauf von Magen- und Darmwunden** erörtern.

Kleinere Wunden der Magenschleimhaut heilen rasch[8] und ohne nennenswerte Störung dadurch, daß durch die Zusammenziehung der Muskulatur das Loch stark verkleinert wird und sich das Epithel wie

---

1 Über die geographische Verbreitung des Ulcus ventriculi. Wiesbaden 1906. 2 Das vegetative Nervensystem. Springers Verlag. 1920. S. 242. 3 Arch. f. klin. Chir. 109. 1918. S. 414. 4 Mitt. aus d. Grenzgebieten Bd. 16. Hft. 1. 5 Ebendort Bd. 18. Hft. 4. 6 Ztschrft. f. klin. Med. Bd. 8. 7 Mitt. aus d. Grenzgebieten Bd. 19. 1909. S. 278. 8 Cf. zum folgenden: MARCHAND, Prozeß d. Wundheilung. Deutsche Chirurgie 16. Lief. 1901. S. 300.

bei den Wunden der äußeren Haut vom Rande her über den Defekt schiebt. Im Prinzip genau in der gleichen Weise heilen große Schleimhautwunden (MATTHES[1]). Auch hier wird die Wunde zunächst durch Zusammenziehen der Muskulatur verkleinert, dann vom Rande her epithelialisiert, und zwar geht das Epithel zum Teil von den Drüsen, zum Teil von dem Oberflächenepithel der benachbarten Schleimhautpartien aus. Die Regeneration der Drüsen erfolgt in der Regel zuletzt. Praktisch am bedeutungsvollsten für alle Wunden im Bereich des Magens und des Darms ist die Verheilung der Serosa (GRASER[2]) (s. auch bei Bauchfell). Das Besondere bei ihrer Heilung besteht darin, daß die serösen Häute bei der geringfügigsten Verletzung oder Entzündung Fibrin ausscheiden, das zur Verklebung mit der Nachbarschaft führt. Die Endothelzellen der Serosa brauchen bei der Fibrinausscheidung nicht notwendigerweise zugrunde zu gehen. Sind, wie das bei zahlreichen Magen-Darmoperationen geschieht, zwei Serosaflächen durch Naht flächenförmig miteinander vereinigt, so kommt es nach der fibrinösen Verklebung durch Einwandern von Spindelzellen und Gefäßsprossen in einigen Tagen zu einer Organisation des Fibrins und damit zu einer festen Verwachsung der beiden Teile. Diese Grundzüge der Heilung finden wir bei allen Magen-Darmoperationen wieder. Bei der Gastroenterostomie (MARCHAND l. c., S. 805) geht die Schleimhaut des Darmes wohl in den meisten Fällen an der Grenze gegen den Magen zu zugrunde, auch wenn man die Schleimhaut exakt vernäht hat. Die Heilung dieser Stelle erfolgt durch Granulation per secundam (WILKIE[3]), und es kann sich dann die Öffnung leicht durch Schrumpfung verengern, was bekanntlich eine Gastroenterostomieöffnung überhaupt gern tut (SONNENBURG[4], NEUVEILER[5]). Genaue histologische Untersuchungen über die Magennähte stammen von GARA, KLOSE[6] u. ROSENBAUM-CANNÉ[7].

Subseröse Hämatome, die sich ja bei Magen- und Darmoperationen oft nicht vermeiden lassen, werden, wie die Versuche von SOMMER[8] gezeigt haben, in 2—3 Wochen bindegewebig organisiert. Weder die Serosa noch die Mukosa wird durch solche subseröse Hämatome geschädigt.

Die Natur der Sache bringt es oft mit sich, daß die Nähte am Magen und Darm ziemlich früh belastet werden müssen. Wie weit können wir das, ohne eine Perforation befürchten zu müssen, tun?

---

1 ZIEGLERs Beitr. Bd. 13. S. 308. 1893. 2 Deutsche Zeitschrift f. Chirurgie Bd. 27. 1888 und Arch. f. klin. Chir. Bd. 50. 1898. 3 Edinb. med. journ. 1910. 4 Deutsche Ztschrft. f. Chir. 38. S. 305. 1894. 5 Zit. nach BORSZÉKY l. c. 6 Arch f. kl. Chir. 120. 7 Arch. f. kl. Chir. Bd. 124. 1923. 8 BRUNS' Beiträge. Bd. 120. S. 641. 1920.

Mit Hilfe von manometrischen Messungen und Gewichtsbelastungen hat CHLUMSKY[1], GARA[2] u. a. mehrere **Naht- und Knopfmethoden** auf ihre **Festigkeit** an den verschiedenen Tagen nach der Operation geprüft, zugleich wurde der Druck bestimmt, den ein unveränderter Darm unter normalen und pathologischen Verhältnissen aushält. Man fand daß der normale Dünndarm des Hundes etwa eine Belastung von 400—500 mm Hg, der des Menschen nur etwa 200 mm Hg verträgt. Die größte Festigkeit am Darm hat die Submukosa; die schwächsten Stellen sind, wenigstens beim Menschen, der Mesenterialansatz. Bei Peritonitis platzen die Därme schon bei einer viel geringeren Belastung. Eine frisch angelegte zweischichtige Darmnaht hält etwa eine Belastung von 150—200 mm Hg aus. Die Werte sind ungefähr die gleichen, wenn man einen Murphyknopf verwendet. Die Festigkeit der Darmnähte wird innerhalb der ersten 4 Tage ständig geringer (bis 20 mm Hg), um vom 5. Tage an wieder anzusteigen und um nach 8—10 Tagen etwa der einer gesunden Darmwand zu entsprechen, so daß also eine Darmnaht am 3.—5. Tage am stärksten gefährdet ist.

Setzt man die gefundenen Zahlen in Beziehung zum Innendruck des Magens, während der Verdauung, der nach den Bestimmungen von KELLING[3] an Hunden 8—10 cm Wasser beträgt, so kann man sagen, daß wir auch bei den ungünstigsten Verhältnissen (3.—5. Tag) durch mäßige Mengen Flüssigkeit die Nahtstelle nur bis zu $^1/_3$ ihrer Haltbarkeit belasten. KELLING rechnet sogar noch günstiger und glaubt, daß durch flüssige Kost der Druck im Magen nur soweit erhöht wird, daß er etwa $^1/_7$ dessen beträgt, was die Nähte an Belastung aushalten, doch warnt KELLING mit Recht vor fester Nahrung bis zur narbigen Vereinigung von Magen und Darm (also etwa 7—10 Tage), da durch die Zusammenziehung der Muskulatur bei festen Speisen der Innendruck beträchtlich anwachse und dadurch die Nähte leicht gesprengt werden könnten. Nach MORITZ (s. vorn) ist übrigens der Druck im Antrum beträchtlich höher (50 cm Wasser).

Auch beim Erbrechen wird der Innendruck im Magen erhöht, jedoch in den Versuchen von KELLING nur so, daß er im ungünstigsten Falle etwa die Hälfte (Durchschnitt $^1/_4$) von dem betrug, was die Nähte auszuhalten imstande sind.

Von den Operationen am Magen sei zunächst die Gastroenterostomie besprochen.

---

1 BRUNS' Beiträge. Bd. 25. 1899. S. 539. 2 Archiv f. klin. Chir. 120.
3 Archiv f. klin. Chirurgie 62. S. 1. 1900 (bes. S. 21).

Die **Gastroenterostomie**[1] verändert bei erhaltenem, aber geschlossenem Pylorus die zeitlichen Verhältnisse der Magenentleerung nur wenig. Die Vorstellung, daß nach Anlegung der Magen-Darmverbindung die Speisen den Magen sehr schnell verlassen würden, wie man immer noch vielfach hört, ist, wie besonders genaue röntgenologische, aber auch tierexperimentelle Untersuchungen gezeigt haben, durchaus unrichtig (KELLING[2], SCHOEMAKER[3], SCHÜLLER[4], HESSE[5], BARSONY[6] u. a.). Bei leerem Magen ist die Gastroenterostomieöffnung zunächst geschlossen, der Magen bildet, wie normal, einen Sack, dessen Wände aneinander liegen und die erst durch den eindringenden Speisebrei entfaltet werden. Die Füllung des operierten Magens geht genau so vor sich, wie die des normalen, und auch die Beweglichkeit des Magens bei der Atmung ist keineswegs durch die anhaftenden Dünndarmschlingen beeinträchtigt. Erst nach Beendigung der Mahlzeit, also zu derselben Zeit wie beim nicht operierten Magen, kann man vor dem Röntgenschirm beobachten, wie sich einzelne Speisebrocken lösen und den Darm hinabwandern.

Es erfolgt die Entleerung des Magens nun nicht dauernd, sondern in einzelnen Schüben, genau wie durch den Pylorus und zwar auch dann, wenn die Gastroenterostomieöffnung nicht am Pförtner-, sondern am Fundusteil angelegt worden ist. Wie SCHÜLLER durch Tierversuch feststellen konnte, ergießt sich der Mageninhalt in den Fällen, wo die Gastroenterostomie im Bereich des Antrum angelegt worden war, genau dem Rhythmus des Antrum entsprechend. Lag die Gastroenterostomie am Fundus, so entleerte sich der Magen in unregelmäßigen Schüben (SERINGER[7], HERRE[8]), und zwar findet in letzterem Falle die Entleerung mehr dem Eigengewicht der Speisen entsprechend statt. SCHOEMAKER[9] konnte bei Gastroenterostomie einen Verschluß der Magen-Darmöffnung durch Einspritzung von Säure in den Darm erzielen, der allerdings kürzere Zeit dauerte als der normale Pylorusreflex. Ein ringförmiger Muskel bildet sich an der operativ hergestellten Magen-Darmverbindung nicht (NEUHAUS[10]), aber da ja Magen und Darm während der Verdauung in einer ständigen Bewegung sind, so schließt und öffnet

---

1 PERRIER u. HARTMANN, Chirurgie de l'estomac. Paris 1900 und MONPROFIT, La gastroentérostomie. Paris 1903; FEDELI, Gastroenterostomia e digestione, Pisa 1923. Ref. Chir. Kongrbl. XXIX S. 172. 2 Archiv f. klin. Chirurgie Bd. 62. S. 1. 1900. 3 Mitt. aus d. Grenzgebieten Bd. 21. 1910. S. 719. 4 Mitt. aus d. Grenzgebieten Bd. 22. S. 715. 1911. 5 Zeitschrift f. Röntgenkunde Bd. XIV. 6 BRUNS' Beitr. Bd. 88. S. 473. 1913. 7 Chir. Kongreßzentralbl. V. S. 591. 8 Zeitschrift f. Röntgenkunde Bd. XIV. 9 Mitt. aus d. Grenzgebieten Bd. 21. 1910. S. 719. 10 v. VOLKMANNS Sammlung klin. Vorträge Nr. 486.

sich die Gastroenterostomiestelle entsprechend diesen Zusammenziehungen der Muskulatur und den peristaltischen Bewegungen der Jejunumschlinge, die KOCHER[1] bei einer nach früherer Gastroenterostomie ausgeführten Laparotomie unmittelbar beobachtet hat. Die Entleerungszeit des Magens bleibt bei der Gastroenterostomie ungefähr normal, zum mindesten ist sie nicht beschleunigt.

Diese Befunde gelten für Gastroenterostomie bei verschlossenem Pylorus. Wenn man eine Gastroenterostomie anlegt, sei es am Fundus, sei es im Bereich des Antrum pylori, ohne den Pylorus zu verschließen, so geht der größte Teil des Mageninhaltes durch den Pylorus, nur vereinzelte Brocken durch die neugeschaffene Öffnung (KELLING, BORSZÉKY[2], CANNON und BLAKE[3], LEGGET und MAURY[4]. Doch hängt das offenbar etwas von der Technik ab [KÜTTNER[5]]).

Es ist also die motorische Tätigkeit des Magens nach Gastroenterostomie verhältnismäßig wenig verändert, um so mehr ist es die chemische[6].

Wir finden zunächst nach der Gastroenterostomie weniger freie Salzsäure im Magen, als vor der Operation (KRAUSE[7]). Man hat das damit in Zusammenhang gebracht, daß nach der Gastroenterostomie die Stauung der Speisen im Magen wegfiele. Nach ENDERLEN, FREUDENBERG u. v. REDWITZ[8] wird durch jede Operation, die den Sphincter pylori umgeht oder entfernt, die Säurebildung des Magensaftes weitgehend abgeschwächt, was die Folge reflektorisch bedingter Änderungen des Sekretionsmechanismus der Magen- und Darmdrüsen sein soll. Es findet aber weiterhin nach Gastroenterostomie ein ständiger Rückfluß des alkalischen Darmsaftes in den Magen statt (KAUSCH[9], HARTMANN und SOUPAULT[10], SCHÜLLER, SCHLESINGER[11] u. a.), was wohl auch ein Grund für die niedrigen Salzsäurewerte im Magensaft nach dieser Operation ist (KATZENSTEIN[12], SCHÜLLER). Wenn Darmsaft in den Magen gelangt, so hat das weiterhin eine reflektorische Hemmung der Salzsäureproduktion zur Folge (KATZENSTEIN). Nach KAUSCH und KAPLAN[13] soll sich mit den Jahren dieses Zurückfließen von Darmsaft in den Magen nach Gastroenterostomie verlieren. Sobald der alkalische Darmsaft in den Magen übertritt, wird die Pepsinverdauung unter-

---

1 Chirurgenkongreß 1902. 2 BRUNS' Beiträge z. klin. Chir. Bd. 57. 1908. S. 172. 3 Ann. of surgery Bd. 41. 1905. S. 686. 4 Ebendort Bd. 46. 1907. 5 Arch. f. klin. Chir. Bd. 105. S. 797. 6 Vgl. auch Sammelreferat WETTSTEIN, Med. Kl. 1915. 7 Berliner klin. Wochenschrift 1903. S. 1070. 8 Ztschr. f. d. ges. exp. Med. 32. 1923. 9 Mitt. aus d. Grenzgebieten Bd. IV. 10 Revue dechirurgie XIX. S. 137. 11 Zeitschrift f. klin. Med. 75. S. 314. 1912. 12 Deutsche med. Wochenschrift 1907. Hft. 3 u. 4. 13 Zeitschrift f. physiol. Chemie 87. 1913. S. 338.

brochen. Denn Pepsin kann Eiweiß nur in Gegenwart von Säure angreifen, seine fermentative Tätigkeit wird durch Spuren von Alkali vernichtet. Man hat nun vielfach angenommen (KATZENSTEIN), daß die Eiweißverdauung im Magen durch zurückfließendes Trypsin übernommen wird, doch scheinen nach den Untersuchungen von ENDERLEN, FREUDENBERG u. v. REDWITZ die Säurewerte im Magen nach Gastroenterostomie immer noch zu groß zu sein, um eine Trypsinverdauung zu gestatten. Die beiden anderen Fermente des Pankreas, das diastatische und lipolytische, werden durch Säure nicht zerstört, Als Ersatz für das ausgefallene Labferment des Magens tritt das Labferment des Pankreas[1] ein. Im ganzen übernimmt das Pankreas die fehlende Magenverdauung in so vollkommener Weise, daß im Gesamtstoffwechsel für Stickstoff, Fett und Kohlehydrate keine Änderung nach Gastroenterostomie festzustellen ist (HEINSHEIMER[2]). Diese gründliche Zerlegung der Speisen erfolgt hauptsächlich im Dünndarm, durch den die Speisen bei einer Gastroenterostomie langsamer gehen, als in der Norm (DAGAEW[3]). Es erreicht der Dünndarm hierdurch, daß sowohl die Zerlegung als auch die Resorption der Speisen in ungefähr normaler Weise bis zum Eintritt der Speisen in den Dickdarm durchgeführt ist.

Wie erfolgt nun die Anregung des Pankreas und der Gallenblase, wenn durch Gastroenterostomie mit Pylorusverschluß die Speisen nicht mehr bei der Papilla Vateri vorbeifließen? Die Pankreassekretion erfolgt in der Hauptsache auf den Reiz des Sekretin hin, das aus dem Prosekretin mit Hilfe der Salzsäure gebildet, von der Darmwand resorbiert und der Bauchspeicheldrüse auf dem Blutwege zugeführt wird (BAYLISS und STARLING[4]). Da sich Prosekretin auch noch im Jejunum findet, so ist der Erguß von Pankreassaft bei Gastroenterostomie durch Vermittlung des Sekretins ohne weiteres verständlich. In der Norm wirken aber zweitens eine Reihe von Stoffen auch direkt sekretionserregend, wohl durch Vermittlung nervöser Bahnen, auf das Pankreas ein, so vor allem Seife (vgl. COHNHEIM und KLEE[5]) und Öl. Nach den Untersuchungen von BICKEL[6], der bei einem Hund das Duodenum exstirpierte und die Papilla Vateri als Fistel in die Bauchhaut nähte, kommen aber auch diese Reflexe von der Schleimhaut des Jejunum aus zustande. Und zwar gilt das sowohl für das Pankreas als auch für die Galle.

Weiterhin kommt es doch wohl ziemlich regelmäßig zu einem Rückfluß von Nahrung in das Duodenum hinein, was u. a. KELLING[7] an einem Fall von Duodenalfistel nach Magenresektion beobachtet hat. So fließt also auch nach einer Gastroenterostomie Speise über die Papilla Vateri und kann die großen Verdauungsdrüsen direkt zur Sekretion reizen. Nur bei Gastroenterostomie mit Pylorusausschaltung tritt eine Verminderung der verdauenden Kraft des Pankreas und eine Änderung im Gallenerguß ein (FEDELI[8]).

---

1 ABDERHALDEN, Lehrbuch d. physiol. Chemie II. Aufl. S. 282. 2 Mitt. a. d. Grenzgebieten Bd. I. S. 348. 1895. 3 Ebendort Bd. 26. S. 183. 4 Journ. of Physiol. 28. S. 325. 1902; 29. S. 174. 1903. 5 Zur Physiol. d. Pankreas. Heidelberger Akad. d. Wissensch., math.-naturwissensch. Klasse, 1912. 3. 6 Berliner klin. Wochenschrift 1909. S. 1201. 7 Deutsche Zeitschrift f. Chir. Bd. 60. S. 155. 1901. 8 S. Lit. S. 119.

Als Folge der bei der Gastroenterostomie vorhandenen teilweisen Ausschaltung des Duodenums tritt, wie die histologischen Untersuchungen von CASAGLI[1] gezeigt haben, eine skleröse Entartung der Submukosa und der BRUNNERschen Drüsen, sowie eine Verdünnung der Muskulatur ein.

Wie ist nun die Heilung eines Magengeschwürs durch die Gastroenterostomie zu erklären? Man hat versucht, diese Frage experimentell zu lösen (v. IJZEREN l. c., FIBICH l. c., CLAIRMONT[2]) und glaubte auch, im Tierversuch einen Einfluß der Gastroenterostomie auf die Entstehung und Entwicklung eines Magengeschwürs erkennen zu können. Die Versuche sind jedoch in keiner Weise beweisend, zumal es ja im Tierversuch gar nicht sicher und regelmäßig gelingt, ein fortschreitendes Magengeschwür zu bekommen. Wir müssen uns deshalb auf die klinischen Beobachtungen am Menschen verlassen.

Daß durch eine Gastroenterostomie die Heilung eines Ulkus beschleunigt werden kann, ist eine Tatsache, die man gegenwärtig als sichergestellt bezeichnen muß. Das gilt auch für tiefe penetrierende Magengeschwüre. Man hat gar nicht selten gesehen, daß ein Ulcus callosum, das man zuerst mit Gastroenterostomie behandelt hat und dann nach 4 bis 6 Wochen, weil es verdächtig auf Karzinom war, resezieren wollte, vollständig geheilt war (KAUSCH[3]). Das gilt besonders für das am Pylorus sitzende Ulkus, für das nach den Untersuchungen von v. REDWITZ die Fernresultate nach Gastroenterostomie ungefähr genau so gute sind wie nach Resektion. Aber auch das pylorusferne Ulkus kommt in einem sehr großen Prozentsatz der Fälle durch Gastroenterostomie allein zur Ausheilung (HOCHENEGG[4], FINSTERER[5], GARRÈ [KRABBEL und GLINITZ][6], DUBS[7], A. KOCHER[8], KÜTTNER[9] u. a.). Diese Anschauung ist zwar nicht die allgemein anerkannte (vgl. Chirurgenkongreß 1914 u. CLAIRMONT[10]), immerhin sind Heilungen an pylorusfernen Geschwüren schwerster Art nach Gastroenterostomie sichergestellt (SCHWARZ[11], BRENNER[12] u. a.) und das ist das, was uns hier allein interessiert, da wir uns nicht damit befassen wollen, welche Operationsmethode bei Ulcus ventriculi die besten Resultate ergibt.

Für die zweifellos vorhandene heilende Wirkung einer Gastroenterostomie bei Ulcus ventriculi können zwei Dinge in Betracht

---

1 Chir. Kongreßzentralblatt IV. S. 446. 2 Arch. f. klin. Chir. 86. S. 1. 1908. 3 Handbuch d. prakt. Chir. IV. Aufl. S. 265. Bd. III. 4 Wiener klin. Wochenschrift 1910. 5 Deutsche Ztschrft. f. Chir. 128. 1914. 6 Grenzgebiete Bd. 27. 1914. 7 Zentralbl. f. Chir. 1922. 8 Deutsche Ztschrft. f. Chir. 116. 1912. 9 Chirurgenkongreß 1914. 10 Mitt. a. d. Grenzgebieten Bd. 20. 1909. 11 BRUNS' Beiträge Bd. 67. 1910. 12 Wiener klin. Wochenschrift 1913.

kommen: erstens die durch Gastroenterostomie motorisch veränderte Tätigkeit des Magens, zweitens der veränderte Chemismus der Magenverdauung. Wir haben gesehen, daß die Tätigkeit des Magens durch Gastroenterostomie nur wenig verändert wird. Wir dürfen aber nicht vergessen, daß in einem großen Teil der zur Operation kommenden Fälle von Ulkus eben die Pyloruspassage ungenügend ist, sei es, daß dort ein Ulkus sitzt, welches mechanisch den Pförtner verschließt, sei es, daß reflektorisch durch ein an anderen Teilen des Magens sitzendes Geschwür die Tätigkeit des Pylorus gestört ist. Es muß dabei offen bleiben, ob bei solchen pylorusfernen Ulzera ein spastischer Verschluß des Pylorus eintritt oder ob der Pylorus nicht vielmehr offen steht, aber gelähmt ist, so wie das von SCHLESINGER[1] beobachtet und beschrieben worden ist. Die Gastroenterostomieöffnung wirkt zunächst rein mechanisch; sie übernimmt die Entleerung des Mageninhaltes so lange, bis das Geschwür abgeheilt und damit vielleicht der Verschluß des Pylorus beseitigt ist. Man hat auch bei pylorusfernem Ulkus durch Röntgenaufnahme beobachtet, daß der Pylorus nach der Operation besser durchgängig geworden war (BRUN[2], KEMP[3], v. REDWITZ l. c.). Die Gastroenterostomie stellt damit den Magen teilweise ruhig. Noch gründlicher wird diese Ruhigstellung durch eine Jejunostomie besorgt (v. EISELSBERG, LAMERIS[4]). Zweifellos kann jedoch aus dieser besseren Entleerung des Mageninhaltes und der teilweisen Ruhigstellung allein die rasche Heilung eines Geschwüres nach Gastroenterostomie nicht erklärt werden, weil noch andere Schädlichkeiten, vor allem die verdauende Wirkung des Magensaftes usw., auch nach der Operation noch auf das Geschwür einwirken. Hier kommt ein zweiter Punkt in Betracht, das ist die Änderung des Chemismus im Magen (KATZENSTEIN[5], KOCHER[6], SCHER und PLASCHKE[7] u. a.), das, was SCHMILINSKY[8] die innere Apotheke nennt. Man nimmt an, daß durch den Rückfluß des alkalischen Darminhaltes die Salzsäure neutralisiert und damit ihre abtötende Wirkung auf die Zellen der Magenwand beseitigt wird. Da der Darmsaft wohl kaum an alle Stellen des Magens hingelangt, sondern seine Wirkung nur in der Umgebung des Pylorus entfaltet, ist es verständlich, daß die Ulzera im kardialen Teil und an der kleinen Kurvatur für diese Verbesserung der Heilungsbedingungen weniger in Betracht kommen. In der ersten Zeit nach der Operation

---

1 Mitt. aus d. Grenzgebieten Bd. 32. S. 30. 2 Deutsche Ztschrft. f. Chir. 132. 1915 3 Grenzgebiete Bd. 27. 1914. 4 Deutsche Zeitschr. f. Chir. 189. 5 Deutsche med. Wochenschrift 1907. 6 Grenzgebiete Bd. 20. 1909. 7 Grenzgebiete Bd. 28. 1915. 8 Zentralbl. f. Chir. 1918.

ist übrigens eine Verminderung der Salzsäurewerte bei allen Magen-Darmoperationen als allgemeine Operationswirkung zu beobachten (vgl. LÖHR[1]).

Verträgt nun der Magen dieses Einfließen von Galle und Pankreassekret? Hierüber sind zahlreiche Versuche angestellt worden.

CHLUMSKY[2] durchtrennte bei Hunden den Darm dicht unterhalb der Plica duodeno-jejunalis und vernähte beide Öffnungen an verschiedenen Stellen mit dem Magen, leitete damit also einerseits den Duodenalsaft in den Magen und sorgte andererseits durch eine Gastroenterostomie für Entleerung des Mageninhaltes. Die Hunde verendeten nach einigen Tagen, ohne daß eigentlich eine ausreichende Todesursache zu finden gewesen wäre. Sie hatten nach der Operation starken Durst, die Därme waren bei der Sektion mit flüssigem, schwarzbraunem Stuhl gefüllt. Einbringen von Galle allein in den Magen durch eine Verbindung von Magen mit Gallenblase tötete die Tiere nicht (DASTRE[3], ODDI, CHLUMSKY u. a.); das entspricht den Erfahrungen an Menschen, bei denen wir wegen Verlegung des Choledochus durch eine Geschwulst die Verbindung der Gallenblase mit dem Magen ausgeführt haben (s. später). Nach STUBER[4] soll der Rückfluß von Trypsin — also Pankreassaft — vom Magen schlecht vertragen werden; wie wir oben ausführten, bekam STUBER im Tierversuche angeblich durch einen Einfluß von Trypsin typische Magengeschwüre und auch die Tiere CHLUMSKYS starben wieder, wenn nach Ableiten der Galle durch eine Cholezystenterostomie nur Pankreassaft in den Magen gelangte. Abweichende Resultate, die STEUDEL[5] mit etwas anderer Versuchsanordnung bekam (er durchtrennte den Darm an derselben Stelle, schloß dann aber das Duodenum blind, so daß der Inhalt periodisch durch den Pförtner laufen mußte), erklärt CHLUMSKY so, daß das periodische (nicht ständige) Einlaufen von Galle und Pankreassaft weniger schädlich für die Hunde sei. Die Schlüsse, die CHLUMSKY aus seinen Versuchen zieht, sind sicher zu weitgehend. Die Tatsache, daß ein Hund nach einer Magenoperation zugrunde gegangen ist, beweist sehr wenig, da Hunde Laparotomien im allgemeinen nicht gut vertragen (PAWLOW, COHNHEIM[6]), besonders wenn am Pylorus operiert oder gezerrt wird. Man kann bei ganz andersartigen Eingriffen am Magen-Darmtraktus (z. B. Gastroenterostomie, eigene Beobachtung) Hunde häufig unter genau den gleichen Symptomen und Sektionsbefund zugrunde gehen sehen, wie sie CHLUMSKY schildert. Überdies vermochten KELLING[7], ENDERLEN, FREUDENBERG und v. REDWITZ l. c. mit ganz ähnlicher Technik Hunde lange Zeit am Leben und bei völligem Wohlbefinden zu erhalten. Man muß hier schon eine etwas genauere Analyse, etwa mit Hilfe von Fisteln, verlangen, Immerhin wird man auf Grund der vorliegenden Versuche es nicht völlig bestreiten können, daß der Rückfluß von Galle und Pankreassekret unter Umständen zu Beschwerden Veranlassung geben kann, wie oben angeführt worden ist.

Abgesehen von der Änderung der verdauenden Tätigkeit des Magens können sich bei dem Zusammentreffen von Magensäure, Galle und Eiweißkörpern für die Fermente schwer angreifbare,

---

1 Deutsche Zeitschr. f. Chir. Bd. 187. 2 BRUNS' Beiträge Bd. 20. S. 231 u. 487. 1898; Bd. 27. S. 311. 1900. 3 Zit. nach TAVEL, Revue de chir. 1901. II. S. 690. 4 Zeitschrift f. exp. Path. u. Therapie Bd. 16. 1914 und Münchener med. Wochenschrift 1914. 5 BRUNS' Beiträge z. klin. Chirurgie Bd. 23. S. 387. 6 Physiologie d. Verdauung u. Ernährung. 7 Arch. f. klin. Chirurgie Bd. 62. 1900. S. 307.

gallensaure Salze bilden (SCHÜLLER[1]). Es mag auf dem geänderten Chemismus des Magens beruhen, daß bei Patienten noch längere Zeit nach einer Gastroenterostomie galliges Aufstoßen und Übelkeit vorkommen (MATHIEU und ROGER[2]). Sicheres weiß man jedoch darüber nicht.

Dieser Rückfluß von Galle und Pankreassekret wurde zunächst hauptsächlich beim sogenannten **Circulus vitiosus** oder, wie wir das Krankheitsbild nach PETERSEN[3] wohl besser nennen, dem Mageneileus beobachtet, einer sehr unangenehmen Komplikation nach Gastroenterostomie, die gewissermaßen an der Wiege dieser so segensreichen Operationsmethode gestanden hat; berichtet doch schon WÖLFLER[4] in seiner ersten Mitteilung von Gastroenterostomie über einen derartigen Fall. Klinisch steht ein unstillbares Erbrechen mit raschem Kräfteverfall vom Tage der Operation an im Vordergrunde.

Es werden physiologisch recht verschiedenartige Dinge unter dem Namen Circulus vitiosus zusammengefaßt (TAVEL[5]): Erstens kann es bei offenem Pförtner zu einem Rückfluß von Duodenalinhalt in den Magen kommen. Zweitens kann Duodenalinhalt in größerer Menge durch den zuführenden Schenkel hindurch nach dem Magen gelangen. Drittens der Mageninhalt tritt anstatt in den abführenden, in den zuführenden Schenkel, wird durch Duodenum und Pförtner wieder nach dem Magen geführt, kommt wieder in den falschen Schenkel der Gastroenterostomie usf. (Circulus vitiosus im engeren Sinn). Bei geschlossenem Pförtner würden sich Kombinationen von zwei und drei ergeben. Viertens ist Rückfluß von Darminhalt aus dem abführenden Schenkel als Ursache eines sogenannten Circulus vitiosus beobachtet worden.

Das Auftreten eines Mageneileus nach Gastroenterostomie ist durch verschiedene technische Fehler bedingt, die wir, dank dem Studium und den Versuchen zahlreicher Autoren, allmählich zu vermeiden gelernt haben, so daß gegenwärtig das Auftreten dieses Zwischenfalles nach Gastroenterostomie zu den Seltenheiten gehört.

Der Mageneileus ist bei der vorderen Gastroenterostomie wegen Verdrehung und Abknickung der langen Jejunumschlinge viel häufiger, als bei der hinteren[6], weswegen man vielfach letztere bevorzugt. Bei der hinteren Gastroenterostomie wird leicht der Fehler gemacht, daß man bei zu langer Schlinge diese in verdrehter — antiperistaltischer — Richtung annäht. Man wählt deshalb eine möglichst kurze Schlinge. Es muß jedoch diese Schlinge so lang sein, daß sie

---

1 Mitt. aus d. Grenzgebieten Bd. 22. 1911. S. 764. 2 Inneres Kongreßzentralbl. 8. S. 571. 3 BRUNS' Beiträge Bd. 29. 1900. S. 598. 4 Zentralbl. f. Chir. 1881. S. 705. 5 Revue de Chirurgie 1901. II. S. 686. 6 Cf. KAUSCH im Handbuch d. prakt. Chirurgie 1913. Bd. III. S. 145.

bequem von der Plica duodeno-jejunalis bis zur Anastomosenstelle reicht (PETERSEN[1]). Sie ist deshalb nicht in allen Fällen gleich lang zu wählen, sondern muß bei tiefstehendem, erweitertem Magen länger sein als bei normal großem Magen.

Nun kann sich aber die Größe des Magens nach der Operation ändern. Es kommt deshalb auch bei der kurzen Schlinge gelegentlich zu einer Spornbildung am Magen oder Darm. Ein solcher Sporn wirkt dann wie ein Wasserwehr, das den Fluß in den Mühlbach zwingt und gibt die Ursache dafür ab, daß die Speisen in die verkehrte Schlinge gehen und daß ein Circulus vitiosus entsteht.

Bei weit offenem Pförtner und fehlender Schleimhautnaht kann ferner die Gastroenterostomieöffnung schrumpfen und dadurch ein Circulus entstehen (CHLUMSKY[2]). Alle diese Schwierigkeiten der Entleerung finden sich häufiger am schlaffen, als wie am leistungsfähigen Magen.

Die Methoden anzuführen, die zur Vermeidung des Circulus vitiosus erdacht und ausgeführt worden sind, ist hier nicht der Platz (hierzu vgl. TAVEL[3], PETERSEN u. a.). Ihre Grundsätze ergeben sich aus dem oben Gesagten von selbst. Alles in allem ist nach unseren jetzigen Kenntnissen der sogenannte Circulus vitiosus ein echter hochgelegener Ileus, bedingt durch einen mechanischen, mehr oder weniger vollkommenen Darmverschluß. So erklärt sich auch die enorme Erweiterung des Duodenums, die man bei ihm findet (ROCKWITZ[4], DOYEN[5]).

Eine weitere sehr unangenehme Komplikation nach Gastroenterostomie ist das Auftreten von Geschwüren im Bereich der Magen-Darmverbindung, das sogenannte **Ulcus jejuni**. Zu dem, was wir oben über die Magengeschwüre im allgemeinen gesagt haben, müssen wir hier einige Besonderheiten hinzufügen.

Wie alle diese sogenannten peptischen Ulzera, entsteht auch das Ulcus jejuni nach unserer jetzigen Vorstellung dadurch, daß die in ihrer Vitalität geschädigte Darmwand durch den Magensaft angedaut wird. Die Lokalisation der Ulcera jejuni ist nach VAN ROOJEN[6] in 41 von 56 Fällen die Stelle der Gastroenterostomieöffnung, in zwei Fällen die der BRAUNschen Anastomose, der Rest verteilt sich auf verschiedene Stellen des Darmes. Nach v. HABERER[7] liegt die Mehrzahl der ulcera jejuni nicht an der Gastroenterostomiestelle selbst, sondern dieser gegenüber im Darm. Diese Ulcera jejuni sind nicht gerade häufig; eine Zeitlang glaubte man, daß sie bei der vorderen Gastroenterostomie etwas öfter vorkämen als bei der hinteren (GOSSET[8]); jetzt neigt man nach v. HABERER[9]

---

1 BRUNS' Beiträge Bd. 29. 1900. S. 604. 2 BRUNS' Beiträge Bd. 20. S. 261. 1898 (hier Lit.). 3 Revue de chirurgie 1901. II. S. 685. 4 Deutsche Zeitschrift f. Chirurgie 1889. Bd. 25. 5 Zit. nach CHLUMSKY in BRUNS' Beiträge 20. S. 259. 6 Archiv f. klin. Chirurgie 91. 1910. S. 423. 7 Archiv f. Verdauungskrankheiten. Bd. 28. 1921. 8 Revue de chirurgie 1906. 9 Arch. f. klin. Chir. Bd. 101 u. Bd. 109. Wiener klin. Wochenschrift 1918 u. 1919.

mehr dazu, anzunehmen, daß sie bei der hinteren mit kurzer Schlinge häufiger sind, als bei der vorderen und daß sie bei der v. EISELSBERGschen Durchtrennung der Pylorus besonders oft zu beobachten sind. Gefährlich werden sie, abgesehen von den Schmerzen, die sie verursachen, hauptsächlich deshalb, weil sie sehr leicht durchbrechen, und zwar meist in die freie Bauchhöhle, und weil sich gelegentlich eine Magenkolonfistel bildet, die mit Durchfällen und Fettstühlen schließlich zum Tode führt (PREUSS[1]). Vereinzelte Fälle sind auch beobachtet worden von Ulcera jejuni ohne vorhergegangene Gastroenterostomie (VAN ROOJEN). In einem dieser Fälle war eine ausgedehnte Hautverbrennung die Todesursache.

Von jeher waren die Ansichten darüber geteilt, ob ein derartiges Geschwür allein deshalb entstünde, weil nach der Gastroenterostomie Magensaft in einen Darmteil überträte, der von Natur aus nicht auf den sauren Mageninhalt eingestellt ist, oder ob noch andere Bedingungen eine Rolle spielen. Wir sprachen schon oben von den Versuchen, die angestellt worden sind um zu prüfen, ob der Schutz gegen die verdauenden Fermente eine besondere Eigenschaft der Magenschleimhaut sei, oder den lebenden Gewebes im allgemeinen zukäme (vgl. KATZENSTEIN[2] und KATHE[3] und hatten gesehen, daß in der Tat alle lebenden Gewebe einen gewissen Widerstand gegen die verdauenden Fermente besitzen. Hingegen hatte sich gezeigt, daß die Schleimhaut des Jejunums sehr empfindlich gegen Salzsäure ist.

MATTHES[4] brachte bei Hunden in Dünndarmfisteln Salzsäure und Pepsin und beobachtete, daß die Salzsäure zunächst die Zellen abtötete und daß dann die Verdauung des Pepsins einsetzte. Er konnte auf diese Art hochgradige Zerstörungen der Darmschleimhaut erzielen. Es scheint, daß die tiefer gelegenen Dünndarmschlingen noch empfindlicher gegen Magensaft sind wie das Jejunum, wenigstens teilt DAHL[5] einen Fall mit, wo eine tiefe Dünndarmschlinge zur Gastroenterostomie genommen worden war, und sich nun eine vollständige Zerstörung der Schleimhaut des untersten Ileums und des Kolon fand.

Nun kommt im allgemeinen nach der Gastroenterostomie der Magensaft nicht stark sauer mit der Darmwand in Berührung, weil, wie oben gesagt worden ist, in der Mehrzahl der Fälle der saure Magensaft durch Zufließen von Galle und Pankreassekret sofort neutralisiert wird und weil durch die Gastroenterostomieöffnung diese alkalischen Darmsäfte in den Magen zurückfließen können. Zweifellos liegt darin ein beträchtlicher Schutz für das Jejunum.

Im Tierexperiment konnte EXALTO bei sieben Hunden, die er nur gastroenterostomiert hatte und denen er dann längere Zeit gemischtes Futter und täg-

---

1 Berliner klin. Wochenschrift 1921. 2 Berliner klin. Wochenschrift 1908. S. 1749. 3 Ebendort Nr. 48. S. 2135. 4 ZIEGLERS Beiträge Bd. 13. 5 Zit. nach DENK, Arch. f. kl. Chir. 116. 1921.

lich Salzsäure gab, kein Ulcus jejuni nachweisen, hingegen gingen von sieben weiteren Hunden, die er nach der Y-förmigen Methode operiert und sonst ebenso ernährt hatte, fünf an perforierten Ulcera jejuni zugrunde. Dasselbe zeigen die Versuche von BICKEL[1], der einem Hunde das Duodenum entfernt und Galle- und Pankreassekret nach außen abgeleitet hatte. Auch dieses Tier starb an einem perforierten Ulcus jejuni. Ob nun allerdings, wie man eine Zeitlang bestimmt glaubte, ein Ulcus jejuni bei solchen Operationsmethoden häufiger auftritt, bei denen ein solcher Rückfluß von Galle und Pankreassaft nicht statt hat, erscheint doch fraglich (vgl. BRAUN[2], NEUHAUS[3], VAN ROJENS, v. HABERER). Weitere Tierversuche über Ulcus jejuni stammen von BORSZÉKY[4] u. WILKIC[5].

Außer durch die Salzsäure wird die Darmschleimhaut auch durch die anderen Verdauungsfermente geschädigt. Sind doch, wenn auch selten, Ulcera jejuni auch bei verminderter oder fehlender freier Magensalzsäure, z. B. bei Magenkarzinomen, beobachtet worden (MIKULICZ, KOCHER[6], HEIDENHAIN[6], CONNELL[7] u. v. a. Lit. s. KELLING[8]). Bei dem häufigen Auftreten der ulcera peptina jejuni bei der v. EISELBERGschen Pylorusdurchtrennung handelt es sich vielleicht um eine schädigende Wirkung des Trypsins. Konnten doch ENDERLEN, FREUDENBERG u. v. REDWITZ[9] nachweisen, daß sich bei manchen Magenoperationen (BILLROTH II Gastroenterostomie) Blindsäcke bilden, in denen hochwertige tryptische Verdauungssäfte liegen bleiben.

Von weiteren Versuchen, die sich mit der besonders starken Wirksamkeit der Verdauungssäfte bei der v. EISELBERGschen Pylorusdurchtrennung beschäftigen, sind folgende zu nennen:

SMIDT[10] fand mit Hilfe der nach PAWLOW isolierten kleinen Magen, daß nach der v. EISELSBERGschen Ausschaltung mehr Sekret vom Magen gebildet wird und KOENNECKE u. JUNGERMANN[11] konnten bei experimenteller Trennung des Magens in einen Fundusmagen und einen Pylorusmagen nachweisen, daß die Abscheidung des Verdauungssaftes im Fundusmagen vom Pylorusmagen aus geregelt wird. GALPERN[12] weist auf die Tierversuche von POPIELSKI und PAWLOW hin: Wenn man den Magen in zwei Teile durchschneidet und Säure in den kardialen Teil gießt, so sezerniert das Pankreas nicht. Es sezerniert aber sofort, wenn man Säure in den distalen Teil gießt und diese Säure in den Darm gelangt. Bei der v. EISELBERGschen Durchtrennung fließt die Säure des Fundus in den Darm und erregt die Pankreasdrüse nicht zur Sekretion, infolgedessen wirkt der stark saure Inhalt weiter auf die Darmschleimheit ein.

Weiterhin treffen das Jejunumepithel während der Operation vielfach mechanische Schädigungen. Die Dünndarmschleimhaut

---

1 Berliner klin. Wochenschrift 1909. S. 1201. 2 Arch. f. kl. Chir. Bd. 45. Hft. 2. 3 v. VOLKMANNS Samml. klin. Vortr. Nr. 486 (Chir. Nr. 141). 4 BRUNS' Beiträge Bd. 57. 1908. S. 110. 5 Edinb. med. journ. Neue Serie 5. 1910. S. 316. 6 Chirurgenkongreß 1902. 7 Zit. nach MÜLLER, Deutsche Zeitschrift f. Chir. 181. S. 363. 8 Arch. f. kl. Chir. 117. 9 Ztschr. f. d. ges. exp. Med. Bd. 32. 1922. 10 Arch. f. kl. Chir. 125. 11 Ztschr. f. Chir. 1922. 12 Klinische Wochenschrift 1923 u. Ztbl. f. Chir. 1923.

geht an Stelle der Magen-Darmverbindung häufig zugrunde, so daß die Heilung durch Granulationen per secundam erfolgt. Solche ungeschützte Wundflächen bieten der verdauenden Kraft des Magensaftes (oder Pankreassaft?) natürlich einen besonders willkommenen Angriffspunkt. Die Jejunumschleimhaut kann weiterhin während der Operation durch Darmklemmen geschädigt werden wie das DENK [1] im Tierversuch gezeigt hat. Bei einem Fall von Ulcus pept. jejuni, das ich operiert habe, war die Jejunumschlinge so durch das Mesokolon hindurchgezogen worden, daß sie unmittelbar neben den Kolon lag und bei dem wechselnden Füllungszustand dieses Darmteiles sicher leicht in der Ernährung gestört werden konnte. Es wird auch behauptet, daß ein zu sorgfältiges — dreischichtiges — fortlaufendes Nähen eine Schädigung für die Schleimhaut bedeute, weil die Gefäße dabei zu reichlich umstochen werden. Bei der Seltenheit der Ulcera jejuni im Vergleich zu der großen Zahl von Gastroenterostomien ist aber mit diesen klinischen Eindrücken, die sich nur auf die Einzelfälle beziehen, nicht viel anzufangen, vgl. auch GARA [2].

Die Bedeutung der mechanischen Schädigung der Dünndarmschleimhaut für die Entstehung der Ulcera jejuni beleuchtet auch sehr gut eine Mitteilung WILLIAM MAYOS [3]. Er beobachtete bei einer sehr großen Anzahl von Gastroenterostomien nur drei Ulcera jejuni. Das eine war durch einen vor $3^1/_2$ Jahren eingelegten und noch liegenden Murphyknopf verursacht. Das zweite hatte sich auf dem Boden eines vereiterten Hämatoms im Mesocolon transversum gebildet. Bei dem dritten fand sich eine infizierte Seidennaht. Was die letztere Beobachtung anbetrifft, so wird die Gefahr einer Schleimhautseidennaht neuerdings sehr hoch eingeschätzt (WILKIE [4], v. HABERER, DENK, WIEDHOPF [5]). Manche Chirurgen nehmen bei der Gasteoenterotomie deshalb Katgut zur Naht (vgl. WILKIE [4], HOFMEISTER [6], NOETZEL [7]). HILAROWICZ [8] konnte im Tierversuch zeigen, daß ein frei im Magen und Duodenum hängender Seidenfaden sich mit den verdauenden Fermenten stark vollsaugt und daß überall dort, wo er mit der Duodenalschleimhaut in Berührung kommt, Geschwüre entstehen. Es ist allerdings wohl sicher nicht der Seidenfaden von der Schleimhautnaht, sondern der durchgewanderte Faden von der Lembertnaht, der gelegentlich im Innern des Magens bzw. Jejunum gefunden wird (HOFMEISTER).

---

1 Arch. f. kl. Chir. 116. 1921. S. 1. 2 Arch. f. klin. Chir. 120. 1922. S. 270 u. Ztbl. f. Chir. 1923. 3 Surgery, gynecology and obstetrics 1910. 4 Edinb. med. journ. 1910. 5 Ztbl. f. Chir. 1922. 6 Ztbl. f. Chir. 1924. 7 Deutsche Zeitschrift f. Chir. 186. 8 Ztbl. f. Chir. 1924.

In sehr viel höherem Maße als durch die einfache Gastroenterostomie wird die motorische Tätigkeit des Magens durch die **Pylorusresektion** beeinflußt. 3 Jahre bevor sie zum ersten Male am Menschen von PÉAN (1879) ausgeführt worden ist, hatten GUSSENBAUER und WINIWARTER gezeigt, daß der Hund die Entfernung des Pylorus vertrüge. Diese Versuche, ebenso wie die schon 1810 von MERREM angestellten, geben uns jedoch nur einen ganz allgemeinen Begriff über die Folgen der Magenresektion. Genaueren modernen Ansprüchen genügende Analysen der Tätigkeit des resezierten Magens, mit Röntgenuntersuchungen und Fisteln gewonnen, stammen erst aus der letzten Zeit (v. MERING[1], SCHÜLLER[2], DAGAEW[3], KAPLAN[4], ENDERLEN, FREUDENBERG, v. REDWITZ[5] u. a.). v. MERING fand keine Änderung in der Entleerungszeit des Magens, wenn er den Pylorusteil reseziert und das Duodenum wieder an den Magenstumpf angenäht hatte. Genauer analysiert wurde die motorische Tätigkeit des Magens nach Resektion durch DAGAEW und später an denselben Hunden durch KAPLAN im LONDONschen Institut in St. Petersburg. Die Autoren fanden eine noch nach Jahren in gleicher Weise bestehende Verlangsamung der Magenentleerung, die besonders bei der II., weniger bei der I. BILLROTHschen Methode ausgesprochen war. Es ist diese verzögerte Entleerung des Magens einmal auf den durch die Pendelbewegungen des angehefteten Dünndarms bedingten Widerstand zu beziehen (DAGAEW). Dann bildet sich aber an dem neuen Magenausgang eine Art neuer Pylorus, wenn es auch anatomisch nicht zur Bildung eines eigentlichen Schließmuskels kommt. Die Öffnung des Magens nach dem Darm zu schließt sich periodisch auf Reiz genau so eng, als wenn der Pylorus erhalten ist, wovon sich v. MERING durch Einführen eines Fingers überzeugte.

Die Untersuchungen am Menschen (GÖCKE[6] u. a.) haben gezeigt, daß für ihn, wohl wegen der aufrechten Körperhaltung, die Verhältnisse nach der Resektion günstiger liegen als beim Tier, so daß sich auch bei der II. BILLROTHschen Methode der Magen schnell entleeren kann. Es ist die Entleerungszeit des Magens beim Menschen nach Resektion einmal abhängig von der Hubhöhe des verbliebenen Magenrestes (GÖCKE). Je steiler der Magenrest steht, je kürzer also die verbliebene große Kurvatur ist, um so rascher entleert sich der Magen. Es kommt hinzu, daß nach Ent-

---

1 15. Kongr. f. innere Med. 1897. S. 433. 2 Mitt. aus d. Grenzgebieten Bd. 22. 1911. S. 742. 3 Ebendort Bd. 26. S. 176. 1913. 4 Zeitschrift f. physiol. Chemie Bd. 87. 1913. S. 337. 5 Zeitschr. f. d. ges. exp. Med. Bd. 32. 1923. 6 BRUNS' Beiträge Bd. 99. 1916.

fernung des eigentlichen Motors des Magens — des Antrum pylori — die Schwere der Speisen auf die Entleerungszeit Einfluß hat, also ein rein mechanisches Moment. Fernerhin muß man die Abknickungsmöglichkeit des angehefteten Darmes berücksichtigen und die Schrumpfungsneigung der Verbindungsöffnung. Alles das erklärt es, daß sich der Magen nach der Resektion nicht bei allen Menschen in der gleichen Zeit entleert. SCHÜLLER[1] berichtet, daß bei einigen seiner Patienten, die sämtlich nach der II. BILLROTHschen Methode operiert worden waren, die Entleerung des Magens $2^1/_2$—4 Stunden dauerte, was also annähernd normal ist; bei anderen fand sich eine beträchtliche Beschleunigung, so daß in einem Falle (3 Jahre p. o.) der Magen schon nach 5 Minuten leer war. Bei Patienten, die mehrfach untersucht werden konnten, ließ sich zeigen, daß die Entleerung an einzelnen Tagen ganz verschieden schnell vor sich ging, so daß beispielsweise dieselbe Patientin, bei der der Magen früher nach 5 Minuten leer war, 2 Monate später den ganzen Speisebrei noch nach 1 Stunde im Magen hatte.

Der Rückfluß von Galle- und Pankreassekret findet bei der Resektion des Pylorus im wesentlichen in gleicher Weise statt wie bei der einfachen Gastroenterostomie. Wenn bei der Resektion ein großer Teil der Schleimhaut des Pylorus entfernt worden ist, so wird die Salzsäurebildung herabgesetzt. Nach FAULHABER und v. REDWITZ[2] hängt das einfach damit zusammen, daß weniger sezernierende Schleimhaut nach der Operation vorhanden ist. Die Sache liegt aber wahrscheinlich verwickelter. Nach KRZYSKOWSKY[3] findet nur im pylorischen Teil des Magens eine Resorption statt. Einzelne der chemischen Körper, die hier resorbiert werden (z. B. Peptone), erregen nun vom Blute aus die Magendrüsen im allgemeinen zur Sekretion. Man nennt das die zweite chemisch-sekretorische Phase der Magenabsonderung. Diese fällt bei der Resektion, wie SCHER und PLASCHKE[4] sowie SMIDT[5] angegeben haben, fort und so soll sich die Anazidität nach Pylorus- und, wie gleich hinzugefügt werden soll, auch bei Querresektion erklären (s. auch KLOIBER[6]). STIERLIN[7] sieht die Ursache der Anazidität nach Querresektion in einem Fortfall der sekretorischen Vagusreflexe. Daß diese tatsächlich bei der Magensaftsekretion eine große Rolle spielen, zeigen besonders schön die Unterschiede, die

1 Mitt. aus d. Grenzgebieten Bd. 22. 1912. S. 742. 2 Mitt. a. d. Grenzgebieten 28 u. Med. Klinik 1914. 3 Zit. nach BORONDEKO i. Internat. Beitr. z. Pathologie u. Therapie d. Verdauungsstörungen. 4 Mitt. aus d. Grenzgebieten 28. S. 725. 5 Archiv f. klin. Chirurgie. 125. 6 Med. Klinik 1921. 7 Deutsche Zeitschrift f. Chir. 152.

man am Blindsackmagen nach HEIDENHAIN und nach PAWLOW bekommt. Bei ersterem ist der Sack völlig vom übrigen Magen getrennt; bei etzterem ist nur die Schleimhaut getrennt, der übrige Magen aber im Zusammenhang. Beim völlig isolierten HEIDENHAINmagen beginnt die Sekretion $^1/_4$—$^1/_2$ Stunde p. c., beim PAWLOWmagen schon nach 5 Minuten nach Nahrungszufuhr.

SMIDT[1] hat am Hund mit Hilfe des nach PAWLOW isolierten kleinen Magens Untersuchungen angestellt, wie sich nach Magenresektion die sekretorischen Verhältnisse ändern. Da die sog. reflektorische Sekretionsphase bei jeder Resektion erhalten bleibt, kann man zwar die Magensäure niemals ganz unterdrücken; jedoch wird durch Entfernung der Pars pylorica und des gesamten Antrum die sog. chemische Phase der Magensekretion weitgehend beseitigt. Bei der Resektionsmethode nach BILLROTH I kommt noch hinzu, daß die rasch in das Duodenum gelangende Salszäure reflektorisch die Magensaftsekretion stärker unterdrückt. Von praktischer Bedeutung ist besonders, daß Milchgabe die Säurebildung im Magen wesentlich hemmt, und daß man die psychische Saftsekretion am besten dadurch ausschaltet, daß man nicht zu viele kleine Mahlzeiten, sondern nur einzelne größere Hauptmahlzeiten gibt.

Bei isolierter Fundusresektion konnte KAPLAN[2] im Tierversuch eine bedeutende Beschleunigung der Magenentleerung feststellen, die von der Größe des resezierten Stückes ziemlich unabhängig war. Praktisch spielt diese Resektionsform keine Rolle.

Die Folgen einer **queren Magenresektion** sind von KIRSCHNER und MANGOLD[3], GÖCKE[4], v. REDWITZ[5] u. a. auf das genaueste nach allen Richtungen hin im Tierversuch und beim operierten Menschen untersucht worden. Was die Bewegungsfähigkeit des Magens nach Querresektion anbetrifft, so konnten schon KIRSCHNER und MANGOLD zeigen, daß eine derartige Durchschneidung der sympathischen und der Vagusfasern, wie sie bei Querresektion statthat, keinen nennenswerten Einfluß auf die Antrumbewegungen und Reflexe hat. Auch der Pylorus zeigt nach Querresektion noch einen festen Verschluß (NEUGEBAUER[6]). Das liegt an der oben erwähnten weitgehenden Selbständigkeit des Magens. Würde sehr viel vom Antrumteil entfernt, so ist nach v. REDWITZ die Durchmischung der Speisen gestört, weniger die Entleerung des verflüssigten Mageninhaltes in das Duodenum. Über die chemische Änderung des Magensaftes nach Querresektion s. oben.

Die zahlreichen röntgenologischen Untersuchungen nach Querresektion beim Menschen haben zu nicht ganz gleichmäßigen Er-

---

1 Arch. f. klin. Chirurgie 125. 2 Zeitschrift f. physiol. Chemie Bd. 87. 1913. S. 313. 3 Mitt. aus d. Grenzgebieten Bd. 23. 1911. S. 446. 4 BRUNS' Beiträge Bd. 99. 1916. 5 Mitt. aus d. Grenzgebieten Bd. 29. 1917. 6 Ztbl. f. Chir. 1921. Nr. 7.

gebnissen geführt (Härtel[1], Stierlin[2], Kümmell[3], Faulhaber und v. Redwitz[4], Perthes[5], Göcke [l. c.] u. a.). Kümmell konnte an der Stelle der Querresektion eine tiefe spastische Einziehung beobachten. Faulhaber und v. Redwitz sahen an dieser Stelle nur eine flache Einziehung durch die Naht. Nach Göcke geht die peristaltische Welle nicht über die resezierte Stelle hinweg.

Verschieden sind vor allem die Angaben über die Entleerungszeit des Magens nach Querresektion. In einzelnen Fällen wurde eine abnorm schnelle Magenentleerung beobachtet, in anderen war sie normal.

Die oben erwähnten Kaplanschen Versuche scheinen dafür zu sprechen, daß eine Beschleunigung der Magenentleerung dann eintritt, wenn viel vom Fundus reseziert worden ist. Diese Schlußfolgerungen Kaplans teilt jetzt allerdings v. Redwitz nicht mehr. Er ist vielmehr mit Göcke der Ansicht, daß die Schnelligkeit der Magenentleerung genau wie bei der Pylorusresektion von der Form des Magenrestes abhängig ist (s. oben). Perthes hingegen glaubt, daß sich die schnelle Magenentleerung nur dadurch erklären lasse, daß der Pylorus offenstehe, was nach den Tierversuchen von v. Redwitz und Neugebauer aber nicht der Fall ist. Perthes glaubte Beziehungen zwischen der raschen Entleerung des Magens und dem Auftreten von Hungergefühl nachweisen zu können. Wir werden auf die Beziehungen des Magens zum Hungergefühl sogleich bei der Resektion des ganzen Magens eingehen.

Resektionen des ganzen Magens werden in letzter Zeit, da ein großer Teil der Chirurgen bei der Behandlung des pylorusfernen Ulcus pepticum von der einfachen Gastroenterostomie abgekommen ist und an ihrer Stelle den kranken Magenteil reseziert, häufiger ausgeführt. Die Zahl der veröffentlichten Fälle (etwa 40) gibt da wohl kein richtiges Bild (Lit. s. Sasse[6], Ito und Asahara[7], Trinkler[8], Flechtenmacher[9] Grohé[10] u. v. a.). Die ersten Versuche von Resektion des ganzen Magens am Hunde stammen von Czerny (Kaiser[11]). Der eine dieser Hunde, der die Operation 5 Jahre überlebte, später noch von Ludwig bzw. Ogata untersucht worden ist, hat zwar in der Literatur eine gewisse Berühmtheit erlangt, die, wie sich bei der nach seinem Tode vorgenommenen Sektion herausstellte, jedoch keine ganz berechtigte war, insofern bei ihm noch ein Stück Magen an der Kardia gefunden wurde, das sich zu einem kleinen Sack ausgeweitet hatte. Auch bei dem Hunde, über den Monari[12] berichtet, war noch ein kleiner Streifen Magenwand stehen geblieben, allerdings

1 Arch. f. klin. Chir. Bd. 96. 1911. 2 Münchener med. Wochenschrift 1912. 3 Naturforscherversammlung Wien 1913. 4 Med. Kinik 1914. 5 Chirurgenkongreß 1914. 6 Zentralbl. f. Chir. 1913. 7 Deutsche Zeitschrift f. Chir. Bd. 80. 1905. 8 Arch. f. klin. Chir. Bd. 96. 1911. 9 Deutsche Zeitschrift f. Chir. Bd. 141. 1917. 10 Arch. f. exp. Path. u. Pharmakol. Bd. 49. 11 Beiträge z. operativen Chirurgie 1878. 12 Bruns' Beiträge z. klin. Chirurgie Bd. 16. S. 479. 1896.

offenbar weniger, als bei dem CZERNYschen, wenigstens hatte sich kein neuer Magensack aus dem Stück gebildet. Dasselbe gilt für den Hund von MATTHES-GROHÉ[1]. Eine anatomisch sichergestellte Resektion des ganzen Magens beim Hund gelang DAGAEW[2].

Bei den Hunden von MONARI und DAGAEW war der Ösophagus mit dem Duodenum verbunden worden. An dem MONARIschen Hunde konnte DE FILIPPI[3] keinerlei Änderung im Stoffwechsel nachweisen. Bei der Sektion zeigte sich, daß sich der unterste Teil der Speiseröhre sackartig erweitert hatte, ebenso das Duodenum. Diese Erweiterung des kardialen Teils der Speiseröhre ist vielleicht eine Folge der Durchschneidung von Vagusfasern, vielleicht ist sie auch lediglich durch die Abknickung des an die Speiseröhre angenähten Darmteiles zu erklären. Auch beim Menschen tritt, wie COHN[4] bei einem von UNGER[5] operierten Fall beschreibt, diese Erweiterung ein. Es sind bei den mit Erfolg operierten Fällen von Resektion des ganzen Magens beim Menschen natürlich sehr genaue Analysen des Verdauungsvorganges versucht worden[6]. Danach sollen Patienten ohne Magen weder das Gefühl von Hunger, noch das von Sättigung (COHN) haben, wennschon sie durch ein gewisses Druckgefühl im Leib bemerken, daß sie mit Essen aufhören müssen, da der oberste Darmteil bezüglich der Ösophagussack gefüllt ist. In diesem Sack machen die Speisen zunächst für eine recht kurze Zeit Halt und werden dann außerordentlich langsam durch den Dünndarm abwärts befördert, so daß sie erst nach 24 Stunden das Coecum erreichen. Die Angaben über Hungergefühl bei Resektion des ganzen oder fast des ganzen Magens scheinen doch aber recht verschieden zu sein. Ich kenne einen Mann mit Resektion des ganzen Magens, der gerade über viel Hungergefühl klagt und nach KELLING[7] haben die so operierten Menschen geradezu ein starkes Bedürfnis nach Essen, weil sie die Nahrung schlecht ausnutzen; dazu fehlt das Sättigungsgefühl, wie es vom vollen Magen ausgelöst wird.

Was wissen wir denn überhaupt über die Bedingungen, unter denen wir **Hunger** empfinden? Zunächst einmal ist das Hungergefühl nicht einfach eine Folge der Magenfüllung und -entleerung, wenn es auch nach CARLSON[8] von Bewegungen des Magens abhängen soll. PEERTHES[9] glaubte zwar an Patienten mit Magenresektion feststellen zu können, daß das Hungegefühl fehlte, wenn

---

1 Arch. f. exp. Pathol. u. Pharmakol, Bd. 49. 2 Mitt. aus d. Grenzgebieten Bd. 26. 1913. 3 DE FILIPPI, Deutsche med. Wochenschrift 1894. S. 780. 4 Berliner klin. Wochenschrift 1913. S. 1303. Bd. II. 5 Zentralbl. f. Chir. 1913. 6 Lit. s. ITO u. ASAHARA, Deutsche Ztschrft. f. Chir. Bd. 80. 1905 u. TRINKLER, Arch. f. klin. Chir. 96. 1911. 7 Arch. f. kl. Chir. 125. S. 459. 8 Zit. nach REIMANN. Übers. d. Buches S. 47. 9 Chirurgenkongr. 1914.

ein Sechsstundenrest im Magen verblieben war. Andere Untersucher, wie GÖCKE[1], konnten jedoch einen Parallelismus zwischen Magenentleerung und Hungergefühl nicht nachweisen. Und wir kennen Menschen mit Pylorusverschluß, die trotz vollem Magen lebhaften Hunger empfinden. Wenn der normale Mensch an Stelle der gewohnten Mahlzeit ein Nährklystier nimmt, so schwindet das eigentümliche Gefühl in der Magengegend, das man als Hunger bezeichnet. Solche Selbstversuche haben L. R. MÜLLER[2] und THOMA[3] angestellt, und sie kamen dazu, ein Hungerzentrum im Zwischenhirn anzunehmen, das durch Mangel an Nahrungsstoffen im Blute gereizt würde. Dieses Zentrum soll in der Nähe des Atemzentrums liegen. Ein Unterschied im Blute des Gesättigten und Hungrigen hat sich bisher nicht feststellen lassen (vgl. SCHUR[4]). Der Zustand des Hungers ist nicht nur von einem einzelnen Organ, sondern vom Zustand des ganzen Organismus abhängig. Einzelnen Organen wie der Leber scheint eine besondere Bedeutung für das Zustandekommen des Hungergefühls zuzukommen (vgl. die Appetitlosigkeit Leberkranker, SCHUR).

Der Speisebrei geht nach Resektion des ganzen Magens langsamer durch den Dünndarm als vorher, was vielfach als Folge der Vagusdurchschneidung aufgefaßt wird. Nach dem, was oben über den Einfluß des Vagus auf die Darmbewegung gesagt wurde, ist diese Annahme allerdings nicht bewiesen. Andererseits kann man aus den Versuchen OGATAS[5], der Tiere durch Dünndarmfisteln unter Ausschluß der Magenverdauung gefüttert hat, nicht entnehmen, daß die Beförderung des Breies durch den Dünndarm schon allein durch Einführung nicht vorher vom Magen vorgedauter Speisen verlangsamt würde. Die Patientin UNGERS war nach der Operation schwer verstopft (COHN). Bei einem Fall SCHLATTERS[6] (dem ersten mit Erfolg operierten Fall von Gastrektomie 1897) fand sich allerdings keine Verstopfung. Gleichwohl erschienen Heidelbeeren doch erst 3mal 24 Stunden nach ihrer Aufnahme im Stuhl.

Welche Funktionen hat nun der Dünndarm nach Resektion des ganzen Magens zu übernehmen? Wir haben oben gesehen, daß die Hauptaufgabe des Magens eine mechanische ist. Er dient als ein Behälter, in dem die Nahrung verflüssigt, d. h. in eine Form gebracht wird, wie sie dem Darm am besten zuträglich ist. Zugleich sorgt der Magen dafür, daß nur immer kleine Mengen Nahrung auf einmal in den Darm gelangen. Diese Arbeit kann kein anderer Darmteil übernehmen. Die geringe Erweiterung der Speiseröhre kommt als Ersatz des Magens natürlich nicht in Betracht. Wir werden also durch Verabreichung einer feingewiegten Nahrung in kleinen Portionen dafür sorgen müssen, daß dem Darm die Arbeit, die er nach der Entfernung des Magens zu leisten hat, erleichtert wird. Daß die chemischen Verdauungsvorgänge in vollkommener Weise vom Pankreassaft und von der Galle übernommen werden

1 BRUNS' Beiträge Bd. 99. 1916. 2 Das vegetative System. Springers Verlag. 1921. 3 Inaug.-Diss. Würzburg 1915. 4 Wiener klin. Wochenschrift 1924. 5 Arch. f. (Anat. u.) Physiol. 1883. 6 BRUNS' Beiträge 19.

können, haben wir in dem Abschnitt über Gastroenterostomie gesehen. Für das Pepsin tritt das Trypsin ein und ebenso kommen die anderen Fermente des Magens einschließlich des Labfermentes[1] im Pankreas- und Darmsaft vor. Von seiten der chemischen Zerlegung der Nahrung haben wir also nichts zu befürchten, und so war denn auch bei zahlreichen Harn- und Kotuntersuchungen, die sowohl an dem SCHLATTERschen Fall (WROBLEWSKI[2], HOFMANN[3]), als an dem MONARIschen Hund (DE FILIPPI) und von OGATA[4] bei Ernährung durch eine Duodenalfistel angestellt worden sind, als einzige Anomalie ein Fehlen von Gallensäure im Kot feststellbar, die auf den Salzsäuremangel zurückgeführt werden muß (OGATA). Mikroskopisch war in dem SCHLATTERschen Fall der Kot vollständig normal. Im Harn konnten im allgemeinen auch keine Fäulnisprodukte wie Skatol, Indol nachgewiesen werden, ebensowenig waren diese Stoffe im Kot vermehrt, so daß trotz des Fehlens der desinfizierenden Kraft des Magens nichts von erhöhter Darmfäulnis zu bemerken war (cf. auch SSOLOWJEFF[5]). Wenn bei einzelnen Patienten ein solch vollkommener Ausgleich für den fehlenden Magen nicht beobachtet werden konnte (COHN), wenn vielmehr Störungen in der Entleerung und der Beschaffenheit des Kotes vorhanden waren, so muß man das notwendigerweise auf andere Ursachen beziehen (z. B. schwere Anämie, Kachexie).

In den Krankengeschichten der Fälle von Entfernung des ganzen Magens finden wir häufig die Angabe, daß die Patienten erbrochen hätten, ein Vorkommnis, das bei fehlendem Magen entschieden auffallen muß, wenn schon MAGENDIE bei einem Hunde Erbrechen bekam, dem er eine Schweinsblase an Stelle des Magens eingenäht hatte. Wir werden hier zwei Arten von Erbrechen unterscheiden müssen, erstens eines, das dem bei Kardiospasmus beschriebenen gleicht, also mehr ein Ausschütten der in der erweiterten unteren Speiseröhre liegen gebliebenen Massen ohne Nausea (COHN) und zweitens ein wirkliches Erbrechen von aus dem Dünndarm stammenden Speisen (SCHLATTER).

Wenn, wie gesagt, der Dünndarm auch in sehr vollkommener Weise für den fehlenden Magen eintritt, so hinterläßt diese abnorme Tätigkeit doch ihre Spuren in anatomischen Veränderungen am Dünndarm, die in der Hauptsache in Atrophie der Schleimhaut bestehen (DAGAEW). Der Dünndarm ist also doch empfind-

---

1 ABDERHALDEN, Lehrbuch d. physiol. Chemie II. Aufl. 1909. S. 282. 2 Zentralbl. f. Physiol. Bd. 11. 1897. 3 Münchener med. Wochenschrift 1898. 4 Über die Verdauung nach Ausschaltung des Magens. Arch. f. Anat. u. Physiol. 1883. 5 Diss. St. Petersburg, Ref. Chir. Kongreßzentralbl. II. S. 719.

licher gegen solche operativen Änderungen, als es auf Grund von Stoffwechselversuchen den Anschein hat.

War die Magenresektion nicht eine ganz vollständige, so kann es in der Folgezeit zu einer Erweiterung des Magenstumpfes kommen. Auch das Duodenum erweitert sich und es ergibt sich schließlich ein neuer Magenblindsack, der in dem Falle SCHUCHARDTS[1] die Größe des ursprünglichen Magens fast erreichte.

Wenn bei einem Menschen wegen einer Verengerung der Speiseröhre eine Magenfistel **(Gastrostomie)** angelegt worden ist, durch die er gefüttert wird, so fallen für die Sekretion des Magens alle die Anreize fort, die durch das Kauen, Schmecken usw. gegeben sind. An Menschen mit Magenfisteln (BEAUMONT[2], RICHET[3], CADE und LATARJET[4], HORNBERG[5], KAZNELON[6], NETTEL[7] u. v. a.) zum Teil gleichzeitig mit Speiseröhrenfisteln, ferner an entsprechend operierten Hunden (PAWLOW und seine Schule[8], NETTEL) ist in zahlreichen Einzelversuchen festgestellt worden, wie die Magendrüsen beim Anblick der Speisen, beim Kauen, Schmecken usw. reagieren. Man spricht hier von der ersten Phase der Magensaftabsonderung (BABKIN[7]). Durch Einbringen der Speisen direkt in den Magen bei Magenfisteln, also in derselben Weise wie wir unsere Patienten bei Gastrostomie füttern, hat man weiterhin studiert, wie und auf welche Weise der Magen auf diese ihn unvermittelt treffenden Reize mit Sekretion antwortet. Eine Herabsetzung der Salzsäure und des Pepsins sind bei dieser Art der Fütterung sicher nachgewiesen (z. B. BABKIN l. c. S. 127), aber zu einer völligen Achylie kommt es keineswegs. Über die motorische Tätigkeit des Magens nach Gastrostomie liegen röntgenologische Untersuchungen von COHN[9] und NETTEL vor. Sie fanden, daß sich die gewöhnliche Kontrastmahlzeit sehr schnell aus dem Magen entleerte, während Ölzusatz zu den Speisen die Entleerung verzögerte. Es hängt also die motorische Tätigkeit des Magens sehr von der Art der verabreichten Speisen ab; systematische Untersuchungen, die sicherlich brauchbare Hinweise für die Ernährung solcher Gastrostomierten ergeben würden, fehlen.

Es sei hier übrigens anhangsweise erwähnt, daß bei Ernährung per rectum keinerlei Magensaftsekretion einsetzt.

---

1 Arch. f. klin. Chir. Bd. 57. S. 454. 1898. 2 Neue Versuche und Beobachtungen über den Magensaft usw. Deutsch von B. LUDEN. Leipzig 1834. 3 Journal de l'anat. et de la physiol. 1878. S. 170. 4 Journ. de physiol. et pathol. gén. 1905. S. 221. 5 Skand. Arch. f. Physiol. Bd. XV. 1904. 6 PFLÜGERS Arch. Bd. 118. 1907. 7 Mittelrh. Chirurgentag Frankfurt 1923. 8 Lit. s. BABKIN, Die äußere Sekretion d. Verdauungsdrüsen. Springers Verlag. 1914. 9 Fortschr. auf d. Gebiete d. Röntgenstrahlen Bd. 22. 1914/15.

Pankreas[1].

Die Funktion der Pankreasdrüse ist eine doppelte. Sie ergießt ihr Drüsensekret durch den Ductus pancreaticus oder Wirsungianus in den Darm (äußere Sekretion[2]), und hat dadurch einen wesentlichen Anteil an der Verdauung und gleichzeitig gibt sie Stoffe direkt an das Blut ab (innere Sekretion), denen eine hervorragende Bedeutung für den Gesamtstoffwechsel zukommt. Unsere Kenntnisse von der **äußeren** Sekretion des Pankreas knüpfen sich hauptsächlich an die Namen Heidenhain[3] und Pawlow[4], während die innere Sekretion zunächst von v. Mering[5] und Minkowski (1889) und de Dominicis[6] erkannt worden ist, als sie bei Pankreasexstirpation Ausscheidung von Zucker im Urin mit folgender Kachexie, also einen echten Diabetes beobachteten.

Man studiert die äußere Sekretion des Pankreassaftes an Hunden, denen entweder die Einmündungsstelle des Ausführungsganges mit einem benachbarten Stückchen Duodenum als Fistel in die Haut eingenäht worden ist, oder noch besser nach dem Vorgange von Cohnheim und Klee[7] an Duodenalfistelhunden, bei denen man zur Ableitung der Galle die Gallenblase nach vorheriger Unterbindung des Choledochus mit einem tieferen Darmteil verbunden hat. Die Anregung der äußeren Pankreassekretion erfolgt, soweit wir darüber bisher unterrichtet sind, hauptsächlich, wenn Nahrungsmittel das Duodenum passieren, und zwar erstens reflektorisch durch nervöse Einflüsse, und zweitens auf dem Blutwege, als Folge von resorbiertem Sekretin.

Nervös wird das Pankreas durch den Vagus und den Splanchnikus versorgt, und zwar geben beide Nervengruppen einmal Äste an die das Pankreas versorgenden Blutgefäße ab; zweitens an die innerhalb der Drüsensubstanz gelegenen Ganglienzellen (autonome Zentren). Wegen dieser sehr verwickelten Innervation, wobei Blutdruckschwankungen eine bedeutende Rolle spielen, haben die Versuche durch Reizung der zuleitenden Nerven, also des Vagus oder Sympathikus, die äußere Sekretion des Pankreas zu beeinflussen, zu

1 Vgl. auch Heiberg, Die Krankheiten d. Pankreas. Wiesbaden 1914 (Lit.). Lesser, Die innere Sekretion d. Pankreas. Fischers Verlag 1924. 2 Lit. s. Babkin, Die äußere Sekretion der Verdauungsdrüsen. Springers Verlag. 1914. 3 Hermanns Handbuch V. 1. 1883. 4 Arbeit der Verdauungsdrüsen 1898. 5 Zentralbl. f. klin. Med. 1889. S. 393 und Arch. f. exp. Path. u. Pharmakol. 26. 1890. 6 Münch. med. Woch. 38. S. 717. 1891, dort zit. Habilitationsschrift 1888. 7 Zur Physiologie d. Pankreas. Sitzungsbericht d. Heidelberger Akad. d. Wissensch. 1912. 3.

recht widersprechenden Ergebnissen geführt (vgl. POPIELSKI[1], PAWLOW[2]). In besonders sorgfältigen Versuchen konnte schließlich PAWLOW doch regelmäßig durch Vagusreizung eine reichliche und durch Sympathikusreizung eine spärliche Sekretion von Pankreassekret erzielen[3].

Als Beispiel einer Anregung der Pankreassekretion auf nervösem Wege sei angeführt, daß nach COHNHEIM[4] eine Absonderung von Pankreassaft schon auf Vorhalten von Speisen hin eintritt, also eine psychische Sekretion, wie beim Magen vorkommt.

Die hauptsächlich wirksame Anregung seiner äußeren Sekretion erfährt das Pankreas jedoch nicht durch nervöse Bahnen, sondern auf dem Blutwege, durch die Resorption eines von der Darmschleimhaut gebildeten Stoffes, des Sekretins.

Die Bedeutung dieses Sekretins ist von STARLING und BAYLISS[5] erkannt worden. Sie wiesen in der Darmschleimhaut zunächst ein Prosekretin nach, d. h. eine Vorstufe des Sekretins, welch letzteres sich aus dem Prosekretin erst unter dem Einfluß der Salzsäure des Magens bildet. Dieses so gebildete Sekretin wird nach BAYLISS und STARLING vom Darm aus schnell resorbiert und dem Pankreas auf dem Blutwege zugeführt. Es wird übrigens neuerdings bestritten, daß es ein Prosekretin gibt (SALOU[6], GLEY[7]; vgl. auch OPPENHEIMER [l. c. S. 471]). Nach diesen neueren Feststellungen soll vielmehr die Salzsäure nur als Lösungsmittel für das Sekretin wirken und zugleich das dem Sekretin hinderliche Erepsin vernichten. POPIELSKI[8] ist ferner der Ansicht, daß auch das Sekretin nur auf dem Wege des Nervensystems wirke; doch ist diese Meinung durch die Versuche von FLEIG[9] widerlegt worden, der für das Sekretin den sicheren Nachweis erbracht hat, daß es seine Wirkung auf dem Blutwege entfaltet, während er im übrigen eine auf nervöser Grundlage beruhende Regelung der Pankreassekretion durchaus zugibt. Die Sekretion beginnt etwa 5 Minuten nach dem Eintritt von Salzsäure in den Darm. Bezüglich der histologischen Veränderungen, die sich bei Tätigkeit und Ruhe an den Drüsenzellen feststellen lassen, verweise ich auf HEIDENHAIN (l. c.), KÜHNE und LEA[10] und BREMER[11].

Von Speisen, die in das Duodenum gelangen, bewirkt Wasser ebenso wie Albumosen nur eine geringe Sekretion von Pankreassaft, desgleichen Öl, während Seife, die ja aus dem Öl im Darm entsteht, eine beträchtliche Sekretion vermittelt (COHNHEIM und KLEE l. c.).

Die Menge des abgesonderten Pankreassekretes bei einer

---

1 PFLÜGERS Archiv 86. S. 215. 1901. 2 NAGELS Handbuch d. Physiologie II. S. 737. 1906. 3 OPPENHEIMER, Die Fermente I 4. Aufl. S. 468. 4 Münchener med. Wochenschrift 1907. S. 2581. 5 Zentralbl. f. Physiol. 1901/02. Bd. 15. Hft. 23 und Journ. of Physiol. Bd. 28. 1902. S. 325; Bd. 29. 1903. S. 174. 6 Journ. de physiol. path. gén. XIV. S. 509. 1912. 7 Ebendort XIV. S. 241 u. 530. 1912. 8 PFLÜGERS Archiv Bd. 120. S. 451. 1907. 9 Zentralbl. f. Physiol. XVI. S. 24. 1902 und Arch. gén. de Méd. 80. 1473. 1903. 10 Unters. aus d. physiol. Inst. Heidelberg S. 448. 1878. 11 Ann. et bull. de la Soc. roy. des sciences méd. et natur. de Bruxelles 71. S. 82. 1913.

Mahlzeit ist recht groß und steht in Abhängigkeit zur Menge des Magensaftes (s. auch STEPP und SCHLAGINTWEIT[1]). Sie ist nach den Versuchen von COHNHEIM und KLEE bei Fleischnahrung noch größer als bei Kohlehydratnahrung und zeigt bei Kohlehydratfütterung Verschiedenheiten je nach der Art und der Zubereitung der vegetabilischen Nahrungsmittel. WOHLGEMUTH[2] gibt im Gegensatz hierzu an, daß die Menge des Pankreassaftes bei Kohlehydratnahrung am größten sei und HEINEKE[3] hat auf Grund dieser Angaben empfohlen, Patienten mit Pankreasfisteln Diabetikerkost zu verordnen. Einen überzeugenden Erfolg habe ich von dieser Kostform nicht gesehen. Hingegen wird durch Röntgenbestrahlungen die Sekretion des Pankreassaftes für kurze Zeit herabgesetzt. Die Fisteln gewinnen dann Zeit sich zu schließen (eigene Beobachtung).

Beobachtungen über die Absonderung des Pankreassaftes beim operierten Menschen mit Fisteln stammen von SCHUMM[4] und GLÄSSNER[5]. Es sind, soweit das bisher zu übersehen ist, Unterschiede in Art und Menge der Sekretion beim Menschen und Hunde nicht vorhanden.

Im Pankreassaft sind eine Anzahl der Verdauung dienenden Fermente vorhanden. Das Trypsin, dessen Kenntnis wir vor allen Dingen KÜHNE[6] verdanken, ist ein proteolytisches Ferment, das aber die Eiweißkörper nicht, wie das Pepsin, nur bis zum Pepton, sondern bis zu den Aminosäuren abbaut. Es ist in der Drüse als Vorstufe, die man Zymogen zu nennen pflegt, vorhanden und wird nach PAWLOW[7] durch einen in der Darmwand vorhandenen Stoff, die Enterokinase, aktiviert, d. h. in wirksames Trypsin umgewandelt. Das Trypsin entfaltet seine Wirksamkeit vor allem in stark alkalischer Lösung, wie sie im Pankreassaft normalerweise vorhanden ist. Die Aktivierung des Trypsins ist übrigens nicht allein an das Vorhandensein einer Enterokinase gebunden; auch manchen Bakterien kommt die Fähigkeit zu, Pankreastrypsin zu aktivieren (DELEZENNE[8], BRÉTON[9], HEKMA[10]), ferner Kalksalzen (DELEZENNE[11]), Leberpreßsaft (WOHLGEMUTH[12]) und einer Anzahl von Kolloiden (LARGUIER DES BANALS[13]). Durch Untersuchungen von CAMUS und GLEY[14] ist schließlich gezeigt worden, daß bei bestimmter

---

1 Deutsches Arch. f. klin. Med. Bd. 112. 1913 und Münchener med. Wochenschrift 1913. 3 Berliner klin. Wochenschrift 1907. 2 Zentralbl. f. Chir. 1907. 4 Ztschrft. f. phys. Chemie Bd. 36. S. 292. 1902. 5 Ztschrft. f. physiol. Chemie Bd. 40. 1903. S. 465. 6 VIRCHOWS Archiv Bd. 39. S. 130. 1867. 7 NAGELS Handbuch II. S. 731. 8 Compt. rend. de la Soc. Biol. 54. S. 1989. 9 Ebenda Bd. 56. S. 35. 10 Arch. f. (Anat. u.) Physiol. 1904. S. 343. 11 Compt. rend. de la Soc. de Biol. Bd. 63. S. 274. 12 Bioch. Ztschrft. II. S. 264. 13 Compt. rend. de l'Acad. 141. S. 144. 14 Journ. physiol. path. Bd. VI. S. 987. 1907.

Versuchsanordnung, z. B. Pilokarpininjektion, das Trypsin schon in der Drüse aktiviert wird, also ein aktiver Pankreassaft sezerniert wird. Diese Möglichkeit ist, wie wir noch sehen werden, nicht unwichtig für die Erklärung des Zustandekommens einer Pankreasnekrose.

2. Das Steapsin (Lipase) spaltet, wie zuerst von EBERLE[1] beobachtet worden ist, sowohl Neutralfette als auch niedere Ester in Glyzerin und Fettsäuren. Es ist im Pankreas in sehr wechselnder Menge vorhanden, besonders reichlich beim nüchternen Tier (GRÜTZNER[2]). Die Wirkung des Steapsin wird wesentlich gefördert, wenn man zum Pankreassaft gallensaure Salze hinzufügt (MAGNUS[3]); es handelt sich jedoch bei diesem Vorgang nicht um eine Aktivierung, da das Steapsin als fertiges, nicht als Proferment vom Pankreas ausgeschieden wird (s. bei Galle). Fehlt das Steapsin, so beobachten wir Fettstühle, ein bekanntes diagnostisches Kennzeichen für Erkrankungen der Bauchspeicheldrüse.

3. Die diastatische Wirkung des Pankreassaftes, also die Spaltung von Stärke in Zucker, wurde zuerst von BONCHARDAT und SANDRAS[4] beobachtet. Amylase findet sich in wechselnder Menge im Pankreassaft aller Tiere. Wie aus den experimentellen Untersuchungen und klinischen Erfahrungen von LÉPINE und BARRAL[5], LANGENDORFF[6], SCHLESINGER[7], CLERC und LOEPER[8], WOHLGEMUTH[9], MOECKEL und ROST[10], BLOCK[11] u. a. hervorgeht, steht auch das amylolytische Ferment des Blutes in bestimmter Beziehung zur Pankreasamylase, insofern als der größte Teil des Blutfermentes nichts anderes ist als ein Sekretionsprodukt der Pankreasdrüse, das auf dem Blutwege zur Ausscheidung kommt. Man findet infolgedessen nach Entfernung des Pankreas eine Verminderung, und umgekehrt, bei Unterbindung des Duct. pancreaticus und dadurch bedingter Stauung der äußeren Drüsensekretion, eine Steigerung der Werte des amylolytischen Fermentes im Blute. Hand in Hand mit der Steigerung der Blutdiastase geht eine solche im Urin (ROSENBERG[12]), deshalb empfiehlt WOHLGEMUTH[13] die Bestimmung der Amylase im Urin, um einen Verschluß des Duct.

---

1 Physiol. d. Verdauung. Würzburg 1854. 2 PFLÜGERS Archiv Bd. XII. S. 285. 1876. 3 Ztschrft. f. physiol. Chemie Bd. 48. S. 376. 1906. 4 Compt. rend. Soc. Biol. XX. 143 u. 1085. 1845. 5 C. r. de l'Acad. des Sciences 1891. Bd. 113. S. 729. 6 Arch. f. (Anat. u.) Physiol. 1879. S. 1. 7 Verh. d. 25. Kongr. f. inn. Med. 1908. S. 501. 8 Compt. rend. Soc. Biol. Bd. 66. S. 871. 1909. 9 Deutsche med. Wochenschrift 1908. S. 765 und Bioch. Ztschrft. XXI. S. 381. 1909. 10 Ztschrft. f. physiol. Chemie Bd. 67. 1910. S. 459. 11 Ztschr. f. kl. Med. 93. u. Arch. f. kl. Chir. 118. 12 Inaug.-Diss. Tübingen 1890. 13 Berliner klin. Wochenschrift 1910. Hft. 3.

pancreaticus diagnostizieren zu können. Nach BLOCK[1] findet sich bei Ulcus ventriculi und Entzündungen in der Nähe des Pankreas eine starke Vermehrung der Blutamylase.

Von den anderen im Pankreassaft enthaltenen Fermenten sei nur noch die Nuklease (SACHS[2]) kurz genannt, die in diagnostischer Hinsicht eine gewisse Rolle spielt, da die von SCHMIDT[3] angegebene Kernprobe das Vorhandensein oder Fehlen dieser Nuklease zur Grundlage hat. Es kommt eine Nuklease jedoch auch in der Darmschleimhaut vor. Die Glutinase und Kasease, die nach den neueren Untersuchungen möglicherweise mit dem Trypsin identisch sind (vgl. OPPENHEIMER l. c. S. 442 und 445), können wir, ebenso wie das Hämolysin (FRIEDEMANN[4], WOHLGEMUTH[5]) und die noch völlig ungeklärten nekrotisierenden und blutdruckerniedrigenden Substanzen, hier übergehen.

Die völlige Entfernung des Pankreas ist, wie v. MERING und MINKOWSKI (l. c.) im Jahre 1889 und ungefähr zu gleicher Zeit DE DOMINICI[6] gefunden haben, von einem **Diabetes** gefolgt, und zwar ist diese Zuckerharnruhr nicht etwa eine Folge der Nervenläsion, noch eine Folge des Wegfalls der äußeren Sekretion, sondern sie beruht auf dem Fehlen irgendeines von der Drüse direkt andas Blut abgegebenen Stoffes, nämlich des in den LANGERHANSschen Inseln enthaltenen, neuerdings rein dargestellten Insulin (BANTING u. BEST). Dieses Insulin führt im Tierversuch und beim Menschen zu einer beträchtlichen Verminderung des Blutzuckers (Lit. s. LESSER[7], STRAUSS[8] u. a.). Die grundlegenden Versuche, durch die bewiesen wurde, daß die Zuckerausscheidung nach Entfernung der Bauchspeicheldrüse ihre Ursache in dem Ausfall eines inneren Sekretes dieser Drüse haben muß, stammen von MINKOWSKI[9] und HÉDON[10]. MINKOWSKI pflanzte beim Hunde zunächst den getrennt liegenden Processus uncinatus des Pankreas unter die Bauchhaut mit einem Gefäßstiel, und entfernte nach einigen Wochen die übrige Drüse mit Ausnahme des Transplantates. Es trat dann keine Glykosurie ein. Entfernte er aber nun in einer weiteren Sitzung das in der Bauchhaut gelegene Stück der Drüse, so gingen die Tiere an einem schweren Diabetes zugrunde.

Das in den LANGERHANSschen Inseln gebildete Sekret gelangt, wie BIEDL schon lange Zeit vor der Reindarstellung des Insulins nachgewiesen hat, durch den Ductus thoracicus in die Blutbahn.

---

1 Ztschrft. f. klin. Med. u. Arch. f. klin. Chir. 118. 2 Ztschrft. f. physiol. Chemie 46. S. 336. 1906. 3 Arch. f. klin. Med. Bd. 87. 4 Deutsche med. Wochenschrift 1907. Nr. 15. 5 Bioch. Ztschrft. 4. S. 271. 6 Münch. med. Wochenschrift 1891. 7 Naturwissenschaften 1923, S. 422. Die innere Sekretion des Pankreas. Fischers Verlag 1924. 8 Deutsche med. Wochenschr. 1923. S. 971. 9 Arch. f. exp. Pathol. u. Pharmakol. Bd. 31. 1893. 10 Arch. de méd. exp. 1892. S. 617.

Besteht eine Fistel am Duct. thoracicus, so tritt nach der Berechnung von BIEDL in etwa 66—80% der Fälle eine langdauernde Glykosurie auf, ebenso nach Unterbindung dieses Ganges, was man bei Operationen in der Nähe des Ductus thoracicus oder vor einer absichtlichen Unterbindung, z. B. bei Fettembolie (WILMS[1]) oder wenn man eine Ductus thoracicus-Fistel bei Peritonitis anlegt, wohl beachten muß. Wieweit die anderen Lymphwege — außer dem Ductus thoracicus — beim Menschen genügen, um das innere Sekret des Pankreas der Blutbahn zuzuführen, ist nicht bekannt. Ebenso ist noch eine unentschiedene Frage, ob das Pankreashormon zum Teil direkt in die Blutbahn aufgenommen wird.

Daß dieses innere Sekret der Bauchspeicheldrüse auch beim Diabetes des Menschen von wesentlicher Bedeutung ist, wird durch die anatomischen Veränderungen an den LANGERHANSschen Inseln bei schweren Diabetikern beweisen, wie sie von HEIBERG[2], WEICHSELBAUM[3] und LUBARSCH[4] beschrieben worden sind. Es fanden sich Veränderungen im Sinne einer hydropischen oder hyalinen Degeneration, oder auch eine Entzündung mit Ausgang in Atrophie. Ob sich auch die Drüsenazini an der inneren Sekretion beteiligen, bleibt dabei eine offene Frage, zu deren Entscheidung eine große Anzahl Versuche angestellt worden sind[5].

Es kann auf diese Versuche, die zunächst von LAGUESSE und seiner Schule ausgeführt worden sind, hier nicht eingegangen werden. Sicher entschieden ist jedenfalls die Frage, ob sich auch die Azini an der inneren Sekretion beteiligen, nicht, obgleich sie sehr an Wahrscheinlichkeit gewonnen hat, ebensowenig, wie wir mit Sicherheit wissen, ob die Inseln auch einen Beitrag zu der äußeren Sekretion liefern (vgl. hierzu LOMBROSO[6]).

Wir haben bisher als einzige innersekretorische Funktion des Pankreas nur ihre Bedeutung für den Kohlehydratstoffwechsel betrachtet, nun hat aber, wie aus den Untersuchungen von v. MERING-MINKOWSKI (l. c.), ABELMANN[7], LOMBROSO (l. c.), FLECKSEDER[8], GROSS[9] u. a. hervorgeht, das innersekretorische Pankreashormon auch einen wesentlichen Einfluß auf die Fettresorption bzw. auf die resorptive Tätigkeit des Darmes im allgemeinen, die bei der völligen Entfernung der Drüse so gut wie ganz aufgehoben ist. Die Fettspaltung wird hingegen auch nach der Ausschaltung

1 Chirurgenkongreß 1910. 2 ZIEGLERS Beiträge z. path. Anat. Bd. 51. 1911. S. 178. 3 Wiener klin. Wochenschrift 1911. S. 153. 4 Jahresk. f. ärztl. Fortbildung 1911. 5 Cf. zu dieser Frage HEIBERG, Ergebn. d. Anat. von MERKEL-BONNET Bd. 79. 1909 und GELLÉ, ebendort Bd. 20. II. 1912. Nach WEICHSELBAUM (Wiener klin. Wochenschrift II. S. 155) regenerieren sich untergegangene Inseln nur aus den Ausführungsgängen. 6 Ergebn. d. Physiol. 9. 1910. S. 1. 7 Inaug.-Diss. Dorpat 1890. 8 Arch. f. exp. Path. u. Pharm. 59. 1908. 9 Deutsches Arch. f. klin. Med. Bd. 108. 1912. S. 106.

des Pankreas von den Bakterien des Darmkanals in ungefähr normalem Umfange weiterhin besorgt (ESCHERICH[1], GROSS l. c.). Im Serum ist nach Pankreasexstirpation das Antitrypsin vermindert, was nach STAWRAKY[2] daran Schuld sein soll, daß Diabetiker zu Eiterungen aller Art neigen.

Welche Folgen für den Körper das völlige **Fehlen der äußeren Sekretion** des Pankreas hat, ist vielfach mit Hilfe von Unterbindungen der Ausführungsgänge des Pankreas untersucht worden (ROSENBERG[3], LOMBROSO[4], FLECKSEDER[5], HOLMBERG[6] usw.). Nicht alle der hier mitgeteilten Tierversuche sind allerdings verwertbar, da es besonders beim Hunde wegen häufiger akzessorischer Gänge nicht genügt, den Duct. Wirsungianus und vielleicht noch einen weiteren Gang zu unterbinden, man vielmehr alle zwischen Darm und Drüse befindlichen Stränge mit Ausnahme der Gefäße durchtrennen muß, um sicher zu sein, daß nicht doch noch Pankreassaft in den Darm einfließt. Genau durchgeführte Stoffwechseluntersuchungen nach völliger Ausschaltung der äußeren Sekretion des Pankreas, wie sie vor allem von ROSENBERG und neuerdings von HOLMBERG angestellt worden sind, lassen frühzeitig eine Störung in der Eiweißausnutzung erkennen, so daß nur etwa $^2/_3$ des Stickstoffes resorbiert werden, während die Aufnahme von Fett und Kohlehydraten nach der Unterbindung aller Pankreasgänge anfänglich noch etwa normal ist und erst im späteren Verlauf der Erkrankung, wenn es zu einer hochgradigen Zerstörung der Drüse gekommen ist, stärkere Abweichungen aufweist. Dann bekommen wir die für die Diagnostik der Pankreaserkrankungen so wichtigen Fettstühle.

Im Abbau der Eiweißstoffe und im Abbau der Nukleinsäure läßt sich eine Änderung bei Ausschaltung der äußeren Sekretion nicht nachweisen. Ob, wie ROSENBERG es annimmt, bei Unterbindung der Pankreasausführungsgänge die Fermente in größerer Masse in die Blutbahn übertreten, um von da aus „wie das Eisen" wieder in den Darm ausgeschieden zu werden, woraus sich die verhältnismäßig geringfügige Störung in der Zerlegung und Verwertung der Nahrungsmittel nach dieser Operation erklären soll oder ob die Resorption des Eiweiß und Fett hauptsächlich durch eine innersekretorische Tätigkeit des Pankreas bedingt wird (LOMBROSO), während die äußere Sekretion hierfür weniger von Belang ist, läßt sich nicht so ohne weiteres gegeneinander abwägen. Beides kann sehr wohl nebeneinander vorkommen. Jedenfalls hat die Ansicht LOMBROSOS besonders auch durch die Untersuchungen FLECKSEDERS (l. c.) sehr an Boden gewonnen. FLECKSEDER konnte nämlich

---

1 Die Darmbakterien d. Säuglings S. 158. 2 Ztschrft. f. physiol. Chemie Bd. 89. 1914. 3 PFLÜGERS Arch. Bd. 70. 1898. S. 371. 4 Arch. f. exp. Pathol. 56. S. 357 u. Ergebn. d. Physiol. 9. S. 1 (hier ausf. Lit.). 5 Arch. f. exp. Pathol. u. Pharm. 59. 1908. 6 Dissert. St. Petersburg 1913. Ref. Chir. Kongreßbl. Bd. IV. S. 831.

nachweisen, daß die Fettverdauung normal bleibt, wenn das Pankreas unter die Bauchhaut implantiert wird, wobei also die äußere Sekretion völlig ausgeschaltet ist.

Die anatomischen Veränderungen, die das Pankreas bei der Unterbindung des Duct. pancreaticus erleidet[1], bestehen zunächst in einer hochgradigen Erweiterung der Ausführungsgänge, die zum Schluß, wie ROSENBERG (l. c. S. 403) fand, „mit einer klaren, gelblichen, alkalisch reagierenden Flüssigkeit, welche keine Fermentwirkung mehr zeigt, gefüllt sind". Es kommt zu einem Untergang aller Drüsenzellen, die durch ein mehr oder weniger derbes Bindegewebe allmählich ersetzt werden. Innerhalb dieses Bindegewebes, das dem Organ eine Härte wie Knorpel verleiht, findet man zahlreiche Rundzellenanhäufungen und Blutungen. Wie KÜHNE und LEA[2], neuerdings RICKER, NATUS[3] und KNAPE[4] gezeigt haben, kann man das Pankreas des Kaninchen sehr gut während des Lebens des Tieres mikroskopisch beobachten und so die Veränderungen, die sich in der Drüse abspielen, im einzelnen verfolgen. NATUS hat mit dieser Methode u. a. die Veränderungen an der Bauchspeicheldrüse nach Gangunterbindung studiert. Nach den Untersuchungen von LAGUESSE[5], W. SCHULZE[6], SSOBOLEFF[7] u. a. (an Kaninchen) sollen sich nach der Unterbindung des Pankreasganges die LANGERHANSschen Inseln sehr lange unversehrt erhalten, was mit den klinischen Erfahrungen über Fehlen von Diabetes bei Pankreassteinen gut übereinstimmt (cf. hierzu LOMBROSO l. c.).

Es kommt übrigens bei jungen Hunden dem Pankreas eine weitgehende Regenerationsfähigkeit zu, die sich auch auf die LANGERHANSschen Inseln erstreckt (MORA[8]), während bei älteren Tieren derartige Beobachtungen nicht gemacht worden sind.

Die innere Sekretion des Pankreas und ihre Beziehungen zur äußeren Sekretion hat für den Chirurgen besonderes Interesse bei den **Verletzungen der Bauchspeicheldrüse.** Es handelt sich dabei oft um Querrisse (GARRÈ[9], HOMEYER[10], HEINEKE[11] u. a.), die genäht worden sind, oder um Schußverletzungen (ENDERLEN). Gröbere Störungen, besonders Zuckerausscheidung, sind jedenfalls nach der Naht der Pankreas nicht beobachtet worden. Es ist bisher aber völlig unbekannt, wie sich das Pankreas nach solcher Naht funktionell verhält und was anatomisch aus ihm wird.

---

1 Lit. s. u. a. BARRON, Surgery, gynecol. a. obstetr. 31. 1920. 2 Untersuch. aus d. physiol. Institut Heidelberg Bd. II. 1882. 3 VIRCHOWS Archiv Bd. 199 u. 202. 4 Deutsche Ztschrft. f. Chir. Bd. 121 und VIRCHOWS Archiv Bd. 206. 5 Compt. rend. de la Soc. de Biol. 59. S. 368. 6 Arch. f. Anatomie u. Entwicklungsgeschichte Bd. 56. 1900. 7 VIRCHOWS Archiv Bd. 168. 8 Thèse de Paris 1913. 9 BRUNS' Beiträge Bd. 46. 10 Münchener med. Wochenschrift 1907. 11 Arch. f. klin. Chir. Bd. 84.

Die histologischen Veränderungen nach langdauernder Sekretstauung in der Pankreasdrüse sind denen sehr ähnlich, die wir bei der **chronischen Pankreatitis** des Menschen zu sehen gewohnt sind (HESS[1]). Genau wie bei der experimentellen Gangunterbindung bleiben (BARTH[2]) bei solchen Fällen von chronischer Pankreatitis die LANGERHANSschen Inseln zunächst erhalten. Zum Verständnis der Anfangsstadien der chronischen Pankreatitis und der sich dabei abspielenden pathologischen Vorgänge sind besonders die Untersuchungen von NATUS[3] wertvoll, der, wie oben schon erwähnt wurde, den Pankreasausführungsgang beim Kaninchen unterband und dann das Pankreas während des Lebens des Tieres mikroskopisch beobachtete. Es beruht aber diese chronische Pankreatitis durchaus nicht nur auf einer einfachen Sekretstauung; meist kommen Infektionen von seiten der Lymph- oder Blutbahnen hinzu (DEAVER[4]), oft ist die chronische Pankreatitis das Überbleibsel der sogleich zu besprechenden akuten Pankreasnekrose. Als Grundlage für das Verständnis des klinischen Krankheitsbildes werden wir aber auf die Veränderungen, die wir beim Tier nach Gangunterbindung gefunden haben, zurückgreifen müssen.

Der Ausfall der äußeren Sekretion des Pankreas bei solcher chronischen Pankreatitis wird nach AD. SCHMIDT[5] durch den Befund unverdauter Muskelfasern und eines fettigen Überzugs im Stuhlgange gelegentlich bewiesen (Fettstühle). Daß diese Stuhlveränderungen bei dem genannten Krankheitsbild nicht regelmäßig zu erheben sind, daß überhaupt die Diagnose sehr schwierig sein kann und trotz der zahlreichen angegebenen klinischen Untersuchungsmethoden (vgl. EHRMANN l. c.) oft nicht mit Sicherheit gestellt werden kann, ist durchaus verständlich, wenn man sieht, daß selbst die experimentellen, unvollkommenen Gangunterbindungen, wie sie ROSENBERG u. a. ausgeführt haben, zwar zu einer Sklerose eines großen Teils der Drüse führten, aber nicht zu einer erkennbaren Änderung des Stoffwechsels.

Die starken Schmerzen, die solche Patienten mit chronischer Pankreatitis haben und die ja oft zur Verwechslung mit Gallensteinanfällen führen, sind nach BARTH (l. c.) auf eine Beteiligung

1 Mitt. aus d. Grenzgebieten 19. S. 661. 1909. 2 Arch. f. klin. Chir. Bd. 74. Hft. 2. 3 VIRCHOWS Archiv 202. 1910. 4 Amerik. Übersetzung d. Buches v. REIMANN S. 103. 5 Lit. zu chronischer Pankreatitis: FR. MÜLLER, Deutsches Arch. f. klin. Medizin 12. 1887. AD. SCHMIDT, Grenzgebiete 26. 1914 und Arch. f. klin. Med. 87. 1906. GULEKE, Ergebn. f. Chir. Bd. IV. GROSS, Deutsches Arch. f. klin. Medizin Bd. 108. 1912. S. 106. RIEDEL, Berliner klin. Wochenschrift 1896. Nr. 1 u. 2. BARTH, Arch. f. klin. Chir. Bd. 74. HESS, Mitt. aus d. Grenzgebieten Bd. 19. 1909. EHRMANN, Ztschrft. f. klin. Medizin Bd. 69. TRUHART, Pankreaspathologie. Wiesbaden 1902.

des benachbarten Plexus solaris oder seiner Zweige zu beziehen (SCHMIEDEN[1]).

Chirurgisch-therapeutisch geht man bei Fällen von chronischer Pankreatitis von der angenommenen Sekretstauung durch Gangverlegung aus, und da man annimmt, daß diese Sekretstauung durch gleichzeitig vorhandene Gallenstauung verstärkt wird, so sorgt man durch eine Gallenblasenfistel oder durch eine Verbindung der Gallenblase mit dem Magen für einen Abfluß der Galle.

Ein sehr großes chirurgisches Interesse hat die zuerst von BALSER[2] beschriebene sogenannte **akute Pankreatitis** oder besser **Pankreasnekrose.** Das ungemein charakteristische anatomische Bild der sich rasch und unvermittelt entwickelnden und ohne chirurgischen Eingriff zum Tode führenden Krankheit besteht erstens aus einem Zugrundegehen der Pankreasdrüse, wobei diese von Blutungen durchsetzt ist, und zweitens in Nekrosen des die Drüse umgebenden Fettgewebes, die durch den Austritt von Pankreassaft, speziell Steapsin, bedingt sind.

Diese zahllosen im Mesenterium und großen Netz gelegenen stippchenförmigen, marmorweißen, linsengroßen Nekrosen des Fettes die aussehen als ob jemand das Netz und Mesenterium mit Kalk bespritzt habe, beherrschen das anatomische Bild derart, daß sie den Ausgangspunkt der experimentellen Bearbeitung dieser Erkrankung gebildet haben. Es war zunächst zweifelhaft, ob diese Fettgewebsnekrosen überhaupt etwas mit dem Pankreas zu tun hatten, bis es R. LANGERHANS[3] gelang, durch Einspritzung von Pankreassaft in das subkutane Fettgewebe von Kaninchen dieselben Nekrosen auf experimentellem Wege zu erzielen, wie wir sie beim Menschen sehen. LANGERHANS konnte nachweisen, daß diese Fettgewebsnekrosen auf einem Abbau des Fettes und Bindung der frei werdenden Fettsäuren an den Kalk unter Bildung von fettsaurem Kalk beruhen.

Sind so die Fettgewebsnekrosen als Wirkung des im Pankreassaft vorhandenen Steapsin hinreichend geklärt, so fragt es sich nun, wie das Steapsin aus der Drüse in die freie Bauchhöhle gelangt, mit anderen Worten, wie es zu einer Zerstörung der Pankreasdrüse kommen kann. Hier stehen sich zwei Ansichten gegenüber, die beide durch zahlreiche Experimente zu stützen versucht worden sind. Die eine, augenblicklich von der Mehrzahl der Untersucher vertretene Ansicht ist die, daß bei der Zerstörung der Bauchspeicheldrüse, genau wie bei dem Auftreten der Fettgewebsnekrosen,

1 Münchener med. Wochenschrift 1906. 2 VIRCHOWS Archiv Bd. 90. 1882.
3 Festschrift d. Assistenten f. VIRCHOW 1891.

die im Pankreas vorhandenen Fermente beteiligt sind. Und zwar soll die Zerstörung durch das Trypsin besorgt werden (POLYA[1], KIRCHHEIM[2] u. a.). CHIARI[3] spricht deshalb von einer „intravitalen Selbstverdauung“. Wir stehen damit aber derselben Überlegung gegenüber, die wir schon beim Ulcus ventriculi angestellt hatten. Wie kommt es, daß das Pankreas auf einmal für diese in ihm enthaltenen Fermente angreifbar wird? An diesem Punkte teilen sich die Anschauungen der Untersucher. RICKER[4], NATUS[5] und KNAPE[6] kommen auf Grund ihrer Beobachtungen am lebenden Pankreas des Kaninchens zu der Ansicht, daß die Zerstörung des Pankreas mit dem Trypsin zunächst nichts zu tun hätte. Sie konnten hingegen im Experiment zeigen, wie leicht das Pankreas mit Stase und Hämorrhagien auf alle möglichen Reize antwortet. Man hat nach der Ansicht von RICKER, NATUS und KNAPE zur Erklärung der bei der Pankreasnekrose vorhandenen schweren Blutung in die Bauchspeicheldrüse das Trypsin durchaus nicht nötig. Wichtiger als das Trypsin sollen nach den Untersuchungen von KNAPE sogar die Salze des Pankreassekretes sein. Es ist nach KNAPE anzunehmen, daß, sobald das Pankreassekret aus irgendeinem Grunde Gelegenheit hat, aus den Drüsengängen in das umgebende Gewebe auszutreten, diese Salze einen so starken Reiz auf die Gefäßnerven ausüben, daß sich eine schwere Blutung in das Pankreas hinein entwickelt. Es fragt sich nur: wie kann das Pankreassekret auf einmal in das umgebende Gewebe austreten? Bei hochgradiger Sekretstauung ist das möglich, doch solche liegt, soweit das pathologische Material verwertbar ist, bei Pankreashämorrhagie gewöhnlich nicht vor. Denkbar ist ja allerdings, daß ein Krampf des ODDIschen Schließmuskels statthat, wie das ARCHIBALD[7] auf Grund verschiedener Versuche annimmt, und daß daraus eine Sekretstauung im Bereich der Pankreasdrüse folgt, die in der Leiche nicht mehr erkennbar ist. Nach KNAPE spielt sich aber der ganze erste Akt der Erkrankung in den Blutgefäßen ab und die Pankreashämorrhagie entsteht in der Weise, daß durch irgendeinen Nervenreiz, der den Körper irgendwo trifft, ein Gefäßkrampf im Pankreasgebiet einsetzt und daß dadurch zunächst einmal eine kleine umschriebene Stelle im Pankreasgewebe nekrostiert. Ähnliches konnte KNAPE beim Kaninchen bei mikroskopischer Beobachtung der lebenden Pankreasdrüse beobachten. In dieses nekrotische Gewebe nun kann der stark reizende

---

1 Mitt. aus d. Grenzgebieten 24. 1912. S. 49. 2 Arch. f. exp. Pathol. u. Pharmak. Bd. 74. 1913. 3 Verhandl. d. Deutschen pathol. Gesellschaft V. 1901. 3 BRUNS' Beiträge Bd. 87. S. 729. 5 VIRCHOWS Archiv Bd. 199 u. 202. 1910. 6 VIRCHOWS Archiv Bd. 106 und Deutsche Ztschrft. f. Chir. 121. 1913. 7 17. internat. med. Kongreß London 1913.

Pankreassaft eintreten, und nunmehr setzt er das Zerstörungswerk fort. Das Primäre wäre also nach KNAPE, genau wie beim Magengeschwür, der reflektorische Gefäßkrampf. KNAPE stellt aus der Literatur eine ganze Anzahl von Fällen zusammen, wo solche Pankreasnekrosen auf diesem reflektorischen Wege entstanden sein sollen, so Pankreashämorrhagie beim Erhängen, beim Erwürgen, beim Heben schwerer Lasten, bei schwerem Blutverlust usw. Er selbst beobachtete einen Fall, wo ein gesunder Mann beim Schwimmen eine akute Pankreatitis bekam mit anatomisch schwerer Zerstörung des Pankreas. Da der Mann ertrank, zeigte dieser Fall, wie außerordentlich schnell das ganze Pankreas durch eine solche Blutung zerstört werden kann, so daß man in der Tat dazu kommt, hier einen reflektorischen Vorgang anzunehmen.

Schon vor RICKER und seiner Schule vertrat eine große Anzahl Untersucher die Ansicht, daß die Zerstörung der Bauchspeicheldrüse dadurch erfolgt, daß die Blutzufuhr zum Pankreas gestört ist. Es war das ja eine sehr naheliegende Vorstellung, die sich gut mit den Ansichten über die Entstehung des Magengeschwürs deckte. Entsprechende Versuche stammen von HILDEBRAND[1], PAYR und MARTINA[2] (Quetschung des Pankreas) u. v. a. (Lit. bei GULEKE[3]). Am erfolgreichsten mit ihren Versuchen durch Thrombosierung der Venen oder Embolisierung der Arterien Pankreasnekrosen zu erhalten, waren BUNGE[4] und GULEKE[3], denen es mehrfach gelang, durch Injektion embolisierender Substanzen in die Blutbahn, wie Paraffin, Öl, Luft usw., anatomische Veränderungen zu erzeugen, die der menschlichen Fettgewebs- und Pankreasnekrose außerordentlich ähnlich sahen. Die klinischen Befunde von SCHULTZE[5] von Aneurysma der Art. pancreatico-duodenalis als Grund einer Pankreasnekrose beleuchten den Wertdieser Versuche. DEAVER[6] nimmt an, daß diese Schädigung der Bauchspeicheldrüse Folge einer Hinüberwanderung von Bakterien aus der Gallenblase auf dem Lymphwege sei.

Eine zweite Gruppe von Untersuchern nun vertritt die Anschauung, daß von vornherein den wesentlichsten Anteil an der Zerstörung der Bauchspeicheldrüse das Trypsin habe, nur müsse das in der Drüse in inaktivem Zustand vorhandene Trypsin aktiviert werden. Wir haben oben gesehen, daß diese Fähigkeit, Trypsin zu aktivieren, bei der normalen Verdauung der Enterokinase zukommt, die in der Darm-

---

1 Zentralbl. f. Chir. 1895 und Arch. f. klin. Chir. Bd. 57. 2 Deutsche Ztschrft. f. Chir. Bd. 83. 3 Arch. f. klin. Chir. Bd. 71. S. 726. 1903. 4 Ergebn. d. Chir. Bd. IV. 1912. S. 408 und Arch. f. klin. Chir. Bd. 78. 1906 u. Bd. 85. 1908. 5 ZIEGLERS Beiträge Bd. 38. 1905. 6 Amerik. Übersetz. dieses Buches von REIMANN s. 102.

wand enthalten ist. Es kann aber ferner das Trypsin durch absterbende Zellen (Leukozyten, Bakterien usw.) aktiviert werden. Um eine solche Aktivierung innerhalb der Drüse zu erreichen, spritzte KÖRTE [1] etwas Darminhalt direkt in das Pankreasparenchym ein, während HLAVA[2], CARNOT[3] u. a. hierzu Reinkulturen von Bakterien benutzten. Die auf diese Weise erreichten Veränderungen entsprachen jedoch der akuten Pankreasnekrose des Menschen keineswegs. Es kam meist nur zu umschriebenen Veränderungen, Abszessen, Blutungen, bindegewebigen Narben und spärlichen Fettgewebsnekrosen, woraus eigentlich nur geschlossen werden kann, daß das normale Pankreas verhältnismäßig widerstandsfähig gegen eine Infektion ist. Den Verhältnissen, wie sie im menschlichen Körper möglich sind, kamen die Versuche viel näher, bei denen Darminhalt, Bakterien, Galle, Blut, Salzsäure, Fett, Seifen, Öl, Fettsäuren usw. in den Ausführungsgang des Pankreas eingespritzt wurden, oder bei denen der Abfluß rer Galle durch Vernähung der Papilla Vateri gehindert wurde (NORDMANN[4]). Solche Versuche stammen von KÖRTE (l. c.), CARNOT (l. c.), HILDEBRAND (l. c.), ROSENBACH[5], FLEXNER[5], POLYA (l. c.), EPPINGER[6], SEIDEL[7], GULEKE (l. c.), HESS[8], KNAPE (l. c.), DELBET[9], DELLEZENNE[10], GLÄSSNER[11], NORDMANN[4] u. v. a. Man muß jedoch durchaus betonen, worauf besonders auch KNAPE und RICKER immer wieder hingewiesen haben, daß diese Versuche doch Verbindungen darstellen von Aktivierung des Pankreassaftes und einer Gewebsschädigung, vielleicht auch Krampf der Blutgefäße.

Die Versuche mit Einspritzung verschiedener Substanzen in den Pankreasausführungsgang haben nun in der Tat Veränderungen ergeben, die der menschlichen Pankreasnekrose anatomisch und klinisch durchaus entsprechen, und daß es, trotz des ODDIschen Muskels, der den Schluß der Papilla Vateri bewirkt, dem Duodenalinhalt gelingt, in den Duct. pancreaticus einzudringen und in der geschilderten Weise unter Mitwirkung des aktivierten Trypsins und des Steapsins eine typische Pankreas- und Fettgewebsnekrose hervorzurufen, haben die Versuche von SEIDEL gezeigt, der das Krankheitsbild durch Unterbindung des Duodenums nach vorhergegangener Pylorusresektion und Gastroenterostomie erzeugte. Einen interessanten klinischen

---

1 Berliner Klinik Dez. 1896. 2 Zit. nach POLYA, Mitt. aus d. Grenzgebieten Bd. 24. S. 49. 3 Thèse de Paris 1898. 4 Berl. Ges. f. Chir. Bd. XII. 1920. 5 Zit. nach SEIDEL. 6 Ztschrft. f. exp. Pathol. u. Therapie 1905. S. 216. 7 BRUNS' Beiträge Bd. 85. S. 239. 1913 (ausf. Lit.). 8 Münchener med. Wochenschrift 1903, 1905 u. 1907. 9 Bull. et mém. de la soc. de chir. de Paris Bd. 40. 1914. S. 24. 10 Compt. rend. Soc. Biol. 1902. 11 Ztschrft. f. physiol. Chemie Bd. 40.

Fall, der die Möglichkeit des Eindringens von Darminhalt in den Pankreasgang gut illustriert, teilte SIMMONDS[1] mit. Es fand sich bei akuter Pankreasnekrose ein Spulwurm im Pankreasgang. Es mag hier daran erinnert sein, daß nach den anatomischen Untersuchungen von ROST[2] der ODDIsche Muskel sehr verschieden ausgebildet und auch nach seinem Tonus bei den einzelnen Individuen der gleichen Art (Hund) recht verschieden kräftig ist.

Wir können auf Grund der mitgeteilten experimentellen Resultate sagen, eine Fettgewebsnekrose kommt dann zustande, wenn das Pankreas geschädigt und dadurch der Einwirkung des vorher aktivierten Verdauungssaftes zugänglich gemacht wird, vielleicht ist letzteres sogar nicht einmal nötig. Im Experiment läßt sich diese Voraussetzung sowohl durch eine Störung der Blutzufuhr als auch durch Eindringen von Darminhalt in die Ausführungsgänge erfüllen. Beim Menschen ist der zuletzt geschilderte Weg von Eindringen von Galle in den Pankreasgang nach den vorliegenden Sektionsbefunden zwar möglich, aber selten (GULEKE[3]). Die akute Pankreatitis ist oft mit Gallensteinen oder Entzündungen der Gallenblase verbunden, aber selten mit Choledochumsteinen. Auffallend ist es ferner, daß meist sehr fette Menschen von der Erkrankung betroffen werden. Die Befunde von FISCHLER[4], der fand, daß ECKsche Fistelhunde besonders zu Pankreasnekrosen neigen, können wir in ihren möglicherweise sehr weittragenden Folgen noch nicht überblicken.

Sind so die anatomischen Veränderungen der Pankreasnekrose durch diese zitierten Versuche einigermaßen geklärt, so fragt es sich noch, wodurch der schwere zum Tode führende klinische Verlauf dieser Erkrankung zustande kommt. Nach MARAGLIANO[5] sind folgende Möglichkeiten vorhanden: Es kann sich 1. um eine peritoneale Infektion oder um einen peritonealen Reiz handeln; 2. um eine Vergiftung durch Seifen; 3. um eine Vergiftung durch Fermente und schließlich 4. um eine Vergiftung mit Substanzen, die sich nicht näher analysieren lassen, die sich aber aus dem zersetzten Pankreas bilden. Während früher v. BERGMANN[6] und GULEKE[7], die diese Frage ausgedehnt experimentell bearbeitet haben, der Ansicht waren, daß es sich bei dem Tode an Pankreasnekrose um eine Trypsinvergiftung handle, und daß man durch vorhergehende Trypsininjektion die Tiere immunisieren und retten könne, kommen die Autoren neuerdings zu der Anschauung, daß die Gift-

1 Deutsche med. Wochenschrift 1915. 2 Mitt. aus d. Grenzgebieten 26. S. 759. 1913. 3 Stoffwechselkongreß Berlin 1924. 4 Deutsches Arch. f. klin. Med. Bd. 100; ferner Grenzgebiete Bd. 26. 1913. Hft. 4 S. 103. 5 Policlinico XIX. 6 Ztschrft. f. exp. Pathol. u. Therapie 3. 7 Münchener med. Wochenschrift 1910. S. 1673.

wirkung nicht durch das Trypsin allein bedingt sei, sondern von allen möglichen Stoffen herrühre, die aus dem autolytisch zerfallenen Pankreas entstehen und dann zur Aufnahme in den Kreislauf kommen. Die gleiche Ansicht vertritt DOBERAUER[1]. Man beobachtet übrigens auch gelegentlich tötlich verlaufende Fettgewebsnekrosen mit selbst histologisch völlig normalem Pankreas (ARNSPERGER[2], SCHLEGEL[3]). Wodurch und auf welchem Wege es hier zu einem Austritt von Fermenten aus der Drüse kommt ist noch unklar, man wird aber an die oben beschriebene »innere Sekretion« dieser Verdauungsfermente erinnert (FLECKSEDER, LOMBROSO).

Leber und Gallenblase.

Die Leber, ein Organ, dessen physiologische Bedeutung schon allein durch seine außerordentliche Größe angezeigt wird, ist eingeschaltet zwischen Darm und großen Kreislauf und dient der zweckmäßigen Verarbeitung der mit der Nahrung dem Körper zugeführten Energiewerte[4]. Man hat die Leber mit einem Sortierwerk verglichen oder auch mit einer Bank, Vergleiche, die sehr passend gewählt sind, da sie uns verdeutlichen, daß hier in der Leber die Verteilung und für den Körper zweckmäßige Umarbeitung der ihr ziemlich wahllos auf dem Wege der Pfortader zugeführten Nährstoffe stattfindet. Es mag jedoch gleich hier einleitend bemerkt werden, daß auch der Warmblüter eine sehr weitgehende Ausschaltung der Leber, so wie sie bei der Anlegung einer ECKschen Fistel statthat (Anastomose zwischen Vena cava inferior und Pfortader, Unterbindung der Pfortader), verträgt (s. später). Bei Entfernung der ganzen Leber gehen die Tiere an Krämpfen zugrunde (MINKOWSKI[5], BICKEL[6] u. a.).

In der Leber ist also der Beginn und die wesentlichste Stätte des Stoffwechsels zu suchen. Das Versagen ihrer Tätigkeit oder, was dem ziemlich gleichkommt, die experimentelle Ausschaltung der Leber kann zu einer Überschwemmung des Blutkreislaufes mit Stoffen führen, die, obgleich vom Körper aus den Nahrungsstoffen gebildet, für ihn dennoch schädlich oder, wenn man so will, giftig sind. Die Leber besorgt diese Regelung des Stoffwechsels mit Hilfe zahlreicher Fermente, die zum Teil in ihren eigenen Zellen enthalten, ihr teilweise wohl auch auf dem Blutwege zugeführt werden, z. B. von der Bauchspeicheldrüse aus.

---

1 BRUNS' Beiträge Bd. 48 u. Chirurgenkongreß 1906. 2 D. Zeitschr. f. Chir. 189. 3 Persönliche Mitteilung. 4 Zusammenfassende Bearbeitungen u. Literatur: FISCHLER, Physiologie u. Pathologie der Leber. Springers Verlag. 1916. 5 Arch. f. exp. Pathol. u. Pharmakol. 1886, S. 21. 6 D. med. Wochenschr. 1923, S. 140.

Die einzelnen Vorgänge des Stoffwechsels innerhalb der Leber wickeln sich nun nicht nebeneinander ab, sondern sie greifen in einer uns im einzelnen unbekannten Weise ineinander über, was für uns die Möglichkeit, die verwickelte Arbeit des genannten Organs unserem Verständnis näher zu bringen, noch mehr erschwert. Wir haben bisher auch keine Anhaltspunkte dafür gewinnen können, daß die **verschiedenen Funktionen der Leber an räumlich verschiedene Abschnitte des Organs gebunden** seien, wie das besonders französische Autoren (SÉRÉGÉ) behaupten (vgl. HESS[1]). Immerhin ist es auffallend, daß gewisse Krankheiten mit Vorliebe und zuerst einzelne bestimmte Teile der Leber befallen.

So findet man den tropischen Leberabszeß fast ausschließlich im rechten, die Leberzirrhose im Anfang meist im linken Lappen (KEHR[2]). Und wenn auch die Ansicht von GLÉNARD und SÉRÉGÉ, daß die Aufgaben der beiden Leberlappen bis zu einem gewissen Grade voneinander unabhängig seien, in der Form, vorläufig kaum anerkannt werden wird, so besteht doch immerhin, besonders nach den oben angeführten Befunden der pathologischen Anatomie, die Möglichkeit, daß einzelnen Teilen der Leber für bestimmte Aufgaben und Krankheiten eine besondere Bedeutung zukommt. Für die Chirurgie wäre ein derartiges Verhalten von weitgehendem Interesse.

Wir wissen aus den Untersuchungen von GLUCK[3] und PONFICK[4], daß Kaninchen die Entfernung von $^2/_3$ der Leber anstandslos vertragen; in kurzer Zeit ist der verbliebene Rest wieder um das Doppelte vergrößert, was nach THÖLE[5] damit zusammenhängt, daß nach Wegnahme eines Teiles der Leber nun die gleiche Blutmenge wie vor der Operation bei gleichem Gefäßtonus durch die verkleinerte Leber fließt. Von dieser Hyperämie soll das Wachstum der Leber abhängen, und die Zellen hören nach der Ansicht von THÖLE auf zu wachsen, wenn ein Gleichgewicht zwischen Blutzufuhr und neugebildetem Gewebe erreicht ist. Es wäre wünschenswert, daß diese interessante Theorie im Experiment nachgeprüft würde. Auch beim Menschen begegnen wir diesem Wiederherstellungsvermögen der Leber, so z. B. bei Echinokokkuszysten und anderen Erkrankungen, die mit einer mechanischen Zerstörung von Lebersubstanz verknüpft sind.

Dieses nach einer teilweisen Entfernung der Leber neugebildete Gewebe scheint auch funktionell ausgleichend für die fehlenden Teile einzutreten, wennschon bisher Untersuchungen, die sich mit den Änderungen des Stoffwechsels nach teilweiser Leberentfernung befassen, nicht vorliegen. GLUCK und PONFICK haben sich nur auf anatomische Untersuchungen beschränkt.

---

1 v. VOLKMANNS Sammlung klin. Vorträge N. F. Nr. 576. 1900. 2 Handbuch der praktischen Chirurgie III. S. 611. IV. Aufl. 3 Arch. f. klin. Chir. XXIX. S. 129. 1883. 4 VIRCHOWS Archiv Bd. 118 u. 119. 1889. 5 Neue deutsche Chir. Bd. IV. S. 70. 1912.

Bei Entfernung der ganzen Leber kommt es zu einer starken Verminderung des Blutzuckers. Durch Zuckerinfusionen kann ein solches Tier längere Zeit am Leben erhalten werden (MANN[1] und MAGATH, WILLIAMSEN, BOLLMANN).

Die übrigen Organe der Tiere zeigten bei den weitgehenden Entfernungen von Leberteilen (PONFICK) eine verhältnismäßig geringgradige Schädigung. In der Hauptsache findet man eine gewisse Stauung in den Unterleibsorganen, die bei der Milz zu einer beträchtlichen Vergrößerung führt.

Überblicken wir nun einmal kurz die verschiedenen Aufgaben, die der Leber im Haushalt des Körpers zukommen! Eine besondere Bedeutung hat sie zunächst für den **Kohlehydratstoffwechsel.** CLAUDE BERNARD[2] hat zuerst nachgewiesen, daß die Leber Kohlehydrate in der Form von Glykogen aufspeichert, aus dem Glykogen Zucker bildet und diesen dem Körper je nach Bedarf wieder zuführt. Wie das im einzelnen geschieht, welche Fermente dabei eine Rolle spielen, das kann hier nicht erörtert werden[3]. Ein sehr lebhafter, mit einer Fülle von fein durchdachten Versuchen geführter Streit bestand und besteht darüber, ob der Körper auch aus anderen Stoffen als wie aus Kohlehydraten Glykogen bilden kann, im besonderen aus Eiweiß und Fett. Es wird diese Frage, die für die Behandlung der Zuckerkranken ein wesentliches Interesse hat, jetzt allgemein dahin beantwortet, daß die Leber in der Tat in der Lage ist, aus Eiweiß, vielleicht auch aus Fett, Glykogen zu bilden[4]. Die Notwendigkeit, bei Diabetikern nicht nur die Kohlehydrat- sondern auch die Eiweißzufuhr einzuschränken, ist deshalb jetzt eine allgemein anerkannte. Störungen im Kohlehydratstoffwechsel sind verhältnismäßig leicht nachweisbar und wir benutzen sie zur Funktionsprüfung der Leber. Hierher gehört vor allem die Herabsetzung der Toleranz gegen Galaktosen. Sie ist z. B. bei Ikterus durch einfache Gallenstauung nicht vorhanden, hingegen bei jedem Ikterus, der auf einer Schädigung der Leberzellen beruht (SACHS[5], ISAAC[6], HOHLWEG[7], RITTER[8] u. a.).

---

1 Americ. med. Assoc. 1921. The American Journ. of Physiol. Bd. 65. 1923. S. 69. Arch. of Intern. Med. Bd. 30 u. 31. 1922. The journ. of Labor. and Clinical Medicine St. Louis. Bd. 8. 1922. The American Journal of the Med. Sciences 1921. Erg. d. Physiol. Bd. 23. 1924. 2 Compt. rend. de l'Acad. des Sciences Bd. 27. 1848. S. 514 und L'œuvre de CLAUDE BERNARD (Paris, Baillière et fils). 3 Vgl. dazu FISCHLER l. c. 4 Vgl. PFLÜGER, Das Glykogen und seine Beziehungen zur Zuckerkrankheit. 2. Aufl. 1905 und ABDERHALDEN, Physiologische Chemie II. S. 409 ff., spez. S. 430. 5 Zeitschrift f. klin. Med. Bd. 38. S. 87. 6 Berl. klin. Wochenschr. 1913. S. 1167. 7 Deutsches Arch. f. klin. Med. 97. 8 Erg. d. Chir. Bd. 17. 1924.

Auch an dem **Eiweißaufbau** und -abbau ist die Leber wesentlich beteiligt. Die im Darm bis zu den Aminosäuren abgebauten Eiweißstoffe werden dem Körper so gut wie ausschließlich durch den Blut-, nicht den Lymphstrom zugeführt, kommen also durch die Pfortader in die Leber. Da es bisher noch nicht gelungen ist, diese Abbauprodukte im Pfortaderblut nachzuweisen[1], gewinnt die Annahme sehr an Wahrscheinlichkeit, daß die Aminosäuren des Nahrungseiweißes in der Darmwand wieder zu einem vollständigen Eiweißmolekül aufgebaut werden und als solches die Leber passieren. Hierfür sprechen u. a. die Befunde von ABDERHALDEN und LONDON[2], die bei Hunden mit ECKscher Fistel das Nahrungseiweiß durch völlig abgebautes Eiweiß ersetzten und dann trotzdem Stickstoffansatz erzielten. Wie weit sich die Leber im einzelnen an diesem Eiweißaufbau und -abbau beteiligt, ist noch nicht geklärt. FISCHLER schätzt auf Grund seiner Versuche die Bedeutung der Leber für die Resorption und Endumsetzung des Eiweißes sehr hoch ein. Auch die Störungen des Eiweißstoffwechsels sind zur Funktionsprüfung der Leber herangezogen worden (Lit. s. RITTER[3] „WIDALsche Hämoklasieprobe").

Für den Chirurgen scheint uns besonders die Verwertung der Eiweißschlacken durch die Leber bedeutungsvoll zu sein, und zwar deshalb, weil der Wegfall dieses Teiles der Leberfunktion bei einer ECKschen Fistel aber auch bei der TALMAschen Operation (s. später) verhängnisvoll werden kann und vielleicht auch an manchen Narkosetodesfällen schuld ist (s. S. 169).

Denn die Abbauprodukte, die bei diesem Umbau des Eiweißmoleküls entstehen, sind für den Körper schädlich und giftig. So werden in erster Linie in der Leber die bei der Eiweißzersetzung gebildeten Ammoniaksalze in Harnstoff umgewandelt (v. SCHRÖDER[4]) und damit dem großen Kreislauf in einer ungiftigen Form zugeführt, Das Pfortaderblut ist sehr reich an Ammoniaksalzen, und wenn es, wie bei einer ECKschen Fistel, direkt in die V. cava geleitet wird, kommt es leicht zu Symptomen einer Ammoniakvergiftung, die allerdings gewöhnlich nicht tödlich verläuft (s. später). Wie diese Harnstoffbildung aus Eiweiß im einzelnen erfolgt, ist eine durchaus noch nicht völlig geklärte Frage, die hier nicht erörtert werden kann[5].

Auch zum Purinstoffwechsel, der ja nur eine Unterabteilung des Eiweißstoffwechsels ist, steht die Leber in naher Beziehung.

Man teilt die Eiweißstoffe ein in die einfachen und zusammengesetzten Proteine. Zu den letzteren gehören die Nukleoproteide; sie werden durch eine Anzahl Fermente, die in verschiedenen Organen vorkommen,

---

1 Vgl. hierzu WOHLGEMUTH in OPPENHEIMERS Handbuch d. Biochemie III. S. 178.
2 Ztschrft. f. physiol. Chemie 54. S. 112. 1907. 3 Erg. d. Chir. Bd. 17. 1924.
4 Archiv f. exp. Path. u. Pharmak. XV. S. 364. 1882. 5 Vgl. ABDERHALDEN, Physiol. Chemie S. 316. 1909 und WOHLGEMUTH in OPPENHEIMERS Handbuch der Biochemie III. S. 183. 1907.

in Nukleinsäure und einen Eiweißanteil zerlegt. Die Nukleinsäure wird dann weiterhin durch Fermente in die verschiedenen Purinbasen bis herab zur Harnsäure und von da aus rasch weiter gespalten.

Die Krankheit, die wir als **Gicht** bezeichnen, ist bekanntlich eine Störung in diesem Purinstoffwechsel, und zwar unterscheiden wir die Nierengicht, wo bei erhöhter Bildung von Harnsäure eine ungenügende Ausscheidung durch die Nieren statthat mit folgender Anhäufung der Harnsäure im Blut und Ablagerung in verschiedenen Geweben, von der „echten Gicht", bei der die Störung offenbar irgendwo in dem fermentativen Abbau der Purinkörper gesucht werden muß. Da nun in der Leber, allerdings nur mit Hilfe der Autolyse, Fermente nachgewiesen worden sind, die zum Abbau der Nukleine beitragen (urikolytische Fermente u. a.), da ferner aus den Untersuchungen von M. Hahn, Fischler (l. c.), Massen, Nencki und Pawlow[1] hervorgeht, daß bei Hunden mit Eckscher Fistel im Harn etwa die fünffache Menge Harnsäure auftritt, als wie beim Normalen, so wird von einem Teil der Autoren der Leber eine beträchtliche Bedeutung für die Entstehung der Gicht zugesprochen, eine Ansicht, die allerdings keineswegs allgemein anerkannt ist.

Auch ein Teil der Nahrungs**fette** passiert die Leber, während der weitaus größere Teil des Fettes unter Umgehung der Leber durch die Chylusbahnen dem Körper zugeführt wird. Gleichwohl ist die Bedeutung der Leber für den Fettstoffwechsel eine sehr große, da ja von den Leberzellen die Galle gebildet wird, die zur Resorption des Fettes im Darm notwendig ist. Es werden die Fette durch die Galle in eine wasserlösliche Form übergeführt. Die Leber hat, wie Fischler (l. c. S. 57) es ausdrückt, „ihre Funktion bei der Fettresorption in den Darm verlegt".

Die der Leber zugeführten Fette können in den Zellen gespeichert werden. Sie erfahren aber auch einen im einzelnen nicht geklärten Umbau in der Leber, was daraus hervorgeht, daß die Leber an der Azetonkörperbildung beteiligt ist. Fettsäuren sind in der Leber histologisch nicht nachzuweisen (Fischler). Ein Teil des Fettes, besonders das Cholestearin (Aschoff-Bacmeister[2], Landau und Nee[3]) wird in der Galle ausgeschieden (Glässner und Singer[4]), der andere Teil wird nach einem im einzelnen sehr verwickelten Ab- und Umbau dem allgemeinen Stoffwechsel zugeführt (vgl. J. Fränkel[5]).

Die **entgiftende Eigenschaft der Leber,** von der wir oben sprachen, zeigt sich nicht nur den Eiweißstoffen gegenüber, sondern auch gegenüber allen möglichen anderen, durch den Mund aufgenommenen Stoffen, die durch Paarung, Abbau oder auf an-

---

1 Archiv f. exp. Path. u. Pharmak. Bd. 32. 1893. 2 Die Cholelithiasis. Jena 1909. 3 Zieglers Beiträge zur prakt. Anat. Bd. 58. 1914. 4 Med. Klinik 1909. Nr. 51. 5 Dynamische Biochemie. Wiesbaden 1911. S. 383.

dere Weise für den Körper unschädlich gemacht werden. Besonders trifft das für Alkaloide zu, die deshalb bei subkutaner Einverleibung rasch tödlich wirken, während sie per os verabreicht verhältnismäßig unschädlich sind, was damit zusammenhängt, daß die Gifte mit der Pfortader der Leber zugeführt und dort irgendwie gebunden werden. So fand SCHIFF[1], daß eine Dosis Nikotin den entleberten Frosch rasch tötet, die den normalen noch nicht einmal vergiftet, und ebenso kann man ein Säugetier durch Einspritzung von Strychnin, Morphium und andere Gifte in den großen Kreislauf rasch töten, während die gleiche Dosis, in eine Mesenterialvene gespritzt, unschädlich ist (Lit. vgl. WOHLGEMUTH l. c. S. 196).

Für die Leber selbst ist allerdings dieser Dienst, den sie dem Gesamtorganismus leistet, nicht gleichgültig; sie geht oft dabei zugrunde. Dies äußert sich anatomisch in der Leberverfettung, wie wir sie bei Phosphor, Alkohol, Phloridzin und einer Anzahl von Infektionskrankheiten finden, im Glykogenschwund und schließlich in zentraler Nekrose der Leberläppchen.

Die Streitfrage, ob die Verfettung bei Phosphorvergiftung eine Fettdegeneration oder eine Infiltration ist, dürfte durch die Versuche LEBEDEFFS[2] entschieden worden sein. LEBEDEFF ließ nämlich Tiere so lange hungern, bis sie fast ihren ganzen Fettvorat eingebüßt hatten, gab ihnen dann Leinöl und Fleisch zu fressen. Gleichzeitig vergiftete er sie mit Phosphor. Die Leberzellen der Tiere enthielten dann Leinöl, kein Hundefett, es konnte sich also nicht um eine Umwandlung, des Eiweißes in Fett, also nicht um das, was man als Fettdegeneration der Leberzellen bezeichnet, gehandelt haben, sondern nur um eine Fettinfiltration.

Die zentralen Läppchennekrosen der Leber (FISCHLER[3]) haben deshalb für den Chirurgen ein besonderes Interesse, weil sie in einer gewissen Beziehung zur Chloroformvergiftung zu stehen scheinen. Denn gerade bei dieser Vergiftung sind zunächst jene zentralen Läppchennekrosen beobachtet worden (WHIPPLE und SPERRY[4], FISCHLER u. a.).

Es haben nun die Versuche FISCHLERS gezeigt, daß dieser Zusammenhang jedenfalls kein ganz einfacher ist, sondern in Beziehung zur Tätigkeit des Pankreas steht. Chloroform allein macht nämlich gewöhnlich beim gesunden Tier keine länger anhaltende Leberschädigung. Schaltet man jedoch die Leber durch ECKsche Fistel aus und gibt danach dem Tiere reichlich Chloroform, so erhält man jetzt sehr leicht die zentrale Nekrose der Leber. Die Tiere sterben in einem eigenartigen komatösen Zustande. Es lassen sich jedoch bei Tieren mit ECKscher Fistel die gleichen Veränderungen in der Leber auch mit anderen die Leber schädigenden Giften außer Chloroform erreichen, und es sind Tiere, bei denen die Anlegung der ECKschen Fistel schon längere Zeit zu-

---

1 Arch. des sciences physique et naturelle 58. S. 293. 1877. 2 Archiv f. (Anat. u.) Physiol. 1883. Bd. 31. S. 11. 3 Mitt. aus d. Grenzgebieten 26. 1913. S. 553 (hier weitere Lit.). 4 JOHN HOPKINS Hospital Bulletin 20. 1909. S. 278.

rückliegt, nicht empfindlicher gegen Chloroform als normale Tiere. FISCHLER folgert deshalb aus seinen Versuchen, daß dem Chloroform nur eine auslösende Bedeutung für das Zustandekommen der erwähnten Leberveränderung zukommt. Die in irgendwelcher Weise geschädigte Leber ist überempfindlich gegen Trypsin, das aus dem Pankreas herstammt. Wird ein Tier vorher gegen Trypsin immunisiert (BERGMANN[1] und GULEKE[2]), so bekommt es bei ECKscher Fistel plus Chloroform keine zentralen Läppchennekrosen. Klinisch spricht für die Richtigkeit dieser Vorstellung das gleichzeitige gelegentliche Vorkommen von zentraler Lebernekrose und Pankreasfettgewebsnekrose (Fall von ADAMSKI[3]) ein Zusammentreffen, das übrigens auch experimentell oft beobachtet worden ist. Der Tod bei diesen zentralen Lebernekrosen tritt nach FISCHLER durch eine Überschwemmung des Blutkreislaufs mit Lebersubstanz ein, die durch das Trypsin abgebaut worden ist. FISCHLER faßt den Chloroformtod aus diesem Grunde auch als eine Abbautoxikose auf.

Nach den Tierversuchen von B. MÜLLER[4] und den klinischen Untersuchungen von BALKHAUSEN[4] an operierten Menschen tritt nach jeder länger dauernden Chloroform-, aber auch bei Äther- und Mischnarkose eine Leberveränderung ein, die sich schnell wieder zurückbildet. Vielleicht ist hier doch ein Zusammenhang vorhanden mit der von ELLINGER u. ROST[5] beschriebenen Umwandlung des Oxyhämoglobins in Methämoglobin bei länger dauernder Narkose. Klinische Fälle, bei denen der Tod nach Chloroformnarkose auf eine solche Lebernekrose oder akute gelbe Leberatrophie zurückgeführt werden mußte, sind in der Literatur mehrfach beschrieben worden (GULEKE[6]). Worauf die doch zweifellos anzunehmende Überempfindlichkeit der Leber gegen das Chloroform in den mitgeteilten Fällen beruhte, ist aus den Berichten nicht immer klar zu entnehmen. In einem von mir beobachteten Falle fand sich neben der Lebernekrose bei dem etwas pasteusen Kinde eine Hyperplasie des gesamten lymphatischen Apparates. Die Überempfindlichkeit Ikterischer gegen Chloroform ist ja jedem Chirurgen geläufig, und man wird deshalb bei solchen Patienten möglichst mit Äther narkotisieren. Bakterien, die durch die Pfortader in die Leber gelangen, werden hier ziemlich schnell vernichtet. Sie gelangen nur bei geschwürigen Prozessen im Magen oder Darm in die Pfortader, dann aber ziemlich reichlich. Normalerweise enthält die Pfortader keine Bakterien (HAAS[7]).

Es steht die Leber ferner in naher Beziehung zur Blutgerinnung. Schuld an mangelhafter **Blutgerinnung** ist entweder ein Fibrinogenmangel oder ein reichliches Auftreten von Antithrombin im Blute.

---

1 Ztschr. f. exp. Pathol. u. Therapie 3. 2 Münch. med. Wochenschr. 1910. S. 1673. 3 Dissert. München 1912. 4 Zit. nach BALKHAUSEN, D. Ztschr. f. Chir. Bd. 164. 5 Arch. f. exp. Pathol. u. Pharmakol. Bd. 95. 1922 u. Münch. med. Wochenschr. 1922. 6 Arch. f. klin. Chir. Bd. 83. S. 602. 7 D. Ztschr. f. Chir. 173. 1922.

Wir wissen, daß bei experimenteller Leberausschaltung, bei Chloroformnarkose (DOYON[1]), bei Phosphorvergiftung und anderen Leberschädigungen ein Fibrinogenmangel im Blute vorhanden ist, der die Gerinnbarkeit des Blutes herabsetzt (vgl. MORAWITZ[2]). Es kommt aber zweitens der Leber noch ein Antithrombin zu, ein Hemmungskörper für die Blutgerinnung (NOLF[2], DOYON[3]), den DOYON bis zu einem gewissen Grade chemisch charakterisieren konnte und der nicht nur in der Leber, sondern auch in anderen Organen des Körpers vorhanden ist. Welcher Natur allerdings alle diese Antithrombosen sind, ob die in den verschiedenen Organen vorkommenden, so bezeichneten Körper überhaupt einander gleichzusetzen sind, wissen wir vorläufig nicht. Über die verzögerte Blutgerinnung bei Ikterus s. S. 191.

Es ist leicht begreiflich, daß wir mit unserem chirurgischen Rüstzeug in diesen verwickelten Stoffwechsel der Leber sehr wenig helfend eingreifen können, daß mit anderen Worten die chirurgische Therapie der Leberkrankheiten eine wenig aussichtsreiche ist. Das Interesse, das der Chirurg der Physiologie der Leber entgegenbringt, beruht in der Hauptsache darin, kennen zu lernen, unter welchen Bedingungen Gefahr vorhanden ist, daß der Leberstoffwechsel akut versagt und den Organismus mit Stoffen überschwemmt, die rasch tödlich wirken, wodurch dann der Erfolg einer vielleicht an einem ganz anderen Körperteil vorgenommenen Operation zunichte gemacht wird. Leider sind unsere Kenntnisse in dieser Hinsicht noch sehr in den Anfängen; erst die oben angeführten Untersuchungen FISCHLERS u. a. über den Chloroformtod haben uns gelehrt, wie wir uns die Sache ungefähr vorzustellen haben.

Die therapeutischen Versuche, die der Chirurg bei Lebererkrankungen vornehmen kann, beschränken sich zunächst nur auf die Beeinflussung der Zirkulationsverhältnisse in der Leber und den davon abhängigen Darmpartien. Wir werden deshalb zunächst die experimentellen Untersuchungen über den Blutkreislauf in der Leber kennen zu lernen haben[4].

Die **Unterbindung** oder embolische Verlegung der **Leberarterie** (der Art. hepatica propria), über deren Anatomie uns besonders das Werk von RIO BRANCO[5] Auskunft gibt, ist beim Menschen und denjenigen Tieren, die nicht, wie der Hund, über reichliche Anastomosen verfügen, gewöhnlich von einer ausgedehnten Nekrose des Lebergewebes gefolgt. Hierüber liegen zahlreiche Versuche vor, die in der Arbeit von NARATH II[6] zusammengestellt sind.

---

1 OPPENHEIMERS Handbuch der Biochemie II. 2. 1908. 2 Ergebn. d. inneren Med. X. 1913. 3 Journ. de physiol. pathol. gén. 14. S. 229. 1912. 4 Zus. Lit. s. KEHR, Neue deutsche Chir. 8. S. 150. 5 Essai sur l'anatomie et la médicine opératoire du tronc cœliaque et ses branches etc. Paris, Steinheil, 1912. 6 Deutsche Ztschrft. f. Chir. Bd. 135. 1916.

Von neueren Untersuchern seien hier nur COHNHEIM und LITTEN[1], JANSON[2], EHRHARDT[3], v. HABERER[4], NARATH[5] genannt.

Die Resultate der älteren Autoren stimmen nicht in allen Einzelheiten überein; das liegt zum großen Teil daran, daß nicht in allen Fällen darauf geachtet worden ist, an welcher Stelle die Unterbindung vorgenommen wurde, und ob nicht abnorme Verzweigungen, Zweiteilung usw., der Art. hepatica vorgelegen haben, wie sie ja beim Menschen und noch mehr bei den gebräuchlichen Versuchstieren, vor allen den Hunden, gar nicht so selten vorkommen. Unter Berücksichtigung aller dieser möglichen Fehlerquellen sind wohl die Untersuchungen v. HABERERS (l. c.) angestellt worden, der in zahlreichen Versuchen die Art. hepatica an den verschiedensten Stellen unterbunden und von der Aorta aus unmittelbar nach dem Tode der Tiere Gefäßinjektionen vorgenommen hat. v. HABERER fand, daß, wenn man die Arterie vor dem Ursprung der Gastroduodenalis unterbindet, die Kollateralen rückläufig durch dieses Gefäß genügend zahlreich sind und genügend schnell benutzt werden, um Veränderungen in der Leber zu verhüten. Engt man die Möglichkeit des Kollateralkreislaufes ein, dadurch, daß man die Unterbindung jenseits der Gastroduodenalis, aber vor der Pylorika anlegt, so kommt es zu kleinen Nekrosen in der Leber, und bei Unterbindung der eigentlichen Hepatica propria zur Totalnekrose der Leber, obwohl sie von Zwerchfellarterien und wohl auch von abnormen Ästen der Hepatika immer noch etwas arterielles Blut empfängt.

Was schließlich die Unterbindung der beiden Endzweige der Arteria hepatica anlangt, so haben die Tierversuche v. HABERERS und später NICOLETTIS[6] gezeigt, daß eine Nekrose in dem betreffenden Lappen nur dann eintritt, wenn dieser verhältnismäßig isoliert ist, wie das für das Kaninchen stets zutrifft. Beim Menschen kann man nach der Ansicht NICOLETTIS bei der breiten Verbindung der Leberlappen untereinander die Endzweige der Art. hepatica propria ungestraft unterbinden. Dieser Ansicht schließen sich aber NARATH[7] und THÄLE[8] nicht an, da die Gefahr der Nekrose der Leber bei diesen Unterbindungen der Endzweige der Art. hepatica nach den vorliegenden Erfahrungen zu groß ist. Nach den Injektionsversuchen von WENDEL und MARTENS[9] zerfällt auch die Leber des Menschen, wenn man von ihrer arteriellen Versorgung ausgeht, in zwei selbständige Teile, deren Grenzen allerdings anders verlaufen, als die jetzt in der Anatomie übliche Lappeneinteilung erwarten läßt.

Im großen und ganzen sind diese durch den Tierversuch und die anatomischen Untersuchungen gewonnenen Ergebnisse, durch die Beobachtungen am Menschen, denen die Art. hepatica versehentlich oder absichtlich z. B. bei Aneurysma unterbunden worden war, bestätigt worden (vgl. NARATH I l. c. und die Zusammenstellung der Lit. bei KEHR l. c. und NARATH II[10]), ebenso wie durch die allerdings sehr seltenen Fälle von Embolie der Art. hepatica (CHIARI[11]). Nach der Zusammenstellung von NARATH II liegen jetzt in der Lite-

1 VIRCHOWS Archiv 67. 153. 1876. 2 ZIEGLERS Beiträge Bd. 17. 1895. S. 505. 3 Archiv f. klin. Chir. Bd. 68. 1902. S. 460. 4 Archiv f. klin. Chir. Bd. 78. S. 557. 5 BRUNS' Beiträge Bd. 65. 6 Ztbl. f. d. Grenzgebiete Bd. XIII. 1910. 7 BRUNS' Beiträge Bd. 65. 8 Chirurgie d. Lebergeschwülste. Neue deutsche Chirurgie Bd. 7. 9 Arch. f. klin. Chir. 114. IV. u. BRUNS' Beitr. 126, S. 620. 10 Deutsche Zeitschrift f. Chir. Bd. 135. 1916. 11 Zit. nach KEHR, Chirurgie d. Gallenwege. Neue deutsche Chirurgie 8. S. 155.

ratur ungefähr 20 Fälle vor, bei denen operativ die Art. hepatica oder einzelne Äste unterbunden worden sind. Danach verträgt der Mensch die Unterbindung der Art. hepat. communis unbedingt; nach der Unterbindung der Art. hepatica vor Abgang der Gastrica dextra können kleinere Lebernekrosen auftreten. Bei Unterbindung der Art. hepatica propria kommt es nur bei gut entwickeltem Kollateralkreislauf (vgl. Fall von KEHR[1]) nicht zu ausgedehnter Lebernekrose, ebenso wie solche meist bei Unterbindung der Hauptzweige aufzutreten pflegen. Alles hängt immer von der Ausbildung der Kollateralen ab, die sich aber natürlich vorher kaum abschätzen lassen (vgl. NARATH I). Ferner ist hervorzuheben, daß in Fällen, wo die Art. hepatica vorher schon stark durch Arteriosklerose oder dgl. verändert war, oder bei ausgedehnten Verwachsungen der Leber, auch die Unterbindung der Art. hepatica propria jenseits des Ursprungs der Pylorika gestattet ist, da in solchen Fällen genügende Kollateralen zu bestehen pflegen. Diese letztere Tatsache hat sich BOURDENKO[2] zunutze gemacht, indem er zunächst im Tierversuch durch Netzvernähung mit der Leber einen Kollateralkreislauf zu erzielen suchte und dann einige Tage nachher die Art. hepatica propria unterband. Die Erfolge waren keine durchschlagenden, immerhin glaubte er bei diesem Verfahren geringere Nekrosen zu beobachten. VILLANDRE suchte das Gefährliche einer Unterbindung der Art. hepatica propria dadurch zu vermeiden, daß er das Gefäß zunächst durch langsame Umschnürung einengte und erst später unmittelbar vor der Teilung endgültig unterband.

Einen anderen Weg, um die tödlichen Lebernekrosen nach Unterbindung der Art. hepatica propria zu vermeiden, hat NARATH II l. c. eingeschlagen. Er legte im Tierversuch nach Unterbindung der Art. hepatica propria mit Gefäßnaht eine Anastomose von der Art. renalis nach der Pfortader an und fand dann, daß die so operierten Tiere am Leben blieben und nur geringfügige Veränderungen an der Leber zeigten. In einigen Versuchen pflanzte er die durchschnittene Art. hepatica in die Pfortader, was ja auf dasselbe herauskommt. Diese Versuche sind nach den verschiedensten Richtungen hin außerordentlich interessant. Zunächst einmal zeigen sie, daß die Leberzellen in der Lage sind, sich das zu ihrer Ernährung nötige arterielle Blut aus dem Pfortaderkreislauf herauszuholen, wenn in diesen arterielles Blut eingeleitet wird (vgl. auch PETROFF[3], JUNGE[4], BRÜNING[5]). Besonders schön wird das durch

1 Münch. med. Wochenschr. 1903. 2 Zit. nach KEHR, Neue deutsche Chir. 8. S. 55. 3 ZIEGLERS Beiträge T. 1. 1922. 4 VIRCHOWS Archiv 248. 1924. 5 Klin. Wochenschr. 1924.

einen Fall belegt, wo bei einem der operierten Hunde durch einen Embolus ein Leberlappen auch kein Pfortaderblut bekam und deshalb nekrotisierte, während die anderen Leberlappen am Leben geblieben waren. Ferner zeigen die Versuche, daß die Pfortader selbst und das sie umgebende Bindegewebe nicht auf die Blutversorgung aus den Vasa vasorum angewiesen ist, sondern daß auch bei Wegfall der Vasa vasorum die Gefäßwand der Pfortader nicht nekrotisch zugrunde geht. Ob die Gefäßwand dabei Blut aus der Pfortader selbst bekommt oder wie sonst die Ernährung vor sich geht, bleibt ungeklärt.

Über die feineren histologischen Veränderungen an der Leber bei Unterbindung der Art. hepatica siehe NARATH II und STECKELMACHER[1]. Wesentlich erscheint vor allem die periazinöse Bindegewebswucherung und Zystenbildung, die beide auch JANSON[2] schon beschreibt. Es darf allerdings hier angeführt werden, daß die Entstehung der Bindegewebswucherung auf dem Umwege der Nekrose mit der echten Leberzirrhose nichts zu tun hat (vgl. LISSAUER[3]).

In Stoffwechseluntersuchungen in 3 Fällen konnte RITTER nachweisen, daß die Unterbindung auch einzelner Äste der Art. hepatica mit einer Änderung des Kohlenhydrats und Eiweißstoffwechsels verbunden ist (alimentäre Galaktosurie. Steigerung der Aminosäureausfuhr).

Die Leberveränderungen nach plötzlicher Unterbindung des Hauptstammes der **Pfortader** lassen sich im Tierexperiment deshalb nicht studieren, weil der Tod gewöhnlich sehr rasch, schon nach wenigen Stunden, eintritt (CLAUDE BERNARD[4], TAPPEINER[5] u. v. a.). Hingegen kann man die Tiere dann am Leben erhalten, wenn man die Pfortader allmählich unterbindet, wie das ORÉ[6], CLAUDE BERNARD, SCHIFF[7] und SOLOWIEFF[8] am Hunde getan haben. Eine solche allmähliche Unterbindung der Pfortader und ebenso eine Unterbindung einzelner Pfortaderäste ist deshalb für die Tiere nicht tödlich, weil das Pfortadersystem in der Leber kein abgeschlossenes Ganzes bildet, sondern vielfache Anastomosen mit Ästen der V. cava superior und inferior, sowie eine besonders enge Verbindung mit der Art. hepatica hat. Über diese anatomischen Verhältnisse siehe die Arbeit von DE JOSSELIN DE JONG[9], ferner die Untersuchungen von WALCKER[10]. Versuche mit Unterbindung einzelner Pfortaderäste stammen von

1 ZIEGLERS Beiträge Bd. 57. 1913. 2 ZIEGLERS Beiträge Bd. 17. 1895. 3 Deutsche Ztschrft. f. Chir. Bd. 135. 1916. 4 Comptes rendus 1850. 5 Arbeiten aus d. physiol. Anstalt Leipzig Bd. 7. 1873. 6 Comptes rendus de l'Acad. 1856. Bd. 42. 7 Neuere Schweiz. Zeitschrift f. Heilkunde. Bd. 1. 1862. 8 VIRCHOWS Archiv Bd. 62. 1875. 9 Mitt. aus d. Grenzgebieten Bd. 24. 1912 (STEENHUIS, Dissert. Groningen. 1911). 10 Arch. f. klin. Chir. Bd. 120.

STEENHUIS[1] und EHRHARDT. Wie EHRHARDT[2] angibt, trat nach Unterbindung einzelner Pfortaderäste bei der Katze in dem zugehörigen Bezirke eine Ernährungsstörung der Leberzellen ein.

Die Läppchen wurden blaß, im Fettgehalt der Zellen waren Änderungen nachweisbar. Nach 2—3 Monaten war in einem Teil der Fälle die Leber narbig geschrumpft. Wurden mehrere Äste der Pfortader unterbunden, so bekam das Tier Veränderungen in der Leber, die mit einer Leberzirrhose die größte Ähnlichkeit hatten. Auch STEENHUIS fand bei seinen ausgedehnten Versuchen am Kaninchen, daß bei Unterbindung der einzelnen Äste der Pfortader nach ihrer Teilung die entsprechenden Leberlappen stets hochgradig schrumpften, während die anderen eine Vergrößerung als Ersatz zeigten. Veränderungen an der Leber im Sinne einer Leberzirrhose sind nun keineswegs regelmäßig nach Unterbindung der Pfortader beobachtet worden[3]. Vor allen Dingen fehlen sie vielfach bei den embolischen Ausschaltungen der Pfortader, worüber z. B. COHNHEIM und LITTEN[4] berichten, die durch Einbringen von Wachskugeln in die Pfortader einen embolischen Verschluß der großen Gefäßäste erzielt hatten. COHNHEIM und LITTEN fanden keine Veränderungen der Leber. Hingegen konnte ZAHN[5], der mit Quecksilber Teile der Pfortader embolsierte, danach sogenannte „rote Infarkte“ beobachten, das heißt Herde von Atrophie der Leberzellen mit Erweiterung der Kapillaren. Dieser Widerspruch erklärt sich so, daß es nach CHIARI[6] für die Art der Leberveränderungen nach Verschluß der Pfortader darauf ankommt, ob die interlobulären Zweigen mitverlegt sind, oder ob es sich nur um einen Verschluß der größeren Äste handelt. In letztcrem Falle bleiben die Verbindungen der Pfortader mit der Leberarterie innerhalb der Leber erhalten, und diese „inneren Pfortaderwurzeln“ ersetzen einen großen Teil des ausgefallenen Blutes.

Die Ergebnisse der Tierversuche stehen in guter Übereinstimmung zu den mitgeteilten Veränderungen bei Pfortaderthrombose. Die Literatur findet sich bei JOSSELIN DE JONG, SAXER[7] sowie bei ENDERLEN, HOTZ und MAGNUS-ALSLEBEN[8]. Bei der Pfortaderthrombose spielen allerdings außerdem die sich sekundär entwickelnden Gefäßverbindungen der Pfortader eine große Rolle. Es erweitern sich die Venen der Speiseröhre, des Magens, der vorderen Bauchwand und des Lig. hepatoduodenale, so daß durch diese neuen Verbindungen schließlich der Ausfall der Pfortader ersetzt werden kann und der Patient mit dem Leben davonkommt (VERSÉ[9]).

Ist danach die Unterbindung eines Astes der Pfortader gestattet und ein Eingriff, der mit dem Fortleben durchaus vereinbar ist, so kommt, wie LANGENBUCH[10] es ausdrückt, „die Unter-

---

1 Archiv f. klin. Chir. 68. 1902. S. 462. 2 Zit. nach A. 1. 3 Lit. s. FISCHLER, Leberzirrhose in Ergebn. d. inneren Medizin Bd. 3. 1909 und LISSAUER, Berliner klin. Wochenschrift 1914 (Sammelreferat). 4 COHNHEIM, ges. Abhandlungen. 5 Naturforscherversammlung 1897. S. 9. 6 Ztschrft. f. Heilkunde Bd. 19. 1898. S. 475. 7 Zentralbl. f. Pathologie 13. 8 Ztschrft. f. d. ges. exp. Medizin Bd. III. 1914. 9 ZIEGLERS Beiträge Bd. 48. 10 Deutsche Chirurgie 45c. 2. S. 106.

bindung des Hauptstammes der Pfortader im allgemeinen einer Tötung gleich".

Woran stirbt nun das Tier oder der Mensch bei plötzlicher Pfortaderunterbindung? Meistens wird die Todesursache in einer „Verblutung in die Darmgefäße" gesucht, jedoch, worauf besonders TAPPEINER[1] hinweist, mit Unrecht, da in die Bauchgefäße garnicht so viel Blut hineingeht, als zu einem „Verbluten" nötig wäre, und da, wie EHRHARDT[2] gezeigt hat, oft gar keine so beträchtliche Stauung in den Darmgefäßen nach Unterbindung der Pfortader zu bemerken ist. TAPPEINER hat sehr sorgfältige Untersuchungen über Blutdruck, Ausflußgeschwindigkeit, Puls usw. bei Verblutung und Unterbindung der Pfortader ausgeführt, ohne erklären zu können, „warum nach dem Pfortaderverschluß das reichlich zu Gebote stehende Blut in eine Lage versetzt wird, welche es ihm unmöglich macht, wirksam in den Strom einzugreifen" (l. c. S. 64).

Nach den Untersuchungen von THÖLE[3] tritt im Tierversuch nach Unterbindung der Pfortader bei intakten Vagi innerhalb weniger Minuten eine beträchtliche Blutdrucksenkung ein; die Tiere gehen im Kollaps zugrunde. Durchschneidung der Vagi hat den Erfolg, daß die Blutdrucksenkung und der Kollaps sich langsamer entwickeln, so daß es zu einem Infarkt der Därme kommt. Wir können danach zusammenfassend sagen, es stirbt das Individuum nach Unterbindung des Hauptstammes der Pfortader entweder im Kollaps oder an den Folgen der Stauung (Infarzierung des Darmes). Die Ursache des Kollapses ist zurzeit noch nicht geklärt. Der Ausfall der Leberfunktion kommt als Ursache für den Tod nach Pfortaderunterbindung wohl nicht in Betracht, da der Tod, wie gesagt, zu schnell erfolgt, und da, wie die zahlreichen Versuche mit ECKscher Fistel[4] und nachträglicher Unterbindung der Pfortader gezeigt haben, die Ausschaltung der Leber aus dem Kreislauf einen Eingriff darstellt, der mit dem Leben des Tieres oder des Menschen (vgl. Fall von ROSENSTEIN[5]) durchaus vereinbar ist.

Die experimentelle Verlegung der **Lebervene** ist vielfach zum Studium der retrograden Embolie verwendet worden (ARNOLD[6], HELLER[7] und RIBBERT[8]).

---

1 Arbeiten aus d. physiol. Anstalt Leipzig Bd. 7. 1873. 2 Arch. f. klin. Chir. Bd. 68. S. 460. 1902. Leberverletzungen. 3 Neue deutsche Chir. 4. S. 102. 1912. 4 Lit. s. FISCHLER, Arch. f. exp. Pathol. u. Pharmakol. 61; Arch. f. klin. Med. 104 u. 111; FRANKE u. RABE, Sitzungsberichte u. Abh. der Naturforschenden Gesellschaft zu Rostock 1912; ENDERLEN, HOTZ u. MAGNUS ALSLEBEN, Ztschrft. f. d. ges. exp. Medizin III. 1914. 5 Arch. f. klin. Chir. 98. 6 VIRCHOWS Arch. Bd. 124. S. 385. 7 Arch. f. klin. Med. Bd. 7. 1870. 8 Zentralbl. f. allg. Path. 1897.

ARNOLD beobachtete einen sehr lehrreichen Fall von retrogradem Embolus in der Lebervene, der für ihn der Ausgangspunkt experimenteller Untersuchungen wurde, die ergaben, daß die Verlegung der Lebervene bei längerem Bestehen mit dem Auftreten roter Flecken in der Leber verbunden ist, die stark gefüllten Kapillaren entsprachen. Bei einer Anzahl klinisch beobachteter Fälle von Thrombose der Lebervene wurden außerdem knotig hyperplastische Herde, Kapselverdickung, Bindegewebsvermehrung längs der Lebervene mit Schlängelung dieser und dadurch bedingtem Umbau des Parenchyms beschrieben[1].

Chirurgisch ist es von größtem Interesse, zu erfahren, wie sich die Leber bei temporärer Abklemmung der Pfortader und der Art. hepatica im Lig. hepatoduodenale verhält. Die temporäre Abklemmung des Lig. hepatoduodenale ist ja die nächstliegende Methode, um eine Blutung bei Leberresektionen oder eine Blutung aus der Art. cystica zu beherrschen und sie ist denn auch wiederholt experimentell und beim Menschen ausgeführt worden (TUFFIER, DE ROUVILLE, MACAGGI, COSENTINO[2], BARON[3], BORZÉCKY[4] u. a.). Einige Autoren geben an, daß keine Schädigung von einer auch längere Zeit (1 Stunde) fortgesetzten Abklemmung der im Lig. hepatoduodenale liegenden Gebilde zu bemerken ist. Dem steht entgegen, daß, wie oben angeführt wurde, Unterbindung der Pfortader gewöhnlich von raschem Kollaps und Tod gefolgt ist. Nach LANGENBUCH und RANSOHOFF[5] soll schon bei Einführung des Fingers in das Foramen Winslowii eine erhebliche Blutdrucksenkung eintreten. BURDENKO (zit. nach BORZÉCKY und BARON) beobachtete Chromatolyse in den Bauchganglien nach länger dauernder Abklemmung der Pfortader.

Es bestehen hier also gewisse zurzeit nicht recht überbrückbare Widersprüche in den Angaben der Autoren, die wohl sicher nicht auf Beobachtungsfehlern im einzelnen, sondern auf individueller Verschiedenheit der Versuchstiere und der Art der Versuche beruhen. Für den Menschen, betont THÖLE, geht aus den Versuchen hervor, daß man die Pfortader nur kurzdauernd absperren darf und nur nach Aufhebung des arteriellen Zuflusses zur Leber. Ob in der gleichzeitigen Abklemmung der Art. hepatica neben der Pfortader wohl der Unterschied in den Versuchsergebnissen der Autoren zu suchen ist?

Bei allmählich zunehmender Stauung im Pfortaderkreislauf ist die für den Patienten lästigste Folge der **Aszites**[6]. Man hat sich dieses Auftreten von Aszites, ebenso wie die Entstehung von

---

1 Fälle von SCHÜPPEL, HAINSKI, LANGE, THRAN, UMBREIT, EISENMENGER. Lit. vgl. FISCHLER l. c. S. 256. 2 Zit. nach THÖLE, Leberverletzungen. Neue deutsche Chir. 4. S. 101. 3 Zentralbl. f. Chir. 1910. 4 BRUNS' Beiträge Bd. 88. S. 466. 5 Ann. of surg. Okt. 1908. 6 HÖPFNER, Der Aszites u. seine chirurgische Behandlung. Ergebn. d. Chir. VI. 1913.

Ödemen, zeitenweise und zum Teil auch heute noch etwas zu mechanisch, nur unter dem Bilde der Stauung vorgestellt, indem man annahm, die Flüssigkeit träte aus den Blutgefäßen aus, etwa in derselben Form, wie ein Bach überläuft, wenn er durch ein Wehr gestaut wird, also lediglich infolge eines Abflußhindernisses. Ein Aszites kann jedoch sehr viele Entstehungsbedingungen haben, die QUINCKE[1] folgendermaßen einteilt:

„1. Vermehrte Zufuhr

a) durch vermehrten Zufluß von Lymphe,

b) durch vermehrte sekretorische Tätigkeit der Endothelien,

c) durch vermehrte Durchlässigkeit der Blutgefäßwandungen bei Stauung oder bei Entzündung.

(Bei letzterer spielt wahrscheinlich die veränderte Tätigkeit der Endothelien sehr wesentlich mit.)

2. Verminderter Abfluß

a) durch Verlegung abführender Lymphbahnen,

b) durch verminderte, resorptive Tätigkeit der Endothelien,

c) durch verminderte Aufsaugung seitens der Blutgefäße z. B. bei Blutstauung."

Diese Einteilung hat natürlich nur Unterrichtswert. Im einzelnen Falle kommen, wie auch QUINCKE sagt, meist mehrere der störenden Dinge nebeneinander in Frage. Trotzdem stellt man gewöhnlich immer noch den Stauungsaszites und das entzündliche Exsudat einander gegenüber und sagt, daß letzteres sich rein äußerlich durch den größeren Eiweißgehalt und durch reichlicheres Auftreten von Leukozyten von dem Stauungsexsudat unterscheide. Es zeigen aber die quantitativen Eiweiß- und zytologischen Bestimmungen an der Aszitesflüssigkeit, daß eine solche Gegenüberstellung von Stauungs- und entzündlichem Exsudat oft nicht durchführbar ist; allzu häufig werden „Mittelwerte" bei solchen Untersuchungen gefunden und es beweisen diese Untersuchungen nur, daß vom Stauungs- zum entzündlichen Exsudat fließende Übergänge bestehen. Einen reinen Stauungsaszites in der Form, wie man sich ihn früher vorstellte, gibt es nicht[2]. Es gehört zum Zustandekommen eines jeden Aszites eine Störung im Stoffwechsel der Zellen, hauptsächlich wohl der Endothelzellen, eine Störung, die man eben auch zur Gruppe der „Entzündungen" rechnen muß. Das Austreten der Flüssigkeit ist nach unserer gegenwärtigen Auffassung nicht als ein einfaches Hindurchtreten von Serum durch eine undicht gewordene Gefäßwand aufzufassen, sondern als ein kolloidchemischer Vorgang, eine Art Sekretion der Endothelien. Aus all diesen Gründen ist die scharfe Trennung von Stauungs- und entzündlichem Aszites theoretisch nicht berechtigt, da zwischen beiden kein grundsätzlicher Unterschied besteht.

Für unsere rein ärztliche Tätigkeit hat trotz alledem die Scheidung von Transsudat und Exsudat eine große Bedeutung. Denn letzteres zeigt uns im allgemeinen einen bakteriellen Prozeß an, sei es nun, daß der Erguß primär auf Bakterienwirkung

---

1 Therapeutische Monatshefte Juli 1914. 2 Vgl. KLOPFSTOCK, Berliner klin. Wochenschrift 1911. Nr. 3.

zurückzuführen ist, sei es, daß ein Transsudat sekundär durch nicht ganz aseptische Punktion oder dadurch infiziert worden ist, daß das lange Bestehen eines Aszites die Darmwand für die Bakterien durchlässig gemacht hat (LUBARSCH[1]). Kennen wir also für das Exsudat im allgemeinen den Erreger und haben ihn in bakteriellen Prozessen zu suchen, so ist uns für das Transsudat der den Zellstoffwechsel störende Faktor unbekannt. Dabei wäre seine Kenntnis für uns von sehr großer Bedeutung. Nur dann wären wir in der Lage, die Ursachen für den häufigen Mißerfolg unserer therapeutischen Eingriffe, die ja größtenteils nur auf einer Besserung der Zirkulation beruhen, zu durchschauen. Ist nun dieser den Zellstoffwechsel störende Faktor nicht einfach in der Stauung selbst zu suchen? Hier müßte man die Ergebnisse der experimentell erzeugten Stauungen im Pfortaderkreislauf heranziehen.

Die sehr sorgfältigen Versuche von ITO und OMI[2] mit allmählicher Einengung des Pfortaderkreislaufs haben uns gezeigt, daß beim Tier trotz hochgradiger Stauung im Pfortaderkreislauf ein Aszites nicht auftritt. Die klinischen Befunde von langsam verlaufender Pfortaderthrombose sind wegen der verschiedenartigen Entstehungsursache naturgemäß weniger verwertbar (SAXER[3], JOSSELIN DE JONG[4]). Ein viel zitierter Fall von LANGENBUCH, wo nach Resektion eines Schnürlappens der Leber sich wegen der zahlreichen Umstechungen von Pfortaderästen Aszites entwickelte, ist, wie der Autor übrigens selbst angibt, insofern nicht rein, als er gleichzeitig durch Erysipel kompliziert war. In einem Teil der Fälle von Pfortaderthrombose berichten die Autoren von Aszites (BERTRAM l. c.), bei anderen wurde kein Aszites beobachtet[5]. Umgekehrt begegnet man gar nicht selten Fällen von Leberzirrhose mit Aszites, wo auch die Sektion keinerlei Anzeichen einer Stauung im Pfortaderkreislauf aufdecken kann. Der Milztumor bei Leberzirrhose ist ja keine Stauungsmilztumor, sondern ein entzündlicher. Wir werden nach dem Gesagten die Bedeutung der Stauung für das Zustandekommen des Aszites besonders bei Leberzirrhose[6] sehr vorsichtig bewerten müssen und werden deshalb auch nicht allzuviel Hoffnung haben dürfen, durch operative Verbesserung der Zirkulationsverhältnisse in der Bauchhöhle den Aszites zu beseitigen.

Die gebräuchlichste Operation nach dieser Richtung ist die

---

1 Naturforscherversammlung 1912, Münster. 2 Deutsche Ztschrft. f. Chir. Bd. 62. 3 Zentralbl. f. allg. Pathol. Bd. 13. 4 Mitt. aus d. Grenzgebieten Bd. 24. 5 Lit. bei KLOPFSTOCK, Berliner klin. Wochenschrift 1911. S. 206. 6 S. FISCHLER, Lebercirrhose. Ergebn. d. inneren Medizin Bd. 3. 1909 und LISSAUER, Berliner klin. Wochenschrift 1914.

TALMA[1]-DRUMONDsche[2]. Beide Autoren haben ziemlich gleichzeitig unabhängig voneinander vorgeschlagen, die Anastomosen von Pfortader zur V. cava dadurch reichlicher zu gestalten, daß Netz, Milz, Leber und Gallenblase an der vorderen Bauchwand angenäht werden. Sie gründeten ihren Vorschlag auf die schon oben angeführte anatomische Beobachtung, daß bei Leberzirrhose sehr häufig die natürlichen Verbindungen von Pfortader zur V. cava stark erweitert sind (Caput Medusae, Varizen des Ösophagus).

Experimentelle Untersuchungen über die Möglichkeit, die Leber nach Netzfixation auszuschalten, also gewissermaßen der experimentelle Nachweis, daß die durch die Operation angelegten Anastomosen genügend arbeiten, stammen von TILLMANN[3], der nach dieser Operation ohne wesentliche Schädigung bei einem Hunde die Pfortader unterbinden konnte. Der bekannte Versuch beweist jedoch nicht das, was er beweisen soll. Denn einmal war, wie die Sektion zeigte, die Pfortader nicht völlig verschlossen, außerdem hat die Pfortader oft sehr reichliche Kollateralen.

Nach den Tierversuchen von ITO und OMI genügt die Netzfixation nicht in allen Fällen, die Hunde nach der Unterbindung der Pfortader am Leben zu erhalten; erst die breite Verwachsung der Bauchorgane untereinander und mit der vorderen Bauchwand sichert eine genügende Ausbildung von Kollateralen. Die genannten Autoren schlagen deshalb auch für die Aszitesbehandlung bei Leberzirrhose vor, künstlich derartige Verwachsungen zu erzeugen. Nach dem, was oben über die Ursache des Aszites bei Leberzirrhose gesagt worden ist, erscheint es einigermaßen zweifelhaft zu sein, ob der Erfolg mit dieser doch recht gefährlichen Methode ein besserer sein wird, als wie mit der einfachen Netzfixation. Dasselbe gilt von der Anelgung einer sogenannten ECKschen Fistel, das ist einer Anastomose der Vena cava und V. portae durch Gefäßnaht, die beim Menschen bisher allerdings nur sehr selten ausgeführt worden ist. Der eine Fall ROSENSTEINS[4], der die Operation längere Zeit überlebte, zeigte jedenfalls, was das Verschwinden des Aszites anbelangt, keinen durchgreifenden Erfolg. Bei der geringen praktisch-chirurgischen Bedeutung der ECKschen Fistel brauchen wir auf die interessanten Stoffwechselveränderungen nach ECKscher Fistel hier nicht näher einzugehen (vgl. FISCHLER). Nur so viel sei gesagt, daß es immer noch eine Streitfrage ist, ob Tiere mit ECKscher Fistel Fleischnahrung vertragen oder nicht, und daß man auch nicht sicher weiß, worauf die gelegentlich beobachteten schweren Kollapszustände beruhen, die bei so behandelten Tieren oft ganz unvermittelt einsetzen. Vielleicht sind sie darauf zurückzuführen, daß der Körperkreislauf plötzlich mit Stoffen überschwemmt wird, die sonst in der Leber entgiftet werden. Auch nach der TALMAschen Operation kommen solche Kollapse, wenn auch viel seltener, vor, und auch rasche Todesfälle nach TALMAscher Operation sind beschrieben worden (KRETZ).

Eine ausführliche Statistik über die operativen Erfolge mit der TALMASchen Operation bei ca. 300 Fällen gibt BUNGE[5]. Danach ist es nur in 30% der Fälle nach der Operation zu einem Verschwinden des Aszites gekommen. Neuere Statistiken scheinen etwas günstigere Ergebnisse zu haben (vgl. HÖPFNER l. c.).

1 Berliner klin. Wochenschrift 1898. 1900. 2 Brit. med. Journal 1896. 3 Deutsche med. Wochenschrift 1899. 4 Chirurgenkongreß 1912. 5 Klinisches Jahrbuch XIV. 1905.

Den geschilderten Versuchen, den Aszites speziell bei Leberzirrhose durch Beseitigung der Stauung zu bekämpfen, stehen diejenigen gegenüber, die sich mehr symptomatisch darauf beschränken, das angesammelte Exsudat, sei es durch häufige frühzeitige Punktion (EWALD[1] u. a.), sei es durch Dauerdrainage fortzuschaffen. Um letztere zu erreichen, hat man die V. saphena, die zentral in Verbindung mit der Femoralis blieb, nach oben umgeschlagen und als Drain in den Bauch eingeführt (ROUOTTEsche[2] Operation) oder hat die Entstehung neuer Lymphgefäße dadurch anzubahnen gesucht, daß man Seidenfäden (HANDLEY[3]) oder Silberdraht (FRANKE[4]) vom Bauchraum aus in das subkutane Gewebe fortgeleitet hat. Weitere Methoden s. bei ENDERLEN, HOTZ und MAGNUS-ALSLEBEN (l. c.).

Die Entfernung des Aszites auch ohne therapeutische Beeinflussung der Grundkrankheit ist deshalb wünschenswert, weil die durch den Aszites bedingte Druckerhöhung in der Bauchhöhle zu Störungen des Kreislaufes führt, die bei dem Abschnitt Ileus genauer dargelegt werden sollen.

Von den Funktionen der Leber interessiert den Chirurgen ganz besonders die **Gallenbildung** und deren Ausscheidung[5]. Die Galle ist in der Form, wie sie sich in den Darm entleert, ein Produkt der Leberzellen und der Epithelien der abführenden Gallenwege, besonders der Gallenblase. Über die Beteiligung des retikulo endothelialen Apparates an der Bildung von Galle s. bei Ikterus. Die Galle, die von der Leberzelle geliefert wird, ist dünnflüssig. Die eigenartige zähe Konsistenz, die wir an der fertigen Galle kennen, stammt von dem Mucin her, das die Epithelien der Gallenwege absondern (HAMMARSTEN[6]). Es wechselt danach die Konsistenz der Galle mit dem Mucingehalt, sie ist aber außerdem abhängig vom Gehalt an Wasser. Die Hauptbestandteile der Galle sind die Gallensäuren, das sind Paarlinge von Cholsäure mit Glykokoll oder Taurin (Glykokollsäure und Taurocholsäure) und die Gallenfarbstoffe.

Über die übrigen zahlreichen chemischen Körper, die man in der Galle findet, z. B. den Kochsalzgehalt, der stets ein sehr gleichmäßiger ist (KRÖCK[7]) ist bei WOHLGEMUTH[8] nachzulesen. Über die Herkunft der Gallensäure und der Gallenfarbstoffe weiß man,

1 Über frühzeitige Punktion von Aszites. Berliner klin. Wochenschrift 1888. 16. 2 Lyon méd. 109. S. 40. 1907. 3 Lancet April 1910. 4 Chirurgenkongreß 1911. 5 Lit. s. u. a. bei ROST, Mitt. aus d. Grenzgebieten Bd. 26. 1913; ferner BABKIN, Äußere Sekretion d. Verdauungsdrüsen. Springers Verlag. 1914. 6 Ergebnisse d. Physiologie Bd. IV. S. 14. 1905. 7 BRUNS' Beitr. 128. 1923. 8 OPPENHEIMERS Handbuch d. Biochemie III 1. S. 202ff. 1908.

dank der zahlreichen Untersuchungen, die der Frage gewidmet worden sind, jetzt mit ziemlicher Sicherheit, daß sie ausschließlich oder wenigstens hauptsächlich in der Leber selbst gebildet werden. Eine für die Gallensteinätiologie wichtige Frage ist die nach der Herkunft des in der Gallenblase vorhandenen Cholestearin. Da in der Gallenblasengalle mehr Cholestearin vorhanden ist als in der Lebergalle, so nahm NAUNYN[1] an, daß das Cholestearin ein Gebilde der Gallenblasenepithelien sei. ASCHOFF[2] hingegen ist der Ansicht, daß das in der Galle enthaltene Cholestearin hauptsächlich aus der Leber stammt.

Neben diesen verschiedenen die Galle normalerweise zusammensetzenden Stoffen werden auch chemische Körper durch die Galle ausgeschieden, die man den Tieren oder Patienten als Medikamente einverleibt. Es beruhen hierauf die Versuche, Gallensteine auf medikamentösem Wege zur Auflösung zu bringen oder die Gallenwege zu desinfizieren (RABE[3]). Auf Einzelheiten kann hier nicht eingegangen werden (vgl. FISCHLER l. c. S. 163ff.).

Die Gallenbildung ist, wie BARBERA[4] in zahlreichen Arbeiten nachzuweisen bemüht war, ein Produkt des Stoffwechsels der Leberzellen. Bis zu einem gewissen Grade ist die Farbe und die chemische Zusammensetzung der Galle abhängig von der Blutzufuhr. Wenigstens beobachtete COLASANTI (zit. nach WOHLGEMUTH) bei einem Gallenblasenfistelhund, dem er die Pfortader unterbunden hatte, eine farblose Galle, die sehr arm an Gallensäuren war. Fälle, bei denen während des Lebens eine fast farblose Galle ausgeschieden worden ist, bei denen also acholische Stühle ohne Ikterus bestanden, spielen in der Literatur eine gewisse Rolle. Es handelt sich dabei meist um schwere Veränderungen der Leber: ausgedehnte Tuberkulose (THORSPECKEN[5], WEINTRAUD[6]) und hochgradige Fettleber (LETIENNE und HANOT[7]). Ein völliges Versiegen der Gallensekretion ist bisher nicht mit Sicherheit beobachtet worden (OSTWALD[8]). Mit Acholie verwechselt wird oft die Leukourobilinbildung, wobei also das im Darm sonst vorkommende Hydrobilirubin noch weiter reduziert worden ist, ferner aber auch Fett- und Milchstühle. Nicht zu verwechseln mit dieser farblosen Galle bei Leberzellendegeneration ist die bei Hydrops der Gallenblase vorhandene

1 Klinik der Cholelithiasis 1892. Mitt. aus den Grenzgebieten. Bd. 33.
2 Münch. med. Wochenschrift 1913 (hier Zusammenfassung der früheren Arbeiten).
3 Festschrift zur Feier des 25jähr. Bestehens d. Eppendorfer Krankenhauses 1914. 4 Arch. ital. de Biol. Bd. 26 u. 31 und Bull. delle Sc. med. di Bologna Serie T 7. 1896—1898. 5 Mitt. a. d. Grenzgebieten Bd. 19. 1909. 6 In v. NOORDENS Handbuch d. Pathol. d. Stoffwechsels. 7 Arch. générales de méd. Bd. 1. 1885.
8 Chemische Pathologie Leipzig 1907.

weiße Galle, auf die später einzugehen sein wird. Auch außerhalb der Leber kann Gallenfarbstoff entstehen. In jedem alten Bluterguß entwickelt sich Hämosiderin und Bilirubin und es wird nun in letzter Zeit von einzelnen Autoren (Mc Nee[1]-Aschoff[2]) angenommen, daß bei Erkrankungen, die mit Gelbsucht infolge eines starken Blutzerfalles einhergehen—z. B. Arsenwasserstoffvergiftung— die Bildung des Bilirubins nicht in den Leberzellen, sondern in dem sogenannten reticuloendothelialen Apparat (Kupffersche Sternzellen) erfolgt. Die Frage wird in letzter Zeit außerordentlich lebhaft erörtert. Es spielen dabei Versuche eine große Rolle, die man als „Blokade" der retikuloendothelialen Zellen aufgefaßt hat, die aber durchaus nicht einwandfrei sind. Es wurde den Tieren zunächst reichlich Kollargol eingespritzt, das in den Sternzellen gespeichert wird. Vergiftete man nun die so vorbehandelten Tiere mit Arsenwasserstoff, so soll es nicht zum Ikterus kommen (Lepehne[3], McNee, l. c., Aschoff, l. c., Eppinger[4]), was aber von anderen Autoren bestritten wird (Rosenthal[5] und Fischer[6]).

Den augenblicklichen Stand der Frage kann man wohl dahin zusammenfassen, daß es eine Gallenfarbstoffbildung ohne Beteiligung der Leberzellen gibt, daß wir aber bis jetzt keinen sicheren Beweis dafür haben, daß auch ein Ikterus ohne Beteiligung der Leberzellen vorkommt (vgl. dazu Hymans, v. d. Bergh[7], Sapper[8], Fischer[9], Naunyn[10], Lubarsch[11], Aschoff[12], Rosenthal, l. c.).

Die Menge der ausgeschiedenen Galle wechselt außerordentlich. Die Beobachtungen, die am Menschen und Tier mit Gallenblasenfisteln in dieser Richtung angestellt worden sind, können nur mit Vorsicht benutzt werden. Es vertragen zwar Mensch und Hund die völlige Ableitung der Galle aus einer Gallenblasenfistel nach Unterbindung oder völliger Verlegung des Choledochus lange Zeit hindurch verhältnismäßig gut, so daß beispielsweise Majo Robson[13] eine Patientin mit vollkommener Gallenfistel 15 Monate lang beobachten und Versuche an ihr anstellen konnte. Trotzdem werden wir uns hüten müssen, einen dauernden Verlust sämtlicher Galle durch eine Gallenblasenfistel, als etwas für den Stoff-

1 Med. Klinik 1913. 2 Münch. med. Wochenschr. 1922. 3 Deutsche med. Woch. 1914 u. Erg. d. inn. Med. Bd. 20. 1921. 4 Die hepato linealen Erkrankungen. Berlin 1920. 5 Erg. d. Chir. Bd. 17. 6 Deutsche med. Wochenschrift 1920. Klin. Wochenschr. 1922. 7 Bilirubin im Blute. Leipzig 1919. 8 Berl. kl. Wochenschr. 1914. Bd. 24 S. 25. 9 Physiologie und Pathologie d. Leber. Springers Verlag. 1916. 10 Mitt. aus d. Grenzgebieten. Bd. 31. 11 Berl. kl. Wochenschr. 1921. Berl. med. Ges. 22. VI. 21. 12 Kl. Wochenschr. 1924. 13 Zentralbl. f. Physiol. Bd. 4. 1890. S. 634.

wechsel Gleichgültiges zu betrachten. Die Beobachtungen der letzten Jahre, vor allem die Fälle schwerer Osteoporose bei Gallenblasenfistel haben uns da eines besseren belehrt (s. später).

Jedenfalls muß man die Angaben über die Menge der aus solchen Fisteln ausgeschiedenen Galle immer mit einer gewissen Vorsicht hinnehmen; denn die Menge der ausgeschiedenen Galle kann in Wirklichkeit größer, sie kann aber auch kleiner sein. Brand[1] stellt eine Tabelle zusammen über die Gallenmenge, die von den verschiedenen Autoren beim Menschen in 24 Stunden gewonnen worden ist. Danach liegen die Zahlen zwischen 16 ccm und 1122 ccm. Majo Robson beobachtete bei seiner oben zitierten Patientin Werte von 860—1130 ccm. Nach Gundermann[2] soll die Menge Galle im Hungerzustande etwa 250 ccm betragen. Am Tage wird mehr ausgeschieden als Nachts (Walzel u. Weltmann[3]. Die Tageskurve der Gallenausscheidung zeigt meist eine Zunahme vom frühen Morgen an mit ein oder zwei Maxima in den Mittags- und Abendstunden; dann wieder einen Abfall bis zum Morgen. Diese Kurve muß man mit dem Einfluß erklären, den die Nahrung auf die Gallenbildung zweifellos hat. Im einzelnen sind die Angaben der Autoren[4] zu diesem Kapitel sehr widersprechend; man kann jetzt jedoch wohl so viel herausschälen, daß Wasser auf die Gallenbildung gar keinen Einfluß hat, Eiweißernährung (besonders Fleisch) hingegen zu einer Steigerung der Gallensekretion führt. Über Fett und Kohlehydrate lauten die Angaben geradezu einander entgegengesetzt. Während einzelne Untersucher nach Fettdarreichung eine beträchtliche Steigerung der Gallensekretion beobachteten (Rosenberg[5]), fanden andere sogar eine Verminderung (Mandelstamm, Thomas, Stadelmann), ein deutliches Zeichen dafür, wie mangelhaft die viel verwendete Methode der Gallenblasenfistel ist.

Aus den mit allen erdenklichen Vorsichtsmaßregeln ausgeführten Untersuchungen Stadelmanns und seiner Schüler ist zu entnehmen, daß die Steigerung der Gallensekretion, die nach Eiweißernährung beobachtet wird, auch nur deutlich ist gegenüber demselben Tier im Hungerzustand, und daß eine sofortige Steigerung der Gallenbildung nach der Nahrungsaufnahme nicht regelmäßig zu beobachten ist.

Von den zahlreichen Chemikalien, denen eine die Gallebildung fördernde Wirkung zugeschrieben worden ist, haben

---

1 Pflügers Archiv 90. 1902. S. 494. 2 Gundermann-Bruns' Beitr. 128. 1923. S. 1. Specht, ebendort. 128. 1923. 3 Mitt. aus d. Grenzgeb. 36. 1924. 4 Cf. Stadelmann, Der Ikterus S. 81; Babéra, Bull. della Sc. med. di Bologna 1898. 5 Archiv f. Physiol. 1901. S. 528.

einer kritischen Prüfung nur wenige standhalten können. Von einem besonderen Interesse sind die gallensauren Salze, die nach übereinstimmendem Urteil der Autoren regelmäßig eine erhöhte Gallebildung veranlassen; es kommt ihnen wohl auch bei der physiologischen Gallebildung eine gewisse Bedeutung zu (SCHIFF[1], PFAFF und BALDE[2], DOYON und DUFORT[3], STADELMANN[4], MINKOWSKI[5], SPECHT[6] u. a.). Es werden nämlich die gallensauren Salze der Galle im oberen Dünndarm aufgesaugt (TAPPEINER[7] u. a.); sie kommen dann auf dem Blutwege zur Leber, von wo aus sie wieder in den Darm mit der Galle ausgeschieden werden, ein Verhalten, das man auch als „Kreislauf der Galle" zu bezeichnen pflegt (STADELMANN, SCHIFF l. c.). Weiterhin wird die Gallensekretion nach den Untersuchungen von ASHER[8] und seiner Schüler (BARBÉRA[9], BÖHM[10], KUSMINE[11], PLETNEW[12], LOEB[13]) durch Albumosen und Peptone durch Pfefferminzöl (HEINZ[14]) und Atophan angeregt, und zwar durch direkte Einwirkung auf die Leberzellen. In sehr bescheidenem Maße wird, wenn überhaupt, die Gallebildung von dem Sekretin des Dünndarms (s. bei Pankreas) gefördert (HENRI und PORTIER[15], ROST[16]).

Die Menge der Galle ist weiterhin abhängig von der Menge des die Leber durchströmenden Blutes. Es führt infolgedessen besonders Unterbindung der Leberarterie (s. oben) zu einer Veränderung der Gallensekretion. Dementsprechend müßte die Menge der Galle auch in weitgehendem Maße abhängig sein vom Gefäßtonus der die Leber versorgenden Blutgefäße. Da jedoch die Leberarterie und Pfortader insofern eine entgegengesetzte Innervation haben, als die Vasokonstriktoren für die Arterie hauptsächlich aus dem Vagusgebiet und die Dilatatoren aus dem Splanchnikusgebiet stammen, während das Umgekehrte für die Pfortader gilt[17], so ist anzunehmen, daß der Gefäßtonus wenigstens bis zu einem gewissen Grade durch dieses wechselseitige Verhalten ausgeglichen wird. Daß trotzdem psychische Insulte die Gallenbildung beeinflussen, konnte ROST im Tierexperiment beobachten. Bisher nahm man

---

1 PFLÜGERS Archiv Bd. 3. S. 598. 1870. 2 Journ. of exp. Med. Bd. 2. S. 49. 3 Arch. de Physiol. Bd. 9. S. 562. 4 Deutsche med. Wochenschrift 1896; Ztschrft. f. Biol. 34. S. 1. 1897; Berliner klin. Wochenschrift 1896. S. 9—10. 5 Deutsche Klinik Bd. 5. S. 681. 6 BRUNS' Beitr. 129. 1923. 7 Arbeiten aus d. physiol. Inst. Leipzig Bd. 7. 8 Ztschrft. f. Biol. Bd. 45. 1903; Zentralbl. f. d. ges. Physiol. u. Pathol. d. Stoffwechsels 1911. Nr. 5 (Sep.). 9 Ztschrft. f. Biol. 1897. Bd. 32. 10 Ztschrft. f. Biol. 1908. Bd. 51. 11 Ztschrft. f. Biol. Bd. 46. 12 Bioch. Ztschrft. 21. 1909. 13 Ztschrft. f. Biol. 1910. Bd. 55. 14 Münch. med. Wochenschr. 1921. S. 628. 15 Compt. rend. Soc. de Biol. 54. S. 620. 1902. 16 Mitt. aus d. Grenzgeb. 26. S. 736. 1913. 17 Zit. nach WOHLGEMUTH in OPPENHEIMERS Handbuch III. S. 212.

an, daß der Leber sekretorische Nerven für die Gallenbildung fehlen; nur EIGER[1] glaubte gefunden zu haben, daß bei Reizung des Nerv. vagus unterhalb des Abgangs der Herzfasern eine Steigerung der Gallensekretion und bei Sympathikusreizung eine Verlangsamung der Gallensekretion eintrat.

Die von den Leberzellen gebildete Galle wird nun unter normalen Verhältnissen nicht dauernd in den Darm abgeschieden, sie wird vielmehr in der Gallenblase und den Gallengängen gespeichert. Der Druck in den Gallengängen, sogenannter Druck in den Leberzellen, soll dann etwa 200 mm Wasser betragen (FRIEDLÄNDER u. BARISCH, HEIDENHAIN[2], ROBITSCHEK und PUSOLT[3] u. a.). Wie man sich jederzeit an Hunden mit Duodenalfisteln überzeugen kann, sind im Hungerzustand alle Verdauungsdrüsen in Ruhe. Es entleeren sich aus der Fistel nur wenige Tropfen eines graubraunen, dünnflüssigen, alkalisch reagierenden Darmsaftes. Etwa stündlich wird diese Ruhe unterbrochen. Dann beginnt über ungefähr 10 Minuten hin die sogenannte „Leertätigkeit" aller Verdauungsdrüsen, wobei mehrere Kubikzentimeter Galle in den Darm entleert werden (PAWLOW[4], COHNHEIM und KLEE[5], ROST[6] u. a.), und zwar in zwei bis drei einzelnen Schüssen. Abgesehen von dieser „Leertätigkeit" kommt es zu einem Erguß von Galle, wenn Speisen durch den Zwölffingerdarm hindurchgehen. Seit den Untersuchungen PAWLOWS weiß man, daß vor allem die Albumosen, also die Abbauprodukte des Eiweiß, zu einem Erguß von Galle in den Darm führen, ferner Hypophysenextrakt (KALK und SCHÖNDUBE[7]). Außerdem vielleicht noch die Salzsäure, während reines Fett nach den Untersuchungen von ROST (l. c.) keinen Gallenerguß anregt, ebensowenig wie reines ölsaures Natron. Nur ranziges Fett oder Fett, das durch die Verdauungsfermente zerlegt worden ist, führt zu einem Gallenerguß (KLEE und KLÜPFEL[8]), wobei nicht bekannt ist, welche bei dem chemischen Umsetzungsprozeß entstehenden Stoffe den Erguß hervorrufen. Für die Praxis der Ernährung ist jedenfalls die Tatsache vor allem bedeutungsvoll, daß per os gegebenes Fett im Magen so zerlegt wird, daß es zu einem mächtigen Gallenerguß führt (ROST). Es ist behauptet worden, diese Galle, die sich so schußweise auf die verschiedenen Reize hin in den Darm entleert, stamme nicht aus der Gallenblase, sondern sei Hepaticus- bzw.

1 Zentralbl. f. Physiologie. 30. 2 Herman, Handbuch der Physiologie. Bd. 5. Abschnitt Physiologie der Gallenabsonderung. 3 Wien. kl. Wochenschr. 1923. 4 Die Tätigkeit d. Verdauungsdrüsen. Wiesbaden 1892. 5 Heidelberger Akad. d. Wissenschaften, math.-naturw. Klasse 1912. 6 Mitt. aus d. Grenzgebieten 26. Hft. 5. 1913. 7 Kl. Wochenschr. 1924. S. 2151. 8 Mitt. aus d. Grenzgebieten 27. S. 783. 1914.

Choledochusgalle, vielleicht auch Galle, die unmittelbar aus der Leberzelle stamme (WINKELSTEIN[1], EINHORN[2]). Die dunkle Farbe der Galle, die man besonders bei Einspritzung von Witte-Pepton in den Darm anfänglich sieht, beweise nichts, da auch die Leberzelle ihre Farbe plötzlich ändern könne. Es scheint mir aber nach den Untersuchungen von STEPP u. DÜTTMANN[3] doch kein Zweifel mehr möglich zu sein, daß diese dunkle Galle, die sich auf Witte-Pepton entleert, Gallenblasengalle ist.

Es ist ein außerordentlich fein abgestimmtes, durch die nervöse Versorgung geleitetes Zusammenspiel, das die Bewegungen der Gallenblase, Gallengänge und Muskulatur der Papilla Vateri (ODDI[4]) regelt. DOYON[5] gibt, gestützt auf entsprechende Versuche an, daß die Nn. splanchnici die motorischen Nerven für das Gallengangsystem sind, daß ferner Reizung des zentralen Vagusstumpfes Erweiterung des Sphinkter der Papilla Vateri bewirkt, bei gleichzeitiger Kontraktion der Gallenblase. Zu etwas anderen Resultaten kamen in neuerer Zeit BAINBRIDGE und DALE[6] ebenso wie COURTADE und GUYON[7], sowie WESTPHAL[8], die bei Splanchnikusreizung eine Erschlaffung der Muskulatur der Gallenblase fanden, während sie den Vagus für den eigentlichen motorischen Nerven halten, dessen Reizung zu einer Zusammenziehung der Gallenblase führt. Gleichzeitig soll sich im Augenblick der Vagusreizung die Papilla Vateri öffnen, vgl. auch ROUS und MASTER[9].

Welche Rolle die in den Nervengeflechten der Gallenblase und Gallengängen eingeschalteten Ganglien für den Erguß der Galle haben, ist noch nicht geklärt (s. auch GRERING[10]). Über ihren anatomischen Bau siehe DOGIEL[11]. Druckmessungen an der Gallenblase hat DOGIEL[12] angestellt. Über den Druck in den Gallengängen s. oben. REACH[13] hat eine Methode mitgeteilt, um am überlebenden Gallengangspräparat den Einfluß von Giften auf die motorischen Elemente der Gallenwege zu studieren.

Die funktionelle **Bedeutung der Galle für die Verdauung** ist vielfach unterschätzt worden (MAJO ROBSON[14], DASTRE[15], COPEMANN und WINSTON[16]). Zunächst wissen wir sicher von der Galle, daß ihr eine große Bedeutung bei der Fettresorption zukommt, so

---

1 Ztschr. f. di ges. exp. Med. Bd. 34. 1923. 2 New York med. journ. Bd. 116. 1922. 3 Kl. Wochenschr. 1923. S. 1582. 4 Arch. ital. de Biol. 1887. S. 317; vgl. auch HELLY, Arch. f. mikr. Anat. Bd. 54. S. 614 und HENDRIKSEN, Anat. Anz. Bd. 17. S. 197. 1900. 5 Arch. de Phys. Bd. 5. S. 678. 1896 u. Bd. 6. S. 19. 6 Journ. of Physiol. Bd. 33. S. 138. 1908. 7 Compt. rend. Soc. de Biol. Bd. 60. S. 399. 8 XXXIV. Kongr. d. D. Ges. f. innere Med. 1922. 9 Journ. exp. Med. 1921. 10 L. R. MÜLLER, Das vegetative Nervensystem. Berlin 1920. S. 154. 11 Arch. f. Anat. 1899. S. 130. 12 Compt. rend. Soc. de Biol. Bd. 55. S. 314. 1903. 13 Zentralbl. f. Physiol. Bd. 26. 1913 und Wiener klin. Wochenschr. 1914. 14 Zentralbl. f. Phys. Bd. 4. S. 634. 1890. 15 Arch. de Physiol. Bd. 22. S. 800. 1889. 16 The Journ. of Physiol. Bd. 10. S. 213. 1889.

daß bei Fehlen der Galle nur „$^1/_7$—$^1/_2$ des bei Gallenzutritt resorbierten Fettquantums" (MUNK[1]) zur Resorption gelangt. Dabei bewirkt die Galle allein, ohne Pankreassaft, keine Resorption von Fett, wie aus der bekannten Beobachtung CLAUDE BERNARDS[2] hervorgeht, daß bei Kaninchen, wo der Choledochus höher oben in den Darm mündet, als der Pankreasgang zwischen diesen beiden Einmündungsstellen, kein Fett in den Chylusgefäßen nachweisbar ist, während unterhalb des Pankreasganges die Zottenlymphgefäße milchig weiß und undurchsichtig sind. Daß umgekehrt Pankreassaft allein nicht zur Emulsionierung der Fette führt, beweist der Versuch DASTRES[3], der nach Unterbindung des Choledochus die Galle durch eine Cholezystojejunalfistel in den Darm leitete und nunmehr erst unterhalb der Einmündungsstelle dieser Fistel die Chylusgefäße mit Fett gefüllt fand. Diese Aufnahme von Fett durch die Chylusgefäße wird bewirkt durch einen spezifischen Reiz von Galle und Pankreassekret auf das Zottengewebe, welches durch die genannten Sekrete zu einer aktiven Aufnahme des Fettes gebracht wird (LEWIN[4]). Daß diese Verstärkung der fettspaltenden Eigenschaft des Pankreassaftes durch Galle hauptsächlich eine Leistung der cholsauren Salze ist und auch durch künstliche cholsaure Salze nachgeahmt werden kann, geht aus den Versuchen von RACHFORD[5] und MAGNUS[6] hervor.

Wenn bei Abschluß der Galle vom Darm das Fett nicht resorbiert wird, kommt es zu starker Fäulnis des Kotes. Man hat deshalb der Galle eine antiseptische Kraft für den Darm zugesprochen, ist von dieser Ansicht aber wieder abgekommen, da wir bei Fleisch- und Kohlehydraternährung auch bei völligem Fehlen der Galle keine Darmfäulnis finden. Ganz eindeutig sind jedoch die Ergebnisse nicht (vgl. HAMMARSTEN l. c. S. 283). Auch an der Eiweißverdauung ist die Galle beteiligt, und zwar zunächst durch Hemmung der Pepsinverdauung.

Wie nämlich von HAMMARSTEN[7] zuerst nachgewiesen worden ist, bildet Galle mit dem sauren eiweißreichen Mageninhalt einen Niederschlag und reißt das Pepsin teilweise mit. Andererseits verstärkt aber die Galle die eiweißverdauernde Wirkung des Pankreassaftes (RACHFORD und SOUTHGATE[8], BRUNS[9] und DEL-

---

1 Über die Resorption von Fetten u. festen Fettsäuren nach Ausschluß d. Galle v. Darmkanal. VIRCHOWS Archiv Bd. 122. S. 302 (Lit.). 2 Zit. nach HAMARSTEN, Phys. Chemie 3. Aufl. 1895. S. 275. 3 Du rôle de la bile dans la digestion des matières grasses. Compt. rend. Soc. de Biol. Dez. 1887. 4 Über den Einfluß der Galle u. des Pankreassaftes auf die Fettresorption im Dünndarm. PFLÜGERS Archiv Bd. 63. S. 171. 5 l. c. 6 Die Wirkung synthetischer Gallensäure auf die pankreatische Fettspaltung. Zeitschrift f. phys. Chemie Bd. 48. S. 376. 7 Über den Einfluß d. Galle auf die Magenverdauung. PFLÜGERS Arch. Bd. 3. S. 53. 1870. 8 Med. Rec. Dez. 1895. 9 Arch. de Science biol. T. 8. p. 97. 1899.

ZENNE[1]). Da so die Eiweißverdauung durch die Galle auf der einen Seite gefördert, auf der anderen Seite gehemmt wird, ist es erklärlich, daß ROSENBERG[2] auch bei Ernährung mit sehr großen Eiweißmengen keine Änderung in der Ausnützung vor und nach Anlegung einer vollständigen Gallenblasenfistel feststellen konnte. Auch die amylolytische Fähigkeit des Pankreassaftes soll durch Galle erhöht werden (SIDNEY MARTIN und DAWSON WILLIAMS[3]). Galle besitzt aber auch selbst ein amylolytisches Ferment (vgl. auch ROGER[4]).

Schließlich müssen wir noch der peristaltikerregenden Wirkung der Galle gedenken (NEPPER[5], im Gegensatz dazu SCHÜPBACH[6]), um uns, wenn auch nur in groben Umrissen, ein Bild von der physiologischen Bedeutung dieses Sekrets gemacht zu haben. Man hat übrigens wegen der leicht abführenden Wirkung gallensaure Salze als Abführmittel empfohlen (GLÄSSNER und SINGER[7]).

So viel können wir jedenfalls aus der Übersicht entnehmen, daß der Galle eine sehr wichtige Rolle beim Verdauungsprozeß zukommt, und wenn sich der Patient MAJO ROBSONS mit einer totalen Gallenblasenfistel 15 Monate lang ganz wohl befand, beweist das nur, daß „der tierische Organismus stets Mittel und Wege zur Verfügung hat, um ausfallende Funktionen zu ergänzen“ [8].

Von den Störungen in den geschilderten Ausflußbedingungen der Galle ist die wichtigste und sinnfälligste die **Gelbsucht (Ikterus)**[9]. Zu einer Gelbsucht kommt es erstens, wenn die Galle wegen Verlegung der großen Gallengänge nicht in den Darm fließen kann; sie staut sich dann zunächst in den Gallengängen, es kommt, wie EPPINGER[10] nachgewiesen hat, zu einer Zerreißung der interzellulären Gallenkapillaren; von da aus tritt nach FLEISCHLS[11] Untersuchungen die Galle durch die Lymphbahn der Leber in den Duct. thoracicus und gelangt auf diesem Wege ins Blut (HURLEY[12]) oder sie tritt direkt in die Blutkapillaren über. Schon diese anatomische Betrachtung zeigt, daß wir auch bei dem Ikterus durch Gallenstauung mit Veränderungen der Leberzellen zu rechnen haben. Es kommt hinzu, daß bei mechanischer Verlegung der Gallengänge z. B. bei Choledochussteinen sehr rasch bakterielle Entzündungen nach der Leber zu aufsteigen (GUNDERMANN), so daß wir in praxi vielfach ein Nebeneinander von Ikterus durch Sperrung der großen

1 Compt. rend. de la Soc. de Biol. 54. S. 392. 1902. 2 Arch. f. Physiol. 1901. S. 528. 3 Proc. of the Roy. Soc. Vol. 45. p. 292, Vol. 48. p. 358. 4 Gaz. d. hôpitaux 1910. p. 1516. 5 Ztschrft. f. Biol. Bd. 51. S. 1. 1908. 6 Presse méd. T. 21. p. 137—139. 1913. 7 Wiener klin. Wochenschrift 1910. 8 ABDERHALDEN, Phys. Chemie 2. Aufl. 1909. S. 690. 9 Lit. cf. STADELMANN, Der Ikterus. Stuttgart 1891; ferner KRETZ in Handbuch d. allg. Path. II 2. S. 466; QUINCKE in NOTHNAGELS Handbuch XVIII. 1899. NAUNYN, Mitt. aus d. Grenzgebieten. Bd. 31. Dorner, Med. Klinik 1920 (Sammelreferat). Ztschr. f. d. ges. exp. Med. 34. 1. 2. 10 ZIEGLERS Beiträge Bd. 31. S. 230. 11 Bericht über d. Verh. d. kgl. sächs. Ges. d. Wiss. zu Leipzig XXVI. 12 Arch. f. (Anat. u.) Physiol. 1893. S. 291.

Gallenwege und von Ikterus durch Störungen im Bereich des gallenabsondernden Apparates vor uns haben, wobei an der Sperrung der großen Gallenwege bei Gallensteinen spastische Verschlüsse der Papilla Vateri oder sonstige Innervationsstörungen der großen Gallengänge beteiligt sein werden. Die Verlegung der Gallengänge allein sind also noch nicht ohne weiteres von Gelbsucht gefolgt; deshalb bekommt man bei Hunden durch Unterbindung des Choledochus im allgemeinen keinen Ikterus (vgl. HABERLAND [1]) und sieht auch oft beim Menschen trotz zahlreicher Gallensteine oder Krebsmetastasen durch die viele Gallengänge verlegt werden, keinen Ikterus (MASTER und ROUS). $^{19}/_{20}$ der Gallengänge können verlegt sein, ehe ein Ikterus auftritt. Der Stuhl ist in solchen Fällen von mechanischem Abschluß, also bei Choledochusstein oder Karzinom infolge des Fehlens des Gallenfarbstoffes, tonfarben. Die Gallenblase müßte theoretisch stark gefüllt sein. In den Fällen jedoch, wo durch vorhergegangene Entzündungen die Gallenblase beim Eintreten des Choledochusverschlusses schon geschrumpft war, dehnt sie sich nicht mehr aus. Das würde also der Fall sein, wenn bei chronischem Gallensteinleiden ein Stein den Choledochus verlegt. Umgekehrt ist bei Tumoren im Bereich des Pankreas oder der Papilla Vateri die Gallenblase gewöhnlich noch normal. Infolgedessen haben wir bei Ikterus durch Tumor des Pankreas eine große, stark gefüllte Gallenblase (COURVOISIERsches[2] Zeichen), was differentialdiagnostisch bedeutsam ist. Die Galle enthält bei einem solchen völligen Abschluß des Choledochus vom Darm kein Urobilin oder Urobilinogen, was mit dem oben besprochenen „Kreislauf der Galle“ zusammenhängt (FISCHLER l. c. S. 146).

Dem mechanischen Ikterus durch Verlegung der großen Gallengänge (extrahepatischer Ikterus) wird man als zweite Gruppe den Ikterus durch Störungen im Bereich des gallenabsondernden Apparates — den intrahepatischen Ikterus — gegenüberstellen (ROSENTHAL[3]). Hier sind, soweit wir das bisher übersehen können, fließende Übergänge vorhanden von dem leichten „katarrhalischen“ Ikterus bis zur tödlichen akuten Leberatrophie, wobei die WEILsche Krankheit die verschiedenen toxischen Ikterusformen z. B. Ikterus bei Chloroformvergiftung oder Salvarsan, der septische Ikterus, der syphilitische Ikterus Zwischenstufen abgeben. Auch der Ikterus durch Cholangien oder Cholangitiden (NAUNYN[4])

---

1 Arch. f. kl. Chir. 130. 2 Kasuistisch-statistische Beitr. z. Pathol. u. Therapie d. Gallenwege. Leipzig 1890. 3 Erg. d. Chir. Bd. 17. 1924. 4 Mitt. aus d. Grenzgeb. Bd. 31.

gehört hierher, wobei im allgemeinen die Vorstellung über das Zustandekommen der Gelbsucht die ist, daß die kleinen intrahepatischen Gallengänge mechanisch verlegt werden oder daß Veränderungen in der Leberzelle selbst als Ursache des Ikterus in Betracht kommen, etwa in dem Sinne, daß die Gallenausscheidung eine falsche Richtung nimmt (STADELMANN[1], MINKOWSKI[2], LIEBERMEISTER[3], PICK[4], STRÖBE[5], MARCHAND[6]). Immer soll aber die Ursache für das Zustandekommen des Ikterus in der Leber selbst gelegen sein (intrahepatischer Ikterus). Nun haben aber neuere Beobachtungen gezeigt, daß auch bei solchen anscheinend rein intrahepatisch entstandenen Ikterusfällen die Entstehung der Gelbsucht irgendwie mit der Tätigkeit des Choledochus und des Sphinkter Papillae Vateri in Zusammenhang steht. Man hat nämlich den Ikterus in Fällen von histologisch sicher gestellten schweren Cholangitiden mit Nekrose der Leberzellen durch Choledochusdrainage (BRAUN[7], KAUSCH[8], TIETZE) oder durch eine Verbindung der Gallenblase zum Darm (ROST[9]) zur Ausheilung kommen sehen. Diesen Erfolg der Operation kann man sich doch nur daraus erklären, daß an dem Zustandekommen der Gelbsucht irgend eine Art von Funktions- oder Innervationsstörung des Choledochus oder der Papilla Vateri mit Schuld ist (vgl. auch WESTPHAL[10]), womit übereinstimmt, daß der Choledochus bei den Operationen nichterweitert, sondern sogar auffallend eng gefunden wurde. BERG[11] beschreibt einige hierher gehörige Fälle von Ikterus, wo die intrahepatischen Gallengänge starke Erweiterung zeigten, während die extrahepatischen nicht erweitert waren.

Bei der dritten Gruppe des Ikterus, dem hämolytischen, ist die gesteigerte Gallenfarbstoffbildung durch einen starken Zerfall der roten Blutkörperchen bedingt. Der Kot bleibt trotz allgemeiner Gelbsucht gefärbt, es findet sich sogar eine hochgradige Ausscheidung von Urobilin, im Kot während das Bilirubin nicht in den Harn übertritt, obgleich reichlich Bilirubin im Blute vorhanden ist. Das Cholesterin und die Gallensäure sind im Blute nicht in gleicher Weise vermehrt wie beim mechanischen oder cholangitischen Ikterus. Wir haben also bei dieser Erkrankung ein Mißverhältnis in Gallenbildung und Gallenausscheidung, wobei es z. Zt. noch offen steht, ob diese beiden Funktionen an die Leberzelle gebunden sind, oder

1 Verh. d. med. II. Kongr. 1892. 2 Deutsche med. Wochenschr. 1893. No. 16. 3 Wien. kl. Wochenschr. 1874. No. 26 u. 29. 4 Klin. Wochenschr. 1922 S. 2510. Ztbl. f. Chir. 1922. S. 1171. 5 ZIEGL, Beitr. Bd. 21. 6 ZIEGL, Beitr. Bd. 13. 7 Berl. kl. Wochenschr. 1920. 8 Ztbl. f. Chir. 1924. 9 Chirurgen-Kongreß 1923 u. Deutsche Ztschr. f. Chir. Bd. 188. 10 Ztschr. f. kl. Med. Bd. 95. 11 Akta chirurg. Skandin. 1922.

ob hier der „retikuloendotheliale Apparat“ (s. oben) beteiligt ist. An dem Zustandekommen der Gelbsucht mag in letzter Linie auch die mechanische Verlegung der kleinen Gallengänge durch eingedickte Galle (STADELMANN[1]) oder Gallenthromben (EPPINGER[2]) Schuld sein oder es kommt, wie KRETZ[3] meint, durch Schwund der Leberzellen zu einer Verbindung der Gallenkapillaren und Lymphbahnen innerhalb der Leber. Im ganzen hat diese Frage ein geringes praktisches Interesse; denn therapeutisch müssen wir in diesen Fällen von hämolytischem Ikterus an dem Orte des erhöhten Blutzerfalls angreifen und den können wir hemmen, wenn wir die Milz entfernen (EPPINGER). Außer bei diesen Bluterkrankungen, die wir zu der Gruppe der perniziösen Anämien zu rechnen pflegen (s. später) kommt ein solcher erhöhter Blutzerfall mit anschließendem Ikterus auch als Folge spezifischer Blutgifte, wie Arsenwasserstoff Toluilendiamin und bei Vergiftung mit den Methämoglobinbildnern (Kali chloricum, Pyrogallol) vor. Vielleicht ist hierher auch der vorübergehende Ikterus bei langdauernder Narkose zu rechnen; denn bei diesem haben wir ja auch eine Methämoglobinbildung im Blute (ELLINGER u. ROST[4]).

Auch bei Hämatomen nach Quetschungen soll ein Ikterus auftreten können. Ob hier ein ursächlicher Zusammenhang wirklich besteht, erscheint sehr zweifelhaft, zumal ein Ikterus bei Hämatom sehr selten ist. In einem Fall, den ich selbst beobachtet habe, der als Ikterus nach Hämatom beim Erwachsenen angesprochen wurde, handelte es sich zweifellos um das zufällige Zusammentreffen eines katharrhalischen Ikterus mit einer Verwundung; das Hämatom war dann also die Folge, nicht die Ursache des Ikterus.

Die **Folgen des Ikterus** machen sich in erster Linie an der Leber selbst geltend (Lit. bei QUINCKE[5]). Beim Stauungsikterus, z. B. bei Choledochusstein, kommt es zu einer hochgradigen Erweiterung aller Gallenwege; man hat Fälle beobachtet, wo in der Gallenblase und den Gallenwegen etwa 1 Liter Galle aufgespeichert war. Trotz des Hindernisses hält die Gallensekretion der Leberzellen zunächst noch an, bald aber werden die Zellen teils durch den mechanischen Druck, teils durch die chemische Wirkung der Galle in ihrer Arbeit geschädigt. Die Glykogenaufstapelung wird geringer, ebenso die Ausscheidung von Gallensäure, und schließlich zeigt die Formveränderung an der Leberzelle und das ausgefallene Bilirubin auch für die schlichteste morphologische Betrachtung an, daß eine

1 Der Ikterus. Stuttgart 1891. Suppl. II. Separat. 2 ZIEGL, Beitr. 33. 3 Erg. d. allg. Pathol. Bd. 8. 4 Arch. f. exp. Pathol. u. Pharmakol. 95. 1922. u. Münch. med. Woch. 1922. 5 NOTHNAGELS Handbuch Bd. 18. S. 57. 1899.

schwere Schädigung der Zelle vorliegt. An die Stelle des zugrunde gehenden Epithelgewebes rückt Bindegewebe, und es kommt zu einer Wucherung der Gallengänge. Schließlich schrumpft die Leber, wie NASSE[1] im Tierversuch zeigen konnte.

Diese morphologischen Veränderungen nach Gallengangverschluß sind vielfach im Tierexperiment studiert worden (FRERICHS[2], LEYDEN, LITTEN, NASSE[3], BAUER, QUINCKE[4], TSUNODA[5], TISCHNER[6], BELOUSSOW[7], SIEGENBEEK VAN HEUKELOM[8] u. v. a.), wobei sich bei den einzelnen Tierarten geringfügige Änderungen in dem Ablauf des pathologischen Befundes nachweisen ließen, ebenso wie die verschiedenen Tiere eine Unterbindung der Gallengänge verschieden gut vertragen.

Die anatomisch nachweisbaren Leberveränderungen werden durch hinzutretende Infektion, deren Eintritt durch die Gallenstauung außerordentlich begünstigt wird, noch sinnfälliger. Ein Teil der beschriebenen Veränderungen ist wohl überhaupt nur auf eine Infektion zu beziehen. So fanden FREY und HARLEY[9] bei aseptischer Unterbindung des Choledochus die Rundzellenhaufen und Zellnekrosen in der Leber nicht, die von COHNHEIM und BELOUSSOW[10] beschrieben worden waren, sondern sahen derartiges nur bei gleichzeitiger Peritonitis. Es tritt der Ikterus bei Gallengangrunterbindung nach 3 Tagen auf; wird der Ductus thoracicus gleichzeitig unterbunden, so dauert es sogar wochenlang, bis wir einen Gewebsikterus bekommen (FREY und HARLEY[11]). Sehr viel schneller kommt es zu Ikterus, wenn, wie das BÜRGER und FISCHER[11] getan haben, die Galle durch Verbindung der Gallenblase mit der V. cava direkt in das Blut geleitet wird.

Durch die Aufnahme der Gallenbestandteile in den allgemeinen Kreislauf werden nicht nur Schädigungen der Leber ausgelöst, sondern der ganze Körper wird in Mitleidenschaft gezogen. In erster Linie ist diese Allgemeinvergiftung durch die Aufnahme der Cholsäure in das Blut verursacht (RYWOSCH[12]). Die Cholsäure wirkt erregend auf die zentralen Enden des Vagus und führt infolgedessen zu einer Verlangsamung der Herztätigkeit, später zu Lähmungen einiger Kerne des verlängerten Markes. Wie weit allerdings die zerebralen Erscheinungen, wie die Verstimmung der Ikterischen, ferner die Delirien, Krämpfe usw. eine Vergiftung mit Cholsäure sind, ist nicht bekannt. Es kann sich dabei auch um einen viel verwickelteren Vergiftungsvorgang infolge Leberinsuffizienz

---

1 Arch. f. klin. Chir. Bd. 48. S. 886. 2 Klinik d. Leberkrankheiten. 3 Inaug.-Diss. Rostock 1882. 4 NOTHNAGELS Handbuch Bd. 18. 5 VIRCHOWS Archiv 1908. 6 VIRCHOWS Archiv Bd. 175. 1904. 7 Arch. f. exp. Pathol. u. Pharmak. Bd. 14. 1881. 8 ZIEGLERS Beiträge z. pathol. Anat. 1896. 9 Verh. d. II. med. Kongr. 1892. S. 115 und Arch. f. (Anat. u.) Physiol. 1893. S. 291. 10 Arch. f. exp. Pathol. u. Pharmak. XIV. S. 200. 11 Ztschrft. f. d. ges. exp. Med. Bd. III. 1914. 12 Arbeiten des Pharmakol. Instituts in Dorpat; ferner Lit. bei STADELMANN, Der Ikterus S. 264.

handeln oder andere Gallenbestandteile, wie vor allem die Gallenfarbstoffe helfen bei der Vergiftung mit, was neuerdings wieder besonders betont wird[1]. Die histologischen Veränderungen am Gehirn bei solchen schweren Leberschädigungen hat KIRSCHBAUM[2] im Tierversuch studiert.

Zu der Frage, warum das Blut Ikterischer in einer Anzahl von Fällen eine verzögerte Gerinnungsfähigkeit hat, haben MORAWITZ und BIERICH[3], PETRÉN[4], SCHULTZ und SCHEFFER[5] u. a. Versuche angestellt. Die verzögerte Gerinnung des Blutes bei Ikterus ist offenbar nicht abhängig von dem Gehalt des Blutes an gallensauren Salzen. Denn so viel Cholate als dazu nötig wären, enthält das Blut auch bei schwerstem Ikterus nicht. Die verzögerte Gerinnung ist ferner nicht proportional der Schwere der Gelbsucht. Klinisch ist es auffallend, daß durchaus nicht jeder Ikterus in gleicher Weise diese Verzögerung der Gerinnung, die ja zu den sehr unangenehmen operativen Nachblutungen führt, hat, ebensowenig wie es bei Hunden gelingt, durch experimentelle Unterbindung der Gallengänge die Blutgerinnung zu verzögern (PETRÉN). Ein Mangel an Fibrin ließ sich im Blute Gelbsüchtiger nicht nachweisen. Versuche, die so angestellt wurden, daß zu wenigen Tropfen Hirudin Blut hinzugefügt wurde, ergaben eine starke Verzögerung der Gerinnung bei leicht blutenden Ikterischen, während normales Blut und Blut von nicht leicht blutenden Ikterischen durch so wenig Hirudin in seiner Gerinnungsfähigkeit völlig unbeeinflußt blieb. MORAWITZ und BIERICH folgern aus diesen Versuchen, daß die verzögerte Blutgerinnung bei Gelbsucht ihre Ursache in einer verlangsamten Entstehung des Fibrinfermentes wohl wegen Mangel an Thrombokinase hat. Da DOYON[6] und NOLF[7] bei Hunden nach Exstirpation der Leber sowie bei Leberdegenerationen nach Chloroform- oder Phosphorvergiftung eine hochgradige Verzögerung der Blutgerinnung fanden, und DOYON und BILLET[8] bei Leberdegeneration eine Herabsetzung der Fibrinogenwerte im Blute nachweisen konnten, so nimmt man gegenwärtig an, daß auch bei Ikterischen die verzögerte Blutgerinnung der Ausdruck einer Schädigung des Leberparenchyms sei (PETRÉN l. c., KUNIKA[9], SCHULTZ u. SCHEFFER). Daneben kommt vielleicht auch eine Schädigung der Blutgefäßendothelien in Betracht.

---

1 Vgl. KREHL, Pathol. Physiol. 1912. S. 372. 2 D. Ztschr. f. Nervenheilkunde. 77. 1923. 3 Arch. f. exp. Path. Bd. 56. S. 115. 1907. 4 BRUN's Beiträge Bd. 120. S. 501. 1920. 5 Berl. klin. Wochenschr. 1921. 6 Journal de Phys. et Pathol. générale Bd. 7. 1905. 7 Bulletin de l'Académie de Belgique 1905 und Ergebnisse d. inneren Medizin Bd. 10. 1913. 8 Compt. rendu de la Société de Biologie 1905. 9 Deutsche Ztschrft. f. Chir. 118.

Eigenartig und in ihren physiologischen Zusammenhängen noch nicht geklärt sind Fälle von Anurie bei Ikterus, wie sie CLAIRMONT und HABERER[1] beschrieben und wie wir sie selbst beobachtet haben. In Tierversuchen, an Hunden angestellt, konnten CLAIRMONT und HABERER in 8 von 13 Fällen eine verzögerte Ausscheidung von Indigkarmin und Phloridzinzucker nach Unterbindung des Duct. choledochus nachweisen. Die Bestandteile der Galle bewirken bei Einspritzung ins Blut eine Schädigung der Nierenzellen. Zu dieser parenchymatösen Nephritis wird sich in manchen Fällen eine Schädigung der Niere durch die Narkose hinzugesellen, wodurch dann die Anurie ausgelöst wird (STÄHELI[2]).

Das häufigste mechanische Hindernis des Gallenabflusses, das oft von Ikterus gefolgt ist, bildet die Verlegung der Gänge durch Steine. Unsere modernen Kenntnisse von den **Gallensteinleiden** beginnen mit den Arbeiten von MECKEL v. HELMSBACH[3], der in Anlehnung an die Perlen- und Schalenbildung der Weichtiere auch die beim Menschen pathologischerweise vorkommenden Steine folgendermaßen erklärte: Es handle sich um ein Gerüst von organischer Substanz, an das sich anorganische Salze angliederten und auf diese Weise das organische Grundgerüst versteinerten. Die endgültige Form würde durch Verdrängungsmetamorphismus bedingt.

Es stellt danach die Gallensteinbildung, wie die Steinbildung im menschlichen Körper überhaupt, ein kolloidchemisches Problem dar, das von den physikalischen Chemikern folgendermaßen gedeutet wird (SCHADE[4]):

Die normale Galle enthält eine Anzahl Kolloide und Kristalloide, die sich gegenseitig in Lösung halten. So wird das Cholestearin durch die Cholate in Lösung gehalten. Kommt es zu einer Verminderung oder Zerstörung der Cholate, so fällt das Cholestearin aus. Aber die Ausfällung des Cholestearins ist noch keine Steinbildung und aus einer reinen Cholestearinlösung fallen immer nur Einzelkristalle aus. Es gehören besondere Bedingungen dazu — wie SCHADE zeigen konnte, z. B. ein Zusatz eines fettartigen Stoffes — um das Cholestearin aus der Lösung in Tropfenform zur Ausfällung zu bringen („tropfige Entmischung“). Die Tropfen schließen sich zusammen und wir haben schließlich eine einheitliche Masse vor uns, die das Fett wieder freigibt und langsam in Kugelform kristallisiert. Die Kristallisation bekommt immer mehr und mehr eine

1 Mitt. aus d. Grenzgebieten Bd. 22. S. 159. 1911. 2 BRUNS' Beitr. 123. 1921. 3 Mikrogeologie, herausgegeben von BILLROTH 1856. 4 Münchener med. Wochenschrift 1909. Nr. 1 u. 2 und 1911. Nr. 14; Ztschrft. f. exp. Pathol. u. Therapie 8. 1910; Kolloidchemische Beihefte I. S. 375; Die physikalische Chemie und innere Medizin 1920. S. 283.

radiärstrahlige Anordnung, und damit wird die Ähnlichkeit mit dem Aufbau der Gallensteine eine immer größere. Was im Reagenzglasversuch die fettige Substanz ist, die dem Cholestearin zugesetzt werden mußte, das ist beim Gallenstein das organische Gerüst, das den Stein durchzieht, und das in der Literatur der letzten Jahre eine große Rolle gespielt hat im Streit darüber, ob die Bildung der Solitärsteine ein „entzündlicher Vorgang sei oder nicht" (KURU[1]-AOYAMA[2], KRETZ[3]-ASCHOFF[4]). Es ist aber wohl nicht daran zu zweifeln, daß man auch im Cholestearinstein ein gewisses Gerüst aus organischer Substanz findet.

Ganz anders wie die Bildung der Cholestearinsteine ist die der Bilirubinkalksteine zu denken. Der Bilirubinkalk, der in reinem Wasser unlöslich ist, wird in der Galle durch sog. Schutzkolloide in Lösung gehalten. Solche Schutzkolloide (Lichtwitz[5]) für die Galle sollen von den Mucindrüsen der Gallenblase und Gallengänge gebildet werden, so daß eine Erkrankung dieser schleimbildenden Drüsen der Gallenblase zur Bildung von Gallensteinen führen würde (GLASER[6]). Es soll sich so auch erklären, daß Gallensteine besonders gerne in den LUSCHKAschen Gängen gefunden werden; hier fehlen nämlich die Mucindrüsen. Die Bilirubinkalksteine sind durch konzentrische Schichtenbildung ausgezeichnet, das ist die Form der Gesteinsbildung, die entsteht, wenn Kolloide ausfallen und diese Kolloide sind Eiweißkörper, wie Fibrin, die durch irgend einen entzündlichen Prozeß in die Galle übertreten. Zusammen mit den Kolloiden fallen Kristalloide aus. Erst durch sekundären Umbau unter hauptsächlicher Beteiligung der Kristalloide gewinnt der Stein ein strahliges Aussehen. Vermischungen der soeben geschilderten beiden Steinsorten des Cholestearinstein und des geschichteten Eiweiß-Bilirubinkalksteins kommen häufig vor und sind kolloidchemisch nicht schwer zu erklären. Wenn ROVSING[7] jede Theorie ablehnt, die die Gallensteinbildung mit einer Entzündung in Zusammenhang bringt (GALIPPE[8]-NAUNYN[9]) und zwar hauptsächlich deshalb, weil man nur sehr selten bei Gallensteinen Bakterien in der Galle nachweisen kann, so ist dem entgegenzuhalten, daß es doch auch Entzündungen ohne Bakterien gibt, und daß, wie GUNDERMANN[10] nachweisen konnte, die Galle steril sein kann, während sich Bakterien in der Leber und in der Wand der

---

1 VIRCHOWS Arch. Bd. 210. S. 433. 1912. 2 ZIEGLERS Beitr. Bd. 57. 1913. 3 Handbuch d. allg. Pathol. II. S. 493. 4 Münch. med. Wochenschr. 1912 u. 1913. Klin. Wochenschr. 1922. S. 1345. 5 Klinische Chemie. Berlin 1918. 6 Schweizer med. Woch. 1921. S. 206. 7 Acta chirurg. skand. Bd. 56. Hft. 2. 8 Journ. des connaiss. med. 1886. 9 Klinik der Cholelithiasis. Jena 1909. 10 Mitt. aus den Grenzgeb. Bd. 6 u. Arch. f. klin. Chir. 101.

Gallenblase finden. Eine Eiweißausfällung hat stattgefunden, wenn ein Bilirubinstein vorhanden ist und solche Eiweißausfällung ist andererseits an das Vorliegen irgend einer Art von Entzündung gebunden. Dabei wird man ROVSING Recht geben können, daß die Vereiterung der Gallenblase bei Gallensteinen ebenso wie die schweren Entzündungen etwas Sekundäres sind und nicht die Ursache der Steinbildung abgeben. Andererseits können Bakterien sehr wohl die chemische Zusammensetzung der Galle so verändern, daß es zur Bildung von Steinen kommt.

Bis jetzt hat man meist angenommen, daß die Mehrzahl der Gallensteine in der Gallenblase gebildet werden. AUFRECHT[1] und ROVSING (l. c.) sind nun im Gegensatz dazu der Ansicht, daß die Gallensteine im allgemeinen in den Lebergängen entstehen, wo BOYSEN[2] häufig Niederschläge von Pigmentkalk gefunden hat. Diese Pigmentsteine sollen nach ROVSING bei so gut wie allen Gallensteinen den Kern bilden. Vom Standpunkte der Kolloidchemie ist hierzu allerdings zu sagen, daß der „Kern", der früher bei der Erklärung der Steinbildung eine so große Rolle spielte, zur Entstehung der Steine nicht unbedingt nötig ist.

Durch die oben geschilderte kolloidchemische Betrachtungsweise der Steinentstehung (SCHADE) hat die ASCHOFF-BACMEISTERsche[3] Trennung der Steine in Cholestearinsteine und Bilirubinsteine zweifellos eine starke Stütze erfahren (vgl. im Gegensatz dazu KRETZ u. BOYSEN l. c., wenn auch betont werden muß, daß wir die sekundären Entzündungen, die uns zur Operation nötigen ebenso häufig beim Cholestearinstein, wie beim Bilirubinkalkstein sehen, und daß der Hydrops der Gallenblase nicht an den Cholestearinstein gebunden ist, sondern auch beim Bilirubinkalkstein vorkommt.

Wodurch aber beim kranken Menschen die Veränderungen im Gallengangssystem gesetzt werden, die schließlich zu einer Steinbildung führen ist nicht sicher bekannt. Im Tierversuch gelingt es durch eine Schädigung der Gallenblasenschleimhaut und eine Infektion Pigmentkalksteine zu erzeugen (ROUS, MASTER u. BRAUN[4], IWANAYA[5], WAGNER[6], AGRIFOGLIO[7]). Wir werden also trotz des Wiederspruches von ROVSING an dieser Entstehungsmöglichkeit festhalten (NAUNYN), zumal man doch eben in einem recht großen Prozentsatz der Fälle bei Gallensteinkranken entzündliche Veränderungen

---

1 Deutsches Arch. f. klin. Med. Bd. 128. 1919. 2 Über die Struktur der Gallensteine. Kargers Verlag. 1909. 3 Die Cholelithiasis. Jena 1909. BACHMEISTER, Erg. d. inneren Med. IX. 1913. S. 1. Lit. vgl. auch RIESE, Erg. d. Chir. III. 1913. 4 Proc. of the soc. f. exp. biol. 20. 1922. Ref. Ber. d. ges. Physiol. Bd. 19. S. 187. 5 Mitt. aus d. med. Fak. Fuknoka Bd. 6. 1921. 6 Münch. med. Woch. 1921. S. 150. 7 La litiasi biliare genova 1923.

im Leberparenchym gefunden hat (TIETZE u. WINKLER[1], GUNDERMANN[2]) und auch gelegentlich innerhalb der Steine Bakterien gefunden werden. Ein interessantes Beispiel hierfür ist ein Fall von MATTHIAS[3], aus dem wir zugleich einen Anhalt dafür bekommen innerhalb welchen Zeitraumes sich Gallensteine bilden können. MATTHIAS beschreibt einen Fall von Typhus, der in der 3. Woche eine Gallenblaseneiterung bekam und dann starb. Es fanden sich dann Cholestearinkalksteine um einen aus Typhusbazillen bestehenden Kern. Da es experimentell nicht gelang, nach Einlegen von Gallensteinen in Bouillonkultur die Bakterien im Innern des Steines nachzuweisen, so schließt MATTHIAS wohl mit Recht, daß die Steine sich in weniger als 60 Tagen gebildet haben.

Um den Versuchen der Gallensteinbildung näher zu kommen, hat man vielfach den Cholestearingehalt von Galle und Blut bestimmt und ihn bei verschiedenen Erkrankungen, so bei Arteriosklerose (CHAUFFARD[4], GRIGANT, LARROCHE[5]). Diabetes, in der Gravidität (HERRMANN, NAUMANN[6], MC NEE[7]) und bei Eiweißüberernährung (BACMEISTER) erhöht gefunden. Es ist jedoch vom kolloidchemischen Standpunkte aus unwahrscheinlich, daß eine Steigerung des Cholestearingehaltes der Galle, wenn er nicht sehr hohe Werte erreicht zu einem stärkeren Ausfallen von Cholestearin führt. Experimentell will CHALATOFF[8] durch Cholestearinzufuhr beim Kaninchen Ausfällungen von Cholestearin in der Gallenblase bekommen haben, während IWANAYA[9] und AGRIFOGLIO[10] über negative Ergebnisse berichten.

Man glaubt auch vielfach, daß sich in der Gravidität häufiger Cholestearinsteine entwickeln und bringt das in ursächlichen Zusammenhang mit dem erhöhten Cholestearingehalt im Blute. Vielleicht machen in der Schwangerschaft aber auch nur schon vorhandene Gallensteine mehr Beschwerden, weil das vegetative Nervensystem leichter anspricht. Daß bei Gallensteinkranken gelegentlich weniger Cholate in der Galle vorhanden sind, als normal konnten EXNER und HEYROWSKY[11] nachweisen. Wie oben ausgeführt wurde, begünstigt ja der geringere Gehalt von Gallensäuren das Ausfallen des Cholestearin in der Galle. Wenn angegeben wird (ASCHOFF (l. c.), WESTPHAL[12]), daß die Gallenstauung, wie sie in mechanischen Momenten, wie Schnüren usw. gegeben ist, die Entstehung von Gallensteinen begünstigt, so spricht die klinische Erfahrung dafür. Sollte

---

1 Arch. f. kl. Chir. 129. 2 Mitt. aus den Grenzgeb. Bd. 37. 3 Münchn. med. Wochenschr. 1921. 4 Inneres Kongreßblatt IX. S. 44. 5 Zit. nach BACMEISTER, Erg. d. inneren Medizin IX. S. 14. 6 Wien. kl. Wochenschr. 1912. 7 Deutsche med. Wochenschr. 1913. 8 Chir. Kongr. Ztbl. IV. 1914. S. 561. 9 Mitt. a. d. med. Fak. Fuknoka Bd. 6. 1921. 10 La litiasi biliare genova 1923. 11 Mitt. aus d. Grenzgeb. Bd. 24. 1912. 12 Ztschr. f. kl. Med. Bd. 96.

es aber nicht die Mißhandlung dieser Gegend durch das chronische Trauma mehr im allgemeinen sein, als wie die „Gallenstauung", die zur Schädigung der Gallengänge und damit zur Steinbildung führt? Nach HOFBAUER[1] hat die Zwerchfellbewegung einen Einfluß auf die Entleerung der Galle und er glaubte, daß die aufrechte Haltung des Menschen, durch die die Zwerchfellbewegung stark herabgesetzt wird, die Entstehung der Gallensteine begünstigt. Deshalb hätten die Vierfüßler nur ganz selten einmal Gallensteine. Daß der aufrechte Gang zu verschiedenen Schädigungen und frühzeitigen Abnützungen, damit Erkrankungen führt, ist zweifellos (vgl. Knie und Fußgelenk). Nur wird man wohl auch hier nicht zu einseitig die Zwerchfellbewegung allein in den Vordergrund stellen dürfen.

Eine praktisch ja sehr bedeutungsvolle, immer wieder bearbeitete Frage ist es, ob sich Gallensteine in der Gallenblase auflösen können. v. HANSEMANN[2] hat in die Gallenblase von Hunden menschliche Gallensteine gebracht und dann an ihnen Auflösungserscheinungen nachweisen können, die denen sehr ähnlich waren, die er bei Sektionen an menschlichen Gallensteinen beobachtet hatte. AOYAMA (ASCHOFF[3]) konnte jedoch zeigen, daß sich menschliche Gallensteine zwar in Hundegalle, aber nicht in Menschengalle auflösen, was damit zusammenhängt, daß nach MCNEE die Galle von Hunden, Kaninchen und vom Rinde sehr geringe Cholestearinwerte hat, im Gegensatz zur menschlichen Galle. Nach den Untersuchungen von GLAESSNER[4] hat die Art der Ernährung einen ausgesprochenen Einfluß auf die Auflösung der Gallensteine, insofern bei Glykokolfütterung ein Stein sich nur wenig verkleinert, während er bei Zystinfütterung rasch verschwindet. Schöne Beispiele von Selbstsprengungen der Gallensteine gibt ALI KROGIUS[5]. Diese Trümmer können dann wieder den Kern für neue Steine abgeben.

Die **Schmerzen** bei Gallensteinanfällen hat man vielfach als Zerrungsschmerzen gedeutet (s. Abschnitt Sensibilität der Bauchhöhle). WESTPHAL[6] u. SMIDT[7] konnten im Röntgenbild während des Gallensteinfalls starke Bewegungssteigerung am Magen und Darm beobachten und sie schließen daraus, daß auch in den Gallengängen eine solche „parasympatisch" bedingte Bewegungssteigerung vorhanden sein müßte, so daß der Schmerzanfall ein Kontaktionsschmerz der Gallenblase und Gallengänge wäre. Diese schmerzhaften, krampfartigen Zusammenziehungen der Gallengänge und des ODDIschen Schließmuskels kommen auch ohne Steinbildung vor.

---

1 Chirurgenkongreß 1908 und Berlin. Klin. Woch. 1908. 2 VIRCHOWS Archiv Bd. 212. S. 139. 3 Münchener med. Wochenschrift 1913. 4 Wiener klin. Wochenschrift 1918. S. 549. 5 Zentralbl. f. Chir. 1924. S. 1224. 6 Zeitschrift f. klin. Med. Bd. 96. Hft. 1—3. 7 Archiv f. klin. Chir. 117.

So erklärt es sich, daß wir immer wieder einmal einen Fall zur Operation bekommen, bei dem wir wegen der vorhergegangenen „typischen Anfälle“ mit Sicherheit Gallensteine erwarten und dann keine finden. Aurch die falschen „Rezidive“ nach Entfernung einer mit Steinen gefüllten Gallenblase sind wohl als solche Krämpfe der Gallenwege aufzufassen, wenn sie nicht wie vielleicht überhaupt ein Teil der Schmerzanfälle bei Gallensteinen auf irgendwelche Veränderungen im Sympathikus, besonders dem Ggl. coeliacum zu beziehen sind (vgl. LIECK[1]). Auch ein chronischer Ikterus kann durch Funktionsänderungen des Sphinkter papillae hervorgerufen werden (s. o.). Besonders aus den Untersuchungen von BERG[2] ist zu entnehmen, daß solche Funktionsstörungen des ODDIschen Muskels neben angeborenen Anomalien der Gallengänge zu einer Erweiterung der intrahepatischen Gallengänge führen mit Änderung in der Zusammensetzung der Galle — „Mukostase“. — Es brauchen nur Verdauungsstörungen im weitesten Sinne des Wortes oder z. B. Opiumwirkung hinzuzukommen, um das bis dahin aufrecht erhaltene Gleichgewicht in den von Jugend auf erweiterten Gallengängen aus dem Gleichgewicht zu bringen. Dann kann es sekundär zur Steinbildung oder zum Ikterus kommen.

Wie gesagt liegt die **Gefahr bei Gallensteinerkrankungen** weniger in den Steinen selbst als in der mit den Steinen verbundenen Entzündung der Gallengänge. Trotz des ODDIschen Schließmuskels wird es ja den Darmbakterien recht leicht gemacht, in die Gallengänge einzudringen, denn der Verschluß ist doch nur ein unvollkommener, wie man daraus ersieht, daß auch Askariden häufig in die Gallengänge bis herauf zur Leber wandern. Die Bakterien, die einmal in die Gallengänge eingedrungen sind, halten sich sehr lange in der Galle lebend und virulent. Die Galle ist sogar ein hervorragender Nährboden für alle möglichen Bakterien, so daß CONRADI[3] sie geradezu als Nährboden für Laboratoriumszwecke empfiehlt. Allerdings ist Galle nicht für alle Bakterien ein guter Nährboden; so gedeihen Pneumokokken schlecht in ihr (FRÄNKEL-KRAUSE[4]), gut hingegen alle möglichen Darmbakterien, in allererster Linie Bact. coli (LAUBENHEIMER[5]) und der Typhusbazillus (FORSTER[6]). Man hat viele Jahre, sogar Jahrzehnte nach überstandenem Typhus den Erreger noch aus der Gallenblase züchten können (NEUFELD, HÄNDEL[7], LAUBENHEIMER u. a.), und man hat angenommen, daß, wenn Leute jahrelang nach einem Typhus noch

1 Archiv f. klin. Chir. 128. 2 Acta chirurg. Skandin. 1922. Suppl. II. 3 Zentralblatt f. Bakt. 1906. 4 Zeitschrift. f. Hygiene Bd. 32. S. 106. 1899. 5 Ztschrft. f. Hygiene Bd. 58. S. 64. 6 Münchener med. Wochenschrift 1908. Nr. 1. 7 Arb. aus d. Kais. Ges.-Amt 1908. Bd. 28. Hft. 1.

Bakterien im Stuhl ausscheiden, diese Bakterien aus der Gallenblase stammen. Daß dem aber nicht immer so ist, wird dadurch bewiesen, daß auch nach operativer Entfernung der Gallenblase die Leute manchmal weiter Typhusbakterien mit dem Stuhl ausscheiden (eigene Beobachtung). In Frühfällen sollen die Erfolge der Gallenblasenentfernung bei Typhusbazillenträgern bessere sein (HAGE und BRINKMANN[1]). Im Tierversuch am Kaninchen bekam WAGNER durch Einspritzung von Typhusbazillen in die Gallenblase eine Konkrementbildung, die er als Gallensteine anspricht. Nach GUNDERMANN[2] findet man bei Gallenblasenentzündungen besonders häufig Staphylokokken in der Wand der Gallenblase und in der Leber.

Wenn Bakterien in die Gallenblase gelangen, so führen sie nicht ohne weiteres zu einer Entzündung der Gallenblase; diese tritt vielmehr erst ein, wenn bei vorhandenen Erregern eine Stauung der Galle (EHRET und STOLZ[3]) oder eine Zirkulationsstörung hinzukommt (KOCH[4]). Nun gelangen Bakterien nicht nur durch den Gallengang, sondern auch auf dem Blut- und Lymphwege in die Lebergänge und Gallenblase und führen in dieser Weise zu einer Cholangitis und Cholezystitis sowie zu der schwersten akut entzündlichen Erkrankung der Leber, dem Leberabszeß. Hierbei wird das eitrige Material der Leber hauptsächlich vom Darm her durch die Pfortader zugeführt. Deshalb beobachten wir solche Leberabszesse vor allem bei der tropischen Ruhr (GÖBEL[5]) und bei eitrigen Appendizitiden. WILMS[6] empfahl bei solchen schweren Appendizitiden, bei denen Schüttelfröste den embolischen Transport des Eiters anzeigten, die Vena colica dextra, die vom Appendix herkommt, zu unterbinden. Über Leberabszesse auf rückläufigem Wege berichtet REINIGER[7]. Nicht nur die Leberabszesse, sondern auch milder verlaufende „Cholangitiden" und „Hepatitiden" sind wohl nicht ganz selten auf dem Blut- und Lymphwege entstandene Infektionen. GRAHAM u. PETERMANN[8] konnten bei geringfügigen chronischen Appendizitiden periportale Entzündungen nachweisen, die nach unseren Erfahrungen gelegentlich Schmerzanfälle auslösen, wie bei Gallensteinen und auch durch Einspritzung von Bakterien in den großen Kreislauf soll es nach PETERMANN[9] gelingen, Entzündungen im Bereich der Leber zu bekommen (vgl. auch ROSENOW[10]).

Diese akuten Hepatitiden, die zum Teil mit Degenerationen des Leberparenchyms verbunden sind, wodurch dann im histologischen Bilde Ähnlichkeiten mit der akuten gelben Leberatrophie

---

1 Mitt. aus d. Grenzgeb. Bd. 37. 2 Ebenda Bd. 37. 3 Ebenda Bd. 6, 7, 8, 10. 4 Ztschrft. f. Hygiene Bd. 60. 5 Ebenda Bd. 15. 1906. 6 Zentralbl. f. Chir. 1909. S. 1041. 7 Frankfurter Ztschft. f. Pathol. Bd. 13. 1913. 8 Arch. sf. surg. Bd. 4. 1922. 9 Surg. gynaekol. and obstet. Bd. 36. 1923. 10 Ebenda Bd. 33. 1921.

entstehen, haben für den Chirurgen deshalb ein großes Interesse, weil wir sie wegen des bestehenden Ikterus und der Schmerzen in der Lebergegend mit der Diagnose Choledochussteine zur Operation bekommen. In manchen Fällen (KAUSCH[1], TIETZE[2], W. BRAUN[3], ROST[4]) hat man nun die Beobachtung gemacht, daß bei solchen Fällen von Hepatitis der schwere Ikterus, der wochenlang unverändert bestanden hatte, wobei der Stuhl mehr oder weniger entfärbt gewesen war, rasch verschwand, wenn eine operative Verbindung der Gallenblase zum Duodenum angelegt wurde oder wenn man den Choledochus drainierte. Man kann daraus doch wohl nur folgern, daß hier die Gelbsucht nicht durch Verlegung der kleinen intrahepatischen Gallengänge entstanden ist, sondern daß davon irgend eine Funktionsstörung der extrahepatischen Gänge, in erster Linie wohl des Sphinkter ODDI beteiligt ist.

MEYER, NEILSON u. FEUSIER[5] sowie BOIT, RAUCH u. STEGEMANN[6] haben experimentelle Untersuchungen an Kaninchen mit Gallengangsfisteln angestellt, um zu prüfen, ob bei Einspritzung von Bakterien in die Blutbahn diese in der Galle ausgeschieden werden. Das ist für gewöhnlich nicht der Fall: Die Endothelien der Leberkapillaren verhindern vielmehr den Übertritt von Bakterien in die Gallengänge, indem sie diese Bakterien phagozytieren. Bei Leberschädigung kann dieser Wall undicht werden.

Die chirurgischen Eingriffe, die bei Gallensteinleiden am Gallengangsystem vorgenommen werden, bestehen in Fortnahme der Gallenblase oder in ihrer Eröffnung und Anlegung einer **Gallenblasenfistel.** Die Ableitung der Galle nach außen führt, wenn sie über längere Zeit hin erfolgt, zu schweren Erkrankungen. Diese bestehen einmal in Störungen der Verdauung. Vor allem ist die Fettresorption beeinträchtigt. Weiterhin treten bei Hunden mit Gallenblasenfisteln, ebenso wie bei Dünndarm- und Pankreasfisteln, Veränderungen am Knochensystem auf. und zwar im Sinne einer Osteoporose (PAWLOW[7], LOOSER[8]). Die Knochen werden weich und biegsam und es kommt zu zahlreichen Brüchen. Das gleiche ist beim Menschen mit Gallenblasenfisteln von SCHMORL (beschrieben von SEIDEL[9]) beobachtet worden. Die Osteoporose in dem SCHMORLschen Falle unterschied sich von der einfach senilen Knochenatrophie durch Überwiegen der resorptiven Vorgänge.

Es ist bisher nicht bekannt, ob sich die Knochenerkrankung da-

---

1 Berl. klin. Wochenschr. 1920. 2 Zentralbl. f. Chir. 1922. 3 Zentralbl. f. Chirurg. 1923. S. 1171. 4 Chirurgenkongreß 1923 u. D. Zeitschr. f. Chir. 188. 1924. 5 Ref. Zentralbl. f. d. ges. Chir. Bd. 14. 6 BRUNS' Beitr. 131. 7 Verhandl. d. med. Ges. in St. Petersburg 1905. 8 Verh. der Deutschen pathol. Ges. 1907. 9 Münchener med. Wochenschrift 1910. S. 2034.

durch erklärt, daß mit der Galle irgendein für den Knochenaufbau wichtiger Körper verloren geht, oder ob bei fehlender Galle ein solcher Körper, der mit der Nahrung zugeführt wird, nicht resorbiert werden kann. Schließlich besteht die Möglichkeit, daß ein solcher Gallenverlust irgendein anderes mit dem Knochenaufbau in Beziehung stehendes Organ (Drüse mit innerer Sekretion?) in seiner Tätigkeit beeinträchtigt.

Die Entfernung der Gallenblase ist die Operation, die jetzt am häufigsten bei Gallensteinen vorgenommen wird. Es fragt sich nun, welche **Aufgabe die Gallenblase** im Haushalte des Körpers zu erfüllen hat. Über die Entwicklungsgeschichte und vergleichende Anatomie der Gallenblase s. BROMANN[1]. Ein Teil der Physiologen glaubt, daß die Gallenblase lediglich zur Bildung von Schleim diene (SCHRÖDER VON DER KOLK), ein anderer, daß sie einen Stromregulator für den Gallenfluß bilde (LUCIANI, DEMEL u. BRUMMELKAMP[2]). Man beobachtete, daß bei Leichen, die im Hungerzustand gestorben waren, die Gallenblase stark gefüllt war. BILLARD und CAVALLIE[3] sprechen sich auf Grund entsprechender Versuche in mehreren Arbeiten dahin aus, daß die zähflüssige Galle der Gallenblase sich mit der dünnflüssigen Lebergalle vermische und dadurch eine Verlangsamung des Gallenstromes bewirke. Andere sehen die physiologische Bedeutung der Gallenblase in der erhöhten chemischen Wirksamkeit der eingedickten Galle (HOHLWEG[4]) oder nehmen, wie HALPERT[5] an, daß die Gallenblase die Aufgabe hätte, Galle zu resorbieren und sie so dem Körperhaushalt zuzuführen. Ist ja nach den Untersuchungen von HAMMERSTEN[6] der Gehalt der Gallenblasengalle an festen Substanzen etwa achtmal so groß als derjenige der Lebergalle. Die Gallenblase ist dann also ein Gallenreservoir (LÖHNER[7]). Versuche, der Bedeutung der Gallenblase durch Entfernung des Organs näher zu kommen, sind zunächst nur in sehr allgemeiner Form angestellt worden. Man begnügte sich mit der Feststellung, daß die Tiere die Entfernung dieses Organs vertrügen[8], was ja gut damit übereinstimmte, daß auch beim Menschen gar nicht so selten geschrumpfte, kleine Gallenblasen, die sicher nicht mehr funktionsfähig waren, gefunden wurden, ohne daß wesentliche Krankheitserscheinungen während des Lebens bestanden hätten und daß auch nach operativer Entfernung der Gallenblase beim Menschen

1 Upsala läkareföreningsförkandlinger 26. 1921. Ref. Bericht über die ges. Physiol. Bd. XII. 2 Mitt. aus d. Grenzgeb. Bd. 36. 1924. 3 Compt. rend. Soc. de Biol. 1900. p. 595 u. 625 u. 780. 4 Deutsches Arch. f. klin. Med. 108. S. 25. 1912. 5 Med. Klinik 1924. 6 Nova acta Reg. Soc. scient. Upsala 1894. 16. 7 Münch. med. Woch. 1924. S. 1390. 8 Vgl. Zur Geschichte der experimentellen Cholecystektomie. ROST, Mitt. aus d. Grenzgebieten 26. S. 712. 1913.

keine gröberen Störungen beobachtet wurden. Im Gesamtstoffwechsel konnten ROSENBERG[1] und ROST[2] nach experimenteller Cholezystektomie keine Veränderung für Eiweiß und Fett nachweisen. Hat man einem Tier eine Duodenalfistel angelegt und beobachtet es, wenn es nüchtern ist, so sieht man, daß sich aus der Fistel immer nur wenig ungefärbter Darmschleim (etwa 2 ccm in einer Viertelstunde) entleert. Nur alle Viertelstunden etwa kommt es zu einer plötzlichen Entleerung von einigen ccm Galle und Pankreassaft („Leertätigkeit“) vgl. ROST[2], KLEE u. KLÜPFEL[3]. Spritzt man in den abführenden Schenkel des Zwölffingerdarmes etwas Witte-Pepton ein, so entleert sich schußweise reichlich Galle mit Pankreassaft vermischt, so daß man in wenigen Minuten 10 ccm oder mehr auffangen kann. Nach der Entfernung der Gallenblase ändert sich das Bild, wie aus den Tierversuchen von ROST hervorgeht, die in allen wesentlichen Punkten von KLEE und KLÜPFEL[3] bestätigt worden sind, das Bild in der Weise, daß in der ersten Zeit nach der Operation dauernd tropfenweise Galle in den Darm entleert wird. Die Tropfenfolge wird etwas schneller, wenn man Witte-Pepton einspritzt; zu einer Entleerung der Galle im „Schuß“ kommt es jedoch zunächst noch nicht. Schon nach einigen Wochen tritt bei einem Teil der cholezystektomierten Tiere eine gewisse Kontinenz ein, d. h. sie entleeren bei Nüchternheit nicht dauernd Galle, sondern es fließt nur periodisch, ähnlich wie vor der Operation, die in den Gallengängen aufgespeicherte Galle schußweise in das Duodenum. Das Intervall zwischen zwei Perioden des Gallenergusses ist, besonders in den ersten Monaten nach der Operation, ein kurzes, erst allmählich werden die Pausen länger, und es kann schließlich eine Kontinenz in der Gallenentleerung eintreten, die fast genau so vollständig ist, wie beim normalen Hund mit Gallenblase.

Der Gallenerguß erfolgt, wenn Kontinenz eingetreten ist, bei den cholezystektomierten Tieren zeitlich genau so sicher wie beim normalen Tier. Die Menge der entleerten Galle ist allerdings nach Cholezystektomien beträchtlich kleiner wie vor der Operation und, was besonders wichtig ist, es entleert sich aus den Gallengängen, wenn die Gallenblase fehlt, alle Galle auf den Reiz des ersten das Duodenum passierenden Speisebrei; für die folgenden Chymusmassen steht dann keine oder nur wenig Galle mehr zur Verfügung. Es kommt noch hinzu, daß sich die Galle in den Gängen nicht eindickt, infolgedessen ärmer an wirksamen, festen Substanzen ist wie Blasengalle.

Nicht immer ist aber das Ergebnis ein so günstiges. Das hängt wohl ab von der Funktionstüchtigkeit des Musc. sphincter papillae, jenes zuerst von ODDI[4] beschriebenen, die Papille ringförmig um-

---

1 PFLÜGERS Archiv 53. S. 388. 1893. 2 Mitt. aus d. Grenzgebieten Bd. 26. S. 712. 1913. 3 Mitt. aus d. Grenzgebieten 27. S. 785. 1914. 4 Arch. ital. de Biol. Bd. 8. S. 317. 1887.

gebenden Schließmuskels. Normalerweise soll dieser Muskel einen Druck von 150 mm H_2O aushalten (JACOBSON[1]). Ist dieser Muskel kräftig und gut funktionierend, so staut sich die Galle in den großen Gängen; die Gänge werden erweitert und bilden das Ersatzgefäß für die verlorene Gallenblase. Umgekehrt finden wir bei schlecht entwickeltem Sphinkter keine Erweiterung der Gallengänge, aber auch einen mehr oder weniger dauernden Gallenfluß, also ein viel schlechteres funktionelles Ergebnis. ROST konnte an Sektionsmaterial zeigen, daß die besprochenen Verhältnisse auch für den Menschen gelten (vgl. auch DELOCH[2]), und er beobachtete zugleich, daß die Gefahr einer aszendierenden Infektion der Gallengänge zunimmt, wenn der Sphinkter funktionsuntüchtig ist, wobei also dann die Gallengänge nicht erweitert sind. Warum ein Teil der vorher völlig normalen Tiere kontinent wird, ein anderer nicht, wissen wir zurzeit noch nicht. Es sei hier erwähnt, daß, wie aus den Tierversuchen von ODDI[3], NASSE[4], DE VOOGT[5], CLAIRMONT und HABERER[6], sowie aus den Beobachtungen am Menschen von v. STUBENRAUCH[7], FLÖRKEN[8] und ROST hervorgeht, sich nicht nur die Gallengänge nach Cholezystektomie beträchtlich erweitern, sondern auch der Stumpf der Gallenblase die Neigung hat, sich zu einer neuen Gallenblase auszubuchten, besonders wenn ein Stück vom Zystikus stehen geblieben ist. Nach den Untersuchungen von SPECHT[9] und WATZEL[10] sind es übrigens histologisch keine echten Gallenblasen, die sich aus den Zystikusstümpfen bilden, sondern es handelt sich ausschließlich um eine Dehnung der Wand des zurückgelassenen Cysticus- oder Gallenblasenstumpfes. Jedenfalls können wir aus dem Gesagten zusammenfassend folgern, daß die Gallenblase für die regelrechte Entleerung der Galle von größter Bedeutung ist und diese Bewegung der Gallenblase und Gallengänge untersteht, wie die Bewegung aller Bauchorgane, der sympathischen und parasympathischen Innervation.

WESTPHAL[11] hat die Bewegungen der freigelegten Gallengänge im Tierversuch untersucht und den Einfluß der Nervenreizung geprüft. Er fand, daß nicht nur der Sphinkter, sondern auch die Muskulatur des Choledochus ein „Hinausbeförderer der Galle" ist, daß dabei eine Art Saug- und Ausspritzbewegung statt hat. Vagusreizung verstärkt diese Bewegungen. Starke Vagusreizung führt zu einer Abfluß-

---

1 Arch. of surg. Bd. 5. 1922. 2 Grenzgebiete 35. 1922. 3 Bullet. de sc méd. Bologna 1888. Hft. 3 u. 4. 4 Arch. f. klin. Chir. 48. S. 885. 1884. 5 Nederl. Tijdschr. voor Geneeskunde 1898. II. S. 236. 6 33. Chirurgenkongreß 1904. 7 Arch. f. klin. Chir. 82. S. 667. 8 Deutsche Ztschrft. f. Chir. 113. S. 604. 9 Mittelrheinischer Chirurgentag. Frankfurt. Nov. 20. 10 Archiv f. klin. Chir. 115 (1921). S. 1000. 11 Zeitschrift f. klin. Med. Bd. 96. S. 113.

hemmung in den Gallengängen. Bei Sympathikusreizung fand sich eine Erschlaffung der Gallenblase (vgl. dagegen HABERLAND[1]).

Die Reaktion und verdauende Fähigkeit von Galle und Pankreassaft vor und nach Entfernung der Gallenblase hat ROST[2] an Fistelhunden geprüft und keinen Unterschied vor und nach der Operation gefunden, was mit Befunden am Menschen, die DÜTTMANN[3] mit der Duodenalsonde untersucht hatte, übereinstimmt. Die Angaben über das Verhalten des Magensaftes nach Entfernung der Gallenblase lauten verschieden. Da EINER, THOMSEN[4], ROST (l. c.), MEYER[5] keine Änderungen in den Säureverhältnissen und den Pepsinwerten vor und nach der Cholezystektomie gefunden haben, so kann man sagen, daß die Entfernung der Gallenblase als solche keinen Einfluß auf die Sekretion des Magensaftes hat, und daß die Verminderung der Salzsäure im Magensaft, wie sie HOHLWEG[6], LEVA[7], GLÄSER[8], ROVSING[9], KEHR[10], RIEDEL[11], v. ALDOR[12], OHLY[13], MIYAKE[14], RYDGAARD[15], ROHDE[16], DÜTTMANN l. c., COHN[17] u. a. z. T. im Experiment, z. T. beim operierten oder kranken Menschen gefunden haben, nicht auf die Entfernung der Gallenblase, sondern auf irgendwelche Begleitumstände, z. B. Übergreifen der Entzündung auf die großen nervösen Zellanhäufungen in der Nachbarschaft der Gallengänge (Plexus solaris) zu beziehen sind. WALZEL, WIESENTREU und STARLINGER[18] fanden übrigens auch beim operierten Menschen keine Verminderung der Magensalzsäure durch die Entfernung der Gallenblase.

Über die Folgen der Operation, bei denen die Galle durch Verbindung der Gallenblase in den Magen, Dünn- oder Dickdarm geleitet wird **(Cholezystenterostomie)**, liegen experimentelle Untersuchungen von WIEDEMANN[19] und ENDERLEN, FREUDENBERG und v. REDWITZ[20] vor, die bei Hunden mit Magen- und Dünndarmfisteln die Verdauungstätigkeit vor und nach Anlegung einer Verbindung von Gallenblase zu Magen und Darm studiert haben. Danach beeinflußt die Ableitung der Galle in den Magen, wenigstens bei Milchdiät, die Azidität des Mageninhaltes nicht. Nach

---

1 Archiv f. klin. Chir. 130. 2 Mitt. aus den Grenzgebieten Bd. 38. 1924. 3 BRUNS' Beitr. Bd. 129. 1923. 4 Studies over neurogen or cellular Achylie Kopenhagen 1921. 5 Arch. of intern. med. Bd. 34. 1924. 6 Archiv f. klin. Med. 108. 1912. 7 VIRCHOWS Archiv Bd. 132. 1893. S. 490. 8 Wien. med. Woch. 1905. 9 Unterleibschirurgie. Leipzig. F. C. W. Vogel u. Act. chir. Skand. Bd. 56. 10 Neue Deutsche Chir. Bd. 8. 11 Münch. med. Woch. 1912. S. 8. 12 Wien. klin. Woch. 1914. S. 558. 13 Deutsche med. Woch. 1913 u. Arch. f. Verdauungskrankh. Bd. 21 u. 32. 14 Archiv f. klin. Chir. Bd. 101. 1913. 15 Ebenda Bd. 115. 1921. 16 Ebenda. 17 Ebenda 127. 1923. 18 Wien. kl. Woch. 1924. S. 514. 19 BRUNS' Beiträge Bd. 89. S. 594. 1914. 20 Zeitschr. f. d. ges. exp. Med. Bd. 32.

HABERER und KELLING[1] soll Galle im Magen die Salzsäuresekretion anregen. Die Motilität des Magens wird in der ersten Zeit nach der Operation nicht geändert, späterhin wird sie deutlich verzögert. Die Darmverdauung leidet durch die Ableitung in den Magen nicht. Die Änderung in der Verdauung bei Ableitung der Galle in den Dünndarm soll größer sein als bei der Gallenblasen-Magenverbindung. Bei der Ableitung der Galle in den Dickdarm ist im Tierversuch die Infektionsgefahr für die Gallengänge eine sehr große.

Experimentelle Untersuchungen über die Hepato-Cholangio-Enterostomie, d. h. die Verbindung von Verzweigungen des Duct. hepaticus mit dem Magen-Darmkanal, stammen von ENDERLEN und ZUMSTEIN[2] sowie HABERLAND[3]. Die anatomischen Verhältnisse sind bei normalen Tieren für die Ausführung der Operation nicht besonders günstig, da die größeren Gallengänge zu tief unter der Oberfläche der Leber liegen. Bei chronischem Gallengangsverschluß sind die Verzweigungen des Hepatikus aber leichter zu erreichen. Einen schädlichen Einfluß auf das Lebergewebe übt der Darminhalt nicht aus, was ein Beitrag zu der oben erörterten Frage über die Selbstverdauung lebenden Gewebes ist.

Wenn der Verschluß der Gallengänge durch Steine oder Geschwülste ein vollständiger und langdauernder ist, so zeigt die in den Gallengängen aufgestapelte **Galle** oft nicht mehr ihre grüngelbliche Farbe, sondern sie wird **weiß.** Vor allen Dingen gilt das für den Verschluß des Ductus cysticus, wobei sich die Gallenblase erweitert und mit einer solchen weißen und klaren Flüssigkeit gefüllt ist. Man spricht dann von einem Hydrops der Gallenblase. Interessanter und für die Erklärung des Zustandekommens des Hydrops wichtiger sind die seltenen Fälle von Hydrops des gesamten Gallengangsystems bei chronischem Choledochusverschluß.

Als Erklärung für das Entstehen der „weißen Galle" nehmen KLOSE und WACHSMUTH[4], COURVOISIER[5], KÖRTE[6] u. a. an, daß die Leberzellen bei hochgradiger Stauung, die Fähigkeit, Gallenfarbstoff zu bilden, einbüßen, oder wenigstens teilweise verlieren (STEINER[7]). Es bleibt, worauf KAUSCH besonders hinweist, bei dieser Theorie unverständlich, daß die Patienten stets stark ikterisch sind und gewaltige Mengen Gallenfarbstoff dauernd im Urin ausscheiden. Andere Autoren, wie QUINCKE[8], KAUSCH[9], BERTOG[10], glauben, daß

1 Zit. nach MÜLLER, Deutsche Zeitschrift f. Chirurgie 161. S. 367. 2 Mitt. aus d. Grenzgebieten Bd. 14. 1904. 3 Archiv f. klin. Chir. 130. 1924. 4 Archiv f. klin. Chir. 123. 1923. 5 Kasuistische usw. Beitr. z. Chir. d. Gallenwege 1890. 6 Beitr. z. Chir. d. Gallenwege u. d. Leber 1908. 7 Wiener klin. Wochenschr. 1914. Nr. 23. 8 Die Krankheiten der Leber in NOTHNAGELS spez. Path. u. Ther. 18 I. 9 Mitt. aus d. Grenzgebieten Bd. 23. 1911. 10 Mitt. aus d. Grenzgebieten Bd. 26. 1913.

als Folge des erhöhten Druckes in den Gallengängen die von der Leber gebildete Galle in die Blut- und Lymphgefäße der Gallengänge anstatt in diese selbst ergossen wird, bei gleichzeitiger krankhaft vermehrter Sekretion der Gallenwegschleimhaut (KAUSCH, BERG[1]). In gleicher Weise wäre auch der Hydrops der Gallenblase bei Verschlußsteinen im Zystikus zu erklären.

Im Jahre 1911 wurde von CLAIRMONT und HABERER[2] eine **gallige Peritonitis** beschrieben, bei der auch der pathologische Anatom keine Verletzung der Gallenwege entdecken konnte. Eine pathologische Wandbeschaffenheit, so betonen die Autoren ausdrücklich auch in einer späteren Arbeit[3], die zu dieser Durchlässigkeit der Gallenblasen- oder Gallengangswand geführt hat, muß wohl vorhanden gewesen sein, es fragt sich nur welcher Art diese Veränderung gewesen ist. Eine mikroskopische Untersuchung des von CLAIRMONT und HABERER beschriebenen Falles hatte nicht stattgefunden, hingegen fanden die Autoren bei vier Hunden, denen sie aus anderen Gründen den Choledochus unterbunden hatten, gleichfalls galligen Erguß im Bauch. Nachdem einmal auf das Krankheitsbild aufmerksam gemacht worden war, häuften sich die Mitteilungen entsprechender Fälle, so daß 2 Jahre später SICK und FRÄNKEL[4] schon 18 Fälle aus der Literatur sammeln konnten. Inzwischen sind noch viele hinzugekommen. Die Entstehungsursache der galligen Peritonitis ist offenbar keine einheitliche. CLAIRMONT und HABERER gruppieren in ihrer zweiten Arbeit die pathologisch-anatomischen Befunde in solche, bei denen entweder schon makroskopisch bei der Sektion ein Schlitz in den Gallenwegen gefunden wurde oder sich eine solche undichte Stelle erst mikroskopisch nachweisen ließ, manchmal auch nur in Form eines subserös an der Leberoberfläche gelegenen Gallenganges. Es blieben aber dann immer noch Fälle übrig, bei denen eine Perforation oder Entzündung auch bei der Sektion nicht gefunden wurde (s. z. B. Fall SCHIEVELBEIN-RITTER[5]). Da die Öffnungen, die bei den Sektionen von galliger Peritonitis gefunden wurden, oft außerordentlich klein waren und erst bei mikroskopischer Untersuchung zu Gesicht kamen, war man geneigt, anzunehmen, daß auch in den Fällen, bei denen ein solches Loch nicht hatte nachgewiesen werden können, doch ein solches vorhanden gewesen sei, und dem Untersucher nur entgangen wäre (NAUWERCK und LÜBKE[6], SICK und FRÄNKEL u. a.) oder daß ein kleines Loch schnell

1 Mitt. aus d. Grenzgebieten Bd. 24. 1912 u. Actachir. Skandin. 1922. Suppl. II. 2 Grenzgebiete Bd. 22. S. 154. 1911. 3 Wiener klin. Wochenschrift 1913. S. 891. 4 BRUNS' Beiträge z. klin. Chir. Bd. 85. 1913. 5 BRUNS' Beiträge Bd. 71. 1910. 6 Berliner klin. Wochenschrift 1913. S. 624.

wieder vernarbt sei (BURCKHARDT[1]). Die ganze Frage ist durch die experimentellen Untersuchungen von BLAD[2] in ein neues Licht gerückt worden. In Reagenzglasversuchen stellte er zunächst fest, „daß der Farbstoff in der kolloiden Galle keine Membran passieren kann". Fügte er hingegen der Galle etwas tryptisches Ferment (Pankreon) zu, und zerstörte damit die Kolloide, „so wurde der Farbstoff auf irgendeine vorläufig unbekannte Weise frei und ging durch die Membran hindurch". Auch wenn er mit einer frisch entnommenen Gallenblase Diffusionsversuche anstellte, fand er, daß das Kolloid nicht durch die Gallenblasenwand hindurchging, während das Kristalloid dies leicht tat. Er prüfte diese Ergebnisse im Tierversuch, indem er Hunden nach Unterbindung des Choledochus durch die Leber hindurch ein tryptisches Ferment (Duodenalsaft mit Bakterien) in die Gallenblase einspritzte, oder in einer anderen Versuchsreihe dasselbe Ferment von der Papilla Vateri aus in die Gallenblase brachte. Er bekam dann tatsächlich eine gallige Peritonitis ohne Perforation der Gallenwege. Die Gallenblasenwand zeigte keine Entzündung, aber eine vollständige Nekrose der Wand. Diese Versuche wurden von L. SCHÖNBAUER[3] bestätigt, nach dem die Gangrän der Gallenblase ein vorgeschrittenes Stadium der galligen Peritonitis ist. Es werden weitere Beobachtungen beim Menschen zeigen müssen, ob diese so gewonnene Erklärungsmöglichkeit für einige Fälle Gültigkeit hat. Der von RISEL[4] veröffentlichte Fall, bei dem es sich um eine umschriebene Gangrän an der Gallenblase ohne Beteiligung von Mikroorganismen gehandelt hat, läßt sich wohl in diesem Sinne verwerten, wennschon der Autor selbst mehr an einen thrombotischen Prozeß in der Art. cystica denkt. Eine Nekrose der Gallenblasenwand allein führt jedenfalls noch nicht zur galligen Peritonitis, das beweisen, abgesehen von häufig zu erhebenden Befunden an eitrigen Gallenblasenentzündungen, Fälle von Volvulus der Gallenblase, wie sie KUBIG, KRABBEL u. a.[5] beschrieben haben. Daß ein bilirubinhaltiger Erguß aber auch auf anderem Wege im Bauchraum entstehen kann, hat R. SCHMIDT[6] gezeigt. Er fand bei Karzinomatose des Peritoneum ein bilirubinhaltiges Exsudat, obgleich der Bilirubingehalt im Blute völlig normal und im Urin überhaupt kein Bilirubin oder Urobilin vorhanden war. Es handelte sich also um ein im Bauchraum ohne Beteiligung der Leber aus dem Hämoglobin entstandenes Bilirubin.

1 Mittelrh. Chirurgentag, Juli 1921. BRUNS' Beitr. Bd. 128. 1923. 2 Arch. f. klin. Chir. 109. S. 101. 1917. 3 Arch. f. klin. Chir. 130. 1924. 4 Deutsche med. Wochenschrift 1914. S. 1599. 5 Münchener med. Wochenschrift 1912. Nr. 32. 6 Med. Klinik 1921. S. 181.

Wie antwortet nun das Bauchfell auf die eingedrungene Galle? Hierüber finden wir die ältesten Angaben bei BOHN [1], der feststellen wollte, warum die Gallenblasenverletzungen fast immer tödlich verlaufen. Er schloß aus seinen Versuchen, bei denen er Hunden die Gallenblase entfernte, einmal, ohne den Zystikus zu unterbinden, einmal nach Unterbindung des Zystikus, daß bei Gallenblasenverletzungen der Tod deshalb eintrete, weil sich Galle in den Bauch ergießt. Über weitere experimentelle Untersuchungen zu dieser Frage aus älterer Zeit siehe ROST[2]. Neuere Untersuchungen stammen von EHRHARDT[3] und NÖTZEL[4], ferner sind als Experimente Fälle von Gallenblasenperforation beim Menschen zu bewerten, über die in der Literatur ja reichlich berichtet wird. EHRHARD fand, ebenso wie NÖTZEL, daß normale sterile Galle keine entzündlichen Erscheinungen am Peritoneum hervorruft. Sobald jedoch Infektionserreger gleichzeitig mit der Galle in das Bauchfell gelangen, ändert sich das Bild und es kommt zu einer schweren Peritonitis. Diese experimentellen Ergebnisse stimmen gut mit den klinischen Beobachtungen überein: Durchbruch einer eitrigentzündeten Gallenblase ist fast immer tödlich (HIRSCHEL[5]), während die Prognose einer traumatischen Perforation der Gallenblase oder eines geplatzten Hydrops der Gallenblase durchaus nicht so schlecht ist. Die Galle wird vom Bauchfell resorbiert, und wir bekommen dann, wenn die gallige Peritonitis längere Zeit besteht, Gelbsucht. Als Folge der Aufnahme von Gallensäuren soll man nach FINSTERER[6] u. ORTH[7] bei Leber- und Gallenblasenverletzungen als wichtigstes diagnostisches Zeichen Pulsverlangsamung finden, jedoch sind diese Angaben noch umstrittsen (vgl. RUBASCHOW[8] u. THÖLE[9]).

Verletzungen der Gallenblase heilen besonders im Tierversuch außerordentlich leicht, worüber schon die älteren Autoren berichtet haben. Das Histologische bei der Heilung von Gallenblasenwunden haben ENDERLEN und JUSTI[10] studiert.

Milz.

Den breitesten Raum unter den an der Milz ausgeführten Operationen nimmt zweifellos die Entfernung des ganzen Organs, die

---

1 De renunciatione vulnerum. Leipzig 1755. 2 Mitt. aus d. Grenzgebieten Bd. 26. 1913. 3 Arch. f. klin. Chir. Bd. 64. u. 74. 4 Arch. f. klin. Chir. Bd. 93. 1910. 5 BRUNS' Beiträge Bd. 56 und Münchener med. Wochenschrift 1910. 6 Deutsche Ztschrft. Bd. 118 u. 121; Arch. f. klin. Chir. 95; Wiener klin. Wochenschrift 1912; BRUNS' Beiträge 119. 1920. 7 Archiv f klin. Chirurgie. Bd. 101. 1913. 8 Deutsche Ztschrft. f. Chir. Bd. 121. S. 515. 1913. 9 Neue deutsche Chirurgie Bd. 4. 10 Deutsche Ztschrft. f. Chir. Bd. 61.

Splenektomie[1] ein. Die Veranlassung zu diesem Eingriff ist zunächst die Verletzung der Milz, die ohne operativen Eingriff wegen der dabei vorhandenen Blutung meist tödlich verläuft. Es wird die Entfernung der Milz im allgemeinen gut vertragen; ganz junge Tiere (Säuglinge) zeigen zwar ein Zurückbleiben im Wachstum, doch ist nicht mit Sicherheit zu sagen, ob die Entfernung der Milz oder nur die Laparotomie als solche, die Ursache für diese Wachstumsstörung ist (Dröge[2]). Als unmittelbare Folge der Entfernung der Milz ist ein Erbrechen blutigen Mageninhalts berichtet worden (Lieblein[3]). Es erklärt sich dieses Erbrechen als Folge einer rückläufigen Thrombose der Magengefäße, also genau wie das Blutbrechen bei Netzunterbindungen (v. Eiselsberg s. oben).

Da die Milz ein sehr blutreiches Organ ist, hat man begreiflicherweise stets besonders auf **Veränderungen des peripheren Blutbildes** nach der Splenektomie geachtet, jedoch sind die Angaben über Hämoglobingehalt und Zahl der roten Blutkörperchen nach der Milzexstirpation durchaus keine einheitlichen. Das liegt, wie die Untersuchungen von Asher[4] und Vogel[5] gezeigt haben, vielleicht daran, daß ein Zusammenhang zwischen Eisengehalt der Nahrung und Neubildung des Blutes beim entmilzten Tiere besteht, worauf bei den Versuchen nicht immer geachtet worden ist. Im allgemeinen wird nach der Entfernung der Milz zunächst eine geringe Verminderung in der Zahl der roten Blutkörperchen und im Hämoglobingehalt beobachtet[6], was wohl mit dem Blutverlust vor und bei der Operation zusammenhängt. Nach Vulpius[7] beträgt die Verminderung der Zahl der roten Blutkörperchen nach Splenektomie nicht mehr als 20% und ist nach 1 Monat wieder ausgeglichen. Küttner[8] beobachtete sogar in einem Falle, daß bei Milzexstirpation wegen Schußverletzung die Zahl der roten Blutkörperchen 1 Jahr nach der Operation auf 6,65 Millionen stieg bei 130% Hämoglobin, was vielleicht auf den Fortfall der die Blutkörperchen zerstörenden Tätigkeit der Milz zurückzuführen ist. Von einer sehr schnellen Regeneration

---

1 Lit. s. Sammelreferate A. Meyer, Zentralbl. f. d. Grenzgebiete Bd. 18. 1914; Hirschfeld, Deutsche med. Wochenschrift 1915; Schmincke, Münchener med. Wochenschrift 1916; Helly, Zeitschrift für allgemeine Pathol. 31. 1921.
2 Pflügers Archiv 152. S. 437. 1913. 3 Mitt. aus d. Grenzgebieten. Bd. 17.
4 Deutsche med. Wochenschrift 1911. S. 1252 und Biochem. Ztschrft. 55. S. 13.
5 Biochem. Ztschrft. 18. S. 386. 6 Über Blutveränderungen nach Milzexstirpation vgl. Ehrlich, Die Anämie in Nothnagels Handb. Bd. VIII. 1898 (Lit.); Takayi. Fol. hämatol Bd. 28. 1923. 7 Bruns' Beiträge Bd. XI. S. 684. 1894. 8 Chirurgenkongreß 1907. S. 25.

des Hämoglobin berichtet auch PERES[1]. Trifft einen Milzlosen wieder ein starker Blutverlust, so findet man nach WALTZ[2] besonders reichliche Jugendformen im peripheren Blut, was aber nach den Befunden am Knochenmark nicht als Zeichen einer vermehrten Bildung roter Blutkörperchen aufgefaßt werden kann (vgl. auch GRÜNBERG[3], ELIASBERG[4], FREIBERG[5] und im Gegensatz dazu MALASSEZ und POUCHET[6].

Die Änderung in Zahl und Art der weißen Blutkörperchen nach Entfernung der Milz ist viel ausgesprochener und regelmäßiger vorhanden (EHRLICH l. c.). Bald nach der Operation beobachtet man eine Lymphozytose und Eosinophilie, die viele Monate, ja mehrere Jahre (NÖTZEL[7]) anhält und erst ganz allmählich verschwindet. Auch die Gesamtzahl der Leukozyten ist vermehrt. Die Ursache für die Lymphozytose ist darin zu suchen, daß durch die Entfernung der Milz ein Reiz auf diejenigen Organe des Körpers ausgeübt wird, die an der Bildung der Lymphozyten und Eosinophilen in erster Linie beteiligt sind, das sind das Knochenmark und die Lymphdrüsen.

Aus den Untersuchungen von BERTELLI, FALTA und SCHWEEGER[8] geht nun hervor, daß eine solche Veränderung des Blutbildes in der Richtung einer Lymphozytose und Eosinophilie experimentell durch Einspritzung von Stoffen erzeugt werden kann, die im Sinne „einer Tonuserhöhung der autonomen Nerven wirken". Umgekehrt bewirken Stoffe, die den Tonus der sympathischen Nerven erhöhen, eine Vermehrung der polynukleären Leukozyten. Stoffe, die in der einen oder anderen Richtung das Blutbild beeinflussen können, sind in vielen Organen des Körpers vorhanden, wenn sie auch zum großen Teil noch nicht rein dargestellt sind. Es gelang F. SCHULTZE[9], in Verfolgung dieses Ideenganges durch Einspritzung von Milzpreßsaft eine starke Vermehrung der polynukleären Leukozyten zu erzielen, bei gleichzeitiger Verminderung der Mononukleären und der Eosinophilen. SCHULTZE glaubt auf Grund dieser Versuche annehmen zu dürfen, daß nach dem Ausfall der Milz ein Überwiegen der auf die autonomen Nerven wirkenden Stoffe statthat; es fehlt, wie auch BAYER[10] auf Grund von Eisenstoffwechselversuchen meint, nach Milzentfernung ein das autonome System paralysierendes Hormon.

Obgleich diese Theorie wegen ihrer Einfachheit sehr viel Be-

---

1 31. Jahresbericht f. Chirurgie XIII. 1907. 2 Zeitschr. f. d. ges. exp. Med. Bd. 31. 1923. 3 Inaug.-Diss. Dorpat 1891. 4 Inaug.-Diss. Dorpat 1893. S. 23. 5 Inaug.-Diss. Dorpat 1892. 6 Compt rend. soc. de Biol 1878. 7 BRUN's Beiträge Bd. 78. S. 309. 8 Ztschrft. f. klin. Med. Bd. 71. S. 49. 1910. 9 BRUN's Beiträge 74. S. 482 1911. 10 Mitt. aus d. Grenzgebieten 27. S. 311.

stechendes hat, wird man sie doch sehr vorsichtig beurteilen müssen. Es ist ja nicht unwahrscheinlich, daß das normale Blutbild durch das Gleichgewicht verschiedener innerer Sekrete aufrecht erhalten wird, nur darf man nicht vergessen, daß unsere wirklichen Kenntnisse, besonders was Einzelheiten anbetrifft, auf diesem Gebiete doch sehr geringe sind. Die Veränderungen im Blutbilde nach Entfernung der Milz konnte WEINERT[1] noch Jahrzehnte nach der Operation feststellen.

Abgesehen von den Ausfallerscheinungens nach Entfernung der Milz, gründen sich unsere Kenntnisse von der physiologischen Bedeutung der Milz auf **morphologische Studien** an diesem Organ. Über den Verlauf der Blutgefäße in der Milz siehe bei NEUBERT[2]. Bei Embryonen weist das Pulpagewebe der Milz erythropoetische Herde auf, die aber niemals die Bedeutung erlangen, wie diejenigen in der Leber, sondern sehr schnell noch während der Embryonalzeit verschwinden[3]. Die Milz des gesunden Menschen zeigt keine Bildungsherde von roten Blutkörperchen, jedoch sind solche vielfach bei Erkrankungen beobachtet worden, so bei schweren Anämien, z. B. auch posthämorrhagischen, ferner bei Knochenkarzinomen und verschiedenen Infektionskrankheiten, wie Pocken, Diphtherie, Malaria und Syphilis. Die erythropoetischen Herde finden sich dann in dem Pulpagewebe der Milz, nicht in den rein lymphatischen MALPIGHIschen Körperchen (Milzfollikeln). Letztere dienen vielmehr, sowohl beim Embryo als auch beim Erwachsenen der Bildung von Lymphozyten. Drittens werden in der embryonalen Milz Myelozyten gebildet, und zwar in dem Pulpagewebe, das damit seine nahe Verwandtschaft zum Knochenmarksystem beweist. Beim gesunden Erwachsenen bildet die Milzpulpa keine Myelozyten, sie besteht vielmehr aus den sogenannten Pulpazellen, über deren Aufgabe wir nichts sicheres wissen, die Milzpulpa gewinnt jedoch bei Erkrankungen die Fähigkeit, Myelozyten zu bilden, wieder. So findet man eine myeloide Umwandlung der Milzpulpa bei allen möglichen Infektionskrankheiten, kann sie durch solche auch beim Tier erzeugen; sie ist ferner bei Anämien und bei Knochenmarkstumoren vorhanden.

Beinahe noch wichtiger als die Fähigkeit der Milz, Blutkörperchen zu bilden, ist ihre Eigenschaft, Blutkörperchen, und zwar speziell rote Blutkörperchen zu zerstören. Auch diese Fähigkeit kommt vor allem dem Pulpagewebe der Milz zu. Hier werden die dem Untergange geweihten, roten Blutkörperchen von großen endothelialen Zellen, den Makrophagen, aufgenommen und aufgelöst. Findet im peripheren Blute unter pathologischen Bedingungen ein erhöhter Zerfall roter Blutkörperchen statt, so wirken diese als Reiz auf die Milzzellen ein; es kommt zu einer beträchtlichen Hyperämie der Milz und zu einer Hypertrophie der Zellelemente, damit zum **Milztumor,** den wir deshalb erstens, und zwar auch experimentell bei Blutgiften und zweitens bei Infektions-

---

1 Chirurgenkongreß 1923. 2 Zeitschr. f. Anat. u. Entwicklungsgesch. 66. 1922. 3 Vgl. zum folgenden: NAEGELI, Blutkrankheiten 1908. S. 72, 99, 177 und EHRLICH, LAZARUS, Die Anämie in NOTHNAGELS Handbuch VIII. S. 56. 1898.

krankheiten finden, besonders solchen, die mit starkem Zerfall von roten Blutkörperchen einhergehen (JAWEIN[1]). Die bei dem Zerfall der roten Blutkörperchen frei werdenden Stoffe, vor allem das Hämoglobin, werden von der Milz aus der Leber zugeführt und hier zu Gallenfarbstoff weiter verarbeitet, während das Eisen in der Milz aufgespeichert wird. Fehlt die Milz, so werden die zerfallenen roten Blutkörperchen ebenso wie eingespritzte Farbstoffe (SEIFERT[2]) in den KUPPFERschen Sternzellen der Leber aufgespeichert, die damit gewissermaßen als Ersatzorgan für die Milz eintreten (LEPEHNE[3]).

Wie oben ausgeführt worden ist, muß die Änderung des Blutbildes nach Entfernung der Milz, besonders die Lymphozytose und Eosinophilie, darauf zurückgeführt werden, daß durch den Ausfall der Milz ein Reiz auf die Lymphdrüsen und das Knochenmark, aber auch auf eine Reihe anderer Organe ausgeübt wird. Die Folgen davon sind anatomische Veränderungen an den betreffenden Organen. So findet man, wie zahlreiche Autoren bestätigt haben, nach der Entfernung der Milz eine erhebliche Schwellung der Lymphdrüsen (CZERNY[4], TIZZONI[5], MOSLER[6], RIEGNER[7] u. v. a.). Nach BROGSITTERS[8] Berechnung sind die fühlbaren Lymphdrüsen in etwa 20% der Fälle nach der Milzexstirpation als vergrößert nachweisbar; wie oft die nicht palpablen Lymphdrüsen nach dieser Operation anschwellen, läßt sich natürlich nicht in Prozenten ausdrücken. Nach den vorliegenden Sektionsberichten schwellen aber auch sie recht häufig an.

In histologisch naher Beziehung zu den Lymphdrüsen stehen die sogenannten **Blutlymphdrüsen** (HABERER[9] und HELLY[10]), die gerade bei der Entfernung der Milz eine gewisse praktische Bedeutung erlangt haben, insofern sie vielfach mit Nebenmilzen verwechselt, auch als solche beschrieben worden sind. Es sind das Gebilde, die mikroskopisch den echten Lymphdrüsen durchaus entsprechen und sich von ihnen nur dadurch unterscheiden, daß ihre Sinus Blut enthalten. Bei oberflächlicher Betrachtung gewinnen sie wegen dieses Blutreichtums eine gewisse Ähnlichkeit mit Milzgewebe. Ihre Funktion bringt sie zwar in nahe Beziehung zur Milz, da sie reichlich rote Blutkörperchen und deren Zerfallsprodukte enthalten; Übergänge zu Milzgewebe sind bisher jedoch nicht beobachtet worden. Diese Blutlymphdrüsen vergrößern sich ebenfalls sehr stark

1 VIRCHOWS Archiv Bd. 161. S. 461. 1900. 2 Klin. Wochenschr. 1922. 3 Deutsche med. Wochenschrift 1914. S. 1361. 4 Wiener med. Wochenschrift 1879. S. 333. 5 Arch. int. de Biol. I. S. 34. 1882. 6 Deutsche med. Wochenschrift 1884. S. 338. 7 Berliner klin. Wochenschrift 1893. S. 177. 8 Charité-Annalen 33. Jahrg. S. 558. 1909. 9 Arch. f. (Anat. u.) Physiol. 1901. S. 47. 10 Ergebn. d. Anat. 1902. Bd. 12. S. 207.

nach Entfernung der Milz (Morandi und Sisto[1]) und stellen sich dann als zahlreiche, über das gesamte Mesenterium zerstreute, etwa fingernagelgroße, derbe, dunkelrote Knötchen dar, die in der Tat makroskopisch die größte Ähnlichkeit mit Nebenmilzen haben. Es sind deshalb alle Beschreibungen über das Auftreten von zahlreichen Nebenmilzen nach operativer Entfernung der Milz mit großer Vorsicht aufzunehmen.

v. Stubenrauch[2], der diese nach Splenektomie aufgetretenen milzähnlichen Gebilde als „Splenoide" bezeichnet, denkt im Anschluß an eine zuerst von Beneke geäußerte Ansicht an eine Aussaat der bei der Verletzung zerrissenen und zerquetschten Milzpulpa. Bei den Tierversuchen, die v. Stubenrauch, Eggers[3] u. a. daraufhin über die autoplastische Transplantationsfähigkeit kleiner Milzstückchen angestellt haben, zeigte sich, daß diese Stückchen in der Tat sehr gut einheilen und sich über $^3/_4$ Jahre und länger hin erhalten. Auch Kreuter[4] hält auf Grund seiner Versuche an Affen diese nach der Milzexstirpation im Bauchraum auftretenden braunen Knoten für Implantate, die durch Ausschwemmung der Pulpa entstanden sind. Ähnliche Fälle wie v. Stubenrauch beobachteten Tizzoni[5], Faltin[6], Küttner u. a.

Auch ohne vorhergegangene operative Entfernung der Milz kommen Nebenmilzen vor. Die viel zitierte Angabe von Giesker und Rosenmüller, daß man bei Sektionen von Südeuropäern in 94 % der Fälle Nebenmilzen fände, während sie in Norddeutschland nur bei jeder 400sten Leiche einmal anzutreffen sein sollen, bedarf der Nachprüfung. Es soll dieser Unterschied mit dem Auftreten der Malaria in Zusammenhang stehen. Nach meinen Erfahrungen findet man auch in Norddeutschland und anderen malariafreien Gegenden Nebenmilzen viel häufiger als den gewöhnlichen Angaben entspricht. Albrecht beschreibt einen Fall von etwa 400 Nebenmilzen bei einem Menschen, dessen Milz nicht operativ entfernt worden war.

Bei unvollständiger Entfernung vermag sich die Milz in ausgedehntem Maße zu regenerieren. Nicht nur bei niederen Tieren, wie Fröschen usw. (Eberhard, zit. bei Vulpius), wächst die Milz wieder zu fast ursprünglicher Größe aus, wenn ein kleines Stück stehen geblieben ist, sondern auch bei Säugetieren, wie ein Versuch Laudenbachs[7] am Hunde und wie eine Beobachtung

---

1 Zit. nach A. Meyer, Zentralbl. f. d. Grenzgebiete XVIII. S. 41. 1914.
2 Chirurgenkongreß 1912. S. 214. 3 Deutsche Zeitschr. f. Chir. 174. 1922.
4 Zentralbl. f. Chir. 1919. S. 554 und Bruns' Beiträge Bd. 118. S. 76. 5 Arch. ital. de Biol. 1882. S. 36. 6 Deutsche Ztschrft. f. Chirurgie 110. S. 160. 1911.
7 Virchows Archiv. Bd. 141. 1895.

KÜTTNERS[1] am Menschen zeigt, in welch letzterem Falle 4 Jahre nach einer wegen Milzruptur vorgenommenen Milzentfernung eine pfirsichgroße Milz wiedergefunden wurde. Auf eine solche Neubildung von Milzgewebe oder auf das Vorhandensein von Nebenmilzen hat man es vielfach zurückgeführt, wenn nach Entfernung der Milz die Blutveränderungen sehr schnell vorübergegangen sind. Ob mit Recht, konnte aus begreiflichen Gründen nur äußerst selten nachgeprüft werden.

Die operative Entfernung der Milz übt auch auf andere Organe einen Reiz aus; hier ist vor allem das Knochenmark zu nennen. Man findet nach Entfernung der Milz, wie MOSLER[2] zuerst angegeben hat, eine Hyperämie des Knochenmarkes, Vermehrung und lebhafte Teilungsvorgänge in den spezifischen Knochenmarkszellen mit Resorption von Knochenbälkchen durch das vordringende Mark (TIZZONI[3], RIEGNER[4] [beim Menschen], EMELIANOFF[5], LAUDENBACH[6]). Diese erhöhte Tätigkeit des Knochenmarkes äußert sich klinisch in ziehenden Schmerzen in den langen Röhrenknochen nach Entfernung der Milz (LÖHLEIN, zit. nach VULPIUS) und zweitens, wenn auch nicht regelmäßig, in einer Störung der Ossifikationsvorgänge, so daß bei Frakturen eine Verzögerung der Kallusbildung nach Milzexstirpation zu beachten ist (NÖTZEL, zit. nach MEYER[7], ELIOT[8], SCHÖNBAUER[9]).

Eine Thymushyperplasie nach Splenektomie haben KLOSE und VOGT[10] feststellen können, und auch BAYER (l. c.) glaubt auf Grund seiner Versuche über den Eisenstoffwechsel bei Entmilzten, daß der Thymus als Ersatz für die Milz eintritt, während v. BRAUNSCHWEIG[11] keinerlei Veränderungen in der Thymus fand.

VULPIUS[12] berichtet von Leberschwellung; SILVESTRINI[13], NISHIKARA u. TAKACJI[14] haben im Tierversuch einige Zeit nach der Milzentfernung eine Erhöhung des Lebergewichtes gefunden, die wohl hauptsächlich auf eine lymphatische Hyperplasie in der Umgebung der Pfortader zurückzuführen ist. Diese Lymphozytenanhäufung führt schließlich zur Bildung eines echten lymphoiden Gewebes. Vielleicht ist darin eine Art Ersatz für die entfernte Milz zu erblicken.

---

1 Zit. nach STUBENRAUCH, Chir. Kongreß 1912. S. 214. 2 Deutsche med. Wochenschrift 1884. Nr. 22. S. 338. 3 Arch. ital. de Biolog. I. S. 34. 1882. 4 Berliner klin. Wochenschrift 1893. S. 177. 5 Arch. d. sciences biol. de St. Pétersbourg Bd. 2. S. 135. 1893. 6 Arch. de Physiol. XXVIII. S. 706. 1896. 7 Zentralblatt f. d. Grenzgebiete XVIII. S. 60. 8 New York med. Journ. 1907. 9 Archiv f. klin. Chir. 123. 10 BRUNS' Beiträge 1910. S. 69. 11 Inaug.-Diss. Dorpat 1891. 12 BRUNS' Beiträge 11. 1894. S. 633, bes. S. 694. 13 Archiv ital. di chirurg. Bd. 2. 1920. 14 Deutsche med. Wochenschr. 1922. S. 1067.

Es sind ferner die Beziehungen von Milzerkrankungen zu Lebererkrankungen vielfach experimentell studiert worden[1]. Mallory und später Breccia konnten nach Schädigung der Milz, wie Milzquetschung, Erwärmung, Elektrolyse, entzündliche und nekrotische Herde in der Leber nachweisen. Foa spritzte Tuberkelbazillen unter die Milzkapsel und fand dann auch in der Leber tuberkulöse Herde, die angeblich zur Ausheilung kamen, wenn die Milz entfernt wurde. Umgekehrt ergab auch die Einspritzung von Tuberkelbazillen in die Leber eine schwere Milzinfektion. Man muß also nach diesen Versuchen annehmen, daß Milz und Leber durch Blut- und Lymphweg in enger Beziehung zueinander stehen, und daß sich Erkrankungen des einen Organs leicht auch an dem anderen bemerkbar machen.

Tiedemann[2], Credé[3], Winkler[4], Zesas[5], Metzger[6] u. a. beschreiben Schilddrüsenschwellung nach Milzentfernung. Es ist sehr schwer, sich diese Veränderungen gegenwärtig zu zu erklären; sie sind auch durchaus nicht regelmäßig zu beobachten, so daß sie zum Teil möglicherweise nur mittelbare Folgen der Milzentfernung sind.

Die Rolle, die die Milz im **Eisenstoffwechsel** spielt, ist eine sehr bedeutende. Asher[7] fand, daß die tägliche Eisenausscheidung beim entmilzten Hunde wesentlich größer ist, als beim normalen. Es ist danach die Aufgabe der Milz, das durch den Zerfall von Körpergewebe frei werdende Eisen aufzustapeln und je nach Bedarf allmählich wieder abzugeben.

M. B. Schmidt[8] konnte in Tierversuchen nachweisen, daß das Eisen der Milz hauptsächlich aus zerfallenen Blutkörperchen und Gewebszellen entsteht, während die Leber im wesentlichen mit der Nahrung zugeführtes Eisen aufstapelt. Es behält demzufolge die Milz den größten Teil ihres Eisengehaltes auch bei eisenfreier Ernährung. Ein großer Teil des Eisens gelangt von der Milz nach der Leber, die damit die Milz gewissermaßen unterstützt. Ob auch andere Organe, etwa das Knochenmark, von diesem Eisenvorrat versorgt werden, vielleicht zum Zwecke der Bildung neuer roter Blutkörperchen, ist nicht sicher bekannt.

Eine Bestätigung für den Menschen fanden die Befunde Ashers durch Bayer[9], der bei mehreren Patienten nach Milzentfernung gleichfalls eine erhöhte Eisenausfuhr feststellte. Nach der Entfernung der Milz wird das Eisen in der Leber aufgestapelt, die aber das Eisen nicht so zähe festhält wie die Milz; es sinkt deshalb, wie Bayer gefunden hat, in der Schwangerschaft nach Milzentfernung der Hämoglobingehalt des Blutes. Die vermehrte

---

1 Lit. s. Ziegler in Ergebn. d. Chir. Bd. 8. S. 683. 1914; Zeitschrift f. klin. Med. Bd. 87. 2 Ztschrft. f. Phys. Bd. 5. 1833. 3 Arch. f. klin. Chir. 28. S. 401. 4 Zentralbl. f. Chir. 1905. S. 257. 5 Arch. f. klin. Chir. Bd. 48 u. 31. 1885. 6 Ztschrft. f. Geb. u. Gynäk. 19. S. 31. 1890. 7 Zentralbl. f. Physiol. Bd. 22. 8 15. Pathologentag 1912. S. 91. 9 Mitt. aus d. Grenzgebieten 21. S. 338. u. 27. S. 311.

Eisenausscheidung nach Milzentfernung konnte LEPEHNE[1] auch histologisch nachweisen.

Eine weitere Aufgabe kommt der Milz bei den **Infektionskrankheiten** zu. Genau so wie die Milz zerfallene rote Blutkörperchen, Pigment und Staub aufzunehmen und festzuhalten imstande ist, fängt sie auch Bakterien, die im Blute kreisen, ab und vernichtet sie. Das ist der eine Weg, wie sich die Milz am Kampfe gegen eine Infektion beteiligt. Die Milz vermag aber zweitens, wahrscheinlich wohl aus den Trümmern der weißen Blutkörperchen, antibakterielle Schutzstoffe freizumachen. So konnte RAUTMANN[2] an Tieren, die er vorher mit Blutkörperchen oder Bakterien immunisiert hatte, im Milzvenenblut mehr Antikörper nachweisen als im peripheren Blut, eine Abschwächung der verschiedenen Antikörper des Blutes nach der Milzentfernung findet man jedoch nur in der ersten Zeit nach der Operation und da hängt sie wohl mit dem Blutverlust zusammen (vgl. MONTUORI[3], ROST[4], PEREZ[5]). Man hat nun selbstverständlich vielfach im Tierversuch geprüft, ob entmilzte Tiere weniger widerstandsfähig gegen eine Infektion sind als normale, hat aber gefunden, daß das nicht der Fall ist (LUDAKEWITSCH[6], BARDACH[7], PITKIN[8], MELINKOW[9]) und auch der Mensch wird durch Entfernung der Milz nicht weniger widerstandsfähig gegen Infektionskrankheiten (vgl. VULPIUS).

Bekannt ist, daß die Milz sehr selten von Tumormetastasen befallen wird. Man spricht von einer gewissen Geschwulstimmunität der Milz, die an Mäusetumoren vielfach geprüft worden ist. Umgekehrt glaubten OSER und PRIBRAM[10] nachweisen zu können, daß Rattensarkome nach Milzexstirpation rascher wuchsen. Vom Menschen ist ähnliches nicht bekannt (Lit. s. bei SCHMINCKE[11]).

Welchen Anteil die Milz an der Verdauung und am Gesamtstoffwechsel hat, ist noch nicht völlig geklärt. MOLLOW[12] konnte in sehr sorgfältigen Untersuchungen an Fistelhunden keinerlei Einfluß der Milz auf Magensaft, Pankreassaft oder Galle oder auf die Magenentleerung erkennen, während GROSS[13], LUCIANI[14], PASCUCCI[15] u. TARULLI, QUARTA[16] u. a. gegenteilige Angaben machen. Das Wachstum wird durch Entfernung der Milz im jugendlichen Alter

---

1 Deutsche med. Wochenschrift 1914. S. 1363. 2 Deutsche med. Wochenschr. 1922. S. 1504. 3 Ref. Zentralbl. f. Bakt. XIII. 1893. S. 670. 4 Inaug.-Diss. Heidelberg. 1908. 5 Zit. nach Jahresbericht f. Chir. XIII. 1907. 818. 6 Annales de l'inst. Past. V. 1891. 7 Ebenda V. 1891; Bd. III, 1889. S. 40. 8 Zentralbl. f. Bakt. XV. S. 840. 9 Ref. Zentralbl. für Bakt. XIII. 1893. S. 670. 10 Ztschrft. f. exp. Pathol. u. Therapie Bd. 12. 11 Münchener med. Wochenschrift 1916. 12 Zeitschr. f. physiol. Chemie Bd. 117. 1921. 13 Ztschrift f. exp. Path. u. Therapie 1910. Bd. 8. 14 Lehrbuch der Physiologie Bd. II. S. 152. 15 Arch. ital. de Biol. 1901. Bd. 36. S. 188. 16 Zit. nach A. MEYER.

nicht beeinträchtigt (SMITH u. ASHAM[1]). Die Gesamtasche ist jedoch bei solchen Tieren, denen man in der Jugend die Milz entfernt hatte, vermehrt (DRÖGE[2]). Die uralte Angabe, daß milzlose Individuen einen sehr starken Appetit hätten, hat RICHET[3] im Tierversuch geprüft und glaubte nachweisen zu können, daß milzilose Hunde in der Tat für den gleichen Gewichtsansatz mehr Nahrungsstoffe gebrauchen als normale. Im Hungerzustand nimmt die Milz wesentlich mehr an Gewicht ab als andere Organe, während sie umgekehrt in der Zeit der Verdauung am größten ist (SCHÖNEFELD[4]). Man hat deshalb angenommen, daß die Milz die Blutzufuhr zu den Verdauungsorganen regelt, zumal man auch kontraktile Elemente in ihr nachgewiesen hat (vgl. auch ROY[5]).

Die Milz soll auch einen Einfluß auf die Darmbewegung haben (A. MEYER l. c. S. 74). Die Angaben, die das beweisen sollen, sind jedoch sehr wenig verwendbar. So ist die Darmlähmung nach Milzentfernung sicher nichts Besonderes; sehen wir doch nach jeder Laparotomie in den ersten Tagen nach der Operation eine Darmlähmung. Über anhaltende Obstipation nach Splenektomie liegt ein ausreichendes Material nicht vor, obgleich man gelegentlich derartiges beobachtet haben will. Im Gegensatz zu diesen Angaben sah BAYER (l. c.) nach Milzentfernung eine gesteigerte Darmtätigkeit, die er entsprechend seiner oben entwickelten Theorie auf erhöhte Vagotonisation bezieht. Ob der von ZÜLZER in die Therapie unter dem Namen „Hormonal" eingeführte Milzextrakt seine gelegentlich vorhandene, Peristaltik anregende Wirkung durch ein in ihm enthaltenes Hormon oder nur deshalb entfaltet, weil er bei intravenöser Injektion infolge seines Gehaltes an Vasodilatatin den Blutdruck herbsetzt (POPIELSKI[6]), ist nicht sichergestellt.

Noch viel unklarer ist die Bedeutung, die die Milz für psychische Vorgänge hat. POHL[7] teilt einen Fall mit, wo nach der Milzentfernung erhöhte Schläfrigkeit vorhanden war. Auch CZERNY[8] beobachtete nervöse Störungen nach der Entfernung der Milz.

Eine pathologisch erhöhte Zerstörung der roten Blutkörperchen in der Milz steht nach den Untersuchungen von EPPINGER[9] im Mittelpunkt einer Anzahl Krankheiten, die mit schwerer Anämie verbunden sind. Es sind das der **hämolytische Ikterus**, die **perniziöse Anämie** und die BANTIsche Krankheit[10]. Man kennt von den drei Krankheiten die Ätiologie nicht, man weiß auch noch nicht, wie weit mit verschiedenem Namen nur Abarten derselben Krankheit belegt werden, wir können nur sagen, daß erstens bei diesen Erkrankungen die Bildung der roten Blut-

---

1 Americ. journ. of physiol. Bd. 60. 1922. 2 PFLÜGERS Archiv 152. S. 437. 1913. 3 Ref. Journ. de physiol. Bd. 14. S. 379. 1912. 4 Inaug.-Diss. Groningen 1855. 5 Journ. of Physiol. Bd. III. S. 203. 1882. 6 Klinisch-therap. Wochenschrift XX. S. 1134. 1913. 7 Deutsche Ztschrft. f. Chir. 104. S. 196. 8 Wiener med. Wochenschrift 1879. S. 458. 9 Berl. Kl. Woch. 1913 u. Naturf.-Vers 1913 EPPINGER u. RANZI Mitt. aus d. Grenzgebieten Bd. 27. S. 796. 1914. 10 Vgl. auch MORAWITZ, Klin. Wochenschr. 1922. S. 770.

körperchen im Knochenmark gestört ist, und daß zweitens ein erhöhter Zerfall der Blutkörperchen in der Milz statthat. Letzterer interessiert den Chirurgen besonders.

Ein bei all diesen Erkrankungen häufiges Symptom ist der Ikterus. Das Zustandekommen dieses hämatogenen Ikterus erklärt sich, wie oben besprochen wurde, nach unserer jetzigen Anschauung, so daß es bei erhöhtem Blutzerfall in der Milz zu einer Bildung von Gallenzylindern in den Kapillaren der Leber kommt und damit zur Rückstauung von Galle in die Blutbahn. Einen solchen erhöhten Blutkörperchenzerfall in der Milz können wir im Experiment nachahmen, wenn wir Hunden Toluylendiamin geben. BANTI[1] und IVANOVICZ konnten nachweisen, daß ein Hund, dem die Milz entfernt worden war, durch Toluylendiamin viel weniger leicht Ikterus bekommt als ein normaler Hund, und daß die Galle des ersteren dünnflüssig bleibt, während die des letzteren infolge der starken Hämolyse dickflüssig und dunkel wird. Es wirkt also das Toluylendiamin hauptsächlich durch Vermittelung der Milz hämolytisch. Ein ungefähres Maß für die vorhandene Hämolyse bietet die quantitative Bestimmung des im Stuhle ausgeschiedenen Urobilins. Nach den Untersuchungen von EPPINGER und CHARNASS findet man bei hämolytischem Ikterus und perniziöser Anämie eine ganz beträchtliche Erhöhung der Urobilinwerte im Stuhl.

Das Knochenmark muß bestrebt sein, den gewaltigen Ausfall an roten Blutkörperchen bei den genannten Erkrankungen zu decken. Bei dem Krankheitsbild des hämolytischen Ikterus gelingt ihm das sehr gut; das Blutbild bleibt ungefähr normal, während bei der eigentlichen perniziösen Anämie alle möglichen Jugendformen, wie gekernte rote Blutkörperchen, in das periphere Blut geworfen werden. Man wird HIRSCHFELD[2] Recht geben müssen, daß hierdurch ein so wesentlicher Unterschied zwischen den beiden Krankheitsformen bedingt ist, daß wir nicht berechtigt sind, das pathologische Geschehen bei der perniziösen Anämie ohne weiteres dem beim hämolytischen Ikterus gleichzusetzen. Bei der perniziösen Anämie ist das primär erkrankte Organ das Knochenmark und der Blutkörperchenzerfall in der Milz ist etwas Sekundäres. Die Entfernung der Milz wirkt nur als Anreiz auf das Knochenmark, was aus dem Blutbild nach der Milzentfernung bei solchen Kranken hervorgeht. Im Gegensatz dazu ist beim hämolytischen Ikterus das Knochenmark sehr viel weniger befallen, hier ist in der Tat der erhöhte Zerfall von Blutkörperchen in der Milz das Wesent-

---

1 ZIEGLERS Beitr. Bd. 24. 1898. 2 Zeitschr. f. kl. Medizin. Bd. 87.

lichere. Infolgedessen sind auch die Erfolge von Milzentfernung beim hämolytischen Ikterus auch bei der erblichen Form (GRAF[1], HATTESEN[2]) viel günstiger als bei der perniziösen Anämie.

Mag diese besonders von EPPINGER, ferner von DECASTELLO[3], TÜRK[4], MÜHSAM[5], MOSSE[6], MORAWITZ[7] u. a. in alle Einzelheiten hinein durchgeführte Betrachtungsweise der hämolytischen Erkrankungen als „Hypersplenien" auch in manchen Punkten angreifbar und noch nicht allseitig genügend gestützt sein, sie hat jedenfalls den großen Vorteil, die Krankheiten von einem gemeinsamen Gesichtspunkte aus zu beleuchten.

Die Entstehungsursache bleibt bei dieser Betrachtungsweise natürlich gänzlich außer Spiel. Besonders beim Morbus Banti hat man vielfach nach Bakterien gesucht, so besonders BANTI selbst, der an der infektiösen Entstehungsursache festhält, obgleich bisher weder Kultur noch Überimpfungsversuche zu einem positiven Ergebnis geführt haben. Im Gegensatz zu den Autoren, die eine einheitliche bakterielle oder toxische Ursache für die hierhergehörigen Erkrankungen speziell den Morbus Banti annehmen, glauben andere, daß diese Erkrankungen die Folge einer Häufung von Schädigungen sind, die die Milz besonders durch vorhergegangene Infektionskrankheiten getroffen haben. Vielleicht spielt hier auch noch eine angeborene Minderwertigkeit der Milz eine Rolle (Morbus Banti bei Infantilismus, ISAAC[8]).

Auch bei den Erkrankungen der **Thrombopenie** sind Milzexstirpationen mit sehr gutem Erfolge ausgeführt worden, wenn auch über die Stellung der Milz zu diesem Krankheitsbild noch nichts geklärt ist. Es besteht bei der Thrombopenie kein Milztumor. Ein Teil der Autoren vertritt die Ansicht, daß bei Thrombopenie ein erhöhter Zerfall von Blutplättchen in der Milz stattfindet (KAZNELSON[9], EPPINGER[10]) ein anderer Teil daß die Milz das Knochenmark schädige (FRANK[10] [s. auch ENGEL[12]]).

Eine kurze Besprechung verdienen noch die **Verletzungen der Milz** und ihre Folgeerscheinungen, da diese zu vielfachen experimentellen Studien Veranlassung gegeben haben. Die weiche Beschaffenheit der Milz gibt uns, wie BERGER[13] ausführt, die Berechtigung das Organ mit einer mit Flüssigkeit gefüllten Blase zu

---

1 Deutsche Zeitschr. f. Chir. Bd. 130. 1914. 2 Mitt. aus d. Grenzgeb. 37. S. 293. 1924. 3 Deutsche med. Wochenschrift 1914. Nr. 13 u. 14. 4 Ebenda S. 373. 5 Ebenda S. 377. 6 Naturforscherversammlung 1913 (chir. Sekt.). 7 Klin. Wochenschr. 1922. S. 770. 8 SCHMIDTs Jahrb. 14. 315. 1912. 9 Deutsch. Arch. f. klin. Med. 78. Deutsche med. Wochenschr. 1917. Med. Klinik 1921. 10 Die hepatolienalen Erkrankungen 1920. 11 Erg. der ges. Med. Bd. 3. 1922. 12 Archiv f. klin. Chir. 129. 13 Arch. f. klin. Chir. 83. 1907.

vergleichen und auf sie das PASCALsche Gesetz anzuwenden, nach dem sich in einer solchen Blase der Druck gleichmäßig nach allen Richtungen hin verteilt. Untersuchungen von KON[1] haben jedoch gelehrt, daß der Vergleich mit einer Tierblase deshalb kein guter ist, weil sich eine solche Blase nach allen Richtungen hin gleichmäßig dehnt, während die Milzkapsel gegen Längsdehnung viel weniger widerstandsfähig ist, als wie gegen Querdehnung. Eine Ursache hierfür hat sich bisher noch nicht finden lassen, jedenfalls aber erklärt diese verschiedene Dehnungsfähigkeit der Milzkapsel das Überwiegen der Querrisse bei Verletzungen. Eine weitere Einschränkung erfährt die Anwendung des PASCALschen Gesetzes auf die Milzruptur dadurch, daß die Milz kein frei beweglicher Körper ist, sondern durch recht kräftige Bänder in seiner Lage fest gehalten wird. Die Bedeutung dieser Bänder wird von BROGSITTER[2] sehr hoch bewertet. Es wäre danach ein großer Teil der Milzzerreißungen als eine Art Abrißfraktur aufzufassen, eine Ansicht, die für indirekt entstandene Milzrupturen zweifellos eine große Berechtigung hat, wie auch der eine von BROGSITTER mitgeteilte Fall von WALDEYER beweist. Bei den durch direkte Verletzungen entstandenen Milzzerreißungen liegt die Bedeutung des Halteapparates der Milz vielfach darin, daß das Organ über seine konvexe Fläche abgebogen wird, während es in seiner Lage durch die Bänder fixiert und am Ausweichen gehindert wird (LEVERENZ, SCHÖNWERTH[3]). Bei diesen Abbiegungszerreißungen der Milz spielen jedoch nicht nur Haltebänder eine Rolle, sondern es kommt auch darauf an, mit welchen Teilen die Milz auf der Unterlage aufliegt.

Tritt eine hämatogene Infektion zu einer Milzverletzung hinzu, so kann es zu einer Sequestrierung verschiedener Abschnitte, ja des gesamten Organs kommen. Im Tierversuch hat KÜTTNER[4] solche Milzsequester unschwer durch manuelle Quetschung und darauffolgende Injektion einer Staphylokokkenkultur in die Ohrvene erzielt. Milzwunden heilen bindegewebig; das Material hierzu soll die Kapsel geben (PFANNER[5]).

Darm.

Die **Länge** des Dünndarms ist ziemlichen Schwankungen unterworfen. Die Zahlenangaben liegen zwischen $5\,^1/_2$ und 8 m. Die

---

1 Vierteljahrsschrft. f. ger. Med. 1907. 2 Charité-Annalen 1909. S. 494. 3 Zit. nach MICHELSSON, Ergebn. d. Chir. Bd. VI. S. 497. 1913. 4 Chirurgenkongreß 1907. S. 23. 5 Archiv f. Orthop. und Unfall-Chirurgie Bd. 18. S. 206. 1920.

genauen Messungen von DREIKE[2] ergaben als Mittelwert ungefähr 6 m. Beim Kinde ist nach DREIKE die Länge des Dünndarms verhältnismäßig größer als beim Erwachsenen, ferner beim Manne größer als beim Weibe, bei vegetabilischer Kost größer als bei animaler. Deshalb ist der Dünndarm im allgemeinen bei der ärmeren Bevölkerung länger als bei der besser gestellten. BENEKE[3] gibt an, daß auf 100 cm Körperlänge 387,5—389 cm Dünndarm und 91,5 cm Dickdarm kommen; doch sind diese Zahlen, wie Untersuchungen an Japanern gezeigt haben, für die mehr vegetarisch lebenden Volksstämme nicht gültig.

Der Darm besitzt eine große Lebenszähigkeit. Das haben u. a. die Versuche von ENDERLEN[3] gezeigt, der Darm in die Harnblase usw. transplantierte, sowie ferner die Versuche von ESAU[4], der Dünndarm unter die Haut pflanzte und dann selbst nach Durchtrennung des gesamten Mesenterium die verschiedenen Schichten des Darmes mikroskopisch im wesentlichen normal fand. Die Lebenszähigkeit des Darmes ermöglicht u. a. die Bildung eines künstlichen Ösophagus durch Verpflanzung von Darm unter die Brusthaut.

Die **Sekretion** des Darmes wird an sogenannten THIRYschen, VELLAschen oder PAWLOWschen Fisteln studiert[5]. Wenn auch durch solche Fisteln, bei denen ein Stück des Darmes ausgeschaltet wird, die physiologischen Verhältnisse der Sekretion nicht in völlig idealer Weise nachgeahmt werden können, so haben sie doch unsere Kenntnisse über die Ursachen und die Art der Absonderung des Darmsaftes wesentlich gefördert. Man darf aber bei den Angaben über die Menge des abgeschiedenen Darmsaftes nie vergessen, daß das, was bei dieser Versuchsanordnung untersucht wird, stets das Ergebnis der Sekretion und Resorption darstellt. Man kann also die Sekretion nicht von der Resorption trennen. Die Folge davon ist, daß wir über die Menge des wirklich abgeschiedenen Darmsaftes gar keine genaue Vorstellung haben, was besonders bei der Betrachtung pathologischer Verhältnisse sehr unangenehm ist.

Wir unterscheiden bei dem Darmsaft, und zwar sowohl bei dem des Dünndarms als auch bei dem des Dickdarms einen dünnflüssigen von einem festen oder besser gesagt, halbfesten, schleimigen Bestandteil. Ersterer ist der Träger der Fermente, von denen wir die Enterokinase, das Ferment, das das Trypsin des Pankreas aktiviert, bei der Besprechung der Bauchspeicheldrüse

---

1 Deutsche Zeitschrft. f. Chir. Bd. 40. S. 43. 1895. 2 Deutsche med. Wochenschrif t1880. 3 Deutsche Zeitschrift f. Chir. Bd. 55. S. 419. 4 BRUNS' Beiträge Bd. 60. S. 508. 5 Lit. s. bei BABKIN, Die äußere Sekretion der Verdauungsdrüsen. Verlag Springer. 1914.

schon kennen gelernt haben. Ein weiteres Ferment des Dünndarms, das Erepsin (COHNHEIM[1]), spaltet natives Eiweiß mit Ausnahme des Kasein nicht, zerlegt aber die Abbauprodukte des Eiweißes, die Albumosen und Peptone bis zu kristallinischen Produkten. Von weiteren Fermenten seien die Arginase (nur in der Darmschleimhaut, nicht in Darmsaft gefunden), die Nuklease, die Lipase und verschiedene kohlehydratspaltende Fermente genannt. Von letzteren interessiert besonders die Laktase, die nach WEINLAND[2] nur im Säuglingsalter vorhanden sein soll, aber auch bei erwachsenen Tieren wieder auftritt, wenn sie regelmäßig Milchzucker erhalten. ADOLF SCHMIDT[3] nimmt an, daß in diesem Verschwinden der Laktase beim Erwachsenen die Ursache zu suchen sei, daß Menschen, die lange Zeit der Milch entwöhnt waren, auf ihren Genuß mit Durchfällen antworten, sich dann aber wieder an Milch gewöhnen können (vgl. dazu MARX[4]). Die reinen diastatischen Fermente des Darmes wirken nur sehr schwach.

Die Absonderung des Darmsaftes kommt nur zustande, wenn bestimmte Reize, mechanischer oder chemischer Natur die Darmwand treffen. Im Hungerzustand bildet die Darmschleimhaut keinen Darmsaft, so daß sich aus einer Vellafistel beim hungernden Tiere so gut wie nichts entleert. Die Sekretion kommt aber sofort lebhaft in Gang, wenn man einen Schlauch in die Fistel einlegt, was ja chirurgisch nicht ganz ohne Interesse ist (SCHEPOWALNIKOW[5]). Von chemischen Körpern wirkt Magensaft, 0,5%ige Salzsäure, Senföl, Buttersäure, Kalomel, Seifen u. v. a. anregend auf die Sekretion. Aber auf alle diese Reize wird nur ein fermentarmer, sehr dünnflüssiger Darmsaft abgeschieden. Zur Bildung eines fermentreichen, und zwar besonders enterokinasehaltigen Darmsaftes kommt es interessanterweise nur, wenn Pankreassekret in den Darm gelangt. So ist dafür gesorgt, daß dem unwirksamen Trypsin der Bauchspeicheldrüse sein aktivierender Anteil in Gestalt der Enterokinase an dem Orte, wo der Abbau des Eiweißes stattfinden soll, reichlich zur Verfügung steht. Auch an anderen Beispielen kann man die außerordentliche Zweckmäßigkeit bewundern, mit der die Darmsekretion vor sich geht; legt man z. B. einen Wollfaden in eine solche Fistel, so wird hauptsächlich ein dünnflüssiger Darminhalt entleert; bringt man Erbsen oder Glassplitter u. dgl. in den Darm, so scheidet er mehr von dem dickflüssigen Anteil aus, der nach allen vorliegenden Untersuchungen offenbar dazu dient, feste Nahrungsteilchen einzuhüllen, sie aneinander zu kleben, um so einen Schutz für die Darmschleimhaut zu bilden (GLINSKI[6]).

Die Absonderung des Darmsaftes ist abhängig von der nervösen

---

1 Ztschrft. f. physiol. Chemie Bd. 33. 1901. S. 451. 2 Ztschrft. f. Biol. 1898. Bd. 38 u. 40. 3 Klinik d. Darmkrankheiten. Wiesbaden 1912. Bd. I. S. 33. 4 Archiv f. Verdauungskrankh. Bd. 33. 1924. 5 Diss. St. Petersburg 1899. 6 Diss. St. Petersburg 1891.

Versorgung. Das wird besonders schön durch die sogenannte „paralytische“ Sekretion belegt. Werden alle Nerven, die zu der als Fistel benutzten Darmschlinge führen, durchschnitten, so beginnt nach einigen Stunden eine gewaltige Sekretion, die etwa 24 Stunden anhält und dann erlischt. Während der Zeit der paralytischen Sekretion sind die Darmgefäße stark erweitert, auch tritt rege Peristaltik auf. Man nimmt an, daß Hemmungsnerven in Fortfall gekommen sind (MOLNAR [1]). Ob neben der nervösen Anregung des Darmsaftes auch eine humorale, wie beim Pankreas, in Frage kommt, ist noch nicht geklärt.

Die Sekretion des Dickdarms ist erstens an Menge (ein Sechstel bis ein Siebentel), dann aber auch an Reichtum und Wirksamkeit der Fermente der des Dünndarms wesentlich unterlegen; vor allen Dingen fehlen die das native Eiweiß angreifenden Fermente (beim Dünndarm Pankreastrypsin plus Enterokinase). Daran liegt es, daß man bei Dickdarmfisteln längst nicht eine so starke Verätzung der Haut bekommt, wie bei Dünndarmfisteln.

Der dünnflüssige Anteil des Darmsaftes wird sehr schnell resorbiert, während der dickflüssige den Hauptanteil des Kotes bildet. Es ist ja der **Kot** nicht, wie der Laie annimmt, nur ein unverdautes Überbleibsel der aufgenommenen Nahrung; diese Nahrungsreste sind vielmehr nur ein kleiner Bruchteil im Kot, der Hauptanteil wird von den Se- oder Exkreten des Darmkanals und von den Bakterienleibern geliefert. Daher bildet sich in einer ausgeschalteten, beiderseits verschlossenen Darmschlinge so viel Kot durch Sekretion der Schleimhaut, daß die Schlinge schließlich platzt (HERMANNscher Ringkot [2]). Man versenkt deshalb auch jetzt, nachdem eine Reihe schlechter Erfahrungen gemacht worden sind, in der Chirurgie niemals eine solche Darmschlinge, die man aus irgendeinem Grunde nicht resezieren kann, sondern näht sie in der Bauchwand als Fistel ein (NARATH [3], REICHEL [4], BARACZ [5], ENDERLEN, JUSTI und FINSTERER [6] u. a.). Auch der hungernde Mensch bildet Kot, wie man täglich an den Laparotomierten während der Nachbehandlung sieht. FR. MÜLLER [7] hat an Hungerkünstlern diesen im Hungerzustand ausgeschiedenen Kot auf 4 g Trockenkot (3,818) im Durchschnitt täglich berechnet. Die feuchte Substanz wog 22,01 g. Bei einem Menschen, der nicht hungert, ist die Kotmenge deshalb eine viel größere, weil alle Drüsen des

1 PFLÜGERS Archiv Bd. 46. 1890. 2 Deutsche med. Wochenschrift 1909. 3 Arch. f. klin. Chir. Bd. 52. 4 Zentralbl. f. Chir. 1896 und Deutsche Ztschrft. f. Chir. Bd. 35. 5 Zentralbl. f. Chir. 1894 und Arch. f. klin. Chir. Bd. 58. 6 Mitt. aus d. Grenzgebieten Bd. 10. 1902. 7 VIRCHOWS Archiv Bd. 131. Suppl. 1893.

Darmkanals, vor allem Galle und Pankreas, reichlicher sezernieren; dazu kommen bei schlackenreicher, das ist vor allem zellulosehaltiger Nahrung die unlöslichen Reste dieser. Wie groß die Menge dieser Überbleibsel der Nahrung ist, hängt von Art und Masse der Zufuhr, dann aber auch von individuellen Eigenarten des Darmes ab. Der eine Mensch löst die gleichen Nahrungsmittel, besonders die Zellulosen, besser auf, der andere schlechter, ohne daß man da schon von Krankheit sprechen müßte (AD. SCHMIDT[1]). Diese alte Volksweisheit vom „empfindlichen" Darm wird so durch unsere modernen Kotuntersuchungen bestätigt.

Die Menge des Darminhaltes ist weiterhin abhängig von der Menge der Flüssigkeitszufuhr. Nach großen Kochsalzinfusionen (COHNHEIM[2]) enthält der Darm einen dünnflüssigen, kotähnlichen Inhalt in solcher Menge, daß es gelegentlich zum Erbrechen kommt. Die Darmwand wird dann ödematös.

Die **Resorption des Darmes** ist nicht ein einfacher physikalischer Vorgang, der sich restlos als Filtration oder Osmose erklären ließe, sondern ist abhängig von einer Tätigkeit der lebenden Darmepithelien.

Wasser wird sehr leicht im obersten Dünndarm resorbiert, so daß es nur durch ganz große Kochsalzinfusionen gelingt, den Stuhl dünnflüssig zu machen (AD. SCHMIDT l. c. S. 34); deswegen kann man den Urin nicht in den Dünndarm leiten (z. B. bei Blasenektopie), da sonst der Mensch an Urämie zugrunde geht (vgl. dagegen DARDEL[3], DE QERVAIN). Schon unter den Salzen wählen die Darmepithelien aus, insofern einige Salze besonders leicht, andere kaum oder nur in geringen Mengen zur Aufnahme gelangen (URY[4]). Von den eigentlichen Nahrungsstoffen wird das Eiweiß im allgemeinen erst nach völligem Abbau, also als Aminosäure oder höchstens als Peptid, resorbiert, was nach unserer heutigen Anschauung den Sinn hat, daß der Körper artfremdes Eiweiß in seinen Säften nicht gebrauchen kann. Wird aber das artfremde Eiweiß der Nahrung im Darm zunächst abgebaut, so setzt der Körper aus diesen Bausteinen wieder ein Eiweißmolekül zusammen, das für ihn eigentümlich ist und das er verwerten kann. Dieser Aufbau des arteigenen Eiweißmoleküls geht wahrscheinlich schon in der Darmwand vor sich, da es bisher nicht gelungen ist, im Darmvenenblut Aminosäuren oder Peptide nachzuweisen[5]. Kohlehydrate gelangen im

---

1 Darmkrankheiten I. S. 41. Hier auch weiteres über Kotzusammensetzung. 2 VIRCHOWS Archiv Bd. 69. 1877. 3 Archiv. urol. Bd. 3. 1921. 4 Arch. f. Verdauungskrankheiten 1909. 5 Vgl. hierzu ABDERHALDEN, Lehrbuch d. physiol. Chemie II. Aufl. XXIII. Vorl.

allgemeinen nur in der Form von Monosachariden zur Aufnahme; Fette nur dann, wenn sie mit Hilfe der verschiedenen fettspaltenden Fermente und der Galle in lösliche Form übergeführt worden sind. Fette, bei denen diese Lösung nicht gelingt, wie Lezithine, werden deshalb nicht resorbiert. Schon innerhalb der Epithelien beginnt aber bei den Fetten wieder die Bildung von Fettkügelchen, als Zeichen dafür, daß ein Aufbau, eine Wiedervereinigung von Glyzerin und Fettsäure, stattgefunden hat.

Die Resorption der eingeführten Nahrungsmittel erfolgt so gut wie vollständig im Dünndarm (HEILE[1]). Und zwar wird nach KAORU OMI[2] (RÖHMANN), FREY[3] u. a. vom Jejunum mehr Flüssigkeit und mehr Zucker aufgenommen als vom Ileum, während das Ileum Eiweißkörper und Fett besser resorbiert. Nur bei Überernährung, oder wenn durch katarrhalische Zustände die Schleimhaut des Dünndarms geschädigt ist, treten nennenswerte Teile der Nahrung in den Dickdarm über. Das gilt allerdings nur für schlakkenfreie Nahrung, z. B. nicht für zellulosereiche Kost; sie wird im Dünndarm kaum angegriffen, sondern erst durch die Bakterien des Dickdarms zerlegt. Wenn wir das wissen, werden wir einem Patienten, dem wir eine Dünndarmfistel anlegen mußten, eine möglichst schlackenfreie Nahrung geben, am besten gehacktes Fleisch, damit er trotz der Fistel genügende Nahrungsmittel aufnimmt und nicht zu stark durch das Laufen der Fistel belästigt wird. Die beliebte Schleimsuppe ist für solche Patienten weniger zweckmäßig, da sie nach den Untersuchungen von HEILE unverhältnismäßig große Kotmengen liefert. Auch GRAAFF[4] bestätigt auf Grund seiner Untersuchungen mit Fistelpatienten, daß Kohlehydratkost einen wasserreichen, Eiweißkost einen wasserarmen Chymus liefert.

Im Vergleich zum Dünndarm ist die Resorptionsfähigkeit des Dickdarmes eine sehr geringe. Nicht abgebautes Eiweiß wird überhaupt nicht, Zucker zu etwa 20% resorbiert; abgebautes Eiweiß vermag der Dickdarm zu resorbieren. Von Wasser wird die Hälfte aufgenommen, was wir uns klinisch dauernd zu Nutzen machen, wenn wir Patienten, die nach Operationen nichts trinken dürfen, das nötige Wasser durch Tropfklistiere zuführen. Da auch Alkohol gut resorbiert wird, setzt man zweckmäßigerweise den Klistieren Wein und Zucker zu.

Der Motor für die **Darmbewegungen** ist die Muskulatur, von

1 Mitt. aus d. Grenzgebieten Bd. 14. 1905. 2 PFLÜGERS Archiv f. Physiol. Bd. 126. 1909. 3 PFLÜGERS Arch. f. Physiol. Bd. 123. 1908. 4 Nederl. maandschr. v. geneesk 10 S. 113. 1921.

der wir am Dünndarm eine Längs- und eine Ringlage haben, die gleichmäßig den Dünndarm umgeben. In der ersteren liegen die Ganglienzellen. Am Dickdarm unterscheiden wir die in Tänien angeordnete Längsmuskulatur von der Ringmuskulatur. ROITH[1] nahm an, daß die Masse der Ringmuskulatur in den weiter anal liegenden Abschnitten des Dickdarmes größer sei, als in den mehr oral gelegenen Teilen, eine Ansicht, die, wie aus den planimetrischen Messungen von ROST[2] hervorgeht, nicht zutreffend ist. Die Längsmuskulatur des Dickdarms, die bis herab zum S romanum in sogenannten Tänien angeordnet ist, hat also in erster Linie die Aufgabe eines elastischen Bandes, sie hält durch ihre Spannung den Darm verkürzt und führt dadurch zur Bildung der Haustren. Das kann man daraus entnehmen, daß Längs- und Ringmuskulatur am Dickdarm fast stets den gleichen Kontraktionszustand haben (ROST[2]).

Für die Beobachtung der physiologischen Darmbewegung stehen uns folgende Methoden zur Verfügung: Erstens die Beobachtung am herausgeschnittenen Organ oder nach Laparotomie des Versuchstieres; in beiden Fällen ist es nötig, um möglichst physiologische Verhältnisse zu bekommen, die Därme in Ringer- oder Tyrodelösung zu bringen (CANNON[3], ELLIOT und SMITH[4], LANGLEY[5] und MAGNUS[5], BAYLIS und STARLING[6] usw.). Zweitens das Röntgenverfahren (SCHWARZ[7], RIEDER[8], HOLZKNECHT[9], STIERLIN[10] usw.). Drittens der Ersatz der Bauchdecke durch ein durchsichtiges Zelluloidfenster nach dem Vorgange von KATSCH und BORCHERS[11]. Jede dieser Methoden hat ihre Berechtigung, jede hat ihre Vorzüge und Nachteile, in allen Teilen überlegen ist keine der andern.

Betrachten wir zunächst die Dünndarmbewegung, so unterscheiden wir, abgesehen von den Bewegungen der Muscularis mucosae, zwei Formen der Bewegung, eine „Mischbewegung" und eine sogenannte peristaltische Welle, die den Speisebrei vorwärts treibt. Die Mischbewegungen, die ihre Ursache in rhythmischen Zusammenziehungen der Darmmuskulatur haben, sind entweder Knetbewegungen bei gleichzeitiger Zusammenziehung und

---

1 Anatomische Hefte Bd. 20. 1903. S. 64/65. 2 Arch. f. klin. Chir. Bd. 98. 1912. 3 Americ. Journ. of Physiol. Bd. 6. 1902. S. 251. 4 Journ. of Physiol. Bd. 31. 1904. S. 272. 5 Journ. of Physiol. Bd. 33. 1905. S. 34; ferner MAGNUS, PFLÜGERS Archiv 102, 103, 108, 111. 6 Journ. of Physiol. Bd. 24. 1899. S. 99 und Bd. 26. 1901. S. 125. 7 Münchener med. Wochenschrift 1911. S. 1489. 8 Fortschr. auf d. Gebiete d. Röntgenstrahlen Bd. 18. 1911. S. 99. 9 Münchener med. Wochenschr. 1909. Nr. 47. 10 Ergebn. d. inneren Medizin 1913. Bd. 10 und Klinische Röntgendiagnostik d. Verdauungskanals. Wiesbaden 1916. (hier weitere Lit.). 11 Ztschrft. f. exp. Pathol. u. Therapie Bd. 12. 1913. S. 221—295; Deutsche med. Wochenschrift 1913. S. 1294.

Erschlaffung der Längs- und Ringmuskulatur (CANNON), oder Pendelbewegungen bei abwechselnder Zusammenziehung der Muskellagen eines verschieden langen Darmabschnittes (STARLING[1], MAGNUS[2]). Ob die Mischbewegungen wirklich nur, wie ihr Name sagt, der Durchmischung des Speisebreis dienen oder nicht vielmehr, was RIEDER betont, durch Beeinflussung der lokalen Blut- und Lymphzirkulation von größter Wichtigkeit für die Resorption der Nahrung sind, ist nicht entschieden.

Eine besondere Form der kleinen Bewegungen bezeichnet man als EXNERschen Nadelreflex. Es sind das Zusammenziehungen und Erschlaffungen der Muscularis mucosae, die dann eintreten, wenn die Schleimhaut des Darmes durch einen spitzen Gegenstand, etwa eine Nadel oder einen Knochensplitter, gereizt wird. Die Schleimhaut weicht der Spitze aus und sucht den spitzen Gegenstand afterwärts zu treiben. Diese Bewegungen sind in ihrer Zweckmäßigkeit der Typus von Reflexen und Bewegungen glatter Muskulatur. So werden durch diese Form der Bewegung Stecknadeln, die mit der Spitze nach vorn verschluckt worden sind, im Darm gedreht und werden mit dem Kopf voran entleert. Dieser „Randstrom", wie man diese Bewegungen der Muscularis mucosae wohl auch genannt hat, kann analwärts oder magenwärts gerichtet sein und ist sowohl im Magen als auch im Dünn- und Dickdarm nachweisbar. In seiner Richtung ist er unabhängig von der Bewegungsrichtung des in der Mitte gelegenen eigentlichen Darminhaltes. Werden Körnchen als Einlauf gegeben, so können die kleinen Teile durch den Randstrom weit nach aufwärts befördert werden, so daß z. B. GRÜTZNER[3], Lykopodiumkörner, die er durch Einlauf gegeben hatte, im Magen nachweisen konnte. Es beweisen solche Befunde also nicht etwa eine echte Antiperistaltik des Darminhalts. Es ist übrigens fraglich, ob an dieser umgekehrten Richtung, die der Randstrom bei den Einläufen GRÜTZNERS genommen hat, nicht das Natrium der Kochsalzlösung schuld war. NOTHNAGEL[4] konnte nämlich beobachten, daß auch die anderen Muskelschichten des Darmes eine aufwärts steigende Welle zeigen, wenn er den Darm mit einem Natronsalz berührte; und GRÜTZNER betont ausdrücklich, daß er die Lykopodiumkörner nur dann im Kolon und Dünndarm nachweisen konnte, wenn er sie in Kochsalzlösung suspendierte; nahm er an Stelle des Kochsalzes Wasser, so blieben die Körnchen im Rektum liegen.

---

1 Ergebn. d. Physiol. Bd. 1902. S. 455. 2 Ergebn. d. Physiol. Bd. 7. 1908. S. 41. 3 PFLÜGERS Archiv Bd. 71. 1898. S. 492 ff. und Deutsche med. Wochenschrift 1894. Nr. 48 u. 1899. Nr. 15. 4 Handbuch Bd. 17. S. 6.

Der Fortbewegung des Darminhaltes dient die peristaltische Welle, die in einer Zusammenziehung des magenwärts gelegenen Darmabschnittes und einer Erschlaffung des benachbarten, afterwärts gelegenen Teiles besteht. Man unterscheidet dann noch sogenannte „Rollbewegungen“, bei denen der Inhalt schnell über größere Strecken des Darmes hin fortgetrieben wird (DAVID [1]). Der Dünndarm ist ein außerordentlich elastisches Gebilde und er vereinigt in sich gewissermaßen die physikalischen Eigenschaften des Stempels und des Windkessels einer Spritze, wovon man sich leicht überzeugen kann, wenn man den Darm durchtrennt und ein Glasrohr einschaltet (ROST[2]). Da der Dünndarminhalt ja meist flüssig ist, so überwindet er mit Hilfe der geschilderten Kräfte leicht allerlei Widerstände, so daß in den bekannten Versuchen von ALBERT MÜLLER[3] (z. T. mit HENSKY und KONDO) Hunde, denen die Längs- und Ringmuskulatur des Dünn- und Dickdarmes über große Strecken hin entfernt worden war, normale Stuhlentleerung zeigten. Schwierigkeiten in der Fortbewegung des Darminhaltes entstehen erst dann, wenn er unverdauliche Beimengungen enthält und sich dadurch zu sehr verdickt (z. B. bei reichlicher Bariumgabe zum Zwecke einer Röntgenaufnahme).

Bei der Frage der Antiperistaltik muß man einen Unterschied zwischen Dick- und Dünndarm machen. Durch „Gegenschaltung“, d. h. dadurch, daß sie eine Dünndarmschlinge an zwei Stellen durchtrennten, dann drehten und in umgekehrter Richtung wieder mit dem übrigen Darm vereinigten, hatten MÜHSAM[4], ENDERLEN und HESS[5], PRUTZ und ELLINGER[6], GLÄSSNER[7] u. a. die Frage, ob eine Antiperistaltik vorkommt, zu lösen versucht. Es wurde von einzelnen Untersuchern fast der ganze Dünndarm gegengeschaltet. Aus der Tatsache, daß die Tiere auch nach der Operation regelmäßig Stuhl entleerten und im Stickstoffgleichgewicht blieben, schlossen MÜHSAM und ENDERLEN und HESS, daß tatsächlich am Dünndarm eine Antiperistaltik vorkomme. Diese Schlußfolgerung lehnen PRUTZ und ELLINGER auf Grund ihrer ausgedehnten, im Wesen ganz gleichartigen Versuche ab. Aus dem Auftreten von massenhaft Indikan im Urin, aus der Dilatation des Darmes oberhalb der gegengeschalteten Schlinge, schließlich noch vor allem aus Beobachtung der Därme im Kochsalzbad nach Pilokarpininjektion folgern diese Autoren vielmehr, daß eine

---

1 Mitt. aus den Grenzgebieten Bd. 31. 1919. 2 Unveröffentlichte Versuche. 3 Arch. f. d. ges. Physiol. Bd. 116 und Mitt. aus d. Grenzgebieten Bd. 22. 1911. 4 Mitt. aus d. Grenzgebieten Bd. 6. S. 451. 5 Deutsche Ztschrft. f. Chir. Bd. 59. 1901. S. 240. 6 Arch. f. klin. Chir. Bd. 67. S. 970 und Bd. 72. S. 415. 7 Wiener klin. Wochenschr. 1904.

Umkehr der Bewegung in der gegengeschalteten Schlinge nicht stattfindet. Der Darm bringt es aber fertig, seinen Inhalt, solange er flüssig ist, über diesen gegengeschalteten Abschnitt zu befördern. Wenn man sich die gegengeschaltete Darmschlinge durch Bleikugeln markiert, dem Tier einen Kontrastbrei gibt und es röntget, so fällt auf, daß bei den ersten Versuchen die markierte Schlinge stets leer bleibt (ROST[1]). Der Darminhalt geht also sogar recht schnell über die gegengeschaltete Schlinge. Ist der Brei eingedickt, so bleibt er in der gegengeschalteten Schlinge liegen oder wird nur langsam hindurchgeschoben.

Diese peristaltischen Bewegungen sind ebenso wie die Mischbewegungen Folge der Darmfüllung. Ein leerer Darm liegt ruhig und unbeweglich. Die Fortbewegung des Darminhaltes tritt erst im Augenblicke einer bestimmten Wandspannung auf und ist nicht einfach dem Füllungszustande des Darmes proportional, wie TRENDELENBURG[2] am Meerschweinchendarm nachweisen konnte. Der Darm des Meerschweinchens ist für Untersuchungen über Peristaltik deshalb so gut geeignet, weil die Mischbewegungen und Tonusschwankungen fehlen.

Eine stärkere Füllung des Darmes zum Zwecke einer rascheren Entleerung benutzen wir in der Therapie ja vielfach, z. B. wenn wir ein salinisches Abführmittel geben, das infolge seiner osmotischen Kraft die Resorption von Flüssigkeit im Magen und oberen Dünndarm verhindert. Nach den Untersuchungen von TRENDELENBURG ist der „peristaltische Effekt" weiterhin von der Füllungsgeschwindigkeit abhängig. So erklärt sich die bekannte leicht abführende Wirkung eines Glases Wasser, das man frühmorgens nüchtern trinkt. Erfolgt die Füllung sehr langsam, so bleibt eine Peristaltik nicht selten ganz aus.

Dünndarmschlingen nehmen immer wieder einen bestimmten Platz in der Bauchhöhle ein, man mag sie verlagern wie man will. Röntgenologisch ist diese bei Operationen oft genug zu beobachtende Tatsache von BÖSE und HEYROVSKY[3] studiert worden, die sich die betreffende Darmschlinge durch Einnähen von Schrotkörnern oder dgl. kenntlich gemacht hatten. Beobachtungen an Tieren mit Darmfenstern haben gezeigt, daß sich die Lage der Dünndärme insgesamt bei verschiedener Ernährung etwas ändert (PLENGE, persönliche Mitteilung).

Auch der Dickdarm verharrt durchaus nicht, wie vielfach

---

1 Unveröffentlichte Versuche. 2 Deutsche med. Wochenschr. 1917. S. 1225 und Arch. f. exp. Path. u. Pharm. 81. 1917. S. 55. 3 Arch. f. klin. Chir. Bd. 90. S. 587. 1909.

angenommen wird, meistens in Ruhe, sondern er führt im Gegenteil ständig, wenn auch in der Norm sehr langsame Bewegungen aus. Wie aus den Röntgenuntersuchungen von Schwarz[1] hervorgeht, sind zunächst ausgesprochene Knetbewegungen zu beobachten; Ausstülpungen und Einziehungen der Wand, Verschiebungen des Darmes bald in analer, bald in oraler Richtung, gewöhnlich um einen Fixpunkt. Damit wechseln die sogenannten großen Pendelbewegungen ab, von Raiser[2] als „wogende" Bewegungen bezeichnet. Diese „Misch- und Knetbewegungen" kann man hauptsächlich am proximalen Kolon beobachten, wo der Kot ja zunächst einmal Halt macht; sie kommen aber auch an anderen Abschnitten des Dickdarms vor.

Die zweite Gruppe von Bewegungen, die man am Dickdarm beschrieben hat, dient der Fortbewegung des Darminhaltes. Für diese Vorwärtsbewegungen müssen wir, als bis jetzt sicher beobachtet, zwei Formen unterscheiden: Erstens die langsam verlaufenden peristaltischen Kontraktionen und zweitens die sogenannten großen Kolonbewegungen. Beide kommen offenbar nebeneinander bei demselben Individuum vor. Ein — praktisch übrigens nicht besonders bedeutungsvoller — Widerstreit der Meinungen besteht nur darüber, ob man nicht einen Teil der großen Kolonbewegungen lediglich als Defäkationsbewegungen auffassen soll.

Diese große Kolonbewegung hat Holzknecht[3] zuerst beim Menschen beobachtet. Er sah vor dem Röntgenschirm bei einem darmgesunden Patienten, dessen Kolon nach einer Wismutmahlzeit bis etwa zur Flexura sinistra gefüllt war, wie innerhalb weniger Sekunden die haustralen Einschnürungen des Transversum verschwanden, und die gesamte Kotsäule aus dem Transversum in das Deszendenz vorgeschoben wurde; danach trat wieder Ruhe ein. Eine Empfindung von dieser Kolonbewegung hatte der Patient nicht. Eine gleiche Beobachtung konnte Holzknecht später noch bei einem anderen Patienten machen. In ihrem Verlauf sind zwar solche große Kolonbewegungen seither von keinem Beobachter mehr gesehen worden, wohl aber kann man bei Serienaufnahmen mit nur $^1/_2$ stündigem Zwischenraum zwischen den einzelnen Aufnahmen, wie sie Rieder[4] beschreibt, sich davon überzeugen, daß solche großen Kolonbewegungen zwischen zwei Aufnahmen stattgefunden haben müssen. Es ist danach sichergestellt, daß unabhängig von der Defäkation auch beim normalen Menschen durch solche großen Kolonbewegungen der Kot im Verlauf von einigen Sekunden über eine beträchtliche Strecke des Dickdarms vorwärts geschoben wird.

Für die kleinen „regulären peristaltischen Bewegungen" des Dickdarms, die man nach Rieder (l. c. S. 90) bei der Durchleuchtung besonders schön am Deszendens des Menschen sieht, gel-

---

1 Münch. med. Wochenschrift 1911. S. 1489. 2 Inaug.-Diss. Gießen 1895. 3 Münchener med. Wochenschrift 1909. Nr. 47. 4 Fortschritte auf d. Gebiete d. Röntgenstrahlen Bd. 18. 1911. S. 99.

ten nach BAYLIS und STARLING[1] genau die gleichen Gesetze, wie am Dünndarm. Bei Reiz vom Inneren des Darmes aus erfolgt Verengerung des Darmlumens oralwärts und Erweiterung analwärts; dadurch werden die Kotballen vorwärts geschoben. Man kann diese Form der Bewegung besonders schön am Dickdarm des Kaninchens verfolgen (LANGLEY und MAGNUS l. c.), weil hier der Kot in kleinen harten Ballen perlschnurartig den distalen Teil des Kolon anfüllt und diese einzelnen Ballen gesondert vorwärts geschoben werden. Bei darmgesunden Menschen geht diese Art der Bewegung nur sehr langsam vonstatten, wie besonders die Serienaufnahmen von RIEDER zeigen.

Neben diesen zuletzt geschilderten, dem Vorwärtstransport des Kotes dienenden Bewegungen gibt es aber am Dickdarm des Menschen Bewegungsformen, die einen Rücktransport des Kotes von den mehr analwärts gelegenen Teilen nach dem proximalen Kolon bewirken. Der Dickdarm verhält sich also in dieser Beziehung anders als der Dünndarm. Beim Tier hat zuerst CANNON mit Hilfe der Röntgendurchleuchtung bei der Katze nachweisen können, daß besonders im proximalen Kolon echte antiperistaltische Wellen auftreten, Befunde, die durch ELLIOT und SMITH erweitert und in allen wesentlichen Punkten bestätigt worden sind. Auch für den Menschen ist der sichere Nachweis einer Antiperistaltik oder, wenn man lieber will, eines Rücktransportes festen Kotes unter normalen Verhältnissen von STIERLIN[2], BLOCH[3], BÖHM[4], RIEDER[2] u. v. a. erbracht worden. RIEDER konnte mit Hilfe von Serienaufnahmen erstens eine rasch verlaufende Antiperistaltik, die sich über das ganze Kolon vom Rektum bis zum Cöcum erstreckte, nachweisen und zweitens kleine antiperistaltische Bewegungen, die sich auf das proximale Kolon beschränkten.

Arbeitet der Darm gegen einen Widerstand z. B. bei einem die Lichtung verengerndem Krebs, so verdickt sich die Muskelwand und zwar hat man beobachtet, daß sich die Muskelwand nicht nur proximal, sondern auch distal von dem Hindernis verdickt. Ob das auf einem Gefäß- oder Nerveneinfluß beruht oder darauf, daß in solchen Fällen sich auch der distale Darmteil infolge des Reizes stärker bewegt, ist eine offene Frage (HOCHENEGG, FRISCH, FRÄNKEL, MOSZKOWICZ[5]).

---

1 Journ. of Physiol. Bd. 26. 1900/01. S. 107. 2 Deutsche Ztschrft. f. Chir. Bd. 106. Ztschrft. f. klin. Med. 70; Münchener med. Wochenschrift 1910 u. 1911. 3 Med. Klinik 1911 u. Fortschr. auf d. Gebiete d. Röntgenstrahlen Bd. 17. 4 Fortschr. auf d. Gebiete d. Röntgenstrahlen 8. u. 18. 5 Wien. klin. Wochenschrift 1921. S. 248.

Bei jedem Kontraktionsvorgang am Darm kommt es nicht nur zu einer Verkürzung und Breitenzunahme der einzelnen Muskelbündel, sondern nach GRÜTZNER[1] auch zu einem Übereinanderschieben der Zellen.

Von den krankhaften Änderungen der Darmbewegung sei vor allem der Krampf hervorgehoben. Wir verstehen darunter eine länger anhaltende Zusammenziehung der Muskulatur, wobei diese zugleich außerordentlich hart wird, als Zeichen für eine Tonusänderung (PAL[2]). Diese Änderung des Tonus drückt sich u. a. in einer Änderung der elektrischen Erregbarkeit aus. Zweifellos hat diese Änderung der Muskelzusammenziehung („kinetischer Faktor") und des Muskelkrampfes ihre Ursache in einer Innervationsstörung, die aber offenbar sehr verwickelt liegt, wie man aus den therapeutischen Erfolgen und Mißerfolgen schließen kann. In einzelnen Fällen hilft das den Vagus (Parasympathikus) lähmende Atropin, in anderen Fällen verstärkt es den Krampf; und dasselbe gilt von dem am Sympathikus angreifenden Adrenalin.

Diese Darmbewegungen nun sind weitgehend abhängig von der **Innervation** des Darmes. Genau wie das Herz, hat auch der Darmkanal erstens ein selbständiges in der Darmwand (Längsmuskelschicht) gelegenes Nervenzentrum in Gestalt des AUERBACHschen und MEISSNERschen Plexus und zweitens eine Zuleitung von langen Nervenfasern aus dem sympathischen und kranial oder sakralautonomen System. Die Pendelbewegungen, ebenso wie die peristaltische und antiperistaltische Tätigkeit des Darmes sind an die Anwesenheit des AUERBACHschen Plexus gebunden (ELLIOT und SMITH l. c. S. 300). Es ist also dieses periphere Nervensystem als der eigentliche Motor anzusehen. Gesteuert wird dieser Motor durch die erregenden und hemmenden Fasern, die ihm auf den langen Nervenbahnen zugeleitet werden. Erregende Impulse stammen vom kranial-autonomen oder vom sakral-autonomen System, also vom Vagus oder von zerebrospinalen Fasern aus lumbalen und sakralen Abschnitten (N. pelvicus et erigens). Hemmende Fasern erreichen den Darm auf dem Wege des Sympathikus. Sie stammen vom Ggl. coeliacum, Plexus mesentericus sup. und inferior bzw. direkt vom Splanchnikus. Bei Sympathikusreizung bekommt man also Verlangsamung der Bewegung oder Erschlaffung des Darmes. Bei Vagusreizung sind die Ergebnisse nicht ganz gleichmäßig (vgl. BÖHM[3]). Immerhin haben die Versuche übereinstimmend gezeigt, daß Reizung der autonomen Fasern von einer tonischen Kontraktion gefolgt ist. Die Versuche am Dickdarm

---

1 Ergeb. d. Physiol. III. 2 Med. Klinik 1922. S. 521. 3 Arch. f. exp. Pathol. u. Pharmakol. Bd. 72. 1913.

haben dabei ein ganz besonderes Interesse, weil aus ihnen hervorgeht, daß Reizung des Vagus zu einer tonischen Kontraktion des proximalen Kolon führt (Böhm), während Reizung des lumbosakralen Plexus eine Zusammenziehung des distalen Kolon bewirkt (Baylliss und Starling und Elliot und Smith). Es haben also diese Reizungsversuche gezeigt, daß der Dickdarm keine funktionelle Einheit ist, was uns sowohl seine physiologischen Bewegungen als auch ganz besonders Störungen in diesen Bewegungen sehr viel verständlicher macht. Um diese funktionelle Differenzierung zum Ausdruck zu bringen, teilt man neuerdings den Dickdarm in einen proximalen, intermediären und distalen Teil, verläßt also die alte anatomische Einteilung (Elliot und Smith).

Die **Bauhinische Klappe** hindert unter normalen Verhältnissen den Rückfluß des Dickdarmkotes in den Dünndarm, und zwar tut sie das einmal durch die ventilartige Anordnung der Klappensegel, dann aber besonders durch die Zusammenziehung der um die Klappe liegenden ringförmigen Muskulatur des sogenannten Musc ileocolicus. Diese Klappe regelt zugleich umgekehrt den Übertritt vom Dünndarminhalt in den Dickdarm (Cannon[1]). Der Sphinkter soll in der Ruhe geschlossen sein, sich nach Elliot[2] bei Splanchnikusreizung fest zusammenziehen und nach Katz und Winkler[3] auf Vagusreizung öffnen. Durchschneidung des Splanchnikus oder Zerstörung des Rückenmarks führen zu einem Nachlassen des Sphinkterentonus. Bei Neugeborenen und Säuglingen ist die Klappe nicht dicht. Aber auch bei Erwachsenen hat man besonders au Einläufe hin gar nicht so selten eine Insuffizienz der Valvula Bauhini beobachtet (Gródel[4], Dietlen[5]). Dietlen konnte in ungefäh jedem fünften Falle einen Übertritt von Kontrastbrei vom Coecum in den Dünndarm röntgenologisch feststellen (vgl. auch Katsch und Hormada[7]). Es scheint sich bei diesen Fällen von ungenügendem Abschluß durch die Klappe meist um chronische Erkrankungen des Coecum oder seiner Nachbarschaft zu handeln. Da aber, wie wi oben gesehen haben, Grützner bei ganz normalen Tieren Einläufe mit Lykopodiumkörnern hoch oben im Dünndarm und Magen gefunden hat, so wird man immerhin bei der diagnostischen Bewertung einer röntgenologisch anscheinend erkannten Insuffizienz der Valvula Bauhini vorsichtig sein müssen. Es ist doch nicht ganz ausgeschlossen, daß vom Coecum aus bestimmte Stoffe infolge ihres chemischen Reizes eine Öffnung auch der normalen Klappe bewirken. Im all-

1 Americ. journ. of physiol. 1903 u. 1904. 2 Journ. of Physiol. Bd. 31. 1904. S. 159. 3 Beitr. z. exp. Pathol. 1902. S. 85. 4 Fortschr. auf d. Gebiete d. Röntgenstrahlen Bd. 20. S. 162. 1913. 5 Ebendort Bd. 21. S. 23. 1914. 6 Fortschr. auf d. Geb. der Röntgenstrahlen 21. 7 Archiv f. klin. Chir. 117. 1921.

gemeinen bleibt die Klappe gegen einen Rückfluß von Dickdarminhalt geschlossen, und zwar auch dann geschlossen, wenn der Druck im Dickdarm ein recht beträchtlicher ist, wie das z. B. beim Dickdarmileus der Fall ist; deshalb finden wir beim Dickdarmileus trotz gewaltiger Coecumblähung anfänglich nur selten eine Auftreibung des Dünndarms. Ja nach den Versuchen von HEILE[1] scheint es sogar, daß, ähnlich wie beim Magen, bei stärkerer Füllung des Dickdarms sich der Schließmuskel an der Valvula Bauhini besonders fest zusammenzieht. Nur sehr große, plötzliche Füllung des Dickdarms, so wie sie v. GENERSICH[2] und DAURIAC[3] anwendeten (Einlauf von 6—9 Liter bei 100 ccm Wasserdruck), scheinen den Verschluß sprengen zu können. HEILE[4] glaubt übrigens neuerdings ein Krankheitsbild von Spasmus der BAUHINschen Klappe aufstellen zu können.

Noch von einem anderen Gesichtspunkte aus hat die Valvula Bauhini chirurgisches Interesse. Bekanntlich ist diese Gegend der Lieblingssitz der Invaginationen; ja man spricht ganz allgemein von einer Invaginatio ileocoecalis. Man war früher auf Grund der Untersuchungen von LUSCHKA, HENLE und O. KRAUSS[5] der Ansicht, daß die beiden Lagen der Dünndarmmuskulatur sich an dem Übergang vom Ileum zum Coecum so verteilen, daß nur die Ringmuskulatur auf die Klappe übergeht, während sich die Längsmuskulatur auf der Dickdarmoberfläche ausbreitet. Durch eine solche Muskelanordnung wäre allerdings die Entstehung einer Invagination im Bereich der Klappe sehr begünstigt worden. TOLDT[6] wies jedoch nach, daß auch ein Teil der Längsfasern auf die Klappe übergeht und sich dort zwischen den Ringfasern verteilt. Mit dieser Anordnung wird eine Invagination der Klappe schon rein anatomisch fast zur Unmöglichkeit, und es hat BLAUEL[7] zeigen können, daß die Klappe tatsächlich nicht an der Invagination schuld ist, daß es sich vielmehr wahrscheinlich immer um eine Einstülpung der Coecumwand handelt, so daß die Valvula Bauhini erst sekundär mit in das Invaginat hineingezogen wird (s. bei Ileus).

Es wäre schließlich noch kurz die Physiologie der **Defäkation,** die eigentliche Kotentleerung, zu besprechen. Bei ihr greifen eine ganze Reihe von Bewegungen an Darm, Bauchpresse und Beckenboden rasch ineinander über, so daß eine Bewertung der einzelnen Bewegungen außerordentlich schwer fällt. Über die Bedeutung

---

1 Mitt. aus d. Grenzgebieten Bd. 14. 1905. S. 474. 2 Progr. médic. XXI. 3 Progr. médic. XXI. 4 Zentralbl. f. Chir. 1921. 5 Arch. f. klin. Chir. Bd. 44. S. 410. 6 Sitzungsber. d. kais. Akad. d. Wissensch. Wien 1894. Bd. 103. III. Abt. 7 BRUNS' Beiträge z. klin. Chir. Bd. 68. Hft. 1. 1910.

der Bauchpresse für die Stuhlentleerung dürfte kein Zweifel bestehen. Man kann ihre Wirkung ja jederzeit am eigenen Körper studieren. Weit weniger bekannt sind die Bewegungen des Dickdarmes selbst, kurz vor und während des Stuhlganges. In Betracht kommen hier die Untersuchungen von SCHWARZ[1], der nach Wismutmahlzeit durch Seifenklysmen den Stuhlgang künstlich anregte. Er fand dann in Übereinstimmung mit ähnlichen, allerdings den gewöhnlichen Verhältnissen weniger nahekommenden Versuchen von v. BERGMANN und LENZ[2] zunächst eine „Wiegebewegung" des Dickdarms, die zur Durchmischung des Einlaufes und Kotes und zur Verflüssigung des letzteren diente, und zweitens die schon oben beschriebenen großen Kolonbewegungen, d. h. in der Hauptsache kräftige, den Inhalt vorwärts treibende Zusammenziehungen des Colon transversum. Man kann diese beiden Arten der Dickdarmbewegung als Auftaktbewegungen für die eigentliche Defäkation bezeichnen. Es folgen die wichtigen Bewegungen des distalen Kolon, speziell des S romanum. Die Bewegungen dieses Darmteiles erfolgen nur, wenn ein gewisser Füllungszustand erreicht ist; in der Zwischenzeit findet sich das S romanum in Untätigkeit. Das ist für den Chirurgen deshalb von Interesse, weil in dieser periodischen Tätigkeit des distalen Kolon der Grund zu suchen ist, daß Patienten auch bei völliger Zerstörung des gesamten Sphinkters den Stuhl gleichwohl in Zwischenräumen und nicht dauernd entleeren. Diese von O. BEIRU aufgestellte Regel, daß sich der Kot, vor der Defäkation im S romanum sammelt und nicht in das Rektum übertritt, ist vielfach bestritten, aber neuerdings von STRAUSS[3] wieder bestätigt worden. Tatsächlich findet man bei darmgesunden Leuten die Ampulla recti meist leer von Kot, und es ist der Übertritt von Kot in die Ampulle von dem Gefühl des Stuhldranges gefolgt. Allerdings kann man normalerweise den Stuhl auch dann noch, und zwar mit Hilfe der Sphinkteren, zurückhalten. Daß viele Leute, besonders bettlägerige Kinder, oft das ganze Rektum voll Stuhl haben, beweist nichts gegen die aufgestellte Regel, denn es kann dieser Stuhldrang willkürlich unterdrückt werden. Auf welchen Nervenbahnen diese Hemmung vor sich geht, ist nicht bekannt; man weiß nur, daß es Stunden dauern kann, bevor sich dann wieder Stuhldrang einstellt. Das Rektum wird übrigens weniger dadurch gereizt, daß Kot in ihm vorhanden ist, als dadurch, daß der Kot aus dem S romanum in das Rektum eintritt; das Rektum ist gegen solche Spannungs-

1 Münchener med. Wochenschrift 1911. S. 1489, 1624, 2060. 2 Deutsche med. Wochenschrift 1911. S. 1425. 3 Therapeut. Monatshefte 1906. S. 373.

änderung besonders empfindlich, wie ZIMMERMANN[1] in Selbstversuchen nachgewiesen hat. Wie wir noch bei der Besprechung der Obstipation sehen werden, ist das Empfindungsvermögen des Rektum von einer ganz besonderen Bedeutung für die regelmäßige Stuhlentleerung. Ist die Sensibilität des Rektum völlig zerstört, z. B. bei Wirbelsäulenfraktur, so kann es trotz erschlafftem Sphinkter zur schwersten Stuhlverhaltung kommen, da sich der Stuhl nur ganz gelegentlich einmal entleert, wenn das Rektum zum Platzen voll ist. Bauchpresse und Darmbewegung sind also der eigentliche Motor für die Defäkation, beide werden reflektorisch in Tätigkeit gesetzt von dem Gefühl des Stuhldranges, das auftritt, wenn die Rektumschleimhaut durch andrängenden Kot gereizt wird.

Eine regulatorische Hemmung für die Stuhlentleerung sind die Afterschließmuskeln **(Sphinkteren)**. Wir unterscheiden einen Sphincter internus, der glatte Fasern enthält, von dem Sphincter externus, der aus quergestreiften Muskelfasern besteht und dessen Tätigkeit vielleicht durch den M. levator ani unterstützt wird. Der Levator ani hebt den After nicht, wie sein Name sagt, sondern es bildet sich vielmehr bei seiner Kontraktion ein Wulst im Rektum. Mit der besseren Stuhlentleerung hat er offenbar nichts zu tun (A. W. FISCHER[2]), höchstens mit dem Verschluß des Mastdarms. Dieser Sphincter externus verhält sich in vieler Beziehung wie ein glatter Muskel. Er degeneriert beispielsweise nicht nach Durchschneidung der ihn innervierenden Fasern (GOLTZ und EWALD[3] usw.). Die Sphinkteren haben in der Norm einen „vom Willen unabhängigen, vom Nervensystem abhängigen Verschluß" (Tonus im Sinne HEIDENHAINS, v. FRANKL-HOCHWART l. c.) und zwar vermag der Sphincter internus allein einen ziemlich bedeutenden Tonus zu entwickeln, so daß eine operative Verletzung nur des Sphincter externus nicht zur Inkontinenz führen muß, z. B. bei dem tiefen Durchschneiden der Fissura ani nach BOYER. Gleichwohl wird wenigstens beim Menschen nach Durchschneidung des Sphincter externus der internus stark in Mitleidenschaft gezogen (MATTI[4]). Die Tierversuche (v. FRANKL-HOCHWART und FRÖHLICH), nach denen eine völlige Unabhängigkeit der beiden Schließmuskeln zu bestehen scheint, können nicht ohne weiteres auf den Menschen übertragen werden.

Die Innervation des Endteiles des Dickdarmes wird vom sakral autonomen System besorgt, das sind Äste der lumbalen und sakralen Nerven und zweitens

1 Zit. nach L. R. MÜLLER, Das vegetative Nervensystem. Berlin 1921. S. 145. 2 Mittelrhein. Chirurgentag Würzburg Jan. 1922 u. Arch. f. kl. Chir. 123. 3 PFLÜGERS Archiv Bd. 63. 1896. S. 381. 4 Deutsche Ztschrft. f. Chir. Bd. 101.

von Ästen des Plexus mesentericus inferior und hypogastricus. Die Fasern des zuletzt genannten Plexus versehen die Schleimhaut des Anus und Rektum mit sensiblen und motorischen Fasern (v. FRANKL-HOCHWART-FRÖHLICH[1]). Durchschneidung der Nn. pudendi führt nach DENNIG[2] zu unbemerktem Kotabgang. Durchschneidung der Nn. hypogastrici und pelvici führt zu Dickdarmentzündungen mit heftigem Stuhldrang. Also wird Stuhldrang auch über den N. pudendus geleitet; auch der sensible und motorische Teil des Analreflexes muß durch den N. pudendus gehen.

Die Tätigkeit der Afterschließmuskeln wird von den verschiedensten Zentren aus geregelt. Zunächst enthält der Sphincter internus wie der externus ein eigenes in der Muskulatur gelegenes, aus Ganglienzellen bestehendes Zentrum. Auch hierdurch zeigt der quergestreifte Sphincter externus seine Sonderstellung gegenüber der quergestreiften Muskulatur an den Bewegungsorganen und eine gewisse Verwandtschaft zum Herzmuskel (GOLTZ[3]). Mit Hilfe dieser in der Muskulatur gelegenen Ganglienzellen stellt sich der Sphinkterentonus auch bei völliger Zerstörung des Rückenmarkes und der sympathischen Fasern allmählich wieder her und die zuerst nach einer derartigen Verletzung bestehende Incontinentia alvi weicht einem erträglicheren Zustand: Wenn schon die Patienten wegen Zerstörung der sensiblen Bahnen das Herannahen des Stuhlganges nicht spüren, so wird der Stuhl, so lange kein Durchfall besteht, nicht dauernd, sondern in größeren Intervallen entleert (L. R. MÜLLER[4]). Diese in der Muskelsubstanz gelegenen Zentren können, z. B. bei einem Abszeß der Umgebung (Douglasabszeß) direkt betroffen werden, so daß es dann zur Erschlaffung des Sphinkter kommt (LÄWEN[5]), und zwar kann eine solche Erschlaffung des Sphinkter auf Lähmung des N. pelvicus (parasympathische Fasern) oder Reizung des Hypogastrikus (sympathische Fasern) beruhen; andererseits bedingen diese Ganglien nach Durchschneidung der versorgenden Nerven allmählich wieder eine Verschlußfähigkeit des Schließmuskels (TEN CATE[6]). Diesem lokalen, in der Muskelsubstanz gelegenen Zentrum übergeordnet ist ein zweites in den sympathischen Ganglien gelegenes (Ggl. mes. inf.), ferner ein Zentrum im Conus terminalis, ein weiteres im Lendenmark und schließlich ein letztes in der Hirnrinde. Die Lage des zuletzt erwähnten Zentrum wechselt bei den einzelnen Tieren (vgl. COHNHEIM[7]). Man darf die Bedeutung dieser Defäkationszentren in Rückenmark und Gehirn nicht unterschätzen; denn wenn auch bei einzelnen Tieren der Tonus der Sphinkteren noch erhalten

1 PFLÜGERS Archiv Bd. 81. 1900. S. 455. 2 Zeitschr. f. Biol. Bd. 80. 1924. 3 PFLÜGERS Arch. Bd. 8. 1874. S. 479. 4 Deutsche Ztschrft. f. Nervenheilkunde Bd. 21. S. 86. 5 Münch. med. Wochenschr. 1921. 6 Arch. néeland. de physiol. Bd. 6. 1922. 7 NAGELS Handbuch f. Physiol. Bd. 2. S. 642.

bleibt, wenn das ganze Rückenmark und das Ggl. mesent. inf. zerstört ist (v. FRANKL-HOCHWART und FRÖHLICH), so haben doch andere Autoren noch 5 Monate nach Zerstörung des Conus terminalis bei Hunden und Affen deutlich wahrnehmbare Störungen der Defäkation nachweisen können (ROUSSI und ROSSI[1]). Es bestand bei den Tieren eine teilweise Inkontinenz bei schlaffem Sphinkter. Und dasselbe beobachten wir auch bei unseren Patienten mit Rückenmarksverletzungen, z. B. Wirbelsäulenbrüchen.

Außer bei Zerstörung der motorischen Bahnen oder Zentren finden wir ein Klaffen des Afters und fehlende Kolonbewegungen auch nach Unterbrechung der sensiblen Leitungsbahnen, also nach Durchschneidung der hinteren Wurzeln des Sakralmarkes (MERZBACHER[2]).

Unter **Durchfall**[3] verstehen wir eine gehäufte Entleerung flüssigen Kotes. Über die Art der Bewegung der einzelnen Darmteile bei Durchfällen sind wir bisher recht schlecht unterrichtet, kennen aber die Darmbewegungen, die man auf Abführmittel bekommt, genauer.

Die röntgenologischen Untersuchungen von STIERLIN[4] und MEYER-BETZ und GEBHARDT[5] haben uns gezeigt, daß Senna elektiv die Bewegungen des Dickdarms beschleunigt. Die oben geschilderte Coecumtätigkeit ist aufgehoben. Der Kot durcheilt den Dickdarm in 1—2 Stunden. Aloe erhöht daneben den Tonus der Dickdarmmuskulatur, so daß wir bei diesem Medikament ähnliche Bilder bekommen wie bei der spastischen Obstipation. Rizinusöl führt zu einer stärkeren Verflüssigung des Darminhaltes schon im Dünndarm. Es kommen deshalb größere flüssige Massen in den Dickdarm. Als Folge dieser starken Dehnung kommt es zu einigen plötzlichen, großen Kolonbewegungen und es entleert sich ein flüssiger Stuhl. Die Verweildauer des Kotes im Dickdarm ist bei Rizinusgabe ungefähr die gleiche wie bei Senna. Wenn aber der Sennastuhl breiig ist und der Rizinusstuhl flüssig, so folgt daraus, daß das Rizinusöl auch die Resorption des Wassers im Dickdarm hemmt. Als Ausdruck dieser verschlechterten Resorption sind wohl auch die im Röntgenbild nachweisbaren Gasblasen aufzufassen, die bei Rizinusöl den ganzen Dickdarm erfüllen, ihn dehnen und die großen Kolonbewegungen auslösen, die den Stuhlentleerungen vorangehen. Zu einer starken Anregung der Dünndarmsekretion führen Jalappe und die Salina. Jalappe wirkt dabei zugleich anregend auf die Dickdarmschleimhaut ein, während die schließliche Kotentleerung bei den salinischen Abführmitteln eine gewisse Ähnlichkeit mit der des Rizinusöl hat. Gibt man diese zuletzt genannten Abführmittel auf vollen Darm, so schiebt sich die Flüssigkeit und das Gas neben dem alten Darminhalt vorbei und nimmt nur wenig von diesem mit. Sie entleeren also den Darm eigentlich nicht. Ein Mittel, das, ohne zu einer verstärkten Sekretion anzuregen, Dünn- und Dickdarmbewegungen in gleicher Weise anregt und alle Inhaltsmassen vorwärts schiebt, ist das Kalomel.

---

5 Compt. rend. Soc. Biol. Bd. 64. 1908. S. 604. 2 PFLÜGERS Arch. Bd. 92. 1902. 3 Lit. bei AD. SCHMIDT, Darmkrankheiten 1912 und STRASSBURGER im Handbuch d. inneren Med. Bd. III. 2. Teil. KOEHL, Pathol. Physiol. 12. Aufl. 4 Münch. med. Wochenschrift 1910. Nr. 27. 5 Münch. med. Wochenschrift 1912. Nr. 33/34.

Übertragen wir die bei den Abführmitteln erhobenen Befunde auf die krankhaften Durchfälle, so werden wir hauptsächlich eine beschleunigte Tätigkeit des Dickdarmes anzunehmen haben, die aber auch wieder in zwei Formen auftreten kann; entweder in Form einer gleichmäßigen Beschleunigung der Bewegungen dieses Darmteiles oder in Form einer explosionsartigen Entleerung nach einigen großen Kolonbewegungen, gewissermaßen als Antwort auf die durch verzögerte Resorption erhöhte Füllung. Als übergeordnete Ursache für diese beschleunigte Entleerung des Dickdarmes ist, wie beim Senna, ein direkter gesteigerter Reiz auf den Motor der Dickdarmbewegungen anzunehmen, oder ein indirekter Reiz, indem bei verzögerter Resorption und gesteigerter Sekretion eine zu starke und zu plötzliche Füllung des Dickdarmes statt hat.

Was kann nun diesen Reiz auf den motorischen Apparat des Dickdarmes ausüben? Wir gehen bei unserer Betrachtung am besten von den einfachen akuten Diarrhöen aus, die etwa im Anschluß an einen Diätfehler aufgetreten sind. Bei ihnen erfolgt eine ein- bis zweimalige dünnbreiige Entleerung, dann bleibt noch einen Tag lang eine gewisse Empfindlichkeit des Darmes bestehen, wonach alle Störungen vorbei sind. Den Reiz bildet hier zweifellos die unzweckmäßige Nahrung, aber es ist nicht so, daß nun etwa diese Nahrung möglichst schnell aus dem Darm entfernt wird, und daß es dadurch zu Diarrhöen kommt, sondern dieser Durchfall ist eine rein reflektorische Folge der aufgenommenen Nahrung. Man kann den ganzen Vorgang vielleicht ganz zweckmäßig mit dem Auftreten einer Urtikaria, etwa nach Krebsgenuß, vergleichen. Kommt es bei der Urtikaria zu einer Flüssigkeitsausscheidung in das Unterhautzellgewebe, so bei diesen reflektorischen Diarrhöen zu einer Flüssigkeitsausscheidung in den Darm („Schwitzen in den Darm" [Ury[1]]). Und zwar erfolgt die Flüssigkeitsausscheidung nach der gegenwärtigen Ansicht im Dickdarm, während sich das verdorbene Nahrungsmittel noch im Dünndarm befindet. Man könnte sich vorstellen, daß bei Durchfällen im Dünndarm die Resorption des Wassers gehemmt ist und daß deshalb mehr Wasser als gewöhnlich in den Dickdarm kommt. Dem steht aber entgegen, daß andere leicht resorbierbare Stoffe wie Zucker auch bei starken Durchfällen nur selten im Stuhl nachgewiesen werden können (Strassburger). Es ist also anzunehmen, daß auch das Wasser bei Durchfall im Dünndarm normal resorbiert wird. Man kann ferner durch Röntgendurchleuchtungen bei Durchfällen nur eine beschleunigte Bewegung des Dickdarm, nicht eine solche des

1 Arch. f. Verdauungskrankheiten Bd. 14. 1908. S. 506.

Dünndarm nachweisen (eigene unveröffentlichte Untersuchungen). Nur bei einer sehr seltenen Form von Durchfällen, der sogenannten Jejunumdiarrhöe, entleert sich ein Stuhl, der alle Eigenschaften des Dünndarmstuhles hat. Hier muß also eine beschleunigte Dünndarmperistaltik vorhanden sein.

Es ist ja eine auch den Laien bekannte Tatsache, daß einzelne Menschen auf bestimmte Nahrungsmittel so gut wie sicher mit Durchfall antworten, ferner, daß der eine bei den gleichen Ernährungsbedingungen sehr leicht, der andere selten Durchfall hat. Man spricht da ganz allgemein von einer „Schwäche des Darmes", hat aber doch, und zwar besonders bei den chronischen Fällen, angefangen, eine gewisse Gruppierung vorzunehmen. So gibt es, worauf AD. SCHMIDT und STRASSBURGER[1] zuerst hingewiesen haben, eine Gruppe von Patienten, die auf jede Art Kohlehydratzufuhr mit Durchfällen antworten, und zwar nach der jetzt herrschenden Ansicht deshalb, weil ihr Darm die Kohlehydrate, besonders die Zellulose, nicht zu zerlegen vermag und nun unter der Mitwirkung von Bakterien der Stuhl im Dickdarm gärt (Gärungsdyspepsie). Der lockere Stuhlgang und besonders das reichlich entwickelte Gas führen zu einer Beschleunigung der Peristaltik, und zu einer sekundär erhöhten Wasserausscheidung in den Dickdarm. Ihren eigentlichen Sitz hat aber diese Erkrankung im Ileum, da dort, wie wir oben gesehen haben, die Zerlegung der Kohlehydrate zu erfolgen hat.

In einer anderen Gruppe von Fällen ist die Kohlehydratverdauung normal, aber die Fleisch- oder Bindegewebsverdauung ist gestört. Sehr oft ist diese Form von Durchfällen die Folge einer Achylie des Magens (OPPLER[2], EINHORN[3], R. SCHÜTZ[4] u. a.). Fehlt das Pepsin und die Salzsäure, so wird das Bindegewebe des Fleisches nicht aufgelöst. Nur grob zerkleinerte Fleischreste gelangen in den Darm und faulen unter der Einwirkung der Darmbakterien. Die fauligen Massen reizen den Darm und führen zu Diarrhöen. Die Rolle der Darmbakterien ist also bei dieser Art Durchfälle nur eine vermittelnde. Es handelt sich nicht um das Auftreten besonderer Arten, auch wohl kaum um eine Virulenzsteigerung schon vorhandener, sondern um eine rein zahlenmäßige Vermehrung der Bakterien bei besonders günstigem Nährboden. In ähnlicher Weise kommt es zu Durchfällen, wenn die Resorption des Dünndarms speziell für Fett bei tuberkulösen Drüsen im Mesen-

---

1 Arch. f. klin. Med. Bd. 69. S. 570. 1901. 2 Deutsche med. Wochenschrift 1896. Nr. 32. 3 Arch. f. Verdauungskrankheiten Bd. 1 u. 3. 1896 u. 1898. 4 Arch. f. klin. Med. Bd. 94. 1908.

terium gestört ist (Tabes mesaraica oder Peritonitis tuberculosa); ferner bei Fehlen der Pankreassekretion; wir finden dann, als Zeichen der mangelhaften Fettresorption, Fettstühle. Ganz eigenartig ist die Überempfindlichkeit mancher Patienten gegen kleinste Mengen von Hühnereiweiß. SCHITTENHELM und WEICHARDT[1] nehmen an, daß bei solchen Patienten die Darmwand für nicht abgebautes Eiweiß durchlässig ist; es kommt zu einer „Überempfindlichkeit" der Patienten gegen das betreffende Eiweiß und die kleinste weitere Zufuhr wird mit einer Art anaphylaktischem Schock beantwortet, der sich in diesen Fällen unter dem Bilde des Durchfalls äußert. In ähnlicher Weise hat man die Durchfälle bei Tuberkulose ohne Geschwüre, Durchfälle bei Basedow usw. zu erklären versucht. Doch sind das zunächst noch alles Hypothesen.

Die Darmentleerungen sind auch bei Darmgesunden weitgehend abhängig vom Nervensystem. Durchfälle bei Angst oder Aufregung oder anderen psychischen Einwirkungen sind ja allgemein bekannt. Auch hier handelt es sich nicht um eine Beschleunigung der Peristaltik, sondern um eine erhöhte Sekretion von Darmsaft in den Darm.

Wir haben uns bisher mit Störungen der Darmfunktion ohne anatomische Veränderungen beschäftigt. Sind letztere vorhanden, so sprechen wir von einem **Darmkatarrh**, einer Enteritis oder Kolitis. Die Darmdyspepsien bilden die Grundlage für das Verständnis der bei den entzündlichen Erkrankungen beobachteten Funktionsstörungen. Für die klinische Diagnose liegt in der reichlichen Absonderung entzündlicher Produkte (Schleim, Eiter, Blut) das unterscheidende Merkmal.

Als Entwicklungsursache dieser Darmentzündungen spielen bakterielle Infektionen (Paratyphen, aber auch Streptokokken) besonders bei den akuten Formen eine große Rolle; ferner Gifte, organischer und anorganischer Natur, mögen diese nun durch Aufnahme per os, oder vom Blute aus in den Darm gelangen. Oft werden beide Wege sich miteinander vereinen. Die Quecksilbervergiftung z. B. führt zu einer „Ausscheidungsentzündung" im Kolon; daneben kann es in seltenen Fällen zu einer Ätzwirkung im Magen kommen[2]. Dabei bleibt die Frage offen, ob die Quecksilberkolitis auf der Ätzwirkung des ausgeschiedenen Metalls beruht oder nicht vielmehr Folge von Thrombosen und sonstigen Gefäßschädigungen ist. Auch viele andere Gifte werden ja in den Darm hinein ausgeschieden, und

---

1 Deutsche med. Wochenschrift 1911. Nr. 19. 2 Vgl. KAUFMANN, Spez. pathol. Anatomie 3. Aufl. S. 439.

können nach ihrer Ausscheidung die Schleimhaut des Darmes entzündlich verändern. So erklärt man sich gegenwärtig die Enteritis bei Nierenentzündung, schweren Verbrennungen der Haut und bei Sepsis als eine Folge solcher Giftausscheidung durch den Darm. Wie weit bei diesen, auf Giften der Eiweißgruppe beruhenden Darmentzündungen anaphylaktische Vorgänge eine Rolle spielen (s. oben) ist noch nicht genügend geklärt.

Von den Bakterien, die zu akuten Enteritiden führen, sind einmal solche zu nennen, die wir als spezifisch für bestimmte Formen der Darmentzündung kennen, wie den Typhus und Paratyphus, fernerhin unspezifische Erreger, in erster Linie das Bacterium coli. Der gelegentliche Nachweis von Bacterium coli im Blute beweist, daß dieser sonst saprophytisch lebende Pilz bei irgendwie geänderten Lebensbedingungen pathogen werden kann. Ob in solchen Fällen die Neuaufnahme eines „pathogenen" Koli nötig ist, oder ob die im Darm vorhandenen, bisher harmlosen Kolibakterien auf einmal „wild" werden, ist eine noch offene Frage. Denkbar ist beides.

Oft ist die Ursache einer solchen schweren Enteritis gar nicht zu erkennen. Das gilt für die gelegentlich von chirurgischer Seite beobachteten Kolitiden nach Operationen (Riedel[1]), die bei allen möglichen Operationen vorkommen. Anschütz[2] sowie Goldschmidt[3] haben sie bei Magenoperationen besonders beobachtet und glauben, daß sie dadurch hervorgerufen werden, daß mangelhaft verdaute Speiseteile in den durch Fasten usw. überempfindlichen Darm gelangen.

Nach Anschütz u. Löhr[4] sind die Hauptzahl dieser postoperativen Kolitiden solche bei Magenkarzinom und zwar besonders bei Gastroenterostomien wegen Karzinom. Das soll daran liegen, daß der salzsäurefreie Magensaft massenhaft Bakterien enthält, die dann in den Darm gelangen.

Hesse[5] bringt die postoperativen Kolitiden in Beziehung zu gewissen trophischen Störungen, die Pawlow bei Zerrungen am Magen oder dergleichen gröberen Eingriffen in der Bauchhöhle beobachtet hat. Die Versuchshunde Pawlows bekamen Ulzerationen, der Mundschleimhaut, Temperaturabfall, sinkende Herztätigkeit. Auch Darmkatarrhe kamen vor. Nach Pawlow soll es zwei Arten von trophischen Nerven geben. fördernde und hemmende. Werden die hemmenden Fasern gereizt, so kommt es zu Ulzerationen. Eine Reizung solcher hemmenden Fasern soll nun besonders bei Operationen am Duodenum vorkommen.

Riedel[6] denkt an mechanische Verletzungen („Druck vom Darminhalt").

---

1 Chirurgenkongreß 1912. S. 256; Deutsche Ztschrft. f. Chir. Bd. 67. S. 422.
2 Naturforscherversammlung Breslau 1904. 3 Mitt. aus d. Grenzgebieten. Bd. 32. S. 567. Goldschmidt ebendort Bd. 36. 1923. 4 Ztbl. f. Chir. 1922, S. 1768.
5 Verh. des wiss. Ver. d. Ärzte d. städt. Obuchow Krh. St. Petersburg 1921. Ztbl. f. d. ges. Chir. Bd. XIII 1921. Mitt. aus d. Grenzgeb. Bd. 35. 1922.
6 Bruns-Garrè-Küttner, Handb. der prakt. Chir. 1922. S. 1768.

BIERENDE[1] fand bei mikroskopischer Untersuchung solcher Därme eine Stase in den Gefäßen und eine Exsudation und Koagulationsnekrose der Schleimhaut; er schließt aus diesen Befunden, daß die Darmparalyse das erste sei und daß danach die Störung der Blutversorgung eintrete. Das ist nach dem, was in dem Abschnitt, „Peritonitis" über die engen Wechselbeziehungen zwischen Darmblähung, Zirkulationsstörung und Darmlähmung gesagt worden ist, ja denkbar, nur müßten wir, wenn solche Zirkulationsstörungen bei Darmparalyse wirklich die Ursache der schweren postoperativen Kolitis sein sollen. dieser Kolitis öfter begegnen. Restlos geklärt ist demnach die Entstehung der Kolitis aus der Zirkulationsstörung heraus nicht. Aber auch die anderen angeführten Erklärungen genügen nicht. Nur so viel scheint festzustehen, daß es sich nicht um eine echte Dysenterie handelt (MÜLLER[2]). Es werden von diesen schwersten postoperativen akuten Kolitiden, bei denen die Sektion eine Zerstörung der gesamten Dickdarmschleimhaut ergibt, vorher völlig darmgesunde Patienten getroffen. Wir sahen solches z. B. bei einem Kinde nach FÖRSTERscher Operation, so daß man den Eindruck einer chemischen Vergiftung hatte. Doch ließen sich in den mir bekannten Fällen weder solche Gifte ausfindig machen, noch zeigten die Nieren die z. B. für Sublimat eigentümlichen Veränderungen.

Bei den chronischen Entzündungen spielen die chronischen Infektionserreger — Tuberkulose, Aktinomykose, Lues — nur in einem Teil der Fälle eine Rolle. Die Mehrzahl der Fälle und zwar besonders die für den Chirurgen wegen der dabei einzuleitenden Therapie besonders interessanten Formen von Colitis ulcerosa sind uns in ihrer Entstehungsursache unbekannt. Man hat hier mit teilweise gutem Erfolge versucht, durch Anlegung einer Fistel oder eines Anus praeternaturalis den Kot abzuleiten und den Darm von oben her mit Spülungen zu behandeln. Die Erfolge, die mit dieser Behandlung erzielt worden sind, beweisen, daß durch den Kot ein ständiger Reiz auf die Geschwürsfläche ausgeübt wird. Daß einmal entstandene Geschwüre im Darm chronisch werden, liegt also wohl zum Teil daran, daß die Heilungsbedingungen schlechte sind. Ob an dem Chronischwerden eines Darmgeschwürs noch andere Dinge mitwirken, läßt sich noch nicht allgemeingültig beantworten. Manchmal liegt eine Allgemeinerkrankung vor (Gicht, Leukämie, Skorbut u. a.), die schlechte Heilungsbedingungen gibt, in anderen Fällen kann man vielleicht eine konstitutionelle Darmschwäche annehmen, wie wir sie oben bei den Dyspepsien geschildert haben. Vielfach handelt es sich aber doch wohl tatsächlich nur um ein schlechtes Ausheilen einer akuten Entzündung. Das so etwas vorkommt, beweisen z. B. die oft sehr schwer aussehenden gonorrhoischen Proktitiden, die schließlich doch nach Anlegung einer Fistel heilen, während sie vorher jahrelang bestanden hatten.

---

1 Mitt. a. d. Grenzgeb. Bd. 32. S. 85 2 Chirurgenkongreß 1912.

Diese mit oft ausgedehnten Geschwürsbildungen einhergehenden Fälle von Enteritis machen nun durchaus nicht immer und vor allen Dingen nicht anhaltende Durchfälle. Sie fehlen z. B. gelegentlich bei Geschwüren im unteren Dünndarm und Coecum, während wir ihnen regelmäßiger bei den Geschwüren des unteren Dickdarmes begegnen. Ob bei Darmgeschwüren Durchfälle vorhanden sind, hängt nach AD. SCHMIDT von der Beschaffenheit der zwischen den Geschwüren gelegenen Darmschleimhaut ab, denn zum Zustandekommen der Durchfälle gehört die Wasserausscheidung in den Darm, die dort fehlt, wo Geschwüre liegen. Man kann aus diesem Grunde nicht einfach eine Stufenleiter konstruieren von den leichten Enteritiden zu den schweren und schließlich zu den mit Geschwüren einhergehenden, je nach der Zahl der vorhandenen Stuhlentleerungen. Wenn auch für einzelne Fälle eine solche Einteilung ihre Berechtigung hat, so wird man meist in dem Auftreten von Geschwüren etwas pathologisch-physiologisch Besonderes erblicken müssen.

Reizzustände in oder um den Mastdarm führen schließlich zu dem Bilde der Tenesmen, dem Stuhlzwang. Die Erklärung für diesen Zustand ergibt sich aus dem über die Physiologie der Defäkation Gesagten.

Die verlangsamte Darmentleerung, die **chronische Obstipation** hat erst in letzter Zeit chirurgisches Interesse bekommen, als man versuchte, auf operativem Wege diese Störung zu beseitigen oder wenigstens zu bessern.

Obgleich theoretisch die Verstopfung ihren Sitz in allen Abschnitten des Magendarmkanals haben kann, haben doch die Röntgenuntersuchungen gezeigt, daß die gewöhnliche Grundlage der Obstipation eine Erkrankung des motorischen Apparates des Dickdarmes ist. Da nun der Dickdarm, wie oben gesagt wurde, was seine Innervation und Bewegung anbetrifft, kein einheitliches Gebilde ist, ist es für den Chirurgen zweckmäßig, eine gewisse Gruppierung zu schaffen, je nach dem Orte, an dem es zu einer Stagnation des Kotes im Dickdarm kommt. Das kann man mit Hilfe von Röntgenaufnahmen tun. Dabei ist es wichtiger, darauf zu achten, wann der Wismutschatten in einem bestimmten Darmabschnitt erscheint, als, wie lange er in einem höher gelegenen sichtbar bleibt (HERTZ[1]). PAYR[2] unterscheidet bei den Obstipationen „morphologische und funktionelle Typen“ schließlich Ob-

---

1 Constipation and allied intestinal disorders. London 1909. S. 118. 2 Archiv f. klin. Chirurgie 114.

stipation als sekundäre Erkrankung. Es ist ja ganz begreiflich, daß die Einteilung der Obstipation eine sehr verschiedene sein kann, da Verstopfung eben nur ein Symptom, keine selbständige Erkrankung ist.

Die häufigste Form der Obstipation ist die proktogene (STRAUSS[1]). Hier bleibt der Stuhl übermäßig lange im S-Romanum und Rektum liegen. Die proktogene Obstipation ist wohl am längsten genauer bekannt, da die Diagnose verhältnismäßig einfach, nämlich mit dem in das Rektum eingeführten Finger gestellt werden kann. Etwa 60% aller Obstipationen gehören zu dieser Gruppe der proktogenen Obstipation (GANT[2]). Als Entstehungsursache für diese Form der Verstopfung kommen erstens mechanische Hindernisse im Rektum oder den benachbarten Darmteilen in Betracht. In solchen Fällen von Tumoren außerhalb und innerhalb des Kolon, von angeborenen oder gonorrhoischen Strikturen, Schlingenbildungen am Colon descendens (GROEDEL und SEYBERT[3] usw.) ist die Obstipation nur ein Symptom einer ganz andersartigen Erkrankung, das dem pathologisch-physiologischen Verständnis keine Schwierigkeiten bereitet, so oft auch leider ein Rektumkarzinom als Verstopfung behandelt wird, bis es zur Operation zu spät ist. Diese Form von Darmverschließung wird mit mehr Berechtigung zum Ileus gerechnet, ebenso wie die Verstopfung bei HIRSCHSPRUNGscher Krankheit (s. PERTHES[4] und KONJETZNY[5]) oder die der HIRSCHSPRUNGschen Krankheit pathologisch-physiologisch doch sehr nahe stehende Abknickung des S romanum gegen das Rektum (HERTZ, AXTEL[6]). Sehr viel schwerer zu beurteilen ist die Bedeutung von hypertrophischen HOUSTONschen Falten für die Obstipation. GÖBELL[7] hat diese Falten bei Obstipation mit einer besonderen Quetschzange zerstört und dabei gute Erfolge erzielt. In der englisch-amerikanischen Literatur spielen diese Falten als Ursache der Obstipation eine große Rolle. Sie sitzen am Übergang von dem beweglichen S-Romanum in das an der hinteren Bauchwand fixierte Rektum und sind ein Überbleibsel der Aftermembran (GANT[8], PENNINGTON[9]). So sind zwei mechanische Bedingungen gegeben, um den Kot an dieser Stelle aufzuhalten, einmal die Klappe und dann die Abknickungsmöglichkeit. Die an anderen Stellen des Darmes harm-

1 Therap. Monatshefte 1906. S. 373. 2 Constipation and intestinal obstruction. London 1910 3 Zeitschrift f. Röntgenkunde Bd. 13. Hft. 4 bis 5. 4 Arch. f. klin. Chir. 77. 5 BRUNS' Beiträge Bd. 73. 1911. 6 Zit. nach Chir. Kongr. Zentralbl. III. S. 595. 1913. 7 Med. Klinik 1910. S. 1771. 8 Krankheiten d. Mastdarms u. Afters. Deutsch von ROSE. 9 Journ. of Americ. med. Assoc. Bd. 35. 1900. S. 1520.

lose Falte wird hier zum Verhängnis (JOSSELIN DE JONG und PLANTENG[1]). In ganz seltenen Fällen kann dieses Mißverhältnis noch durch ein enges Becken gesteigert werden (HAUGH[2]).

Zweitens findet man den proktogenen Typus einer Obstipation bei erhöhtem Tonus, bzw. Spasmus des Sphinkters. Der ursächliche Zusammenhang von Sphinkterenspasmus und Obstipation wird auch hier durch den therapeutischen Erfolg bewiesen. Wird der Sphinkterenspasmus durch Afterdehnung beseitigt, so ist auch die Obstipation, und zwar oft dauernd, geheilt (ROST[3]). Die Ursachen des Sphinkterenspasmus sieht man im allgemeinen in schmerzhaften Erkrankungen im Bereich des Afters, vor allem in Fissuren; für einen großen Teil der Fälle mit Recht. Doch die therapeutischen Erfolge und besonders die Mißerfolge bei der Behandlung der Fissuren zeigen, daß wir es hier nicht immer mit einer völlig einheitlichen Erkrankung zu tun haben. Die Patienten klagen bei der Fissura ani erstens hauptsächlich über Schmerzen in dem Augenblick, wo der Stuhl durchtritt. Bei rektaler Untersuchung ist die Stelle der Fissur außerordentlich schmerzhaft, der Sphinkter krampfartig geschlossen. Neben diesem Schmerz bei der Defäkation haben aber nun andere Patienten zweitens noch einen sehr heftigen Nachschmerz, der 1—2 Stunden nach der Stuhlentleerung beginnt, nur von ihr abhängig ist und in seiner Art völlig von dem lokalen Schmerz an der Fissur zu trennen ist, wenn er auch meist am Sphinkter seinen Ausgang nimmt. Dieser Nachschmerz bleibt gelegentlich über längere Zeit hin bestehen, wenn die Fissur durch Inzision oder Dehnung längst beseitigt sein sollte, und wenn der Schmerz beim Durchtreten des Stuhles gar nicht mehr vorhanden ist. Daß er in einer gewissen Abhängigkeit von der Fissur steht, kann wohl nicht bezweifelt werden, da intelligente Patienten auf das bestimmteste angeben, der Schmerz sei erst im Anschluß an die Fissur aufgetreten. Hier von einem Reflex zu sprechen, ist nicht viel mehr als eine Umschreibung; ob Analogien mit der Bleikolik bestehen (Atropin hat meist gar keinen Einfluß), ist zurzeit noch völlig unbekannt. Am meisten Wahrscheinlichkeit für sich hat die Anschauung, daß es sich um ausgedehnte Kolonspasmen oder um einen Spasmus im Bereiche des Levator ani handelt. Im Bereich der Fissura ani findet man nach den mikroskopischen Untersuchungen von QUÉNU und HARTMANN[4] eine Neuritis der sensiblen Endfasern, wodurch die reflektorischen Sphinkterenkrämpfe genügend erklärt werden.

---

1 Jahrb. f. Kinderheilkunde Bd. 96. 1921. 2 Deutsche Zeitschr. f. Chir. 167. 3 Mitt. aus d. Grenzgebieten Bd. 28. 1915. 4 Chirurgie d. Rektum. Paris 1897.

Der Tonus des Sphinkters ist bei den einzelnen Menschen sehr verschieden. ROSSOLIMO[1] hat hier ausgedehnte Untersuchungen angestellt und gefunden, daß er unter anderm bei Neurasthenikern gesteigert ist, ebenso bei bestimmten Nervenerkrankungen, besonders auch auf sensiblem Boden, die man als Mastdarmneuralgie (ALBU[2]) zusammengefaßt hat. Bei allen solchen Fällen kann durch erhöhten Sphinkterentonus eine Obstipation von proktogenem Typus entstehen.

Ein dritter Befund, der bei der proktogenen Obstipation vielfach erhoben wird, und zu ihr wohl zweifellos in bestimmter Beziehung steht, ist eine Herabsetzung der Sensibilität und der Motilität des Enddarmes. Obgleich bei der proktogenen Obstipation entsprechende anatomische Befunde bisher nicht erhoben worden sind, so liegt doch ein gewisses experimentelles und klinisches Tatsachenmaterial bei schweren Nervenläsionen vor, das uns die Wege ebnet zum Verständnis der leichteren Störungen, denen wir bei der proktogenen Obstipation begegnen. So ist experimentell nachgewiesen worden, daß nach Durchschneidung der hinteren Wurzeln des Sakralmarkes keine Defäkationsbewegungen mehr durch sensible Reize ausgelöst werden können (MERZBACHER[3]). Schwere Verstopfung tritt ferner bei Zerstörung des Lendenmarkes (GOLTZ) auf, sei diese experimentell oder durch pathologische Herde (z. B. Tabes) bedingt (L. R. MÜLLER[4]). Da es sich ja in all diesen Fällen um die Unterbrechung eines Reflexkreises handelt, ist es klinisch oft sehr schwer, zu entscheiden, ob die Schädigung des motorischen oder sensiblen Anteiles das Entscheidende ist. Bei manchen, nicht auf schweren Nervenerkrankungen beruhenden proktogenen Obstipationen findet man als Beweis für die geschilderte Störung in der Innervation des Enddarmes Fehlen jeder reflektorischen Bewegung des Enddarmes beim Einführen eines Rektoskopes oder Aufblasen des Darmes. Es ist das ein Befund, den man oft auch bei hochsitzenden Rektumkarzinomen erheben kann. Hier gilt der Befund einer weiten, schlaffen Ampulle geradezu als ein diagnostisches Zeichen, wenn der Tumor zu hoch sitzt, um ihn mit dem Finger erreichen zu können.

Schließlich sind als Ursachen einer proktogenen Obstipation Störungen der bei der Defäkation in Aktion tretenden Hilfsmuskeln (Zwerchfell, Bauchpresse) zu nennen. PINKUS[5] be-

---

1 Neurol. Zentralbl. 1891. S. 557. 2 Berliner klin. Wochenschrift 1907. S. 1649. 3 PFLÜGERS Archiv Bd. 92. 1902. S. 585. 4 Zeitschrift f. Nervenheilkunde Bd. 21. 1901. S. 86. 5 v. VOLKMANNS Sammlung klin. Vorträge 474/475.

schreibt eine hierher gehörige besondere Form der Verstopfung als „constipatio muscularis sive traumatica mulieris chronica“, bei der die Verstopfung ihre Ursache in einer Schwäche des Diaphragma pelvis infolge Geburtstrauma haben soll.

Wie wenig aber schwache Bauchmuskeln allein für den regelmäßigen Stuhlgang bedeuten, beweist ein Fall von HERTZ[1], der ein Kind beobachten konnte, bei dem auf kongenitaler Grundlage die gesamte Bauchmuskulatur fehlte, und das sich trotzdem eines ganz regelmäßigen Stuhlganges erfreute. Daß gelegentlich eine Hernie von Obstipation gefolgt sein kann, zeigt ein Fall von EBSTEIN[2], wo nach der Operation des Leistenbruchs die Verstopfung dauernd beseitigt wurde. Im allgemeinen haben aber die Brüche nichts mit der proktogenen Obstipation zu tun, ebenso haben die vielfachen Phrenikusdurchschneidungen nach dem Vorgang von STÜRTZ und SAUERBRUCH[3] gezeigt, daß das Zwerchfell nicht die ihm vielfach nachgesagte Bedeutung für den Defäkationsakt hat.

Werden durch die Bezeichnung proktogene Obstipation recht verschiedenartige Zustände zu einer gemeinsamen Gruppe zusammengefaßt, so stimmen alle diese Krankheitsbilder doch wenigstens insofern miteinander überein, als bei ihnen der Enddarm den Sitz der Verstopfung darstellt. Das ist für die Therapie von einer zweifellosen Bedeutung, und deshalb ist es gerechtfertigt, diese Einteilung zunächst beizubehalten.

Man hat nun weiter versucht, der proktogenen Obstipation eine solche vom „Aszendenstypus“ (WILMS[4], STIERLIN[5]) gegenüber zu stellen, hat aber damit ganz verschiedenartige Dinge zu einer äußerlichen Einheit zusammengefaßt: denn zu einer Kotstauung im proximalen Kolon kommt es nicht nur bei „Schwäche“ des Coecum im weitesten Sinne des Wortes, oder bei Verengerungen am Übergang von coecum zu ascendens, die sich ja aus der vergleichenden Anatomie heraus erklären lassen (HIRSCH[6]) sondern auch dann, wenn der Sitz der Obstipation ein tiefer gelegener Darmabschnitt ist (ROST[7]). Der Name Obstipation vom „Aszendenstypus“ ist also irreführend, wird aber noch allgemein gebraucht und hat auch dazu geführt, daß schwerere Formen solcher Verstopfungen, bei denen der Kot besonders lange im Coecum röntgenologisch nachweisbar war, mit Resektion dieses Darmabschnittes behandelt worden sind.

---

1 l. c. S. 137. 2 Die chronische Stuhlverstopfung. Stuttgart 1901. S. 18. 3 Münchener med. Wochenschrift Bd. 60. 1913. S. 625. 4 Verh. d. Deutsch. Ges. f. Chir. 1911. 5 Deutsche Ztschrft. f. Chir. Bd. 102. S. 426; ferner Ergebn. d. inneren Med. 10. 1913. S. 471. Archiv f. klin. Chirurgie 114. 6 Fortschr. auf d. Geb. d. Röntgenstrahlung Bd. 32. S. 605. 7 Mitt. aus d. Grenzgebieten Bd. 28. 1915.

War in solchen Fällen der eigentliche Sitz der Obstipation weiter abwärts, handelte es sich zum Beispiel um eine proktogene Obstipation, bei der die Kotstauung im proximalen Kolon etwas Sekundäres darstellen kann, so war durch die Wegnahme des Coecum die Obstipation natürlich nicht beseitigt (Rost[1]).

Die Tierversuche von Böhm[2] haben uns nun allerdings gezeigt, daß eine auf das proximale Kolon beschränkte Obstipation wohl denkbar ist und sich als Folge von Vagusreizen erklären läßt. Böhm fand nämlich bei Katzen und noch schöner bei Kaninchen bei Vagusreizung vermehrte Antiperistaltik und Mischbewegungen im proximalen Kolon und tonische Kontraktionen am Ende des proximalen Kolon. Wir können mangels anatomischer Unterlagen vorläufig zwar nicht mit Sicherheit sagen, ob eine solche Form von Verstopfung beim Menschen vorkommt. Einige mitgeteilte Röntgenbilder scheinen aber dafür zu sprechen (Stierlin[3]). Wir würden damit eine Verstopfung als Folge eines gewissen Reizzustandes des Dickdarmes annehmen und kämen eigentlich somit wieder auf die ja schon völlig abgelehnte (Boas[4]) „spastische Obstipation" Fleiners[5] zurück (vgl. auch Albu-Kretschmer[6], Pflanz[7], Mathieu[8]).

Auch andere Röntgenbefunde haben uns die Berechtigung der Fleinerschen Anschauung, daß es eine Verstopfung als Folge eines erhöhten Reizzustandes im Dickdarm gibt, gelehrt. Singer und Holzknecht[9], Schwarz[10], Stierlin u. a. haben Röntgenbefunde veröffentlicht, wo bei bestehender Verstopfung das gesamte intermediäre und distale Kolon, vom Transversum angefangen, wesentlich verschmälert, ja geradezu bandartig zusammengezogen war. Auch in solchen Fällen fand sich eine „Hyperkinese" im proximalen Kolon, ein Beweis dafür, daß, so weit wir das jetzt beurteilen können, die einzelnen Formen der „spastischen" Verstopfung oder, wenn man das lieber will, der Verstopfung bei erhöhtem Reizzustand des Dickdarmes, sich nicht scharf voneinander trennen lassen. Welche Ursache diese „Spasmen" haben, ist bisher nicht geklärt. Ein Teil von ihnen dürfte funktioneller Natur sein, da sie jugendliche

---

1 Mitt. aus d. Grenzgebieten Bd. 28. 1915. 2 Münchener med. Wochenschrift 1912 und Deutsches Arch. f. klin. Med. 1911. Bd. 102 und Arch. f. exp. Pathol. u. Pharmakol. 72. S. 1. 3 Klin. Röntgendiagnostik d. Verdauungskanales 1916. 4 Med. Klinik 1908. S. 1485 und Arch. f. Verdauungskrankheiten Bd. 15. 5 Berliner klin. Wochenschrift 1893. S. 60. 6 Med. Klinik 1908. Nr. 52. 7 Prager med. Wochenschrift 1908. Nr. 50. 8 Arch. de maladie de l'app. digest. 1908. Nr. 11. 9 Münchener med. Wochenschrift 1911. Nr. 48 und Deutsche med. Wochenschrift 1912; ferner Singer, Die atonische u. spastische Obstipation in Albus Sammlungen usw. Bd. 1. Hft. 6; Wiener klin. Wochenschrift 1909. 10 Münchener med. Wochenschrift 1911. Nr. 28 u. 1912.

Individuen betreffen und bei entsprechender Therapie rasch völlig ausheilen. Es kann sich aber bei solchen Heilungen natürlich auch um Beseitigung einer den Spasmus bedingenden äußeren Ursache handeln, wie Änderung der Ernährung, Beseitigung von Würmern (ROST[1]) usw. Für die Beurteilung der vorgeschlagenen Therapie (Resektion des proximalen Kolon) bei der Obstipation vom „ascendens Typus" wird man jedenfalls festhalten müssen, daß die Stauung des Kotes im proximalen Kolon etwas rein Sekundäres ist; ein solcher Eingriff kann also die Verstopfung höchstens dadurch bessern, daß der Kot nicht mehr eingedickt in das Transversum gelangt. Das kann auf die Spasmen günstig einwirken. Man darf sich jedoch durch die Besserung kurz nach der Operation nicht täuschen lassen; spätere Nachuntersuchungen von ROST haben gezeigt, daß der Dauererfolg der Coecumresektion bei dieser Form der Verstopfung nicht glänzend ist. Zu dieser „sekundären" Obstipation muß man wohl auch die Verstopfung bei Ulcus ventriculi rechnen (v. REDWITZ[2]), die nicht von dem Säuregrad des Magensaftes abhängt (WYDLER[3]). Hier wird durch die Entfernung des Ulkus oder auch durch die Gastroenterostomie (WYDLER) gelegentlich die Verstopfung beseitigt, sie kommt aber wieder, wenn ein neues Ulkus auftritt. Auch wenn durch Appendektomie bei chronischer Appendizitis eine Obstipation beseitigt wird, wird man die Verstopfung wohl zu den „sekundären" rechnen dürfen.

Weiterhin hat man als Ursache für eine langdauernde Kotstauung im proximalen Kolon Adhäsionen und schleierhafte Belege am Dickdarm, speziell am Coecum, angeführt (SCHLESINGER[4] u. a.). Wir werden diesen Dingen noch bei der chronischen Peritonitis begegnen. Am proximalen Kolon spricht man von REIDschen, TREVESchen, LANEschen, JANNESKOschen und JACKSONschen Membranen[5] oder nennt diese Gebilde zusammenfassend Ligamenta varioforma (RJESANOFF[6]). Nach SCHOENACKER[7] ist ein Teil dieser Gebilde als eine embryonale Bildung, nicht als etwas Entzündliches aufzufassen. An sich können diese Faltenbildungen des parietalen Peritoneum ganz ohne Erscheinungen bleiben. Es muß erst, wie EASTMAN[8] es ausdrückt noch ein „großes X", ein unbekanntes Etwas, hinzukommen, damit diese Membranen Beschwerden verursachen. In einzelnen Fällen kommt eine Kolitis

---

1 Deutsche Ztschrft. f. Chir. Bd. 151. 1919. 2 Deutsche med. Wochenschrift 1919. S. 931. 3 Grenzgeb. Bd. 35. 1922. 4 Deutsche med. Wochenschrift 1918. S. 515. 5 Arch. des med. de l'app. dig. Bd. 7. 1913. 6 Chirurgia Bd. 33. 1913. S. 126. 7 Archiv f. klin. Chirurgie 114. IV. 8 The journ. of the Amer. Med. Assoc. Bd. 61. 1913 (dort Diskussion).

als solch auslösender Faktor in Betracht. Es kann aber weiterhin, wie bei der chronischen Peritonitis anzuführen sein wird, solche Schleierbildung auch die Folge, nicht die Ursache der Verstopfung sein. Das wird man nur von Fall zu Fall nach den operativen Erfolgen entscheiden können.

Schließlich kommt es zu einer langdauernden Kotstauung im proximalen Kolon (48 Stunden und länger), wenn es sich um eine diffuse, atonische Form der Darmbewegung handelt, das heißt, wenn der Kot durch alle Darmteile ziemlich gleichmäßig langsamer als normal befördert wird, wobei das Kolon im Röntgenbild abnorm weit und schlaff erscheint. Wir wissen vorläufig nicht, was für Störungen der Innervation dieser atonischen Obstipation zugrunde liegen. Man ist vielfach geneigt, mit SCHMIDT und LOHRISCH[1] eine zu gute Zerlegungsfähigkeit des Dickdarmes für Zellulose als Ursache der Verstopfung anzunehmen, darf aber nicht übersehen, daß die genannten Autoren diese gesteigerte Nahrungsausnützung bei allen Formen der Verstopfung, auch der spastischen, gefunden haben. Die zu gute Ausnützung wird also wohl eine Folge, nicht die Ursache der seltenen Stuhlentleerung sein.

Wie kommt es aber nun bei all diesen Formen der Obstipation zu einer Kotstauung gerade im proximalen Kolon? Das hat, wie die anatomischen Untersuchungen von ROST[2] gezeigt haben, wohl seinen Grund in der funktionellen Trennung von proximalem und distalem Kolon, die wir oben bei der normalen Dickdarmbewegung besprochen haben. ROST konnte durch planimetrische Messungen an ganzen Dickdärmen und an Coeca, die operativ wegen Verstopfung entfernt worden waren, nachweisen, daß keine Atrophie, sondern eine Hypertrophie des proximalen Kolon bei Verstopfung vorhanden ist, und zwar auch gerade dann, wenn das proximale Kolon schlaff und erweitert erscheint („Typhlatonie“, FISCHLER[3]). Das läßt sich nur so erklären, daß der eigentliche Sitz der Verstopfung in solchen Fällen abwärts (distal) vom Coecum-Ascendens gelegen ist, und daß der Darm gegen einen abnormen Widerstand arbeiten muß, wenn nicht, wie in den Tierversuchen von BÖHM, infolge Vagusreizung eine besonders rege Tätigkeit des proximalen Kolon vorhanden gewesen ist. Es ist anzunehmen, daß das proximale Kolon den Widerstand anfänglich noch gut überwindet und erst allmählich versagt.

---

1 Deutsches Arch. f. klin. Med. Bd. 79. 1903. S. 383. 2 Arch. f. klin. Chir. Bd. 48 und Mitt. aus d. Grenzgebieten 28. 1915. 3 Münchener med. Wochenschrift 1911.

Die lange Kotstauung im proximalen Kolon bei den angeführten verschiedenen Formen der Verstopfung wäre also nach dem Gesagten wohl in allen Fällen als etwas rein Sekundäres aufzufassen. Das muß man für die chirurgische Therapie beachten.

Die von STIERLIN[1] schließlich noch abgegrenzte Obstipationsform der Transversostase kommt erstens mit gleichzeitiger Senkung des Transversum vor, wobei die Verstopfung durch Abknickung des Darmes an der linken Flexur bedingt ist (siehe chronische Peritonitis), weiterhin aber auch ohne solche: bei Atrophie der Muskulatur im Transversum (ROST). Ob diese Atrophie etwas Primäres oder etwas Sekundäres darstellt, ist vorläufig nicht zu sagen. Man kann sich sehr wohl vorstellen, daß diese Transversostase nur das Endstadium einer spastischen Obstipation ist. Wir sehen ja doch auch bei unseren Röntgenuntersuchungen immer nur einzelne Bilder; über die Entwicklung der Obstipation, von der man auf Grund jahrelanger Beobachtung derselben Patienten etwas aussagen könnte, sind wir vorläufig überhaupt noch nicht unterrichtet.

Schließlich noch ein Wort zur chirurgischen Therapie der Obstipation. Es handelt sich dabei um Resektionen des proximalen Kolon oder auch des ganzen Kolon. Daß die pathologisch-physiologischen Voraussetzungen zu solchen Eingriffen nicht immer so einfach liegen wie angenommen worden ist, dürfte aus dem Besprochenen hervorgehen. Wenn aber HERTZ von den ausgedehnten Dickdarmresektionen, wie sie LANE vornimmt, sagt: LANE nähme alles vom Dickdarm fort, was gesund sei und ließe das Kranke stehen (proktogene Obstipation!), so darf doch nicht verkannt werden, daß durch die Operation Patienten, die sich oft in einem schwer elenden Zustande befanden, aufgeblüht und beschwerdefrei geworden sind.

Wir kommen damit auf das schwierige und eigentlich völlig unbekannte Gebiet der chronischen Intoxikation vom Darm aus. Ich verweise auf das beim Ileus Gesagte. Da solche wesentlichen Besserungen der hochgradigen Ernährungsstörungen, die graue Verfärbung der Haut, die Störungen von seiten des Herzens und der Nieren, die vielfachen neurasthenischen Beschwerden, die Änderung des Blutbildes mit Beseitigung der Obstipation durch Coecumresektion völlig und dauernd verschwunden sind (WILMS-ROST), so wird man einen ursächlichen Zusammenhang von Obstipation und diesen Beschwerden nicht ohne weiteres von der Hand weisen

1 Klinische Röntgendiagnostik d. Verdauungskanals 1916.

dürfen. Ob die Vorstellung, daß aus dem Kot stammende Giftstoffe besonders reichlich im proximalen Kolon resorbiert werden, richtig ist, bedarf weiterer Untersuchungen.

Als dritte große Gruppe in der Pathologie der Darmbewegungen muß das Krankheitsbild des **Ileus**[1] Besprechung finden. Stuhlverhaltung, Erbrechen galliger bis kotiger Massen, Meteorismus und Leibschmerzen sind die vier Kardinalsymptome des Ileus und skizzieren als solche in groben Umrissen das Krankheitsbild, dessen genaue Abgrenzung von jeher die größten Schwierigkeiten gemacht hat und machen muß.

Die Einteilung der Darmstörungen, die wir unter dem Namen Ileus zusammenfassen, ist sehr verschieden gegeben worden und kann sehr verschieden gegeben werden, je nach dem Gesichtspunkte, von dem aus man die Frage besprechen will. Wenn wir das pathologisch-physiologische Geschehen unserer Betrachtung zugrunde legen, so werden wir den Darmverschluß bei mechanischem Hindernis von dem bei Innervationsstörungen irgendwelcher Art (dynamischer Ileus) trennen und werden bei dem mechanischen Ileus unterscheiden, ob Blutgefäße mit verlegt sind oder nicht (Strangulationsileus- Obturationsileus).

Beim Strangulationsileus ist die Verlegung der Zirkulation das Wesentlichste. Von ihr hängen erst die weiteren Erscheinungen ab, von denen vor allem die Auftreibung der Därme, der Meteorismus zu nennen sind.

Die Erklärung des Meteorismus hat man sich bei allen Formen des Ileus eine Zeitlang recht leicht gemacht: Gase und Darminhalt sammeln sich oberhalb des Verschlusses, nach unten kann eine Entleerung nicht stattfinden, von oben kommt immer Neues hinzu, eine Auftreibung muß die natürliche Folge sein, und zwar muß diese Auftreibung um so stärker werden, je tiefer das Hindernis sitzt (LEICHTENSTERN[2]). Die klinische Erfahrung zeigte jedoch, daß diese Erklärung des Meteorismus nicht ausreichend ist. Man beobachtet nämlich oft beim Ileus, und zwar, hauptsächlich beim Strangulationsileus, keinen allgemeinen, sondern einen lokal umschriebenen Meteorismus (v. WAHL[3], ZÖGE VON MANTEUFFEL[4]), der sehr schnell auftritt und der wie die Versuche von KADER[5] gezeigt haben, seine Ursache darin hat, daß bei einer Zirkulationsstörung der

1 Zusammenfassende Lit. s. NOTHNAGEL, Spez. Pathol. Bd. XVII. S. 180ff.; WILMS, Der Ileus in Deutsche Chir. Lief. 46g; LEICHTENSTERN in ZIEMSSENS Handbuch Bd. 7. 2. Teil. BRAUN, WORTMANN, Der Darmverschluß. Springer Verlag 1924.
2 v. ZIEMSSENS Handbuch d. spez. Path. Bd. 7. 3 Arch. f. klin. Chir. Bd. 38 und Zentralbl. f. Chir. 1889. 4 Arch. f. klin. Chir. Bd. 41. 1892. 5 Deutsche Ztschrft. f. Chir. Bd. 33. 1891.

Austausch der Darm- und Blutgase beeinträchtigt ist. Jeder normale Darm enthält Gase, die sich aus verschluckter Luft und aus einem Gasgemisch zusammensetzen, das der zersetzten Nahrung entstammt. Da die Kohlensäure und der Sauerstoff schon im oberen Dünndarm schnell resorbiert werden, findet man in den unteren Dünndarmabschnitten vor allem den schwer resorbierbaren Stickstoff, Methan und Wasserstoff. Der Schwefelwasserstoff ist nur in so geringen Mengen vorhanden, daß er für die Frage des Meteorismus bedeutungslos ist. Normalerweise werden nun die meisten der ja in recht großen Mengen vorhandenen Darmgase nach Resorption in das Blut durch die Lungen ausgeschieden, nur ein ganz geringer Teil verläßt den Darm durch den After (Verhältnis 10 : 1). (ZUNTZ und TACKE[1]). Mangelhafte Peristaltik allein beeinträchtigt deshalb die Ausscheidung der Gase kaum, sondern nach ZUNTZ tut dies nur eine Zirkulationsstörung, und zwar naturgemäß vor allem die völlige Unterbrechung der Zirkulation.

Ob es sich beim **Foetor ex ore** um ein direktes Aufsteigen von Darmgasen aus der Speiseröhre handelt, oder ob auch in diesem Falle bestimmte Darmgase resorbiert und durch die Lungen ausgeschieden werden, ist nicht bekannt. Daß man bei Blutungen in dem Darmkanal auch dann noch den eigenartigen Geruch nach zersetztem Blut im Atem des Kranken wahrnehmen kann, wenn das Blut sich in den unteren Darmabschnitten findet, spricht dafür, daß diese Riechstoffe durch die Lunge zur Ausscheidung kommen.

Der lokale Meteorismus beim Strangulationsileus ist zunächst eine einfache Folge der Zirkulationsstörung. Nun steht aber weiterhin bei allen Erkrankungen des Darmes, besonders beim Ileus und der Peritonitis die Darmblähung in einem bestimmten Verhältnis zur Darmlähmung. HOTZ[2] fand, wenn er bei Tieren den Darm durchtrennte und das zentrale Ende verschloß, das periphere aber offen ließ, bei eingetretener Peritonitis nur den verschlossenen und dadurch geblähten Darm gelähmt, während der benachbart liegende, abführende Schenkel, der offen geblieben war, keine Lähmung zeigte. Da nun weiterhin KOCHER[3] im Tierversuch nachweisen konnte, daß durch Blähung einer Darmschlinge eine Zirkulationsstörung in dieser gesetzt wird, so haben wir eine enge Wechselbeziehung zwischen Darmblähung, Darmlähmung und Zirkulationsstörung, und es ist leicht einzusehen, wie der eine dieser pathologischen Prozesse den anderen oft ungünstig beeinflußt und daß umgekehrt Beseitigung der Darmblähung (Kotfistel) auch eine Besserung der Darmlähmung und der Zirkulation

---

1 Deutsche med. Wochenschrift 1884. S. 717 und TACKE Inaug.-Diss. Berlin 1884. 2 Mitt. aus d. Grenzgebieten 23. 3 Ebendort Bd. 4. 1899.

im Darm herbeiführen muß. Beim Strangulationsileus ist die Muskularis im Bereiche der in ihrer Ernährung gestörten Darmschlinge schon nach wenigen Stunden gelähmt, nachdem sie anfänglich eine gesteigerte Tätigkeit entfaltet hat (Braun-Wortmann l. c. S. 31). Die Wandschichten sind ödematös durchtränkt und durchblutet. Diese Veränderung betrifft zunächst nur die von der Zirkulation ausgeschaltete Darmschlinge. Reflektorisch wird aber auch der andere anfänglich in seiner Blutversorgung ungestörte Darm gelähmt, so daß wir beim Strangulationsileus bald nicht mehr jene lebhafte Darmbewegung sehen und hören wie sie für den Obturationsileus bekannt ist. Vielmehr entspricht die Darmlähmung beim Strangulationsileus mehr der bei Peritonitis vorkommenden. Daher wird klinisch der Strangulationsileus auch oft mit einer Peritonitis verwechselt.

Beim Obturationsileus, also derjenigen Form des Ileus, bei der lediglich die Darmlichtung verlegt wird, z. B. durch einen eingekeilten Gallenstein oder ein Karzinom oder beim Neugeborenem einen Schleimpfropf (Exalto[1]), ist die Gefäßversorgung des Darmes zunächst nicht so stark in Mitleidenschaft gezogen wie beim Stragulationsileus. Der Kot staut sich oberhalb des Hindernisses und es kommt zu einer Erweiterung dieses Darmabschnittes und nach einer kurz dauernden Hemmung der Darmtätigkeit (wenigstens beim Menschen, Braun-Wortmann l. c. S. 32) zu lebhaft gesteigerter Peristaltik. Nun setzt aber diese Wecheslbeziehung von Darmblähung, Zirkulationsstörung und Darmlähmung ein, die wir soeben besprochen haben. Die Zirkulation in dem oberhalb des mechanischen Hindernisses gelegenen, geblähten Abschnitt wird schlechter, damit wird die Resorption der Gase und Flüssigkeit (Braun, Boruttau[2]) beeinträchtigt und die Blähung nimmt genau wie beim Strangulationsileus wegen dieser Herabsetzung der Resorptionsfähigkeit schnell zu; die Darmbewegung läßt nach. Ist so das Endergebnis bei beiden Formen des Ileus auch das gleiche, so ist doch der klinische Verlauf durchaus verschieden, was sich einfach daraus erklärt, daß der Strangulationsileus wegen der plötzlichen und vollkommeneren Beeinträchtigung der Zirkulation viel schneller abläuft, so daß sich die einzelnen klinischen Erscheinungen gar nicht so ausbilden können, wie beim Obturationsileus. Beim Obturationsileus sind deshalb alle die für Ileus klassischen Erscheinungen, wie die erhöhte, periodisch auftretende Darmbewegung, die klingenden Geräusche u. a. mehr viel ausgesprochener vorhanden als beim Strangu-

---

1 Deutsche Ztschr. f. Chir. 189. 2 Deutsche Ztschr. f. Chir. Bd. 96 und Deutche med. Wochenschrift 1909.

lationsileus. Die Auftreibung des Darmes ist beim Obturationsileus hauptsächlich durch Flüssigkeit — nicht durch Gas, wie beim Strangulationsileus bedingt. Diese vermehrte Sekretion von Flüssigkeit aus den Schleimzellen in den Darm beim Obturationsileus drückt sich auch anatomisch aus, so daß man im mikroskopischen Bilde leicht zu- und abführenden Darmteil an der Funktion der Becherzellen erkennen kann (REICHEL[1]).

Dauert der Verschluß länger, so kann die Erweiterung des Darmes beim Obturationsileus gewaltige Grade erreichen; dann ist bei einer Resektion der Größenunterschied von zu- und abführendem Darmabschnitt sehr beträchtlich und erschwert die Naht. Infolge der Stauung und der gesteigerten Darmtätigkeit wird die Darmwand ödematös durchtränkt. Die Blähung und die damit verbundene Darmlähmung ist dann keine reflektorische mehr, wie beim Strangulationsileus, sondern mit schweren anatomischen Veränderungen der Darmwand verknüpft. Infolgedessen erholt sich der Darm in einem solchen späten Zeitpunkt des Obturationsileus nach der Resektion oft nicht mehr, während bei den durch Strangulation verlegten Därmen die Darmtätigkeit nach einer Resektion gewöhnlich rasch wieder in Gang kommt, da die Därme nur reflektorisch gelähmt sind. Das darf man nicht übersehen, wenn auch sonst das Krankheitsbild des Strangulationsileus wegen der bald einsetzenden Darmgangrän das bedrohlichere ist.

Ob wir bei dem hier anzuschließenden Meteorismus hysterischer Personen eine Lähmung der glatten Muskulatur des Darmes oder, wie TROUSSEAU[2] annimmt, einen Zwerchfellkrampf bei erschlafften Bauchdecken vor uns haben, ist nicht bekannt. Wird ein solcher Fall wegen irrtümlicher Diagnose operiert, so ist es oft auffallend, wie der hochgradige Meteorismus schon in der Narkose völlig verschwindet. GOLDSCHMIDT[3] beschreibt einen Fall von spastischem Ileus bei Hysterie mit Zwerchfellkontraktur.

Der Einfluß der nervösen Versorgung des Darmes für das Zustandekommen des Meteorismus ist noch nicht restlos geklärt. Immerhin wissen wir, daß ein postoperativer Meteorismus durch eine Lumbalanästhesie beseitigt werden kann, ebenso soll die Durchschneidung der Splanchnikusäste nach ARAI[4] den Meteorismus bei Peritonitis aufheben. Vielfache Beobachtungen lehren uns, daß es eine Auftreibung der Därme gibt, für die wir nach unseren bis-

---

1 Deutsche Ztschrft. f. Chir. Bd. 35. 1893. S. 495. 2 Zit. Deutsche med. Wochenschrift 1884. S. 717. 3 Mitt. aus d. Grenzgeb. Bd. 35. 1922. 4 Arch. f. exp. Pathol. u. Pharmakol. Bd. 94. 1922.

herigen Kenntnissen nur einen nervösen Reflex annehmen können. Solche Fälle sind Darmauftreibung im Augenblick einer Netzeinklemmung, Stieldrehung intraabdomineller Organe oder Tumoren, Meteorismus bei Nieren- oder Gallensteinen, retroperitonealen Blutungen, leichten Verletzungen des Bauches (HEINEKE[1]) und vieles andere mehr. Es gehört hierher ferner die in seltenen Fällen bis zum Ileus gesteigerte Windverhaltung bei allen möglichen, auch völlig aseptischen Laparotomien (OLSHAUSEN[2]). Man nimmt im allgemeinen an, daß die Ursache für das Auftreten des Ileus in solchen Fällen darin zu suchen ist, daß der Splanchnikus — der Hemmungsnerv der Darmbewegung — reflektorisch stark gereizt wird (s. oben).

Bei stumpfen Verletzungen des Bauches (z. B. Hufschlag) findet man kurz nach der Verletzung den Darm gewöhnlich nicht aufgebläht, sondern im Gegenteil zusammengezogen und blaß (WILMS[3]). HEINEKE nimmt an, daß in solchen Fällen die bei intraabdominellen Blutungen oder Darmverletzungen stets vorhandene Bauchdeckenspannung die Ausdehnung der Därme verhindere. Er schließt das daraus, daß er einzelne Fälle von leichter Bauchquetschung ohne Bauchdeckenspannung beobachten konnte, bei denen starker Meteorismus vorhanden war. Es fehlte in diesen Fällen jede intraabdominelle Verletzung.

Der Meteorismus, den wir gelegentlich bei Erkrankungen des zentralen Nervensystems (Tabes, Apoplexie) beobachten, besonders auch der bei Wirbelfraktur auftretende Meteorismus, wird im allgemeinen als Darmlähmung aufgefaßt. Genaue Untersuchungen über Degenerationserscheinungen in den Nerven oder Ganglienzellen liegen jedoch bisher nicht vor. Wenn die Bauchdecken mitgelähmt sind, wird auch die Bauchdeckenlähmung als Ursache für den Meteorismus mit in Frage kommen.

Die Mechanismen beim Zustandekommen eines Strangulationsileus sind nicht immer ganz leicht zu erklären. Gehen wir einmal von der häufigsten Form aus, von der **Einklemmung eines Bruches,** so stellt man sich seit RANKE[4] gewöhnlich vor, daß durch den Druck der Bauchpresse unter gewaltsamer Dehnung des elastischen Ringes (Bruchringes) ein großes Darmstück durch den Ring gedrückt wird. Läßt der Druck der Bauchhöhle nach, so zieht sich der elastische Bruchring wieder zusammen und die Einklemmung ist fertig. Man nennt das eine elastische Einklemmung. Nun weist aber RITTER[5] darauf hin, daß sich beim Pressen

1 Arch. f. klin. Chir. Bd. 83. 2 Ztschrft. f. Geburtshilfe u. Gyn. Bd. XIV. 3 Der Ileus. S. 81. 4 Zit. nach ALBERT, Lehrbuch d. Chirurgie Bd. III. S. 234. II. Aufl. 1882. 5 Arch. f. kl. Chir. Bd. 87; BRUNS' Beiträge. Bd. 88. 1913; Centralbl. f. Chir. 1908. Nr. 35.

der Bruchring gar nicht erweitert, sondern verengert. In der geschilderten Weise kann also die sogenannte „elastische Einklemmung“ bei starkem Pressen nicht zu Stande kommen.

Man beobachtet weiterhin, daß wenn Jahre und Jahrzehnte bei weitem Bruchringe ständig große Massen von Darm im Bruchsack gelegen haben ohne eingeklemmt zu sein, nun der Darm eines Tages plötzlich nicht mehr zurück geht und sich einklemmt. Man spricht in solchen Fällen von einer „Koteinklemmung“, aber wir werden sogleich sehen, daß auch hier die Vorstellung, die zu der Namengebung geführt hat, allmählich so weit geändert worden ist, daß eigentlich der Name uns irre führt. Man kann sagen, der Name Koteinklemmung dient augenblicklich nur dazu, alle die Fälle von Einklemmung zu sammeln, die man nicht zur elastischen Einklemmung rechnen kann. Da aber wahrscheinlich auch die Vorstellung einer elastischen Einklemmung, unrichtig ist, so fällt diese ganze künstliche Einteilung in sich zusammen. Zum besseren Verständnis müssen wir aber doch auf die verschiedenen Versuche, die zur Erklärung der Koteinklemmung angestellt worden sind, eingehen, zumal sie zweifellos viel Richtiges und Interessantes ergeben haben[1].

Die ältesten Versuche von Borggreve und Hessel[2], die Darm durch eine Lücke der Bauchwand vorlagerten und dann schwere Zirkulationsstörungen beobachteten, die schließlich zu einer so hochgradigen ödematösen Durchtränkung des Darmes führten, daß die Schlinge nicht mehr zurückging, können deshalb nicht verwertet werden, weil hierbei der Darm an der Luft gelegen batte, was die ganzen Verhältnisse im Vergleich zu denen, wie sie bei Brüchen in Frage kommen, gänzlich verändert. Die Bedeutung der Zirkulationsstörungen bei der Einklemmung von Brüchen soll damit durchaus nicht verkannt werden.

In den vierziger Jahren des vorigen Jahrhunderts hat O. Beirn[3] einen, eigentlich für allen späteren Forscher grundlegenden Versuch gemacht, indem er in ein Stück Pappe ein $1^1/_2$ cm großes rundes Loch schnitt und nun eine Darmschlinge hindurchzog. Blies er dann langsam mit Hilfe eines Katheters Luft in den einen Schenkel des Darmes, so entwich diese wieder aus dem anderen; blies er aber plötzlich viel Luft ein, so entwich keine Luft mehr und die Darmschlinge dehnte sich gewaltig aus. Etwas anders, aber nicht prinzipiell neu, war die Anordnung, die Roser[4] seinem bekannten und viel zitierten Versuche gab. Er brachte eine halb mit Flüssigkeit gefüllte Darmschlinge durch einen Ring und suchte deren Inhalt durch einen plötzlichen und kräftigen Druck zu entleeren. Das gelingt nicht, obgleich der Ring nicht etwa zu eng ist, und zwar, wie Roser meint, deshalb nicht, weil eine Faltenbildung in der Ebene des Ringes abschnürend wirke. Busch[5], Lossen[6], Kocher[7], Hofmokl[8], Roubaix[9], Kar-

1 Zentralbl. f. Chir. 1908; Archiv f. klin. Chir. Bd. 87; Bruns' Beiträge. Bd. 88. 2 Diss. Marburg 1856. 3 Zit. nach Albert, Lehrbuch Bd. 3. S. 227. 4 Zentralbl. f. Chir. 1875, 1886, 1888; Arch. f. Heilkunde 1864. 5 Arch. f. klin. Chir. Bd. 19. 1875. 6 Arch. f. klin. Chir. Bd. 17 u. Bd. 19. 1874/76. 7 Deutsche Ztschrft. f. Chir. Bd. 8. 1877. 8 Wiener med. Presse 1876 und Zentralbl. f. Chir. 1876. 9 Zit. nach Albert, Lehrbuch S. 234.

PETSCHENKO[1] u. v. a. haben nun gleiche oder ähnliche Versuche angestellt. Das Ergebnis war immer das gleiche, nur die Deutung, die den Versuchen gegeben wurde, war eine verschiedene. So glaubte LOSSEN nachweisen zu können, daß der zuführende Darm, sobald er stark gebläht wurde, den abführenden stark abklemmte, daß sich kein Inhalt aus ihm entleeren konnte und er hat aus diesen Leichenversuchen sogar eine bestimmte Methode der Taxis aufgebaut.

Weiterhin konnte gezeigt werden, daß es auch dann zu einer Kotverhaltung kommt, wenn an Stelle des einen Loches, durch das die Darmschlinge hindurchtritt, zwei Löcher gewählt werden. Eine Abquetschung des abführenden Schenkels durch den zuführenden findet bei dieser letzteren Versuchsanordnung sicher nicht statt. BUSCH glaubte, daß der abführende Schenkel am schnürenden Ringe abgeknickt würde, da ja der Druck der auf der konvexen Seite eines solchen bogenförmigen Rohres (wie es eine Darmschlinge im Bruchsack darstellt), entsprechend der größeren Oberfläche größer ist als der auf der konkaven Seite: Der Bogen sucht sich infolgedessen bei erhöhtem Innendrucks zu strecken und knickt den abführenden Schenkel ab. Nun kommt aber eine Kotverhaltung im Versuch auch dann zustande, wenn man die ganze Darmschlinge in einen Trichter füllt und zu- und abführenden Schenkel unten herausleitet. Bei dieser Versuchsanordnung ist die Abknickung sicher vermieden worden. KARPETSCHENKO glaubt deswegen, daß eine gewisse Drehung der Darmschlinge im Bereiche des Bruchringes gelegentlich vorkommt und zu einer Kotsperre führen kann.

Durch Vereinfachung des Experimentes wurden neue Tatsachen gewonnen. So wies BUSCH nach, daß auch dann kein Darminhalt austritt, wenn man ein einfaches gerades Darmstück (also keine Schlinge) durch einen Ring zieht und nun aufbläht, oder wenn man ein Darmstück an irgend einer beliebigen Stelle etwas einschnürt und dann den Darm plötzlich aufbläht. Hier kann von einer Abknickung im eigentlichen Sinne des Wortes keine Rede sein, und KOCHER konnte denn auch durch eine kleine Abänderung in der Versuchsanordnung zeigen, daß die Dehnung des Darmrohres allein genügt, um den Abschluß am abführenden Schenkel zu erreichen. Dieser Abschluß hat, wie sich leicht zeigen läßt, seine Ursache darin, daß von dem abführenden Ende des Darmes Darmpartien — in der Hauptsache Schleimhaut — in den Ring hineingezogen werden.

Es kommt also, um das noch einmal kurz zusammenzufassen, in den Versuchen dann zu einer Verlegung der Lichtung des Darmes, wenn der Darm durch einen Ring an irgendeiner Stelle verengt ist und wenn er oberhalb dieser verengten Stelle rasch gedehnt wird. Die Schwierigkeit, diese Versuchsergebnisse auf die Verhältnisse am Menschen zu übertragen, liegt aber nun darin, daß eine so plötzliche Aufblähung des zuführenden Darmteiles, wie sie zum Zustandekommen der Einklemmung im Versuch nötig ist, durch den mit Hilfe der Peristaltik vorwärtsbewegten Kot oder Darmgase nicht statthaben kann. Ferner ist diese Kotstauung noch keine Einklemmung. Die Kotstauung müßte, wenn nicht andere Momente hinzukämen, mit dem Aufhören der peristaltischen Welle nachlassen. Daß dieser Zu-

1 Zit. nach ALBERT, Lehrbuch S. 234.

stand aber bestehen bleibt, das ist gerade das Eigentümliche der Einklemmung, und hier muß man zur Erklärung die Zirkulationsstörungen heranziehen, die in einer solchen Darmschlinge auftreten, wenn sie in der geschilderten Weise geschädigt wird. Darmblähung, Darmlähmung und Zirkulationsstörung in den Darmgefäßen stehen, wie oben ausgeführt worden ist, in enger wechselseitiger Beziehung zueinander; wird also der im Bruchsack liegende Darmabschnitt plötzlich gebläht, so tritt eine Zirkulationsstörung in der Darmschlinge auf (KOCHER[1]), die nun ihrerseits wieder die Blähung verstärkt usf. Schließlich ist die Darmschlinge so stark gebläht, daß sie nicht mehr durch den Bruchring zurückkann. Wie weitgehend das Auftreten der Einklemmung von den Zirkulationsverhältnissen am Darm abhängig ist, sehen wir an den sogenannten „schlaffen Einklemmungen" alter Leute und an den Fällen von Ileuserscheinungen bei Herzerkrankungen (SOHN[2]). Die schlaffe Einklemmung kommt, wie WILMS nachweisen konnte, eigentlich immer nur bei darniederliegendem Kreislauf vor. In solchen Fällen liegt der Darm im Bruchsack, er kann nicht zurück, aber es kommt doch nicht zu einer so schweren Zirkulationsstörung, daß die Darmwand gangränös würde. Man findet dann den Darm oft 3—8 Tage nach der Einklemmung noch in einem so guten Zustande, daß man ihn nicht zu resezieren braucht.

Wenn sich nach einer vorhergegangenen Geburt oder früheren Peritonitis **Stränge und Verwachsungen** im Bereich des Peritoneum gebildet haben, kommt ein Ileus häufig dadurch zustande, daß eine Darmschlinge durch einen solchen aus den Adhäsionen gebildeten Ring hindurchschlüpft.

Das Hineinziehen von Darmschlingen in einen solchen Ring geschieht stets auf Kosten der abführenden, nicht der zuführenden Schlinge. Wie dieses Hineinziehen im einzelnen vonstatten geht, ist nicht völlig geklärt, weil der Darm einzelner unserer gebräuchlichen Versuchstiere, z. B. des Kaninchens (WILMS[3]), nicht in der Lage ist, das an peristaltischer Kraft aufzubringen, was der Darm des Menschen leistet. WILMS stellt sich die Sache so vor, daß durch Erweiterung und Dehnung der zunächst einmal nicht eingeklemmten kleinen Schlinge bei glatter Beschaffenheit des schnürenden Ringes nach den Gesetzen des Seitendruckes mehr und mehr Darm von dem abführenden Schenkel her in den Ring hineingezogen würde. Er suchte diese Ansicht durch Leichenversuche zu stützen

---

1 Centralbl. f. Chir. 1903; Arch. f. klin. Chir. 87; BRUNS' Beiträge. 88. 2 Deutsche Zeitschr. f. Chir. 165. 1921. 3 Deutsche med. Wochenschrift 1903.

(l. c. S. 35), bei denen er so vorging, daß er eine Darmschlinge durch einen glattwandigen Ring hindurchzog und Flüssigkeit in den abgeschnürten Darm hineinspritzte. Tatsächlich geschieht ja ähnliches beim Lebenden, wenn in den abgeschnürten Darmteil hinein durch den zuführenden Schenkel flüssiger oder gasförmiger Inhalt getrieben wird. Man kann sich theoretisch also wohl vorstellen, daß ein ähnlicher Mechanismus wie hier im Versuch auch beim Lebenden stattgefunden hat, wenn wir bei einem Ileus ein großes Darmpaket durch einen Ring hindurchgezogen finden. Eine solche durch einen Strang hindurchgeschlüpfte Schlinge kann sich abknicken oder es wird ihre Blutversorgung gestört und es kommt dadurch zum Ileus.

Es gibt noch eine andere Form der **Knotenbildung** am menschlichen **Darm**, bei der Verwachsungen nicht in Betracht kommen. Es bilden sich, wie GRUBER[1] und WILMS[2] zeigen konnten, Darmknoten unter Beteiligung einer zu langen und beweglichen S romanum-Schlinge. Über die verschiedenen Formen dieser Darmknoten gibt die Arbeit von WILMS Auskunft. Man kann sich, wie dort gezeigt ist, an einem Schlauchmodell die Verhältnisse jederzeit klar machen.

Eine ganz eigenartige Form des Ileus ist weiterhin bedingt durch die sogenannte **retrograde Inkarzeration** des Darmes. Man versteht darunter folgendes: Bei einer Operation wegen eingeklemmter Hernie findet man in einem Bruchsack zwei Darmschlingen, die oft gar keine schweren Veränderungen zeigen. Erweitert man die Bruchpforte und zieht jetzt die Verbindungsschlinge von diesen beiden im Bruchsack gelegenen Darmschlingen vor, so ist diese schwer brandig verändert. Solche Fälle sind von HOCHENEGG, KLAUBER[3], LAUENSTEIN[4], NEUMANN[5], SULTAN[6], LORENZ[7], RITTER[8], WENDEL[9], POLYA[10] u.v.a. mitgeteilt worden. Es bestehen hier zwei Möglichkeiten: Entweder war die bei der Operation im Bauchraum gefundene gangränöse Darmschlinge zunächst im Bruchsack eingeklemmt und ist dann wieder in den Bauchraum zurückgetreten, oder diese Schlinge war nie im Bruchsack, sondern stets im Bauchraum, und es hat sich nur ihr Mesenterium in irgendeiner Weise abgeknickt. Besonders RITTER, der, wie oben angeführt wurde, darauf hingewiesen hat, daß ein Bruchring beim Pressen enger

1 VIRCHOWS Archiv Bd. 48. 1869. 2 Arch. f. klin. Chir. Bd. 69. 3 Deutsche med. Wochenschrift 1906. 4 Deutsche Ztschrft. f. Chir. Bd. 77 und Zentralbl. f. Chir. 1907. 5 Deutsche Ztschrft. f. Chir. Bd. 91. 6 Zentralbl. f. Chir. 1907. 7 Deutsche Ztschrft. f. Chir. Bd. 102. 8 BRUNS' Beiträge. Bd. 88. S. 253 und Naturforscherversammlung, Wien 1913. 9 Ergebnisse d. Chirurgie. Bd. 6. 1913. 10 Zeitschr. f. Chir. 1923 u. D. Zeitschr. f. Chir. 111.

und wenn man mit Pressen aufhört wieder weiter wird, vertritt ebenso wie JENKEL, WISTINGHAUSEN[1] u. a. die Ansicht, daß die als gangränös im Bauchraum gefundene Darmschlinge ursprünglich im Bruchsack gelegen hat. Umgekehrt konnte LORENZ in einem Falle zeigen, daß als Ursache für die Darmgangrän eine eigentümliche Abknickung des Mesenteriums der im Bauch gelegenen Darmschlinge vorhanden war, die eine gewisse Ähnlichkeit hatte mit dem, was WILMS[3] einen „Wringverschluß" nannte. Eine solche Abknickung des Mesenteriums ist aber bei retograder Inkarzeration offenbar nicht häufig vorhanden. LORENZ suchte seine Ansicht durch Modellversuche zu belegen. Ich glaube, man ist vorläufig nicht in der Lage, sich allgemeingültige Vorstellungen zu bilden, wie die retrograde Inkarzeration zustande kommt. Man muß hier von Fall zu Fall entscheiden.

Schließlich ist von den Fällen mit mechanischem Ileus der Mechanismus der **Darminvagination** vielfach Gegenstand experimenteller Untersuchungen gewesen. Solche Versuche stammen von NOTHNAGEL[3], WILMS[4], PROPPING[5], KNAPP[6], GOLDSCHMIDT[7] u. a. Es ist bei Tieren nicht schwer, Invaginationen zu bekommen, da kleine Invaginationen, die sich immer wieder von selbst lösen, häufig sogar als Zufallsbefunde bei sonst ganz normalem Darm gefunden werden. Daß sich auch bei Kinderleichen nicht selten agonale Invaginationen finden, ist ja dem Pathologen hinreichend bekannt. NOTHNAGEL, WILMS, KNAPP. WORTMANN[8] u. a. reizten den vorgelagerten Darm faradisch, und konnten dann übereinstimmend beobachten, wie sich zunächst eine lokale Zusammenziehung am Darm bildete, die durch den noch schlaffen, distalen Darmteil „schirmförmig" überdacht wurde. Schließlich erfolgte die Einstülpung des kontrahierten Darmteiles in den schlaffen. PROPPING und KNAPP konnten genau die gleichen Invaginationen durch Einspritzung von Physostigmin erzielen. Eine gewisse Meinungsverschiedenheit besteht noch darüber, ob und in welcher Weise sich an dieser Einstülpung die Längsmuskulatur des Darmes beteiligt. Diese Invaginate lösen sich gewöhnlich in ganz kurzer Zeit wieder. Eine dauernde Invagination, wie beim Menschen, bekommt man beim Tier nur mit einer recht umständlichen, den natürlichen Verhältnissen wenig entsprechenden Versuchsanordnung (PROPPING, DIETE-

---

1 Deutsche Ztschrft. f. Chir. 122. 1913. 2 Arch. f. klin. Chir. Bd. 69. 1903 u. „Der Ileus" l. c. S. 34. 3 Handbuch d. spez. Pathol. Bd. XVII. 4 Der Ileus. Deutsche Chir. 46 g. 5 Mitt. aus d. Grenzgebieten Bd. 21. 1910. 6 Inaug.-Diss., Heidelberg, 1915. 7 Mitt. aus d. Grenzgebieten Bd. 34. 8 In BRAUN-WORTMANN. Der Darmverschluß. Springers Verlag 1924.

RICHS[1]). Nach KNAPP entstehen die experimentellen Invaginationen durch Erregung der Vagusendigungen im Darm. Beobachtungen von Invaginationen bei Vagotonikern gewinnen dadurch ein besonderes Interesse. Daß die Valvula ileocoecalis nicht, wie das früher vielfach angenommen worden ist, der Darmteil ist, an dem die Invagination ausschließlich beginnt, ist oben bei der Besprechung der Valvula Bauhini schon ausführlich erörtert worden; es sei deswegen hier nur auf das dort Gesagte verwiesen.

Das klassische Beispiel des **„paralytischen Ileus"**, also eines Darmverschlusses, der Folge einer Darmlähmung ist, gibt immer die Peritonitis. Im allgemeinen macht man ja die Annahme, daß hierbei eine toxische Lähmung der in der Darmwand gelegenen Ganglienzellen eintritt. Daß diese Anschauung doch etwas zu einfach ist, haben die Versuche von HOTZ[2] gezeigt, der nachweisen konnte, daß bei Peritonitis eine Darmlähmung nur in den geblähten Darmabschnitten auftritt, während die nicht geblähten, aber gleichwohl entzündeten Darmschlingen eine ganz normale Beweglichkeit behalten. Danach ist es wahrscheinlich, daß die Darmauftreibungen und Lähmungen auch beim paralytischen Ileus auf dem Umwege über zirkulatorische Störungen in der Darmwand zustande kommen. Wir können diese Zirkulationsstörung bessern, wenn wir die im Darm angehäuften, aus Flüssigkeit und Gasen bestehenden Massen, z. B. durch eine Darmfistel (HEIDENHAIN[3]) beseitigen, und man sieht oft eine überraschend schnelle Erholung eines scheinbar paralytisch gelähmten Darmes (z. B. bei eingeklemmter Hernie), wenn man den Darm bei der Operation durch Ausstreichen oder Absaugen entleert. In gleichem Sinne, aber bei schon bestehender Lähmung naturgemäß weniger vollkommen, wirken die Darmfisteln (HEIDENHAIN[4] u. v. a.). Die gleichen Überlegungen gelten für den „Gärungsileus", der in letzter Zeit vor allem in der russischen Literatur eine große Rolle spielt aber auch bei uns beobachtet wird. Nach Bohnen oder Hafergenuß bekommen die Kranken sehr rasch eine gewaltige Auftreibung des Dickdarms mit allen Erscheinungen des Ileus. Die Gase kommen vor allem an den beiden Knickungen des Dickdarms nicht weiter, besonders wenn diese sehr spitzwinklig sind (PAYR).

Dem Lähmungs- oder paralytischen Ileus gegenüber steht der sogenannte **spastische Ileus**, das heißt ein solcher, bei dem die Darmpassage dadurch erschwert ist, daß der Darm sich strecken-

1 Zit. Chir. Kongreßzentralblatt III. S. 873. 2 Mitt. aus d. Grenzgebieten 20. 1909. 3 Mitt. aus d. Grenzgebieten 23. 1911. 4 Arch. f. klin. Chir. Bd. 55. S. 211 und Deutsche Ztschrft. f. Chir. Bd. 43.

weise über längere Zeit hin fest zusammenzieht. Gehen wir vom Pharmakologischen aus, so würde der Zustand des Darmes bei paralytischem Ileus dem bei Adrenalingabe entsprechen, während der spastische Kontraktionszustand des Darmes eine Pilokarpinwirkung wäre. Das praktisch wichtigste Beispiel einer spastischen Kontraktion des Darmes infolge Vergiftung bietet die Bleikolik. Auf einer Giftwirkung beruht auch z. T. der Spasmus, der bei der Anwesenheit von Askariden im Darm beobachtet wird (ROST[1]). Dazu kommen nach SCHLOSSMANN, GERLACH[2], SPECHT[3] u. a. noch mechanische Reizungen der Darmwand durch die Bewegungen der Würmer, die zu richtigen Geschwüren der Schleimhaut führen können. Der Spasmus, den man bei Geschwüren oder Fissuren des Darmes sieht, wird als reflektorisch angesprochen; ebenso wie spastische Kontraktion des Darmes bei Fremdkörpern, z. B. kleinen, die Lichtung nicht verlegenden, im Darm befindlichen Steinen (Gallensteine, PROPPING[4]). Ganz sicherlich tritt bei einzelnen Menschen eine solche spastische Kontraktion des Darmes leichter auf als bei anderen. So sehen wir, wie oben gesagt wurde, nur in einem geringen Prozentsatz der Fälle die Fissura ani mit ausgedehnten, schmerzhaften Spasmen des übrigen Dickdarmes verbunden. Man spricht von einer nervösen Disposition und begründet damit auch das Auftreten von Darmspasmen bei Hysterie, bei welcher Erkrankung sich die Spasmen ohne erkennbare äußere Einwirkung bis zum Ileus steigern können (GOLDSCHMIDT[5]). Es ist ja oft genug betont worden, daß es dem Verständnis Schwierigkeiten bereitet, anzunehmen, die Kontraktion eines kleinen Darmstückes bilde ein absolutes Hindernis für den Kot- und Winddurchgang. Man darf aber doch nicht übersehen, daß, wenn wir von einem umschriebenen Spasmus sprechen, wir nicht wissen, was für Bewegungen der Darmteil und seine Nachbarschaft eigentlich wirklich ausführt und ob die anderen Darmschlingen nicht gleichfalls Störungen zeigen, die wir im Röntgenbilde nicht erkennen, die aber doch imstande sind den Kotdurchgang zu verhindern. So etwas gilt z. B. für den Askarideníleus (ROST). Bei Gallensteinileus tritt nach PROPPING allmählich eine Erschöpfung des Darmes ein, an der der Mensch stirbt.

Wohl die höchsten Grade von Spasmus des Darmes über große Strecken hin beobachtet man bei der Tabes. Hier hat SCHLESINGER[6] einen Fall mitgeteilt, wo entsprechend der auftretenden „Krisis" sich das ganze Deszendens bandartig zusammenzog.

---

1 Deutsche Ztschrft. f. Chir. Bd. 151. 2 Deutsche Zeitschr. f. Chir. 173. 1922. 3 VIRCHOWS Archiv Bd. 215. 4 Med. Klinik 1920. 5 Mitt. aus d. Grenzgeb. Bd. 35. 1922. 6 Berliner klin. Wochenschrift 1918. Nr. 37.

Als mechanische Folge einer starken meteoristischen Auftreibung der Darmschlingen bei Darmverschluß sind die **Geschwürsbildungen oberhalb der Stenose** aufzufassen. Man hielt diese, oft massenhaft vorhandenen, kleinen, rundlichen Geschwüre früher für „Dekubital- oder Sterkoralulzerationen“ (NOTHNAGEL l. c. S. 183), entstanden durch den Druck des stagnierenden, verhärteten Kotes. Es hat jedoch KOCHER[1] mit Recht darauf hingewiesen, daß wir ja bei Ileus gewöhnlich gar keinen dicken und festen, sondern einen flüssigen und reichlich mit Luft untermischten, deshalb weichen Kot in dem zuführenden Darmteil haben. KOCHER hält auf Grund seiner Versuche über Brucheinklemmung diese Geschwüre für Dehnungsgeschwüre. Durch die Blähung des Darmes kommt es zu einer Ernährungsstörung der Darmwand, zu einer umschriebenen Gangrän und Geschwürsbildung, die noch gefördert wird durch die Einwirkung der ja stets vorhandenen Bakterien auf die in ihrer Ernährung geschädigte Schleimhaut. Nach den späteren, sehr ausführlichen Experimenten von v. GREYERZ und von SHIMODEIRA[2] tritt bei Aufblähung des Darmes zunächst eine Verminderung der arteriellen Blutzufuhr ein. Der Darm wird blaß; schon in diesem Zeitpunkt treten Geschwürsbildungen auf. Beim Nachlassen der Spannung nimmt der Darm eine tiefdunkelrote Farbe an, als Zeichen einer venösen Stauung. KOCHER (wenigstens in seinen ersten Arbeiten) und PRUTZ[3] halten diese venöse Stauung und die durch sie bedingte Thrombenbildung und Blutung in die Darmwand für besonders gefährlich und für den wesentlichsten Grund zur Entwicklung solcher Geschwüre. Dafür spricht auch, daß im Tierversuch die Geschwüre erst 4—5 Tage nach der Aufblasung mit Luft entstehen (SHIMODEIRA). Daß als Folge dieser Zirkulationsstörung schließlich eine Darmlähmung eintreten kann, wurde oben ausführlich erörtert. Die Störung in der Zirkulation des Darmes schränkt nun außerdem noch die Resorption der Gase ein und fördert dadurch weiterhin die Ausbildung eines Meteorismus. Es ergibt sich also auch hier wieder ein Circulus vitiosus, der die schleunige Befreiung des Darmes von seinem Inhalt fordert.

Eine besondere Form eines umschriebenen Meteorismus stellt die zuerst von MAYDL[4] und BAYER[5] beschriebene **Coecumblähung** bei tiefsitzendem Darmverschluß dar. Das Coecum ist bei solchen tief sitzenden Verengerungen ballonartig aufgetrieben, viel stärker,

1 Deutsche Zeitschrift f. Chir. Bd. 8. 1877 und Grenzgebiete Bd. 4. 1899.
2 BRUNS' Beiträge z. Chir. Bd. 22. S. 229. 1911. 3 Arch. f. klin. Chir. Bd. 60. 1900. 4 Über Darmkrebs. Wien 1883. 5 Arch. f. klin. Chir. Bd. 57. S. 233. 1898.

als irgendein anderer Teil des Dickdarmes. Die Aufblähung des Coecum kann so hochgradig werden, daß hier Dehnungsgeschwüre auftreten, die schließlich durchbrechen, so daß die Patienten an Peritonitis zugrunde gehen (KREUTER[1], v. GREYERZ[2], WEISS[3]). Als Voraussetzung für das Auftreten dieser isolierten Coecumblähung ist eine luftdichte BAUHINIsche Klappe zu fordern. Weiterhin aber haben die Versuche von ANSCHÜTZ[4] und v. GREYERZ gezeigt, daß die geringe Wanddicke und die relative Weite des Coecum daran schuld sind, daß sich bei Luftstauung im Dickdarm dieser Teil stärker auftreibt als der übrige Dickdarm.

ANSCHÜTZ veranschaulicht diese Verhältnisse sehr hübsch durch einen schematischen Versuch, der vielfach nachgeprüft worden ist (GREIYERZ). Er band an ein T-Rohr zwei ungleich große Gummiballons und blies von der dritten Öffnung des T Luft ein. Es dehnt sich dann der jeweils größere Ballon sehr rasch aus und platzt schließlich, noch bevor der kleinere Ballon einen nennenswerten Umfang erreicht hat. KREUTER hat zwar daran gezweifelt, daß die oben angeführte Deutung, die ANSCHÜTZ diesen Versuchen gibt, richtig sei; es haben jedoch auch die mathematischen Berechnungen von A. DE QUERVAIN (mitgeteilt von v. GREYERZ) gezeigt, daß „bei gleich elastischer Membran der Überdruck um so größer ist, je kleiner der Radius ist. Sind also zwei Membranen an denselben Druck angeschlossen, so genügt ein bestimmter Betrag des Druckes, um die Membran mit dem größten Durchmesser zu dehnen, der der kleineren noch nicht genügt".

Man kann also doch nicht gut daran zweifeln, daß die im Vergleich zu den anderen Dickdarmteilen größere Weite des Coecum an der besonders starken Auftreibung dieses Darmteils bei tiefsitzendem Verschluß wesentlich schuld ist. Es kommt noch hinzu, daß das Coecum gewissermaßen das Ende eines Schlauches darstellt. Einen Beweis für die Richtigkeit der besprochenen Ansicht ergibt auch die klinische Beobachtung. Bläst man nämlich vom Mastdarm aus Luft in den Dickdarm, z. B. bei einer Rektoskopie, so klagen die Patienten meist zuerst über Schmerzen in der Coecumgegend. Man hat diesen Schmerz in der Coecumgegend bei Aufblasen vom Rektum aus auch als diagnostisches Zeichen zur Erkennung einer Appendizitis zu verwerten gesucht (DREYER[5]). Ein sicheres Zeichen ist es nach dem Gesagten natürlich nicht, gleichwohl in vereinzelten Fällen brauchbar (vgl. ROST[6]).

Weitere Folgen einer solchen Auftreibung der Därme, wie wir sie beim Ileus sehen, sind eine **Erhöhung des Druckes in der Bauchhöhle.** Wir begegnen beim Meteorismus ganz ähnlichen pathologisch-physiologischen Verhältnissen, wie beim Aszites. HAMBURGER[7] hat sich bei seinen Untersuchungen über den Einfluß

1 Arch. f. klin. Chir. Bd. 70. 1903. 2 Deutsche Ztschrft. f. Chir. 77. S. 57. 1905. 3 Arch. f. klin. Chir. Bd. 73. S. 839. 1904. 4 Arch. f. klin. Chir. Bd. 68. S. 195. 1902. 5 Münchener med. Wochenschrift 1912. Nr. 34. 6 Münchener med. Wochenschrift 1912. Nr. 38. 7 Arch. f. Physiol. 1896. S. 332.

des intraabdominellen Druckes auf die Resorption in der Bauchhöhle auch mit den Blutdruckverhältnissen befaßt. Er steigerte den intraabdominellen Druck durch Einspritzung von physiologischer Kochsalzlösung und suchte die Nachgiebigkeit der Bauchdecken dadurch auszuschalten, daß er um den Bauch der Kaninchen einen Gipsverband legte. Er fand im Beginn der Steigerung des Bauchdruckes eine Erhöhung des Blutdruckes, bei hochgradiger Steigerung des Bauchdruckes ein plötzliches Absinken des Blutdruckes und Tod. Die Versuche von HAMBURGER wurden im wesentlichen von QURIN[1] bestätigt, nur daß er an Stelle von Kochsalz Luft in die Bauchhöhle brachte. OPPENHEIM[2] pumpte Luft in die Därme der Versuchstiere und erzielte dadurch einen hochgradigen Meteorismus. Auch er beobachtete ein starkes Nachlassen der Herztätigkeit, das in einzelnen Fällen zum raschen Tode führte. Die Autoren deuten das Ergebnis ihrer Versuche so, daß, „wenn in der Bauchhöhle ein Druck ausgeübt wird, der Blutstrom, insbesondere die Venen, einen vermehrten Widerstand erfahren". Als Folge dieses erhöhten Widerstandes kommt es zunächst zu einer Blutdrucksteigerung und erst wenn der Widerstand zu groß wird, zu einem Erlahmen des Herzens und Absinken des Blutdruckes mit Tod. An der Deutung der Versuchsergebnisse üben STADLER und HIRSCH[3] Kritik. Auch sie prüften im Tierversuch den Blutdruck bei erhöhtem intraabdominellen Druck, vergrößerten aber letzteren dadurch, daß sie Luft vom Anus aus in den Darm bliesen. In dieser Weise bekamen sie also einen echten Meteorismus. Auch sie fanden zunächst eine Blutdrucksteigerung, konnten aber nachweisen, daß diese stets abhängig ist von der Erschwerung der Atmung durch Höhertreten des Zwerchfells. Bei hochgradiger Atemnot traten Vaguspulse auf. Der Hochstand des Zwerchfells und die Verlagerung des Herzens ließen sich auch röntgenologisch nachweisen. Ein Absinken des Blutdruckes, wie es HAMBURGER bekam, sahen sie nie, und sie erklären wohl mit Recht den Befund HAMBURGERS so, daß es bei dem starren, durch den Gipsverband geschaffenen Rohr beim Einpumpen von Flüssigkeit in den Bauchraum schließlich zu einer völligen Kompression der großen Venen kommen muß, so daß das Herz kein Blut mehr bekommen kann und leer pumpt. Das Herz versagt dann also nicht wegen des erhöhten Widerstandes, sondern weil es kein Blut mehr zum Pumpen bekommt. Vom Standpunkt des Chirurgen aus sind gerade die Versuche HAMBURGERS nicht un-

1 Arch. f. klin. Med. Bd. 71. S. 79. 2 Deutsche med. Wochenschrift 1902.
3 Mitt. aus d. Grenzgebieten Bd. 15. S. 448. 1906.

interessant; erleben wir doch manchmal solche schwere Atem- und Herzstörungen bei großen, den Bauch einengenden Gipsverbänden, und zwar bekanntlich dann, wenn nach dem Essen oder bei Blähungszuständen der intraabdominelle Druck steigt und die Bauchwand wegen des Verbandes nicht nachgeben kann. Beim Polstern des Gipsverbandes nimmt man ja hierauf Rücksicht und legt ein Bauchkissen ein, das nach dem Erstarren des Gipsverbandes wieder entfernt wird. Es sind die Versuche ferner von Interesse mit Rücksicht auf die jetzt viel zu diagnostischen Zwecken verwendete Lufteinblasung in den Bauchraum (Pneumoperitoneum). Auch hier erlebt man nicht ganz selten Kollapse und Zeichen starker Zwerchfellreizung.

Der in den gelähmten und erweiterten Darmschlingen stagnierende Inhalt soll nun zu einer Vergiftung des Organismus, zu einer **Autointoxikation** führen. Die Frage der „Intoxikation" vom Darm aus spielt ja in der Literatur eine sehr große Rolle. Ihre populärste Bearbeitung hat sie durch METSCHNIKOFF in seinem Buche „Versuch einer optimistischen Weltanschauung" gefunden, das schließlich in einer Empfehlung der Yoghourtmilch gipfelt, durch die eine Darmreinigung, damit eine Verminderung der Intoxikation, schließlich ein langes Leben erzielt werden soll. Wir wollen uns hier bei der Besprechung der Autointoxikation auf den Ileus beschränken, bei dem die Verhältnisse am einfachsten liegen, und werden besonders zu erörtern haben, ob der Tod bei Ileus wirklich die Folge einer solchen Intoxikation ist. Aufgestellt wurde diese Theorie, die zweifellos etwas sehr Bestechendes hat, zuerst von AMUSSAT (1839), später von HUMBERT, BOUCHARD, ALBU[1], FLESCH-THEBESIUS[2] u. a. Von chirurgischer Seite (HEIDENHAIN[3], KOCHER[4], SICK[5] u. v. a.) wurde unter Zugrundelegen dieser Theorie die praktische Folgerung gezogen, daß man bei Ileus den toxischen Darminhalt durch Enterostomie möglichst gründlich beseitigen müsse.

Über die Bedeutung der Autointoxikation beim Ileus sollte der Tierversuch entscheiden. Da sind zunächst die Arbeiten von NIKOLAYSEN[6], NESBIETH[7], KUKULA[8], ALBECK[9], BORSZÉKY und GENERSICH[10], WHIPPLE und seiner Mitarbeiter zu nennen. Der Plan der Versuche war in allen diesen Arbeiten ungefähr der gleiche.

---

1 Über die Autointoxikationen des Intestinaltraktus. Berlin 1895 (Lit.). 2 BRUNS' Beiträge z. klin. Chir. Bd. 121. 3 Arch. f. klin. Chir. 55. S. 211 und Deutsche Ztschrft. f. Chir. Bd. 43. S. 201. 4 Grenzgebiete Bd. 4. Hft. 2. 5 Deutsche Ztschrft. f. Chir. Bd. 100. 6 Studier over Aethiologie og Pathologien af Ileus 1895. 7 The journal of exp. Med. 1899. 8 Arch. f. klin. Chir. Bd. 63. S. 773. 9 Arch. f. klin. Chir. Bd. 65. S. 569. 10 BRUNS' Beiträge z. klin. Chir. Bd. 36. S. 448.

Die Autoren erzeugten in verschiedener Weise bei Tieren einen Darmverschluß, was technisch nicht immer ganz leicht ist, sterilisierten den Darminhalt durch Filtrieren oder Erhitzen und spritzten nun dieses Filtrat oder auch die aus den geblähten Darmschlingen herstammenden Gase anderen Tieren intravenös oder intraperitoneal ein. Einzelne Forscher nahmen auch Darminhalt von Menschen, die an Ileus erkrankt waren, und spritzten die Tiere damit. Die Untersucher bekamen dann in ziemlicher Übereinstimmung gewisse Intoxikationserscheinungen, meist vom Tode des Versuchstieres gefolgt, deren Ähnlichkeit mit dem Ileustod sie betonen. Man suchte dann weiterhin bestimmte Gifte aus dem Darminhalte zu isolieren und kam dabei zu dem Ergebnis, daß es wohl Bakterientoxine, vielleicht daneben aber auch andere Gifte, wie Schwefelwasserstoff, Phenole, Histamine (GERARD[1]) usw. sind, die jene schweren Erscheinungen machten. Neurine, Proteosen oder Peptone sind es jedenfalls nicht (MAGNUS-ALSLEBEN[2], FALLOISE[3]). Wie man die Gifte den Versuchstieren einverleibte war gleichgültig; die Gifte wirkten immer, wenn das Verhältnis der Giftmenge zum Körpergewicht richtig gewählt war.

Man kann nicht verkennen, daß die geschilderte Versuchsanordnung für die Entscheidung der Frage, ob der Ileustod eine Intoxikation ist, unzureichend ist; denn die Versuche besagen eigentlich nur, daß in dem gestauten Darminhalt gewisse Giftprodukte vorhanden sind. Zunächst müßte doch einmal entschieden sein, ob wirklich normaler Darminhalt solche Gifte nicht oder in wesentlich geringerer Menge hat. Dieser Beweis ist aber, worauf BRAUN und BORUTTAU[4] mit Recht hinweisen, in den erwähnten Arbeiten nicht überzeugend genug geführt. ALBECK gibt zwar an, daß bei seinen Versuchen, Einspritzung von normalem Darminhalt nur gelegentlich, der von strangulierten Darmschlingen fast immer den Tod oder eine schwere Erkrankung beim Versuchstier hervorgerufen habe; aber diesen ja auch nicht gerade eindeutigen Befunden stehen die von GARNIER[5] gegenüber, der unter Berücksichtigung der Verdünnung des Darminhaltes bei Ileus fand, daß kein Unterschied in der Giftigkeit von normalem und gestautem Darminhalt nachweisbar ist. Weitere Untersuchungen von BRAUN und BORUTTAU bestätigten die Versuchsergebnisse GARNIERS, ja sie zeigten sogar, daß gelegentlich bei gleicher Dosierung der Inhalt einer normalen Darmschlinge tödlich wirkte, während der aus einer stran-

1 Journ. of biol. chem. Bd. 57. 1922 u. Journ. of the Americ. med. assoc. Bd. 79. 1922. 2 HOFMEISTERS Beitr. z. chem. Physiol. Bd. 6. S. 502. 1904. 3 Arch. intern. de Physiol. Bd. 5. S. 159. 1907. 4 Deutsche Ztschrft. f. Chir. 96. S. 544. 1908. 5 Comptes rendus de la soc. de Biol. Bd. 57. S. 388. 1905.

gulierten Schlinge gewonnene vertragen wurde. Es kommt offenbar sehr darauf an, aus welchem Darmabschnitt der Kot entnommen worden ist, wenigstens haben die Untersuchungen von ROGER[1], MAGNUS-ALSLEBEN, FALLOISE, BRAUN und BORUTTAU ergeben, daß der Duodenalinhalt, wahrscheinlich wegen der in ihm in reichlicher Menge enthaltenen Fermente, der bei weitem giftigste ist, während umgekehrt Dickdarminhalt den geringsten Grad von Giftigkeit zeigt. Das stimmt gut mit einer Beobachtung von CLAIRMONT und RANZI überein, daß Darminhalt durch längeres Stehen an Giftigkeit verliert.

Die Frage der Giftresorption von seiten des Darmes aus bekommt eine interessante Beleuchtung durch die Arbeiten von SEYDERHELM[2] über perniziöse Anämie. Es fand sich bei dieser Erkrankung, daß der Dünndarminhalt einen stark fäkulenten Charakter hatte und daß sich die Krankheit nach Anlegung einer Dünndarmfistel besserte.

Wenn gestauter Darminhalt nicht giftiger ist als normaler, so besteht die Möglichkeit, daß die ja zweifellos im Darm vorhandenen Gifte beim Ileus schneller als normal resorbiert werden und dadurch schädlich wirken, weil der Organismus mit dem Abbauen der Gifte nicht nachkommt.

CLAIRMONT und RANZI haben die Resorptionsverhältnisse beim Ileus in der Art studiert, daß sie einen Obturationsileus beim Tier erzeugten, dann zeitlich wechselnd relaparotomierten und Jodkalilösung in die erweiterte Darmschlinge spritzten. Es wurde dann die Jodausscheidung im Katheterurin bestimmt. Sie glaubten aus ihren Versuchen folgern zu dürfen, daß beim Ileus anfänglich eine gesteigerte, später eine verringerte Resorption im Darm statthat. Nun sind, worauf BRAUN und BORUTTAU mit Recht hinweisen, bei den Versuchen nur die zeitlichen Verhältnisse berücksichtigt worden; das gibt ein falsches Bild von der Resorptionsgröße. BRAUN und BORUTTAU spritzten deshalb ihren im übrigen genau so vorbereiteten Tieren ein kristalloides Gift, nämlich Strychnin, in die geblähte Darmschlinge und konnten so den Nachweis erbringen, daß erstens sehr viel größere Mengen des Giftes zum Eintritt der Krämpfe und des Todes bei Ileus nötig waren als sonst, und daß zweitens Krampf und Tod beim Ileus später eintraten als normal. „Resorptionsintensität und Geschwindigkeit sind also beim Ileus in der Regel von Anfang an in immer zunehmendem Grade herabgesetzt. Schließlich haben ENDERLEN und HOTZ[3] die Resorption des Darmes bei Ileus und Peritonitis studiert. Sie kamen zu dem Ergebnis, daß beim Ileus die Resorption anfänglich vermindert ist, später fast ganz aufhört. Bei der Peritonitis kann die Resorption des Darmes anfänglich unverändert bleiben, in späteren Zeiten ist sie ebenfalls stark vermindert.

Die Tierversuche bieten also keinen Anhaltspunkt dafür, daß das Krankheitsbild und der Tod bei Ileus durch eine Resorption toxischer Massen aus dem Darmkanal erklärt werden kann.

---

1 Compt. rend. de la soc. de Biol. Bd. 58. S. 666 u. S. 675. 1906. 2 Klin. Wochenschr. 1924. 3 Mitt. aus d. Grenzgebieten Bd. 23.

Nun fragt es sich weiterhin, ob denn der Krankheitsverlauf beim Menschen mit Ileus klinisch dem ähnlich ist wie er im Tierversuch bei der Einspritzung von Darminhalt beobachtet wird. Auch das kann man nicht bejahen. Ein auffallender Unterschied ist zunächst der, daß die Tiere bei Vergiftung mit Darminhalt unter Krämpfen sterben, während das Auftreten von Krämpfen bei Ileus bekanntlich zu den allergrößten Seltenheiten gehört. Die Tiere sterben auch dann an Krämpfen, wenn der Darminhalt über längere Zeit hin in kleinen Mengen eingespritzt worden ist. Genaue Aufzeichnung der Blutdruck- und Atemkurven beim Ileustier und beim Tier nach Einspritzung von Darminhalt ergeben weiterhin, daß die Kurven auch nicht die geringste Ähnlichkeit miteinander haben (BRAUN und BORUTTAU). Die Angaben der Autoren, die Tiere sterben bei der Einspritzung von Darminhalt unter den gleichen Erscheinungen wie beim Ileus, beruhen also auf einer ungenauen Beobachtung.

In einer etwas anderen und, wie mir scheint, sehr zweckmäßigen Art, hat McLEAN[1] die Frage, ob die Tiere bei Ileus an einer Autointoxikation sterben, zu lösen versucht, indem er bei Hunden mit Ileus Blut entnahm und es anderen Hunden einspritzte. Gewisse chemische Änderungen in der Blutzusammensetzung (Abnahme der Chloride, Abnahme der Blutalkaleszens) bei experimentellem hohen Ileus sind nach HADEN u. ORR[2] sowie ODAIRA[3] vorhanden. Aber auch bei dieser Versuchsanodnung traten keine Vergiftungserscheinungen auf, selbst wenn fast das ganze Blut übergeleitet wurde.

Eine andere Gruppe von Autoren glaubt nun den klinischen Verlauf des Ileus als Bakteriämie deuten zu müssen (s. auch Peritonitis).

Man findet etwa in der Hälfte der Fälle Bakterien im Blute und auf dem Bauchfell (ALBECK u. BORSZIKY, v. GENERSICH[4]), nämlich dann, wenn es zu einer stärkeren Schädigung der Darmwand gekommen war. Hingegen konnte neuerdings SCHÖNBAUER[5] im peritonealen Exsudat bei Ileus giftige Eiweißabbauprodukte nachweisen, die durch trypsinähnliche Fermente gebildet worden sind und er vertritt die Ansicht, daß die Tiere durch Resorption dieser Eiweißzerfallszprodukte vom Bauchfell aus zugrunde gehen. WHIPPLE[6] fand solche giftige Eiweißkörper in dem Exsudat bei Peritonitis. Damit soll sich dann auch das Auftreten von Eiweißabbauprodukten im Urin bei Ileus erklären (FLESCH-THE-

1 Ann. of Surg. 59. S. 407. 1914. 2 Zit. Ber. über die ges. Physiol. Bd. XX. S. 204. 3 Zit. Ebenda Bd. XIX. S. 97. 4 BRUNS' Beiträge z. klin. Chir. Bd. 36. S. 448. 5 Archiv f. klin. Chir. 130. 1924. 6 Übers. d. Buches v. REIMANN S. 228 (Journ. americ. Med. assoc. 67. S. 15. 1916.

BESIUS[1]). BRAUN u. WORTMANN[2] die sich auch in eigenen Versuchen viel mit der Frage nach der Todesursache bei Ileus befaßt haben, kommen zu dem Ergebnis, daß es eine Reihe von Faktoren sind, die den endgültigen Zusammenbruch verursachen. Vor allen Dingen schwere Schädigung des zentralen Nervensystems auf reflektorischem Wege, dann der Säfteverlust und Störung der Zirkulation, schließlich auch die Giftwirkung des Darminhaltes. Nicht nur der Tod, sondern auch der klinische Verlauf des Ileus wird durch diese verschiedenen Faktoren, von denen bald mehr der eine, bald mehr der andere hervortreten bedingt und so erklärt sich die Verschiedenheit des Einzelfalles.

Es sind in diesem Zusammenhange die Versuche von KIRSCHSTEIN[3] und REICHEL[4] anzuführen. Sie fanden, daß es gelingt, Tiere 6 Wochen am Leben zu erhalten, ohne daß sie Ileus bekommen, wenn man den Dünndarm durchtrennt und einen Endverschluß anlegt. Die Tiere sterben bei zunehmender Appetitlosigkeit am Verhungern. Es kommt zu einer Eindickung des Blutes und zu einer starken Erhöhung des Reststickstoffes (BACON[5]). Man sieht auch aus diesen Versuchen, daß das Krankheitsbild, das wir Ileus nennen, also das Erbrechen, der Verfall, die Verflüssigung des Darminhaltes usw., nicht einfach eine mechanische Folge des Darmverschlusses ist. REICHEL betont auf Grund dieser Versuche, daß zum Zustandekommen des Ileus entweder eine Reflexwirkung von seiten eingeschnürter Darmpartien oder eine peritoneale Entzündung nötig sei.

Ein wichtiges diagnostisches Zeichen beim Ileus ist das Auftreten klingender und polternder **Darmgeräusche.** Einmal sind es Geräusche, die eine gewisse Ähnlichkeit haben mit dem Ausgießen einer Flasche. Sie treten am Ende eines Kolikanfalls auf und entstehen dadurch, daß der flüssige Darminhalt mit Gasen untermischt vom Hindernis wieder zurückflutet (WILMS[6] und LEUENBERGER[7]). Die zweite Form der Darmgeräusche, die metallisch klingenden, zeigen die Spannung der Därme an und erklären sich wohl dadurch, daß Blasen in dem flüssigen Darminhalt aufsteigen oder als Tropfen von der Wand des Darmes in den Flüssigkeitsspiegel herunterfallen. Die Darmsteifungen beim Ileus sind nicht die Folge einer Arbeitshypertrophie der Muskulatur, wie man eine Zeitlang glaubte, sondern sind auf eine Überreizung des Darmes zurückzuführen, die wiederum ihre Ursache in der Störung der Zirkulation, Sekretion usw. haben sowie reflektorisch von der verengten Stelle aus ausgelöst werden (BRAUN-WORTMANN[8], BRASCH[9]).

Alle Operationen an den Därmen und am Bauchfell können zu

---

1 BRUNS' Beitr. Bd. 121. 2 Der Darmverschluß. Springers Verlag 1924. S. 71. 3 Deutsche med. Wochenschrift 1889. S. 1000. 4 Deutsche Ztschrft. f. Chir. Bd. 35. S. 495. 1893. 5 Arch. of surg. Bd. 3. 1921. 6 Münchener med. Wochenschrift 1910. Nr. 5. 7 Münchener med. Wochenschrift 1910. Nr. 14. 8 Der Darmverschluß usw. 1924. 9 Med. Klinik. 1924.

dem führen, was wir als **Schock**[1] zu bezeichnen pflegen. Es ist der Ausdruck „Schock“ ein Sammelbegriff geworden, unter den eine ganze Anzahl der verschiedensten Krankheitsbilder zusammengefaßt werden. Das Gemeinsame aller dieser Krankheitsbilder ist darin zu suchen, daß sie die Antwort des Körpers als Ganzem auf eine plötzliche Gewalteinwirkung, sei es mit, sei es ohne eine Verwundung darstellen. Um uns die Sache etwas zu vereinfachen, werden wir allerdings in folgendem von der Besprechung des Schocks, wie ihn der Psychiater sieht, völlig absehen und werden uns auf den sog. Wundschock beschränken, wenn hier auch bestimmte Beziehungen bestehen mögen. Auch bei den Beschreibungen des Wundschocks findet man selbst über die lebenswichtigsten Körperfunktionen und Leistungen die widersprechendsten Angaben, was wohl nicht auf Beobachtungsfehlern der Beschreiber, sondern darauf zurückzuführen ist, daß tatsächlich der Körper als Ganzes in der verschiedenartigsten Weise auf solche Gewalteinwirkung antwortet. Zwei Systeme sind es vor allem, die hier durch die Gewalteinwirkung in Mitleidenschaft gezogen werden, das eine ist das Blutgefäßsystem mit dem Herzen, das andere das Nervensystem. Um beide Systeme gruppieren sich die beschriebenen Beobachtungen über den Krankheitsverlauf beim Schock und gruppieren sich auch die Theorien, die zur Erklärung dieses Krankheitsbildes aufgestellt worden sind. Es kommt nun sehr auf die Stellungnahme des jeweiligen Beschreibers an, welche Krankheitserscheinung er als besonders wichtig betrachten will. So reden einzelne Autoren, wie TANNHAUSER[2], nur dann vom Schock, wenn die Haut wachsartig, kühl, die Gesichtszüge maskenartig verändert sind, während der Verwundete bei voller Besinnung ist, einen kräftigen und gespannten Puls hat, bei erhöhtem Blutdruck. Die peripheren Blutgefäße und auch die des Bauches sind nicht erweitert, sondern kontrahiert (MALCOLM[3], SEELIG u. LYON[4], MANN[5]). Hiervon abzugrenzen ist der Kollaps. Da wird der Puls klein, fadenförmig. sehr beschleunigt; der Blutdruck sinkt. Die Haut ist blaß, der Kranke gibt mit Mühe Antwort. Beim Kollaps haben wir also eine Gefäßerschlaffung oder ein Ausweichen des Blutes in die Bauchgefäße als Reflexwirkung auf die Verletzugn, während es sich beim Schock im engeren Sinne um einen Gefäßkrampf handelt. Es erscheint mir sehr zweckmäßig, so wie es TANNHAUSER und WIETING tun, in dieser Weise den Schock im engeren Sinne vom Kollaps zu trennen,

1 Sammelreferat s. WIETING, Erg. d. Chir. Bd. 14; FRASER, Brit. journ. of surg. Bd. 11. 1924; QUÉNU, Revue de chir. 39. S. 156. 2 Münchener med. Wochenschr. 1916. S. 511. 3 Lancet 1907. 4 The journ. of the Americ. med. Assoc. 1909 July. 5 Surg. gyn. and obst. Bd. 21. Nr. 4.

denn das verschiedene Verhalten der Blugtefäße bei diesen beiden Krankheitsbildern drängt sich als so augenscheinlicher Unterschied auf und ist für das Leben so wichtig, daß wir es zur genaueren Begriffsbestimmung für wesentlich erachten. Es sei aber ausdrücklich bemerkt, daß andere Autoren, wie FISCHER[1], CRILE[2] u. MUMMERY[3] diese Unterscheidung nicht machen, sondern auch dann von Schock sprechen, wenn der Blutdruck gesunken ist. Auch bei den sehr zahlreichen Tierversuchen, die angestellt worden sind, um dem Wesen des Schock näher zu kommen, hat man diese Unterschiede im Blutdruck oft nicht als so wesentlich betrachtet, um nicht auch dann vom Schock zu sprechen, wenn der Blutdruck gesunken war. Nun kann der Patient, der sich zunächst in dem Zustand des Schock im engeren Sinne, wie wir ihn oben geschildert haben, befand, nach einiger Zeit kollabieren. Der Gefäßkrampf macht dann einer Gefäßerweiterung Platz. Das braucht aber nicht immer einzutreten; Es gibt Fälle, die bis zum Tode einen hohen Blutdruck mit gespanntem Puls bewahrten (vgl. WIETING).

In welcher Weise können nun von einer Verletzung her solche Einwirkungen auf den gesamten Körper eintreten? Folgende Theorien stehen sich da augenblicklich einander gegenüber (KLEINSCHMIDT[4]). 1. die psychische Theorie, 2. die Reiz- oder Hemmungstheorie, 3. die Lähmungstheorie, 4. die Erschöpfungstheorie, 5. die Akapnietheorie, 6. die Toxintheorie.

Die ersten vier Theorien betrachten als Grundlage des Schocks eine irgendwie geartete Einwirkung der Verletzung auf das periphere oder zentrale Nervensystem, vielleicht durch Vermittlung der Nebenniere (BAINBRIDGE und PARKINSON). CRILES u. DOLLEY[5] glaubten sogar bestimmte anatomische Veränderungen in den PURKINJEschen Zellen beim Schock nachweisen zu können, einen Befund, den KNORR[6] aber nicht bestätigen konnte. Daß bei jeder Verletzung und jeder Operation eine gewaltige Einwirkung auf das Nervensystem statt hat, einmal durch die Narkose und dann durch die Schmerzempfindung, ist ja nicht zu bezweifeln. Ob aber diese Einwirkung einen Reiz oder eine Erschöpfung der Nervenzellen bedingt, weiß man nicht und es erscheint mir auch müßig darüber zu streiten, solange man keine bestimmteren Unterlagen dafür hat.

Die Akapnietheorie stammt von YANDEL HENDERSON[7]. Er sieht das Wesentliche des Schocks in einer Kohlensäure-

---

1 v. VOLKMANNS Samml. klin. Vortr. 1870. Nr. V. S. 69. 2 Revue de chir. 1914. Nr. 1 und The journ. of the Americ. med. Assoc. 1913 u. 1916. 3 Lancet 1907; Brit. med. journ. 1908. 4 Archiv f. klin. Chir. Bd. 117. S. 513. 5 Zit. nach. 6 Mitt. aus d. Grenzgebieten 33. 1921. 7 Berliner klin. Wochenschr. 1913. Bd. 50. S. 1938. u. S. 1989.

verarmung des Blutes; und zwar glaubt er, daß das Tier oder der Mensch, wenn bei Bauchoperationen eine starke Reizung der Baucheingeweide eintritt, schneller und tiefer atmet, so daß dann keine Kohlensäure mehr im Blut vorhanden ist, die den natürlichen Anreiz zum Atmen bildet. Atemstillstand sei deshalb das Primäre des Schocks. Der Blutdruck sänke erst später ab. Dieser Ansicht schließen sich u. a. JANEWAY und EPHRAIM[1] an. SHORT[2] hat hingegen bei Nachuntersuchungen an Menschen keine Kohlensäureverminderung während des chirurgischen Schocks feststellen können.

Die Oligämietheorie von COBBET, VALTE[3] und CANNON[4] sieht als Ursache des Schocks eine Eindickung des Blutes an. SHORT hat jedoch eine solche Eindickung nicht feststellen können.

Etwas mehr wissen wir über den sog. toxischen oder anaphylaktischen Schock, den man im Experiment durch eine Reihe von Eiweißkörpern wie Peptonen und Histaminen auslösen kann. Das, was bei diesen Giften das Krankheitsbild hervorruft, ist eine Veränderung der Blutverteilung (EBBECKE[5]). Nach MAUTNER und PICK[6] sind bei diesen Vergiftungen die Venenabflußwege der Leber kontrahiert, wodurch es zu einer Stauung in den Leber- und Darmvenen kommt. Zugleich sind die Kapillaren in der Peripherie erweitert (EBBECKE). CANNON[7] u. a. fassen auch den Wundschock als eine Vergiftung des Körpers durch Eiweißstoffe auf, die aus der Wunde aufgenommen werden.

Sie (CANNON und BAYLISS) suchten diese Annahme dadurch zu beweisen, daß sie bei Tieren eine starke Quetschung der Beine setzten, nachdem sie vorher alle Nerven, die zu den Beinen führten, durchtrennt hatten. Bei dieser Versuchsanordnung bekamen sie einen richtigen anaphylaktischen Schock, der ausblieb, wenn sie die Venen unterbanden. Ich möchte jedoch hervorheben, daß bei diesem Schock der Blutdruck sinkt, daß es sich also mehr um einen Kollaps handelt. Es sinken weiterhin auch die Alkalireserven im Blute, vielleicht wegen der erhöhten Atmungszahl, vielleicht wegen vermehrter Milchsäurebildung. Daß es bei jedem operativen Eingriff zu einem starken Eiweißzerfall kommt, zeigen die Versuche von BÜRGER und GRAUHAHN[8]. Der Eiweißzerfall ist danach auch bei einfachen Eingriffen so groß, daß sich schockartige Zustände nach der Operation, wie z. B. die oben erwähnten postoperativen Kolitiden als Eiweißvergiftungen erklären lassen.

Sehr schwierig kann die Differenzialdiagnose von Schock und innerer Blutung sein, besonders, wenn man zum Schock auch die

---

1 Zit. nach Chir. Kongreßzentralblatt III. S. 2. 2 Brit. journ. of Surg. Bd. 1. S. 114. 1913 und Lancet 186. S. 731. 1914. 3 Zit. nach SHORT, Lancet 1907. 4 Arch. of sury Bd. 4. 1922. 5 Klin. Wochenschr. 1923. Hft. 37, 38 u. Erg. der Physiol. Bd. 22. 1924. 6 Münchner med. Wochenschrift 1915. S. 1142. 7 Arch. fo sury Bd. 4. 1922 teilweise zus. mit CATTEK. 8 Zeitschr. f. d. ges. exp. Med. 35.

Fälle mit niederem Blutdruck und kleinem Puls rechnet (vgl. KLEINSCHMIDT).

Es berührt sich die Frage des Schocks enge mit der nach dem Einfluß der Angst auf den Ablauf körperlicher Reaktionen. Daß einem außerordentlich ängstlichen Menschen eine Operation schlechter bekommt, als einem ruhigeren, ist eine zweifellose Tatsache, von der man sich als Chirurge zu seinem Leidwesen sehr oft überzeugen muß. Es ist nicht so, daß solche Patienten durch „unvernünftiges" Verhalten den Erfolg der Operation gefährden, aber sie vertragen sie schlechter und bekommen allerlei Komplikationen in der Nachbehandlung. Ob uns hier die Untersuchungen von CRILE[1], der Kaninchen von großen Hunden erschrecken ließ und dann histologische Untersuchungen des Gehirns anstellte, wobei er bestimmte Veränderungen in den PURKINJEschen Zellen fand, weiter bringen werden, bleibt abzuwarten.

Über die Mechanik der **Eingeweideverletzungen** bei der Einwirkung stumpfer Gewalten auf den Bauch ist, dank der zahlreichen kasuistischen und experimentellen Arbeiten, die darüber vorliegen, in den wesentlichen Punkten Einigkeit erzielt.

Größe und Richtung der Gewalt, sowie die Stelle ihrer Einwirkung am Bauch, sind maßgebend für die Art der Verletzung. Es hat dabei die Mechanik der Magenverletzungen und der Darmverletzungen so viel Übereinstimmendes, daß sie gemeinsam besprochen werden sollen.

Nach MOTY[2] teilen wir die Darmverletzungen ein in Quetschungen, Berstungen und Abrisse durch Zug.

Eine Durchquetschung des Darmes kommt, wie schon MORGAGNI[3] schreibt, dadurch zustande, daß die vordere Bauchwand durch den Schlag stark eingedrückt wird, so daß der Darm zwischen Bauchwand und Wirbelsäule gepreßt wird und zerreißt. Daß die Bauchwand selbst bei solchen Gewalteinwirkungen unverletzt bleibt, hängt wohl einerseits mit ihrem anatomischen Aufbau zusammen, worauf LONGUET[4] und BECK[5] besonderen Wert legen, mehr aber noch damit, daß die Bauchwand bei einem solchen Schlag nicht unmittelbar gegen die knöcherne Unterlage gedrückt wird, vielmehr der Darm gewissermaßen als Puffer dazwischen liegt (SAUERBRUCH[6]). Deshalb kommt es bei straffen Bauchdecken weniger leicht zu einer Durchquetschung des Darmes

1 Arch. of surg. Bd. 4. 1922. 2 Revue de chirurgie 1890. S. 878. 3 De sedibus et causis morborum Lit. 51. 4 Bull. de la soc. anat. de Paris 1875. S. 799. 5 Deutsche Ztschrft. f. Chir. Bd. 11. 1879 u. Bd. 15. 6 Mitt. aus d. Grenzgebieten Bd. 12. S. 93. 1903.

als bei schlaffen. Im Versuch (EICHEL[1]) gelingt es z. B. nicht, bei einem Hunde, der mit gestreckten Hinterbeinen aufgebunden ist, den Darm durch einen Schlag gegen den Bauch zu durchquetschen.

Diese soeben geschilderte Theorie von der Durchquetschung des Darmes war lange Zeit in Vergessenheit geraten, bis sie LONGUET auf Grund einer experimentellen Untersuchung wieder aufgestellt und in einwandfreier Weise bewiesen hat. Seine Versuche wurden bestätigt und erweitert von CURTIS[2], FERRIER und ADAM[3], EICHEL[4], THOMMEN[5], SAUERBRUCH u. v. a. Die Untersucher, die entweder an Leichen oder an Tieren arbeiteten, konnten übereinstimmend nachweisen, daß eine Durchquetschung einer Darmschlinge nur dann stattfindet, wenn das fallende Gewicht so gerichtet wird, daß es die Richtung gegen die Wirbelsäule oder den Darmbeinteller bekommt. Bei einem mehr breiten Schlag gegen den Bauch werden nur solche Schlingen zerrissen, die man vorher an diesem knöchernen Unterlager befestigt hat (CURTIS). Es ist nicht erforderlich, daß der Schlag die Bauchwand in der Mittellinie oder in der Gegend der Darmbeine trifft, wenn nur die Richtung der Gewalteinwirkung die Bauchdecke gegen die knöcherne Unterlage drückt.

Die Untersucher haben zweitens gezeigt, daß für das Zustandekommen einer Durchquetschung der Füllungszustand der Därme wesentlich ist. Luft ist leicht zusammendrückbar. Ein mit Luft geblähter Darm zerreißt also, bei im übrigen gleichen Versuchsbedingungen sehr viel schwerer, als ein leerer (CURTIS), während durch Füllung mit Flüssigkeit oder festem Kot ein Darm gegen Zerreißung nicht geschützt wird, sondern im Gegenteil wegen seines größeren Umfanges stärker gefährdet ist. Für die sogleich zu besprechende Darmberstung liegt die Sache anders. Die anatomischen Merkmale einer Darmdurchquetschung hat HERTLE[6] im Experiment studiert. Bei den leichteren Verletzungen reißt nur die Serosa, manchmal auch die Schleimhaut; die Muskulatur und die Submukosa bleiben erhalten. Bei den schwereren Verletzungen reißen alle Schichten; Serosa und Schleimhaut jedoch in weiterer Ausdehnung.

Eine Darmberstung verlangt für ihr Zustandekommen, daß die betreffende Darmschlinge durch Abknickung, Lagerung oder Verwachsung einen abgeschlossenen Raum bildet. Der Darm-

---

1 BRUNS' Beiträge z. klin. Chir. Bd. 22. S. 219. 1898. 2 Americ. Journ. of med. science Bd. 44. 1887. 3 Franz. Chir.-Kongr. Lyon 1894. 4 BRUNS' Beiträge z. klin. Chir. Bd. 22. S. 219. 1898. 5 Arch. f. klin. Chir. Bd. 66. 1902. 6 BRUNS' Beiträge z. klin. Chir. Bd. 53. S. 257. 1907 (Lit.).

inhalt darf nicht in dem Augenblick der Gewalteinwirkung in eine benachbarte Schlinge entweichen können, sondern muß, wenn der Raum durch den Schlag verengert wird, den Darm von innen nach außen sprengen. Diese Forderung kann bei Verwachsungen oder Knickungen erfüllt sein, es kann aber auch schon die verschiedene Weite des Darmrohres dazu beitragen, daß die Luft bei der Gewalteinwirkung nicht in eine benachbarte Schlinge entweicht (SCHÖNLEBER[1]).

Die Theorie verlangt, daß in den reinen Fällen die Zerreißung nicht an der Stelle erfolgt, wo der Schlag trifft, sondern entfernt von dieser. Diese Angabe, daß ein Darm durch Inhaltsverschiebung bersten kann, ist vielfach angezweifelt worden BUNGE[2]. HERTLE wollte durch einen Modellversuch die Möglichkeit dieser Art von Darmberstung beweisen. Er ließ durch einen herausgenommenen Darm rasch Wasser strömen und brachte ihn dann durch einen Faustschlag zum Platzen. Beweisender erscheinen Befunde am Menschen, bei denen der Riß fern von der Gewalteinwirkung gefunden wurde und sich eine Darmquetschung sicher ausschalten ließ. Solche Fälle gibt es, wenn auch nur sehr vereinzelt (HERTLE). Die Ansicht von KEMPF[3], daß die bei der Gewalteinwirkung zusammengepreßte Luft sich, wenn der Außendruck aufhört, so stark dehnt, daß dadurch der Darm von innen heraus zerreißt, erscheint mir physikalisch nicht richtig zu sein.

Reine Darmberstungen sind seltene Verletzungen, meist handelt es sich um eine Vereinigung von Quetschung und Berstung, wie aus den kritischen Besprechungen der mitgeteilten Fälle durch PETRY[4], SAUERBRUCH, BUNGE, HERTLE u. a. hervorgeht.

Bei zu starkem Aufblasen des Dickdarms kann man eine Berstung in mechanisch reiner Form erhalten. Bei Aufblasungen des Dickdarms zu diagnostischen Zwecken wird eine solche Zerreißung allerdings wohl nur vorkommen, wenn der Darm durch die Geschwüre brüchig ist; aber als industrielle Verletzung bei Arbeitern, die mit komprimierter Luft zu tun haben, sind solche Verletzungen beschrieben worden (ANDREWS[5], 14 Fälle von Flexurzerreißung). Anatomische Untersuchungen von Därmen, die experimentell aufgeblasen worden waren, zeigten, daß auch hier zuerst die Serosa, dann die Schleimhaut reißt, und daß die Submukosa als festeste Schicht noch lange Zeit unverletzt bleibt (HERTLE). Man kann also mit gewisser Vorricht aus den anatomischen Befunden Rückschlüsse auf das Zustandekommen der Darmzerreißung ziehen, da bei der Quetschung die Serosa der Submukosa an Widerstandsfähigkeit gleichkommt, bei Aufbläh-

---

1 BRUNS' Beiträge 121. 1921. 2 BRUNS' Beiträge z. klin. Chir. Bd. 47. S. 771. 1905. 3 Deutsche Ztschrft. f. Chir. Bd. 93. S. 524. 1908 (Lit.). 4 BRUNS' Beiträge z. klin. Chir. Bd. 16. S. 555. 1896. 5 Surgery, Gynecology and Obstetrics Bd. 12.

ung aber weit unterlegen ist, und da bei Quetschung wohl zuerst immer die Muskulatur geschädigt wird.

Ein besonderes Interesse erweckten von jeher diejenigen Darmzerreißungen, die ohne äußere lokale Gewalteinwirkung im Anschluß an eine starke Anstrengung, besonders an ein heftiges Pressen, auftraten. Da bei solchen Anstrengungen der Druck im Darm und der auf der Bauchwand lastende Außendruck einander parallel gehen, so kann, worauf BUNGE zuerst hingewiesen hat, eine solche Berstungsruptur ohne äußere Gewalteinwirkung eigentlich nur dann entstehen, wenn ein umschriebener Punkt der Bauchwand nachgiebig ist, also z. B. bei Hernien (vgl. GANGL[1]). Wir haben dann denselben Mechanismus, den man als Radfahrer sehr gut von den Pneumatiks her kennt; pumpt man nämlich bei gleichzeitig bestehendem Defekt des Mantels den Schlauch stark auf, so platzt er, nachdem sich ein kleiner Zipfel aus dem Loch im Mantel vorgedrängt hat. In gleicher Weise platzt der Darm bei starkem Pressen, wenn sich ein Teil seiner Wand zu einer Bruchpforte herausdrängen kann. Auch die eigenartigen Rektumzerreißungen bei starker Anstrengung der Bauchpresse sind uns durch die Ausführungen BUNGES verständlicher geworden; hier ist der Douglas bzw. die Durchtrittsstelle des Rektum durch den Levatorschlitz der schwache Punkt, gegen den sich die Dünndärme beim Pressen vordrängen; das Rektum dehnt sich und zerreißt schließlich, wenn der Druck zu stark wird. Tatsächlich sitzen ja die Rektumrisse meist in der Höhe des Douglasgrundes und man findet dann auch Dünndarmschlingen im Rektum liegen. Diese „Spontanrupturen“ des Rektum sind Seltenheiten. Sie kommen noch am häufigsten bei Mastdarmvorfall vor.

Ob die soeben besprochene Erklärung für alle Fälle zutrifft, erscheint nach einer Mitteilung von KJAERGAARD[2] fraglich. In dem von KJAERGAARD beschriebenen Falle war nämlich die Perforationsöffnung nicht am Rande des Douglas, sondern höher oben, und KJAERGAARD sowie ROONIG sind deshalb der Ansicht, daß hier der Darm durch ein Geschwür oder Divertikel weniger widerstandsfähiger war, obgleich auch bei der Obduktion keine derartige Darmerkrankung nachgewiesen wurde.

Eine stumpfe Darmverletzung kann drittens durch Zugwirkung zustande kommen (STROHL[3] 1848). „Wenn ein elastischer Körper durchrissen werden soll, so muß er an einem Ende befestigt sein und durch eine Kraft von dieser Fixationsstelle entfernt werden“ (SAUERBRUCH l. c. S. 140). Diese Kraft kann nach A. NEUMANN[4]

---

1 Arch. f. klin. Chir. 131. 1924. 2 Verhandl. d. dän. chir. Ges. 14. 2. 1920. Hospitals tidende 63. 3 Soc. de méd. de Strassbourg, Gaz. méd. de Strassbourg 1848. 4 Deutsche Ztschrft. f. Chir. Bd. 64. S. 158. 1902.

entweder senkrecht oder parallel zur Darmachse angreifen. Die Richtung der Risse, besonders der Mesenteriumrisse, wird in beiden Fällen verschieden sein; das eine Mal haben wir einen Längsriß, das andere Mal einen Querriß oder einen Abriß des Darmes von seinem Mesenterium zu erwarten (R. NEUMANN[1], EICHEL). Überfahrungen, Fall oder Sturz aus der Höhe, Hufschläge, Stoß mit einer Deichsel gegen den Bauch usw. werden in der Literatur als Ursache für diese Form der Verletzung angeführt (HILDEBRAND[2]).

Wesentlich ist bei all diesen Verletzungen die Richtung, in der die Gewalt einwirkt. So hat SAUERBRUCH in vereinzelten Fällen auf experimentellem Wege Abrisse des Darmes dadurch zustande gebracht, daß er bei Leichen mit dünnen Bauchdecken einen Schlag von der Seite her gegen den Bauch führte. Bei Überfahrungen erklärt HERTLE die Zugwirkung so, daß der Darm durch die Bauchdecken hindurch etwa wie ein Radschuh vom Wagenrad erfaßt wird oder daß der ja in Faltenform am Mesenterium befestigte Darm gestreckt wird und dadurch an seiner Anheftungsstelle abreißt. PETRY[3] beschreibt einen Fall, bei dem er an den Spuren, die der Huf am S romanum hinterlassen hatte, die Richtung der Gewalt und damit der Zugwirkung glaubte erkennen zu können. Anatomisch charakterisiert ist die Verletzung durch Zug an ihren scharfen Rändern, die nichts von einer Quetschung zeigen, und an der schrägen oder queren Richtung der Risse.

Auch bei Sturz aus der Höhe kommt es zu einer Zugwirkung am Darm, weil den Darmschlingen in gleicher Weise wie dem übrigen Körper beim Fall eine gewisse Bewegungsenergie gegeben wird. Schlägt dann der Körper auf dem Boden auf, so bleibt die Bewegungsenergie des Darmes noch eine Zeitlang bestehen, während die des übrigen Körpers zum Stillstand kommt. Ein Darmabriß ist dann die natürliche Folge, und zwar sitzt dieser quere Darmabriß bei Sturz aus der Höhe mit Vorliebe an der obersten Jejunumschlinge, meist nahe an der Flexura duodenojejunalis, die als fester Punkt dem Zug nicht nachgibt.

Bei Überfahrungen kommt es gelegentlich als Folge einer Zugwirkung zu einer umschriebenen Abschälung der Serosa (HERTLE).

Die Folge aller dieser Darmverletzungen ist, abgesehen von der Blutung, das Auftreten einer Peritonitis. Ihre Gefährlichkeit hängt von der Höhe der verletzten Darmschlinge und davon ab, ob viel oder wenig Darminhalt ausgetreten ist. Bei queren Darmrissen sieht man es oft, daß, wenn nicht von dem Patienten nach der Verletzung viel getrunken worden ist, sich nur sehr wenig Inhalt in der Bauchhöhle findet, da sich die Schleimhaut einrollt und so das Loch verstopft (CHAPUT[4], eigene Beobachtung).

---

1 BRUNS' Beitr. 43. S. 676. 2 Berliner klin. Wochenschrift 1920. S. 1089. 3 BRUNS' Beiträge Bd. 16. 1896. 4 Bull. et mém. de la soc. de chir. de Paris 1895. S. 230.

Die Folgen der **Mesenterialverletzungen** sind erstens die Blutung und zweitens die im Anschluß an die Gefäßschädigung eintretende Darmgangrän. Die Mortalität der Mesenterialverletzungen ist eine sehr hohe (PRUTZ[1]), was oft unterschätzt wird. Wie Fälle von ALDRICH[2] und MATTHES[3] zeigen, kommt es bei Mesenteriumverletzungen auch gelegentlich zu Spätblutungen. Allerdings scheinen diese Spätblutungen, die ja an anderen Körperstellen etwas sehr Häufiges sind, bei den Mesenteriumverletzungen zu den Seltenheiten zu gehören. Bei Verletzungen des Mesenteriums wird ein operativer Eingriff dann angezeigt sein, wenn stärkere Blutungen in dem Bauchraume nachweisbar sind.

Es sei nur nebenbei erwähnt, daß bei Stichverletzungen des Bauches diese Blutung in den Bauchraum auch aus der Epigastrika stammen kann.

Bei stumpfen Quetschungen des Mesenterium kommt es gerne zu einem Hämatom in die Mesenterialblätter, nicht zu einer freien Blutung. Sind gleichzeitig mit den Blutgefäßen Chylusgefäße verletzt, so bildet sich bei einer Wunde im Mesenterium ein sogenannter Ascites chylosus, bei stumpfer Quetschung als Spätfolge eine Chyluszyste. Diese Hämatome und Chylusergüsse im Mesenterium können durch ihren Druck auf die Gefäße eine sekundäre Gangrän des Darmes hervorrufen (McCOSH[4]).

Man sieht derartige stumpfe Verletzungen bzw. Quetschungen auch bei unzweckmäßigen Taxisversuchen eingeklemmter Brüche. Selten, aber doch gelegentlich, gibt es eine solche Schädigung des Mesenteriums bei der Anlegung des sogenannten MOMBURGschen Schlauches. Eine entsprechende Beobachtung teilt unter anderem ZUR VERTH[5] mit, wo nach längerer Umschnürung eine schwere Schädigung der Mesenterialgefäße eingetreten war, die doch wohl mit dem Tode in ursächlichen Zusammenhang zu bringen ist.

Die Folgen der Verletzungen größerer Mesenterialgefäße lassen sich in ihrem pathologisch-physiologischen Geschehen nicht von der **Thrombose** und **Embolie**[6] **der Mesenterialgefäße** trennen, da die Schädigungen, die der Darm durch solche Verletzungen der Mesenterialgefäße erfährt, denen bei der Thrombose und Embolie völlig gleichzusetzen sind.

Die Versuche von LITTEN[7] haben gezeigt, daß die Unterbindung der Art. mesenterica superior in ihrem Hauptstamm beim Tier stets von einem ausgedehnten Darminfarkt gefolgt ist, an dem die Tiere zugrunde gehen. Der Darm wird nach der Unterbindung

---

1 Deutsche Chir. 46 k. 2 Ann. of surg. 1902 S. 343. 3 Ztschrft. f. Med.-Beamte Bd. 17. S. 837. 1904. 4 Med. and Surg. Rep. Presbyt. Hosp. New York 1902. 5 Münchener med. Wochenschrift 1910. S. 169. 6 Lit. s. bei NEUTRA, Zentralbl. f. d. Grenzgebieten Bd. 5. 1902; PRUTZ, Deutsche Chir. 46. 1913; ZESAS, Zentralbl. f. d. Grenzgebiete 13. 1910; REICH, Ergebn. d. Chir. Bd. 7. 1913. 7 VIRCHOWS Archiv Bd. 63. 1875.

blaurot verfärbt, ödematös durchtränkt und dadurch verdickt. Das Blut tritt aus den Gefäßen in das umgebende Gewebe, wodurch die blaurote Verfärbung noch verstärkt wird. Man hat mit anderen Worten in den Darmschlingen nach der Unterbindung der Art. mesenterica superior eine vermehrte Ansammlung von Blut, das, was man eine Hyperämie nennt. Woher kommt nun das Blut in der ihrer arteriellen Versorgung beraubten Darmschlinge?

LITTEN stellte sich ganz auf den Standpunkt VIRCHOWS[1], BECKMANNS und CONHEIMS[2], die annahmen, daß diese hämorrhagische Infarzierung nach Unterbindung der Arterie eine Folge des venösen Rückflusses sei, da bis zum Tode des Tieres weder am Mesenterium, noch am Darm eine Pulsation nachzuweisen war. COHN[3] und v. RECKLINGHAUSEN[4] hielten diese Erklärung deshalb nicht für ausreichend, weil die hämorrhagische Infarzierung ebenso oder sogar noch stärker auftrat, wenn neben der Arterie auch die Vene unterbunden war. Sie glaubten, daß nach der Unterbindung der Mesenterica superior vom Rande her ein Zufluß arteriellen Blutes stattfände. LITTEN hatte ja nachgewiesen, daß solche Anastomosen zwischen der Art. mesenterica superior und inferior am Rande des Darmes vorhanden sind. Es ist also die Art. mesenterica superior keine anatomische Endarterie. Da gleichwohl nach ihrer Unterbindung, wie wir gesehen haben, eine schwere Ernährungsstörung am Darm auftritt, so nennt sie LITTEN eine „funktionelle" Endarterie und nimmt an, daß es nach Unterbindung der Arteria mesenterica superior trotz der vorhandenen Anastomosen deshalb zu einer Ernährungsstörung im Darmgebiet käme, weil die Druckerhöhung im Kreislauf nach der Unterbindung des genannten Gefäßes nicht genüge, um die Kollateralbahnen zu füllen, was nach BIER[5] vielleicht in einem Zusammenhang damit steht, daß der Darm kein so ausgesprochenes Gefühlsvermögen hat wie die Gliedmaßen.

In ein neues Stadium trat diese ganze Frage durch die Beobachtung von SPRENGEL[6], daß gelegentlich, wenn auch selten, am Darm eine anämische Gangrän vorkäme. SPRENGEL ließ durch NIEDERSTEIN[7] die Bedingungen, unter denen ein solcher anämischer Infarkt entstünde, im Experiment studieren. Sie glauben aus ihren Versuchen und Beobachtungen den Schluß ziehen zu dürfen, daß es zur Entstehung einer anämischen Gangrän neben der Verlegung der Arterie im Hauptstamm einer gleichzeitigen Thrombose der Venen bedürfe. Die Versuchstechnik, deren sich NIEDERSTEIN bediente, bestand neben Unterbindungen in der Einspritzung von Paraffinlösung in die Gefäße. Ganz überzeugend sind die Folgerungen, die NIEDERSTEIN und SPRENGEL aus den Experimenten ziehen, nicht, und man kann sich den Einwänden, die MAREK[8] gegen die NIEDERSTEINschen Versuche vorbrachte, nicht entziehen. NIEDERSTEIN hat nämlich in seinen Versuchen nicht genügend berücksichtigt und konnte es bei der Versuchsanordnung auch nicht, wie weit die arteriellen Anastomosen durch das Paraffin nun auch wirklich verlegt waren. MAREK hingegen vermochte im Tierversuch mit Sicherheit zu zeigen, daß es zur Entstehung eines anämischen Infarktes am Darm genügt, wenn jeder arterielle Blutzufluß unterbrochen

1 Ges. Abhandlungen 1856. S. 420 usw. 2 Untersuchungen über d. embolischen Prozesse. Berlin 1872 3 Klinik d. embolischen Gefäßkrankheiten. Berlin 1860. 4 Deutsche Chir. Lief. 2/3. 1883. 5 VIRCHOWS Archiv Bd. 147 u. 153. 6 Deutscher Chirurgenkongreß 1902 und Arch. f. klin. Chir. Bd. 67. 1902. 7 Arch. f. klin. Chir. Bd. 85. S. 410. 1906 u. Bd. 98. S. 188. 1909. 8 Deutsche Ztschrft. f. Chir. Bd. 90. 1907.

worden ist. Es ist für die Entstehung einer anämischen Gangrän nach MAREK ganz gleichgültig, ob die zugehörigen Venen mitverletzt sind oder nicht.

Damit dürfte aber auch die Frage, wie Hyperämie bei Verschluß einer Mesenterialarterie zustande kommt, entschieden sein: Ein arterieller Zufluß durch Anastomosen ist unbedingt nötig. Der venöse Rückfluß unterstützt nur die Wirkung der arteriellen Kollateralversorgung, kann aber allein niemals ausreichen, um bei vollständiger Unterbrechung der arteriellen Versorgung eine Hyperämie in der ausgeschalteten Darmstrecke zu erzeugen.

Die Art. mesenterica inferior und die Coeliaca haben günstigere mechanische Bedingungen zur Bildung von Anastomosen als die superior. Bei ihrer Unterbindung im Stamm kommt es deshalb nur zu einer vorübergehenden Hyperämie, nicht zu einer Nekrose der Darmwand.

Die Unterbindung der Mesenterialvenen im Stamm ist gleichfalls von einem hämorrhagischen Darminfarkt gefolgt. Unterbindung einzelner Stämme führt zu einer weitgehenden Stauung; das Blut fließt dann aber schnell in die reichlich vorhandenen Kollateralen ab, so daß kein dauernder Schaden entsteht. Ist jedoch der Hauptstamm der Vene unterbunden, der venöse Kollateralkreislauf damit unmöglich gemacht, so muß die Blutansammlung in dem betreffenden Darmbezirk immer stärker und stärker werden, da die Arterien dauernd Blut zuführen, die Venen das alte Blut aber nicht ableiten können. Die Blutüberfüllung in den gestauten kleinen Gefäßen kann schließlich so stark werden, daß sie platzen und sich das Blut in die Gewebe ergießt. Der hämorrhagische Darminfarkt und später die Gangrän des Darmes sind die notwendigen Folgen.

Beim Menschen ist die Unterbindung der Vena mesenterica superior im Hauptstamm, wenn sie etwa bei Verletzungen vorgenommen werden muß, immer von einem tödlichen Darminfarkt gefolgt.

Die gegenteiligen Angaben von MAYO ROBSON[1], der glaubt, einmal die Vena mesenterica superior im Hauptstamm unterbunden zu haben, ohne daß der Patient starb, wird von WILMS[2] bezweifelt, da nach der Lage der Wunde in dem betreffenden Falle eine Verletzung des Hauptstammes der Vena mesenterica superior unmöglich erscheint. Es kann nämlich dieser Hauptstamm nur hinter oder über dem Pankreas getroffen werden. Gelegentlich, aber sehr selten, kommen beim Menschen Besonderheiten im Verlauf der Vena mesenterica superior vor, die einen genügenden Kollateralkreislauf bei Unterbindung dieses Gefäßes gewährleisten würden (siehe PRUTZ l. c. S. 221).

Die **Thrombosen** im Bereich **dor Mesenterialvenen** verlaufen beim Menschen milder als die Verlegungen der Venen durch Unter-

---

1 Brit. med. journ. 1897. II. 77. 2 Münch. med. Wochenschrift 1901. Nr. 32.

bindung. Die Thrombosen kommen nicht so plötzlich wie die Unterbindungen und es ist deshalb immer noch Zeit zur Ausbildung eines genügenden Kollateralkreislaufes. Ein hämorrhagischer Darminfarkt bei Mesenterialthrombosen ist deshalb selten (etwa 50 Fälle sind mitgeteilt); es kommt erst dann dazu, wenn die Thrombose alle kleineren Gefäße verstopft hat. Es gibt ja genug Gelegenheitsursachen, um Thrombosen im Bereich der Mesenterialvenen entstehen zu lassen, und tatsächlich entstehen sie wohl auch täglich bei unseren operativen Eingriffen (PAYR[1]), sie bleiben aber meist auf den Ort ihrer Entstehung beschränkt und machen kaum klinische Erscheinungen. Nur bei Darmeinklemmungen spielt die vom Darm zentral fortgeleitete Thrombose eine gewisse Rolle. Man sieht nämlich gar nicht so selten, wenn man bei einem eingeklemmten Bruch die Darmschlinge löst und hervorzieht, wie Darmschlingen, die gar nicht in dem Bruchsack gesteckt hatten und die zunächst ganz leidlich aussahen, bei dem Fortfall der Schnürung sich immer mehr und mehr bläulich verfärben. Es ist diese Infarzierung, wie aus dem oben Gesagten hervorgeht, wohl auf einen stärkeren arteriellen Zufluß durch die Anastomosen vom Rande her zurückzuführen, bei gleichzeitiger Verlegung der Abflußwege (s. auch oben bei „retrograder Inkarzeration“). Die arterielle Zufuhr hat durch Trennung oder Abknickung vorher nicht mehr funktioniert und kommt erst mit der Lösung der durch den Bruch gegebenen Abschnürung wieder in Gang. Dieses Weiterschreiten der Ernährungsstörung bei eingeklemmten Brüchen ist ja allgemein bekannt, und man leitet daraus die Regel her, nicht zu wenig zu resezieren, sondern etwa ein fünf- bis siebenmal so großes Stück als im Bruchsack gelegen ist.

Weniger Interesse für den Chirurgen hat die sogenannte „Phlebosklerose“, das heißt die primäre Erkrankung der Venenwand, an die sich eine Thrombose anschließt. Begünstigend für die Entstehung von Thromben im Bereich der Mesenterialvenen sind weiterhin Änderungen in der Blutgerinnbarkeit, so die erhöhte Neigung zu Gerinnungen, die SCHMORL[2] bei Eklampsie nachweisen konnte. Daß bei Pferden eine Verlegung der Mesenterialgefäße bei gleichzeitiger Aneurysmabildung infolge Wurminfektion eine nicht ganz seltene Todesursache ist, sei nur nebenher erwähnt.

Von allen thrombotischen Prozessen im Bereich der Mesenterialvenen haben für den Chirurgen diejenigen die größte Bedeutung, die sich im Anschluß an eine Infektion im Bereich der Eingeweide entwickelt haben. Bei diesen Formen der Thrombophlebitis ist es nicht der Darminfarkt, der interessiert, sondern die

---

1 Zentralbl. f. Chir. 1904 und Deutscher Chirurgenkongreß 1907. 2 Path.-anat. Unters. über Puerperaleklampsie. Leipzig 1893. Gynäk.-Kongreß 1901. Arch. f. Gyn. Bd. 65.

Eiteransammlung in den Venen, die sich klinisch unter dem Bilde der Pyämie in Schüttelfrösten äußert und zu Leberabszessen führt. Solche eitrige Thrombophlebitis finden wir bei Magen-Darmkatharrhen oder Geschwüren, Gallensteinen, seltenen Infektionen wie Milzbrand (BOUISSON[1]) und vor allem bei Appendizitis (Lit. siehe SPRENGEL[2]). Ist es bei dieser Erkrankung einmal zu einem Einbruch des Eiters in die Venen gekommen, so ist der tödliche Ausgang fast sicher. WILMS[3] hat in mehreren solcher Fälle durch die Unterbindung der im Mesokolon verlaufenden Venen die Patienten retten können. Auch Spätthrombosen kommen bei Appendizitis gelegentlich vor (KÖRTE[4]). Bei Typhus und Dysenterie gehört merkwürdigerweise die septische Mesenterialvenenthrombose zu den größten Seltenheiten (KÖSTER[5]).

Die Frage, in welchem Umfange es statthaft sei, die kleinen **Gefäße am Darm zu unterbinden,** gewann das größte allgemeine Interesse in dem Augenblick, als man mit Magen- und Darmresektionen anfing. Von MADELUNG[6] und später von RYDIGIER[7], MAASS[8], RITTER[9] u. a. sind hierher gehörige Untersuchungen angestellt worden. Es ergab sich, daß sich am Dünndarm bestimmte, allgemeingültige Regeln, welche Gefäße man im Mesenterium unterbinden darf, ohne eine Darmgangrän fürchten zu müssen, auf Grund solcher Versuche nicht aufstellen lassen. Bekanntlich teilen sich die Mesenterialgefäße in sogenannte Arkadenformen. Derartige Arkaden oder ringförmige Anastomosen kommen am Dünndarm in wechselnder Zahl — etwa drei bis fünf — vor. Einzelne dieser Arkaden kann man natürlich ruhig unterbinden; die Gefahr wächst, je näher am Darm man die Unterbindung vornimmt, da die Anastomosen in der Nähe des Darmes immer spärlicher werden. Der Versuch, zahlenmäßig festzustellen, in welcher Entfernung vom Darm die Unterbindung der Mesenterialgefäße gefahrlos ist, ist völlig fehlgeschlagen, da die individuellen Unterschiede zu große sind. Bei Verletzungen sind aber, wie nach dem Gesagten leicht zu verstehen ist, Risse im Mesenterium parallel zum Darm stets gefährlicher als solche, die dem Radius des Mesenteriums entsprechen. Bei allmählichen Unterbindungen der Mesenterialgefäße gelingt es, sehr große Strecken des Darmes (60 cm, RITTER l. c.) von seinen ernährenden Gefäßen zu lösen, ohne daß der Darm zugrunde geht, ebenso können gelegent-

1 Arch. de méd. expér. Nov. 1889. S. 843. 2 Deutsche Chir. Lief. 46 d. 3 Zentralbl. f. Chir. 1909. S. 1041. 4 Freie Ver. d Chir. Berlins 1909. 5 Deutsche med. Wochenschrift 1898. S. 325. 6 Arch. f. klin. Chir. Bd. 27. S. 277. 1882. 7 Berliner klin. Wochenschrift 1881. Nr. 41 und Deutsche Ztschrft. f. Chir. Bd. 21. S. 546. 8 Deutsche med. Wochenschrift 1895. 9 Arch. f. klin. Chir. 1908 u. Deutsche Zeitschrift f. Chir. 112, 1911.

lich chronisch verlaufende Verlegungen der Mesenterialgefäße ohne Gangrän des Darmes vorkommen, wie ein Fall von Kolin[1] beweist, bei dem es sich um ein Aneurysma gehandelt hatte.

Am Dickdarm ist die Gefäßverteilung eine etwas andere; hier sind die Arkaden spärlicher, wir haben vielmehr ein sogenanntes Randgefäß, das dem Darm parallel läuft und die ihn versorgenden Äste abgibt. Auch hier lassen sich die Folgen der Verletzungen aus den anatomischen Tatsachen leicht ableiten.

Die mikroskopischen Befunde bei der hämorrhagischen Infarzierung des Darmes sind vielfach studiert worden. Wesentlich ist vor allem, daß als erstes eine Schädigung der Darmschleimhaut eintritt, die dann geschwürig zerfällt. Da auch die im Mesenterium laufenden Kapillaren bei Unterbindung einer der Hauptäste der Mesenterica in ihrer Ernährung geschädigt werden, so kann das Blut durch die Gefäßwand hindurchdringen und sich in das Gewebe ergießen. Man nennt das eine Blutung per diapedesin.

Auch wenn die Unterbindung, Verletzung oder embolisch-thrombotische Verlegung eines Mesenterialgefäßes nicht von ausgedehnter Gangrän gefolgt ist, können als Folge der Ernährungsstörung Geschwüre auftreten, aus denen im weiteren Heilungsverlauf narbige Darmstenosen werden können, die gelegentlich zur Ursache eines Ileus werden (Schloffer[2]).

Derselbe Vorgang soll nach Busse[3] den tuberkulösen Darmstrikturen zugrunde liegen. Er glaubt auf Grund pathologisch-anatomischer Untersuchungen nicht, daß in solchen Fällen das Geschwür selbst die Darmverengerung verursacht, sondern er nimmt an, daß die Verödung der den erkrankten Teil versorgenden Blutgefäße in ähnlicher Weise, wie das Schloffer für die Verletzungen beschrieben hat, zu einer strikturierenden Narbe führt.

Die Folge der Verlegung eines Mesenterialgefäßes ist der Darminfarkt. Embolie und Thrombose der Mesenterialgefäße kann man dabei in ihrer Erscheinung nicht gut voneinander trennen, so verschiedene Ursachen auch beide haben. Für die Embolie kommt als Ursache in erster Linie ein Herzfehler oder Arteriosklerose in Betracht. An den Embolien setzt sich sekundär manchmal ein Thrombus an (Ansatzthrombose), wodurch dann die Venen mitbeteiligt werden. Bei der eigentlichen Mesenterialvenenthrombose scheidet man die primäre Pfortaderthrombose, die sekundär auf die Mesen-

---

1 Archiv f. klin. Chir. 123. 2 Mitt. aus d. Grenzgebieten Bd. 7. S. 1. 1900 u. Bd. 14. S. 251. 1905. 3 Arch. f. klin. Chir. Bd. 83.

terialvenen übergreift, von der primären Mesenterialvenenthrombose. Beides sind seltene Erkrankungen, die etwa gleich häufig vorkommen.

Bei dem klinischen Bilde der Mesenterialembolie und -thrombose steht der außerordentlich heftige Schmerz im Vordergrunde (MATTHES[1]), den wir schon bei der Besprechung der abdominalen Schmerzen berücksichtigt haben. Als Ausdruck der Schleimhautgeschwüre haben wir Blut im Stuhl. Die hohen Pulszahlen bei Verlegung der Mesenterialgefäße sind, wie bei allen peritonealen Affektionen, wohl als reflektorisch bedingt aufzufassen.

Von den geschwürigen Erkrankungen des Darmes interessiert den Chirurgen am meisten die **Appendizitis** oder Epityphlitis, diejenige Erkrankung, die am häufigsten zur allgemeinen eitrigen Bauchfellentzündung führt.

Die physiologische Bedeutung des Blinddarmanhanges ist ja zweifellos keine besonders große, wenigstens haben sich bisher bei den zahlreichen Entfernungen des Wurmfortsatzes keinerlei regelmäßige Folgeerscheinungen feststellen lassen, die auf den Ausfall dieses Organes bezogen werden könnten.

Vergleichend-anatomisch weiß man, daß ein vom übrigen Dickdarm abgesetzter Anhang außer beim Menschen nur beim anthropoiden Affen, bei den Lämuren und beim Opossum vorkommt (CORNER[2]), aber auch der Hund hat eine gut gegen das Coecum abgesetzte Appendix.

Anatomisch ist der Reichtum an lymphoidem Gewebe im Wurmfortsatz auffallend, und es ist naheliegend, daß dieses lymphoide Gewebe eine gewisse funktionelle Bedeutung haben wird (CORNER[3]). Man hat am Wurmfortsatz bei Hunden ein eiweißspaltendes und ein kohlehydratspaltendes Ferment gefunden (FUNKE[4]) und hat nachweisen können, daß der von der Appendix gelieferte Darmsaft bei intravenöser Einspritzung eine ausgesprochene Peristaltik am Kaninchendarm bewirkt (ROBINSON[5], HEILE[6]). Ähnliche Wirkungen kennen wir aber auch sonst vom Darmsaft; man muß daher sehr vorsichtig sein, auf Grund solcher Versuchsergebnisse irgendwelche Rückschlüsse auf die Bedeutung des Darmsaftes für die normale Peristaltik zu ziehen. HEILE glaubt gewisse Beziehungen der Appendix zu dem an der BAUHINIschen Klappe gelegenen M. ileocolicus feststellen zu können. Es sollen Entzündung des Mesenteriolums oder Novokaininjektion in das Mesenteriolum zu einer Erschlaffung des Sphincter ileocolicus führen. Sollte nicht bei den Versuchen durch die Injektion oder durch die Entzündung der genannte Schließmuskel selbst getroffen worden sein? Zum mindesten hat man bisher nicht nachgewiesen, daß bei Abtragung der Appendix und des Mesenteriolums der M. ileocolicus schlußunfähig wird.

---

1 Med. Klinik 1906. S. 397. 2 Annals of surg. 1910. 3 Brit. med. journ. 1913. S. 325. 4 Zit. nach SPRENGEL, Appendizitis. Deutsche Chir. 46 d. S. 49. 5 Compt. rend. hebd. des séances de l'acad. des sciences Bd. 107. S. 790. 1913. 6 Chirurgenkongreß 1914. S. 247 und BRUNS' Beiträge Bd. 93.

Die Entzündungen der Appendix zeigen ein anatomisch ziemlich gleichförmiges Bild [1]. Als erste Veränderung findet man nach dem übereinstimmenden Urteil aller Autoren, von denen hier nur ASCHOFF, KRETZ, SCHMORL, SCHRUMPF genannt sein sollen, eine Verletzung des Epithels in den Zysten des Wurmfortsatzes. An Stelle des Epithels finden wir eine aus Leukozyten und Fibrin bestehende Membran. Die beschriebenen Veränderungen stellen die anatomische Unterlage des leichten Anfalles dar. Ein solcher leichter Anfall kann sich völlig zurückbilden (Appendicitis simplex). Geht die Entzündung weiter, so wird erstens der Epitheldefekt größer und zweitens wird die ganze Wand des Wurmfortsatzes dicker und von Eiter durchsetzt. Es bildet sich eine richtige Phlegmone des Wurmfortsatzes aus (Appendicitis gangraenosa). Auch dieser Zustand, der übrigens schon innerhalb der ersten 24 Stunden nach der Erkrankung erreicht wird, kann sich zurückbilden. Ist die Erkrankung aber erst einmal so weit fortgeschritten, dann bleiben wohl stets Verengerungen der Lichtung zurück, die einen neuen Anfall begünstigen, wie wir sogleich sehen werden. Der dritte Grad der Veränderungen ist durch das Fortschreiten der Wandzerstörung gekennzeichnet, sei es, daß die bisher oberflächlichen Geschwüre der Schleimhaut tiefer greifen, sei es, daß Wandabszesse auftreten und durchbrechen. Schließlich kommt es zur Zerstörung der Appendixwand und damit zur Periappendizitis und Peritonitis mit all den Veränderungen der Serosa, die wir nachher noch besprechen werden.

Ganz auffallend ist es, wie weitgehend sich diese schweren Veränderungen an der Wand des Wurmfortsatzes wieder zurückbilden können. Hierüber ist man immer wieder erstaunt, wenn man eine Appendix im Intervall entfernt, nachdem man vor $^1/_4$ Jahr noch einen großen Abszeß eröffnet hatte. Es ist nun nicht so, daß die leichte Entzündung zwangsläufig in die schwere übergeht. Man operiert gelegentlich Fälle, wo die Entzündung nach der Vorgeschichte schon 8 Tage und länger in gleicher Stärke bestand und wo wir doch nur ein Empyem des Wurmfortsatzes ohne Gangrän der Wand finden. Solche Fälle beobachtet man besonders häufig

---

1 Lit. s. bei LANZ, BRUNS' Beiträge 1903, KLEIN, ebendort 1904, ADRIAN, Grenzgebiete Bd. VII. 1902, v. HANSEMANN, ebendort 1903, SONNENBURG, Pathologie u. Chir. d. Perityphlitis. Leipzig 1905, F. C. W. Vogel, SPRENGEL, Deutsche Chir. Bd. 46, ASCHOFF, Die Wurmfortsatzentzündung. Jena 1908 und Ergebn. d. inneren Med. Bd. 9. 1912, MEISEL, BRUNS' Beiträge Bd. 40. 1903, SCHRUMPF, Grenzgebiete 17. 1907, KRETZ, ebendort, NOLL, ebendort, WINKLER, Die Erkrankungen d. Blinddarmanhanges. Jena 1910, v. BRUNN, Ergebn. d. Chir. u. Orthop. Bd. 2. 1911.

bei gleichzeitig bestehender Allgemeininfektion (Bronchitis, influenzaähnliche Erkrankungen).

Die Frage ist nun: Unter welchen Bedingungen entwickelt sich das anatomische Bild der Appendizitis? Wie kann es zu einer solchen Zerstörung der Wand von innen nach außen kommen? Zunächst muß man wohl daran festhalten, daß als eine der wesentlichsten Bedingungen zum Zustandekommen der Blinddarmentzündung eine Infektion oder eine Einwirkung von Darmgiften (HEILE[1]) anzusehen ist. Die zahlreichen vorliegenden Untersuchungen (TAVEL-LANZ[2], HAIM[3], HEYDE[4], RUNEBERG[5], HEILE[6], WEIL[7] u. v. a.) haben gezeigt, daß Bact. coli, Streptokokken, Staphylokokken, Pneumokokken, Influenzabazillen, ein Diplokokkus (FONIO[8]) und viele andere, sowie eine große Zahl Anaerobier als einzige oder überwiegend vorhandene Erreger bei der Appendizitis zu finden sind. Von diesen verschiedenen Erregern, die oft nebeneinander bei dem gleichen Fall zu finden sind, wird man aber nur dann ein bestimmtes Bakterium als Ursache der Appendizitis und Peritonitis ansehen können, wenn nachgewiesen ist, daß der Kranke gegen dieses Bakterium reichlich Antikörper, also Agglutinine usw. bildet. Bedingten Wert für die Frage nach dem Erreger der Bauchfelleiterung haben dann weiterhin noch die Arbeiten, die durch Tierversuche die Pathogenität eines Bakteriums zu beweisen suchen; alle anderen Arbeiten sind nur als kasuistische Beiträge interessant.

Eine besondere Bedeutung als Entstehungsursache der gangräneszierenden Blinddarm- und Bauchfellentzündung gewinnen die Anaerobier nach den neueren Untersuchungen (VEILLON und ZUBER, TAVEL-LANZ, ALI KROGIUS, FRIEDRICH[9], HEYDE[10], BRUTT[11]). HEYDE fand bei seinen Untersuchungen den Bac. fusiformis, fragilis, ramosus und anaerobe Staphylokokken. Allen diesen Arten kommt eine starke Giftigkeit zu (Bildung von Toxinen) und in der Tat verlaufen viele dieser postappendizitischen Peritonitiden unter dem Bilde einer schweren Vergiftung, nicht einer eigentlichen Sepsis. Diese genannten Anaerobier sind Fäulnis- und Vergärungsbakterien, daher der durchdringende Gestank des appendizitischen Eiters. RUNEBERG[5] fand den Agglutina-

---

1 Münch. med. Wochenschr. 1925. S. 209. 2 Rev. de chir. 1904. 3 Arch. f. klin. Chir. Bd. 78. S. 82. 1906, 1907. 4 Med. Klinik 1908 und BRUNS' Beiträge Bd. 76. 1911. 5 Studien über die bei perit. Inf. usw. vork. Bakterienformen. Berlin, S. Karger, 1908. 6 Chirurgenkongreß 1909. Arch. f. klin. Chir. 1909. Zentralbl. f. Bakt. 1910. Mitt. aus d. Grenzgeb. Bd. 22 u. 26. 7 Die akute freie Peritonitis in Ergebn. d. Chir. II. S. 308. 1911. 8 Schweiz. med. Wochenschr. 1923. 9 Arch. f. klin. Chir. Bd. 68. 10 Med. Klinik 1908. 11 BRUNS' Beitr. 129.

tionswert des Blutes für einzelne solcher Anaerobier stark erhöht.

Ein aerobes, sporentragendes, wohl sicher zur Gruppe des Kartoffelbazillus gehöriges Stäbchen, das, wie die Anaerobier, stark gangräneszierende und stark toxische Eigenschaften hatte, fand HEILE[1] in einer großen Zahl seiner Appendizitiden. In schweren Fällen war der Agglutinationswert für diesen Sporenträger sehr hoch; ob er es auch für andere Bakterien war, geht aus den Untersuchungen nicht sicher hervor.

Die Erkenntnis, daß Fäulniserreger mit ihren Giftstoffen bei der Bauchfellentzündung nach Appendizitis im Spiele sind, bedeutet deshalb einen zweifellosen Fortschritt, weil gerade die Gangrän des Wurmfortsatzes etwas war, was sich in unsere Kenntnis von den Entzündungen mit den gewöhnlichen Eitererregern nicht so recht einreihen ließ. Wieweit der Krankheitsverlauf solcher durch Fäulniserreger bedingter Appendizitiden etwas Besonderes darstellt, ist im einzelnen noch nicht bekannt. Klinisch sieht man ja bei postappendizitischen Peritonitiden gar nicht so selten ganz schwer verlaufende Fälle, bei denen man den Eindruck einer Vergiftung hat. Wieweit aber bei solchen Formen Anaerobier bzw. Fäulniserreger mit ihrer reichen Toxinbildung eine Rolle spielen, weiß man nicht.

Nur die Streptokokkenperitonitis hat man gegen die übrigen Peritonitiden abgegrenzt (HAIM[2]), nicht ohne Widerspruch (COHN[3]), da der Agglutinationswert und der opsonische Index bisher für Streptokokken nicht erhöht gefunden worden ist (RUNNEBERG[4]). Der Beweis, daß den Streptokokken in den betreffenden Fällen eine ausschlaggebende Rolle zugekommen ist, steht somit noch aus.

Die bei Appendizitis gefundenen Infektionserreger können aber nun nicht die einzige Bedingung für das Zustandekommen einer Blinddarmentzündung sein. Es wäre nicht zu verstehen, daß solche Bakterien es immer nur ausgerechnet auf den Wurmfortsatz abgesehen haben und den anderen Darm, mit Ausnahme vielleicht der Divertikel (Meckel, S romanum), verschonen. Alles drängt deshalb zu der Annahme, daß eine weitere wichtige Ursache für den häufig zu beobachtenden geschwürigen Zerfall gerade des Wurmfortsatzes in dessen anatomischer Eigenart gesucht werden muß.

Auf welchem Wege gelangen die Bakterien in die Wand des Blinddarmes? Es kann das auf dem Blutwege oder von der Schleimhaut aus geschehen. Restlos geklärt ist diese Frage nicht und sie läßt sich wohl auch, wie wir sehen werden, nicht allgemeingültig entscheiden. Der Befund von Bakterien im Blut, der nach CANON[5]

---

1 Mitt. aus d. Grenzgebieten 22. S. 58. 1911. 2 Arch. f. klin. Chir. 78 u. 82. 3 Arch. f. klin. Chir. 85. 4 Studien über die bei perit. Inf. usw. vork. Bakterienformen. Berlin, S. Karger, 1908. 5 Deutsche Zeitschrift f. Chirurgie. Bd. 95. S. 21. 1908.

oft bei Appendizitis erhoben wird, beweist für die Entstehungsursache der Appendizitis nicht viel, da die Bakterien auch umgekehrt von der erkrankten Appendix bzw. Serosa aus in die Blutbahn aufgenommen sein können. Der pathologisch-anatomische Befund ist in den späteren Stadien nicht immer eindeutig, und wenn auch in Fällen, die man im Beginn der Erkrankung untersucht, das anatomische Bild mehr wie eine Infektion vom Darm her aussieht, so hat man ja schließlich bei so vielen Organen, zum Beispiel Niere, Parotis, Prostata, eine Entzündung im Sinne einer Ausscheidungsentzündung nachweisen können — also Zerstörung eines Epithels ohne nachweisbare Veränderung der Blutgefäße bei sicherer Infektion vom Blutwege aus —, daß ein solcher Gedankengang schließlich auch für die Appendizitis seine theoretische Berechtigung haben würde. Die Möglichkeit, daß eine solche Infektion des Wurmfortsatzes, die schließlich zur Zerstörung des Organs führt, vom Darm her erfolgt, ergibt sich aus der anatomischen Beschaffenheit des Wurmfortsatzes. Als ein endständiges Organ entleert sich der Wurmfortsatz von dem Kot, der in ihn ja trotz der sogenannten Gerlachschen Klappe ständig eindringt (ten Horn[1]), schwerer als ein anderer Darmabschnitt. Es kommt noch hinzu, daß der Wurmfortsatz oftmals eine für die Kotentleerung recht ungeschickte Lage, so zum Beispiel hinter dem Coecum einnimmt, oder durch Verwachsung oder Lageveränderung anderer Organe, wie des Coecum, Abknickungen erfährt. Bei den Wurmfortsätzen Erwachsener ist die Entleerung noch dadurch erschwert, daß früher leichte Entzündungen zu verengernden Narben im Lumen geführt haben. Wenigstens faßt man jetzt mit Aschoff und Schmorl diese vielfach in Wurmfortsätzen gefundenen narbigen Veränderungen so auf. Früher glaubte man aus diesen Narben den Schluß ziehen zu können, daß der Wurmfortsatz beim Menschen ein in Rückbildung begriffenes Organ sei.

Weiterhin wird die Lichtung der Appendix nicht ganz selten durch einen Kotstein verlegt. Diese Kotsteine in der Appendix sind in der Mehrzahl der Fälle auf eine besonders kalkseifenreiche Absonderung des Wurmfortsatzes zurückzuführen (Canon[2]).

Es darf vielleicht hier angeführt werden, daß die Darmsteine im allgemeinen nach Williams auf eine Störung des Fettstoffwechsels zurückgeführt werden, während Adami sie als Produkt einer Entzündung auffaßt.

Die Bedeutung des Kotsteins für das Zustandekommen einer Appendizitis ist viel erörtert worden. Anatomisch sitzt die Ent-

---

1 Arch. f. klin. Chir. 109. Hft. 2. 2 Surg. chir. of. North. America Bd. 2. 1922. Ref. Chirurgenkongr. Ztbl. Bd. XIX, S. 54. 1922.

zündung meist distal von dem Kotstein, nicht an diesem selbst. Dort wo der Kotstein liegt, findet man öfter Atrophie der Schleimhaut. Gegenwärtig faßt man den Kotstein als eine Folge, nicht als die Ursache der Entzündung auf, eine Ansicht, die allerdings schwer zu beweisen ist.

Diese durch Narbe oder Knickung der Appendix oder durch einen Kotstein erschwerte Entleerung des Inhaltes nun soll eine stärkere Zersetzung des Kotes („Vas clos" nach Dieulafoy[1]) bewirken. Die Anzahl der Bakterien nimmt zwar sowohl im Experiment als auch nach den Untersuchungen am Menschen in diesen mangelhaft entleerten Wurmfortsätzen ab, aber die Giftigkeit des Darminhaltes soll nach Heile zunehmen. Auch die Virulenz der Bakterien soll nach Klecki[2], Dieulafoy[3], Hartmann und Mignot[3] steigen, wenn der Wurmfortsatz abgeschlossen ist, aber auch wenn eine Wandschädigung durch Gefäßunterbindung gesetzt worden ist (Klecki). Diese Toxine und die in ihrer Virulenz gesteigerten Bakterien sollen nun die Schleimhaut des Wurmfortsatzes zerstören. Bisher ist es mir allerdings im Tierversuche[4] nicht gelungen, mit dem Inhalt eines erkrankten Wurmfortsatzes Entzündungen am Tierdarm hervorzurufen, wenn ich diesen Inhalt frisch Mäusen in eine Darmschlinge einspritzte.

Wenn wir noch nach anderen anatomischen Besonderheiten am Wurmfortsatz fragen, die diesen Darmteil besonders gefährden, so ist das nächstliegende, die Gefäßverteilung am Wurmfortsatz zu untersuchen. Das ist denn auch vielfach geschehen und man glaubte eine Anzahl mechanischer Bedingungen ausfindig machen zu können, durch die die Blutversorgung des Blinddarms gestört werden kann (Meisel[5]).

Klauber[6] ist der Ansicht, daß die Verlagerungen oder Einklemmungen am Mesenteriolum eine Ernährungsstörung bedingen, daß also ähnliche Verhältnisse vorliegen wie beim Strangulationsileus. Das gilt sicher nicht für alle Fälle. Andere Autoren glauben, daß durch die Wandspannung bei der zunächst katarrhalischen Schwellung der Schleimhaut oder durch einen entzündlichen Hydrops hinter einem die Öffnung des Wurmfortsatzes verschließenden Kotstein die Blutversorgung der Schleimhaut mangelhaft wird. Es ist jedoch daran festzuhalten, daß eine Appendizitis nach Darmkatarrh selten ist, und daß im Gegenteil Säuglinge, die ja Darmkatarrhe in besonders reiner Form haben, nur sehr selten an schwerer Appendizitis erkranken. Auch der Kotstein selbst ist beschuldigt worden, daß er die Blutgefäße abdrückt, sicher mit Unrecht. Denn dort, wo der

1 Acad. de méd. 1896. 2 Annales de l'inst. Pasteur Bd. IX u. XI. 1895 u. 1899. 3 Zit. nach Sprengel, Appendizitis. Deutsche Chir. 46 d. S. 155. 4 Nicht veröffentlicht. 5 33. Deutscher Chirurgenkongreß 1904. 6 Münch. med. Wochenschrift 1909. S.451.

Kotstein liegt, sitzt die Gangrän der Wand durchaus nicht immer, sondern sie beginnt meist unmittelbar distal von dem Stein. Weiterhin könnte die Blutversorgung des Wurmfortsatzes nach BRÜNN[1] dadurch gestört werden, daß als Folge der Bakteriengifte ein Krampf der kleinen, die Schleimhaut versorgenden Gefäße statthat. Wir hätten da also ähnliche Verhältnisse vor uns wie wir sie beim Magengeschwür erörtert haben. Dadurch hat dieser Gedankengang etwas sehr Bestechendes. Um ihn zu stützen, suchte BRÜNN denn auch solche Beziehungen von Gefäßverteilung und auftretender Entzündung ausfindig zu machen, und er wies nach, daß in der Tat die Gangrän bei der Appendizitis stets dort beginnt, wo eines jener senkrecht vom Hauptgefäß abzweigenden Nebengefäße in die Darmwand einmündet. Auch der mikroskopische Befund bei der Blinddarmentzündung weist nach BRÜNN auf die Bedeutung der Gefäßversorgung hin. Wir haben nämlich bei der Appendizitis in den Gefäßen stets ein Gemisch von „Entzündung, Stase und hämorrhagischer Infarzierung", also denselben anatomischen Prozeß, wie wir ihn bei der Gangrän einer Dünndarmschlinge nachweisen können. Ist am Dünndarm die Unterbrechung des Blutstromes eine kurzdauernde, so finden wir, wie oben ausgeführt worden ist, zunächst eine Ernährungsstörung im Bereich der Schleimhaut. Erst wenn die Unterbrechung der Blutzufuhr längere Zeit gedauert hat, nekrotisieren auch die anderen Wandschichten. Ebenso soll es beim Blinddarmanhang sein.

Daß Beziehungen der Entzündung des Wurmfortsatzes zur Gefäßverteilung und Blutversorgung bestehen, ist nach diesen anatomischen Untersuchungen BRÜNNS wohl sicher. Der Gefäßkrampf bleibt dabei aber völlig hypothetisch. Wie ich schon oben ausgeführt habe, ist es mir bisher nicht gelungen, durch Einspritzung von Darminhalt aus der entzündeten Appendix in den Mäusedarm, anatomisch nachweisbare Veränderungen zu bekommen oder Gefäßkrämpfe zu sehen. Es sind also zunächst noch weitere Prüfungen nötig.

Auf einem ganz anderen Standpunkt bezüglich der Entstehungsursache der Appendizitis steht RHEINDORF[2]. Er ist der Ansicht, daß die Epitheldefekte, die, wie oben ausgeführt worden ist, auch bei den leichten Fällen von Appendizitis vorhanden sind auf mechanische Schädigungen der Schleimhaut durch Oxyuren zurückzuführen seien.

RHEINDORF glaubte solche Epitheldefekte und Schleimhautrisse auch in normalen Wurmfortsätzen nachweisen zu können. ASCHOFF[3] und BRAUCH[4] halten diese Befunde von RHEINDORF allerdings für Kunstprodukte, was RHEINDORF[5] und NOACK[6] bestreiten. Daß in dem Lumen oder in der Wand frisch entzündeter Wurmfortsätze Oxyuren vorkommen, ist nach der Mitteilung von LÄWEN und RHEINHARDT, SAROSCHA[7], und nach früheren Befunden von ASCHOFF sicher. Aber tatsächlich findet man nach den bisher vorliegenden Statistiken (ASCHOFF-MATSUOKA) in nicht entzündeten Wurmfortsätzen häufiger Oxyuren, als in ent-

---

1 Mitt. aus d. Grenzgebieten Bd. 21. 1909. 2 Die Wurmfortsatzentzündung. Berlin, Karger 1920. 3 Berl. kl. Wochenschr. 1920. S. 1041. 4 ZIEGLERS Beitr. z. pathol. Anat. Bd. 71. 1923. 5 Berl. klin. Wochenschrift 1921. 6 Grenzgebiete 35. 1922. 7 Deutsche Zeitschr. f. Chir. 183.

zündeten; dabei wäre es allerdings denkbar, daß die Oxyuren aus dem Wurmfortsatz auswandern, wenn er sich entzündet. Man müßte also feststellen, ob Oxyurenträger prozentual häufiger an Blinddarmentzündung erkranken, als Menschen ohne Oxyuren. Nach der Statistik von ASCHOFF ist das nicht der Fall, so daß man erst weitere Mitteilungen abwarten muß, bevor man die Berechtigung der RHEINDORFschen Theorie wird anerkennen können. Daß durch Oxyuren gelegentlich ein Krankheitsbild bedingt wird, das eine gewisse Ähnlichkeit mit einer Appendizitis haben kann (Appendicopathia oxyurica), sei nebenbei erwähnt.

Wir haben im Vorhergehenden eine Anzahl von Dingen kennen gelernt, die es erklären können, daß die schwer zerstörende Entzündung des Wurmfortsatzes eine Infektion vom Darm her ist, aber es ist damit nicht bewiesen, daß die Entzündung des Wurmfortsatzes vom Darm her erfolgen muß.

Man hat nun versucht, auf dem Wege des Tierexperiments die Frage, ob die Blinddarmentzündung eine Infektion vom Blutwege oder vom Darm aus sei, zu entscheiden. RIBBERT[1], BEAUSSENAT[2], ANGHEL[3], CHARRIN[4], MÜHSAM[5], ADRIAN[6], HEILE[7], WINKLER[8], POYNTON und PAINE[9], STOEBER und DAHL[10], ROUX, ROGER und SOSNÉ[11], MORDWINKIN[12] u. a. haben solche Versuche ausgeführt. Das Ergebnis dieser Versuche ist, daß es erstens gelingt, bei intravenöser Einspritzung von allen möglichen Bakterien — am besten haben sich solche bewährt, die aus zufälligen Blinddarmentzündungen bei Tieren der gleichen Art gezüchtet waren — embolische Herde mit Entzündungen und Nekrose der Appendixwand zu bekommen. Dabei findet man meist auch in anderen Organen embolische Herde. Auch eine Ausscheidung von Bakterien durch die Schleimhaut der Appendix ist beobachtet worden (MORDWINKIN). Zweitens kann man im Experiment auch von der Schleimhaut der Appendix aus eine typische Appendizitis erzeugen, wenn man nur dafür sorgt, daß die Mündung der Appendix gegen das Coecum abgeschlossen ist, was durch Einfügen eines Fremdkörpers (Paraffin oder dgl.) oder durch Umschnürung mit Seidenfäden oder Fascie gelingt. Dabei wird nach HEILE die Zerstörung der Schleimhaut in erster Linie durch die aus der Nahrung gebildeten Giftstoffe besorgt.

---

1 Deutsche med. Wochenschrift 1885. 2 Bull. de la soc. anat. de Paris 1897. 3 Thèse de Paris 1897. 4 Compt. rend. Soc. de Biol. 1897. 5 Deutsche Ztschrft. f. Chir. 55. 1900. 6 Mitt. aus d. Grenzgebieten Bd. 7. 1901. 7 l. c. und Münch. med. Wochenschr. 1925. 8 Erkr. d. Proc. vermiformis. Jena, Fischer, 1910. 9 Lancet 1911 und Brit. med. Journ. 1911. 10 Mitt. aus d. Grenzgebieten 24. 11 Rev. de méd. Bd. 16. 1896. 12 Russki Wratsch. 1916. Zit. Zentralbl. f. Chir. 1920. S. 92 und Arb. a. d. Inst. f. allg. Pathol. Sarotow Bd. 4. Ref. Chirurgenkongr. Zbl. XIV. Heft 6.

Die klinische Beobachtung, im Verein mit pathologisch-anatomischen Untersuchungen, zeigt nun, daß die Fälle, wie sie KRETZ[1] beschrieben hat, bei denen es sich um eine schwere embolische Zerstörung der Appendix gehandelt haben soll, nach den allgemeinen Erfahrungen doch wohl zu den Seltenheiten gehören, häufiger sind umschriebene, linsengroße, nicht zirkuläre perforierende Geschwüre mit plötzlichem Beginn der Erkrankung, die eine embolische Entstehung wahrscheinlich machen. Schließlich beobachtet man Fälle, wo die Appendizitis Teilerscheinung einer Allgemeininfektion — influenzaartigen Erkrankung — ist, was man daraus schließen kann, daß das Fieber nach der Entfernung des Wurmfortsatzes nicht abfällt. Gewöhnlich handelt es sich dabei um ein Empyem des Wurmfortsatzes ohne Zerstörung der Wand. Mir erscheint es ungezwungener, in solchen Fällen anzunehmen, daß die Infektion des Wurmfortsatzes auf dem Blutwege erfolgt ist als auf dem Darmwege. In der Mehrzahl der Fälle von Perityphlitis erfolgt aber doch wohl die Infektion und Zerstörung vom Darm aus. Dann schwindet die Allgemeininfektion mit der Entfernung des Wurmfortsatzes, da die allgemeine Infektion, die zu dem Krankheitsbilde der Appendizitis gehört, ihre Eintrittspforte in der Schleimhaut des Wurmfortsatzes gehabt hat.

Nun hat sich gezeigt, daß doch wohl bis zu einem gewissen Grade die Art der Ernährung an dem häufigen Auftreten der Appendizitis in unseren Gegenden schuld sei. MAC LEAN[2] weist daraufhin, daß bei einzelnen Volksstämmen, wie vor allem den Chinesen, Appendizitis eigentlich nicht vorkommt, während Deutsche oder Engländer, die in diesen Ländern leben, die Appendizitis genau so häufig bekommen wie bei uns. CRICKLOW[3] beschreibt einen Fall von Appendizitis bei einer Eingeborenen der Salomonsinseln, die die Lebensweise der Europäer angenommen hatte. Sonst soll die Appendizitis auch auf dieser Insel bei den Eingeborenen sehr selten sein. Statistische Arbeiten von BAURMANN[4] und vor allem SEIFERT[5] ergaben, daß die Appendizitis in den letzten Jahrzehnten an Häufigkeit zugenommen hat und daß diese aufsteigende Kurve bei uns eine jähe Unterbrechung in den Hungerjahren des Krieges erfahren hat, während in den Ländern, die in dieser Zeit nicht unter dem Hunger zu leiden hatten, wie z. B. die Schweiz, die regelmäßig an-

---

1 Wiener klin. Wochenschrift 1900; Verh. d. Deutsch. pathol. Ges. 1906; Mitt. aus d. Grenzgebieten 17. 1907 u. 20. 1909; Ztschrft. f. Heilkunde Bd. 28. 1908. 2 Journ. of trop. med. 23. 3 Ebenda. 4 Deutsche Zeitschrift f. Chir. 154. S. 41. 5 Mittelrhein. Chirurgentag Würzburg 1922.

steigende Kurve der Blinddarmerkrankungen weiter gestiegen war. Gleiches erfahren wir aus Rußland (WELIKORETZKY[1]).

Auf das Vorliegen einer allgemeinen Beteiligung des Körpers an der Erkrankung des Wurmfortsatzes weist abgesehen von dem Fieber die vorhandene Vermehrung der Leukozyten hin. SONNENBURG[2] hält diese Leukozytose und die Verschiebung des ARNETHschen Blutbildes für eine Antwort des Körpers auf den Reiz des Bauchfells, führt aber ausdrücklich an, daß Leukozytose auch ohne Eiterung des Peritoneums bei geschlossenem Empyem des Wurmfortsatzes vorkomme. Bei anderen Peritonitiden, zum Beispiel nach Tubeneiterung, ist die Vermehrung der Leukozyten keine so hochgradige wie bei Blinddarmentzündung. Diese Tatsache zeigt, daß die Leukozytose bei Appendizitis doch nicht einfach als Folge eines Peritonealreizes aufgefaßt werden kann. Vielleicht steht sie in irgend welcher Beziehung zum Sympathikus (vgl. HÖNCK[3]).

Als weiterer Beleg für das Vorliegen einer Allgemeininfektion dient die Tatsache, daß die Patienten bei Blinddarmentzündung sich von vornherein auffallend krank fühlen. „Abends noch völlig gesund ins Bett, morgens mit dem deutlichen Gefühl, krank zu sein, erwacht", schildert es KAFEMANN[4], und so wie er, die meisten Patienten. Vorläufig werden wir diese Beeinträchtigung des allgemeinen Befindens, die im allgemeinen viel größer ist, als sonst nach einer Darmwunde, als einen septischen oder toxischen Prozeß auffassen müssen, wennschon, wie gesagt, die bakteriologische Untersuchung des Blutes gewöhnlich negativ ausfällt. Auch das Vorkommen von Eiweiß im Urin ist wohl toxischen Ursprungs, ebenso der Ikterus, der übrigens nur selten beobachtet wird.

Alle diese allgemeinen Erscheinungen weisen darauf hin, daß sich der Körper gegen die stattfindende Infektion auf der ganzen Linie wehrt und ihr zeitweise unterliegt. Wäre die Appendizitis nur eine lokale Erkrankung, so müßte sie mehr Ähnlichkeit mit einer Darmgangrän haben, wie wir sie etwa bei eingeklemmter Hernie finden. So müssen wir aber die Appendizitis als Infektionskrankheit auffassen.

Einzelne klinische Erscheinungen bei der akuten Blinddarmentzündung verdienen noch einer kurzen Besprechung, so der vorhandene Schmerz. KAFEMANN[5] hat die Empfindungen, die ein Patient bei perforierender Blinddarmentzündung hat, in einer

1 Zit. Chirurgenkongr. Ztbl. XXV. S. 292. 2 Perityphlitis S. 108. 7. Aufl. Verl. von F. C. W. Vogel. 1913. 3 Über die Rolle des Sympathikus bei d. Erkrankung d. Wurmfortsatzes. Jena. Fischers Verlag 1907. 4 Deutsche med. Wochenschr. 1911. 5 Deutsche med. Wochenschrift 1911.

kleinen Arbeit (Selbstbeobachtung) ausführlich geschildert. Gewöhnlich klagt der Patient zuerst über Schmerzen in der ganzen Bauchhöhle, speziell in der Magengegend, die von wechselnder Heftigkeit sind. Die Perforation der Appendix wird empfunden, „wie das plötzliche Hineinstoßen eines schartigen Messers in die Bauchhöhle und mehrmaliges Umdrehen in derselben". Die Erklärung für diese Schmerzen wird man auf Grund dessen geben müssen, was oben über den „Bauchschmerz" gesagt ist. So sind die allgemeinen Leibschmerzen im Beginn der Erkrankung wohl eine Folge der Reizung des gesamten Bauchfells, wie sie gerade in den ersten Stunden der Blinddarmentzündung statt hat. Wir finden im Anfange einer Appendizitis stets eine vielleicht toxisch bedingte, allgemeine Bauchfellreizung. Dieses Frühexsudat ist harmlos. Der Anfänger läßt sich allerdings oft zu einer Gegeninzision verleiten, wenn er in den Frühfällen von Appendizitis links Exsudat findet in der Annahme, der Prozeß sei schwerer als er wirklich ist. Daß Bauchschmerzen häufig falsch und gerade in die Magengegend angegeben werden, ist eine regelmäßige, auch bei anderen Erkrankungen zu machende Beobachtung. Vielleicht handelt es sich um eine Reizung des Ganglion coeliacum durch Fortschreiten der Entzündung auf dem Wege der Lymphbahnen (VORSCHÜTZ[1]). Auffallend bleibt dann aber das Verschwinden dieses Magenschmerzes in den späteren Zeiten der Entzündung. Vielleicht ist der Magenschmerz auch als eine Zerrung des Mesenteriums an seinem Ansatz zu erklären. Diese Zerrung müßte dann Folge der vermehrten Darmbewegung im Beginn der Bauchfellentzündung sein oder es handelt sich um einen „Eigenschmerz" der Därme, von dem wir ja oben ausführlich gesprochen haben und der ja oft in die Wurzel des Mesenteriums verlegt wird. Die Schmerzen in der rechten unteren Bauchgegend während einer Blinddarmentzündung sind wohl einfache Reizungen des parietalen Bauchfells. SONNENBURG (l. c. S. 102) glaubt allerdings, daß die „Colica appendicularis" darauf beruhe, daß die Appendix ihren Inhalt auszudrücken versuche. Wie weit bei der bekannten Druckempfindlichkeit des McBURNEYschen Punktes Entzündungen der hier liegenden Nerven oder der Lymphbahnen eine Rolle spielen, ist nicht bekannt (vgl. MOHR-STÄHELIN, Handbuch d. inneren Med. S. 1015). Oft tritt diese Schmerzhaftigkeit im rechten unteren Bauchraum auch bei rechtsseitigen Pneumonien auf. Hier muß ja eine dieser beiden Bahnen wohl betroffen sein. FRANKE[2] nimmt für die Bauchschmerzen bei Pneu-

---

1 Deutsche med. Wochenschr. 1922. S. 1073. 2 Deutsche Zeitschrift f. Chir. Bd. 119. S. 107.

monie auf Grund seiner anatomischen Studien an, daß es sich um eine Fortsetzung der Entzündung auf den Lymphwegen handelt.

Daß der Augenblick der Perforation des Wurmfortsatzes so ganz besonders heftige Schmerzen macht, ist auch nicht so ganz leicht zu erklären. Denn das Peritoneum, das bei der Perforation zerstört wird, ist das viszerale, das ja angeblich unempfindlich oder wenig empfindlich ist, nicht das parietale. Man muß wohl annehmen, daß schon das Austreten einer geringen Menge Luft, Kot und Stuhl genügt, um einen so heftigen Reiz auf das parietale Peritoneum auszuüben, wie er geschildert wird. Merkwürdig bleibt es immerhin, daß der Augenblick einer Magen- und einer Blinddarmperforation so heftige Schmerzen macht, während eine traumatische Darmruptur oder Stichverletzung der Därme anfangs durchaus nicht so überaus schmerzhaft zu sein pflegt. Man kann wohl nur annehmen, daß das durch die vorhergegangene Entzündung gereizte Bauchfell ganz besonders schmerzempfindlich ist.

Unklar ist es, warum einzelne Formen der Appendizitis so besonders bösartig verlaufen, andere sich gern abkapseln. Daß besonders die Blinddarmentzündung bei Jugendlichen zur Abkapselung neigt (Handbuch der inneren Medizin S. 1027), kann ich nicht finden; im Gegenteil, die schweren Peritonitiden nach Appendizitis sehen wir eigentlich nur bei Kindern. Sonst werden wohl Virulenz der Erreger, Widerstandskraft des Körpers, Größe der Nekrose eine Rolle spielen. Im einzelnen sind diese Verhältnisse nicht untersucht worden. In den späteren Stadien der Blinddarmentzündung muß man ferner daran denken, daß neben der Infektion des Bauchfells auch eine solche des retroperitonealen Gewebes nicht ganz selten ist. Das erklärt uns gelegentliche Abweichungen von dem gewöhnlichen Verlauf der Peritonitis, erklärt zum Beispiel den oft so bösartigen „septischen“ Verlauf von Appendizitiden bei retrozökal liegendem Wurmfortsatz mit den Schüttelfrösten und Lungenembolien (Sonnenburg l. c. S. 130).

Gewisse Schwierigkeiten macht es weiterhin, eine annehmbare Erklärung dafür zu finden, daß appendizitische Abszesse, die nicht operativ eröffnet worden sind, mit Vorliebe durch die Bauchdecken, sei es vorne, sei es hinten, durchbrechen, also eigentlich an der dicksten Stelle der Abszeßwand und seltener in den Darm. In erster Linie sind wohl anatomische Ursachen, wie retrozökale Lage des Appendix u. dgl., schuld. Dann kann der Eiter zwischen Bauchfell und Bauchmuskulatur nach vorn kriechen. Ferner ist, worauf Sprengel hinweist, die Bauchdecke diejenige Wand des Abszesses, die am wenigsten leicht ausweichen kann, während die Därme viel nachgiebiger sind. Ob hier nicht auch die Ernährungsverhältnisse eine Rolle spielen, die an einer Darmwand zweifellos viel bessere sind als an der Bauchdecke, bleibt zu erwägen, wie überhaupt diese Frage durchaus noch nicht restlos gelöst ist. Daß gelegentlich akut entzündliche Prozesse unspezifischer Natur am Coecum beobachtet werden, ist durch die anatomischen Untersuchungen von JORDAN[1] und SICK[2], sowie durch die Mitteilungen von FISCHL[3] sichergestellt. Auch wir haben solche Fälle beobachtet.

Eine besondere Besprechung verdient nun noch die sogenannte **chronische Appendizitis**, ein Krankheitsbegriff, der besonders in der französischen Literatur der letzten Jahre eine große Bedeutung erlangt hat[4]. Zweifellos werden als chronische Appendizitis recht verschiedenartige Dinge zusammengefaßt, und man muß hier scharf scheiden und einteilen, um zu einer gewissen Klarheit zu kommen. Fangen wir einmal bei dem anatomischen Bilde an, so kennen wir bestimmte Veränderungen am Blinddarm, die Vernarbungen im weitesten Sinne des Wortes darstellen. Hierher gehören die Obliterationen des Wurmfortsatzes, Verwachsung mit der Umgebung, die Veränderungen an den Blutgefäßen (v. REDWITZ[5]). Schließlich soll die normalerweise vorhandene Doppelbrechung des polarisierten Lichtes in der Muskulatur des Wurmfortsatzes bei chronischer Appendizitis aufgehoben sein (GORGANO[6]).

Ob die Vernarbung der Appendix ein Rückbildungsvorgang (RIBBERT[7], ZUCKERKANDL[8] u. a.) oder die Folge einer Entzündung (akut oder chronisch) sei (ASCHOFF[9], SCHMORL[10], OBERNDORFER[11]), wird verschieden beantwortet. Man darf jetzt wohl sagen, daß, so weit sich das anatomisch überhaupt entscheiden läßt, bei jugendlichen Individuen die Verödung des Wurmfortsatzes meist Folge einer Entzündung ist (MILOSLAVICH u. NAMBA[12]), während bei älteren Menschen eine Sklerose der submukösen und der im Mesenteriolum gelegenen Arterien beobachtet wird, die als Ursache der Verödung in Betracht kommen können. Wir kennen ferner anatomische Veränderungen an der Schleimhaut (Druck-

---

1 Arch. f. klin. Chir. Bd. 69. 2 D. Ztschrift. f. Chir. Bd. 70. 3 Prager med. Wochenschrift 1904. 4 24. Congr. de Chir. Paris 1911. S. 74; Lit. ferner in SONNENBURG, Perityphlitis (F. C. W. Vogel. 1913. 3. Aufl.); SPRENGEL, Appendicitis. Deutsche Chir. 46; MELCHIOR u. LÖSER, BRUNS' Beiträge Bd. 79. S. 615. 1912. SCHNITZLER, Beilage z. Wien. klin. Wochenschr. 38. Jahrg. 5 BRUNS' Beiträge Bd. 87. S. 477. 1913. 6 Ref. med. 38. 1922. Ref. Chirurgenkongr. Cbl. Bd. 20. S. 24. 7 VIRCHOWS Archiv Bd. 132. 1893 und Deutsche med. Wochenschrift 1903 (hier Entzündung anerkannt). 8 Anat. Hefte 4. 1894. 9 Deutsche med. Wochenschr. 1906. S. 985. 10 Münchener med. Wochenschrift Bd. 17. S. 936. 1910. 11 Grenzgebiete Bd. 15. 1906. 12 Grenzgebiete Bd. 24. 1912.

atrophien RIEDEL[1]), ohne daß uns etwas von einem akuten Anfall bekannt ist. Die anatomisch gefundenen Veränderungen können also Folge einer irgendwie gearteten, langsam chronisch verlaufenden Erkrankung am Wurmfortsatz oder Folge eines früheren akuten Anfalls sein. In dem ersteren Falle werden wir mit Recht von einer „chronischen" Appendizitis sprechen, im zweiten Falle hingegen handelt es sich nur um Nachwehen einer akuten Erkrankung, und die Beschwerden wären als Verwachsungs- oder Zerrungsbeschwerden zu deuten oder sie hängen ab von den entzündlichen Gefäß- und Nervenveränderungen oder schließlich von leichten entzündlichen Nachschüben.

Die Erfolge der Therapie der chronischen Appendizitis zeigen, daß diese Trennung der sonst anatomisch gleichartigen Befunde nach solchen klinischen Gesichtspunkten durchaus gerechtfertigt ist. Denn, wie die Nachuntersuchungen von MELCHIOR und LÖSER gezeigt haben, hat man bei den Operationen, die zu der Gruppe 2 gehören, also den sogenannten Intervalloperationen, 94,4% Heilung, während man in allen den Fällen, wo keine akute Appendizitis vorausgegangen ist, nur 60% Heilung nach der Entfernung des Wurmfortsatzes buchen kann. Die Erfolge der Operationen sind ferner bei der zu Gruppe I gehörigen chronischen Appendizitis nur dann gut, wenn wirklich gröbere Veränderungen am Wurmfortsatz gefunden worden sind.

So weit stehen wir bei der Betrachtung der chronischen Appendizitis auf einigermaßen gesichertem Boden. Als Ursache für die Schmerzanfälle bei diesen chronischen Veränderungen am Wurmfortsatz sieht v. REDWITZ die Gefäßerkrankung an, die ja die größte Ähnlichkeit mit arteriosklerotischen Veränderungen hat und deshalb in gleicher Weise wie diese kolikartige Schmerzen machen kann, während A. MÜLLER[2] annimmt, daß es das Exsudat im Bauchraum ist, das die verschiedenen Beschwerden der Kranken bei chronischer Appendizitis bedingt.

Nun wird aber besonders in der französischen Literatur von einer chronischen Appendizitis gesprochen, wenn die Veränderungen am Wurmfortsatz so geringe sind, daß sie, wenn wir unseren gewöhnlichen Maßstab pathologisch-physiologischen Denkens anwenden, in diesen Veränderungen keine genügende Erklärung für die geklagten Beschwerden erblicken können. Solche Fälle, bei denen auf Grund etwas unklarer Leibschmerzen die Diagnose: „chronische Appendizitis" gestellt und der Appendix entfernt worden ist, kennt jeder Chirurg, und auch in der oben angeführten Einteilung, die MELCHIOR und LÖSER ihrem Material geben, wobei sie also nur 60% Heilung haben, sind sicher solche Fälle enthalten. Die Tatsache, daß in 40% der Fälle die

---

1 Archiv f. klin. Chir. 130. 1924. 2 Archiv f. klin. Chir. 130. 1924.

Entfernung des Wurmfortsatzes keine Heilung brachte, beweist, daß hier jedenfalls der Wurmfortsatz nicht die alleinige Ursache der Beschwerden gewesen ist.

Umgekehrt gibt es Fälle, und über solche ist auch vielfach in der Literatur berichtet worden, wo Heilerfolge nach Entfernung des Wurmfortsatzes eingetreten sind, wo die Beschwerden zunächst einmal durchaus nicht allein auf dieses Organ hinwiesen, wo Magenschmerzen, Leibschmerzen usw. vorhanden waren, und es fragt sich für uns, ob etwas über die Beziehung des Wurmfortsatzes zu anderen Organen bekannt ist, in dem Sinne, daß Beschwerden, die in andere Organe verlegt werden, doch in Veränderungen des Wurmfortsatzes ihre letzte Ursache haben. PAYR[1] gibt an, daß Fissuren und Geschwürsbildungen am Magen als Folge von Embolien bei chronischer Appendizitis vorkommen, und auch MOYNIHAN[2] betont, daß die Erscheinungen der chronischen Appendizitis denen des Magen- und Duodenalgeschwürs auffallend ähneln können, so daß sogar Blutbrechen dabei zu beobachten sei. Hyper- und Hypochlorhydrie, „Dyspepsie" sind vielfach beschrieben worden (PATERSON[3], EWALD[4], SONNENBURG). Französische Autoren sprechen von einer Form hépatique der chronischen Appendizitis (SILHOL[5]), zum Teil mit Ikterus und glauben dabei an toxisch-infektiöse Einflüsse. Nieren-, Blasen-, Lungenbeschwerden, teils unter dem Bilde des Asthma, teils unter dem der Tuberkulose, werden durch Appendektomie geheilt (DELAGÉNIÈRE[6], WALTER[6]), ja sogar das Krankheitsbild der Pseudotuberkulose (FAISAN, RICHELOT[7]) ist aufgestellt worden. Es ist nicht gerechtfertigt, alle diese Beschreibungen kurzerhand als Beobachtungsfehler abzuweisen, wenn auch vielleicht etwas mehr Kritik ab und zu wünschenswert erscheint.

Anhangsweise sei hier ein Krankheitsbild erwähnt, dessen Erklärung noch durchaus unklar ist, die **Pneumatosis cystoides intestini** (HAHN[8]), das ist das Auftreten kleiner mit Luft gefüllter Blasen am Darm. Beim Menschen ist diese Erkrankung selten, häufiger kommt sie beim Schwein zur Beobachtung. Nach JOEST[9] soll allerdings die Pneumatosis intestini cystoides beim Schwein nicht identisch mit der beim Menschen vorkommenden Form der Erkrankung sein. Auch in der Scheide von Schwangeren

1 Arch. f. klin. Chir. Bd. 84 1907. 2 Brit. med. Journ. 1910. S. 241. 3 Lancet 1910. S. 708. 4 28. Deutscher Chirurgenkongreß 1899. S. 685. 5 24. Franz. Chirurgenkongreß 1911. 6 24. Franz. Chirurgenkongreß 1911. 7 Zit. nach MELCHIOR u. LÖSER l. c. 8 Deutsche med. Wochenschrift 1899. 9 VIRCHOWS Archiv Bd. 234. 1921.

kommen solche, mit Luft gefüllte Zysten gelegentlich vor (CHIARI[1], Vaginitis emphysematosa). Da die Luft in all diesen Zysten gleich zusammengesetzt ist, wie die atmosphärische Luft oder wie die im Darm enthaltene Luft, so wird im allgemeinen die Ansicht vertreten, daß es sich nicht um einen bakteriellen Prozeß handle, sondern daß die Luft bei geschädigter Schleimhaut (Katarrh) rein mechanisch in die Lymphspalten eingepreßt wurde (vgl. HEY[2], MAKKAS[3] u. a.).

MIYAKE[4] hat im Tierversuch eine Luftblasenbildung in der Darmwand dadurch zustande gebracht, daß er die Luft dem Kaninchen mit einer feinen Spritze in die Darmwand blies. Er bekam dann ähnliche Bilder wie bei der Pneumatosis. Für die Entstehungsursache der Pneumatosis beweisen diese Versuche nicht viel, da ja gerade die Schwierigkeit in der Erklärung darin beruht, wieso und warum die Luft zunächst einmal in die Darmwand gelangt, nicht wie sie sich in der Darmwand verbreitet.

Durch Einblasen von Luft in den Mastdarm gelingt es auch bei schwer katarrhalisch verändertem Dickdarm (Kalomel) und mechanischem Zerdrücken des Dickdarmes nicht, ein Krankheitsbild, das der Pneumatoris intestini ähnlich wäre, zu erzeugen (ROST, unveröffentlichte Versuche). Die bakteriologischen Untersuchungen der Zysten hatten bisher nicht ganz einheitliche (MIYAKE[4]) oder negative (KUDER[5]) Ergebnisse. Immerhin wird das Krankheistbild bisher am besten erklärt, wenn man eine bakteriologische Entstehungsursache annimmt (STEINDL[6]).

Eins der für die Erkennung der **Bauchfellentzündung** wichtigsten Zeichen ist die reflektorische **Bauchdeckenspannung.** Auf ihre große diagnostische Bedeutung bei intraabdominellen Verletzungen hat vor allem TRENDELENBURG[7] hingewiesen. A. HOFFMANN[8] hat auf experimentellem Wege die Bedingungen studiert, unter denen eine solche reflektorische Bauchdeckenspannung eintritt.

Er spritzte bei Hunden und Ziegen reizend wirkende Substanzen — am meisten bewährte sich ihm das Terpentinöl — erstens in die Muskulatur der Bauchwand, zweitens in die Muskeln und Nerven neben der Wirbelsäule, ferner in die freigelegten Interkostalnerven, schließlich in den Peritonealraum. Durch geeignete Operation konnte er eine Trennung durchführen zwischen parietalem und viszeralem Bauchfell. Diese Versuche wurden in sinngemäßer Weise mit Durchtrennung der sensiblen Wurzeln im Rückenmarkskanal vereinigt und schließlich als Ergänzung die Reizung der Pleurahöhle hinzugefügt.

Aus all diesen Versuchen ergab sich, daß die Bauchdeckenspannung ein reflektorischer Vorgang ist, der auf dem Wege der Nn. intercostales und lumbosacrales verläuft. Aus-

1 Zeitschrift für Heilkunde 1885. 2 Deutsche Zeitschrift f. Chirurgie Bd. 154. S. 250. 3 Ebenda 187. S. 249. 4 Archiv f. kl. Chirurgie 95. 1911. S. 429. 5 Zentralblatt f. Chirurgie 1918. 6 Deutsche Ztschr. f. Chir. 163. 7 Deutsche med. Wochenschrift 1899. 8 BRUNS' Beiträge Bd. 69. S. 701. 1910.

gelöst wird dieser Reflex nur durch Reizung des parietalen, nicht des viszeralen Bauchfells, sehr wohl aber bei direkter Reizung der interkostalen oder lumbosakralen Nerven, z. B. bei einer sich im Bereich der Wirbelsäule abspielenden Entzündung oder Verletzung (z. B. Nierenverletzung). Es erklären diese Versuchsergebnisse die häufig zu machende Beobachtung, daß zentral im Bauchraum gelegene Abszesse keine Bauchdeckenspannung im Gefolge haben, und daß oft bei einer Nierenverletzung, einem perirenalen Abszeß, oder einer Wirbelquetschung (BAUM, WEIL) wegen Verdacht auf bestehende Darmverletzung laparotomiert wird.

Die Versuche HOFFMANNS geben ferner eine Erklärung für die Beobachtung, daß man manchmal eine Bauchdeckenspannung bei Pleuritis und Pneumonie und auch bei reinen Lungenschüssen findet. Er konnte nämlich zeigen, daß man auch durch Einspritzung von Terpentinöl in die Brusthöhle eine starke Bauchdeckenspannung bekommt. Der Chirurge sieht ja ab und zu Fälle von Pneumonie, die als Appendizitis angesprochen worden sind. Ob es sich hier allerdings um eine solche Irradiation, wie HOFFMANN das nennt, handelt, oder ob nicht doch eine Entzündung durch direkte Lymphbahnen (FRANKE[1]) von der Pleura nach der Appendixgegend fortschreitet, erscheint mir noch nicht genügend klargestellt zu sein (s. oben).

Da es sich, wie gesagt, bei der Bauchdeckenspannung um einen reflektorischen Vorgang handelt, ist es begreiflich, daß bei Durchtrennung des Rückenmarkes im mittleren und oberen Brustabschnitt eine Bauchdeckenspannung bei Reizung des parietalen Peritoneum nur so lange eintritt, als der kurze Reflexbogen unversehrt ist. Deshalb übersieht man gelegentlich Appendizitiden bei Wirbelfrakturen. Umgekehrt gelingt es nach v. BERGMANN und LÄWEN durch paravertebrale Injektion von Novokain Schmerzzustände im Bauch zu beseitigen.

Die wichtigste Erkrankung des Peritoneum ist die akute, **bakterielle Entzündung**[2]. Sie nimmt in der überwiegenden Mehrzahl der Fälle ihren Ausgang von den Organen des Bauchraums, also vor allem von der Appendix, der Gallenblase, dem Magen oder den weiblichen Genitalien (s. in den betreffenden Abschnitten); in einem kleinen Teil der Fälle läßt sich ein solcher primärer Herd nicht nachweisen. Entsprechend der großen Mannigfaltigkeit der Darmflora findet man im Eiter bei Peritonitis auch sehr verschie-

---

1 Deutsche Ztschrft. f. Chir. Bd. 119. 1912. 2 Lit. vgl. SPRENGEL, Deutsche Chir. 1906. Nr. 46 d; KÖRTE im Handbuch d. prakt. Chir.; WEIL, Über akute freie Peritonitis. Ergebn. d. Chir. Bd. II. S. 278. 1911.

dene Bakterien, und zwar meist nicht nur einen einzelnen Stamm, sondern ein Gemisch der verschiedensten Bakterienarten. Ich verweise auf das im Abschnitt über Appendizitis Gesagte. Eine aseptische Bauchfelleiterung bekommt man im Tierversuch eigentlich nur durch Aleuronateinspritzung.

Wie gelangen nun die Bakterien in die Bauchhöhle? In erster Linie aus dem Darmkanal bei Perforationen der Appendix, des Magens, der Gallenblase bei Durchbruch einer Genitaleiterung, eines Typhusgeschwürs usw. Es gilt hier die Regel, daß „je höher die Perforation am Darm sitzt, desto häufiger finden sich Streptokokken im Eiter, während bei tieferem Sitz besonders leicht Kolibazillen sich nachweisen lassen". Zu bemerken ist noch, daß nach den Untersuchungen von CUSHING und LIVINGOOD[1] die Bakterienflora im oberen Teil des Magendarmtraktus spärlicher ist als weiter unten und vor allem ist die „Dünndarmflora" harmloser als die Dickdarmflora (LÖHR[2]). Da nach LÖHR bei Magenperforationen ebenso wie bei allen schweren Bauchinfektionen oder Operationen die Salzsäurewerte im Magensaft sinken, so entwickelt sich bald im Magensaft eine Dickdarmflora mit all ihren Gefahren. Deshalb wächst die Gefahr einer Magenperforation mit der Zeit, die bis zur Operation verstreicht. Bei den Magenperforationen hängt die Gefährlichkeit der entstehenden Peritonitis sehr davon ab, ob die Magenperforation wegen Ulkus oder wegen Karzinom erfolgte. Wie BRUNNER[3] in Tierversuchen zeigen konnte, ist der salzsäurefreie Mageninhalt, wie er also bei Karzinom vorkommt, sehr viel gefährlicher, als der normale. Aus den oberen Darmabschnitten besonders dem Duodenum treten außerdem Trypsin und andere Fermente bei einer Perforation in die Peritonealhöhle und reizen das Bauchfell.

Das gesunde Peritoneum setzt Eiterungsprozessen, die sich in seiner Nachbarschaft abspielen, einen sehr starken Widerstand entgegen. Wie aus den Versuchen und den mitgeteilten klinischen Beobachtungen von MEISEL hervorgeht, erliegt das gesunde Peritoneum nur den eitrigen Entzündungen, die gleichzeitig eine schwere Zirkulationsstörung bedingen. Für gewöhnlich schiebt der Eiter das Peritoneum vor sich her oder dehnt es aus. Wir sind sehr wohl berechtigt, in dieser Verschieblichkeit und Ausdehnungsfähigkeit des Peritoneum eine wesentliche Schutzmaßregel zu erblicken (MEISEL[4], DANIELSEN[5]), wenn man bedenkt, daß wir das Peritoneum der Gallenblase oft noch unversehrt finden, wenn diese

1 Zit. nach KÖRTE im Handbuch d. prakt. Chir. Bd. III. S. 48. 1913. 2 Deutsche Zeitschr. f. Chir. 182. 3 BRUNS' Beiträge Bd. 40. 4 BRUNS' Beiträge Bd. 54. 5 In BORCHARD-SCHMIEDEN, Lehrbuch d. Kriegschirurgie. Leipzig 1917.

um das Doppelte bis Dreifache durch ein Empyem ausgedehnt ist. Bei Bauchdeckenwunden ohne Bauchfellverletzung ist die Infektionsgefahr für das Peritoneum keine große, wie die zahlreichen Kriegserfahrungen gezeigt haben (vgl. SCHMIEDEN[1]) Die Inkubationszeit bei der peritonealen Infektion ist dieselbe wie bei äußeren Wunden, beträgt also etwa 6—8 Stunden (FRIEDRICH[2]).

Weniger leicht verständlich sind die Fälle von Peritonitis, bei denen ein Ausgangspunkt von den Organen der Bauchhöhle nicht nachzuweisen ist (ZESAS, DENIS[3]). In Betracht käme ein Durchwandern von Bakterien durch die unverletzte Darmwand. Die Frage, ob ein solches Durchwandern vorkommt, ist in zahlreichen experimentellen Arbeiten nach allen Richtungen hin geprüft worden. Hierher gehören Arbeiten von GARRÉ[4], RITTER[5], ROVSING[6], ZIEGLER[7], TAVEL-LANZ[8], ARND[9], SCHLOFFER[10], NEPVEN, BÖNNEKEN[11], ENGSTRÖM[12], IKONNIKOF[13] u. a.

Es kam zunächst darauf an, zu entscheiden, ob bei Darminkarzeration, besonders bei eingeklemmten Brüchen, sich Darmbakterien auf der Serosa oder im Bruchwasser nachweisen ließen. Die Ergebnisse stimmen zwar nicht ganz untereinander überein; es erklären sich jedoch die Abweichungen aus technischen, hier nicht näher zu erörternden Fehlern. Das Ergebnis ist kurz zusammengefaßt das, daß man nur in ganz seltenen Fällen, und zwar eigentlich nur bei schwerer Darmschädigung Darmbakterien im Bruchwasser nachweisen kann. Im allgemeinen findet ein Durchwandern der im Darm vorhandenen Erreger durch die Darmwand nicht statt.

Eine andere Frage ist es, ob die Darmwand auch für artfremde, für das betreffende Individuum pathogene Bakterien dicht ist. Auch hier stimmen die Ergebnisse der Autoren nicht völlig überein.

Ältere Versuche von KOCHER[14] sind nicht recht verwertbar, weil er gleichzeitig Wunden an den Beinen der Tiere setzte. KARLINSKI[15] gab neugeborenen Tieren in der Milch Staphylokokken und fand dann in einem recht beträchtlichen Prozentsatz eine Allgemeininfektion mit Peritonitis. Der Einwand, daß hier die Eingangspforte für die Eitererreger nicht der Darmkanal, sondern vielleicht die Tonsillen gewesen seien, ist zweifellos nicht zu widerlegen. NEISSER[16] und BUCHBINDER[17] konnten sich von der Durchlässigkeit der Darmwand für Bakterien

1 Arch. f. klin. Chir. Bd. 95. 2 BRUNS' Beiträge Bd. 40. S. 51. 3 Über kryptogenetische Peritonitiden. v. VOLKMANNS Sammlung klin. Vorträge. 1912. Nr. 515. 4 Fortschr. d. Med. 1886. S. 486. 5 Diss. Göttingen 1890. 6 Zentralbl. f. Chir. 1892. Nr. 32. 7 Zit. nach SCHLOFFER l. c. 8 Mitt. aus Kliniken usw. d. SchweizI. Reihe. Heft 1. 9 Ebendort I. Reihe. Heft 4. 10 BRUNS' Beiträge Bd. 14. S. 813. 1895. 11 VIRCHOWS Archiv Bd. 120. 12 Ztschrft. f. Geb. u. Gyn. Bd. 36. 1897. 13 Annal. de l'inst. Past. 23. S. 921. 14 Arch. f. klin. Chir. 23. 15 Prager med. Wochenschrift 1890. 16 Ztschrft. f. Hyg. 22. S. 12. 17 Deutsche Ztschrft. f. Chir. Bd. 55. S. 458.

nicht überzeugen; von beiden Autoren ist aber die Virulenz der Bakterien nicht genügend berücksichtigt worden. Und von der Virulenz der Bakterien hängt das ganze Versuchsergebnis offenbar ab.

Nach den einwandfreien Versuchen von BALL[1] kann man jetzt wohl mit Bestimmtheit sagen, daß stark virulente Bakterien die ungeschädigte Darmwand zu durchdringen vermögen und zu einer Allgemeininfektion führen können. Klinische und Sektionsbeobachtungen von Peritonitiden, die wohl von der erkrankten Darmschleimhaut aus durch Durchwandern der Bakterien entstanden waren, sind von LANGEMAAK[2], LENNANDER und NYSTRÖM[3], ERKES[4] u. a. mitgeteilt worden. Auch bei Enteritiden der Kinder kann es zu einem Durchwandern von Bakterien kommen (ESCHERICH, BAGINSKI).

Diese Versuche über das Durchwandern virulenter Bakterien durch die Darmwand sind wichtig für das Verständnis der **Pneumokokkenperitonitis** (ROHR[5]). Durch Tierversuche an zwei jungen Meerschweinchen konnte JENSEN[6] feststellen, daß man durch Fütterung mit virulenten Pneumokokken eine fibrinöse Peritonitis erhalten kann; histologisch fand er dann die Darmwand mit Mikroben durchsetzt, ohne daß im Darmkanal Ulzerationen bestanden hätten. Da nun die Pneumokokkenperitonitis fast immer mit Durchfällen beginnt, so hält JENSEN es nicht für unwahrscheinlich, daß die Infektion des Peritoneums vom Darm aus erfolge, zumal der Pneumokokkus ein häufig zu findender Bewohner des Darmes ist (KROGIUS[7], JENSEN). Nicht geklärt bleibt bei dieser Annahme die Tatsache, daß die Pneumokokkenperitonitis in jugendlichem Alter sich in der überwiegenden Mehrzahl der Fälle bei Mädchen findet. Es liegt deshalb näher, an eine Infektion des Peritoneum vom Genitaltraktus aus zu denken. Jedoch kann man klinisch meist gar nichts nachweisen, was auf eine Genitalerkrankung hinweisen würde; und auch bei Sektionen von Pneumokokkenperitonitiden wurden die Genitalien gewöhnlich gesund gefunden. Genaue mikroskopische Untersuchungen zu dieser Frage liegen allerdings, soweit mir bekannt ist, nicht vor. CARTNEY[8] gibt an, daß sich aus dem Vaginalsekret Pneumokokken züchten lassen. Bei Erwachsenen kommt die Pneumokokkenperitonitis übrigens gleich häufig bei männlichen und weiblichen Patienten vor (JENSEN, eigene Beobachtung).

---

1 Arch. f. Hyg. Bd. 30. S. 348. 1897. 2 BRUNS' Beiträge z. klin. Chir. Bd. 37. 3 Zeitschrift f. klin. Med. Bd. 43. 4 Zentralbl. f. Chir. 1918. S. 97; Deutsche Zeitschrift f. Chir. 146. 5 Mitt. aus d. Grenzgebieten Bd. 23. S. 659. 6 Arch. f. klin. Chir. Bd. 69 u. 70. S. 110. 1903 (hier Lit.). 7 v. VOLKMANNS Sammlung klin. Vorträge Nr. 467/68. 8 Journ. of pathol. a bact. Bd. 26. 1923.

Es ist naheliegend anzunehmen, daß die Pneumokokkenperitonitis durch Fortleitung einer Infektion von der Lunge auf das Bauchfell entsteht. Hierfür haben wir aber gar keine Beweise, wenn schon erwiesen ist, daß bei Schädigung des Pleuraendothels Bakterien von der Pleura aus das Zwerchfell durchwachsen. Auch im Tierversuch bekommt man eigentlich niemals eine Peritonitis von einer Pleurainfektion aus (BURCKHARDT[1]); nach JENSEN deshalb, weil der Flüssigkeitsstrom von der Bauchhöhle zur Pleura zu geht, nicht umgekehrt.

Ob vom Blutwege aus eine Infektion der serösen Höhlen im besonderen des Bauchfell erfolgen kann, darüber geben die Untersuchungen von PEISER[2] Auskunft. Danach sind „die serösen Häute, so lange sie unversehrt sind, für im Blute kreisende Bakterien nicht durchgängig.“ Ein Eindringen von Bakterien aus dem Blute findet erst statt, „wenn im schwer septischen, moribunden Zustand die in vollster Wucherung befindlichen Bakterien in alle Organe eindringen“. Ist die Bauchhöhle vor der Einspritzung der Bakterien in die Blutbahn in einen gewissen Reizzustand versetzt worden (es genügt hierzu schon physiologische Kochsalzlösung), so treten die Bakterien sehr rasch aus der Blutbahn in die Bauchhöhle über. Ob sie sich dort vermehren, mit anderen Worten, ob eine Bauchfellentzündung entsteht, das hängt von der Virulenz der Bakterien und der Widerstandsfähigkeit des Organismus ab. Die gleichen Ergebnisse hatten die Versuche an der Pleura. Das Auftreten einer Peritonitis bei Sepsis ist deshalb eigentlich immer der Anfang vom Ende; eine Operation ist in solchem Zustand zwecklos.

Wie verhält sich nun das Bauchfell den **eindringenden Bakterien gegenüber**? Von WEGNER (l. c.) war gezeigt worden, daß sich das Bauchfell dank seiner Resorptionsfähigkeit (s. oben) gegen eine gewisse Anzahl von Bakterien schützen kann. GRAWITZ[3] glaubte auf Grund seiner Tierversuche sogar, daß die Unempfindlichkeit des Peritoneum gegen Bakterien eine sehr weitgehende sei. Dieser Ansicht trat PAWLOWSKI[4] entgegen; er fand im Gegensatz zu GRAWITZ, daß pathogene Staphylokokken bei intraperitonealer Einverleibung stets zu einer tödlichen Bauchfellentzündung führten, während allerdings Saprophyten vom Bauchfell anstandslos vertragen wurden.

GRAWITZ und mit ihm eine ganze Anzahl anderer Autoren (Lit. s. bei WALLGREN[5]), unter denen vor allem TAAVEL und LANZ[6] zu nennen sind, blieben jedoch auf ihrem Standpunkte stehen, „daß es eine primäre, bakterielle Peritonitis nicht gibt, weil die normale Serosa durch ihre Resorptionskraft die

---

1 BRUNS' Beiträge Bd. 30. S. 731. 1901. 2 BRUNS' Beiträge Bd. 55. S. 484. 1907. 3 Charité-Annalen XI. Jahrg. S. 770. 1886 und VIRCHOWS Archiv 116. S. 116. 1889. 4 VIRCHOWS Archiv 117. S. 469. 1889. 5 ZIEGLERS Beiträge 25. S. 206. 1899. 6 Mitt. aus d. Klin. u. Med. Inst. d. Schweiz I. Reihe 1. Heft. 1893.

geimpften Bakterien leicht resorbiere oder sich überhaupt von ihnen nicht angreifen lasse". Sie nahmen an, daß die bakterielle Infektion des Peritoneums, wie sie ja beispielsweise die Laboratoriumstiere in früherer Zeit nach Laparotomien ziemlich regelmäßig bekamen, sich nur deshalb ausbreiten konnte, weil durch den Bauchschnitt und das Arbeiten an den Eingeweiden das Gewebe weitgehend geschädigt worden sei. Es sollte sich also danach in den Fällen PAWLOWSKIS, in denen es nach experimenteller Einbringung von Bakterien in den Bauchraum zu einer tödlichen Peritonitis gekommen war, um eine primäre Infektion der Schnittwunde oder des Stichkanals gehandelt haben, mit sekundärem Übergreifen der Infektion auf das Bauchfell. Zweifellos hat diese Erklärung der Versuchsergebnisse PAWLOWSKIS etwas Gekünsteltes, und es erscheint der Hinweis von REICHEL[1], daß es doch sehr auf die Virulenz der eingespritzten Bakterien ankomme, durchaus berechtigt. Durch die Versuche von WALLGREN, JENSEN u. a. ist denn auch mit Sicherheit festgestellt worden, daß bei diesen experimentellen Peritonitiden die Virulenz der Erreger für den Verlauf der Erkrankung ausschlaggebend ist. Gleichwohl spielt die Schädigung des Bauchfelles für das Zustandekommen und den Verlauf der Bauchfellentzündung eine sehr wesentliche Rolle, wie u. a. die Versuche von WALTHARD[2] gezeigt haben. Begünstigt wird im Tierversuch die Infektion des Bauchfells weiterhin, wenn die Bakterien durch Blut oder Aszites einen günstigen Nährboden finden (GRAWITZ, REICHEL, SCHRADER u. a.).

Was lehren nun die täglichen Erfahrungen der praktischen Chirurgie? Zunächst, daß eine fortgeleitete Infektion des Bauchraumes von den Bauchdecken nicht gerade häufig vorkommt, aber doch nicht völlig vernachlässigt werden darf. So wird mit Recht davor gewarnt, bei infizierten eingeklemmten Brüchen die Bauchhöhle durch die Bruchpforte zu drainieren, da die Gefahr einer sekundären Infektion zu groß ist (VÖLCKER[3]). Daß das Peritoneum nicht so empfindlich gegen eine Infektion ist, wie man eine Zeitlang glaubte, vorausgesetzt, daß es nicht zu weitgehend mechanisch gereizt wird, ist jetzt eine allgemeine Erfahrung der Chirurgie geworden. So kommt es z. B. bei allen möglichen, nicht ganz aseptischen Magen- oder Darmoperationen, wegen der unvermeidlichen kleinen Fehler der Aseptik viel leichter zu einer Bauchdeckenphlegmone als zu einer Bauchfellentzündung. Die Bauchwand ist also empfindlicher gegen Infektion als das Bauchfell (vgl. VÖLCKER[3]). Deswegen drainieren wir in solchen Fällen nur die Schnittwunde, nicht den Bauchraum. Ob auch bei den Bauchfellentzündungen ohne bekannte Eintrittspforte, z. B. den Pneumokokkenperitonitiden, das Bauchfell vor dem Auftreten der Entzündung in seiner Widerstandskraft geschädigt worden ist, oder ob es sich in diesen Fällen tatsächlich um die nach der Ansicht der Versucher seltene Infektion eines vorher gesunden Bauchfells handelt, ist vorläufig nicht zu entscheiden. Die als Vorläufer der

---

1 Deutsche Ztschrift f. Chir. 30. S. 1. 1890. 2 Arch. f. exp. Pathol. 1891.
3 BRUNS' Beiträge Bd. 72. S. 647. 1911.

Pneumokokkenperitonitis beschriebenen Durchfälle können eine solche Schädigung der Serosa wohl bedingen.

Wie verläuft nun eine Infektion des Peritoneum? Durch Versuche von ISAEFF[1], PFEIFFER-KOLLE[2], BORDET[3], WALLGREN[4] u. a. ist sichergestellt, daß in den ersten Stunden nach der Einbringung von Bakterien (Streptokokken [WALLGREN]) eine Verminderung ihrer Zahl eintritt. Diese Verminderung hat ihre Ursache erstens in einer Resorption von Bakterien durch das Bauchfell, zweitens in einem Anhäufen der Bakterien an den Wänden der Peritonealhöhle, wo sie teils frei, teils in Leukozyten oder in Endothelzellen eingeschlossen liegen (WALLGREN), und drittens in einer Zerstörung der Bakterien durch Phagozytose. Es ist natürlich ganz zwecklos eine dieser Schutzmaßregeln als besonders wichtig zu stempeln. In früherer Zeit hat man die Bedeutung der Resorption der Bakterien vielfach überschätzt. Nun konnte aber NÖTZEL[5] nachweisen, daß die Tiere am Leben blieben, also nicht an einer Infektion von dem Peritoneum aus zugrunde gingen, wenn er eine 100mal so große Bakterienmenge in den Bauchraum einspritzte, wie sie von der Blutbahn aus das Tier getötet hätte. Auf der anderen Seite kann man allerdings ein Tier mit allen Zeichen einer peritonealen Allgemeininfektion noch am Leben erhalten, wenn man die weitere Aufnahme der Bakterien durch Unterbindung des Duct. thoracicus unmöglich macht. Es finden sich während einer Peritonitis dauernd Bakterien im Blute. JENSEN[6] konnte wenigstens bei seinen Versuchen über Pneumokokkenperitonitis nachweisen, daß schon 4—5 Minuten nach der Bakterieneinspritzung Bakterien im freien Blute nachweisbar waren und es während der ganzen Dauer der Infektion blieben. Damit ist die Angabe BORDETS[7], daß bei Peritonitis die Bakterien nur agonal in das Blut kämen wenigstens für diese Tierversuche, widerlegt. Ob allerdings der Satz von JENSEN, „daß der entscheidende Kampf bei peritonealer Infektion nicht im Peritoneum, sondern im Kreislauf stattfindet", für alle Formen der Bauchfellentzündung und gerade für die Bauchfellentzündung beim Menschen zu Recht besteht, kommt etwas auf die Auffassung an.

Die Tierversuche von PEISER[8] zeigen weiterhin, daß die in die Bauchhöhle eingebrachten Bakterien nur in der ersten Zeit in größerer Menge aufgenommen werden, während später die Aufnahme nachläßt.

---

1 Ztschrft. f. Hyg. u. Infekt.-Krankh. 16. S. 287. 1894. 2 Ebenda 21. S. 203. 1896. 3 Annales de l'institut Pasteur 1. 1897. S. 177. 4 ZIEGLERS Beiträge Bd 25. S. 206. 1899. 5 Arch. f. klin. Chir. Bd. 57 u. 81. 1898. 6 Arch. f. klin. Chir. Bd. 69. S. 1149. 1903. 7 Annales de l'institut Pasteur 1. 1897. S. 177. 8 BRUNS' Beiträge z. klin. Chir. 51. S. 681. 1906.

Selbst bei den unter dem Bilde der peritonealen Sepsis verlaufenden Fällen ist nach PEISER keine schrankenlose Resorption vorhanden; die schrankenlose Vermehrung der Bakterien erfolgt vielmehr auch in diesen Fällen erst im Blute. Diese Tatsache, daß das Peritoneum nur anfänglich stark resorbiert — wie PEISER durch seine Versuche mit eingespritzter NaCl-Lösung nachweisen konnte, nur bis zur Sättigung —, um später nur langsam, entsprechend der Ausscheidung durch die Nieren, zu resorbieren, schützt den Organismus vor der gefährlichen Überschwemmung mit Bakterien und deren Toxinen. Stört man dieses Gleichgewicht, indem man (nach PEISER) bei einer Peritonitis Kochsalzlösung in den Bauchraum bringt, so sterben die Tiere als Folge der erhöhten Bakterien- und Toxinresorption septisch, während die Kontrolltiere am Leben bleiben. Auch bei der Operation von Patienten mit Peritonitis erlebt man es ja gelegentlich, daß der Tod sehr bald nach der Operation, wenn gespült worden ist, eintritt, so daß man manchmal den Eindruck gewinnt, daß die Spülung direkt schädlich gewirkt hat. Ob diese Schädigung allerdings im Sinne von PEISER zu verstehen ist oder ob nicht doch trotz vorsichtigem Arbeiten durch die Spülung schützende Verklebungen gelöst worden sind, ist im Einzelfalle schwer zu entscheiden.

Nun resorbiert entsprechend seiner geringeren Oberflächengröße und der Gefäßverteilung das parietale Peritoneum sehr viel weniger als das viszerale und in dieser verschiedenen Aufnahmefähigkeit soll die Hauptursache für die **Lokalisation der Spätabszesse** bei Peritonitis liegen (MEISEL[1]). In der Tat liegen diese Abszesse am häufigsten in der Peripherie der Bauchhöhle, so subphrenisch, in den Lumbalgegenden, im DOUGLASschen Raum und auf der rechten Beckenschaufel. Selbstverständlich hängt die Häufigkeit der Abszesse auch von der Lage des Organs ab, von dem die Eiterung ihren Ausgang genommen hat. Die Bevorzugung der rechten Bauchhälfte erklärt sich also als Folge der Lage der Appendix. Eine verzögerte Resorption eines Exsudates kann ferner oft damit zusammenhängen, daß die Eiweißkörper des Exsudates nicht abgebaut werden (LANDSBERG[2]).

Eine weitere Schutzmaßregel, die dem Peritoneum bei einer Entzündung zu Gebote steht, ist die Ausscheidung von Leukozyten und die Vernichtung der Bakterien durch diese. Die grundlegenden Versuche über die peritoneale Phagozytose stammen

---

1 BRUNS' Beiträge z. klin. Chir. Bd. 40. S. 529 u. 723. 2 Wien. Arch. f. inn. Med. Bd. 2. 1921.

von METSCHNIKOFF[1]. Sie beziehen sich auf das normale Peritoneum. Zur Phagozytose verwendet wurden rote Blutkörperchen der Gans, nicht Bakterien. Unter pathologischen Verhältnissen ist die peritoneale Phagozytose von CLAIRMONT und HABERER[2] studiert worden. Sie fanden am Meerschweinchen, daß jede Vorlagerung der Därme, mag sie trocken oder feucht vorgenommen werden, zu einer Leukozytose führt, die stärker ist, als wenn die Gänseerythrozyten in die geschlossene Bauchhöhle eingespritzt werden. Die Phagozytose dieser ausgeschiedenen Leukozyten war zuerst sehr energisch, erlahmte aber rasch, so daß sie in den späteren Stunden, in denen sie beim gesunden Tier den höchsten Wert zeigte, bei dem operierten Tier fast gleich Null geworden war. Nach METSCHNIKOFF[3] findet man bei Peritonitis eine erhöhte Phagozytose im Bauchexsudat.

Das Morphologische des Vorganges hat man besonders an der Phagozytose von Bakterien studiert und dabei gefunden, daß es in den ersten Stunden vor allem mononukleäre Formen von Leukozyten sind, wie sie auch normalerweise in der Bauchhöhle vorkommen, die die Bakterien in sich aufnehmen. Nach der Phagozytose gehen diese Leukozyten zugrunde (METSCHNIKOFF[4]), indem sie zerfallen oder sie lagern sich der Peritonealwand an (DURHAM). Es folgt eine kurzdauernde Periode der Leukozytenverarmung. Nunmehr strömen reichlich polymorphkernige Leukozyten herbei, und auch diese polynukleären Leukozyten nehmen die Bakterien in sich auf. Es hört jedoch auch diese Phagozytose gewöhnlich sehr bald auf und man findet dann ein friedliches Nebeneinander von Bakterien und polymorphkernigen Leukozyten; nur selten ist in diesem Zeitpunkt ein Bakterium in einen Leukozyten eingeschlossen. Die Leukozyten vermögen die Bakterien nicht mehr in sich aufzunehmen, und zwar, wie man annimmt, deshalb nicht, weil mit den Bakterien irgendeine Veränderung unbekannter Art vorgegangen ist, die sie für die Leukozyten unangreifbar machen. Frisch hinzukommende, besonders andersartige Bakterien werden von den betreffenden Leukozyten ohne Schwierigkeit phagozytiert (BORDET[5]). Diese Zeit der fehlenden Phagozytose hält nicht bis zum Tode des Versuchstieres an. Es kommt vielmehr, meist allerdings erst kurz vor dem Tode des Versuchstieres, noch einmal zu einer starken Phagozytose bei gleichzeitigem Zerfall von weißen Blutkörperchen. WALLGREN nimmt deshalb an, daß aus den zerfallenden weißen Blutkörperchen Stoffe frei werden, die die schützende Hülle der Bakterien sprengen, so daß sie wieder phagozytiert werden können. Das phagozytäre Vermögen der weißen Blutkörperchen wird nach den Versuchen von ASHER[6] (Furnya Kiyoshi) durch das Verhalten der Drüsen mit innerer Sekretion weitgehend beeinflußt: Nach Entfernung der Schilddrüse oder Ovarien sinkt das phagozytäre Vermögen der durch Aleuronateinspritzung aus dem Bauchraum gewonnenen Leukozyten.

---

1 Immunität bei Infektionskrankheiten. Deutsch von J. MEYER 1902 und Die Lehre von den Phagozyten usw. in KOLLE-WASSERMANNS Handbuch der pathog. Mikroorganismen Bd. II. 2. Aufl. 1913. 2 Arch. f. klin. Chir. 76. S. 41. 1905. 3 In KOLLE-WASSERMANNS Handbuch d. pathog. Mikroorg. II. S. 723. 4 Annales de l'institut Pasteur 9. S. 369. 1895. 5 Annales de l'institut Pasteur 11. S. 177. 1897. 6 Bioch. Zeitschr. 147. 1924.

Die Phagozytose ist nun nicht der einzige Weg, auf dem sich die Bauchhöhle gegen eindringende Bakterien schützt. Die Peritonealflüssigkeit hat vielmehr außerdem die Fähigkeit, Bakterien durch Zusammenballen und Auflösen unschädlich zu machen (bakterizide Eigenschaft) (HAUKIN[1], BUCHNER[2], SCHATTENFROH[3], BAIL[4] u. v. a.). Demgegenüber konnten allerdings PANSIN[5], R. STERN[6], R. PFEIFER[7], SCHRADER[8] u. a. keine starken bakteriziden Kräfte im peritonealen Exsudat nachweisen.

Um gewissermaßen prophylaktisch, wenn man bei einer Operation fürchtet, es könne eine Peritonitis entstehen, die weißen Blutkörperchen und damit die von ihnen gebildeten Schutzkräfte an Ort und Stelle zu haben, ist besonders von gynäkologischer Seite versucht worden, durch Einspritzung von Nukleinsäure oder Kampferöl (GLIMM[9]) in die Bauchhöhle am Tage vor der Operation eine Leukozytose im Bauchraum zu erzielen und dadurch die Gefahr der Peritonitis zu verringern. Beim Kampferöl soll außerdem die Aufnahmefähigkeit des Bauchfells durch das Öl vermindert werden. Genau nun so, wie man es experimentell versucht hat, durch einen das ganze Peritoneum treffenden Reiz die Schutzkräfte zu verstärken und zu wecken, geschieht es bei den spontanen Eitererkrankungen des Bauchraumes, also vor allem bei der postappendizitischen Peritonitis. Wir sprachen schon davon, daß nach MOSKOWICZ[10] die Appendizitis zuerst stets mit einer allgemeinen peritonealen Reizung verbunden ist, durch die es zu einer relativen Immunisierung des Bauchfells kommt. Dieser Reiz des gesamten Peritoneums in den ersten Stadien der Appendizitis ist nach HÄGLER (zit. nach SPRENGEL[11]) bedingt durch die ins Peritoneum eingedrungenen Toxine. Auch im Tierversuch gelingt es, z. B. Meerschweinchen durch vorherige Einspritzung kleiner Mengen Cholerakultur gegen eine weitere Infektion mit diesem Erreger vom Bauchfell aus zu immunisieren (PFEIFFER und WASSERMANN[12]).

Daß weiterhin als sehr wesentlicher Schutz für das Bauchfell seine Fähigkeit zu verkleben anzusehen ist, wodurch es in vielen Fällen nicht zu einer allgemeinen, sondern zu einer abgesackten Entzündung kommt, wurde schon oben ausgeführt.

---

1 Zentralbl. f. Bakt. XII. S. 777 u. 809. 1892 u. Bd. XV. S. 852. 1893. 2 Münchener med. Wochenschrift 1894. S. 717. 3 Arch. f. Hyg. Bd. 31. S. 1. 1897. 4 Arch. f. Hyg. Bd. 30. S. 348. 1897. 5 ZIEGLERS Beiträge Bd. 2. 1893. 6 Zeitschrift f. klin. Med. Bd. 18. 1891. 7 Ztschrft. f. Hyg. Bd. 16, 18, 20. 8 Deutsche Zeitschrift f. Chir. Bd. 70, S. 421. 1903. 9 Deutsche Zeitschrift f. Chir. Bd. 83. 10 Archiv f. klin. Chir. Bd. 72. S. 773. 1904. 11 Deutsche Chir. Bd. 46 d. 12 Zeitschrift f. Hyg. XIV. S. 46.

Sind die Bakterien sehr virulent, so behalten sie trotz aller natürlichen Schutzmaßnahmen die Oberhand. Ist die Infektion eine milde, nicht zum Tode führende, so verläuft der ganze Entzündungsprozeß langsamer. Die Leukozyten beginnen erst nach den ersten Stunden zuzuströmen und nicht so reichlich, wie bei den schweren Infektionen. Es überwiegen bei diesen leichteren Formen die mononukleären Leukozyten, die übrigens beim Abklingen jeder Bauchfellentzündung in der Überzahl sind. Die Bakterien haben dann oft gar nicht Zeit, sich zu vermehren, schon nach wenigen Stunden sind sie sämtlich von den weißen Blutkörpern aufgenommen. Zwischen diesen beiden Extremen gibt es alle Übergänge; immer aber spielt sich der Kampf in der gleichen Weise ab.

Es geht übrigens die Schwere der klinischen Symptome nicht mit der Schwere der pathologisch-anatomischen Veränderungen, die wir an der Serosa finden, parallel; oft sieht man bei ganz schwer verlaufenden Peritonitiden auf dem Sektionstisch nur eine geringe Hyperämie der Serosa, kaum Exsudat und nur wenig Fibrin. Man spricht dann von einer „septischen" Peritonitis, ein Ausdruck, der deshalb nicht gut ist, weil nach unseren jetzigen Kenntnissen jede Peritonitis etwas von einer Sepsis hat.

Das führt uns zur Besprechung der **Todesursache bei Peritonitis.** Eine ausführliche Zusammenstellung der älteren Literatur gibt HEINECKE[1], der selbst ausgedehnte Versuche über die Todesursache bei Peritonitis angestellt hat. Danach soll der Tod bei Peritonitis meistens als Intoxikation aufzufassen sein; eine gewisse, im einzelnen noch unklare Schockwirkung komme möglicherweise hinzu (BAUER[2]). HEINECKE selbst durchtrennte bei Kaninchen den Dünndarm und stellte Blutdruckuntersuchungen an, genau mit der gleichen Methodik, die ROMBERG und PÄSSLER bei ihren Untersuchungen über Diphtherie und andere Infektionskrankheiten gebraucht hatten. Die Tiere starben etwa 12 Stunden nach der Operation und HEINECKE konnte nachweisen, daß die Kreislaufstörung bei Perforationsperitonitis in der Hauptsache eine Lähmung des Vasomotorenzentrums in der Medulla oblongata ist. Eine Schädigung des Herzens besteht sicher in den frühzeitigen Stadien des Kollapses. In den späteren Stadien ist die Herzschädigung zum größten Teile abhängig von der infolge der Lähmung der Vasomotoren ungenügenden Blutzufuhr nach dem Herzen. Eine Störung der Atmung tritt später ein als die des Kreislaufs; der Atemstillstand geht jedoch dem Herzstillstand

---

1 Arch. f. klin. Med. Bd. 69. S. 429. 1901. 2 Krankheiten d. Peritoneum in ZIEMSSENS Handbuch Bd. VIII.

voran. Beide sind wohl als zentrale Lähmung der Medulla oblongata aufzufassen, und zwar ist diese Lähmung nach HEINECKE eine direkte Folge der Aufnahme von Bakterienprodukten, kein auf dem Nervensystem fortgeleiteter Reflex.

An diesen Versuchen und ihren Folgerungen hat FRIEDLÄNDER[1] eine nicht uninteressante Kritik geübt. Er will die schnell verlaufende Sepsis, wie sie in den Versuchen von HEINECKE und ROMBERG statthatte, von der langsam fortschreitenden Peritonitis, wie wir sie beim Menschen sehen, getrennt haben.

Für letztere glaubt er wegen des Mißverhältnisses von Puls und Temperatur einen reflektorischen Einfluß des Nervensystems annehmen zu müssen. In Tierversuchen bekam er eine „peritonitische Reizung" nach Unterbindung oder Abtragung des Netzes und fand dann, bei gleichzeitigen Durchtrennung der Nn. vagi, daß die Pulszahl der Temperatur entsprach, während sie bei intakten Vagi erhöht war. STREHL[2] konnte die Richtigkeit des letzten Teils dieser Versuche nicht bestätigen. Er bekam bei Inkarzeration und Peritonitis, die er künstlich bei Katzen und Kaninchen erzeugte, keinen Unterschied, was Pulsvermehrung anbetrifft, gleichgültig, ob die beiden Nn. vagi an der Kardia durchschnitten waren oder nicht. Auch Exstirpation des Ggl. coeliacum hatte auf die Pulszahl bei Peritonitis in den Versuchen von STREHL keinen Einfluß.

Haben sich so die Versuche FRIEDLÄNDERS auch nicht bestätigen lassen, so bleibt doch wohl eins in seinen Anschauungen zu Recht bestehen, daß nämlich eine Peritonitis nicht schlechtweg eine Sepsis mit vielleicht gewissen quantitativen Unterschieden ist, sondern daß für den Tod bei Peritonitis die nervöse Versorgung des Bauchraumes berücksichtigt werden muß. Auch die sehr genauen Untersuchungen über die Zirkulationsverhältnisse bei Peritonitis von OLIVECRONA[3] zeigen, daß die Zirkulationsstörung bei einer Peritonitis einen ziemlich verwickelten Vorgang darstellt. Er fand, daß die Menge des Plasma und des Blutes bei diffuser Peritonitis stark abnahm, während der Blutdruck bis kurz vor dem Tode ungefähr normal blieb. (BRAUN und BORUTTAU, PERTHES[4], v. LICHTENBERG[5]). Die Verminderung der Blutmenge soll wie beim Histaminschock auf einer Erweiterung der Kapillaren und auf einer erhöhten Durchlässigkeit ihrer Wand beruhen.

Als Todesursache bei Peritonitis kommt weiterhin die Darmlähmung in Betracht, als deren anatomische Grundlage ASKANAZY[6] die von ihm gefundene Erweiterung der um die Darmwandganglienzellen gelegenen Lymphscheiden anspricht. Diese Angabe wird von WALBAUM[7] bestritten, von STREHL an lebensfrisch

---

1 Arch. f. klin. Chir. 72. S. 196. 1904. 2 Arch.f. klin. Chir. 75. S. 711. 1905. 3 Acta chir. Skand. Bd. 54. 1922. 4 Chirurgenkongreß 1900. S. 112f. 5 Über die Kreislaufstörungen bei Peritonitis. Wiesbaden 1909. 6 Verh. der Deutschen Path. Ges. III. 7 Wiener med. Wochenschrift 1902. Bd. 37.

fixierten Katzendärmen bestätigt. Nach der allgemeinen Anschauung ist diese Darmlähmung toxischen Ursprungs. Die als ihre Folge auftretende Auftreibung des Leibes und die Resorption des zersetzten Darminhaltes sollen in gleicher Weise schädigend und schließlich vernichtend auf den Körper wirken, wie beim Ileus.

In dieser allgemein gelehrten Form ist diese Anschauung wahrscheinlich falsch, jedenfalls hat sich experimentell gezeigt (Hotz[1]), daß der peritonitische, aber nicht geblähte Darm im wesentlichen dieselbe Bewegungskurve hat, wie der normale. Von einer Darmlähmung ist also nichts nachzuweisen. Es sind deswegen auch die Angaben, daß der Meteorismus die Folge einer Entzündung des Ggl. coeliacum und einer dadurch hervorgerufenen Darmlähmung sei, vorläufig nicht erwiesen. Hingegen hat der geblähte Darm eine ganz andere Bewegungsform, so daß die Frage darauf heraus kommt, was die Ursache der Blähung ist.

Die Versuche von Enderlen und Hotz[2] haben nun gezeigt, daß auch bei der Peritonitis ziemlich genau so wie beim Ileus in ausgebildeten Fällen der Darm weniger resorbiert als der normale, und daß in den späteren Stadien sogar eine Mehrausscheidung von Flüssigkeit in den Darm hinein erfolgt. Auch die Versuche von Clairmont und Ranzi[3], sowie von Braun und Boruttau[4] sprechen in diesem Sinne. Es besteht somit auch bei der Peritonitis eine enge Wechselbeziehung zwischen Darmblähung, Darmlähmung und Zirkulationsstörung, wie wir sie oben beim Ileus kennen gelernt haben. Bei den Operationen von frischer Peritonitis findet man oft ein ganz unvermitteltes Nebeneinander stark geblähter und zusammengezogener Darmschlingen. Ob wir aus diesem Befunde eine ungleichmäßige Schädigung der Zirkulation in den einzelnen Darmschlingen erschließen können, ist nicht bekannt.

Eine Folge der Darmlähmung ist das **Erbrechen** in den Spätfällen von Peritonitis. Wir müssen von diesem Kotbrechen zum Schluß das Erbrechen und den Singultus im Beginn der Peritonitis trennen, genau wie diese Trennung auch für den Ileus durchgeführt werden mußte. Gehen wir z. B. von einer Appendizitis aus, so können wir oft Singultus und Erbrechen ganz im Beginn der Erkrankung beobachten, das, worauf auch Sprengel[5] hinweist, wieder verschwindet, wenn es zur Bildung eines abgesackten Abszesses kommt. Ist ein Abszeß vorhanden, dann gehört das Erbrechen zu den größten Seltenheiten, es tritt aber wieder auf, wenn

1 Mitt. aus d. Grenzgebieten Bd. 20. 2 Mitt. aus d. Grenzgebieten Nr. 23. 1911. 3 Deutsche Ztschrft. f. Chir. Bd. 33. S. 52. 4 Deutsche Ztschrft. f. Chir. Bd. 96. S. 544. 1908. 5 Die Appendizitis. Deutsche Chir. Lief. 46d. 1906.

der Abszeß durchbricht und eine allgemeine Bauchfellentzündung entsteht. Die Reizung des Bauchfells ist also das, was das Erbrechen bedingt; denn, wie oben gesagt wurde, haben wir auch im Anfang der Appendizitis ein Frühexsudat im ganzen Bauchraum als Ausdruck der Bauchfellreizung. Dieses frühe Erbrechen bei Peritonitis fassen wir als reflektorisches auf. Die das Bauchfell treffende Schädigung reizt das Brechzentrum und löst dadurch den Brechakt aus. Es sind wahrscheinlich sympathische Äste, die dieser Reizübertragung dienen. Näheres ist in dem Abschnitt über Magenbewegung nachzulesen. Da das Erbrechen im Beginn einer Bauchfellentzündung ein rein reflektorischer Vorgang ist, ist es verständlich, daß dieses Erbrechen bei einzelnen Menschen leichter auftritt, bei anderen überhaupt nicht beobachtet wird. Singultus beweist nach NOTHNAGEL (l. c. S. 530) nicht, daß der Bauchfellüberzug des Zwerchfells von der Entzündung betroffen sei, da der in Betracht kommende N. phrenicus sensible Äste auch an andere Stellen des Bauchfells abgibt.

Von diesem reflektorischen Erbrechen im Beginn einer Bauchfellentzündung ist das Erbrechen später, das Kotbrechen, durchaus zu unterscheiden. Schon die Art dieses Erbrechens ist eine andere als die des reflektorischen Erbrechens. Man hat sehr richtig und bezeichnend von einem „Überlaufen" gesprochen (HENLE[1]), die Masse des Entleerten und das Fehlen eines stärkeren Pressens bei der Entleerung bilden hier die Vergleichspunkte. Die kotige Zersetzung des Erbrochenen ist kein Zeichen dafür, daß es aus tieferen Partien des Darmes, etwa Dickdarm, herstammt. Auch im Dünndarminhalt kommt bei Darmlähmung die stinkende Zersetzung zustande (NOTHNAGEL). Füllt sich nun der gelähmte Darm immer mehr und mehr mit Kot und Flüssigkeit und kommt aus irgendeiner Ursache eine Brechbewegung hinzu, so drückt, wie man sich das nach der Theorie von HAGUENOT[2] (1713) vorstellt, die Bauchpresse die Inhaltsmassen magenwärts, und sie entleeren sich in der Richtung des geringsten Widerstandes. Man hat viel darüber gestritten, ob Kotbrechen eine Antiperistaltik beweist oder nicht. M. E. kann sie hierbei deshalb von keiner großen Bedeutung sein, weil das Kotbrechen erst eintritt, wenn der Darm gelähmt ist. Man nimmt übrigens bei dieser HAGUENOTschen Theorie des Kotbrechens ohne weiteres an, daß der Pylorus bei dem Kotbrechen offen stünde, eine Annahme, die bisher noch nicht erwiesen ist und die eigentlich dem, was wir sonst über den Brechakt wissen, widerspricht. Möglicherweise entleert sich

---

1 Zit. nach NOTHNAGELS Handbuch Bd. 17. S. 204. 2 Desgl.

also auch beim Kotbrechen nur der rückläufig in den Magen ergossene Inhalt.

Man hat ferner das Erbrechen, wie auch andere Allgemeinerscheinungen bei Peritonitis, auf eine „intestinale Intoxikation“ zurückgeführt. Es ist diese Frage ausführlicher in dem Abschnitt über Ileus besprochen worden. Dort liegen die Verhältnisse klarer. Jedenfalls kann man wohl aus den dort besprochenen Versuchsergebnissen schließen, daß dieser intestinalen Intoxikation, soweit wir das heute beurteilen können, deshalb keine ausschlaggebende Bedeutung zukommt, weil erstens der Darminhalt bei einer Kotstauung nicht giftiger wird und weil zweitens die Aufnahme des Darminhaltes bei Peritonitis und Ileus verzögert ist (ENDERLEN und HOTZ[1]). Ein Erbrechen nach Einspritzung des gestauten Darminhaltes wird außerdem im Versuch nicht beobachtet (BRAUN und BORUTTAU[2]). Man darf allerdings nicht verkennen, daß, wenn man, wie das bei der HAGUENOTschen Theorie geschieht, das Brechzentrum ganz aus dem Rahmen der Betrachtung läßt, es nicht recht erklärlich ist, warum bestimmte Tiere, z. B. Kaninchen, bei den gleichen mechanischen Verhältnissen, also dem experimentellen Ileus, nicht erbrechen.

Gelegentlich, wenn auch nur in einem recht geringen Prozentsatz der Fälle, beobachtet man bei Peritonitis Blutbrechen, das „Vomito negro“, wie dieser Zustand beim gelben Fieber genannt wird. Wir sind oben bei der Besprechung der Magengeschwüre und parenchymatösen Magenblutungen auf die verschiedenen Theorien der Magenblutungen eingegangen, so daß hier auf das dort Gesagte verwiesen werden kann. Für das Blutbrechen bei der Peritonitis spielt jedenfalls die Infektion eine wesentliche Rolle, wenigstens findet man das Blutbrechen nur in den schwersten, septischen Fällen.

Bei der Behandlung der akuten Peritonitis ist außer der primären Entleerung des Eiters bei der Operation die sekundäre durch **Drainage** eine viel erörterte Frage.

In der Literatur[3] wird Tamponade und Drainage häufig nicht scharf voneinander geschieden, und zwar wahrscheinlich deshalb nicht, weil sich die Vorstellung gebildet hatte, der Tampon, der eingelegte Jodoformgazestreifen, wirke auch ableitend auf das Sekret. Dieser Ansicht traten CHROBAK[4] und VÖLCKER[3] entgegen, die darauf hinwiesen, daß sich die Maschen des Gazestoffes rasch mit der dickflüssigen, klebrigen Masse verstopfen und ihn in eine Art festen

1 Mitt. aus d. Grenzgebieten Bd. 23. 1911. 2 Deutsche Ztschrft. f. Chir. Bd. 96. 1908. 3 Lit. vgl. VÖLCKER, BRUNS' Beiträge Bd. 72. S. 633. 1911 und KROHER, Deutsche Ztschrft. f. Chir. Bd. 134. 1915. 4 Wiener klin. Wochenschrift 1906. S. 1365.

Körper verwandeln. Die Versuche mit Farblösungen darf man deshalb nicht auf die Verhältnisse beim Menschen übertragen (vgl. ISELIN[1]). Ein Docht wirkt schon besser ableitend, zumal wenn dafür gesorgt ist, daß er nicht durch die Wunde zusammengedrückt wird. In den Versuchen von ROTTER[2] leitete ein solcher Docht in den ersten 7 Stunden ebensoviel, ja vielleicht noch mehr Flüssigkeit ab als ein Drain. Die erste Antwort auf den milden Reiz eines in den Bauchraum eingelegten Fremdkörpers ist ein starker Lymphstrom, der Eiter, Bakterien und nekrotische Massen nach außen spült (HORSLEY[3]).

Im allgemeinen zieht man ein Drainrohr vor, wenn es einem darauf ankommt, Eiter aus der Bauchhöhle abzuleiten, während man tamponiert, wenn man eine Blutung nicht stillen kann oder wenn man Verklebungen erzeugen will, also z. B. wenn man einen Eiterherd von der freien Bauchhöhle abkpaseln will. Der eingelegte Fremdkörper begünstigt die Entstehung von Verklebungen außerordentlich, so daß schon nach 12 Stunden der Zweck erreicht und der Herd von der freien Bauchhöhle abgekapselt ist (VÖLCKER). Wegen dieser Verklebungen ist es von vornherein unmöglich, mit solchen Streifen, mag die Technik ihrer Anlegung auch noch so schön modifiziert werden, die Bauchhöhle als Ganzes zu drainieren. Ja selbst ein milder Reiz, wie es ein Gummi- oder Glasrohr darstellt, genügt, um so ausgedehnte Verklebungen in der Bauchhöhle hervorzurufen, daß eine Ableitung des Eiters nur aus dem drainierten Kanal heraus erfolgt. Die übrigen in der Bauchhöhle etwa noch gelegenen Abszesse werden durch den eingelegten Drain in keiner Weise beeinflußt. — Es hat sich diese Erkenntnis in der Chirurgie und Gynäkologie eigentlich schon recht früh durchgesetzt, allerdings war es zunächst die breite Drainage bei sogenannten aseptischen oder halbaseptischen Bauchoperationen, die bekämpft wurde (OLSHAUSEN[4], SPENCER, WELLS[5], NUSSBAUM[5], MIKULICZ[6]). Für die Peritonitis ist auch heute noch die Ansicht der Autoren, ob es besser sei zu drainieren oder nicht, durchaus geteilt.

Daß man auch bei Peritonitis nicht die ganze Bauchhöhle drainieren kann, darüber besteht jetzt wohl ziemliche Einigkeit; man muß sich nur fragen, ob es möglich und vorteilhaft ist, einzelne Stellen des Bauchraumes, an denen sich erfahrungsgemäß die Abszesse bei Peritonitis ansammeln, zu drainieren.

---

1 Zentralbl. f. Chir. 1911; Mitt. aus d. Grenzgebieten Bd. 23 und BRUNS' Beiträge 102. 1916. 2 Arch. f. klin. Chir. Bd. 93. S. 1. 1910. 3 Journ. of the americ. med. ass. 74. 1920. 4 Ztschrft. f Gyn. 48. 1902. 5 Zit. nach PROOT, Geschichte d. Drainage 1884. 6 Sammlung klin. Vorträge 262/64. 1885.

Wenn man, wie Rehn[1] und seine Schule (Nötzel[2], Propping[3]) es empfohlen haben, Patienten mit Peritonitis nach der Operation nicht legt, sondern in halbsitzender Stellung ins Bett bringt, so sammelt sich der Eiter fast ausschließlich im Douglasschen Raum an. Legt man nun in den Douglas nach vorhergegangener Spülung ein Drainrohr und leitet dieses zur Operationswunde heraus, also z. B. bei Appendizitis zu dem Schnitt rechts in Höhe der Spina iliaca und schließt im übrigen den Bauch, so soll der Eiter durch die sich beckenwärts senkenden Eingeweide nach dem Gesetz der kommunizierenden Röhren herausgedrückt werden. Dieser Ansicht ist in Deutschland vor allem Rotter[4] auf Grund von Versuchen und genauen Beobachtungen am Krankenbett entgegengetreten. Mit Hilfe eines Standgefäßes, in das er Wasser und ein Darmkonvolut brachte, konnte er nachweisen, daß die Därme bis zur Hälfte untersanken (was ja selbstverständlich ist, da sie das spez. Gewicht = 1 haben) und daß das Wasser in dem als Drain gedachten seitlichen Steigrohr nur so hoch stieg, als es in dem Glasgefäß stand. Von einem Herausdrücken der Flüssigkeit aus dem Steigrohr war keine Rede. Diese Versuche ahmen jedoch die Verhältnisse im Bauchraum nicht nach, da die Spannung fehlt, unter der die Därme im Bauchraum stehen (Propping). Wir haben das ja ausführlich in dem Abschnitt über Bauchdruck erörtert. Eröffnet man durch einen größeren Schnitt die Bauchhöhle, so quellen die Därme, besonders beim Pressen, stark hervor. Das beweist, daß die Bauchdecken und das Zwerchfell einen gewissen Druck auf die Därme ausüben und dieser Druck pflanzt sich nach dem Douglas zu fort. Liegt nun ein Drainrohr im Douglas, so kann durch dieses die Flüssigkeit auch nach oben zu ausgepreßt werden. Der Druck wird noch durch die Blähung der Därme bei Peritonitis gesteigert.

Nun nimmt Rehn wie gesagt auch im späteren Verlauf der Behandlung an, daß bei einem Peritonitiskranken das gesamte oder der größte Teil des gebildeten Exsudates dauernd in den Douglas fließt. Diese Annahme ist, wie Rotter zeigen konnte, nicht richtig; denn es entleert sich aus dem Douglasdrain nach 12 Stunden so gut wie nichts mehr, so daß ein Abschluß gegen die freie Bauchhöhle geschaffen sein muß. Die später etwa wieder eintretende Eiterung ist als Folge einer Absonderung aus den Granulationen des Drainkanals aufzufassen. Rotter konnte auch experimentell nach-

1 Arch. f. klin. Chir. 1902. Bd. 67. 2 Bruns' Beiträge z. klin. Chir. Bd. 46 u. 47. 1905 und Arch. f. klin. Chir. Bd. 90. 1909. 3 Arch. f. klin. Chir. Bd. 92. 1910 u. Bd. 114. S. 580. 1920. 4 Arch. f. klin. Chir. Bd. 93. 1910.

weisen, daß ein solcher Drainkanal nicht mehr in Verbindung mit der freien Bauchhöhle steht; denn wenn ROTTER in den Kanal unter Druck Wasser einlaufen ließ, so entleerte sich die eingelaufene Menge restlos wieder neben dem Drain, nichts floß in die Bauchhöhle. Daß die ganze Drainage durch Verlegen der Löcher des Drains mit Darmschlingen oder Netz illusorisch werden kann, darf man nicht, wie das geschehen ist, als Grund gegen die Drainage anführen. ROTTER tupft im Gegensatz zu REHN die Bauchhöhle nach dem Spülen trocken aus und schließt die Bauchhöhle vollständig, vorausgesetzt, daß die Quelle der Eiterung entfernt worden war und keine nekrotischen Fetzen oder sonstige Veränderungen, die die Eiterung weiter unterhalten können, in der Bauchhöhle verblieben sind. Das ist ein außerordentlich wichtiger Punkt; es wird sich deshalb z. B. nicht empfehlen, die Bauchhöhle völlig zu schließen, wenn eine Appendix aus starken Verwachsungen hat gelöst werden müssen. Die klinischen Erfahrungen mit der drainagelosen Behandlung der Peritonitis sind nach ROTTER ebenso gute, als wenn die Bauchhöhle in der Weise, wie REHN es will, drainiert wird (vgl. auch SCHEIDTMANN[1]). Auch die englischen und amerikanischen Autoren, die zum Teil schon vor ROTTER die Bauchhöhle bei Peritonitis ganz geschlossen haben, haben sehr gute Erfahrungen mitgeteilt (CLARK[2], MORRIS[3], TOREK[4], BUCHANAN[5], WALLACE usw.). Immerhin hat, wie CHROBAK sich ausdrückt, „ein aktives Vorgehen immer mehr Einfluß als eine Unterlassung", und so wird auch das von ROTTER sehr sorgfältig begründete Schließen der Bauchhöhle bei Peritonitis bisher nur von wenigen Chirurgen befolgt und es läßt sich auch nicht verkennen, daß der sicherere Weg bei der Behandlung der Peritonitis, ebenso übrigens wie bei der Cholecystektomie die Drainage ist.

Besser, als es mit der Drainage nach REHN möglich ist, soll man den Douglas entleeren, wenn man ihn, wie FRIEDRICH[6], BARDENHEUER[7], WILMS[8] u. v. a. vorgeschlagen haben, durch die Scheide oder durch den Mastdarm drainiert. Nur hat diese Methode andere, hier nicht zu erörternde Nachteile. Als länger dauernde Drainage leistet diese Methode natürlich auch nicht mehr als die oben angeführte, was ja nach dem Gesagten selbstverständlich ist. Bei Spätabszessen nach Peritonitis benutzt man den Weg durch Scheide oder Mastdarm schon lange. Die lumbale Drainage leitet noch weniger ab als die Drainage nach REHN (ROTTER).

Als **chronische Peritonitis** bezeichnen wir eine solche, die von

---

1 Deutsche med. Wochenschrift 1912. 2 Zit. nach KROHER. Deutsche Zeitschrift f. Chir. 134. 1915. 3 Med. Record 1902. 4 Med. Record 1906. 5 Med. Record 1911. 6 Arch. f. klin. Chir. Bd. 68. 7 Zit. nach KROHER. Deutsche Zeitschrift f. Chir. 134. 1915. 8 Münchener med. Wochenschrift 1916.

vornherein nicht mit Eiterbildung einhergeht, sondern bei der die „Verdickungen und Verwachsungen entzündlichen Ursprungs“ (NOTHNAGEL[1]) das anatomische Bild beherrschen. Naturgemäß wird die Entstehungsursache dieser Erkrankung eine sehr verschiedene sein, wenn auch die Tuberkulose an der allgemeinen chronischen Bauchfellentzündung den Hauptanteil hat. Im Tierversuch gelingt es nach WEGNER durch wiederholte Lufteinblasungen oder nach WIELAND[2] (l. c.) durch sterile Fremdkörper eine chronische Peritonitis zu bekommen. Das ist nicht uninteressant, mit Rücksicht auf die Röntgenuntersuchungen mit Hilfe des „Pneumoperitoneum“. Bei den lokalen chronisch entzündlichen Veränderungen kommen langsam verlaufende Appendizitiden, Genitalerkrankungen, Divertikulitis gedeckte Magenperforationen und ähnliche, gewöhnlich von einem der akuten Entzündungserreger hervorgebrachte Prozesse als Entstehungsursache in Betracht. Dabei finden wir nicht ganz selten die Lymphdrüsen des Bauchraumes im allgemeinen oder bestimmte Gruppen geschwollen. Wenn es sich um Entzündungen der Lymphdrüsen um das Ggl. coeliacum handelt, so können dadurch Gallenkoliken vorgetäuscht werden, obgleich die Ursache für die Lymphdrüsenschwellung die Appendix oder die Adnexe sind[3].

Die zahlreichen Bauchoperationen haben uns erkennen lassen, daß besonders am Kolon eine „Perikolitis“ gar nicht selten ist. Sie ist nach ROKITANSKY und einer Reihe französischer und besonders englischer Autoren vor allem von VIRCHOW[4] beschrieben worden. Als ihre Entstehungsursache nimmt VIRCHOW außer einer „rheumatischen Neigung“ traumatische Einwirkungen und Erkrankungen „der in der Bauchhöhle enthaltenen Kanäle“ an. Auch wir können heute dieser trefflichen Einteilung nicht viel Neues hinzufügen. Über die Bedeutung des „Trauma“ im weitesten Sinne des Wortes auf die Bauchhöhle können wir uns ja genügend an unseren zahlreichen Laparotomien unterrichten. Es hat aber gerade die Beobachtung bei und nach den Bauchoperationen, besonders bei Patienten, die wiederholt laparotomiert werden mußten, gezeigt, daß doch einzelne Menschen ganz besonders zur Bildung von Adhäsionen neigen (PAYR[5]). Worauf diese „bindegewebige Energie“ (ROST[6]) beruht, wissen wir nicht. Daß aber einzelne Menschen und auch Tiere auf gleiche Reize leichter mit einer Bindegewebsbildung antworten

1 Spezielle Pathol. u. Therapie Bd. 17. 1895. 2 Mitt. aus den Kliniken der Schweiz. Bd. 2. Heft 7. 1895. 3 Eigene unveröffentlichte Beobachtungen. 4 VIRCHOWS Arch. Bd. 5. 1853. S. 339. 5 Naturforscherversammlung Wien 1913 (chir. Sekt.); Arch. f. klin. Chir. 114. 6 Deutsche Zeitschrift f. Chir. Bd. 125. u. 127.

als andere, ist durch die klinische Beobachtung und das Tierexperiment sichergestellt. Wenn VIRCHOW von einer „rheumatischen Bauchfellentzündung" spricht, so besagt dieser Ausdruck doch auch nur, daß er ab und zu ausgedehnte Verwachsungen gefunden hat, ohne daß sich für diese Verwachsungen ein genügender Grund aus Vorgeschichte und Befund ergeben hätte. Wenn wir gegenwärtig von „Disposition" sprechen, so hat sich nur der Standpunkt, von dem aus wir die Dinge betrachten, geändert. Unsere wirklichen Kenntnisse darüber, warum der eine Organismus mehr zur Bindegewebsbildung neigt, als der andere, sind seit VIRCHOWS Zeiten leider nicht besser geworden. Nun mag aber ein Mensch noch so leicht Bindegewebe bilden, ein äußerer Reiz, der diese Bildung veranlaßt, muß immer vorhanden sein. Und da erhebt sich nun bei jeder chronisch adhäsiven Peritonitis die Frage, war der Reiz, der diese Verwachsungen verursacht hat, ein bakterieller oder nicht? Hierüber wissen wir sehr wenig Sicheres. BITTORF[1] hat echte primäre Perikolitiden im Anschluß an Pneumonie beobachtet. Hierbei ist es natürlich das Nächstliegende, an eine bakterielle Infektion zu denken, sei es nun eine leichte allgemeine Peritonitis, sei es eine Fortleitung der Infektion auf den Lymphbahnen, wie FRANKE[2] meint. Nach VIRCHOW soll die häufigste Ursache für die Peritonitis die Obstipation sein, eine Ansicht, die sich auch heute noch allgemeiner Anerkennung erfreut (ROSENHEIM[3], BITTORF, PAYR). Man darf aber bei solchen Fällen nie übersehen, daß diese perikolitischen Verwachsungen auch sehr häufig die Ursache der Obstipation sind (MAYLARD[4]), nicht deren Folge. Wie die Obstipation zu einer Perikolitis führen soll, ist nicht geklärt.

Man könnte nach den oben angeführten Versuchen ja annehmen, daß Bakterien aus dem gestauten Darminhalt durch die Darmwand hindurchwandern, doch geschieht das nach unseren bisherigen Erfahrungen nur bei sehr virulenten Bakterien und auch da selten; ob es Toxine sind, die die Darmwand bei solchen Obstipationen durchsetzen, wissen wir auch nicht. Denkbar ist schließlich beides, erwiesen nichts. Eine wirkliche Kotstauung ist auch bei der Obstipation gar nicht die Regel (vgl. Abschnitt über Obstipation). Vielleicht sind diese Perikolitiden auch nur die Folge rein mechanischer Reize.

Die Folgen dieser chronischen Peritonitis und der durch sie bedingten Verwachsungen sind in mechanischen Behinderungen der Darmentleerung zu erblicken (TERRIER[5], POIRIER[6], LEGUEU[7],

1 Grenzgebiete Bd. 20. S. 150. 1909. 2 Deutsche Ztschrft. f. Chir. Bd. 119. S. 107. 3 Ztschrft. f. klin. Med. 54 und Deutsche med. Wochenschrift 1909. 4 Brit. med. Journ. März 1907. S. 484. 5 Bull. et mém. de la soc. de chir. de Paris 1902. S. 467. 6 Ebendort S. 472 (Diskussion). 7 Gaz. des hôpitaux 1895. S. 1328.

Quénu[1], Walter[1], Routier[1], Bérard und Patel[2], v. Bergmann[3], Zeidler[4], Riedel[5], Brunn[6], Payr[7]). Besonders gefürchtet sind die Strangbildungen, die zu Ileus führen. Durch umschriebene Verwachsungen werden in der Hauptsache an zwei Stellen des Darmes stärkere Beschwerden ausgelöst, nämlich an der Einmündungsstelle des Ileum in das Coecum und an der Flexura coli sinistra (vgl. auch Roith[8]). Dieser zuletzt genannten Form der chronischen Dickdarmstenose hat Payr eine ausführliche Bearbeitung gewidmet. Durch eine Art „Gassperre" an dieser Stelle kann es zu Ileus kommen, wobei der Eintritt des Ileus sicher durch abnorme Gärungen im Dickdarm (z. B. nach einer Mahlzeit von Bohnen oder Hafer) begünstigt wird. Flüssigkeiten gehen selbst bei stärkster spitzwinkliger Abknickung dieser Stelle glatt hindurch, wenn der Druck nur $^1/_2$ m beträgt (Quénu). Nur die Gasblasen wirken als Abschluß genau, wie wir das z. B. auch sehr häufig in unseren Irrigatorschläuchen beobachten.

In peritonealen Adhäsionen sollen zahlreiche Nervenfasern verlaufen, die die Schmerzen erklären, über die Kranke mit solchen „Verwachsungen" klagen (Giogoloff[9]), auch Muskelfasern sind in ihnen nachweisbar (Wereschinski[10]).

Man hat eine sehr große Zahl von chemischen Mitteln ausprobiert, um diese peritonealen Adhäsionen zu vermeiden (vgl. Payr, Williamson[11] u. a.). Ein durchgreifender Erfolg ist jedoch bisher nicht erzielt worden.

Eine Sonderstellung unter den chronischen Peritonitiden nimmt die **Polyserositis** ein[12]. Wir verstehen darunter eine Erkrankung, die meist plötzlich, und zwar mit einem Aszites oder einer peritonealen Reizung beginnt und dann allmählich einen chronischen Verlauf nimmt, und zwar einen chronischen Verlauf, der auf eine Stauung im Bereich der Pfortader hinweist. Diese Stauung im Pfortaderkreislauf kann durch Verengerung der Cava inferior im Bereich des Herzbeutels (Picksche Pseudoleberzirrhose) oder durch die Verlegung der Pfortaderzweige innerhalb der Leber, als Folge der Perihepatitis (Zuckergußleber), bedingt sein. Das eigentliche akute Stadium, die Entzündung der serösen Häute, wobei

---

1 Bull. et mém. de la soc. d. chir. de Paris 1902. S. 712. 2 Revue de chir. 1903. S. 590. 3 Arch. f. klin. Chir. Bd. 61. S. 921. 4 Mitt. aus d. Grenzgebieten Bd. 5. S. 606. 5 Arch. f. klin. Chir. Bd. 47 und Chirurgenkongreß 1898. 6 Deutsche Zeitschr. f. Chir. Bd. 76. 1905. 7 Arch. f. klin. Chir. Bd. 77. S. 671. 1905. 8 Anat. Hefte 1903. Bd. 20. S. 19. 9 Zit. Chir. Kongrbl. 25. S. 169. 10 Deutsche Zeitschr. f. Chir. Bd. 187. 1924. 11 Surg. gynecol. a. obstetr. Bd. 34. 1922. 12 Sammelreferat: Isler, Zentralbl. f. d. Grenzgebiete Bd. 12. Nr. 18/19 und Pick, Zeitschr. f. klin. Med. 1896. Bd. 29; Esau, Deutsche Zeitschr. f. Chir. Bd. 125.

neben dem Peritoneum besonders das Perikard betroffen ist, hat wohl keine einheitliche Entstehungsursache, vielmehr scheinen Infektionen aller möglicher Art hier eine Rolle zu spielen. Chirurgisch von Interesse ist mehr das zweite Stadium der Pfortaderstauung. Neben häufigen Punktionen sind die anderen oben bei der Besprechung des Aszites angeführten Operationen versucht worden, daneben auch die Entkapselung der Leber. Die perikardialen Verwachsungen sind, so weit mir bekannt, bei dieser Erkrankung noch nicht angegangen worden, während HEUCK, VOLHARD, BRAUER, REHN[1], KLOSE[2], SCHMIEDEN, GULECKE[3] u. a. bei der kindlichen adhäsiven Perikarditis die Sternumspaltung mit gutem Erfolg ausgeführt haben (s. Abschnitt Herz).

Die seltenen Fälle, bei denen der ganze Darm in eine Membran eingehüllt ist, bezeichnet man als Zuckergußdarm (LEHRNBECHER[4]).

Die Länge des Darmes, die wir bei unseren Resektionen entfernen müssen, hängt im allgemeinen von der zugrunde liegenden Erkrankung oder Schädigung ab, ist also eigentlich nicht in das Belieben des Chirurgen gestellt. Gleichwohl hat die Frage, wieviel Darm entfernt werden kann und welche Störungen nach solchen Operationen auftreten, ein großes Interesse, da hierdurch unsere Kenntnisse über die physiologische Bedeutung der einzelnen Darmabschnitte erweitert worden ist.

Die **ausgedehntesten Dünndarmresektionen**[5] sind am Menschen von BRENNER[6] (540 cm), GHEDINI[7] (534 cm), NIGRISOLI[8] (520 cm), FLATER[9], AXHAUSEN[10] (475 cm), PAUCHET[11] (400 cm), M. HOFMANN[12] (385 cm) mit Erfolg ausgeführt worden. Alle diese Patienten, zu denen sich noch eine sehr große Anzahl hinzufügen ließe, haben den Eingriff zunächst gut überstanden, sie haben anfänglich gewisse Ernährungsstörungen gezeigt, auf die wir sogleich noch zu sprechen kommen werden, haben aber dann etwa wie normale Menschen leben und sich ernähren können. Sie sind jedoch, wie DENK[13] durch Nachfrage hat feststellen können, gleichwohl fast alle einige Zeit nach der Operation gestorben. An Darmstörungen allerdings nur die Patienten von BRENNER

---

1 Handbuch d. prakt. Chir. Bd. 2. S. 932. 1913. 2 Chirurgenkongreß 1921. 3 Mittelrh. Chirurgentag. Stuttgart 1925. 4 BRUNS' Beitr. Bd. 127. 5 Zusammenstellung bei KUKULA, Archiv f. klin. Chir. Bd. 60. S. 912. 1900. 6 Wiener klin. Wochenschrift 1907. 7 La Clin. chir. 1905. 8 Nuovo Raccogl. med. 1902. 9 Berl. klin. Wochenschrift 1920. S. 749. 10 Mitt. aus d. Grenzgebieten Bd. 21. 1910. 11 Gaz. méd. de Picardie 1905. 12 Archiv f. klin. Chir. 131. 1924. 13 Mitt. aus d. Grenzgebieten Bd. 22. 1911.

und PAUCHET, die anderen an hinzugekommenen Erkrankungen oder am Wiederwachsen ihrer Geschwülste. Man muß jedoch DENK Recht geben, wenn er sagt, daß man doch den Eindruck bekommt, daß die Widerstandsfähigkeit der Patienten nach ausgedehnten Darmresektionen herabgesetzt ist.

Hierher zu rechnen sind auch die Fälle von Gastroenterostomie, bei denen aus Versehen eine zu tiefe Dünndarmschlinge genommen worden ist. EGGSTEIN[1] beschreibt einen solchen Fall, bei dem die unterste Ileumschlinge mit dem Magen verbunden worden war. Der Patient hat mit dieser Anastomose 5 Jahre lang gelebt und ist dann kachektisch zugrunde gegangen.

Aus der großen Zahl der veröffentlichten Fälle kann man sich ein Bild davon machen, wieviel Darm man beim Menschen, ohne ihn unmittelbar zu gefährden, entfernen kann. Da, wie oben gesagt, die Länge des Darmes bei den einzelnen Menschen verschieden groß ist, muß man immer den Prozentsatz des entfernten zum verbliebenen Darmteil angeben. Es hat sich nun gezeigt, daß man die Hälfte und etwas mehr vom Dünndarm des Menschen entfernen kann, ohne das Leben bedrohende Folgen befürchten zu müssen. Beträgt das Entfernte 80% und mehr, so werden eigentlich regelmäßig schwere, zum Tode führende Schädigungen beobachtet. Für das Tier, speziell für den Hund, sind die Zahlenverhältnisse sehr ähnliche.

Die Störungen nun, die nach solchen ausgedehnten Darmresektionen an Stoffwechsel und Darmverdauung auftreten, hat man in zahlreichen Tierversuchen und durch Beobachtungen am Menschen studiert. Einfache Gewichtsbestimmungen der Versuchstiere nahmen TRZEBICKI[2] und MONARI[3] vor und fanden, daß $^7/_8$ des Dünndarms reseziert werden konnten, ohne daß Gewichtsverluste eintraten, während die Tiere bei einer Resektion von $^8/_9$—$^9/_{10}$ des Dünndarms zwar auch noch am Leben blieben, aber $^1/_3$ ihres Gewichtes verloren und nicht mehr ersetzten.

Die Frage, ob die Resektion des Jejunum gefährlicher sei als die des Ileum, ist von den einzelnen Untersuchern recht verschieden beantwortet worden. Bei den ausgedehnten Resektionen beim Menschen war es mit verschwindenden Ausnahmen stets das Ileum, das entfernt worden ist. Auf Grund von Tierversuchen glauben TRZEBICKI (l. c.), ALBU[4], BLAYNEY[5], daß die Entfernung des Jejunum schlechter vertragen würde als die des Ileum, während DILIBERTI-HERBIN[6], TAKAYASU, SOYESIMA[7], MONARI u. a.

1 Proc. of the New York pathol sec. Bd. 20. 1920. 2 Arch. f. klin. Chir. Bd. 48. S. 54. 3 BRUNS' Beiträge z. klin. Chir. Bd. 16. 1896. 4 Mitt. aus d. Grenzgeb. Bd. 19. 1909 und Berliner klin. Wochenschrift 1901. 5 Brit. med. Journ. 1901. 6 Gaz. med. ital. 1903. 7 Deutsche Ztschrft. f. Chir. Bd. 112. 1911.

angeben, daß kein Unterschied bestünde. Bei diesen entgegengesetzten Ergebnissen der Tierversuche wird man jedenfalls eines sagen dürfen, der Unterschied in der Bekömmlichkeit einer Jejunum- und Ileumresektion kann nicht groß sein. Die Untersucher, die die Gefährlichkeit einer Jejunumresektion betonen, nehmen an, daß dieser Darmteil eine besonders wichtige Rolle bei der Aufnahme der Nahrungsstoffe spiele. Diese Ansicht ist nicht richtig; denn, wie die exakten Untersuchungen von LIEBLEIN[1] gezeigt haben, ist die Fähigkeit, Nährstoffe aufzusaugen, von zwei gleich langen Schlingen Jejunum und Ileum einander gleich, ja für die Fettaufnahme ist das Ileum sogar wichtiger als das Jejunum. An Fistelhunden fand LONDON[2], daß das Ileum Eiweiß reichlich aufnahm; nach SIVRE sogar ganz besonders reichlich.

Nun sind die großen Resektionen des Dünndarms stets Eingriffe, die im unmittelbaren Anschluß an die Operation zunächst einmal zu einer recht beträchtlichen Störung des Verdauungsvorganges führen. Durchfälle, Gewichtsverluste, manchmal Heißhunger und Durst sind die Erscheinungen, die danach übereinstimmend geschildert werden; daß der Darm auch späterhin noch lange Zeit „empfindlich“ bleibt, wurde schon oben betont. Immerhin wird ein gewisser, sogar ein sehr weitgehender Ausgleich geschaffen, und es fragt sich, in welcher Weise das geschieht und welcher Darmteil den Ausgleich jeweils schafft. Die Versuche von STASSOFF[3] an Fistelhunden haben hier Klärung gebracht. Es ergab sich bei einer Resektion von 164 cm Ileum eine Verlängerung der Magenverdauung um 2 Stunden bei gleichzeitig erhöhtem Magensaftfluß. Auch in dem oberhalb der Resektionsstelle gelegenen Jejunum ging die Darmbewegung langsamer vor sich; gleichzeitig wurde die Zerlegung des Speisebreis in diesem Darmteil wesentlich weiter gefördert als vor der Operation und es wurde hier mehr Chymus resorbiert, so daß aus der kurz oberhalb der Resektionsstelle gelegenen Fistel nach der Operation knapp die Hälfte Chymus erschien wie vorher. In späteren Monaten versagte allerdings dieser Ausgleich und die Tiere gingen unter Durchfällen an allgemeinem Kräfteverfall zugrunde. Nach diesen Versuchen tritt also der Magen, das Duodenum und das Jejunum als Ausgleich für das resezierte Ileum ein, während, wie aus anderen Versuchen, bei denen später noch der Dickdarm entfernt worden war, geschlossen werden kann, sich der Dickdarm an den Ausgleichvorgängen bei der Resektion des Ileum nicht beteiligt.

---

1 Mitt. aus d. Grenzgebieten Bd. 23. Hft. 1. 2 Ztschrft. f. physiol. Chemie Bd. 49. 3 BRUNS' Beiträge z. klin. Chir. Bd. 89. 1914.

Anders liegt die Sache bei der Resektion des Jejunum. STASSOFF fand nach Entfernung von 132 cm dieses Darmteiles, daß der Reflex zur Absonderung von Galle und Pankreassaft, der, wie oben ausgeführt wurde, von der Schleimhaut des Duodenum und Jejunum ausgelöst wird, durch die Entfernung des Jejunum nicht geändert wird, daß im Gegenteil mehr Pankreassaft abgeschieden wird. Die Fistelversuche, wobei eine Fistel am Duodenum, eine zweite kurz oberhalb der BAUHINIschen Klappe lag, zeigten, daß nach Entfernung des Jejunum der Chymus den Dickdarm schlechter verdaut erreicht, als vor der Operation, und daß auch nicht so viel Eiweiß, Kohlehydrate und Fette im Dünndarm aufgenommen werden, als vor der Operation. Der Grad der Eiweißspaltung bleibt fast unverändert; Kohlehydrate werden in einem bedeutend weniger verdauten Zustand dem Dickdarm übergeben. Es muß also der Dickdarm als Ausgleich für das resezierte Jejunum eintreten. Dieser Aufgabe ist er aber, was die Fette anbetrifft, nicht völlig gewachsen (MONARI[1]).

Die Änderung der Verdauungstätigkeit, wie sie sich in den Fistelversuchen zeigt, wird sich auch im allgemeinen Stoffwechsel ausdrücken, wenigstens bei den Resektionen, die sich an der oberen Grenze des Erlaubten halten. Bei Menschen und im Tierversuch sind solche Stoffwechseluntersuchungen in großer Zahl ausgeführt worden, so von SAGINI, RIVA-ROCCI[2], ERLANGER und HEWLETT[3], DILIBERTI und HERBIN[4], NAGANO[5], ZIESCH[6], DENK l. c., AXHAUSEN l. c., ALBU-LEXER[7] u. v. a. In ziemlicher Übereinstimmung ergaben die Untersuchungen, daß bei ausgedehnten Resektionen die Kohlehydratausnutzung gut, die Fettausnutzung am schlechtesten war. Eiweiß soll auch nach ausgedehnter Dünndarmresektion normal ausgenutzt werden (FLATER und SCHWERINER[8]), doch sind die Angaben darüber nicht einheitlich und es wird immerhin gut sein, nach ausgedehnten Darmresektionen reichlich stickstoffhaltige Nährstoffe zuzuführen und diese in Form von Fleisch zu geben, da animalischer Stickstoff besser ausgenutzt wird, als vegetabilischer (LIEBLEIN). Die Fettzufuhr zu erhöhen, ist unzweckmäßig, weil Überschuß an Fett rein mechanisch die Einwirkung der Verdauungssäfte auf die Proteine erschwert (BRUGSCH[9]), man soll die leicht resorbierbaren, oder, was dasselbe ist, die leicht schmelzbaren Fette, wie das Olivenöl, Gänse-

1 BRUNS' Beiträge Bd. 16. 1896. 2 Gaz. med. di Torino 1896. 3 Americ. Journ. of Physiol. Bd. 6. 1901. 4 Gaz. med. ital. 1903. 5 BRUNS' Beiträge z. klin. Chir. Bd. 38. 6 Deutsche med. Wochenschrift 1909. S. 739. 7 Berliner klin. Wochenschrift 1901. S. 1248. 8 Berl. kl. Wochenschrift 1920. S. 749. 9 Zeitschrift f. klin. Med. 58. S. 518.

oder Schweineschmalz, vor den schwer schmelzbaren bevorzugen. Kohlehydrate müssen reichlich gegeben werden, zumal da die Kohlehydrate eine eiweißsparende Wirkung haben.

Als anatomische Folgen dieser Ausgleichvorgänge bei Resektion einzelner Teile des Dünndarms sind im Tierversuch von MONARI, NAGANO, FLINT[1] Hypertrophie und Hyperplasie der Schleimhaut gefunden worden, während TRZEBICKY, EVANS und BRENIZER[2] beim Tier, sowie BARKER[3] und DENK beim Menschen keine anatomischen Veränderungen in den verbliebenen Darmabschnitten nachweisen konnten, die als Folge der Resektion hätten aufgefaßt werden müssen.

Die Entfernung des ganzen Dickdarms mit Ausnahme seines untersten Abschnittes ist häufiger wegen chronischer Obstipation (LANE[4]), oder wegen HIRSCHSPRUNGscher Krankheit ausgeführt worden (COLMERS[5], HUBER[6]). Der Stuhl ist besonders in der Anfangszeit weich; gröbere Ernährungsstörungen sind auch bei Kindern nicht beobachtet worden. Gelegentlich scheint es bei Resektionen am Kolon zu einer gewissen Regeneration der entfernten Darmteile zu kommen (A. H. HOFMANN[7]).

Der **Mastdarmvorfall,** das Heraustreten der Schleimhaut des Rektum nach jedem Stuhlgang, ist ein Krankheitsbild, das seine Ursache in verschiedenen anatomischen und physiologischen Besonderheiten haben kann. In etwa 70% der Fälle sind es Kinder, die an dieser Krankheit leiden, das mittlere Lebensalter wird selten betroffen, während der Mastdarmvorfall in höherem Alter wieder etwas an Häufigkeit zunimmt (BAUER[8]). Die Prognose des Leidens bei Kindern ist eine günstige, beim Erwachsenen weniger günstig, was sich daraus erkennen läßt, daß Heilverfahren, die bei Kindern einen guten Erfolg haben, beim Erwachsenen versagen (ROST[9]). Aus diesen beiden Tatsachen kann man folgern, daß wesentlich für die Entstehung eines Mastdarmvorfalls die Beschaffenheit der Gewebe, der Gewebsturgor ist. Dieser nimmt beim Kinde zu, beim Erwachsenen jenseits einer bestimmten Altersklasse ab. Von dieser mangelhaften Gewebsspannung, von dieser Schlaffheit des Beckenbodens kann man sich bei Patienten mit Mastdarmvorfall jederzeit leicht überzeugen, auch wenn es sich um jugendliche, kräftige Männer handelt; mikroskopisch findet diese Muskelschwäche, wie aus Untersuchungen von LUDLOFF[10] hervorgeht, ihren Ausdruck in einer

---

1 Bull. of The John Hopkins Hospital 1912. 2 Bull. of The John Hopkins Hospital 1907. S. 477. 3 The Lancet 1905. 4 Presse med. 1921. 5 Deutsche Zeitschr. f. Chir. 172. 6 Ebenda 184. 7 Arch. f. kl. Chir. 128. 8 Ergebn. d. Chir. Bd. 4. S. 573. 1912. 9 Münchener med. Wochenschrift 1918. Nr. 5: 10 Arch. f. klin. Chir. Bd. 59 u. 60. 1899/1900.

Degeneration der Muskelfasern und einer bindegewebigen Hypertrophie im Bereich des Beckenbodens. Eine Ursache für die geschilderten Veränderungen an der Muskulatur wird man nur in den seltensten Fällen ausfindig machen können. Ohne dafür Einzelfälle anzuführen, gibt BERESNEGOWSKY[1] an, daß Typhus, wiederholte Geburten u. dgl. zu einer solchen Schwäche der Muskulatur führen würden. BELL und HIRSCHBERG[2] beschreiben Mastdarmvorfälle nach Trauma. In beiden Fällen ist der Vorfall und die ihn bedingende Muskellähmung wohl auf eine Blutung im Rückenmarkskanal, also auf eine zentrale Ursache zurückzuführen.

Wie kommt nun bei dem schwachen Beckenboden der Mastdarmvorfall zustande? Man muß pathologisch-anatomisch den Vorfall der Schleimhaut (Prolapsus ani) von dem eigentlichen Mastdarmvorfall trennen. Letzterer ist eine echte Hernie: Es stülpt sich der DOUGLASsche Raum und die in ihm gelegenen Darmteile in die Vorderwand des Mastdarmes ein. Diese Ausbuchtung des Mastdarmes braucht zunächst nicht nach außen vorzutreten. Erst allmählich tritt dieser eingestülpte Teil tiefer und schiebt die Mastdarmwand vor sich her zum After heraus. Die Pars perinealis, also der Teil der Mastdarmschleimhaut, der beim Manne an der Prostata beginnt und sehr fest mit der Umgebung verwachsen ist, bleibt zunächst in seiner Lage fixiert (Prolapsus recti); erst später lockert auch er sich und wird mit umgestülpt, so daß dann eine Umschlagfalte im gewöhnlichen Sinne des Wortes nicht mehr vorhanden ist (Prolapsus ani et recti). Diese Anschauung über die Entstehungsursache des Mastdarmvorfalls gründet sich hauptsächlich auf die anatomischen Untersuchungen von WALDEYER[3] und hat durch LUDLOFF[4] den weiteren Ausbau und die klinische Stütze erfahren.

Die ältere von v. ESMARCH[5] vertretene Ansicht ist die, daß der Vorfall der Pars perinealis das Primäre sei, und daß es erst im weiteren Verlauf der Erkrankung zu einem Vorfall auch der anderen Häute des Darmrohres komme. Für die kindlichen Prolapse gilt diese Anschauung vielleicht auch jetzt noch, allerdings fehlen hierüber systematische Untersuchungen. Jedenfalls hat man bei Kindern häufiger den reinen Prolapsus ani. Daß LUDLOFF ihn bei seiner Zusammenstellung von 100 Fällen aus der Literatur nur dreimal fand, ist doch wohl Zufall. Der reine Prolapsus recti, also der Vorfall, bei dem wir noch eine echte Übergangsfalte haben, weil sich die Pars perinealis noch nicht mit umgestülpt hat, gehört zweifellos zu den Seltenheiten (4 Fälle von 100 nach LUDLOFF).

Bleiben wir nun einmal aber bei dem klassischen Prolapsus ani et recti, derjenigen Form, die den Hauptanteil an den Mastdarm-

1 Arch. f. klin. Chir. Bd. 91. S. 627. 1910. 2 Berliner klin. Wochenschrift 1894. Nr. 14. 3 Lehrbuch d. topogr.-chir. Anat. 1899. 4 Arch. f. klin. Chir. Bd. 59 u. 60. 1899/1900. 5 Deutsche Chir. Lief. 48.

vorfällen hat (87 von 100 Fällen), so kommt als begünstigend für seine Entstehung in erster Linie der Tiefstand des Douglas in Betracht (WALDEYER, ZUCKERKANDL[1], ZIEGENSPECK[2], TRÄGER[3], LUDLOFF, WENZEL[4] u. v. a.). Aus den Untersuchungen von ZUCKERKANDL und TRÄGER geht hervor, daß bei Kindern der DOUGLASsche Raum stets bedeutend tiefer liegt als beim Erwachsenen. Beim Manne reicht er bis zum oberen Rande der Samenblasen, beim Neugeborenen bis zum unteren Rande der Prostata, bei Kindern bis zu der Stelle, wo der Harnleiter in die Blase einmündet. Daß für die Entstehung des Mastdarmvorfalles der Tiefstand des Douglas tatsächlich eine conditio sine qua non ist, zeigen die Versuche von NAPALKOW[5] und BERESNEGOWSKY, die experimentell einen Mastdarmvorfall bei Kinderleichen dadurch herstellten, daß sie, nach vorheriger Füllung der Pleura mit Gips zum Zwecke der Fixation des Zwerchfells, Formollösung in die Bauchhöhle pumpten. Der Druck, der zum Vorfall nötig war, betrug $^1/_2$—2 Atmosphären. Die Leichen wurden, wenn der Prolaps erreicht war, mit intraarterieller Einspritzung von Formol oder durch Gefrieren fixiert und dann gefunden, daß, wenn ein Prolaps vorhanden war, der Boden des Bauchfellsackes stets unterhalb einer Linie stand, die das Ende des Steißbeines mit dem unteren Rande der Symphyse verband. So lange der Boden des Beckenbauchfells nicht unter diese Linie sank, trat ein Vorfall nicht ein. Das Steißbein hatte in allen Fällen von Mastdarmvorfall eine fast vertikale Lage eingenommen.

Diese Steilstellung des Steißbeines gilt weiterhin als wichtige Vorbedingung für das Zustandekommen eines Prolapses. Bei Kindern steht das Steißbein physiologischerweise steiler als beim Erwachsenen, und es soll diese Steilstellung nach WALDEYER, LUDLOFF und BAUER auch beim Erwachsenen wieder eintreten, wenn er einen Mastdarmvorfall bekommt. Ob wir es aber hier mit einem ursächlichen oder nicht vielmehr mit einem Folgezustand des Prolapses zu tun haben, scheint mir noch nicht genügend geklärt zu sein. Es wird allerdings durch diese Steilstellung des Steißbeines die Richtung des intraabdominellen Druckes geändert. Normalerweise ist nach den Untersuchungen von MUMMERY[6] der intraabdominelle Druck gegen die Kreuzbeinhöhlung gerichtet und findet dort einen Widerstand am Knochen. Fehlt, wie bei Steilstellung des Steißbeins, diese Höhlung, nimmt das Rektum anstatt seiner nach vorne kon-

---

1 Deutsche Ztschrft. f. Chir. Bd. 31. S. 590. 1891. 2 Arch. f. Gynäkol. 31. 3 Arch. f. Anat. (u. Physiol.) 1897. 4 Deutsche Ztschrft. f. Chir. Bd. 76. 19. 1905. 5 Zit. nach BERESNEGOWSKY l. c. 6 Brit. med. Journ. 1907. Nr. 2439.

kaven, eine gerade Richtung ein, so wird der auf dem Darm bzw. auf den Weichteilen des Beckenbodens lastende Druck zweifellos vergrößert. MUMMERY hat von diesem Gedankengange aus empfohlen, Kinder, die Neigung zu Prolaps haben, mit stark angezogenen Beinen den Stuhlgang erledigen zu lassen; er will durch diese Maßnahme erreichen, daß der intraabdominelle Druck stärker kreuzbeinwärts gerichtet wird.

Abgesehen von der Schwäche der Beckenbodenmuskulatur hat man weiterhin geglaubt, daß sich auch die Bänderfixation des Rektum gelockert haben müsse, wenn ein Prolaps entsteht. Diese Lockerung wäre so ähnlich zu denken wie beim Gleitbruch. JEANNEL[1], von dem diese Theorie stammt, weist darauf hin, daß bei Dammriß oder Sphinkterdurchtrennung ein Prolaps gewöhnlich nicht eintritt, während bei Anlage zu Mastdarmvorfall auch der kräftigste Sphinkter das Heraustreten des gelockerten Darmes auf die Dauer nicht verhindert. JEANNEL gebraucht einen sehr anschaulichen Vergleich, wenn er sagt, der Darm verhielte sich wie ein angeketteter Gefangener: Die Zelle könne offen stehen; solange die Kette nicht zerreiße, könne der Gefangene nicht entweichen. Bei gebrochener Kette könne zwar die Tür die Flucht des Gefangenen noch verhindern, sobald sich jedoch die Türe öffne, würde er entwischen, und, fährt VERNEUIL, ein Verteidiger der vielfach angegriffenen JEANNELschen Ansicht, fort: „sie öffnet sich bei jedem Stuhlgang". Die Ansicht JEANNELS hat zweifellos einen richtigen Kern, sie wurde von JEANNEL nur zu einseitig vorgetragen und begegnete deshalb auch in Frankreich lebhaftem Widerspruch (LENORMANT[2]). Daß sich mit der von ihm auf Grund der angeführten Theorie vorgeschlagenen Kolopexie gute Erfolge erzielen lassen, dürfte nicht bestritten werden können. Im Tierversuch (LUDLOFF l. c. S. 760) hat sich allerdings gezeigt, daß beim Hunde ein Prolaps nicht bestehen bleibt, selbst wenn man das Rektum so weit löst, daß man es bequem weit vor den Anus herunterziehen kann, vorausgesetzt, daß die Muskulatur des Dammes und der Sphinkter nicht geschädigt sind. Beweisend gegen die JEANNELsche Ansicht sind aber doch diese Versuche wohl kaum. Sie beweisen nur, was für eine große Bedeutung eine gut ausgebildete Dammuskulatur hat. Daß man bei Prolapsen diese Dammuskulatur durch Massage möglichst zu kräftigen suchen wird, versteht sich nach dem Gesagten von selbst.

In der geschilderten Schwäche der Beckenmuskulatur, dem

---

1 Leçons de clinique chir. faites à l'Hôtel-Dieu de Toulouse 1897. 2 Le Prolapsus de Rectum. Thèse de Paris 1903.

Tiefstand des Douglas, der Steilstellung des Steißbeines, der zu lockeren Anheftung des Darmes sind Bedingungen zu erblicken, die das Entstehen des Mastdarmprolapses begünstigen, nicht verursachen. Hinzu kommen muß der intraabdominelle Druck, der erst den Douglas bzw. die vordere Rektumwand in das Rektum einstülpt. Je größer dieser intraabdominelle Druck ist, je häufiger er einwirkt, um so leichter wird der Darm austreten, und so erklärt es sich, daß Obstipation in gleicher Weise das Zustandekommen eines Prolapses begünstigen kann, wie Durchfall und chronischer Darmkatarrh.

Die Therapie hat auf alle diese Einzelheiten Rücksicht genommen, und so besitzen wir denn eine sehr große Anzahl von Methoden, nach denen Mastdarmvorfälle operiert werden können. Es versteht sich nach dem oben Gesagten, daß wir nicht einer Methode den Vorzug werden geben können, sondern daß wir, entsprechend den verschiedenen Ursachen, oft mehrere Verfahren miteinander werden vereinigen und abwechseln müssen.

Nieren, Blase, männliche Genitalien, Hypophyse.

Bei den sogenannten chirurgischen Nierenerkrankungen handelt es sich hauptsächlich um einseitige Erkrankungen, und es ist deshalb für den Chirurgen von größter praktischer Bedeutung, ob die andere als gesund angenommene **Niere** in ihrer **funktionellen Leistung** wirklich ausreicht.

Was wissen wir nun eigentlich von der „mikroskopischen" Leistung der Nieren, d. h. von dem Orte und der Art, wie die harnfähigen Stoffe des Blutes zur Ausscheidung gelangen? Die zahlreichen Untersuchungen der letzten Jahrzehnte (Lit. s. bei VOLHARD[1] u. CUSTONY[2]) haben gezeigt, daß weder die LUDWIGsche Filtrations- noch die HEIDENHAINsche Sekretionstheorie völlig richtig ist, daß vielmehr die Bereitung des Harns ein sehr verwickelter Vorgang ist, und daß jedenfalls die Ausscheidung der verschiedenen Stoffe, die den Harn zusammensetzen, an verschiedenen Stellen dieses drüsigen Organs erfolgt (FR. MÜLLER, RICHARDS[3], WEARN[4]). Vielleicht wird sogar ein Teil des ausgeschiedenen Wassers wieder von den Harnkanälchen rückresorbiert (vgl. GROSS[5], BAETZNER[6] u. a.).

1 MOHR-STÄHELIN, Handbuch der inneren Med. Bd. II. 2 The Sekretion of Urine. Monographs Phys. Longmanns Green 1912. 3 Americ. Journ. Med. Sci. 1922. S. 163. 4 Americ. Journ. Phys. proc. 1922. 9 u. 10 zit. nach Übers. d. Buches S. 280. 5 ZIEGLERs Beitr. z. pathol. Anat. 51. 6 Mitteil. a. d. Grenzgebieten Bd. 28. 1914.

Man ging bei diesen Untersuchungen von den verschiedenen Formen der Nephritis aus und prüfte bei dieser Erkrankung, wie die verschiedenartigen Stoffe ausgeschieden wurden. Es wurde bei verschiedenen Nephriditen das Ausscheidungsvermögen für allerhand dem Körper einverleibte Stoffe geprüft und bei der Sektion untersuchte man dann, welche Teile der Nieren von der Erkrankung besonders befallen waren. Rückschließend glaubte man so ermitteln zu können, in welchem Teil des Kanalsystems die einzelnen Stoffe normalerweise ausgeschieden würden. So einleuchtend dieser Gedankengang zweifellos ist, hat er dennoch zu keiner Einheit der Anschauungen geführt. Im Gegenteil, während z. B. Koranyi und seine Schule die Wasser- und Kochsalzausscheidung in die Glomeruli, die Stickstoffausscheidung in die Tubuli contorti verlegt, nehmen Fr. Müller[1] und Monakow[2] umgekehrt an, daß das Wasser und Kochsalz in den Tubuli, der Stickstoff in den Glomeruli, ausgeschieden würde. Schlayer[3] suchte die Frage dadurch zu lösen. daß er die Nephritiden bei Tieren, wie man sie durch die verschiedenen Gifte bekommt prüfte und dabei feststellen zu können glaubte, daß es zwei Gruppen von Nephritis gibt; eine, die primär an den Gefäßen angreift und zu einer völligen Aufhebung der Wassersekretion führt, („vaskuläre Nephritis", z. B. nach Arsen und Kantharidin), und eine zweite, die zunächst die Epithelien schädigt und bei der die Ausscheidung von Kochsalz und Jodkali frühzeitig ungenügend wird; die Wasserausscheidung war bei dieser „tubulären" Form der Nephritis nicht beeinträchtigt, es fand sich im Gegenteil Polyurie. Ebenso war die Ausscheidung von Milchzucker bei diesen tubulären Nephritiden nicht geschädigt. Nach Schlayer soll die verzögerte Milchzuckerausscheidung stets für eine vaskuläre Schädigung sprechen. Es sind aber gegen diese Versuche eine große Reihe von Einwänden erhoben worden, die hier im einzelnen nicht ausgeführt werden können (s. Gross[4] u. a.), vor allem machte die Übertragung der Versuchsergebnisse auf die menschliche Pathologie Schwierigkeiten. Volhard (l. c. S. 1182) kommt deshalb zu dem Schluß, daß Glomeruli und Tubuli dieselben Substanzen ausscheiden, allerdings in verschiedener Konzentration und daß die Sonderleistung, der Glomeruli lediglich die Verdünnung ist, während die Sonderleistung der Kanälchen darin liegt, den Harn einzudicken.

Der Versuch, bei der Funktionsprüfung der Nieren herauszubekommen, welche Kanälchen erkrankt sind, erscheint nach dem Gesagten ziemlich aussichtslos, und die praktische Chirurgie hat sich deswegen mit Methoden begnügt, die einen Begriff von der Gesamtleistungsfähigkeit einer Niere geben, ohne darauf Rücksicht zu nehmen, ob vielleicht einzelne Teile gleichwohl erkrankt sind. Die Praxis hat gezeigt, wie weit die verschiedenen Verfahren genügen[5].

Brauchbar sind zunächst Methoden, die prüfen, ob das Konzentrationsvermögen der Niere ein genügendes ist, und ob die Niere in der Lage ist, ihr plötzlich im Überschuß gebotenes

1 Verh. d. Deutsch. path. Ges. Meran 1905. 2 Deutsches Arch. f. klin. Med. Bd. 102 u. 115. 3 Deutsches Arch. f. klin. Med. Bd. 90, 98, 101. Verh. de. path. Ges. 1905. 4 Zieglers Beiträge Bd. 51. 5 Lit. Gottstein in Ergebn. d. Chir. Bd. 2. Bätzner, Diagnostik der chirurg. Nervenerkrank. Springers Verlag 1922.

Wasser rasch auszuscheiden (Albarran[1]). Der Gedankengang bei diesem Trinkversuch ist folgender: Bei Trockenkost nimmt das spezifische Gewicht des Urins rasch zu. Ist die Leistungsfähigkeit der Niere ungenügend, dann ist sie nicht in der Lage, einen konzentrierten Harn auszuscheiden; niedriges spezifisches Gewicht des Urins bei geringer Urinmenge ist immer verdächtig auf Niereninsuffizienz. Gewisse Anhaltspunkte für die Leistungsfähigkeit der Nieren ergibt weiterhin das Messen des Tag- und Nachturins. Normalerweise scheidet der Mensch am Tage wesentlich mehr Urin aus, als bei Nacht. Der Tagurin hat mehr Stickstoff und mehr Chloride, der Nachturin mehr Säure und Phosphate. Diese Unterschiede bleiben bestehen, auch wenn man in der Nacht wacht und ißt und am Tage schläft (Campbell u. Webster[2]). Bei Nierenkrankheit beobachten wir gelegentlich den umgekehrten Vorgang.

Andere Methoden suchen noch sehr viel allgemeiner die Gesamtleistung der einzelnen Nieren zu bestimmen. So ist vorgeschlagen worden, zu prüfen, ob beide Nieren gleiche Mengen Harnstoff oder gleiche Mengen an Chloriden ausscheiden. Fernerhin prüft man, ob die Niere Farbstoffe (Indigokarmin), die dem Patienten meist intramuskulär einverleibt werden, in einer bestimmten Zeit und in einer bestimmten Menge zur Ausscheidung bringt und ob es nach Phoridzineinspritzung in der üblichen Zeit zur Zuckerausscheidung im Urin kommt. Zwischen der Farbstoffausscheidung im Urin und dem physikalischen Zustandsbild der Eiweißkolloide im Blutplasma bestehen ganz bestimmte Beziehungen (mehr Fibrinogen — raschere Ausscheidung und umgekehrt Breitner u. F. Starlinger[3]). Rehn[4] benutzt den Umschlag in der Reaktion des Harns von sauer auf alkalisch, wie er bei Zufuhr von Alkali eintritt, zur Bestimmung der Leistungsfähigkeit einer Niere. Schließlich beschränkt man sich auch bei einseitigen chirurgischen Nierenerkrankungen darauf, festzustellen, ob die Gesamtleistung beider Nieren ausreichend ist. Hierzu bestimmt man mit Hilfe der Gefrierpunktserniedrigung oder anderer physikalisch-chemischer Untersuchungsmethoden die molekulare Konzentration des Blutes. Diese ist normalerweise außerordentlich konstant und steigt nur an, wenn die Ausscheidung der Nieren für gewisse harnfähige Stoffe mangelhaft wird.

Die Tätigkeit der Niere ist, wie die jedes anderen drüsigen Organes, weitgehend abhängig von ihrer **nervösen Versorgung.**

---

1 Exp. des fonct. rénales. Paris 1905. 2 Bioch. journ. Bd. 16. 1922. Ref. Ber. d. ges. Physiol. XV. S. 271. 3 Zeitschr. f. d. ges. exp. Med. Bd. 41. 1924. 4 Chirurgenkongreß 1923.

Die Nieren werden innerviert[1] vom Splanchnicus major et minor, sowie vom Vagus; sie haben also, genau wie die anderen Drüsen, eine doppelte Innervation. Über die Verzweigung der Nerven in der Niere siehe DISSE[2], SMIRNOW[3], RENNER[4]. Es sind auch in der Niere selbst sympathische Ganglienzellen vorhanden, wodurch es verständlich wird, daß eine Niere auch dann noch Urin ausscheidet und ein gewisses Anpassungsvermögen an alle möglichen funktionellen Reize hat, wenn alle zuführenden Nerven durchtrennt sind. LOBENHOFER[5] hat die Entnervung einer Niere in vollkommenster Weise dadurch erreicht, daß er den Gefäßstiel durchtrennte und die Niere an die Milzgefäße annähte. So ganz ohne Einfluß auf die Nierenfunktion sind aber die zuführenden Nerven doch nicht. STIERLIN und VERRIOTIS[6] durchtrennten im Tierversuch den einen Nervus vagus am Halse und fanden dann eine Herabsetzung der prozentualen Kochsalz- und Harnstoffausscheidung der gleichseitigen Niere. Die Harnmenge blieb unbeeinflußt. Andere Autoren wie MEYER und JUNGMANN[7] konnten kein gleichmäßiges Resultat bei der Vagusdurchtrennung und Reizung beobachten, während ELLINGER[8] auf Grund entsprechender Versuche wieder zu der Ansicht kommt, daß die Nierennerven die Ausscheidung von Wasser und festen Bestandteilen hemmen. Vom Splanchnikus konnte schon ECKHARD[9] und KNOLL[10] nachweisen, daß seine Durchtrennung zu Polyurie führt, während durch Reizung dieses Nerven eine Verminderung der Harnsekretion bewirkt wird (ASHER[11] u. a.), eine Angabe, die von JUNGMANN und MEYER[12] und von ROHDE und ELLINGER[13] sowie HAMMESFAHR[14] bestätigt wird. Es ist dabei nur die Wasserausscheidung gehemmt. Auch bei Anästhesierung des Splanchnikus bekommt man vermehrte Harnausscheidungen, wie NEUWIRT[15] in einem Falle von reflektorischer Anurie zeigen konnte. Beim Menschen bekommt man durch Adrenalin eine Verminderung, durch Pilokarpin eine Vermehrung des Urins, was auch für eine Beeinflussung der Harnsekretion durch das vegetative Nervensystem spricht (STAHL und SCHUTE[16]). Diese sym-

1 Schematische Abb. bei PFLAUMER, Zeitschrift f. Urol. Bd. XIII. 2 Handbuch d. Anat., herausg. von v. BARDELEBEN, 1902. Bd. 8 und Sitzungsber. d. Ges. z. Beh. d. ges. Naturwissenschaften. Marburg 1898. 3 Anat. Anzeiger Bd. 19. 1901. 4 Arch. f. klin. Med. Bd. 110. 1913. 5 Mitteil. a. d. Grenzgeb. Bd. 26. 6 Deutsche Zeitschrift f. Chir. 152. S. 37. 7 Jahreskurse f. ärztl. Fortbildung 1914 und Deutscher Kongr. f. inn. Med. XXX. Kongr. 1913. 8 Archiv f. exp. Pathol. u. Pharmakol. 90. 1921. 9 Beitr. z. Anat. u. Physiol. Bd. 4—9. 10 Beitr. zur Anat. u. Physiol. Bd. 6. 11 Zeitschrift f. Biologie Bd. 63. 1913. 12 Arch. f. exp. Path. u. Pharm. Bd. 73. 1913. 13 Zentralbl. f. Physiol. Bd. 27. 1913. 14 Zeitschrift f. Urologie Bd. 14. 1920. S. 269. 15 Zeitschr. f. urol. Chir. Bd. 11. 1922. 16 Zeitschr. f. d. ges. exp. Med. Bd. 35.

pathischen Äste gehen nach dem Ganglion coeliacum, und hier ist offenbar die erste Station, wo reflektorische Reize von einer Seite auf die andere übertragen werden.

Eine weitere Station ist im Rückenmark nachweisbar. Hier fand GAETANI[1] nach einseitiger Nierenexstirpation beim Kaninchen Veränderungen in beiden Vordersträngen und DRESEL[2] Zelldegenerationen im dorsalen Vaguskern der Medulla oblongata. ECKHARD konnte zeigen, daß man durch einen Stich in das verlängerte Mark, der etwas seitlich von dem CLAUDE BERNHARDschen Zuckerstich gesetzt wird, eine Polyurie hervorrufen kann, und JUNGMANN und ERICH MEYER fanden, daß es bei dieser Verletzung des verlängerten Markes auch zu einer gewaltigen Zunahme der Kochsalzausscheidung kommt. Sie sprechen deshalb geradezu von einem „Salzstich". Man darf wohl annehmen, daß diese verschiedenen Nerven nicht nur als Vasomotoren (BRADFORD S. 345, 1) wirken, sondern daß die Niere auch rein sekretorische Nerven hat (ASHER und HARA[3], DISSE l. c.).

Sensible Fasern enthält die Nierenkapsel und das Nierenbecken, nach MEYER-JUNGMANN auch das Bindegewebe der Nieren, motorische die Muskulatur der Nierenbecken. Über die Innervation der Nierenkelche s. HÄBLER[4]. Nach Durchschneidung des Rückenmarkes in der Höhe von D. 8—9 wird die Niere schmerzlos, während Durchtrennung des Splanchnikus auf die Empfindlichkeit keinen Einfluß hat (KAPPIS[5]). Hingegen soll die periarterielle Sympathektomie Nierenschmerzen (z. B. Hydronephrose oder Nephritis dolorosa) zum Verschwinden bringen (PAPIN[6]). Daß die Schmerzanfälle bei den verschiedenartigsten Nierenerkrankungen nur auf Zerrung des umgebenden Gewebes zurückzuführen sind, wie WILMS[7] angibt, ist unwahrscheinlich. Wenn auch Einführung des Ureterkatheters vom Patienten nicht gefühlt wird, so empfindet er doch meist einen stechenden Schmerz, wenn man die Wand des Nierenbeckens berührt (s. auch LENNANDER[8]) und dieser Schmerz kann sehr heftig werden, wenn man z. B. zum Zwecke der Pyelographie das Nierenbecken füllt. Man muß danach doch wohl annehmen, daß die sensiblen in der Wand des Nierenbeckens gelegenen Nerven die Schmerzempfindung vermitteln. Die Schmerzen werden häufig auf spinale Nerven übertragen, wodurch sich das „Ausstrahlen" der Schmerzen bei Nierenkoliken erklärt.

---

1 Arch. ital. de Biol. Bd. 56. 1911. 2 Zeitschrift f. d. ges. exp. Med. 37. 1923. 3 Zeitschrift f. Biol. Bd. 75. 1922. 4 Deutsche Ztschr. f. Chir. Bd. 16. 1922. 5 Grenzgebiete Bd. 26. 6 Journ. méd. franc. Bd. 15. 1924. 7 Münchener med. Wochenschrift 1904. 8 Mitteil. a. d. Grenzgebieten 16.

Sehr interessant sind die von HAMMESFAHR[1] beschriebenen Nierenschmerzen nach Schußverletzungen der Niere. Ursache für die Schmerzen sind Narben, aber warum solche Narben in dem einen Fall Nierenschmerzen machen, in dem anderen nicht, bleibt unklar. HEYMANN[2] berichtet über sehr heftige Nierenschmerzen bei Fällen von degenerativer Nephrose, die auf Nephrotomie, aber nicht auf Dekapsulation heilten. Auch hier sind die Ursachen der Schmerzen unklar.

Zur Beurteilung der Störungen in der Nierentätigkeit ist es wichtig zu wissen, **wie die Nieren den Harn nach Menge und Zeit normalerweise ausscheiden.** Die bei der Zystoskopie gewonnenen Resultate sind immer etwas unsicher, weil das eingeführte Instrument einen Reiz für die Nieren darstellt, und weil die Ureterenkatheter nie so dicht abschließen, daß nicht nebenbei Urin herunterflösse, der sich so der Beobachtung entzieht (vgl. GOLDBERGER[3]). Tierversuche die KAPSAMMER[4], PFLAUMER[5], ECKHARD[6], TSCHERNIAKOWSKY[7], BARRINGER[8], JUNGMANN[9] angestellt haben, geben wohl kaum ein genaues Bild der normalen Verhältnisse, da es sich doch immerhin um beträchtliche Eingriffe gehandelt hat. Brauchbarer sind Beobachtungen bei Blasenektopien, über die SUTER und MEYER, sowie ALLARD[10] berichten und vielleicht auch Versuche mit experimenteller Teilung der Harnblase (MAGOUN[11]). Danach entleert sich der Urin gewöhnlich abwechselnd aus den beiden Ureterenöffnungen, nur bei stärkerer Diurese erfolgen die Entleerungen regellos. Die Menge des aus den beiden Harnleitern entleerten Urins ist besonders bei kurzer Beobachtungszeit verschieden groß, während sich dieser Unterschied bei längerer Beobachtungsdauer ausgleicht. Dasselbe gilt für die Zusammensetzung der beiden Urine. Wird jedoch die Arbeit der Nieren stark in Anspruch genommen, z. B. durch eine kräftige Wasserzufuhr, so sind die Unterschiede in Menge des Urins der beiden Nieren doch sehr ausgesprochen. Kochsalz und Harnstoff werden aber auch dann in ungefähr gleicher Menge ausgeschieden (GOLDBERGER). Von Einfluß auf die Nierentätigkeit sind ferner die Änderungen der Körperlage (QUINCKE[12], PFLAUMER[13]). Beim Stehen sondern

---

1 Zeitschrift f. Urologie Bd. 16. 2 Zeitschrift f. Urol. Bd. 15. 1921. 3 Zeitschr. f. urol. Chir. Bd. 14. 4 Nierendiagnostik und Nierenchirurgie. Wien 1902. Wiener klin. Wochenschr. 1904. 5 Zeitschr. f. Urol. Bd. XIII. 6 Zeitschrift f. Biol. 44. 1903. 7 Zeitschr. f. Biol. 52. 1909. 8 Americ. journ. of physikol. 27. 1911. 9 Archiv f. exp. Path. u. Pharmakol. 73. 1913. 10 Mitteil. a. d. Grenzgebieten Bd. 18 (Lit.). 11 Ref. Bericht über d. ges. Physiol. Bd. XIX. S. 214. 12 Arch. f. exp. Pathol. u. Pharmakol. Bd. 32. 1893. 13 Zeitschr. f. Urol. Bd. XIII.

die Nieren weniger ab als beim Liegen, auch Seitenlage scheint nach ALLARD von Einfluß zu sein. Wie weit hierbei schon reflektorische Beeinflussungen der Nierentätigkeit eine Rolle spielen, entzieht sich der Beurteilung. Die Verschiebung, die die Niere bei der Atmung erfährt, mag hierbei vielleicht auch von Einfluß sein. Beträgt sie doch nach den Untersuchungen von HRYNTSCHAK[1] 2—5$^1/_2$ cm. Die Bewegungen der Ureteren werden auch reflektorisch beeinflußt. Bei dem Patienten von ALLARD genügte Betupfen der Ureterenmündung, um die rhythmische Tätigkeit des Harnleiters für Minuten zu unterbrechen. Der Urin sammelte sich mittlerweile im Nierenbecken und wurde nach dieser Pause um so rascher entleert. PFLAUMER kam bei seinen Tierversuchen zu etwas anderen Ergebnissen. Er konnte durch Betupfen des Ureters mit Alkohol eine erhöhte Tätigkeit des Ureters und eine erhöhte Wasserausscheidung erzielen. Füllt sich die Blase stärker, so nehmen die Kontraktionen der Ureteren zu. Bei geringgradigem Blasendruck ist die Nierentätigkeit gesteigert, bei stärkerem Druck nimmt sie ab.

Die **reflektorische Anurie** und Oligurie kommt hauptsächlich zur Beobachtung, wenn der eine Ureter durch einen Stein verlegt ist (NIKOLAI[2]). Weiterhin sind reflektorische Anurien nach plötzlicher Abkühlung, nach Erkrankungen und Operationen in der Bauchhöhle, nach Operationen an der Blase und Genitalien sowie an der Gallenblase, besonders bei Ikterischen (STÄHELI[3]) beschrieben worden. Reizungen von Blase und Ureter mit oder ohne Durchschneidung des Splanchnikus führen nach den vorliegenden Versuchen fast regelmäßig zu einer Herabsetzung der Wasserausscheidung (HAMMESFAHR[4], GÖTZL und ISRAEL[5], ADRIAN[6], MEYER und JUNGMANN[7]). Besonders wirksam scheint Abklemmen des Ureters kurz oberhalb der Blase zu sein (MINGAZZINI[8], PFLAUMER[9]). Durch Reizung des Ischiadikus erhielten COHNHEIM und ROY[10], durch Reizung des Vagus MASIUS[11] Anurie.

Wie das aber im einzelnen geschieht, wenn die Niere auf solche reflektorisch wirkenden Reize ihre Tätigkeit einstellt ist nicht klar. Nach einer weit verbreiteten Ansicht soll ein reflektorischer Gefäßkrampf ausgelöst werden. Eine länger anhaltende Anurie ließe sich durch solchen Krampf aber kaum erklären. Auch konnte

---

1 Wien. med. Wochenschr. 1921. 2 Zit. nach HAMMESFAHR, Zeitschrift f. Urologie 14. 1920. 3 BRUNS' Beiträge Bd. 123. 1921. 4 Zeitschrift f. Urologie 14. 1920. S. 269. 5 PFLÜGERS Archiv f. d. ges. Physiol. Bd. 83. 6 Fol. urolog. Bd. 7. S. 95. 1912. 7 Jahreskurse f. ärztl. Fortbildung 1914. 8 Clin. chir. 27. 1920. 9 BRUNS' Beiträge 122. S. 326. 10 VIRCHOWS Archiv Bd. 92. 11 Zit. nach KÜSTER, Chirurgie d. Nieren. Deutsche Chirurgie 52 b. I. S. 55.

Ghiron[1], der das lebende Organ nach seiner Methode im Lichtkegel beobachtete, nichts von einem Gefäßkrampf bei reflektorischer Anurie nachweisen, jedoch fand er verspätete Färbung der Bürstensäume bei Injektion von Anilinblau. Einen Fall, bei dem man auch mikroskopisch in der zurückgebliebenen Niere bei reflektorischer Anurie keinerlei Veränderungen fand, beschreibt Jenckel[2].

Eine erhöhte Wasserausscheidung **(Polyurie)**, die normalerweise nach reichlicher Flüssigkeitszufuhr, bei bestimmten Medikamenten (Diuretica), bei kali- oder stickstoffreicher Kost, wie Kartoffeln usw. auftritt, gruppiert man gewöhnlich in indirekt neurogene oder reflektorische und in hämatogene oder nephrogene Polyurien. Die Polyurie bei Schrumpfniere, wo also der größte Teil der Glomeruli zerstört ist, ist eine nephrogene Polyurie; sie ist das Zeichen einer ungenügenden Leistung der Nieren; ebenso ist die Polyurie bei Kartoffelernährung eine vorwiegend nephrogene, wenn auch hier vielleicht ein gewisser Reiz, den die Salze in der Blase ausüben, dazukommt. Man erinnere sich an das gehäufte und vermehrte Wasserlassen durch die Kriegskost (s. später).

Bei häufigem Wasserlassen (Pollakisurie) ist auch die Menge des ausgeschiedenen Urins vermehrt (Guyon). Umgekehrt vermeiden, wie Graser[3] ausführt, „seßhafte Trinker bei längeren Sitzungen die erste Entleerung und können oft sehr lange ausharren ohne Qual", hat aber die erste Entleerung stattgefunden, so kommt eine Flut von Harn, die zu rasch wiederholten Entleerungen nötigt. Genau so entleert man gewöhnlich früh morgens nach dem Aufstehen mehrere Male kurz hintereinander Urin, also eine sehr schnelle Neubildung von Harn nach der Ruhe und vielleicht auch nach der Abkühlung. Bei entnervter Niere kommt diese Beeinflussung der Harnbildung von der Blase her nicht mehr zustande. Die nervösen Verbindungswege zwischen Harnblase und Niere sind von Sérès[4] untersucht und beschrieben worden. Bei den chirurgischen Nierenerkrankungen ist es oft sehr schwer, eine Trennung der beiden Gruppen von Polyurie vorzunehmen. Die Polyurie bei Nierentuberkulose (Wildboltz[5]), die sogenannte „klare" Polyurie, wird von einem Teil der Autoren als Niereninsuffizienz, von einem anderen Teil als Folge der durch die Blasenentzündung bedingten Pollakissurie, also als ein

1 Berliner klin. Wochenschrift S. 158. 1914. 2 Deutsche Zeitschrift f. Chir. Bd. 78. 3 Chirurgenkongreß 1913. 4 Journ. d'urol. Bd. 16. 1923. 5 Neue Deutsche Chir. Bd. VI. S. 66.

rein reflektorischer Vorgang, gedeutet. Rein reflektorische Polyurien kommen gelegentlich beim Ureterenkatheterismus vor (ECKHARD, KAPSAMMER[1], EPPINGER[2], GOLDBERGER[3] u. a.). Man muß also bei dieser Untersuchungsmethode jedenfalls vorsichtig sein, aus der Menge des ausgeschiedenen Urins weitgehende Schlüsse zu ziehen. Daß durch den „Zucker- oder Salzstich", d. h. durch Eingriffe am zentralen Nervenapparat, eine Polyurie hervorgerufen werden kann, ist schon oben erwähnt worden. Es geben diese Versuche die experimentelle Grundlage ab für das Verständnis des Diabetes insipidus, der, was für den Chirurgen ja zu wissen wichtig ist, sich gelegentlich an Kopfverletzungen anschließt. Über Polyurie nach Splanchnikusdurchschneidung s. S. 355.

Chirurgisch von besonderem Interesse ist die **Harnbildung bei Harnstauung** (Prostatahypertrophie, Phimose, Strikturen). Entsprechende Versuche stammen von COHNHEIM[4], ALBARRAN[5], PONFICK[6], STEYRER[7], FILEHNE und RUSCHHAUPT[8], ALLARD[9], SCHWARZ[10], PFAUNDLER[11], DÜTTMANN[12] u. a. (weitere Lit. s. bei Hydronephrose). Die Autoren sind bei ihren Versuchen durchaus nicht zu dem gleichen Ergebnis gekommen. Einige bekamen Polyurie mit Harn von geringem spezifischem Gewicht, andere Verminderung der Harnmenge und Verminderung des Stickstoff- und Kochsalzgehaltes im Urin, wenn der Harnabfluß erschwert wurde. Ein Teil der Berichte bezieht sich übrigens auch auf Untersuchungen am Menchen. Aber auch hier besteht keine Übereinstimmung der Befunde. Nach den sehr sorgfältigen Beobachtungen von ALLARD an einem Patienten mit Blasenektopie scheint bei einseitigem Hindernis der Harnentleerung die andere Niere eine um so größere Menge Urin zu entleeren, während in diesem Falle die Versuchsniere weniger Urin als normal absonderte. Zu ähnlichen Ergebnissen kamen STEYRER u. a. Nun beobachtet man aber zweifellos bei Prostatahypertrophie fast regelmäßig eine sehr stark vermehrte Urinmenge in Zeiten, wo erst eine geringe Erweiterung des Nierenbeckens vorhanden ist (vgl. VEIL[13]). Zum Teil mag die Pollakisurie, die ja bei Prostatahypertrophie infolge des Blasenreizes schon in frühen Stadien meist vorhanden ist, zu dieser Polyurie führen. Dann ist aber doch wohl

---

1 Wiener klin. Wochenschrift 1904. 2 Berl. klin. Wochenschrift 1921. S. 1349. 3 Zeitschrift f. urol. Chir. Bd. 16. 1924. 4 Allgem Path. Bd. II. 5 Ann. de méd. des org. gén. 1907. S. 801. 6 ZIEGLERS Beitr. z. Path. Anat. Bd. 49. 7 HOFMEISTERS Beiträge Bd. 2. 1902. 8 PFLÜGERS Archiv Bd. 95. 1903. 9 Arch. f. exp. Path. u. Pharmak. Bd. 57. 10 Zentralbl. f. Physiol. Bd. 2. 1902. 11 HOFMEISTERS Beiträge Bd. 2. 1902. 12 BRUNS' Beitr. 128. 1923. 13 BRUNS' Beiträge Bd. 102. S. 367. 1916.

auch schon in diesen Frühfällen eine gewisse Nierenschädigung vorhanden.

Weiterhin ist bei der chronischen Harnstauung die Konzentrationsfähigkeit der Nieren wesentlich gestört (VEIL). Eine stärkere Anhäufung von Reststickstoff wird durch die reichliche Durchspülung zwar vermieden, aber mineralische Bestandteile häufen sich im Blute an und führen zur Erniedrigung des Gefrierpunktes. Wie die Untersuchungen von VEIL[1] gezeigt haben, erhöht sich die molekulare Konzentration des Blutes auch beim Normalen, wenn er viel trinkt, vielleicht, weil die Gewebe besser ausgespült werden. Die Blutkonzentration wird beim Trinken um so mehr ansteigen, wenn die Fähigkeit der Nieren, einen konzentrierten Urin auszuscheiden, infolge der chronischen Harnstauung gelitten hat. Die Folge dieser Ausschwemmung ist, daß die Patienten immer mehr Durstgefühl bekommen und immer noch mehr trinken. Es bildet sich so ein Circulus vitiosus aus, der schließlich zu der hochgradigen Austrocknung führt, die so charakteristisch für die Patienten mit Prostatahypertrophie oder Harnstauung aus anderer Ursache ist. Wenn durch die chronische Harnstauung sich das Nierenbecken allmählich stärker erweitert hat und die Menge an funktionsfähigem Nierengewebe geringer geworden ist, so bekommen wir einen Zustand, der vielleicht gewisse Ähnlichkeit mit der experimentellen Nierenverkleinerung hat, die BRADFORD[2], PÄSSLER und HEINECKE[3], PEARCE[4] sowie v. HABERER[5] studiert haben. Die Autoren fanden u. a. regelmäßige eine Polyurie. Aber auch hier können wir nur die Tatsache notieren; die innere Ursache für alle Arten der Polyurie ist eigentlich völlig ungeklärt, auch die SCHLAYERsche auf Tierversuche gestützte Annahme, daß Polyurie eine Überregbarkeit der Gefäße sei, läßt sich nach VOLHARD nicht verallgemeinern.

Bei ungenügender Leistung der Nieren kommt es schließlich zu dem, was wir unter Urämie verstehen. **Urämie** heißt Anhäufung von Stoffen im Blut, die normalerweise im Urin ausgeschieden werden sollten. In reinster Form müßte man also eine Urämie bekommen bei Exstirpation beider Nieren oder wenn das Abfließen des Urins aus beiden Nieren mechanisch verhindert wird. Das klinische Bild der Urämie wird gewöhnlich so geschildert, daß es sich dabei um einen plötzlich einsetzenden Zustand von Bewußtlosigkeit und epilepti-

---

1 Deutsches Archiv f. klin. Med. Bd. 113. S. 228. 2 Journ. of Physiol. Bd. 23. 1899. 3 Pathologenkongreß 1905. 4 Journ. of exp. medecine 1908. 5 Mitteil. a. d. Grenzgebieten Bd.17. 1907.

formen Krämpfen handelt. Beobachtet man aber einen Patienten, bei dem man bei ungenügender Funktion oder fehlender zweiter Niere die eine entfernt hat, so sehen wir ein ganz anderes Krankheitsbild. Es entspricht ganz dem, was man früher eine „chronische Urämie" nannte: „Die Kranken klagen über dumpfen Kopfschmerz oder ein wüstes Gefühl im Kopfe, ihre Augen werden matt und ausdruckslos, die Züge ihrer Physiognomie hängend; sie leben teilnahmslos dahin, sind vergeßlich und gleichgültig, in ihren Bewegungen langsam und träge" (FRERICHS[1]). Es folgt eine „tiefe Lethargie", kurz vor dem Ende einige Konvulsionen.

Ich glaube, man kann es doch als einen gewissen Fortschritt bezeichnen, daß wir gegenwärtig bei der Urämie zwei Formen unterscheiden, eine Krampfurämie und eine mehr chronisch verlaufende Form ohne oder mit nur ganz geringgradigen Krämpfen am Schlusse des Lebens. Übergänge werden vorkommen (SCHLAYER[2], REISS), aber für den Chirurgen empfiehlt es sich, an dieser Einteilung festzuhalten; denn die Urämien, die uns interessieren und die wir z. B. sehen, wenn wir eine Niere entfernen und die andere fehlt oder leistungsunfähig ist, zeigt keine Krämpfe; sie gleicht vielmehr dem Bilde, das man früher eine chronische Urämie nannte.

Zweifellos bestehen zwischen beiden Formen Übergänge, aber mir scheint die Trennung deswegen wichtig zu sein, damit man einmal von der in der chirurgischen Literatur immer noch viel verbreiteten Anschauung loskommt, als ob jede Urämie mit Krämpfen verbunden sein müßte.

Bei dieser Urämie nach Entfernung beider Nieren haben wir es also mit einer Anhäufung harnfähiger Substanzen im Blute („Harnvergiftung" nach ASCOLI) zu tun. Unter diesem Krankheitsbilde werden die meisten der „chirurgischen" Nierenfälle sterben, also die Hydronephrosen, Pyonephrosen, Zystennieren, Nierenexstirpationen usw. Welche der harnfähigen Substanzen bedingt dieses Krankheitsbild? Hier sind sehr viele Versuche und Untersuchungen von zahlreichen Autoren angestellt worden, von denen ich nur die Namen CLAUDE BERNARD, FRERICHS, LANDOIS[3], FELTZ und RITTER[4], BOUCHARD[5], STRAUSS[6], PFEIFFER[7], PÄSSLER, LINTBECK[8] u. v. a. nenne. Ich verweise im übrigen auf die kritische Zusammenstellung von VOLHARD[9]. Wir finden immer eine Erhöhung des Reststickstoffes im Blute, so daß der Unterschied zwischen dem Reststickstoff im Gewebe und im Blut während der Urämie völlig ausgeglichen ist (vgl. LAX[10]). Ob nun

1 Die BRIGHTsche Nierenkrankheit. Braunschweig 1851. 2 Zeitschr. f. Urologie Bd. 16. 1922. S. 300. 3 Die exp. Urämie 1888. 4 De l'urémie expérimentale. Paris 1881. 5 Leçons sur les autointoxications dans les maladies. Paris 1887. 6 Deutsches Arch. f. klin. Med. 106. Berliner klin. Wochenschrift 1915. 7 Zeitschrift f. Hyg. Bd. 54. 1906. Zentralbl. f. d. ges. inn. Med. Bd. 2. S. 120. 8 Prager med. Wochenschrift 1892 und Arch. f. exp. Pathol. u. Pharm. Bd. 30. 9 Handbuch d. inneren Med., herausg. von MOHR-STÄHELIN, Bd. 3. S. 1314 ff. 10 Klin. Wochenschr. 1923.

aber dieser Reststickstoff die „giftige" Substanz enthält, ist nicht sicher, aber doch nicht ganz unwahrscheinlich; unsicher ist auch, wie weit andere Organe (Leber nach GUNDERMANN[1]) bei der Urämie mittelbar beteiligt sind. Es kann sich um eine Vergiftung mit Harnstoff, es kann sich aber auch um eine Vergiftung mit irgend welchen Eiweißstoffen handeln (HEYDE und VOGT[2]) oder um eine Erhöhung des osmotischen Druckes (KORANYI[3] und LINDEMANN[4]). Es werden ja viele Stoffe durch die Nieren ausgeschieden, so daß es nicht wunderbar ist, daß der Körper zugrunde geht, wenn dieses Ausscheidungsorgan versagt. Aber wie diese Vergiftung im einzelnen zusammenhängt, wissen wir nicht. Wie außerordentlich verwickelt der Säfteaustausch im Körper ist, der schließlich zur Harnbildung führt, zeigen die Parabioseversuche von SAUERBRUCH, HEYDE[5], JEHN, BIRKENBACH[6], MORPURGO, MATSUGAMA[7] und vor allem HERMANNSDÖRFER[8]. Letzterer fand, daß parabiotisch vereinigte Ratten mit zusammen einer Niere leben können und daß keine Erhöhung des Reststickstoffes nachweisbar ist.

Ganz zu trennen von dieser „echten Urämie" sind nun die Symptome, die ASCOLI als Folgen eines „Nierensiechtums" beschreibt. Der Name ist nicht gerade glücklich gewählt. Verstanden sollen darunter Zustände werden, die, wie VOLHARD es ausdrückt, auch „ohne Niereninsuffizienz" vorkommen, die also jedenfalls nicht unmittelbar abhängig sind von der Speicherung harnfähiger Stoffe im Blute. Der Typus dieser Krankheitsbilder ist die „Urämie" bei akuter Nephritis. Gewiß spielt auch hier die Aufspeicherung harnfähiger Stoffe als krankmachende Bedingung eine Rolle, aber der charakteristische, plötzlich einsetzende Anfall mit Bewußtlosigkeit und Krämpfen, mit Erbrechen und Kopfschmerzen ist nicht eine Folge der Zurückhaltung harnfähiger Stoffe, da sie, wie gesagt, bei Nierenexstirpation oder Ureterunterbindung nicht vorkommt. Wir werden, worauf VOLHARD (l. c. S. 1330) besonders hinweist, bei dieser Trias: Kopfschmerz, Erbrechen, Pulsverlangsamung, wozu sich noch Krämpfe hinzugesellen, viel mehr an einen raumbeengenden Prozeß in der Schädelkapsel erinnert, und der hohe Lumbaldruck rechtfertigt diese Annahme. Das Hirnödem als Ursache für den urämischen Anfall nahm schon TRAUBE[9] an, und wenn diese

1 Münchener med. Wochenschrift 1913. 2 Zeitschrift f. d. ges. exp. Med. Bd. I. 1913. 3 KORANYI u. RICHTER, Physikal. Chemie u. Medizin. Leipzig 1908. 4 Arch. f. klin. Med. Bd. 65. 1900. 5 Zeitschrift f. exp. Pathol. u. Therapie Bd. 6. 1909. 6 Ebendort Bd. 6. 7 Frankf. Zeitschr. f. Pathol. Bd. 25. 1921. 8 Deutsche Zeitschr. f. Chir. 178 u. Ztbl. f. Chir. 1922. S. 1830. 9 Ges. Beitr. z. Pathol. u. Physiol. Bd. 2. 1871.

Annahme durch Jahrzehnte hindurch abgelehnt wurde, so lag das daran, daß man damals noch keinen Unterschied zwischen den einzelnen Krankheitsbildern der „Urämie“ gemacht hat. TRAUBE bezog deshalb alle Formen der Urämie, auch das Zustandsbild nach Nierenexstirpation usw. auf Hirnödem, und das war nicht richtig. Daß aber bei der mit Krämpfen verbundenen Urämie Hirnödem vorhanden ist, zeigen die Abbildungen VOLHARDS. Nach v. MONAKOW[1] findet man Quellung und Vakuolisierung des Plexus chorioideus bei Urämie. ZANGEMEISTER[2] hat bei der Trepanation einer Eklamptischen das Hirnödem in vivo nachweisen können. Auch bei den epileptischen Krampfanfällen, die ja eine große Ähnlichkeit mit den urämischen haben, finden wir im Anfall dieses Hirnödem, wovon man sich bei Operationen vielfach überzeugt hat (s. später). Es ist natürlich sehr schwer zu sagen, was hier die Ursache und was die Wirkung ist. VOLHARD erklärt das Hirnödem bei Urämie als Stauungsödem, und zwar nimmt er eine ischämische Kontraktion der Hirngefäße an, bei gleichzeitig weiten Venen. Er stützt diese Annahme aus dem Befund am Augenhintergrund, wo wir bei akuter Nephritis eng kontrahierte Arterien bei weiten Venen haben. Es soll noch weiterhin eine abnorme Durchlässigkeit der Gefäße hinzukommen. So fand WALTER[3] in einem Falle von Urämie die Meningen stärker für Brom durchlässig. Auch nach PAL[4] haben wir sowohl bei der Urämie als auch bei der Eklampsie angiospastische Zustände anzunehmen.

Diese Gefäßveränderungen, besonders die erhöhte vasomotorische Erregbarkeit der Gefäße, spielen von jeher im Symptomenbild der Urämie eine wesentliche Rolle (vgl. „Hochspannungstheorie“ der Eklampsie [OSTHOFF 1886]). Aus ihr heraus erklärt sich die hohe Blutdrucksteigerung und die Herzhypertrophie, die wir bei solchen Patienten finden. Die früher herrschende COHNHEIM-TRAUBEsche Theorie, daß die Blutdrucksteigerung Folge des erhöhten Widerstandes in der Niere sei, ist jetzt wohl allgemein verlassen. Es muß hier nochmals betont werden, daß wir diesen vasomotorischen Störungen im allgemeinen nicht bei den „chirurgischen“ Fällen von Urämie (Nephrektomie, Harnleiterunterbindung usw.) begegnen, wennschon diese besonders bei chronischen Fällen (Prostatahypertrophie) selbstverständlich auch durch Gefäßveränderungen, besonders arteriosklerotischer Natur, kompliziert sein können.

Fragen wir nun nach der Ursache dieser „Ödembereitschaft“ und der vasomotorischen Störungen, so ist hierauf noch keine

1 Schweiz. Arch. f. Neurol. Bd. 13. 1923. 2 Zit. nach VOLHARD, l. c. S. 1359. 3 Münch. med. Wochenschr 1925. S. 54. 4 Wien. kl. Wochenschr. 1920. S. 954.

sichere Antwort möglich. Da das klinische Krankheitsbild durchaus den Eindruck einer akuten Vergiftung macht, ist man geneigt, auch bei dieser Form der akuten Urämie nach irgendeinem Giftstoff zu suchen. Es erinnert der akut urämische Anfall sehr an einen anaphylaktischen. Man hat deswegen auch an eine besondere Form der „Eiweißvergiftung" gedacht (BROWN-SÉQUARD[1], TIGERSTEDT und BERGMANN[2], LINDEMANN[3], BOUCHARD, ASCOLI [l. c.], BIEDL[4], H. PFEIFER, HEYDE und VOGT). Die Vorstellung, die man sich von der Art dieser Giftwirkung macht, ist recht verschieden. BROWN-SÉQUARD und seine Schule dachten an den Ausfall eines inneren Sekretes der Niere. H. PFEIFER (l. c.) glaubt, im Harn Urämischer ein Anaphylatoxin nachweisen zu können. ASKOLI nimmt Zerfallstoffe aus der Niere an, und diese Annahme findet neuerdings wieder eine gewisse Stütze durch die interessanten Versuche von HERMANNSDÖRFER[5] an parabiotisch vereinigten Ratten. Er fand, daß intraperitoneale Einspritzung von Harn gesunder Ratten eine echte Harnvergiftung erzeugt, während der Urin von Parabioseratten eine Krampfurämie hervorruft. Entnierte Parabioseratten erkrankten an Retentionsurämie, mit Blasenkappung, urämisch gemachte bekamen Krampfurämie. Also bildet sich wohl das Krampfgift erst in der Niere. Auch andere Autoren, wie BIEDL stellen fest, daß Nierenextrakten und besonders Extrakten nephritisch veränderter Nieren gewisse Eigenschaften — z. B. stark lymphagoge Wirkung, sowie Erhöhung der Gefäßdurchlässigkeit — zukommen, die wir auch bei der Urämie beobachten. SCHLAYER[6] und STRAUB[7] glaubten einen erhöhten Säurewert im Blute Urämischer nachweisen zu können, eine Angabe, die teils bestritten, teils bestätigt wird (ELMENDORF[8]). Sonst hat man bisher an dem Blut von Kranken mit „Krampfurämie" keine Giftstoffe gefunden, was nach den Versuchen von HERMANNSDÖRFER ja vielleicht auch nicht zu erwarten ist.

Von den therapeutischen Eingriffen bei Urämie sei zunächst der **Aderlaß** erwähnt. Bei der echten, chronisch verlaufenden Urämie hilft der Aderlaß nichts; im Gegenteil, der Reststickstoffgehalt des Blutes wird größer, ebenso wie der in den Geweben. Die vielfach gemachte Annahme, daß eine Verdünnung der Giftstoffe im Blute und eine Ausschwemmung aus den Geweben statthabe, ist also nicht richtig. Anders liegt die Sache bei der Krampfurämie.

---

1 Compt. rend. de la Soc. de Biol. 1893. 2 Skandinav. Arch. f. Physiol. Bd. 8. 1898. 3 Ann. de l'inst. Pasteur 1900. 4 Innere Sekretion II. Aufl. 2. Bd. 5 Zeitschr. f. Chir. Bd. 178 u. Ztbl. f. Chir. 1922. S. 1830. 6 Münchener med. Wochenschrift 1912. 7 Ebendort 1914. 8 Biochemische Zeitschrift Bd. 60. 1914.

Hier ist der Einfluß eines Aderlasses auf die Kopfschmerzen, Krämpfe und Konvulsionen oft auffallend. Bei diesen pseudo-urämischen Zuständen sucht man den heilenden Einfluß des Aderlasses vor allem in seiner Wirkung auf den Blutkreislauf. Während beim Gesunden der Blutdruck bei kleineren und mittleren Blutentziehungen zunächst normal bleibt, da sich die Gefäße verengern und rasch ein Flüssigkeitsstrom aus den Geweben einsetzt, wird bei Arteriosklerotikern und Urämikern ein beträchtliches Sinken des Blutdruckes beobachtet, weil die regulatorische Zusammenziehung der kleinen Gefäße hier beeinträchtigt ist (Lit. bei STRUBELL[1]). Nun wird aber durch einen Aderlaß die Blutzusammensetzung nach den verschiedensten Richtungen hin geändert. Es wird Wasser aus den Geweben ausgezogen, Giftstoffe werden dadurch verdünnt und es treten, wie FREUND[2] nachweisen konnte, hormonartige Stoffe im Blute auf, die wohl aus dem Zerfall von Blutplättchen entstehen und bestimmte pharmakologische Wirkungen, wie Gefäßverengerung und Erweiterung, Verstärkung der Digitaliswirkung, Auftreten von milzbrandfeindlichen Stoffen (DRESEL und FREUND[3]), Erhöhung der normalen Agglutinine (ROST[4]) zur Folge haben. Man kann sich sehr wohl vorstellen, daß auch die Ursache der Anurie bei einer Nephritis durch solche Stoffe günstig beeinflußt wird.

Als weitere chirurgische Therapie der Urämie und Anurie ist **die Entkapselung der Niere** vorgeschlagen worden (HARRISON[5], ISRAEL[6], LENNANDER[7], KÜMMELL[8] u. a.) Man muß bei der Besprechung der vorliegenden Arbeiten berücksichtigen, daß man diese Entkapselung der Niere auch zur Behandlung der chronischen Nephritis empfohlen hat. Hier wollen wir aber zunächst davon sprechen, wie diese Operation bei der Behandlung der Urämie wirken kann. Bei den Formen von Urämie, die das Endstadium einer Niereninsuffienz darstellen, also z. B. bei Hydronephrose, Zystenniere, Schrumpfniere usw. ist selbstverständlich ein Erfolg von einem solchen operativen Eingriff nicht zu erwarten. Anders liegt die Sache bei der akuten, besonders der Krampfurämie. Daß die Dekapsulation der Niere hier in einzelnen Fällen gute Erfolge gehabt hat, dürfte nach den Mitteilungen der Autoren nicht zu bezweifeln sein (Lit. s. RUGE[9] und KÜMMELL[10], VOLHARD[11]).

---

1 Der Aderlaß. Berlin 1905. 2 Archiv f. exp. Pathol. u. Pharmakol. Bd. 91. 1921. 3 Ebendort. 4 Dissert. Heidelberg 1908. 5 Brit. med. Journ. 1896. Ref. Münchener med. Wochenschrift 1901. S. 1509. 6 Grenzgebiete Bd. 10. 7 Grenzgebiete Bd. V. S. 470. 8 Berliner klin. Wochenschrift 1909. 9 Ergebn. d. Chir. Bd. 6. 1913. 10 Zeitschrift f. urol. Chir. Bd. 17. 1925. 11 Deutscher Urologenkongreß. Berlin 1924.

Wie kann diese Besserung der Urinausscheidung durch Dekapsulation zustande kommen? Hierher gehörige Versuche haben RUSCHHAUPT, BIBERFELD[1], ZONDEK[2], GAWRILOW[3] u. a. ausgeführt. Es ergab sich ein Unterschied in der Menge des ausgeschiedenen Urins, je nachdem ob die kapsellose Niere in der Diurese durch Kochsalzinfusion oder dgl. arbeitete oder nicht. Während einer Diurese, also bei erhöhter Inanspruchnahme der Niere, sezernierte die dekapsulierte Niere gelegentlich mehr, in anderen Fällen weniger als normal (BIBERFELD, GAWRILOW). Die Durchblutung der Niere soll nach der Dekapsulation bei Sublimatvergiftung eine bessere sein (ZONDEK[4]). Bei experimenteller Uranvergiftung konnte FERRARIN[5] keinen Unterschied feststellen. HOFFMANN[6] entkapselte bei einer größeren Anzahl Kaninchen und Katzen, bei denen er durch Harnleiterunterbindung oder Sublimateinspritzungen eine doppelseitige Nierenschädigung gesetzt hatte, die eine Niere und fand dann eine geringere Schädigung des entkapselten Organs im Vergleich zu dem nicht entkapselten. KELLER und ROST[7] konnten bei gleicher Versuchsanordnung einen heilenden Einfluß der Dekapsulation an der Niere bei Vergiftungen nicht feststellen, sondern beobachteten nur gelegentlich Unterschiede in der Flüssigkeitsdurchtränkung und Blutversorgung der Niere, die wohl als operativer Schock aufzufassen sind. Was kann man aus diesen Versuchen für die Dekapsulation beim kranken Menschen ableiten? Leider zunächst noch sehr wenig. Und zwar liegt das einmal daran, daß wir doch noch gar nicht sicher wissen, worauf eigentlich die langdauernde Anurie in Fällen von akuter Nephritis beruht, und dann sind auch die klinischen Beobachtungen vielfach nur mit größter Vorsicht zu gebrauchen, da sich solche Anurien auch von selbst lösen. Nach VOLHARD[8] ist die Ursache der Urämie in einem Gefäßkrampf zu suchen, was VOLHARD daraus folgert, daß sowohl die Glomeruli als auch die Gefäße bei mikroskopischer Untersuchung mehr oder weniger blutleer gefunden wurden.

HÜLSE[9] konnte bei Leichen von Patienten, die im Anfangsstadium der Glomerulonephritis gestorben waren, die Glomeruli vollständig injizieren. Der Injektionsdruck überstieg dabei den Blutdruck nicht. In späteren Stadien gelang diese Injektion nicht mehr, was sich aus dem dann vorhandenen organischen Verschluß der Gefäße erklärt. Die Nierendurchblutung bessert sich nach

1 Arch. f. Physiol. 1904. Bd. 102. 2 Grenzgebiete 1907. III. Suppl. 3 Zit. nach LATZKO, Geb. gyn. Ges. Wien 1916. Zentralblatt. f. Gyn. 1916. S. 599. 4 Zeitschrift f. d. ges. exp. Med. Bd. 3. 1914. 5 La clinica chirurgica 1903. 6 Archiv f. klin. Chir. Bd. 120. 1922 u. BRUNS' Beiträge Bd. 131. 7 Zeitschrift f. urol. Chir. 8 Naturhist. med. Verein Heidelberg 1917. 9 Deutsche med. Wochenschrift 1920. S. 1244.

Dekapsulation, wie HÜLSE und LITZNER durch Messung der Blutstromgeschwindigkeit in den Nierenvenen nachgewiesen haben.

Gehen wir von der VOLHARDschen Theorie der Urämie aus, so müßten wir annehmen, daß durch die Dekapsulation dieser Krampf gelöst wird, etwa durch Schädigung der Ganglienzellen am Hilus. Eine solche Beeinflussung des fraglichen Gefäßkrampfes ließe sich natürlich auch durch direkte Eingriffe an den Hilusnerven erreichen, und es ist ja auch in der Tat die Entnervung der Niere als Behandlungsmethode der Anurie empfohlen worden (PAPIN[1], BOEMINGHAUS[2]), wobei auf die Polyurie bei entnervter Niere hinzuweisen ist (s. oben).

Eine andere Vorstellung von der Wirkung der Dekapsulation geht von der Beobachtung aus, daß die Niere in entzündlichem Zustand gelegentlich vergrößert ist. Nach EPPINGER sieht man manchmal geradezu Striae in der Nierenkapsel. Die Kapsel soll dann wegen ihrer straffen Spannung die Ausdehnung der Niere verhindern und die Zirkulation innerhalb der Niere stören (HARRISON l. c.). Aber nicht immer ist eine solche wegen akuter Entzündung anurische Niere vergrößert (vgl. RUGE l. c., ROSENTHAL[3], KARO[4], BLUM[5] u. a.). Dieselben Überlegungen gelten natürlich für die Nephrotomie (ISRAEL[6]), nur kommt hier noch als weitere Vorstellung hinzu, daß man den Flüssigkeitsaustausch zwischen Nierenoberfläche und Schnittfläche verbessern will. Man spricht von einer Drainage der Niere. Vielleicht ist aber die Wirkung der Dekapsulation der Niere bei Anurie von einem viel allgemeineren Gesichtspunkte aus zu erklären. Schon SPANTON und CHICKEN wiesen darauf hin, als HARRISON die Dekapsulation der Niere empfahl, daß sie durch tiefe Einschnitte in die Lendengegend denselben Erfolg gehabt hätten wie HARRISON durch die Kapselentfernung und STEPHAN und FRITSCH haben nach Röntgenbestrahlung der Niere bei Kranken mit Urämie ein rasches Wiedereinsetzen der Diurese und Heilung beobachtet. Daß ein operativer Eingriff eine gewaltige Umwälzung für den Körper bedeutet, mit tiefgehenden Änderungen der Blutverteilung und Zusammensetzung ist den Chirurgen wohlbekannt (vgl. LÖHR[7]) und in diesem etwas allgemeinen Sinne ist wohl die Ansicht von VOLHARD[8] und KÜRTEN[9] anzusehen, daß die Dekapsulation der Niere eine Art Proteinkörpertherapie sei: Der Eingriff wirkt irgendwie umstimmend

---

1 Ref. Ztschr. f. urol. Chir. Bd. 9. S. 189 u. Bd. 16. S. 175. 2 Deutsche Zeitschrift f. Chir. 171. 3 Zeitschrift f. Urol. Bd. 18. 1924. 4 Klin. Wochenschr. 1920. 5 Zeitschrift f. Urol. 18. 6 Grenzgebiete Bd. 5. 1899. 7 Deutsche Zeitschrift f. Chir. Bd. 183. 8 Münch. med. Wochenschr. 1924. 9 Urologenkongreß 1924. Klin. Wochenschrift 1925.

auf den Körper, ähnlich wie wir es oben von dem Aderlaß gesehen haben.

Nun hat man die Dekapsulation der Nieren nicht nur zur Behandlung der akuten Anurie, sondern auch zur Behandlung der chronischen Nephritis empfohlen (EDEBOHL[1], GUITERAS[2], GENTIL[2], KÜMMELL[3], GELPKE[4], BAUM[5] u. a.). Die Vorstellung, von der EDEBOHL ausging, war, daß sich nach der Dekapsulation ein reichlicher Kollateralkreislauf ausbilden würde, der die „Toxine" und andere für die Nieren schädlichen Stoffe entfernen könnte. Die so erzielte bessere Durchblutung sollte weiterhin zu einer Ausheilung der Entzündung beitragen. In einer unverhältnismäßig großen Zahl von Arbeiten haben die verschiedensten Autoren experimentell festzustellen versucht, ob sich nach der Dekapsulation tatsächlich ein Kollateralkreislauf von der Rinde der Niere her ausbildet (THELEMANN[6], TUFFIER, EHRHARDT[7], ZADYIER[8], MARTINI[9], MÜLLER[10], ASAKURA[11], STURSBERG[12], HERXHEIMER und HALL[13], BAKES[14], PARLAVECCHIO[15], OMI[16], LIEK[17], FLÖRCKEN[18], GIRGOLOFF[19], ISOBE[20], SCHNIPFEL und ZONDEK[21], KATZENSTEIN[22] u. v. a.). Die Ausdehnung dieses Kollateralkreislaufes wurde entweder an Injektionspräparaten (zum Teil mit Röntgenaufnahmen) beurteilt oder danach, ob die Dekapsulation in der Lage ist, die Zirkulationsstörungen, die eintreten, wenn man die Arteria oder Vena renalis unterbindet, ganz oder teilweise zu verhüten. In einem Teil der Fälle wurde, um die Ausbildung des Kollateralkreislaufes zu verbessern, die Niere mit Netz eingehüllt (BAKES). Es ergab sich, daß sich nach der Dekapsulation sehr rasch wieder eine neue Kapsel ausbildet, und zwar wohl ausgehend von den durchrissenen Gefäßen. Ein gewisser, allerdings nur oberflächlicher Kollateralkreislauf scheint bei Netzumhüllung einzutreten. Daß dieser aber so reichlich wird, daß man die Art. renalis unterbinden kann, ohne daß wie sonst eine Totalnekrose der Niere eintritt, wie

1 Med. News 1899 u. Med. Record 1901. Journ. of the Americ. Med. Assoc. 1907 u. 1909. 2 Zit. nach RUGE, Ergebn. d. Chir. Bd. VI. 3 Münchener med. Wochenschrift 1908. S. 587. 4 Korresp.-Bl. f. Schw. Ärzte 1904. 5 Münchener med. Wochenschrift 1908. Nr. 36. 6 Deutsche med. Wochenschrift 1902. 7 Grenzgebiete 13. 8 Grenzgebiete 14 u. 15. 9 Arch. f. klin. Chir. 78. 10 Arch. f. klin. Chir. 82. 11 Grenzgebiete 1903. Bd. 12. 12 Grenzgebiete 1903. Bd. 12. 13 VIRCH. Arch. Bd. 179. 1905. 14 Zentralbl. f. Chir. 1904. 15 Le nuove conquiste della Chirurgia Renale. Palermo 1906. 16 BRUNS' Beiträge Bd. 53. 1907. 17 Deutsche Zeitschrift f. Chir. Bd. 93. u. Arch. f. klin. Chir. Bd. 106. 18 Deutsche Zeitschrift f. Chir. Bd. 95. 19 Zentralbl. f. Gynäkol. 1907. 20 Mitteil. a. d. Grenzgebieten Bd. 24 u. 25. 1912. 21 Mitt. aus d. Grenzgeb. III. Suppl. Bd. 23. S. 239. 1902. 22 Zeitschrift f. exp. Pathol. u. Therapie Bd. 9. 1911.

einzelne Autoren (PARLAVECCHIO, ISOBE, KATZENSTEIN) angeben, hat seinen Grund in einem Versuchsfehler. Es sind nämlich beim Hund, wie LIEK gezeigt hat, normalerweise so viele Kollateralen und Nebenäste vorhanden, daß man auch ohne Dekapsulation die Art. renalis unterbinden kann. Die Annahme, daß eine Verbesserung der Zirkulation nach der Dekapsulation durch Kollateralen einträte, ist danach durchaus hypothetisch; handelt es sich doch im wesentlichen um einen Vernarbungsprozeß an der Oberfläche der Niere, wenn die Kapsel entfernt worden ist (vgl. ZONDEK[1]). Die Versuchsergebnisse von V. HOFFMANN[2], wonach die Veränderungen bei Sublimat- und anderen Vergiftungen auf der dekapsulierten Seite geringgradiger sein sollen, konnten KELLER u. ROST[3] nicht bestätigen.

Klinisch sieht man gelegentlich einen günstigen Einfluß der Dekapsulation bei Nierenblutung (vgl. KLEMPERER[4], VOLHARD[5]) nephritischer Entstehungsursache und bei Nierenschmerzen (vgl. auch ROSENTHAL[6]). Im übrigen lehnt die Mehrzahl der Chirurgen die Operation ab (vgl. ROVSING[7], ISRAEL, WEHNER[8] u. a., im Gegensatz dazu KÜMMELL[9]).

Für die Gefäßversorgung der Nieren geht aus den Versuchen über Dekapsulation hervor, daß die **Art. renalis** keine Endarterie ist, sondern daß bei verschiedenen Tieren Nebenversorgungen und Kollateralen vorhanden sind. Beim Hunde führt selbst doppelseitige Unterbindung der Art. renalis nicht zum Tode. Beim Eintritt in die Niere teilt sich die Arteria renalis in einen vorderen und hinteren Ast, die Trennungsebene dieser beiden Gefäße liegt nicht im Sektionsschnitt, sondern einen halben Zentimeter dahinter (ZONDEK[10]). Im übrigen verweise ich bezüglich der Gefäßversorgung der Nieren auf ALBARRAN[11]. Daß die Niere eine Zeitlang die völlige Unterbrechung ihres Blutkreislaufs verträgt, zeigen die Transplantationsversuche (vgl. BORST und ENDERLEN[12], LOBENHOFFER l. c.) und zwar wird eine solche Abklemmung, ohne klinische Erscheinungen zu machen (CARREL, CLIRIÉ, MEYER, MOREL, VERLICAE[13], HÜBNER[14]) 10—30 Minuten vertragen. Daß gleichwohl auch kürzer dauernde Abklemmung der Nierengefäße zu einer Eiweißaus-

---

1 Mitteil. a. d. Grenzgebieten III. Suppl.-Bd. S. 239. 2 Arch. f. klin. Chir. 120. 1922 u. BRUNS' Beitr. Bd. 21. 3 Zeitschr. f. urol. Chir. 1925. 4 Therapie d. Gegenwart 1901. 5 Klin. Wochenschr. 1925. 6 Zeitschr. f. Urol. Bd. 18. 1924. 7 Zentralbl. f. Chir. 1904. 8 Zeitschr. f. urol. Chir. Bd. XII. 9 Deutscher Urologenkongreß 1924. Zeitschr. f. urol. Chir. Bd. 17. 1925. 10 Chirurgenkongreß 1899. 11 Oper. Chir. der Harnwege, übers. von GRUNERT. 1910. 12 Deutsche Zeitschrift f. Chir. Bd. 99. 13 Compt. rend. Soc. Biol. Bd. 75. 1913. 14 Archiv f. klin. Chir. 132.

scheidung führen kann, wird durch das Auftreten von Eiweiß nach Palpation der Nieren bewiesen (SCHREIBER). Es kann diese Albuminurie ein wichtiges diagnostisches Hilfsmittel sein, wenn man sich nicht klar darüber ist, wovon ein palpierter Tumor ausgeht (MENGE[1]). COHN[2] hat diese Dinge auch experimentell studiert und BUNGE[3] hält es für wichtig, bei der Lagerung der Kranken auf dem Operationstisch darauf zu achten, daß die Niere nicht gedrückt wird.

Die **Unterbindung der Nierenvenen,** die neuerdings von RITTER[4] zur Behandlung doppelseitiger Nierentuberkulose vorgeschlagen worden ist, führt nicht zur Nekrose der Niere, sondern zu einer mächtigen und dauernden Hyperämie. Tierversuche über die Folgen der Venenunterbindung stammen von BUCHWALD und LITTEN[5] sowie WEISSGERBER und PERLS[6]. Es kommt zu kleinen Blutungen ins Nierenparenchym, und allmählich setzt eine Schrumpfung des ganzen Organes und eine Hypertrophie der anderen Niere ein; die Funktion der Niere bleibt trotz Unterbindung der Vene dauernd erhalten. Bei den Nierenvenen sind also Kollateralen, wenn auch in beschränkter Anzahl, vorhanden. Ob allerdings diese Unterbindung der Venen einen heilenden Einfluß auf eine Nierentuberkulose ausüben kann, muß erst durch weitere Erfahrungen gezeigt werden. Der Vergleich mit der günstigen Einwirkung eines schrumpfenden Prozesses in der Lunge bei der Behandlung der Lungentuberkulose ist nicht ohne weiteres möglich. Daß die Unterbindung der Nierenvenen kein ganz ungefährlicher Eingriff ist, zeigen die Versuche von ISOBE[7], der sämtliche Tiere, denen er die Vene unterbunden und die andere Niere entfernt hatte, verlor.

Man hat sich nun vielfach die Frage vorgelegt, ob Erkrankung oder **Schädigung der einen Niere nachteilig auf die Funktion der anderen einwirkt,** also ob Beziehungen zwischen den beiden Nieren, etwa wie zwischen den beiden Augen, bestehen.

ISOBE[8] unterband, um das zu entscheiden, die Gefäße der einen Niere, und zwar entweder nur die Vene allein oder Arterie und Vene und untersuchte dann die andere Niere einige Wochen nach dieser Operation. Er konnte dann bei schwereren Schädigungen einer Niere stets auch Veränderungen parenchymatöser Art in der anderen Niere nachweisen und führt diese Veränderungen auf die Re-

---

1 Münchener med. Wochenschrift 1900. 2 Zeitschrift f. Urol. 1912. S. 430. 3 BRUNS' Beitr. 115. 1919. 4 Chirurgenkongreß 1912. 5 VIRCH. Arch. Bd. 64. 1876. 6 Arch. f. exp. Path. u. Pharmak. Bd. VI. 1876. 7 Grenzgebiete 25. 8 Mitteil. a. d. Grenzgebieten Bd. 26. 1913.

sorption der Zerfallsprodukte, die die geschädigte Niere bildet (Nephrolysine), zurück (vgl. auch CASTAIGNE und RUTHÉRY, ALBU und POSNER[1]). HEYDE[2] verlagerte bei Kaninchen beide Nieren unter die Rückenhaut. Während nun die Exstirpation der einen Niere anstandslos vertragen wurde, starb das Tier mit Oligurie, wenn die eine der verlagerten Nieren gequetscht wurde. FIORI[3] berichtet über Versuche, bei denen Unterbindung des einen Ureters die andere Niere schädigte. Auch WALTHARD[4], der diese Frage zuletzt ausführlich bearbeitet hat, fand, daß bei aseptischer Resorption von zerfallendem Nierengewebe, die andere Niere fast immer Schädigungen zeigte, die allerdings meist nach Tagen oder Wochen zurückgingen. Klinisch kennt man Fälle, wo bei einseitiger Nierentuberkulose auch die andere Niere Eiweißausscheidet, und diese Ausscheidung von Eiweiß aufhört, sobald die tuberkulöse Niere entfernt wird (KÜMMELL u. a.). MEAUGEDIS[5] berichtet Ähnliches von Steinerkrankung der einen Niere.

Wieweit es sich bei all diesen Versuchen und Beobachtungen um „spezifische“ Wechselbeziehungen der beiden Nieren handelt, ist nicht sicher. Die Nieren antworten ja bekanntlich auf alle möglichen Erkrankungen oder Schädigungen des Körpers mit „nephritischen“ Symptomen, und es ist nicht wunderbar, daß bei Ausfall oder starker Beeinträchtigung der einen Niere die bleibende in um so höherem Grade geschädigt wird. Eine erhöhte Empfindlichkeit der Niere gegen Schädigungen, die ihr Schwesterorgan treffen, ist deshalb aus den beschriebenen Versuchen noch nicht abzuleiten, wenn auch der Hinweis, daß bei einseitiger Nierenerkrankung die andere Niere gleichfalls stark gefährdet ist, seine praktische Bedeutung hat.

Die Nieren haben unter normalen Verhältnissen beim Menschen eine außerordentlich geschützte Lage, so daß die Erklärung, wie es eigentlich zu einer stumpfen **Verletzung** dieses Organes kommen kann, einige Schwierigkeiten bereitet. Beim Kaninchen gelingt es, wie die Versuche von MAAS[6] gezeigt haben, leicht, die Niere mit den Fingern vom Bauch und Rücken her zu umfassen und zu zerdrücken. Ein ähnlicher Mechanismus kann aber für den Menschen nicht angenommen werden. Denn bei dem Abstand von Bauchwand zu Rückenwand und der Straffheit der Bauchdecken müßte die Gewalteinwirkung, die in der geschilderten Art die Niere zermalmen soll, eine so gewaltige sein, daß Darmschädigungen

---

1 Zit. nach RUGE, Ergebn. d. Chir. Bd. VI. S. 582. 2 Chirurgenkongreß 1912. 3 Policlinico 1901, 1903, 1904. 4 Zeitschr. f. urol. Chir. Bd. 15. 1924. 5 Diss. Paris 1908. 6 Deutsche Zeitschrift f. Chir. Bd. 10. 1878.

unvermeidlich wären. Fernerhin ließe sich, worauf Küster[1] hinweist, die Art der Nierenrisse, die gewöhnlich diagonal bis in das Nierenbecken hinein verlaufen, nicht als Folge einer direkten Zermalmung erklären, sondern sie müssen Folgen einer hydraulischen Pressung sein. Wenn man bei der Leiche nach Unterbindung der Nierenvenen von der Arterie aus die Niere mit Wasser füllt und dann einen Schlag gegen sie führt, so bekommt man genau dieselben Formen der Nierenrisse, die man klinisch beobachtet. Der Schlag wird durch die beweglichen letzten Rippen besonders wirkungsvoll unterstützt. Ali Krogius[2] macht darauf aufmerksam, daß bei allen Organen der Riß in der Richtung der Meridiane verlaufen muß, die man sich zwischen den beiden Druckpolen gezogen denken kann. Die unmittelbare Folge einer solchen Nierenverletzung ist einmal die Blutung, dann das Versagen der Nierentätigkeit, die Anurie. Bei der betroffenen Niere selbst ist es wohl die Gefäßschädigung, die zu der Anurie führt; aber auch die andere, nicht verletzte Niere versagt manchmal reflektorisch.

Die Heilung der Nierenwunden aller Art ist vielfach experimentell und beim Menschen studiert worden (Maas[3], Tillmanns[4], Kümmell[5], Barth[6], Wolff[7], Langemak[8], Braatz[9], Hermann[10], v. Haberer[11] u. a.). Es handelt sich einmal darum, festzustellen, wie Nierenwunden im allgemeinen heilen, was für histologische Vorgänge dabei zu beobachten sind, und zweitens, ob eine echte Regeneration der drüsigen Elemente erfolgt. Weiterhin suchten die Autoren zu entscheiden, wie viel Nierensubstanz entfernt werden könne, ohne das Leben des Tieres zu vernichten.

Die Versuche ergaben, daß die Niere eine sehr gute Heilungsneigung hat. Wie bei jeder Wunde, so treten auch bei der Niere anfänglich Nekrosen des der Schnittfläche anliegenden Gewebes auf, und zwar zerfallen besonders schnell die Tubuli contorti, während die Glomeruli länger erhalten bleiben. Die Wunde füllt sich mit Serum und Fibrin, das schon nach wenigen Tagen organisiert wird (Barth[12]). Die durchschnittenen Epithelschläuche wuchern, aber nicht in der Weise, daß daraus nun funktionstüchtige Drüsengänge würden, sondern das Wachstum hat etwas

---

1 Deutsche Chir. Lief. 52 b. S. 184 ff. 2 Acta chirurg. Skandin. 52. 1920. S. 299. 3 Deutsche Zeitschrift f. Chir. Bd. 10. 1878. 4 Virch. Arch. Bd. 78. 1879. 5 Naturforscherversammlung Bremen 1890. 6 Chirurgenkongreß 1892. 7 Die Nierenresektion u. ihre Folgen. Berlin 1900. 8 Deutsche Zeitschrift f. Chir. Bd 66. 1903. 9 Deutsche med. Wochenschrift 1900. 10 Deutsche Zeitschrift f. Chir. Bd. 73. 11 Grenzgebiete 17. 1902. 12 Habilitationsschrift Berlin 1892.

Ungeregeltes, so daß die Drüsengänge zu soliden, mit Epithelzellen gefüllten Sprossen werden und man einige Zeit nach einer Nephrotomie nur noch eine ganz schmale Narbe findet (SIMMONDS[1], WILDBOLTZ[2]). Allerdings kommt es etwas auf die Schnittrichtung an. Nach LANGEMAK[3] und HERMANN[4] bekommt man stärkere Schädigungen nach Längsschnitt durch die Niere als durch einen Querschnitt, was mit der Gefäßverteilung zusammenhängt (SIMON[5], ZONDEK[6]).

Ist die eine Niere operativ entfernt, so vergrößert sich die zurückgebliebene, ebenso vergrößert sich der übrig gebliebene Nierenrest, wenn ein Teil der Niere durch Verwundung zerstört ist. Diese Vergrößerung ist, wie durch die Untersuchungen von BARTH und WOLF jetzt wohl sichergestellt ist, eine Hypertrophie des übrig gebliebenen Nierengewebes, keine Neubildung von Nierensubstanz. Eine Neubildung von funktionierendem Nierengewebe findet nicht statt, vor allen Dingen auch keine Neubildung von Glomerulis, was früher behauptet worden ist. Über die histologischen Veränderungen der zurückgebliebenen Niere bei einseitiger Nephrektomie berichtet ENDERLEN auf Grund von Tierversuchen. Die Funktion der nach solchen experimentell-operativen Eingriffen übrigbleibenden Nierenreste hängt im allgemeinen nicht einfach von der Ausdehnung der Nierenresektion ab; es kann nach Entfernung der einen Niere ein Nierenrest der ein Fünftel bis ein Drittel des Anfangsgewichtes beträgt, genügen, ohne daß mit den gewöhnlichen Methoden ein Funktionsausfall nachzuweisen wäre; hingegen kommt es vor, daß die Tiere urämisch zugrunde gehen, wenn viel weniger Nierensubstanz, aber in kurzen Zeitabständen, entfernt worden ist (v. HABERER). Gleichwohl sind Tiere, denen eine Niere entfernt worden ist, gegen bestimmte Gifte empfindlicher als wie normale (WILDBOLZ[7]). Über Fälle, wo bei Menschen die eine Niere ganz, die andere teilweise operativ entfernt worden war, berichtet PETERS[8]. Als erstes Zeichen der ungenügenden Leistung des verbliebenen Nierenrestes ist die oben besprochene Polyurie sowie eine erhöhte Durchlässigkeit für Karmin (WOSSIDLO[9]) anzusehen. Allmählich erst folgt wieder eine Abdichtung.

Pathologisch-physiologisch noch interessanter als diese schweren traumatischen Schädigungen der Niere sind die Störungen, die man

1 Deutsche Zeitschrift f. Chir. Bd. 41. 2 Deutsche Zeitschrift f. Chir. Bd. 81. 3 BRUNS' Beiträge Bd. 35. 1902. 4 Deutsche Zeitschrift f. Chir. Bd. 73. BRUNS' Beiträge Bd. 59. 5 Münchener med. Wochenschrift 1903. S. 271. 6 Chirurgenkongreß 1899. 7 Fol. urol. 1912. 8 BRUNS' Beitr. z. klin. Chir. Bd. 129. 1923. 9 Beriner klin. Wochenschrift 1914. S. 467.

vielfach als Folge eines ganz leichten „Traumas" auffaßt und mit dem Namen **orthotische Albuminurie** belegt hat (LEUBE[1], FÜRBRINGER[2]). Wir verstehen darunter ein Krankheitsbild, bei dem wir periodisch, ohne daß der Patient eigentlich etwas davon merkt, ziemlich beträchtliche Mengen Eiweiß im Urin nachweisen können. Gewöhnlich ist dieser Ausscheidung von Eiweiß irgendeine körperliche Anstrengung vorausgegangen, doch genügt oft schon ein Verlassen des Bettes, damit Eiweiß auftritt. Im Liegen verschwindet das Eiweiß wieder rasch aus dem Urin. Nun haben die Untersuchungen von POSNER[3], SENATOR[4] u. a. gezeigt, daß erstens einmal im Harn jedes normalen Menschen mit besonders empfindlichen Proben kleine Mengen Eiweiß nachweisbar sind, und daß zweitens auch beim normalen Menschen diese Eiweißmenge größer wird, wenn man irgendwelche besonderen körperlichen Leistungen vollbringt. Dann kann das Eiweiß auch mit der gewöhnlichen Kochmethode nachgewiesen werden. Solche Untersuchungen sind bei allen möglichen Sportsleistungen angestellt worden. Die Eiweißausscheidung beim Gesunden erreicht aber niemals die Grade wie bei der sogenannten orthotischen Albuminurie, und bei dieser tritt andererseits Eiweiß bei körperlichen „Anstrengungen" auf, die eigentlich, wie das einfache Verlassen des Bettes, diesen Namen nicht mehr verdienen. Wir werden also bei solchen Menschen eine besondere Minderwertigkeit der Nieren annehmen müssen, eine besonders hochgradige Durchlässigkeit für Eiweiß. Das kann ein vorübergehender Zustand sein, der nur im Pubertätsalter vorhanden ist und später wieder verschwindet. Außer der Albuminurie zeigen solche Patienten auch Zylindrurie, sowie Verminderung der Urinmenge, wenn Eiweiß im Urin auftritt; dazu kommen noch gewisse Störungen in der chemischen Zusammensetzung des Urins.

Die äußeren Veranlassungen zum Auftreten von Eiweiß bei orthotischer Albuminurie sind von JEHLE[5], FISCHL[6] u. v. a. sehr sorgfältig studiert worden. Es lag da eine große Menge interessanten Tatsachenmaterials vor, das sich nicht recht in Einklang bringen ließ, so z. B., daß solche Patienten bei der recht beträchtlichen Anstrengung einer Hochtour kein oder nur wenig Eiweiß zeigten, während es bei sehr viel geringgradigeren Anstrengungen wieder auftrat. Hier konnte nicht der Grad, sondern nur die Art der körperlichen Leistung für das Auftreten

1 VIRCH. Arch. Bd. 72. 2 Zeitschrift. f. klin. Med. Bd. I. 3 VIRCH. Arch. Bd. 106. 4 Deutsche med. Wochenschrift 1904. S. 1833. u. Die Albuminurie I. Aufl. 1888. 5 Ergebn. d. inneren Med. Bd. 12. 1913 (hier Lit.). 6 Zeitschrift f. exp. Path. u. Therapie Bd. 7.

von Eiweiß verantwortlich gemacht werden. Und diese Besonderheit in der Art der körperlichen Leistung liegt nach JEHLE darin, daß die Patienten bei allen den Beschäftigungen eine Eiweißausscheidung zeigen, bei denen sie ihre Lendenwirbelsäule stark lordotisch verbiegen („lordotische Albuminurie"). Die Lordose begünstigt die Eiweißausscheidung, sie ist aber nie die alleinige Ursache der Eiweißausscheidung. Denn es gibt jugendliche Patienten mit ganz hochgradiger Lordose, z. B. bei juveniler Muskelatrophie, die keine pathologische Eiweißausscheidung haben (BAUER [1]). Die Lordose bei orthotischer Albuminurie ist wohl mit JEHLE als Zeichen einer gewissen Gewebsschwäche aufzufassen. Sie wirkt, wie man gegenwärtig glaubt, dadurch auf die Niere, daß Zirkulationsstörungen ausgelöst werden; ob nebenbei noch andere Dinge eine Rolle spielen, ist unklar. Jedenfalls aber kann man, wenn die Lordose durch ein Korsett beseitigt wird, beobachten, wie die Eiweißausscheidung auch beim Stehen verschwindet.

Wohl auch zu den leichten traumatischen Schädigungen der Niere gehören die **Massenblutungen** in das Nierenlager [2] (WUNDERLICH). Man darf allerdings nicht an eine Verletzung im Sinne und in der Art eines Schlages denken. Aber es scheint, daß die Nierenkapsel bei Stauungszuständen in der Nierenvene leichter blutet, als die Niere selbst, wenigstens bekam RICKER [3] in seinen Tierversuchen nach Unterbindung der Nierenvenen eine Blutung im Bereich der Kapsel, während in der Niere selbst solche Blutaustritte seltener zu beobachten waren. Man kann sich mit RICKER gut vorstellen, daß die plötzliche Füllung eines hydronephrotischen Sackes oder Lageveränderungen der Niere, wie bei Wanderniere, eine Stauung in der Nierenvene bedingen. Aber diese Blutstauung genügt zur Erklärung des Krankheitsbildes nicht; dazu sind die Blutungen im Experiment selbst bei Unterbindung der Nierenvene zu gering. Es muß also noch etwas hinzukommen, was die Durchlässigkeit oder erhöhte Blutungsneigung der Gefäße erklärt. Es scheinen nun nach dem vorliegenden Material diese Massenblutungen in das Nierenlager meist bei chronisch entzündlich veränderten Nieren aufgetreten zu sein. Möglicherweise wird dadurch die erhöhte Blutungsneigung er-

1 Konstitutionelle Disposition zu inneren Krankheiten 1918. Verlag von Springer. 2 WUNDERLICH, Pathologie u. Therapie Bd. 3. 1856, ferner HILDEBRAND, Deutsche Zeitschrift f. Chir. Bd. 40, DOLL, Münchener med. Wochenschrift 1907, COENEN. BRUNS' Beiträge Bd. 70. 1910, KOCH, Deutsche Zeitschrift f. Chir. 118. 1912, SEIDEL, Chirurgenkongreß 1912, LAEWEN, Deutsche Zeitschrift f. Chir. Bd. 113, BAGGERD, BRUNS' Beiträge Bd. 91, LENK, Deutsche Zeitschrift f. Chir. Bd. 102. 3 ZIEGL. Beitr. Bd. 50. 1911

klärt. Wir begegnen aber bei der Frage nach der Ursache dieser Massenblutung in das Nierenlager immer der Schwierigkeit, daß fast nie festgestellt werden kann, ob die Blutung aus der Niere selbst oder aus einem anderen Gefäß stammt. Gelegentlich sieht man allerdings ein geplatztes kleines Aneurysma in der Rinde der Niere (eigene Beobachtung). Bei der Größe und Plötzlichkeit der Blutung eine kapillare Blutung anzunehmen, hat etwas Unbefriedigendes. KOCH[1] hat einen interessanten Fall von Massenblutung ins Nierenlager mitgeteilt, bei der als Quelle der Blutung die ganz zerstörte Nebenniere angesprochen werden mußte. Ein Trauma war nicht nachweisbar. Man wird durch diesen Fall an die Nebennierenblutungen Neugeborener erinnert, deren Entstehungsursache ja auch nicht restlos geklärt ist (SIMMONDS[2], MATERNA[3] u. a.), und wird darauf zu achten haben, ob die Massenblutungen in das Nierenlager häufiger aus der Nebenniere stammen.

Die **Fixation der Niere** ist normalerweise keine starre. Wenn auch die bindegewebige Verdickung, die man als Fascia renalis zu bezeichnen pflegt, die Nieren nach Ansicht der Anatomen wesentlich hält, so sind wohl nicht diese einzelnen Haltebänder, sondern die Stütze, die die verschiedenen Gewebe im Körper sich gegenseitig geben, das Ausschlaggebende bei der Fixation der Niere.

Die Gewebsspannung und ihre Änderung ist für die Lage, die die Bauchorgane einnehmen, verantwortlich zu machen. Sich von der Bedeutung dieser Gewebsspannung und Gewebsdichte zu überzeugen, hat niemand mehr Gelegenheit als der Chirurge, der ihr täglich bei seinen Operationen begegnet und mit ihr rechnet. Schon der Anfänger kennt die „schlechte" Faszie bei den Bruchoperationen, für die es keine Erklärung im lokalen Befunde gibt, sondern die sich nur aus dem vorläufig noch etwas verschwommenen Begriffe der allgemeinen Körperbeschaffenheit ableiten läßt.

Wir sind auf diese Dinge ja schon gelegentlich der Besprechung der Enteroptose eingegangen und haben dort die Beziehung der Eingeweidesenkung zur Körperform (Habitus asthenicus, STILLER) besprochen. Es ist daran festzuhalten, daß die Nierensenkung fast stets Teilerscheinung einer allgemeinen Enteroptose ist. Es können allerdings die Beschwerden von seiten der Niere so im Vordergrunde stehen, daß die Senkung der anderen Eingeweide ganz übersehen wird. Diese besondere Körperbeschaffenheit braucht durchaus nicht immer eine angeborene zu sein. Plötzliche Abmagerung (LANDAU[4]), Schwangerschaft usw. können, wie das oben bei der Besprechung der maternen Enteroptose ausgeführt wurde,

---

1 Deutsche Zeitschrift f. Chir. 118. 1912. 2 Münchn. med. Wochenschrift 1902. 3 ZIEGLERS Beitr. 1910. 4 Die Wanderniere der Frau. Berlin 1881.

genau so die „Disposition“ zur Wanderniere abgeben, zumal wenn gewisse mechanische Einwirkungen hinzukommen (KÜSTER[1]). So wird neuerdings aus Rußland (FEDOROFF[2]) über „Massennephroptose“ infolge der Hungersnot berichtet.

Es drängen sich allerdings bei den Veränderungen in der Lage der Niere die mechanischen Momente, die an dem Organ selbst angreifen, deshalb so auf, weil, worauf KÜSTER ganz besonders hinweist, Wanderniere erstens hauptsächlich bei Frauen und zweitens hauptsächlich auf der rechten Seite vorkommt.

Von solchen „mechanischen Einwirkungen“ auf die Niere sind zunächst direkte Verletzungen der Nierengegend zu nennen. Weiterhin kommen Schädigungen in Frage, die, wie das Reiten im Damensitz, mehr chronische Verletzungen der Nierengegend darstellen; hierher ist besonders auch das Schnüren gerechnet worden und zwar wird, wie die Versuche von v. FISCHER-BENZON[3] (HELLER) gezeigt haben, durch ein solches, um den Leib gelegtes Band die rechte Niere deshalb seitlich verschoben weil sich der Schnürdruck der Leber auf sie fortpflanzt. Die viel zitierten anatomischen Untersuchungen von WOLKOFF und DELITZIN[4] geben gewisse Anhaltspunkte dafür, warum die rechte Niere sich häufiger senkt als die linke, und warum Wanderniere beim Mann seltener vorkommt als bei der Frau. Die Forscher konnten an Gipsabgüssen die Nierenlager als Nischen darstellen und zeigen, daß diese Nische bei Männern tief und trichterförmig, bei Frauen mehr flach und zylindrisch ist, und daß diese Abflachung bei Wanderniere noch zunimmt. Ferner fanden sie diese Nische rechts flacher als links.

Die Indikationsstellung zu operativen Eingriffen, zur Hebung und Fixation der gesenkten Niere hängt bisher noch etwas sehr vom Temperament des betreffenden Chirurgen ab. Das drückt sich darin aus, daß einzelne vielbeschäftigte Kliniker jahrelang keine Wanderniere fixieren, während andere in der gleichen Zeit an die Hunderte operieren zu müssen glauben. Dieser Unterschied beweist, daß die ganze Frage noch nicht geklärt ist. Die Tatsache, daß in letzter Zeit bei Wanderniere nicht mehr so viel operiert wird, zeigt, daß die Erfolge doch wohl nicht so glänzende waren, mit anderen Worten, man hat erkannt, daß ein großer Teil der Beschwerden, die man auf die Wanderniere bezogen hatte (wie die Kreuzschmerzen usw.) mit der Verlagerung der Niere nichts zu tun haben, sondern der Ausdruck sind für die besondere, oder, wenn man so will, allgemeine nervöse Beschaffenheit solcher Personen.

---

1 Deutsche Chirurgie Lief. 52b. S. 132; vgl. ferner SUTER in MOHR-STÄHELIN, Handbuch d. inneren Med. II. S. 1754, KÜMMELL in Handbuch d. prakt. Chirurgie Bd. IV. 2 Verhandlungen d. 6. Konf. d. wissensch. med. Ges. St. Petersburg 1921. Ref. Zentralbl. f. Chirurg. Bd. XIII. S. 472. 1921. 3 Dissert. Kiel 1882. 4 Die Wanderniere. Berlin 1899.

Nun gibt es aber bei Wanderniere plötzlich auftretende, sehr heftige Schmerzanfälle, die mit schwerem Kollaps, Auftreibung des Leibes, Bauchdeckenspannung, kurz allen Erscheinungen einer Nierenkolik einhergehen. Man spricht hier seit DIETL[1] von einer **Niereneinklemmung**, obgleich es sehr fraglich ist, ob die Fälle, die DIETL gesehen hat, nicht akute Cholezystitiden waren. Aber zweifellos gibt es solche von der Niere abhängigen Schmerzanfälle. Ihre Erklärung ist vorläufig noch unsicher, und ist vielleicht nicht einheitlich zu geben. Es liegen bisher operative, im akuten Anfall gewonnene Erfahrungen so gut wie nicht vor. Nur BORZÉKY[2] berichtet über eine Stieldrehung bei Wanderniere. Hier war der Schmerzanfall also durch die Zirkulationsstörung ausgelöst, und das ist ja eine Hypothese, die seit LANDAU (l. c.) eine große Rolle bei der Erklärung der „Niereneinklemmung" spielt. Es soll plötzlich eine Knickung am Nierenstiel eintreten, die besonders den venösen Abfluß stört. Die Folge davon sei die Schwellung der Niere, die man im Anfall fühlen könne. Als Folge derartiger Zirkulationsstörungen faßt man auch die Atrophie und Schrumpfung der Niere auf, die man bei der Sektion an Patienten mit alter Wanderniere gelegentlich findet. Andere Beobachter (GARRÈ-ECKHARDT[3], RIEDEL[4]) glauben, daß die Schmerzen als hydronephrotische zu deuten sind. Wir werden auf die Hydronephrose als Folge einer Wanderniere noch zu sprechen kommen.

Das die Nieren umgebende Gewebe hat reichliche, aus dem lumbalen Rückenmark stammende Nerven, so daß jede Zerrung und Lageveränderung der Niere oder Dehnung des Nierenbeckens sehr schmerzhaft sein muß (WILMS[5], ISRAEL). RIEDEL konnte ferner bei Wanderniere ausgedehnte Verwachsungen nachweisen, die er nur bei der Laparotomie zu Gesicht bekam, und HAMMESFAHR[6] hat Nierenschmerzen nach Schußverletzungen beschrieben, wobei er als Ursache nur Narben fand, nach deren Beseitigung die Nierenschmerzen verschwanden. Wie man sich bei all diesen Veränderungen das Zustandekommen des Schmerzanfalls zu denken hat, und warum in dem einen Fall Schmerzen vorhanden sind, in dem anderen nicht, entzieht sich vorläufig noch der Beurteilung. Da wir solche Schmerzanfälle auch bei Nephritis (HEYMANN[7]) kennen, und nephritisch veränderte Nieren als „Wandernieren" oft gefunden werden, liegt die Ursache des Schmerzes möglicherweise

1 Wiener med. Wochenschrift 1864. 2 Chirurgenkongreß-Zentralbl. IV. S. 323. 3 Nierenchirurgie 1907. 4 Deutsche med. Wochenschrift 1907. 41/42. 5 Münchener med. Wochenschrift 1904. 6 Zeitschrift f. urol. Chir. 7 Zeitschrift f. Urol. Bd. 15. 1921.

in der Niere selbst. Auch hier sind die näheren Verhältnisse unbekannt. Daß sich aus einer Wanderniere eine Nephritis allmählich entwickeln kann, wird vielfach angenommen. Man stellt sich die Sache so vor: Bei leichtem Trauma (Palpation), das die Niere trifft, kommt es schon zur Eiweißausscheidung (s. oben); bei Wanderniere wiederholt sich gewissermaßen ein solches Trauma unendlich oft; das führt schließlich zu organischen Veränderungen in der Niere selbst. Wir müßten dann aber eine einseitige chronische, parenchymatöse Nephritis bekommen, und das ist bisher nicht sicher beobachtet worden.

Ein großer Teil der bei Wanderniere akut auftretenden Schmerzanfälle ist wohl auf Harnstauung im Nierenbecken zu beziehen. Durch die Nierensenkung wird der Ureter an seiner Austrittsstelle aus dem Nierenbecken abgeknickt. Wiederholt sich die Abknickung häufiger, so bekommt man allmählich eine Erweiterung des Nierenbeckens, eine **Hydronephrose.** Durch die Versuche von TUFFIER[1] sowie HILDEBRAND und HAGA[2] sind diese Veränderungen auch im Tierversuch geprüft worden. Beide bekamen durch künstliche Erzeugung von Wanderniere und Knickung des Ureters eine Hydronephrose. Wie weit Innervationsstörungen am Nierenbecken zu Hydronephrose führen, ist noch nicht sicher bekannt. BOEMINGHAUS[3] berichtet nur über Versuche mit negativem Ausfall.

Daß bei der Entstehung einer Hydronephrose im allgemeinen mechanische Momente eine große Rolle spielen, bereitet dem Verständnis keine Schwierigkeiten. Abnormer Gefäßverlauf (v. LICHTENBERG[4]), Niereneinklemmung, Narben oder Steine im Ureter, Gravidität oder Tumoren und vieles andere mehr kommt hier in Frage (MAAS[5]). Es finden sich in der Literatur sehr viele hierher gehörige Fälle (s. bei J. WAGNER[6], KÜSTER, SUTER l. c.). Auch experimentelle Untersuchungen über die Folgen der Ureterunterbindungen liegen in reichlicher Anzahl vor (COHNHEIM, ALBARRAN, STEYRER, FILEHNE und RUSCHHAUPT, ALLARD, SCHWARZ, PFAUNDLER l. c., ferner AUFRECHT[7], POSNER[8], STRAUSS und GERNOUT[9], DUNIN[10], RAUTENBERG[11], PONFICK[12], ENDERLEN[13], v. LICHTENBERG[14] u. a.).

---

1 Annales des maladies des organes génit. urin. 1894. 2 Deutsche Zeitschrift f. Chir. Bd. 49. 3 Deutsche Zeitschr. f. Chir. 179. 1923. 4 Zeitschr. f. Urol. Bd. 18. 5 Deutsche Zeitschr. f. klin. Chir. Bd. X. 6 Fol. urol. 1912. Berl. klin. Wochenschr. 1894. 7 Zentralbl. f. d. med. Wissenschaft 1870 u. 1878. 8 VIRCH. Arch. Bd. 79. 9 Arch de Physiol. 1882. S. 386. 10 VIRCH. Arch. Bd. 93. 11 Mitteil. a. d. Grenzgeb. Bd. 16. 1906. 12 ZIEGL. Beitr. Bd. 49 u. 50. 13 Chirurgenkongreß 1904. 14 Naturhist. med. Verein Heidelberg 1906. Münchener med. Wochenschrift 1906. Nr. 32.

Alle diese mechanischen Hindernisse greifen am Ureter selbst an, von seinem Austritt aus dem Nierenbecken gerechnet. Nun finden wir aber auch eine Hydronephrose bei Prostatahypertrophie, Phimose, Hypospadie usw., kurz in Fällen, wo das Hindernis zunächst die Entleerung der Blase erschwert. Kommt es nun in solchen Fällen zu einem Rückfluß von Urin durch die Ureteren in das Nierenbecken hinein? Hierzu liegen Versuche von GUYON und ALBARRAN[1] und LEVIN und GOLDSCHMIDT[2], sowie klinische Beobachtungen von KAPSAMMER[3], HABERER[4], KRÄCKE[4], VOELKER[4], v. LICHTENBERG[4], BARBEY[4], ROST[5] u. a. vor. Danach ist die schräge Einmündung der Ureteren in die Blase kein sicherer Schutz gegen einen Rückfluß von Urin. Normalerweise öffnet sich das Orifizium des Ureters in Abständen, und zwar wohl unter dem Einfluß der in ihm gelegenen Ganglienzellen. Zieht sich nun z. B. die gefüllte Blase in dem Augenblick, wo sich der Ureter öffnet, zusammen, so kann Urin rückläufig bis in das Nierenbecken dringen. LEVIN und GOLDSCHMIDT sahen solchen Rückfluß von Urin beim Auspressen der Blase. Es ist verständlich, daß bei entzündeter Blase, die sich häufiger und plötzlicher zusammenzieht, die Gelegenheit zum Rückfließen von Urin öfter gegeben sein wird.

Ist also schon die normale Öffnung des Ureters kein absolutes Hindernis gegen den Rückfluß von Urin, so ist es das pathologisch veränderte noch viel weniger. Nach Steindurchtritt, bei Tuberkulose usw. findet man im zystoskopischen Bilde die Ureterenöffnungen weit offen, aber ebenso findet man sie klaffend, wenn das Hindernis mehr peripher sitzt, also z. B. bei Prostatahypertrophie oder dgl. In solchen Fällen muß man sich wohl vorstellen, daß die im Ureterwulst liegenden Ganglienzellen schließlich versagt haben. Steht aber die Ureterenmündung offen, so ist der Rückfluß von Urin ein ungehemmter und Hydronephrose muß die unausbleibliche Folge sein. Man sieht in solchen Fällen nach Einspritzung von Kollargol in die Blase beide Ureteren und Nierenbecken im Röntgenbild mit Kollargol gefüllt (ROST[5]). Es ist deswegen auch sehr wohl möglich, daß bei Blasentuberkulose Tuberkelbazillen in den gesunden Ureter hineingelangen, so daß man beim Ureterenkatheterismus auf der Seite der gesunden Niere Tuberkelbazillen findet (VÖLCKER[6], ANDRÉ et GRANDINEAU[7] u. a.).

Weiterhin wird die Entstehung einer Hydronephrose durch Störungen in der Tätigkeit der Ureteren selbst begünstigt.

1 Arch. de méd. exp. 1899. 2 VIRCH. Arch. Bd. 134. 3 I. Urologenkongreß 1907. 4 Zit. nach Zeitschrift f. urol. Chir. Bd. 1. S. 567. 5 Münchener med. Wochenschrift 1919. 6 Naturhist. med. Verein Heidelberg 1916. 7 Journ. d. urol. Bd. 12. 1921.

Normalerweise laufen über den Ureter in unregelmäßigen Zeitabständen peristaltische Wellen vom Nierenbecken nach der Blase zu (ENGELMANN[1], BOEMINGHAUS[2]) („melkende Funktion der Nierenkelche“ [WESTENHÖFER[3]]). Es sind diese Bewegungen abhängig von einem reich entwickelten, in der Wandung des Ureters gelegenen System von Ganglienzellen, und zwar beteiligen sich an dieser peristaltischen Welle auch die Nierenkelche und das Nierenbecken, wie WASSINK[4] in einer operativ entfernten hydronephrotischen Niere zeigen konnte und wie HÄBLER[5] und ISRAEL[6] im Tierversuch bestätigten. Auch auf elektrische Reizung hin bekommt man eine Zusammenziehung des Nierenbeckens. Wird der Ureter durchschnitten, so gehen, wie die Versuche von AKSNE[7] gezeigt haben, die peristaltischen Wellen immer nur bis zu der Verletzungsstelle; es gelingt deshalb z. B. nicht mit Erfolg, ein Stück aus dem Ureter herauszuschneiden und wieder einzunähen. Die Tiere bekommen alle Hydronephrose (ENDERLEN[8]). Ebenso macht bei Verengerung des Ureters die peristaltische Welle an der verengten Stelle halt und überschreitet sie nur selten. Man hat fernerhin solche Störungen in der Bewegung des Ureters gesehen, wenn man ihn weitgehend operativ von seiner Umgebung gelöst hatte (STEWART und BARBES[9]). Man kann beobachten, daß sich ein solcher von seinen Gefäßen und Nerven abgelöster Ureter nicht mehr bewegt. Die Folge ist eine Hydronephrose und, wenn Bakterien in die Blase gebracht werden, Nierenbeckenvereiterung. Eine solche weitgehende Lösung des Harnleiters wird z. B. ausgeführt, wenn bei vollständiger Blasenentfernung die Ureteren durch die Haut der Lendengegend geleitet werden. Die Folge ist regelmäßig eine Infektion des Nierenbeckens; beim Menschen dauert es etwas länger bis die Infektion eintritt, im Tierexperiment (SCHISCHKO[10]) geht es schneller. Auch bei mancherlei Eingriffen in der Bauchhöhle des Menschen hat man erfahren, wie gefährlich es ist, den Ureter zu weitgehend zu lösen. Andererseits behält der durchschnittene, aber nicht gelöste Ureter z. B. nach Nierenexstirpation seine Bewegungsfähigkeit etwa 2—3 Jahre und verödet dann erst, wie aus den Untersuchungen von LORIN[11] hervorgeht. Nach den Versuchen von AKSNE zeigt der durchschnittene Ureterstumpf auch antiperistaltische Wellen. Das Orifizium bewegt

1 PFLÜGERS Arch. Bd. 2. S. 243. 2 Zeitschr. f. urol. ChirBd. 14. 1923. 3 Berl. klin. Wochenschr. 1914. Nr. 10. Diskusionssbemerkung u. Ztschr. f. Urol. 17. S. 5. 1923. 4 Nederlandsche Tijdschr v. Geneesk. 65. S. 29. 1921. 5 Zeitschr. f. Urol. Bd. 16. 1922, Hft. 4. 6 Ztschr. f. urol. Chir. Bd. 12. 1923. 7 Folia urologica 1908. 8 Mündl. Mitteilg. 9 Ann. of surgery 1914. Nr. 6. 10 Chirurgenkongreß· Zentralbl. IV. S. 179. 11 Ebenda S. 854.

sich, wie man im zystoskopischen Bilde sehen kann, auch nach Durchschneidung des Ureters noch lange Zeit regelmäßig weiter.

Die Tätigkeit der Ureteren kann auch durch eine Entzündung gestört sein. PRIMBS[1] bekam am Ureter des Meerschweinchen Bewegungshemmungen, wenn er Toxin von Bact. coli auf ihn einwirken ließ und nach RUMPEL[2] kommen auch funktionelle Störungen in der Tätigkeit der Harnleiter in Frage.

Wird der Ureter vollständig unterbunden, wie das ja bei Operationen, besonders gynäkologischen, vorkommen kann, so kommt es zu einer Erweiterung des Nierenbeckens und zu einer allmählich zunehmenden Zerstörung des Nierenparenchyms durch den Druck. Nach KONITZER[3] werden durch die Erweiterung des Nierenbeckens die Blutgefäße zusammengedrückt, wodurch das Nierengewebe zugrunde geht. Im Tierversuch ist die Schädigung der Niere bei doppelseitiger Ureterunterbindung eine ganz gewaltige; es kommt zu einem ausgedehnten perirenalen Ödem und Blutungen (HOFFMANN, KELLER und ROST). Gelegentlich kann die Hydronephose ausbleiben und es nur zu einer Atrophie der betreffenden Niere kommen (HORNUNG[4]). Die Glomeruli halten sich am längsten (KAVASOYÉ[5], RAUTENBERG[6]). Wird die Harnstauung wieder beseitigt, so erholt sich das Parenchym langsam und es treten Regenerationserscheinungen auf, die einen beträchtlichen Umfang annehmen und zur Bildung anscheinend völlig normaler Harnkanälchen führen (SCOTT[7]). Dieses regenerierte Gewebe ist aber nicht lebensfähig, sondern geht allmählich wieder zugrunde[8]. Die Atrophie der Nieren ist somit, trotz der Unterbrechung durch die Regeneration, eine fortschreitende, allmählich zum Tode führende. Sie äußert sich klinisch in Albuminurie und Polyurie, die dauernd bestehen bleibt. Über die sich in den Zellen abspielenden Änderungen geben die Versuche von BOETZEL[9] eine Vorstellung, der Kaninchen nach Ureterunterbindung vital färbte und dann auf die Granulaverteilung achtete. Bei den experimentell durchgeführten unvollständigen Verschlüssen des Harnleiters ist die Erweiterung des Nierenbeckens eine geringere. Klinisch hängt der Grad einer Nierenbeckenerweiterung natürlich sehr von der Stärke des Widerstandes ab, den der Urinabfluß findet. Bei geringgradigem Hindernis, z. B. Phimose oder Hypospadie, können Jahrzehnte darüber hingehen, bis Niereninsuffizienz eintritt. Es beträgt doch immerhin

1 Zeitschrift f. urol. Chir. Bd. 1. S. 600. 2 Urologenkongreß Wien. 1921. 3 Zeitschrift f. urol. Chir. Bd. 9. S. 165. 4 Zentralbl. f. Gynäkol. 46. 1922. S. 204. 5 Zeitschrift f. gyn. Urol. Bd. 3. 6 Mitteil. a. d. Grenzgebieten Bd. 16. 1906. 7 Chirurgenkongreß-Zentralbl. III. S. 486. 8 Journ. of the Americ. med. assoc. Bd. 81. 1923. 9 ZIEGLERS Beitr. Bd. 57. 1913.

der Druck in den abführenden Harnkanälen normalerweise 40—45 cm Wasser (LEHMANN[1]), so daß der Urin schon einen gewissen peripheren Widerstand überwinden kann. Die geringen Grade der Erweiterungen des Nierenbeckens, die in ihrer Art durchaus verschieden sind, kennen wir erst seit den Kollargolfüllungen des Nierenbeckens mit daran anschließender röntgenologischer Untersuchung (VOELCKER[2]).

Man braucht wohl kaum anzunehmen, daß beim Menschen eine einmal erworbene Erweiterung des Nierenbeckens stets von fortschreitender Nierendegeneration gefolgt ist, wie das im Tierversuch der Fall ist. Findet man doch bei 30% aller Schwangeren nach den an Sektionsmaterial gewonnenen Zahlen von HIRSCH[3] eine Erweiterung des Nierenbeckens. Und so viele Frauen haben doch keine progrediente Nierenerkrankung. In welchem Grade beim Menschen Schädigungen, und besonders fortschreitende Schädigungen der Nieren infolge geringen Grades von Hydronephrose vorkommen, ist vorläufig noch nicht zu übersehen (vgl. auch FROMME[4], MOHR[5], FR. MÜLLER[6], COZZOLINO[7]). SCHLAYER beobachtete bei einfachen frischen Pyelitiden, bei denen eine Nierenbeteiligung im Sinne einer Pyonephrose auszuschließen war, nach Durstbehandlung plötzlich ein länger anhaltendes Sinken des spezifischen Gewichtes im Urin, wie man das sonst nur bei schweren Nierenschädigungen sieht.

Die **Einspritzung von Flüssigkeit in das Nierenbecken** hat schon früher einmal das Interesse der Autoren wachgerufen, als nämlich LEWIN und GOLDSCHMIDT[8] bei Tierversuchen Luftembolien durch solche Einspritzungen bekamen. MARCUS[9] konnte dann allerdings bei Nachprüfungen zeigen, daß Luftembolie nur eintrat, wenn kleine Zerreißungen im Nierenbecken stattgefunden hatten. Neuerdings sind nun wieder bei Kollargolfüllungen des Nierenbeckens allerlei Zufälligkeiten vorgekommen (WOSSIDLO[10]), die der Anlaß zu neuen Tierversuchen waren (WOSSIDLO, STRASSMANN[11] u. a.). Es zeigte sich, daß das Kollargol bei stärkerem Druck in die Lymphspalten und Nierenkanälchen ja auch an der Basis der Pyramiden in die Venen (HINMANN und LEE BROWN[12]) eindringt und so Schädigungen der Niere bedingen kann. Ähnlich zu deu-

1 Zeitschr. f. urol. Chir. Bd. 10. 1922. 2 Chirurgenkongreß 1912. 3 Dissert. München 1910. 4 Verein der Ärzte in Halle. Sitzung v. 10. Nov. 1909. Münch. med. Wochenschrift 1910. S. 327. 5 Disk. z. l. 6 Naturforscherversammlung 1906. 7 Zit. nach FRANKE, Ergebn. d. Chir. Bd. 7. S. 705. 8 Deutsche med. Wochenschrift 1897. S. 601 u. Nr. 52. 9 Wiener klin. Wochenschrift 1903. 10 Arch. f. klin. Chir. Bd. 103 u. Zeitschrift f. Urol. Bd. 11. 1917. 11 Zeitschrift f. urol.Chir. Bd. 1. 12 Journ. of the Americ. med. assoc. Bd. 82. 1924.

tende Störungen erlebt man gelegentlich bei Lithotrypsie, wenn mit dem Aspirator unter zu starkem Druck mit Luft untermischte Flüssigkeit in die Blase getrieben wird. Die histologischen Schädigungen, die an Nieren und Nierenbeckenepithel durch die Einspritzungen der verschiedenen Substanzen gesetzt werden, hat O'CONNOR[1] in einer größeren Versuchsreihe studiert. Danach scheint Borsäurelösung am harmlosesten zu sein.

Die Stagnation des Urins begünstigt die Ansiedlung von Bakterien. Das ist so bei der Blase und ist so beim Nierenbecken. Es ist das der Grund, daß aus der Hydronephrose so gerne eine **Pyonephrose** wird. Da, wie wir soeben besprochen haben, die Bewegung des Harnleiters durch die Entzündung gestört wird, so verstärkt die Entzündung ihrerseits wieder die Harnstauung im Nierenbecken.

Wie gelangen nun die Infektionserreger in das Nierenbecken? Drei Wege sind gegeben und werden wohl auch benützt: der Blutweg, der Lymphweg (FRANKE[2]) und der Weg von der Blase durch die Ureteren. Man wird wohl nur von Fall zu Fall entscheiden können, welchen Weg die Bakterien genommen haben; ja in den vorgeschrittenen Fällen, bei denen die ganze Niere vereitert ist, wird es oft unmöglich sein, zu entscheiden, auf welche Weise die primäre Infektion stattgefunden hat.

Der Typus einer Infektion der Niere auf dem Blutwege sind die bei Pyämie vorkommenden Nierenabszesse. Hierbei kann sich eine toxische Nephritis hinzugesellen und nur der Nachweis von Eitererregern (meist Kokken) beweist das Vorhandensein eines Abszesses (SCHEIDEMANTEL[3]). Experimentell sind diese Nierenabszesse außerordentlich leicht und mit großer Regelmäßigkeit durch Einspritzung von Bakterien in die Blutbahn zu erzielen (SITTMANN[4], BIEDL und KRAUS[5], v. KLECKI[6], OPITZ[7], PERNICE und SCAGLIOSI[8], RIBBERT[9] u. a.). Einseitige Nierenvereiterung bekam BREWER, wenn er die eine Niere vor der Einspritzung der Bakterien in die Blutbahn irgendwie schädigte (vgl. auch ISRAEL[10] und KOCH). Bei Menschen kommen sehr große einseitige Abszesse zur Beobachtung, mit starker Schwellung der Niere, wo eine vorhergegangene eitrige Entzündung an anderer Stelle darauf hinweist, daß hier eine Verschleppung stattgefunden hat. Warum in dem einen Fall eine

---

1 Journ. of the Americ. med. assoc. Bd. 77. 1921. S. 1088. 2 Mitteil. a. d. Grenzgebieten Bd. 22. 1911. Berliner klin. Wochenschrift 1911. Ergebn. d. Chir. Bd. VII. 3 Würzburger Abhandlungen Bd. 13. 1913. 4 Deutsches Arch. f. klin. Med. Bd. 53. 1894. 5 Zeitschrift f. Hyg. u. Infektionskrankheiten Bd. 26. 6 Arch. f. exp. Path. u. Pharm. Bd. 39. 7 Zeitschr. f. Hyg. Bd. 29. 8 Deutsche med. Wochenschrift 1892. 9 Deutsche med. Wochenschrift 1899. 10 Chirurgische Klinik der Nierenkrankheiten. Berlin 1901.

multiple Aussaat kleiner Abszesse und in dem anderen Fall ein einzelner großer Abszeß entsteht, hängt zum Teil wohl von der Zahl der verschiedenen Erreger und von ihrer Virulenz ab. KOCH[1], der bei seinen Versuchen die Virulenz der Bakterien berücksichtigte, fand bei Einspritzung abgeschwächter Erreger hauptsächlich Markherde bei fast gesunder Rinde, bei virulenten Erregern mehr Rindenherde (vgl. ORTHS Nephritis papillaris mycotica, ferner BIEDL und KRAUS[2], KOCH[3] u. a.).

Ein hämatogener Abszeß kann sich in das Nierenbecken entleeren und dieses dabei infizieren (JORDAN[4]); schwer ist dann allerdings die Infektion des Nierenbeckens gewöhnlich nicht.

Auf welchem Wege kommt nun bei der Pyelitis die erste Infektion des Nierenbeckens zustande? In Fällen, wo gleichzeitig eine schwere Zystitis vorliegt, wie bei den Pyelitiden im Kindesalter (GÖPPERT[5]), fernerhin, in der Schwangerschaft oder bei Prostatahypertrophie, wo zugleich noch die Entleerung des Urins erschwert ist, so daß eine Erweiterung des Nierenbeckens mit all den oben ausgeführten Folgen, wie weites Orifizium und Urinrückfluß, statt hat, ist es wohl das nächstliegende, an eine von der Blase aufsteigende Infektion zu denken. Nicht ohne Grund tauchen aber immer wieder Bedenken auf gegen die anscheinend so naheliegende Annahme, daß die Bakterien durch den Ureter in das Nierenbecken kommen und es in dieser Weise infizieren. Es wird dabei weniger bestritten, daß Bakterien auf diesem Wege in das Nierenbecken gelangen, als daß diese an Zahl geringen, im Urin suspendierten Bakterien die Schleimhaut des Nierenbeckens zur Entzündung bringen können, zumal, wie oben gesagt wurde, ein in das Nierenbecken durchbrechender Nierenabszeß dieses nur geringgradig beteiligt. Wenn wir eine Infektion des Nierenbeckens von der Blase aus annehmen, braucht diese nicht im Ureter zum Nierenbecken zu gelangen, sondern auf dem Wege der Lymphgefäße, die um den Ureter herumliegen. Diese um den Ureter gelegenen Lymphgefäße haben SAKATA[6] und BAUEREISEN[7] beschrieben und SUGIMURA[8] konnte feststellen, daß diese Lymphbahnen bei Zystitis regelmäßig starke entzündliche Veränderungen zeigten. LEVER-STEWARD[9] pflanzte die Ureteren in den Darm und fand danach eine ausgedehnte Infektion der um die Ureteren gelegenen Blut- und Lymphbahnen. Die Versuche von DAVID und MATTILL, die

1 Zeitschrift f. Hyg. u. Infektionskrankheiten Bd. 61. 2 Archiv f. exp. Pathol. u. Pharmakol. 3. 3 Zeitschr. f. Hyg. Bd. 61. 4 Chirurgenkongreß 1899. 5 Ergebn. d. inn. Med. Bd. 2. 1918. 6 Arch. f. Anat. (u. Physiol.) 1903. 7 Zeitschr. f. Gynäk. Urol. Bd. 2. 8 VIRCH. Arch. Bd. 206. 9 Zit. nach FRANKE, Ergebn. d. Chir. Bd. VII. S. 686. 10 Arch. of surg. Bd. 2. S. 153. 1921.

in der verschiedensten Weise eine Wandinfektion der Ureteren mit Hydronephrose erzeugten, ohne daß es ihnen gelang, die Hydronephrose zur Vereiterung zu bringen, zeigt andererseits wieder, daß die Infektion der Hydronephrose durch die um die Ureteren gelegenen Lymphbahnen doch nicht so einfach ist,

In der überwiegenden Mehrzahl der Fälle findet man bei Pyelitis und Pyonephrose das Bacterium coli als Krankheitserreger. Wie kommt nun gerade das Bacterium coli dazu, die Harnwege zu infizieren, während wir andere Bakterien nur selten finden? Eine von außen in die Harnwege eindringende Infektion kann das nicht sein, und das nächstliegende ist zweifellos (und diese Ansicht ist auch die jetzt allgemein angenommene), daß der Mensch seine Harnwege mit seinen eigenen, sonst im Darmrohr lebenden Kolibazillen infiziert. Es können diese Bakterien vom After her in die Harnröhre und von da aufsteigend in die Blase gelangen. Dieser Weg kommt wohl in erster Linie für Kinder weiblichen Geschlechts in Frage, und man findet ja auch die Kinderpyelitis fast in 90% der Fälle bei Mädchen (GÖPPERT[1]). Auch für erwachsene weibliche Patienten wird vielfach diese Art der Infektion angenommen, aber hier hat die Annahme schon etwas Gezwungenes.

Wie können nun aber sonst die im Darm vorhandenen Bakterien in die Harnwege gelangen, wenn es nicht durch die Harnröhre geschieht? Da handelt es sich zunächst darum, festzustellen, ob die Bakterien unter normalen Verhältnissen die Darmwand passieren. Wir haben die Durchlässigkeit des Darmes für Bakterien schon auf S. 295 besprochen. Bei den dort angeführten Versuchen kam es aber mehr darauf an, festzustellen, ob die Bakterien durch die Darmwand in das Peritoneum gelangen können; hier handelt es sich darum, festzustellen, ob die Bakterien des Darmes in die dazu gehörigen Lymphbahnen übertreten. Das Resultat der verschiedenen Untersuchungen und der gegenwärtige Stand der Anschauung findet sich in den Arbeiten von SELTER[2] und CONRADI[3], sowie bei ROGOCZINSKY[4], HORNEMANN[5], NOCARD, POSNER und COHN[6] u. a. Danach kann man es wohl als gesichert annehmen, daß sich in den mesenterialen Lymphdrüsen Kolibakterien so gut wie regelmäßig nachweisen lassen. Auch sonst haben uns diese Untersuchungen gezeigt, daß selbst bei frisch geschlachteten, klinisch gesunden Tieren in allen möglichen anderen Organen Bak-

1 Ergebn. d. inneren Med. Bd. 2. 2 Zeitschrift f. Hyg. Bd. 54. 1906. 3 Münchener med. Wochenschrift 1909. S. 1318. 4 Zentralbl. f. Chir. 1902. S. 757 (zit.). 5 Zeitschrift f. Hyg. 69. 6 Berliner klin. Wochenschrift 1900.

terien vorhanden sind, eine Tatsache, die für den Chirurgen u. a. deshalb ein weitgehendes Interesse hat, weil wir bei unseren Unfallgutachten sehr häufig vor die Frage gestellt werden, ob durch eine stumpfe Verletzung sich ein Glied infiziert haben kann. Man ist ja da oft zu der Annahme genötigt, daß bei klinisch Gesunden Bakterien gar nicht selten im Blute kreisen oder sich in Organen aufhalten, von denen aus sie jederzeit leicht in das Blut gelangen können. Diese Annahme findet, wie gesagt, durch die geschilderten Versuche ihre Stütze.

Über den Weg nun, wie das Bacterium coli vom Dickdarm in die Lymphdrüsen und von dort aus wieder in die Niere gelangen kann, geben die anatomischen Untersuchungen von FRANCKE (l. c.) Auskunft, der mit der GEROTAschen Methode zeigen konnte, daß Lymphbahnen vom Coecum aus zur rechten Niere gehen und ähnliche vom Deszendens und S romanum zur linken Niere. Da sich die Durchlässigkeit des Darmes für Bakterien schon bei leichtem Darmkatarrh wesentlich erhöht, so wird ein solcher vorhergegangener Darmkatarrh oft die Gelegenheitsursache für das Auftreten einer Nierenbeckeninfektion sein können.

Auch sonst ist über die Beziehungen der Darmerkrankungen zu den Nierenerkrankungen einiges bekannt. So fanden WASSERTHAL[1], EPSTEIN[2], ROUBITSCHEK[3] u. a., daß bei künstlicher, durch Opium hervorgerufener Obstipation Eiweiß und Zylinder im Urin auftreten können und SACK[4] berichtet über eine Selbstbeobachtung, wo bei Kolipyelitis wiederholte große Einläufe sehr günstig wirkten.

LÖWENBERG[5] fand in einer großen Zahl von Pyelitisfällen Störungen im Bereich des Verdauungskanals und konnte mit Hilfe der Agglutination nahe Beziehungen von dem im Urin gefundenen Bact. coli zu dem im Stuhl vorhandenen nachweisen. BRUNN[6] fand bei Darmverschluß und Peritonitis Nekrosen in der Niere und er konnte diesen Befund auch experimentell prüfen.

Das Bact. coli kann weiterhin vom Mastdarm aus durch das zwischen Blase und Rektum gelegene Gewebe in die Harnwege gelangen. Das wird besonders dann zu einer Zystitis führen, wenn die Harnentleerung schwierig ist, wie wir das z. B. bei Mastdarmoperationen häufig finden.

Im Tierversuch bekam WREDEN[7] beim Kaninchen nach Verletzung des oberen Rektums Zystitis, FALTIN[8], der diese Versuche nachprüfte, allerdings

1 Berliner klin. Wochenschrift 1909. 2 Ebendort. 3 Berliner klin. Wochenschrift 1910. 4 Münch. med. Wochenschr. 1923. 5 Zeitschr. f. d. ges. exp. Med. Bd. 41. 1924. 6 Arch. f. klin. Chir. Bd. 65. 7 Zentralbl. f. Chir. 1893. 8 Zentralbl. f. d. Krankh. d. Harn- u. Sexualorgane Bd. 12.

nur, wenn er gleichzeitig die Blase mit verletzte. Hierher gehören weiterhin Versuche von POSNER und LEWIN[1], die, eigentlich von einem anderen Gesichtspunkt ausgehend, den Anus bei Kaninchen unterbanden. Sie bekamen dann Zystitis und Pyonephritis. Die Tiere verstarben sehr schnell. MARCUS[2], der diese Versuche nachahmte, kommt allerdings zu der Ansicht, daß auch bei den POSNERschen Versuchen ein Austritt von Bakterien aus dem Darm nur wegen der weitgehenden Schädigung des um den Darm herum gelegenen Gewebes eintreten konnte, und daß die gefundenen Blasen- und Nierenaffektionen an der Versuchsanordnung POSNERS lagen.

Schließlich kann es auch auf dem Blutwege zu einer Pyelonephritis kommen. Immerhin ist die Entstehung einer Pyelitis auf dem Blutwege wohl nicht gerade häufig, wenigstens konnte LEVY[3] in 40 Fällen von Colibakteriämie niemals eine Pyelitis beobachten, obgleich die Bakterien die Niere in einem gewissen Prozentsatz nachweisbar durchwandert hatten und im Harn zu finden waren. Auch von anderen Bakterien, z. B. besonders Typhus, kennen wir ein solches Durchwandern durch die Nieren (»Bakteriurie«). Ob in solchen Fällen von Bakteriurie die Nieren normal sind, ist nicht sicher. LE BLANC[4] gibt an, daß ungeschädigte Nieren für Bakterien undurchgängig sind.

Neuerdings werden als Eintrittspforte für die Erreger bei Niereneiterungen besonders die Zähne angesehen (BUMPUS u. MEISSER[5]). Im Tierversuch gelang es ALLERHAND[6] durch Einbringen von Eiter aus Pyonephrosen in die Zahnpulpa von Hunden Niereninfektionen und Nierensteine zu erzielen.

In welcher Weise gelangen nun die Bakterien vom Nierenbecken aus in die Substanz der Niere, mit anderen Worten, **wie entsteht aus der Pyelitis eine Pyonephrose**? Hierher gehörige experimentelle Untersuchungen stammen von ALBARRAN[7], SCHMIDT-ASCHOFF[8], v. WUNSCHHEIM[9], SAVO[10], LEWIN[11], MARCUS[12] u. a. Die Autoren haben durch Einspritzung von Bakterien in das Nierenbecken nur dann eine eitrige Infektion der Nierensubstanz bekommen, wenn sie durch Unterbindung des Ureters für eine völlige Harnverhaltung und Stauung sorgten. A. MÜLLER[13] hat diese verschiedenen Versuche kritisch gesichtet und durch eigene pathologisch-anatomische Untersuchungen ergänzt. Er kommt zu dem Ergebnis, daß die Ausbreitung der Entzündung vom Nierenbecken

1 Zentralblatt f. d. Krankh. d. Harn- u. Sexualorgane Bd. 7. 1896. 2 Wiener klin. Wochenschrift 1901. Nr. 1. 3 Deutsch. Archiv f. klin. Med. 138. 1921. 4 Rev. med. de Hamburg. 3. 1922. 5 Zit. Zeitschr. f. urol. Chir. Bd. 15. S. 331. 1924. 6 Zeitschr. f. Stomatol. 22. 1924. 7 Thèse de Paris 1889. 8 Pyelonephritis in anat. u. bakt. Beziehung. Jena 1893. 9 Zeitschrift f. Heilkunde Bd. 15. 10 Wiener klin. Wochenschrift 1894. 11 Arch. f. exp. Path. u. Pharm. Bd. 40. 12 Wiener klin. Wochenschrift 1903. 13 Arch. f. klin. Chir. Bd. 97. 1912.

ins Nierenparenchym in der überwiegenden Mehrzahl der Fälle auf dem Lymphwege vor sich geht, also in dem um die Harnkanälchen herum liegenden Gewebe. Nur ausnahmsweise kommt es unter experimentellen Bedingungen, wie sie klinisch kaum vorkommen (Unterbindung des Ureters) zu einer aufsteigenden Entzündung in den Harnkanälchen selbst.

Daß von den Harnwegen aus leicht Bakterien in die Blutbahn gelangen können, bereitet dem Verständnis keine Schwierigkeiten. So konnten BERTELSMANN und MAN[1] nachweisen, daß beim sogenannten Katheterfieber, d. h. dem im unmittelbaren Anschluß an das Katheterisieren häufig beobachteten Schüttelfrost und Fieber mit großer Regelmäßigkeit Bakterien im Blute nachweisbar sind.

Von den eitrigen Entzündungen der Niere ausgehend kann es zu einer Infektion des um die Niere herum gelegenen Gewebes kommen, da Blut- und Lymphgefäße dieser Gegend mit denen der Niere in engstem Zusammenhang stehen. Es sind das die häufigen **paranephritischen Abszesse**[2]. Auch entzündliche Prozesse von der Lunge her können sich hierher fortpflanzen. Am häufigsten ist die Infektion des perirenalen Gewebes auf hämatogenem Wege, z. B. nach Furunkel. Das um die Nieren herumgelegene Gewebe hat zweifellos eine besondere Vorliebe zu vereitern. Womit das zusammenhängt, ist nicht ganz klar. SCHNITZLER hat beim Kaninchen experimentell solche metastatische Paranephritiden erzeugt, indem er ihnen Staphylokokken in die Blutbahn einspritzte und dann die Nierengegend quetschte. Man wird nur von Fall zu Fall entscheiden können, auf welchem dieser verschiedenen Wege das perirenale Gewebe im gegebenen Falle infiziert worden ist. Gegenwärtig nimmt man im allgemeinen an (KÜMMELL[3]), daß zunächst kleine Eiterherde in der Nierenkapsel auftreten, von denen die Entzündung des perirenalen Fettes ausgeht. Man erschließt das Vorhandensein solcher Eiterherde aus dem Befund vereinzelter Leukozyten im Urin.

Ähnlich wie bei den eitrigen **Nierenentzündungen** war es auch bei den **tuberkulösen** lange Zeit strittig, ob die Infektion aufsteigend von der Blase oder auf dem Blut- und Lymphweg erfolge (Lit. s. FRANK[4], WILDBOLZ[5]). Die pathologische Anatomie konnte hier nicht das entscheidende Wort sprechen, da man bei der Sektion nur

1 Zit. nach SUTER im MOHR STÄHELINschen Handbuch III. S. 1768. 2 Siehe JORDAN, Chirurgenkongreß 1905 u. 1899; ferner Lit. bei WURSTER, Diss. Würzburg 1910. SCHEELE, Mittelrh. Chir.-Tagung. Stuttgart 1925. 3 Handbuch d. prakt. Chir. Bd. IV. S. 514. 4 Zentralbl. f. d. Grenzgebiete Bd. 14. 5 Neue deutsche Chir. Bd. VI.

Endzustände findet, bei denen die Blase stets schwer verändert ist. Die klinischen Untersuchungen, vor allem die Zystoskopie und die Operation mußten erweisen, ob es eine Nierentuberkulose ohne Blasentuberkulose gibt.

Von den klinischen Untersuchungsmethoden scheint der sicherste Beweis für die tuberkulöse Erkrankung einer Niere der Nachweis von Tuberkelbazillen im Urin zu sein. Nun haben aber Urinuntersuchungen von FOULERTON und HILLIER[1], ROLLY[2], JOUSSET[3], KIELLEUTHNER[4] u. a. gezeigt, daß es bei schweren Phthisikern eine Ausscheidung von Tuberkelbazillen im Urin gibt, ohne daß bei der Sektion ein tuberkulöser Herd in den Nieren zu finden wäre. KIELLEUTHNER konnte den sicheren Nachweis erbringen, daß in solchen Fällen die Tuberkelbazillen dem Urin nicht von den Hoden her beigemischt werden, sondern tatsächlich durch die Nieren hindurchgehen, ohne sich dort anzusiedeln. Die Anwesenheit von Bakterien in der Niere macht also noch keine Nierentuberkulose; es muß noch etwas hinzukommen, damit sich die Bakterien im Nierengewebe ansiedeln und es zerstören. In erster Linie hat man an traumatische Ursachen im weitesten Sinne des Wortes gedacht.

Doch zeigen die Statistiken (KÜSTER[5]), daß beim Menschen mit Nierentuberkulose nur äußerst selten in der Vorgeschichte ein entsprechendes Trauma nachweisbar ist. Auch der gelegentliche Befund von Tuberkulose in primär andersartig erkrankter Niere (Hydronephose (v. BANDEL[6]), Steinniere usw.) beweist nichts für die Pathogenese der Nierentuberkulose im allgemeinen, selbst wenn es im Tierversuch anscheinend leichter gelingt, eine solche veränderte Niere mit Tuberkulose zu infizieren (MEINERTZ[7], HANSEN[8]).

Wenn wir beim Tier Tuberkelbazillen in die Blutbahn spritzen, bekommen wir fast nur eine miliare Aussat von Tuberkelknötchen mit Hauptsitz in der Rinde, auch wenn die Niere vorher durch Quetschen oder zeitweiliges Abbinden der Gefäße geschädigt war (ORTH[9], SEELIGER[10]), während die Nierentuberkulose beim Menschen mit vereinzelten, im Mark gelegenen Knoten anfängt. Dieser Unterschied und der primäre Sitz der Knötchen im Mark war der Grund, warum zunächst angenommen wurde, daß sich die Nierentuberkulose aszendierend, d. h. von der Blase aufsteigend, entwickelt. Nun

1 Brit. med. Journ. 1901. 2 Münchener med. Wochenschrift 1907. 3 Arch. méd. exp. 1904. 4 Fol. urol. Bd. 7. 1912. 5 Chirurgie d. Nieren. Deutsche Chir. Lief. 52b. 6 Zeitschr. f. urol. Chir. Bd. 15. 7 VIRCH. Arch. Bd. 192. 8 Ann. des mal. des org. gén.-urin. 1903. 9 Berliner klin. Wochenschrift 1907. 10 Zeitschrift f. Urol. 1909.

haben aber die Versuche von PELS LEUSDEN[1] gezeigt, daß es auch beim Tier, und zwar durch Einspritzung spärlicher, wenig virulenter, in Öl suspendierter Tuberkelbazillen in die Nierenarterie gelingt, tuberkulöse Herde im Mark zu erhalten, und zwar einseitig. Es scheint nach diesen Versuchen, daß die Einseitigkeit der menschlichen Nierentuberkulose und ihr Vorkommen im Mark wesentlich dadurch bedingt ist, daß nicht einzelne Bazillen, sondern ein tuberkelbazillenhaltiges Gewebsbröckel in die Blutbahn gelangt. Nach ZONDECK[2] sollen außerdem gewisse Verengerungen der menschlichen Nierenarterie an den Verzweigungsstellen schuld an der Verteilung der tuberkulösen Herde in der Niere sein.

Sehr häufig findet man bei zunächst einseitiger Nierentuberkulose später eine Erkrankung der zweiten Niere, während im übrigen Körper sonst keine frischen tuberkulösen Herde auftreten. Warum kommt es nicht ebensogut zu einem Knochenherd oder dgl.? Französische Autoren, wie ALBARRAN[3] und CATHELIN, glauben, daß die Übertragung von der einen Niere auf die andere durch ein Blutgefäß, das sie zwischen beiden Nieren nachgewiesen haben, erfolgt. Näherliegend ist es, an den Lymphweg zu denken. TENDELOO[4] ist ja auf Grund einiger Sektionsfälle, bei denen er auf der gleichen Seite Lungentuberkulose mit Verwachsung von Pleura und Zwerchfell, sowie Lymphdrüsen- und Nierentuberkulose fand, der Ansicht, daß die Nierentuberkulose überhaupt meist lymphogen entsteht, eine Ansicht, die aber nur wenige Anhänger gefunden hat. Man hat weiterhin angenommen, daß das Nierengewebe von Patienten, die eine Nierentuberkulose bekommen, besonders empfänglich für eine tuberkulöse Infektion sei (ISRAEL[5]). Es ist das eine Ansicht, die sich zurzeit noch sehr schwer beweisen läßt. Sie ist aber gleichwohl nicht so ohne weiteres abzulehnen, wie es vielfach geschieht. Wir werden noch bei der Besprechung der Osteomyelitis und Knochentuberkulose auf diese Frage zurückkommen. Auch dort hat man bei vielen Fällen den Eindruck, daß die Bakterien eine gewisse Vorliebe für bestimmte Gewebe des Körpers haben, oder daß umgekehrt die Gewebe für die betreffende Infektion besonders zugänglich sind.

Die tuberkulöse Erkrankung der Blase erfolgt durch den von der kranken Niere ausgeschiedenen Urin; deshalb haben wir die

---

1 Arch. f. klin. Chir. Bd. 95. 2 Zeitschrift f. Urologie 1920. 3 Assoc. franc. d'urol. 1904. 4 Münchener med. Wochenschrift 1905. 5 Zit. nach WILDBOLZ. Neue D. Chir. 6. S. 45.

ersten Geschwüre meist an der Ureteröffnung. Da diese tuberkulösen Geschwüre in der Blase trotz Entfernung der erkrankten Niere recht hartnäckig sind, wäre bei der Frage der Infektion der zweiten Niere noch die Möglichkeit zu erörtern, ob nicht von der Blase aus aufsteigend die gesunde Niere erkranken kann (GUYON[1]).

Schon frühzeitig hat man auf experimentellem Wege versucht, durch Einbringen von Tuberkelbazillen in die Blase und Abbinden der Harnröhre eine Infektion der Niere zu erzielen, aber ohne jeden Erfolg (BAUMGARTEN[2], SAWAMURA[3] u. a.). Erst durch Einspritzung von Tuberkelbazillen in den Ureter oder das Nierenbecken bei gleichzeitiger Ligatur des Ureters wurde der gewünschte Erfolg erzielt (BERNARD und SALOMON[4], KAPPIS[5] u. a.). Neuerdings ist es jedoch WILDBOLZ gelungen, bei Tieren von der Blase aus eine aszendierende Nierentuberkulose zu erzielen, wenn er in Nachahmung der oben (Pyonephrose) zitierten Versuche von LEWIN und GOLDSCHMIDT[6] durch plötzlichen Druck auf die mit Tuberkelbazillen infizierte Blase einen Rückstrom von Urin in das Nierenbecken bewirkte. In der menschlichen Pathologie tritt eine solche plötzliche Drucksteigerung bei der Zusammenziehung der entzündeten Blase ein, wobei noch die Starre der entzündlich veränderten Ureteröffnungen hinzukommt. Die Versuche von WILDBOLTZ sind durch SAWAMURA bestätigt worden, so daß an der Möglichkeit einer aufsteigenden Nierentuberkulose nicht gezweifelt werden kann, was ROVSING[7] und NECKER[8] durch klinische Beobachtungen bestätigen.

Der Kranke, über den NECKER berichtet, hatte sich zum Zwecke der Selbstbeschädigung tuberkulösen Urin in die Blase gespritzt; bei seiner Sektion fand sich eine schwere Nierentuberkulose.

Die Versuche von WILDBOLZ zeigen ferner, daß man bei tuberkulösen Veränderungen der Blase mit dem Ureterenkatheterismus zurückhaltend sein muß. Praktisch genügt ja meist die einfache Zystoskopie mit Einspritzung von Indigkarmin (JOSEPH und KLEIBER[9]).

In naher Beziehung zur Nierentuberkulose steht beim Mann die **Tuberkulose der Sexualorgane.** Deshalb soll sie schon hier besprochen werden. Auffallend häufig (43% der Fälle nach SIMMONDS[10]) findet man Kombinationen von Hoden-Blasentuberku-

1 Leçons cliniques sur les maladies des voies urinaires. Paris. 2 Arch. f. klin. Chir. Bd. 63. S. 1019. 3 Deutsche Zeitschrft. f. Chir. Bd. 103. 1910. 4 Compt. rend. de la soc. de biol. 1905. 5 Arb. auf d. Gebiete d. pathol. Anat. u. Bakteriol. Tübingen 1906. 6 Deutsche med. Wochenschrift 1897. 7 Zeitschrft. f. Urol. Bd. 3. 1909. 8 Zeitschrift f. urolog. Chirurgie. Bd. VI. 1921. 9 Münchener med. Wochenschr. 1921. S. 61. 10 Deutsche med. Wochenschr. 1915.

lose mit Blasen-Nierentuberkulose, und WILDBOLZ führt u. a. die höhere Mortalität der Männer bei Nierentuberkulose auf das häufige Zusammentreffen der Nierentuberkulose mit Tuberkulose der Sexualorgane zurück[1] (vgl. auch SUSSIG[2]). Den inneren Grund für das häufige Zusammentreffen der Nieren- mit der Genitaltuberkulose müssen wir zunächst wohl darin suchen, daß die beiden Kanalsysteme in der Harnröhre zusammentreffen. Die Annahme von KRÄMER[3], daß eine kongenitale Infektion der Urniere vorkäme, kann doch wohl nur für seltene Ausnahmefälle gelten.

Auf welchem Wege wandern nun bei der Tuberkulose der Genitalorgane, die immer eine sekundäre Erkrankung ist (SUSSIG[2]), die Bazillen? Ist der Nebenhoden zuerst erkrankt oder die Samenblasen? Hierzu haben BAUMGARTEN und KRÄMER[3] ausgedehnte Untersuchungen angestellt. Sie spritzten Tuberkelbazillen in die Blase von Kaninchen und bekamen dann gelegentlich eine Tuberkulose des Blasengrundes, aber niemals eine Tuberkulose des Nebenhodens, während sie durch experimentell erzeugte Nebenhodentuberkulose stets eine Infektion der Prostata erzielen konnten. BÜGNER[5] untersuchte die Samenleiter von Patienten mit Nebenhodentuberkulose und wies nach, daß die tuberkulösen Herde nach der Prostata zu abnahmen. BAUMGARTEN schließt aus seinen und seiner Schüler Versuchen, daß die unbeweglichen Tuberkelbazillen sich nicht entgegen dem Sekretstrom fortbewegen können, und daß deshalb die Tuberkulose des Nebenhodens eine primäre und hämatogene Infektion sei. Es ist aber immer mißlich, aus dem negativen Ausfall von Tierversuchen Schlüsse auf die menschliche Pathologie zu ziehen, und so haben sich die Kliniker (VÖLCKER[5], PRÄTORIUS[6]) und auch viele Pathologen (SIMMONDS[7], BENDA[8]) dieser Lehre von der primären Nebenhodeninfektion bei Tuberkulose nicht so recht angeschlossen.

Vor allem bestreitet TEUTSCHLÄNDER[9] auf Grund eines großen und sehr sorgfältig untersuchten Sektionsmaterials die Richtigkeit der BAUMGARTENschen Folgerungen. Er weist mit Recht daraufhin, daß die ganzen Verhältnisse des Sekretstromes sich doch voll-

---

1 Lit. s. VÖLCKER, Chir. d. Samenblasen. Neue Deutsche Chir. Bd. 2. 2 Deutsche Zeitschr. f. Chir. Bd. 165. 1921 u. 185. 1924. 3 Arb. auf d. Gebiete d. pathol. Anat. u. Bakt. Bd. 4 u. KRÄMER, Deutsche Zeitschrift f. Chir. Bd. 69. 1903 u. Deutsche med. Wochenschrift 1920. S. 435. 4 BRUNS' Beiträge Bd. 35. 5 Chirurgie der Samenblasen, Neue deutsche Chirurgie Bd. 2. 6 Deutsche med. Wochenschrift 1920. S. 1081. 7 Deutsche med. Wochenschrift 1915 u. VIRCH. Arch. Bd. 183. 8 Zeitschrift f. Urologie 1912. 9 Beitr. z. Klinik d. Tuberkulose Bd. 3 u. 5. 1906.

ständig ändern, wenn in der Samenblase eine Entzündung sitzt. Der Druck des Eiters überwindet dann den Sekretdruck und BAUMGARTEN[1] und KAPPIS fanden übrigens in ihren Versuchen, wenn sie das Vas deferens mit einem Faden unterbanden, der mit Perlsuchtbazillen getränkt war, auch, daß die tuberkulöse Infektion sich im Vas deferens hodenwärts fortpflanzte, allerdings den Nebenhoden nicht erreichte.

Daß auch gelegentlich eine Antiperistaltik im Vas deferens und den Samenblasen stattfindet, haben LOEB[2], OPPENHEIM und LOEW[3], TZULUKIDZE u. SIMKOW[4] durch elektrische Reizung des Nervus hypogastricus bewiesen, und sie bekamen durch Einspritzung von Eitererregern in die Blase und elektrische Reizung des Vas deferens bei den Versuchstieren eine Nebenhodenentzündung.

Man hat weiterhin aus der Tatsache, daß bei Hodentuberkulose eine klinische Heilung durch Wegnahme des erkrankten Hodens erzielt werden kann, geschlossen, daß entsprechend den Befunden BAUMGARTEN und KRÄMERS der Hoden bzw. Nebenhoden der primäre Sitz der Erkrankung sei. BRUNS[5] und später HAAS[6] sowie ANSCHÜTZ[7] berichten über 45 und 75% Heilerfolge durch Kastration bei Hodentuberkulose. Diese Zahlen beweisen jedoch nicht das, was sie scheinen; die klinische Heilung ist keine anatomische und daß eine durch Ödem vergrößerte Prostata nach Wegnahme des Hodens oder Durchtrennung des Vas deferens abschwillt, ist eine Tatsache, der wir auch bei der Behandlung der Prostatahypertrophie mit Durchtrennung des Vas deferens begegnen. An großem Sektionsmaterial hat man jetzt festgestellt, daß eine Nebenhodentuberkulose eigentlich stets mit einer Samenblasentuberkulose vereint vorkommt, und zu demselben Ergebnis kommt man, wenn man klinisch bei allen Fällen von Nebenhodentuberkulose die Samenblasen untersucht. Eine Samenblasentuberkulose kann außerordentlich milde verlaufen; sie braucht ebensowenig, wie eine Drüsentuberkulose nennenswerte klinische Erscheinungen zu machen. Andererseits gibt es, wenn auch nicht so sehr häufig, eine isolierte Prostata- oder Samenblasentuberkulose ohne Erkrankung des Hodens und zwar kann in solchen Fällen die Samenblase durch den vorbeifließenden Urin (BAUMGARTEN, KRÄMER l. c.) oder auf dem Blutwege erkrankt sein (VÖLCKER l. c.).

Es kann nicht auf alle Einwände für und gegen die primäre

1 Berliner klin. Wochenschrift 1905. 2 Diss. Gießen 1866. 3 VIRCH. Arch. Bd. 182. 4 Zeitschr. f. urol. Chir. XIV. 1923. 5 Chir. Kongreß 1901. 6 BRUNS' Beiträge Bd. 30. 7 Med. Klinik 1914.

hämatogene Nebenhodentuberkulose hier eingegangen werden, nur eine einfache klinische Überlegung soll noch erwähnt werden, nämlich, daß Entzündungen, von denen wir sicher wissen, daß sie metastatisch sind, stets zunächst den Hoden, nicht den Nebenhoden ergreifen (vgl. Orchitis bei Mumps). KRÄMER glaubt, daß die Infektion des Nebenhodens eine Eigentümlichkeit der chronischen Infektion sei, da sie auch bei Lepra vorkomme; überzeugend erscheint mir dieser Einwand nicht, zumal wir bei sicherer metastatischer Verschleppung von Tuberkelbazillen, z. B. bei der Miliartuberkulose, stets Knötchen im Hoden finden, und da JANIS und NAKARAIS[1] sogar im gesunden Hoden bei Phthisikern Tuberkelbazillen gefunden haben.

Vom Nebenhoden aus wandert die Tuberkulose interstitiell oder auf dem Lymphwege nach dem Hoden (SIMMONDS). Es findet ferner am Hoden gern ein Einbruch der Tuberkulose in das Blutgefäßsystem hinein statt (SUSSIG), so daß dann andere Organe auf dem Blutwege metastatisch erkranken können. Im Experiment kann man nach ASCH[2] durch Einspritzung von Tuberkelbazillen oder Tuberkulin in die Art. spermatica interna eine fibröse Entzündung des Hodens mit Proliferation der Samenkanälchenzellen bekommen. Ob hierauf wirklich, wie ASCH meint, die „erotischen Exzitationsstadien“ vieler Phthisiker zurückzuführen sind, erscheint mir durch diese Versuche noch nicht bewiesen zu sein.

Die Entstehung einer Hodentuberkulose wird begünstigt durch eine vorhergegangene traumatische Schädigung des Hodens. So konnte auch im Experiment SIMMONDS eine Tuberkulose im Hoden eines Kaninchens beobachten, dem er nach vorhergegangener Quetschung der Hoden intravenös Tuberkelbazillen eingespritzt hatte. Auffallend ist weiterhin, daß Hodentuberkulose hauptsächlich im zeugungsfähigen Alter auftritt. Wie das zusammenhängt, ist nicht völlig geklärt. DETTE SANTI[3] nimmt an, daß die Blutüberfüllung von Bedeutung sei. Er bekam beim Meerschweinchen durch Einspritzen von Tuberkelbazillen in die Harnröhre dann eine Hodentuberkulose, wenn er die Vena spermatica unterbunden hatte. Es läßt sich aber bei dieser Versuchsanordnung eine „Schädigung“ des Hodens nicht vermeiden. Es beweisen also die Versuche wenig für den Einfluß der Hyperämie.

Nieren- und Blasensteine sind ein Leiden, das eine bestimmte geographische Verbreitung hat (HIRSCH[4], TREINDLSBERGER[5],

---

1 Zeitschrft. f. Urol. Bd. 3. S. 712. 1909. 2 Zit. nach VÖLCKER, Chir. d. Samenblase. Neue Deutsche Chir. 2. 3 Zit. nach Handb. d. prakt. Chir. Bd. 6. S. 1064. 4 Historisch-geograph. Pathologie Bd. 3. 1886. Stuttgart. 5 Deutsche Ges. f. Urol. IV. Kongr. 1913. (Beiheft d. Zeitschrft. f. Urol. 1914.)

SCHLAGINTWEIT[3]). In Deutschland sind im allgemeinen Nierensteine selten, nur im Württembergschen und im Altenburgschen kommen oder kamen sie häufiger vor (KÜTTNER[1]). Die Ursache für diese regionäre Verschiedenheit im Auftreten der Steinerkrankung kennt man nicht sicher. Da aber die Steinbildung in hochkultivierten Ländern selten ist, neigt man zu der Ansicht, daß primitive hygienische Bedingungen vor allem im Kindesalter mit einseitiger Ernährung an ihrer Entstehung mit schuld sind (SCHLAGINTWEIT, KÜTTNER). In Ägypten (CONDREY[2]), wo die Blasensteine auch bei Kindern sehr häufig vorkommen, soll vielfach das Eindringen von Würmern durch die Harnröhre in die Blase (Bilharzia) an der Steinbildung schuld sein (GÖBEL[3]).

Wie schon oben bei der Besprechung der Gallensteine ausgeführt worden ist, ist die Steinbildung im menschlichen Körper ein kolloid-chemischer Vorgang (SCHADE[4], LICHTWITZ[5]). Das gilt für die Harnsteine ganz besonders. Der Harn ist nicht einfach als eine Salzlösung aufzufassen, sondern außer den in ihm vorhandenen Salzen (Kristalloiden) enthält er mancherlei Kolloide. Das Verhältnis beider kann man sich nach SCHADE so vorstellen, daß sich die Salzlösung „in den Zwischenräumen eines mehr oder weniger zusammenhängenden Gerüstes einer stark verdünnten Gallerte“ befindet. Als Salzlösung aufgefaßt ist Harn eine übersättigte Lösung, d. h. er enthält sehr viel mehr Salze, als sich in der entsprechenden Menge Wasser lösen würde. Daß diese Salze nicht ständig ausfallen, liegt lediglich an den gleichzeitig vorhandenen Kolloiden. Mit Hilfe der vorhandenen Kolloide könnten noch größere Mengen von Kristalloiden im Harn in Lösung gehalten werden. Wenn man die physiko-chemische Entstehungsweise der Harnsteine zugrunde legt, kann man mit SCHADE 1. reine Kolloidsteine (Eiweißsteine), 2. kombinierte Kolloidkristalloidsteine, 3. reine Kristalloidsteine, die aus einer „tropfigen Entmischung“ der Harnsäure entstehen, unterscheiden. Eiweißsteine sind selten. Die Mehrzahl der Harnsteine gehört zur Gruppe 2.

Eine Ausfällung der Kristalloide und Kolloide im Harn findet statt, wenn „die Stabilität dieses Systems“ aus irgendeinem Grunde leidet (LICHTWITZ). Nun sieht man einen Niederschlag von Schleim und Kristallen gar nicht selten, wenn Urin längere Zeit steht. Ein solcher Niederschlag wird jedoch niemals zu einem Harnstein. Auch wenn man ihn eintrocknen läßt, bleibt diese Mischfällung von

---

1 BRUNS' Beiträge Bd. 63. 2 Journ. d'urol. 1913. 3 Erg. d. Chirurgie Bd. III. 4 Münchener med. Wochenschrift 1909. 1. u. 2 u. Med. Klinik 1911. Physikalische Chemie, Steinkopf Verlag 1920. S. 336ff. 5 Zeitschr. f. Urol. 1913.

Kristalloiden und Kolloiden immer nur eine bröckelige krümelige Masse, die sich leicht wieder auflösen läßt. Der prinzipielle Unterschied zwischen diesem Niederschlag und einem Harnstein ist darin gelegen, daß der Harnstein geschichtet ist, es wechselt eine Kolloid- und eine Kristalloidschicht; ferner ist das Kolloid des Harnsteins nicht wieder löslich, „irreversibel", wie man das zu nennen pflegt. Die allgemeinen Bedingungen, unter denen es zu einer Schichtenbildung in einem kolloiden System kommt, hat R. E. LIESEGANG[1] festgestellt. Die sogenannten LIESEGANGschen Ringe entstehen dann, wenn eine gelöste Substanz in ein Kolloid hinein diffundiert und dort durch eine zweite gelöste Substanz ausgefällt wird. Durch Benutzung eines irreversiblen Kolloids, nämlich des Fibrins, gelang es SCHADE auch experimentell geschichtete Steine herzustellen, die die größte Ähnlichkeit mit Harnsteinen hatten. Da das Fibrin sich bei Entzündungen dem Harn beimengt, wird man in der Entzündung eine die Steinbildung begünstigende Bedingung erblicken dürfen, und in der Tat bekam STUDENSKY[2] nur dann eine Steinbildung um Fremdkörper, die er in die Blase von Tieren eingeführt hatte, wenn ein Blasenkatarrh hinzukam. Blieb eine Entzündung der Blase aus, so war keinerlei Niederschlag an dem Fremdkörper vorhanden. Aus den angeführten Versuchen darf natürlich nicht entnommen werden, daß zwischen Auftreten von Harnsteinen und Entzündung der Harnwege ein irgendwie regelmäßig nachweisbarer Zusammenhang bestünde. Finden wir doch sehr viel häufiger Entzündungen der Harnwege ohne, als mit Steinbildung. Es ist nicht schlechtweg jeder entzündliche Vorgang in den Harnwegen imstande, zu dieser Ausfällung von Kolloiden und Kristalloiden zu führen. Ferner braucht das bei der Fällung beteiligte Kolloid durchaus nicht nur Fibrin zu sein, auch andere Kolloide haben die gleiche Eigenschaft (SCHMIDT). Fibrinurie kommt nebenbei erwähnt auch ohne Entzündung der Harnwege, z. B. bei eitrigen Prozessen an anderen Körperstellen vor (QUINCKE[3]).

Außer durch die soeben geschilderte gleichzeitige Ausfällung von Kristalloiden und Kolloiden kann ein Harnstein auch durch eine sogenannte „tropfige Entmischung" von Harnsäure und harnsauren Salzen entstehen. Mit dieser Feststellung scheint mir mancher Gegensatz in den Anschauungen der Autoren über den „Steinkern" überbrückt zu sein (ASCHOFF-KLEINSCHMIDT[4]-

1 Naturwiss. Wochenschr. 1910. Nr. 41. 2 Deutsche med. Wochenschrift 1908. Nr. 32 (hier Literatur). 3 Deutsches Arch. f. klin. Med. Bd. 9. 1902. 4 Die Harnsteine. Berlin, Springer, 1911.

Schade). Allerdings darf man sich diese tropfige Entmischung nicht so vorstellen, daß etwa lediglich eine erhöhte Bildung von Harnsäure — harnsaure Diathese — statthat und daß Harnsteinbildung in naher Beziehung zur Gicht stünde (Brugsch[1], Klemperer[1], Posner[2]). Wir kennen vielmehr stark vermehrte Harnsäureausscheidung ohne jede Steinbildung z. B. bei Leukämie (Ebstein[3]).

Wir sprechen heutzutage von einer Ausfällung von irreversiblen Kolloiden und Kristalloiden bei der Bildung von Harnsteinen. Es ist das eine gewisse Erweiterung der schon von Ebstein gefundenen Tatsache, daß jeder Harnstein aus einem organischen Gerüst mit darin eingeschlossenen Kristallsalzen besteht, und daß die Harnsteine sämtlich durch weitere Anlagerung von Salzen und organischen Stoffen wachsen. Dieser Befund ist vielfach bestätigt worden (Pfeifer[4], Posner[5] u. a.).

Bei der chemischen Untersuchung hat sich herausgestellt, daß sich die Harnsteine meistens aus Calciumoxalat und Harnsäure zusammensetzen. Steine allein aus Harnsäure sind selten (Kahn[6]).

Daß die Steine als Fremdkörper in den Harnwegen, besonders im Nierenbecken, wieder allerlei Schädigungen der Niere bewirken, suchte Kumita[7] in Tierversuchen zu beweisen und zu prüfen. Es ist jedoch mit diesen Versuchen nicht viel anzufangen, da sich operative Schädigung, ferner Harnstauung, Infektion usw. nicht scheiden lassen. Immerhin stellen diese Versuche eine gewisse Bestätigung dessen dar, was wir bei den Sektionen von Steinnieren finden; auch hier vereinigen sich ja Harnstauung, Infektion und Fremdkörperwirkung, und diese Veränderungen sind es, die uns zur Operation nötigen.

Daß Steine durch die Zusammenziehung der Blase gelegentlich in der Blase zertrümmert werden, sei anhangsweise angeführt (Klauser[8]).

Den erfolgreichen Versuch, im Tierversuch Nierensteine zu bekommen, haben Ebstein und Nicolaier[9] gemacht. Sie verfütterten Tieren mehrere Wochen lang Oxamid und bekamen dann regelmäßig Harnsteine. Diese Versuche wurden von Tuffier, Rosenbach[10] u. a. mit dem gleichen Erfolge nachgeprüft und erweitert. Es tritt bei dieser Oxyamidverfütterung eine Schädigung der Nierenepithelien ein; dadurch ist also wohl die oben aufgestellte Forderung für die Harnsteinbildung gegeben. In einer gewissen,

---

1 Münchener med. Wochenschrift 1908 (Vortrag u. Diskussion). 2 Deutsche Ges. f. Urol. IV. Kongr. 1913 (Disk.). 3 Deutsche Zeitschrift f. Chir. Bd. 7. 4 Verh. d. Kongr. f. inn. Med. 1886. 5 Zeitschrft. f. klin. Med. Bd. 16. 6 Arch. of int. med. Bd. 11. 1913. 7 Mitteil. a. d. Grenzgebieten Bd. 20. 1909. 8 Bruns' Beiträge Bd. 94. S. 98. 1914. 9 Exper. Erzeugung von Harnsteinen. Wiesbaden 1891. 10 Mitteil. a. d. Grenzgebieten Bd. 22. 1911.

wenn auch nur lockeren Beziehung zu diesen Versuchen steht der Befund von Harnsteinen bei Osteomalazie und anderen knochenzerstörenden Prozessen, z. B. Knochenfisteln (ERNEST[1]). Wir werden auch bei diesen Erkrankungen annehmen können, daß die von der Knochenzerstörung herrührenden Salze in ähnlicher Weise die Steinbildung begünstigen, wie das Oxyamid es im Tierversuch tut (LANGENDORFF und MOMMSEN[2]).

Die **nervöse Versorgung der Harnblase**[3] hat wegen der zahlreichen Rückenmarksschüsse mit „Blasenlähmung" und wegen der Zunahme der verschiedenartigsten funktionellen Blasenstörungen, in erster Linie der Enuresis, im Verlauf des Krieges wieder sehr an Interesse für den Chirurgen gewonnen.

In der Wandung der Harnblase sind zahlreiche Ganglienzellen vorhanden, die eine ausgesprochene nervöse Selbständigkeit der Blase bedingen vgl, HRYNTSCHAK[4]. So konnte schon ZEISSL zeigen, daß sich eine Blase noch periodisch zusammenzieht, wenn alle zuführenden Nerven durchtrennt sind, und O. B. MEYER (zit. nach L. R. MÜLLER l. c.) konnte beobachten, daß eine Blase, die er aus dem Tierkörper herausgenommen hatte, sich bei Füllung vom Ureter aus wieder durch Zusammenziehung entleerte. Diese selbständige Blasentätigkeit wird nun durch zuführende Nervenfasern gesteuert und zwar haben wir genau wie bei den anderen inneren Organen eine doppelte, in ihrer Wirkung einander entgegengesetzte Innervation. Es sind der aus dem Lendenmark stammende sympathische Plexus hypogastricus und der aus dem Sakralmark stammende sakral-autonome N. pelvicus oder erigens. Nach BOEMINGHAUS[5], der Untersuchungen an isolierten Streifen aus der Blasenwand angestellt hatte, werden die oberen drei Viertel des Detrusor rein parasympathisch innerviert, während der Sphinkter und das Trigonum rein sympathisch innerviert werden. Das unterste Viertel des Blasenkörpers zeigt gemischte Innervation.

---

1 Journ. of urol. Bd. 9. Ref. Zentralbl. f. d. ges. Chir. Bd. 24. S. 208. 2 VIRCH. Archiv Bd. 69. 1877. 3 S. v. ZEISSL, PFLÜGERS Archiv Bd. 53, 55, 89. REHFISCH, VIRCH. Archiv Bd. 150. v. FRANKL-HOCHWART-ZUCKERKANDL, NOTHNAGELS Handbuch Lief. XIX. 1906. MÜLLER, Deutsche Zeitschr. f. Nervenheilkunde Bd. 21. 1902 u. Deutsches Arch. f. klin. Med. Bd. 128. 1918. Das vegetative Nervensystem. Springers Verlag 1920 u. Deutsche Zeitschrift f. Nervenheilkunde Bd. 65. 1920. FRÖHLICH u. MEYER, Wiener klin. Wochenschrift 1912. ROST, Münchener med. Wochenschrift 1918. Nr. 1. LANGLEY, Journ. of physiol. Bd. 29. ELLIOT, Ebendort Bd. 35. SCHWARZ, Mitt. aus d. Grenzgeb. Bd. 29. 1917. METZNER, in NAGELS Handbuch d. Physiologie. ADLER, Grenzgebiete. Bd. 30. DEBAISIEUX, Chirurgenkongreß-Zentralbl. II. S. 278. BRÜNING, Arch. f. klin. Chir. 113. S. 470. BOEMINGHAUS, Zeitschr. f. d. ges. exp. Med. Bd. 33. 1923. DENNIG, Zeitschr. f. Biol. Bd. 80. 4 Arb. aus d. neurol. Inst. d. Wiener Univ. Bd. 24. 1923. 5 Zeitschr. f. d. ges. exp. Med. Bd. 33. 1923.

Reizung des Plexus hypogastricus bewirkt Verschluß des Sphincter internus und Erschlaffung der Blase (M. detrusor). Seine Durchschneidung hat wenig Einfluß auf den Verschluß und Austreibungsmechanismus der Blase. Der N. pelvicus allein genügt, um die willkürliche Blasenentleerung zu vermitteln (DENNIG[1]). Seine Reizung bewirkt Erweiterung des Sphincter internus und Zusammenziehung der Blase. Wird der N. pelvicus doppelseitig durchschnitten, bekommen wir eine Verstärkung des Sphinkterenschlusses und Lähmung des Detrusor mit schwerer Zystitis. Erst nach Wochen lernt die Blase sich wieder richtig zu entleeren. Nach Durchschneidung beider Nn. pelvici und hypogastrici tritt anfänglich eine völlige Harnverhaltung auf; nach 4—5 Wochen kommt es wieder zu automatischen Entleerungen (LEMOINE[2]). Dieses eigentümliche Verhalten, daß man bei Reizung eines Nerven Zusammenziehung des einen Muskels und Erschlaffung des anderen findet, bezeichnet man als „gekreuzte" Innervation (BUSCH). Über ihr Wesen ist man sich noch nicht völlig im klaren.

Der Plexus hypogastricus, in dessen Verlauf Ganglienzellen eingeschaltet sind, hat ein übergeordnetes Zentrum im Lendenmark; der N. pelvicus im Sakralmark[3]. Wir haben also, zwei verschiedene Blasenzentren, die in teils direkter, teils indirekter Reflexverbindung mit allen möglichen sensiblen Bahnen der Körperoberfläche stehen. Von diesen Blasenzentren im Rückenmark sind Verbindungen nach dem Gehirn anzunehmen, deren anatomischen Verlauf wir allerdings noch nicht kennen.

Von den Blasenzentren im Gehirn kennen wir durch Tierversuche ein in der Rinde, und zwar in der motorischen Region gelegenes. Nach ADLER[4] bestehen in der Großhirnrinde vier Blasenzentren, eins für das Bewußtwerden des Harndrangs im Gyrus fornikatus, ein motorisches für die willkürliche Blasenentleerung im Lobus paracentralis, ein drittes für das willkürliche Hinausschieben der Blasenentleerung im Gyrus centralis anterior und ein diesen verschiedenen Zentren übergeordnetes im Stirnhirn.

Ein Fall von epiduraler Eiterung, den GOLDMANN[5] beschrieben und erfolgreich operiert hat, und ein Fall von Hirnzyste, den CZYLHARZ und MARBURG[6] beschrieben haben, machen es wahrscheinlich, daß beim Menschen dieses Zentrum in der hinteren Zentralwindung liegt. Andere Beobachtungen, wie die von KLEIST[7] und FÖRSTER (zit. nach MÜLLER), die bei Hirnschüssen nur dann

1 Zeitschr. f. Biol. Bd. 80. 2 SCALPEL, Jg. 76. 1923. Ref. Zeitschr. f. urol. Chir. Bd. 16. S. 12. 3 S. auch die schematische Abb. bei PFLAUMER, Zeitschrift f. Urol. Bd. XIII. 4 BRUNS' Beiträge Bd. 42. 1904. 5 Wiener klin. Wochenschrift 1902. 6 Verhandl. d. Gesellschaft f. Psychiatrie 1918. 7 Archiv f. klin. Chirurgie Bd. 113. 1920. S. 470.

Störungen der Harnentleerung sahen, wenn gleichzeitig eine doppelseitige Fußlähmung bestand, lassen das Blasenzentrum in die Nähe des Beinzentrum, also in die vordere Zentralwindung verlegen. Bei einseitiger Verletzung oder Erkrankung der Hirnrinde sahen AUERBACH (zit. nach MÜLLER), GOLDMANN, BRÜNING[1] u. a. Blasenstörungen. Daß außer den kortikalen auch subkortikale Blasenzentren vorhanden sind, beweisen die Beobachtungen HOMBURGERS[2], der dauernde Automatie der Blase bei Vereiterung beider Stammganglien nachweisen konnte, ferner die Versuche von KARPLUS und KREIDL[3], die durch Reizung dieser Stellen Blasenkontraktionen ausgelöst haben. Nach BRÜNING wird von den kortikalen Zentren aus die Harnentleerung eingeleitet und unterbrochen, und es wird ferner die Blase beim Schluß der Urinentleerung durch Anspannen der Beckenbodenmuskulatur ausgepreßt. Wahrscheinlich wird von diesen Gehirnzentren aus auch der plötzliche Harndrang bedingt, den viele Menschen bei Schmerz, Aufregung oder dann empfinden, wenn gerade keine Gelegenheit vorhanden ist, dem Harndrang nachzugeben.

Abgesehen von den Störungen in den motorischen Bahnen können wir auch durch Störungen in den sensiblen Bahnen Änderungen der Blasenentleerung bekommen. Wie steht es nun aber überhaupt mit der **Sensibilität der Blase** und der Harnwege? Daß die Harnröhre sehr schmerzempfindlich ist, davon kann man sich jederzeit beim Kathetern[4] überzeugen; auch für Temperaturunterschiede ist die Harnröhre empfindlich. Diese Empfindlichkeit erstreckt sich über die ganze Harnröhre; ob sie qualitativ und quantitativ überall in gleichem Maße vorhanden ist, ist nicht bekannt. Über das Empfindungsvermögen der Harnblase selbst gehen die Ansichten der Autoren sehr auseinander. R. ZIMMERMANN[5], der auf Veranlassung von L. R. MÜLLER[6] an sich selbst Versuche angestellt hat, fand, daß die Berührung mit einem Metallkatheter nur am Sphincter vesicae empfunden wurde, und daß die Blase nicht imstande war, Eiswasser und Wasser von 45 Grad zu unterscheiden. Andere Autoren, wie v. FRANKL-HOCHWART-ZUCKERKANDL geben umgekehrt an, daß die Blase für Temperaturunterschiede sehr empfindlich sei, und ebenso für elektrische Reize. L. R. MÜLLER ist der Ansicht, daß die Blasenschleimhaut keine sensiblen Endorgane für Schmerz und Temperaturreize habe, sondern daß solche Empfindungen nur die Folge der Wanddehnung oder der Zusammenziehung der Blasenmuskulatur sei. Eigene Beobachtung bei Zystoskopien haben mir gezeigt, daß viele Patienten mit normaler Blase das Berühren mit dem Ureterkatheter überhaupt nicht empfinden, während andere sofort reagieren und auch das Hinaufschieben des Ureterkatheter genau angeben. Das gleiche gilt für Temperaturreize Mit einer

1 Therapie der Gegenwart 1903. 2 Arch. f. Physiol. 135. 3 Deutsche Zeitschrift f. Nervenheilkunde Bd. 65. 1920. 4 Zu dem Ausdruck „Kathetern“ vgl. PFLAUMER, Zeitschr. f. Urol. 1925. Hft. 1. 5 Mitt. a. d. Grenzgebieten Bd. 20. S. 455. 6 Mitteil. a. d. Grenzgebieten Bd. 18. S. 633.

Entzündung der Blase hängt das nicht zusammen. Hier wären systematische Untersuchungen nötig. Es ist bei dieser Unsicherheit unserer Kenntnisse über die einfachsten Grundlagen der Blasensensibilität begreiflich, daß wir über die Art des Zustandekommens der spontanen Empfindung in der Blase noch weniger unterrichtet sind. Wir wissen, daß die Füllung der Blase zunächst keinerlei Empfindungen macht; erst wenn der Füllungsgrad eine gewisse Grenze erreicht hat, kommt es zu Harndrang und später zu starken Schmerzen. Dabei ist völlig unbekannt, ob dieser Schmerz Folge der Dehnung der Blase ist oder Folge einer versuchten Muskelzusammenziehung (L. R. MÜLLER).

Auch wie der Harndrang zustande kommt, ist nicht genau bekannt. POSNER[1], FINGER[2] u. a. sind der Ansicht, daß bei einer gewissen Füllung der Blase Urin in die Pars prostatica der Harnröhre getrieben würde, und daß die Dehnung der hinteren Harnröhre, die ja dann durch den M. sphincter externus noch geschlossen gehalten wird, Harndrang bewirkt. Andere Autoren glauben, daß die Dehnung der Blase empfunden würde und Harndrang auslöse, andere, daß dieses Gefühl durch die Zusammenziehung der Blasenmuskulatur zustande käme (s. v. FRANKL-HOCHWART-ZUCKERKANDL l. c. S. 14). Es läßt sich zu diesen Theorien so lange recht wenig Stellung nehmen, als unsere Kenntnisse über die Empfindlichkeit der Blase im allgemeinen nicht genauer geworden sind. Die Tatsache, daß in der Blase bestimmte Empfindungen ausgelöst werden und die Harnentleerung beeinflussen, ist natürlich unbestreitbar; ebenso macht die Zusammenziehung der Blasenmuskulatur bei Entzündungen der Blase oft außerordentlich heftige Schmerzen.

Der Weg, auf dem diese Empfindungen nach dem Rückenmark und Gehirn zu verlaufen, ist von FRÖHLICH und H. H. MEYER[3] auf experimentellem Wege studiert worden; danach sind es die Nn. pelvici, die die Empfindungen der Blase vermitteln, so daß nach Durchtrennung der hinteren Wurzeln des Sakralmarkes die Blase faradischen Strömen gegenüber unempfindlich wird, während die Gegend des Sphinkter Empfindungsfasern vom N. pudendus erhält. Der Plexus hypogastricus hat nach den Versuchen von FRÖHLICH und MEYER mit der Sensibilität der Blase nichts zu tun.

Die **Funktion des Blasenschließmuskels,** des Sphinkter der Blase, müssen wir noch etwas genauer besprechen. Man unterscheidet einen Sphincter externus (Sphincter urethrae mem-

---

1 Diagnostik u. Therapie d. Harnkrankheiten. Berlin 1894. 2 Wiener allg. med. Ztg. Bd. 38. 3 Wiener klin. Wochenschrift 1912. Nr. 1.

branaceae) und Sphincter internus. Ersterer besteht aus quergestreiften Fasern, ist also dem Willen unterworfen und wird vom N. pudendus innerviert. Man ist nach der Arbeit von REHFISCH[1] ziemlich allgemein der Ansicht, daß der Sphincter externus nur die Aufgabe hat, den Urin, wenn er schon in die Pars prostatica der Harnröhre eingetreten ist, noch im letzten Augenblick zurückzuhalten. Der quergestreifte Sphincter externus allein genügt nicht zur Herstellung der Blasenkontinenz, denn man beobachtet nach Prostatektomie vom Damm her, Fälle, bei denen der Urinstrahl willkürlich unterbrochen werden kann, die aber trotzdem völlig inkontinent sind und Harnträufeln haben (eigene Beobachtung).

Bei Lähmung des Sphinkter gelingt es, einen Verschluß zu erzielen, wenn man nach GÖBELL[2] einen Lappen aus dem M. pyramidalis oder levator ani (BRYOSOWSKY[3]) um die Harnröhre herumlegt. Es ist aber wohl sicher, daß es sich dabei nicht um einen muskulären Verschluß handelt, sondern daß diese Muskelfasern lediglich als Verengerer, wie etwa eine Fasce, wirken.

Der Sphincter internus, der ringförmig das Orificium internum umgibt, ist innig verflochten mit dem Detrusor (vgl. ZUCKERKANDL[4]) und man nimmt an, daß bei Füllung der Blase rein mechanisch durch Zug der Längsbündel des Blasenbodens die Harnröhre abgeknickt und verschlossen wird HEISS[5]). Nun ist das, was man Sphincter internus nennt, ein Sammelbegriff für alle möglichen glatten Muskelfasern am Blaseneingang, die für die Blasenkontinenz unbedingt notwendig sind. Teile davon können erschlaffen, so daß wir bei der Sectio alta, ohne Widerstand zu finden, tief in die Harnröhre eindringen und mit dem Zystoskop den Colliculus sehen können (RANDALL[6]). Schon der Reiz des Instrumentes genügt, um den Schließmuskel zur Erschlaffung zu bringen und ebenso findet man ihn bei spinalen Erkrankungen erschlafft (SCHWARZ[7]). Über diese Verhältnisse haben uns besonders die Untersuchungen mit dem GOLDSCHMIDTschen Spülurethroskop unterrichtet (LENDORF[8], SCHWARZ[7], PRAETORIUS[9] u. a.). PLESCHNER[10] beschreibt außerdem noch Längsmuskelzüge, die von der Blase bis etwa zur Pars bulbosa urethrae gehen. Diese Längsmuskelzüge sollen nach PLESCHNER die Aufgabe haben, bei ihrer Zusammenziehung die durch die Erschlaffung des Sphincter internus einmal geöffnete Harnröhre während der

1 VIRCH. Arch. Bd. 150. 1897. 2 Chirurgenkongreß 1910. 3 Archiv f. klin. Chir. 123. 1923. 4 Handbuch d. Urologie von FRISCH u. ZUCKERKANDL. 5 Arch. f. Anatomie (u. Physiologie) 1913. 6 New York. med. journ. 1915. S. 1182. 7 Zeitschr. f. urol. Chir. Bd. X. 1922. 8 Zeitschr. f. klin. Chir. Bd. 97. 1912. 9 Zeitschrift f. urol. Chir. Bd. 17. 1923. 10 Zeitschrift f. urolog. Chirurgie Bd. V. 1920. S. 148.

Dauer der Harnentleerung offen zu halten. Der Sphincter internus wird in der Norm durch einen gewissen Tonus geschlossen gehalten und eröffnet sich nur bei der Urinentleerung (Rehfisch).

Änderungen in der Nervenversorgung der Blase führen nun zu ganz verschiedenartigen Blasenstörungen. Für gewöhnlich befindet sich, wie oben gesagt wurde, der M. sphincter internus in einem gewissen Spannungszustand — Tonus —, den er auch in der Leiche beibehält (Rehfisch). Deshalb findet man bei Sektionen die Blase meist gefüllt. Dieser mittlere Spannungszustand genügt auch beim Lebenden vollkommen, um den Blaseninhalt zurückzuhalten. Der Reiz zur Öffnung des Sphincter internus wird ihm auf dem Wege des N. pelvicus oder erigens zugeführt. Bleibt dieser Reiz aus oder folgt der Sphincter internus diesem Reize nicht, so haben wir eine **Harnverhaltung;** ein abnormer Widerstand beim Einführen des Katheters braucht in solchen Fällen, wie aus dem Gesagten ohne weiteres hervorgeht, nicht vorhanden zu sein. Bei Kindern ist diese Form der Harnverhaltung gar nicht so selten (Rost[1], Beer[2]). Durch getrennte Anästhesierung des N. pudendus und der erst im Bereich der Prostata zu treffenden sympathischen und sakralautonomen Fasern kann man entscheiden, ob in solchen Fällen die Innervation des Sphincter externus oder internus gestört ist (Rost). Nach den Versuchen von de Boer[3] mit intramuskulärer Novokaineinspritzung muß man annehmen, daß in solchen Fällen ein abnormer „Tonus" des Blasenschließmuskels vorhanden ist, der durch die Einspritzung herabgesetzt wird.

Nach Zöllner soll sich eine ähnliche erschwerte Harnentleerung auch bei Sensibilitätsstörung im Bereich des N. pudendus finden. Bisher sind jedoch diese auch für die Physiologie der Blasenentleerung im allgemeinen interessanten Befunde von anderen Autoren nicht bestätigt worden. Sie müßten sich ja unschwer durch Anästhesierung des N. pudendus nachprüfen lassen.

Die Prüfung der Sphinkterenfunktion ist danach bis zu einem gewissen Grade durch die Anwendung der getrennten Anästhesierung des N. pudendus und der um die Prostata herum gelegenen Nerven möglich; die Leistungsfähigkeit des Detrusor bestimmt man mit Hilfe von manometrischen Untersuchungen des Harndruckes (v. Frankl-Hochwart-Zuckerkandl, Schwarz[4], Adler[5] u. a.). Es muß betont werden, daß vorläufig die Ergebnisse dieser mano-

---

1 Münchener med. Wochenschrift 1918. Nr. 1. 2 Int. clin. Bd. 3. 1923. Ref. Zeitschr. f. urol. Chir. 15. S. 281. 1924. 3 Deutsche med. Wochenschr. 1922. S. 831. 4 Mitteil. a. d. Grenzgebieten Bd. 29. Zeitschrift f. Urologie. Bd. 14. 120. 5 Mitteil. a. d. Grenzgebieten Bd. 30.

metrischen Untersuchungen noch recht widerspruchsvoll sind (vgl. SCHWARZ gegen ADLER). Ob sie eine praktische Bedeutung bekommen werden, muß man abwarten. Eine verstärkte Tätigkeit des Detrusor kann man mit genügender Sicherheit aus dem Vorhandensein einer Balkenblase diagnostizieren. Immer aber gehört Erschlaffung des Sphinkter und Spannung des Detrusor zusammen, um eine Harnentleerung herbeizuführen. Wenn man den Sphinkter durch Benzylbenzoat zur Erschlaffung bringt, entleert sich die Blase erst, wenn der Detrusor eine gewisse Spannung erreicht hat (STATER[1]).

Mit Hilfe manometrischer Untersuchungen hat SCHWARZ bei einer großen Anzahl von Rückenmarksverletzten die Blasenfunktion untersucht und dabei gefunden, daß alle nur denkbaren Verbindungen von Detrusorbeschaffenheit auf der einen und Sphinkterbeschaffenheit auf der anderen Seite vorkommen. Bei einer Gruppe von Fällen war der Detrusor normal, bei einer anderen Gruppe war er hypertonisch. Die Höhe der Verletzungsstelle hatte auf die Art der Blasenstörung keinen erkennbaren Einfluß. Klinisch war vielmehr in der Mehrzahl der Fälle das vorhanden, was man als Blasenautomatie zu bezeichnen pflegt, d. h. die Blase entleerte sich periodisch von selbst, ohne daß der Patient es merkte oder wollte. Oft war vorher eine völlige Harnverhaltung vorhanden. Die Eigenzellen der Blase übernehmen in solchen Fällen die Innervation.

Auch die Beschaffenheit der Harnröhre ist für die geregelte Harnentleerung von größter Bedeutung. In der Harnröhre wechseln weitere und engere Stellen (WALDEYER), was für die Harnentleerung weniger günstig ist als für die Samenentleerung. Diese erweiterten Stellen sind sehr dehnbar und wirken bei der Harnentleerung gewissermaßen wie ein Windkessel (PRÄTORIUS[2]). Endzündliche Starre einzelner Teile der Harnröhre, vor allem aber mechanische Verengungen (Strikturen, Phimosen usw.) erschweren oft die Harnentleerung und führen zu all den schweren Folgen der mechanischen Harnstauung, die wir oben besprochen haben (Hydronephose usw.).

Bekannt ist, daß die Patienten mit Rückenmarksverletzungen meist einen **Residualharn** haben, der ja auch für andere Krankheitsbilder, z. B. die Prostatahypertrophie, einen charakteristischen Befund darstellt. Was die Ursache für das Vorhandensein des Residualharns ist, wissen wir nicht. Nach SCHWARZ bestehen zwei Möglichkeiten: Entweder fühlt die Blase geringe Mengen Urin nicht

1 Journ. of urol. Bd. 8. 1922. 2 Zeitschr. f. Urol. Bd. 17. 1923. S. 132.

mehr als Reiz zur Entleerung; der Detrusor kontrahiert sich dann nur bis zu dieser seiner Reizschwelle, oder irgendwelche anatomischen Veränderungen an der Blase hindern die vollständige Entleerung. Eine Entscheidung zwischen diesen beiden Möglichkeiten ist bisher nicht sicher zu treffen. Der Residualharn soll aber nach SCHWARZ[1] insofern eine wesentliche Bedeutung für die Entleerung solcher geschädigter Blasen haben, weil durch den Residualharn die Anfangsspannung der Blase erhöht wird.

Über die Form der Blase bei der Urinentleerung und über die Änderung dieser Form bei Prostatahypertrophie geben die Röntgenbilder von BOEMINGHAUS[2] Auskunft.

Über das **Resorptionsvermögen** der Blase und Harnröhre liegen, abgesehen von älteren Arbeiten von SÉGALAS, ORFILA, DEMARQUAI, BROWN SÉQUARD, Untersuchungen von TRESKIN[3], MAAS und PINNER[4], MANN und MAGOUN[5] vor. Nach diesen Untersuchungen, bei denen die Aufnahme der verschiedenen Stoffe, wie Jod, Pilokarpin, Strychnin geprüft worden ist, ist mit Sicherheit festgestellt worden, daß von der Blase aus gewisse Stoffe in den Körperkreislauf aufgenommen werden. Eine Resorption von Wasser findet allerdings nach den Untersuchungen von TRESKIN nicht statt. Für die moderne Chirurgie ist es besonders wichtig, zu wissen, daß Lokalanästhetika, wie Kokain und Eukain, von der Blase aufgenommen werden. Es können deshalb gefährliche Vergiftungserscheinungen entstehen, wenn man solche Anästhetika, zum Beispiel nach einer endovesikalen Operation, in der Blase beläßt. Die Resorption dieser Anästhetika durch die Harnröhre ist, wie verschiedene Beobachtungen über Kokainvergiftungen gezeigt haben, vielleicht noch stärker als die der Blase, wobei man allerdings nicht verkennen darf, daß in der Blase das Anästhetikum ständig verdünnt wird, während das in der Harnröhre naturgemäß nicht der Fall ist. Bakterien werden von der normalen Harnblase nicht resorbiert, wie aus den Versuchen von MAGOUN[6] hervorgeht.

Die normale Blase ist keimfrei; die **zystitisch veränderte Blase** enthält meist Bakterien, und zwar am häufigsten Bact. coli, seltener Staphylokokken (vgl. ROVSING[7], MELCHIOR, SUTER u. a.[8]). Ausnahmen von dieser Regel kommen nach beiden Seiten hin vor. So beschreiben neuerdings E. BECKER, STRAUSS[9]

---

1 Wiener urolog. Gesellschaft 17, VI. 1920. Zeitschrift f. urolog. Chirurgie VI. S. 143. 2 Zeitschrift f. urolog. Chirurgie Bd. VI. S. 92. 3 PFLÜGERS Archiv Bd. V. 4 Deutsche Zeitschrft. f. Chir. Bd. 14. 5 Americ. journ. of the med. sciences. Bd. 166. 1923. 6 Journal of urol. Bd. 4. S. 379. 1920. 7 Klin. u. exper. Untersuchungen über die infekt. Erkrank. d. Harnwege. Berlin 1898. 8 Zeitschrft. f. Urol. Bd. 1 (Lit.). 9 Zeitschrft. f. Urol. Bd. 13. 1919.

u. a. während der Kriegszeit beobachtete Zystopyelitiden mit leukozytenreichem, aber bakterienfreiem Urin. Andererseits kommt auch eine Ausscheidung von Bakterien durch den Harn vor, ohne daß die Blase zystitische Veränderungen zeigt. Im Tierexperiment kann man, wie schon oben bei der Besprechung der Pyelitis erwähnt wurde, nur dann eine Veränderung der Blasen- und Nierenbeckenschleimhäute erzielen, wenn gleichzeitig für eine Harnstauung gesorgt ist oder wenn, wie in den Versuchen von BUMM[1], die Blasenschleimhaut traumatisch geschädigt worden ist.

Es besitzt also die in der Norm bakterienfreie Schleimhaut der Blase und des Nierenbeckens einen gewissen Schutz gegen Bakterien, und es gehören außer den Bakterien noch bestimmte andersartige Schädigungen dazu, um einen Blasenkatarrh auszulösen. Von solchen Schädigungen kennt man vor allem traumatische. Die Gynäkologen beobachten besonders häufig postoperative Zystitiden, wenn die Blase aus ihrer Verbindung mit der Nachbarschaft weitgehend gelöst worden war (STOECKEL[2]), und auch die im Wochenbett auftretenden Zystitiden sind wohl auf solche traumatische Schädigung der Blasenwand zurückzuführen. Sehr viel schwieriger zu beurteilen sind schon die Zystitiden bei Harnstauung. Man nimmt wohl meist an, daß es hierbei die Zersetzungsstoffe des Harns, in erster Linie aus dem Harnstoff gebildetes Ammoniak sind, die die Schleimhaut der Blase reizen (LEUBE[3]). Nach den Untersuchungen von LEUBE gibt es keine Harnstoffzersetzung normalen Urins ohne Bakterien, was MUSCULUS eine Zeitlang angenommen hatte. Außer durch Ammoniak kann aber möglicherweise die Schleimhaut der Blase auch durch allerlei andere chemische Körper, die ihr mit den Harn zugeführt werden, in einen Reizzustand kommen.

Als leichtesten Grad solcher Reizung hat man den während des Krieges allgemein beobachteten vermehrten Harndrang (Pollakisurie) aufgefaßt. Als Ursache der **Pollakisurie** werden für einzelne Fälle ammoniakalische Gärungen angenommen (FREUDENBERG[4]), sonst sieht man die Erklärung in alten Zystitiden, psychichsen Momenten, Erkältungen u. dgl. (STRAUSS). Ferner glaubte man, daß irgendein chemischer Körper, der aus der Nahrung herstammt und mit dem Urin ausgeschieden wird, einen solchen Blasenreiz bedingen könne. Diese Annahme ist jedoch bis jetzt nicht bewiesen. In über mehrere Monate hin durchgeführten Selbstver-

---

1 Zit. nach STOECKEL, Handbuch d. prakt. Chir. Bd. 4. S. 843. 4. Aufl.
2 Handbuch d. prakt. Chir. Bd. 4. S. 843. 4. Aufl. 3 VIRCH. Arch. Bd. 100.
4 Münch. med. Wochenschr. 1918. S. 277; hier Disk.

suchen bekam ich immer nur eine Pollakisurie, die durch Polyurie bedingt war, und diese Polyurie hatte ihre Ursache fast ausschließlich in der erhöhten Zufuhr von Kalisalzen, wie sie in der Kartoffel und anderen vegetarischen Nahrungsmitteln enthalten sind. Andrerseits muß man den Blasenkatarrh nach Genuß jungen Bieres doch wohl als einen Reiz der Blase durch irgend einen chemichen Körper auffassen. Geklärt ist also diese Frage noch nicht.

Am besten unterrichtet sind wir über die Reizzustände der Blasenschleimhaut durch chemische Körper, bei **Anilinarbeitern** (REHN[1], LEUEBERGER[2], OPPENHEIMER[3]). Daß hier dieser Reizzustand der Blase schließlich zu **Blasenkrebs** führt, ja daß die eigentliche Zystitis ganz zurücktreten kann, macht keinen grundsätzlichen Unterschied. Die Tatsache bleibt bestehen, daß bei Arbeitern in Anilinfabriken durch Ausscheidung eines chemischen Körpers (LEUEBERGER vermutet eine hydroxylierte aromatische Amidoverbindung), ein chronischer, oft erst nach Jahren zur Geltung kommender Reiz auf die Blasenschleimhaut ausgeübt wird. Die Arbeiter haben vielfach schon Jahre lang nichts mehr mit den gefährlichen chemischen Körpern zu tun, wenn sie an Karzinom erkranken (OPPENHEIMER).

Noch weniger als über solche chemische Körper, die, im Urin gelöst, die Blasenschleimhaut reizen, wissen wir von anderen Schädigungen der Blasenschleimhaut. Die „Erkältung" spielt ja hier eine große Rolle, und zwar besonders in der Art der lokal auf die Blasengegend wirkenden Kälte. Daß Frauen nach zu kalten Ausspülungen zystitische Beschwerden bekommen ist bekannt, ebenso, daß sich bei Prostatikern häufig eine plötzliche Harnverhaltung einstellt, wenn sie z. B. auf einem kalten Stein gesessen haben oder mit bloßen Füßen auf einem kalten Boden gestanden zu haben. Wie weit es sich in diesen Fällen um Zystitis, wie weit um funktionelle Störungen des Sphinkter handelt, wissen wir aber nicht (ROCHET).

Verletzungen der Harnblase kommen, abgesehen von den Schuß- oder Stichverletzungen in der überwiegenden Mehrzahl der Fälle dadurch zustande, daß ein Schlag auf den Bauch die gefüllte Blase trifft. Über das Physikalische und Physiologische einer Blasenruptur geben die experimentellen Arbeiten von HOUEL[4], DITTEL[5], ULLMANN[6], WALLNEY[7], STUBENRAUCH[8], BRANDL[9], sowie

1 Arch. f. klin. Chir. Bd. 50. 2 BRUNS' Beiträge Bd. 80 (Lit.). 3 Münch. med. Wochenschr. 1920. Nr. 1. 4 Thèse de Paris 1857. 5 Wiener med. Wochenschrift 1886. 6 Ebendort 1887. 7 Diss. Greifswald 1866. 8 Arch. f. klin. Chir. Bd. 51. 9 Ebendort Bd. 55.

die klinischen Mitteilungen von BARTEL[1], RIVINGTON[2], v. BECK[3] u. a. Auskunft. HOUEL, DITTEL, ULLMANN und v. STUBENRAUCH untersuchten zunächst, wie groß der Druck sein muß, der die Blase zum Zerreißen bringt, indem sie die Blase mit Flüssigkeit füllten. v. STUBENRAUCH fand dann, daß „die durchschnittliche Belastung, bei welcher ein Blasenwandstreifen von der Breite eines Zentimeter — ohne Rücksicht auf Dicke der Blasenwand — eben zerreißt, annähernd 1,5 kg beträgt". Wurde der Druck bestimmt, bei dem die Blase durch Einfüllung von Wasser gerade gesprengt wurde, so waren die Zahlen etwas weniger gleichmäßig. Im Durchschnitt betrug bei dieser Versuchsanordnung der Druck 0,5 kg, in einzelnen Versuchen nur 0,15 kg; ebenso wechselnd war die Flüssigkeitsmenge, mit der die Blase gefüllt werden mußte, um sie zu zerreißen. Nach DITTEL und ULLMANN schwanken die Zahlen von 300 ccm bis 5000 ccm Wasser. Es zeigen diese Zahlen, daß man in praxi nicht sicher sagen kann, wie stark man etwa eine Blase vor der Operation füllen darf, ohne eine Ruptur befürchten zu müssen. Auch die Elastizität der Blase hat STUBENRAUCH im Hinblick auf die traumatischen Blasenrupturen untersucht, ist aber selbst der Ansicht, daß seine an der Leiche gefundenen Zahlen für die Verhältnisse an Lebenden nichts beweisen. Besser als durch die geschilderten Versuche, mit Füllung der Blase von der Harnröhre aus eine Zerreißung des Organs zu bekommen, werden die natürlichen Verhältnisse durch die Versuche BERNDTS nachgeahmt, der die Harnblase bis zu einem gewissen Grade mit Wasser füllte und dann einen Schlag gegen den Bauch der Leiche führte; denn die praktisch wichtige Frage bei den Harnblasenverletzungen ist, wie BERNDT sehr richtig betont, die, wie es kommt, daß die Harnblase nicht nur an ihrer hinteren und oberen Wand, wo sie frei liegt und getroffen wird, platzt, sondern auch sehr oft vorne und unten, selbst wenn ein Schlag gegen den Bauch die Blase von oben getroffen hat. BERNDT kommt auf Grund seiner Versuche zu der Anschauung, daß durch eine, die Blasenwand treffende stumpfe Gewalt der Innendruck gesteigert wird, und daß nun die Blase dort zerreißt, wo sie von ihrer Umgebung den geringsten Gegendruck erfährt. Bei der sehr stark gefüllten Blase sind es die oberen und hinteren Partien, bei der weniger gefüllten Blase sind es die dem nachgiebigen Beckenboden anliegenden (vgl. auch FROMME[4]). Druck gegen die benachbarten Knochen z. B. das Promontorium, spielt beim Zustandekommen der Blasenrupturen wohl

---

1 Arch. f. klin. Chir. Bd. 22. 2 Lancet 1882. 3 Deutsche Zeitschrift f. Chir. XIX. 4 Zentralbl. f. Chir. 51. 1924. S. 101.

nicht die Rolle, die man ihm eine Zeitlang beigemessen hat (BARTELS). Die Richtung des Risses soll nach BERNDT meist längs verlaufen, was er, ebenso wie v. STUBENRAUCH, auf die Anordnung der Muskulatur zurückführt, während BARTELS angibt, daß die Richtung des Blasenrisses wechsle. Der Einriß der Blase erfolgt meist von innen nach außen, deshalb findet man gar nicht selten unvollkommene Blasenverletzungen d. h. nur Einrisse der Schleimhaut, die prognostisch natürlich viel günstiger sind.

Für die Behandlung einer Blasenzerreißung wesentlich ist weiterhin, ob das Peritoneum mit zerrissen ist oder nicht; in ersterem Falle ergießt sich der ganze Urin in den Bauchraum und die Blase ist leer. Auffallend ist bei solchen Patienten der starke Harndrang; es wurde schon oben erwähnt, daß wir die Ursache des Harndranges im allgemeinen nicht kennen. Für den Harndrang bei Blasenruptur wird man jedenfalls das Eindringen von Harn in die Pars prostatica (POSNER) nicht verantwortlich machen können, jedoch wissen wir weder, wie bald nach der Verletzung dieser Harndrang auftritt, noch ob er vom Sitze des Risses abhängig ist. Bei den Blasenverletzungen mit gleichzeitiger Verletzung des Bauchfells kommt es zu einer reichlichen Resorption von Urin, wie die Untersuchungen von OEHLECKER[1] und ROST[2] gezeigt haben. OEHLECKER fand bei seinen Patienten eine Erhöhung des Gefrierpunktes im Blute. ROST konnte in Tierversuchen an der Steigerung des Reststickstoffes im Blute nachweisen, daß die Tiere bei intraperitonealer Blasenzerreißung an Urämie zugrunde gehen und zwar früher als eine Peritonitis vorhanden ist, was insofern eine praktische Bedeutung hat, als man bei Verdacht auf intraperitoneale Blasenruptur mit der Operation nicht bis zum Nachweis einer Peritonitis warten darf. Auch WILLGERODT[3] beobachtete bei einem Tier, dessen Urin er in die Bauchhöhle leitete urämische Erscheinungen, an denen das Tier starb. Auch er fand bei der Sektion das Peritoneum normal.

Wunden der Harnblase verheilen sehr rasch, ebenso ist die **Regenerationsfähigkeit der Harnröhre** eine außerordentlich große, so daß z. B. VIRGLI[4], der systematisch experimentell gesetzte Harnblasenwunden untersuchte, nach Monaten die Narbe kaum mehr auffinden konnte. Wegen dieser ausgezeichneten Heilungsneigung gelingt es auch so gut andere Gewebe, wie Netz oder Darm auf einem Blasenloch zur Anheilung zu bringen (ENDERLEN[5], v. BRUNN[6],

---

1 Deutsche med. Wochenschrift 1912. 2 Münchener med. Wochenschrift 1917. 3 Inaug. Diss. Straßburg 1897. 4 Chirurgenkongreß-Zentralbl. IV. 5 Deutsche Zeitschrfft f. Chir. Bd. 55. 6 Deutsche Zeitschrift f. Chir. Bd. 73.

NAGANO[1]). ROST sah bei Hunden wiederholt eine rasche Verheilung von großen Schnitten, durch die eine breite Verbindung von der Blase zum Bauchraum geschaffen war, ohne daß eine operative Deckung vorgenommen worden wäre und DELFINE[2] beobachtete bei Hunden, denen er fast die ganze Blase entfernt hatte, daß sich eine neue Blase gebildet hatte, ohne daß die Wundränder vernäht worden wären. Auch die Harnröhre regeneriert sich sehr schnell und sicher. Das sieht man besonders an den mehrere Zentimeter langen Defekten nach Prostatektomie, die in wenigen Wochen durch eine neue Harnröhre ersetzt sind. Experimentell konnte INGIANNI[3] zeigen, daß nicht nur das Epithel, sondern auch die Corpora cavernosa in kurzer Zeit durch Aussprossung die Lücke schließen, während die Muskulatur sich nicht regeneriert. Das neugebildete Epithel ist anfangs einschichtig, später mehrschichtig.

Das Krankheitsbild, das wohl am häufigsten zu erschwerter Harnentleerung führt, ist die **Prostatahypertrophie**[4]. Nach LOESCHKE[5] MARION[6], LENDORF[7], ADRION[8], JACOBY[9] u. a. entwickelt sich der adenomatöse Tumor, den wir Prostatahypertrophie nennen, aus den urethralen Prostatadrüsen, die Muskelzüge der Prostata auseinanderdrängend. Über die Entstehungsursache der Prostatahypertrophie wissen wir trotz der vielen bestehenden Theorien so gut wie gar nichts sicheres, nur kann man auf Grund genauer pathologisch-anatomischer Untersuchungen sagen, daß die in der vergrößerten Prostata vorkommenden Entzündungsprozesse wohl sekundärer Natur sind (RUNGE[10], im Gegensatz zu ROTSCHILD[11]). Die alte GUYONsche Ansicht, daß die Prostatahypertrophie Folge einer allgemeinen Arteriosklerose sei, engt LÖSCHKE dahin ein, daß nur diejenigen Äste der die Prostata versorgenden Arterie arteriosklerotische Veränderungen zeigten, die zu dem hypertrophierenden Anteil gehören.

Etwas besser als über die Entstehungsursache sind wir über den Mechanismus der erschwerten Harnentleerung bei Prostatahypertrophie unterrichtet. Die Annahme, daß die vergrößerte Prostata das Lumen der Harnröhre verengert, also in ähnlichem Sinne wirkt, wie eine Striktur, ist sehr naheliegend, aber unrichtig, wie dadurch bewiesen wird, daß das Einführen

---

1 BRUNS' Beitr. Bd. 38. 2 Zeitschr. f. urol. Chir. Bd. 8. 1922. 3 Deutsche Zeitschrift f. klin. Chir. Bd. 54. 1900. 4 v. FRISCH im Handbuch d. Urol. herausg. v. FRISCH-ZUCKERKANDL, HIRT, Ergebn. d. Chir. Bd. 1. SCHLANGE im Handbuch d. prakt. Chir. Bd. IV. 5 Naturhist. med. Verein Heidelberg 1919. 6 Fol. urol. Bd. 5. 7 Arch. f. klin. Chir. 97. S. 467. 8 ZIEGLERS Beitr. Bd. 70. 1922. 9 Zeitschr. f. orol. Chir. Bd. 14. 10 Mitteil. a. d. Grenzgebieten Bd. 20. 11 Fol. urol. Deutsche med. Wochenschrift 1909. Nr. 33.

eines dicken Katheters durchaus keine Schwierigkeiten macht, wenn der Katheter nur die richtige Biegung besitzt. Vorhandene Schwierigkeiten beim Katheterisieren eines Prostatikers werden deshalb nicht dadurch behoben, daß man einen dünnen Katheter benutzt! Die Blasen-Harnröhrenausgüsse von REERINK[1] haben mit Sicherheit erkennen lassen, daß bei Prostatahypertrophie die Pars prostatica der Harnröhre nicht verengert sondern erweitert ist. Die verschiedenen Theorien, die die Harnverhaltung der Prostatiker mit allen möglichen mechanischen Besonderheiten an der Harnblasenöffnung oder Harnröhre in Verbindung bringen wollen, wie Klappenbildung, Ventilbildung usw. haben nur für Einzelfälle Gültigkeit. Im allgemeinen gut begründet erscheint die Annahme von LENDORF[2], daß bei einer bestehenden Prostatahypertrophie sich der Sphincter internus deshalb nicht erweitern kann, weil sich die Geschwulst zwischen Muskellage und Schleimhaut der Harnröhre entwickelt, wodurch die Muskulatur von dem Schleimhautrohr abgedrängt wird. Vielleicht ist auch durch die wachsende Geschwulst die Längsmuskellage geschädigt, die, wie oben gesagt wurde, von der Blase bis zur Pars bulbosa urethrae geht (PLESCHNER[3]) und die Aufgabe hat, die Harnröhre offen zu halten, obgleich PRÄTORIUS[4] den Wert dieser Längsmuskel nicht sehr hoch einschätzt. Die hintere Harnröhrenwand wird weiterhin durch die Geschwulstmassen starr und unnachgiebig. Nun nehmen bei Prostatikern im allgemeinen die Beschwerden beim Wasserlassen nicht von leichten Störungen anfangend, allmählich zu bis zur völligen Harnverhaltung, sondern eine solche Harnverhaltung kann ganz plötzlich überraschend kommen und nach einmaligem Kathetern für Jahre oder dauernd behoben sein. Wie kommt es zu dieser plötzlichen Harnverhaltung? Wir wissen darüber nichts sicheres. Im allgemeinen nimmt man ein Versagen des Detrusor an, bedingt z. B. durch Überfüllung der Blase, nach vorhergegangener, über das Gewöhnte hinausgehender Flüssigkeitszufuhr (DE QUERVAIN[5]). Andere Autoren verlegen umgekehrt die akuten Störungen in den Sphinkter (GUYON, SCHLANGE[6], WILMS[7]), sprechen von einer Art Entzündung oder Schwellung der Prostata, wodurch der Sphinkter an seiner Aufgabe, die Harnblasenmündung zu öffnen, gehindert würde. Hierfür spricht, daß die Prostata bei solchen akuten Harnverhaltungen sehr ödematös ist und daß, wenn man in diesem Stadium die Prostatektomie ausführt häufig

1 Deutscher Chirurgenkongreß 1903 u. 1904. 2 Arch. f. klin. Chir. Bd. 97. 3 Zeitschrift f. urolog. Chir. Bd. V. S. 148. 1920. 4 Zeitschrift f. Urol. Bd. 17. 1923. 5 Chirurgische Diagnostik. F. C. W. Vogel, Leipzig. 3. Aufl. S. 429. 6 Handbuch d. prakt. Chir. Bd. IV. 7 Münchener med. Wochenschrift 1916.

schwere septische Allgemeininfektionen entstehen. Offenbar deshalb, weil man in einem akut-entzündlichem Gebiete operiert hat. LEGUEU[1] setzt die akute Harnverhaltung der Prostatiker in Vergleich zu der reflektorischen, die wir ja nach Operationen sehr oft auch bei Patienten ohne Prostata sehen. Im wesentlichen kommen alle diese Vorstellungen auf das gleiche heraus: die Öffnungsmöglichkeit des Sphinkter ist gestört. RINGEL[2] ist der Ansicht, daß die Erschwerung des Wasserlassens, ebenso wie die plötzlich einsetzende vollständige Harnverhaltung ihren Grund in einer durch die Vergrößerung der Vorsteherdrüse bedingten Knikkung der Harnröhre habe. Eine plötzliche übermäßige Füllung der Blase soll dann diese Abknickung zu einer vollständigen machen.

Als Folge der Harnstauung hypertrophiert die Muskulatur der Blase. Es kommt zur sogenannten Balkenblase.

Hier sei ein interessanter Versuch von CARCY[3] eingeschaltet, der bei einem vier Wochen alten Hund mit Hilfe einer Blasenfistel einen ständigen Überdruck in der Blase erzielte und dann die Umwandlung der glatten in quergestreifte Muskulatur beobachten konnte. Beim Menschen ist Ähnliches nicht bekannt.

Zwischen den durch die vorspringenden Muskelzüge bedingten Balken stülpt sich die Schleimhaut zu kleinen Divertikeln aus. An der Entstehung dieser Blasendivertikel sollen entzündliche Prozesse wesentlich beteiligt sein (SUGIMURA[4], SIMON[5] u. a.). Die Harnstauung setzt sich aber noch weiter nach aufwärts fort; es kommt zur Erweiterung des Nierenbeckens und allmählicher Vernichtung der Niere mit all den funktionellen Störungen, die wir im einzelnen oben besprochen haben.

Werden diese gewucherten adenomatösen Knoten nun entfernt, wird also das ausgeführt, was wir eine Prostatektomie zu nennen pflegen, so kann und wird sich die Verschlußfähigkeit der Blase wieder mit Hilfe der zurückgelassenen Prostatareste und Muskellagen herstellen. Der Patient kann wieder Urin lassen und halten, wie in jungen Jahren. Diese Kontinenz, wie man das nennt, tritt aber selbst nach vollständiger Entfernung der Prostata, z. B. wegen Karzinom in der Mehrzahl der Fälle ein. Ob hier einzelne Muskelbündel der Harnblase die Funktion eines Blasenschließmuskel übernehmen, ist nicht bekannt. Man beobachtet ferner nicht ganz selten, daß diese ja alle dem Greisenalter angehörenden Patienten nach der Operation aufblühen und daß die erloschenen sexuellen Fähigkeiten wiederkehren. Wir werden auf diese soge-

---

1 Progres méd. 47. 1920. 2 Deutsche Zeitschrift f. Chir. Bd. 158. S. 269. 3 Americ. journ. of anat. Bd. 29. 1921. 4 VIRCHOWS Archiv Bd. 204. 1911. 5 Zeitschrift f. urolog. Chir. Bd. VI.

nannte „Verjüngung", die augenblicklich sehr viel besprochen wird, nachher noch einzugehen haben. Hier sei nur so viel gesagt, daß wir bisher keinen Anhalt dafür haben, daß dieses Aufblühen der Patienten nach Prostatektomie auf eine Zunahme der inneren Sektretion des Hodens (STEINACH) zu beziehen ist, daß wir vielmehr zunächst diese Änderung in der allgemeinen Körperbeschaffenheit von Kranken nach Prostatektomie auf den Fortfall der Harnstauung, die Erholung der Niere und auf psychische Einflüsse beziehen müssen (FISCHER[1], LIESCHIED[2] u. a.).

Die Ausschälung des gewucherten Knotens der Prostata, die sogenannte **Prostatektomie** ist jetzt zweifellos die am besten begründete und deshalb am meisten geübte Art, die Prostatahypertrophie zu behandeln. Jetzt nur noch selten angewendet hat daneben eine Zeitlang die Durchtrennung des Vas deferens auch die Kastration oder Bestrahlung des Hodens eine große Rolle bei der Behandlung der Prostatahypertrophie gespielt (WHITE[3], ENGLISCH[4], ROVSING[5], GRUNERT[6], KÖNIG[7], WILMS-POSNER[8]). Diese Operationen gingen von dem richtigen Gedanken aus, daß zwischen Prostata und Hoden bestimmte Beziehungen bestünden. Wir wissen von Sektionen an Eunuchen, und zwar sowohl menschlichen als tierischen, daß die Entfernung der Hoden besonders in der Jugend (WALTHARD[9]) zu einer Atrophie der Prostata und der Samenblasen führt. Man hat infolgedessen angenommen, daß auch die Besserungen von Beschwerden bei Prostatikern nach solchen „sexuellen Operationen" (WHITE[3], ENGLISCH[4], HABERER[10]) auf einer Schrumpfung der Geschwulstknoten beruht, etwa so wie die Myome des Uterus bei Entfernung oder Zerstörung der Ovarien verschwinden. Es ist jedoch die Prostata entwicklungsgeschichtlich etwas ganz anderes als der Uterus und dann ist tatsächlich bisher in keinem Falle, der durch Sektion nachgeprüft werden konnte, eine Verkleinerung der Geschwulstknoten in der hypertrophischen Prostata nach Kastration oder Vasektomie festgestellt worden (SCHLANGE). Wahrscheinlich beruht das Nachlassen der Beschwerden bei den so operierten Patienten nur auf einem Abschwellen der geschwollenen Prostata, nicht auf einer Verkleinerung des eigentlichen Adenom.

Die gleichen Beschwerden beim Wasserlassen, wie bei der Prostatahypertrophie finden wir auch bei der sogenannten

---

1 Therapeutische Halbmonatsschrift 1920. 2 Ztschr. f. urol. Chir. Bd. 16. 1924. 3 Ann. surg. Philadelphia 1893. 4 Wien. med. Wochenschr. 1896. 5 36. Chirurgenkongreß. 6 Münchener med. Wochenschrift 1907. 7 Münch. med. Wochenschrift 1906. 8 Münch. med. Wochenschrift 1911. Nr. 36. 9 Zeitschrift f. urol. Chir. Bd. 8. 1921. 10 Med. Klinik 1921. 403.

Prostataatrophie, der zu kleinen Prostata. Bei uns hat BARTH[1] als erster die Aufmerksamkeit auf dieses Krankheitsbild gelenkt. In letzter Zeit mehren sich die Veröffentlichungen über Prostataatrophie und jeder vielbeschäftigte Chirurge verfügt wohl über entsprechende Fälle (KÜMMELL[2], MÜLLER[3], POSNER-WILMS[4], WERTHER[5], CAESAR[6], RITTER[7], ZACHERL[8], PRÄTORIUS[9] u. v. a.). Offenbar werden hier eine Anzahl Krankheitsbilder miteinander vereinigt. Neuerdings hat PRÄTORIUS[9] hier eine gewisse Einteilung getroffen. Danach gibt es erstens entzündliche Sklerosen der Vorsteherdrüse, bei denen sich ein starrer Ring am Übergange von der Blase zur Harnröhre findet, den man mit dem Messer durchtrennen muß, um den Sphinkter wieder seine Ausdehnungsmöglichkeit zu geben. Das sind günstige Fälle für die Bottinische Operation. Dabei ist dieser entzündliche Narbenring nicht so enge, daß nicht ein Bougie von mittlerer Weite bequem hindurch gehen würde. Eine Prostataatrophie kann weiterhin dadurch entstehen, daß Adenomknoten in der Prostata degenerieren und schrumpfen. Schließlich wird es sich in manchen Fällen um angeborene Mißbildungen handeln (Eunuchenprostata), wobei hervorzuheben ist, daß ein Teil der Kranken, die später wegen Prostataatrophie zu uns kommen, schon in früherem Lebensalter gewisse nervöse Harnbeschwerden haben, z. B. nicht in Gegenwart anderer Leute Wasser lassen können. Wegen dieser nervösen Beschwerden hat man auch von einem Dauerspasmus des Sphinkters der Blase (WILMS[10]) bei Prostataatrophie gesprochen, doch gelingt es bei der Prostataatrophie nicht durch Einspritzung anästhesierender Flüssigkeit um die Prostata herum, die Harnbeschwerden zu beseitigen.

Ein weiteres Krankheitsbild der **Prostata,** das Erwähnung verdient, ist die **Steinbildung.** Nach einer Zusammenstellung von GLÄSEL[11] waren bis 1914 etwa 54 Fälle bekannt. Sie entwickeln sich aus den bekannten Corpora amylacea (vgl. POSNER[12]). Die Bildung dieser Prostatasteine wird wohl ähnlich vor sich gehen wie die Gallensteinbildung, was besonders H. L. POSNER[13] auf Grund seiner Studien über Prostatalipoide betont. Unter den Entstehungsursachen spielt die Gonorrhoe eine gewisse Rolle, die aber wohl nur auf dem Umweg der Narbenbildung wirkt. Ich

---

1 Chirurgenkongreß 1911. 2 Ärztlicher Verein Hamburg 1917 u. Verein nordwestdeutscher Chir. 1912. 3 Verein nordwestdeutscher Chirurgen 1912. 4 Zeitschrift f. Urologie 1913. 5 Zentralblatt f. Chirurgie 1913. 6 Zeitschrift f. Urologie 1917. 7 Deutsche Zeitschrift f. Chirurgie 147. 8 Inaug.-Dissertation. Heidelberg 1917. 9 Zeitschr. f. urol. Chir. Bd. 17. 1923. 10 Innere Sekretion II. Aufl. 2. Teil. S. 341. 11 Inaug.-Dissertation. Heidelberg 1914. 12 Zeitschrift f. kl. Medizin Bd. 16. 13 Zeitschrift f. Urolog. Bd. V. 1911.

beobachtete vor einiger Zeit einen Fall von großem Prostatastein bei einem Herren, der im Jahre 1866 einen Beckenschuß mit Verletzung der Prostata gehabt hatte.

Die **akut eitrigen Entzündungen der Prostata** können hier übergangen werden.

Die **normale Funktion der Prostata** besteht einmal darin, daß von ihr dem Sperma ein wässeriges Sekret beigemengt wird, um die Spermatozoen beweglich zu machen (FÜRBRINGER[1]). Zweitens hat die Prostata vielleicht auch noch eine Art innerer Sekretion. Doch sind bisher unsere wirklichen Kenntnisse hierüber sehr gering und die vorliegenden Arbeiten durchaus nicht einwandfrei (vgl. BIEDL[2]). Angeführt sei nur, daß MACHT[3] bei Verfütterung von Prostatagewebe an Kaulquappen eine Beschleunigung der Metamorphose und des Wachstums gefunden hat und glaubt dies mit einer „inneren Sekretion" der Prostata erklären zu können. Eine Änderung im psychischen Verhalten nach Entfernung der Prostata konnte MACHT hingegen nicht nachweisen.

Die der Harnröhre anliegenden **LITTRÉschen und COOPERschen Drüsen** sind echte Drüsen, die bei Einführung von Pilokarpin stärker sezernieren (PERUTZ[4]).

Die Bedeutung des Hodens als Organ der inneren Sekretion erkennen wir am besten an den Folgen der **Kastration.** Nach RIBBERT u. a. soll nach einseitiger Hodenentfernung der andere hypertrophieren, jedoch scheint das nach den Untersuchungen von LIPSCHÜTZ[5] nicht zu stimmen, wenigstens nicht bei Erwachsenen. Bei der doppelseitigen Kastration wegen Tuberkulose sind die Ausfallserscheinungen im allgemeinen sehr geringfügig; vor allem treten psychische Störungen nur selten auf (v. BRAMANN-RAMMSTEDT[6]). Hochgradige Fettsucht nach Kastration wegen Tuberkulose beobachtet man aber doch gelegentlich. Bei Kastration wegen Hodenverletzungen sind Ausfallserscheinungen auf psychischem Gebiet häufiger vorhanden. LICHTENSTERN[7] gibt bei einem sehr genau beobachteten Fall an, daß melancholische und Depressionszustände bestanden hätten, unruhiger Schlaf, Aufschreien im Schlaf usw. und BAUER[8] schildert gewisse Eigenbrödeleien bei einem Manne, der mit 25 Jahren kastriert worden war. Ganz zweifellos ändert sich das Temperament nach der Kastration; der Kastrierte ist ruhiger und phlegmatischer, eine Tatsache, die man ja seit

1 NOTHNAGELS Handbuch d. inn. Med. Bd. 19. 2 Innere Sekretion. II. Aufl. 2. Teil. S. 341. 3 Journal. of urol. Bd. 4. 1920 u. Bd. 5 1921. 4 Klinische Wochenschr. 1922. 5 Journ. of physiol. Bd. 56. 1922. 6 Handbuch d. prakt. Chir. Bd. 4. S. 1066. 4. Aufl. 7 Münchener med. Wochenschrift 1916. Nr. 19. 8 Konstit. Disposition zu inneren Erkrankungen 1917. S. 97.

langer Zeit in der Tier-, vor allem Pferde- und Rindviehzucht verwertet. Der vom Gehirn ausgelöste Geschlechtstrieb soll nach Kastration ungestört bleiben; nach TANDLER und GROSS[1] muß man aber alle Angaben über Potenz bei Kastrierten mit großer Vorsicht aufnehmen, und jedenfalls liegen Beobachtungen vor (LICHTENSTERN), daß alle diese Geschlechtsfunktionen nach Kastration vollständig daniederlagen.

Nach MELCHIOR und NOTHMANN[2] findet sich sowohl im Tierversuch als auch beim Menschen nach teilweisem oder völligem Hodenverlust eine Änderung der elektrischen Erregbarkeit der peripheren Nerven, ähnlich wie bei Tetanie (Übererregbarkeit).

Für den Chirurgen ist es nun von größtem praktischen Interesse, zu wissen, ob diese Ausfallserscheinungen lediglich Folge der inneren oder auch Folge der äußeren Sekretion des Hodens sind. Die Frage ist in zahlreichen Tierversuchen studiert worden. So konnte HUNTER nachweisen, daß Hähne, die ihre männlichen Charakteristika nach der Kastration verlieren (Kapaune), sie nach Einpflanzung des Hodens an einer anderen Körperstelle behalten. Diese Versuche wurden verschiedentlich mit gleichem Erfolge nachgeprüft (zit. nach LICHTENSTERN). Bei Säugetieren (Ratten) hat STEINACH[3] derartige Versuche in großem Maßstabe durchgeführt und gezeigt, daß die Störungen nach Kastration, in erster Linie die Atrophie des Genitales, ausbleibt, wenn die Hoden in die Bauchmuskulatur verpflanzt werden. Man kann aus den STEINACHschen Versuchen wohl entnehmen, daß manche geschlechtspezifische Eigenschaften nur Folge des inneren Sekrets der Geschlechtsdrüsen sind. Nach Steinach[4], TANDLER[5] u. a. soll die innersekretorische Funktion des Hodens an die Zwischenzellen gebunden sein, eine Annahme, die von STIEVE[6] u. a. abgelehnt wird. Geklärt ist diese Frage noch keineswegs (s. bei Hodentransplantation).

Die ausgesprochensten Störungen nach Kastration beobachtet man bei Leuten, die in der Jugend kastriert worden sind, was ja vielfach Volks- oder religiöser Gebrauch ist (TANDLER und GROSS[7] l. c.). Im Körperlichen ist zunächst der abnorme Fettansatz auffällig, der auf Änderungen des Stoffwechsels hinweist. Wie die Stoffwechselversuche gezeigt haben, besteht eine

1 Arch. f. Entwicklungsmech. 27, 29, 30 u. Wiener klin. Wochenschr. 1907, 1908, 1910. 2 Mitt. aus d. Grenzgeb. 34. 1922. S. 612. 3 PFLÜGERS Arch. Bd. 56. 1894 u. Zentralbl. f. Physiol. Bd. 24 u. 27. 4 PFLÜGERS Archiv 56 u. 124. 5 Anzeigen d. Wiener Akademie. 1910. 6 Pathologenkongreß 1921. Sonderabdruck aus d. Erg. d. Anat. Bd. 23. 1921. 7 Erg. der Anatomie u. Entwicklungsgegeschichte. Bd. 23. 1921.

Verminderung der Oxydationsvorgänge bei Kastraten, während wir über andere Einzelheiten des Stoffwechsels, vor allem über den Salzstoffwechsel, weniger genau unterrichtet sind. Der abnorme Fettansatz betrifft einzelne Stellen des Körpers, wie die Hüften, die Brust u. a. besonders stark. Haustiere, wie Schweine und Hühner, kastriert man deshalb, um eine bessere Mast zu erzielen. Das Knochenwachstum ist gesteigert, ob als direkte Folge der Kastration oder als indirekte auf dem Umwege des Thymus ist nicht geklärt. Die Involution der Thymus hängt ja, wie noch auszuführen sein wird, enge mit der Entwicklung des Hodens zusammen. Es bleibt aber trotz seiner Größe der Körperbau des Kastraten, besonders der Kehlkopf, auf einer infantilen Stufe stehen. Die Behaarung am Körper fehlt, während das Kopfhaar reichlich entwickelt ist. Die Stimme bleibt hoch. Daß an manchen dieser Ausfallerscheinungen bei Hodenentfernung nicht das innere Sekret, sondern irgend eine andere vielleicht „mechanische" Ursache Schuld ist, zeigten Beobachtungen von GUELLIOT u. KÜTTNER[1] Letzterer hatte einem 11 jährigen Jungen wegen einseitiger Retentio testis den einen Hoden in den Hodensack heruntergeholt und beobachtete, bei rascher Größezunahme des Hodens 6 Wochen nach der Operation ein Wachstum der Schamhaare ausschließlich auf der operierten Seite. Offenbar hing hier das Wachstum der Schamhaare nicht nur von den Inkreten des Hodens ab, sondern von einem Reiz, den der wachsende Hoden auf die Skrotalhaut ausübte.

Außer bei operativer Kastration kommen Änderungen im Fettansatz und Längenwachstum auch als konstitutionelle Erkrankungen oder Besonderheiten vor. Hier handelt es sich gewöhnlich um Änderung in der Tätigkeit mehrerer Drüsen mit innerer Sekretion, nicht der Hoden allein. Vor allem ist die Hypophyse beteiligt. Auch die Hypophyse liefert in derartigen Fällen zu wenig Sekret (Hypofunktion). Man nennt diese Entwicklungsstörung **Eunuchoidismus** und unterscheidet nach BAUER (l. c. S. 95) „zwei recht verschiedene Habitusformen, den eunuchoiden Hochwuchs mit dem grazilen Körperbau und den langen Extremitäten von dem eunuchoiden Fettwuchs". Oft ist eine faltenreiche runzliche Beschaffenheit der Gesichtshaut bei solchen eunuchoiden Zuständen sehr ausgesprochen; sie gibt dem Gesicht der Patienten etwas Greisenhaftes (Geroderma). Wahrscheinlich ist diese Veränderung auf den Ausfall des Hodensekrets zu beziehen (BAUER). Das Umgekehrte, nämlich eine genitale **Frühreife**, ist wiederholt bei Hodentumoren und Ovarialtumoren der Kinder beschrieben

1 Chirurgenkongreß 1922.

worden, z. B. Karzinom des Hodens (SACCHI, zit. nach BAUER); es trat z. B. bei einem 9jährigen Jungen Bartwuchs, Tieferwerden der Stimme, Behaarung des Stammes, Libido usw. auf, und alle diese Erscheinungen verschwanden nach Exstirpation des Tumor.

Der linke Hoden steht im allgemeinen tiefer als der rechte. Wenn das Umgekehrte der Fall ist, haben wir oft eine gewisse konstitutionelle Minderwertigkeit des ganzen Menschen vor uns. ADLER[1] beschreibt einen Fall von gleichzeitigen Blasenbeschwerden und Hodentiefstand rechts.

Die **Blutversorgung des Hodens** und die Folgen der Unterbrechung dieser Blutversorgung sind häufig Gegenstand der experimentellen Untersuchung gewesen (CHAUVEAU, COOPER, LUDWIG und TOMSA[2], MIFLET[3], ENDERLEN[4] u. a.). Einzelne Autoren geben an, daß bei Unterbindung der Art. sperm. int. rasch ein hämorrhagischer Infarkt des Hodens erfolgt, während nach GOHRBRANDT[5] der menschliche Hoden die Unterbindung der Art. und vena spermatica interna verträgt, wenn nur die Art. deferentialis erhalten bleibt. Beim Hund liegen die Verhältnisse weniger günstig. Nach den Untersuchungen von ENDERLEN verträgt der Hoden die Abschnürung des Samenstranges, also aller Gefäße, auch der Venen, etwa 16 Stunden, ohne eine mikroskopisch erkennbare Schädigung zu zeigen. Es ist das für die Prognose der **Hodentorsion**[6] wichtig. Bei länger dauernder Abschnürung erholt sich der Hoden zwar auch wieder, die Spermatogenese leidet jedoch, und es tritt in der Folgezeit eine allmählich zunehmende Atrophie des Organs ein.

Ebenso empfindlich wie gegen Unterbrechung seiner Blutzufuhr ist der **Hoden** gegen **Quetschungen.** Es kommt, wie aus den Versuchen von KOCHER, STEINER[7], JACOBSON[8] u. a. hervorgeht, zu Schwielenbildung im Hoden, oft auch zu Atrophie der ganzen Drüse. Es wird sich dabei wohl meist um eine ausgedehnte Durchblutung des Hodens gehandelt haben. Eine verhältnismäßig sehr geringe Schädigung des Hodens sieht man bei operativen Schnitten. So konnte J. E. SCHMIDT[9] im Tierversuch zeigen, daß ein Hoden nach einem solchen Sektionsschnitt nur eine ganz geringfügige Narbe bekommt, die praktisch nicht ins Gewicht fällt. Eine weitergehende Atrophie tritt bei diesen operativen Durchtrennungen in Längs- und Querrichtung nicht auf, da die Anastomosen der

---

1 Deutsche med. Wochenschr. 1922. S. 1612. 2 Jahresbericht d. Ak. d. Wissensch. Wien 1862. Bd. 46. 3 Arch. f. klin. Chir. 24. 4 Deutsche Zeitschrft. f. Chir. Bd. 43. 5 Archiv f. klin. Chir. Bd. 120. 6 Lit. b. HOFSTÄTTER, Klin. Jahrb. Bd. 26. 7 Arch. f. klin. Chir. Bd. 16. S. 187. 8 VIRCH. Arch. 75. S. 349. 9 BRUNS' Beiträge Bd. 82. 1912.

Gefäße genügen. Durchtrennung des Rückenmarks führt zu einem vorübergehenden Zugrundegehen der samenbildenden Zellen (LISI[1]).

Eine chronische Verletzung des Hodens ist durch den **Kryptorchismus** bedingt. Bei jugendlichen Menschen[2] mit Kryptorchismus ist der Hoden oft von normaler Größe, während er beim Erwachsenen in solchen Fällen stets klein und atrophisch gefunden wird. Die Geschlechtsreife beginnt bei Menschen mit Kryptorchismus später als normal. Die Samenbildungszellen gehen teilweise zugrunde, während die Zwischenzellen meist vermehrt sind.

Als Ursache für diese Atrophie nimmt SCHMIDT den wechselnden Druck an, der durch die Därme auf die in der Bauchhöhle liegenden Hoden ausgeübt wird, und er führt als interessanten Beleg für diese Annahme die Tatsache an, daß auch bei Skrotalhernie der Hoden oft klein und atrophisch ist. Auch hier ist durch das Eindringen und Zurückweichen von Darminhalt ein abwechselnder Druck auf den Hoden gegeben. CREW[3] nimmt an, daß die Ursache für die Azoospermie bei Verlagerung des Hodens in die Bauchhöhle in der verschiedenen Temperatur von Hodensack und Bauchhöhle zu suchen sei. Die Spermatogenese geht auch verloren, wenn der Hoden unter die Bauchhaut verlagert wird, selbst wenn die Gefäßversorgung völlig unberührt bleibt, vgl. auch SCHING und SLOTOPOLSKY[4]. Der Hoden bedarf zu seiner Funktion jener lockeren, halbschwebenden Lagerung, wie er sie normalerweise hat.

Es sind diese experimentellen Untersuchungen für die operative Behandlung des Kryptorchismus von größter Bedeutung. Sie zeigen, daß die Spermatogenese verloren geht, wenn man den Hoden bei Kryptorchismus in die Bauchhöhle zurückschiebt oder unter die Haut verlagert, während die innere Sekretion des Hodens erhalten bleibt.

Sehr widerstandsfähig ist merkwürdigerweise die Spermatogenese gegenüber Verschluß der abführenden Kanäle. Nach den Untersuchungen von TIEDJE[5] u. BOLOGNESI[6] degenerieren die Zellen des Hodens ziemlich bald nach der Unterbindung des Vas deferens. Der Hoden erholt sich aber später wieder, meist unter Bildung einer Spermatocele, wenigstens gilt das für einseitige Unterbindung mit andersseitiger Kastration beim geschlechtsreifen Tier. POSNER[7] konnte noch lebende Spermatozoen im Hoden nachweisen, wenn die Verlegung des Nebenhodens oder Vas deferens 10 Jahre und länger bestanden hatte. Nach SIMMONDS[8] werden die Spermatozoen in solchen Fällen aufgelöst und resorbiert. Theoretisch besteht also die Möglichkeit, durch Entfernung oder Umgehung

---

1 Ber. d. ges. Physiol. XIX. S. 329. Archiv gen. di neurol. psichiatr. Bd. 3. 1922. 2 Ausführl. Lit. bei HOCHSTÄTTER, Klin. Jahrb. Bd. 26. 1912. 3 Journ. of anat. Bd. 56. 1922. 4 Deutsche Zeitschr. f. Chir. Bd. 188. 1924. 5 Deutsche med. Wochenschrift 1921. S. 353. 6 Arch. ital. di chirurg. Bd. 3. 1921. 7 Berliner klin. Wochenschrift 1905. 8 Zentralbl. f. allg. Pathol. u. pathol. Anat. Bd. 31. 1921

des narbig verschlossenen Teils der Ausführungsgänge bei solchen ja meist gonorrhoischen Erkrankungen die Entleerung von normalem Sperma wieder zu erzielen. Leider sind bisher die praktischen Erfolge trotz zahlreicher Tierversuche und Operationen an Menschen aus technischen Gründen sehr schlechte (Lit. s. bei SCHMIDT). Es ist bisher wohl eigentlich noch nie gelungen, durch Einpflanzung des Vas deferens in den Hoden oder dgl., das gewünschte Ziel zu erreichen, wenn auch BOGOLJUBOFF[1] in Tierversuchen zeigen konnte, daß eine solche Anastomosierung möglich ist. Die samenbildenden Zellen sind gegen Ernährungsstörungen außerordentlich empfindlich. Bei Mangel an Fett und Vitaminen in der Nahrung findet man eine Atrophie des Hodens mit Versagen der Spermiogenese (ECKSTEIN[2]).

Versuche über die Transplantationsmöglichkeit des Hodens stammen von BERTHOLD[3], GOEBELL[4], HANAU[5], STEINACH[6], MATSUOKA[7], STILLING[8], JOH. LICHTENSTERN[9], ERNST SCHMIDT[10], KREUTER[11], HABERLAND[12], ENDERLEN[13] u. v. a. Es ergab sich, daß Hoden, der im Kindesalter verpflanzt worden ist, sich zunächst anscheinend normal entwickelt. Sobald aber die Spermatogenese einsetzt, beginnt die Rückbildung und der gesamte Hoden wird atrophisch. Homoioplastisch beim Erwachsenen verpflanzter Hoden geht nach längerer oder kürzerer Zeit zugrunde. Es gelingt also nicht, durch solche Hodenverpflanzung von Mensch zu Mensch für längere Zeit inneres Sekret des Hodens dem Körper zuzuführen. Immerhin hat man doch gelegentlich Änderungen im Behaarungstypus (eigene Beobachtung) in der Beschaffenheit der Mammae und im psychischen Verhalten beobachtet. Man kann deshalb diesen einfachen therapeutischen Eingriff doch nicht ganz ablehnen, wenn sich auch die etwas übertriebenen Hoffnungen auf Heilung von Homosexuellen, Behebung aller Kastrationsfolge usw. ebensowenig erfüllt haben (LICHTENSTERN[14], ROHLEDER[15], DEJAN[16] u. a.), wie die Hoffnung, durch Unterbindung der zwischen Hoden und Nebenhoden gelegenen Kanälchen eine Steigerung der inneren Sekretion des Hodens und damit eine „Verjüngung“ des alternden

---

1 Archiv f. klin. Chir. Bd. 70 u. 72. 2 PFLÜGERS Archiv Bd. 201. 3 Arch. f. Anat. 1849. 4 Zentralbl. f. Pathol. 1898. 5 PFLÜGERS Arch. Bd. 65. 1897. 6 Zentralbl. f. Physiol. Bd. 24. 1910. 7 VIRCH. Arch. Bd. 180. 1903. 8 ZIEGL. Beitr. Bd. 15. 1894. 9 Zeitschrift f. urol. Chir. Bd. VI. 1921. 10 BRUNS' Beiträge Bd. 82. 1912. 11 Zentralbl. f. Chir. 1919. 12 Mitt. aus d. Grenzgeb. 34. (1922). S. 612. 13 Mittelrh. Chirurgentag. Heidelberg 1921. 14 Jahreskurse für ärztl. Fortbildung 11. 1920 u. Zeitschr. f. urol. Chir. VI. 1921. 15 Deutsche med. Wochenschrift 1917. 16 SCALPEL 73. 1920 ref. Zentralorgan f. d. ges. Chir. XI. S. 247.

Körpers zu erzielen. Über die histologischen Veränderungen des Hodens nach Transplantation s. HABERLAND[1]. Es war bei den Versuchen auffallend, wie lange sich gelegentlich ein solches transplantiertes Hodenstück hielt.

Wegen ihrer physiologischen Beziehungen zum Hoden mögen hier zwei Drüsen mit innerer Sekretion besprochen werden, die anatomisch zum Gehirn gehören, die Zirbeldrüse und die Hypophyse, wobei vorausgeschickt wird, daß ein Teil dessen, was wir als Wirkung dieser Drüsen ansehen auf Reizung oder Schädigung der in ihrer Nachbarschaft gelegenen Hirnzentren (III. Ventrikel, Hypothalamus) zurückzuführen ist. Das Hypophysen-Zwischenhirnsystem bildet eine funktionelle Einheit (vgl. E. KRAUS[2], ASCHNER[3]), wobei es offen bleibt, ob man sich vorstellen will, daß das Sekret der Hypophyse in die Regio subthalamica hinein sezerniert wird, oder ob die Erregung dieser Hirnteile irgendwie anders zustande kommt (GOTTLIEB[4], BAILEY[5], LEREBOULLET[6]).

Von der **Zirbeldrüse** nimmt man an, daß sie die Geschlechtsentwicklung hemmt und schließt dies daraus, daß bei Zerstörung der Zirbeldrüse durch Tumoren, bei Knaben eine vorzeitige geschlechtliche Reife mit starkem Längenwachstum, Haarwuchs usw. zu beobachten ist (v. FRANKL-HOCHWART[7], MARBURG[8]). Diese klinischen Beobachtungen stimmen mit den experimentellen Erfahrungen überein (vgl. BIEDL[9]). Chirurgisch-therapeutisches Interesse hat die Zirbeldrüse noch nicht gefunden. Da es sich bei den bisher bekannt gewordenen Erkrankungen nur um eine Unterfunktion des Organes gehandelt hat, so wird man von einem operativen Eingriff auch nur die Beseitigung der Hirndruckerscheinungen zu erwarten haben, während wir gegen die Symptome, die dem Ausfall der Zirbeldrüse im besonderen entsprechen, chirurgisch nichts auszurichten vermögen.

Anders stehen wir der zweiten innerhalb der Schädelkapsel gelegenen Drüse mit innerer Sekretion der **Hypophyse** gegenüber[10]. Hier sind es gerade die chirurgischen Eingriffe der letzten Jahre (HORSLEY[11], v. EISELSBERG[12], HOCHENEGG[13] u. v. a.[14]), die auch unsere physiologischen Kenntnisse von diesem Organ wesentlich

1 Archiv f. klin. Chir. 123. 2 Med. Klinik. 1924 S. 1328. 3 Med. Klinik 1924. Nr. 48. 4 Erg. d. allgem. Pathol. Bd. 19. 1921. 5 Erg. d. Physiol. Bd. 20. 6 Presse med. 30. 1922. II. franz. Pädiaterkongreß. 7 Wiener med. Wochenschrift 1910. 8 Arb. a. d. Neurol. Inst. d. Univ. Wien Bd. 23. 1920. 9 Innere Sekretion 2. Aufl. 2. Teil. S. 188ff. 10 Vgl. BIEDL, Innere Sekretion II. S. 82ff. u. 24. innerer Kongreß Wiesbaden 1922. VINCENT, Erg. d. Physiol. Bd. 11. 11 Brit. med. journ. 1906. 12 Wiener klin. Wochenschrift 1907. 13 Chirurgenkongreß 1908. 14 Lit. MELCHIOR, Ergebn. d. Chir. Bd. 3. Erg. d. Physiol. Bd. 20.

erweitert haben. Wir unterscheiden an der Hypophyse drei histologisch und physiologisch völlig gesonderte Teile: den Vorderlappen, den Mittellappen oder Pars intermedia genannt und den Hinterlappen. Bei den Organextrakten, die gegenwärtig unter den Namen Hypophysin, Pituglandol, Pituitrin usw. in den Handel kommen, ist der Vorderlappen entfernt worden; sie bestehen also aus dem Hinterlappen und einem Teil des Mittellappen. Diese Organextrakte wirken im wesentlichen blutdrucksteigernd und erregen die Kontraktion verschiedener Gebilde mit glatter Muskulatur, so des Uterus und des Darmes. Dieser Eigenschaft verdanken sie ihre Verwendung in der Geburtshilfe. Die Extrakte wirken ferner diuretisch. Wie nun weitere Untersuchungen gezeigt haben, hängt diese beschriebene Wirkung der Organextrakte nur vom Mittellappen ab, während Extrakte aus dem Hinterlappen unwirksam sind. Überhaupt weiß man von der Funktion des aus Nervenelementen bestehenden Hinterlappen zurzeit noch nichts, oder sagen wir besser, er steht mit den bisher bekannten Erkrankungen der Hypophyse in keinem erkennbaren Zusammenhang. Der Mittellappen liefert das in seiner Wirkung soeben beschriebene Sekret in Form von Kolloidtröpfchen, die sich in dem zentralen Gang nachweisen lassen und bei ihrer Ausscheidung den Hinterlappen passieren. Man nimmt an, daß sich das Sekret in die Zerebrospinalflüssigkeit entleert (DIXON, TRENDELENBURG[1]).

Extrakte aus dem Vorderlappen haben, abgesehen von einer, wahrscheinlich nicht spezifischen, kurzdauernden Blutdrucksenkung, keine im Experiment erkennbare Wirkung. Wie aber die Exstirpationsversuche und die Beobachtungen am kranken Menschen gezeigt haben, hat der Vorderlappen der Hypophyse eine große Bedeutung für das Wachstum des jugendlichen Individuums und auf seinen Stoffwechsel im allgemeinen, so daß vollständige Entfernung der Hypophyse bei jungen Tieren zur hypophysären Kachexie und baldigem Tode führt. Bei jugendlichen Tieren ist die Exstirpation des Hypophysenvorderlappens von Wachstumshemmung gefolgt, es bleiben dabei die Epiphysenfugen übermäßig lange erhalten.

Während der Schwangerschaft hypertrophiert der Vorderlappen der Hypophyse und es zeigen sich bestimmte histologische Veränderungen. In den Versuchen von PÉREZ[2] starben alle weiblichen Hunde, denen er die Hypophyse entfernt hatte, sobald sie schwanger wurden, während sonst die Mortalität nur 60% betrug.

Man nimmt jetzt im allgemeinen an, daß auch das übermäßige

---

1 Kl. Wochenschr. 1924. S. 777. 2 SÉMANN, med. Jg. 28. Zit. Zentralbl. f. d. ges. Chir. 15. S. 14.

Längenwachstum nach Kastration nicht vom Hoden abhängt, sondern mit einer Überfunktion des Hypophysenvorderlappens in Zusammenhang steht.

Bei der Akromegalie, jener außerordentlich charakteristischen Erkrankung, bei der nur die Enden der Glieder, also die Hände, die Füße, die Nase und das Kinn gewaltig an Größe zunehmen, findet man in der überwiegenden Mehrzahl der Fälle eine Adenombildung des Vorderlappens der Hypophyse. Der lange Zeit schwebende Streit, ob es sich dabei um eine erhöhte oder verminderte oder veränderte Sekretion handelt, ist zwar noch nicht geklärt, aber durch die Erfolge der chirurgischen Eingriffe ist diese Frage gegenstandslos geworden. Wir wissen daß es gelingt, durch Exstirpation des Adenomknotens die Akromegalie zu heilen; also ein Mehr ist sicher vorhanden, ob aber dieses Mehr direkt oder indirekt die pathologische Wirkung erzielt, wissen wir nicht. Ebenso ist es gänzlich unklar, wie weit etwa die myxödematöse Beschaffenheit des Unterhautzellgewebes bei Akromegalie mit einer Schädigung der Schilddrüsentätigkeit im Zusammenhang steht. Genau wie bei den anderen Erkrankungen der Hypophyse sind auch bei der Akromegalie Veränderungen der Keimdrüsen nachweisbar (TANDLER und GROSS[1]). Bei Frauen ist die Cessatio mensium eines der Frühsymptome der Erkrankung. Wegen des Erfolges der Therapie wird man aber die Veränderungen in der Genitalsphäre bei der Akromegalie als etwas Sekundäres zu betrachten haben.

Ein weiteres mit der Hypophyse in Zusammenhang stehendes Krankheitsbild ist die Dystrophia adiposo-genitalis (FRÖHLICH[2], BARTELS[3]), die Fettsucht. Bei dieser Erkrankung haben wir eine abnorme Fettanhäufung an bestimmten Stellen des Körpers bei gleichmäßigem Zurückbleiben der Genitalentwicklung. In der Regel wird bei dieser Erkrankung ein Tumor der Hypophyse gefunden, aber nicht wie bei der Akromegalie ein Adenomknoten, der zu einer Erhöhung der funktionellen Tätigkeit der Hypophyse beiträgt, sondern Zysten, Karzinome, Sarkome usw., also Tumoren, die die Hypophyse zerstören. Man nimmt deswegen jetzt im allgemeinen an, daß diese Fettsucht Folge einer Unterfunktion der Hypophyse sei. Als Beleg für die Richtigkeit dieser Anschauung gilt u. a. ein von MADELUNG[4] beschriebener Fall, bei dem sich nach einer Schußverletzung des Gehirns eine Fettsucht entwickelt hatte, und das Röntgenbild zeigte, daß die Kugel genau in der Sella turcica

1 Zit. nach BIEDL. 2 Wiener klin. Rundschau 1901. 3 Zeitschrift f. Augenheilk. Bd. 16. 1906. 4 Arch. f. klin. Chir. Bd. 73. S. 1066.

saß. Nun ist aber auch über Fälle berichtet worden, wo durch operative Eingriffe an der Hypophyse Besserungen der Dystrophia adiposa-genitalis erzielt worden sind (v. EISELSBERG[1], CUSHING[2]) Es sind jedoch diese Erfolge keine fortschreitenden, sondern nach einer anfänglichen Besserung bleibt der Befund in der Folgezeit etwa der gleiche, woraus BIEDL folgert, daß hier durch die Eröffnung der Zyste oder Entfernung des Tumors nur der Druck auf die Hypophyse beseitigt worden sei, so daß nach der Entfernung der Zyste oder des Tumors die Hypophyse wieder besser sezernieren könne. Man darf also nach BIEDL den Erfolg des operativen Eingriffs bei der Dystrophia adiposo-genitalis nicht zum Beweis dafür anführen, daß diese Erkrankung auf einer Überfunktion der Hypophyse beruht. Nach den neueren Anschauungen sind übrigens gerade an dem Zustandekommen der Dystrophia adiposogenitalis die hypothalamischen Zentren beteiligt (vgl. GOTTLIEB[3], PUSSEP[4] u. a.).

Es wurde schon oben angeführt, daß die Hypophysenextrakte, die also im wesentlichen Stoffe der Pars intermedia enthalten, diuretisch wirken. Es ist deswegen naheliegend, auch Erkrankungen, die mit Polyurie einhergehen, also den **Diabetes insipidus,** auf Veränderungen und zwar auf eine Überfunktion der Pars intermedia zu beziehen. FRANK[5] beobachtete einen nach Kopfschuß aufgetretenen Diabetes insipidus, bei dem die Kugel in der Nähe der Hypophyse saß. Er stellt sich vor, daß hier die Kugel einen ständigen Reiz auf die Hypophyse ausgeübt und so die Überproduktion von Sekret bewirkt hat. SIMMONDS[6] beschreibt einen Fall, wo eine Karzinommetastase der Sella turcica eine Reizung der Pars intermedia mit Polyurie bedingt haben soll. Andere Autoren sehen im Diabetes insipidus umgekehrt mehr eine Unterfunktion der Hypophyse (vgl. BAUER[7]), weil mit Pituitrin wiederholt therapeutische Erfolge erzielt worden sind. Auch bei diesem Krankheitsbild gewinnt die Anschauung mehr an Boden, daß die Diurese bei derartigen Verletzungen nicht auf Schädigung der Hypophyse, sondern auf Schädigung der grauen Gehirnsubstanz am Boden des III. Ventrikel beruht (CAMUS und ROUSSY[8], BAUER und ASCHNER[9]).

---

1 Wiener klin. Wochenschrift 1907. 2 The Journal of Am. med. assoc. Bd. 53. 1909. S. 249. 3 Erg. d, allg. Pathol. usw. Bd. 19. 1921. 4 Zeitschrift f. d. ges. Neurol. u. Psychiol. 87. 1923. 5 Berliner klin. Wochenschrift 1910. 6 Münchener med. Wochenschrift 1913. S. 127. 7 Konstitutionelle Disposition zu inneren Krankheiten. Berlin 1917. Springers Verlag. 8 Compt. rend. de la soc. de biol. Bd. 88. 1923. 9 Zit. nach NÄGELSBACH. Fortschr. a. d. Gebiete d. Chir. Bd. 26. 1920. ASCHNER u. Med. Klinik 1924. Nr. 48.

Hals- und Brustorgane.

Der Standpunkt, den die Chirurgie der **Schilddrüse** und ihren Erkrankungen gegenüber eingenommen hat, hat in den letzten Jahrzehnten eine gewaltige Wandlung durchgemacht und andererseits haben die zahlreichen chirurgischen Eingriffe an der Schilddrüse erst unsere Kenntnisse über die Physiologie und die pathologische Physiologie dieses Organes in die richtigen Bahnen gelenkt.

Anfänglich waren es neben kosmetischen Gründen in der Hauptsache die mechanischen Folgen der Schilddrüsenvergrößerung, „des Kropfes", die den Chirurgen zu operativen Eingriffen veranlaßten, da die Atmung und die Zirkulation durch das Gebilde beeinträchtigt wurden. In der ersten Zeit wurde die Schilddrüse bei solchen Operationen oft völlig entfernt; dabei merkte man jedoch bald (Kocher), daß ein solcher Eingriff mit schweren Störungen des Allgemeinbefindens verbunden war (Kachexia strumipriva oder thyreopriva). Durch diese unfreiwilligen Beobachtungen war es bewiesen, daß die Schilddrüse eine besondere Aufgabe im Haushalte des Körpers zu erfüllen hatte, und man versuchte nun diese Aufgabe zu erkennen[1].

Die akuten Erscheinungen nach der Exstirpation der Schild drüse (Tetanie) sind allerdings, wie spätere Untersuchungen gezeigt haben, Folgen der Entfernung der Epithelkörperchen, die der Schilddrüse anliegen. Als Folge der Schilddrüsenentfernung ist nur die chronisch verlaufende Kachexia thyreopriva anzusehen (Kocher[2]). Sie verläuft bei Kindern und Erwachsenen insofern nicht ganz gleichartig, als bei ersteren noch die Wachstumsstörungen und die Störungen in der gesamten Körperentwicklung hinzukommen. Besonders bleibt infolge mangelhafter Verknöcherung der Epiphysen das Längenwachstum zurück. Die Genitalorgane bleiben klein, die Geschlechtsreife tritt, wenn überhaupt, erst spät auf. Wird bei Erwachsenen die Schilddrüse entfernt, sind Menorrhagien bei Frauen, Impotenz oder Sterilität bei Männern beobachtet worden. Sehr gleichmäßig und eigenartig sind die Veränderungen der Haut nach Schilddrüsenentfernung; sie wird eigentümlich teigig und ödematös, die Farbe blaß. Eppinger[3] konnte zeigen, daß physiologische Kochsalzlösung aus dem Unterhautzellgewebe bei fehlender Schilddrüse langsamer resorbiert wird. Worauf diese

---

1 Zusammenfassend: Vincent, Ergebn. d. Physiol. Bd. 11. 1911. 2 Arch. f. klin. Chir. Bd. 29. 1883. 3 Zur Pathologie u. Therapie d. menschl. Ödems. Springers Verlag. 1917.

teigige Beschaffenheit der Haut beruht, weiß man nicht ganz sicher. Man spricht von einer Änderung der Quellungsverhältnisse (BIEDL l. c. S. 165). Die Haare werden frühzeitig weiß, sind trocken und fallen aus. Der gesamte Stoffwechsel liegt danieder, ebenso wie der Appetit. Es besteht Obstipation bei Myxödem (FALTA[1]). Anfangs kommt es nach den Untersuchungen von v. BERGMANN[2] zwar zu einer Gewichtszunahme, da noch weniger Stickstoff ausgeschieden als eingenommen wird. Allmählich tritt jedoch hochgradige Abmagerung ein und der Tod erfolgt spätestens 7 Jahre nach der Operation unter zunehmender Abmagerung und Kräftezerfall. Neben diesen körperlichen Störungen geht eine ausgesprochene Abnahme der Intelligenz einher und die Patienten verblöden allmählich vollkommen. Bei der Sektion findet man, abgesehen von dem oben Geschilderten, noch eine Vergrößerung der Hypophyse, die mikroskopisch auf Zunahme der Zellvolumina und auf Hyperämie beruht (ROGOWITSCH[3]). Diese bei Schilddrüsenausfall immer wieder gefundene Vergrößerung der Hypophyse beweist, daß irgendeine Wechselbeziehung zwischen der Schilddrüse und der Hypophyse besteht. An den anderen Drüsen mit innerer Sekretion hat man, abgesehen von der Verkleinerung der Genitalien, nur eine Gewichtsverminderung der Thymus gefunden, obgleich sehr innige Wechselbeziehungen zwischen Schilddrüse und den anderen Drüsen mit innerer Sekretion bestehen (vgl. hierzu BREITNER[4], DEMEL, JATRON und WALLNER[4]).

Die Tierversuche, die angestellt worden sind, um die Folgen der Schilddrüsenentfernung zu studieren, haben im wesentlichen ein gleichsinniges Ergebnis, wie die Beobachtungen am operierten Menschen gehabt (HOFMEISTER[5], ROGOWITSCH[6], v. EISELSBERG[7], LANZ[8], BIEDL[9], ZIETZSCHMANN[10] und viele andere mehr). Wird bei Froschlarven die Schilddrüse völlig entfernt, so bleibt die Metamorphose aus; es bilden sich Riesenkaulquappen. Bei unvollständiger Operation tritt die Metamorphose nur leicht verzögert ein (SCHULZE[11]). Andrerseits soll alkoholischer Extrakt aus der Schilddrüse die Entwicklung der Kaulquappen fördern (SEAMANN[12], vgl. im Gegensatz dazu GUDERNATSCH, HERZFELD und KLINGER[13]). Von

---

1 Die Erkrankungen der Blutdrüsen 1913. 2 Zeitschrft. f. exp. Pathol. Bd. 5. 1909. 3 ZIEGLERS Beiträge Bd. 4. 1889. 4 Mitt. aus d. Grenzgeb. Bd. 36. 1923. 5 BRUNS' Beiträge Bd. 11. 1894. 6 Arch. de Physiol. 1888. 7 Archiv f. klin. Chir. Bd. 49. 1895. Wiener klin. Wochenschr. 1925. S. 13. 8 VOLKMANNS Sammlung klin. Vortr. 1894. 9 l. c. 10 Mitteil. a. d. Grenzgebieten Bd. 19. S. 353. 11 Archiv f. Entwickl. Mech. Bd. 52. 1922. u. 101. 1924. 12 Amer. Journ. of physiol. Bd. 53. 1920. 13 Schweiz. med. Wochenschr. 1920, S. 507.

Warmblütern ist es im allgemeinen günstiger, zu solchen Versuchen Herbivoren zu nehmen, weil bei den Karnivoren die Epithelkörperchen so ungünstig liegen, daß die Schilddrüse nur schwer ohne Zerstörung der Epithelkörperchen ganz entfernt werden kann. Gelingt die Entfernung der Schilddrüse ohne Zerstörung der Epithelkörperchen bei einem Karnivoren, so sind die Folgen der Operation zwar im großen und ganzen sehr ähnliche wie bei den Herbivoren (HAGENBACH[1], BIEDL u. a.), weichen aber doch in einzelnen Punkten von ihnen ab. So zeigten die Hunde BIEDLS bei der Sektion einen sehr großen Thymus, während er sonst, wie gesagt nach Schilddrüsenentfernung, meist klein gefunden wird. Ferner konnte man keine psychischen Veränderungen an Hunden beobachten, die bei Herbivoren genau so auftreten wie beim Menschen. Jugendliche Tiere zeigen die gleichen Störungen des Längenwachstums wie die Menschen. Im Blutbild ist bei den Tieren und beim Menschen eine Abnahme der Zahl der roten Blutkörperchen und des Hämoglobin bei gleichzeitiger Leukozytose vorhanden (FALTA[2]), die Blutgerinnung tritt verzögert ein (KOTTMANN[3]), im späteren Verlauf der Gerinnung ist die Koagulabildung hingegen sehr reichlich, das Fibrin anscheinend vermehrt (ALBERTONI[4]). Die Empfängnis von Meerschweinchen wird durch Entfernung der Schilddrüse nicht beeinflußt, ebensowenig zeigten die Jungen von solchen thyreoidektomierten Tieren irgend etwas besonderes (KNAUS[5]).

Es ändert sich weiterhin bei Schilddrüsenentfernung nicht nur das jugendliche Knochenwachstum, sondern das Zellwachstum ist auch sonst weniger lebhaft. Knochenbrüche heilen nach Entfernung der Schilddrüse langsamer, als normal, und zwar ist sowohl die Bildung als auch die Rückbildung des Kallus verzögert (BAYON[6], STEINLEIN[7], HANAU[8]). Ebenso konnten MARINESCO und MINEA[9], sowie F. K. WALTHER[10] beim durchschnittenen Nerven eine stark verlangsamte Degeneration und Regeneration beobachten. Auch gewöhnliche Weichteilwunden sollen langsamer heilen (EPPINGER[11]). Man hat weiterhin nach der Schilddrüsenentfernung gewisse Störungen in anderen Drüsen mit innerer Sekretion, so im Pankreasgebiet und im chromaffinen System, gefunden (BRAND, EPPINGER, FALTA und RUDINGER[12]).

1 Mitteil. a. d. Grenzgebieten Bd. 18. 1907. 2 Handbuch d. inneren Medizin Bd. IV, S. 445, 1912. 3 Zeitschrift f. klin. Med. 1910. 4 Zit. nach BIEDL. 5 Archiv f. kl. Chir. 131. 6 Verh. d. physik.-med. Ges. Würzburg 34/35. 7 Arch. f. klin. Chir. 60. 1896. 8 Arch. f. klin. Chir. Bd. 60. S. 247. 9 Compt. rend. Soc. Biol. 68. 1910. 10 Deutsche Zeitschrift f. Nervenheilkunde 38. 1909. 11 Mitteil. a. d. Grenzgebieten 1918. Festschrift f. v. EISELSBERG. 12 Zeitschrift f. klin. Med. 66. 1908.

Während der normale Mensch bei subkutaner Einspritzung von 1 mg Adrenalin eine Blutdrucksteigerung und Glykosurie bekommt, tritt diese Reaktion bei fehlender Schilddrüse und Myxödem (s. später) nicht auf, ebensowenig bekommt man bei Myxödematösen auf Pilokarpin eine erhöhte Tätigkeit der verschiedenen Drüsen (FALTA[1]).

Die soeben geschilderten Folgen der Schilddrüsenentfernung für den Körper lassen sich zum großen Teil beseitigen, wenn man Schilddrüsensubstanz verabreicht oder einen der aus der Schilddrüse hergestellten chemischen Stoffe. Nach BAUMANNS[2] Jodothyrin und OSWALDS[3] Jodothyreoglobulin betrachtet man jetzt KENDALLS[4] Thyroxin, das ist β-Indolpropionsäure ($C_{11}H_{10}O_3NO_3$), als die wirksame Substanz der Schilddrüsen. Man nimmt an, daß die Schilddrüse diesen Stoff als ein inneres Sekret in das Blut abgibt, wenn schon das Sekretionsprodukt bisher im Venenblut der Schilddrüse nicht hat nachgewiesen werden können. Die Unterbindung sämtlicher Venen der Schilddrüse führt zu einem roten Infarkt, ist also für die Entscheidung der Frage, ob das Sekret der Schilddrüse unmittelbar in die Blutbahn oder durch die Lymphgefäße geleitet wird, nicht brauchbar (LÜTHI[5]). Den einzigen direkten Beweis für die Richtigkeit unserer Ansicht, daß das Schilddrüsensekret normalerweise in das Blut übertritt, haben wir in den Reizungsversuchen des N. laryngeus von ASHER u. FLACK[6]. Sie fanden, daß nach der Reizung des N. laryngeus superior die Erregbarkeit des N. vagus und N. depressor zunehmen, was sonst nur nach Einspritzung von Schilddrüsensubstanz eintritt.

Wie reich die Nervenversorgung der Schilddrüse ist, zeigen die anatomischen Untersuchungen von ANDRESON[7]. Auch im Halssympathikus gehen trophische Nervenfasern für die Schilddrüse, wie REINHARD[8] daraus folgert, daß er bei monatelang fortgesetzter Reizung des Halssympathikus mit faradischen Strömen eine einseitige Schilddrüsenvergrößerung und durch Entfernung eine Verkleinerung bekam.

Wenn man nun annimmt, daß die Schilddrüse ein Sekret in das Blut abgibt, so ist es immer noch schwer vorzustellen, wie nun eigentlich dieses Sekret im Organismus seine verschieden-

---

1 Die Erkrankung der Blutdrüsen, Springers Verlag 1913. 2 Zeitschr. f. physiol. Chemie. Bd. 21 u. 22. 1896. 3 Die Schilddrüse. Leipzig 1916. Veit u. Co. (hier Lit.) 4 Journ. Biol. Chem. 1919. Bd. 39. S. 125 u. Collected Papers of the Mayo. Clinic 1919. 5 Mitt. aus d. Grenzgeb. Bd. 15. 6 Zentralbl. f. Physiol. Bd. 24. 1910. u. ZIEGLERS Beitr. 55. 1910. 7 Arch. f. Anat. u. Entwicklungsgesch. 1894. 8 Zentralbl. f. Chir. 1923. S. 633 u. Deutsche Zeitschr. f. Chir. 180. 1923.

artigen Wirkungen entfaltet (vgl. KRAUS[1]). Denn das Schilddrüsensekret fördert die Tätigkeit des einen Organs und hemmt die des anderen. Das weist darauf hin, daß die Wirkung des Schilddrüsensekrets mehr eine indirekte als eine direkte sein muß. Man denkt an irgend eine Art fermentativer Tätigkeit. MIKULICZ hat dafür den trefflichen Ausdruck „Multiplikatoren" geprägt, der besagt, daß solche Stoffe Allgemeinreizungen und Umsetzungen im Körper verstärken. Ob das Sekret der Schilddrüse das nun dadurch tut, daß es irgendwo am Nervenapparat angreift oder an der Zelle selbst, wissen wir nicht. Eine zweite Möglichkeit wäre die, daß der Schilddrüse eine entgiftende Wirkung im Organismus zukommt (NOTKIN[2], BLUM[3] u. a.), so daß also das, was wir als Ausfallserscheinungen nach Entfernung der Schilddrüse bezeichnen, eine Vergiftung durch Stoffe wäre, die normalerweise von der Schilddrüse unschädlich gemacht werden. Zweifellos liegt die Frage nach der entgiftenden Eigenschaft der Schilddrüse außerordentlich verwickelt. Man weiß, daß thyreoidektomierte Tiere gegen einige anorganische Gifte, wie Quecksilberchlorür, wenig widerstandsfähig sind (zit. nach BIEDL[4]). Umgekehrt haben thyreoidektomierte Tiere sogar eine erhöhte Widerstandsfähigkeit gegen Morphiumvergiftung, da sie es besser abbauen und schilddrüsengefütterte Tiere sind gegen Morphium besonders empfindlich (GOTTLIEB[5], REID HUNT[6]). Nach HILDEBRANDT[7] bestehen gewisse Ähnlichkeiten im Stoffwechsel chronisch mit Morphium gefütterter Tiere und schilddrüsenloser Tiere.

Auch Azetonitrit, das im Körper als Zyan wirkt, vertragen weiße Mäuse, die mit Schilddrüsensubstanz gefüttert werden, sehr viel besser als normale (REID HUNT[8]), während bei anderen Tieren nach Schilddrüsenfütterung die Giftfestigkeit gegen Azetonitril nachläßt[9]. TRENDELENBURG[10] glaubt daraus eine entgiftende Eigenschaft der Schilddrüse folgern zu dürfen. Neuere Versuche von WUTH[11] haben übrigens gezeigt, daß weiße Mäuse nicht nur durch Zufuhr von Schilddrüsensubstanz, sondern auch durch Gaben von Tyramin gegen die Vergiftung mit Azetonitril geschützt werden können. Es handelt sich dabei also um eine Wirkung bestimmter Amine.

---

1 Wien. kl. Wochenschr. 1925. S. 9. 2 Wiener med. Wochenschr. 1896. 3 Berliner klin. Wochenschrift 1898. 4 Innere Sekretion II. Aufl. 1913. Urban u. Schwarzenberg (vgl. bes. Teil 1. S. 248). 5 Deutsche med. Wochenschrift 1911. S. 2161 (Vortr. auf der Karlsruher Naturforschervers.). 6 The Journal of Americ. Med. Assoc. 1907. 7 Archiv f. exp. Pathol. u. Pharmakol. Bd. 92. 1922. 8 Americ. journ. of physiol. Bd. 63. 1923. 9 Biochemische Zeitschrft. 29. 1910. 10 Biochem. Zeitschr. 116. 1921. 11 Mitteil. a. d. Grenzgeb. Suppl. Bd. 1904.

Man muß sagen, daß wir in den bisher vorliegenden Versuchen kein genügendes Beweismaterial erblicken, um die nach der Schilddrüsenentfernung auftretenden Erscheinungen ganz oder teilweise als „Vergiftungen" des Organismus mit Stoffen, die sonst in der Schilddrüse abgebaut werden, aufzufassen. Die Möglichkeit ist natürlich nicht von der Hand zu weisen.

Daß man bei Infektionen und Intoxikationen in der Schilddrüse Veränderungen im Sinne einer chronischen Entzündung findet, wie die Untersuchungen von DE QUERVAIN[1], SARBACH[2] u. a. gezeigt haben, kann man wohl auch kaum im Sinne einer entgiftenden Fähigkeit der Schilddrüse deuten.

Über die Störungen im Stoffwechsel nach Schilddrüsenentfernung ist noch einiges nachzutragen.

So hat ADLER[3] interessante Beziehungen der Schilddrüse zur Wärmeregulation aufgedeckt. Er fand beim Tier im Winterschlaf bestimmte Veränderungen in der Schilddrüse und konnte durch Einspritzung von Schilddrüsenextrakt bei winterschlafenden Tieren eine Beschleunigung der Atmung, ein Steigen der Temperatur von 7—8° auf 34—35° und ein Erwachen beobachten. Nach BOLDGREFF[4] verlieren Hunde, denen die Schilddrüse und die Epithelkörperchen entfernt worden sind, die Fähigkeit der Wärmeregulation. Das stimmt aber nicht ganz mit Untersuchungen von ASHER und NYFFENEGGER[5] überein, die fanden, daß Kaninchen auch nach Entfernung der Schilddrüse oder Thymus auf den Wärmestich hin Temperatursteigerung bekamen. Bringt man Kranke mit ungenügender Schilddrüsenfunktion (Myxödematöse) in ein kühles Bad, so sinkt die im Rektum gemessene Temperatur um mehrere Grade für rund 12 Stunden, während beim Normalen die Temperatur viel weniger absinkt und bald wieder zum Ausgangswert zurückkommt (CORI[6]). Nach SCHENK[7] tritt die Wiedererwärmung nach Abkühlung bei schilddrüsenlosen Kaninchen langsamer ein als bei normalen. GRAFE und v. REDWITZ[8] fanden im Tierversuch nach vollständiger Entfernung der Schilddrüse keine Änderung des Wärmestoffwechsels. Durch Zufuhr von Schilddrüsensubstanz wird der Grundumsatz erhöht, was aber nach den Versuchen von AUB, BRIGHT u. URIDIL[9] nicht auf Muskelbewegung oder verstärktem Muskeltonus beruht. Läßt man schilddrüsenlose Kaninchen in Luft mit vermindertem Sauerstoffgehalt atmen, so findet man eine Verringerung der Stickstoffausscheidung, während normale Kaninchen bei Atmung in sauerstoffarmer Atmosphäre Vermehrung der Stickstoffausscheidung zeigen (MARSFELD und F. R. MÜLLER[10]). Wird Ratten Schilddrüsensubstanz durch die Fütterung beigebracht, so sind sie gegen Sauerstoffmangel stark empfindlich.

---

1 Mitteil. a. d. Grenzgebieten Suppl. Bd. 1904. 2 Mitteil a. d. Grenzgebieten Bd. 15. 3 Münchener med. Wochenschrift 1919. S. 1039 u. PFLÜGERS Arch. 1916. 4 Zit. nach Zentralbl. f. d. ges. Chir. IV. S. 435. 5 Biochem. Zeitschr. 121. 1921. 6 Zeitschr. f. d. ges. exp. Med. 25. 1921. 7 Archiv f. exp. Pathol. u. Pharmakol. 92. 1922. 8 HOPPE-SUGLES Zeitschr. f. physiol. Chemie 1922. Bd. 119. 9 Americ. journ. of physiol. Bd. 61. 1922. 10 PFLÜGERS Archiv. Bd. 143. S. 157.

während bei schilddsüsenlosen Tieren die Erstickungserscheinungen ausbleiben (ASHER[1], STREULI[2], DE QUERVAIN[3], YUZO HARA[4], BRANOVACKY[5].

Auch auf die Leukozyten macht die Schilddrüse ihren Einfluß geltend. So konnte ASHER[6] nachweisen, daß die phagozytäre Eigenschaft der weißen Blutkörperchen nach Entfernung der Schilddrüse sinkt.

Die älteren Vorstellungen über die Bedeutung der Schilddrüse (z. B. Regulierung der Blutversorgung für das Gehirn) findet man übersichtlich in einer Arbeit von HORSLEY[7] in der Festschrift für VIRCHOW dargestellt.

Die experimentellen Entfernungen der Schilddrüse, sowie die Nachwirkungen nach der Radikaloperation beim Menschen zeigen die Folgen des Ausfalls der Schilddrüse in der reinsten Form. Erkrankungen, die auf einen Ausfall von Schilddrüsensekret zurückzuführen sind, werden immer ein verwickeltes Krankheitsbild darbieten, da infolge des langen Bestehens des Schilddrüsenausfalls auch andere Organe, besonders andere Drüsen mit innerer Sekretion in Mitleidenschaft gezogen werden. Von Krankheiten, die wir auf den Ausfall von Schilddrüsensekret beziehen, ist in erster Linie das **Myxödem** zu nennen, bei dem wir wieder das Myxödem der Erwachsenen von dem angeborenen der Kinder scheiden. In beiden Fällen fehlt die Schilddrüse oder ist hochgradig geschwunden. Die klinischen Erscheinungen entsprechen völlig denen der experimentellen Schilddrüsenentfernung. Wie dort, so steht auch hier bei den Kindern, die übrigens in normalem Zustande zur Welt kommen, und bei denen sich die Krankheitserscheinungen erst mit den Jahren ausbilden, neben der geistigen Stumpfheit das Zurückbleiben des Knochenwachstums im Vordergrunde. Bei den Erwachsenen ist die zunehmende Verblödung und Stumpfheit das hervorstechendste Zeichen. Die leichteren Fälle beginnen oft mit einer ausgesprochenen Müdigkeit und Schlafsucht und einer geistigen Leistungsunfähigkeit. Daß tatsächlich der Ausfall der Schilddrüse an diesen klinischen Erscheinungen schuld ist, geht vor allem daraus hervor, daß es bei dem Myxödem der Erwachsenen meist gelingt, die klinischen Erscheinungen durch Zufuhr von Schilddrüsensubstanz oder Einpflanzung von Schilddrüse zu bessern oder ganz zum Verschwinden zu bringen (KOCHER[8], v. EISELSBERG[9], KUTSCHERA[10], CHRISTIANI und KUMMER[11], PAYR, MAGNUS-LEVY[12], BIRCHER[13] u. v. a.). Selbstver-

1 Deutsche med. Wochenschr. 1916. 2 Biochem. Zeitschr. Bd. 6. 1918. 3 Schweizer med. Wochenschr. 1923. 4 Mitteil. aus d. Grenzgeb. Bd. 36. 5 Mitteil. aus d. Grenzgeb. Bd. 37. 1924. 6 Biochem. Zeitschr. 147. 1924. 7 Festschrift f. VIRCHOW 1891. Bd. I. S. 369. Aug. Hirschwalds Verlag. 8 Deutsche Zeitschrift f. Chirurgie 1892. Bd. 34. 9 Naturforschervers. 1913. Wiener med. Wochenschrift 1902. 10 Wiener klin. Wochenschrift 1909. S. 771. 11 Münch. med. Wochenschr. 1906. S. 2377. 12 Berliner klin. Wochenschr. 1903 u. Zeitschr. f. klin. Med. Bd. 52. 1904. 13 Deutsche Zeitschr. f. Chir. Bd. 98.

ständlich muß diese Zufuhr von Schilddrüsensubstanz eine dauernde sein.

Die Erfahrungen, die man im Tierexperiment mit der Einpflanzung von Schilddrüse gemacht hat, sind nicht völlig übereinstimmend. ENDERLEN[1] glaubt, daß die Kolloidabfuhr aus der transplantierten Drüse ungenügend sei, während CRISTIANI[2] zu einem entgegengesetzten Ergebnis kommt und in einer Arbeit mit KUMMER[2] nachweisen konnte, daß die verpflanzten Schilddrüsenteile sich sogar vergrößerten und eine Art neue Schilddrüse bildeten.

Bei dem Myxödem der Kinder sind die Heilerfolge mit solchen Schilddrüseneinpflanzungen sehr viel schlechtere, was nach der allgemeinen Anschauung darauf zurückzuführen ist, daß bei diesen Kindern die anderen Drüsen mit innerer Sekretion schon zu weitgehend in Mitleidenschaft gezogen sind, wenn die Therapie anfängt. Es ist aber auch sehr wohl möglich, daß es sich beim Myxödem der Kinder gar nicht ausschließlich um ein Fehlen der Schilddrüse mit ihren Folgen handelt, sondern daß primär noch andere innersekretorische Organe ungenügend angelegt sind. Man denkt vor allen Dingen an Fehlen oder verminderte Sekretion des Thymus, da der klinische Verlauf des kindlichen Myxödems wesentlich von dem der Erwachsenen und von der Kachexia thyreopriva abweicht und vielfache Übereinstimmungen zu der experimentellen Thymusentfernung zeigt (KLOSE[3]). BERBLINGER[4] hat festgestellt, daß bei Hypofunktion der Schilddrüse histologische Veränderungen in der Hypophyse auftreten, die mit den Veränderungen dieser Drüse in der Schwangerschaft übereinstimmen. Es sind auch Veränderungen an der Nebenniere (FAHR[5]), den Ovarien und im zentralen Nervensystem (ISENSCHMID[6]) bei leichteren Graden der Hypothyreose beschrieben worden, doch sind diese Befunde nicht regelmäßig zu erheben. Gelegentlich findet man Veränderungen in einer größeren Zahl der Blutdrüsen („Multiple Blutdrüsensklerose" FALTA[7], VEIT[8]), wobei dann die Veränderungen der Schilddrüse zu Haarausfall, Kopfschmerzen, Apathie und anderem führen.

Durchaus nicht immer sind die Allgemeinerscheinungen bei ungenügend arbeitender Schilddrüse so ausgesprochen, wie beim Myxödem. Es sind vielmehr fließende Übergänge vorhanden vom Normalen zum Krankhaften. Man spricht von **leichteren Graden der Schilddrüseninsuffizienz,** wenn Haarausfall, trockene Haut, verminderte Schweißsekretion, Untertemperatur, Verstopfung, Metrorrhagien, Neigung zur Fettsucht, Migräne, rasche Ermüdbarkeit vorhanden sind (HERTHOGHE[9]). Andere Autoren gehen noch weiter und rechnen noch manche Gichtformen, Epilepsie und Dementia praecox zur Schilddrüseninsuffizienz (BOLTE[10]). Die Kenntnis dieser leichten Grade von

---

1 Mitteil. a. d. Grenzgebieten Bd. 3. 1898. 2 Münchener med. Wochenschrift 1906. S. 2377. 3 Ergebn. d. Chir. Bd. 8. S. 274. 1914. 4 Mitt. aus d. Grenzgeb. Bd. 33. 5 Klin. Wochenschr. 1923. S. 1109. 6 Frankf. Zeitschr. f. Pathol. Bd. 29. 1918. 7 Berl. klin. Wochenschr. 1912. S. 1477. 8 Frankf. Zeitschr. f. Pathol. Bd. 28. 1922. 9 Bulletin de l'Academie royale de med. de Belgique 1899. 10 Zeitschr. f. Nervenheilkunde. Bd. 57. 1917.

Unterfunktion der Schilddrüse ist mit Rücksicht auf die auszuführende Operation von besonderer Wichtigkeit. Man wird in solchen Fällen mehr Schilddrüsengewebe stehen lassen und wird krankhafte Gewebe, z. B. Zysten, die auf das normale Gewebe drücken, herausschälen, damit sich der Schilddrüsenrest wieder erholen kann. Wie bei der gewöhnlichen Schilddrüsenoperation mit Unterbindung von 3 oder 4 Arterien der Rest arbeitet, ob nach dem Wegfall eines so großen Stückes Schilddrüse früher oder später irgendwelche Störungen entstehen, wie sich der Körper auf diese Änderung einstellt, darauf können wir nur antworten, daß gröbere Störungen im Sinne des Myxödem bisher nur selten nach dieser Kropfoperation beobachtet worden sind. Versuche von GRAFE u. v. REDWITZ[1] haben gezeigt, daß nach den gewöhnlichen Kropfoperationen in einem Drittel der Fälle anfänglich eine Herabsetzung des Gesamtstoffwechsel nachweisbar ist, die aber nur selten die Werte erreicht, wie beim Myxödem. Nach einigen Wochen kehrt der Stoffwechsel wieder zu den Werten, wie vor der Operation zurück.

Ein weiteres Krankheitsbild, das als ungenügende Funktion der Schilddrüse anzusprechen ist, ist der **endemische Kretinismus**[2]. Man versteht unter Kretinismus das endemische Auftreten eines Verblödungsprozesses mit körperlichen Erscheinungen, die mit denen bei Myxödem geschilderten weitgehend übereinstimmen. Es unterscheidet sich aber der Kretinismus von dem Myxödem dadurch, daß bei ihm wohl stets, oder wenigstens in der überwiegenden Mehrzahl der Fälle ein Kropf vorhanden ist. Jedoch ist das kein grundsätzlicher Unterschied, da beim Kretinismus der Kropfknoten das Schilddrüsengewebe rein mechanisch drückt und seine Sekretion hindert. In beiden Fällen handelt es sich also um eine Hypofunktion der Schilddrüse (BREITNER[3]). Weitere Unterschiede zwischen Myxödem und Kretinismus sind darin zu suchen, daß das Myxödem immer fortschreitet und schließlich zum Tode führt, während der Kretine eine ungefähr normale Lebensdauer hat.

---

1 Mittelrh. Chirurgentag, Juli 1921. Mitteil. a. d. Grenzgeb. 36. 1923.
2 Zusammenfassend vgl.. BIRCHER, Ergebn. d. Chir. Bd. V. 1913 u. Ergebn. d. Pathol. Bd. 13. 1911. KUTSCHERA, Wiener klin. Wochenschrift 1909 u. 1910. BIEDL, l. c. DIETERLE, Jahrb. f. Kinderheilkunde Bd. 64. S. 576. H. BIRCHER, v. VOLKMANNS Sammlung klin. Vortr. Nr. 357. 1890. E. BIRCHER, BRUNS' Beiträge Bd. 89. S. 1. v. EISELSBERG, Die Chirurgie d. Schilddrüse in Deutsche Chirurgie 38. Bd. 1. EWALD in NOTHNAGELS Handbuch 1909. HART, Berliner klin. Wochenschrift 1917. SCHLAGENHAUFER u. WAGNER v. JAUREGG, Beiträge zur Ätiologie u. Pathol. d. endemischen Kretinismus. Leipzig u. Wien 1910. ISENSCHMID, Med. Klinik 1917. HIRSCH, Handb. d. hist.-geographischen Pathologie. Stuttgart 1883. LANGHANS, Virch. Arch. Bd. 128 u. 149.
3 Mitt. aus d. Grenzgeb. Bd. 36. 1923.

Auch die Verzögerung des Knochenwachstums weist bei beiden Erkrankungen Verschiedenheiten auf. Beim Kretinismus ist das Knochenwachstum ungleichmäßig. Neben Verzögerung des Knochenaufbaues findet man vorzeitige Verknöcherung (EWALD l. c.).

Ein gewisser Beweis für die Richtigkeit unserer Anschauung, daß sowohl beim Myxödem der Erwachsenen, als auch beim Kretinismus eine Unterfunktion der Schilddrüse vorhanden ist, ist darin zu erblicken, daß beide Krankheitsbilder durch Schilddrüsenzufuhr gebessert werden können. Das beweist natürlich durchaus nicht, daß die Unterfunktionen der Schilddrüse das Wesentlichste in dem pathologisch-physiologischen Geschehen ist; hierüber können wir erst Klarheit bekommen, wenn wir über die Ätiologie beider Erkrankungen besser unterrichtet sind (vgl. auch BREITNER[1]). KUTSCHERA[2] rechnet zum Kretinismus „alles, was im Endemiegebiet an körperlicher und geistiger Entwicklungshemmung durch die kretinogene Schädlichkeit verursacht wird", und er rechtfertigt seinen Standpunkt damit, daß die verschiedenartigen Störungen im Endemiegebiet sehr häufig nebeneinander, besonders bei verschiedenen Geschwistern derselben Familie vorkommen. Er betont ferner, was wohl alle Autoren jetzt anerkennen, daß es keinen Kretinismus ohne Kropf gibt, aber gesetzmäßige Beziehungen zwischen Kropf und Kretinismus gibt es wohl nicht (ASCHOFF[3]). Es gehört zweitens zum Kretinismus eine Schädigung des Nervensystems, die wohl nicht als abhängig vom Kropf aufzufassen ist, sondern diesem gleichwertig ist. Möglicherweise liegt nach KUTSCHERA die Sache so, daß die Schädigung, die vielleicht als Infektion zu denken ist, in erster Linie auf das Nervensystem wirkt und daß als Folge dieser Störung im Nervensystem die Schilddrüse weniger Sekret bildet. Durch die Unterfunktion der Schilddrüse kämen dann in ähnlicher Weise wie beim Myxödem neue Schädigungen für das Nervensystem hinzu.

So ziemlich alles, was wir als Krankheitsursache aus der allgemeinen Pathologie her kennen, ist zur **Erklärung der Kropfentstehung** herangezogen worden, ein Zeichen dafür, daß unsere wirklichen Kenntnisse in dieser Angelegenheit noch recht geringe sind. Die Schwierigkeiten fangen schon an, wenn man den Begriff Kropf erklären will. Daß darunter eine Vergrößerung der Schilddrüse zu verstehen ist, ist zwar allgemein bekannt, ebenso sind selbstverständlich die pathologisch-anatomischen Einzelheiten genau untersucht worden. Über die neuere Einteilung der verschiedenen

---

1 Acta chir. scandin. Bd. 57. 1924. 2 Wiener klin. Wochenschrift 1909 u. 1910. 3 Ärztl. Mitt. aus Baden 1923. Nr. 7.

Kropfformen auf Grund ihres histologischen Aufbaues s. ASCHOFF[1] und BÜRKLE-DE LA CAMP[2], sowie WEGELIN[3]. Über die Histologie des jugendlichen Kropfes hat STAHNKE[4] Untersuchungen angestellt. Aber schon, wenn wir aus den mikroskopischen Bildern Rückschlüsse auf die Art der Veränderung und die Funktion der Drüse machen wollen, stellen sich Schwierigkeiten ein.

BREITNER[5] hat in gemeinsamer Arbeit mit DEMEL, GOLD, HOMMA, JATRON, JUST, KLINGSBIGL, ORATOR, STARLINGER u. WALLNER eine große Anzahl Kröpfe auf Konstitution, pharmakodynamisches Verhalten, pathologisch anatomischen Aufbau, Jodgehalt und Fibrinogengehalt des Blutes untersucht. Er ist der Ansicht, daß hochzylindrisches Epithel und wenig Kolloid für lebhafte Tätigkeit, flache Zellform mit dichtem Kolloid für ruhende Tätigkeit sprechen. Er unterscheidet eine hypertrophisch-hyperrhoische Form mit starker Zellhyperplasie bei Kolloidarmut von einer hypotrophisch-hyporhoischen Form mit großfollikulärem Bau, platten Epithelien und reichlichem Kolloid. Dazwischen stehen die eutrophisch hypo- und hyperrhoischen Formen.

Es ist wohl anzunehmen, daß diese verschiedenen Kropfformen auch eine verschiedene Entstehungsursache haben; bis jetzt hat man sich aber ohne Rücksicht auf die verschiedenen histologischen Bilder darauf beschränkt, erstens bei Tieren experimentell Kröpfe zu erzeugen, zweitens den Kropf in epidemiologischer Richtung zu studieren.

Eine uralte, schon von HIPOKRATES geteilte Ansicht ist die, daß durch das Trinken aus bestimmten Brunnen Kropf entstünde. Erst in neuerer Zeit hat man damit angefangen, durch Tränkungsversuche mit solchen Wässern bei Tieren, besonders bei Hunden und Ratten, Kropf zu erzeugen. Das schien in der Tat zu gelingen, und die Theorie von den Kropfbrunnen gewann wieder an Boden (BIRCHER[6], WILMS[7], BREITNER[8], HIRSCHFELD und KLINGER[9], SCHLAGENHAUFER und WAGNER V. JAUREGG[10], BLAUEL und REICH[11] u. v. a.). Je zahlreicher jedoch die Versuche wurden, um so mehr zeigte es sich, daß die Verhältnisse doch viel verwickelter liegen, als man gedacht hatte. Zunächst ergab es sich, daß in allen Gegenden, wo Kropf endemisch vorkommt, auch die Tiere spontan Kropf bekommen können. Das bedeutet für alle Tierversuche in Kropfgegenden eine gewaltige Fehlerquelle: bei den Versuchstieren,

---

1 Ärztl. Mitt. aus Baden 1923. Nr. 7. 2 Archiv f. klin. Chir. 130. 1924. 3 Wiener klin. Wochenschrift 1925. S. 5. 4 Archiv f. klin. Chir. 125. 1923. 5 Grenzgeb. 36. 1923. Vgl. auch BREITNER, Anh. f. klin. Chir. 128. 6 Deutsche Zeitschrift f. Chir. Bd. 103. 1910. Ders., Ztschrft. f. exp. Path. u. Therapie 1911. Ders., Med. Klinik 1910. Ders., Deutsche Zeitschr. f. Chir. Bd. 112. 7 Zentralblatt f. Chir. 1910 u. Deutsche med. Wochenschrift 1910. 8 Mitteil. a. d. Grenzgebieten Bd. 24. 1912 u. Wiener klin. Wochenschrift 1912. 9 Münchener med. Wochenschrift 1913. 10 Beiträge z. Ätiologie u. Pathol. d. endem. Kretinismus. Leipzigu. Wien 1910. 11 BRUNS' Beiträge Bd. 83.

die in solchen Kropfgegenden gehalten werden, sind oft geradezu Kropfendemien aufgetreten, auch wenn die Tiere ganz einwandfreies Wasser bekommen haben (z. B. in Zürich). Die Ursache solcher Kropfendemie in Tierställen hat man gelegentlich darin gefunden, daß in den Kisten früher Tiere mit Kropf gehalten worden sind. Man hat auch ferner beobachtet, daß ein neu hinzukommendes Tier, das Kropf hatte, eine ganze Kiste verseuchte. Man glaubte deshalb die Ursache von solchen Übertragungen darin zu finden, daß die Tiere unreinlich gehalten wurden und daß sie ihr Futter mit Kot verschmieren (MAC CARISON). Kontrolluntersuchungen haben jedoch diesen Schluß als nicht richtig erkannt, denn GRASSI und MUNARON[1] haben ihre Hunde in Käfigen gehalten, die täglich mit Desinfizienten abgewaschen wurden. Die Nahrung war steril, ebenso das Wasser. Die Versuche wurden jedoch in Kropfgegenden angestellt und die Tiere bekamen trotz aller Vorsichtsmaßregeln gewaltige Kröpfe; aber das Wasser war sicher nicht schuld an den Kröpfen. Tierversuche, die in kropffreien Gegenden angestellt werden, fallen meist negativ aus. Ebenso verlieren die Tiere mit Kropf diesen, wenn sie in kropffreie Gegenden gebracht werden. Ähnliches beobachtet man übrigens auch gar nicht so selten beim Menschen. Man bekommt im Tierversuch ferner keinen Kropf, wenn man dem Wasser eine Spur Jod hinzufügt. Man hat deshalb geglaubt, daß der Jodmangel und zwar der Jodmangel einzelner Kochsalzsalinen schuld an der Kropfentwicklung sei. Einzelne Kochsalzsalinen liefern jodreicheres, andere jodärmeres Kochsalz und in der Schweiz soll nach BLEYER[2] die Verteilung des Kropfes mit diesem verschiedenen Kochsalz zusammenhängen. Daß es durch Jodzufuhr, und zwar kleinste Mengen Jod, gelingt, einen Kropf besonders im jugendlichen Alter zu verkleinern oder ganz zum Verschwinden zu bringen, ist ganz zweifellos. In der Schweiz ist man auf Grund dieser Erfahrung jetzt damit beschäftigt, in Schulen prophylaktisch regelmäßig Jod zu geben und will mit dieser Behandlung sehr beachtenswerte Erfolge erzielt haben (KLINGER[3]). Bei Erwachsenen geht ein Kropf auf Jodzufuhr nicht so sicher zurück und es treten bei ihnen doch sehr leicht Schädigungen (Basedow) durch solche wahllosen Jodgaben auf, wie man auch jetzt gerade wieder in der Schweiz beobachtet (BAUMANN[4], HOTZ, BIRCHER[5], eigene Beobachtung). Von anderen Salzen, die mit der Kropfentstehung in erkennbarem Zusammenhang stehen, sei das

1 Zit. nach BIEDL. 2 Münch. med. Wochenschr. 1922. 3 Schweizer med. Wochenschrift 1921. S. 12. 4 Schweizer med. Wochenschr. 1922. S. 280. 5 Mittelrhein. Chirurgentag Stuttgart 1925.

Fluornatrium genannt. Ratten bekamen nach GOLDENBERG [1] durch Zufuhr von 2—3 mg Fluornatrium täglich in 6—8 Wochen einen Kropf.

Durch eine einseitige, sehr fetthaltige Ernährung bekam Mc CARRISON [2] bei Tauben eine Schilddrüsenvergrößerung mit Basedowerscheinungen. Dieselben Veränderungen erzielte er mit freien Fettsäuren, und er glaubt, daß bei Alkalimangel im Darm solche Fettsäuren entstehen können, die dann zu der Hyperplasie der. Schilddrüse führen. Bei Hunger oder Vitaminmangel sah CARRISON eine Abnahme der Schilddrüse und Vergrößerung der Nebenniere.

Außer auf dem Wege des Tierversuches hat man durch epidemiologische Forschungen versucht, die Ursache der Kropfentwicklung zu erkennen. Es gehen diese epidemiologischen Forschungen hauptsächlich auf H. BIRCHER[3] zurück, der auf Grund der Ausbreitung des Kropfes in der Schweiz die Ansicht vertrat, daß der Kropf an geologische Formationen gebunden sei. Kropf soll in Eruptivgestein, Jura und Kreide sowie sämtlichen Süßwasserablagerungen nicht vorkommen, sondern sich an die marinen Ablagerungen des paläozoischen Zeitalters, der Trias und Tertiärzeit halten. Schon KOCHER[4] wies jedoch darauf hin, daß sich diese Einteilung nicht so starr aufrecht erhalten ließe. Einzelne Autoren, wie LOBENHOFER[5], glaubten die BIRCHERsche Theorie durch Untersuchungen in anderen Gegenden, wo Kropf vorkommt, stützen zu können. Da jedoch durch HESSE [6] gezeigt worden ist, daß in Sachsen diejenigen Gesteinsarten, die in der Schweiz kropffrei sind, gerade viel Kropf haben, und umgekehrt, hat jedenfalls die Ansicht von BIRCHER keine allgemeine Gültigkeit. Auch SCHITTENHELM und WEICHARDT [7] konnten für Bayern zeigen, daß die gleichen geologischen Formationen bald Kropf haben, bald nicht. Weiterhin haben die sehr genauen Nachprüfungen von DIETERLE, HIRSCHFELD und KLINGER [8] in den von BIRCHER untersuchten Gegenden ergeben, daß sich auch dort solche an geologische Formationen gebundene Unterschiede in dem Vorkommen von Kropf nicht nachweisen lassen, wenn man die Gesamtbevölkerung untersucht. Auch der geradezu als ein Massenexperiment erscheinende Beweis für die Wassertheorie, den E. BIRCHER l. c. anführt, daß früher stark mit Kropf verseuchte Orte kropffrei geworden seien, nachdem sie aus

1 SÉMANN, med. 28. 1921 zit. Berichte über d. ges. Physiol Bd. XII. 2 New-York. med. journ. Bd. 115. 1922. Brit. med. journ. 1922. S. 178. 3 Der endemische Kropf usw. Basel 1883. 4 Vorkommen u. Verbreitung d. Kropfes im Kanton Bern. Bern 1889. 5 Mitteilungen a. d. Grenzgebieten Bd. 24. 1912. 6 Arch. f. klin. Med. Bd. 102. 1911. S. 217. 7 SCHITTENHELM u. WEICHHARDT, Der endemische Kropf. Berlin 1912. 8 Arch. f. Hyg. Bd. 81. S. 128. 1913.

anderen geologischen Formationen Wasserleitungswasser bekommen hatten, haben der Nachprüfung von DIETERLE, HIRSCHFELD und KLINGER nicht standhalten können. Es hat sich nämlich herausgestellt, daß ein Teil der neuen Quellen gar nicht aus Urgestein stammen, sondern aus marinen Schichten. Ferner ergab die genaue Durchuntersuchung der Gesamtbevölkerung, daß die Abnahme des Kropfes in den betreffenden Orten gar nicht so durchschlagend war, wie das nach den militärischen Aushebungslisten, die BIRCHER benutzt hatte, den Anschein hatte. Neuerdings nimmt man an, daß Kropf in den Bodenformationen vor allem vorkommt, die einen geringen Jodgehalt aufweisen, doch scheint auch diese Anschauung nicht ganz zu stimmen (vgl. BIRCHER[1]).

KUTSCHERA[2] konnte nun weiterhin in Steiermark zeigen, daß von Häusern, die von der gleichen Quelle versorgt werden, ein Teil kropfige Einwohner haben kann, ein anderer Teil nicht. Wie wenig die Wassertheorie haltbar ist, konnte KUTSCHERA auch durch andere, sehr interessante Beispiele belegen, so durch seine Untersuchungen an den Tostenhuben in Kärnten. Das sind einsam gelegene Häuser, in denen, nach einer Beschreibung, die schon auf 100 Jahre zurückgeht (v. FRADENEK), alle Kinder und auch Erwachsene kretinisch waren, also Kröpfe hatten. Bei der Nachuntersuchung durch KUTSCHERA beherbergten zwei der Tostenhuben, die in der Zwischenzeit abgebrannt und wieder neu aufgebaut worden waren, seit dem Brande keine Kretinen mehr. Aus einer dritten verschwand der Kropf, nachdem sie 40 Jahre lang leer gestanden hatte. In einer der Huben konnte nachgewiesen werden, daß ein Kind, das vor dem Brande geboren war, noch kretinisch war, während alle nach dem Brande geborenen Kinder sich normal entwickelt hatten. In all den Fällen ist die Wasserversorgung immer die gleiche geblieben. Aus solchen und anderen Nachforschungen folgert KUTSCHERA, daß der Kropf nicht an die Wasserversorgung, sondern an die Wohnungsgemeinschaft gebunden sei; mit anderen Worten, daß eine Ansteckung von Mensch zu Mensch dabei im Spiele sein müßte. Und zwar soll diese Übertragung nur bei sehr naher Beziehung der Menschen zueinander stattfinden. Auch hierfür bringt KUTSCHERA sehr interessante Belege, so zum Beispiel die von KÖSTEL berichtete Tatsache, daß in früherer Zeit die Edelleute im Wallis häufig nur ihre Erstgeborenen bei sich zu Hause aufzogen, während die später geborenen Kinder den kretinischen Dienstboten überlassen wurden.

---

1 Mittelrhein. Chirurgentag Stuttgart 1925. 2 Wiener klin. Wochenschr. 1909 u. 1910.

Diese Kinder wurden alle Kretins und zwar war das beabsichtigt, damit das Vermögen nicht geteilt werden müßte. Werden umgekehrt Kinder, die von kretinen Müttern stammen diesen fortgenommen und in einem kropffreien Nachbarhause aufgezogen, so entwickeln sie sich normal.

KUTSCHERA hat auch tierexperimentelle Belege für seine Anschauung beigebracht. Er beobachtete, daß eine kretine Dorfarme eine große Vorliebe für Hunde hatte. Die Hunde schliefen bei ihr in dem unreinlichen, nur aus Wollumpen bestehenden Bett. Diese Hunde waren nun ausgesprochene Kretins. KUTSCHERA hat dann diese Hunde fortgenommen und der Frau hintereinander mehrere völlig gesunde junge Hunde zur Pflege gegeben. Diese Hunde wurden gleichfalls nach einiger Zeit kropfig und kretinisch. Die Geschwister des gleichen Wurfes, die KUTSCHERA bei sich behalten hatte, entwickelten sich völlig normal. Wenn diese Untersuchungen von KUTSCHERA durch Nachprüfungen bestätigt werden, so kommen wir durch sie zu der Anschauung, daß der Kropf eine Infektionskrankheit sei. Dabei ist es allerdings sehr fraglich, ob der Kropf bei Kretinen in seiner Entstehungsursache ohne weiteres der gewöhnlichen Kropfkrankheit gleich zu setzen ist. Ferner muß man an die Möglichkeiten der Vererbung von Kropf mit Kretinismus denken (vgl. PFAUNDLER[1]). Nachgewiesen ist in unseren Gegenden ein Infektionserreger nicht, und deshalb schweben alle hierüber gemachten Angaben, wie die, daß die Infektion vom Darm her erfolge, etwa eine Toxinbildung sei, wobei der Schilddrüse eine entgiftende Eigenschaft zukäme, oder die, daß es sich lediglich um eine besondere Mischung der Darmbakterien handle, verursacht durch bestimmte Ernährung, vorläufig noch völlig in der Luft. Für Brasilien ist bei einer bestimmten Form des Kropfes ein Trypanosoma als Erreger gefunden worden (Chagaskrankheit). Jedoch gehen Kropf und Parasit in Südamerika nicht parallel (vgl. WEGELIN[2]), so daß es keineswegs sicher ist, daß das Trypanosoma als Erreger des Kropfes angesprochen werden kann (vgl. R. KRAUS[3]). Über die Befunde von Sporen und Rostzellen, die MERK[4] in Kröpfen erhoben hat, wird man erst weitere Nachprüfungen abwarten müssen.

Die Frage, ob die erschwerte Atmung durch den Kropf ihrerseits wieder das Wachstum des Kropfes fördert oder seine Funktion beeinflußt, haben REICH und BLAUEL[5], sowie BREITNER[6] im

---

1 Jahrb. f. Kinderheilkunde Bd. 105/55. 1924. 2 Mitt. aus d. Grenzgeb. 36. 3 Med. Klinik 1924 S. 303. 4 Mitt. aus d. Grenzgeb. 34. 5 BRUNS' Beiträge Bd. 82. 6 Acta chirurg. scand. Bd. 57. 1924.

Tierversuch geprüft. Sie fanden bei Ratten mit chronischer Trachealstenose degenerative Prozesse in der Schilddrüse, womit eine verminderte Leistung der Schilddrüse verknüpft war. Die Befunde von OSWALD, daß in der Schweiz das Schilddrüsengewicht in 84% der Fälle höher ist, als in kropffreien Gegenden, wird für die ätiologische Durchforschung des Kropfproblems vielleicht einmal von großer Bedeutung sein, vorläufig kann es nicht recht verwertet werden.

Im Gegensatz zu den Erkrankungen, die auf eine Hypofunktion der Schilddrüse zurückgeführt werden, steht eine Gruppe von Krankheitsbildern, die man neuerdings auf eine Überfunktion der Schilddrüse, auf **Hyperthyreoidismus,** bezieht. Ob die hier im einzelnen abgegrenzten Krankheitsbilder (Morbus Basedow, Basedowoid usw.) wirklich verschiedene Formen darstellen oder nur Stufenleitern ein und derselben Erkrankung sind, steht noch dahin[1]. Jedenfalls ist das Verständnis auch dieser Krankheiten wesentlich durch die operative Therapie gefördert worden. Und zwar sind es einmal die operativen Erfolge, die man in einer großen Anzahl von Fällen beim Morbus Basedow sieht; zweitens aber auch die Mißerfolge dieser operativen Eingriffe und schließlich die plötzlichen Todesfälle, die nach einer Operation bei Basedow manchmal eintreten, die die Stellung der Chirurgen zu diesem Krankheitsbilde beeinflußt haben. Die guten Erfolge der Operationen schienen den Beweis zu erbringen für die Richtigkeit der Theorie vom Hyperthyreoidismus. Die Mißerfolge und die Todesfälle haben uns gelehrt, daß die Sache doch viel verwickelter liegt, als wir sie uns eine Zeitlang vorgestellt haben.

Gehen wir einmal davon aus, was das Experiment uns über Hyperthyreoidismus lehrt, so ist das recht wenig. Man kann einen gesunden Menschen oder ein Tier ruhig mit Schilddrüsensubstanz füttern, ohne daß er einen Morbus Basedow bekommt (BUSCHAN[2], WENDELSTADT[3], LANZ[4], FÜRTH[5] u. a.). Auch bei dem gewöhnlichen, besonders aber bei dem endemischen Kropf führt Schilddrüsenfütterung durchaus nicht immer zu ausgesprochenem Hyperthyreoidismus, wenn auch nach einer solchen Fütterung oder Einspritzung von Schilddrüsensubstanz eine Tachykardie häufig be-

---

1 Zusammenfassend vgl. SATTLER in GRAEFE-SÄMISCHS Handbuch d. Augenheilkunde Bd. IV. 1909. MÖBIUS in NOTHNAGELS Handbuch 22. 1896. CHVOSTEK in Enzyklopädie d. klin. Med. Julius Springer. 1917. EULENBURG in ZIEMSSENS Handbuch Bd. 12. 1875. FR KRAUS in EBSTEINS Handbuch Bd. 2. 1899. MAGNUS-LEVY in v. NOORDENS Handbuch Bd. 2. 1907. MELCHIOR, Ergebn. d. Chir. Bd. I. 1910. BITTORF, BRUNS' Beitr. 131. 2 Deutsche med. Wochenschrift 1895. 3 Deutsche med. Wochenschrift 1894. 4 Mitteil. a. d. Grenzgeb. Bd. 8. 1901 u. Deutsche med. Wochenschr. 1895. 5 Ergebn. d. Physiol. 1909. Bd. 8 (hier Lit.).

obachtet wird. Durch Verfütterung des von KENDALL dargestellten Thyroxin soll es allerdings gelingen, sämtliche Symptome des Hyperthyreoidismus im Tierversuch nachzuahmen mit Ausnahme des Exophthalmus (BIRCHER[1]); doch wird man hier zunächst Nachprüfungen abwarten müssen.

Gefährlicher als die Fütterung und Einspritzung von Schilddrüsensaft scheint das Jod bei Struma zu sein. Man erlebt es gelegentlich, daß, wenn ein Patient mit Kropf Jod bekommt, sich plötzlich ein Krankheitsbild entwickelt, das man als Thyreoidismus zu bezeichnen pflegt und das in der Hauptsache in Herzklopfen mit Tachykardie und allgemeiner nervöser Aufgeregtheit besteht: Jodbasedow (KOCHER[2], s. oben). Es kommt dabei zu einer Verminderung der Zahl der Lymphozyten (v. SALIS und VOGEL[3]). Man nimmt im allgemeinen an, daß es unter dem Einfluß des Jod zu einer erhöhten Sekretion von Schilddrüsensubstanz gekommen ist und kann vielleicht als Beweis für diese Annahme gelten lassen, daß in schweren Fällen von Jodbasedow sich die Schilddrüse vergrößert, daß sie weich und pulsierend wird, also die Form annimmt, die wir auch beim echten Basedow finden und für ihn als charakteristisch ansehen. Von größter Wichtigkeit wäre es, wenn wir wüßten, welche Formen von Kropf in dieser unerwünschten Weise auf Jod antworten. Hierüber sind unsere Kenntnisse aber noch sehr gering. Ich habe einen sehr schweren Fall von Jodbasedow bei einem älteren Manne beobachtet, der unoperiert starb, wo sich neben der Schilddrüse ein sehr großer Thymus fand. Verallgemeinern darf man aber vorläufig solche Einzelbeobachtungen nicht, immerhin zeigen sie uns den Weg, auf dem wir weiterforschen müssen. Denn es muß hier nochmals betont werden, daß gesunde Menschen und, wie gesagt, auch viele Leute mit endemischem Kropf nicht in dieser Weise auf Jod reagieren, sondern daß es nur immer einzelne bestimmte Typen sind, die solche Symptome nach Jodeinverleibung bekommen. Daß auch andere Stoffe als wie Jod die Entstehung der Morbus Basedow fördern, geht aus der Beobachtung von CURSCHMANN[4] hervor, die von anderen Klinikern weitgehend bestätigt wird, daß nämlich die Erkrankungen an M. Basedow bei der knappen und vor allem fleischarmen Kost der Kriegsjahre entschieden seltener geworden ist.

Einen sehr interessanten Fall, bei dem das Krankheitsbild des Morbus Basedow durch ein zerfallendes Neuroblastom am Ischiadikus ausgelöst worden

---

1 Schweizer med. Wochenschr. 1922. S. 347. 2 KOCHER, Arch. f. klin. Chir. Bd. 92. 1910. 3 Mitteil. a. d. Grenzgebieten Bd. 27. S. 275. 4 Klin. Wochenschr. 1922. S. 1296.

war, während die vorhergegangene Strumektomie ohne Erfolg geblieben war, teilt KASPAR[1] mit.

Bei echtem nicht durch Jod hervorgerufenem Morbus Basedow waren es zunächst hauptsächlich klinische Beobachtungen, die zu der Annahme geführt haben, daß er und die verwandten Krankheitserscheinungen auf einer erhöhten Sekretion von Schilddrüsensubstanz beruhen. MÖBIUS (l. c.) wies darauf hin, daß ein bis in die Einzelheiten zu verfolgender Gegensatz zwischen dem Myxödem und dem Morbus Basedow bestünde, und es war ja nur naheliegend, diesen Gegensatz der Krankheitsbilder in einem Gegensatz der Krankheitsursachen zu suchen. Da das Myxödem anerkanntermaßen seine Ursache in dem Fehlen der Schilddrüse hat, nahm MÖBIUS für den Basedow und seine verwandten Erscheinungen ein Zuviel an Schilddrüsensekret an. Die Erfolge einer operativen Entfernung der Schilddrüse bei Morbus Basedow schienen die Theorie von der thyreogenen Ursache dieser Erkrankung sehr zu stützen. Jedoch gelang es, wie gesagt, auch durch Zufuhr von reichlich Schilddrüsensubstanz nicht, bei einem normalen Menschen einen Basedow zu bekommen und dann wurden Fälle beobachtet, wo neben schwerstem Basedow myxödematöse Erscheinungen, also Erscheinungen von Unterfunktion der Schilddrüse, vorhanden waren (v. JAKSCH[2]). Das zeigt, daß die Annahme einer Hyperfunktion der Schilddrüse zur Erklärung des Morbus Basedow nicht genügt. Man half sich deshalb mit der Annahme, daß beim Basedow das Schilddrüsensekret nicht nur allzu reichlich, sondern auch in einem irgendwie veränderten Zustand in die Blutbahn käme.

Um einen solchen Dysthyreoidismus zu beweisen, hat man die verschiedensten Versuche angestellt. Zuerst spritzte man Tieren nicht gewöhnliche Schilddrüse, sondern Preßsaft von Basedowschilddrüse ein. Vereinzelte positive Resultate wurden in dieser Weise erzielt (KRAUS und FRIEDENTHAL[3], HÖNIKE[4]); aber einen vollständigen Morbus Basedow erhielt man nicht, sondern die Tiere bekamen höchstens einige der Symptome, die wir als Basedowsymptome zu bezeichnen pflegen. Nach FÜRTH[5] ist die Tachykardie das Symptom das bei den so behandelten Tieren am häufigsten auftritt. Die Mehrzahl der Autoren hat übrigens nach Einspritzung von Preßsaft aus Basedowschilddrüse nur ganz allgemeine Intoxikationserscheinungen beobachten können (KOCHER[6],

---

1 Wien. Ges. d. Ärzte. 30. V. 24. Ref. Med. Kl. 1924. S. 939. 2 Prager med. Wochenschrift 1892. 3 Berliner klin. Wochenschrift 1908. S. 1709. 4 Zit. nach CHVOSTEK l. c. S. 224. 5 Ergebn. d. Physiol. 1909. 6 l. c.

SCHULZE[1], PÄSSLER[2], SCHÖNBORN[3], GLEY[4], PFEIFFER[5] u. a.). Nur KLOSE[6] berichtet über Versuche an Hunden, die lange durch Inzucht fortgepflanzt und deshalb degeneriert waren (Foxterrier), bei denen es ihm durch Einspritzung von Preßsaft aus exstirpierten Basedowstrumen gelungen ist, einen anscheinend typischen Basedow mit Exophthalmus und Tachykardie zu erzeugen. Die Untersuchungsergebnisse von KLOSE sind wohl mit Recht im allgemeinen vorsichtig gedeutet worden. Einmal ist es schwer, beim Tier zu beurteilen, ob wirklich ein Krankheitsbild vorliegt, das dem Basedow beim Menschen entspricht, und dann wird man, wenn die Hunde tatsächlich einen richtigen Basedow bekommen haben, mit OSWALD (l. c.) sagen dürfen, daß dieses Ergebnis nur deshalb erzielt wurde, weil die Hunde degeneriert waren, also vielleicht genau wie die Menschen, die auf Jod und vermehrtes Schilddrüsensekret mit Basedow antworten, irgendwie für die Erkrankung disponiert gewesen sind. So würde es sich auch erklären, daß Nachuntersucher bei Hunden keinen Basedow bekamen (BARUCH[7]).

Den Versuchen von WALTHER und HOSEMANN[8], die in der Basedowschilddrüse deshalb ein spezifisches Sekret vermuten, weil Nervenregenerationen bei schilddrüsenlosen Tieren zwar durch den Saft einer gewöhnlichen nicht aber einer Basedowstruma beschleunigt werden können, wird von OSWALD mit Recht entgegengehalten, daß man bei solchen Versuchen doch zunächst einmal beweisen müsse, ob in der betreffenden Basedowstruma die gleiche Menge Jodthyreoglobulin vorhanden gewesen ist wie in einer gewöhnlichen Struma. Das ist von vornherein durchaus nicht sicher; denn selbst wenn man annimmt, daß die Basedowschilddrüse im Körper mehr Sekret geliefert hat, so braucht sie in ihrer Substanz durchaus nicht mehr Sekret zu enthalten, da es ja auch schneller ausgeschwemmt werden kann.

Man muß jedenfalls zunächst mit MAGNUS LEVY[9] sagen, „daß vorläufig die Frage einer Dysthyreosis vom chemisch-physiologischen Standpunkte überhaupt noch gar nicht mit Erfolg erörtert werden kann, was auf diesem Gebiet bisher vorgebracht wurde, ist lediglich Spekulation“.

Noch ein sehr wichtiger Einwand besteht der Annahme gegenüber, daß der Morbus Basedow einfach die Folge einer erhöhten oder krankhaft veränderten Sekretion von Schilddrüsensaft sei, das ist die Tatsache, daß sich eine ganze Anzahl Symptome des

---

1 Mitteil. a. d. Grenzgebieten Bd. 17. 1907. 2 Mitteil. a. d. Grenzgebieten Bd. 14. 1905. 3 Arch. f. exp. Pathol. u. Pharmak. Bd. 60. 1909. 4 Journ. de physiol. et de pathol. gén. 1911. S. 955. 5 Münchener med. Wochenschrift 1907. S. 1173. 6 Arch. f. klin. Chir. Bd. 93. S. 649 u. Beitr. z. klin. Chir. Bd. 77. S. 601. 1912. 7 Zentralbl. f. Chir. 1911 u. 1912. 8 Zeitschrift f. d. ges. Neurologie usw. Bd. 23. S. 98. 1914. 9 Handbuch d. Pathol. d. Stoffwechsels (herausg. v. NOORDEN). Bd. 2. S. 1902.

Basedow, so der Exophthalmus und das GRÄFEsche Phänomen (FR. KRAUS[1]) nicht als „Funktion" der Thyreoidea erklären lassen. Das werden wir sogleich noch zu besprechen haben. Jedenfalls muß man aus dem Gesagten folgern, daß der Schilddrüse zwar eine wesentliche Rolle bei dem Krankheitsbilde des Morbus Basedow zukommt, man kann wohl jetzt sagen, daß sie immer vergrößert ist; sie ist aber nicht das einzige Organ, von dessen krankhafter Funktion nun allein die Symptome des Morbus Basedow abhängen, sondern die Erkrankung muß neben der Schilddrüse noch andere Organsysteme, in erster Linie das Nervensystem und andere Drüsen mit innerer Sekretion betreffen, und die Erkrankung der Schilddrüse hängt sogar ihrerseits vielleicht nur von einer solchen übergeordneten Erkrankung des zentralen Nervensystems ab.

Die Frage, in welcher Weise das Nervensystem bei Morbus Basedow erkrankt ist, ist noch ungeklärt, aber einige Anhaltspunkte kann man aus dem Beobachtungsmaterial doch gewinnen. Es waren ja eigentlich die ältesten Theorien, die den Basedow als eine Nervenerkrankung bezeichneten, und zwar nahm man zunächst eine Veränderung des Sympathikus an, von dem man glaubte, daß er durch die Struma gedrückt würde (KOEBEN[2], CHARCOT und GRÄFE). Es lassen sich jedoch die Basedowsymptome weder als reine Lähmung, noch als reine Reizung des Sympathikus und auch nicht als Vereinigung von Reizung und Lähmung restlos erklären, wenn es auch CLAUDE BERNARD im Tierversuch gelungen ist, Exophthalmus durch Sympathikusreizung hervorzurufen. Ebenso ist es mit dem Vagus. Gewiß muß ja wohl bei einzelnen Symptomen, wie der Gefäßerweiterung, der Sympathikus beteiligt sein, und bei anderen, wie der Tachykardie, der Vagus. Das rechtfertigt es aber nicht, nun eine Erkrankung dieser Nervengebiete als im Mittelpunkt des Krankheitsbildes stehend, anzunehmen. Denn bei den schwankenden, oft ungleichmäßig ausgebildeten Symptomen erscheint der Morbus Basedow alles andere eher, als eine bestimmt umschriebene, organische Nervenerkrankung (Lit. s. bei SATTLER l. c.). Es gelingt zwar durch Verletzung der Medulla oblongata, in seltenen Fällen vereinzelte Basedowsymptome, wie Exophthalmus (FILEHNE[3]), Tachykardie und ähnliches, hervorzurufen, aber einen typischen Basedow bekommt man bei diesen Versuchen nicht. Andererseits verlaufen die sicheren Herderkrankungen des Bulbus doch unter

1 Handbuch d. prakt. Med. von W. EBSTEIN. Bd. 2. 1899 (Morbus Basedow). 2 Zit. nach KLOSE u. HELLWIG. Klin. Wochenschrift 1923. S. 627. 3 Sitzungsbericht d. physik. med. Societät in Erlangen 1877.

ganz anderen klinischen Erscheinungen als der Basedow. Die allgemeine Neurologie ist wohl deshalb jetzt ziemlich allgemein davon zurückgekommen, den Morbus Basedow als eine organisch bedingte Nervenerkrankung von umschriebenem, bestimmtem Sitz zu betrachten, sondern sie denkt mehr an eine gewisse allgemeine Minderwertigkeit des Nervensystems. Neurose, konstitutionelle Schwäche, Disposition sind die Schlagwörter, mit denen dieser im wesentlichen gleiche, in Einzelheiten voneinander abweichende Standpunkt gekennzeichnet wird. Man stellt sich dann vor, daß dieses „minderwertige" Nervensystem besonders empfindlich gegen zu reichlich gebildetes Schilddrüsensekret ist. Bei dem akuten Basedow („Kriegsbasedow" [KLOSE[1]]), der ja gelegentlich eine Folge von Aufregung oder Schreck ist, bei vorher an ihrem Nervensystem klinisch Gesunden, ist man geneigt, daneben an eine, vom zentralen Nervensystem ausgelöste Reizung der Sekretionsnerven der Schilddrüse zu denken, etwa in der Art, wie sie die Versuche von ASHER und FLACK gezeigt haben.

Daß solche Reizung auch von organischen Erkrankungen fernliegender Organe bedingt sein kann, zeigt ein Fall von KASPAR[2] und SUSSIG, wo die Basedowsymptome erst nach Entfernung eines Neuroblastom am Ischiadikus verschwanden.

Mit EPPINGER und HESS[3] unterscheidet man neuerdings oft einen vagotonischen und einen sympathikotonischen Morbus Basedow. Ersterer soll geringe Tachykardie und geringen Exophthalmus bei subjektiv beträchtlichen Herzbeschwerden haben; daneben Diarrhöe und Schweiße. Beim sympathikotonischen Basedow soll starke Tachykardie und Exophthalmus bei geringen subjektiven Herzbeschwerden bestehen; es fehlen die Diarrhöen und die Schweiße. Mit HILDEBRAND[4] muß man aber sagen, „daß die genannten Formen rein nur selten vorkommen, daß sie meist in ihren Symptomen gemischt sind". Nach Einspritzung von „vagotropen" Mitteln wie Pilokarpin und Pituitrin sieht man im allgemeinen bei Basedowkranken nichts anderes, als wie bei Normalen, während Adrenalineinspritzungen zu einer Steigerung von Puls und Blutdruck führen (TROELL[5]).

Von dem Gedankengang ausgehend, daß einzelne Basedowerscheinungen Sympathikussymptome sind, hat man auch versucht, die Erkrankung durch operative Entfernung des Halssympathikus zu heilen. Die ersten Operationen am Sympathikus führte JABOULAY aus; in letzter Zeit wurde sie besonders durch JONESCO empfohlen. Nach der Zusammenstellung von KLOSE und HELLWIG[6], KAPPIS[7], HAHN[8], LEHMANN[9], KÜMMELL[10] ist aber die

1 Med. Klinik 1918. S. 1199. 2 BRUNS' Beiträge 133. 3 Vgl. EPPINGER u. HESS, Die Vagotonie in v. NOORDENs Samml. klin. Abh. Berlin 1910. 4 Arch. f. klin. Chir. 111. S. 1. 1918. 5 Archiv f. klin. Chir. 122. 1923. 6 Klin. Wochenschrift 1923. S. 627. 7 Erg. d. inn. Med. Bd. 25. 8 Erg. d. Chir. Bd. 17. 9 Ebendort. 10 BRUNS' Beitr. 132.

Zahl der Heilerfolge des Basedow durch Sympathikusoperationen doch eine sehr geringe und nicht zu vergleichen mit den Erfolgen der Kropfoperationen bei dieser Erkrankung (vgl. dagegen REINHARD[1]).

Etwas besser experimentell zu fassen schien die Theorie, daß beim Morbus Basedow neben der Schilddrüse noch andere Drüsen mit innerer Sekretion erkrankt seien. In erster Linie hat man hier an die **Nebennieren** gedacht, weil ein Teil der sogenannten Basedowerscheinungen „Adrenalinsymptome“ sind (GOTTLIEB[2]), so die Tachykardie und der Exophthalmus, auch die Glykosurie u. a. Sie weisen auf einen Erregungszustand der sympathischen Erfolgsfasern hin. Eine Zeitlang glaubte man auch beim Basedow eine Vermehrung des Adrenalins im Blute nachweisen zu können (KRAUS und FRIEDENTHAL[3], FRAENKEL[4] u. a.). Es ist jedoch durch O. CONNOR[5] gezeigt worden, daß hier technische Fehler vorgelegen haben. GOTTLIEB (l. c.) und FRÖHLICH[6] kommen auf Grund dieser verschiedenen Überlegungen zu der Annahme, daß beim Basedow durch das vermehrte Schilddrüsensekret die sympathischen Erfolgsorgane für Adrenalin besonders empfindlich werden. Man kennt ähnliches vom Kokain. Vielleicht ist nach den Versuchen von KEPINOW (vgl. GOTTLIEB) an dieser Sensibilisierung des Sympathikus auch die Hypophyse beteiligt. Daß Adrenalin bei Basedowfällen schlecht vertragen wird, haben die Versuche von CAPELLE und BAYER[7] gezeigt. Das hat seine praktische Bedeutung, man denkt nämlich bei den plötzlichen Todesfällen nach Basedowoperation[8], deren Ursache durchaus noch nicht geklärt ist, an eine solche Adrenalinwirkung, da ja die Patienten bei der Lokalanästhesie immer Adrenalin zugeführt bekommen, dessen Wirkung noch durch das Kokain oder Novokain, wie oben gesagt wurde, verstärkt wird. Ob die Zahl der postoperativen Todesfälle bei M. Basedow geringer wird, wenn man in Narkose operiert, ist allerdings noch eine offene Frage.

Die **Todesfälle nach der Operation beim Morbus Basedow** verlaufen im allgemeinen subakut. Die Patienten sterben selten im unmittelbaren Anschluß an die Operation, sondern meist erst am Abend des Operationstages oder am folgenden Tage. Im Vordergrunde steht auch hier das Versagen des Herzens; der Puls ist hochgradig beschleunigt, es kommt nicht mehr jeder Schlag an die Peripherie,

---

1 Zeitschrift f. Chir. 1923. S. 653 u. Deutsche Zeitschrift f. Chir. 1920.
2 Deutsche med. Wochenschrift 1911. 3 Berliner klin. Wochenschrift 1908.
4 Arch. f. exp. Pathol. u. Pharmak. 1909. Bd. 60. 5 Münchener med. Wochenschrift 1911. 6 Zit. nach GOTTLIEB. 7 BRUNS' Beitr. z. kl. Chir. Bd. 72 u. 86.
8 Vgl. HILDEBRAND in Arch. f. klin. Chir. Bd. 111.

zum Schluß flimmert das Herz. Das Sausen über dem Herzen, das HERING als charakteristisch für den Sekundenherztod beschrieben hat, kann man gelegentlich in extremis bei solchen Patienten nachweisen (ROST[1]). Die hohen Temperaturen der Patienten sind wohl zum Teil auf die Unruhe zu beziehen, zum Teil sind sie zu erklären, wie alle Temperatursteigerungen nach Strumektomie, also als Resorptionsfieber, Bronchialfieber oder leichte Wundinfektion. Ob damit die Erklärung dieser hohen Temperaturen restlos gegeben ist, bleibt freilich dahingestellt. Daß das Zittern bei Basedowpatienten wahrscheinlich dem Zittern gleichzusetzen ist, daß auch nomale Menschen bei Adrenalineinspritzung bekommen, konnte FRANK[2] zeigen. Er spricht von einem sympathikogenen Tremor (s. auch „Extremitäten"). Mit dieser Theorie, daß am Morbus Basedow die Nebenniere beteiligt ist, lassen sich allerdings vereinzelte sicher beobachtete Fälle (RÖSSLE[3]) von Basedow und ADDISONscher Erkrankung, wobei die Nebennieren durch Tuberkulose oder Atrophie völlig zerstört waren, nicht recht in Einklang bringen. Man darf hier also nicht verallgemeinern.

Was wir über die Rolle der **Hypophyse** beim Morbus Basedow wissen, ist in einer Arbeit von HOFSTÄDTER[4] zusammengestellt worden. Es sind danach besonders drei der Basedowsymptome möglicherweise auf eine Schädigung der Hypophyse zu beziehen, das sind die Polyurie, die Labilität der Körpertemperatur und das schließlich gelegentlich beobachtete vermehrte Längenwachstum (HOLMGREN[5]). Auch hier hat man es jedoch nur mit Erklärungsversuchen von Einzelsymptomen des Basedow auf Grund unserer sonstigen Kenntnisse von der Funktion der Hypophyse zu tun, nicht mit dem sicheren Nachweis, daß diese Drüse beim Morbus Basedow weniger als normal sezerniert.

PETTAVEL[6] beschreibt einen Fall von Basedow, bei dem bei der Sektion Veränderungen an den **Pankreasinseln** nachweisbar waren. Es bestand bei dem Patienten während des Lebens eine Glykosurie.

Eine viel größere praktische Bedeutung für die Basedowfrage als die Hypophyse und Nebenniere hat von den Drüsen mit innerer Sekretion der **Thymus** gewonnen, seitdem GARRÈ[7] einen Fall von BASEDOWscher Erkrankung mitgeteilt hat, bei dem die Schilddrüsenentfernung keinen Erfolg hatte und eine Heilung

1 Über agonale Blutgerinnung. Zentralbl. f. Pathol. 1913. Bd. 24. 2 Berl. klin. Wochenschrift 1919. S. 1090. 3 Verh. d. Deutsch. Pathol. Ges. 1914. 4 Mitteil. a. d. Grenzgebieten 31. S. 102. 1918. 5 Nord. med. Arch. 1909 u. 1910. 6 Deutsche Zeitschrift f. Chir. Bd. 116. 1912. 7 Chirurgenkongreß 1911.

erst nach Entfernung des hyperplastischen Thymus eintrat. Auf Grund dieser Mitteilung von GARRÈ haben auch andere Chirurgen bei BASEDOWscher Erkrankung den Thymus operativ angegriffen, und CAPELLE[1], v. HABERER[2], REHN[3], KLOSE[4], SAUERBRUCH[5] u. a. berichten über Fälle von BASEDOWscher Erkrankung, die in gleicher Weise wie die GARRÈschen Patienten nur durch Thymusresektion geheilt oder wesentlich gebessert worden sind. Diese operativen Versuche gründen sich auf die Beobachtung, daß bei den oft ganz unerwartet und plötzlich nach Strumektomie wegen Basedow auftretenden Todesfällen gar nicht so selten bei der Sektion ein vergrößerter Thymus zu finden ist (CAPELLE, KLOSE). Zunächst dachte man bei solchen Befunden, daß der Patient erstickt sei. Jetzt neigt man mehr dazu, dem Thymus eine ähnliche „chemische" Rolle im Krankheitsbilde des Morbus Basedow zuzuweisen, wie der Schilddrüse („thymogener Basedow" [HART[6]]). Man sieht in den brachiogenen Organen, die man als ein funktionell gleichartiges Ganze auffaßt, „die formale Krankheitsbedingung für den Basedow, während der kausale Mechanismus vom Nervensystem ausgeht". HART unterscheidet demzufolge den thyreogenen, den thymogenen und den thymothyreogenen Morbus Basedow.

Die experimentellen Versuche von HART, CAPELLE und BAYER, E. BIRCHER u. a., die Tieren Thymus von Basedowkranken oder von Leuten, die bei großer Thymus plötzlich — apoplektiform — gestorben waren, eingepflanzt oder eingespritzt haben, sind zweifellos von größtem Interesse. Besonders gilt das für die Versuche von E. BIRCHER[7], der bei mehreren Hunden durch Einspritzung von Basedowthymus und Einpflanzung von Thymus das vollständige Bild des Morbus Basedow erzielen konnte. Die Tiere bekamen nach 4 Tagen eine Protrusio bulbi, die erst nach 5 Monaten völlig verschwand, dazu die verschiedenen anderen für Basedow charakteristischen Augensymptome, ferner Tachykardie, Tremor und, was besonders auffallend ist, nach 4 Wochen eine weiche Struma, die dauernd bestehen blieb und die histologisch nicht wie die gewöhnliche lobäre Hundestruma aussah, sondern wie eine parenchymatöse Struma. Entfernung des Kropfes führte unter den Zeichen der Herzinsuffizienz zum Tode.

Die Angaben der einzelnen Autoren über die Erfolge oder

1 BRUNS' Beiträge Bd. 58. 1908 u. Bd. 72. 1911. Münchener med. Wochenschrift 1908. II. 2 Arch. f. klin. Chir. Bd. 109. Mitteil. a. d. Grenzgebieten Bd. 27. 3 Arch. f. klin. Chir. Bd. 80. 1906. 4 Neue deutsche Chir. 3. Hft. 1912 u. Ergebn. d. Chir. Bd. 8. 1914. 5 Zit. nach HART, Med. Klinik 1915. 1. 6 Med. Klinik 1915. Arch. f. klin. Chir. Bd. 104. S. 347 u. VIRCH. Arch. Bd. 214. 1913. 7 Zentralbl. f. Chir. 1912. Deutsche Zeitschr. f. Chir. Bd. 182.

Nichterfolge der Thymusentfernung bei Basedowerkrankung sind widersprechend. Die letzten Berichte aus der GARRÈschen Klinik (NAEGELI[1]) zeigen, daß doch sehr viele Mißerfolge bei dieser Operationsmethode vorkommen. Andere Chirurgen stehen der Thymusentfernung bei Basedow völlig ablehnend gegenüber (MELCHIOR[2] u. a.). Nach den Mitteilungen von v. HABERER scheint es regionär verschieden zu sein, ob wir bei Basedowfällen mehr eine erkrankte Schilddrüse oder einen erkrankten Thymus finden. Die mikroskopischen Untersuchungen von KLOSE haben gewisse, scheinbar regelmäßig wiederkehrende Veränderungen in dem Thymus beim Morbus Basedow erkennen lassen.

Allgemeingültig läßt sich die Frage nach der Rolle, die der Thymus im Krankheitsbilde des Morbus Basedow spielt, nicht beantworten. Zweifellos begegnet man vielen Fällen von echtem Morbus Basedow, die auf Entfernung der Struma praktisch geheilt werden, so daß in diesen Fällen kein Anhaltspunkt für eine Erkrankung der ja nicht entfernten Thymusdrüse besteht, und man sieht auch bei der Sektion Fälle von Basedow ohne erhaltenen oder vergrößerten Thymus. Dem stehen die oben mitgeteilten Beobachtungen gegenüber, wo die Basedowsymptome trotz Entfernung der Struma blieben und erst nach Thymusentfernung heilten, ferner die Todesfälle nach Basedow, wo bei der Sektion ein großer Thymus gefunden wurde, und da möchte ich doch anführen, daß bei den von mir operierten Kranken, die nach Kropfoperation wegen M. Basedow rasch starben, sehr oft bei der Sektion ein stark vergrößerter, in seinem Gewebe gut erhaltener Thymus gefunden wurde. Es kommen aber auch ab und zu diese plötzlichen Todesfälle nach Kropfoperationen wegen M. Basedow ohne vergrößerten Thymus vor, und es heilen Basedowfälle mit großem Thymus nach Operationen nur an der Schilddrüse (vgl. MELCHIOR).

Die Folgezeit muß lehren, ob bei dieser Sachlage der Krankheitsbegriff Morbus Basedow als Krankheit aufrecht gehalten werden kann, oder ob wir mit diesem Namen nicht nur eine Summe von Krankheitssymptomen zusammenfassen, die ähnlich, wie wir das ja zum Beispiel beim Ikterus erlebt haben, mit der Zeit in einzelne getrennte anatomische Krankheitsbilder zerfallen werden.

Die geringen Grade von sogenannter Hyperfunktion des Kropfes erkennen wir leichter (s. oben) als die von verminderter Leistungsfähigkeit. Das Herzklopfen, die feuchte Haut, die leichte psychische Erregbarkeit sind gewöhnlich frühzeitig bemerkbar.

---

1 BRUNS' Beiträge Bd. 115. 2 Zentralbl. f. d. Grenzgebiete 1912. Berliner klin. Wochenschrift 1917 u. 1919. BRUNS' Beitr. 131.

Über die Herzstörungen bei Basedow und Kropf siehe KREHLS Pathologische Physiologie. Vom Standpunkte des Chirurgen aus kann man nur so viel sagen, daß die zum Teil als Folge der erschwerten Atmung angesprochenen Herzstörungen durch Beseitigung des Atemhindernis nicht behoben werden (BLAUEL, MÜLLER und SCHLAGER[1]). Das mechanische Kropfherz wird im allgemeinen abgelehnt (STEINER[2]).

Von den klinischen Symptomen des Morbus Basedow scheint eine Erhöhung im Gesamtstoffwechsel am regelmäßigsten vorhanden zu sein (F. MÜLLER[3]), so daß bei der Unsicherheit der anderen klinischen Symptome ein Stoffwechselversuch in Zweifelsfällen den Ausschlag geben kann. Nach einer gründlichen Kropfoperation oder Unterbindung der Schilddrüsenarterien (FRAZIER und ADLER[4]) wegen Morbus Basedow sinkt der Gesamtstoffwechsel und zwar für dauernd (vgl. GRAFE und v. REDWITZ[5]). Es sind aber interessanterweise auch Fälle beobachtet worden, wo dieser Erfolg nicht eintrat (FRAZIER und ADLER[4]). Auch bei Röntgenbestrahlungen wegen Basedow kommt ein starkes Absinken des Stoffwechsels zur Beobachtung (RÖTH[6]).

Über das Morphologische und Entwicklungsgeschichtliche der **Thymus** geben die Arbeiten von HAMMAR[7] Auskunft. Der Nachweis, daß der Thymus nicht einfach den Lymphdrüsen gleichzusetzen ist, sondern eine epitheliale Grundsubstanz hat, zeigt, daß auch anatomisch die Auffassung gerechtfertigt ist, daß der Thymus ein Organ mit Sekretion irgend eines Stoffes ist. Unsere Kenntnisse über die physiologische Bedeutung des Thymus stützen sich vor allem auf die Exstirpationsversuche von FRIEDLEBEN, BASCH[8], RANZI und TANDLER[9], KLOSE und VOGT[10], MATTI[11], NORDMANN[12], HART u. v. a. Ausführliche Zusammenstellung und kritische Bearbeitung der Literatur findet sich in den Sammelreferaten von HART[13], MATTI[14], KLOSE[15] und VINCENT[16], sowie bei BIEDL[17]. Anscheinend ergeben solche Exstirpationsversuche sehr ungleichmäßige Resultate, jedoch liegt

---

1 BRUNS' Beiträge Bd. 62. 1909. 2 Mitt. aus d. Grenzgeb. Bd. 35. 1922. 3 Lit. s. FRANK H. DUBBER, Schweiz. med. Woch. 1922. S. 926. 4 Americ. journ. of the med. sciences 162. 1921. 5 Mittelrh. Chirurgentag. Juli 21. 6 Wien. Arch. f. innere Med. Bd. 3. 1922. 7 Ergebn. d. Anat. u. Entwicklungsgesch. Bd. 19. 1909. 8 Jahrbuch f. Kinderheilkunde Bd. 64. 1906 u. Bd. 68. 1908. 9 Wiener klin. Wochenschrift 1909. 10 Arch. f. klin. Chir. Bd. 92. 1910 u. BRUNS' Beitr. Bd. 79. 1910. 11 Mitteil. a. d. Grenzgebieten Bd. 24. 1912. 12 Berliner klin. Wochenschr. 1910. 13 Zentralbl. f. d. Grenzgebiete Bd. 12. 1909. 14 Ergebn. d. inneren Med. Bd. 10. 1913. 15 Neue deutsche Chir. 3. Hft. 1912 u. Ergebn. d. Chir. Bd 8. 1914. 16 Ergebn. d. Physiologie Bd. 11. 17 Innere Sekretion II. Aufl. I. Teil.

das im großen ganzen an technischen Unvollkommenheiten, und man wird MATTI darin Recht geben können, wenn er nach kritischer Besprechung der Literatur zu dem Ergebnis kommt, „daß von den Arbeiten, die über absolut negative Ergebnisse der Thymusausschaltung bei Säugern berichten, keine einzige der sachlichen Kritik standhält“. Es kommt vor allem darauf an, daß der Thymus vollständig und frühzeitig, das heißt bei ganz jungen Tieren, entfernt wird; denn die Drüse hat ihre Hauptaufgabe offenbar in der frühesten Kindheit und wird in der Folgezeit bald von anderen innersekretorischen Drüsen abgelöst, oder unterstützt. Anatomisch drückt sich diese mit dem Alter abnehmende Bedeutung des Thymus darin aus, daß er in der frühesten Kindheit das verhältnismäßig größte Gewicht und Umfang hat, um sich später zurückzubilden. Beim Erwachsenen findet man normalerweise in der Hauptsache nur einen Fettlappen an Stelle des Thymus.

Ist nun ein Thymus bei einem Hund oder einem anderen Säugetier mit der nötigen Gründlichkeit in den ersten Lebenswochen entfernt worden, so beobachten wir als das auffallendste Symptom eine Abnahme im Körpergewicht des operierten Tieres im Vergleich zu seinen Geschwistern. Gewisse Schwankungen im Körpergewicht sind vorhanden. — Die Tiere bekommen ein gedunsenes Aussehen und sind in der ersten Zeit fettreicher als die Kontrolltiere, so daß sie in den ersten 2—3 Monaten besser genährt erscheinen als diese. (Stadium adipositatis). Das täuscht jedoch. Denn das tatsächliche Gewicht der operierten Tiere ist stets geringer als das ihrer Geschwister. Dieser Unterschied macht sich in den folgenden Monaten, trotzdem die Freßlust der Tiere eine sehr gute ist, immer mehr geltend. Bald bemerkt man, daß die thymektomierten Tiere, die ein struppiges Fell bekommen, auch im Wachstum zurück bleiben. Und zwar scheint diese Wachstumshemmung besonders die Beine zu betreffen. Die Beine bleiben kurz und werden krumm, die Epiphysen sind aufgetrieben. Auch die anderen Knochen des Skeletts bleiben nach der Entfernung des Thymus im Wachstum zurück. Der Rumpf des Tieres bleibt kleiner; der Schädel erscheint breiter und plump. Untersucht man in diesem Stadium die Knochen, die im ganzen weicher sind, als die eines normalen, gleichalterigen Tieres mikroskopisch, so zeigt sich eine weitgehende Übereinstimmung mit dem Bilde der Rachitis. Wir finden mikroskopisch bis ins einzelne die gleichen Störungen der endochondralen Verknöcherung, wie wir sie von der Rachitis her kennen; daher ja auch die makroskopisch sichtbare Auftreibung der Epiphysen an den Beinen und der Rosenkranz. Die Veränderungen betreffen alle Knochen des Skeletts. Es ist ferner in allen Teilen des Skeletts kalkloses (osteoides) Knochengewebe nachweisbar. Nach HART[1] (zit. nach FREUDENBERG) sollen allerdings diese rachitischen Veränderungen „auf Nebenumstände, nicht auf den Verlust des Organes" zurückzuführen sein.

Der eigentümliche Habitus thymektomierter Tiere wird außer durch diese „rachitischen Knochenveränderungen" durch eine merkwürdige Muskelatrophie bzw. -degeneration bedingt, die sich besonders an den Muskeln der hinteren Extremitäten geltend macht. Dadurch wird der Gang der Tiere noch unsicherer, als er es durch die Knochenveränderungen allein sein würde. In späteren Zeiten nimmt diese Muskelerkrankung so zu, daß sich die Tiere kaum auf den Beinen halten können. Der allgemeine Ernährungszustand wird immer schlechter und steigert sich schließlich bis zur schwersten Kachexie, an der das Tier verendet. Solche schweren Ausfallserscheinungen (Cachexia bzw. Idiotia thymipriva) mit Wachstumsstörungen sah BIRCHER[2] auch beim Menschen nach früherer Entfernung des Thymus. Es sind also in der Hauptsache Stoffwechselstörungen, und zwar sowohl Störungen im Kalkstoffwechsel, als auch im Stoffwechsel im allgemeinen, die wir bei den thymektomierten Tieren beobachten und die zu der Wachstumshemmung führen. Bei Hühnern macht sich diese Störung im Kalkstoffwechsel auch darin geltend, daß sie, wie U. SOLI[3] gezeigt hat, vorübergehend Eier mit sehr kalkarmer Schale oder überhaupt ohne Schale legen.

Bei der Sektion thymektomierter Tiere findet man auch in anderen Drüsen mit innerer Sekretion, so vor allem in der Schilddrüse, den Nebennieren und den Keimdrüsen anatomische Veränderungen. Diese Befunde zeigen, daß irgendwelche Wechselbeziehungen zwischen diesen verschiedenen Drüsen mit innerer Sekretion bestehen, wobei man aber vorläufig nicht sagen kann, welcher Art diese Beziehungen sind, da die erhobenen Befunde nicht ganz gleichmäßige sind. Die Beziehungen von den Keimdrüsen zum Thymus treten übrigens besser als bei der Thymusentfernung bei der Kastration zutage, insofern durch Kastration in der Jugend die normale Thymusinvolution verzögert wird (s. oben).

Man hat weiterhin versucht, durch Einspritzung von Thymusextrakt oder Preßsaft oder durch Einpflanzung von Thymus weitere Anhaltspunkte über die Funktion dieser Drüse zu erhalten

---

1 Klin. Wochenschr. 1922. S. 1423. 2 Schweiz. Archiv f. Neurol. u. Psychiatr. Bd. 8. 1921. 3 Zit. nach MATTI.

(SVEHLA [1], POPPER [2], CAPELLE und BAYER [3], HART-NORDMANN (l. c.), GEBELE [4], KLOSE und VOGT (l. c.), BIRCHER [5], DEMEL [6], OLKON [7] u. a.) Besonders interessant sind Versuche über Thymusverfütterung bei Kaulquappen über die GUDERNATSCH [8] und ROMEIS [9] berichten. Es läßt sich durch Fütterung von Thymus bei Kaulquappen eine wesentliche Größenzunahme im Vergleich zu den Kontrolltieren erzielen. Bei jugendlichen Säugetieren bekommt man nach DEMEL [6] durch Einpflanzung von Thymusgewebe reichlichen Fettansatz und Änderungen im Längenwachstum der Knochen. Die Erscheinungen, die nach Einspritzungen, Einpflanzungen oder Verfütterungen von Thymussubstanz beim ausgewachsenen Warmblüter, besonders beim Hund, auftreten, sind oben beim M. BASEDOW besprochen worden. Es gelingt weder durch intravenöse noch subkutane Einverleibung von Thymuspreßsaft, die Ausfallserscheinungen nach Thymusentfernung zu bessern oder zu beseitigen; im Gegenteil, die Tiere zeigen durchweg nur schwerste toxische Erscheinungen, so daß KLOSE und VOGT annehmen, daß die Verabreichung von Thymuspräparaten bei thymektomierten Tieren die Ausfallserscheinungen nur verstärkt. Meines Erachtens ist dieser negative Ausfall von sehr großer Bedeutung für unsere Anschauung über die Aufgabe des Thymus. Offenbar liegen bei dieser Drüse die Verhältnisse noch verwickelter als bei der Mehrzahl der anderen Drüsen mit innerer Sekretion, für die es ja geradezu charakteristisch ist, daß man irgendeinen mehr oder weniger reinen chemischen Körper darstellen kann, der, anderen Tieren einverleibt, gewissermaßen die Arbeit der Drüse, der er entstammt, ganz oder teilweise ersetzt. Ob nun bei dem Thymus die wirksame Substanz in irgendeiner Vorstufe enthalten ist, ob es sich dabei um ein besonders empfindliches Ferment oder Proferment handelt; ob schließlich die Aufgabe der Drüse vielleicht eine ganz andere ist, als wir jetzt glauben, bleibt vorläufig dahingestellt. Untersuchungen über die Fermente des Thymus haben bisher nur zu sehr allgemeinen Ergebnissen geführt.

Man hat nun den Thymus in Beziehung zu plötzlich auftretenden schlaganfallähnlichen Todesfällen jugendlicher bis dahin anscheinend ganz gesunder Menschen gebracht. Es findet sich in solchen Fällen bei der Sektion außer einer für das Alter auf-

---

1 Arch. f. exp. Path. u. Pharm. Bd. 43. 1900. 2 Akad. d. Wissensch. Wien 114. 1905. 3 BRUNS' Beiträge Bd. 72. 1911. 4 BRUNS' Beiträge Bd. 76. 1911. 5 Zentralbl. f. Chir. 1912. Nr. 5. Deutsche Zeitschr. f. Chir. 182. 6 Mitt. aus d. Grenzgeb. 34. 1922. 7 Zeitschr. f. d. ges. exp. Med. Bd. 35. 8 Archiv f. Entwicklungsmechanik 35. 9 Ebenda, 37—40 u. Münchener med. Wochenschrift 1921. S. 420.

fallend großen Thymusdrüse keinerlei krankhafte Veränderung (Lit. s. FRIEDJUNG[1], HART l. c., WIESEL[2]). Zu der gleichen Gruppe von „Thymustod" gehören Todesfälle bei Neugeborenen. Bei all diesen Todesfällen hat man in erster Linie an eine mechanische Kompression der Luftröhre durch die Thymusdrüse gedacht. Gerade bei jugendlichen Individuen kann bei einigermaßen großem Thymus der Platz im Bereich der oberen Thoraxapertur nicht ausreichen, so daß die Luftröhre verlegt wird. Es kommt nicht immer nur auf das Thymusgewicht an, sondern vor allem auch darauf, nach welcher Richtung sich der Thymus entwickelt hat, ob er sich mehr in die Länge oder mehr in die Breite erstreckt (HOTZ). Die Anatomen stehen allerdings der Annahme, daß der Thymus die Luftröhre mechanisch verlegen kann, vielfach sehr skeptisch gegenüber, da man bei Sektionen nur äußerst selten einmal Druckmarken an der Trachea findet und da außerdem der Thymus gewöhnlich noch reichlich Platz im vorderen Mediastinum hat. Zweifellos ist die Frage noch nicht spruchreif (vgl. RITTER[3], NISSEN[4] u. a.). Vom klinischen Standpunkt aus ist aber darauf hinzuweisen, daß man auch bei Struma, z. B. bei den bekannten kleinen mittleren „Tauchkröpfen" oft plötzlich hochgradige Atemnot und Erstikkungsanfälle beobachtet und dann bei der Operation erstaunt ist über den geringfügigen Befund an der Luftröhre. Ob hier Schwellungen der Schleimhäute, vielleicht reflektorisch ausgelöst, eine Rolle spielen, ist zu erwägen.

Daß das Asthma thymicum nicht immer in einem Größenmißverhältnis zwischen Thymus und vorderem Mediastinum seine Erklärung findet, zeigt ein von WERNECK[5] beschriebener Fall bei dem keine Vergrößerung des Thymus vorhanden war und das Kind gleichwohl nach Entfernung des halben Thymus genas.

Daß gelegentlich doch mit großer Wahrscheinlichkeit ein solches irgendwie verursachtes Mißverhältnis zwischen dem Raum im vorderen Mediastinum und der Größe des Thymus besteht, beweisen die Patienten, bei denen durch vergrößerten Thymus chronische Störungen, die auf die Verengerung der Luftröhre hinweisen, zu beobachten sind; das sind Schluckbeschwerden, Emphysem, auch Herzstörungen (COHN[6], LANGE[7], DENEKE[8], ZESAS[9]). Tritt aus irgendeiner Ursache eine erhöhte Schwellung des Thymus ein, so

1 In PFAUNDLER-SCHLOSSMANNS Handbuch d. Kinderheilkunde Bd. 3. 2. Aufl. 1910. 2 Ergebn. d. Pathol. 1911. 2. Abt. 3 BRUNS' Beiträge Bd. 91. S. 689. 4 BRUNS' Beiträge Bd. 91. S. 694. 5 Deutsche Zeitschr. f. Chir. 187. 6 Münchener med. Wochenschrift 1900 u. Deutsche Wochenschrift 1901. 7 Naturforscherversammlung 1902. 8 Deutsche Zeitschr. f. Chir. 98. 1909. 9 Deutsche Zeitschr. f. Chir. Bd. 105 (Lit.).

kann es, folgert man, zu einem plötzlichen akuten Verschluß der Luftröhre und damit zur Erstickung kommen. Solche akute Schwellung des Thymus wird bei Neugeborenen hauptsächlich in Gestalt von Blutungen beobachtet. Bei älteren Kindern sind es wohl mehr Lymphstauungen oder entzündliche Veränderungen im Gefolge von Infektionskrankheiten (besonders Diphtherie, BIRCHER[1]), beim Husten oder, was den Chirurgen besonders interessiert, bei der Narkose. Daß solche Erstickungsanfälle oder Atmungshindernisse bei großem Thymus nicht allzu selten sind, ergibt sich aus der Zusammenstellung von KLOSE, der bis zum Jahre 1914 über 58 derartige Fälle, die von den verschiedenen Autoren operiert worden waren, berichten konnte. Die Zahl der Fälle, die unoperiert stirbt, wird danach natürlich eine sehr viel größere sein. Einen hierher gehörigen Sektionsfall teilt CHRISTELLER[2] mit.

Kann man bei kleinen Kindern sich dieses Mißverhältnis zwischen Thymus und vorderem Brustraum aus den anatomischen Befunden einigermaßen erklären, so gilt das nicht für die plötzlichen Todesfälle Erwachsener. Hier sind die räumlichen Verhältnisse der oberen Brustapertur derartige, daß es von vornherein unwahrscheinlich ist, daß eine mechanische Verlegung der Atmungswege durch den Thymus statthaben kann, selbst wenn sich dieser nicht normal zurückgebildet hat. Man nimmt deshalb vielfach an, daß der Thymustod ganz im allgemeinen — also auch bei kleinen Kindern — nicht allein durch mechanische Bedingungen, sondern physiologisch-chemische Momente, Störungen im Gleichgewicht der innersekretorischen Drüsen, plötzliche, das Herz treffende Vergiftungen oder dergleichen erklärt werden muß. Auf diese Dinge hat PALTAUF[3] zuerst aufmerksam gemacht. Nach seiner Ansicht findet man in solchen Fällen ein Nebeneinander von vergrößertem Thymus und vergrößerten Lymphdrüsen, und er glaubt, daß bei solchen Menschen eine besondere Konstitutionsanomalie besteht (Status thymolymphaticus), die auch die Funktion anderer Organe, besonders die des Herzens, minderwertig macht. Der Tod bei Menschen mit Status thymolymphaticus wäre danach als Herz-, nicht als Erstickungstod aufzufassen[4]. Es muß allerdings darauf hingewiesen werden, daß die PALTAUFsche Lehre von dem Zusammentreffen von vergrößertem Thymus und vergrößerten Lymphdrüsen nicht richtig ist (HART[5], MATTI u. a.), daß

1 Deutsche Zeitschrift f. Chir. 176. 1922. 2 VIRCHOWS Archiv Bd. 226. 3 Wiener klin. Wochenschrift 2. 1889 u. 3. 1890. 4 Vgl. auch BAUER, Konstitutionelle Disposition zu inneren Krankheiten. Springers Verlag. 1917, ferner WIESEL, im Handbuch der Neurologie Bd. IV. 5 Die Lehre vom Status thymico-lymphaticus. München, J. F. Bergmann 1923.

im Gegenteil diese Vereinigung eigentlich nur selten beobachtet wird. Das tut jedoch dem richtigen Gedankengang, der in der PALTAUFschen Lehre liegt, keinen Eintrag, daß nämlich irgendein physiologisch-chemisches Moment bei den plötzlichen Todesfällen beteiligt ist, wenn man bei der Sektion einen vergrößerten Thymus findet. Worauf allerdings dieses physiologisch-chemische Versagen des Thymus beruht, wissen wir nicht. Die Versuche von BARBAROSSA[1], der nachweisen konnte, daß Tiere ohne Thymus besonders widerstandsfähig gegen Chloroform sind, und daß umgekehrt Thymussaftinjektion die Widerstandsfähigkeit gegen Chloroform herabsetzt, lassen zwar für solche Todesfälle an eine Überschwemmung des Organismus mit Thymussekret denken; andererseits haben, wie oben gesagt wurde, die sonstigen Versuche über Thymusexstirpation und Thymussaftinjektion so wenig Positives für die Frage des Thymustodes gegeben, daß man hier doch mit seinem Urteil sehr zurückhaltend sein muß. Andere Autoren denken an einen plötzlichen Ausfall des Adrenalins bei solchen plötzlichen Todesfällen. Patienten mit vergrößertem Thymus haben nämlich oft daneben ein hypoplastisches, chromaffines System, mit Verfettung und Verarmung des Nebennierenmarkes an chromaffinen Zellen. Da nun WIESEL[2], SCHMORL und INGIER[3] u. a. nachweisen konnten, daß der Adrenalingehalt des Blutes schon normalerweise durch die Narkose vermindert wird, so glaubt man, daß bei Leuten mit vergrößertem Thymus, also hypoplastischem Nebennierenmark, diese Verminderung des Adrenalingehaltes schließlich zur Katastrophe werden kann. DELBET[4], der hierüber ausgedehnte experimentelle Untersuchungen vorgenommen hat, gibt, um dem vorzubeugen, seinen Patienten vor der Operation subkutan Adrenalin mit angeblich gutem Erfolg. Nach dem, was oben über die Wirkung des Adrenalin bei M. Basedow gesagt worden ist, wird man diese Adrenalineinspritzung nur mit größter Vorsicht ausführen dürfen. Auch gegen elektrische Schläge sind Menschen mit großer Thymus mehr empfindlich als normale (SCHRIDDE[5]).

Wenn man auf Grund des klinischen Materials zu diesen Fragen Stellung nehmen will, so muß man zunächst betonen, daß die Todesfälle bei den Patienten mit großem Thymus oder großem Lymphapparat nicht ganz gleichartig verlaufen. Es lassen sich aber keine regelmäßigen Unterschiede zwischen den Fällen mit ver-

---

1 Zit. nach MATTI. 2 Handbuch d. Neurologie Bd. IV. 3 Deutsches Arch. f. klin. Med. Bd. 104. 1911. 4 Rev. de chir. Bd. 32. 1912. 5 Münch. med. Wochenschrift 1924.

größerter Thymus oder mit vergrößerten Lymphdrüsen nachweisen.

Der Typus des **Narkosetodes** bei Status thymolymphaticus ist nach der allgemeinen Ansicht der plötzlich unvermittelt oft nach wenigen Zügen Chloroform eintretende. Wir finden ihn besonders bei aufgeregten Leuten, und das stimmt mit Beobachtungen des gewöhnlichen Lebens überein, wo Leute bei starken seelischen Erregungen und Aufregungen plötzlich tot umfallen (Walz[1]). Patienten, die in dieser Form plötzlich im Beginn der Narkose sterben, gehen, so weit meine Beobachtung reicht, an ihrem Herzen zugrunde, und zwar in der Form, die Hering[2] als Sekundenherztod bezeichnet und beschrieben hat. Bei einer anderen Gruppe von Fällen erfolgt der Tod nach der Narkose nicht so plötzlich, sondern zieht sich über Stunden, ja über Tage hin. Ich habe einen solchen Todesfall bei einem Kinde nach einfacher Hernienoperation erlebt.

Das Kind, ein kräftiger, vielleicht etwas dicker Junge, von etwa 4 Jahren, erholte sich nicht wieder recht nach der Operation, die durchaus nicht lange gedauert hatte. Es bestand ein komatöser Zustand, der Puls war von der Operation an schlecht; unter zunehmendem Koma erfolgte der Tod 48 Stunden nach der Operation. Die Sektion ließ neben Status thymolymphaticus, der sehr hochgradig war — besonders groß waren die Lymphknoten im Bauchraum — zentrale Nekrose und Verfettung in der Leber erkennen. Man wurde auch im klinischen Bilde sehr an die Hunde mit Eckscher Fistel erinnert, über die Fischler[3] berichtet hat.

In naher anatomischer Beziehung zur Schilddrüse stehen die **Epithelkörperchen**[4], die 1880 durch Sandstroem entdeckt worden sind. Ihre funktionelle Bedeutung klargestellt zu haben ist das Verdienst von Rouxeau[5], Gley[6], Biedl[4], Vassale und Generali[7], Erdheim[8], Hagenbach[9] u. v. a. Die Autoren konnten einwandfrei nachweisen, daß die experimentelle Entfernung oder Schädigung (Dietrich[10]) aller Epithelkörperchen mit Sicher-

---

1 Württemb. Korrespondenzblatt 1903. Bd. 15. 2 Der Sekundenherztod. Springers Verlag 1917. 3 Physiologie der Leber. Springers Verlag. 1916. 4 Zusammenfassend: Wirth, Zentralbl. f. d. Grenzgebiete Bd. XIII. 1910. Biedl, Innere Sekretion. Falta, Die Erkrankung der Blutdrüsen. Springer. 1913. Phleps, „Tetanie" in Lewandowskys Handbuch d. Neurologie Bd. 4. 1913. Rudinger, Ergebn. d. inneren Med. Bd. II. 1909. v. Frankl-Hochwart in Nothnagels Handbuch Bd. XI. II. Landois, Die Epithelkörperchen in Ergebn. d. Chir. Bd. I. 1910. Guelke, Die Epithelkörperchen. Neue deutsche Chir. Lief. 9. Mac Callum, Ergebn. d. inneren Med. Bd. 11. 1913. Vincent Erg. d. Physiol. Bd. 11. Melchior, Mitteil. a. d. Grenzgebieten. 34. Jacobson, Erg. d. Physiol. 23. I. 1924. 5 Compt. rend. Soc. de Biol. 1895, 1896, 1897. 6 Arch. de Physiol. 1897 u. V. Physiologenkongreß Turin 1901. 7 Arch. ital. de Biol. Bd. 25, 26, 33. 1896/1906. 8 Wiener klin. Wochenschr. 1906 u. Frankfurter Zeitschr. f. Pathol. Bd. 7. 1911. 9 Mitteil. a. d. Grenzgebieten Bd. 18. 1907. 10 Bruns' Beitr. Bd. 131.

heit zu schwerster, tödlich verlaufender Tetanie führt. Diese Versuche lassen sich besonders gut an Ratten durchführen, deren Epithelkörperchen von der eigentlichen Schilddrüse getrennt liegen, so daß man sie schädigen oder entfernen kann, ohne mit der Schilddrüse in Berührung zu kommen.

Von den postoperativ zu beobachtenden Fällen stellt den schwersten Verlauf die sogenannte akute Tetanie dar, bei der die Patienten kurze Zeit — manchmal nur Stunden — nach der Operation einer Struma heftige, konvulsive Krämpfe mit Erstickungszuständen, Zwerchfellkrampf, hochgradige Steigerung der Muskelerregbarkeit (CHVOSTEKsches Phänomen usw.), stark erhöhte Herztätigkeit und Temperatur bekommen. Diese akute Tetanie führt gewöhnlich in wenigen Stunden zum Tode. Sie ist glücklicherweise selten und man kann bei der klinischen Beobachtung Zweifel haben, ob man es in solchen Fällen mit einer echten Tetanie zu tun hat. Die Diagnose wird hauptsächlich deshalb gestellt, weil sich das schwere Krankheitsbild im Anschluß an eine Strumaoperation ausgebildet hat; es ist nicht ausgeschlossen, daß viele der beschriebenen Fälle ganz anders zu deuten sind. MELCHIOR[1] hat solche Fälle als parathyreoprives Koma beschrieben.

Ich verlor vor einiger Zeit einen Fall unter den gleichen Erscheinungen, bei dem bei der Sektion noch mehrere, völlig normale Epithelkörperchen gefunden wurden.

Die häufiger zu beobachtende, chronisch verlaufende Tetanie beginnt in der Regel erst einige Tage nach der Operation; die Symptome sind im allgemeinen milder. Die Krämpfe sind nicht klonisch, sondern tonisch: einzelne Muskeln werden besonders befallen, so daß z. B. die Hand die sogenannte Geburtshelferstellung einnimmt. Diese Fälle heilen zum größten Teil und wir müssen wohl annehmen, daß die Epithelkörperchen nicht alle entfernt, sondern nur geschädigt worden waren. Liegen doch beim Menschen, wie die anatomischen Untersuchungen von ERDHEIM gezeigt haben, auch oft im Bereich des vorderen Mediastinums, besonders innerhalb der Thymussubstanz, sowie längs der aufsteigenden Aorta akzessorische Epithelkörperchen, die die Funktion der bei der Strumaoperation entfernten, übernehmen können.

Über einen hierhergehörigen, sehr interessanten Fall berichtet von EISELSBERG[2]: Es handelte sich um eine Frau, die vor Jahren nach vollständiger Schilddrüsenentfernung eine leichte Tetanie bekommen hatte, die nach einiger Zeit wieder zurückgegangen war. Nach Jahren bekam diese Frau einen Tumor im oberen Brustbein, den v. EISELSBERG mit großen Schwierigkeiten entfernte.

---

1 Zentralblatt f. Chir. 1922. 2 Diskussionsbemerkungen zum Vortrage ERDHEIM, Wiener klin. Wochenschrift 1906.

Nach der Entfernung des Tumors trat erneut eine schwere Tetanie ein; ob in diesem Falle der Tumor — ein alveoläres Karzinom — von einem Epithelkörperchen ausgegangen war, oder ob mit dem Tumor ein im vorderen Mediastinum gelegenes Epithelkörperchen entfernt wurde, ist nicht sicher.

Außer den Krämpfen sind gewisse trophische Störungen bei den chronischen Formen der Tetanie beobachtet worden; so Veränderungen der Zähne, die nach ERDHEIM in einer stark erhöhten Zunahme des Längenwachstum, vermehrtem Abschleifen der Zähne und Stellungsänderung bestehen. Bei der Ratte ist die Störung durch dieses Längenwachstum der Zähne so hochgradig, daß die Tiere verhungern, da sie das Maul nicht schließen können. An den Knochen sind Veränderungen beschrieben worden, die stark an Rachitis erinnern (ISELIN[1]). Knochenbrüche heilen langsamer, der Callus ist auffallend kalkarm; also auch hierin eine große Ähnlichkeit mit der Rachitis. Beim Menschen beobachtet man gelegentlich Auftreten von Katarakt bei chronischer Tetanie.

Sind die akuten Symptome der Tetanie, besonders die tonischen Krämpfe, abgeklungen, so bleibt lange Zeit oder dauernd eine gewisse „latente Tetanie" bestehen, d. h. die Patienten neigen fortan dazu, tonische Krämpfe zu bekommen. Diese Krämpfe brauchen nicht als allgemeine Krämpfe aufzutreten, sondern können einzelne Muskelgruppen befallen („Laryngospasmus" usw., „Latenzsymptome" nach TROUSSEAU, CHVOSTEK, ERB, MEINERT[2] u. a.). Gleiches beobachtet man auch im Tierversuch, wenn man nur einen Teil der Epithelkörperchen entfernt hat (VASSALE[3], RUDINGER[4] u. a.).

Nun gibt es ja beim Menschen eine ganze Anzahl von Erkrankungen, die mit tonischen oder klonischen Krämpfen einhergehen. Hierher gehört die Graviditätstetanie (FRANKL-HOCHWART), vielleicht die Eklampsie, die Tetanie bei Infektionskrankheiten und Vergiftungen, die sogenannten Tetania gastrica, die Tetanie bei nervösen Erkrankungen (z. B. Basedow), schließlich die Tetanie der Kinder, bzw. die Spasmophilie. Inwieweit bestehen bei diesen Erkrankungen Beziehungen zu den Epithelkörperchen?

Daß Frauen nach teilweiser Entfernung der Epithelkörperchen in der Schwangerschaft leicht Tetanie bekommen ist vielfach beobachtet worden und geht aus den Tierversuchen von ADLER und THALER[5] hervor. Bei Tieren treten die Tetanieerscheinungen außerdem besonders stark während der Brunftzeit auf (LUCKHARDT und

---

1 Zentralbl. f. Chir. 1908 u. Neurolog. Zentralbl. 1911. Deutsche Zeitschrift f. Chir. Bd. 93. 1908. 2 Arch. f. Gynäkologie Bd. 55. 1898. 3 Arch. ital. de Biol. Bd. 30. 1897. 4 Ergebn. d. inn. Med. II. 1909. 5 Diskussionsbemerkung zu d. Vortrage ERDHEIM l. c.

Blumenstock[1]). Iselin (l. c.) konnte nachweisen, daß die Nachkommen parathyreoidektomierter, schwangerer Ratten sehr empfindlich gegen eine Schädigung der Epithelkörperchen sind, und daß sie bei einer solchen, unter dem Zeichen der schwersten akuten Tetanie rasch zugrunde gehen.

Haberfeld[2] fand in einem Fall von Graviditätstetanie in allen vier Epithelkörperchen anatomische Veränderungen, wie Narben, Rundzelleninfiltration, Zystenbildung oder Atrophie. Über einen Fall von Graviditätstetanie beim Menschen berichtet u. a. Meinert (l. c.). In Übereinstimmung mit den soeben angeführten experimentellen Befunden Iselins litt auch das Kind dieser von Meinert beschriebenen Frau an Krämpfen und starb jung.

Von der Tetanie bei Infektionskrankheiten liegen vereinzelte Beobachtungen, wie die von Möller[3] vor, der miliare Tuberkel in den Epithelkörperchen gefunden hat, ferner ist Tetanie bei Typhus, Scharlach, Influenza usw. beschrieben worden.

Eine vielleicht auf Vergiftung mit Mutterkorn zurückzuführende Tetanie ist die periodisch bei den verschiedensten Heimarbeitern auftretende Berufstetanie („Schusterkrampf" usw. [Frankl-Hochwart]). In Wien wird sie besonders in den Monaten Januar—März beobachtet. Das ist dann, wenn der russische Roggen von der letzten Herbsternte verbraucht wird. Nach dem März pflegt die Giftigkeit des Mutterkorns nachzulassen. Die Möglichkeit, daß hier ein „endemisch wirkendes Gift", wie etwa beim Kretinismus, eine Rolle spielt, ist nicht ganz von der Hand zu weisen (Bauer[4]). Es ist allerdings bisher noch nicht gelungen, diese Anschauung experimentell zu stützen.

Zu der gleichen Gruppe von Tetanie bei Infektionskrankheiten oder Vergiftungen gehört wohl auch die bei Peritonitis gelegentlich beobachtete (Holterhof[5], Bircher[6], Wirth[7]). Sie ist, wie Bircher berichtet, nur bei diffuser Peritonitis gesehen worden, also z. B. bei Appendizitis erst dann, wenn der Appendix perforiert war. Anatomische Veränderungen in den Epithelkörperchen sind bisher bei diesen Tetaniefällen nicht gefunden worden, so daß es immerhin noch fraglich ist, ob wir es hier wirklich mit einer Schädigung der Epithelkörperchen durch die vom Peritoneum aus aufgenommenen Giftstoffe oder Bakterien zu tun haben, oder ob es sich um eine reflektorisch bedingte Unterfunktion der Epithelkörperchen, oder vielleicht um etwas ganz anderes handelt. Die Ähnlichkeit der Krankheitsbilder weist allerdings darauf hin, daß die Epithelkörperchen doch wohl irgendwie beteiligt sind.

---

1 Americ. journ. of Physiol. Bd. 63. 1923. 2 Virch. Arch. Bd. 203. 1911. 3 Zit. nach Biedl l. c. Bd. I. S. 94. 4 Konstitutionelle Disposition zu inneren Krankheiten. Springers Verlag. 1917. 5 Deutsche med. Wochenschrift 1913. 6 Zentralbl. f. Chir. 1913. 7 Zentralbl. f. d. Grenzgebiete Bd. XIII

Über die Tetanie bei Magenerkrankungen s. S. 96.

Auch die Tetanie der Kinder, die jetzt meist mit dem Namen der Spasmophilie oder spasmophilen Diathese (FINKELSTEIN[1], ESCHERICH[2]) belegt wird, ist wohl nach den klinischen Erscheinungen nicht von den Epithelkörperchen zu trennen, ganz abgesehen davon, daß bisher in einer ganz beträchtlichen Anzahl von Fällen anatomische Veränderungen in den Epithelkörperchen (Blutungen usw.) gefunden worden sind (ERDHEIM[3], YANASE[4], HABERFELD [l. c.] u. a.). Interessant ist die Häufung kindlicher Tetanie im Frühling. Nach MORO[5] erfährt die Tätigkeit aller Drüsen mit innerer Sekretion im Frühling eine Steigerung. Es ist jedoch zunächst einmal völlig ungeklärt, wie man hieraus die Zunahme der Tetaniefälle bei Kindern erklären soll. Inwieweit und wodurch unzweckmäßige, besonders die künstliche Ernährung das Auftreten der Krämpfe begünstigt (FINKELSTEIN, WICKMANN[6] u. a.), ist ebenfalls vorläufig noch nicht geklärt, wennschon es natürlich leicht ist, hier Theorien aufzustellen. Die oben angeführten Versuche von ISELIN zeigen sehr hübsch, wie man sich die Entstehung solcher Neigung zu Krämpfen bei Kindern denken kann.

Nach LEBSCHE[7] sind rachitiskranke Menschen auch nach Kropfoperationen mehr geneigt, eine Tetanie zu bekommen, als andere; deshalb würden in letzter Zeit die postoperativen Tetanien zunehmen. Man darf sich aber m. E. nicht darüber hinwegtäuschen, daß die Gefahr der postoperativen Tetanie bei den doppelseitigen Resektionen, den weitgehenden Unterbindungen im Stamm und dem damit unfehlbar verbundenem stärkeren Lösen des Kropfrestes aus seiner Nachbarschaft wächst.

Sehr wenig wissen wir über den Zusammenhang der Epithelkörperchen mit der genuinen Epilepsie. Die Krämpfe bei der Epilepsie weichen völlig von denen bei der Tetanie ab. Immerhin sprechen neuere Beobachtungen dafür, daß gewisse Beziehungen zwischen beiden Erkrankungen bestehen. So weisen die Zahnschmelzveränderungen bei Epileptikern auf die Epithelkörperchen (REDLICH). Im Tierversuch sind nach Entfernung der Epithelkörperchen und Hirnteilen neben der Tetanie epileptische Anfälle gesehen worden (v. FRANKL-HOCHWART, ERDHEIM, REDLICH, KREIDL[8]). Und auch klinische Beobachtungen liegen in beträchtlicher Zahl vor, wo neben und nach Tetanie sich eine Epilepsie entwickelt

1 Lehrbuch d. Säuglingskrankheiten. Berlin 1911. 2 Münchener med. Wochenschrift 1907. 3 Zeitschrift f. Heilkunde Bd. 25. 1904. 4 Wiener klin. Wochenschrift 1907. 5 Münchener med. Wochenschrift 1919. 6 Handbuch d. Neurologie, herausg. v. LEWANDOWSKY Bd. 5. 1914. 7 Mitt. a. d. Grenzgeb. 35. 8 Wiener klin. Wochenschrift 1909. S. 869.

hat (Lit. bei Bauer l. c.), oder wo kindliche Spasmophilie allmählich in Epilepsie überging (Curschmann[1], Peritz[2] und Grätz[3]).

Mit den Epithelkörperchen werden weiterhin in Zusammenhang gebracht, die Myotonie (v. Orzechowski[4]), die Myasthenie (Chvostek[5]), die als Hyperfunktion der Epithelkörperchen aufgefaßt wird, ohne daß es allerdings bisher bei hyperparathyreotischen Tieren (Iselin-Bing[6]) gelungen wäre, eine myasthenische Muskelreaktion nachzuweisen, die Chorea minor, die Paralysis agitans, die Spätrachitis (Curschmann[7]), die Osteomalacie und die Ostitis fibrosa. Den Chirurgen interessieren besonders die beiden zuletzt genannten Erkrankungen. Bisher sind allerdings die anatomischen Befunde (Erdheim[8], Schmorl, Askanazy) nicht genügend, um hier einen Zusammenhang als bewiesen ansehen zu können.

Wie hat man sich nun den ursächlichen Zusammenhang von Epithelkörperchen und diesen verschiedenen Erkrankungen, besonders zwischen Epithelkörperchen und Tetanie zu denken? Die Tetanie sieht zweifellos aus wie eine Vergiftung des Organismus. Diese Vergiftung kann natürlich nur eine endogene sein, d. h. sie kann nur durch einen im Organismus gebildeten Giftstoff hervorgerufen werden.

Nachdem schon Gley und Laulanie[9] gefunden hatten, daß Harn thyreoidektomierter Tiere giftiger ist als der normaler, berichteten Mac Collum und Voegtlin, daß bei Tetanie eine gesteigerte Ausscheidung von Ammoniak und Kalzium statthat. Weitere Untersuchungen zahlreicher Forscher ergaben dann, daß Eiweißspaltprodukte, vor allem das Guanidin in Blut und Harn von Tieren mit Tetanie vermehrt gefunden wird (Koch) und daß Tiere ohne Epithelkörperchen gegen Guanidin besonders empfindlich sind (Herxheimer[10]). Nach Frank[11], Steon und Nothmann steigert das Guanidin zugleich die Empfänglichkeit des Körpers gegen andere krampferzeugende Gifte. Man findet weiterhin bei Tetanie ein gestörtes Säure- und Basengleichgewicht im Blut mit verändertem Salzgehalt. Ein Teil der Autoren vertritt die Ansicht, daß eine Alkalosis bei Tetanie besteht und daß auch Guanidin dadurch erregend wirkt, daß es Kalzium aus Erregungskolloiden verdrängt (Grant-Goldmann, Freudenberg[12]). Wenn das richtig ist, wird man durch Erzielung einer Azidosis therapeutische Erfolge zu erreichen suchen (Freudenberg l. c.). Von anderer Seite wird der Zusammenhang der Alkalosis und Tetanie allerdings bestritten (Grunwald[13], Elias[14]). Selbst bei den Fällen von Tetanie nach Pylorusver-

---

1 Deutsche Zeitschrift f. Nervenheilkunde Bd. 39. 1910. 2 Ergebn. d. nneren Med. Bd. 7. 1911. 3 Neurol. Zentralbl. 1913, S. 1366. 4 Jahrb. f. Psychiatrie Bd. 29. 1904. 5 Wiener klin. Wochenschrift. 1908. S. 37. 6 Neurol. Zentralbl. Bd. 30. S. 220/23. 1911. 7 Deutsche Zeitschrift f. Nervenheilkunde Bd. 39. 1910. 8 Sitzungsbericht der Akademie Wien, Math.-naturw. Klasse 1907. 9 Lit. zum folgenden Jacobson, Erg. d. Physiol. Bd. 23. I. 1924. 10 Deutsche med. Wochenschrift 1924. S. 1463. 11 Klin. Wochenschr. 1922. 12 Ebenda. 13 Journ. of biol. chem. Bd. 54. 1922. 14 Erg. d. inn. Med. 25. 1924. Lit.

schluß, wo durch das Erbrechen von reichlich Säure eine „Alkalosis" vorhanden ist, kann man durch einfache Kochsalzinfusionen die tetanischen Erscheinungen zum Verschwinden bringen. Das zeigt, daß doch wohl andere Ionenwirkungen an dem Zustand einer Tetanie schuld sind (vgl. auch STRAUB[1]).

Wenn wir nun annehmen, daß die Epithelkörperchen normalerweise irgendwelche krampfmachenden Stoffe entgiften, so fragt es sich, in welcher Weise sie dies tun. Zwei Wege sind denkbar. Entweder werden die giftigen Stoffwechselprodukte in den Epithelkörperchen aufgespeichert und durch Bindung usw. unschädlich gemacht (WIENER[3] u. a.), oder die Epithelkörperchen geben irgend einen Körper — wohl ein Ferment — an das Blut ab, das die Entgiftung besorgt (MEDWEDEW[3]) oder die Erfolgsorgane (Nervensystem) schützt (CURSCHMANN[4]).

Die Entscheidung darüber, welche der beiden Theorien die richtige ist, wird durch die Erfolge der therapeutischen Einpflanzung und Verfütterung von Epithelkörperchen gegeben. Hier liegen eine Anzahl einwandfreier Beobachtungen von v. EISELSBERG[5], KRABBEL[6], (GARRÈ), DANIELSEN[7], WIEBRECHT[8], BIRCHER[9], SCHNEIDER[10] u. a. vor, die durch Einpflanzung von Epithelkörperchen schwere Fälle von Tetanie vorübergehend heilen oder wesentlich bessern konnten. Und ebenso konnten v. EISELSBERG[11], ERDHEIM, PASSOW[12] im Tierversuch das vorübergehende Einheilen von Epithelkörperchen und Funktionieren der Transplantate nachweisen. Nach einiger Zeit gehen allerdings die Transplantate zugrunde, und gerade aus diesem Zugrundegehen kann man wohl schließen, daß ihre Funktion nur in der Lieferung irgend eines Sekretes, nicht in einer Entgiftung durch Aufnahme und Bindung des fraglichen giftigen Stoffwechselproduktes bestanden haben kann. Daß man diese Epithelkörperchentransplantationen ruhig in Lokalanästhesie ausführen kann, haben die Versuche von PASSOW[12] gezeigt.

Nun bestehen zweifellos enge Beziehungen von den Epithelkörperchen zu anderen Drüsen mit innerer Sekretion. So gelingt es auch durch die Zufuhr von Schilddrüsenpräparaten und Jodthyreoglobulin (KOCHER), die Tetaniesymptome zum Rückgang zu bringen (FALTA und KAHN[13]).

---

1 Erg. d. inn. Med. 25. 1927. Lit. 2 PFLÜGERS Arch. f. Physiol. Bd. 61. 1909. 3 Zeitschrift f. physiol. Chemie Bd. 72. 1911. 4 Deutsche Zeitschrift f. Nervenheilkunde 39. 1910. 5 Beitr. z. Physiol. u. Pathol. Festschrift f. HERMANN 1908. Archiv f. klin. Chir. 118. 1921. 6 BRUNS' Beiträge Bd. 72. 7 Ebendort Bd. 66. 8 Ebendort Bd. 92. 9 Med. Klinik 1910. 10 Deutsche Zeitschrift f. Chir. Bd. 54. 11 Wiener klin. Wochenschrift 1892. 12 BRUNS' Beiträge Bd. 104. S. 343. 13 Zeitschrift f. klin. Med. Bd. 74. 1911.

Exstirpierte GULEKE[1] beim Kaninchen Epithelkörperchen und Schilddrüse, so bekamen die Tiere Tetanie. Diese Tetanie blieb aus, wenn gleichzeitig die Nebennieren mitentfernt wurden. War die Schilddrüse nicht mit fortgenommen worden, so gab es bei gleichzeitiger Entfernung von Epithelkörperchen und Nebennieren Tetanie. Daraus ergibt sich ein gewisser Antagonismus der verschiedenen innersekretorischen Drüsen (vgl. auch RÜDINGER l. c.), den GULEKE so deutet: Nebennieren und Schilddrüse erregen, die Epithelkörperchen hemmen den Sympathikus. Die Wechselbeziehungen zwischen Schilddrüse und Epithelkörperchen zeigen sich aber auch darin, daß nach Entfernung der Schilddrüse die äußeren Epithelkörperchen hypertrophieren, und daß umgekehrt die Schilddrüse nach Exstirpation der Epithelkörperchen größer wird (VASSALE u. a.). Hiernach würden Schilddrüse und Epithelkörperchen für einander eintreten, sich also gleichsinnig in ihrer Funktion ergänzen, nicht einander entgegengerichtet arbeiten. Die Beziehungen der Tetanie zum Nebennierensystem erhellt weiter aus der Beobachtung TH. KOCHERS, der nach völliger Entfernung der Schilddrüse Tetanie mit Bronzefärbung der Haut sah.

Um herauszufinden, wo im Organismus das fragliche Tetaniegift angreift, haben LANZ[2], MAC CALLUM[3], FALTA und RUDINGER[4], BIEDL, BEHRENDT und FREUDENBERG[5] Versuche angestellt, die in Durchtrennungen peripherer Nerven oder des Rückenmarks, oder Exstirpation der motorischen Region des Großhirns bestanden. In der Deutung der Versuche weichen die einzelnen Autoren etwas voneinander ab; es ist jedoch so viel sicher, daß das Tetaniegift nicht am Muskel, sondern an höheren Nervenzentren angreift, und zwar wahrscheinlich an verschiedenen Stellen des zentralen Nervensystems. So kann man das Wechselnde im Bilde der Tetanie am besten erklären (CURSCHMANN[6]). Daß bei der Tetanie auch das sympathische System beteiligt ist, geht aus der Arbeit von FALTA und KAHN[7] hervor.

Nach WESSELKIN, SSAWITSCH und SSUDAKAVA[8] sollen die Epithelkörperchen bestimmte Beziehungen zur Leberfunktion haben, insofern bei Hunden der durch Unterbindung des Choledochus gesetzte Ikterus nach Entfernung der Nebenschilddrüse verschwindet.

Die sehr seltenen Geschwülste der **Karotisdrüse** (MARCHAND[9], PALTAUF[10], MÖNCKEBERG[11], NEUBER[12], SCHMIDT[13], KAUFMANN und RUPPANNER[14] u. a.) haben zu experimentellen Untersuchungen über die funktionelle Bedeutung der Karotisdrüse Veranlassung gegeben (J. E. SCHMIDT, BETKE[15], KLUG[16] u. a.) Die Ergebnisse dieser Versuche sind nicht ganz gleichmäßige. SCHMIDT und KLUG

---

1 Arch. f. klin. Chir. Bd. 94. 2 v. VOLKMANNS Sammlung 1894. 3 Zentralblatt f. Pathol. 76. 1905. 4 Verh. d. 26. Kongr. f. innere Med. 1909 (Zentralbl. f. inn. Med. 1909. 548. 5 Klin. Wochenschr. 1923. 6 Deutsche Zeitschrift f. Nervenheilkunde Bd. 39. 1910. 7 Zeitschrift f. klin. Med. 74. 1911. 8 Ref. Zentralbl. f. d. ges. Chir. Bd. 27. S. 144. 9 Festschrift f. VIRCHOW Bd. I. 1891. 10 ZIEGLERS Beiträge Bd. 11. 11 ZIEGLERS Beiträge Bd. 38. 12 Arch. f. klin. Chir. Bd. 102. 13 BRUNS' Beiträge Bd. 88. 14 Deutsche Zeitschrift f. Chir. Bd. 80. 15 BRUNS' Beiträge Bd. 95. 1914. 16 BRUNS' Beitr. 131. 1924.

konnten weder bei doppelseitiger Exstirpation der Karotisdrüse noch bei Implantation dieser Drüse irgendwelche gleichmäßigen Ergebnisse gewinnen, so daß sie mit MARCHAND der Ansicht sind, daß die Karotisdrüse ein rudimentäres Organ sei. Hingegen fand BETKE, der die Karotisdrüse nach doppelseitiger Unterbindung der Art. carotis communis exstirpierte, bei seinen Katzen Knochenveränderungen, die an Rachitis erinnerten und Veränderungen an Knochenmark und Milz.

Strumen, die in den Brustkorb tauchen, Schwellungen oder Geschwülste des Thymus führen zu **Kompressionserscheinungen** im Bereich des **Mediastinums.**

Die hauptsächliche Bedeutung des Mediastinums liegt ja darin, daß es eine „Bahn frei hält" (v. BERGMANN[1]) für eine Anzahl Zufuhrstraßen zu lebenswichtigen Organen (Ösophagus, Trachea, große Gefäße, Nerven usw.). Die Dehnungsfähigkeit des Mediastinums ist nur sehr beschränkt, und so wird es bei raumbeengenden Prozessen im Mediastinum schnell zu Störungen schwerster Art in diesen Zufuhrstraßen und damit in deren abhängigen Organen kommen.

Den geringsten Widerstand leisten diesem Druck die Venen. Die Folge davon ist, daß das Blut aus dem Wurzelgebiet der Cava superior auf Seitenwegen in das Gebiet der Cava inferior zu gelangen sucht. Ist die im hinteren Mediastinum gelegene Vena azygos frei, was oft lange Zeit der Fall ist, so wird diese Bahn benützt. Ist die Vena azygos verlegt, so wird das Blut durch die subkutan erweiterten Hautvenen abgeführt, die sich dann als dicke, blaurote Stränge abheben. Aus unbekannten Gründen bleibt bei Mediastinaltumoren diese Erweiterung einzelner Stränge manchmal aus und es bildet sich nur ein gleichmäßiges Ödem am Hals und oberen Brustteil mit blauroter Verfärbung der Haut (STOCKscher Kragen).

Außer Tumoren führt vor allem Luftansammlung im Mediastinum („Mediastinalemphysem") zu solchen lebensbedrohlichen Zuständen. Es kann ein solches Mediastinalemphysem traumatisch z. B. bei Schußverletzungen, auch bei Keuchhusten (FR. MÜLLER[2]), ferner operativ z. B. bei unsicherem Verschluß des Bronchus nach Exstirpation eines Lungenlappens (FRIEDRICH[3]) entstehen.

Die Kompression des Vagus führt entweder zu beschleunigtem Herzschlag (bei Lähmung) oder zu verlangsamtem Herzschlag (bei

---

1 Handbuch d. inneren Med. Bd. II. 1914. Springers Verlag. Die Erkrankung d. Mediastinum. 2 Berliner klin. Wochenschrift 1881. 3 Chirurgenkongreß 1907 u. 1908.

Reizung). Als praktisch wichtiges diagnostisches Zeichen eines im Mediastinum sich abspielenden raumbeengenden Prozesses (z. B. Aortenaneurysma) ist die Rekurrenslähmung anzusehen.

Die Atmungsbehinderung bei Mediastinaltumoren ist durch Verlegung der Trachea oder der Bronchien, wahrscheinlich wohl gefolgt von Ödemen der betreffenden Schleimhäute bei gleichzeitiger Lymphstauung zu erklären. Über die Folgen dieser Atmungsbehinderung auf die Lunge oder den Gesamtorganismus werden wir weiter unten sprechen.

Die reichlich vorhandenen Lymphbahnen und weiten Lymphräume des Mediastinums werden durch die Kompression zwar auch in Mitleidenschaft gezogen, die zahlreich vorhandenen Anastomosen schwächen jedoch die Bedeutung der Lymphstauung ab; verhängnisvoll wird dieses weite Lymphgefäßnetz vielmehr nur angesichts akuter Entzündungen, die, vielleicht von einer Halsphlegmone ausgehend, einmal bis ans Mediastinum gelangt, meist tödlich sind, da sich hier der septische Prozeß rasch schrankenlos ausdehnt. Bei chronischen Entzündungen bewirkt der Lymphgefäßreichtum eine gewaltige Bindegewebsbildung, so daß solche chronischen Entzündungen dasselbe klinische Bild geben wie Tumoren (KRALL[1], eigene Beobachtung).

Die zweite Aufgabe des Mediastinums, eine Scheidewand zwischen den beiden Thoraxhälften zu bilden, ist praktisch-chirurgisch dann von größter Bedeutung, wenn durch operative Eingriffe (Pneumothoraxbildung, Thorakoplastik) das Gleichgewicht der Brustorgane rechts und links gestört ist. Ist dann das Mediastinum zu beweglich, so tritt „Mediastinalflattern" auf (BRAUER, BRUNS[2]). Die einzelnen Tierarten verhalten sich hier etwas verschieden. Der Hund hat ein sehr bewegliches Mediastinum, während das des Kaninchens, entsprechend seiner größeren Breite, mehr starr ist. Legt man beim Hunde einen einseitigen Pneumothorax an, so wird bei jeder Einatmung das Mediastinum zusammen mit dem Herzen in die geschlossene Thoraxseite gezogen. Bei der Ausatmung buchtet sich das Mediastinum stark nach der Seite des Pneumothorax aus. Die Lunge pendelt nur als Ganzes hin und her, führt aber keine Atembewegungen aus. In dieser Weise ist der Gasaustausch auch in der durch den Pneumothorax nicht zum Stillstand gebrachten Lunge völlig aufgehoben, und das Tier erstickt in wenigen Minuten unter dem Zeichen schwerster Zyanose. Beim Kaninchen, Ziege und anderen Tieren, deren

---

1 Naturhist. med. Verein. Med. Sekt. Heidelberg 1913. Münchener med. Wochenschrift 1913. 2 Beitr. z. Klinik d. Tuberkulose Bd. 12.

Mediastinum nicht so beweglich ist, wie beim Hunde, wird das Mediastinum bei jeder Inspiration nur ganz wenig gegen die atmende Lunge hinübergezogen, wodurch die Atmung der betreffenden Lunge nicht wesentlich beeinträchtigt wird. Injiziert man Luft bis zu einem Druck von 10 ccm Wasser in eine Pleurahöhle, so steigt der Druck auch in der anderen Pleurahöhle auf 9—9,5 ccm Wasser (GRAHAM[1]). Das Mediastinum des Menschen hält in seiner Starre ungefähr die Mitte zwischen Hund und Kaninchen. Es sind jedoch hierin individuelle Verschiedenheiten vorhanden; je nachdem, ob das Mediastinum durch vorhergegangene Entzündung der anliegenden Pleura versteift worden ist oder nicht. Bei Fällen mit ausgedehnter Thorakoplastik kann man dieses Mediastinalflattern an der sogenannten „paradoxen Atmung"[2] unmittelbar beobachten. Es zieht sich dann nämlich die entknochte Brustwand bei der Einatmung ein, und dehnt sich bei der Ausatmung aus. Diese Atemstörung nach der Thorakoplastik wird um so deutlicher, als durch die Zerstörung der Interkostalnerven die obere Bauchmuskulatur auf der operierten Seite gelähmt ist (OEHLECKER[3]).

Die **Mamma** zeigt interessante Beziehungen zu den weiblichen Genitalorganen. So konnte ROSENBERG[4] regelmäßige prämenstruelle, der Menstruation entsprechende Veränderungen in der Brust feststellen, die so hochgradig werden können, daß sie an Fibrome erinnern und als solche operiert worden sind.

Die pathologische Physiologie der **Brusteingeweide** gewinnt für den Chirurgen aus zwei Gründen ein immer steigendes Interesse. Einmal, weil nach Einführung des Druckdifferenzverfahrens die Möglichkeit, hier operativ einzugreifen, näher gerückt ist, und zweitens, weil es gerade die Störungen von seiten der Brustorgane, in erster Linie die Lungenentzündung, aber auch Herzschwächen sind, die die Ergebnisse bei unseren operativen Eingriffen ganz im allgemeinen oft recht erheblich trüben. Man kann wohl ruhig behaupten, daß, nachdem durch die Einführung der Aseptik das Gespenst der postoperativen Eiterung gebannt wurde, die Hauptgefahr für alle unsere operierten Patienten von den Brustorganen her droht. Diese Störungen einzuschränken, ist eine sehr wichtige Aufgabe für die operative Chirurgie.

---

1 Ann. of surg. 73. 1921. 2 SAUERBRUCH-ELVING, Die extrapleurale Thorakoplastik in Ergebn. d. inn. Med. Bd. 10. 1913. 3 Deutsche Zeitschrift f. Chir. Bd. 157. S. 98. 4 Frankf. Zeitschr. f. Pathol. Bd. 29. 1922.

Die **Lungen** dienen dem Gasaustausch[1]: Die sauerstoffreiche, eingeatmete Luft wird auf dem Wege der Diffusion ausgetauscht gegen die kohlensäurereiche Luft, die die Alveolen umspült (vgl. dagegen BOHR[2] „Gassekretion" und hierzu KROGH[3], DU BOIS REYMOND[4], HALDANE und DOUGLAS[5]).

Mit Hilfe der roten Blutkörperchen gelangt der Sauerstoff an den Ort seines Verbrauches (Gewebsatmung) und je nach dem Sauerstoffbedürfnis der Gewebe muß der Gasaustausch in der Lunge bald groß, bald klein sein.

Für den Vorgang der Einatmung und Ausatmung greifen die Kräfte an zwei Stellen an; einmal an der Lunge selbst und zweitens am Brustkorb. Die Lunge hat das Bestreben, sich zusammenzuziehen, in den Zustand zurückzukehren, den sie beim Neugeborenen einnimmt, und wenn die am Thorax angreifenden Gegenkräfte ausgeschaltet werden, wenn wir z. B. einen Pneumothorax anlegen, so fällt die Lunge, dank ihrer reichlich vorhandenen elastischen Fasern, wenigstens beim Lebenden vollständig zusammen (TRAUBE[6], LICHTHEIM[7], HOFBAUER[8]). Die Kraft, mit der sich die Lunge beim Lebenden zusammenzieht, ersieht man aus dem Druck, den wir beim Pneumothorax mit unseren Über- oder Unterdruckapparaten anwenden müssen, damit sich die Lunge der Brustwand wieder anlegt. Nach SAUERBRUCH[9] und FRIEDRICH[10] beträgt dieser Druck — 7 mm Hg.

Diesem Bestreben der Lunge, eine maximale Exspirationsstellung einzunehmen, steht nun der Hauptteil der Kräfte entgegen die am Thorax angreifen. Sie zerfallen in elastische Kräfte und Muskelwirkung. Geht man von dem Befund an der Leiche aus, so fällt bei Eröffnung der Brustwand nicht nur die Lunge zusammen, sondern die Rippen federn zugleich nach außen (PAUL BERT, zit. nach MINKOWSKI). Der Schluß, den man hieraus gezogen hat, daß im Beginn jeder Inspiration diese elastischen Kräfte für die Erweiterung des Thorax wichtig sind (FICK[11]), wird

1 Lit. z. folgenden vgl. MINKOWSKI in KREHL-MARCHAND, Allgemeine Pathologie Bd. 2. I. BITTORF, ebendort. STÄHELIN im MOHR-STÄHELINschen Handbuch d. inneren Med. Bd. 2. GARRÈ-QUINKE, Lungenchirurgie 2. Aufl. SAUERBRUCH im Handbuch d. prakt. Chirurgie u. Chirurgie der Brustorgane. II. Aufl. 1920. ROSENBACH in NOTHNAGELS Handbuch XIV. STRAUB, Ergeb. d. inn. Med. Bd. 25. 1924.
2 Skandinav. Arch. f. Physiol. 1890. Bd. 2.
3 Ebenda 1910. Bd. 25.
4 Arch. f. Physiol. 1910.
5 Skandinav. Arch. f. Physiol. Bd. 25. 1911.
6 Gesammelte Beitr. zur Physiologie u. Pathologie Bd. I.
7 Arch. f. exp. Path. u. Pharm. Bd. 10.
8 Zeitschrift f. klin. Med. Bd. 61. 1907.
9 Mitteil. a. d. Grenzgebieten Bd. XIII. 1904.
10 Arch. f. klin. Chir. Bd. 82. S. 1147. 1907.
11 Arch. f. Anat. 1897 (Suppl.).

zwar bestritten (MINKOWSKI l. c.), weil beim Lebenden der Tonus der Atemmuskulatur ausschlaggebend sei. Es hat sich jedoch bei operativen Eingriffen, so z. B. der Durchtrennung der ersten Rippe bei Tuberkulose (FREUNDsche Operation), ferner bei der extrapleuralen Thorakoplastik nach BOIFIN-WILMS gezeigt, daß die Rippen tatsächlich auseinanderfedern, sobald sie vorne neben dem Sternum durchschnitten werden. Es besteht also auch beim Lebenden eine gewisse elastische Spannung des Thorax. Trotzdem ist es unbestreitbar, daß die wesentlichste Bedeutung für die Inspiration den Muskelkräften zukommt; das sind die verschiedenen Rippenheber und das Zwerchfell. Beim Manne ist das Zwerchfell der wichtigste Atmungsmuskel. Auch die sogenannten „auxiliären Inspirationsmuskeln" wirken im Sinne von Rippenhebern, oder sie vergrößern, wie die langen Rückenmuskeln, die Längsausdehnung des Brustkorbes. Zwerchfell und Rippenheber arbeiten im allgemeinen gleichsinnig. Bei einzelnen Vergiftungen (zit. nach MAGNUS[1]), wie z. B. durch Chloroform, können aber gelegentlich Störungen in diesem Zusammenarbeiten auftreten, so daß das Zwerchfell eine Exspirationsbewegung ausführt, während der Brustkorb eine Inspirationsstellung einnimmt. Auch in der Kraft ihrer Leistungen treten die Brustmuskeln und das Zwerchfell wechselseitig für einander ein; so finden wir bei Frakturen der oberen Rippen oder nach Operationen an der Brustwand eine Verstärkung der Zwerchfellatmung und umgekehrt bei Zwerchfellähmung, etwa nach operativer Phrenikusdurchtrennung (STÜRTZ[2], SAUERBRUCH[3], PRIBRAM[4] u. a.) oder Krückenlähmung des Phrenikus (HENZELMANN[5]), verstärkte Brustatmung. Eine verstärkte Brustatmung findet man weiterhin bei Einschränkung der Zwerchfellbewegung durch Lungenemphysem, Pleuritis und Pneumothorax (HOFBAUER[6]), sowie bei Enteroptose (WENKEBACH[7]).

Für die Exspiration gebrauchen wir nicht so kräftige Muskeln wie für die Inspiration, weil der gedehnte Brustkorb, entsprechend seiner Schwere, beim Nachlassen des Muskelzuges zusammenfällt und die bei der vorhergegangenen Inspiration wringförmig aufgedrehten Rippen wieder der Exspirationsstellung zustreben, und weil vor allen Dingen die Elastizität der Lunge das Organ zu verkleinern sucht.

Dieser Elastizität der Lunge dienen die elastischen Fasern, die besonders dicht als eine Membran in der Tunica propria des Bronchialbaumes gelegen sind. Die

1 Ergebn. d. Physiol. Bd. 1. 1902. 2 Deutsche med. Wochenschrift 1911. S. 2224. 3 Deutsche med. Wochenschrift 1913. S. 625. 4 Wiener klin. Wochenschrift 1918. Nr. 48. 5 Wiener klin. Wochenschrift 1918. S. 1340. 6 Zentralbl. f. klin. Med. 1905. 7 v. VOLKMANNS Sammlung klin. Vortr. Nr. 140/141.

durch die Elastizität des Bronchialbaumes bedingte Beweglichkeit der Bronchien ist für die Dehnungsfähigkeit der Lunge von größter Bedeutung. Krankhafte Veränderungen an der Lungenwurzel, z. B. Drüsentuberkulose, verhindern die Dehnungsfähigkeit der Lunge (MACKLIN[1]).

Als Exspirationsmuskeln kommen die Intercostales interni und vor allem das Zwerchfell in Frage, das mehr als durch eigene Muskelkraft, durch die Bauchpresse brustraumwärts gedrängt wird.

Der Umfang der Zwerchfellbewegung ist also, wie aus dem Gesagten folgt, nicht nur abhängig von seiner eigenen muskulären Kraft, sondern noch mehr von der Elastizität der Lunge auf der einen und dem Druck der Bauchorgane auf der anderen Seite. Gerade die Bedeutung der Bauchmuskeln für das Atmungsgeschäft ist chirurgisch höchst wichtig. Wenn auch die Bauchpresse für die oberflächliche Atmung, mit der der Mensch für gewöhnlich auskommt, nicht oder wenig benutzt wird, so reicht für den bettlägerigen Kranken diese oberflächliche Durchlüftung der Lunge nicht aus, um Hypostasen zu vermeiden (s. bei Durchblutung der Lunge). Die tiefen In- und Exspirationen vermeidet aber ein Patient nach einer Bauchoperation wegen der Schmerzen an der frischen Wunde, und so sehen wir hier die Grundlagen für die Hypostasen und postoperativen Pneumonien gegeben.

Diese soeben geschilderte Übertragung von Thorax- und Zwerchfellbewegungen auf die Lunge ist ein ganz eigenartiger Mechanismus: den elastischen Kräften der Lunge, die bestrebt sind, das Organ zum Zusammenfallen zu bringen, stehen diejenigen Kräfte gegenüber, die den Thorax nach außen ziehen. Die Übertragung der Kräfte, die den Brustkorb bewegen, auf die Lunge, erfolgt nur durch die an der Grenze von Lunge und Thoraxwand bestehende Spannungsdifferenz, die gleich ist „der Summe der Dehnungsgrößen, die die Lunge über ihr elastisches Gleichgewicht ausgedehnt erhalten" (STAEHLIN l. c., TENDELOO[2]). Bei der Leiche wird diese „Spannungsdifferenz" ohne weiteres klar: Wenn man den Brustkorb aufschneidet, fällt die Lunge zusammen und der Thorax federt nach außen. Beim Lebenden ist diese Spannungsdifferenz aber außerdem weitgehend abhängig von dem Tonus der Gewebe, also dem Tonus der Lunge und der Brustwand. Sie ist deswegen an den einzelnen Stellen des Thorax durchaus verschieden. Sie findet ihren Ausdruck in dem sogenannten negativen Druck der Pleurahöhle (DONDERS), den man durch Einstechen einer Hohlnadel in den Pleuraraum mißt. Man muß sich aber darüber im klaren sein, daß dieser Pleurahohlraum mit dem negativen Druck im Leben gar nicht besteht, sondern daß die Lunge der Brustwand überall eng anliegt, und daß nur ein kapillarer Raum zwischen Lunge und Brustwand besteht (WEST[3], BRAUER[4], MACEWEN u. a.). Mit Recht weist deshalb BURKHARDT[5] darauf hin, daß der Begriff des „negativen Druckes" vielfach zu Verwirrungen Anlaß gegeben hat: „Die durch die Bronchen einströmende Luft drückt die Lunge

---

1 Anat. record. Bd. 24. 1922. 2 Studien über die Ursachen der Lungenkrankheiten. Wiesbaden 1901/1902. 3 Brit. med. Journ. 1887. 4 ZIEGL. Beitr. z. pathol. Anat. Bd. 7. Suppl. 1905. 5 BRUNS' Beitr. Bd. 110. 1918 u. Chirurgenkongreß 1914.

gegen die Brustwand, und die Brustwand drückt gegen die Lunge." Das ist physikalisch unbestreitbar. Es wird ferner die Lunge die Brustwand stützen und festigen, und zwar tut sie das durch den von ihr an der Brustwand ausgeübten Zug, wie BECHER[1] auf rechnerischem Wege nachgewiesen hat.

Die Schwierigkeit in der Fragestellung beruht nun aber darin, festzustellen, welche Kräfte die Lunge in ihrem Spannungszustand erhalten, bzw. die einmal zusammengefallene Lunge wieder zur Entfaltung bringen. Gehen wir einmal von den Verhältnissen beim Neugeborenen aus, so liegt bei ihm, wenn er noch nicht geatmet hat, die Lunge zusammengefallen im hinteren Thoraxraum neben der Wirbelsäule. Ein „negativer Druck" im Thorax ist nicht vorhanden, was ja gerichtlich-medizinisch wichtig ist. Beim ersten kräftigen Atemzug wird die Lunge gedehnt und damit lufthaltig. Man sollte nun glauben, daß die Lunge bei der nächsten Ausatmung wieder zusammenfiele; das tut sie aber nicht, sondern sie bleibt lufthaltig. Wodurch? Nach KELLER[2] dadurch, daß die Bronchioli dort, wo sie in die Infundibula übergehen, zusammenfallen und so den Luftaustritt sperren. Das kann, wenn diese Angaben überhaupt richtig sind, doch nur einen ganz geringen Teil der Lungenblähung erklären. Zum mindesten reicht diese Erklärung nicht für den Zustand beim Erwachsenen aus. Nach HERMANN[3] wächst der Brustkorb rascher als die Brustorgane, wodurch ein Raum mit Unterdruck — eben die Pleurahöhle — entsteht. Die notwendige Folge dieses Unterdruckes wird sein, daß die Lunge, entgegen den in ihr vorhandenen elastischen Kräften durch die in die Bronchen einströmende Luft gedehnt wird, bis sie sich der Thoraxwand anlegt.

Wodurch wird aber die Lunge in Spannung gehalten, bevor dieser Wachstumsunterschied erreicht ist? Diese Frage ist durchaus noch nicht restlos gelöst. Gegenwärtig wird man hierfür in erster Linie den auf dem Bronchialbaum lastenden Luftdruck verantwortlich machen müssen, wobei zu beachten ist, daß besonders der Exspirationsdruck wohl auch in der Norm annähernd so groß ist, daß er die Elastizität der Lunge überwindet (vgl. hierzu REINEBOTH[4]). Nach BRAUER, MACEWEN[5] u. a. spielt zweitens die kapillare Adhäsion zwischen Lunge und Brustwand, oder genauer gesagt, zwischen den beiden Pleurablättern eine nicht zu unterschätzende Rolle. Jedenfalls bildet sich aber auch diese kapillare Adhäsion erst allmählich und nicht bei den allerersten Atemzügen aus. Deshalb kann die Lunge eines Neugeborenen, der schon geatmet hat, auch wieder vollständig zusammenfallen und durch Absorption der Luft leer werden (SKZRECZKA[6]). O. ROSENBACH[7] glaubt, daß an dieser Lungenspannung ein gewisser vitaler Tonus schuld sei, der ja zweifellos vorhanden ist und nach SAUERBRUCH (l. c.) wohl vom Vagus abhängt. Immerhin läßt sich die angeschnittene Frage nicht einfach als Folge eines Gewebstonus erledigen.

Diese soeben besprochene Atembewegung wird durch das von FLOURENS u. LEGALLOIS genauer bestimmte Atemzentrum im verlängerten Mark gesteuert, dem der Reiz auf dem Wege des Vagus zugeführ twird (HERING u. BREUER[8], EINTHOVEN[9], ROHRER[10]). Ist der Vagus durchschnitten, so folgen von diesem Zentrum aus

1 Mitteilungen a. d. Grenzgebieten 33. 1921. 2 PFLÜGERS Arch. Bd. 20. S. 365. 1879. 3 Handbuch d. Physiologie. 4 Deutsches Arch. f. klin. Med. Bd. 58. 1897. 5 Arch. f. exp. Path. u. Pharm. Bd. 65. 6 In MASCHKAS Handbuch d. ger. Med. Bd. I. S. 855. 1881. 7 In NOTHNAGELS Handbuch Bd. 14. 8 Wiener Akademie 1808. 9 PFLÜGERS Archiv f. d. ges. Physiol. Bd. 124. 10 Schweizer med. Wochenschr. 1921.

langsame und tiefe Atemzüge. Aber auch alle möglichen anderen zentripetalen Nerven, Trigeminus, olfactorius, opticus und die sensiblen peripheren Nerven können in die Tätigkeit des Atemzentrums regulatorisch eingreifen; deshalb ändert sich die Atmung im Schreck, bei schlechten Gerüchen, bei Schmerz usw.

Für den gesunden Organismus ist diese nervöse Zuleitung zum Atemzentrum weniger bedeutungsvoll wie die Regulation der Atmung auf dem Blutwege (vgl. H. STRAUB[1]). Hier sind als Beweis die bekannten Versuche von FRÉDERICQ[2] anzuführen, der das Blut eines Hundes, dessen Lungen maximal ventiliert wurden, durch den Kopf eines zweiten Hundes leitete. Der zweite Hund bekam dann gleichfalls Apnoe. Das läßt sich nur so erklären, daß das arterialisierte Blut beruhigend auf das Atemzentrum wirkt, so daß es nicht zu einer Atembewegung der Lungen kommt und zwar wird dieser Reiz, wie wir jetzt seit HALDANE u. PRIESTLEY[3], PFLÜGER, HESSELBACH[4] und vor allem WINTERSTEIN[5] wissen durch die Wasserstoffionenkonzentration, also durch die Reaktion des Blutes bedingt, wobei neben der Kohlensäure auch andere Säuren eine Rolle spielen. Die Reaktion des Blutes ist nun wieder abhängig von der Reaktion der Gewebe. Alle Gewebe sind etwas saurer als das Blut, infolgedessen geben sie ständig Kohlensäure an das Blut ab, da es ein Hauptbestreben des Organismus ist, seine Gewebsreaktion möglichst gleichmäßig zu erhalten; die Reaktion des Blutes andererseits wird durch die Atmung reguliert und so sehen wir denn, daß die Atmung ein Feinregulator für das Säurebasen-Gleichgewicht im Körper darstellt, und daß die Kohlensäure nicht nur ein nutzloses Endprodukt des Stoffwechsels darstellt. Wird mehr Kohlensäure gebildet, also z. B. bei starker Muskelarbeit, so bekommen wir eine Arbeitsdyspnoe, ändert sich das Säurebasen-Gleichgewicht wie beim diabetischen Koma, so haben wir die hämatogene Dyspnoe, bei Erschwerung der Austauschvorgänge in der Lunge sprechen wir von pulmonaler Dyspnoe, und wenn sich die Gewebsreaktion in der Umgebung des Atemzentrums ändert, also etwa bei Verlangsamung des Blutumlaufes, von zerebraler Dyspnoe. Auch bei den Atemstörungen, mit denen wir es in der Chirurgie zu tun haben, spielt diese chemische Regulation die größte Rolle. Es sei nur an den Schock und an die Narkose erinnert, bei der es sich immer um eine Azidose handelt.

Wie oben gesagt wurde, spielt die Regelung der Atmung mit

---

1 Erg. d. inn. Med. Bd. 25. 1924. 2 Arch. de Biol. 1900/1901. 3 Journ. of physiol. 32. 1905. 4 Biochem. Zeitschr. 46. 1912. 5 PFLÜGERS Archiv 138 u. 187.

Hilfe der zuleitenden Nerven (Vagus, Sympathikus) im gesunden Organismus nicht die Rolle, wie die Atmungsregulation auf dem Blutwege. Für krankhafte Zustände ist das aber wohl anders, und da interessiert den Chirurgen jetzt besonders, welche Nerven bei dem Krankheitsbilde des **Asthma bronchiale** beteiligt sind. Wenn wir uns an die Darstellung von STÄHELIN[1] halten, so wird beim Asthma aus irgend einem Grunde das Vaguszentrumin Erregung versetzt und diese Erregung führt zu einer Reizung des Lungenvagus, des motorischen Astes der Bronchialmuskulatur. Ein Krampf des Bronchus ist die Folge. Durchtrennung des Vagus könnte zu einer Besserung der Anfälle führen und in der Tat hat auch KAPPIS[2] über Erfolge der Vagusdurchtrennung auf das Asthma bronchiale berichtet. Es sind aber umgekehrt auch vielfach Durchtrennungen oder Exstirpationen des Halssympathikus bei diesem Leiden mit gutem Erfolge ausgeführt worden (KÜMMELL[3] u. v. a.), was für die die theoretische Begründung weniger leicht verständlich ist, da man im allgemeinen keine bronchokonstriktorischen sympathischen Nervenfasern kennt. Hier muß man aber erst weiteres Material und auch erst weitere sichere klinische Beobachtungen abwarten.

Die Atmung hat nun weiterhin einen wesentlichen Einfluß auf die **Blutverteilung.** Für die intrathorakal gelegenen großen Blutleiter, einschließlich des Herzens, ohne Berücksichtigung des Lungenkreislaufes, nimmt man im allgemeinen an, daß der negative Druck, der bei der Einatmung über diesen Gebilden herrscht, zu einer Ansaugung des Blutes führt, zumal die Vena cava oberhalb des Zwerchfell elastische Fasern hat, die unterhalb des Zwerchfell fehlen (METTENLEITER[4]). Es liegt aber in der Natur der Sache, daß für diese Anschauung bisher immer nur indirekte Beweise haben beigebracht werden können; auch die HOFBAUERschen[5] Röntgenbeobachtungen rechne ich dazu, ebenso wie die HASSEschen[6] anatomischen Untersuchungen. Die Folge davon ist, daß die einzelnen Autoren auch den Einfluß der Atmung auf die periphere Zirkulation ganz verschieden bewerten und deuten (vgl. u. a. BRAUER-ROTH[7], HOFBAUER l. c., BRUNS[8], BRAUER[9]).

Die inspiratorischen Schwankungen in den Hautvenen, zumal den Varizen, sind von LEDDERHOSE[10] ausführlich besprochen wor-

---

1 In MOHR-STÄHELIN, Handbuch d. lnneren Medizin. 2 Med. Klinik 1924. Nr. 39. 3 Chirurgenkongreß 1924. 4 Deutsche Zeitschr. f. Chir. 188. 5 Wien. klin. Wochenschrift 1902. 2 Arch. f. Anat. 1906. 6 Beitr. zur Klinik d. Tuberkulose Bd. 4. 7 Habilitationsschrift Marburg 1909. Beitr. z. Klinik d. Tuberkulose Bd. XIII. 8 Münchener med. Wochenschrift 1910. S. 2169. 9 Mitteil. a. d. Grenzgebieten Bd. 15. 1905.

den. Es ergibt sich ein gewisser Gegensatz in der Füllung der Arm- und Beinvenen, was offenbar mit der Zwerchfellbewegung zusammenhängt (EPPINGER und HOFFBAUER[1]). Mögen aber die Dinge im einzelnen liegen wie sie wollen, jedenfalls ist der Einfluß der Atmung auf die Zirkulation in den peripheren Venen unbestreitbar; kann man ihn doch jederzeit an dem Abschwellen der Halsvenen bei tiefer Einatmung und an dem Anschwellen beim Pressen ablesen. Auch für das Herz betont MINKOWSKI (l. c.), daß bei der „leichten Dehnbarkeit des diastolisch erschlafften Herzens der die Diastolen verstärkende negative Druck erheblich ins Gewicht fallen muß“, und in den Kapillaren kann man ein regelmäßiges Verschwinden der Blutsäule, das von der Atmung abhängig ist, beobachten (HINTZE[2]).

Noch weniger gesichert sind unsere Kenntnisse über den Einfluß der Atmung auf Größe, Fassungsvermögen und Strömungsgeschwindigkeit in den **Lungengefäßen.** Vorauszuschicken ist, daß LICHTHEIM[3] trotz Unterbindung der Art. pulmonalis auf der einen Seite keine Änderung im Blutdruck feststellen konnte, welche Befunde von TIGERSTEDT[4] und GERHARDT[5] bestätigt wurden. Bei künstlichen Fettembolien in der Lunge bekam GERHARDT allerdings doch eine beträchtliche Steigerung des Druckes im rechten Ventrikel, und BURTON-OPITZ[6], fand neuerdings, daß bei Kompression des oberen Astes der Art. pulmonalis der Blutdruck um etwa 14 mm Hg absank, während der Druck in der V. cava inf. anstieg. Danach läßt sich die Annahme, daß das Kapillarnetz der Lungen so ausgedehnt sei, daß sich Widerstände in ihm kaum in einer Beeinflussung des gesamten kleinen Kreislaufes geltend machen können, nicht mehr ganz aufrecht erhalten. Immerhin müssen wir daran festhalten, daß der Widerstand in den Kapillaren der Lungen stets ein außerordentlich geringer ist; daraus folgt, daß ein erhöhter Blutdruck im kleinen Kreislauf zugleich zu einer Vergrößerung der Blutkapazität in der Lunge führt. In dieser Beziehung nimmt also die Lunge eine Sonderstellung unter den Organen ein; denn an einer Extremität oder einem anderen Organ ist die Folge des erhöhten Blutdruckes nur die, daß das Blut den Gefäßbezirk schneller durcheilt, ohne daß die Blutmenge der betreffenden Gliedmaße vergrößert würde (BURKHARDT[7]).

Außer von dem in letzter Linie vom Herzen abhängigen Blutdruck ist der Blutgehalt einer Lunge zweitens abhängig von

---

1 Zeitschrift f. klin. Med. Bd. 72. 2 Archiv f. klin. Chir. 118. 1922. 3 Die Störungen des Lungenkreislaufs. Berlin 1876 u. Archiv f. exp. Pathol. u. Pharm. 10. 4 Skand. Arch. f. Physiol. XIV. 1902. 5 Zeitschrift f. klin. Med. 55. 1904. 6 Americ. journ. of physiol. Bd. 58. 1921. 7 BRUNS' Beiträge Bd. 110. 1918.

dem Druck, unter dem die Lungenblutgefäße selbst stehen, und zwar nicht nur die Blutgefäße innerhalb, sondern auch die außerhalb der Lunge (Pleuraldruck).

Das haben die DE JAGERschen Versuche (zit. nach BURCKHARDT) sehr schön gezeigt. Er brachte eine herausgeschnittene Lunge in eine luftdicht abgeschlossene Flasche und bestimmte nun die Drucke in der Luftröhre, den Lungengefäßen und dem Hohlraum der Flasche, die die Pleurahöhle ersetzte. Es zeigte sich bei diesen Versuchen, daß man falsche Werte bekommt, wenn man die Druckwerte in den Lungenarterien und Venen nicht dem Pleuradruck gleichsetzt. Das ist oft vernachlässigt worden.

Drittens ist der Blutgehalt der Lunge abhängig vom Alveolardruck.

Diese verschiedenen Dinge ändern sich nun bei der Ein- und Ausatmung, ferner bei pneumonischen Prozessen, schließlich bei Exsudaten im Pleuraraum oder bei Pneumothorax.

Es besteht ein bisher noch nicht völlig geklärter Widerspruch in den Ansichten darüber, ob die beim Pneumothorax kollabierte Lunge mehr Blut enthält als die geblähte. EBERT[1] weist mit Recht darauf hin, daß man einen Unterschied machen müsse zwischen dem Vorgang der Ein- und *Ausatmung und dem Zustand der Inspirations- oder Exspirationsstellung.*

Beim Zustand des völligen Kollaps der Lunge fand SACKUR[2], daß das Blut in der Carotis sauerstoffärmer wurde und er folgerte daraus, daß beim Pneumothorax die kollabierte Lunge ungefähr alles Blut des kleinen Kreislaufs aufnehme, das nun nicht arterialisiert würde. Deshalb ersticke das Tier. SAUERBRUCH[3] schloß sich dieser Theorie, die wohl auch den Namen „Kurzschlußtheorie" führt, an. Es hat sich jedoch herausgestellt, daß diese Kurzschlußtheorie unrichtig ist. BAUER[4] sagt sehr treffend, daß nicht der Ausdehnungsgrad der Lunge für die Blutfülle in ihr maßgebend sein kann, sondern die Druckdifferenz zwischen Pleura und Bronchialbaum. Beim Pneumothorax ist nun, wie ohne weiteres verständlich, diese Differenz stets geringer als in der Norm. Die Folge davon muß sein, daß die Kapillaren beim Pneumothorax in der Lunge stärker zusammengepreßt werden. Die kollabierte Lunge ist also notwendigerweise weniger durchblutet als in der Norm. Daran ändern auch die CLOETTAschen[5] und ROHDEschen[6] Versuche nichts. Bei ihnen ist, worauf BURKHARDT[7] besonders hinweist, die Druckveränderung nicht auf die großen Gefäße ausgedehnt worden; man kann deshalb die Ergebnisse dieser Versuche, so interessant sie im einzelnen sind, nicht auf die Verhältnisse beim Pneumothorax übertragen. BRUNS[8] konnte in seinen Tierversuchen zeigen, daß der Blutgehalt der Kollapslunge schon nach wenigen Sekunden meßbar geringer ist, als der der gesunden. Die Versuche wurden kürzlich von PROPPING[9] nachgeprüft, und ihre Richtigkeit bestätigt. Zu ähnlichen Ergebnissen kam auch

1 Arch. f. exp. Path. u. Pharm. Bd 75. 1914. 2 Zeitschrift f. klin. Med. Bd. 29. 1896. 3 Mitteil. a. d. Grenzgebieten Bd. 13. 4 Beitr. z. Klinik d. Tuberkulose Bd. 12, ferner Mitteil. a. d. Grenzgebieten 13. Marb. Univ.-Progr. 1906. 5 Arch. f. exp. Path. u. Pharm. Bd. 66 u. 70 u. Chirurgenkongreß 1912. 6 Zit. nach Burkhardt 3. 7 BRUNS' Beiträge Bd. 110. 1918. 8 Beitr. z. Klinik d. Tuberkulose Bd. XII. 9 Arch. f. klin. Chir. Bd. 112. 1919.

Lohmann und Müller[1], die bei einer Versuchsanordnung keinen Unterschied in der Durchblutungsgröße der kollabierten und geblähten Lunge feststellen konnten, in einer anderen Gruppe von Versuchen eine wesentliche Erhöhung der Durchblutungsgröße bei der geblähten Lunge im Gegensatz zu der kollabierten fanden. Gerhardt[2] prüfte das Verhalten des Kapillarkreislaufes in der Lunge bei künstlichen Exsudaten, und er fand, daß kleine Exsudate den Kapillarkreislauf in der Lunge überhaupt nicht beeinflussen; erst bei großen Exsudaten, wenn schon Atmungsstörungen eintreten, zeigt sich ein Widerstand in den Kapillaren durch Ansteigen des Druckes im kleinen Kreislauf.

Noch verwickelter liegen die Verhältnisse des Lungenkreislaufes bei dem Vorgang der Ein- und Ausatmung.

Tendeloo[3] konstruierte ein Schlauchmodell, das die Blutgefäßverhältnisse in der Lunge klarstellen sollte. Er folgerte aus seinen Beobachtungen, daß die Gefäße bei geringer Erweiterung der Lunge länger und weniger geschlängelt sind, was ihre Kapazität erhöht. Bei weiterer Dehnung werden die Gefäße abgeflacht, was möglicherweise die Gesamtkapazität wieder verringert. Man würde jedoch unbedingt zu Fehlschlüssen verleitet werden, wenn man bei dem verwickelten Kreislauf im Brustkorb einen übertriebenen Wert auf einen Faktor, hier das Kapillarnetz der Lunge, legen würde. Den Fehler solcher einseitiger Betrachtungsweise hat Ebert[4] bei seinen Versuchen vermieden; er fand, daß die Blutzirkulation durch die Lungen während der Einatmung begünstigt, während der Ausatmung erschwert wird. Der Luftgehalt der Lungen an sich hat hingegen keinen wesentlichen Einfluß auf den Lungenkreislauf, ebensowenig wie die Lungenzirkulation durch Aufenthalt der Versuchstiere in verdünnter oder verdichteter Luft beeinflußt wird.

Diese Versuchsergebnisse stimmen gut mit der jetzt wohl ziemlich allgemein angenommenen, auch von Bohr vertretenen Ansicht überein, daß die Lunge bei dem Vorgang der Einatmung besser durchblutet wird als bei der Ausatmung.

Was nun die Änderung der Zirkulation im Brustkorb bei Erhöhung des intraalveolären Druckes anbetrifft, also bei dem dritten der oben angeführten Faktoren, die den Lungenkreislauf beeinflussen können, so zeigt sich, für jeden leicht erkennbar, daß beim Husten oder Pressen eine Anschwellung der Halsgegend eintritt. Das beweist einen erschwerten venösen Rückfluß. Gerhardt und sein Schüler Romanoff[5] konnten durch Tierversuche nachweisen, daß schon eine Drucksteigerung im Bronchialbaum von 8 mm Quecksilber zu einer so starken Erschwerung des Lungenkreislaufes führte, daß nicht nur der Druck in der Art. pulmonalis und Vena jugularis anstieg, sondern auch der Carotisdruck absank. Krankheitszustände, die mit exspiratorischer Dyspnoe oder

---

1 Sitzungsber. d. Ges. z. Bef. d. Ges. Naturwissenschaften zu Marburg. 1913.
2 Zeitschrift f. klin. Med. Bd. 55 u. Arch. f. exp. Path. u. Pharmakol. 1908 (Suppl.). 3 Studien über d. Ursachen d. Lungenkrankheiten. Wiesbaden 1901/1902 u. Ergebn. d. inneren Med. Bd. 6. 1910. 4 Arch. f. exp. Path. u. Pharmak. Bd. 75. 1914. 5 Arch. f. exp. Path. u. Pharm. Bd. 64. 1911.

mit chronischem Husten verbunden sind, werden deshalb leicht zu Stauungserscheinungen im rechten Ventrikel (Hypertrophie und Dilatation) führen.

Eröffnet man ohne Vorsichtsmaßregeln bei einem Menschen die Brustwand plötzlich in großer Ausdehnung, so kann der Patient rasch mit schwerster Dyspnoe kollabieren. Man spricht hier von einem Pleurareflex (SAUERBRUCH [1], BRAUER[2], SPENGLER).

Die Frage des **Pleurareflexes** ist von ZESAS[3], BRAUER[2], PETERSEN[4], v. SAAR[5], SCHLAEPFER[6] u. a. ausführlich auch experimentell behandelt worden. Danach darf man wohl mit BRAUER einen großen Teil der als Pleurareflex beschriebenen Zufälle als arterielle Luftembolien (s. weiter hinten) auffassen. Andererseits besteht aber sehr wohl die Möglichkeit, daß von der Pleura her Reflexe ausgelöst werden; denn die Pleura hat, wie aus den Untersuchungen von DOGIEL[7] hervorgeht, reichlich modifizierte PACCINIsche Körperchen.

Dieser Pleurareflex ist abhängig von der **Sensibilität der Pleurahöhle** und der verschiedenen Abschnitte der Lunge. Die Kenntnis dieser Verhältnisse ist durch die Operationen in Lokalanästhesie wesentlich erweitert worden (FRIEDRICH[8], HOFFMANN[9]). Danach ist die Pleura parietalis und diaphragmatica überall schmerzempfindlich, während an der viszeralen Pleura nur ganz wenige schmerzempfindliche Stellen vorhanden sind. Temperatur- und genaue Tastempfindungen fehlen überall, Schmerzreize an der parietalen Pleura werden von solchen an der Haut unterschieden (HOFFMANN), wie überhaupt die Pleura costalis der empfindlichste Teil der Pleura zu sein scheint. Berührungen der letzteren führen rasch zu Blutdruckschwankungen infolge der dabei auftretenden Schmerzen. Das Lungenparenchym selbst ist schmerzunempfindlich, ebenso wie die Gefäße der Art. pulmonalis und die distalen Bronchusabschnitte, während Durchtrennung der proximalen Bronchusteile beim Menschen zu schweren Kollapsen führt. Von der Pleura aus kann man auch reflektorisch Husten auslösen (KOHTS [zit. nach STAEHELIN[10]], GERHARD[11]), z. B. bei Kranken mit Pleuritis durch Druck auf die Interkostalräume (FRÄNKEL). Es tritt ferner bei Punktion oder Rippenresektion wegen Empyem sehr häufig heftiger, krampfartiger, nicht zu unterdrückender Husten auf.

---

1 Mitteil. a. d. Grenzgebieten. Bd. XIII. 2 Deutsche Zeitschrift f. Nervenheilkunde 45. 3 Deutsche Zeitschrift f. Chir. Bd. 119. 1912. 4 Grenzgebiete 26. 5 Chirurgenkongreß 1912. 6 Deutsche Zeitschrift f. Chir. 159. 1920. Erg. d. Chir. Bd. 14. 1921. 7 Arch. f. mikrosk. Anat. 1903. Bd. 62. 8 Arch. f. klin. Chir. Bd. 82. S. 1160. 9 Naturhist. med. Verein Heidelberg 1919. 10 Jahreskurse f. ärztl. Fortbildung Februarheft 1914. 11 Deutsche Chir. Lief. 43.

Nach den Versuchen von LANGENDORFF und ZANDER, sowie von CORDIER (zit. nach ZESAS) soll der Pleurareflex vom Vagus, nicht vom Sympathikus abhängig sein und nach Vagusdurchschneidung nicht auftreten. v. SAAR konnte feststellen, daß es in der Hauptsache Reizung der Pleura parietalis (ausgenommen der Diaphragmatica) ist, die den Pleurareflex veranlaßt. Eine milde, aber lang anhaltende Form des Pleurareflexes ist nach der gewöhnlichen Ansicht die Muskelkontraktion im Bereich der Interkostalmuskeln, die zu der Einziehung der Thoraxhälfte bei Pleuritis führt. Auch die Spannung der Bauchdecken bei Pleuritis wird als reflektorisch gedeutet. In welcher Weise dieser angenommene Pleurareflex den plötzlichen Tod bei offenem Pneumothorax bedingt, muß zunächst noch unentschieden bleiben.

Man erlebt ähnliche rasche Todesfälle, wenn plötzlich einer der Hauptbronchen verlegt wird. LICHTHEIM[1] hat in Bestätigung von Versuchen TRAUBES die Beobachtung gemacht, daß sich eine Lunge, wenn der Hauptbronchus verlegt ist, stark ausdehnt und hyperämisch wird. Dadurch könnte eine Beeinträchtigung auch der gesunden Lunge durch Verdrängung eintreten. Die plötzlichen Todesfälle wären dann als Folge einer ungenügenden Atmung aufzufassen.

Wie ist die Atemnot bei offenem **Pneumothorax** zu erklären? Mit dem Pleurareflex hat sie nichts zu tun; wenigstens tritt sie auch bei Vagusdurchtrennung auf (SACKUR). Auch der Ausfall der einen Lunge genügt nicht, um die Atemnot bei Pneumothorax zu erklären, da wir wissen, daß für den ruhenden Menschen ein Zehntel der respiratorischen Fläche genügt, ohne daß Atemnot auftritt (HOFBAUER). Gelingt es doch, mit gewissen Vorsichtsmaßregeln ein Tier mit doppelseitigem Pneumothorax am Leben zu erhalten, und auch der Mensch stirbt noch nicht unbedingt an einem doppelseitigen Empyem (HELLIN[2]). Die Atemnot bei offenem Pneumothorax ist nicht durch den Ausfall der einen, nämlich der kollabierten Lunge zu erklären, sondern sie liegt daran, daß auch die gesunde Lunge beim offenen Pneumothorax nicht mit voller Kraft arbeiten kann. Daran wird sie einmal durch das Mediastinalflattern (s. oben) und dann durch die „Pendelluft“ (BRAUER) gehindert. Darunter versteht man, daß bei jeder Ausatmung Luft in die kollabierte Lunge gedrückt wird, die bei jeder Einatmung wieder in die ge-

---

1 Arch. f. exp. Path. u. Pharm. 10. 2 Mitt. a. d. Grenzgebieten Bd. XVII. 1907. Berl. klin. Wochenschrift 1901 u. 1905. Arch. f. exp. Pathol. u. Pharmak. 1908 Suppl. Arch. f. klin. Chir. Bd. 82. Med. Klinik 1912.

sunde Lunge kommt. Diese Luft ist natürlich bald völlig verbraucht, hindert aber die normale Lunge an der Aufnahme von genügend frischer Luft. Die Arterialisierung des Lungenvenenblutes wird ungenügend und so findet man den Sauerstoffgehalt im Carotisblut bei Pneumothorax zum mindesten in der ersten Zeit beträchtlich herabgesetzt (SACKUR, BRUNS). Bei lange bestehendem Pneumothorax ist diese Herabsetzung des Sauerstoffgehaltes im Carotisblut nicht mehr so ausgesprochen, ja sie kann nach anstrengender Atmung sogar normal werden.

Die geschilderten Atemstörungen stehen im Vordergrunde des Krankheitsbildes des Pneumothorax: beim offenen Pneumothorax erreichen sie so hohe Grade, daß man sein Zustandekommen unbedingt vermeiden muß. Glücklicherweise macht nicht jede kleine Öffnung der Pleura sofort einen vollständigen Pneumothorax, wie bei der Leiche, sondern der Pneumothorax wird bei mäßig großer Öffnung erst nach mehreren Atemzügen zu einem vollständigen (REINEBOTH[1], ROSENBUCH l. c.). Ebensowenig macht jede Verletzung der Lunge einen Pneumothorax, wie BURCKHARDT[2] im Tierversuch zeigen konnte. Begünstigt wird bei Lungenverletzungen das Auftreten des Pneumothorax und besonders des Spannungspneumothorax durch Hustenstöße (GARRÈ[3]). Beim Ventilpneumothorax sind die Störungen besonders hochgradige: Mit zunehmender Atemnot — inspiratorische Dyspnoe — sinkt der Blutdruck, der Puls wird beschleunigt und klein (M. MEYER, NATHER und OCHSNER[4]).

Ein geschlossener einseitiger Pneumothorax macht nach der allgemeinen klinischen Erfahrung nicht die hochgradigen Beschwerden, wie ein offener. Im Gegenteil, die tuberkulösen Patienten mit ihrem künstlichen Pneumothorax sind sogar recht leistungsfähig. Das ist ja nach dem Gesagten leicht verständlich, da es beim geschlossenen Pneumothorax nicht zum Mediastinalflattern kommen kann, außerdem durch die vorhergegangene tuberkulöse Entzündung das Mediastinum starr geworden ist.

Bei Eintritt des Pneumothorax findet man gelegentlich eine Blutdruckssteigerung im großen Kreislauf. Es ist nämlich, wie die Versuche von FRIEDRICH[5] gezeigt haben, der Druck im großen Kreislauf abhängig vom Druck im Bereich der Art. pulmonalis. Infolge der Verminderung der Druckdifferenz zwischen Bronchialbaum und Pleura sind ferner beim Pneumothorax die Widerstände im

---

1 Deutsches Arch. f. klin. Med. Bd. 58. 2 Chirurgenkongreß 1921. 3 Diskussionsbemerkung, Chirurgenkongreß 1921. 4 Deutsche Zeitschr. f. Chir. Bd. 188. 1924. 5 Arch. f. klin. Chir. Bd. 82.

kleinen Kreislauf erhöht; eine Folge davon ist eine Hypertrophie des rechten Ventrikels, die sich sowohl experimentell (BRUNS[1]) als auch klinisch (HIRSCH[2]) nachweisen läßt. Der Abfluß des Körpervenenblutes in das rechte Herz ist dann gestört, woraus sich die Cyanose bei solchen Patienten erklärt (SAUERBRUCH.) Es kommt noch hinzu, daß durch die Abknickung des Mediastinums die großen Gefäße auch mechanisch beeinträchtigt werden, und daß der Tiefstand des Zwerchfells eine Behinderung im Abfluß der Vena cava inferior zur Folge hat.

Die klinischen Erfahrungen haben übrigens gezeigt, daß diese Zirkulationsstörungen nur bei geschwächtem Herzen gefährliche Grade erreichen. HÄRTEL[3] hat umgekehrt den Körper unter Überdruck, den Kopf unter normalen Druck gebracht und dann den Einfluß auf die Blutverteilung studiert. Es wird bei dieser Versuchsanordnung das Blut in den kleinen Kreislauf gedrängt und der Blutdruck steigt, was sich vielleicht einmal bei Blutungen verwerten ließe. Anatomische Untersuchungen über die Lageveränderung des Herzens und der großen Gefäße bei einseitiger Druckerhöhung im Pleuraraum hat GRÄFF[4] angestellt.

Ist es also die Aufhebung der Druckdifferenz zwischen Bronchialbaum und Lungenoberfläche, die zu den schweren Störungen bei Pneumothorax führt, so kann man durch Wiederherstellung der Druckdifferenz diese Gefahren beseitigen (SAUERBRUCH[5], BRAUER[6]). Man erhöht entweder den Druck im Bronchialbaum (Überdruck), oder man verringert den Druck über der Lungenoberfläche (Unterdruck). Es ist vielfach darüber gestritten worden, ob Über- und Unterdruck physiologisch gleichartig sind (Lit. SAUERBRUCH[7], GARRÈ-QUINCKE[8], TIEGEL[9], SEIDEL[10]). Nach der kritischen Arbeit von BURCKHARDT[11] wird man das für den stationären Zustand der Druckdifferenz unbedingt bejahen müssen. Nur bei der Einleitung des Differenzverfahrens kann man Unterschiede feststellen. Bei Lungenexstirpationen mit Überdruck hat SCHLESINGER[12] mehrere Male Pneumothorax auf der nicht operierten Seite bekommen. Die Ursache ist nicht recht klar, jedoch glaubt SCHLESINGER dies dem Überdruck zur Last legen zu müssen, da SAUERBRUCH und ROBINSON[13] ähnliches beim Unterdruck nicht gesehen haben. ROBINSON beobachtete weiterhin bei Lungenexstirpation unter Überdruck häufig eine Pleuritis, die er darauf zurückführt, daß der geschaffene Hohlraum beim Überdruckverfahren nor-

---

1 Arch. f. klin. Chir. Bd. 111. 2 Deutsches Arch. f. klin. Med. 64 u. 68. 3 Beitr.z. Klinik d. Tuberkulose 12. 4 Mitt. a. d. Grenzgebieten 33. 5 BRUNS' Beiträge Bd. 76 u. 79. 6 Mitteil. a. d. Grenzgebieten Bd. XIII. 7 Ergebn. d. Chir. Bd. 2. 1911. 8 Lungenchirurgie. Fischers Verlag. 2. Aufl. 9 Mitteil. a. d. Grenzgebieten 3. Suppl.-Bd. 10 Grenzgebiete Bd. 17. 11 BRUNS' Beiträge Bd. 110. 1918. 12 Arch. f. klin. Chir. Bd. 95. 13 Deutsche Zeitschrift f. Chir. Bd. 102.

malen Luftdruck hat und sich deshalb die Organe der anderen Seite nicht so rasch herüberschieben, wie dies beim Unterdruckverfahren geschieht.

Wie weit sich eine solche durch den Überdruck oder Unterdruck geblähte Lunge an dem Gasaustausch, also an dem eigentlichen Atmungsgeschäft während der Operation beteiligt, ist noch nicht geklärt (FRIEDRICH l. c.). Atembewegungen führt sie natürlich nicht aus.

Künstlich wird vielfach ein Pneumothorax zur Behandlung der Lungentuberkulose angelegt. Es handelt sich dann um einen geschlossenen Pneumothorax. **Wodurch wirkt der Pneumothorax** und die ihm gleichzusetzende extrapleurale Thorakoplastik **heilend auf die Tuberkulose?** Einmal dadurch, daß er die Kavernen zum Zusammenfallen bringt. Die zusammengefallenen Kavernen, die ja nichts anderes als mit Granulationen ausgefüllte Höhlen sind, können dann besser vernarben. Weiterhin erhofft man durch den Pneumothorax eine funktionelle Ruhigstellung der Lunge zu erreichen und dadurch die Entzündung günstig zu beeinflussen. Das gelingt nun tatsächlich nicht völlig; denn wie wir oben gesehen haben, wird die Lunge als Ganzes durch die Pendelluft und die Schwankungen des Mediastinums ständig hin und her bewegt. Diese Bewegung der Lunge ist noch stärker ausgesprochen bei den extrapleuralen Thoraxplastiken, wenigstens, wenn sie radikal ausgeführt werden. Wir haben dann besonders in der ersten Zeit ähnliche Verhältnisse wie beim offenen Pneumothorax: Pendelluft und Mediastinalflattern sind so stark wirksam, daß die operierte Lunge bei jeder Einatmung vorgewölbt und bei jeder Ausatmung eingezogen wird („paradoxe Atmung" [GROSS[1], SAUERBRUCH[2]]). Nach SUDECK[3] ist diese paradoxe Atmung nicht die Folge des Mediastinalflatterns, sondern ist bedingt durch die Zwerchfellatmung. Bei Senkung des Zwerchfell wird der Thorax nach unten gezogen. Der Pneumothorax und die Thorakoplastik stellen also die Lunge nicht völlig ruhig, immerhin führen sie doch zu einer „funktionellen" Ruhigstellung, da die eigentlichen Atembewegungen geringer werden oder fast ganz aufhören.

Eine praktisch bedeutsame Folge der Thorakoplastik sei hier erwähnt, daß nämlich wegen Durchtrennung des 6.—12. Interkostalnervs die Bauchmuskulatur in ihren Abschnitten gelähmt und dadurch die Exspiration erschwert wird (OEHLECKER[3]).

Es entwickelt sich nun weiterhin beim Pneumothorax und bei der Thorakoplastik eine bindegewebige Induration der Lunge

1 BRUNS' Beiträge Bd. 24. 2 Ergebn. d. inn. Med. Bd. 10. 1913. 3 BRUNS' Beiträge Bd. 25. S. 111. 3 Deutsche Zeitschrift f. Chir. Bd. 157. S. 98.

(Grätz[1], Kistler[2], Muralt[3]), die als ein ganz wesentlicher Heilfaktor anzusehen ist, insofern durch sie die tuberkulösen Herde abgekapselt werden. Was die Ursache für diese Bindegewebsbildung ist, läßt sich nicht ganz sicher sagen. Sauerbruch ist der Ansicht, daß in erster Linie die „funktionelle" Ruhigstellung zu dieser Bindegewebsbildung führt, wie wir das auch von anderen Geweben, z. B. dem Muskel her kennen. Dazu würde passen, daß man auch bei völliger Verlegung eines Bronchus, z. B. durch Unterbindung (Nissen[4]) eine bindegewebige Umwandlung des ausgeschalteten Lungenlappens bekommt. Weiterhin soll die Lymphstauung, die in solchen kollabierten Lungen eintritt, schuld an der Bindegewebsbildung sein. Shingu[5] konnte nachweisen, daß sich der Ruß in dem Bindegewebe und den Lymphdrüsen der kollabierten Lungen ansammelt, während er bei der atmenden Lunge in den Alveolen und Bronchien zu finden ist. Bei pathologisch-anatomischen Untersuchungen wurden die Lymphbahnen erweitert gefunden (Kistler). Auch die Änderungen der Zirkulationsverhältnisse begünstigen die Bindegewebsbildung in der Lunge. Sowohl nach Unterbindung der Lungenarterien (Bruns-Sauerbruch[6], Krampf) als auch nach Unterbindung der Lungenvenen (Tiegel[7], Prisbram[8]) wird Bindegewebswucherung beobachtet. Wie weit hier aber die funktionelle Ausschaltung der Lunge, wie weit die Änderung der Zirkulation als ursächliches Moment in Frage kommt, ist schwer zu sagen. Eine solche Bindegewebswucherung tritt übrigens, wie Bruns[9] experimentell zeigen konnte, nicht nur in einer kranken, sondern auch in einer gesunden Lunge ein, wenn sie durch Pneumothorax zum Kollaps gebracht wurde. Wird die Lungenarterie durch einen Embolus verschlossen, kommt es zu keiner Bindegewebswucherung sondern nur zur Anämie des ausgeschalteten Lungenteils. Es bildet sich ein Kollateralkreislauf vom großen Kreislauf her aus (Krampf[10]).

In welcher Weise kommt nun die durch den Pneumothorax verursachte **Pleurahöhle** — zum Beispiel bei einem **Empyem** nach Rippenresektion — wieder zum **Verschluß**? Der Vorgang ist hier ein etwas anderer als bei der Ausdehnung der fötalen Lunge. Die älteste Anschauung, daß in gleicher Weise wie sonst bei Wunden mit einem Hohlraum die Ausfüllung durch Granulationsgewebe geschähe, wurde

---

1 Beitr. z. Klinik d. Tuberkulose Bd. 14. 1908. 2 Beitr. z. Klinik d. Tuberkulose Bd. 19. 3 Münchener med. Wochenschrift 1909. Nr. 50. 4 Deutsche Zeitschr. f. Chir. 179. 1923. 5 Beitr. z. Klinik d. Tuberkulose Bd. 11. 1908. 6 Mitteilungen a. d. Grenzgebieten Bd. 23. 7 Archiv f. klin. Chir. Bd. 95. 8 Deutsche Zeitschrift f. Chir. 153. 9 Beitr. z. Klinik d. Tuberkulose Bd. 12. 10 Deutsche Zeitschrift f. Chir. 189.

durch ROSER[1] widerlegt, der zeigen konnte, daß die Lunge nach der Empyemoperation sich wieder ausdehnt und die Pleurahöhle ausfüllt. Bei dieser Ausdehnung der Lunge kommt, wie die Untersuchungen von WEISSGERBER[2], BOUVERET[3], SCHEDE[4], REINEBOTH[5], ROSENBACH[6], GERHARDT[7], H. CURSCHMANN[8], JOCHMANN[9], BITTORFF l. c. u. a. gezeigt haben, in erster Linie eine Aufblähung vom Hilus her in Frage. Der Überdruck beim Husten und Pressen ist so beträchtlich, daß hierdurch die elastischen Kräfte der Lunge leicht überwunden werden. Deshalb lassen wir den Patienten nach Rippenresektion möglichst frühzeitig Luftkissen oder dgl. aufblasen (ROSER).

Der durch das Thoraxfenster immer wieder einströmende Luftdruck strebt aber der beschriebenen Aufblähung der Lunge entgegen, während beim geschlossenen Pneumothorax die Luft in der Pleura rasch resorbiert und dadurch die Ausdehnung der Lunge begünstigt wird (HELLIN[10]).

REINEBOTH hat darüber Untersuchungen angestellt, ob vielleicht durch Änderung in der Größe der Thoraxöffnung sich die Aufblähung der Lunge erleichtern ließe. Das ist jedoch nicht der Fall. Hingegen hat die SCHEDEsche und THIERSCHsche Empfehlung, das Einströmen der Luft in die Thoraxwunde durch einen luftdicht abschließenden Verband möglichst zu verhindern oder ein Ventil an den Drainageschlauch anzubringen, eine größere praktische Bedeutung. Nach gleichen Prinzipien arbeitet auch der PERTHESsche Saugapparat.

Außer durch Aufblähung vom Bronchus her wird die Wiederausdehnung der Lunge noch dadurch gefördert, daß Verklebungen zwischen den beiden Pleurablättern auftreten (ROSER u. BOUVERET), wodurch das Zusammenfallen der einmal geblähten Lungenabschnitte verhindert wird. Schließlich verkleinert sich die Höhle noch dadurch, daß das Mediastinum von der anderen Seite her herübergezogen wird, daß das Zwerchfell nach oben steigt und daß die Rippen einsinken, womit eine Verbiegung der Wirbelsäule verbunden ist.

Deshalb bekommen wir eine Skoliose nach Rippenresektion wegen Empyem oder nach Thorakoplastik. In den Tierexperimenten von FRIEDRICH[11] flachten sich bei **vollständiger Entfernung der Lunge** die Rippen vom Angulus her gegen das Sternum hin ab, so daß schon nach einigen Wochen der ganze Hohlraum wieder vollständig ausgefüllt war. Die zweite Lunge vergrößert sich, so daß sie im Tierversuch schließlich fast so groß wird wie vor der

---

1 Berliner klin. Wochenschrift 1878. 2 Ebendort 1879. 3 Zit. nach REINEBOTH. 4 Deutsche med. Wochenschrift 1885. 5 Deutsches Arch. f. klin. Med. Bd. 58. 1897. 6 NOTHNAGELS Handbuch Bd. XIV. 7 Deutsche Chir. 43. 1892. 8 Physik. u. med. Monatshefte 1904. 9 Zeitschrift f. Elektrotherapie 1906. 10 Berl. klin. Wochenschrift 1901. 11 Arch. f. klin. Chir. Bd. 87. Heft 3.

Operation beide zusammen waren (HELLIN[1]) und die übrig bleibende Lunge scheidet genau soviel Kohlensäure aus, wie vorher beide.

Etwas anders verhält sich die Sache bei der **exsudativen Pleuritis,** so große Ähnlichkeiten sie sonst mit dem geschlossenen Pneumothorax hat. Zunächst muß man sich darüber klar werden, daß das Exsudat sich unter ganz eigenartigen physikalischen Verhältnissen befindet.

Das Exsudat steht bei einem pleuritischen Erguß nur dann horizontal, wenn gleichzeitig Luft im Thoraxinnern vorhanden ist; gewöhnlich wird hingegen wegen des ungleichmäßigen negativen Druckes im Brustfellraum (s. oben) das Exsudat auf der seitlichen Brustwand höher hinaufreichen als in der Mitte. Es sammelt sich also nicht einfach entsprechend der Schwere am tiefsten Punkte. Mißt man, wie das GERHARDT[2], WEITZ[3] u. a. getan haben, den Druck bei der Punktion eines pleuritischen Exsudates, so findet man ihn stets negativ, vorausgesetzt, daß man die Höhe des Flüssigkeitsspiegels mit berücksichtigt. Dieser negative Druck ist dadurch erklärlich, daß sich der Thorax bei einem Exsudat kompensatorisch erweitert. Und zwar ist diese Erweiterung keine passive, sondern eine aktive; sie beteiligt nicht nur die kranke, sondern auch die gesunde Seite des Brustkorbes. Versagt nun die Kraft der Inspirationsmuskeln, so kommt es ganz plötzlich zu schweren Kompressionserscheinungen mit Störungen der Zirkulation (GERHARDT l. c.). Letztere sind im großen und ganzen denen bei geschlossenem Pneumothorax gleichartig, wenn auch schwerer, da das Gewicht einer Flüssigkeit größer ist als das der Luft und da Flüssigkeit nicht zusammengedrückt werden kann. Infolgedessen sind die Veränderungen des Mittelfells und des Zwerchfells bei Erguß sehr viel stärker und damit ist auch die Gefahr einer Abknickung der Gefäße eine größere. Besonders gefährlich in dieser Hinsicht sind, wie die anatomischen Untersuchungen von GRÄFF[4] gezeigt haben, die rechtsseitigen Exsudate. Man hat den plötzlichen Tod, den man gar nicht so selten bei großem pleuritischen Exsudat sieht, als Folge einer Abknickung der unteren Hohlvenen gedeutet (TROUSSEAU, EPPINGER[5]). Dieses plötzliche Eintreten des Todes bei pleuritischen Exsudaten ist sehr charakteristisch, und man täuscht sich nur zu leicht in der Beurteilung des Zustandes eines solchen Patienten und soll deshalb nicht allzu lange zögern, ein solches Exsudat zu entleeren.

---

1 Arch. f. exp. Path. u. Pharmakol. 1906. Bd. 55. 2 Deutsches Arch. f. klin. Med. Bd. 92. 3 Arch. f. exp. Path. u. Pharm. Festschrift f. SCHMIEDEBERG. 4 Mitt. aus d. Grenzgeb. Bd. 33. 1921. 5 Allgem. u. spez. Pathol. d. Zwerchfells. Wien 1911.

Auch auf die Lungenoberfläche übt ein Pleuraexsudat trotz der kompensatorischen Erweiterung des Brustraumes eine gewisse Druckwirkung aus. Das beweist das Auftreten umschriebener Lungenatelektasen bei pleuritischem Exsudat. Bei größeren Exsudaten genügt zur Erklärung solcher Atelektase das Gewicht der Flüssigkeitssäule völlig, selbst wenn, wie oben ausgeführt wurde, der Druck am oberen Rande des Exsudates negativ ist. Schwieriger ist die Erklärung der Atelektasen bei kleinen Exsudaten. O. ROSENBACH[1] spricht von einer Änderung des Lungentonus; das würde man wohl so aufzufassen haben, daß die Kapillarwirkung zwischen den beiden Pleurablättern stellenweise aufhört und nun die elastischen Kräfte der Lunge überwiegen.

Die Atmungsänderung bei pleuritischen Exsudaten ist wohl hauptsächlich von der Schmerzhaftigkeit, der oben beschriebenen Inspirationsstellung, besonders auch des Zwerchfells und von der Zirkulationsstörung abhängig; hierüber geben die Arbeiten von SIEBECK[2], BITTORFF und FORSCHBACH[3] Auskunft. Bei abgekapselten Exsudaten können die geschilderten Störungen völlig fehlen (vgl. u. a. CLAIRMONT[4]).

Eine besondere Form der operativen Lungenkompression ist die von STÜRTZ[5], SCHEPELMANN[6] und SAUERBRUCH[7] empfohlene Zwerchfellähmung durch **Phrenikusdurchschneidung.** Es ist allerdings der N. phrenicus nicht der einzige motorische Nerv für das Zwerchfell. Dieses wird vielmehr noch vom Intercostalis XII und von sympathischen Ästen versorgt (s. FELIX[8] HELLIN[9], NEUHOFER[10]), aber den Hauptnerv für das Zwerchfell des Menschen stellt der Phrenikus doch dar, so daß es im allgemeinen bei gründlicher Entfernung des N. phrenicus (EXHEIRESE) zu einem Hochstand des Zwerchfells kommt und zu einer paradoxen Bewegung dieses Muskels, da er bei der Inspiration nicht mehr tief tritt, sondern vielmehr als schlaffes Segel bei jeder Einatmung nach oben gezogen wird. Bei doppelseitiger Zwerchfellähmung kann die Beeinträchtigung der Atmung eine hochgradige werden, so daß schon die geringsten Anstrengungen zu Atemnot führen. Der Tonus des Zwerchfells bleibt nach Phrenikusdurchschneidung erhalten (KROH[11]), wohl deshalb, weil der Zug der Lunge und der Druck der Bauchorgane für sich den Spannungszustand aufrecht zu erhalten

1 NOTHNAGELS Handbuch Bd. XIV. 2 Deutsches Arch. f. klin. Med. Bd. 100. 3 Zeitschrift f. klin. Med. Bd. 70. 4 Arch. f. klin. Chir. 111. 1919. 5 Deutsche med. Wochenschrift 1911/12. 6 Arch. f. klin. Chir. Bd. 100. S. 985. 1913. 7 Münch. med. Wochenschrift 1913. Nr. 12. 8 Deutsche Zeitschr. f. Chir. 171. 1922. 9 Deutsche med. Wochenschrift 1912 u. Münch. med. Wochenschrift 1913. 10 Mitt. aus d. Grenzgeb. 35. 11 Münch. med. Wochenschr. 1922. S. 807.

vermögen (Felix[1]). Wir können also durch Phrenikusdurchschneidung den Brustkorb etwas einengen. An einer normalen Lunge läßt sich nach Phrenikusdurchschneidung keine Veränderung feststellen, die als Kompression zu deuten wäre (Schepelmann). Die praktische Brauchbarkeit der Methode soll aber hier nicht besprochen werden. Anhangsweise sei bemerkt, daß die sogenannte Relaxatio diaphragmatica, die man nach Verletzungen gelegentlich beobachtet, wohl auf einer Phrenikuslähmung beruht (Boros[2]).

Gleichfalls auf eine pathologische Stellung und Funktion des Zwerchfells ist die Form der Dyspnoe zurückzuführen, die wir bei Aszites, großen Ovarialtumoren, auch bei Gravidität usw. sehen. Auch hier ist das Zwerchfell nach oben gedrängt und in seiner Bewegung gehemmt, wozu gelegentlich noch kommen kann, daß die Rippen durch die Auftreibung des Bauches gehoben, also in Inspirationsstellung gebracht worden sind.

In mancher Beziehung im Gegensatz zu diesen die Lungen komprimierenden Prozessen steht ein Zustand, bei dem Brustkorb und Lunge erweitert ist, die man unter dem Namen des **Emphysems** zusammenfaßt. Es mag zunächst offen bleiben, ob das, was wir jetzt mit dem Namen „chronisch substantielles Lungenemphysem" zusammenfassen, ein in seiner Ätiologie umschriebenes Krankheitsbild ist. In ausgesprochenen Fällen, in denen die Sektion Erweiterung der Alveolen bei gleichzeitiger Atrophie des zwischen den Alveolen gelegenen Gewebes ergibt, finden wir im Leben Atemnot, die ihre Ursache in der verringerten Vitalkapazität der Lungen hat (vgl. Siebeck). Der Thorax steht gewissermaßen dauernd in Inspirationsstellung und ist in seinen Bewegungen nach beiden Richtungen hinbeschränkt. Auch das Zwerchfell wird als Folge der Erweiterung des Thorax abgeflacht (Hofbauer[3]). Dazu kommen noch Bronchialkatarrhe, die es uns im gegebenen Falle sehr erschweren, richtig zu beurteilen, wieviel an der Atemnot das Emphysem, wievie die Bronchitis schuld ist.

Die Hypertrophie des rechten Herzens, die wir bei ausgesprochenen Emphysemen regelmäßig finden, ist man meist ohne weiteres geneigt, als einen Ausdruck für den vermehrten Widerstand im kleinen Kreislauf anzusprechen, bedingt durch Verkleinerung der Blutbahn bei der starken Inspirationsstellung (s. oben).

Weiterhin hat das häufige Husten dieser Patienten, wie jedes Husten eine Drucksteigerung im kleinen Kreislauf zur Folge. Beim Husten wird, bis zu dem Augenblick, wo sich die Glottis öffnet, die Luft in den Bronchien stark zusammengedrückt; denn der Thorax ist beim Husten bemüht, in Exspirations-

1 Zeitschr. f. d. ges. exp. Med. Bd. 33. 1923. 2 Mitt. aus d. Grenzgeb. 36. 1923. 3 Erg. d. inn. Med. Bd. 4. 1909.

stellung zu gelangen. So kommt es zu einer starken Kompression der Gefäße innerhalb der Lungen, die GERHARDT[1] manometrisch sogar am Sinken des Carotisdruckes hat nachweisen können, und die man röntgenologisch daraus erschließen kann, daß das Herz beim VALSALVAschen Preßversuch kleiner wird, was darauf hinweist, daß es weniger Blut aus der Lunge bekommt. Es kommt noch hinzu, daß bei der durch das Emphysem bedingten Druckatrophie des Lungengewebes zahlreiche Lungenkapillaren zugrunde gehen. Weiterhin fehlt beim Emphysem die normale Pumpwirkung für das Blut durch die Atemexkursionen. Hierauf ist wohl im wesentlichen die Venenstauung bei Emphysematikern zurückzuführen, wozu für die unteren Extremitäten noch kommt, daß der Tiefstand des Zwerchfells eine Kompression der Vena cava inferior (EPPINGER und HOFBAUER[2]) bedingt. Abweichungen im einzelnen kommen bei den verschiedenen Fällen dieser häufigen Erkrankung vielfach vor, und wenn man den Typus eines Emphysematikers, mit dem faßförmigen Thorax, dem kurzen Hals mit den gestauten Venen, der erschwerten Atmung bei jeder Körperanstrengung, der Cyanose im Gesicht und Hals auch zeichnen kann, so findet man dazwischen vielfach Patienten mit Lungenerweiterung, die diesem Typus nicht angehören.

Zwei Dinge nämlich, die Erweiterung der Lungen und die mangelhafte Exkursion des Thorax beobachtet man so regelmäßig beim Emphysem, daß es sehr nahe liegt, in einem dieser beiden Veränderungen die primäre Schädigung zu erblicken, zumal man sich sehr wohl vorstellen kann, daß eine Erweiterung der Lunge sekundär den Thorax in die Inspirationsstellung bringt, und umgekehrt die Inspirationsstellung des Thorax sekundär die Lungen erweitert. W. A. FREUND[3] hat durch anatomische Untersuchungen festgestellt, daß bei Emphysem die Rippenknorpel eine „gelbe Entartung" zeigen können, bei der sie an Länge zunehmen, dabei gleichzeitig an Elastizität einbüßen. Es treten in den Knorpeln Verkalkungen auf. Diese Verlängerung der Rippen, die nach den Messungen von FREUND 1,2 cm beträgt, hebt den Brustkorb und drängt die Rippen in Inspirationsstellung. Das wären also Fälle, wo primäre Veränderungen an der Brustwand sekundär eine Erweiterung der Lungen zur Folge haben. Punktion der Rippen, Palpation und Röntgenaufnahme haben gezeigt, daß diese Knorpelveränderungen nicht allzu selten vorkommen, so daß es wohl gerechtfertigt ist, hier ein besonderes Krankheitsbild abzugrenzen.

Die Befunde von W. A. FREUND sind übrigens durch v. HANSEMANN[4] bestätigt worden, werden allerdings von SUMITA[5] bestritten. Wenn man trotz dieser Befunde an den Rippenknorpeln noch immer Bedenken haben kann, ob in ihnen tatsächlich die primäre Veränderung zu erblicken ist, so

---

1 Zeitschrift f. klin. Med. Bd. 55. 2 Zeitschrift f. klin. Med. Bd. 72. S. 154. 3 Beitr. z. Histologie d. Rippenknorpel usw. Berlin 1898 u. Der Zusammenhang gewisser Lungenkrankheiten mit primären Rippenknorpelanomalien. Erlangen 1859. Arch. f. klin. Chir. Bd. 92, Chirurgenkongreß 1910. 4 Arch. f. klin. Chir. Bd. 92. 5 Deutsche Zeitschrift f. Chir. Bd. 113.

zeigen die operativen Erfolge, die nach dem übereinstimmenden Urteil aller Autoren (GARRÈ l. c., SEIDEL[1], VAN DER VELDEN, FRIEDRICH[2], HOFMANN[3]) sofort nach der Operation eintreten, daß durch die Starre des Thorax das Leiden zum mindesten sehr stark verschlimmert wird. Von anderen Veränderungen an der Brustwand, die zu einer Starre in Inspirationsstellung führen, sind die arthritischen Veränderungen in den kostovertebralen Gelenken (v. SALIS[4]) und die von LOESCHKE[5] beschriebene Kyphosenbildung bei seniler Spondylarthritis zu nennen. Es stehen dabei die oberhalb des Buckels gelegenen Rippen in Inspirationsstellung, die unterhalb gelegenen in Exspirationsstellung. Ähnliche Rippenstellung findet man auch bei tuberkulöser Spondylitis. WILMS[6] (SCHENKER) schließlich vertritt den Standpunkt, daß diese Inspirationsstellung beim Emphysem durch Spasmus der Atemmuskulatur bedingt sei, indem hier ein erhöhter Nerventonus vorliegt und er glaubt diese Ansicht durch den Nachweis einer Hypertrophie der Atemmuskeln erbringen zu können.

Die zweite Gruppe von Autoren nimmt an, daß das Primäre beim Emphysem die Blähung der Lungen ist. Die Erweiterung des Thorax wäre dann erst etwas Sekundäres Diese sekundäre Folge ist natürlich nicht so zu verstehen, daß ein „mechanischer Druck“ von der Lunge auf den Brustkorb ausgeübt wird; dazu reicht die Kraft der Lunge nicht aus, wenn auch die Lunge, wie oben ausgeführt wurde, die Brustwand bis zu einem gewissen Grade stützt (BECHER[7]).

Es kann die primäre Erweiterung der Lungen entweder „dynamische“ Ursachen, wie man das nennt, haben, d. h. die Lunge geht ihrer Elastizität verloren (VIRCHOW), oder „mechanische“ Störungen wie chronische Bronchitis mit Husten oder Asthma führen zu einer Lungenblähung (F. A. HOFMANN[8]). Für beide Möglichkeiten lassen sich reichliche Belege erbringen und es wird in der Mehrzahl der Fälle nicht möglich sein, sich auf einen bestimmten Standpunkt festzulegen. Das Emphysem jugendlicher Individuen bringen EPPINGER und HESS[9] in Zusammenhang mit der Vagotonie. Sie nehmen an, daß ein erhöhter Tonus der Bronchialmuskulatur bei solchen Patienten vorhanden ist, der die Exspiration erschwert. Über die Bronchialmuskulatur selbst siehe LOHMANN und MÜLLER[10].

Es würde zu weit führen, hier auf Einzelfälle einzugehen, die, wie das vikariierende Emphysem beim Ausfall größerer Lungenabschnitte, oder wie das Emphysem bei großen Anstrengungen (z. B. ungewohntes Bergsteigen usw.) für den Chirurgen weniger praktisches Interesse haben. Hervorgehoben müssen jedoch die Emphyseme werden, die als Folge von Verengungen der Atmungswege aufzufassen sind. Nach Kröpfen, Mediastinaltumoren, aber auch Ver-

---

1 BRUNS' Beiträge 58. 1908. 2 39. Chirurgenkongreß. 3 Zentralbl. f. Chir. 1909. 4 Frankf. Zeitschrift f. Pathol. Bd. 4. 1910. 5 Deutsche med. Wochenschrift 1911. 6 Zit. nach GARRÈ-QUINCKE (l. c.). 7 Mitt. a. d. Grenzgeb. 33. 8 Emphysem u. Atelektase in NOTHNAGELS Handbuch Bd. 14. 9 Die Vagotonie, v. NOORDENS Samml. klin. Abh. 1910. 10 itzungsber. d. Ges. z. Bef. d. ges. Naturwissensch. z. Marburg 1912.

engungen der Nase kann Emphysem eintreten. Experimentell hat CERVELLO[1] bei Hunden, denen er die Nasenöffnung völlig verschloß, Lungenblähung gesehen, KUHN[2] fand bei einem Hund, den er mit seiner Saugmaske längere Zeit hatte atmen lassen, gleichfalls Emphysem, ebenso wie SUDSUCKI, der die Luftröhre von Kaninchen operativ verengerte. Ähnliche Tierversuche stellten auch HIRTZ[3], KÖHLER[4] und SCHALL[5] an. Die Ursache dieser Lungenblähung bei Verengerung der zuführenden Luftwege ist darin zu suchen, daß dabei die Einatmung mehr vertieft wird, als die Ausatmung, es besteht inspiratorische Dyspnoe; es ist also die Mittelkapazität erhöht, und zwar gilt das sowohl für die akute Stenose (z. B. finden wir Randemphysem beim Ertrunkenen oder an Blutaspiration Erstickten), als auch für die chronische Verengung (s. auch weiter hinten). Es gibt Fälle (z. B. subglottische Tumoren), bei denen die Einatmung völlig frei und nur die Ausatmung erschwert ist. Man spricht dann wohl auch von einer Ventilatmung (PFANNER[6]). Wie PFANNER im Tierversuch nachweisen konnte, entwickelt sich dabei rasch ein sehr schweres Emphysem, an dem die Tiere in kurzer Zeit zugrunde gehen. Dabei hat die normale Lunge ein großes Anpassungsvermögen an zeitweiliges Atmen gegen Widerstand. So konnten PRETTIN und LEIBKIND[7] bei der Untersuchung einer größeren Anzahl Glasbläser nur in einem sehr geringen Prozentsatz der Fälle ein Emphysem nachweisen, und ebenso fand FISCHER[8] bei der Untersuchung von etwa 500 Militärmusikern nur wenige Fälle von Emphysem. Anders liegt wohl die Sache bei der chronischen Bronchitis. Einmal handelt es sich hier um eine kranke Lunge, die mit der gesunden Lunge des Bläsers nicht verglichen werden darf, und dann wirkt ein Hustenstoß rein mechanisch doch ganz anders auf die Lungen ein als das Blasen. Davon kann man sich ja sehr leicht bei sich selbst überzeugen. Man wird also zunächst ruhig daran festhalten dürfen, daß die chronische Bronchitis eine der wichtigsten Ursachen des Lungenemphysem ist. Ist dieses einmal erst entstanden, so kommen noch andere mechanische Schädigungen hinzu. So weist RIBBERT[9] darauf hin, daß die Erweiterung der kleinen Bronchien selbst ein rein mechanisches Hindernis für die Entleerung der Luft ist, insofern dadurch die größeren Bronchien zusammengedrückt werden.

Die Veränderungen der Atmung durch **chronische Verengerungen im Bereich der Atmungswege,** also z. B. bei Struma oder dgl., sind zu-

---

1 Zit. nach HOFFMANN l. c. S. 17. 2 Zit. nach STÄHELIN l. c. 3 These de Paris 1878. 4 Arch. f. exp. Pathol. u. Pharm. Bd. 7. 5 Beitr. z. Klinik d. Tuberkulose Bd. XIV. 6 Med. Klinik 1920. Nr. 48. 7 Münch. med. Wochenschrift 1904. 8 Münch. med. Wochenschrift 1902. 9 VIRCH. Arch. Bd. 221. 1916.

erst von KÖHLER, später von MORAWITZ und SIEBECK[1] untersucht worden. Normalerweise wird die Einatmung durch die Verengerung am Naseneingang und durch die Glottis beschränkt (MINK[2]), so daß also ein gewisser Grad von mechanisch erschwerter Einatmung als normal zu bezeichnen ist. Für den Chirurgen folgt aus dieser Beobachtung, daß wir bei Tracheotomien lieber eine enge als eine weite Kanüle benutzen sollen. Wird das Hindernis stärker, so vertieft sich zunächst die Einatmung, so daß trotz der Stenose kein Sauerstoffmangel auftritt, sondern die Kohlensäurespannung in der Alveolarluft bei Verengerung der Luftwege normal bleibt; auch das Carotisblut wird nicht kohlensäurereicher. Da, wie oben gesagt wurde, die Ausatmung nicht entsprechend ausgiebig ist, so muß die Mittelkapazität der Lungen bei Verengerung der Atmungswege erhöht sein, was eben die Neigung zu Lungenemphysem schafft. Nur für stärkere Muskelanstrengung reicht häufig dieser in der Vertiefung der Einatmung bestehende Ausgleich nicht aus, und so klagen denn auch unsere Strumapatienten oft nur über Atemnot bei der Arbeit. Weiterhin sind derartige Patienten sehr gefährdet, wenn durch eine Pneumonie die Atmungsfläche verkleinert wird; auch dann reicht der Ausgleich nicht aus. Bei hochgradigen Stenosen genügt der Ausgleich auch für die Ruhe nicht, und der Patient geht schließlich, wenn nicht vorher schon das geschädigte Herz versagt, an Erstickung zugrunde. Bei Strumen ist diese erschwerte Atmung durch Druck und Erweichung der Luftröhre erklärt. Diese Erweichung der Luftröhre gleicht sich meist nach der Entfernung der Schilddrüse wieder aus, aber nicht immer (W. DENK[3]). Warum die Wiederherstellung der Form und die Verfestigung der Luftröhre in einzelnen Fällen ausbleibt, ist nicht klar.

Bei der akuten **Erstickung** wirkt zuerst die Kohlensäureanhäufung; sie narkotisiert den Patienten nach einem vorhergegangenen Erregungsstadium; dann treten die Folgen des Sauerstoffmangels zutage, mit Krämpfen, Pupillenerweiterung, Atmungsstillstand. Erst wesentlich später bleibt das Herz stehen. So lange dieses aber schlägt, bleibt der Zustand ein heilbarer, und man darf deshalb bei solchem Atemstillstand mit der künstlichen Atmung nicht aufhören, so lange das Herz noch schlägt. Der Brustkorb steht bei Erstickung in tiefer Inspirationsstellung und der Patient wird diese Einatmung noch immer mehr zu vertiefen suchen; die Luftverdünnung in der Pleurahöhle wird also ständig

---

1 Deutsches Arch. f. klin. Med. Bd. 97. 2 Die Physiologie d. oberen Luftwege. Leipzig 1920. Arch. f. klin. Chir. Bd. 123. 3 Arch. f. klin. Chir. 116. 1921.

größer, und man sieht als Folge davon, wie sich die Hautbedeckung in den Flanken bei jeder Einatmung einzieht.

Erschwerte Atmung führt zur Zyanose. Die dunkle Verfärbung des Blutes ist eine Folge der Sauerstoffverminderung, nicht der Kohlensäureanhäufung. Der Sauerstoffgehalt des Carotisblutes sinkt z. B. bei der Morphiumvergiftung bis auf die Hälfte des Normalen (EWALD, KOBERT und FILEHNE[1]). Für den Chirurgen hat das plötzliche Dunkelwerden des Blutes in der Narkose, das nicht nur bei behinderter Atmung eintritt, eine besondere, bedrohliche Bedeutung. Wir betrachten es als ein Zeichen, daß die Narkose zu tief ist. Wie ELLINGER und ROST[2] nachweisen konnten, beruht es auf einer Umwandlung des Oxyämoglobin des arteriellen Blutes in Methämoglobin durch die Äther- und Chloroformnarkose.

Bei den **Trommelschlägelfingern**, einer häufigen Folge von Erkrankungen der Atmungswege, die mit chronischen Stauungszuständen einhergehen (Bronchiektasien, chronische Empyeme usw.) ist es fraglich, ob es sich um Stauung oder um eine irgendwie geartete spezifische Nervenveränderung handelt. Gewisse Ähnlichkeiten mit Akromegalie bestehen ja; jedoch ist bei Trommelschlägelfingern durchaus nicht immer eine Hypophysenveränderung vorhanden. Die Mitteilung von KLAUSER[3], der eine veraltete Schulterluxation beobachtet hat, mit ausgesprochenen Trommelschlägelfingern, ohne daß irgendwelche Stauung an dem Arm vorhanden gewesen wäre, während eine Lähmung der Hand bestand, zeigt, daß auch periphere Schädigungen der Nerven zu diesen merkwürdigen Veränderungen führen können.

Wir haben oben die Blutverteilung und ihre Änderung bei der Atmung, sowie beim operativen Pneumothorax besprochen. Einen solchen nicht zu unterschätzenden Einfluß auf die Blutverteilung haben auch Änderungen der Körperstellung, z. B. die **Beckenhochlagerung,** wie wir sie für Operationen benötigen. Es lastet bei einer solchen Beckenhochlagerung eine sehr viel größere Blutsäule auf dem Herzen, und es kommt, wie TRENDELENBURG[4] u. a. durch Röntgenaufnahme nachweisen konnten, leicht zu akuter Erweiterung des Herzens. Man darf deshalb und auch wegen der Änderung in der Gehirnzirkulation, wenn irgend angängig, diese Lage nicht allzulange beibehalten.

Noch einer ganz schweren akuten Änderung der Blutverteilung

---

1 Zit. nach MAGNUS, Pharmakologie der Atmung in Erg. d. Physiologie I. 2. S. 426. 2 Münch. med. Wochenschr. 1922. u. Archiv f. exp. Pathol. u. Pharmakol. Bd. 95. 3 Münch. med. Wochenschr. 1912. S. 929. 4 Prakt. Ergebnisse d. Geburtshilfe u. Gynäkol. 1913.

bei einem operativen Eingriff ist hier zu gedenken, das ist, der Beeinflussung der Zirkulation durch zeitweilige **Kompression der Aorta** und Art. pulmonalis, wie sie bei der Ausführung der von TRENDELENBURG[1] angegebenen Operation zur Entfernung eines Lungenembolus nötig ist. LÄWEN und SIEVERS[2] haben entsprechende Versuche an Tieren mit genauer Aufzeichnung von Herztätigkeit, Blutdruck und Puls angestellt und die Veränderungen beschrieben; sie fanden, daß das Herz eine Verlegung der Aorta und der Lungenarterien über 6 Minuten hin aushält und sich gleichwohl wieder erholt. Die Kompression der oberen Hohlvene war in den Tierversuchen sehr viel gefährlicher; sie wurde nur über 3 Minuten hin ausgehalten, dann traten Gehirnerscheinungen auf. Wesentlich günstiger für das Herz liegen die Verhältnisse bei der Kompression der Bauchaorta, wie wir sie bei der MOMBURGschen Abschnürung nötig haben.

Von den **Embolien,** d. h. der Verschleppung von Blutgerinnseln oder blutfremden Materials auf dem Blutwege nach den verschiedensten Organen des Körpers stehen die Lungenembolien mit ihren oft tödlichen Folgen so im Vordergrund des chirurgischen Interesses, daß die Emboliefrage als Ganzes am besten hier erörtert wird. Nach SCHUHMACHER und JEHN[3] unterscheidet man bei der Lungenembolie drei Todesarten: Erstickung, Herzinsuffizienz und Schock. Im Tierversuch gelingt es nicht, durch Embolie den plötzlich zum Tode führenden Schock hervorzurufen.

Von der Art des verschleppten Materials, sei es Fett, Luft oder Blutgerinnsel, sind die pathologisch-physiologischen Folgen weitgehend abhängig.

Die Verschleppung von Blutgerinnseln hat zur Voraussetzung, daß irgendwo im Körper Thromben vorhanden sind. Diese Erkenntnis verdanken wir VIRCHOWS[4] Erstlingsarbeit und sie ist seit dieser Zeit unerschüttert geblieben. Prozentual am häufigsten stammen die in die Lungen verschleppten Thromben aus den Venen des Beines; ihre Entstehungsursache und die hierzu vorliegenden Experimente werden wir später zu besprechen haben. Warum sich ein solcher Thrombus, der ja sehr häufig ohne Embolie vorkommt, auf einmal löst, wissen wir nicht; ein Darniederliegen der Herzkraft, die für den weiteren Verlauf einer Embolie von größter Bedeutung ist, kommt als Ursache für die Lösung eines solchen Gerinnsels wohl nicht in Frage auch von fermentativen

1 Arch. f. klin. Chir. 1908. Deutsche med. Wochenschrift 1908 u. Arch. f. klin. Chir. 1908. 2 Deutsche Zeitschrift f. Chir. Bd. 94. Deutsche Zeitschrift f. Chir. Bd. 93. 3 Zeitschrift f. d. ges. exp. Med. Bd. 3. S. 340. 1914. 4 FRORIEPS Notizen 1846.

Prozessen, die mit einiger Regelmäßigkeit die Lockerung eines Thrombus besorgen, ist nichts bekannt. Von Verletzungen her wissen wir, daß sich Thromben zwischen dem 10. und 15. Tage lockern.

Ein solcher aus einem Blutgerinnsel bestehender Embolus gelangt nun durch das rechte Herz auf dem Wege der Art. pulmonalis in die Lunge; ist er klein, so setzt er hier einen atelektatischen Herd, der sich sekundär entzünden kann; ist er groß, so kommt es rasch, entsprechend den oben angeführten Experimenten von LÄWEN und SIEVERS[1] mit Kompression der Art. pulmonalis zu einem Versagen der Herztätigkeit und Erstickung. Die interessanten pathologisch-anatomischen Einzelheiten eines solchen Lungeninfarktes brauchen hier nicht ausführlicher beschrieben zu werden, da sie kein chirurgisches Interesse haben, nur so viel sei gesagt, daß die Angabe von KRETZ, wonach bestimmte Beziehungen zwischen dem Sitz eines Embolus in der Lunge und dem Orte seiner Herkunft bestünden, sich bei Nachprüfung nicht bestätigt haben (RUPP[2]).

Eine andere, für das Verständnis der Embolie wesentliche Frage, die man an der Hand dieser embolischen Verschleppung von Blutgerinnseln eingehend auch experimentell studiert hat, ist der retrograde Transport fester Partikel durch die Blutbahn (v. RECKLINGHAUSEN[3]). Ein solcher Rückstrom tritt ein, wenn zwei Ströme von ungleicher Größe zusammenstoßen. „Die Stromkraft des einen der Ströme braucht nur vorübergehend so stark zu werden, daß sie ausreicht, um den gemeinsamen Stamm zu füllen, so wird sofort eine rückläufige Bewegung in dem anderen schwächer fließenden Strom zustande kommen" (BENEKE[4]). Solche Druckschwankungen in den Venen hängen enge zusammen mit der Atmung und besonders mit plötzlichen Änderungen des intrathorakalen Druckes, wie er bei Husten (HELLER[5]), Erstickung oder dgl. eintritt.

So beschreibt ERNST[6] eine retrograde Embolie, die vielleicht bei künstlicher Atmung entstanden war und verweist auf ähnliche Möglichkeiten bei der Chloroformnarkose. Experimentell haben MAGENDIE, FRERICHS[7], HELLER l. c., ARNOLD[8], RIBBERT[9], RISEL[10] u. a. diese retrograde Embolie studiert und dabei gefunden, daß Fremdkörper von geringem spezifischem Gewicht oft weit in die Extremitätenvenen hineingetrieben werden. Nach RIBBERTS schönen vitalen

1 Deutsche Zeitschrift f. Chir. Bd. 94. 2 Arch. f. klin. Chir. 115. 1921. 3 VIRCH. Arch. Bd. 100. 4 MARCHAND-KREHL, Handbuch d. allg. Pathol. Bd. II. 2. 5 Deutsches Arch. f. klin. Med. Bd. VII. 6 VIRCH. Arch. Bd. 151. 7 Klinik d. Leberkrankheiten 1858. Bd. II. 8 VIRCH. Arch. Bd. 124. 9 Zentralblatt f. Pathol. 1897. 10 VIRCH. Arch. Bd. 182.

Beobachtungen und Modellversuchen (BOUMA[1]) werden diese Fremdkörper hauptsächlich im Randstrom der Venen weiter befördert. Bei der rückwärtigen Verschleppung großer Embolien wird man aber mit ERNST nicht diese allmähliche Rückwärtsbeförderung, sondern eine plötzlich einsetzende, starke, rückwärts wirkende Kraft annehmen müssen.

Bei offenem Foramen ovale können Thromben vom rechten nach dem linken Herzen und von da in den arteriellen Kreislauf gelangen, wo sie dann zu embolischen Verschlüssen der Gefäße, vor allem im Gehirn, die Veranlassung sind (paradoxe Embolie). Es ist aber experimentell durch TEUTSCHLÄNDER[2] ganz sichergestellt, daß die alte von O. WEBER[3] verteidigte Ansicht richtig ist, daß sehr kleine Gerinnsel den Lungenkreislauf zu durchsetzen vermögen. TEUTSCHLÄNDER konnte Tuschepartikelchen, die er einem Tier in die Beinvenen gespritzt hatte, in den Gehirnarterien nachweisen. Deswegen beobachtet man gelegentlich bei eitriger Thrombose einer Extremität, Paresen im Fazialisgebiet oder in den Gliedmaßen, die nur zerebral bedingt sein können auch ohne offenes Foramen ovale (ROST[4]). Es sind aber immer nur sehr kleine Partikelchen, wie Tuschekörner oder einzelne Bakterien, die den Lungenkreislauf passieren. Werden größere Embolien im großen Kreislauf gefunden, so haben diese entweder ein offenes Foramen ovale oder eine Endokarditis bzw. Arteriosklerose mit dort sitzenden wandständigen Thromben zur Voraussetzung. Solche im großen Kreislauf zirkulierenden Gerinnsel können natürlich in jedes Organ gelangen und zu Infarkten Veranlassung geben. Den Chirurgen interessiert aber von all diesen arteriellen Embolien vorläufig eigentlich nur die Embolie der Extremitäten, da es wiederholt gelungen ist, durch operative Entfernung des embolischen Pfropfes die sonst durch Gangrän (s. später) verlorene Gliedmaße zu retten (MATTI[5] u. a.). Bei der Embolie von Blutgerinseln haben wir im Anfang einen heftigen Schmerz, der nach ODERMATT[6] wohl als Druck des Embolus auf die Nerven der Adventitia aufgefaßt werden muß.

Die **Fettembolie**[7] ist die zweifellos häufigste Form der Em-

1 VIRCH. Arch. Bd. 151. 2 Naturhist. med. Verein Heidelberg 1916. 3 PITHA BILLROTH, Handbuch d. allg. Chir. Bd. I. S. 87. 4 Naturhist. med. Verein. Heidelberg 1916. 5 Korrespondenzblatt f. Schweizer Ärzte 1913. 6 BRUNS' Beiträge Bd. 127. 7 Lit.: BUSCH, VIRCH. Arch. Bd. 35. RIEDEL, Deutsche Zeitschrift f. Chir. Bd. 8. VIRCHOW in VIRCH. Arch. Bd. 5. FROMBERG, Grenzgebiete 26. FRITSCHE, Deutsche Zeitschrift f. Chir. Bd. 107. GRÖNDAHL, Deutsche Zeitschrift f. Chir. Bd. 111. BUSSE, Korrespondenzblatt f. Schweizer Ärzte 1913. REINER, Münchener med. Wochenschrift 1907/I. RIBBERT, Deutsche med. Wochenschrift 1900. BENEKE, ZIEGLERS Beitr. XXII. WERZEJEWSKI auf d. X. Kongreß d. Deutsch. Ges. f. Orthopädie (hier Diskussion). LANDOIS, Erg. d. Chir. Bd. 16.

bolie. Seitdem ZENKER den ersten Fall beschrieben hat, ist das ja auch experimentell außerordentlich dankbare Thema nach allen Richtungen hin besonders von chirurgischer Seite her durchforscht worden. Danach kommt das Fett hauptsächlich aus dem Fettmark der Knochen in die Venen, wenn es durch irgend eine Verletzung mobilisiert worden ist und es wird mit dem venösen Blute nach dem Herzen und von da nach den Lungen befördert. Die Verletzung kann recht geringfügig sein; so genügt z. B. nach RIBBERT schon ein Beklopfen der Tibia mit dem Hammer und FRITSCHE konnte auch in der Lunge völlig gesunder Kaninchen embolisch verschlepptes Fett nachweisen; wahrscheinlich hatte hier schon die Erschütterung des Knochens beim Herumjagen und gelegentlichen Anstoßen im Käfig genügt. Auf ein gleichartiges geringfügiges Trauma sind die Fettembolien bei Eklampsie (VIRCHOW, SCHMORL[1]) zu beziehen. Solche Embolien kleiner Mengen Fett sind klinisch völlig bedeutungslos. Anders die Embolien größerer Fettmengen. Solche treten mit Vorliebe bei Knochenbrüchen älterer Leute auf, und zwar besonders dann, wenn durch den Unfall eine stärkere Erschütterung des Körpers stattgefunden hatte, also z. B. bei Fall aus großer Höhe. Daß alte Leute besonders zu Fettembolien neigen, hängt damit zusammen, daß ihr Knochenmark Fettmark ist, und daß das Fett im Alter Oleinsäurereicher, also flüssiger wird.

Das Fett gelangt erstens direkt in die Venen des Knochenmarks und von dort in den kleinen Kreislauf; es erfolgt aber zweitens auch eine Aufnahme auf dem Lymphwege, wobei dann das Fett durch den Ductus thoracicus hindurch in die Blutbahn gelangt. Nach den Versuchen von FRITSCHE, der bei Kaninchen die Beine brach, nachdem er vorher sämtliche Venen der betreffenden Gliedmaße unterbunden hatte, scheint bei den schweren „blutigen“ Frakturen die Aufnahme des Fettes auf dem Blutwege zu erfolgen, während bei den leichteren Frakturen der Lymphweg bevorzugt wird. Die Verschleppung des Fettes auf dem Blutwege kann man sich nach REINER[2] sichtbar machen, wenn man nach orthopädischen Operationen in ESMARCHscher Blutleere vor der Entfernung des Schlauches eine Kanüle in die Vena saphena bindet. Man sieht dann, daß das Blut mit Fettropfen vermischt ist, eine Angabe, die übrigens LEXER nicht bestätigen konnte. Wir haben wiederholt bei frischen, schweren Verletzungen Fett im Venenblut der betroffenen Gliedmaße gefunden. Fettembolien auf dem Lymphwege bekam RIEDEL durch Einspritzung von Öl in die Bauchhöhle.

1 Über Puerperaleklampsie. Leipzig 1893. 2 X. Orthopädenkongreß.

Gegenüber der Verschleppung von Fett aus dem Knochenmark bei Verletzungen des Knochens treten embolische Ausschwemmungen aus anderen Organen, z. B. aus dem Unterhautzellgewebe, an Bedeutung stark zurück (GRÖNDAHL), wenn auch bei dem ersten Falle von Fettembolie, der beschrieben worden ist (ZENKER), das Fett aus der Leber stammte. Abgesehen von einer Verschleppung des Fettes bei Trauma kommt eine solche auch bei entzündlichen Prozessen in fetthaltigen Organen, besonders bei der Osteomyelitis, vor, während Verbrennungen, Vergiftungen, allgemeine Stoffwechselstörungen eine sehr geringe Rolle spielen. Man nimmt an, daß die Aufnahme des Fettes bei Osteomyelitis durch die bei der Entzündung stattfindende Verflüssigung des Fettes begünstigt wird.

Im weiteren klinischen Bilde ist die Fettembolie in den kleinen Kreislauf von der in den großen zu scheiden (PAYR[1]). Da ja das Fett, wie gesagt, meist zunächst durch die Venen in das rechte Herz gelangt, erhebt sich die Frage, wie es von da überhaupt in den großen Kreislauf kommt. Ein offenes Foramen ovale ist nicht immer vorhanden; das Fett muß also das Lungenfilter passieren (FROMBERG[2], BUSSE[3] u. a.). Daß hieran die besonders angestrengte Atmung schuld ist, die eintritt, wenn das Fett zunächst die Art. pulmonalis verstopft, ist möglich. Jedenfalls geht, worauf schon VIRCHOW hinwies, der Übertritt von Fett aus dem kleinen in den großen Kreislauf nicht glatt vonstatten; es ist immer eine Pause vorhanden zwischen der Fettembolie in die Lunge und der Fettembolie in das Gehirn.

GRÖHNDAHL folgert aus einem Versuch bei einem Kaninchen, dem er Öl einspritzte, dann die eine Niere exstirpierte, dann einen Pneumothorax anlegte und schließlich auch die zweite Niere entfernte, wobei er fand, daß die zweite Niere sehr viel mehr Fett enthielt als die erste, daß für den Fettdurchtritt die Breite des Lungenstromgebietes eine Rolle spiele; doch lassen die Versuche auch eine andere Deutung zu. Die Weite der Lungengefäße kommt nach dem gleichen Autor für den Übertritt des Fettes aus dem kleinen in den großen Kreislauf nicht in Frage; hingegen darf man wohl annehmen, daß die Menge des im Blute kreisenden Fettes nicht gleichgültig ist.

Die große Mehrzahl der auf dem Sektionstisch nachweisbaren Fettembolien in den Lungen verläuft klinisch symptomlos; erst, wenn eine größere Anzahl der Lungenkapillaren verlegt ist, treten Atemstörungen auf. Ist der Blutdruck gesenkt, wie im Kollaps nach Verletzungen, so soll man nach GOLD und LÖFFLER[4] eine sehr viel geringere Menge Fett zum Tode des Versuchstieres gebrauchen, da der Körper die Fähigkeit verloren hat, die Lungen-

---

1 Zeitschrift f. orthopäd. Chir. Bd. 26. 2 Mitteil. a. d. Grenzgebieten Bd. 26. 3 Korrespondenzblatt f. Schweizer Ärzte 1913. 4 Zeitschr. f. d. ges. exp. Med. Bd. 38. 1923.

gefäße zu erweitern. Pathalogisch-anatomisch findet man Lungenödeme und kapillare Blutungen, die wohl beide die Atmung noch erschweren. Als Zeichen dieser erschwerten Atmung ist das Randemphysem, das meist beobachtet wird, aufzufassen. Wie man den Reizhusten solcher Patienten erklären soll, den sie oft sofort nach den Embolien bekommen, ist nicht ganz sicher (FIBIGER[1]). Völlig ungeklärt ist die Frage, ob durch vorhergegangene Fettembolie entzündliche Prozesse in den Lungen begünstigt werden (Pneumonie bei Fraktur alter Leute!)

Was geschieht nun mit dem Fett in den Lungengefäßen? Ein Teil wird durch das alkalische Blutserum verseift und damit für die Resorption geeignet gemacht (BENEKE[2]); ein anderer Teil wird als Fettropfen von den Gefäßendothelien aufgenommen; der Rest durchsetzt, wie oben gesagt wurde, das Lungenfilter und erscheint im großen Kreislauf.

Von hier kann das Fett theoretisch natürlich in alle Organe verschleppt werden; von praktischer Bedeutung ist aber nur die Embolie in das Gehirn. Die Ursache dafür, daß das Fett gerade im Gehirn stecken bleibt, ist nach GRÖNDAHL darin zu suchen, daß das Gehirn stets von einer besonders großen Menge Blut durchströmt wird, während die einzelnen Kapillaren verhältnismäßig eng und angeblich wenig erweiterungsfähig sind. Es kommt noch hinzu, daß sich auch geringe Ernährungsstörungen des Gehirns rasch klinisch bemerkbar machen. Charakteristisch für die zerebrale Form der Fettembolien ist es, daß sie nicht sofort nach der Verletzung beginnt, was wie gesagt, darin begründet ist, daß das Fett zunächst im Lungenfilter aufgehalten wird. Die Lungensymptome gehen deshalb den Hirnsymptomen voraus. Diese Hirnsymptome bestehen in herabgesetzter Schmerzempfindlichkeit (CZERNY), Unruhe, Angstgefühl, Temperatursteigerung, Benommenheit und Lähmungen und sind als richtige Herdsymptome zu deuten. UTGENANNT[3] weist darauf hin, daß man die klinischen Erscheinungen bei Fettembolien ins Gehirn von epileptischen Krampfanfällen trennen muß, die man gelegentlich nach orthopädischen Operationen sieht. Einen gesteigerten Hirndruck bei Fettembolie hat GUNDBERG[4] beobachtet.

Das Fett wird schließlich aus dem großen Kreislauf durch den Harn ausgeschieden.

Die **Luftembolie**[5] kommt so zustande, daß bei der Eröffnung einer Vene Luft angesaugt wird. Voraussetzung ist also, daß der

---

1 Vgl. GRÖHNDAL l. c. 2 ZIEGL. Beitr. Bd. XXII. 3 Zeitschr. f. orthop. Chir. Bd. 41. 4 Acta chir. Skand. Bd. 55. 5 Lit. vgl. WOLF in VIRCH. Arch. Bd. 174. 1903, ferner BENEKE, in MARCHAND-KREHL, Allg. Pathol. II 2.

Druck in der Vene gering oder sogar negativ ist, was besonders bei den Venen der Fall ist, die nahe am Herzen liegen. Durch vorhergegangenen Blutverlust soll diese Druckverminderung noch verstärkt werden (BECKER[1]). Hingegen kann durch Über- oder Unterdrucknarkose umgekehrt die Gefahr eines Eintretens von Luft sehr verringert werden (TIEGEL[2]). Durch Pressen bei der Narkose (ERNST[3]) wird ein gewisser Überdruck im Thorax erzielt, wodurch ein retrograder Transport von Luft durch die Venen stattfinden kann. Wir beobachteten einen Fall, wo bei Strumaoperation in dieser Weise ein Erweichungsherd im Gehirn entstanden war. Ein ähnlicher Fall wurde von VAN DE KAMP[4] beschrieben.

Fernerhin ist zum Eintreten von Luft naturgemäß ein gewisses Klaffen der Venen nötig, und deshalb sind die durch Faszienlücken hindurchtretenden Venen besonders gefährdet, ebenso wie die Venen, die über einer Geschwulst (z. B. bei Struma) laufen und dadurch platt gedrückt sind.

Die Luftembolie ist gefährlicher als die Fettembolie und zwar deshalb, weil eine solche Luftblase in dem Schlauchsystem der Blutbahn wie ein Ventil wirkt und den Blutstrom unterbricht. Man braucht sich ja nur daran zu erinnern, was geschieht, wenn Luftblasen im Irrigatorschlauch sitzen, um die Verhältnisse zu verstehen. Die Frage, an welcher Stelle des Kreislaufs diese Unterbrechung stattfindet, mit anderen Worten die Todesursache bei Luftembolie, ist noch nicht eindeutig geklärt. Tatsache ist nur, daß man bei den zahlreichen experimentellen Luftembolien stets eine meßbare Luftmenge im rechten Herzen fand (KLEINSCHMIDT[5], JEHN und NAEGELI[6]) und daß es in einem gewissen Prozentsatz der Fälle gelingt, durch Absaugen der im rechten Herzen befindlichen Luft das Tier oder auch den Menschen (SENN[7] und WUTSON[8]) am Leben zu erhalten. Ob aber nun der Tod in solchen Fällen eintritt, weil das rechte Herz die in ihm enthaltenen Luftblasen nicht herauszudrücken vermag (COHNHEIM[9]), sich also nicht ausreichend mehr zusammenziehen kann, so daß die Blutzufuhr nach den Lungen unterbrochen ist, oder ob die Sache so liegt, daß die Luft die Kapillaren der Lunge verstopft, so daß hier die Zirkulation unterbrochen ist, ist vorläufig nicht eindeutig entschieden. Vielleicht vereinigen sich beide Schädigungen, und es

---

1 Zeitschrift f. Medizinalbeamte 1911. 2 Chirurgenkongreß 1912. 3 VIRCH. Arch. Bd. 151. 4 Dissert. München 1913. 5 Chirurgenkongreß 1912. 6 Zeitschrift f. d. ges. exp. Med. Bd. VI. 1918. 7 Journal of the american med. assoc. 1887. 8 Ebendort. 9 Allg. Pathol. Bd. 1. 1877.

hängt wohl die Art des Todes von der Geschwindigkeit der Lufteinspritzung ab. Wie Versuche von GUNDERMANN[1] gezeigt haben, kann sich die Luft stundenlang und länger im rechten Herzen halten, ohne daß das Tier stirbt; es tritt dann das gleiche Geräusch auf, das wir klinisch als „Mühlengeräusch" zu bezeichnen pflegen. Wie weit dieses Mühlengeräusch noch durch andere Ursachen hervorgerufen wird, soll hier nicht besprochen werden (vgl. KREHL, Path. Phys.). Ein Übertritt von Luft aus dem kleinen in den großen Kreislauf findet nur in sehr geringem Umfange statt. Fälle, bei denen man Luftblasen im Gehirn findet, sind deshalb selten, und die alte BICHATsche Theorie vom „Hirntod" bei Luftembolie gilt nur noch mit Einschränkung (s. oben). Die Sache liegt also bei der Luftembolie anders als bei der Fettembolie.

Wird Luft in die Arterien eingespritzt oder kommt es zu einer Luftembolie in die Magenvenen, wobei die Luft die Leber passieren muß (vgl. WOLF[2]) dann werden die Luftblasen in kleinste Bläschen zerschlagen, und diese passieren nun anstandslos die Kapillaren. WOLF bekam regelmäßig nach Luftinjektion in die Art. femoralis, Luft in der Vena femoralis, und es sind in solchen Fällen Luftblasen im ganzen Körperkreislauf verteilt nachzuweisen. Der Tod erfolgt dann wohl meist als „Hirntod". SPIELMEYER[3] hat bei solchen Luftembolien hochgradige Veränderungen im mikroskopischen Bilde des Gehirns nachgewiesen.

Einen klinisch beobachteten Fall von Luftembolie in die Arterien beschreibt CLAIRMONT[4]. Es handelte sich um ein eröffnetes interlobäres Empyem; der Patient bekam diese Embolie beim Verbandwechsel.

Ein großer Teil der Ohnmachten und plötzlichen Todesfälle, wie sie bei Lungenoperationen oder auch Spülungen von Empyemen vorkommen, sind wohl als Luftembolien aufzufassen. Solche Fälle sind von PAYR, FRIEDRICH, QUINCKE[5] und WEVER[6], BRANDES[7], SCHLÄPFER[8], RANZI und ALBRECHT[9] u. a. beschrieben worden. In dem durch die Entzündung starren Lungengewebe können die Venen nicht zusammenfallen. Früher wurden solche Zufälle gern als Pleurareflex gedeutet.

Es kommt bei der Luftembolie wie gesagt sehr darauf an, wie schnell die Luft in den Kreislauf kommt. WOLF konnte 100 bis 200 cbcm Luft langsam einspritzen, ohne daß die Tiere

1 Mitteil. aus den Grenzgebieten. Bd. 33. 2 Virch. Archiv 174. 1903. 3 Verhandlg. d. D. Ges. f. innere Med. 1913. 4 Arch. f. klin. Chir. Bd. 111. 1919. 5 Mitt. aus d. Grenzgebiete. Bd. 1. 6 Beitr. z. Klin. d. Tuberkulose 31. 7 Münch. med. Wochenschr. 1912. 8 Deutsche Zeitschrift f. Chir. 159. 20. 9 Mitt. aus d. Grenzgeb. Bd. 36.

starben. Es ist anzunehmen, daß die Luft zum großen Teil durch die Lunge rasch wieder abgegeben wird. Interessanterweise gelingt es übrigens im Experiment auch umgekehrt, Luftembolie durch Einblasen von Luft in die Trachea zu erzielen (BICHAT, MARCHAND[1], BENEKE[2] u. a.). Daß etwas Derartiges beim Überdruckverfahren beobachtet worden wäre, ist nicht bekannt, wenn man nicht die oben zitierte SCHLESINGERsche Beobachtung so deuten will. Die verschiedenen gebräuchlichen Versuchstiere sind übrigens nicht alle gleichmäßig empfindlich gegen Luftembolie (JEHN und NAEGELI l. c.).

Eine besondere Stellung nimmt die Art von Luftembolie ein, die wir bei Tauchern sehen, die zu rasch aus der unter Überdruck stehenden Taucherglocke an die Luft gelassen werden. Bei dieser raschen Druckverminderung wird Gas aus den Blutkörperchen frei (HOPPE-SEYLER[3]). Wir haben dann also ähnlich wie bei der Einspritzung von Luft in die Arterien feine Luftblasen überall in den Blutgefäßen verteilt; eine Herzpunktion zum Ablassen der Luft wird in solchen Fällen also nichts helfen.

Wie schon eingangs gesagt, stellen die **postoperativen Lungenkomplikationen** eine Hauptzahl der Todesfälle nach Operationen dar. Man ist in sehr zahlreichen Arbeiten den Ursachen dieser postoperativen Lungenkomplikationen nachgegangen (Lit. siehe v. LICHTENBERG[4], ferner 34. Chirurgenkongreß), und solche Untersuchungen haben ergeben, daß eine ganze Reihe von Faktoren an diesen Störungen schuld sein kann, so daß die einzelnen mitgeteilten Fälle pathologisch durchaus verschieden zu bewerten sind.

Zunächst gibt es postoperative Lungenentzündungen, die lediglich Folge der Narkose sind. Man hat eine Zeitlang vor allen Dingen den Äther für sehr gefährlich für die Lungen gehalten. Experimentelle Untersuchungen zu dieser Frage stammen von LINDEMANN[5], LENGEMANN[6], HÖLSCHER[7], POPPERT[8] LÖWIT[9], v. LICHTENBERG[10], STURSBERG[11] u. a. Die Verschiedenheit der Versuchsergebnisse hängt in der Hauptsache davon ab, in welcher Konzentration die Äther- oder Chloroformdämpfe auf die Lunge ein-

1 Vierteljahrsschrift f. prakt. Heilkunde Bd. 33. 1876. 2 Arch. f. Entw.-Mech. Bd. 33. 1910. 3 MÜLLERS Arch. f. Physiol. 1852. 4 Zentralbl. f. d. Grenzgebiete Bd. XI. 1908. Ders. BRUNS Beiträge Bd. 57 u. Münchener med. Wochenschrift 1909. 5 Zentralbl. f. path. Anat. Bd. IX. 6 BRUNS' Beiträge Bd. 27. 1900. 7 Arch. f. klin. Chir. Bd. 57. S. 175. 8 Deutsche med. Wochenschrift 1894 u. 1897 u. Deutsche Zeitschrift f. Chir. Bd. 67. 9 ZIEGL. Beiträge Bd. XIV. 10 Zentralbl. f. d. Grenzgebiete Bd. XI. 1908. Ders. BRUNS' Beiträge Bd. 57 u. Münchener med. Wochenschrift 1909. 11 Mitteil. a. d. Grenzgebieten Bd. 22. S. 11.

wirken. So kam POPPERT, der mit ziemlich konzentrierten Äther- und Chloroformdämpfen arbeitete, zu dem Ergebnis, daß die Schädigung der Lunge, besonders durch den Äther, doch eine recht beträchtliche sei. HÖLSCHER hingegen konnte bei seiner Versuchsanordnung außer einer geringfügigen Hypersekretion der Schleimdrüsen der Bronchien keinerlei Veränderungen an den Lungen feststellen. Bei sehr langdauernden Narkosen fand v. LICHTENBERG auf der ganzen Lunge verstreute Atelektasen und Emphysem der Lungenränder. Wurden die Tiere erst 24—48 Stunden nach Beendigung der Narkose getötet, so waren pneumonische Infiltrationen und echte Bronchopneumonien nachweisbar. Zu ähnlichen Resultaten kam auch OFFERGELD[1]. Man kann sich auf Grund dieser anatomischen Befunde wohl vorstellen, daß eine solche durch die Narkose geschädigte Lunge Infektionen besonders leicht erliegt.

Wie kommen nun die Infektionserreger in die Lunge hinein? Zunächst einmal haben die Untersuchungen von DÜRCK[2] gezeigt, daß auch die normale Lunge nicht frei von Bakterien ist. Bei der **Narkose** können fernerhin Bakterien aus der Mundhöhle durch Aspiration in die feinen Bronchen gelangen, was dem pathologischen Anatomen ja genau bekannt ist („Schluckpneumonie") und was HÖLSCHER in Tierversuchen geprüft hat. Er brachte Tieren, die er narkotisiert hatte, Farblösungen ins Maul und konnte dann nach längerer Narkose diese Farbe zusammen mit dem Schleim in den tieferen Bronchen nachweisen. Dieses Einfließen von Schleim in die tieferen Luftwege fand nicht statt, wenn das Tier mit hängendem Kopf narkotisiert worden war. Ebenso kann die Aspiration von Mundinhalt durch Seitwärtsdrehen des Kopfes, Reinigung des Mundes von Schleim während der Narkose usw. vermieden werden. Es ist danach eine solche Aspiration während der Narkose doch immerhin als ein technischer Fehler aufzufassen. Untersuchungen, die HÖLSCHER anstellte, um zu prüfen, ob durch die Narkose etwa das Flimmerepithel in den Luftwegen geschädigt würde, fielen negativ aus. Um die Tachea herum liegt ein reichverzweigtes Netz von Lymphgefäßen, das mit denen der feineren Bronchen in Verbindung steht und das Infektionserreger aufnimmt sobald das Epithel der Luftröhre geschädigt wird. So erklärt sich z. T. das Zustandekommen der Lungenentzündungen nach Kampfgasvergiftungen (vgl. WINTERNITZ[3]).

Weiterhin wird durch die Narkose die Immunität des ge-

1 Archiv f. klin. Chir. Bd. 75. 2 Münchener med. Wochenschrift 1904.
3 Bull. John Hopk. Hosp. 1920. Zit. nach Übersetzung d. Buches S. 396.

samten Organismus gegen Bakterien herabgesetzt. Das konnte SNEL[1] dadurch beweisen, daß er Frösche, die gegen Milzbrand immun sind, narkotisierte und ihnen dann Milzbrandbazillen in die Lungen einspritzte. Während normale Frösche auf solche Einspritzung von Milzbranderregern nicht krank werden, bekommen die vorher narkotisierten Tiere eine Milzbrandpneumonie, an der sie zugrunde gehen. Es darf hier daran erinnert werden, daß ELLINGER u. ROST[2] nachweisen konnten, daß sich bei jeder länger dauernden Narkose Methämoglobin im Blute bildet, was zweifellos für die Lebensfähigkeit der Körperzellen im allgemeinen und der Lungenepithelien im besonderen nicht gleichgültig ist, außerdem ist bei jeder Narkose eine Azidose im Blut vorhanden (vgl. STRAUB[3]).

Wie oben gesagt wurde, lassen sich in den Lungen nach Narkose häufig kleine Blutungen nachweisen; das ist ein Zeichen für eine Störung der Zirkulation in der Lunge. Solche Zirkulationsstörung kann ganz unabhängig von der Narkose nach der Operation durch ungenügende Durchlüftung der Lunge bei schmerzhaftem Bauchschnitt oder z. B. bei Peritonitis durch Hochstand des Zwerchfells eintreten. Auch Herzstörungen, die ja ihrerseits wieder oft von der Narkose abhängen, mögen zu solchen Zirkulationsstörungen der Lunge führen. Die Folge solcher Zirkulationsstörung in der Lunge ist die Hypostase oder, wenn man so will, das lokale Lungenödem und dieses begünstigt den Eintritt einer Pneumonie.

HENLE und HEILE[4] prüften eine weitere Schädigung, der unsere Patienten bei allen Operationen ausgesetzt sind, nämlich die Abkühlung, in ihrem Einfluß auf die Lunge. Sie übergossen narkotisierte Kaninchen mit Äther, wodurch die Körpertemperatur stark herabgesetzt wurde. In den Lungen fand sich Hyperämie, Blutungen und Schädigungen der Alveolarepithelien. In all diesen Fällen handelte es sich um sehr kurzdauernde Narkosen.

Eine der schwersten Zirkulationsstörungen der Lunge ist durch Embolien gegeben, wie oben ausgeführt worden ist. Bei Frakturen werden wir nach dem oben Gesagten gelegentlich Lungenentzündung durch Fettembolie sehen, nach Operationen werden es häufiger Embolien kleiner Blutgerinnsel sein, die zu Veränderungen der Lunge führen (CUTLER und HUNT[5], GEBELE[6]). Mit solchen Embolien können naturgemäß auch Infektionserreger in die Lunge gelangen und eine Pneumonie ist dann die natürliche Folge.

---

1 Zeitschr. f. Hyg. u. Infektionskrankheiten Bd. 40. 2 Münch. med. Wochenschrift 1922 u. Arch. f. exp. Pathol. u. Pharmakol. 95. 1922. 3 Erg. d. inneren Med. 25. 1924. 4 Arch. f. klin. Chir. Bd. 64. Chirurgenkongreß 1901. 5 Arch. of surg. Bd. 1. 1920. 6 BRUNS' Beiträge Bd. 43.

Sehr viel häufiger als mit solchen Blutgerinnseln werden aber Infektionserreger auf dem Lymphwege in die Lungen fortgeleitet. Hierher gehörige Experimente hat GOEBEL[1] angestellt, der bei Tieren Bakterien und Tuschekörnchen in die Darmwand einspritzte. Er konnte diese Mikroorganismen dann sehr schnell in den Lungenlymphgefäßen nachweisen. Anatomisch sind solche Lymphgefäßverbindungen von der Lunge nach dem Bauchraum vor allem von KÜTTNER[2], KELLING[3] und FRANKE[4] dargestellt worden. TILMANN[5] und v. LICHTENBERG sind der Ansicht, daß sich die verhältnismäßige Häufung von Lungenentzündungen bei geschwürigen Prozessen des Magen und Darmes aus diesen Lymphgefäßverbindungen heraus erklären ließe. Besonders TILMANN teilt entsprechende Fälle mit. Immerhin wird man sehr vorsichtig sein müssen, aus der Tatsache, daß vereinzelte Bakterien im Experiment durch die Lymphbahnen verschleppt werden, zu weitgehende Schlüsse zu ziehen. Denn die Tatsache, daß Brust- und Bauchhöhle trotz der zahlreichen zwischen ihnen verlaufenden Lymphbahnen zwei völlig getrennte Gebiete sind, wird immer wieder dadurch bewiesen, daß wir doch eigentlich nur sehr selten bei Peritonitis ein Empyem finden und umgekehrt. Dabei lägen die anatomischen Verhältnisse für eine Infektion des Brustfells vom Bauchfell aus doch ganz besonders günstig.

Das Brustfell besitzt genau so wie wir das oben vom Bauchfell ausgeführt haben, eine nicht zu unterschätzende Immunität gegen Infektionserreger. Nach NÖTZELS[6] Versuchen ist die drei- bis vierfache Menge von Bakterien nötig, um ein Tier von der Pleura aus zu töten, im Vergleich zu der Menge, die man bei subkutaner oder intravenöser Einspritzung gebraucht. Und REICHE[7] konnte an einer Anzahl entsprechender Fälle den Nachweis erbringen, daß die Pleurahöhle sogar eine viel größere Widerstandsfähigkeit gegen Infektionen hat, als die anderen serösen Höhlen.

Daß an der postoperativen Pneumonie oder Bronchitis auch das Trauma als solches schuld sein kann, kann man aus der ausgedehnten Literatur über Lungenentzündung nach Brustquetschung entnehmen (Lit. s. STERN[8], VENUS[9]). Man nimmt an, daß durch die Erschütterung kleine Blutungen in das Lungengewebe hinein stattfinden oder daß das Lungengewebe durch die Erschütterung sonstwie in seiner Lebenskraft geschädigt wird. Schließlich ist es

1 Mitteil. a. d. Grenzgebieten Bd. 18. 2 BRUNS' Beitr. Bd. 14. 3 Chirurgenkongreß 1905. 4 Deutsche Zeitschrift f. Chir. 119. 5 15. Internat. med. Kongr. Lissabon 1906. 6 BRUNS' Beiträge Bd. 46. 7 Münch. med. Wochenschrift. 1915. 8 Traumat. Enst. innerer Krankheiten. Jena 1910. 9 Zentralbl. f. d. Grenzgebiete 1909.

denkbar, worauf CHIARI[1] hinweist, daß durch das Trauma nervöse Störungen an den Bronchien mit Änderungen der Sekretion der Schleimhäute ausgelöst werden, ähnlich wie wir sie vom Asthma bronchiale her kennen.

Die Chirurgie des Herzens ist im wesentlichen eine Chirurgie der **Herzverletzungen**[2]. Die in Laienkreisen wohl allgemein übliche Vorstellung, daß eine Verletzung, z. B. ein Stich in das Herz sofort tötet, ist zwar längst als unrichtig erkannt; so beschreibt, um nur ein Beispiel zu nennen, schon HYRTL, daß ein Hirsch mit einem Schuß durch das Herz noch durch den Königssee geschwommen ist. Die erste größere statistische Arbeit, die zeigte, wie selten Menschen mit Herzverletzungen sofort sterben, ist die von GEORG FISCHER[3]. Nur in 26% der Fälle von Herzverletzungen trat der Tod unmittelbar nach der Verletzung ein. In etwa 11% der Fälle kam es zu einer sicheren Ausheilung. Bei diesen geheilten Fällen handelte es sich 7mal um eine Nadel oder einen Dorn, 5mal um eine Kugel, die lange Zeit im Herzen gesteckt hatte, ohne Beschwerden zu verursachen.

Schon Anfang des 19. Jahrhunderts haben BRETONNEAU, LARREY und andere Autoren (zit. nach BARTH[4]) durch Tierversuche bewiesen, daß z. B. ein Stich mit der Nadel in das Herz keine wahrnehmbaren Störungen verursacht. Nur die Verletzung einer Stelle, nämlich der Gegend des HISSschen Bündels, hatte nach den Versuchen von KRONECKER und SCHMEY[5] den sofortigen Tod der Tiere zur Folge. Wie weit das auch für den Menschen zutrifft, ist bisher zwar noch nicht einwandfrei festgestellt worden, es kommen jedoch auch beim Menschen solche blitzartigen Todesfälle bei Herzstich vor (G. FISCHER). Wird bei einer Verletzung das HIS-TAWARAsche Reizleitungsbündel durchtrennt, so bleibt der Ventrikel stehen, während die Vorhöfe weiter arbeiten. Gefährliche Stellen am Herzen sind weiterhin der SPANGOROsche Punkt (oberer Drittelpunkt der vorderen Längsfurche) und die Basis des Herzohres. Man muß diese Stellen kennen, wenn man bei Herzstillstand (z. B. infolge von Narkose) medikamentöse Einspritzungen in die Herzhöhlen selbst vornehmen will (vgl. HENSCHEN[6]).

An was sterben nun die Patienten bei einer Herzverletzung? Wenn keine größere Wunde nach außen zu vorliegt, kommt

1 BRUNS' Beiträge Bd. 81. 2 Lit. s. KLOSE, Archiv f. klin. Chir. 124. 3 Arch. f. klin. Chir. Bd. 9. S. 571. 4 Schriften d. Naturforscher-Ges. in Danzig. Bd. X. 1902. 5 Deutsche med. Wochenschrift 1884. S. 364. 6 Schweiz. med. Wochenschrift 1920. S. 261.

eine Verblutung nicht in Frage, sondern das Herz wird, noch bevor der Blutverlust ein nennenswerter geworden ist, durch das in den Herzbeutel ergossene Blut komprimiert und in seiner Bewegung gehindert. Man bezeichnet das als Herztamponade, ein pathologischer Vorgang, der schon MORGAGNI bekannt gewesen ist. Der Name „Herztamponade" stammt erst von ROSE[1].

Experimentale Untersuchungen über den Einfluß eines Ergusses in den Herzbeutel stellte COHNHEIM[2] an. Er spritzte Hunden in den freigelegten Herzbeutel Öl ein und fand dann, daß mit zunehmender Spannung im Herzbeutel der arterielle Blutdruck sank und der venöse anstieg. Diese Versuche wurden von RICHTER, RIEGEL[3], LEWIS[4], PLACZEK[5] u. v. a. bestätigt. Nach MOLITORIS[6] verläuft dieser im Grunde ja sehr einfache pathologische Vorgang im einzelnen doch ziemlich verwickelt.

Bei kleinen Verletzungen beobachtet man als Folge der Zerrung des Blutes am Herzbeutel und des Druckes auf die Herzwand ein Sinken des Blutdrucks, wie ihn D'AGATA (zit. nach HENSCHEN) auch im Tierversuch durch Anfassen oder Schneiden am Herzbeutel bekam. Diese Blutdrucksenkung ist ein rein reflektorischer Vorgang, bedingt durch die Erweiterung peripherer Gefäße. Der Herzbeutel, an dem dieser Reflex ausgelöst wird, ist trotz der reichlich in seiner Wand vorhandenen Nerven, nicht sehr schmerzempfindlich (KLOSE und STRAUSS[7]). Als Folge der Vagusreizung kommt es bei jeder Blutung in den Herzbeutel außer zu der Blutdrucksenkung auch zur Pulsverlangsamung, was eine Verminderung des Ausflusses von Blut aus der Herzwunde zur Folge hat, so daß die Füllung des Herzbeutels verzögert wird.

SAUERBRUCH[8] konnte übrigens auch eine Änderung in der Ausflußgeschwindigkeit aus Herzwunden durch Veränderungen des Grades der Lungenblähung erzielen.

Eine solche Herztamponade bei Verletzungen des Herzens kann auch chronisch verlaufen. Das Loch im Herzen verstopft sich dann zunächst einmal und wird wieder nach einiger Zeit frei und so fort. Man findet dann schließlich ganze Blutschalen um das Herz herumliegen. Aber auch solche Fälle können schließlich an Herztamponade sterben; man sollte deshalb nicht zu lange mit der Herznaht warten (B. FISCHER[9]).

Daß man eine Herzwunde durch Naht verschließen kann, hat DEL VECCHIO (zit. nach BARTH) in Tierversuchen gezeigt. BODE[10]

---

1 Deutsche Zeitschrift s. Chir. Bd. 20. S. 319. 2 Allg. Pathologie II. Aufl. 1882. S. 21. 3 Deutsches Arch. f. klin. Med. Bd. 31. S. 471. 1882. 4 Journ. of Phys. 1908. S. 233. 5 Vierteljahrsschrift f. ger. Med. 1902. 6 Wiener klin. Wochenschrift 1919. S. 868. 7 Arch. f. klin. Chir. 119. 1922. 8 Arch. f. klin. Chir. Bd. 83. 9 Frankf. Zeitschr. f. Pathol. Bd. 4. 1910. 10 BRUNS' Beiträge z. klin. Chir. Bd. 19. S. 167.

ELSBERG[1] u. a. haben diese Versuche wiederholt und bewiesen, daß die Herzaktion durch solche Naht nicht gefährdet wird. Beim Menschen hat REHN[2] die erste erfolgreiche Herznaht ausgeführt.

Die Verletzungen der Arteria coronaria des Herzens führen ebenso zur Herztamponade, wie die Herzwunden selbst. Für die Frage, ob man die verletzte Art. coronaria unterbinden darf, ist die jetzt gesicherte Feststellung wichtig, daß die Art. coronaria keine Endarterie ist, wie COHNHEIM glaubte. Aber wenn auch von HIRSCH und SPALTEHOLTZ u. v. a. Anastomosen zwischen den beiden Koronararterien dargestellt worden sind, so ist die plötzliche Unterbindung einer Coronaria doch meist kein ganz gleichgültiger Eingriff. Die zahlreichen Versuche von PANUM[3], PORTER[4], COHNHEIM l. c., v. FREY[5], MICHAELIS[6] u. v. a. haben gezeigt, daß die Unterbindung von den einzelnen Tieren sehr verschieden gut vertragen wird, daß fernerhin Unterbindungen an einzelnen Stellen der Kranzarterien gefährlicher sind als an anderen, und daß es, wenn es sich um thrombotische Verschlüsse der Coronaria handelt, sehr darauf ankommt, ob die Verlegung rasch oder langsam erfolgt ist. Leider wird der Chirurg ja nie in der Lage sein, die guten Lehren dieser Tierversuche beachten zu können, wenn er wegen einer Verletzung der Kranzarterie operiert, sondern er wird dort umstechen müssen, wo es blutet. Über die Todesursache bei Verschluß eines Koronargefäßes bestehen verschiedene Theorien, die zum Teil recht gekünstelt sind[7].

Bei der serösen und eiterigen Perikarditis (KLOSE und STRAUSS[8]), eine der wenigen Herzerkrankungen, die gelegentlich zu chirurgischen Eingriffen nötigen, ist die Gefahr der Herztamponade trotz der oft dabei vorhandenen sehr großen Ergüsse keine übermäßig große, weil der Flüssigkeitserguß nicht plötzlich, sondern langsam erfolgt und sich somit der Herzbeutel ausdehnen kann. Wenn die Herzpunktion in solchen Fällen ergebnislos verläuft, so kann man nach BRENTANO, v. WATZEL, JAKOB, LÄWEN[9] u. a. ein Fenster in den Herzbeutel schneiden, um so dem Flüssigkeitserguß Abfluß in die Pleurahöhle zu gewähren.

Auch die trockene Perikarditis nötigt gelegentlich zu operativen Eingriffen, worauf vor allem VOLHARD u. BRAUER[10] hingewiesen haben (Lit. s. KOLB[11]). Man spricht bei den Perikardverwachsungen

1 BRUNS' Beiträge z. klin. Chir. Bd. 25. S. 426. 2 Arch. f. klin. Chir. Bd. 55. 1897. 3 VIRCH. Arch. Bd. 25. S. 308. 4 Journ. of Physiol. Bd. XV. 5 10. Kongr. f. innere Med. 1891. 6 Zeitschrift f. klin. Med. Bd. 24. S. 270. 7 Vgl. MORGAGNI 62. J. 1920. S. 305. 8 Arch. f. klin. Chir. 119. 1922. 9 Münch. med. Wochenschrift 1919. S. 5. 10 Arch. f. klin. Chir. Bd. 71. 11 Berliner klin. Wochenschr. 1913.

von sogenannten inneren Verwachsungen, das sind die häufigen Verklebungen zwischen der Herzoberfläche und dem Herzbeutel, die meist zur völligen Verödung des Herzbeutels führen. Diese Verwachsungen erfordern im allgemeinen keinen operativen Eingriff, nur wenn starke Zirkulationsstörungen vorhanden sind, wird man das Herz aus seiner Umklammerung befreien müssen. Für diese Operationen sind die Versuche von KLOSE[1] wichtig, der zeigen konnte, daß sich der Herzbeutel durch Fett, Faszie oder Peritoneum ersetzen läßt.

Über die Wege, auf denen Fremdkörper, wie Farbstoffe oder Bakterien, aus dem Herzbeutel resorbiert werden, geben die Versuche von REHN[2] und GORINGSTEIN[3] Auskunft. Danach erfolgt die Resorption wasserlöslicher Substanzen von seiten des Herzbeutels außerordentlich rasch, schon nach 5 Minuten sind die Stoffe im Urin nachweisbar. Spritzt man Herzmittel in den Herzbeutel ein, so wirken diese nicht erst nach Resorption in den allgemeinen Kreislauf, sondern wahrscheinlich direkt vom Herzbeutel aus. Man hat deswegen und zwar mit gutem Erfolge bei Herzstillstand etwa durch Narkose, wässerige Kampferlösung oder dgl. in den Herzbeutel gespritzt (GUNN und MARTIN, HEUSCHEN[4]). Vorzuziehen ist aber wohl immer die Einspritzung in das Herz selbst.

Auch durch stumpfe Gewalt kann es, wie man aus der Arbeit von FISCHER l. c., SCHUSTER[5], HEIDENHAIN[6] u. a. entnehmen kann, zu den verschiedensten Verletzungen oder Schädigungen des Herzens kommen. Hierher gehörige Leichenversuche hat BARIÉ[7] angestellt. Diese Dinge haben gelegentlich für die Begutachtung Unfallverletzter ein Interesse.

Eine solche Schädigung durch stumpfe Gewalt wirkt auch auf das Herz ein, wenn versucht wird, das stillstehende Herz durch Herzmassage wieder in Gang zu setzen. Die dabei gefundenen anatomischen Veränderungen hat BÖHM[8] beschrieben; es handelt sich um mehr oder weniger fein- oder grobschollige Zerstörung der Muskelfasern.

LEPORSKI[9] hat im Tierversuche geprüft, wie sich die Herztätigkeit bei leichter Berührung oder geringgradiger Verletzung der Herzoberfläche verhält. Er fand, daß schon bei ganz leichter Verletzung ein Sinken des Blutdruckes eintritt und daß dann ein Wogen und Flimmern des Herzens einsetzt.

Neuerdings hat man versucht, die **Angina pectoris** mit Durch-

---

1 Archiv f. klin. Chir. 117 u. 119. 2 Chirurgenkongreß 1913. 3 BRUNS' Beitr. z. klin. Chir. Bd. 86. S. 229. 4 Schweiz. med. Wochenschrift 1920. Nr. 14. 5 Zeitschrift f. Heilkunde 1880. S. 417. 6 Deutsche Zeitschrift f. Chir. Bd. 41. 7 Revue de médicine 1881. S. 132. 8 Mitteil. a. d. Grenzgebieten Bd. 27. S. 567. 1914. 9 Zit. nach Zentralbl. f. d. ges. Chir. Bd. IV. S. 151.

trennung extrakardialer Nerven zu behandeln, und zwar hat zuerst JONNESCU[1] auf Anregung von FRANK[2] den Halssympathikus einer Seite entfernt. Es sind noch eine Anzahl teils mehr, teils weniger vollkommener Sympathikusentfernungen von BRÜNING[3], KÜMMELL[4], KAPPIS[4] u. v. a. ausgeführt worden, alle mit dem Erfolg, daß die Schmerzen zum mindesten für längere Zeit unmittelbar nach der Operation verschwanden. Aber nicht nur die Operation am Sympathikus hatte diesen Erfolg, sondern auch Durchtrennungen des Depressor vagi (EPPINGER-HOFER[5] und HOTZ-ODERMATT[6]). Auf beiden Wegen werden also wohl Schmerzfasen ziehen, wobei zu bedenken ist, daß wir zwar schon seit dem GOLZschen Essigsäureversuch am Froschherzen wissen, daß das Herz schmerzempfindlich ist, daß es aber nicht sicher bekannt ist, wo die Schmerzen bei Angina pectoris entstehen, ob im Herzen selbst, in den Koronargefäßen oder in der Aorta. Die Annahme, daß der Schmerz bei der Angina pectoris über den Sympathikus geleitet wird, entspricht dem, was wir auch sonst gegenwärtig über die Schmerzleitung von inneren Organen aus wissen und zwar würde unter Zugrundelegen der anatomischen Befunde der Weg durch die drei Rami cardiaci zu den drei unteren Halsganglien und von da über das Rückenmark zum Gehirn gehen. EPPINGER und HOFER glauben, daß der Schmerz bei Angina pectoris an der Aorta entstünde und auf dem Wege des Depressor (LYON[7]) nach dem Gehirn geleitet würde.

Die Durchtrennung dieser vagosympathischen Nerven ist nicht ohne Gefahr, da nach FREY[8] die Widerstandsfähigkeit des Herzens gegen Schädigungen nach Durchtrennung der extrakardialen Nerven herabgesetzt ist. In mehreren Fällen wird über Herztod oder Eintreten von Herzinsuffizienz nach dieser Operation berichtet.

Gehirn und Rückenmark.

Bei den verschiedenartigen Erkrankungen des Gehirns, bei Hirntumoren, Verletzungen, Hirnerschütterungen, Entzündungen, Hydrocephalus, den sogenannten Pseudotumoren (NONNE[9] u. a.) spielt das, was wir als **Hirndruck**[10] zu bezeichnen pflegen, eine her-

1 Zentralbl. f. Chir. 1900. 2 Bull. de l'acad. de méd. 1899. 3 Klin. Wochenschrift 1923. 4 Zit. nach KAPPIS Erg. d. inneren Med. 25. 1924. 5 Therapie der Gegenwart 1923. 6 Deutsche Zeitschrift f. Chir. 182. 1923. 7 Die Nerven d. Herzens. Übers. von HEUSNER. Berlin Springers Verlag 1907. 8 D. Zeitschr. f. Chir. Bd. 186. 1924. 9 Neue D. Chir. Bd. 2. 1912. 10 Lit. bei v. BERGMANN-KRÖNLEIN-KÜTTNER im Handbuch d. prakt. Chirurgie. IV. Aufl. 1913. Bd. I. KOCHER in NOTHNAGELS pez. Path. u. Therapie Bd. IX. 3. HAUPTMANN in Neue deutsche Chir. 11. u. 12. SCHÜCK. Erg. d. Chir. Bd. 17. 1924. KNAUER-ENDERLEN Journ. f. Physiol. u. Neurol. Bd. 29.

vorragende Rolle. Hierher gehören Kopfschmerzen, Pulsverlangsamung, Erbrechen, Schwindel, Stauungspapille, Bewußtlosigkeit, Krämpfe, Atemlähmung, Änderungder Weite der Pupillen (Hössly[1]) u. dgl. Diese Symptome werden ausgelöst, wenn ein Mißverhältnis eintritt in der Masse des Schädelinhaltes und dem Fassungsvermögen des Schädels, sei es nun, daß, wie bei einer Depressionsfraktur, das Schädeldach in das Gehirn hineingetrieben wird und dadurch den Raum verkleinert (Reichardt[2]), sei es, daß umgekehrt das Gehirn schwillt und die starre Wand der Schädelkapsel diese Ausdehnungsbestrebungen hemmt. In beiden Fällen wird ein Druck auf die Nervenzellen des Gehirns ausgeübt und diese mechanische Reizung oder Schädigung der Nervenzellen führt zu den geschilderten Symptomen.

Bei der funktionellen Ungleichwertigkeit der einzelnen Hirnteile ist es ohne weiteres verständlich, daß z. B. Druck auf die motorische Region der Hirnrinde eine andere Wirkung haben muß, als ein Druck auf die Medulla oblongata. Aber dieser lokale Druck und seine Folgen ist es nicht, was dem Verständnis Schwierigkeiten gemacht hat, sondern die Erklärung jener oben angeführten Allgemeinerscheinungen, die mehr oder weniger bei allen Fällen von Hirndruck beobachtet werden, und die sich anscheinend zunächst einmal nicht als Folge von Druck auf einen bestimmten Hirnteil deuten lassen.

Die älteren Theorien, die sich an die Namen v. Bergmann[3], Naunyn-Schreiber-Falkenheim[4], Kocher[5], Cushing[6], Geigel[7], Hill[8] u. a. knüpfen, suchen die Ursache des Hirndruckes in Zirkulationsstörungen, also in etwas, was gleichmäßig das ganze Gehirn trifft. Daneben trat die Bedeutung der Gehirnnervenzelle, von der doch schließlich in letzter Linie die Hirndrucksymptome abhängen müssen, ganz in den Hintergrund, obgleich von vorne herein Autoren wie Adamkiewicz[9] u. a. auf das Einseitige aller Theorien, die die Nervenzellen nicht berücksichtigen, hingewiesen haben. Erst neuerdings ist man wieder auf Grund der experimentellen Arbeiten von Sauerbruch[10], Hauptmann (l. c.),

---

1 Mitt. a. d. Grenzgeb. Bd. 30. 2 Deutsche Zeitschrift f. Nervenheilkunde 28. 1905. Zeitschrift f. d. ges. Neurol. u. Psych. Ref. Bd. 3. 1911. Zeitschrift f. Psychiatrie. Bd. 75. 3 l. c. und Deutsche Chir. Bd. 30. Arch. f. klin. Chir. Bd. 32. 1885. v. Volkmanns Sammlung klin. Vortr. Nr. 190. 1881. 4 Arch. f. exp. Path. u. Phar. Bd. 14 u. 22. 5 l. c. 6 Mitteil. a. d. Grenzgebieten. Bd. 9 u. 18. 7 Virch. Arch. Bd. 119, 123. 174 u. Die Mechanik der Blutversorgung des Gehirns. Stuttgart 1890. 8 Physiology and pathology of cerebral circulation. London 1896. 9 Wiener med. Wochenschrift 1888 u. Sitzungsber. d. Akad. d. Wissenschaften Wien 1883 u. 1890. Wiener klin. Wochenschrift 1897. 10 Mitteil. a. d. Grenzgebieten 1907. III. Suppl.-Bd.

Breslauer[1] u. a. und wohl auch unter dem Einfluß der sich immer mehr häufenden Beobachtungen am operierten Menschen geneigt, den Hirndruck „als eine mechanische Schädigung des Nervengewebes" aufzufassen (Hauptmann l. c. S. 494). Die Zirkulationsstörungen sollen nicht im Sinne einer Ernährungsstörung wirken, sondern sie sollen nur rein mechanisch die Möglichkeit abgeben, daß die nervösen Elemente zusammengepreßt werden (Hauptmann). Das scheint mir wieder nach der anderen Seite hin zu weitgehend zu sein; denn die Möglichkeit, daß die in den Versuchen über Hirndruck sicher beobachteten Störungen der Zirkulation auf die Ernährung der Hirnnervenzellen irgendwie schädigend einwirken und so an den Hirndrucksymptomen mitschuldig sind, kann man doch wohl nicht ganz von der Hand weisen.

Der **Schädel** bekommt seine Gefäße fast ausschließlich von der Dura, nicht von der Kopfschwarte, so daß auch der Wagnersche Hautperiostknochenlappen die Einheilung des Knochenlappens nicht sichert (Goldhahn[2]).

Das Besondere an der **Blutzirkulation im Gehirn** liegt darin, daß das Organ in einer starren Kapsel eingeschlossen ist; es kann sich also bei Flüssigkeitsvermehrung, sei es Stauung, sei es vermehrter arterieller Zufluß, nicht wie ein anderes Organ, wesentlich vergrößern, sondern jeder Versuch einer solchen Schwellung, den das Gehirn, wie jedes andere Organ bei erhöhter Flüssigkeitszufuhr, unternimmt, führt zu den Symptomen des Gehirndruckes. Es sind aber nicht die Blutgefäße allein, die bei den Zirkulationsverhältnissen eine Rolle spielen, sondern es wird die Zirkulation im Gehirn noch weiterhin kompliziert durch das Vorhandensein des Liquor cerebrospinalis. Von ihm müssen wir zuerst sprechen, um die Verhältnisse beim Hirndruck besser zu verstehen.

Das Gehirn schwimmt gewissermaßen in dem Liquor. Der **Liquor** ist nicht ohne weiteres der Lymphe gleichzusetzen; denn es fehlen ihm vor allen Dingen die Nährstoffe, die die Lymphe enthält. Nach Mestrezat[3] soll sogar in den perivaskulären Räumen keine nennenswerte Vermischung von Lymphe und Liquor erfolgen.

Woher stammt der Liquor?[4] Daß er kein einfaches Transsudat aus dem Blute ist, dürfte nach seiner chemischen Zusammensetzung sicher sein. Enthält er doch mehr Kristalloide als das Serum. Außerdem kann man den Liquordruck durch sekretfördernde Mittel, wie Pilokarpin, steigern, allerdings durch Atro-

---

1 Mitteilungen a. d. Grenzgebieten. Bd. 30. 2 Bruns' Beitr. 132. 1924. 3 Liquide cephale rachidien normal et pathologique. Paris 1912. 4 Lit. bei Holzmann, Neue Deutsche Chir. Bd. 12. II. S. 204.

pin nicht regelmäßig vermindern. Aus letzterem Grunde hält FLEISCHMANN[1] die Liquorbildung auch nicht für eine Sekretion, sondern hat die Vorstellung, daß der Liquor aus dem Blut durch die Plexuszellen filtriere und daß im Plexus die Stoffe zurückgehalten würden, die für das Zentralorgan schädlich sind. Irgendwelche experimentelle Grundlagen für diese theoretische Vorstellung gibt FLEISCHMANN jedoch nicht. Ob aber an der Sekretion des Liquor nur der Plexus chorioideus (QUINCKE[2]) oder auch „die Gefäße und Substanz des Nervensystems" (LEWANDOWSKY[3]) beteiligt sind, ist noch nicht sicher. Neuere Untersuchungen von BUNGART[4], BECKER[5] und CUSHING[6] sprechen sehr dafür, daß auch die Zellen des Gehirns und Rückenmarks wesentlich an der Liquorbildung beteiligt sind.

BUNGART durchtrennte und unterband den Subarachnoidealraum des Rückenmarks beim Tier doppelt, und ließ das ausgeschaltete Stück leer laufen. Nach 12 Stunden war es wieder mit Liquor gefüllt. Das stimmt mit den klinischen Beobachtungen über abgesackte Meningitis bei Wirbelfrakturen überein. CUSHING hat darauf hingewiesen, daß die Ventrikelflüssigkeit mehr Zucker, die Spinalflüssigkeit mehr Globulin enthält, was ebenfalls dafür spricht, daß der Liquor an verschiedenen Stellen des zentralen Nervensystems gebildet wird. Nach WEIGELDT[7] ist Eiweißgehalt und die Zahl der Zellen im Ventrikel und Subarachnoidealraum sowie in den verschiedenen Höhen des Spinalkanals verschieden (vgl. auch BECKER[8]).

Chirurgisch ist die Frage deshalb von Wichtigkeit, weil man bei Hydrocephalus versucht hat, die Quelle der abnormen Liquorbildung durch Entfernung des Plexus chorioideus zu zerstören (HILDEBRAND[9], WILMS[10], DANDY[11], HINRICHSMEYER[12], LÄWEN[13]), was natürlich nur dann Aussicht auf Erfolg hat, wenn wirklich der Plexus chorioideus an der abnormen Liquorbildung hauptsächlich schuld ist. Es scheint ja nach den spärlichen vorliegenden histologischen Untersuchungen, daß der Plexus chorioideus gewisse Änderungen bei Hydrocephalus zeigt.

Von der chemischen Zusammensetzung des Liquor ist für den Chirurgen von Interesse, daß normalerweise im Liquor nur ganz geringe Mengen Eiweiß vorhanden sind. Das haben gerade die zahlreichen Lumbalpunktionen zum Zwecke der Lumbalanästhesie gezeigt, die ja deshalb so wertvoll sind, weil sie von sicher rückenmarks- und gehirngesunden Patienten stammen. Die Angabe, daß bis

---

1 Berliner klin. Wochenschrift 1921. Nr. 3. 2 Deutsche Klinik Bd. 6. 1902. 3 Zeitschrift f. klin. Med. Bd. 40. 1900. 4 Festschrift d. Cölner Akademie 1915. S. 707. 5 Mitt. aus d. Grenzgeb. Bd. 35. 1922. 6 Mitt. a. d. Grenzgeb. Bd. 9 u. 18. 7 Münch. med. Wochenschr. 1921. 8 Mitt. aus d. Grenzgeb. Bd. 35. 1922. 9 Arch. f. klin. Chir. 127. 10 Nicht veröffentlicht 1 Fall. 11 Ann. of surg. 1919. 12 Archiv f. klin. Chir. 122. 13 BRUNS' Beitr. 125. 1922.

1 % Eiweiß normal sei (RIECKEN u. a.), ist nach diesen unseren chirurgischen Erfahrungen zu hoch gegriffen (BUNGART). Schon ein geringfügiger Reiz führt zur Vermehrung des Eiweißgehaltes. So konnte BUNGART bei Patienten, die nach Lumbalanästhesie Beschwerden hatten, im erneuten Punktat Eiweiß nachweisen, das vorher nicht vorhanden gewesen war. Hier handelt es sich also um einen chemischen Reiz. Sehr große Eiweißmengen mit Leukozyten treten bei bakteriellen Entzündungen, also bei Meningitis, auf. Aber auch ganz langsam verlaufende chronische, besonders metaluetische Entzündungen, wie Tabes und Paralyse, führen zum Auftreten eines pathologischen Eiweißkörpers im Liquor, der allerdings nur durch Fällung mit Ammoniumsulfat nachweisbar ist (NONNE-APELT[1]).

Was für Mengen an Liquor produziert werden können, davon kann sich der Chirurg besonders in solchen Fällen überzeugen, in denen, wie bei Schußverletzungen, der Ventrikel eröffnet worden ist. Es ist ja natürlich sehr fraglich, ob wir hier normale Verhältnisse vor uns haben, immerhin konnten NEU und HERMANN[2] zeigen, daß die Lumbalflüssigkeit im Steigrohr schon nach 20 Minuten wieder die alte Höhe erreicht hat, wenn vorher ein großes Quantum abgelassen worden war.

Der Liquor fließt in die Venen des Gehirns, zum Teil durch Vermittelung der PACCHIONIschen Granulationen, zum Teil durch der perivaskulären Lymphspalten. Nach BECHER[3] besteht eine unmittelbare Verbindung zwischen Subarachnoidealraum und Venensystem. Manches spricht dafür, daß auch der Plexus chorioides einen beträchtlichen Teil des Liquor resorbiert, obgleich mir die Tatsache, daß man durch Einbringen von Lampenruß in den Liquor bei Küken einen Hydrocephalus erzeugen kann, nicht so unbedingt für die Resorption des Plexus zu sprechen scheint, wie das angenommen worden ist (CUSHING[4]). Ein anderer Teil des Liquor strömt nach den Lymphgefäßen des Halses, wie HILL und ZIEGLER[5], später STEPHANUS[6] durch Farbstoffeinspritzungen festgestellt haben. Weiterhin steht der Subarachnoidealraum mit den Scheiden der peripheren Nerven in Verbindung, wie BUNGART (l. c.) durch Strychnininjektionen nachgewiesen hat. Diese Tatsache ist für das Verständnis der Ausbreitung des Tetanus von größter Wichtigkeit.

Druckerhöhung in der Zerebrospinalflüssigkeit führt zu vermehrter Resorption (FALKENHEIM und NAUNYN l. c.). Dieser

---

1 Arch. f. Psych. 1907. Bd. 43. 2 Monatsschrift f. Psychiatrie 1908. Bd. 124. 3 Mitf. a. d. Grenzgeb. Bd. 35. 1922. 4 Arch. of neurol. a. psychiatr. Bd. 4. 1920. 5 Deutsche Zeitschrift f. Chir. Bd. 65. 6 Presse méd. 28. S. 254. 1920.

Mechanismus funktioniert so anstandslos, daß man bei Lumbalanästhesie durchaus nicht zu fürchten braucht, durch die Flüssigkeitsvermehrung einen erhöhten Hirndruck zu bekommen. Das vielfach geübte vorherige Ablassen einer entsprechenden Menge Liquor ist überflüssig.

Wenn auch wohl eine Verbindung vom Ventrikel zum Subarachnoidealraum durch das Foramen Magendii usw. besteht, so darf man sich diese Verbindung nicht so grob mechanisch vorstellen, wie das meist geschieht.

Der Liquor findet sich im Subarachnoidealraum und in den Ventrikeln. Ob dieses Kanalsystem wirklich ein einheitliches ist, d. h., ob die Ventrikelflüssigkeit mit der Subarachnoidealflüssigkeit durch das Foramen Magendii und andere Öffnungen kommuniziert, wie allgemein angenommen wurde, ist neuerdings sehr fraglich geworden. Das sehr leicht die Gewebe durchdringende Methylenblau konnte BUNGART[1] allerdings wenige Sekunden, nachdem er es in den Seitenventrikel eingespritzt hatte, aus der Lumbalpunktionsnadel ausfließen sehen und beim Einblasen von Luft in den Ventrikel tritt diese sofort in den Subarachnoidealraum über; aber wie SCHMORL[2] zeigen konnte, ist bei Ikterus nur die Subarachnoidealflüssigkeit, nicht die Ventrikelflüssigkeit gelb gefärbt. Ebenso treten auch andere Stoffe nicht aus der Ventrikelflüssigkeit in den Liquor cerebrospinalis über. Der durch Ventrikelpunktion gewonnene Liquor ist in serologischer Beziehung (WASSERMANN, Eiweiß usw.) wesentlich von dem durch Lumbalpunktion gewonnenen verschieden (DAHLSTRÖM und WIDEROE[3]). Deshalb ist die Frage, wie dies Foramen Magendii beim Menschen arbeitet, für den Chirurgen von größtem Interesse. Denn bisher stellte man sich die Wirkung der Lumbalpunktion bei Hydrocephalus so vor, daß auch die Ventrikelflüssigkeit mit entleert würde, da sie durch das Foramen Magendii in den Subarachnoidealraum fließen konnte. Es sind auch größere Operationen an der Wirbelsäule von QUINCKE, CUSHING u. a. auf Grund dieser Vorstellung angegeben worden, mit der Absicht, bei Hydrocephalus dem im Ventrikel angesammelten Liquor einen Dauerabfluß zu gewähren (DANDY[4]). Die regelmäßigen Mißerfolge erklärte man so, daß der Hirnstamm nach Ablassen einer bestimmten Menge Liquor in das Foramen magnum eingepreßt würde und dadurch den weiteren Abfluß hindere. Man nahm bisher weiterhin an, daß der akute Hydrocephalus oft da-

---

1 Zentralbl. f. Pathol. 1910. 2 BRUNS' Beitr. 124. Hft. 1. 3 Zeitschr. f. d. ges. Neurologie u. Psychiatrie Bd. 72. 1921. 4 Surg., gynecol. a. obst. Bd. 32. 1921.

durch zustande käme, daß sich das Foramen Magendii durch Entzündung geschlossen hätte. Ich möchte auf Grund der SCHMORLschen Befunde glauben, daß die Verbindung von Ventrikel und Subarachnoidealraum doch nur eine bedingte ist, so daß man für die praktische Chirurgie aus den Befunden von SCHMORL den Schluß ziehen muß, daß bei der Behandlung des Hydrocephalus die Methoden den physiologischen Verhältnissen besser Rechnung tragen, die eine direkte Ableitung der Flüssigkeit aus dem Ventrikel heraus bezwecken, also die Ventrikelpunktion, der ANTON-v. BRAMANNsche Balkenstich, die Ventrikeldrainage usw.

Gegen den Subduralraum ist der Subarachnoidealraum völlig dicht abgeschlossen so daß selbst leicht diffundierbare Gifte nicht übertreten, wie BUNGART (l. c.) im Tierversuch gezeigt hat.

Die Frage, ob in dem Liquor cerebrospinalis selbst, also ohne Rücksicht auf die strittige Verbindung mit dem Ventrikel, eine Flüssigkeitsströmung stattfindet, ist vielfach Gegenstand der Untersuchung gewesen, ohne daß bisher eine Übereinstimmung in den Anschauungen der Autoren erzielt wäre (KLOSE, VOGT[1], QUINCKE[2], DANDY[3], REICHMANN[4], GRAF HALLER[5], PROPPING[6].

Die Verhältnisse liegen bei Tier und Mensch zu verschieden und die Beobachtung, von der PROPPING ausging[7], daß eine halbe Stunde nach einer Lumbalanästhesie mit Tropakokain Lähmungserscheinungen von seiten der Medulla oblongata auftraten, ist eine so große Seltenheit, daß man aus ihr nur mit großer Vorsicht Schlüsse auf eine in der Norm vorhandene Liquorströmung ziehen kann.

Die Druckverhältnisse im Subarachnoidealraum haben GRASHEY[7] und PROPPING[8] an Modellen studiert und entsprechende Versuche an Lebenden und an Leichen angestellt. Die Modelle weichen insofern etwas voneinander ab, als GRASHEY den Wirbelkanal als ein starrwandiges Gefäß auffaßt, während PROPPING wohl mit mehr Recht annimmt, daß Fett und Venen im Epidualraum der Wirbelsäule nachgiebig seien. Beim Sitzen liegt der Nullpunkt des Liquordruckes nicht am Foramen magnum occipitale, sondern entspricht den oberen Brustwirbeln (KRÖNIG-GAUSS[9]), so daß, wie PROPPING zeigen konnte, bei Punktion zwischen Atlas und Hinterhauptbein Luft in den Wirbelkanal angesaugt wird.

---

1 Mitt. a. d. Grenzgebieten Bd. 19. 1909. 2 Deutsche med. Wochenschrift 1905 u. Deutsche Klinik am Anfang des 20. Jahrhunderts. 3 Annals of surg. 1919. Surg. gynecol. and obstet. Bd. 3. 1920. 4 Zeitschrift f. d. ges. Neurol. u. Psychiatrie 1912. 5 Mitteil. a. d. Grenzgebieten Bd. 30. 6 Münchener med. Wochenschrift 1909. Mitt. aus d. Grenzgeb. 34. 1921. 7 Experim. Beitr. z. Lehre v. d. Blutzirkulation i. d. Schädel-Rückgratshöhle. Festschr. f. BUCHNER-München. 1892. 8 Mitteil. a. d. Grenzgebieten Bd. 19. 9 Münchener med. Wochenschrift 1902.

Ganz entsprechen diese Modelle aber den Verhältnissen beim Lebenden doch nicht; denn beim Lebenden finden wir im Liegen einen Druck von rund 10—12 ccm Wasser, während er bei der Leiche gleich Null ist. Das hängt wohl mit der Spannung der Gewebe, vor allem der Dura mater zusammen.

Puls und Atembewegungen werden auf den Liquor übertragen und besonders deutlich kann man Stauungen im Bereich der großen Halsvenen am Manometer ablesen.

Kehren wir nun zu der Betrachtung des Hirndruckes zurück, so kann dieser theoretisch durch Erhöhung des arteriellen, durch Erhöhung des venösen (Unterbindung der V. jugularis s. ROHRBACH[1], LINSER[2] u. a.) und durch Erhöhung des Liquordruckes gesteigert werden. Immer aber treten Wechselbeziehungen zwischen diesen drei Größen auf, insofern Erhöhung der einen zur Verminderung der anderen führt. Wir reden deshalb seit BURROW[3] von einer Konstanz des Schädelinhaltes, was richtiger ist als die ältere Bezeichnung MONROS, der von einer Konstanz des Blutgehaltes sprach, dabei aber den Liquor nicht berücksichtigte.

Bei Vermehrung der Zerebrospinalflüssigkeit durch Einspritzung von Eiweißlösung in den Subarachnoidealraum bekam LEYDEN[4] in seinen bekannten Versuchen alle Erscheinungen des akuten Hirndruckes. Wurde gleichzeitig der Blutdruck erniedrigt, so traten die Erscheinungen schon früher auf, woraus LEYDEN folgerte, daß der Eintritt der Hirndrucksymptome abhängig sei von der Anämie des Gehirns. Dieser Gedankengang, daß nämlich das, was wir Hirndruckerscheinungen nennen, einfach abhängig sei von den Zirkulationsstörungen im Gehirn, liegt auch den Arbeiten von v. BERGMANN-BASTGEN[5], NAUNYN und SCHREIBER[6], KOCHER l. c., CUSHING[7] u. a. zugrunde, die allerdings in ihren Experimenten den Hirndruck nicht durch Vermehrung des Liquor, sondern durch Druck auf die Hirnrinde erzeugten. Sie fanden übereinstimmend, daß Hirndruckerscheinungen erst dann auftreten, wenn der auf das Hirn ausgeübte Druck den Blutdruck übertrifft. Es werden bei Druck auf das Gehirn zuerst die Venen verengt; es entsteht also eine venöse Stauung. Erst ein stärkerer Druck vermag auch die Arterien zusammenzudrücken und es kommt dann zur Anämie des Gehirns. Durch Ausweichen des Liquor in der Richtung auf den Wirbelkanal wird die Wirkung des auf das Gehirn einwirkenden Druckes anfänglich etwas gemildert; bald jedoch verschließt das Kleinhirn das Foramen magnum occipitale, und nun kommt die Druckwirkung voll zur Geltung. Durch Unterbindung oder embolischen Verschluß der das Gehirn versorgenden Arterien bekommt man die gleichen Erscheinungen, wie wir sie vom Hirndruck her kennen (HILL[8]) und CUSHING konnte nachweisen, daß bei langsamer Druckerhöhung zu-

---

1 BRUNS' Beiträge z. klin. Chir. Bd. 17. 2 BRUNS' Beiträge z. klin. Chir. Bd. 28. 3 On disorders of the cerebral circulation. London 1846. 4 VIRCH. Arch. Bd. 37. 5 Verh. d. phys. med. Ges. in Würzburg Bd. 15. 6 Arch. f. exp. Path. Bd. 14. 7 Mitteil. a. d. Grenzgebieten Bd. 18. 8 The physiol. and pathology of the cerebral circulation. London 1896.

nächst mit zunehmender Anämisierung Hirndruckerscheinungen auftreten, die aber wieder verschwinden, wenn infolge der durch die Anämisierung des Vasomotorenzentrums bewirkten Steigerung des allgemeinen Blutdrucks das Gehirn wieder mehr Blut bekommt. Dieser zuletzt angeführte, im Experiment erhobene Befund CUSHINGS kann gelegentlich für die klinische Beurteilung eines Falles von Wichtigkeit sein, insofern wir nach BRESLAUER[1] bei akutem Hirndruck, also z. B. bei Schädelfrakturen, einen erhöhten allgemeinen Blutdruck durch Steigerung der Vasomotorenzentren schon zu einer Zeit finden, wo die anderen Hirndruckerscheinungen, wie Pulsverlangsamung usw., noch nicht deutlich sind. Bei einer plötzlichen Druckänderung, etwa durch einen Schlag gegen den Schädel, verhält sich anfänglich die Blutmenge im Gehirn wechselnd, teils Zunahme, teils Abnahme. Nach diesen anfänglichen Schwankungen ist eine dauernde Volumenabnahme und Blutleere des Gehirns zu beobachten (KNAUER und ENDERLEN[2]).

An der Richtigkeit all dieser Beobachtungen über die Beziehungen von Hirndruck zum allgemeinen und lokalen Blutdruck ist wohl nicht zu zweifeln, nur die Deutung ist anfechtbar. SAUERBRUCH und HAUPTMANN konnten bei Druck auf das Gehirn und gleichzeitiger Messung des Blutdrucks nachweisen, daß die Hirndrucksymptome, so weit sie Puls und Atmung betreffen, nicht verschwinden, wenn die Zirkulationsverhältnisse des Gehirns wieder normale geworden sind. Daraus kann man entnehmen, daß nicht alle Hirndrucksymptome lediglich von den Zirkulationsstörungen abhängen, sondern daß sie an eine Schädigung der Hirnnervenzellen gebunden sind, mag diese Schädigung durch den Druck als solchen oder sekundär durch die mit diesem Druck verbundene Zirkulationsstörung bedingt sein. Man muß dabei nach GEIGEL bedenken, daß sich die Zirkulationsstörungen im Gehirn nicht einfach nach dem Sektionsbefund beurteilen lassen, da es nicht auf die Menge des angesammelten Blutes, sondern darauf ankommt, wie viel sauerstoffhaltiges Blut die Kapillaren während des Lebens durchströmt hat und wie das Blut im Gehirn verteilt war. Es gibt auch Hirndrucksymptome ohne Anämie des Gehirns (SAUERBRUCH[3], KNAUER-ENDERLEN[4]).

Ein Zusammenhang von Liquordruck und Hirndruck ist nicht ohne weiteres zu erwarten, man kann also aus den bei der Lumbalpunktion gefundenen Druckwerten keinerlei Rückschlüsse auf die Stärke des Hirndrucks ziehen. Gleichwohl findet man gelegentlich bei Erkrankungen oder Verletzungen, die mit erhöhtem Hirndruck einhergehen, einen quantitativ vermehrten Liquor, im Wirbelkanal und in den Ventrikeln, der unter erhöhtem

---

1 Mitteil. a. d. Grenzgebieten Bd. 30. 2 Journ. f. Psychol. u. Neurol. Bd. 29. 1922. 3 Mitteil. a. d. Grenzgebieten III. Suppl.-Bd. 1907 u. Monatsschrift f. Psychiatrie und Neurologie Bd. 26. S. 140. 4 Journ. f. Physiol. und Neurol. Bd. 29.

Druck ausfließt. Wie erklärt sich das? Am naheliegendsten ist es, zur Erklärung für diesen „Hydrocephalus“ eine Stauung im venösen Kreislauf anzunehmen. Denn nach dem, was oben über die Abflußwege des Liquor gesagt worden ist, würde durch solche Stauung der Abfluß des Liquor erschwert werden (vgl. PAYR[1]). BRESLAUER hat jedoch nach Unterbindung der Vena magna Galeni oder der Halsvenen nie einen Hydrocephalus beim Tier bekommen, ebensowenig wie nach mechanischer Kompression des Aquaeductus Sylvii, während DANDY[2] bei Unterbindung der Vena magna Galeni an ihrer Ursprungsstelle tief im Gehirn einen Hydrocephalus bekam. Immerhin ist wohl genau so wenig wie beim Ascites anzunehmen, daß Stauung allein zu einer Vermehrung des Liquor führt. Nach den Untersuchungen von FINKELNBURG[3] findet man bei Alkoholvergiftung eine erhöhte Abscheidung von Liquor, und der Autor erklärt die Kopfschmerzen nach Exzessen in baccho als solchen akuten Hydrocephalus. Ähnlich wie solche chemisch bekannte Körper mögen bei Tumoren auch unbekannte chemische Stoffe oder mechanische Schädigungen auf das Gehirn wirken (vgl. REICHARDT[4])· Sie führen zu einer Vermehrung des gesamten Schädelinhaltes, also des Gehirns als Ganzem. Nach den Untersuchungen von REICHARDT (l. c.), FOETIG[5] u. a. kann man bei Hirntumoren ohne Hydrocephalus auch nach Abzug des Tumor die Gehirnmasse zu groß für den Schädelraum finden. Es entsteht dann ein Mißverhältnis zwischen Schädelinnenraum und Hirnvolumen.

Als Folge eines umschriebenen Druckes auf das Gehirn finden wir eine **Dellenbildung** in der Gehirnsubstanz; wie diese Dellenbildung aber zustande kommt, ist trotz zahlreicher experimenteller Untersuchungen (NAUNYN und FALKENHEIM, ALBERT und SCHNITZLER[6], HORSLEY[7], ADAMKIEWICZ, HILL, RONCALI[7] u. v. a.) noch nicht geklärt. Eine Auspressung der Gewebsflüssigkeit spielt wohl nach den Versuchen von ALBERT und SCHNITZLER sicher dabei eine Rolle; die Autoren beobachteten nämlich ein rascheres Austropfen von Hirnflüssigkeit aus einer in die Optikusscheide gebundenen Kanüle, wenn sie den Hirndruck erhöhten. Daneben mag aber auch die Gefäß- und Zellkompression an dieser Dellenbildung schuld sein. Mir scheint die Frage nicht von der großen Bedeutung zu sein, die ihr zeitweise beigemessen worden ist.

---

1 Arch. f. klin. Chir. Bd. 87. Hft. 4. 2 Ann. of surg. 1919. 3 Deutsches Arch. f. klin. Med. Bd. 80. 4 Zeitschrift f. Psychiatrie 75. 5 Deutsche Zeitschrift f. Chir. Bd. 35. 6 Intern. klin. Rundschau. Wien 1894. 7 Zit. nach HAUPTMANN.

Von dem **„Bewußtsein“** nimmt man im allgemeinen an, daß es in der Großhirnrinde lokalisiert sei, und daß Bewußtseinsstörungen (Ohnmachten u. dgl.) von Schädigungen, in erster Linie von Anämie der Großhirnrinde abhängig sind. KNAUER und ENDERLEN [1] fanden bei Schlag gegen den Schädel eine saure Reaktion der Hirnrinde, die sie mit der Bewußtlosigkeit in Zusammenhang bringen. BRESLAUER [2] glaubte nach Tierversuchen, daß Druck auf eine beliebige Stelle der Hirnrinde niemals zu Bewußtlosigkeit führt, daß diese jedoch ziemlich regelmäßig bei Drucksteigerung der hinteren Schädelgrube, in erster Linie der Meudlla oblongata, eintritt, eine Angabe, die KNAUER und ENDERLEN nicht bestätigen konnten. Beim Menschen braucht eine umschriebene Schädigung der Großhirnrinde nicht zur Bewußtlosigkeit zu führen, und es ist wohl richtig, daß man eine Bewußtlosigkeit bei Verletzungen der subkortikalen Bezirke und des Hirnstamms leichter bekommt. Hier liegen ja aber auch alle Bahnen, die nach der Peripherie gehen, enger beieinander und wir haben hier eine Reihe lebenswichtiger Zentren, deren Schädigung zu allgemeineren Störungen führen muß als die Verletzungen der Hirnrinde. Es scheint mir aber vorläufig ein ziemlich aussichtsloser Versuch, das Bewußtsein in irgend einem Hirnteil lokalisieren zu wollen.

Ein weiteres Symptom des Hirndrucks, ist die **Stauungspapille.** Über ihre Entstehungsursache sind sich die Autoren noch nicht völlig einig [3]. Sie zu erforschen, ist eine Sonderaufgabe der Augenheilkunde geworden und das Kapitel Stauungspapille ist wiederholt in letzter Zeit von Augenärzten zusammenfassend bearbeitet worden. Die verschiedenen aufgestellten Theorien lassen sich in folgender Weise teilen: die mechanische Theorie sieht in den Stauungserscheinungen und besonders in dem erhöhten Zufluß von Liquor, wie er in den oben angeführten Versuchen von ALBERT und SCHNITZLER seinen Ausdruck findet, die hauptsächliche Entstehungsursache der Stauungspapille. Auch die Entzündungstheorie LEBERS und die sogenannte neurotropische Theorie gehen von dem erhöhten Hirndruck aus, nur glaubt LEBER, daß mit dem Liquor Entzündungsstoffe nach der Papille gelangen, während die Anhänger der neurotropischen Theorie der Ansicht sind, daß durch den Druck zunächst Gefäßnerven für die Papille getroffen werden. Alle diese Theorien erkennen jedenfalls den Zusammenhang von Stauungspapille und Hirndruck an, und für den Chirurgen folgt daraus, daß Herabsetzung dieses Hirndrucks durch Trepana-

---

1 Journ. f. Psychol. u. Neurol. 29. 1922. 2 Mitteil. a. d. Grenzgebieten Bd. 29. 3 WILBRAND u. SAENGER, Neurologie d. Auges. Bd. IV.

tion das Fortschreiten der Stauungspapille aufhält und sie bessert. Eine Stauungspapille kann sich nach UHTHOFF[1] schon wenige Stunden nach einer Schädelverletzung zeigen. Gewöhnlich braucht sie aber einige Wochen zu ihrer Entwicklung.

Noch ein weiteres, für den Chirurgen außerordentlich wichtiges Augensymptom muß hier erwähnt werden, das ist die Erweiterung der Pupille bei Hirndruck. Nach den klinischen Beobachtungen und experimentellen Untersuchungen HOESSLYS[2] beruht diese Erweiterung der Pupille bei allgemeinem Hirndruck entweder auf einer zentral bedingten Reizung des Sympathikus oder auf einem Nachlassen des Tonus des Okulomotorius. Es handelt sich also bei der Pupillenerweiterung nicht, wie vielfach angenommen worden ist, nur um eine Lähmung der basalen Zentren, sondern gleichzeitig um eine Reizung des Antagonisten, nämlich des Sympathikus. Bei lokalem Hirndruck, z. B. bei Blutungen der Art. meningea media, begegnen wir gar nicht selten der einseitig erweiterten Pupille und zwar entspricht die erweiterte Pupille der Seite des vermehrten Druckes (HOESSLY), was praktisch sehr bedeutungsvoll ist.

Als Folge eines ganz kurzdauernden, man möchte sagen einmaligen Druckes auf das Gehirn ist nach KOCHER[3] die **Hirnerschütterung** aufzufassen. Sie kommt dadurch zustande, daß ein auf den Schädel einwirkender Schlag sich auf das Gehirn fortsetzt. Das Gehirn wird durch solch einen den Schädel treffenden Schlag einmal von der getroffenen Seite fort zu der gegenüberliegenden hin getrieben, zweitens wird das Gehirn in der Richtung der einwirkenden Gewalt geschädigt, da das Gehirn als fester Körper die Stoßwellen nur in einer Richtung fortpflanzt (GENEWEIN[4]).

Die Elastizität des Gehirns spielt bei solchen Gewalteinwirkungen eine nicht zu unterschätzende Rolle. Man hat an Modellen und Schädeln die in Betracht kommenden Verhältnisse eingehend studiert (GAMA[5], ALQUIÉ[5], FISCHER[6], KOCHER-FERRARI[7], FELIZET[8], v. BRUNS[9], MESSERER[10], HERRMANN[11], v. BERGMANN[12], TILMAN[13] u. a.). Der Schädel besitzt einen Elastizitätsmodul, der zwischen dem einer Hohlkugel aus Messing und einer solchen aus Holz liegt. Genau

---

1 Handbuch v. GRAEFE-SAEMISCH, II. Aufl. 2 Mitteil. a. d. Grenzgebieten Bd. 30. S. 1. 1918. 3 NOTHNAGELS Handbuch d. spez. Pathol. u. Therap. Bd. 9. 3. 4 BRUNS' Beitr. Bd. 128. 1923. 5 Zit. nach HAUPTMANN, Neue Deutsche Chir. Bd. 11 u. 12. 6 v. VOLKMANNS Vorträge Nr. 27. 7 In NOTHNAGELS spez. Pathol. IX. 3. 8 NOTHNAGELS Handbuch d. spez. Pathol. u. Therap. Bd. 9. 3. 9 Die chirurgischen Krankheiten u. Verletzungen d. Gehirns. Tübingen 1854. 10 Exp. Untersuch. über Schädelbrüche. München 1884. 11 Dissert. Dorpat 1881. 12 Deutsche Chirurgie. Lief. 30 u. Handbuch d. prakt. Chir. Bd. I. 13 Arch. f. klin. Chir. Bd. 57, 59, 66.

wie bei einer Kugel wird die durch die einwirkende Gewalt getroffene Fläche abgeplattet. Der Schädel ändert also bei einem Schlag, der ihn trifft, seine Gestalt und zwar vergrößert sich seine Länge in dem auf die Angriffsstelle senkrechten Durchmesser; er verlängert sich also z. B. bei Schlag gegen die Schläfe in seinem Längsdurchmesser. Gleichzeitig nimmt seine Höhe zu. Ist die Gewalt genügend groß, so kommt es schließlich zu einem Berstungsbruch (v. WAHL, BOHL[1]), und zwar in dem Augenblick, wo der Schädel den Höhepunkt der geschilderten Gestaltungsveränderung erreicht hat. Die Folge davon ist, daß die Bruchlinie in dem Augenblick ihres Entstehens stark klafft. Da aber der Schädel seine Elastizität, auch wenn er gebrochen ist, beibehält (Versuch v. BRUNS), so federt er beim Nachlassen der Gewalteinwirkung in seine normale Gestalt zurück und klemmt bei diesem Zurückfedern in die Bruchstelle alle möglichen Gewebsteile, Haare, Fett u. dgl. ein, bei Vorhandensein einer Wunde auch Fremdkörper, wie Tuchfetzen und Mützenteile; selbstverständlich liegt hierin eine große Infektionsgefahr für das Gehirn und seine Häute.

Infolge der gewölbten Form der Schädeloberfläche sind die Zugkräfte, die an der Tabula interna bei einer Eindellung angreifen, jeweils größer, als die auf die Tabula externa wirkenden Druckkräfte. Die Folge davon ist, daß die Tabula interna meistens in größerer Ausdehnung gebrochen ist; das bedeutet eine erhöhte Kompressionsgefahr für das Gehirn. Andererseits stellt aber die Trennung in eine äußere und innere Lamelle auch wieder einen Schutz für das Gehirn dar, insofern nach TILLMANN die Tabula externa gegen die interna gedrückt werden kann, ohne diese zu verletzen. Das würde also eine gewisse Dämpfung der Gewalteinwirkung bedeuten. Daß bei den Gewalteinwirkungen von innen nach außen (Schußverletzungen) umgekehrt die externa stärker zerstört sein muß als die interna, ergibt eine einfache Überlegung und geht auch aus den Versuchen von TEEVAN[2] hervor.

Die geschilderte Veränderung, die die Gestalt des Schädels durch eine Gewalteinwirkung erleidet, erklärt bis zu einem gewissen Grade den Verlauf der Bruchlinien bei Schädelbrüchen (vgl. auch KÖRBER, BOHL[3] u. a.). Aber ebenso wie bei den Knochenbrüchen an den Gliedmaßen für den Verlauf der Bruchlinien und vieles andere die Weichteile mitbestimmend sind, so ist das auch beim Schädel der Fall. Hier ist das Gehirn dank seiner physiologischen Beschaffenheit mitbestimmend für manche Besonderheit der Schädelbrüche.

---

1 Deutsche Zeitschrift f. Chir. Bd. 43 (Lit.) 2 Handbuch d. prakt. Chir. IV. Aufl. Bd. I. S. 65. 3 Deutsche Zeitschrift f. Chir. Bd. 29.

Das ist zuerst bei den Schußverletzungen des Schädels erkannt worden. Trifft ein Schuß mit einem modernen Armeegewehr den Kopf aus der Nähe, also etwa 50 m, so wird der ganze Schädel und das Gehirn vollständig auseinandergesprengt. Da man durch Wiederzusammensetzen der Splitter nachweisen kann, daß ein Ein- und Ausschuß vorhanden ist, so kann man daraus mit Sicherheit folgern, daß das Geschoß zunächst den Schädel durchbohrt und dann erst die sogenannte Explosionswirkung eingesetzt hat (TILLMANN[1]). Es handelt sich also bei dieser Explosion nicht um einen hydraulischen Druck, also eine gewöhnliche Pressung des Gehirns, da in diesem Falle die Explosion in dem Augenblick eintreten müßte, in dem das Geschoß in das Innere des Schädels gelangt, sondern es ist anzunehmen, daß das Geschoß lebendige Kraft an das Gehirn abgibt, so daß die Bewegungen der Hirnteilchen diese Sprengung bewirken. Man nennt das einen hydrodynamischen Druck, den das Geschoß auf das Gehirn und dieses auf den Schädel überträgt (COLER und v. SCHJERNING[2]). Im Experiment hat man dieselben Verhältnisse beim Durchschießen einer mit Wasser oder Stärkekleister gefüllten Blechbüchse. Ob die Übertragung der lebendigen Kraft beim lebenden Menschen auf das Gehirn als Ganzes, das ja keine flüssige Masse ist, erfolgt, oder nur auf den Liquor und das Blut, ist schwer zu entscheiden. Die sogenannten KRÖNLEINschen[3] Schädelschüsse, bei denen das Gehirn als Ganzes aus dem zertrümmerten Schädel herausfliegt, sprechen dafür, daß in solchen Fällen nur der Liquor als Träger der übermittelten lebendigen Kraft in Frage gekommen ist. Zum Zustandekommen dieser eigenartigen Sprengwirkung ist nach MERTENS[4] die Rotation des Geschosses, wie sie durch die gezogenen Läufe bedingt wird, ein notwendiges Erfordernis; die Richtigkeit dieser Annahme wird allerdings von FRANZ[5] bestritten. Nach seinen Versuchen an Ochsenhirnen und Menschenschädeln stehen diese KRÖNLEINschen Schädelschüsse mit der hydrodynamischen Theorie im Einklang.

Daß auch bei einem Schlag oder bei Fall auf den Kopf die Zerstörungen der Schädelknochen durch das Gehirn verstärkt werden, zeigen die Modellversuche von TILLMANN[6], der einen Glaskolben mit Gelatine füllte und dann einen Schlag gegen ihn einwirken ließ. In diesem Falle ist es der hydraulische Druck, der die

1 In WILMS-WULLSTEINS Lehrbuch d. Chir. VI. Aufl. Bd. 1. S. 69 u. l. c.
2 Über die Wirkung u. Bedeutung d. neuen Handfeuerwaffen. Medizinalabt. d. preuß. Kriegsminist. 1894.
3 Chirurgenkongreß 1899 u. BRUNS' Beiträge Bd. 29. 9100.
4 BRUNS' Beiträge Bd. 108. S. 371.
5 BRUNS' Beiträge Bd. 116. S. 443 u. Arch. f. klin. Chir. Bd. 93.
6 Arch. f. klin. Chir. Bd. 66.

Zerstörung des Schädels bewirkt. Es lassen sich die sogenannten indirekten Schädelbrüche, also z. B. die sonst rätselhaften Orbitaldachfrakturen nur durch eine solche Kraftübertragung durch das Gehirn erklären (DOEPFNER[1]). Diese Schädelbrüche sind also echte Contrekoupbrüche, während wir ja sonst aus den Untersuchungen von v. WAHL[2] und MESSERER (l. c.) wissen, daß die Mehrzahl der früher als Contrekoupfrakturen bezeichneten Schädelbrüche sich anders erklären, nämlich als fortgeleitete Bruchlinien.

Den Verlauf der Kraftwellen im Gehirn hat man ebenfalls vielfach an Modellen studiert (GAMA, ALQUÉ, KOCHER-FERRARI, FELIZET[3] u. a.). Man wollte durch solche Versuche eine Vorstellung gewinnen über die Stärke, mit der das Hirn durch einen Schlag oder Fall mechanisch bewegt wird. Besonders klar sind die Versuche von FERRARI, der gefärbte Glasplättchen in das Gehirn brachte, und dann Schläge gegen den Schädel führte. Er fand eine ausgedehnte Zersplitterung der Glasplättchen auch ohne daß der Schädel zerbrach, allerdings nur dann, wenn die Glasplättchen nicht tiefer als 5 mm unter der Oberfläche des Gehirns lagen. Wenn FELIZET an seinen mit Paraffin gefüllten Schädeln eine Einbuchtung des Paraffins an der Stelle der Gewalteinwirkung und eine Ausbuchtung an der gegenüberliegenden Seite beobachtete, so illustrieren diese Veränderungen gut das Zustandekommen des sogenannten „Contrekoup“, d. h. der Schädigung der Hirnrinde an einer Stelle, die dem Angriffspunkte der Gewalteinwirkung gegenüberliegt. RAHM[4] ist auf Grund physikalisch-theoretischer Überlegungen allerdings der Ansicht, daß eine solche Fortleitung des Stoßes durch das Gehirn nicht statthat, sondern daß der Schädel durch den Schlag die Form eines Ellipsoides einnimmt und daß dann das Gehirn durch den Schädelknochen an der Stelle der Gewalteinwirkung und an der entsprechenden Gegenseite gequetscht wird.

Man hat sich vielfach bemüht, die Hirnerschütterung im Tierversuch nachzuahmen, um in dieser Weise zu einer Erklärung der verschiedenen Erscheinungen zu kommen, die das Krankheitsbild bietet. Man ist dabei denselben Weg gegangen, wie bei den Versuchen über Hirndruck, und faßt ja auch die Hirnerschütterung als einen kurz dauernden Hirndruck auf. Es spielt also vor allem seit KOCHER und CUSHING die Anschauung eine große Rolle, daß die Erscheinungen des Hirndrucks auf einer Anämisierung der Hirn-

---

1 Deutsche Zeitschrift f. Chir. Bd. 116. S. 44. 1912. 2 Zentralbl. f. Chir. 1888. 3 Alle l. c. 4 Zentralblatt f. Chirurgie 1920. Nr. 7 u. BRUNS' Beiträge Bd. 119. S. 318.

rinde beruhen. Ich kann hier füglich auf das verweisen, was oben beim Hirndruck zu dieser Frage gesagt worden ist. Hervorheben möchte ich nur die Versuche von KOCH u. FILEHNE, die bei Fröschen, deren Blutgefäße nach Ablassen des Blutes mit Kochsalzlösung gefüllt worden waren, durch Verhämmerung des Schädels Änderungen des Pulses und der Atmung bekamen, die den Erscheinungen bei Commotio cerebri entsprachen. Immerhin gibt es nach Hirnverletzungen sehr lang dauernde Änderungen der Blutversorgung des Gehirns, vor allem Hyperämie, wodurch klinische Symptome ausgelöst werden, die an einen Hirntumor denken lassen (FRIEDMANN[1], DREIFUSS[2] u. a.). Die Unterschiede zwischen den Ergebnissen der Tierversuche und den Befunden am Menschen (vgl. hierzu PIROGOFF, BECK, STROMEYER, KOCH u. FILEHNE, KRAMER, MASSLAND u. SALTIKOFF, SAUERBRUCH u. v. a.) lassen sich aus der hochentwickelten Funktion des Gehirns beim Menschen zwanglos erklären. Nach BRESLAUER[3] sind die klinischen Erscheinungen, die wir bei einer Hirnerschütterung beobachten, als Schädigungen der Medulla oblongata aufzufassen und RITTER[4] unterscheidet auch klinisch das Bild der Commotio med. oblongatae mit ihrer sehr rasch einsetzenden, aber auch rasch vorübergehenden Bewußtlosigkeit von der Commotio cerebri.

Als pathologisch-anatomische Unterlage für diese Schädigungen der Hirnnervenzellen bei Commotio sind über das ganze Gehirn hin zerstreute kleine Blutungen (BRIGHT [1813]), sowie Degenerationen in den Ganglienzellen (VIRCHOW[5], FRIEDLÄNDER[6] HAUSER[7], HÖLDER[8] u. a.) beschrieben worden. Für die Ansicht TILMANNS[9], daß bei Commotio cerebri eine Trennung der weißen von der grauen Substanz stattfände, bedingt durch das verschiedene spezifische Gewicht beider, soll sprechen, daß die kapillaren Blutungen in der grauen Substanz reichlicher gefunden werden, als in der weißen.

Die Veränderungen an den Gefäßen können zu „traumatischen Spätapoplexien“ (BOLLINGER[10]) führen. Offenbar handelt es sich dabei um eine unvollständige Zerreißung oder Schädigung der Gefäßwände, die nach einigen Tagen oder Wochen zu einer Erweichung des betreffenden Gefäßes mit daran anschließender

---

1 Deutsche med. Wochenschrift 1891 u. Münchener med. Wochenschrift 1893. Arch. f. Psych. Bd. 23. 2 Zeitschrift f. d. Ges. Neurologie u. Psych. Bd. 7. 3 Deutsche med. Wochenschr. 1919 u. BRUNS' Beitr. Bd. 121. 1921. 4 Deutsche Zeitschr. f. Chir. Bd. 175. 1922. 5 VIRCH. Arch. Bd. 50. 6 VIRCH. Arch. Bd. 88. 7 Deutsches Arch. f. klin. Med. Bd. 65. 8 Pathol. Anat. d. Gehirnerschütterung. Stuttgart 1904. Verlag von Weise. 9 Arch. f. klin. Chir. Bd. 59 u. 64, 66. 10 Festschrift f. VIRCHOW 1891. Bd. 2.

Blutung führt. Ähnliches wird auch an der Meningea media beobachtet (A. W. MEYER[1] u. a.), und hier ist die Kenntnis, daß solche Spätblutung vorkommen kann, natürlich ganz besonders wichtig; man wird bei der Möglichkeit einer solchen Schädigung der Meningea die Patienten nicht zu früh aus der Beobachtung lassen und wird, wenn eine Spätblutung eintritt, die ja leicht zu diagnostizieren ist, rechtzeitig operativ eingreifen.

Von chirurgisch wichtigen Erkrankungen, die schließlich auch zu dem Bilde des Hirndruckes führen, wären noch die **akuten Entzündungen des Hirns und seiner Häute** zu nennen. Der Verlauf der Entzündungen der Gehirnsubstanz hat etwas Eigenartiges. Das Gehirn antwortet sehr langsam auf die eingedrungenen Erreger. Bei Verletzungen ist man gewöhnt, einen Hirnabszeß nicht vor Beginn der zweiten Woche zu beobachten (FRIEDRICH[2]). Im weiteren Verlauf der Entzündungen fehlt das Fieber oft gänzlich; ein Hirnabszeß wächst nur äußerst langsam und schubweise. Um die Abszesse herum bildet sich eine sogenannte Membran, die aber nach den Untersuchungen von CASSIRER[3] nicht als eigentliche Abkapselung aufzufassen ist. Mit dieser geringen Abwehrfähigkeit des Gehirns hängt umgekehrt seine leichte Infizierbarkeit zusammen, so daß man sich bei Punktion von Hirnabszessen sehr vorsehen muß, um nicht durch die Punktionsnadel andere Hirnteile zu infizieren.

Genau wie die Eiterungen und Entzündungen in den anderen Geweben unter dem Bilde des Abszesses und der Phlegmone verlaufen, so unterscheiden wir auch beim Gehirn den Hirnabszeß und die Encephalitis[4]. Die geringe Reaktionsfähigkeit des Gehirngewebes, von der wir oben sprachen, bringt es mit sich, daß nicht so fließende Übergänge von Hirnabszeß zur Encephalitis bestehen, wie zwischen einem Weichteilabszeß und einer Phlegmone. Ein Hirnabszeß kann Jahre lang bestehen, ohne daß es zu einer fortschreitenden Encephalitis kommt, aber nach irgendeiner neuen Verletzung, z. B. einer Operation oder nach körperlicher Überanstrengung entwickelt sich rasch eine allgemeine, zum Tode führende Encephalitis aus dem bis dahin symptomlosen Abszeß. Ohne vorhergegangenen Abszeß sieht man genau wie bei den Phlegmonen wenige Tage nach einer penetrierenden Schädelverletzung gelegentlich das Einsetzen einer akuten progredienten Encephalitis (FRIEDRICH[5]).

Es gibt auch eine umschriebene Encephalitis, und zwar

---

1 Mitteil. a. d. Grenzgebieten Bd. 23. 2 Deutsche Zeitschrift f. Chir. Bd. 85. 3 OPPENHEIM u. CASSIRER, Der Hirnabszeß in NOTHNAGELS Handbuch d. spez. Path. Wien 1909. 4 Vgl. BORCHARD, Neue Deutsche Chir. 18. III. 5 Deutsche Zeitschrift f. Chir. Bd. 85.

in erster Linie bei **Hirnprolapsen.** In Tierversuchen hat SCHIFONE[1] und später BLEGVAD[2] die Ursache des Hirnprolaps studiert; anatomische Untersuchungen von menschlichen Prolapsen stammen von SCHROTTENBACH[3]. Danach müssen wir einen primären Hirnprolaps, der bei Drucksteigerung im Gehirn, auftritt, sobald der Knochen und die Dura entfernt sind, von dem sekundären Prolaps, der, ohne daß der Hirndruck erhöht ist, längere Zeit nach der Trepanation beginnt, unterscheiden. Letzterer ist eine lokale Encephalitis, und man beobachtet deshalb im Tierversuch einen Prolaps nur dann, wenn das Gehirn nach der Eröffnung des Schädels irgendwie gereizt worden ist. Auch beim Menschen verschwindet ein Prolaps, wie bei den Kriegsverletzten vielfach zu sehen war, mit dem Aufhören der Entzündung. Oft kann dieses Verschwinden großer Prolapse außerordentlich schnell, im Verlaufe von Tagen, vor sich gehen, so daß man den Eindruck bekommt, daß nicht eine Organisation des Prolapses durch Bindegewebe und nachträgliche Schrumpfung dieses Bindegewebes stattgefunden hat, was SCHROTTENBACH für das gewöhnliche bei Prolaps hält, sondern daß es doch in der Hauptsache das Abfließen der entzündlichen Produkte, Verengerung der erweiterten Blutgefäße usw. war, was den Prolaps so rasch zum Verschwinden gebracht hat.

Die Gefahr bei der Entzündung der Hirnhäute **(Meningitis)** liegt einmal darin, daß entsprechend der großen Oberfläche der Hirnhaut eine starke Aufnahme giftiger Stoffe erfolgt, die schließlich mit dem Leben nicht mehr vereinbar ist. Der Mensch stirbt dann an der Infektion. Bei Schädelverletzungen kommen die Infektionserreger durch die Wunde zu den Hirnhäuten; in den Fällen von Meningitis ohne äußere Verletzung auf dem Blutwege. WEED, WEGEFORTH, AYER und FELTON[4] haben diese hämatogene Infektion im Tierversuch nachgeahmt und dabei gefunden, daß man eine Meningitis sehr leicht bekommt, wenn man gleichzeitig mit der intravenösen Einspritzung der Bakterien den Hirndruck durch Lumbalpunktion herabsetzt. Erhöht man den Hirndruck sogleich nach der Lumbalpunktion wieder durch Einspritzung von RINGERscher Lösung, so tritt keine Infektion der Hirnhäute ein. Die Druckdifferenz zwischen Blutgefäßsystem und Subduralraum würde danach also den Übertritt von Bakterien aus der Blutbahn begünstigen. Die Hirnhautentzündung führt zu einer Steigerung

1 Deutsche Zeitschrift f. Chir. Bd. 75. 1904. 2 Münch. med. Wochenschrift 1915. S. 1065. 3 Studien über den Hirnprolaps in Monographien a. d. Gesamtgebiete d. Neurologie usw. Springers Verlag. 1917. 4 Monographie of the ROCKEFELLER inst. f. med. res. 1920. Nr. 12.

des Hirndruckes. In einzelnen Fällen mag diese Drucksteigerung lediglich die Folge der vermehrten Meningealflüssigkeit sein; das gilt besonders für die zuerst von QUINCKE[1] beschriebene Meningitis serosa (Lit. s. BOENNINGHAUS[2], WENDEL[3], OPPENHEIM[4], DEMEL[5] u. a.). Es handelt sich bei dieser eigenartigen Erkrankung um eine aseptische Vermehrung der Meningealflüssigkeit oder um ein umschriebenes oder universelles Ödem der Hirnhäute. Dieses Ödem ist bei Entzündung am Schädel, Verletzungen am Kopf u. a. als kollaterales Ödem aufzufassen. Wir haben bisher keinen Grund anzunehmen, daß sich dieses kollaterale Ödem der Meningen vom kollateralen Ödem an anderen Stellen des Körpers durchgreifend unterscheidet; es führt nur wegen der Raumbeschränkung im Schädel sehr frühzeitig zu Hirndruck und damit zu schweren Allgemeinerscheinungen. Auch bei Infektionskrankheiten ist diese Meningitis serosa beobachtet worden. Hier wird man an einen chemischen Reiz denken, der zu einer Störung im Saftwechsel der Hirnhäute beigetragen hat. Ein Zufallsbefund von DOENITZ (zit. nach AXHAUSEN[6]) beleuchtet diese Möglichkeit. Er bekam nämlich, als er für eine Lumbalanästhesie einen Gummizusatz nahm, eine schwere eitrige, aber aseptische Meningitis.

Bei der infektiösen eitrigen Meningitis sind die Hirndruckerscheinungen wohl durch Änderung der Blutversorgung des Gehirns vielleicht auch durch Hirnschwellung bedingt.

Die **Epilepsie** ist die Gehirnkrankheit, die am frühesten eine Veranlassung für chirurgische Eingriffe abgegeben hat[7], wenigstens sind uns schon aus der Steinzeit Schädel bekannt, die deutlich die glatten Linien zeigen, die nur von einer Trepanation herstammen können; Depressionsfrakturen an anderen Stellen solcher Schädel weisen auf die Diagnose Epilepsie. Auch in der Folgezeit (s. BIRCHER[8]) bis eigentlich in die letzten Jahrzehnte hinein wurde ein operativer Eingriff eigentlich nur bei Epilepsie nach Trauma versucht, und so kam es, daß man allmählich eine scharfe Trennung machte zwischen der Epilepsie nach Trauma (symptomatischen) und einer nicht traumatischen (genuinen) Epilepsie.

Eine solche Gegenüberstellung ist keine glückliche; man ist deswegen neuerdings dazu übergegangen, Epilepsie nur noch als Symptomenkomplex anzuerkennen (HARTMANN und DI GAS-

---

1 v. VOLKMANNS Samml. klin. Vortr. N. F. Heft 67. 1893. u. Deutsche Zeitschrift f. Nervenheilkunde 1897 u. 1907. 2 Die Meningitis serosa. Wiesbaden 1897. 3 Arch. f. klin. Chir. Bd. 99. 4 Lehrbuch d. Nervenkrankheiten 5. Aufl. 1908. S. 1087. 5 Archiv f. klin. Chir. 125. 6 Berliner klin. Wochenschrift 1909. 7 WÖLFEL, Wiener klin. Wochenschrift 1925. S. 131. 8 Schädelverletzungen durch mittelalterliche Nahkampfwaffen. Arch. f. klin. Chir. Bd. 85.

PARO[1], BRAUN[2] u. a.). Genau wie wir in der Bauchchirurgie das Symptomenbild des Ileus bei allen möglichen verschiedenartigen Erkrankungen sehen, so soll auch die Epilepsie nur ein Symptom aller möglichen Hirnkrankheiten und Schädigungen sein. Zweifellos hat diese Theorie den großen Vorteil, daß sie der wissenschaftlichen Forschung das geringste Maß von Hemmungen auferlegt und gestattet, daß, wenn erst einmal die nötigen Grundlagen durch klinische Beobachtung und Experiment geschaffen sind, man dann immer noch irgend eine Einteilung treffen kann. REDLICH und BINSWANGER[3] haben schon eine solche Gruppierung der Epilepsien in akute, worunter sie den einmaligen oder nur ganz vereinzelt bleibende Anfälle verstehen und chronische Epilepsie vorgenommen, was besonders auch vom Standpunkte der Therapie aus zweifellos seine Berechtigung hat.

Zum Zustandekommen eines epileptischen Anfalls gehört ein veränderter Erregbarkeitszustand bestimmter Hirnzellen (BINSWANGER[4]). Dieser veränderte Erregbarkeitszustand ist häufig vererbt. Die Statistiken haben übereinstimmend gezeigt, daß Epileptiker zu etwa 30—40% (BINSWANGER) in ihrer Familienanamnese eine neuropathische Belastung aufweisen. Auch Tiere zeigen eine verschiedenartige Disposition zu Krämpfen. Bei einem Meerschweinchen kann man im Versuch viel leichter epileptische Anfälle bekommen als beim Hund, und auch die verschiedenen Exemplare der einzelnen Tierarten sind leichter oder schwerer epileptisch zu machen. Ob die ererbte Anlage zu Epilepsie etwas Einheitliches ist, ist noch nicht geklärt, aber nicht wahrscheinlich; wenigstens sind die anatomischen Veränderungen, die wir als Zeichen der Disposition ansehen, im einzelnen Falle verschieden. Wir finden oft sehr ausgesprochene Zeichen von Degeneration, wie Syndaktylie, Polydaktylie usw., in anderen Fällen ist nur eine Übererregbarkeit des vegetativen Systems vorhanden (v. ORZECHOWSKI und MEISEL[5]); schließlich finden wir mikroskopisch allerlei Veränderungen im Gehirn, wie Vermehrung des Hirngewichts, Sklerose des Ammonshorns usw. (ALZHEIMER[6]), die als Degenerationszeichen des Gehirns selbst aufgefaßt werden.

Bei Hirnschüssen mit Epilepsie hat man nachweisen können, daß

---

1 Handbuch d. Neurologie v. LEWANDOWSKY. Bd. 5. 2 Epilepsie nach Kopfverletzungen. Neue Deutsche Chir. 18. III. 3 Die klinische Stellung der sogenannten genuinen Epilepsie. Berlin 1913. Kargers Verlag u. REDLICH, Deutsche Zeitschrift f. Nervenheilkunde Bd. 35. 1909. 4 Die Epilepsie. In NOTHNAGELS Handbuch. Wien 1899. 5 Zit. nach BAUER, Konstitutionelle Disposition zu inneren Krankheiten. Berlin 1917. Springer. S. 165 ff. 6 Vers. deutscher Nervenärzte 7. 1913.

sie beim BARANYIschen Zeigeversuch vorbeizeigen, was auf eine allgemeine Großhirnschädigung hinweist (MARBURG und RANZI[1]). Von besonderem Interesse, aber bisher noch sehr wenig geklärt, ist die Frage, wie weit auf dem Umwege der Drüsen mit innerer Sekretion (Epithelkörperchen) die Reaktionsfähigkeit der Hirnzellen geändert wird, ob also Disposition zur Epilepsie gleichbedeutend ist mit einer Störung der inneren Sekretion (BAUER[2]). Daß die tetanischen Krämpfe ein ganz anderes Bild darbieten, wie die epileptischen, wurde schon oben erwähnt. Eine Beziehung der Epilepsie zu den Epithelkörperchen ließ sich also bisher nicht feststellen. Nun sind aber neuerdings angebliche Beziehungen zwischen der Nebenniere und der Epilepsie aufgefunden wurden. FISCHER[3] glaubte nachweisen zu können, daß sich beim Tier durch elektrische Reizung der Hirnrinde oder durch Amylnitrit keine Krämpfe auslösen lassen, wenn vorher die Nebennieren entfernt worden waren, und auf Grund dieser Versuche hat BRÜNING[4] bei einer Anzahl Epileptikern die linke Nebenniere entfernt mit anfänglich gutem Erfolge. Die Folgezeit zeigte aber, daß die Epilepsie durch Nebennierenentfernung nicht beeinflußt wurde (vgl. SCHMIEDEN[5], PEIPER[6], SPECHT[7] u. a.).

Die wenigen experimentellen Arbeiten, die von chirurgischer Seite aus über die **Nebennieren** angestellt worden sind, beschränken sich darauf, die Transplantationsmöglichkeit des Organs zu erforschen oder festzustellen, welche Veränderung die Nebenniere nach Operationen in ihrer Nähe, besonders also nach Nierenoperationen, erleidet. Die Nebennieren wurden entweder entfernt von ihrem ursprünglichen Sitz transplantiert oder sie wurden in die Substanz der Niere hinein verlagert. Diese Verlagerung wurde frei oder gestielt ausgeführt (SCHMIEDEN[8], COENEN[9], v. HABERER[10] u. a.). Man hoffte mit diesen Nebennierenverpflanzungen auf experimentellem Wege Hypernephrome erzeugen zu können. In dieser Hinsicht sind die Versuche jedoch sämtlich völlig gescheitert. Nebenbei ist es fraglich, ob die sogenannten GRAWITZschen Hypernephrome wirklich mit versprengten Nebennierenkeimen irgend etwas zu tun haben, ob es nicht vielmehr Tumoren sind, die von den Nierenkanälchen selbst ausgehen (STOERK[11]; Lit. s. ROST[12]).

Über die Veränderungen des Nebennierenmarkes nach Nierenoperationen liegen experimentelle Untersuchungen von NAKAHARA[13] vor. Es ergibt sich aus diesen Versuchen, daß bei solchen operativen Eingriffen an der Niere Veränderungen an den chromaffinen Zellen der Nebennierenmarksubstanz auftreten. Es ist jedoch keine Gesetzmäßigkeit in diesen Veränderungen festzustellen; man bekommt vielmehr den Eindruck, daß diese Veränderungen an

1 Wiener klin. Wochenschrift 1917. Nr. 21. 2 Die Epilepsie. In NOTHNAGELS Handbuch. Wien 1899. 3 Zentralbl. f. Chir. 1922. 4 Zentralbl. f. Chirurgie 1920 u. Mittelrhein. Chirurgentag Frankfurt Nov. 1920. 5 Mittelrhein. Chirurgentag Nov. 1920. 6 Zentralbl. f. Chir. 48. 1921. 7 Mittelrhein. Chirurgentag Heidelberg 1921. 8 Deutsche Zeitschrift f. Chir. Bd. 70. 1903. 9 Arch. f. klin. Chir. Bd. 81. 10 Arch. f. klin. Chir. Bd. 86. 11 ZIEGL. Beitr. Bd. 43. 1908. 12 VIRCH. Arch. Bd. 208. 1912. 13 VIRCH. Arch. Bd. 196.

der Nebenniere lediglich Folge einer Quetschung der Nebenniere selbst sind und jedenfalls nicht mit den Eingriffen an der Niere irgendwie zusammenhängen. Da man ja ohne Gefahr für den Organismus die eine Nebenniere völlig entfernen kann, so sind besondere Vorsichtsmaßregeln bei den Operationen an der Niere nicht erforderlich. Über die Folge der doppelseitigen Nebennierenentfernung und über die Funktion dieses Organs s. VINCENT[1]. Vielleicht spielt ungenügende Leistung oder das Versagen der Nebennierentätigkeit auch bei manchem plötzlichen Todesfall nach Operationen eine große Rolle; doch sind wir mit unseren Kenntnissen auf diesem Gebiet noch ganz in den Anfängen (vgl. TRENDELENBURG[2]). Im Experiment steht die Bluteindickung bei Entfernung der Nebenniere im Vordergrund (vgl. KELLAWAY und COWELL[3]). Einen sehr interessanten Fall, der bei Nebennierenerkrankung weitgehende Knochenveränderungen im Sinne einer Osteomalacie darbot, beschreibt LEB[4].

Wie gesagt, gehört zum Zustandekommen einer Epilepsie außer der Anlage noch eine zweite, wenn man so will, äußere Einwirkung, die in einem Trauma, in raumbeengenden Prozessen, Vergiftungen, psychischen Insulten usw. bestehen kann. Diese Einwirkung ist leichter dem Experiment zugänglich, und hierüber sind denn auch eine große Zahl von Tierversuchen angestellt worden.

Zunächst untersuchte man, ob nicht das Auftreten des epileptischen Anfalls abhängig sei von der Schädigung irgend einer bestimmten Stelle im Gehirn, mit anderen Worten, man suchte den Sitz oder das Zentrum der Epilepsie. Die Bewegungsstörungen, das Schlagen mit Händen und Füßen sprechen von vornherein sehr dafür, daß die motorische Region in der vorderen Zentralwindung in irgend einer Weise mit beteiligt ist.

Diese Ansicht stützt sich vor allen Dingen auf die klassischen Versuche von FRITSCH und HITZIG[5], die den Nachweis erbrachten, daß man durch elektrische Reizung der vorderen Zentralwindung Bewegungen in der gegenüberliegenden Gliedmaße erhält, und daß man durch solche elektrische Reizung typische epileptische Anfälle bekommen kann. Solche Versuche durch Verletzung oder elektrische oder Kältereizung der Hirnrinde, oder durch Einbringung von Fremdkörpern unter die Dura epileptische Anfälle auszulösen, sind in der Folgezeit vielfach wiederholt worden, so von ALBERTONI, CORONA, FRANCK, LUCIANI, UNVERRICHT, OPENKOWSKI, MUNCK, GOLTZ[6] u. v. a. Diese Tierversuche im Verein mit den klinisch-anatomischen Beobachtungen JACKSONS und den operativen Erfahrungen am Menschen haben gezeigt, daß es in einem bestimmten Prozentsatz der Fälle gelingt, durch Beseitigung der gereizten Stellen der Hirnrinde oder durch Entfernung der Ursache der Reizung die epileptischen Anfälle zum Verschwinden zu bringen. Selbstverständlich ist aber durch diese Versuchsergebnisse oder durch die klinischen Befunde nicht bewiesen, daß nun das Zentrum der Epilepsie in der Großhirnrinde, im besonderen in der motorischen Region, gelegen ist. Schon BROWN SÉQUARD[7] konnte vielmehr zeigen, daß es beim Meerschweinchen gelingt, durch Verletzung verschiedener Stellen des

---

1 Erg. d. Physiol. Bd. 9. 2 Erg. d. Physiologie 1923. 3 Journ. of physiol. Bd. 57. 1922. 4 Archiv f. klin. Chir. 131. 5 Arch. f. (Anat. u.) Physiol. 1870. 6 Ausführl. Lit. bei ITO, Deutsche Zeitschrift f. Chir. Bd. 52. 7 Ausführl. Lit. bei ITO, Deutsche Zeitschrift f. Chir. Bd. 52.

Hirnstammes, aber auch des Rückenmarks und peripherer Nerven, epileptische Anfälle auszulösen. Ja, er konnte bei diesen Tieren sogar epileptische Anfälle erzielen, wenn er das gesamte Großhirn und Kleinhirn abgetragen hatte. Und zwar löste er die Krämpfe entsprechend einer von WESTPHAL[1] angegebenen Versuchsanordnung in der Weise aus, daß er den Kopf des Meerschweinchens mit dem Perkussionshammer schlug. Dann bekamen die großhirnlosen Tiere Krampfanfälle. Meerschweinchen sind eben, wie die allgemeine Erfahrung der Autoren lautet, sehr leicht epileptisch zu machen, doch starb auch einer der berühmten großhirnlosen Hunde von GOLTZ im spontanen epileptischen Anfall. BROWN SÉQUARD folgert aus seinen Versuchen, ebenso wie WESTPHAL und SCHRÖDER VAN DER KOLK — von dem der Vergleich des epileptischen Anfalls mit einer elektrischen Entladung herrührt — ADAMKIEWICZ[2], POLLOCK[3] u. v. a., daß der epileptische Anfall durch eine Störung der Medulla oblongata hervorgerufen würde.

NOTHNAGEL[4] verlegte das „Krampfzentrum" in die Pons und zwar glaubte er in Anlehnung an die Versuche von KUSSMAUL und TENNER[5], daß dieses Krampfzentrum in Wechselbeziehung zu dem Vasomotorenzentrum am Boden des vierten Ventrikels stünde. ZIEHEN[6] konnte denn auch beim Kaninchen im Brückengebiet eine Stelle nachweisen, deren elektrische und mechanische Erregung einen tonischen Krampf hervorrief, und wir wissen, daß auch beim Menschen durch Blutungen in den Ventrikel tonische Starrkrämpfe entstehen, die sich als Druck auf den Hirnstamm erklären. Also eine gewisse Bedeutung für das Zustandekommen des epileptischen Anfalls hat der Hirnstamm wohl sicher.

Da aber umgekehrt MUNCK[7] zeigen konnte, daß ein Hund, den er durch langdauernde Reizung der Hirnrinde epileptisch gemacht hatte, seinen Krampf auch nach Durchschneidung des Rückenmarks behielt, so kann man schließen, daß auch von der Großhirnrinde allein epileptische Krämpfe ausgelöst werden können. Einer solchen überempfindlichen Zone der Hirnrinde entspricht dann oft eine periphere Hautpartie und Muskelgruppe, in der einerseits die epileptischen Krämpfe häufig beginnen (typische Rindenepilepsie), von der aus aber diese Krämpfe auch ausgelöst werden können. AMANTEA[8] gelang es bei Hunden durch Auflegen von Fließpapier, das in Strychnin getränkt war, bestimmte Hirnherde überempfindlich zu machen. Die epileptischen Anfälle begannen dann stets in der Muskelgruppe, die dem strychninbehandelten Zentrum entsprach, sie konnten aber auch durch Kneifen der Hautstelle ausgelöst werden. Das ist also das Beispiel einer Reflexepilepsie im Tierversuch, wie wir sie klinisch ja auch zu

1 Berliner klin. Wochenschrift 1871. 2 Berliner klin. Wochenschrift 1885. 3 Arch. of neurol. u. psychiatry. Bd. 9. 1923. 4 VIRCH. Arch. Bd. 44. 1868. 5 MOLESCHOTTS Untersuch. zur Naturlehre Bd. III. 1857. 6 Arch. f. Psychiatrie Bd. 21. 1890. 7 Zit. nach ITO. 8 Policlinico Bd. 27. 1920.

sehen bekommen, z. B. epileptische Anfälle bei Druck auf ein Amputationsneurom. Ferner Epilepsie nach allerlei orthopädischen Operationen, wie Dehnung des Ischiadikus (UNGENANNT[1], NERIS[2]).

Auf Grund all dieser Versuche wird man wohl die kortikomedulläre Theorie der Epilepsie für die am besten begründete halten müssen, d. h. annehmen dürfen, daß es sich bei der Epilepsie nicht um die Erkrankung einer bestimmten Stelle des Gehirns handelt, sondern daß die „Entladung“ an der Großhirnrinde verbunden ist mit einer Miterregung der „subkortikalen motorischen Zentralapparate der Pons und Medulla oblongata“ (BINSWANGER). Die Auslösung einer solchen „Entladung“, das Auftreten der epileptischen Krämpfe kann, von irgend einer Stelle des Gehirns erfolgen. Hier sitzt dann die organische Erkrankung, mit deren operativer Beseitigung die in Krämpfen bestehende Funktionsstörung in einem gewissen Prozentsatz der Fälle gleichfalls behoben ist.

Man suchte nun weiterhin festzustellen, welcher Art die Schädigung wäre, die einen solchen Krampfanfall hervorruft. Daß eine Verletzung des Gehirns, besonders Druck auf die Hirnrinde, wie er durch eine Depressionsfraktur bedingt wird, solche Krämpfe hervorrufen kann, wurde oben schon erwähnt. Nach den zitierten Versuchen von FRITSCH und HITZIG macht das Zustandekommen des epileptischen Anfalls bei einer derartigen langdauernden mechanischen Reizung der Hirnrinde dem Verständnis keine Schwierigkeiten. Und anscheinend ist ein solcher mechanischer Reiz der Hirnrinde durch eine Verletzungsfolge häufiger, als gewöhnlich angenommen wird. Das haben wir aus Sektionsbefunden gelernt, wo bei Patienten mit anscheinend genuiner Epilepsie bei der Sektion der sichere Nachweis eines Schädeltraumas erbracht werden konnte. Immerhin sind es nach den verschiedenen Friedensstatistiken doch nur 3—15% der Epileptiker, deren Erkrankung traumatisch entstanden ist (BRAUN l. c. S. 101).

Man hat deswegen nach anderen äußeren Bedingungen gefahndet, und hat vor allem untersucht, wie weit Vergiftungen aller möglichen Art eine Epilepsie zur Folge haben können. Praktisch am bedeutungsvollsten sind für uns die Versuche von MAGNAN[3] u. a., durch Alkohol, speziell Absinth, epileptische Anfälle zu erzielen. Es braucht hier nicht auf die Streitfrage eingegangen zu werden, ob es der Alkohol oder die ätherischen Öle sind, die bei der experimentellen Absinthepilepsie die Krämpfe verursachen;

---

1 Zeitschrift f. orth. Chir. 41. 1921. 2 Ebenda 24. 1909. 3 Archiv de physiol. Bd. 5. 1873.

die Tatsache, daß Epilepsien durch Alkoholgenuß verschlimmert werden, ist jetzt allgemein anerkannt. Gerade die traumatische Epilepsie des Krieges lieferte hier ein großes Beweismaterial, insofern es sich dabei vielfach um vorher völlig gesunde, nicht in ihrem Nervensystem kranke und gegen Alkohol besonders empfindliche Leute handelte. Es ist oft überraschend zu sehen, wie gelegentlich epileptische Anfälle, die jedem anderen Mittel trotzen, erst durch völlige Abstinenz zum Verschwinden gebracht werden. Auch Blei wirkt in ähnlicher Weise schädlich auf Epileptiker ein wie der Alkohol. Vielfach werden diese „toxischen" Epilepsien von der echten Epilepsie getrennt (HEILBRONNER [1]), doch scheint mir bei unseren geringen Kenntnissen über die Epilepsie und über die Krämpfe im allgemeinen eine solche Trennung zunächst nicht erforderlich.

Die klinische Beobachtung über das Auftreten von Epilepsien nach Infektionskrankheiten (BINSWANGER l. c.) und die Tierversuche von CHARRIN [2] machen es wahrscheinlich, daß auch Bakterientoxine Epilepsie auslösen können. Wir kennen Epilepsien bei Syphilis, wo durch eine Schmierkur die vorher hartnäckigen epileptischen Anfälle zum Verschwinden gebracht wurden. TILMANN [3] ist geneigt, auf die vorhergegangenen Infektionen Veränderungen der Arachnoidea zurückzuführen, die er bei seinen Operationen von genuiner Epilepsie sehr häufig fand. Er hat die Vorstellung, daß diese chronisch-entzündlichen Veränderungen der Arachnoidea einen Reiz für die Hirnrinde abgeben und daß durch diesen Reiz der Anfall ausgelöst wird. Da TILMANN auch bei der traumatischen Epilepsie in diesen Narben und entzündlichen Veränderungen der Arachnoidea das wesentliche Moment für das Zustandekommen des Anfalls erblickt, diese Arachnoideaveränderungen beispielsweise viel höher bewertet als den Reiz der auf das Gehirn drückenden Knochensplitter, so kommt er dazu, anzunehmen, daß der Entstehungsmechanismus der traumatischen und genuinen Epilepsie weitgehende Übereinstimmungen zeigt ja, daß ein prinzipieller Unterschied zwischen beiden eigentlich nicht besteht. Nur die Ausdehnung der Veränderungen der Arachnoidea sei verschieden, weshalb auch die genuine Epilepsie operativen Eingriffen weniger leicht zugänglich sei, als die traumatische. Ob diese Vorstellung richtig oder nicht doch zu einfach ist, werden erst weitere Beobachtungen lehren müssen.

---

1 Handbuch d. inneren Med. Bd. 5. S. 837. 2 Arch. de physiol. Bd. 29. 1897. 3 Festschrift der Kölner Akademie 1915 u. VIRCHOWS Archiv Bd. 229. 1920.

Der Hinweis von TILMANN, daß man solche Veränderungen der Arachnoidea nur beim Lebenden während der Operation, nicht bei der Sektion sehen kann, erscheint bei Nachprüfungen beobachtenswert.

Man hat nun weiterhin nach chemisch bekannten Körpern gesucht, die, ohne ein so starkes Krampfgift zu sein, wie das Strychnin oder Tetanustoxin, Krämpfe hervorriefen. LANDOIS[1] brachte Tieren Kreatin auf die Hirnoberfläche und bekam typische epileptische Anfälle. Kreatin und andere im Stoffwechsel vorkommende chemische Körper wurden gewählt, weil die Epilepsie vielfach als eine Vergiftung des Zentralnervensystems durch giftige Stoffwechselprodukte aufgefaßt wurde und noch wird. v. JAKSCH vermutete, daß die epileptischen Anfälle vielleicht auf einer Vermehrung der Säuren im Blute beruhe; eine Ansicht, die neuerdings wieder aufgegriffen worden ist. Tatsächlich besteht eine Herabsetzung der alkalischen Werte im Blut vor dem epileptischen Anfall (ROHDE[2], PUGH und POLONE[2], VOISIN und PETIT[3], VOLLMER[4] u. a.). PÖTZL und SCHLOFFER[5] konnten bei einer Operation beobachten, wie während eines epileptischen Anfalls ein Ödem der weichen Hirnhäute auftrat.

JOVANOVIC[6] glaubt sogar, daß die epileptischen Anfälle nach Hirnerschütterung sich als Folge einer Fermentwirkung von Gehirnbrei erklären lassen. Er brachte Mäusen durch Beklopfen des Schädels eine Hirnerschütterung bei und spritzte ihnen gleichzeitig Gehirnbrei in den Bauch. Die Tiere bekamen epileptische Krämpfe und schwere anatomische Veränderungen, während Tiere, denen er nur den Schädel beklopft hatte, keine Krämpfe bekamen. Die Versuche bedürfen jedoch der Nachprüfung.

SAUERBRUCH[7] hat bei Affen, deren Großhirnrinde zunächst traumatisch geschädigt war, durch Einspritzen von Kokain in die Blutbahn typische klonisch-tonische Krämpfe erzielt und zwar mit Mengen, die nur ein Fünftel dessen betragen, was ein normaler Affe gebraucht. Diese erhöhte Empfindlichkeit gegen Kokain steigerte sich in der Folgezeit bei den operierten Tieren immer mehr, ja es traten schließlich sogar ohne Kokain Zuckungen an den Pfoten auf. Diese Kokainüberempfindlichkeit konnte man bei den Tieren auch dann hervorrufen, wenn ohne vorhergegangene operative Schädigung des Gehirns durch passive Bewegung der Extremitäten eine Ermüdung des zentralen Nervensystems eingetreten war. Man bekommt also auch bei dieser Ver-

---

1 Deutsche med. Wochenschrift 1887. 2 Zit. nach ELIAS. Erg. d. inneren Med. 25. 1924. S. 261. 3 Arch. de Neurol. Bd. 30. 4 Klin. Wochenschr. 1923. S. 396. 5 Med. Klinik 1924. S. 1267. 6 Srpski Archiv 22. 1920. Zit. nach Zentralbl. f. d. ges. Chir. Bd. 11. S. 435. 7 Chirurgenkongreß 1913.

suchsanordnung genau in der gleichen Weise wie bei der elektrischen Reizung der Großhirnrinde eine immer mehr zunehmende Erregbarkeit der Gehirnzellen.

Eine weitere Gruppe von Versuchen sollte feststellen, inwiefern Änderungen in der Blutversorgung des Gehirns epileptische Anfälle auslösen. Es ist ja allgemein bekannt, daß Tiere beim Entbluten terminal krampfartige Zuckungen bekommen, die eine gewisse Ähnlichkeit mit epileptischen Anfällen haben. Das kann man jederzeit beim Schlachten von Geflügel sehen. Aber auch beim Säugetier treten beim Entbluten derartige Krämpfe auf, wie KELLIE[1] (1824), PIORRY[1], TRAVERS[1], HALL[1], sowie später besonders KUSSMAUL und TENNER[2] in ihren bekannten Versuchen zeigen konnten. Ähnliche Krämpfe bekommt man auch beim Unterbinden der Karotiden (COOPER, PANNUM, MAYER[1], KUSSMAUL und TENNER[3]). Es ist also bei diesen Versuchen die mangelhafte Blutversorgung des Gehirns und Rückenmarks oder besser, die ungenügende Sauerstoffzufuhr, an den Krampfanfällen schuld. Es treten deswegen auch Krämpfe auf, wenn man alle abführenden Venen unterbindet, und damit den Gasaustausch im Gehirn stört (HERMAN und ESCHER[4]). In anderer Weise hat SAUERBRUCH[5] den Einfluß der Blutverteilung im Gehirn auf die epileptischen Anfälle studiert, indem er das Gehirn der mit Kokain epileptisch gemachten Hunde durch Überdruck bald anämisch, bald hyperämisch machte. Er beobachtete dann wiederholt epileptische Anfälle bei den Tieren. Immerhin wird man vorsichtig damit sein müssen, das Ergebnis dieser Tierversuche auf den Menschen zu übertragen, da BIER[6] bei Epileptikern niemals einen Anfall auslösen konnte, wenn er ihnen eine Stauungsbinde um den Hals legte oder die so erzielte Stauung plötzlich aufhob. MOMBURG[7] und EASTMANN[8] haben umgekehrt durch Einengung der Karotiden Fälle von chronischer Epilepsie zur Heilung oder wesentlichen Besserung gebracht; die Wirkung einer solchen geringfügigen Herabsetzung der Hirnzirkulation ist natürlich physiologisch ganz anders zu bewerten als die Wirkung der Anämie. Es ist immerhin theoretisch denkbar, daß durch solche Verminderung der Blutzufuhr zum Gehirn die Reizbarkeit der Gehirnzellen herabgesetzt wird.

Über das Verhalten des Hirndruckes bei Epilepsie, besonders

---

1 Zit. nach ITO, Deutsche Zeitschrift f. Chir. Bd. 52 (Lit.). 2 Arch. de Neurol. Bd. 30. 3 MOLESCHOTTS Untersuchungen zur Naturlehre Bd. III. 1857. 4 PFLÜGERS Arch. Bd. 3. 1870. 5 Chirurgenkongreß 1913. 6 Mitteil. a. d. Grenzgebieten Bd. 7. 1901. 7 Deutsche med. Wochenschrift 1914. 8 Amer. journ. of the med. science 1915.

beim epileptischen Anfall, ist von chirurgischer Seite viel gearbeitet worden, da man hoffte, durch Herabsetzung des Hirndruckes die Epilepsie therapeutisch beeinflussen zu können. Besonders KOCHER[1] war der Ansicht, daß der epileptische Anfall durch eine plötzliche Steigerung des Hirndruckes zustande käme, und in der Tat konnte ITO (l. c.) beim Meerschweinchen, das er epileptisch gemacht hatte, eine Erhöhung des Hirndruckes nachweisen, die er auf eine funktionelle Hyperämie zurückführt. Die Druckwerte, die er an trepanierten epileptischen und nichtepileptischen Menschen am Schädel gemessen hat, sind aber so wenig verschieden, daß man damit nicht viel anfangen kann. Außerdem konnten TILMANN und BUNGART[2] bei einem Patienten, der bei einer Ventrikelpunktion einen epileptischen Anfall bekommen hatte, beobachten, daß der Druck der Ventrikelflüssigkeit erst nach Einsetzen des epileptischen Anfalls in die Höhe ging. TILMANN und BUNGART schließen aus dieser Beobachtung, daß die KOCHERsche Annahme, daß der gesteigerte Hirndruck den epileptischen Anfall auslöst, unrichtig sei. Auch NOWATZKI und ARNDT[3] fanden vor dem epileptischen Anfall normalen Druckwert und gesteigerte Druckwerte nur im ersten, tonischen Stadium des Anfalls, während bei den klonischen Zuckungen der Druck wieder absank. Es fragt sich nach dem oben über den Hirndruck Gesagten nur, ob man den Liquordruck, der in diesen Fällen gemessen worden ist, ohne weiteres mit dem Hirndruck gleichsetzen darf. Die Befunde am Gehirn bei den Operationen wegen genuiner Epilepsie geben uns hierauf keine sichere Antwort. In einzelnen Fällen findet man die Dura stark gespannt, das Gehirn nicht pulsierend und vorquellend (FRIEDRICH[4], MÖCKEL[5]); in anderen Fällen ist aber auch am Gehirn nichts von einem vermehrten Druck nachweisbar. Nun wird aber doch durch eine solche Entlastungstrepanation ein Teil der Fälle geheilt oder gebessert.

MOCKEL berechnet aus allerdings kleinem Material 25% Heilung und 25% Besserung durch Entlastungstrepanation; und zwar bei genuiner Epilepsie genau so viel wie bei traumatischer. Nach einer großen Statistik von TUSSEP[6] ist die Zahl der Heilungen über 5 Jahre bei genuiner Epilepsie rund 4%, während sie bei JACKSONscher Epilepsie 17% beträgt. Ob nun bei den geheilten Fällen der Hirndruck besonders hoch war, so daß also die verschiedenen Epilepsien in dieser Hinsicht nicht gleich zu bewerten wären, wissen wir nicht, ebensowenig wie wir sagen können, worauf die Heilung sonst noch zu beziehen wäre. WILMS (vgl. MÖCKEL) denkt an den Abfluß irgendwelcher toxischer Substanzen durch die

1 Deutsche Zeitschrift f. Chir. Bd. 35 u. 36. 2 Festschrift der Kölner Akad. 1915. S. 733 u. Münchener med. Wochenschrift 1912. 3 Berliner klin. Wochenschrift 1899. Nr. 30. 4 Arch. f. klin. Chir. Bd. 77. Heft 3. 5 Dissert. Heidelberg 1915. 6 Klin. Wochenschr. 1922.

Trepanationsöffnung; doch sind das alles unbewiesene Theorien. Im Tierversuch glauben ITO und MÖCKEL zeigen zu können, daß bei trepanierten Tieren eine experimentelle Epilepsie weniger leicht zustande kommt bzw. leichter zurückgeht, als beim nicht trepanierten.

Die operative Chirurgie des zentralen Nervensystems sucht nicht nur das Symptomenbild des allgemeinen Hirndrucks zu beseitigen, sondern will nach Möglichkeit auch die lokalen Schädigungen des Gehirns, die sich in den **Lähmungen** äußern, bessern. Es ist also die Hirnchirurgie eine „Chirurgie der motorischen Region" (v. BERGMANN). Daß diese durch den lokalen Druck bedingten Lähmungen mit dem Aufhören des Druckes ganz oder teilweise zurückgehen können, davon kann man sich jederzeit überzeugen, wenn man ein extradurales Hämatom bei Blutung aus der Art. meningea media beseitigt hat. Nach v. BERGMANN[1] genügt schon eine umschriebene Herabsetzung der Blutversorgung der motorischen Rindenpartien, um sie funktionell auszuschalten. Bei länger anhaltender Druckerhöhung kommen Änderungen im Quellungszustand der Nervenfasern und -zellen dazu. Andere Erkrankungen, wie Tumoren oder nach Verletzung entstandene Zysten wirken ja wohl oft nicht nur durch den Druck, den sie auf die Nervenzellen ausüben, sondern noch durch eine Art entzündlichen Prozeß („Hirnschwellung", REICHARDT l. c.). Die Ausbreitung der Lähmung richtet sich nach der Lokalisation des krankhaften Prozesses. Tierversuch und Operationen am Menschen haben dazu beigetragen, daß unsere anatomischen Kenntnisse über die Topographie des Gehirns sich in den letzten Jahrzehnten wesentlich erweitert haben (vgl. hierzu BRODMANN[2]).

Es liegt in der Natur der Sache, daß auch die Operation als solche gelegentlich eine lokale Schädigung am Gehirn setzt. Hervorgehoben soll nur werden, daß als Folge solcher lokalen Schädigungen des Corpus striatum bei Hirnoperationen gelegentlich hohe Temperatursteigerungen beobachtet worden sind (THÖLE[3]). Über das Gehirnfieber hat HINSCH[4] eine literarische Übersicht gegeben. Es kommen bei Hirntumoren oder Hydrocephalus auch unternormale Temperaturen zur Beobachtung. Gelegentlich sind psychische Störungen allgemeiner Art nach unscheinbaren Hirntumoren beobachtet worden, die nach Entfernung des Tumors restlos schwanden (FRIEDRICH[5]).

Da innerhalb des Schädels auch sympathische Äste vorkommen, z. B. das Ggl. ciliare, ferner die um den sinus cavernosus

---

1 Handbuch d. prakt. Chir. IV. Aufl. 1913. Bd. 1. S. 216. 2 Neue Deutsche Chir. Lief. 18. 3 Mitteil. a. d. Grenzgebieten Bd. 3. 4 Zeitschrift f. d. ges. Neurologie Bd. 54. 1920. 5 Deutsche Zeitschrift f. Chir. Bd. 67. S. 656.

gelegenen Geflechte, so können bei deren Verletzung durch Ausstrahlung auf Zervikalsegmente überempfindliche Zonen am Halse auftreten, worauf WILMS[1] zuerst aufmerksam gemacht hat.

Bei den chirurgischen Erkrankungen des **Rückenmarks** treten die allgemeinen Erscheinungen der Drucksteigerung gegenüber den lokalen, die in paraplegischen Lähmungserscheinungen bestehen, ganz zurück. Ein durchtrenntes Rückenmark heilt beim Menschen nicht zusammen, während es bei Fischen und urodalen Amphibien eine weitgehende Regeneration des durchtrennten Rückenmarks gibt (KOPPEL, KOPPÁNYI u. WEISS[2]).

Die histologischen Veränderungen, die das Mark durch Druck von außen erleidet, sind im Tierversuch vielfach studiert worden (SCHIFFERDECKER[3], KAHLER[4], ROSENBACH und SCHSCHTERBAK[5], ENDERLEN[6]).

Es wurden den Tieren aseptische Fremdkörper, Laminariastifte, Schrotkugeln u. a. extra- und intradural in den Wirbelkanal gebracht, um so die Veränderungen, wie sie allein durch den Druck auf das Rückenmark erzielt werden, zu erhalten. Man fand im wesentlichen Anschwellung der Achsenzylinder in der weißen Substanz mit Zerfall, Quellung und Vakuolenbildung der Nervenzellen. Als Ursache der Quellung sehen die Autoren hauptsächlich eine Lymphstauung an. Daneben kommen wohl auch entzündliche Prozesse in Betracht. Ob dabei die Lymphstauung mechanisch auf die Nervensubstanz einwirkt oder dadurch, daß die Ernährung der Nervenelemente durch die Stauung notleidet, ist eine offene Frage (vgl. RUMPF[7]). Diese Schwellung der Achsenzylinder und des Ödem wird in der Folgezeit geringer, und so erklärt es sich, daß auch die Ausdehnung der Lähmungserscheinungen nach Verletzungen später wieder etwas abnimmt.

Für die Erschütterungen des Rückenmarkes gelten im wesentlichen die gleichen Überlegungen, wie für die des Gehirns, so daß auf das dort Gesagte verwiesen werden kann (KOCHER[8], TILMANN[9]). Experimentelle Untersuchungen über Rückenmarkserschütterungen haben SCHMAUS[10] und NEWTON[11] angestellt.

Von den Erkrankungen, die beim Menschen zu einem Druck auf das Rückenmark führen, sind die Wirbeltuberkulose (SCHMAUS[12]) und die Verletzungen, besonders die Schußverletzungen des Rückenmarks die praktisch bedeutsamsten. Bei beiden Erkrankungen spielen außer dem aseptischen Druck entzündliche Veränderungen eine große Rolle, wie sie unter an-

---

1 Mitteil. a. d. Grenzgebieten Bd. 11. 1903; ferner CLAIRMONT, ebendort Bd. 19. 2 Akad. Anz. 1922. 3 VIRCHOWS Archiv Bd. 67, 1876. 4 Prager Zeitschrift f. Heilkunde 1882. 5 VIRCH. Arch. Bd. 122. 6 Deutsche Zeitschrift f. Chir. Bd. 40. 7 PFLÜGERS Archiv Bd. 26. 8 Deutsche Zeitschrift f. Chir. Bd. 35 u. 36 9 Arch. f. klin. Chir. Bd 59. 10 Münchener med. Wochenschrift 1899. I. 11 Brit. med. journ. 1913. S. 1101. 12 Die Kompressionsmyelitis bei Karies d. Wirbelsäule. Habilitationsschrift 1890.

deren von ISRAI und BABES[1] experimentell in der Art studiert worden sind, daß sie Hunden Senföl in den Wirbelkanal spritzten. Besonders bei der Wirbelkaries, ist die Frage, ob die Myelitis eine Folge des Druckes oder einer Ausbreitung entzündlicher Prozesse sei, viel besprochen worden (MICHAUD[2]). Eine solche strenge Betonung eines einzelnen pathologischen Vorganges ist aber bei einer so verwickelten Erkrankung zweifellos unzweckmäßig. Daß beide Vorgänge als Ursache für die Lähmung in Frage kommen, dafür sprechen die Erfolge und die Mißerfolge, wie man sie bei Laminektomie wegen Wirbelkaries erlebt.

Dasselbe gilt für die Schußverletzungen; hier taucht allerdings die Frage auf, wie denn die Wirkung eines im Rückenmark steckenden Fremdkörpers auf seine Umgebung ist, abgesehen von der steten Gefahr einer von ihm ausgehenden Infektion. Eine solche Überlegung ist für die Entscheidung, ob im gegebenen Falle ein Geschoß entfernt werden soll oder nicht, zweifellos bedeutungsvoll. Ein Tierversuch von BRAUN[2] beweist, daß diese Schädigungen des Rückenmarks, die die Lähmung bedingen, zum Teil von dem Fremdkörper als solchen unterhalten werden. Er konnte wenigstens bei einem seiner Hunde, der eine schwere Lähmung nach dem Einbringen einer Kugel in das Rückenmark davongetragen hatte, eine Besserung durch die Entfernung der Kugel erzielen. Das stimmt auch mit unseren Erfahrungen aus dem Kriege überein, und man wird bei den Rückenmarksschüssen des Menschen um so mehr geneigt sein, ein im Mark steckendes Geschoß frühzeitig zu entfernen, weil die Gefahr der sekundären Entzündung durch Eitererreger, die an dem Geschoß haften, stets besteht (vgl. PERTHES[4], HEINECKE[5], MARBURG und RANZI[6] u. a.). Immerhin kenne ich doch Fälle, wo Granatsplitter im Wirbelkanal jetzt fast 10 Jahre sitzen, ohne daß es zu einer Infektion gekommen wäre.

Untersuchungen über den Einfluß der Durchtrennungen des Rückenmarks auf den allgemeinen Stoffwechsel hat u. a. HARI[7] angestellt: Durchschneidung des Halsmarkes setzte den Sauerstoffverbrauch und den Blutdruck beträchtlich herab, während Durchschneidung des Brust- und Lendenmarkes keinen wesentlichen Einfluß hatte. Es lief dabei die Herabsetzung des

---

1 Vierteljahrsschrift f. Dermat. und Syphilis Bd. 9. 1882. 2 Thèse de Paris 1871. 3 Deutsche Zeitschrift f. Chir. Bd. 94. 4 BRUNS' Beiträge Bd. 97. 5 Lehrbuch d. Kriegschirurgie, herausg. von BORCHARD-SCHMIEDEN. 6 Archiv f. klin. Chir. Bd. 111 u. Wiener klin. Wochenschrift 1915. 7 Biochemische Zeitschr. Bd. 89. 1918.

Gaswechsels mit der des Blutdrucks etwa parallel, so daß beide wohl in gewissem Grade voneinander abhängig sind.

Die klinische Folge eines Druckes auf das Rückenmark ist die **spastische Lähmung.** Normalerweise werden die von der Peripherie her kommenden sensiblen Reize durch die in den Pyramidenbahnen laufenden, vom Gehirn her kommenden Hemmungsfasern abgeschwächt. Sind nun diese Hemmungsfasern durch den Druck geschädigt oder zerstört, „so entsteht durch die ungeschwächt zuströmenden sensiblen Erregungen allmählich ein erhöhter Ladungszustand der grauen Substanz des Rückenmarks und somit eine erhöhte Anspruchsfähigkeit derselben auf sensible Erregungen" (FÖRSTER[1]). Bis ins einzelne geklärt sind ja diese Vorgänge im Rückenmark nicht, aber so viel ist sicher, daß solche Spasmen in einer Extremität nicht auftreten, wenn alle sensiblen Fasern, die von der betreffenden Gliedmaße herkommen, durchtrennt sind, und daß bei abgeschwächter Sensibilität die Spasmen ebenfalls geringfügig werden. Das haben wir aus den Erfolgen der FÖRSTERschen Operation, das ist der Resektion hinterer, also sensibler Rückenmarkwurzeln, bei spastischen Lähmungen gelernt. Solche spastischen Paraplegien treten naturgemäß nicht nur bei Druck auf das Rückenmark auf, sondern auch bei allen möglichen Hirnaffektionen, vorausgesetzt immer, daß die in den Pyramidenbahnen laufenden Hemmungsfasern mitbeteiligt sind.

An der anderen Seite des Reflexbogens, nämlich an dem motorischen Teil, greift STOFFEL[2] bei seiner Operation spastischer Lähmungen an. Er durchtrennt Zweige der motorischen Nerven kurz vor ihrer Einmündung in die Muskeln und schwächt in dieser Weise die nervöse Zuleitung. Auch dieser Weg hat sich als brauchbar erwiesen.

Die **Erkrankungen der Wirbelsäule** selbst unterscheiden sich im Prinzip nicht wesentlich von den Knochenerkrankungen der Extremitäten. Hier soll nur der Einfluß, den eine bei Wirbelsäulenerkrankun vielgebrauchte therapeutische Maßnahme, nämlich die Suspension am Kopfe, auf den Organismus ausübt, kurz erwähnt werden. Entsprechende Versuche stammen vor allem von ANDERS[3] und JOACHIMSTHAL[4]. MOTSCHUTKOWSKY (Zit. nach JOACHIMSTHAL) untersuchte den Einfluß der Suspension auf das Rückenmark. Gewisse Änderungen in der Lage und der Spannung der Wurzeln und Häute wurden zwar festgestellt, doch scheinen diese nicht von besonderer Bedeutung zu sein. Ebensowenig läßt sich nach JOACHIMSTHAL ein regelmäßiger Einfluß der Suspension auf die Zirkulation nachweisen.

---

1 Ergebn. d. Chir. Bd. II. S. 176. 2 VULPIUS-STOFFEL, Orthopäd. Operationslehre. Stuttgart. Verlag v. Enke. 3 Arch. f. klin. Chir. Bd. 38. S. 58. 4 Arch. f. klin. Chir. Bd. 49. S. 460.

Gliedmaßen.

Das Gerüst des Körpers, im besonderen der Gliedmaßen, bilden die **Knochen**[1] im Verein mit den **Gelenken, Bändern** und **Muskeln.**

Die Form der Knochen und Gelenke ist weitgehend abhängig von ihrer Funktion, und da diese wieder eine einfache Folge der Muskeltätigkeit ist, so ergibt sich, daß Muskeln, Knochen und Gelenke eine Einheit bilden. Wir werden deshalb bei all unseren klinisch-therapeutischen Maßnahmen, besonders bei der Behandlung der Knochenbrüche, diese enge Wechselbeziehung beachten müssen und dürfen z. B. bei einem Knochenbruch nicht ohne Rücksicht auf die Funktion der Muskulatur nur eine Verheilung des Knochens in idealer Weise erstreben und umgekehrt.

Die Aufgabe des Knochengewebes ist es, abwechselnd gegen Druck oder Zug Widerstand zu leisten (ROUX[2]). Die langen Röhrenknochen werden außerdem noch auf Biegung beansprucht. Die Ausübung dieser Funktion bildet zugleich den Reiz, der die Form und den Aufbau des Knochens erhält. Fehlt dieser Anreiz oder ist er, wie bei einer Lähmung, herabgesetzt, so atrophiert der Knochen durch die Arbeit der Osteoklasten. Wir werden auf die Inaktivitätsatrophie nachher noch genauer zu sprechen kommen.

Der fertige Knochen besteht aus der äußeren Schicht, der Kompakta, und der inneren Schicht, der Spongiosa und dem Knochenmark. Die Festigkeit, die Härte und die Elastizität eines Knochens ist im wesentlichen abhängig von der Oberflächenschicht, der Kompakta und wechselt unter physiologischen und pathologischen Verhältnissen (MATTI[3]). Jugendliche Knochen sind elastischer, als die der Erwachsenen, da sie mehr osteoides Gewebe enthalten. Dafür sind die Knochen Erwachsener entsprechend ihrem größeren Kalkgehalt härter und fester und brechen deshalb weniger leicht als die der Kinder. Das Periost wiederum ist am jugendlichen Knochen stärker, als an dem der Erwachsenen; daher begegnen wir bei Jugendlichen der sogenannten „Grünholzfraktur", das ist ein Bruch, bei dem der Knochen eingeknickt, aber das Periost erhalten geblieben ist; dadurch ist eine Verschiebung der Knochenenden verhindert.

Die **Brucharten** werden, abgesehen von der Gewalteinwirkung, von der Form der Knochen bestimmt. Bei den langen Knochen überwiegen die Biegungsbrüche, bei den kurzen die Kompres-

---

1 W. MÜLLER, Die normale u. pathol. Physiol. d. Knochen. Leipzig 1924. Verlag von Joh. Ambr. Barth. 2 Terminologie der Entwicklungsmechanik. Engelmann, Leipzig 1912. S. 227. 3 Die Knochenbrüche u. ihre Behandlung. Springers Verlag. 1918. S. 29.

sionsbrüche. Die Richtung der Bruchlinien hängt ab von den einfachen physikalischen Gesetzen der Zug-, Schub- und Druckspannung. Man kann, wie in jeder Frakturenlehre gezeigt wird, die Art der Kräfte, die den Bruch zustande gebracht haben, aus der Bruchform ablesen und kann sie experimentell an der Leiche nachahmen. So sprechen im allgemeinen längs verlaufende Linien im Knochen für einen Kompressionsbruch, quer verlaufende Linien für einen Biegungs- oder Abscherungsbruch.

Die **Heilung eines gebrochenen Knochens** erfolgt durch die Bildung des sogenannten Kallus. Über seinen anatomischen Aufbau und seine Entwicklung muß in den Lehrbüchern der pathologischen Anatomie nachgesehen werden. Ganz zweifellos hat bei der normalen Knochenheilung das Periost die Hauptarbeit zu leisten. Wie stark es wuchern kann, hat schon MAASS (1876) gezeigt, der das Periost in größerer Ausdehnung vom Knochen entfernte und ein Platinblech um den Knochen legte. Das Periost wuchs dann über das Platinblech herüber. Und daß es auf der andern Seite ohne die übrigen Bestandteile des Knochens einen neuen Knochen bilden kann, zeigen die Versuche von LEXER[1] und ROHDE[2], die nach subperiostaler Resektion der ganzen Fibula allein aus dem Periostmantel einen neuen Knochen bekamen, wenn nur die Knochenhaut mit den umgebenden Weichteilen in Zusammenhang gelassen worden war. WEHNER[3], KOCH[4] und PARTSCH[5] haben in zahlreichen Tierversuchen diese Ansicht bestätigt und konnten eine Metaplasie des den gebrochenen Knochen umgebenden Gewebes nicht beobachten. Andererseits vermag das Knochenmark allein, wenn auch in geringem Umfange kallöses Gewebe zu bilden; aber dieser Kallus ist nicht beständig, es bildet sich in ihm in kurzer Zeit ein Spalt, eine richtige Pseudarthrose aus (BIER[6], MARTIN[7], ROHDE[8]). Mit dieser Feststellung ist natürlich nicht gesagt, daß nicht bei der Heilung des gebrochenen Knochens gerade das Zusammenwirken von Periost, Kortikalis und Knochenmark von besonderer Bedeutung ist. Wuchert doch in den Luftknochen der Vögel, die nur ganz geringe Reste von Mark haben, dieses außerordentlich stark, wenn eine Fraktur gesetzt wird (OLLIER[9], BERGMANN[10]). Für ein Zusammenarbeiten der verschiedenen Ge-

---

1 Mittelrh. Chirurgentag 1920 u. 1921. Neue Deutsche Chirurgie Bd. 26. 2 Arch. f. klin. Chir. 123. 3 Arch. f. klin. Chir. 1920 u. BRUNS' Beitr. 120. 1921. 4 BRUNS' Beitr. 132. 5 Deutsche Zeitschr. f. Chir. 187. 1924. 6 Arch. f. klin. Chir. 127. 7 Arch. f. klin. Chir. Bd. 113. S. 1 u. 114. S. 664. Berl. klin. Wochenschrift 1920. S. 173. Arch. f. klin. Chir. 129. 8 Arch. f. klin. Chir. 123. 9 Traité exp. et clinique de la régéneration des os. 10 Arch. f. klin. Chir. 129.

webe bei der Heilung eines gebrochenen Knochens sprechen auch die Beobachtungen bei Pseudarthrose (OLLIER[1], HILTY[2], HAAB[3], BAJARDI[4], BIER[5], MARTIN[6], WILLICH[7], im Gegensatz dazu MAAS[8] und BIDDER[9]). Die besten Ergebnisse bei den Pseudarthrosenoperationen hat man mit den Methoden, bei denen die Knochenenden soweit angefrischt werden, daß gesundes Knochenmark freiliegt (FRANKE[10], G. B. SCHMIDT[11]).

Nicht immer heilt der Knochen in der üblichen Zeit fest aneinander. Wenn ein Stück Muskel zwischen den Bruchstücken liegt, oder wenn etwa durch Eiterung ein großes Stück des Knochens zerstört ist, aber auch ohne zunächst erkennbare Ursache, bleibt die Heilung aus. Es kommt zu einer sog. **Pseudarthrose.** Über die mikroskopischen Bilder bei Pseudarthrose geben die Untersuchungen von POMMER[12] und MITTERSTICKER[13] Auskunft. Von den nicht mechanischen Ursachen für das Ausbleiben der normalen Kallusbildung wäre anzuführen, daß die Bildung des Kallus weitgehend von innersekretorischen Drüsen beeinflußt wird. So verzögert bei jungen Tieren die Entfernung der Schilddrüse und des Thymus die Frakturheilung, während die Entfernung der Ovarien sie beschleunigen soll (MARSIGLIA[14]). SCHÖNBAUER[15] glaubt auch einen Einfluß der Milzentfernung auf die Kallusbildung feststellen zu können (s. oben Abschnitt Milz) und auch der allgemeine Ernährungszustand des Kranken spielt eine Rolle bei der Frakturheilung. Den Einfluß der Unterernährung auf die Entwicklung des Knochens haben wir in Deutschland und Österreich als Folge der Hungerblokade während und nach dem Kriege reichlich kennen gelernt (vgl. ALWENS[16], EISLER[17], FROMME[18], SIMON[19] u. v. a.). Pathologisch-anatomisch handelt es sich in den leichteren Fällen um eine Osteoporose, in den schwereren um eine Osteomalacie. Charakteristisch ist das Auftreten der LOOSERschen Umbauzonen in den Knochen, d. h. von strichförmigen Aufhellungen im Röntgenbild, die wie Frakturlinien aussehen und kalkarmen Stellen ent-

---

1 Régénération des os. Paris 1867. Bd. 1. S. 111ff., bes. S. 150. 2 Zeitschr. f. rat. Med. 1853. Bd. 3. 3 Untersuch. a. d. pathol. Inst. Zürich. 1875. Hft. 3. 4 MOLESCHOTTS Unters. z. Naturlehre 1882. Bd. 13. 5 Deutsche med. Wochenschrift 1918. 6 Arch. f. klin. Chir. Bd. 113. S. 1 u. 114 S. 664. Berl. klin. Wochenschrift 1920. S. 173. Arch. f. klin. Chir. 129. 7 Arch. f. klin. Chir. 129. 8 Arch. f. klin. Chir. Bd. 20. 1872. 9 Ebenda Bd. 78 u. Zentralbl. f. Chir. 1876. 10 Berliner klin. Wochenschrift 1917. 11 Naturhistorisch-medizin. Verein Heidelberg 1917. Diskussionsbemerkung zum Vortrag FRANKE. 12 Wien. klin. Wochenschr. 1917. 13 Archiv f. klin. Chir. 122. 1923. 14 Arch. ital. di chir. Bd. 5. 1922. 15 Naturforscherversammlung 1922. 16 Münch. med. Wochenschrift 1919. 17 Ebendort. 18 Erg. d. Chir. Bd. 15. 1922. 19 Archiv f. Orthop. 1919.

sprechen (SEELIGER[1]). Diese osteoporotischen Veränderungen am Knochen treten, wie oben ausgeführt wurde, auch bei Gallenblasen- und Darmfisteln auf und hängen irgendwie mit dem Salzstoffwechsel zusammen.

Im fertigen Knochen ist ein konstantes Verhältnis von Kalzium und Phosphor vorhanden (1 : 0,6). Im jungen Kallus ist das Kalzium zuerst an Eiweiß gebunden und fällt erst später als anorganisches Salz aus (EDEN, SCHWARZ, HERRMANN[2] und HERRMANN[3]). Während der Heilung eines Knochenbruches ist der Phosphorgehalt im Serum vermehrt (TISDALL und HARRIS, MOORHEAD, SCHMITZ, CUTLER und MYERS[4]). Nach FR. MÜLLER und MUNK[5] scheidet der hungernde Körper sehr viel Kalk und Phosphorsäure aus. Man darf aber diese Hungerosteoporose nicht einfach auf kalkarme Ernährung zurückführen, sondern die Dinge liegen verwickelter. Vielleicht ist es die Unterernährung im allgemeinen, vielleicht das Fehlen eines bestimmten Körpers in der Nahrung („Vitamin"), was die Ursachen für die kachektischen Knochenveränderungen abgibt (W. MÜLLER). Den Einfluß bestimmter Nährstoffe auf den Knochen ersehen wir aus den Knochenveränderungen bei Phosphor- (WEGNER[6]) oder Strontiumfütterung (ÖHME[7]). Kalkarme Ernährung führt nicht zu einem Auftreten von osteoidem Gewebe, wie wir es von der Rachitis her kennen (GÖTTINGEN[8] und ÖHME[9]). Vielleicht gehören hierher auch die Knochenveränderungen bei Parabioseratten, über die SAUERBRUCH berichtet, und die er zur Ostitis fibrosa rechnet.

Erhöhte Blutzufuhr führt zu einer Steigerung des Knochenwachstums (W. KRAUSE[10], HELFERICH[11], BOREL[12]), worauf vielleicht die gelegentlich zu beobachtende Vergrößerung einer Gliedmaße bei Angiomen zurückzuführen ist. Bei Störungen der Blutzirkulation im Knochen sollen Frakturen schlechter heilen (DAX[13], LEXER, ROHDE), wenn schon nach WILLICH (l. c.) die Unversehrtheit der Art. nutritia nicht Bedingung für die Bruchheilung ist. MARTIN[14] glaubt nicht, daß die Bruchhyperämie eine ausschlaggebende Bedeutung für die Heilung eines Knochenbruches hat. Die Durchtrennung der zugehörigen Nerven ist ganz ohne Einfluß auf die Knochenheilung, wie die Versuche von MUSKATELLO und DAMASZELLI[15], KAPSAMMER[16], PUTZU[17], MINERVINI[17] u. a. in Übereinstimmung mit den zahlreichen klinischen Erfahrungen, besonders während des Krieges gezeigt haben.

Die oben erwähnten LOOSERschen Umbauzonen bekommt man,

---

1 Mittelrhein. Chirurgentag 1921. 2 Biochem. Zeitschr. 1924. 3 Archiv f. klin. Chir. 130. 1924. 4 Ref. Berichte über d. ges. Physiol. Bd. 19. S. 199. 5 VIRCHOWS Archiv 131. 1893. 6 Ebendort 55. 1872. 7 ZIEGLERS Beitr. Bd. 49. 1910. 8 VIRCHOWS Archiv Bd. 197. 1909. 9 ZIEGLERS Beitr. Bd. 49. 1910. 10 Ebendort Bd. 2. 1861. 11 Archiv f. klin. Chir. Bd. 36. 1887. 12 Dissert. Zürich 1922. 13 BRUNS' Beitr. Bd. 104. S. 313. 14 Archiv f. klin. Chir. Bd. 130. 1924. 15 Arch. f. klin. Chir. Bd. 58. 16 Ebenda Bd. 56. 17 Zit. Chir. Kongreß. Blatt XI. S. 117/118.

wie aus den Versuchen von MARTIN[1], W. MÜLLER[2] und WILLICH[3] hervorgeht auch dann, wenn man bei zwei Parallelknochen (Radius und Ulna) aus dem einen Knochen ein Stück entfernt. Auch periostale Wucherungen können dann an dem andern Knochen beobachtet werden. Da solche Spaltbildung, wie MACHOL[4] und LEXER[5] zeigen konnten, auch bei Bolzung eines Gelenkes mit lebendem Knochen in der Höhe der Gelenkspalte in dem Transplantat auftritt, so hängen diese Spalten doch wohl mit der Bewegung zusammen und wir brauchen nicht an eine „sympathische" oder „hormonale" Reizübertragung zu denken (BIER, MARTIN und SALOMON[6]).

Diesen Einfluß der Funktion auf den Aufbau der Knochen kennen wir seit den Untersuchungen von H. v. MEYER[7], CULLMANN, JULIUS WOLFF[8], TRIEPEL[9] u. a. über die Veränderungen im Aufbau der Spongiosabälkchen nach schlechtgeheilten Frakturen. Wird ein Knochen besonders stark beansprucht, so hypertrophiert er und auch dann tritt eine Änderung seiner inneren („trajektoriellen") Struktur auf. Diese Änderung im Aufbau braucht nicht den Knochen als ganzes, sondern kann auch einzelne Teile bei „verstärkter mittlerer Beanspruchungsgröße" (ROUX[10]) betreffen. So finden wir bei Beinverbiegungen oft die Kortikalis an der konkaven Seite wesentlich verdickt. Daß selbst bei der Erstanlage des Knochens die Funktion eine große Rolle spielt, hat WEIDENREICH[11] sehr schön an dem Beispiel des menschlichen Fußes gezeigt. Diese Änderung des innern Umbaues erstreckt sich auch auf die Epiphyse. So fand W. MÜLLER[2] im Tierversuch bei Resektion des Radius Änderungen in der Epiphysenlinie, die ganz dem Bilde der Rachitis entsprechen und MAASS[12] hatte schon seit längerer Zeit immer wieder darauf hingewiesen, daß das ganze pathologisch-anatomische Bild, wie wir es bei Rachitis finden, nicht als Ausdruck einer besondersartigen Knochenerkrankung, sondern als mechanische Folge der auf den kalkarmen Knochen wirkenden Druck- und Zugkräfte zu erklären ist. Es wird

1 Archiv f. klin. Chir. 114 u. 129. 2 Chirurgenkongreß 1922. BRUNS' Beitr. 130 u. 124. Normale u. pathol. Physiol. d. Knochen. Leipzig. Barth 1923, 3 Arch. f. klin. Chir. 129. 4 BRUNS' Beiträge Bd. 56. 1908. 5 Mittelrhein. Chirurgentag 1920 u. 1921. Arch. f. klin. Chir. 119. 1922. 6 Med. Klinik 1922. S. 891. 7 Die Statik u. Mechanik d. menschl. Knochengerüstes. Leipzig 1873. 8 Die innere Architektur d. Knochen. Berlin 1870; Über die Wechselbeziehungen zwischen d. Form u. d. Funktion. Leipzig 1901; Zeitschrift f. orthop. Chir. Bd. 2. 9 Architektrud. menschl. Knochenspongiosa. München-Wiesbaden 1922 u. Archiv f. klin. Chir. 120. 10 Terminologie. Verl. von Engelmann. S. 226. 11 Archiv f. Entwicklungsmech. 51. 1922. 12 VIRCHOWS Archiv 163. Deutsche Zeitschrift f. Chir. 179. Archiv f. klin. Chir. 129. 1924.

nämlich bei starker mechanischer Belastung des Knochens die enchondrale Ossifikation gehemmt. Da aber nur das Knochenwachstum, nicht das Wachstum des Knorpels gehemmt wird, so bekommen wir, z. B. bei X-Beinen eine Dickenzunahme der knorpeligen Epiphyse im Bereich des Druckes. Daneben werden als Wirkung des Druckes regressive Vorgänge im Knochengewebe wie Bildung osteoider Zonen beobachtet (W. MÜLLER[1]).

Es handelt sich bei diesen Umbildungen des Knochens, wie R. FICK[2] l. c. besonders betont, nicht um eine „Plastizität", wie sie ein Stück Ton hat, sondern um eine „gesetzmäßige Reaktion des Knochens bzw. Knorpels auf die verschiedenen mechanischen Reize". ROUX[3] bezeichnet das als „die funktionelle Anpassung". Es braucht hier nicht auf die Frage eingegangen zu werden, die eine Zeitlang eine sehr große Rolle in der chirurgischen Literatur gespielt hat, ob sich nicht der größte Teil der pathologischen Verbiegungen besser durch die Drucktheorie als durch die Theorie einer funktionellen Anpassung erklären ließe. Man bekommt beim Lesen der verschiedenen Arbeiten den Eindruck, daß die Gegensätze doch etwas künstlich geschaffen worden sind (vgl. v. VOLKMANN[4], HUETER[5], WOLFF[6], LORENZ[7], KOKTEWEG[8], GHILLINI[9], TRIEPEL l. c.). Soviel ist jedenfalls sicher, daß es äußere Einflüsse sind, vor allem der Muskelzug, die diesen Umbau am Knochen besorgen, der übrigens auch vielfach experimentell studiert worden ist, indem man Tieren über längere Zeit hin bestimmte Stellungen aufgezwungen hatte (FULD[10], FICK[2]). In ihrem weiteren Verlauf richten sich ja selbstverständlich alle diese Deformitäten, genau übrigens wie die normalen Bewegungen der Gelenke, nach den Gesetzen der **Statik und Mechanik.** Genaue Einzelheiten hierüber findet man in den zusammenfassenden Werken von R. FICK und STRASSER[11].

Dieser mechanische Reiz wird auf den Knochen nicht nur durch die Belastung, sondern vor allem durch die Spannung und die **Tätigkeit der Muskulatur** ausgeübt und da liegt die Frage nahe, ob auch die Bildung des Skeletts im Embryonalleben von den Muskelanlagen abhängig ist. Das scheint nun nach den Unter-

---

1 BRUNS' Beitr. Bd. 127. 1922. 2 Handbuch der Anatomie des Menschen II/I. I. S. 43. 3 Terminologie. Verlag von Engelmann. S. 16. 4 Krankheiten der Bewegungsorgane in PITHA-BILLROTHS Handb. Bd. II und VIRCHOWS Archiv Bd. 22. 5 Arch. f. klin. Chir. Bd. 2 und Bd. 9. 6 L. c. und Wiener klin. Wochenschrift 1893 und Zeitschrift f. orthopäd. Chir. Bd. 2. Arch. f. klin. Chir. Bd. 42. S. 302. 7 Wiener klin. Wochenschrift 1893. Nr. 9, 10. 11. 8 Zeitschrift f. orthopäd. Chir. Bd. 2. 9 Arch. f. klin. Chir. Bd. 52. 10 Arch. f. Entwicklungsmech. 1901. Bd. 11. 11 Lehrbuch der Muskel- u. Gelenkmechanik. 3 Bde. Verl. v. J. Springer.

suchungen von BRAUS[1] an Scyllium nicht der Fall zu sein, vielmehr besteht eine weitgehende Unabhängigkeit in der Entwicklung des Skeletts und der Muskulatur („Selbstdifferenzierung").

Daß umgekehrt die Form des Muskels vom Skelett abhängig ist, haben u. a. ED. FR. WEBER[2], FICK und GABLER[3], MAREY[4] und JOACHIMSTHAL[5] experimentell gezeigt. Sie gingen von der bekannten Beobachtung aus, daß Neger, auch wenn sie sehr muskulös sind, gewöhnlich nur eine wenig hervortretende Wade im Vergleich zum Europäer haben. Diese Entwicklung des Wadenmuskels hängt zusammen mit der Länge des Fersenbeinhöckers; ist der Fersenbeinhöcker lang, so ist die Achillessehne kurz und die Wadenmuskulatur tritt stärker hervor (beim Europäer). Ist der Fersenbeinhöcker hingegen kurz, so ist die Achillessehne sehr lang und die Wadenmuskulatur ist auf einen kleinen umschriebenen Muskelwulst kurz unterhalb der Kniekehle beschränkt, während die übrige Wade keine Vorwölbung zeigt (beim Neger). MAREY und JOACHIMSTHAL konnten in ihren Tierversuchen durch Kürzung des Fersenbeinhöckers eine entsprechende Änderung der Wadenmuskulatur erzielen. Diese Änderung in dem Längenverhältnis von Muskel und Sehne ist also eine Anpassung an die geänderte Funktion. Es geht außerdem aus dem Gesagten hervor, daß das geringere Umfangmaß einer Gliedmaße nicht notwendigerweise den Beweis für eine minderwertige Funktion darstellt.

Die Verschiebung der Knochenenden bei einem Knochenbruch ist weitgehend abhängig von der Muskulatur; denn jeder einzelne Muskel im Körper ist stets etwas über seine natürliche Länge gedehnt, so daß er bei jeder Gelenkstellung eine gewisse Spannung besitzt. Deswegen schnellt z. B. das zentrale Ende einer Sehne nach der Durchschneidung zurück, und wenn umgekehrt das Gerüst, das diese Spannung des Muskels sichert, nämlich der Knochen, entzwei bricht, so werden die Bruchstücke in ihrer Längsrichtung gegeneinander verschoben und es gibt die Dislocatio ad longitudinem. Diese Spannung behält der Muskel auch nach dem Tode, und deswegen klafft der Muskel auch bei der Leiche noch, wenn er durchschnitten wird (LUCIANI[6]).

Diese passive Dehnung, unter der jeder Muskel normalerweise steht, erleichtert, wie ohne weiteres verständlich ist, beim Einsetzen

---

1 Morphol. Jahrbuch Bd. 35. 1906. 2 Verh. d. kgl. sächs. Ges. d. Wissensch. Math.-phys. Kl. 1867. 3 MOLESCHOTTS Unters. z. Naturlehre 1860. 4 Arch. de physiol. norm. et pathol. 1889 u. Compt. rend. hébd. des séances de l'Acad. des sciences 1887. 5 Zeitschrift f. orthopäd. Chir. Bd. IV. S. 169. 1896 u. Arch. f. klin. Chir. Bd. 54. 6 Physiologie d. Menschen. Verlag v. Fischer, Jena 1906. III. Lief. Kap. I. S. 27 u. 29.

einer Muskelkontraktion, die rasche Annäherung seiner Ansatzpunkte. Wäre der Muskel beim Beginn einer Bewegung völlig erschlafft, so würde zunächst ein Teil seiner Kraft „ohne mechanischen Effekt verloren gehen“ (LUCIANI, l. c. S. 36). Nun ist die Spannung des Muskels nicht nur eine rein passive, sondern sie ist außerdem durch das bedingt, was wir den Tonus des Muskels zu nennen pflegen, das heißt durch jene Spannung, die ein Ausdruck der Lebenstätigkeit des Muskels ist (LUCIANI), und die von der nervösen Versorgung abhängt (s. später).

Eine genaue Berechnung der Spannungsverhältnisse, unter denen ein Knochen steht, einschließlich der Spannung durch die Belastung, gibt GRUNEWALD[1].

Die Spannung des Muskels ist weiterhin eine der wesentlichsten Kräfte, die die Knochenstellung gegeneinander sichert und die Gelenkflächen in Kontakt hält. Es werden allerdings die Gelenkflächen durch die Kapsel und die Bänder schon in einer gewissen Berührung gehalten; jedoch genügt diese Fixation nicht, um die Sicherheit in der **Gelenkverbindung** zu gewähren, die wir für unsere Bewegungen brauchen[2]. An einzelnen Gelenken, so z. B. an dem Schultergelenk, dem Hüftgelenk und den Fingern, wird, wie E. WEBER[3] schon nachgewiesen hat, der Gelenkkopf außerdem noch durch den Luftdruck in die Pfanne hineingedrückt und gehalten. Genaue Untersuchungen und Berechnungen der Wirkung des Luftdruckes auf die verschiedenen Gelenke hat AEBY[4] angestellt. Der wichtigste Anteil an der Fixation der Gelenke kommt aber sicherlich den Muskeln zu (vgl. auch MÜHLHAUS[5]). Die Gelenkbänder sind außerordentlich schmerzempfindlich; bei unerwarteten Einwirkungen werden vielleicht von den Gelenkbändern aus die Muskeln zur Abwehr veranlaßt und dadurch eine sogenannte Verstauchung, das ist eine Schädigung der Gelenkbänder, vermieden (vgl. FORRESTER-BROWN[6]). Erschlafft die Muskulatur oder ist sie gelähmt, so bekommen wir ein Schlottergelenk. Auch die abnorme Beweglichkeit, wie sie sogenannte Schlangenmenschen zeigen, oder wie wir sie bei rachitischen Kindern finden, beruht auf einer krankhaften Schlaffheit der Muskulatur (HAGENBACH-BURCKHARDT[7]) oder vielleicht auf der Fähigkeit des betreffenden Menschen, bei einer bestimmten Bewegung den Antagonisten weitgehend zu erschlaffen, was der normale Mensch nicht kann.

---

1 Zeitschrift f. orthop. Chir. Bd. 39. 1919. 2 Lit. siehe FICK, Handbuch der Anat. u. Mechanik d. Gelenke. II. S. 247. 20. Lief. a. Handbuch der Anat. des Menschen, herausgegeben von v. BARDELEBEN. 3 Mechanik d. menschl. Gehwerkzeuge. Göttingen 1836. 4 Deutsche Zeitschrift f. Chir. Bd. 6. 5 Deut. Zeitschr. f. Chir. 165. 6 Edinburgh med. journ. 31. 1924. 7 Zeitschrift f. orthop. Chir. XVIII. S. 358. 1907.

In der Muskulatur der rachitischen Kinder hat Bing[1] bestimmte histologische Veränderungen nachweisen können, die er in Beziehung bringt zu dieser abnormen Schlaffheit der Muskulatur; fernerhin fand er eine Herabsetzung der elektrischen Erregbarkeit dieser Muskeln. Auch die Gelenkbänder zeigen beim Rachitiker eine geringere Elastizität, als beim normalen Menschen (Katzenstein und Fecher[2]).

Die Untersuchungen über die Einheilung **transplantierter** Knochen knüpfen sich in der Hauptsache an die Namen Ollier[3], Wolff[4], Barth[5], Marchand[6], Lexer[7], Bier[8], Axhausen[9], Petrow[1] u. v. a. Schon Ollier hatte erkannt, daß ein fundamentaler Unterschied zwischen lebendem, artgleichem periostgedecktem Knochen einerseits und jedem anderm Knochenmaterial andererseits besteht (vgl. Axhausen). Das deckende Periost bleibt auch nach seiner Überpflanzung am Leben und behält die Fähigkeit, neuen Knochen zu bilden, bei. Der Knochen selbst geht immer zugrunde und wird vom Periost und Knochenmark, sowie von den Geweben der Umgebung aus regeneriert. Der regenerierte Knochen ahmt die Form des Transplantates nach und ändert auch bei lang dauerndem Gebrauch diese Form nicht um, etwa in diejenige, die der Knochen hat, in den transplantiert worden ist (Bier[11]). Wird totes Material verpflanzt, wie das vor allem Gluck[12], König u. a. taten, so bildet sich an der Hand dieser Gleitschiene ein völlig neuer Knochen von großer Ausdehnung aus. Diese von Gluck schon lange betonte Möglichkeit dürfte nicht mehr bezweifelt werden, nachdem er über so weit zurückliegende Dauererfolge mit eingepflanzten Eisenstäben usw. berichten konnte. Über die mikroskopische Veränderung des Knorpels bei der Überpflanzung, s. bei Keller[13] und Rehn und Ruef[14].

Über die **Schmerzempfindlichkeit der Knochen** liegen Untersuchungen von Bloch[15], Lennander[16] und von Nyström[17] vor. Besonders die Untersuchungen des letzteren Autors sind sehr genau und wohl einwandfrei, da an sich selbst angestellt. Danach ist, wie ja allgemein anerkannt, das Periost sehr reich mit sensiblen Nerven versehen, so daß von ihm ein ganz besonders heftiger Schmerz schon bei ein-

---

1 Med. Klinik 1907. Hft. 1. 2 Archiv f. klin. Chir. 130. 1924. 3 Traité experior et cliné de la régéneration des or. Paris 1862 u. Internationaler Chirurgenkongreß Berlin 1891. 4 Archiv f. klin. Chir. Bd. 4. 1863. 5 Ebendort Bd. 48., 54 u. 86. Chirurgenkongreß 1893. 6 Prozeß d. Wundheilung in Deutsche Chirurgie. 7 Die freien Transplantationen. II. Teil. Neue Deutsche Chir. Bd. 26. 8 Archiv f. klin. Chir. 105. 9 Deutsche med. Wochenschr. 1918. 10 Deutsche Zeitschr. f. Chir. 1907. Med. Klinik 1908. Archiv f. klin. Chir. 94 u. 102. 11 Archiv f. klin. Chir. 127. 12 Chirurgenkongreß 1921. 13 Archiv f. klin. Chir. Bd. 104 u. 109. 14 Neue Deutsche Chir. Bd. 26b. 15 Revue de Chirurgie 1900. 16 Deutsche Zeitschrift f. Chir. Bd. 73 u. Grenzgebiete 1906. Bd. 15. 17 Deutsche Zeitschrift f. Chir. Bd. 142. 1917.

fachem Berühren oder Streichen ausgelöst wird. Der Schmerz ist ein anderer, als beim Durchschneiden der Haut, mehr diffus, oder „plump“, wie NYSTRÖM es bezeichnet. Die von Knochenhaut entblößte Kortikalis ist völlig unempfindlich, ebenso die Kompakta bis einige Millimeter Tiefe. Die Markhöhle ist, wie NYSTRÖM im Gegensatz zu früheren Untersuchern einwandfrei festgestellt hat, durchaus nicht unempfindlich; NYSTRÖM spricht von einem diffusen dumpfen Wehgefühl. Wahrscheinlich sind die Nervenendigungen im Knochenmark verhältnismäßig spärlich vorhanden, da Nadelstiche nur hier und da einen Schmerz verursachen. NYSTRÖM nimmt an, daß die den Schmerz vermittelnden Nerven an der Innenseite der Kortikalis liegen. Auch die Spongiosa enthält Empfindungsnerven, aber ebenfalls nur in spärlicher Zahl. Daß auch beim Kaninchen das Knochenmark sehr stark schmerzempfindlich ist, davon konnte ich mich bei meinen Veruschen über Osteomyelitis vielfach überzeugen. Die Gelenk- und Epiphysenknorpel haben keine Gefühlsfasern; die Gefühlsfasern sind auch sonst am Skelett nicht gleichmäßig verteilt, wenigstens findet man die Angabe (PIORRY[1]), daß kurze und platte Knochen weniger empfindlich seien, als die langen. Der Knorpel ist nicht empfindlich, da er keine Nerven oder Gefäße enthält. Der Schmerz, der bei Einklemmung von Knorpelstücken im Gelenk auftritt (Gelenkmaus) ist deshalb wohl so zu erklären, daß ein Druck auf den Knochen ausgeübt wird (FICK[2]), wenn nicht Zerrungen an den Bändern dabei eine Rolle spielen.

Die Funktion eines **quergestreiften Muskels** oder die Arbeit, die er zu leisten hat, ist eine mehrfache. Von der Arbeit, die der Muskel für die Aufrechterhaltung der tierischen Wärme zu leisten hat, sehen wir im folgenden ab, obgleich sie schätzungsweise 60 % der vom Muskel geleisteten Arbeit ausmacht, und wollen nur seine Bedeutung für die Bewegung betrachten.

Es gibt bei verschiedenen Warmblütern (Vögel, Kaninchen) Muskeln, die sich auf einen Reiz langsam zusammenziehen, die rot aussehen, und solche, die sich schnell zusammenziehen und weiß aussehen (MOSSO[3]). Die roten Muskeln verhindern durch ihre Langsamkeit, daß sich der Muskel nach jedem Zusammenziehen sofort wieder ausdehnt, sie bedeuten, wie GRÜTZNER es ausdrückt eine „innere Sperrung“ für den Muskel (vgl. auch RIESSER[4]). Bei niederen Tieren ist diese Trennung der Funktion oft an verschiedene Muskeln gebunden (BETHE und PARNAS[5], v. ÜXKÜLL[6]).

---

1 Dict. des sciences méd. T. 51. Art. Sensibilité. Paris 1821. 2 Handbuch d. Anat. d. Menschen. Herausgeg. von v. BARDELEBEN. II. 1. S. 20. 3 Arch. ital. de Biol. 1904. Bd. 41. 4 Klin. Wochenschr. 1922 u. 1925. 5 Allg. Anat. u. Physiol. d. Nervensystems 1903. 6 Umwelt und Innenwelt der Tiere 1909. S. 91.

Neuerdings gewinnt nun in der Physiologie eine Anschauung an Boden, die für den quergestreiften Muskel des Menschen ein Nebeneinanderbestehen von **Tetanus** und **Tonus** annehmen will. Man sucht den Tetanus vom Tonus an folgenden Kennzeichen zu unterscheiden (vgl. HANSEN, HOFFMANN und v. WEIZSÄCKER[1]):

1. Der Muskel leistet „tetanische Arbeit" oder besser äußere Arbeit, wenn er sich verkürzt und verlängert. Der Muskel leistet tonische oder innere Arbeit, wenn er eine bestimmte Länge erhält. Die „Vorgänge der Erschlaffung" knüpfen sich dabei unmittelbar und zwangsläufig an die der Zusammenziehung (v. KRIES[2]).
2. Bei der tetanischen Zusammenziehung ist ein Mehrumsatz gegenüber der Ruhe vorhanden, beim Tonus nicht.
3. Beim Tetanus findet man Aktionsströme, beim Tonus nicht.

Dazu kommen noch einige Unterschiede im Glykogen und Kreatinstoffwechsel sowie in der pharmakologischen Beeinflußbarkeit, die hier nicht näher ausgeführt werden sollen.

Ein sehr bekanntes Beispiel von sogenannter „Tonusfunktion" am Muskel ist die von BRONDGEST[3] zuerst beschriebene Enthirnungsstarre: Beim enthaupteten Frosch stehen die Beine in Beugung und sinken erst dann schlaff herunter, wenn man den Ischiadikus durchschneidet. Nun ist aber bei dieser Starre ein Aktionsstrom nachzuweisen (EINTHOVEN[4]), während die anderen, für Tonus angeführten Zeichen stimmen. Beim Dauerspasmus des Tetanuskranken fanden MEYER und FRÖHLICH[5] sowie LILJESTRAND und MAGNUS[6] Stromlosigkeit, während HANSEN, HOFFMANN und v. WEIZSÄCKER[7] einen Aktionsstrom nachweisen konnten, wie sie überhaupt in Übereinstimmung mit REHN[8] bei allen möglichen Erkrankungen, die mit Spasmen verbunden waren (spastische Kinderlähmung usw.), stets Aktionsströme fanden. Die Lehre von der Doppelfunktion des Muskels sucht ihre beste Stütze in der von BOEKE[9] nachgewiesenen doppelten Innervation. BOEKE konnte nämlich in jeder Muskelfaser einen markhaltigen und einen marklosen Nerven nachweisen, die in verschiedener Weise in den Muskulaturen endigten. Die sympathischen Fasern laufen in vielen Fällen mit den peripheren Nerven zusammen, wenigstens konnten KURÉ, KEN, TETSUSHIRO, SHINOSAKI u. v. a.[10] mit der WEIGERTschen Färbung marklose Fasern in zahlreichen peripheren Nerven nachweisen, die nach Exstirpa-

---

1 Zeitschrift f. Biol. Bd. 75. 1922 u. Deutsche med. Wochenschr. 1923. S. 1483. 2 PFLÜGERS Archiv Bd. 190. 1921. 3 Archiv f. Physiol. 1883. Bd. 22. 4 Arch. néerl. Bd. 2. 1918. 5 Münch. med. Wochenschr. 1917. 6 PFLÜGERS Archiv Bd. 176. 1920. 7 Zeitschr. f. Biol. Bd. 75. 1922. u. D. med. Wochenschr. 1923. S. 1483. 8 Deutsche. Zeitschr. f. Chir. Bd. 162. 1921. 9 Klin. Wochenschr. 1922. 10 PFLÜGERS Arch. Bd. 190.

tion des Grenzstranges nicht mehr nachweisbar waren. DE BOER[1], FRANK[2], MAUMARY[3] suchten nun den Nachweis zu erbringen, daß von dieser sympathischen Innervation des Muskels der Tonus abhängt. Die Angaben von DE BOER, daß nach Sympathikusdurchschneidung oder nach Durchschneidung der Verbindungszweige vom Ischiadikus zum Sympathikus im BRONDGESTschen Versuch die Gliedmaße genau so erschlaffe, hat sich zwar in Nachprüfungen nicht bestätigen lassen (SALECK und WEITBRECHT[4]), aber es ist doch wohl zuzugeben, daß der Sympathikus irgend etwas mit der Funktion des quergestreiften Muskels zu tun hat, und zwar nicht nur auf dem Umwege der Vasomotoren. Auch SALECK und WEITBRECHT fanden, daß die Tiere nach Sympathikusdurchschneidung die Gliedmaße oft weniger benutzten und O. FISCHER[5] teilt Fälle von Schußverletzungen des Sympathikus mit, wo eine gewisse Schwäche der betreffenden Gliedmaße bestand. Wir wissen weiterhin nach den Beobachtungen HEIDENHAINS[6], daß an der Zunge nach Durchschneidung des Hypoglossus und des N. lingualis träge Zuckungen auftreten. Damit ist aber natürlich nicht gesagt, daß wir eine besondere Tonusfunktion des quergestreiften Muskels annehmen müssen. Die ganze Frage von der sogenannten Dualität der Funktion des quergestreiften Muskels steht zweifellos noch auf sehr unsicherem Boden. Es ist natürlich ein sehr sinnfälliger Unterschied ob ein Muskel der Körperhaltung oder der Körperbewegung dient. Ob wir hierin aber zwei grundverschiedene Funktionen (Tonus und Tetanus) erblicken können ist doch sehr zweifelhaft, so befruchtend auch diese Anschauung und die mit ihr verknüpften Untersuchungen gewirkt haben. Wie man sich die verlangsamte Erschlaffung eines Muskels auch unter Zugrundelegen dessen, was wir von der tetanischen Zuckung wissen, erklären können, ohne eine besondere „tonische Funktion“ anzunehmen, hat v. KRIES[7] neuerdings sehr klar ausgeführt. Über die historische Entwicklung des Tonusbegriffes gibt KÄTHE ITALIENER[8] eine Übersicht. Die neueren Anschauungen über den Muskeltonus behandeln MARTINI[9] und RIESSER[10]).

Abgesehen vom Tetanus haben wir in der Chirurgie hauptsächlich bei den Knochenbrüchen mit dieser krampfartigen „tonischen“ Zusammenziehung zu rechnen (vgl. ZUPPINGER-

1 Zeitschr. f. Biol. Bd. 65. 2 Berliner Klin. Wochenschr. 1919. Nr. 45. 3 Zeitschr. f. Biol. 74. 4 Ebendort 71. 1921. 5 Zeitschr. f. d. ges. Neurologie u. Psychiatrie 55, 1920. 6 Arch. f. Physiol. 1883 (Suppl.) 7 PFLÜGERS Archiv Bd. 190. 8 Med. Klinik 1922. S. 455. 9 Münch. med. Wochenschr. 1922. S. 558. 10 Klin. Wochenschr. 1925. Heft 1 u. 2.

Christen[1]). Die Verletzung, die auch den Muskel beim Zustandekommen eines Bruches trifft und die Schädigung nach der Verletzung, also z. B. das Einspießen der Frakturenden, übt einen starken Reiz auf den Muskel aus. Die Frakturenden schieben sich noch stärker übereinander, als sie es nach der oben beschriebenen in der Norm vorhandenen Spannung der Muskulatur tun würden, und der Muskel setzt jedem Versuch, ihn zu dehnen, einen hartnäckigen Widerstand entgegen, dadurch, daß er sich bretthart zusammenzieht und diese Härte beibehält. Jeder Versuch, diesen Muskelwiderstand mit plötzlicher Gewalt zu überwinden, führt zu einer schweren Schädigung des Muskels. In den ersten 8 Tagen nach der Verletzung findet sich nach Zuppinger-Christen und Rehn[2] der Muskel in einem Schockzustand, wobei er völlig stromlos ist.

Jede passive Dehnung führt zu einer Schädigung des Muskels, auch wenn sie einen gelähmten Muskel betrifft (Pürkhauer[3]). Daher die Regel, bei Radialislähmung die Hand nicht hängen zu lassen, sondern sie durch eine Schiene bis zur Mittelstellung zu heben, da sonst die Streckmuskulatur durch die Dehnung so weitgehend geschädigt wird, daß ihre Funktion ungenügend bleibt, auch wenn die Innervation wiederkommt.

Bei der normalen Konstruktion eines Muskels ist zur Aufrechterhaltung und Entwicklung der Spannung eine ganz bestimmte Menge Milchsäure erforderlich, die aus dem Muskelglykogen fortdauernd erzeugt wird. Die jeweils gebildete Milchsäure kann die Spannung nur für eine kurze Zeit aufrecht erhalten, dann erschlafft der Muskel. Dasselbe gilt auch für die längerdauernden Kontrakturen (vgl. auch Riesser[4], Meyerhof[5]).

Wir haben bisher hauptsächlich von der Funktion des Muskels gesprochen, die mit einem elastischen Bande zu vergleichen ist, und die darin besteht, dem Skelett einen festen Halt zu geben. Der Muskel dient nun aber zweitens der Fortbewegung, und er wird dieser Aufgabe durch Verkürzung und Wiederausdehnung gerecht. Die Kraft, mit der sich ein Muskel zusammenzieht, hängt allein von seinem Querschnitt ab (s. Beck[6]). Die normale Spannung des Muskels begünstigt die rasche Annäherung seiner Ansatzpunkte. Wäre der Muskel beim Beginn einer Bewegung völlig erschlafft, so würde zunächst ein Teil seiner Kraft „ohne mechanischen Effekt

1 Allgem. Lehre von den Knochenbrüchen. F. C. W. Vogel 1913. S. 58.
2 Arch. f. klin. Chir. 127. 3 Zeitschr. f. orthopäd. Chir. 21. S. 174. 4 Klin. Wochenschr. 1922. S. 1319 u. 1374. 5 Pflügers Archiv f. d. ges. Physiol. 182. 188. 191. 195. 6 Archiv f. orthop. Chir. Bd. 20. Hft. 1.

verloren gehn" (LUCIANI[1]). Bei jeder Bewegung sind stets eine ganze Gruppe von Muskeln, nicht ein einzelner Muskel allein tätig, so daß, worauf DU BOIS-REYMOND[2] besonders hinweist, die morphologische Einteilung der Muskeln, so wie sie die Anatomie lehrt, ein ganz falsches Bild von der funktionellen Leistung der Muskeln gibt. Wir haben einen ständigen Wechsel in der Gruppierung der Muskeln. „Antagonisten" oder „Synergisten" gibt es unter den Muskeln nur immer für die augenblickliche Bewegungsphase und nicht in dem Sinne, wie es die Anatomie lehrt. Der eine Muskel erschlafft jeweils, wenn sich der andere zusammenzieht („reziproke Innervation", SHERRINGTONS, BETHE, KAST[3]), eine Erscheinung, welche sich nur an Muskeln nachweisen läßt, die von ihrem Insertionspunkt abgetrennt sind, z. B. Amputationsstümpfe (BETHE und KAST[3]). Die Muskeltätigkeit wird dadurch noch verwickelter, daß eine Anzahl Muskeln über zwei Gelenke hinläuft, also an der Bewegung zweier Gelenke beteiligt ist, ja es geht die Einwirkung eines Muskels noch weiter. Wie besonders OTTO FISCHER[4] betont, sucht ein Muskel nicht in erster Linie die Gelenke, sondern die Körperteile selbst in Drehung zu versetzen, und daraus folgt, daß schließlich die Muskeln nicht nur auf solche Gelenke und Knochen einwirken, über welche sie hinwegziehen, sondern auch auf Gelenke, welche scheinbar ganz außerhalb ihres Wirkungskreises liegen. Deswegen bekommen wir z. B. bei teilweisen Lähmungen an den Beinen eine Skoliose. Wir werden noch bei Besprechung der Muskel- und Knochenatrophie sehen, wie sich auch dabei die Einwirkung der Muskeln auf entfernte Teile der Gliedmaßen geltend macht.

Diese Einwirkung auf entferntere Gelenke haben nun die Muskeln nicht nur, wenn sie sich zusammenziehen und wieder ausdehnen, sondern auch, wenn sie in dem kontrahierten Zustand bleiben und dann wie ein „Transmissionsband" Bewegungen vermitteln. v. BAEYER[5] bezeichnet das als koordinierte Bewegungen des Muskels und führt als Beispiel an, daß bei Beugung des Hüftgelenks sich zwangsläufig das Knie beugt und die Fußspitze hebt, wie beim sogenannten Fluchtreflex.

Bei bestimmten Bewegungen verschiebt sich ferner der mehrgelenkige Muskel als Ganzes gegenüber dem unter ihm liegenden

1 Physiologie des Menschen. Verlag Fischer, Jena. 1906. III. Lief. S. 36. 2 Spezielle Muskelphysiologie. Berlin 1903 u. in NAGELS Handbuch der Physiologie Bd. IV. S. 601. 3 Klin. Wochenschr. 1922, S. 581 u. PFLÜGERS Archiv f. d. ges. Physiol. 194. 1922. 4 Zeitschrift f. orthopäd. Chir. Bd. 22. 1908 (hier Zusammenfassung). 5 Naturhistor.-med. Verein Heidelberg 1919. Zeitschr. f. orthop. Chir. Bd. 46. 1924.

Knochen. Und zwar muß diese Verschiebung dann vor sich gehen, wenn die beteiligten Gelenke im gleichen Sinne bewegt werden, während bei entgegengesetzter Bewegung der Gelenke der Muskel in der Mitte stillsteht. Das können wir uns bei unseren therapeutischen Maßnahmen zunutze machen. Wir werden z. B. die Bruchteile der Patella durch starke Hüftbeugung des im Kniegelenk gestreckten Beines einander maximal nähern. Es erklärt diese Betrachtung ferner auch, warum das Festwachsen des Muskels an der Bruchstelle bei einem Knochenbruch solche Bewegungsstörungen verursacht.

Da schließlich die Verkürzung eines Muskels ihre Grenzen hat und nach dem SCHWANNschen Gesetz die Kraft der Verkürzung mit zunehmender Verkürzung rasch abnimmt, so kann bei den mehrgelenkigen Muskeln leicht der Fall eintreten, daß bei irgendeiner Bewegung des einen Gelenkes die des anderen unvollkommen ausfällt, da eben die Kraft des mehrgelenkigen Muskels versagt. Deshalb können wir z. B. bei sitzender Stellung das Knie schlecht strecken, oder können die im Handgelenk maximal gebeugte Hand schlecht schließen, und umgekehrt die im Handgelenk dorsal flektierte Handfläche schwer öffnen. Man spricht hier von einer „relativen Längeninsuffizienz der zweigelenkigen Muskeln“ (HENKE[1], HUETER[2] und v. BAEYER[3]).

Nun gibt es bei jedem Gelenk oder besser gesagt bei jeder Gliedmaße als Ganzes eine Stellung, bei der sich alle Muskeln im Gleichgewicht befinden. Dann ist kein Muskel besonders gespannt und kein Muskel besonders erschlafft, und das bedingt eine gewisse Ruhe für das betreffende Glied. Am Bein ist das z. B. die Beugung im Knie und in der Hüfte, und die leichte Spitzfußstellung des Fußgelenks. Diese Ruhestellung hat in der modernen Frakturbehandlung eine große Bedeutung gewonnen. Wenn wir nämlich an einem Bein in dieser Ruhestellung einen Streckverband anlegen, so gebrauchen wir viel weniger Gewichtsbelastung, um bei einem vorhandenen Knochenbruch die Verkürzung auszugleichen, als wenn das Bein im Kniegelenk und in der Hüfte gestreckt und im Fußgelenk in rechtwinkliger Stellung steht; das liegt daran, daß alle Muskeln ziemlich gleichmäßig entspannt sind und deshalb der Dehnung, die nach dem oben Gesagten ja zum Ausgleich der Dislocatio ad longitudinem nötig ist, den geringsten Widerstand entgegensetzen. Diese geringere

---

1 Zeitschrift f. rationelle Medizin Bd. 33. S. 141. 2 VIRCHOWS Archiv Bd. 28 u. 46. 3 Naturhistor.-med. Verein Heidelberg 1919. Zeitschrift f. orthop. Chir. Bd. 46. 1924.

Gewichtsbelastung bedeutet aber zugleich die geringere Muskelschädigung, wie eine einfache Überlegung ergibt. Infolgedessen ist das funktionelle Ergebnis der in halber Beugestellung behandelten Frakturen ein wesentlich besseres, als der in Streckstellung behandelten. Daß die vielgebrauchte Stellung, gestrecktes Knie, fast gestreckte Hüfte, rechtwinklig gestellter Fuß unphysiologisch ist, davon kann man sich jederzeit am eigenen Körper durch das bei dieser Stellung auftretende Spannungs- und Ermüdungsgefühl überzeugen. Kein Mensch wird ohne Zwang diese Stellung z. B. beim Schlafen im Bett einnehmen. Ebenso wie bei den Beinbrüchen, ist die Kenntnis und Anwendung der Ruhestellung auch bei den Armbrüchen notwendig, z. B. bei dem typischen Radiusbruch oder Oberarmbruch. Wird sie bei letzterem nicht beachtet und der in der Diaphyse gebrochene Arm auf ein MIDDELDORPFsches Dreieck festgebunden, so bekommen wir eine Dislocatio ad peripheriam und der Patient hält nach der Heilung beim Gehen die Hand so, daß der Handrücken, anstatt der Daumen nach vorne sieht. Deshalb muß man, wenn der Oberarm um 45 Grad vom Körper absteht, wie bei dem MIDDELDORPFschen Dreieck, den Unterarm so lagern, daß er parallel zum Erdboden steht. Das Unphysiologische einer Armstellung, wie sie das MIDDELDORPFsche Dreieck verlangt, erkennt man ebenfalls ohne weiteres am eigenen Körper, wenn man seinem Arm diese Stellung gibt. Wir haben dann ein Spannungsgefühl im Oberarm. Es geht aus dem Gesagten hervor, daß diese Ruhestellung der Muskeln nicht einfach gleichbedeutend ist mit der Mittelstellung der Gelenke (ROMICH[1]).

Unter **Muskelempfindung** verstehen wir mit SHERRINGTON „die Gesamtheit sensibler Wirkungen, welche ihren Ausgangspunkt in den motorischen Apparaten, nämlich den Muskeln, Sehnen und Bändern nehmen“. Der Muskel besitzt eine gewisse Schmerzempfindlichkeit. Das sehen wir regelmäßig bei unseren Kropfoperationen, wo gerade das Durchtrennen und Nähen der Muskeln ausgesprochene Schmerzen verursacht. Wahrscheinlich ist diese Schmerzempfindung an die mit den Blutgefäßen zusammenlaufenden Nerven gebunden (ODERMATT[2]). Deswegen ist das Empfindungsvermögen der Muskeln noch erhalten, ja gesteigert, wenn die Plexusnerven, die den Arm versorgen, völlig gelähmt sind (BECKER[3]). Auch gegen Dehnung scheint der Muskel schmerzempfindlich zu sein. Ob einzelne Muskeln besonders schmerzempfindlich sind, ist nicht bekannt.

---

1 Zeitschr. f. orthop. Chir. 42. 1922. 2 BRUNS' Beitr. Bd. 122. 3 Inaug.-Diss. Würzburg 1917.

Weiterhin kommt dem Muskel ein ausgesprochenes Lagegefühl zu. Es ist allerdings fraglich, ob es diese „Tiefensensibilität" der Muskeln ist, mit deren Hilfe wir merken, welche Stellung ein Gelenk hat, oder ob uns diese Kenntnis nicht durch sensible Bahnen vermittelt wird, die nach den Sehnen, Gelenkkapseln und Gelenkbändern führen. Hierzu hat die moderne Physiologie und Neuropathologie in zahlreichen Arbeiten Stellung genommen (Lit. siehe bei LUCIANI[1]). Es ist danach zu sagen, daß eine gewisse Beziehung von Hautsensibilität zur Tiefensensibilität wohl zweifellos besteht (v. FREY[2]), daß wir aber trotz gestörter Hautsensibilität eine genaue Empfindung über die Lage unserer Körperteile, mit Hilfe der Tiefensensibilität, haben. Besonders einleuchtend sind die Erfahrungen der Chirurgen bei der Lokalanästhesie, fernerhin die Erfahrungen, die bei der Verletzung einzelner Nerven erhoben worden sind. Wir wissen, daß ein Finger, der durch Lokalanästhesie an seiner Wurzel unempfindlich gemacht worden ist, behutsame Lageänderung nicht wahrnimmt, obgleich ja die Muskeln und höher gelegenen Sehnen in ihrer Innervation völlig ungestört sind. Ähnliche Beobachtungen hat man bei Verletzungen einzelner Nerven an Armen und Beinen gemacht. Genauere Untersuchungen hierüber hat LEHMANN[3] angestellt. Er konnte Störungen in der Lageempfindung und Bewegungsstörung nur bei Verletzung des N. tibialis, ulnaris und medianus nachweisen. Dabei ließ sich sehr gut, z. B. bei einer Medianuslähmung, die Hautsensibilität von der Lageempfindung am Daumen trennen. Für niedere Tiere wird die Unabhängigkeit der Hautsensibilität von der Tiefensensibilität am besten durch die CLAUDE-BERNARDschen Versuche bewiesen, der einem Frosch die Haut abzog und dann keinerlei Störungen in seiner Bewegungsfähigkeit beobachtete.

Was die zweite Frage anbetrifft, ob die Tiefensensibilität durch die Muskeln oder mehr durch die Gelenke und die Gelenkbänder vermittelt wird, so halten die Physiologen im allgemeinen die Sensibilität der Gelenkbänder für wesentlicher, als die der Muskeln, und zwar besonders aus der Überlegung heraus, daß die Muskeln, besonders die mehrgelenkigen, doch eine zu verschiedenartige Funktion haben, wie das auch oben auseinandergesetzt wurde. Es ist deshalb zunächst einmal nicht sehr wahrscheinlich, daß nun gerade durch die Muskeln das Gefühl für eine

---

1 Physiologie d. Menschen. Fischers Verlag. 1906. 11. Lief. S. 82ff. 2 Sitz.-Ber. der Kgl. bayr. Akad. d. Wissensch. Math.-physik. Klasse 1918. (Sonderabdruck.) 3 Münchener med. Wochenschrift 1916.

bestimmte Gelenkstellung vermittelt wird. Vom Standpunkt des Chirurgen aus ist hierzu zu sagen, daß das Lagegefühl des Muskels nicht unterschätzt werden darf. Wir beobachten wenigstens bei Amputationen und Exartikulationen doch eine wesentlich größere Sicherheit in den Bewegungen und in dem Gefühl für die jeweilige Stellung des operierten Gliedes, wenn wir die Muskelreste oder Sehnen über dem Stumpf vernähen. Ferner haben die Erfahrungen bei künstlichen Gelenkmobilisationen gezeigt, daß die Patienten bei geschlossenen Augen ganz genau angeben können, welche Stellung das betreffende Gelenk einnimmt, obgleich doch der gesamte Kapsel- und Bänderapparat entfernt worden war (v. FREY[1], PAYR[2] u. a.). Ferner haben neurologische Untersuchungen an Amputierten mit willkürlich beweglicher Prothese, wie sie VERAGUTH[3] angestellt hat, gezeigt, daß solche Patienten schon geringe Stellungsänderungen in den Gelenken ihrer Prothese genau merken und richtig beurteilen können und KATZ[4] konnte an Patienten, die nach der VANGHETTI-SAUERBRUCHschen Methode operiert worden waren, zeigen, daß sie kleine Gewichte mit ihren isolierten Muskeln genau so abschätzen konnten, als wenn der Unterarm erhalten wäre.

Die ganze Betrachtung über das Lagegefühl wird dadurch erschwert, daß gewisse **zentrale Empfindungen** bestehen, die der eigentlichen Bewegung vorausgehen. Gerade eine Anzahl unserer namhaftesten Physiologen und Psychologen, wie JOHANNES MÜLLER, HELMHOLTZ, WUNDT[5] u. a., sind der Ansicht, daß wir nicht nur die ausgeführten Bewegungen empfinden, sondern auch schon die gewollten. Allgemeiner Anerkennung erfreut sich zwar diese Theorie vom zentralen Innervationssinn, die hier nur angedeutet werden kann, nicht (siehe LUCIANI S. 95). Aber wie schließlich trotz der peripheren Muskelempfindlichkeit die Muskeltätigkeit und das Gefühl für die Muskeltätigkeit doch in letzter Linie vom Zentrum aus geregelt und umgeschaltet wird, geht u. a. aus den Beobachtungen hervor, die man in der Chirurgie bei dem „Umlernen" der Muskeln bei Muskeltransplantationen macht. Dieses Umlernen geschieht zunächst völlig bewußt. Wenn z. B., wie in einem von J. E. SCHMIDT[6] mitgeteilten Falle, der Latissimus dorsi auf den Bizeps überpflanzt wird, kann der Patient den Arm in der ersten Zeit nach der Operation nur dann beugen, wenn er sich vorstellt, er wolle nach hinten greifen. Später gelingt

1 Sitzungsber. der physik.-med. Gesellsch. Würzburg 1917. (Sonderabdruck.) 2 Deutsche Zeitschrift f. Chir. Bd. 129. S. 356. 3 Deutsche Zeitschrift f. Chir. 161. S. 406. 1921. 4 Zeitschrift f. Psychologie u. Physiologie d. Sinnesorg. Bd. 85. 1920. 5 Vorlesungen über die Menschen- u. Tierseele. VI. Aufl. Verl. von Voß. Leipzig 1919. 6 BRUNS' Beitr. Bd. 98. S. 761.

die Beugung unschwer auch ohne eine solche Vorstellung. Dasselbe sehen wir bei der Bildung der Muskelkanäle nach VANGHETTI-SAUERBRUCH[1]. So spannen Amputierte, wie Untersuchungen von KATZ[2] gezeigt haben, den M. biceps oft unter der Vorstellung einer Unterarmbewegung, wenn der im Bizeps angebrachte Muskelkanal zur Fingerbewegung benutzt wird. Ein ähnliches Umlernen findet weiterhin statt, wenn bei der Lähmung eines einzelnen Muskels, eine bestimmte Bewegung, zu der er nötig ist, von anderen Muskeln übernommen wird. Es gelingt z. B. sogar, einem Teilstück eines erhaltenen Muskels eine neue Funktion einzuüben, während dann der Hauptteil des betreffenden Muskels ruhig seine alte Funktion beibehält. So konnte KRON[3] den Pectoralis major so umlernen, daß seine klavikulare Portion den gelähmten Deltoideus ersetzte und ebenso konnte TEN HORN[4] den M. pectoralis in zwei funktionell selbständige Teile zerlegen, indem er den äußeren Abschnitt der Pars sternocostalis zum Zwecke der Anbringung einer kineplastischen Prothese kanalisierte.

Hier anzufügen ist schließlich, daß selbst Amputierte das Gefühl haben, als besäßen sie ihr Glied noch und könnten z. B. die Zehe von dem amputierten Fuß bewegen. Das Phantomglied wird meist kleiner gefühlt als das Normale (KATZ l. c.). Dieses Gefühl ist ein Teil des allgemeinen Körperbewußtseins und zentralen Sitzes (vgl. E. MEYER[5]).

Ist ein Glied nur teilweise gelähmt oder sind seine Bewegungen infolge Versteifungen erschwert, so bedeutet jede Bewegung eine gewaltige Steigerung der Innervationskraft, und die Patienten sind schon nach ganz geringen Leistungen erschöpft, obgleich die tatsächlich von der Muskulatur vollbrachte Arbeit nur eine sehr unbedeutende ist im Vergleich zu der, die sonst der betreffende Muskel ohne Ermüdung zu leisten vermochte. Alles das weist darauf hin, daß die Theorie von dem zentralen Innervationssinn doch sehr viel für sich hat.

Daß die **Muskulatur,** wenn alle ernährenden Gefäße unterbunden sind, **nekrotisch** zugrunde geht, daß das eintritt, was wir eine Gangrän zu nennen pflegen, bereitet dem Verständnis keine Schwierigkeiten. Wird die gesamte **arterielle** Versorgung einer Gliedmaße unterbrochen, so entwickelt sich im allgemeinen eine ausgedehntere Gangrän der Haut als der Muskulatur (BROOKS[6]), andererseits

---

1 Die willkürlich bewegbare künstliche Hand. Verlag von J. Springer. 1916. S. 13. 2 Zeitschrift f. Psychologie u. Physiologie d. Sinnesorg. Bd. 85. 1920. 3 Deutsche med. Wochenschrift 1910. Nr. 47. 4 Deutsche Zeitschrift f. Chir. Bd. 161 u. 169. 1922. 5 Archiv f. Psychol. Bd. 68. 1923. 6 Arch. of surg. Bd. 5. 1922.

schädigt schon kurzdauernde, verringerte Blutzufuhr den Muskel, während sie der Haut nichts ausmacht. Bei Unterbindung des Venenabflusses kommt es zu Ödem und Degeneration in der Muskulatur, so daß es scheint, als ob gerade der verhinderte Venenabfluß von der Muskulatur besonders schlecht vertragen wird. Genauere Untersuchungen über die Bedeutung der Blutversorgung für die Leistungsfähigkeit des Muskels mit Hilfe des Ergographen stammen von ATZLER und HERBST[1]. Dabei zeigte sich, daß bei Blutleere nach 3—4 Minuten der Muskel kontraktionsunfähig wurde, daß aber die Arbeitsfähigkeit bald wieder zurückkehrte. Auch Stauung führte zu Änderung der Arbeitsleistung.

Bei der diabetischen Gangrän handelt es sich um eine Vereinigung von verminderter Blutzufuhr als Folge einer stets zu findenden Arteriosklerose und einer herabgesetzten Widerstandsfähigkeit und Lebenskraft der Gewebe. Diese Minderwertigkeit der Zellen beim Diabetiker zeigt sich nach WOLFSSOHN[2] u. a. darin, daß die Leukozyten der Diabetiker weniger kräftig phagozytieren, als normale. Bei der Gangrän durch Gefäßerkrankung darf der Gefäßkrampf nicht übersehen werden. Wir werden darauf noch bei der Besprechung der Gefäßinnervation einzugehen haben.

Ein besonderes Interesse unter den unvollständigen Ernährungsschädigungen der Muskulatur beansprucht die **ischämische Muskelkontraktur.** Ungenügende arterielle Versorgung bei gleichzeitiger venöser Stauung wurden seit v. VOLKMANN[3], LESER[4], KRASKE[5], HEIDELBERG[6] u. a. lange Zeit als letzte Ursache für diese bindegewebige Umwandlung der Muskulatur angenommen. Und zwar legt ein Teil der Autoren, wie BARDENHEUER[7], besonderen Wert auf die venöse Stauung, indem er darin eine Kohlensäurevergiftung des Muskels sah. Schon LIEBIG[8] hatte ja gefunden, daß ein Froschschenkel auch in sauerstofffreier Atmosphäre fortfährt, CO_2 zu bilden. Die Vorstellung von einer Kohlensäurevergiftung durch venöse Stauung ist wohl trotzdem unrichtig, denn Sauerstoffmangel fürt nach FLETCHER und HOPKINS[9] sowie HILL[10] zu einer Anhäufung von Milchsäure im Muskel, und diese Milchsäure verdrängt die Kohlensäure (Lit. s. VERZÁR[11], vgl. auch BECK[12]). Das Krankheitsbild der ischämischen Muskelkontraktur ist nicht einfach, als

---

1 Bioch. Zeitschr. Bd. 131. 1922. 2 Archiv f. kl. Chirurgie. Bd. 114. S. 737. 1920. 3 Zentralbl. f. Chir. 1881. 4 v. VOLKMANNs Samml. klin. Vortr. 1884. 5 Zentralbl. f. Chir. 1879 u. Exp. Untersuch. über d. Regeneration quergestreifter Muskelfasern. Halle 1878. 6 Arch. f. exp. Path. u. Pharmak. 8. 7 Deutsche Zeitschrift f. Chir. 108. 8 MÜLLERs Archiv 1850 S. 393. 9 Journ. of Physiol. Bd. 35. 10 Erg. d. Physiol. Bd. 75. 1916. 11 Ebendort. 12 Klin. Wochenschr. 1922. S. 1049. Archiv f. klin. Chir. 120.

Folge einer mangelhaften Blutversorgung zu erklären, sonst müßte es ungeheuer leicht sein, im Tierversuch eine ischämische Muskelkontraktur zu erzielen. Und doch ist das durchaus nicht der Fall. Unterbrechung des arteriellen Zuflusses, wie sie z. B. im sogenannten STENSONschen Versuch, bei Unterbindung der Aorta (KROH[1]) oder bei länger dauernder Abschnürung am Oberschenkel statthat, führt zwar, wie schon aus den Abbildungen HEIDELBERGS hervorgeht, zu einem Zerfall der Muskelfasern und Kerne und funktionell anfänglich zu einer gewissen Starre des Muskels (KROH). Läßt man aber die Tiere dann wieder herumspringen, so erholt und regeneriert sich der Muskel rasch wieder. Dasselbe gilt von den Unterbindungen der Venen (KROH, l. c. S. 471); und es haben ja auch die Erfahrungen am Menschen gezeigt, daß die Unterbindung der Vena femoralis, die häufiger wegen Pyämie ausgeführt worden ist (ROST[2]), nicht zur ischämischen Muskelkontraktur führt. Die Zirkulationsstörung allein genügt also nicht zum Zustandekommen einer Ischämie, man muß noch nach der Gefäßunterbindung die betreffende Gliedmaße durch einen fixierenden Verband ruhig stellen (KROH). Dieser Verband braucht durchaus nicht etwa zu schnüren, sondern allein die Inaktivierung genügt, um die bindegewebige Umwandlung des Muskels herbeizuführen.

Klinisch kann die Ursache für die Zirkulationsstörung im einzelnen Falle eine verschiedene sein. Man sieht die ischämische Muskelkontraktur hauptsächlich bei den suprakondylären Oberarmbrüchen und bei den Brüchen in der Unterarmmitte (HILDEBRAND[3]). In ersterem Falle handelt es sich oft um eine Intimazerreißung der Art. cubitalis oder um eine mechanische Kompression dieses Gefäßes durch die verschobenen Bruchenden mit Blutung in die Adventitia (SCHUBERT[4]).

Die venöse Stauung und das Ödem, das nach solchen Verletzungen auftritt, verstärkt die Zirkulationsstörung noch, verstärkt aber auch die Inaktivierung der Muskeln. BARDENHEUER macht darauf aufmerksam, daß am Arm die „venösen Saugbecken“ in der Ellenbeuge liegen, deswegen seien die Beugemuskeln stets besonders stark ischämisch verändert im Gegensatz zur Streckmuskulatur.

Man hatte unter dem Einflusse der Arbeiten v. VOLKMANNS bei der ischämischen Muskelkontraktur eine Zeitlang jede Beteiligung der peripheren Nerven bestritten, und hatte also

---

1 Deutsche Zeitschrift f. Chir. 120. 1913. 2 Münchener med. Wochenschrift 1916. Nr. 2. 3 Deutsche med. Wochenschrift 1905. S. 1577 u. Samml. klin. Vorträge 1906. 4 Deutsche Zeitschr. f. Chir. Bd. 175.

eine scharfe Gegenüberstellung der Muskelschädigungen nach Nervenverletzungen und der Muskelschädigungen nach Unterbrechung der Zirkulation durchgeführt. Als besonders charakteristisch galt die Tatsache, daß bei der ischämischen Muskelkontraktur der Muskel vom Nerv aus noch elektrisch erregt werden kann, wenn die direkte elektrische Erregbarkeit des Muskels schon längst erloschen ist. Trotzdem ist eine Beteiligung und Schädigung der Nerven bei der ischämischen Muskelkontraktur nicht zu bestreiten, ja man wird dieser Nervenschädigung in vielen Fällen sogar eine ursächliche Bedeutung für das Zustandekommen des Krankheitsbildes nicht absprechen können, da durch solche Nervenbeteiligung die schädliche Inaktivität erhöht wird. Es ist ferner die normale Funktion der Nerven von der normalen Blutversorgung abhängig (vgl. die Narkoseversuche von VERWORN[1] und seinen Schülern v. BAEYER[2], FRÖHLICH[3], WINTERSTEIN[4]). Das erkennt man z. B. daran, daß die Abschnürung als solche die Sensibilität in einer Gliedmaße herabsetzt, eine Beobachtung, die man bei Operationen alltäglich machen kann, und die von NEUGEBAUER, KROH u. a. genauer im Tierversuch geprüft worden ist.

Um einen direkten Druck auf die Nervenstämme durch die schnürende Binde auszuschalten, hat KROH in Selbstversuchen nur die Art. brachialis zudrücken lassen und bekam auch dann nach 12—14 Minuten eine deutliche Sensibilitätsstörung in der Hand. Noch interessanter ist eine Beobachtung von KROH, wo nach Abdrücken ausschließlich der Art. femoralis eine deutliche Sensibilitätsstörung im Bereich des N. ischiadicus zu beobachten war. Das zeigt, wie weitgehend die Nervenleitung an einer Gliedmaße von den Zirkulationsverhältnissen abhängig ist. Im Tierversuch beobachtete KROH nur nach Gefäßunterbindung sogar eine völlige motorische und sensible Lähmung im Bereich einzelner Beinnerven.

Auch bei den ischämischen Muskelkontrakturen des Menschen haben BARDENHEUER, HILDEBRAND[5], KROH u. v. a. häufig Sensibilitätsstörungen mit Sicherheit festgestellt. DENNUE[6] ist der Ansicht, daß bei der ischämischen Muskelkontraktur das sympathische Nervensystem besonders beteiligt sei, da ihm an der Ernährung der Gewebe ein wesentlicher Anteil zukomme. Irgend einen Beweis für diese ja immerhin mögliche Anschauung haben wir bisher nicht.

Den Muskel treffen demnach also die Schädigungen, die zur ischämischen Kontraktur führen, von zwei Seiten: von seiten der Blut-

---

1 Narkose. Jena, Fischers Verlag 1912. 2 Zeitschrift f. allg. Physiol. 1. 1902. u 2. 1903. 3 Ebendort Bd. 3. 4 Die Narkose. Monogr. aus d. Gebieten d. Physiol. d. Pflanzen usw. Bd. 2. Springers Verlag. 5 v. VOLKMANNS klin. Vortr. VI. Nr. 122. 1907. 6 2. Kongr. der franz. Ges. f. Orthop. 1920 (ref. Ztbl. f. d. ges. Chir. XI. S. 1).

versorgung und von seiten des Nerven. Bei den ausgebildeten Krankheitsbildern können die Nerven außerdem durch das Bindegewebe und die narbige Schrumpfung des Muskels gedrückt und am Auswachsen verhindert werden. Um hier bessernd einzugreifen, hat HILDEBRAND mit gutem Erfolge die Nerven in einer bestimmten Weise aus der Muskulatur heraus unter die Haut verlagert.

So stellt sich das Krankheitsbild der ischämischen Muskelkontraktur in seinen Einzelheiten doch als ein recht verwickeltes dar. Im Mittelpunkte steht nach unserer heutigen Anschauung immer die Zirkulationsstörung und die Inaktivität. Von diesem Gesichtspunkte aus muß man auch z. B. die Bedeutung des schnürenden Gipsverbandes für das Zustandekommen dieser Muskelkontraktur bewerten. Es beweist das Zustandekommen der Muskelkontraktur durchaus nicht, daß der Gipsverband zu eng war und geschnürt hat. Das geht aus den angeführten Tierversuchen mit Sicherheit hervor. Es begünstigt der Gipsverband die Kontraktur, weil durch ihn die Muskulatur ruhig gestellt wird; es muß dabei aber die Zirkulation in irgendeiner Weise z. B. durch eine Intimaruptur der Art. brachialis gestört worden sein. Andererseits kann natürlich auch der Gipsverband selbst eine Zirkulationsstörung bedingen, wenn er zu fest angelegt ist, oder wenn der Arm später anschwillt. Dann wirkt er nach zwei Richtungen hin schädigend.

Die oben besprochene venöse Stase ist nun über das umschriebene Gebiet der „ischämischen Muskelkontraktur" hinaus praktisch bedeutungsvoll. Wir sehen z. B. gar nicht selten bei plastischen Operationen, wie der um seinen Stiel gedrehte Brückenlappen dick und blau wird. Dann sind die dünnwandigen Venen in dem Stiel mehr oder weniger abgeknickt und das venöse Blut kann nicht genügend abfließen; es kommt zu einer Kohlensäureanhäufung im freien Rande des Lappens und durch die Schwellung zu einer Kompression der ernährenden Kapillaren. Ohne weiteren therapeutischen Eingriff würden die Randpartien des Lappens an den Folgen dieser venösen Stauung absterben; eine einfache Stichelung des Lappens, die dem venösen Blute Abfluß schafft, genügt hingegen oft, um die Zellen am Leben zu erhalten. Ähnlichen Verhältnissen begegnen wir auch sonst in der Chirurgie, z. B. bei Frakturen. Auch hier kommen wir gelegentlich in die Lage, durch Ablassen des gestauten Blutes die gestörte lokale Zirkulation zu verbessern und eine Gangrän zu verhüten.

Die Vorstellung, daß eine vermehrte Flüssigkeitsansammlung im Muskel, wie oben ausgeführt worden ist, ein Hindernis für die normalen Bewegungen der Gliedmaße abgibt, ist eine allgemein verbreitete und wir versuchen ja, durch Massage solche Ödeme, wo sie sich immer zeigen, zu beseitigen. Man darf jedoch die Bedeutung einer solchen Flüssigkeitsansammlung im Muskel auch nicht überschätzen. Wenn z. B. KROH die Steifheit eines Muskels nach Anstrengung als „stärkere Blutanschoppung und Transsudatbildung" anspricht und als Beweis dafür die Volumenzunahme des Muskels anführt, so erscheint mir diese Erklärung für die Bewegungsstörung doch etwas zu mechanisch und die Erklärung von SCHADE[1], daß an dieser Steifheit der Muskulatur eine Änderung in der Zusammensetzung der Kolloide („Myogelose") schuld sei, ist einleuchtender. Wie geringgradig ist z. B. die Funktionseinschränkung der Muskulatur bei einem Nephritiker mit Ödemen: oft ist das Ödem doch wohl nur der Ausdruck für einen krankhaften Zustand im Bereich der Muskulatur, nicht seine letzte Ursache.

Eine angeborene Erkrankung, die man ebenfalls als ischämische Muskelkontraktur angesprochen hat, ist das **Caput obstipum,** der muskuläre Schiefhals. Wenigstens entsprechen die histologischen Veränderungen der aus dem Sternocleidomastoideus herausgeschnittenen Muskelstückchen ganz denen bei ischämischen Muskelkontrakturen gefundenen (v. MIKULICZ[2] und HILDEBRAND[3]). Daß der Fötus im Uterus schon eine „Schiefhalsstellung" einnehmen kann, ist durch die Röntgenbilder von SIPPEL[4] sichergestellt. Nach der Geburt konnte er an den betreffenden Kindern auch klinisch das Vorhandensein eines Schiefhalses nachweisen. Das mikroskopische Bild des Sternocleidomastoideus zeigte jedoch in diesen Frühfällen gelegentlich (vgl. auch SCHLÖSSMANN[5]) keine oder nur eine geringe Bindegewebsbildung, so daß wohl anzunehmen ist, daß die kongenitale Schiefhaltung des Kopfes auf einer muskulären Verkürzung, vielleicht durch Störung der Muskelanlage (BECK[6]) beruht und daß die Schädigung, die zu einer Bindegewebsbildung führt, erst bei der Geburt oder später einsetzt. Diese Schädigung kann verschiedener Natur sein. Sie kann, wie VÖLKER annimmt, in einem Druck des Kopfes auf die Art. sternocleidomastoidea während des Geburtsaktes, sie kann aber wohl auch in einem Einriß des Muskels bestehen, wenigstens sprechen dafür die mikroskopischen Bilder SIPPELS. Wenn ALI KROGIUS[7] eine angeborene Bindegewebsbildung — etwa wie sie an den verkümmerten Fußmuskeln der Pferde vorkommt — als Ursache des Schiefhalses

1 Münchener med. Wochenschrift 1921. Nr. 4. 2 Zentralbl. f. Chir. 1895. 3 Deutsche Zeitschrift f. Chir. Bd. 45. S. 584. 4 Deutsche Zeitschrift f. Chir. Bd. 155. S. 1. 1920. 5 BRUNS' Beitr. Bd. 71. S. 209. 6 Archiv f. klin. Chir. 122. 7 Acta chir. skand. Bd. 56. 1924.

anspricht, so stehen dem die oben angeführten Befunde bei Frühfällen entgegen.

Eine weitere Erkrankung des Muskels, die seine freie Beweglichkeit einschränkt, ist die Knochenbildung im Muskel, das was man gewöhnlich als **Myositis ossificans** zu bezeichnen pflegt.

Man unterscheidet im allgemeinen eine progressive Myositis ossificans von der umschriebenen. Die Fälle von progressiver Myositis ossificans haben bisher lediglich kasuistisches Interesse. Man nimmt an, daß es sich dabei um eine Konstitutionsanomalie handelt, um eine Minderwertigkeit des Gewebes, deren Ursache man im einzelnen nicht kennt; nur weiß man, daß solche Patienten auch sonst oft andere Degenerationszeichen haben, und daß die Erkrankung nicht erblich ist. Im ganzen sind bis jetzt etwa 70—80 Fälle der Erkrankung beschrieben worden. Einen großen Teil dieser Mitteilungen findet man in der chirurgischen Literatur. Von neueren Arbeiten seien nur die von KRAUSE und TRAPPE[1], STEMPEL[2], JÜNGLING[3], GOTO[4], FRATTIN[5], BLENKLE[6] genannt. Chirurgisch-therapeutisch wird man gelegentlich durch Entfernung störender Knochenplatten oder in anderer, im einzelnen Fall verschiedener Weise symptomatisch bessern können, ohne damit den Verlauf der Erkrankung irgendwie zu beeinflussen.

Wesentlich häufiger ist die umschriebene Myositis ossificans. Es fragt sich allerdings sehr, ob alles das, was man hierzu rechnet, wirklich pathogenetisch einheitlich zu bewerten ist. Die Tatsache, daß man in einem Gewebe wie Lunge, Hoden, Lymphdrüse und Muskel, in dem normalerweise kein Knochen vorkommt, gelegentlich Knochen findet, rechtfertigt es an sich nicht, diese pathologischen Prozesse ohne weiteres einander völlig gleichzusetzen.

Bei den Fällen von Myositis ossificans circumscripta[7], bei denen sich nach einer Verletzung des Stützapparates (SUDECK[8]) eine Knochenplatte im Muskel und zwar in unmittelbarer Nachbarschaft der Verletzungsstelle entwickelt hat, ist eine noch nicht entschiedene Frage, ob sich dieser Knochen aus abgerissenen Periostfetzen oder aus dem verletzten Bindegewebe entwickelt. Beides ist nach dem, was wir aus der normalen Histologie her kennen, möglich.

Daß vom Knochen losgelöstes Periost, besonders bei jugendlichen Tieren, Knochen zu bilden in der Lage ist, haben die Ver-

1 Fortschr. a. d. Gebiete d. Röntgenstrahlen Bd. 11. 1897. 2 Mitteil. a. d. Grenzgebieten Bd. 3. 3 BRUNS' Beitr. z. klin. Chir. 78. 4 Arch. f. klin. Chir. Bd. 100. 5 Fortschr. a. d. Geb. d. Röntgenstrahlen 19. 6 Arch. f. klin. Chir. 103. 7 Lit. s. KÜTTNER, Ergebn. d. Chir. Bd. 1. 1910. 8 Deutsche Zeitschrift f. Chir. 150. S. 107. 1919.

suche von BERTHIER[1], KÖNIG[2], MACHOL[3], NAKAHARA und DILGER[4], BÄTZNER u. v. a. gezeigt. Es muß jedoch die Cambiumschicht am Periostschlauch mit erhalten sein (vgl. LEXER[5] und ROHDE[6], RIESS[7]).

Man brachte entweder Fetzen von Knochenhaut oder eine Aufschwemmung klein geschnittener Knochenhaut in Muskeln oder in Weichteile und bekam dann von diesem Periost ausgehende Knorpel- oder Knochenbildung. Es ist jedoch, worauf vor allem MACHOL hinweist, in all diesen Tierversuchen niemals geglückt, ein fortschreitendes Knochenwachstum zu erzielen, wie wir es bei der traumatischen Myositis ossificans sehen. Das kann an geweblichen Verschiedenheiten von Tier und Mensch liegen; wissen wir doch auch, daß z. B. der Hund viel weniger zu solchen Verknöcherungsversuchen zu gebrauchen ist als das Kaninchen. Es ist aber auch nicht ausgeschlossen, daß mit der angenommenen Periostabsprengung das Wesen der umschriebenen Myositis ossificans nicht restlos geklärt ist. SUDECK und POCHHAMMER sind der Ansicht, daß der „Bildungsmodus", also besonders die Entwicklungsdauer des Knochens bei der Myositis ossificans, die periostale Entstehung des Knochens beweise, da der heteroplastische Weichteilknochen sich anders entwickle. Diese Ansicht wird von GRUBER bestritten und ist wohl auch nicht über alle Zweifel erhaben.

Es sind immer wieder dieselben Überlegungen, die von den einzelnen Autoren für ihre Ansicht über die Histogenese der Myositis ossificans ins Feld geführt werden; die einen erblicken darin, daß sich die Knochenspange bei der Myositis getrennt von dem Hauptknochen der Gliedmaße mitten im Muskel bildet, einen Beweis für ihre bindegewebige Entstehung, die anderen legen den Hauptwert auf die Verletzung, die das Stützgerüst getroffen hat und nehmen ein experimentell allerdings nicht erweisbares Wuchern abgerissener Periostfetzen an. Dabei sollen diese Periostfetzen weit hinein in die Muskulatur versprengt werden können (vgl. auch KOLB[8]).

Meines Erachtens liegen die Dinge sehr ähnlich wie beim Kallus. Auch bei der Heilung einer Fraktur haben wir zunächst eine Bindegewebswucherung, und dieses Bindegewebe wird nun nicht vom Periost her durchwachsen, sondern es geht nach der jetzt herrschenden Anschauung durch „direkte Metaplasie in geflechtartigen Knochen über" (MATTI[9]). Daß diese Verwandlung nicht zufällig vor sich geht, sondern daß hier die Knochenhaut und das Knochenmark einen Einfluß auf die Umbildung des Bindegewebes haben, ist eigentlich selbstverständlich; sie bilden aber den Knochen nicht selbst, sondern üben eine Art Fernwirkung auf das Bindegewebe aus, damit dieses sich zu Knochen umwandelt.

---

1 Arch. de méd. exp. Bd. 6. 1894. 2 Chirurgenkongreß 1906. 3 BRUNS' Beitr. Bd. 56. 1908. 4 BRUNS' Beitr. Bd. 63. 5 Archiv f. klin. Chir. 119. 1921. 6 Ebendort 123 u. 128. 7 Ebendort 129. 8 Münchener med. Wochenschrift 1916. Nr. 29. 9 Die Knochenbrüche u. ihre Behandlung. Springers Verlag. 1918. S. 113.

Die Knochenbildung wird bei der Myositis ossificans traumatica vielleicht durch den Bluterguß gefördert (BIER[1] im Gegensatz zu HILDEBRAND[2]); möglicherweise außerdem durch gewisse Ernährungsstörungen des verletzten Gewebes. Wenigstens konnte LIEK[3] zeigen, daß in der Niere nach Unterbindung der Nierenarterie Knochen gebildet wird.

Ungeklärt bleibt es jedoch, warum bei der unendlichen Häufigkeit gleichartiger Verletzungen die Myositis ossificans verhältnismäßig selten ist. Bei einzelnen Verletzungen, wie der Ellenbogenluxation, tritt eine solche Verknöcherung in der Umgebung des Gelenkes allerdings mit großer Regelmäßigkeit auf (SUDECK), so daß man es nicht nötig hat, hier eine besondere „Disposition" anzunehmen. Anders bei den Exerzier- und Reitknochen. Hier trifft doch dasselbe Trauma sehr viele Menschen und nur wenige bekommen eine Myositis. Sollten es nun wirklich geringe Abweichungen in der Art der Verletzung sein, die zu dem besonderen pathologisch-anatomischen Prozesse führen oder liegt nicht doch der Unterschied in einer verschiedenen Anlage des Menschen, in einer besonderen „Disposition" (KÜTTNER)? Meines Erachtens besteht eine solche Verschiedenheit in der knochenbildenden Fähigkeit der einzelnen Menschen durchaus. Das beweisen vor allem die Fälle, bei denen zwar auch eine Verletzung stattgefunden hat, aber kein erkennbarer Zusammenhang mit dem Skelettsystem besteht z. B. die Knochenbildung in Laparotomienarben (RÖPKE[4]) oder nach Salvarsaneinspritzungen (WEYLAM[5]). Hier können wir aus der Seltenheit des Vorkommens im Vergleich zur Häufigkeit der Bauchschnitte schließen, daß es Menschen gibt, deren Gewebe besonders zur Knochenbildung neigen, ohne daß wir bisher einen Begriff davon haben, wie diese Disposition zu denken ist. Verschiedenheiten in der Wundheilung begegnen wir bei unseren Patienten außerordentlich häufig. Die einen bekommen eine feste Narbe, die anderen eine weiche, die einen einen gewaltigen Kallus, die anderen eine Pseudarthrose; wieder andere neigen zu Keloidbildung und so fort.

Bisher ist es nicht möglich, diese verschiedene Heilungstendenz der Narben in eine bestimmte Beziehung zu setzen zu den „Typen", die die Konstitutionslehre aufgestellt hat. Es ist zwar vielfach behauptet worden (WILMS u. a.), Leute mit arthritischem oder rheumatischem Habitus würden stärker zur Bindegewebsbildung und Narbenschrumpfung neigen, doch kann man auch ganz ent-

1 Med. Klinik 1905. 2 Ebendort 1906. 3 Arch. f. klin. Chir. Bd. 80. 4 Arch. f. klin. Chir. Bd. 82. 1907. 5 BRUNS' Beitr. 126. 1922.

gegengesetzte Beobachtungen machen. Die Beurteilung aller dieser Dinge ist deshalb so schwierig, weil an der Festigkeit einer Narbe doch eine Reihe äußerer Faktoren, also kleine Abweichungen in der Art der Verletzung und im Heilungsverlauf schuld sein können, die wir bisher nicht zu übersehen vermögen. Die Heilung der vollkommen aseptischen, glatten Operationsschnittwunden ist bei den vielen Patienten, die täglich operiert werden, eine außerordentlich gleichmäßige. Größere Abweichungen im Heilungsverlauf kommen hier nur bei ganz schweren Allgemeinerkrankungen vor (vgl. BRUNNER[1]). Anders bei den infizierten oder gequetschten Wunden. Hier hat der alte Volksglaube von der guten oder schlechten „Heilhaut“ viel mehr seine Berechtigung, aber wir können ihm vorläufig wissenschaftlich noch wenig beikommen, weil wir die äußeren Faktoren, also Stärke der Infektion und des Gewebszerfalls, Schutzkräfte des Körpers u. a. m. nicht restlos überblicken. Daß aber derartige äußere Faktoren eine Rolle spielen, haben uns die Massenerkrankungen des Krieges gelehrt. Wodurch wird z. B. eine Schußnarbe so steinhart, wie das bei den Nervenschußoperationen so oft zu beobachten war? (vgl. u. a. VOELCKER[2]).

Diese Betrachtungsweise führt uns zu den Knochenwucherungen bei Nervenaffektionen. WILMS[3] hat wohl als erster darauf aufmerksam gemacht, daß sich bei Tabes neben den arthritischen Veränderungen auch Verknöcherungen im Muskel finden, die zur Myositis ossificans gerechnet werden müssen, und zwar sind diese Veränderungen vor allem in denjenigen Muskeln zu beobachten, die infolge der falschen Gelenkstellung besonders stark beansprucht werden; es wäre also auch hier eine Art Verletzung als Ursache für die Verknöcherung anzusprechen. Spätere Beobachter wie BORCHARD[4], LEVI und LUDLOFF[5], KÜTTNER[6] u. a. bestätigen. daß diese Veränderungen im Muskel bei den verschiedensten Nervenerkrankungen gar nicht selten vorkommen. KÜTTNER, STEINERT[7], ISRAEL[8] u. a. konnten allerdings solche Verknöcherungen auch bei Bettlägerigen, bei denen jedes Trauma ausgeschlossen war, finden. Ob dabei Entzündungen oder doch irgendwelche durch die Nervenlähmung bedingte Wachstumsstörungen eine Rolle spielen, ist nicht festzustellen.

Daß ein so hochdifferenziertes Gebilde, wie es der Muskel dar-

---

1 Handbuch d. Wundbehandlg. Neue Deutsche Chir. Lief. 20. S. 92/93. 1916.
2 Naturhistorisch-medizinischer Verein. Heidelberg 1915. 3 Fortschr. a. d. Gebiete d. Röntgenstrahlen Bd. 3. 1906. 4 Deutsche Zeitschrift f. Chir. Bd. 68 u. 72. 1904. 5 BRUNS' Beitr. Bd. 63. 1909. 6 Berliner klin. Wochenschrift 1908. 7 Mitteil. a. d. Grenzgeb. Bd. 21. 1910. 8 Archiv f. klin. Chir. 118. 1921.

stellt, dessen Tätigkeit dem Ort, an dem er liegt, so außerordentlich fein angepaßt ist, Verpflanzungen von diesem Ort an einen anderen schlecht verträgt, ist sehr naheliegend. Die **Transplantationsfähigkeit des Muskels** ist von chirurgischer Seite im Tierversuch und beim Menschen vielfach studiert worden (GLUCK [1], HELFERICH [2], MAGNUS [3], VOLKMANN [4], HILDEBRANDT [5], HABERLAND [6], WDERE [7], LANDOIS [8], GÖBELL [9], ERLACHER [10], EDEN [11] u. v. a.). EDEN, der diese verschiedenen Versuche kürzlich zusammengestellt und kritisch besprochen hat, kommt zu dem Ergebnis, „daß bisher kein beweisender, erfolgreicher Fall der freien Muskelverpflanzung bekannt geworden ist". Der verpflanzte Muskel heilt zwar ein, wird aber in kurzer Zeit wieder durch Bindegewebe ersetzt. Die Schwierigkeit all dieser Versuche liegt darin, daß Muskel, Blutgefäße und Nerv eine untrennbare Einheit bilden. Schon kurzdauernde Unterbrechung der Blutzufuhr verträgt der Muskel sehr schlecht und ohne Nervenversorgung erlischt die Funktion des Muskels.

Die Frage, ob Muskelwunden und Muskeldefekte nur bindegewebig heilen, oder ob dem Muskel ein **Regenerationsvermögen** zukommt, das ihn befähigt, auch größere Lücken wieder mit funktionsfähigem Muskelgewebe zu schließen, wird vom Kliniker anders beantwortet als von den Autoren, die sich auf tierexperimentelle Untersuchungen stützen. Schon ZENKER [12] hat darauf hingewiesen, daß bei den Muskelzerstörungen, wie sie im Gefolge eines Typhus auftreten, eine weitgehende Regeneration stattfinden muß, da man bei den späteren Sektionen in den betroffenen Muskeln keine bindegewebige Narbe, sondern funktionsfähiges Muskelgewebe findet. Auch KÜTTNER und LANDOIS [13] stehen auf dem Standpunkt, daß sich der quergestreifte Muskel beim Menschen nach einer Verletzung mit der Zeit sehr viel weitgehender regeneriere, als es nach den Tierversuchen den Anschein habe. Sie weisen darauf hin, daß man besonders bei alten, ausgeheilten Frakturen, wenn solche gelegentlich zur Sektion kommen, eine vollständige Wiederherstellung des quergestreiften Muskelgewebes beobachten könne. Schließlich betont auch BIER [14], daß beim Menschen selbst große

---

1 Arch. f. klin. Chir. Bd. 26. 2 Ebendort Bd. 28. 3 Münchener med. Wochenschrift 1913. 4 ZIEGLERS Beiträge z. Pathol. 1893. 5 Arch. f. klin. Chir. 78. 6 Inaug.-Diss. Leipzig 1913. 7 Chirurgenkongreß. 1912. 8 Mitteil. a. d. Grenzgeb. u. KÜTTNER-LANDOIS, Chirurgie der quergestreiften Muskulatur. Deutsche Chir. 25 a. I. 9 Deutsche Zeitschrift f. Chir. 122. 1913. 10 Arch f. klin. Chir. 106. 11 Arch. f. klin. Chir. 111 u. Muskeltransplantation in LEXER, Die freien Transplantationen. Neue deutsche Chir. 26 a. 12 Über die Regeneration des quergestreiften Muskelgewebes. Leipzig 1864. 13 Chir. d. quergestreiften Muskulatur. Neue deutsche Chir. 25 a. 13. 14 Deutsche med. Wochenschrift 1918. Nr. 34.

Muskeldefekte durch funktionierendes Muskelgewebe ersetzt werden. So könne sich fast der ganze Musc. pectoralis major bei Mammaamputation neu bilden. Im Gegensatz zu diesen am Menschen gewonnenen Erfahrungen findet man in Tierversuchen bei Verletzungen des Muskels, die mit Substanzverlust einhergehen, nur geringe Anfänge einer Regeneration mit vereinzelten Muskelsprossen (Lit. s. KÜTTNER-LANDOIS, MARCHAND[1], DITTRICH[2], SCHWARZ[3]). Die Narbenbildung verhindert bald das weitere Aussprossen der Muskelfasern (BUNDSCHUH[4]). Der Unterschied erklärt sich offenbar daraus, daß die Regeneration sehr viel längere Zeit braucht, als bei den Tierversuchen abgewartet worden ist. Bei den mitgeteilten Beobachtungen am Menschen lag die Verletzung doch immer um Jahre zurück. Ob und wie aus den Muskelnarben funktionsfähiges Muskelgewebe wird, ist aus den angeführten Arbeiten nicht zu ersehen.

Im Anschluß an die Muskelregeneration sei kurz die **Sehnenregeneration** gestreift (vgl. BIER[5]). Daß sich Sehnen weitgehend ersetzen, ist eine alte, immer wieder leicht zu bestätigende Erfahrung. Physiologisch interessant ist es nur, wie es das Gewebe fertig bringt, nach der Entfernung eines großen Stückes von Sehne wieder ein Gebilde zu schaffen, das der ursprünglichen Sehne in der Form so völlig gleicht. Nach SCHWARZ[6], SALOMON[7], RUEF[8] u. a. bildet sich die neue Sehne hauptsächlich aus dem Peritenonium und dem anliegenden Bindegewebe. Fehlt dieses wie innerhalb der Sehnenscheide, heilen Sehnenverletzungen nicht. Es ist naheliegend, die Muskelfunktion für diese Arbeit verantwortlich zu machen (vgl. LEWY[9], REHN und MIYAUCHI[10]). Aber selbst weitgehende Entfernung oder Lähmung der Muskeln führt noch zu einer sehr guten Neubildung von Sehnengewebe, so daß für diese Neubildung von Sehnengewebe die Funktion nicht allein maßgebend ist. Man muß wohl annehmen, daß genau so, wie es ja schließlich im Embryo geschieht, ein operativ entferntes Organ oder Gewebe sich am Ort selbst aus einem Zusammenwirken der verschiedenen Gewebe in seiner ursprünglichen Form wieder bildet. In der praktischen Chirurgie kann man es sich zunutze machen, daß sich die Wiederherstellung der Sehnen doch immerhin etwas durch die Funktion beeinflussen läßt, indem man bei großen Strecksehnendefekten an der Hand die Finger abwechselnd in Beugung und

---

1 Der Prozeß der Wundheilung. Deutsche Chir. Lief. 16. 2 Wien. klin. Wochenschrift 1924. 3 Deutsche Zeitschr. f. Chir. 189. 4 Mittelrh. Chirurgentag Juli 1921. Heidelberg. 5 Deutsche med. Wochenschr. 1917. 6 Deutsche Zeitschr. f. Chir. Bd. 173. 1922. 7 Arch. f. klin. Chir. 129. 1924. 8 Ebendort 130. 9 Archiv f. Entwicklungsmech. 18. 10 Archiv f. klin. Chir. 105.

Streckung verbindet und dadurch in der Tat nach längerer Zeit eine gute selbsttätige Streckfähigkeit der Finger bekommt.

Die Chirurgie der **peripheren Nerven** hat durch die vielen Schußverletzungen während des Krieges wesentlich an Interesse gewonnen, und es sind dabei eine Reihe theoretischer Fragen wieder erörtert worden, wie die nach den anatomischen Vorgängen bei der Heilung der Nervenverletzungen, nach der primären Heilung einer Nervenverletzung u. a. m.

Über die **Nervenregeneration** liegt eine große Zahl histologischer und physiologischer Arbeiten vor, die sich an die Namen WALLER, BÜNGNER, HIS, v. LENHOSSEK, CAJAL[1] und seine Schule, BETHE[2], HARRISON[3], LANGLEY, HALLIBURTON[4], FORSSMANN[5], HELD[6], BOEKE und viele andere knüpfen. Ich verweise auf den kritischen Bericht von BOEKE in den Ergebnissen der Physiologie Bd. 19, 1921. Danach ist die Kettentheorie, nach der die einzelnen Teile des neugebildeten Nerven an Ort und Stelle aus den zu den BÜGNERschen Bändern umgewandelten Zellen des Neurillems entstehen und sich dann sekundär vereinigen sollen, verlassen worden und man steht wieder auf dem Standpunkte, daß die neugebildeten Nervenfasern aus den Ganglienzellen in den peripheren Stumpf hinein auswachsen (Auswachsungstheorie), s. auch EDINGER[7].

Das Auswachsen des zentralen Stückes beginnt unmittelbar nach der Verletzung; Blut, nekrotisches Gewebe, einwachsendes Bindegewebe und auch die seitlichen Verschiebungen der Nervenstümpfe verhindern, daß diese auswachsenden Fasern den peripheren Stumpf finden. Tastend und suchend wachsen die Fasern in das Gewebe hinein, Widerständen weichen sie aus und verlieren die Richtung. In dieser Weise entsteht das Neurom und die verdickte Narbe an den durchschossenen Nerven.

Man kann bei Amputationen die Entstehung dieser Neurome angeblich dadurch verhüten, daß man die Nerven abquetscht und damit ihre Scheiden schließt.

Sobald jedoch die aus dem zentralen Ende auswachsenden Fäserchen den peripheren Teil der Nerven erreicht haben, oder wenn die Verbindung der beiden Teile durch eine Naht herbeigeführt worden ist, fallen alle diese Widerstände fort, und es kommt zu einer zielbewußten Vereinigung des peripheren Abschnittes mit dem zentralen. Man hat in der praktischen Chirurgie sich diese theoretischen Er-

1 Studien über Nervenregeneration. Übers. v. Bresler. Leipzig 1908. 2 Allg. Anat. u. Physiol. d. Nervensystems. Leipzig 1903. S. 182ff. 3 Arch. f. mikrosk. Anat. 57. 1901. 4 Erg. d. Physiol. Bd. IV 1905. 5 ZIEGLERS Beitr. z. pathol. Anatomie. Bd. 24 u. 27. 1898/1900. 6 Die Entwickelung d. Nervengewebes. Leipzig 1909. 7 Orthopäd. Kongreß 1916. Zeitschrift f. orthopäd. Chir. Bd. 36. 1912.

gebnisse zunutze gemacht. So hat man, um die Vorteile des Nervengewebes als Nährboden zu benutzen, bei größerer Nervenlücke ein Stück von einem anderen Nerven zwischen die durchtrennten Enden eingepflanzt (PHILIPEAUX und VULPIAN) oder man hat die durchtrennten Enden seitlich in einen anderen Nervenstamm eingepflanzt (v. HOFMEISTER). Bei diesem Verfahren soll übrigens nur dann ein Erfolg erzielt werden, wenn der Leitnerv verletzt ist (MANASSE). Zur Überbrückung von Nervenlücken wurden weiterhin mit Agar gefüllte fixierte Kalbsarterien (EDINGER), Galaliktröhren (AUERBACH), Einpflanzung eines Nervenendes in ein Blutgefäß bei strömendem Blut u. a. m. empfohlen (EDEN).

Ob diese neugebildeten Nervenfasern als selbständige Gebilde in den peripheren Stumpf hineinwachsen oder ob sie in irgendeiner Beziehung zu den sie umgebenden Zellen, vor allen Dingen den SCHWANNschen Zellen stehen (Plasmodesmenthorie von HELD), ist eine noch ungeklärte histologische Frage, auf die hier nicht eingegangen zu werden braucht. Tatsache ist nur, daß das Auswachsen der Nervenfibrillen in dem peripheren Teile außerordentlich rasch vor sich geht. Auch die neuerdings sehr im Vordergrunde des Interesses stehende „autogene Regeneration" (BETHE) des peripheren Nervenstumpfes, brauchen wir nur zu streifen, da diese autogene Regeneration vorübergehender Natur ist und nur bei ganz jungen Tieren und auch da nur bei bestimmten Rassen beobachtet wird. Von einer auch praktisch sehr viel größeren Bedeutung ist die Frage, „welche Kräfte den durchschnittenen Nerven leiten, daß er durch die Narbe hindurch den peripheren Nervenabschnitt erreicht" (BOEKE l. c. S. 515). Hier sind vor allem die fein durchdachten Versuche von FORSSMANN anzuführen. FORSSMANN ist der Ansicht, daß bei einer Nervenverletzung der periphere Abschnitt des Nervens die Fasern des zentralen Stumpfes anlockt. Es soll eine Art Chemotaxis bestehen, die von der zerfallenen Nervensubstanz ausgeht. In den Versuchen FORSSMANNS übten auch zerriebene Gehirnsubstanz oder andere Nerventeile eine Anziehungskraft auf die Nervenfibrillen aus. Diese Lehre vom Neurotropismus, der sich auch CAJAL anschließt und die ja etwas sehr bestechendes hat, hat gleichwohl lebhaften Widerspruch erfahren. Vor allen Dingen sind es Beobachtungen, die man an den Nervenfibrillen kurz vor ihrem Einwachsen in den Muskel machen kann, die sich mit dieser Theorie nicht recht im Einklang bringen lassen (BOEKE). Auf Einzelheiten dieser Frage kann hier nicht eingegangen werden, es sei nur auf die Arbeiten von LUGARO[1] und DUSTIN[2] verwiesen, die dem „Neurotropismus", die Theorie von der Hodogenese entgegenstellen.

Es kann jedoch ein solcher durchtrennter Nerv nicht nur in seinen peripheren Teil einwachsen, sondern er vermag, wie die chirurgischen Erfahrungen der letzten Jahre gezeigt haben (HEINEKE[3], ERLANGER[4], HACKER[5]), unmittelbar in einen Muskel auszuwachsen, in den man ihn nach der Durchtrennung verlagert hat. Der Nerv bildet dann neue Endplatten und innerviert so den ihm eigentlich fremden Muskel (Neurotisation). — Über das

1 Zit. nach BOEKE, Erg. d. Physiol. Bd. 19. 2 Arch. f. Biol. Bd. 15. 1910. 3 Zentralbl. f. Chir. 1914. Hft. 11. 4 Ebendort Hft. 15. 5 Ebendort Hft. 21.

Anatomische der Nervenendigungen in den Muskeln gibt die Arbeit von ERLACHER[1] Auskunft.

Die Tatsache, daß ein Nerv in dieser Weise in den Muskel auswächst, erinnert sehr an das **Auswachsen der Nervenfasern im embryonalen Leben.** Hierüber haben uns die interessanten Versuche von BRAUS[2] Auskunft gegeben. Er überpflanzte bei Amphibien embryonale Gliedmaßenknospen kurz nach ihrem ersten Sichtbarwerden, in einem Zeitpunkt also, in dem noch keine Neuriten in der jungen Knospe vorhanden sind, auf andere Stellen des Körpers der jungen Larven, sei es an den Rumpf, sei es an den Kopf. Die Knospe kommt damit in das Gebiet eines fremden Nerven. Es bildet sich nun aus der so verpflanzten Extremitätenknospe eine vollständige Gliedmaße aus, und das Merkwürdige ist, daß auch die ortsfremden motorischen Nerven in die Extremität einwandern und die Muskeln innervieren. In gleicher Weise wachsen auch die sensiblen Nerven aus und zwar unabhängig von den motorischen. Die Verzweigung der Nerven an einer solchen transplantierten Extremität entspricht genau der Verzweigung an einer normalen Gliedmaße. Noch merkwürdiger sind die Transplantationsversuche an Amphibieneiern von SPEMANN. SPEMANN[3] durchtrennte u. a. von zwei verschiedenen Amphibienarten die Eier im Gastrulastadium und vereinigte eine Hälfte von Triton taeniatus mit einer Hälfte eines Bastard von Triton taeniatus und cristatus. Dieser Bastard hat ganz andere Extremitäten mit viel längeren Fingern als Triton taeniatus. Die Larve, die sich entwickelte, hatte nun auf der einen Seite völlig diesen Bastardcharakter und diese Seite wurde gekreuzt innerviert, bekam also seine Nerven aus dem Gehirn des Triton taeniatus. Das Zusammentreffen der Gewebe im embryonalen Zustand genügt also, um einen derartigen Wachstumsreiz auf die Nervenfasern auszulösen. Ähnliche Kräfte sind es vielleicht auch, die, wie oben ausgeführt wurde, den Nerven des Erwachsenen dazu bringen, in einen solchen ihm sonst ganz fremden Muskel einzuwandern und ihn zu versorgen. Es scheint allerdings, daß ein solcher Nerv nur in einen verletzten Muskel einwachsen kann.

Es gelingt weiterhin beim Erwachsenen glatt, **zwei verschiedene motorische Nerven miteinander zur Vereinigung zu bringen,** z. B. den accessorius oder hypoglossus auf den Facialis zu ver-

---

1 Zeitschrift f. orthopäd. Chir. Bd. 28 u. 34. 1914. 2 Die Entstehung der Nervenbahnen. Naturforscherversammlung Karlsruhe 1911. 3 Arch. f. Entwicklungsmech. Bd. 43. 1918 und Die Naturwissenschaften. VII. Jahrgang. 1919.

pflanzen, um dadurch eine Facialislähmung zu beseitigen[1], ja man kann sogar den motorischen Hypoglossus mit dem sensiblen Lingualis vereinigen; es findet dann ein Auswachsen der Hypoglossusfasern statt und eine, wenn auch unvollkommene motorische Innervation der Zunge (BOEKE[2]). Die ersten derartigen Versuche stammen von FLOURENS[3], der bei einem Huhn die beiden Stämme des Brachialis durchschnitt und kreuzweise vernähte. Besonders bekannt sind ferner die Versuche von BIDDER[4] geworden. Auch SPITZY hat Versuche mit solchen Nervenpfropfungen ausgeführt, da er hoffte, in dieser Weise bei Kinderlähmungen Erfolge erzielen zu können. Doch waren die praktischen Erfahrungen keine allzu günstigen. Aus allen diesen Beispielen sieht man, daß es nicht der zugehörige periphere Nervenabschnitt ist, der das Wachstum des zentralen Endes begünstigt, sondern irgend ein beliebiger Nerv, ja wie FORSSMANN[5] zeigen konnte, haben bei einer Nervendurchtrennung die auswachsenden Nervenfasern nicht einmal das Bestreben, in ihren zugehörigen peripheren Nervenabschnitt zu gelangen, sondern sie wachsen in jedes beliebige in der Nähe befindliche Nervenende aus, ja die durchschnittenen Nerven besitzen wie FORSSMANN zeigen konnte, nicht einmal die Fähigkeit, ihr eigenes peripheres Ende einem fremden vorzuziehen, wenn ihnen beide etwa gleichmäßfg dargeboten werden.

Es zeigen alle diese operativen und experimentellen Erfahrungen auch wieder, wie weitgehend im menschlichen Bewegungsapparat ein Umlernen möglich ist. Der Facialis oder motorische Trigeminus wird in den Versuchen von BRAUS zum Extremitätennerv, und durch Nervenpfropfungen beim Erwachsenen lernt der Zungennerv, die mimische Gesichtsmuskulatur zu bewegen. Dieses Umlernen erfolgt, wie beim Umlernen des transplantierten Muskels, zentral. Allerdings scheint bei solcher Nervenpfropfung von Gesichtsnerven das Umlernen nur sehr unvollkommen zu sein. So ist bei Pfropfung des Accessorius auf den gelähmten Facialis immer eine Mitbewegung der Schulter verbunden (vgl. PERTHES[6], v. HOFMEISTER[6]).

So braucht man auch bei einer Nervennaht nicht ängstlich darauf zu achten, daß man zentrales und peripheres Stück wieder so aneinandernäht, wie sie vor der Verletzung lagen. Durch zahlreiche Tierversuche von FLOURENS[3], KENNEDY[7] u. a. ist vielmehr

---

1 Vgl. ROST, Gesicht u. Mundhöhle. BORCHARD-SCHMIEDEN, Lehrbuch d. Kriegschirurgie. 2 PFLÜGERS Archiv Bd. 151. S. 57. 1913. Erg. d. Phys. 19. 1921. 3 Expériences sur le systeme nerveux. Paris 1825. 4 MÜLLERS Archiv 1842. 5 ZIEGLERS Beitr. z. pathol. Anatomie. Bd. 22. S. 408ff. 6 Zentralbl. f. Chir. 1924. Nr. 38. 7 Zit. nach PERTHES im Handbuch der ärztlichen Erfahrungen im Weltkrieg. Bd. II 2. S. 507.

festgestellt worden, daß Nervennähte glatt heilen, wenn die Nerven, um die Längsachse gedreht, aneinander genäht werden. Das hängt auch z. T. damit zusammen, daß im peripheren Nerven die einzelnen Nervenstränge nicht isoliert bis zum Ganglion verlaufen, sondern verschiedentlich Anastomosen untereinander bilden. Gleichwohl kann man zum Beispiel nach Exstirpation eines Muskels (MAYERSBACH[1]) in den Querschnitten der Nerven den degenerierten Strang bis hoch hinauf in den Plexus wiederfinden. Es liegen diese einzelnen Stränge jedoch nicht immer gleichmäßig an einer Stelle des Nerven, wie STOFFEL[2] angibt, sondern die Lage ist eine sehr wechselnde (BORCHARDT-WJASMENSKI[3]). Von den Empfindungen kehrt nach einer gelungenen Nervennaht diejenige für Schmerz und Temperatur zuerst zurück (HEAD und SHERREN[4]), dann folgt die Rückkehr der Motilität, während die feineren Gefühlsqualitäten erst sehr spät wiederkommen.

Die motorischen **Nerven** sind bis zu einem gewissen Grade **dehnbar**, ohne in ihrer Funktion zu leiden. Die Angaben, wie weit diese Dehnung getrieben werden kann, wechseln allerdings etwas. 6 cm dürfte ungefähr die obere Grenze darstellen (BETHE[5]). Das entspricht etwa 24—38% seiner Länge. Man darf allerdings nicht verkennen, daß man mit dieser Dehnung zugleich und vielleicht hauptsächlich nur die Verbindungen der Nerven mit dem umgebenden Gewebe lockert, also kaum eine Dehnung der Nervensubstanz vornimmt. Gegen die Umgebung muß der Nerv naturgemäß etwas Spielraum haben; denn wenn wir z. B. das Kniegelenk beugen, ist ja der Ischiadicus viel weniger gespannt als bei Streckstellung. Es hat also der Nerv bei Beugung einen leicht geschlängelten Verlauf. Eine Nervennaht ist nach 8 Tagen schon so fest, daß man das Bein des betreffenden Hundes an dem Nerv hochheben kann (BETHE[6]).

Abgesehen von den Durchtrennungen der Nerven sind es vor allem die **Nervenschmerzen**. also die Neuralgien[7] und Neuritiden, die uns zu chirurgischen Eingriffen am Nerven nötigen. Es ist auffallend, daß **Nervenverletzungen**, vor allem Durchschneidungen des Nerven, im allgemeinen wenig Schmerzen verursachen, wie aus den übereinstimmenden Berichten der Autoren über Nervenverletzungen während des Krieges zu entnehmen ist

---

1 Zeitschrift f. orthopäd. Chir. 28. 1911. 2 Zeitschrift f. orthopäd. Chir. Bd. 25. S. 505. 3 BRUNS' Beitr. Bd. 107. S. 553. 1917. 4 BRAIN PART. II. 1905. 5 Deutsche med. Wochenschrift 1916. 6 Deutsche med. Wochenschr. 1916 u. 1919. 7 Lit. s. bei SCHOPPE, Zentralbl. f. d. Grenzgeb. Bd. 19. Hft. 1/2. 1915.

(vgl. Schlössmann[1]); auch klagen die Patienten selten wie die Amputierten darüber, daß sie die gelähmte Gliedmaße fühlen, und, daß sie dadurch belästigt werden. Als Ursache für dieses **Fühlen der fehlenden Gliedmaße nach Amputationen** nehmen Hilger und von der Briele[2] an, daß es auf psychischen Erinnerungsbildern beruhe, also etwas Zentrales sei. Die Erfolge der Nervenvereisung, wie sie Läwen[3] und Wiedhopf[4], Salomon[5] u. a. ausgeführt haben, sprechen mehr dafür, daß diese Nachempfindungen durch die von der Nervenschnittfläche ausgehenden peripheren Reize bedingt sind. Warum dieses quälende Gefühl beim Amputierten vorhanden ist, und bei der glatten Nervenverletzung meist fehlt, ist nicht bekannt.

Nun gibt es aber vereinzelte Fälle von **Nervenschüssen,** bei denen außergewöhnlich heftige **Schmerzen** auftreten und den Patienten fast zum Wahnsinn treiben (Schlössmann[6], Popper[7]). Nach Schlössmann, Popper u. a. handelt es sich meist um Durchschüsse durch den Plexus oder hoch oben durch den Ischiadicus, also um Verletzungen, die dem Rückenmark nahe liegen. Popper nimmt eine bis zu dem Zentrum fortgeleitete Erschütterung an, wofür ihm auch die Vasomotorenstörungen zu sprechen scheinen; daneben sollen entzündliche Reize in Frage kommen. Nach Schlössmann handelt es sich bei dem Nervenschmerz nach Schußverletzungen um eine Neuritis, die an der Stelle des Durchschuß ihren Sitz hat und die in irgendeinem bisher nicht recht klaren Zusammenhang mit der Durchschießung und der Explosionswirkung steht. Eine eitrige Entzündung des Nerven führt nach dem übereinstimmendem Urteil der Verfasser nicht zu einem solchen Nervenschmerz. Perthes[8] konnte zeigen, daß eine starke Durchfrierung der Nerven oberhalb der Verletzungsstelle genügt, um die Schmerzen durch Ausschaltung der Nervenleitung zu beseitigen. Man findet in solchen Fällen von Nervenschußschmerz Kontrakturen in den benachbarten Muskeln und in den Gelenken rasch zunehmende Versteifungen. Diese Muskelkontrakturen bei der Verletzung sensibler Nerven sind wohl als reflektorisch zu erklären (Förster[9], Cönen[10]). Wir werden auf die Kontrakturen im allgemeinen nachher noch zu sprechen kommen.

---

1 Zeitschrift f. d. ges. Neurol. u. Phsychiatrie 35. Erg. d. Chir. 1920. 2 Deutsche Zeitschrift f. Chir. 65. 3 Chirurgenkongreß 1920. 4 Mittelrh. Chirurgentag. Nov. 1920. 5 Deutsche med. Wochenschrift 1920. S. 1391. 6 Zeitschrift f. d. ges. Neurol. u. Psychiatrie 35. Erg. d. Chir. Bd. 12. 1920. 7 Wiener klin. Wochenschrift 1918. S. 1135. 8 Münchener med. Wochenschrift 1918. S. 1367. 9 Zeitschrift f. orthopäd. Chir. Bd. 36. S. 318. 10 Arch. f. Orthop. Bd. 15.

Auch die echten **Neuralgien** sind oft Gegenstand operativer Eingriffe gewesen. Es sei dabei betont, daß, wie aus einer ausführlichen Zusammenstellung von CUSHING[1] hervorgeht, der Sitz der Erkrankung durchaus kein einheitlicher ist, so daß z. B. bei dem Krankheitsbild, das wir als Trigeminusneuralgie zu bezeichnen pflegen, auch das Ggl. geniculatum n. facialis und das Gl. splenopalatinum befallen sein kann. Von den therapeutischen Eingriffen bei Neuralgie interessieren uns hier die Methoden, die auf eine Abtötung oder eine Entfernung des erkrankten Nerven abzielen, nicht. Die blutige Freilegung des Nerven zur Nervendehnung hat uns hingegen mancherlei Veränderungen am Nerven erkennen lassen, die als ursächliches Moment angesprochen worden sind. So sind Varizen am Nerven von QUÉNU[2], REINHARDT[3], KLEINSCHMIDT[4], Verengerungen der Durchtrittsstellen des Nerven von BARDENHEUER[5], entzündliche Verwachsungen von RENTON[6], Druck durch vergrößerte Lymphdrüsen von PARTSCH[7] u. a. beschrieben worden. Immerhin handelt es sich um Ausnahmefälle, wenn bei Neuralgien anatomische Veränderungen gefunden worden sind. Die Mehrzahl der Fälle läßt solche mechanisch wirkenden Veränderungen am Nerven nicht erkennen. EDINGER nimmt ja deshalb an, daß die Neuralgie ihre erste Ursache in einer funktionellen Veränderung derjenigen Gefäßnerven habe, die den schmerzhaften Nerven mit Blut versorgen. Der Schmerz soll durch die wechselnde Blutfülle ausgelöst werden.

Was hat man nun für eine Vorstellung von der Wirkungsweise der Nervendehnung bei der Neuralgie? Hier liegen sehr ausgedehnte Untersuchungen von VOGT[8], STINTZING[9], KÖLLIKER[10], CONRAD[11], WIEDHOPF[12] u. a. vor, die aber auch nicht weiter kamen als zu der Vorstellung, daß der Nerv bei der Dehnung aus seiner Umgebung gelöst würde (Neurolyse), und daß eine gewisse Umstimmung in der Nervensubstanz selbst einträte (Neurokinese) und daß die Extremität hyperämischer wird (WIEDHOPF). Daneben besteht die Vorstellung, daß bei einer solchen Nervendehnung die sensiblen Bahnen früher leitungsunfähig würden als die moto-

---

1 Americ. journ. of the med. science. Bd. 160. S. 153. 1920. 2 Rev. de chir. 1882. 22. Franz. Chirurgenkongreß 1892. 3 Frankf. Zeitschr. f. Pathol. Bd. 13. 1913 u. Münchener. med. Wochenschrift 1918. 4 Klin. Wochenschrift 1922. 5 Naturforscherversammlg. Hamburg 1901. 6 Brit. med. Journ. 1898. 7 Zit. nach BLESSING, Ergebn. d. Path. Bd. 17. 8 Die Nervendehnung als Operat. i. d. chir. Praxis. Leipzig 1877. 9 Über Nervendehnung. Leipzig 1890. 10 Die Verletzungen u. Erkrankungen periph. Nerven 1890. Deutsche Chir. 24b. 11 Diss. Greifswald 1876. 12 BRUNS' Beitr. Bd. 132. 1924.

rischen. Ob das wirklich zutrifft, bedarf der Untersuchung. Die Möglichkeit ist nicht zu bestreiten, wissen wir doch auch, daß einzelne Nerven im Körper sich nach einer Verletzung sehr viel schwerer erholen, als andere. So bleibt z. B. bei Verletzungen des N. ischiadicus der peroneale Teil stets sehr viel länger gelähmt als der tibiale. Nach HOFMANN[1] hängt das damit zusammen, daß der N. peroneus eine schlechtere Blutversorgung hat, wie der tibialis und andere Nerven. Deswegen würde er bei allen möglichen Arten der Verletzung auch leichter auf dem Umwege einer Art Ischämie geschädigt. Über die feinere Verteilung der Gefäße in den Nerven im allgemeinen gibt eine Arbeit von VALENTIN[2] Aufschluß.

Etwas besonderes im klinischen Bilde der Nervenverletzungen und Nervenerkrankungen sind die sogenannten **trophischen Störungen,** die sich an allen Geweben der Gliedmaße, also an Muskulatur, Knochen, Gelenken Blutgefäßen und Haut geltend machen. Sie sollen deshalb hier im Zusammenhang besprochen werden. Es muß aber von vornherein betont werden, daß der Ausdruck trophisch ein unglücklicher ist, der die Ursache vieler Unklarheiten auf diesem schwierigen Gebiete abgegeben hat. „Trophische" Störung sind Störungen der Zellernährung und des Zellstoffwechsels, insofern sind in letzter Linie alle Krankheiten trophische. Uns muß es darauf ankommen, die Bedingungen kennen zu lernen, durch die ein Gewebe zu vermehrtem oder vermindertem Wachstum, zu Abnahme oder Zunahme oder zu einer sonstigen Änderung seiner geweblichen Beschaffenheit (Narbenbildung usw.) gebracht wird. Es kann nicht befriedigen, wenn man in gleichförmiger Weise von Atrophie eines Muskels bei Störungen der Blutversorgung, der Nervenversorgung, bei Ruhigstellung usw. spricht; hier wird es vielmehr die Aufgabe der Folgezeit sein, einzelne Krankheitsbilder auf Grund der Bedingung ihres Zustandekommens aufzustellen. Wir haben deswegen oben die Ischämie, d. i. die Atrophie und narbige Veränderung eines Muskels nach Gefäßunterbindung schon abgetrennt.

Wie verhalten sich nun die Gewebe einer Gliedmaße, besonders die Muskeln bei **Durchtrennung** des versorgenden **motorischen Nervens?** Hierüber ist von neurologischer Seite aus ausgiebig gearbeitet (OPPENHEIM[3]) worden. Zunächst sei daran erinnert, daß wir bei der Polliomyelitis anterior ausgesprochene Wachstumsstörungen und Umfangänderungen der Gliedmaßen haben. Im

---

1 Arch. f. klin. Chir. Bd. 69. S. 672. 2 Arch. f. orthop. u. Unfall-Chir. Bd. 18. 1920. 3 Lehrbuch der Nervenkrankheiten. 5. Aufl. Bd. 1. S. 462ff.

Tierversuch hat JAMIN[1] die histologischen Veränderungen gelähmter Muskeln untersucht. Danach kommt es in kurzer Zeit zu einer Verschmälerung der Primitivstreifen mit Verlust der Querstreifung und zu allmählichem Zerfall der Muskelfasern. Seinen vom Wärmezentrum gesteuerten Stoffwechsel (FREUND und JANSSEN[2]) behält der Muskel nach Durchtrennung der motorischen Nerven bei. Im allgemeinen wird angegeben, daß entsprechend der zunehmenden Degeneration die Muskeln schon nach 12 Tagen ihre faradische Erregbarkeit verloren haben, eine Angabe, die aber nach den Befunden von VULPIAN und PERTHES[3] eine Einschränkung bedarf. PERTHES konnte nämlich bei den Operationen von Nervenschüssen nachweisen, daß der nackte Muskel noch weit über ein Jahr seine faradische Erregbarkeit behält, während sie der Nerv schon dreimal 24 Stunden nach seiner Durchtrennung verliert. Auch der von M. HEIDENHAIN an derartigen von PERTHES herausgeschnittenen Muskeln erhobene mikroskopische Befund zeigt, daß nicht alle Muskelfasern gleichmäßig zugrunde gehen, sondern daß zahlreiche Fasern nur verschmälert sind, aber noch deutliche Querstreifung erkennen lassen, ein Befund, den schon VULPIAN[4] und STIER[5] bei der Wadenmuskulatur des Kaninchens erhoben haben. Auch der Knochen wird nach Nervendurchschneidung kalkärmer und schwächer (NASSE[6], Sammelreferat GAYET und BONNET[7]), allerdings nicht in dem Maße und so schnell, wie bei Gelenkleiden oder Ruhigstellung (SUDECK); das hängt wahrscheinlich mit dem längeren Erhaltenbleiben der Muskulatur nach der Nervendurchtrennung zusammen.

Beim Ausfall der sensiblen Innervation begegnen wir in ganz besonderem Maße den Störungen, die als „trophische" in engerem Sinne gedeutet werden. An der Haut sind das die Glanzhaut, das Geschwür, das Kältegefühl und vieles andere, am Muskel und Knochen sind es Umfangabnahme, verminderte Härte, Funktionsstörungen verschiedener Art. Was weiß man nun von dem Einfluß der sensiblen Innervation auf diese verschiedenen Dinge? Augenblicklich stehen zwei Theorien im Vordergrunde: man geht davon aus, daß ein durchschnittener sensibler Nerv nicht nur in zentraler, sondern auch in peripherer Richtung zugrunde geht und man darf deshalb annehmen, daß auch Reize durch den sensiblen Nerv nicht nur von der Peripherie nach dem Zentrum,

---

1 Lehre von der Atrophie gelähmter Muskeln. Jena 1904, Fischers Verlag. 2 Klin. Wochenschr. 1923. S. 979. 3 Münchener med. Wochenschrift 1919. S. 1017. 4 Arch. de physiol. Bd. 2. 1869. 5 Arch. f. Physiol. Bd. 29. 1897. 6 PFLÜGERS Arch. Bd. 23. 1880. 7 Arch. gén. de med. 1901.

sondern auch umgekehrt laufen (KASSIERER[1]). Wir können uns danach einen unmittelbaren Einfluß des sensiblen Nerven auf die verschiedenen Gewebe vorstellen. Zweitens denkt man an Verknüpfungen der sensiblen mit den sympathischen Nerven und sieht in den trophischen Veränderungen den Ausdruck vasomotorischer Störungen (LEWASCHEW[2], LAPINSKI[3], TRENDELENBURG[4], SCHUBERT[5] und viele andere).

Die zahlreichen Arbeiten über **Gefäßinnervation** findet man zusammengefaßt von ASHER und BAYLISS[6], LANGLEY[7], LEWANDOWSKY[8], L. R. MÜLLER[9], KAPPIS[10], HAHN[11], LEHMAHN[11], KÜMMEL[12]. Danach unterscheiden wir zunächst einmal eine Anzahl Zentren der Gefäßinnervation im Mittelhirn und der Medulla oblongata (LUDWIG). Verbindungen dieser Zentren zur Großhirnrinde bestehen sicher. Vielleicht auch eigene Zentren im Großhirn. So können allerlei sensible Reize oder Reize vom Blut aus (z. B. Wärme) auf das vegetative Nervensystem überspringen. In diese Zentren mündet als zentripetaler Nerv der N. depressor, dessen Reizung den Blutdruck herabsetzt, und zwar geschieht das hauptsächlich dadurch, daß der Gefäßtonus im Splanchnikusgebiet nachläßt. Wir haben diese Gefäßlähmung im Splanchnikusgebiet als hauptsächliche Todesursache bei Peritonitiden kennen gelernt. Daß diese Gefäßlähmung im Splanchnikusgebiet nicht die einzige Ursache für die Blutdrucksenkung bei Reizung des N. depressor ist, sei nur nebenbei erwähnt (Literatur bei ASHER), ebenso, daß auch andere periphere Nerven blutdrucksenkende Fasern enthalten. Ein weiteres Zentrum für die Gefäßinnervation findet sich im Rückenmarck (GOLTZ). Im Experiment bewirkt die Entfernung des Rückenmarks eine hochgradige Blutdrucksenkung, die zum Tode führen kann. Klinisch beobachten wir bei Patienten mit Wirbelfraktur und Rückenmarksverletzung in der ersten Zeit nach der Verletzung regelmäßig eine Blutdrucksenkung, ohne daß wir bei diesem verwickelten Vorgang mit Sicherheit werden sagen können, ob die Blutdrucksenkung eine direkte Folge der Rückenmarksschädigung ist oder ob die Sache anders liegt. Ein drittes Zentrum ist in den sympathischen Ganglienzellen zu suchen. Trotz Ausschaltung all dieser Zentren verlieren die peripheren Gefäße nicht

1 Die trophischen Störungen in LEWANDOWSKYS Handbuch der Neurologie. 2 VIRCHOWS Arch. Bd. 92. 1883. 3 Ebenda Bd. 183 u. Deutsche Zeitschrift f. Nervenheilkunde. Bd. 16. 1900. 4 Neurol. Zentralbl. 1906. 5 Deutsche Zeitschrift f. Chir. Bd. 161. 1921. 6 Erg. d. Physiol. Bd. 1 u. Bd. 5. 7 Ergeb. d. Physiol. Bd. 2. 8 Die Funktionen d. zentralen Nervensystems. Fischer, Jena. 9 Die Lebensnerven. Springers Verlag. 1924. 10 Erg. d. inn. Med. Bd. 25. 1924. 11 Erg. d. Chir. Bd. 17. 1924. 12 BRUNS' Beitr. 132. 1924.

die Fähigkeit, sich zusammenzuziehen. Es tritt nur eine Tonusänderung ein (Gegensatz zur zerebrospinalen Innervation). Die Blutgefäße erweitern sich zunächst bei der Durchneidung der peripheren Nerven, wie das CLAUDE BERNARD[1] in seinen berühmten Versuchen am Kaninchenohr zeigen konnte, doch gewinnen die Gefäßmuskeln allmählich ihren Tonus wieder. Das besagt allerdings nicht, daß nun die Tätigkeit der Gefäße nach der Durchschneidung der sie versorgenden Nerven völlig normal verliefe. Die Gefäßerweiterung bleibt vielmehr nach der Nervendurchschneidung dauernd in einem gewissen Grade gestört, wie BRUCE[2] und BRESLAUER[3] im Senfölversuche zeigen konnten, während die reflektorische Gefäßverengerung auf alle möglichen peripheren Reize nach der Durchschneidung der Vasokonstriktoren von der Gefäßmuskulatur selbständig besorgt wird (vgl. auch BIER[4]). Noch deutlicher werden die Störungen, wenn die Nerven nicht durchschnitten sind, sondern wenn eine Entzündung der sensiblen Nerven besteht. LEWASCHEW und später LAPINSKY nähten auf den N. ischiadicus Läppchen, die sie mit einer Säure getränkt hatten und sie fanden dann, daß die Vasomotoren in den Gefäßwänden zugrunde gegangen waren und daß die Gefäße schließlich durch Intimawucherungen verlegt wurden. Das spricht also für einen Reflex, der von den sensiblen Nerven aus auf die Gefäßnerven wirkt und die Ursache der trophischen Störungen würde dann nicht eine Nervenlähmung, sondern ein Nervenreiz sein, eine Anschauung, die schon auf CHARCOT, WEIR MITCHEL, LELOIR zurückgeht, die aber neuerdings besonders durch LERICHE und BRÜNING[5], KIRN[6] u. a. vertreten wird. Auf Grund dieser Anschauung würden sich nach Entfernung der schmerzenden Narbe auch die trophi schen Störungen zurückbilden oder man kann nach LERICHE[7] den Nerven oberhalb durchtrennen und sogleich wieder nähen, um auf diese Weise die Gefahr zu vermeiden, daß die Durchschneidungsstelle wieder zu einer neuen Reizquelle wird.

Der zweite Weg, um solche schädlichen Reflexe auf die Gefäßnerven auszuschalten, besteht in der **periarteriellen Sympathektomie**, die von LERICHE angegeben, rasch eine große Verbreitung gefunden hat (BRÜNING[8]). Man entfernt bei dieser Operation die Adventitia und mit der Adventitia die sympathischen Nerven. Zuerst bekommt man vielleicht als Folge der mechanischen

1 Comp. rendu. 2 Arch. f. experimentelle Pathol. u. Pharm. Bd. 63. 1910. 3 Deutsche Zeitschrift f. Chir. 150. 4 VIRCHOWS Arch. Bd. 167. 5 Klin. Wochenschr. 1922. S. 729. 6 Zentralbl. f. Chir. 1920. 7 Lyon Chirurgical Jan. u. Nov. 1921. La presse médicale. 1920. 8 Klin. Wochenschr. 1922. 1923 auch zusammen mit STAHL.

Reizung eine Kontraktion des Blutgefäßes, die aber bald einer Erweiterung Platz macht mit Erhöhung des Blutdruckes (JABOULAY, CHIPAULT, JONESCU, SEIFERT[1], BRÜNING[2]). Man nimmt an, daß diese bessere Durchblutung eine Heilwirkung auf allerhand Geschwüre und Wunden ausübt, und daß mit der Durchtrennung der Nervenfasern Reflexbahnen beseitigt werden, deren Reizung den Stoffwechsel in irgend welcher Weise ungünstig beeinflußt hat. Nicht immer tritt die Erweiterung der Gefäße nach periarterieller Sympathektomie auf und das erklärt sich wohl zum Teil daraus, daß es nach den anatomischen Untersuchungen von TODD[3] und POTTS[4] keine periarteriellen vasomotorischen Bahnen gibt, die die „Arterien in dem ganzen Verlauf der Extremität begleiten" (LEHMANN l. c. S. 679), sondern daß die Gefäßnerven in unregelmäßigen Abständen aus den großen Nervenstämmen an die Gefäße herantreten. Diese anatomischen Untersuchungen finden ihre Bestätigung in plethysmographischen Messungen WIEDHOPFS[5], wobei festgestellt wurde, daß durch Sympathektomie an der Art. femoralis das Volumen der Gliedmaße nicht beeinflußt wird, während es zunimmt, wenn der N. ischiadicus durch Vereisung zerstört wird (vgl. auch DENNIG[6] u. BÖWING[7]). Es wird also durch die Sympathektomie die Blutgefäßinnervation nicht vollständig zerstört und das ist wohl sehr gut. Denn es ist doch wohl nicht ganz von der Hand zu weisen, daß z. T. wenigstens die mangelhafte Reaktion der Blutgefäße nach Nervendurchschneidung mit schuld an der Entstehung trophischer Störungen, wie z. B. des Mal perforant u. a. ist (BRESLAUER). In der reaktiven Hyperämie ist eine gewisse Schutzmaßregel des Körpers zu erblicken, die der sensibel gelähmten Gliedmaße fehlt. Daß es gerade die Gefäßerweiterer sind, die bei peripheren Nervenverletzungen geschädigt werden, soll nach BAYLISS daran liegen, daß die Vasodilatatoren dem zerebrospinalen System unterstehen, die Vasokonstriktoren dem sympathischen. Die gleiche Erklärung gibt auch TRENDELENBURG[8] für seinen Befund, daß bei Tauben nach Durchtrennung der hinteren Wurzeln die Federn auf der operierten Seite sehr viel langsamer wachsen als auf der anderen. Verlagert man einen normalen sensiblen Nerven in ein Gebiet gestörter Sensibilität, so kann, wie NORDMANN[9] bei Nervenschußverletzungen gezeigt hat, die Sensibilität in dem Gebiet der Nervenstörung zurückkehren und ein trophisches Geschwür heilen.

---

1 Archiv f. klin. Chir. 122. 2 Med. Klinik 1923. Nr. 20. 3 Anat. record. Bd. 8. 1914. 4 Anat. Anz. Bd. 47. 1914. 5 BRUNS' Beitr. Bd. 130. 6 Kl. Wochenschr. 1925. S. 66. 7 Mitt. aus d. Grenzgebieten Bd. 38. 8 Neurolog. Zentralbl. 1906. 9 Med. Klinik 1920. Nr. 31.

Es gibt noch andere klinische Beobachtungen, die zeigen, daß bestimmte Beziehungen zwischen dem Verhalten der Blutgefäße und der Sensibilität bestehen. Es scheint die Reaktion des Körpers auf eindringende Schädlichkeiten (Entzündung) bei herabgesetzter Schmerzempfindlichkeit anders zu verlaufen, als bei erhaltener. Zuerst fiel wohl in der Augenheilkunde[1] der günstige Einfluß des Kokains bei Entzündungen auf. Später stellte SPIESS[2] auf ähnlichen Beobachtungen an der Schleimhaut der Nase fußend seine Theorie von der entzündungserregenden Eigenschaft des Schmerzes auf, die allerdings als zu hypothetisch allgemein abgelehnt worden ist. In der Chirurgie war es die Beobachtung, daß bei Spina bifida und Syringomyelie die reaktive Hyperämie nach Abnehmen der ESMARCHschen Binde am Beine ausblieb und daß bei diesen Erkrankungen häufig trophische Störungen vorhanden sind, die die Beziehung der sensiblen Nervenbahn zu den Gefäßnerven nahelegte. Man darf aber nicht übersehen, daß die Gliedmaße, die nichts fühlt, auch viel häufiger verletzt wird und daß Verletzungen und Wunden an solchen Gliedmaßen nicht beachtet und nicht behandelt werden und deshalb auch nicht heilen.

Über die **Schmerzempfindlichkeit der Blutgefäße** hat ODERMATT[3] eine ausführliche Arbeit mit zahlreichen eigenen Versuchen veröffentlicht. Nach den vorliegenden anatomischen Untersuchungen liegen an und in den Gefäßwänden reichliche Nervenfasern und auch sensible Endkolben. Daß Unterbinden und Abklemmen der Gefäße schmerzhaft ist, liegt an den um die Gefäße herumliegenden Nerven. Die gelegentlich bei Einspritzung von reizenden Substanzen in das Gefäß auftretenden Schmerzen kommen nicht in den Arterien und Venen, deren Innenfläche unempfindlich ist, zustande, sondern treten erst dann ein, wenn die Flüssigkeit im Kapillargebiet in das periarterielle Gewebe überfließt. Der Schmerz ist auch vorhanden nach Durchschneidung der periarteriellen Nerven. Der Druck eines Embolus verursacht wegen der Spannung der Adventitia Schmerzen. Es antworten außerdem die Arterien und Arteriolen auf Dehnung ihrer Gefäßwand mit lokalen und evtl. allgemeinen Kreislaufänderungen.

Wird eine Gliedmaße längere Zeit ruhig gestellt, oder wird sie wegen irgendwelcher Erkrankung geschont, so atrophiert die **Muskulatur** und, wie die Untersuchungen von SUDECK[4] gezeigt haben, auch der **Knochen** (Lit. s. KÜTTNER-LANDOIS[5]), ebenso

1 Vgl. FUCHS: Lehrbuch der Augenheilkunde. 11. Aufl. S. 340. 1907. 2 Münchener med. Wochenschrift 1906. Nr. 8. 3 BRUNS' Beitr. Bd. 122 (Habilitationsschrift 1922). 4 Fortschr. auf dem Gebiete d. Röntgenstrahlen 3 u. 5, Arch. f. klin. Chir. 62, Chirurgenkongreß 1900. 5 Deutsche Chir. 25 a. S. 137. 1913.

atrophiert der Muskel, wenn er seinen Ansatzpunkt verloren hat, und er folgt dann auch nicht mehr dem allgemeinen Körperwachstum. Das ist die Ursache, warum bei Amputationen im Kindesalter der Stumpf mit der Zeit konisch wird (REICH[1]). Die Muskeln zeigen bei dieser einfachen Atrophie eine Herabsetzung der elektrischen Erregbarkeit ohne Entartungsreaktion. Man spricht in solchen Fällen ganz im allgemeinen von einer Inaktivitätsatrophie, glaubt also, daß der Muskel infolge Nichtgebrauchs zugrunde ginge.

Man versteht ganz allgemein unter **Atrophie** „den Zustand einer erworbenen Verkleinerung der normal angelegten Organe, Organteile oder Gewebe mit Verschlechterung ihrer Konstitution" (MÖNCKEBERG[2]) und teilt die Atrophie ein in eine solche durch Inanition, in eine durch Nachlassen und Aufhören der bioplastischen Energie (senile Atrophie), in die Inaktivitätsatrophie, die neurotische Atrophie und in die Atrophie infolge Raumbeschränkung. Die Leistungsfähigkeit eines Muskels wird nur normal sein, wenn die Versorgung mit Blut, die Innervation und der Zellstoffwechsel normal verlaufen. An irgend einem dieser Punkte kann eine Störung auftreten, die dann eine Atrophie des Muskels zur Folge hat. Eine solche Störung tritt z. B. ein bei Durchschneidung eines Nerven oder bei Unterbindung eines ernährenden Gefäßes; der Zellstoffwechsel ändert sich im Alter, da sich die Kolloide, die die Zellen zusammensetzen wie alle kolloidalen Lösungen während der Dauer ihres Bestehens in der Richtung einer langsamen Annäherung an die kristallinische Erstarrung weiter bilden (SCHADE[3]). Der Fachausdruck hierfür lautet die „Dispersität", d. h. der Grad der Verteilung der Kolloide nimmt im Alter ab. Weiterhin ist aber die normale Ernährung und Leistungsfähigkeit des Muskels von seiner regelmäßigen Funktion abhängig (ROUX[4]). Man hat sich natürlich allerlei Vorstellungen darüber gemacht, in welcher Weise die Funktion Einfluß auf den Ernährungszustand der Zelle hat (vgl. MÖNCKEBERG l. c. S. 485). Es sollen durch die Funktion nach WEIGERT die Gewebe geschädigt werden, aber diese Schädigung sei notwendig, damit erneute lebende Substanz an die Stelle der alternden tritt. Die verminderte Blutzufuhr ist wohl jedenfalls nicht als die alleinige oder hauptsächliche Ursache für die Inaktivitätsatrophie anzusprechen, wenn schon diese selbstverständlich in letzter Linie eine Ernährungsstörung der Zelle ist.

---

1 Habilitationsschrift Tübingen 1910. 2 MARCHAND-KREHL: Allg. Pathol. 3. 1. S. 414. 3 Lehrbuch der physik. Chemie S. 27. 4 Gesammelte Abhandlg.

Es wird das Verständnis der Inaktivitätsatrophie erleichtern. wenn wir zunächst betrachten, was wir über die Zunahme der Muskelmasse unter normalen Verhältnissen wissen. Die viel verbreitete Ansicht, daß der Handarbeiter eine wesentlich kräftigere Armmuskulatur haben müsse, als der Kopfarbeiter, ist durchaus nicht richtig. Das Muskelvolumen ist vielmehr hauptsächlich durch die ursprüngliche Anlage bedingt (GRUNEWALD[1]). Zum Teil ist die Leistungsfähigkeit eines Muskels von Drüsen mit innerer Sekretion abhängig. Wenigstens fand ASHER[2], daß nebennierenlose Ratten bei Ausführung von Muskelarbeit viel rascher ermüden und sich langsamer erholen als normale (vgl. auch die Hormonentheorie der Atrophie von GRUNEWALD). Eine Zunahme der Muskulatur durch Übung findet nur statt, wenn der Muskel, wie beim Athleten durch Heben eines schweren Gewichts, in der Zeiteinheit eine besonders große Arbeit leistet. Voraussetzung für die Zunahme der Muskulatur ist also die höhere Belastung des Muskels in kurzer Zeit. Arbeitet hingegen die Muskulatur bei gewöhnlicher Belastung, aber längere Zeit, wie es z. B. bei allen Dauerleistungen (Dauerschwimmen, Dauerlaufen usw.) der Fall ist, so findet keine Vermehrung der Muskulatur statt (vgl. Lange[3]). Ja, eine durch Hanteln oder dergleichen Übungen besonders massige Muskulatur wird wieder schwächer, wenn der betreffende Mensch diese Übungen aussetzt, auch wenn der Mensch dafür den ganzen Tag gewöhnliche körperliche Arbeit verrichtet. Das sehen wir sehr oft an unseren Unfallpatienten, deren durch orthopädische Behandlung künstlich vergrößertes Muskelvolumen wieder abnimmt, wenn die Patienten ihre, doch oft auch sehr schwere regelmäßige Arbeit wieder aufnehmen. Der Kraftmuskel ist also vom Dauermuskel zu unterscheiden. Mehrarbeit in der Zeiteinheit darf nicht mit Mehrarbeit durch Dauerarbeit in seiner Wirkung auf die Muskulatur verwechselt werden.

Es fragt sich nun umgekehrt, ob ein gesunder Mensch durch Schonung einen Muskel zum Schwunde bringen kann. Soweit es sich dabei um vorher durch Kraftleistung hypertrophisch gemachte Muskeln handelt, ist diese Frage schon oben bejaht worden. Der Dauermuskel hingegen behält seinen Umfang sehr zähe bei, so daß man in der Unfallbegutachtung ganz allgemein Muskelschwund als ein sicheres Zeichen irgendeines pathologischen Vorganges an der betreffenden Gliedmaße anspricht. Das gilt aber nur gum grano salis. Denn durch einen ruhig stellenden Verband

---

1 Zeitschrift f. orthopäd. Chir. Bd. 30. 1912. 2 Zeitschrift f. Biol. 74. 1922. 3 Über funktionelle Anpassung usw. Verlag von Springer. 1917.

gelingt es ohne weiteres, eine Atrophie der Muskulatur zu bekommen; das zeigen uns die klinischen Erfahrungen täglich und das wird durch die Tierversuche von BUMM[1], SCHIFF und ZACK[2], GROSSMANN[3], BRANDES[4], BURU[5], SULZER[6], LEGG[7], A. W. MEYER[8] bestätigt. Die Atrophie in einem solchen Verbande betrifft nun nicht gleichmäßig alle Muskeln, sondern wie A. W. MEYER zeigen konnte, atrophieren die entspannten Muskeln stärker als die gespannten. Ja eine gewisse Spannung der Muskeln verhütet die sonst im Verband auftretende Atrophie. Das gilt aber nur für mittlere Grade der Spannung. Bei Überdehnung kann es nach der Ansicht von NOTHNAGEL[9], TILMANN[10] und KRAMER[11] zur Atrophie der Muskeln kommen.

Jeder Muskel besitzt zwar eine gewisse Elastizität, die von den Physiologen[12] genauer gemessen worden ist. Es hat sich aber bei den Versuchen von MOSSO[13] u. a. ergeben, daß ein Muskel, den man von seiner Ruhelage aus dehnt, nach Entfernung der Gewichte sich zwar wieder etwas zusammenzieht, aber nicht in die Ruhelage zurückkehrt, sondern verlängert bleibt. Das konnte auch TILMANN bestätigen. Diese Überdehnung soll nun eine Schädigung für den betreffenden Muskel bedeuten. So führt TILMANN die Atrophie einzelner Unterschenkelmuskeln beim Platt- und Knickfuß auf Überdehnung zurück. Bekannt ist die von ZENKER[14] beschriebene Überdehnungsatrophie der Beinmuskeln bei Kartoffellesern.

Man hat auch behauptet, daß Muskeln durch Überanstrengung atrophieren können, z. B. beschrieb TELEKY[15] eine Atrophie der Daumenmuskulatur der Feilenhauer. In solchen Fällen wird man wohl auch an eine Überdehnung des Muskels denken, sofern bei diesen Arbeitsatrophien nicht andere Erkrankungen dahinter stecken (z. B. progressive Muskelatrophie (FÜRNOHR[16]).

Auch bei teilweiser Ruhigstellung kann man im Tierversuch eine Atrophie der Muskulatur und des Knochens erzielen. SCHIFF und ZACK, sowie BRANDES und KRAUSS[17], LIPSCHÜTZ[18] u. v. a. beobachteten nämlich beim Kaninchen nach Durchschneidung

---

1 Wiener med. Presse 1906. 2 Wiener klin. Wochenschrift 1912. 3 Ebendort. 4 Chirurgenkongreß 1913. 5 Naturforscherversammlung Meran 1905. 6 Festschrift f. EDUARD HAGENBACH 1897. 7 Americ. journ. of orthop. surg. 1908. 8 Mitt. aus d. Grenzgeb. Bd. 35. 1922. 9 Zeitschr. f. klin. Med. 10. 10 Archiv f. klin. Chir. 69. S. 410. 11 Dissert. Greifswald 1902. 12 s. v. FREY in NAGELS Handbuch der Physiologie. 13 Arch. ital. de Biol. Bd. 25. I. 14 Berl. kl. Wochenschrift 1883. 15 Wiener klin. Wozhenschrift 1913. 16 Münchener med. Wochenschrift 1907. 17 VIRCHOWS Archiv Bd. 113. 18 Deutsche med. Wochenschr. 1921. S. 1051.

der Achillessehne eine Atrophie nicht nur des Gastroknemius, sondern auch der anderen Beinmuskeln und des Kalkaneus. Das stimmt mit dem oben über die Einwirkung mehrgelenkiger Muskeln auf entfernt liegende Gliedabschnitte Gesagten überein (O. FISCHER); allerdings sind diese Versuche, weil es sich dabei um operative Eingriffe handelt, nicht mehr ganz rein. Über die besonders starke Neigung zur Atrophie, die einzelne Muskeln, z. B. der quadriceps femoris, zeigen, s. S. 608. Wenn wir im vorhergehenden von Ruhigstellung sprechen, so sei daran erinnert, daß erst die Ausschaltung der inneren Arbeit eines Muskels eine wirkliche Ruhigstellung bedingt. Denn die Arbeitsleistung, die ein Muskel aufbringen muß, um das Muskelgleichgewicht aufrecht, also die Gliedmaße in einer gewissen Normalstellung zu erhalten (innere Arbeit), ist im ganzen wesentlich größer als die Arbeitsleistung, die er durch gelegentliche Änderung der Ruhestellung (z. B. Beugen des Armes) vollbringt (äußere Arbeit, vgl. STRASSER[1]). Die Bedeutung dieser „inneren Arbeit" des Muskels für die Beschaffenheit des Muskels bei der Behandlung der Knochenbrüche hat vor allem BARDENHEUER[2] richtig erkannt, der besonderen Wert darauf legte, daß die Patienten im Streckverband dauernd ihren Muskeln innervierten, um die Atrophie zu verhüten, während im Gegensatz dazu LUCAS CHAMPONIÈRE die Frakturen von vornherein mit möglichst ausgedehnten Bewegungen der Gelenke behandelte, also die „äußere" Arbeit des Muskels und die passive Bewegung der Gelenke höher einschätzte.

Eine scheinbare Sonderstellung unter den Ursachen der Muskelatrophie nehmen die Erkrankungen der Gelenke ein. Hierbei soll die Atrophie besonders rasch eintreten, und zwar eigentlich ohne daß eine völlige Inaktivität der Muskulatur vorhergegangen wäre (LOVETT[3], MIZOGUCHI[4]). Ein Teil der Autoren nimmt deshalb ein direktes Übergreifen des krankhaften Prozesses vom Gelenk auf die Muskulatur oder auf die Nervenendigungen an (STRÜMPELL[5], A. W. MEYER[6] u. a.), eine Annahme, die sich aber pathologisch-anatomisch nicht hat stützen lassen, ganz abgesehen davon, daß sie die Atrophien entfernt von dem erkrankten Gelenk liegender Muskelgruppen nicht genügend erklärt.

---

1 Lehrbuch d. Muskel- u. Gelenkmechanik Bd. I. S. 136. 1908. Verlag von Springer. 2 Vgl. STEINMANN, Lehrbuch d. funkt. Behandlung d. Knochenbrüche. Stuttgart 1919, Enke. S. 40. 3 Zeitschrift f. orthopäd. Chir. Bd. 32. 1913 (hier ausländische Lit.). 4 Mitt. a. d. med. Fak. d. kais. kynusten Univ. Fuknoka Bd. 6. 1921. 5 Münchener med. Wochenschrift 1888. 6 Mitt. aus d. Grenzgeb. 35. 1922.

Am meisten Verbreitung hat zweifellos die reflektorische Theorie als Erklärung der Inaktivitätsatrophie bei Gelenkleiden gewonnen, die von BROWN-SÉQUARD, VULPIAN[1] und CHARCOT[2] aufgestellt, besonders durch die Versuche von RAYMOND[3], DEROCHE[4] und HOFFA[5] gestützt worden ist.

RAYMOND, DEROCHE und HOFFA durchtrennten bei Tieren die hinteren Wurzeln des unteren, dorsalen und oberen Sakralmarkes auf einer Seite und erzeugten durch Einspritzung von chemisch reizenden Substanzen, wie Terpentin oder Höllenstein, eine beiderseitige Kniegelenkentzündung. Die Muskelatrophie fand sich dann nur auf einer Seite, wo die Nervenwurzeln intakt geblieben waren. Unterbrechung des sensiblen Reflexbogens schützte also vor Atrophie, und damit schien die VULPIANsche Reflextheorie bewiesen zu sein, die annimmt, daß die durch die Gelenkentzündung bedingte Reizung des sensiblen Bogens auf die motorischen Vorderhornzellen überspringt und hier die trophischen Zentren der zugehörigen Muskeln schädigt. Bei der Sektion von Patienten mit Atrophie der Muskeln des einen Beines konnte KLIPPEL[6] eine Verminderung der Ganglienzellen im Rückenmark auf der kranken Seite feststellen, während DUPLAY und VAZIN[7] bei experimenteller Gelenkntzündung keine Veränderung im Rückenmark fanden.

Es erhoben sich aber gleichwohl Stimmen, die sich gegen diese reflektorische Theorie der Muskelatrophie bei Gelenkerkrankungen aussprachen; so betonte SULZER[8], daß in den REYMOND-DEROCHEschen Versuchen die Atrophie an dem nach Durchschneidung der Wurzeln gefühllos gewordenen Bein deshalb nicht so ausgesprochen wäre, weil das betreffende Bein bei den fehlenden Schmerzen weniger geschont würde, als das andere. Nach A. W. MEYER bleibt aber bei den REYMOND-DEROCHEschen Versuchen die Atrophie auch aus, wenn die Tiere durch geeigneten Verband an der stärkeren Benutzung der gefühllos gemachten Gliedmaße gehindert werden. SCHIFF und ZACK[9] widerlegten ferner die VULPIANsche Reflextheorie durch folgende Versuchsanordnung. Sie durchtrennten bei Tieren das Dorsalmark quer, wobei also der Reflexbogen intakt blieb. Sie sahen dann eine rasch fortschreitende Inaktivitätsatrophie beider Beine. Spritzten sie nun bei so vorbehandelten Tieren in das eine Kniegelenk Terpentinöl ein, so blieb die Muskulatur auf der gespritzten Seite stärker als auf der anderen, während man nach der Reflextheorie das Umgekehrte hätte erwarten müssen. SCHIFF und ZACK nehmen als Erklärung für diesen eigenartigen Befund an, daß durch die Kniegelenkentzündung

---

1 Münchener med. Wochenschrift 1888. 2 Leçons sur l'appareil vasomoteur 1875. Bd. 2. Maladies du système nerveux Bd. 3. 3 Revue de méd. 1890. S. 374. 4 Thèse de Paris 1890. 5 v. VOLKMANNS Samml. klin. Vortr. N. F. Nr. 50. 6 Bull. de la soc. anat. 1888. 7 Zit. nach HEIDENHAIN, Monatsschrift f. Unfallheilkunde Bd. 1. 1894. 8 Festschrift HAGENBACH-BURCKHARDT. Basel 1897. 9 Wien. med. Wochenschrift 1912.

reflektorisch ein ständiger Reiz auf die Muskulatur ausgeübt würde. Die Verhältnisse lägen also genau umgekehrt, als nach der VULPIANschen Theorie anzunehmen wäre. A. W. MEYER prüfte diese Versuche nach und glaubt, daß die Zunahme der Muskulatur, wie sie SCHIFF und ZACK fanden, durch ein stärkeres Ödem der Muskeln vorgetäuscht worden sei. Er vertritt auf Grund seiner ausgedehnten Versuche die Ansicht, daß der Tonus des Muskels, da er mit einem Stoffverbrauch verknüpft ist, das Zustandekommen der Atrophie begünstigt. Fehlt der Tonus, so bleibt die Atrophie aus; ist er verstärkt, so tritt auch die Atrophie schneller ein.

Die gleichen Überlegungen wie für die Muskelatrophie kommen auch für die **Knochenatrophie** als Folge der Ruhigstellung in Frage. Hier können wir uns, wie SUDECK[1], KIENBÖCK[2], BRANDES[3], HERFARTH[4] u. a. gezeigt haben, durch Röntgenaufnahmen jederzeit von dem Grade der Atrophie überzeugen. Auch bei den Knochen tritt die Atrophie außerordentlich schnell ein, so daß man in den Tierversuchen (BRANDES) schon 2—3 Wochen nach dem Eingipsen deutliche Unterschiede bemerken kann. Die anorganische Masse nimmt ab, die organische zu (BROOKS[5]). Über die feineren histologischen Veränderungen bei Knochenatrophie sind wir durch ROUX[6] unterrichtet. Wie COHN[7] beobachtet hat, sieht man an solchen Gliedmaßen Kalkschatten in den Lymphgefäßen, die wohl so aufzufassen sind, daß Kalk aus dem erkrankten Knochen fortgeschafft wird. Wie die Ruhigstellung zu dieser Atrophie führt, ist noch nicht ganz geklärt. Nach BECK[8] spielt das Ödem dabei eine gewisse Rolle, andere sprechen von einer vasomotorischen Störung (HERFARTH). Nach W. MÜLLERS[8] Versuchen mit Einnähen einer Gliedmaße bekommt man nur dann eine Atrophie des Knochens, wenn gleichzeitig eine Fraktur — also ein Reiz — gesetzt wird.

Bei Kindern — weniger deutlich beim Erwachsenen — tritt ferner als Folge einer Inaktivität, wie WOLFF[9] zuerst gezeigt hat, eine ausgesprochene **Wachstumsstörung** der betreffenden Gliedmaße ein. Jede solche Wachstumsstörung, sei es erhöhtes, sei es vermindertes Wachstum einer Gliedmaße, weißt auf Änderungen in dem Gewebsstoffwechsel der betreffenden Epiphyse,

---

1 Arch. f. klin. Chir. Bd. 62. S. 147 u. l. c. 2 Wiener med. Wochenschrift 1901. 3 Fortschritte auf d. Gebiet d. Röntgenstrahlen Bd. 21. 4 BRUNS' Beitr. 132. 1924. 5 Southern med. journ. Bd. 15. 1922. Ref. Ztbl. f. d. ges. Chir. Bd. XX. S. 227. 6 Ges. Abh. I. 7 Arch. f. klin. Chir. 112. 1919. 8 Zeitschr. f. orthop. Chir. Bd. 45. 1924. 9 Berliner klin. Wochenschrift 1883, 1888. Arch. f. klin. Chir. Bd. 20.

wie Ollier[1], v. Langenbeck[2], Bidder[3], Haab[4], Maas[5], König[6] u. a. schon nachgewiesen haben. Ein erhöhtes Längenwachstum eines Knochens finden wir, wenn ein Reiz die Diaphyse trifft, also im Experiment, wenn ein Nagel in einen Knochen geschlagen wird oder wenn eine Entzündung (osteomyelitis) sich in der Diaphyse abspielt (Ollier, v. Langenbeck usw.). Bei Schädigung der Epiphyse in der Jugend bleibt der betreffende Knochen im Wachstum zurück. Deshalb ist es z. B. unzweckmäßig, ein tuberkulöses Knie bei Kindern zu resezieren, weil sich sonst nach Abschluß des Wachstums ein erheblicher Längenunterschied der beiden Beine ergibt. Bei irgendwelchen entzündlichen Erkrankungen einer Gliedmaße, z. B. bei einer Tuberkulose, wird von der Wachstumsstörung nicht nur der erkrankte Knochen, sondern auch weitabliegende Teile der Gliedmaße betroffen. So bleibt z. B. bei Coxitis tuberculosa auch der Fuß im Wachstum zurück (Volkmann[7], Wolff u. a.). Man hat deshalb angenommen, daß das Wachstum vom Nervensystem aus geregelt wird, und daß es reflektorische Wachstumsstörungen gebe. In erster Linie ist aber wohl das Wachstum von Druck- und Zugspannung abhängig. So ist die halbseitige Gesichtsverkleinerung bei Schiefhals, die Fingerverkürzung bei Verbrennungen in der Kindheit, die Vergrößerung des Radiusköpfchens bei Radiusluxation u. a. m. als Folge der Spannungsänderung in den Geweben aufzufassen (Schubert[8]). Wir haben wenigstens bisher keine Veranlassung hier an nervöse Einflüsse zu denken. Da man, wie oben gesagt wurde, die Muskulatur nicht als Einzelobjekte betrachten darf, sondern als Gruppen — und zwar gehören, wie das die moderne deskriptive Anatomie lehrt, sehr viele auch entfernter liegende Muskeln, an die man zunächst gar nicht denkt, zu einer solchen „kinetischen Kette“ (vgl. Braus[9]) — so erscheint es durchaus verständlich, daß bei Schädigung eines Gliedes dieser Kette auch die anderen mehr oder weniger in Mitleidenschaft gezogen werden, da die Erregungsimpulse nunmehr anders verlaufen.

Die Folgen einer zu langen Ruhigstellung einer Gliedmaße sind weiterhin **Versteifungen und Kontrakturen der Gelenke.** Wir

1 Traité exp. et clin. de la régénération des os. Paris 1867. 2 Berl. Wochenschrift 1869. S. 265. 3 Archiv f. Chir. 18. 22. 24. Archiv f. exp. Pathol. u. Pharmakologie. Bd. 1. 4 Untersuch. aus d. pathol. Inst. Zürich. 1875. 5 Archiv f. klin. Chir. 14. 6 Arch. f. klin. Chir. Bd. 9. S. 193. 7 Virchows Archiv Bd. 24. S. 512. 8 Vgl. Steinmann, Lehrbuch d. funkt. Behandlung d. Knochenbrüche. Stuttgart 1919, Enke. S. 40. 9 Anatomie d. Menschen. Springers Verlag. 1922, Bd. I.

müssen die Versteifungen bei kurzdauernder Ruhigstellung von denen bei langdauernder unterscheiden. Pathologisch-anatomisch finden wir in solchen Gelenken, die längere Zeit ruhig gestellt und deshalb versteift waren, Schwielenbildung und Verdichtungen des Gewebes, die sich röntgenologisch als stärkerer Schatten abzeichnen, auch Kalkablagerungen und Verknöcherungen kommen vor; kurzum, es handelt sich um eine Veränderung des Stützgewebes, die als Folge des fehlenden funktionellen Reizes aufzufassen ist (Roux[1]). Minderwertiges Gewebe tritt an die Stelle des höherwertigen.

Die Veränderungen der Gelenke bei Immobilisierung durch Gipsverband sind im Tierversuch von Menzel (l. c.), Reyher[2], Moll[3] u. a. genau studiert worden. Es fand sich Schrumpfung der Kapseln und Bänder, die, worauf Reyher besonders hinweist, später eintritt, als die Atrophie der Muskulatur. Veränderungen an den Knorpeln sind nur dort zu finden, wo der Knorpel während der Ruhigstellung nicht in Berührung mit der Gegenseite gestanden hat. Das zeigt wieder die Bedeutung des funktionellen Reizes, der den Knorpel bei den Gelenkbewegungen dauernd auf Abscherung beansprucht, erklärt aber zugleich, daß Extension nicht gegen Veränderungen der Gelenke schützt, daß im Gegenteil beim Auseinanderziehen der Gelenke der Knorpel besonders gefährdet ist.

Es zeigt sich bei diesen pathologisch-anatomischen Veränderungen die nahe Verwandtschaft der Synovialiszellen mit den Knorpelzellen, insofern nach Braun die Zellen der Synovia dort, wo sie eine abnorme Reizung erfahren, in Knorpelzellen übergehen, während wir umgekehrt die Gelenkflächen mit einer gefäßlosen Bindegewebsschicht überzogen finden, die nach Reyher aus dem Gelenkknorpel entstanden sein soll (s. Hildebrandt[4]). Es sei daran erinnert, daß die Gelenkhaut entwicklungsgeschichtlich ja nichts anderes ist als Perichondrium (s. Braus[5]).

Bei kurzdauernder Ruhigstellung sind die geschilderten pathologisch-anatomischen Veränderungen der Gelenkkapsel noch nicht vorhanden. Die Steifheit der Glieder ist dann als eine Änderung des Muskeltonus, vielleicht auch als eine Änderung des kolloidalen Zustandes des Muskels aufzufassen. Bei Lähmungen finden wir solche Versteifungen nicht, das spricht ebenso wie die

---

1 Terminologie d. Entwicklungsmechanik. Verlag von Engelmann. 1912 (unter „Inaktivität"). 2 Deutsche Zeitschrift f. Chir. 1873. Bd. 3. 3 Virchows Archiv Bd. 105. 1886. 4 Arch. f. klin. Chir. 81. S. 418. 5 Anatomie des Menschen. Springers Verlag 1922. 1. Bd. Abb. 11.

Tierversuche von A. W. MEYER[1] und SPIEGEL dafür, daß diese Versteifungen bei kurzdauernder Ruhigstellung als reflektorischer Vorgang aufzufassen sind (s. auch bei Kontrakturen).

Es bestanden in der vorbakteriellen Zeit auf Grund der experimentellen Untersuchungen MENZELS[2], Zweifel darüber, ob diese Veränderungen der Gelenkkapsel Folge einer „Entzündung", eines „Dekubitus des Knorpels" seien; die Frage ist jetzt überholt, da es für die Praxis gleichgültig ist, ob man die geschilderten pathologisch-anatomischen Veränderungen eine Entzündung nennen will oder nicht; die Hauptsache ist, daß es sich nicht um eine bakterielle Entzündung handelt. Und das dürfte für die reinen Fälle von Ruhigstellung doch wohl zutreffen, wenn auch spezielle Untersuchungen hierüber nicht vorliegen.

Man beobachtet nun sehr häufig bei Patienten, deren Gelenke längere Zeit ruhig gestellt waren, und die dann aufstehen, einen Gelenkerguß, v. VOLKMANN[3] nahm schon an, daß dieser Erguß Folge von Einrissen und Zerrung der geschrumpften Synovialis sei, eine Ansicht, die REYHER und MOLL durch ihre Tierversuche bestätigen konnten. Pathologisch-anatomisch wird das Bild als eine Synovitis gedeutet, mit Schwellung der Zotten und Synovialfortsätze, die nun ihrerseits wieder ein starkes Bewegungshindernis für das Gelenk darstellen können.

Alle diese durch Ruhigstellung bedingten Veränderungen im Gelenk haben sich in den vorliegenden Tierversuchen auch Monate nach Entfernung der fixierenden Verbände nicht zurückgebildet, ebensowenig war in dieser Zeit die Funktion wieder normal geworden, ein Zeichen dafür, wie zurückhaltend man mit der Ruhigstellung von Gelenken sein muß. Der Grad der Versteifung hängt beim Menschen aber nicht nur von der Dauer der Ruhigstellung ab, sondern auch von individuellen Eigentümlichkeiten. Wir wissen, daß die Neigung zu Gelenkversteifungen im Alter wächst. Das hängt nach unserer jetzigen Vorstellung von einer für alle Kolloide geltenden Änderung ihrer physikalisch-chemischen Beschaffenheit im Alter zusammen (vgl. SCHADE[4]). Auch bei Rheumatikern bekommt man eine stärkere und raschere Versteifung, der Gelenke durch Ruhigstellung; auch bei ihnen nimmt man ja eine „allgemeine Retardation des Assimilations- und Dissimilationsprozesses an" (BAUER[5]), doch sind unsere wirklichen Kenntnisse auf diesem Gebiete noch höchst gering.

1 Deutsche Zeitschrift f. Chir. Bd. 162. 2 Arch. f. klin. Chir. Bd. XII. 3 Berliner klin. Wochenschrift 1870. 4 Die physikalische Chemie in d. inneren Medizin. Steinkopff Verlag 1920. S. 83ff. 5 Konstitutionelle Disposition zu inn. Krankheiten. Springers Verlag 1917. S. 33.

Wie weit sich bei der Durchforschung der Gelenkversteifungen und der Lösung dieser Versteifungen die GRAWITZschen[1] Anschauungen über die Verwandlung der fibrillären Grundsubstanz in Zellen nutzbringend erweisen werden, bleibt in weiteren Untersuchungen vorbehalten. Einen Anfang stellt die BUSSMANNsche[2] Arbeit dar.

Die Gelenke nehmen, wenn sie durch Entzündung oder Ruhigstellung längere Zeit außer Funktion kommen, bestimmte Stellungen ein und versteifen in diesen Stellungen. Man nennt das **Kontraktur**[3] der Gelenke; die Kontrakturstellung des Kniegelenks z. B. ist die Beugung, diejenige der Hüfte außerdem noch die Abduktion oder Adduktion. Eine zwar längst als unrichtig erkannte, aber in der Literatur immer wieder auftauchende Erklärung dieser typischen Stellungsanomalien stammt von BONNET[4]. Er spritzte bei menschlichen Leichen nach Entfernung sämtlicher Muskeln Flüssigkeit in die Gelenke und fand dann, daß, wenn die Füllung ein gewisses Maß erreicht hatte, die Gelenke in die für sie charakteristische Kontrakturstellung übergingen. Er schloß daraus, daß bei dieser Stellung das Fassungsvermögen des Gelenks das größtmöglichste ist und daß bei einem Gelenkerguß rein mechanisch durch Zunahme der Flüssigkeitsmenge die Kontrakturstellung zustande käme. Diese Vorstellung ist, worauf A. FICK[5] u. a. schon hingewiesen haben, falsch; denn das Gesamtfassungsvermögen eines Gelenks bleibt das gleiche, in welcher Stellung zueinander sich die Knochen auch befinden mögen. Hingegen ändert sich die Spannung der Kapsel, der Bänder und Muskeln bei jeder Stellungsänderung. Auch die klinischen Erfahrungen widersprechen der BONNETschen Theorie; denn bei hochgradigem Hydrops steht ein Gelenk durchaus nicht immer in Kontrakturstellung (BÄHR[6]). Bei Lähmungen einer Muskelgruppe treten Kontrakturen in den Antagonisten auf; aber auch jeder gelähmte Muskel zeigt eine gewisse Neigung zur Kontraktur (KALISCHER[7]).

Bei jeder Stellungsänderung eines Gelenks werden einzelne Bänder, Kapselteile und Muskeln entspannt, andere gespannt. Für jedes Gelenk gibt es nun eine Stellung, in der die Summe der Spannung aller an dem Gelenk beteiligten Weichteile die kleinste ist. Das ist die schon oben besprochene Ruhelage des Gelenks, und diese Ruhelage kann man sich jederzeit für jedes Gelenk klar machen, wenn man überlegt, welche Stellung für die

1 Arch. f. klin. Chir. Bd. 111. 2 Die pathol.-histol. Erklärung zur Bäder u. Massagewirkung bei versteiften Gelenken. Greifswald I. D. 1919. 3 Vgl. RIEDINGER in Handbuch d. orthop. Chir. I. S. 143. 4 Traité des maladies des articulation. Paris 1845. 5 Die medizinische Physik. Braunschweig 1885. 6 Monatsschrift Unfallheilkunde Bd. 2. S. 322. 1895. 7 Berl. klin. Wochenschr. 1922. S. 1186.

eigenen Gelenke am bequemsten ist. Das Gefühl der Behaglichkeit bei diesen Ruhestellungen beruht eben darauf, daß die Spannung der Weichteile, vor allem der Muskeln, bei keiner anderen Stellung eine so geringe ist. In dieser Stellung wird naturgemäß die durch einen Gelenkerguß hervorgerufene Spannung am wenigsten empfunden, und der Patient nimmt deshalb, und weil ihm diese Mittellage der Gelenke am bequemsten ist, eine solche Ruhestellung im Bett ein. Es handelt sich bei diesen Kontrakturen also wohl nicht einfach um ein Überwiegen einzelner Muskelgruppen, wie das LÜCKE[1] dargestellt hat. Bleibt der Muskel längere Zeit in einer solchen Stellung, so empfängt, wie H. H. MEYER-FRÖHLICH[2] sich das vorstellen, „das Rückenmark die Nachricht vom Muskel über die ihm aufgezwungene Ruhelage und paßt nun die Länge des Muskels dieser Lage an". Empfängt das Rückenmark diese Nachricht nicht, mit anderen Worten, sind die sensiblen Nerven durchtrennt (A. W. MEYER[3]), so tritt eine solche Muskelversteifung nicht ein. Sie ist also ein reflektorischer Vorgang. Dauert die Ruhestellung des Muskels genügend lang, so verliert er seine gewebliche Eigenart und wird ganz oder teilweise zur bindegewebigen Narbe.

Wenn so ein Gelenk im allgemeinen in seiner Ruhelage versteift, wie das schon WEBER[4] sehr richtig erkannt hat, so schließt das nicht aus, daß nicht auch einmal ein Gelenk in einer anderen Stellung als der Ruhigstellung versteifen kann, nur müssen wir dann irgendeinen besonderen Umstand zur Erklärung heranziehen. Das gilt z. B. für die Abduktionsstellung der Hüfte bei Koxitis im ersten Stadium. KÖNIG[5] hat überzeugend nachgewiesen, daß diese Stellung lediglich damit zusammenhängt, daß die Patienten anfänglich noch mit ihrer Koxitis herumlaufen und das erkrankte Bein zur Schonung in Abduktionsstellung halten. Bei bestimmten Kontrakturstellungen, besonders am Arm, kommt ferner das Moment der Schwere hinzu und bringt das betreffende Glied in eine Stellung, die nicht der Ruhelage entspricht. Selbstverständlich tritt eine Änderung der „typischen" Kontrakturstellung auch dann ein, wenn es nach ausgedehnter Zerstörung des Gelenks zu einer pathologischen Luxation gekommen ist. Am Hüftgelenk werden dann durch die Verdrängung des Schenkelhalses die Ansatzpunkte des Lig. ileofemorale einander genähert und die Außendreher des Beines gewinnen die Oberhand (KEHL[6]).

---

1 Deutsche Zeitschrift f. Chir. Bd. 21. 1885. 2 Archiv f. exp. Pathol. u. Pharmakologie. 79. 3 Deutsche Zeitschrift f. Chirurgie. Bd. 162. 4 Mechanik d. menschl. Gehwerkzeuge. 5 Zentralbl. f. Chir. 1893. Nr. 52. 6 BRUNS' Beitr. Bd. 127. S. 438. 1922.

Daß wir Abweichungen von der als typisch angesprochenen Kontrakturstellung bei Lähmung oder Zerstörung einzelner Muskelgruppen, ferner bei Kontraktion einzelner entzündlich gereizter oder vereiterter Muskeln (HILDEBRAND[1]), schließlich bei Hautnarben haben, macht dem Verständnis keine Schwierigkeiten.

Zu den entzündlichen Kontrakturen rechnet man auch die bei Plattfuß auftretenden (SCHANZ[2]). Hierbei handelt es sich um periphere spastische Muskelkontraktionen, um einen Dauertetanus, wie SCHÄFFER und WEIL[3] durch Untersuchungen der Aktionsströme der Muskeln nachweisen konnten, wobei es unentschieden bleibt, welcher Art der Reiz ist, der die Muskulatur zu dieser Krampfstellung bringt. Eine bakterielle Entzündung ist wohl auszuschließen. Wir müssen vielmehr an ähnliche Reizvorgänge denken, wie sie bei Verletzungen sensibler Nerven auftreten. Auch dabei beobachtet man ja reflektorische Kontrakturen (COENEN[4], FÖRSTER[5]). Ferner sind solche reflektorische Muskelkontrakturen bei Frakturen, besonders z. B. bei Brüchen des Mittelfußknochens (Fußgeschwulst), oft sehr ausgesprochen vorhanden (JANSEN[6]). Ich erinnere hier ferner an die oben besprochenen Atrophien bei Gelenkeiterungen, die ebenfalls in dieses Gebiet der reflektorischen Beeinflussung der Muskulatur gehören.

Diese reflektorischen Muskelkontrakturen lösen sich bei Ruhelage, feuchten Verbänden und Behandlung mit heißer Luft gewöhnlich in wenigen Tagen. Vorher kann aber ein solcher Fuß so außerordentlich fest fixiert sein, daß in dieser Hinsicht kein Unterschied gegen eine „organische" Kontraktur besteht.

Auch bei der spastischen Kontraktur entspricht bei gleichmäßigem Befallensein der Muskeln die pathologische Stellung der Gelenke der Ruhelage, also einem Muskelgleichgewicht.

Es erscheint im allgemeinen überflüssig, für die verschiedenen Formen der Kontraktur mit Herz[7] ein Überwiegen der Beuger zur Erklärung heranzuziehen, zumal die genauen Untersuchungen von R. FICK[8] gezeigt haben, daß z. B. am Kniegelenk im Gegenteil die Strecker wesentlich kräftiger sind als die Beuger, auch wenn man die am Unterschenkel gelegenen Beuger des Kniegelenks (gastrocnemius usw.) mit hinzunimmt (STRASSER[9]).

---

1 Zeitschrift f. ärztl. Fortbildung 1910. 2 Zentralbl. f. Chir. 1914. 3 Mitt. a. d. Grenzgeb. 34. 4 Arch. f. Orthopädie Bd. 15. 5 Zeitschrift f. orthopäd. Chir. Bd. 36. S. 304. 6 Ebenda Bd. 35. 1915. 7 Zeitschrift f. orthopäd. Chir. 1910. Bd. 25. 8 Handbuch der Anat. u. Mechanik d. Gelenke II. S. 585 in v. BARDELEBEN, Handbuch d. Anat. d. Menschen. Jena, Fischers Verlag. 9 Lehrbuch d. Muskel- u. Gelenkmechanik. Berlin 1919, Verlag v. Springer.

Nun sieht man aber gar nicht selten Beugekontrakturen, besonders des Kniegelenks, auftreten, wenn zum Einnehmen der Ruhelage gar keine Veranlassung besteht, also z. B. nach Kniegelenkresektionen, wenn die Patienten schon längst herumgehen; wir sehen ferner bei bettlägerigen Patienten, daß sich die Kontrakturen in späteren Stadien über den der Ruhelage entsprechenden Grad verstärken. Am Kniegelenk finden wir in solchen Fällen als Ursache der Kontraktur eine wesentlich stärkere Atrophie des Quadrizeps, als der Beugemuskeln; dann können wir allerdings von einem Überwiegen der Beuger sprechen. Worauf es beruht, daß der Quadrizeps und ebenso übrigens der Glutäus und Deltoideus so wesentlich schneller atrophieren als andere Muskeln, wissen wir nicht sicher. Man beobachtet Ähnliches bei zentralen Lähmungen. Wir wissen, daß auch bei zerebraler Lähmung, also z. B. bei Hemiplegie oder zerebraler Kinderlähmung trotz ganz verschiedenem Sitz der Erkrankung das klinische Bild außerordentlich gleichförmig ist. Ich erinnere an die typische Pronationsstellung der Hand bei Hemiplegikern (WERNICKE und MANNS). Die Lähmung und der Spasmus sind dann zwar zerebral ausgelöst, aber das klinische Bild ist durch irgend eine periphere Besonderheit bedingt. Allerdings ist der Lähmungstypus bei zentraler Lähmung ein anderer, wie bei den peripheren Kontrakturen. So werden bei zentraler Lähmung z. B. am Bein besonders die Beuger gelähmt (KNAPP[1]), während wir es chirurgisch immer gerade mit der Quadrizepsatrophie zu tun haben. Man hat recht verschiedene Vorstellungen geäußert, wie diese ungleichmäßige Atrophie der einzelnen Muskeln wohl zu erklären sei:

AUERBACH[2] nimmt an, daß die Widerstandskraft der Muskeln bei Nervenlähmungen von ihrer Kraft und ihrer Inanspruchnahme abhängig sei (AUERBACHsches Gesetz) und SCHWAB[3], der diese Lehre nachgeprüft hat, kommt zu der Anschauung, daß sogenannte Kraftmuskeln widerstandsfähiger seien als Dauermuskeln, wobei er unter Kraftmuskeln solche versteht, die in der Zeiteinheit große Widerstandsleistungen zu vollbringen haben, während Dauermuskeln sich zwar häufig zusammenziehen und wieder ausdehnen, aber immer mit mittlerer Kraft. FISCHER[4] sieht die Ursache für die stärkere Atrophie der Strecker darin, daß ihre Faszie stärker ausgebildet sei, als die der Beuger. Infolgedessen würden bei Schwellung leichter Zirkulationsstörungen in den Streckern auftreten. JANSEN[5] bringt diese stärkere Schädigung der Kniestrecker mit der verschiedenen Bündellänge und Fiederung der Muskeln zusammen. Er nimmt an, daß bei erhöhtem Tonus die an sich schwächeren Flexions-, Adduktions- und Einwärtsrotationsmuskeln überwiegen, umgekehrt bei herabgesetztem Tonus. HEIDEN-

1 Monatsschrift f. Psych. u. Neurol. 4. H. 1920. 2 Zeitschr. f. d. ges. Neurol. Ref. Bd. 16. 3 Deutsche Zeitschrift f. Nervenheilkunde. Bd. 6. 1920. 4 Deutsche Zeitschrift f. Chir. Bd. 8. S. 1. 5 Zeitschrift f. orthopäd. Chir. Bd. 34. 1914.

HAIN spricht sehr allgemein von einem reflektorischen Vorgang. GRUNEWALD[1], SPITZY[2] und ROMICH[3] vermuten, daß der Quadrizeps deshalb so leicht atrophiert, weil die Streckmuskulatur am Bein in ihrer beim Menschen vorhandenen Ausbildung phylogenetisch sehr jungen Datums ist; deswegen sei sie besonders labil. Noch beim Affen ist ja die untere Extremität mehr Greif- als Stützorgan; worauf die größere Labilität beruht, ist damit freilich noch nicht erklärt. Die biologisch jüngere Gruppe der Muskeln ist weniger zur Dauerarbeit geeignet und atrophiert leichter (ROMICH). So soll sich auch die Kontrakturstellung im späteren Verlauf von Gelenkentzündungen erklären z. B. bei Coxitis. MURK, JANSEN, v. BAEYER erklären die stärkere Atrophie des Quadrizeps im Vergleich zu den Beugern damit, daß die Beuger mehrgelenkige Muskeln sind und deshalb z. B. bei Ruhigstellung oder Versteifen des Kniegelenks immer noch tätig sein können, während die Strecker durch einen solchen Verband wirklich zur völligen Ruhe verdammt sind. Interessant ist die alte Angabe RITTERS[4], daß die Strecker eine andere elektrische Erregbarkeit haben sollen, wie die Beuger, und diese als RITTER-ROLLERsches Phänomen bekannte Erscheinung ist tatsächlich wohl noch das Brauchbarste unter den ganzen ja nur teilweise ausgeführten Theorien. Von diesem RITTER-ROLLERschen Phänomen ausgehend, hat EVERSBUSCH[1] den Einfluß der verschiedenen Stromstärken auf den Plexus brachialis und auch auf die Beinnerven untersucht und er kommt zu dem Ergebnis, daß je nach der Stromstärke die verschiedensten Kontraktionsformen entstehen, so daß nach der Ansicht von EVERSBUSCH das klinische Bild bei der zerebralen Kinderlähmung nicht von dem Sitz des Krankheitsherdes, sondern von der Reizstärke, den dieser Herd ausübt, bedingt ist.

Die praktische Chirurgie teilt die Kontrakturen in arthrogene, myogene, tendogene, neurogene und dermatogene, was vom Standpunkt der Therapie zweckmäßig erscheint.

Die Kontrakturen beeinflussen die Gestalt der Knochen. Wir haben ja oben schon von dem Einfluß, den die Muskulatur auf die Gestaltung des Knochens hat, gesprochen. Es sind die veränderten Druck- und Zugverhältnisse, unter denen bei kontrahierten Gelenken die benachbarten Knochen stehen, die nach den Gesetzen der Statik und Mechanik zu Verbiegungen der Knochen führen. Und zwar beteiligt sich, was nach dem oben über den Einfluß der Muskulatur auf entferntere Gliedabschnitte Gesagten ja ohne weiteres verständlich ist, auch die Wirbelsäule und der Rumpf an solchen deformierenden Prozessen bei Kontrakturen an den Gliedmaßen. Es bildet also das, was wir als Deformitäten zu bezeichnen pflegen, gewissermaßen die Fortsetzung der Muskelkontrakturen und der Muskeldehnungen (LORENZ[5]). Daß solche Verbiegungen noch durch allgemeine Knochenerkrankungen, wie die Rachitis, Osteomalazie u. ähnl. begünstigt werden, sei hier nur erwähnt; näher soll auf diese Erkrankungen hier nicht eingegangen werden.

---

1 Zeitschr. f. orthopäd. Chir. Bd. 30. S. 14. 2 Chirurgie des Kindes. 3 Zeitschr. f. orth. Chir. 42. S. 350. 4 Beiträge z. näh. Kenntnis d. Galvanismus. Jena 1802. N. F. S. 536. 5 Wiener med. Wochenschrift 1910.

In welchem Verhältnis die eben geschilderten nach längerer Ruhigstellung auftretenden Gelenkveränderungen zur **Arthritis deformans** stehen, ist noch strittig.

Wir nehmen ja gegenwärtig der Arthritis deformans gegenüber ungefähr den gleichen Standpunkt ein wie gegenüber der Tuberkulose vor der Entdeckung des Tuberkelbazillus, d. h. wir sind darauf angewiesen, aus pathologisch-anatomischen und klinischen Befunden die Krankheitsbilder zu ordnen und in Übereinstimmung zu bringen. Genau so, wie man vor der Entdeckung des Tuberkelbazillus vieles zur Tuberkulose gerechnet hat, was nicht dazu gehört — z. B. die beim Kaninchen nach subkutanen Serumeinspritzungen auftretenden Nekrosen —, wird es uns auch bei den verschiedenen chronischen Gelenkerkrankungen ergehen. Von einem sehr allgemeinen Gesichtspunkt aus sucht FROMME[1] die verschiedenen Veränderungen am Gelenkknorpel zu erklären, indem er von der histologischen Beobachtung ausgeht, daß auch beim Erwachsenen sich eine enchondrale Ossifikation findet. Er schließt nun, daß bei irgendwelchen Schädigungen, seien es arteriosklerotische, traumatische oder chemische, Veränderungen im Wachstum des Gelenkknorpels auftreten müssen, die also im großen und ganzen wesensgleich verlaufen. Vorläufig kommen wir mit solchen allzu allgemein gehaltenen Betrachtungen in unserer Erkenntnis des Wesens der Arthritis deformans aber nicht weiter, sondern müssen uns zunächst an die pathologisch-anatomischen Befunde von Frühfällen halten, wie sie von VOLKMANN[2], ROSER[3], WEICHSELBAUM[4], ZIEGLER[5], KIMURA[6], AXHAUSEN[7], WOLLENBERG[8], R. BENEKE[9], WALKHOFF[10], POMMER[11] u. a. erhoben worden sind. Es ist selbstverständlich, daß die verschiedenen Autoren in der Deutung der Befunde im einzelnen voneinander abweichen, aber so viel geht doch, besonders aus der groß angelegten

1 Berl. klin. Wochenschrift 1920. Nr. 45. 2 PITHA-BILLROTH, Handbuch d. allg. u. spez. Chir. Bd. II. 3 Archiv f. physiol. Heilkunde 1856. 4 VIRCHOWS Archiv Bd. 55. 1872. 5 Lehrbuch d. spez. pathol. Anat. 5. Aufl. 1887. 6 ZIEGLERS Beitr. 27. 1900. 7 Charité-Annalen 1909. Bd. 33. Arch. f. klin. Chir. Bd. 94, 99, 104. Deutsche Zeitschrift f. Chir. 110. Berliner klin. Wochenschrift 1913 u. 1915. Arch. f. orthop. Chir. Bd. 20. 1921. Arch. f. klin. Chir. 129. BRUNS' Beitr. 131. 8 Zeitschrift f. orthopäd. Chir. Bd. 24 u. 26 u. Arch. f. Orthop. Bd. 7. 1908. 9 Festschrift d. 69. Vers. d. Naturf. u. Ärzte. Braunschweig 1897. 10 Verh. d. deutsch. Pathol. Ges. in Meran 1905. 11 Denkschrift d. kais. Akademie der Wissenschaften Bd. 89. S. 65. 1914. VIRCHOWS Archiv. Bd. 219. 1915. Archiv f. orthop. u. Unfallchirurgie. Bd. 17. Heft 1 u. 4. Wiener klin. Wochenschrift 1915/1917. Sitzungsberichte d. natur-wissenschaftlichen Vereins zu Innsbruck. 35. u. 36. Das österr. Sanitätswesen. 30. Jahrgang. 1918.

Arbeit von POMMER, in der auch die gesamte vorliegende Literatur ausführlich kritisch besprochen wird, hervor, daß bei der Arthritis deformans die regressiven Veränderungen im Knorpel als das Primäre aufzufassen sind (l. c. S. 185 u. 229), während die subchondralen Veränderungen, das „Vorgreifen von Markräumen und Gefäßkanälen", sowie die anderen Veränderungen am Knochen etwas Sekundäres darstellen. AXHAUSEN[1] trennt die chondrale Form der Arthritis deformans von der ossalen. Bei letzterer soll der Beginn eine Nekrose des epiphysären Knochens sein und sich die typischen Veränderungen der Arthritis deformans erst anschließen. Die Nekrosen sind nach AXHAUSEN die Ursache für alle weiteren Veränderungen im Gelenk. Die PERTHESsche und die KÖHLERsche Krankheit, sowie die Veränderungen nach alten Luxationen rechnet AXHAUSEN zur ossalen Form der Arthritis deformans (vgl. BONN[2] und die Versuche von W. MÜLLER[3] über Luxationen und Epiphysenlösungen). POMMER weicht in der Erklärung der Knorpelnekrosen von AXHAUSEN ab; er hält sie für „Folgewirkungen jener Schädigungen, denen die Zellen in den oberflächlichsten Strecken der Knorpelabscherungs- und der Knochenschliffstellen ausgesetzt sind", und lehnt es u. a. völlig ab, daß kernloser Knorpel ohne weiteres als nekrotischer Knorpel bezeichnet wird. AXHAUSEN stützt sich aber bei der Deutung seiner Befunde auf sehr interessante Tierversuche: Er setzte mit der elektrolytischen Nadel umschriebene Knorpelnekrosen im Gelenk und konnte nun in der Folgezeit bei den Tieren alle die Veränderungen bekommen, die für die Arthritis deformans des Menschen charakteristisch sind, und zwar blieben diese Veränderungen nicht umschrieben auf die Verletzungsstelle beschränkt, sondern erstreckten sich auf das ganze Gelenk, wodurch die Übereinstimmung mit der Arthritis deformans des Menschen noch vollkommener wurde. Man kann die Bedeutung dieser Tierversuche nicht verkennen, wenn man auch POMMER durchaus recht geben muß, daß es vielleicht nicht gerade die Nekrosen des Knorpels sind, die das Krankheitsbild zwangsläufig auslösen. Jedenfalls besteht in dem Punkte eine erfreuliche Einigkeit, daß die Schädigung des Knorpels im pathologisch-anatomischen Bilde das Erste ist. Als Ursache für diese Knorpelveränderungen kommen lokal wirkende traumatische und Ernährungsschädigungen mehr oder weniger vereint und zweitens allgemeine Stoffwechselstörungen in Betracht. Die

---

1 Chirurgenkongreß 1923. 2 Archiv f. klin. Chir. 129. 3 BRUNS' Beitr. Bd. 132. 1924.

überwiegende Mehrzahl der Autoren betrachtet die Schädigungen durch Verletzungen und Ernährungsstörungen als hauptsächliche Ursache für die Arthritis deformans, sieht also in ihr ein lokales Leiden und sucht es im Tierversuch nachzuahmen. Demgegenüber wird vor allem von LEDDERHOSE auf Grund der klinischen Beobachtung betont, daß die Arthritis deformans nicht einfach als „Verbrauchskrankheit" erklärt werden könne, sondern als eine Stoffwechselkrankheit, etwa wie die Gicht. Irgend ein uns unbekanntes Stoffwechselgift schädigt den Gelenkknorpel und führt zu der stets fortschreitenden, meist in mehreren Gelenken zu findenden Erkrankung. Wenn man sich diese Auffassung zu eigen machen will, muß man alle die der Arthritis deformans äußerlich ähnlichen Gelenkerkrankungen nach Verletzung oder nach veränderter Gelenkbelastung, auch die ankylosierende Gelenkerkrankung, von der echten Arthritis deformans trennen. Das Malum coxaesenile ist nach POMMER zur Arthritis deformans zu rechnen, während man sie sonst oft von der Arthritis deformans abgrenzt (vgl. WEICHSELBAUM[1], AXHAUSEN[2], STEMPEL[3]).

Durch Beklopfen der Knorpelknochengrenze und durch Gelenkzerrung bekam v. SURY bei Meerschweinchen eine Arthritis deformans, und entsprechende klinische Fälle sind ja etwas Alltägliches (vgl. AXHAUSEN l. c.). Besonders schwere Veränderungen sieht man nach Luxationen (WOLLENBERG[4]), geringere nach eitrigen (BONN[5]) und gonorrhöen Gelenkentzündungen, während bei diesen besonders reichliche Knorpelnekrose (MAGNUS[6], TASHIRO[7]) vorhanden sein sollen. Durch Erfrierung hat RIBBERT eine Totalnekrose des Gelenkknorpels erzielt, und nach W. MÜLLER[8] bekommt man Knorpelnekrosen und Abschliffe schon durch einfachen Druck einer Sehne oder der Gelenkkapsel auf den Knorpel, was damit übereinstimmt, daß man solche Abschliffe besonders an Gelenken findet, die viel belastet werden, z. B. Kniegelenk (vgl. ROST[9]). Im allgemeinen hat der Knorpel, wie aus den Transplantationen von SEGGEL[10] hervorgeht, eine große Lebenszähigkeit und Widerstandskraft. (Über seine Heilung s. GIES[11] und REHN und RUEF[12]). Oft vereinigt sich die Verletzung mit einer Ernährungsstörung, so in den Versuchsen von WOLLENBERG.

1 Die senilen Veränderungen der Gelenke. Kais. Akad. d. Wissensch. Wien. Bd. 75. 1877. 2 Archiv f. klin. Chir. Bd. 104. 3 Deutsche Zeitschrift f. Chir. Bd. 60. 4 Zeitschrift f. orthopäd. Chir. Bd. 24 u. 26. 1909. Archiv f. orthop. Chir. 20. 1921. 5 Archiv f. klin. Chir. 130. 1924. 6 Ebendort Bd. 102. 7 ZIEGLERS Beitr. Bd. 34. 1903. 8 BRUNS' Beitr. 131. 1924. 9 Klin. Wochenschr. 1922. 10 Deutsche Zeitschr. f. Chir. 75. 11 Deutsche Zeitschr. f. Chir. Bd. 18 S. 8. 12 Neue Deutsche Chir. 26b.

Wenn allerdings WOLLENBERG aus diesen Versuchen und aus der Beobachtung am Menschen folgert, daß die Arthritis deformans Folge der arteriosklerotischen Ernährungsstörung des Knorpels sei, so kann man dem nicht restlos zustimmen. Es gibt doch Fälle von ganz schwerer Arteriosklerose der Gliedmaßen sogar mit Gangräne ohne arthritische Veränderungen der Gelenke (vgl. AXHAUSEN und PELS[1], WALKOFF, EWALD und PREISER[2], POMMER). Als reine Ernährungsstörung faßt AXHAUSEN[3] die der Arthritis deformans pathologisch-anatomisch gleichartigen Veränderungen bei der KÖHLERschen Erkrankung des II. Metatarsale auf, während andere Autoren hier auch mehr an eine Verletzung z. B. durch Schuhe mit hohen Absätzen denken. Die Annahme, daß diese verschiedenen, bisher etwas unklaren Erkrankungen im Bereich der Epiphysen, nämlich die Osteochondritis juvenilis (CALVÉ-LEGG-PERTHES), die KÖHLERsche Erkrankung der Metatarsale II, die Erkrankungen des Os naviculare pedis und des Os lunatum der Hand, vielleicht auch der Wirbel bei der sogenannten KÜMMELLschen Deformität auf Störung der arteriellen Blutversorgung der Epiphysen beruhen, hat durch die Untersuchungen von AXHAUSEN, NUSSBAUM[4] und SCHMIDT[5] sehr an Wahrscheinlichkeit gewonnen. Daß trotz weitgehender Nekrose die äußere Form eines Gelenkteiles durchaus gewahrt bleiben kann, sah AXHAUSEN[6] bei einem Fall von Schenkelhalsfraktur mit völliger Nekrose des ganzen Kopfteils; er hat bei einem Hunde die Patella durch ringförmig um den Knochen herumlaufende Umstechungen von der Zirkulation ausgeschaltet. Er fand dann nach einiger Zeit Veränderungen, die er als zur Arthritis deformans gehörend anspricht.

PREISER[7] kam bei seinen Untersuchungen über die wechselnde Lage der Hüftgelenkspfanne zu der Ansicht, daß der Druck des Gelenkkopfes an nicht gewöhnliche Stellen der Pfanne zu einer Arthritis deformans führen könne („statisches Mißverhältnis"), und daß das Gleiche durch eine Inkongruenz der Gelenkflächen bewirkt würde. In späteren Arbeiten[8] (s. auch KROH[9]), läßt er es offen, ob diese statischen Veränderungen die Gelenkschädigung direkt oder auf dem Umweg der Gefäße verursachen.

Auch beim Menschen beobachten wir, daß in falsch belasteten Gelenken (z. B. bei Genu valgum), sich sehr leicht eine

---

1 Deutsche Zeitschrift f. Chir. Bd. 110. 2 Zeitschrift f. orthopäd. Chir. Bd. 28. 1911. 3 BRUNS' Beitr. Bd. 126. 4 BRUNS' Beitr. Bd. 130. 1924. 5 Ebendort 132. 6 Archiv f. klin. Chir. 120. 7 Deutsche Zeitschrift f. Chir. Bd. 89. 8 Zeitschrift f. orthopäd. Chir. Bd. 26 u. Statische Gelenkerkrankungen. Stuttgart 1911. 80. Naturforscherversammlung Köln 1908. 9 Deutsche Zeitschrift f. Chir. Bd. 99.

Arthritis deformans entwickelt, andererseits kommen aber auch, worauf besonders KÖNIG[1] hinweist, arthritische Veränderungen in Gelenken vor, die ein solches statisches Mißverhältnis nicht erkennen lassen. Ist erst einmal der Anfang einer Arthrithis deformans vorhanden, so begünstigen die Gelenkbewegungen das Zustandekommen der Veränderungen (BURCKHARDT[2]).

Die Ansicht PREISERS nähert sich der Vorstellung von R. BENECKE, WALKHOFF und POMMER, die ganz allgemein in der Funktion, besonders in der aus irgend einem Grunde falsch geleiteten Funktion die Ursache der arthritis deformans erblicken. Eine solche krankhafte Funktion wäre ein quantitativ dauernd verstärkter Druck, der diese Veränderungen auslösen kann. Wir kennen ja aus der Arbeit von LESSHAFT[3] einige von den Vorrichtungen, die in den Gelenken, die mit den Bewegungen verbundenen Stöße und Erschütterungen mildern; außer dem Knorpel und besonders den Knorpelrändern sind es die Synovia, ferner das im Gelenk liegende Fett, Bänder und Sehnen, aber wohl hauptsächlich ein bestimmter Muskelturgor oder Tonus. An diesem bis in alle Einzelheiten ausgeglichenen Zusammenspiel der Muskeln hängt das ab, was wir unter Elastizität der Bewegungen verstehen. Ob bei den zu Arthritis deformans neigenden Menschen diese Elastizität vermindert ist, etwa infolge einer konstitutionellen Besonderheit, entzieht sich vorläufig unserer Kenntnis. Die Möglichkeit läßt sich nicht von der Hand weisen (vgl. BRAUS[4]). An eine gewisse konstitutionelle Disposition zur Erklärung der Arthritis deformans ist ja schon oft gedacht worden, wenn auch nicht in dieser besonderen Richtung. Einen bestimmten Typus von Menschen bezeichnet man geradezu als „arthritischen" und versteht darunter eine vererbbare Körperverfassung, die das Auftreten von Gicht, Fettsucht, Diabetes, Steinbildung, Arteriosklerose, Rheumatismus usw. begünstigt (BAUER l. c. S. 3, LANE[5], HOFFA[6]).

In naher Beziehung zur Arthritis deformans stehen die **neuropathischen Knochen- und Gelenkerkrankungen.** Der hauptsächliche pathologisch-anatomische Unterschied zwischen der neuropathischen Gelenkerkrankung und der gewöhnlichen Arthritis deformans liegt darin, daß, wie schon oben bei der Myositis ossificans ausgeführt wurde, sich bei den neuropathischen Gelenkerkrankungen die Weichteile der Umgebung des Gelenkes an dem krankhaften Prozeß beteiligen (WILMS[7]). Ferner sind die Gelenkverände-

1 Arch. f. klin. Chir. Bd. 88. 2 Münch. med. Wochenschr. 1924. S. 1495. 3 Anat. Anzeiger Bd. 1. S. 120. 4 PFLÜGERS Arch. f. d. ges. Physiol. Bd. 205. 5 Lancet 1889. 6 Handbuch der prakt. Chir. Bd. 4. S. 569. 7 Fortschr. a. d. Gebiete d. Röntgenstrahlen Bd. 3. 1900.

rungen bei Nervenerkrankungen besonders hochgradig. v. VOLKMANN[1] war der Ansicht, daß diese schweren Zerstörungen sich deshalb entwickelten, weil die Patienten, deren Gefühlsvermögen ja beeinträchtigt ist, bei einer etwaigen kleinen Verletzung des Gelenkes noch auf dem Bein herumlaufen und so ständig neue traumatische Schädigungen setzen. CHARCOT[2] glaubt hingegen, daß doch ein irgendwie gearteter trophischer Einfluß der Nerven bei diesen Skeletterkrankungen eine Rolle spiele. Seine anatomischen Befunde sind allerdings von Nachuntersuchern nicht bestätigt worden (CASSIRER[3]). Muskelatrophien gehören bei diesen neuropathischen Gelenkerkrankungen zu den Seltenheiten (LEVY und LUDLOFF[4]). Bei Durchschneidung von peripheren Nerven, sollen neuropathische Gelenkerkrankungen nicht vorkommen (HILDEBRAND[5]).

In einer gewissen Beziehung zur Arthritis deformans steht die Bildung einer **Gelenkmaus.** Seit MONRO[6] im Jahre 1726 den ersten Gelenkkörper im Kniegelenk einer Frau fand, der einem Defekt des Condylus ext. femoris entsprach, spielt in der Literatur die Verletzung als Ursache für die Entstehung freier Gelenkkörper immer wieder eine Rolle, so sehr sie auf der andern Seite auch schon durch LAENNEC und seine Schule bekämpft worden ist. Die Bedenken, die man gegen die traumatische Entstehung der freien Gelenkkörper ins Feld führt, beziehen sich vor allem auf die Vorstellung, daß ein solcher freier, flacher Gelenkkörper durch einen einmaligen Schlag oder Stoß aus dem Knochen herausgesprengt werden kann. Die Gewalteinwirkung müßte beträchtlich größer sein als die Verletzungen sind, die zu den klinisch beobachteten Gelenkmäusen die Veranlassung abgeben. Das haben die Tierversuche und die Versuche an menschlichen Leichen zur Genüge gezeigt (GIES[7], BARTH[8], HILDEBRAND[9], RIMANN[10], CORNIL und COURDAY[11], BUCHNER und RIEGER[12], PONCET[13], KRAGELUND[14], BÜDINGER[15], AXHAUSEN[16]). Es können, wie KÖNIG[17] betont, durch eine Gelenkverletzung zwar Knorpelteile abgerissen werden, die mit Gelenkbändern im Zusammenhang bleiben, aber nicht diese „flachen Stücke aus der Oberfläche eines artikulierenden Knochenendes“. Im Tierversuch verwachsen solche Absprengungen

1 Chirurgenkongreß 1886 u. Zentralblatt f. Chir. 1882. 2 Chirurgie des maladies du système nerveux. Paris. 3 Die trophischen Störungen in Lewandowsky, Handbuch der Neurologie. 4 BRUNS' Beitr. z. klin. Chir. Bd. 63. 5 Archiv f. kl. Chir. 115. 1921. 6 Zit. nach BARTH, Archiv f. klin. Chir. Bd. 56. S. 509. 7 Deutsche Zeitschrift f. Chir. Bd. 16. S. 337. 8 Arch. f. klin. Chir. Bd. 56 u. Bd. 112. 9 Deutsche Zeitschrift f. Chir. Bd. 42. S. 292. 10 VIRCHOWS Archiv Bd. 180. 11 Revue de Chir. 1905. 12 Arch. f. klin. Chir. 116. 1921. 13 Revue de Chir. Bd. II. 1882. 14 Zentralblatt f. Chir. 1887. 15 Ebenda Bd. 84. 1906. 16 BRUNS' Beitr. z. klin. Chir. 133. 17 Deutsche Zeitschrift f. Chir. Bd. 27. S. 90. 1888.

fast immer mit der Gelenkwand. Daß trotz aller dieser Einwände Frakturen als Entstehungsursache für die Gelenkmäuse in Betracht kommen können, zeigen Fälle von KAPPIS[1], ROESNER[2], HÄUPTLI[3] sowie die Versuche von RÖSNER, BURKHARDT[4] und SCHMIDT[5]. Im allgemeinen fehlt jedoch in der Vorgeschichte des Kranken mit Gelenkmaus die Verletzung, oder es ist höchstens ein ganz geringfügiges alltägliches Trauma vorhergegangen. Weiterhin treten die Beschwerden vielfach nicht im unmittelbaren Anschluß an eine Verletzung auf, sondern es liegen Monate und Jahre zwischen der Verletzung und den ersten Gelenksymptomen (MARTENS[6]). BARTH glaubte, daß die Heilungsbedingungen solcher abgesprengter Knochenteile im Gelenk andere seien, als an anderen Stellen, eine Annahme, die aber von AXHAUSEN[7] auf Grund von Tierversuchen widerlegt worden ist. Solche intraartikuläre Absprengungen heilen genau so gut und genau in gleicher Weise, wie Brüche an anderen Körperstellen.

Hier ist eine Beobachtung von LINDE[8] sehr interessant. Es entstand bei einem jugendlichen Kranken mit Rachitis tarda, dem wegen Genu valgum das Knie mit einem Tuch geknebelt worden war, eine Gelenkmaus. Der Kranke hatte bei Anlegung des Verbandes keine Schmerzen. Also eine ganz geringe traumatische Einwirkung (vgl. auch KAPPIS[9]).

Bei Sektionen erhobene Zufallsbefunde zeigten nun, daß gelegentlich am Gelenkknorpel umschriebene Nekrosen vorkommen (BROCA[10], PAGET[11], KRAGELUND[12], KÖNIG[13]), die zu einer allmählichen Abgrenzung eines Knorpelknochenstückes und zur Bildung eines freien Gelenkkörpers führen (KLEIN[14], AXHAUSEN[15]). Wie kommt es zu dieser Knorpelnekrose und Abstoßung dieses abgegrenzten Stückes? KÖNIG, der für diesen pathologischen Prozeß die Bezeichnung Osteochondritis dissecans eingeführt hat, nimmt an, daß durch eine leichte Verletzung der Gelenkknorpel an einer umschriebenen Stelle so geschädigt werden kann, daß er im Anschluß daran nekrotisiert und nun später durch eine „dissezierende Entzündung gelöst wird. Nach KÖNIG gibt es aber auch ohne vorhergegangene Verletzung eine spontane Osteochondritis

---

1 Münchener med. Wochenschr. 1922. Deutsche Zeitschr. f. Chir. 171. 2 Ebendort 1922. S. 1757. Zentralbl. f. Chir. 1922. S. 1004. 3 BRUNS' Beitr. 131. 4 Ebendort 130. 5 Ebendort 131. 6 Deutsche Zeitschr. f. Chir. Bd. 53. S. 348 u. 485. 7 Archiv f. klin. Chir. Bd. 124. 8 Zeitschr. f. Chir. 1922. S. 741. 9 Deutsche Zeitschrift f Chirurgie. Bd. 157. S. 187. 10 Denkschrift z. Feier d. 10 jähr. Stiftungsfestes d. Vereins deutscher Ärzte in Paris 1854. 11 St. Barthol. Hosp. Reports Vol. VI. 12 Zentralbl. f. Chir. 1887. S. 412. 13 Deutsche Zeitschrift f. Chir. Bd. 27 1888 u. Zentralbl. f. Chir. 1905. 14 VIRCHOWS Archiv Bd. 29. S. 190. 1854. 15 BRUNS' Beitr. Bd. 64 u. Münch. med. Wochenschr. 1922. Nr. 24.

dissecans mit dem gleichen pathologisch-anatomischen Verlauf, deren Wesen noch unklar ist. Hier könnte die Knorpelschädigung vielleicht durch eine Unterbrechung der Blutzufuhr, etwa eine Embolie oder einen Gefäßkrampf, bedingt sein (LUDLOFF[1], AXHAUSEN l. c.). Nach LUDLOFF sitzen die Veränderungen bei der Osteochondritis dissecans des Kniegelenkes immer an einer ganz umschriebenen Stelle, nämlich am Condylus int. femoris in der Nähe des Ansatzes des hinteren Kreuzbandes und er glaubt durch röntgenologische und anatomische Untersuchungen eine gewisse Besonderheit in der Gefäßversorgung dieser Stelle nachweisen zu können (HILDEBRANDT, SCHOLZ, WIETING[2]). Diese anatomischen Überlegungen LUDLOFFS sind jedoch auf Widerspruch gestoßen (KIRSCHNER[3] u. a.), so richtig die klinische Beobachtung ist. FROMME[4] bringt die angenommene Knorpelerkrankung in eine gewisse Beziehung zur Rachitis, ohne aber überzeugende Beweise anzuführen. Zunächst bleibt es m. E. eine offene Frage, ob diese Knorpelnekrose und Lösung der Gelenkmaus noch eine andere Ursache haben kann als eine Verletzung (Lit. s. bei SOMMER[5]).

Daß bei einer ausgesprochenen Arthritis deformans eine Gelenkmaus auch einmal durch Abbrechen einer Knorpelwucherung entstehen kann, bereitet dem Verständnis keine Schwierigkeiten (vgl. FISCHER[6], HAHN[7]), ebensowenig, daß durch den ständigen Reiz, der durch die Arthritis deformans oder durch einen freien Gelenkkörper auf das Gelenk ausgeübt wird, neue Knorpelnekrosen und neue Abstoßungen von Knorpelstücken unter dem Bilde der dissezierenden Osteochondritis stattfinden. Weiterhin bilden sich bei chronischer Arthritis solche freie Gelenkkörper aus verknorpelten Zotten oder Kapselteilen (FISCHER[8]).

Diese freien Gelenkkörper können nun auch, wenn sie frei im Gelenk herumfahren, noch wachsen. Die feineren histologischen Vorgänge bei diesem Wachstum, das schließlich dazu führen kann, daß die Gelenkmaus etwa das dreifache Volumen ihrer ursprünglichen Größe annimmt (SCHMIEDEN[9]), ist besonders von REAL[10], BARTH (l. c.), SCHMIEDEN (l. c.), KAPPIS (l. c. u. [11]) u. a. studiert worden. Danach beruht das Wachstum auf „periostaler Apposition" und auf „Knorpelproliferation". Nach SCHMIEDEN scheint hauptsächlich das Bindegewebe des abgelösten Knochens dabei

---

1 Arch. f. klin. Chir. Bd. 87. 2 Das Arteriensystem d. Menschen im stereoskopischen Röntgenbild. Wiesbaden 1904. 3 Arch. f. klin. Chir. Bd. 104. 4 Archiv f. klin. Chir. 116. 5 BRUNS' Beitr. 129. 1923. 6 Deutsche Zeitschrift f. Chir. Bd. 12. 7 Arch. f. klin. Chir. Bd. 104. 8 Deutsche Zeitschrift f. Chir. Bd. 12. 9 Arch. f. klin. Chir. Bd. 62. S. 542. 1900. 10 Deutsche Zeitschrift f. Chir. Bd. 38. 1894. 11 Deutsche Zeitschr. f. Chir. Bd. 157. u. 170.

beteiligt zu sein. Nach KAPPIS wachsen die Gelenkmäuse durch Wucherung ihrer früheren Gelenkoberfläche; der Knorpel bleibt allerdings nicht hyalin, sondern wandelt sich zu Faserknorpel um. Daneben sind reichlich regressive Prozesse, vor allem Knorpelnekrosen, nachweisbar. Die zum Wachstum nötigen Nahrungsstoffe erhält der Gelenkkörper von der ihn umgebenden Synovialflüssigkeit (vgl. auch NUSSBAUM[1]). Wir haben hier also das gleiche, wie bei dem von CARREL angegebenen Plasmakulturverfahren; nämlich die Ernährung eines Zellverbandes ohne Vermittlung von Blutgefäßen. Eine gewisse Ähnlichkeit mit dem Wachstum der Gelenkmäuse hat das Wachstum des Radiusköpfchens, wenn es luxiert ist und nicht reponiert wird. Es ist das ein Beispiel dafür, wie das Zellwachstum durch die Funktion im Zaume gehalten und geregelt wird. Löst sich ein Knochen aus seinem Verbande, so fällt diese Hemmung fort und der Knochenteil kann nun unverhältnismäßig wachsen. Beim luxierten Radiusköpfchen findet die zum Wachstum nötige Ernährung allerdings wohl ausschließlich durch die Blutgefäße statt.

Unsere Kenntnisse von der **Osteomyelitis** als selbstständiger Krankheit sind noch verhältnismäßig jungen Datums. Die erste Beschreibung stammt aus dem Jahre 1853 von CHASSAIGNAC[2], der dann die Arbeiten von DEMME[3], GOSSELIN[4], BOECKEL[5], ROSER[6], WALDEYER[7], VOLCKMANN[7] und im Jahre 1874 diejenigen von LÜCKE[8] folgten. Den ersten Versuch, das Wesen der Osteomyelitis durch das Experiment zu ergründen, unternahm ROSENBACH[9], der im Jahre 1878 in zahlreichen Versuchen, bei denen er alle möglichen physikalischen und chemischen Reizungen auf das Knochenmark einwirken ließ, nachwies, daß die Knochenmarksphlegmone durch keinerlei Reizungen, sondern nur durch Infektion hervorgerufen wird. ROSENBACH hat auch als erster im Tierversuch durch direkte Einspritzung von Eiter in die Blutbahn und Frakturierung des Knochens eine hämatogen entstandene Osteomyelitis ohne wesentliche Beeinträchtigung des Allgemeinbefindens erhalten. Im großen und ganzen zu den gleichen Resultaten bei sehr ähnlicher Versuchsanordnung kam, nur kurze Zeit nach ROSENBACH, KOCHER[10], der allerdings glaubte, daß ein Teil der Osteomyelitiden durch Aufnahme von Faulstoffen aus dem Darmkanal entstünden, eine Annahme, die er dadurch zu stützen suchte, daß er das Knochen-

---

1 BRUNS' Beitr. 130. 2 Gaz. méd. 1854. 3 Arch. f. klin. Chir. 1862. 4 Arch. gén. de méd. 1858. 5 Gaz. méd. Straßbourg 1858 u. 1869. 6 Arch. f. Heilkunde 1865. 7 u. 8 Zit. nach LÜCKE, Deutsche Zeitschrift f. Chir. Bd. 4. S. 218. 1874. 9 Deutsche Zeitschrift f. Chir. Bd. 10. S. 369 u. 492. 1878. 10 Deutsche Zeitschr. f. Chir. Bd. 10. S. 87 u. 218.

mark eines Hundes durch Einspritzung von Liq. kal. caustici zunächst traumatisch schädigte und, nachdem die Wunde verheilt war, dem Tier eine bakterienhaltige, faulige Leimlösung als Zusatz zur Nahrung gab. Das Tier bekam dann eine subakut verlaufende Osteomyelitis an diesem Bein. Über die Natur des die Osteomyelitis verursachenden Erregers war man sich aus begreiflichen Gründen damals noch nicht im klaren, da ja die Reinkultur des Micrococcus pyogenes aureus erst 1883 BECKER[1] gelang, kurze Zeit darauf ROSENBACH, die nach den von ROBERT KOCH angegebenen Methoden Osteomyelitiseiter untersucht hatten.

Mit den Reinkulturen der Staphylokokken wurden nun in rascher Folge die Versuche, experimentell eine Osteomyelitis zu erzeugen, von BECKER[2] (l. c.), RODET[3], COURMONT und JABOULAY[4], LANGELOGUE[5], ENDERLEN[6], MARWEDEL[7] und LEXER[8] wiederholt, alle mit dem Ergebnis, daß es in der Tat, besonders bei jungen Kaninchen, gelingt, durch Einspritzung von Reinkulturen eines Staphylokokkus in die Ohrvene, eine der menschlichen sehr ähnliche Osteomyelitis zu erzeugen. Begünstigend für das Zustandekommen der Osteomyelitis wirkt auch im Tierversuche vor allem eine leichte Verletzung wie Beklopfen des betreffenden Knochens.

Man kann sich diese Wirkung der Verletzung mit WASSERMANN wohl nur so vorstellen, daß durch die Schädigung des Gewebes die bakteriziden Stoffe des Knochenmarks geschwächt worden sind. Entweder siedeln sich nun erst an diesem „Locus minoris resistentiae" die Bakterien an oder der Zufall will es, daß die Verletzung einen Knochen trifft, in dem Bakterien schon vorher, aber zunächst unschädlich, abgelagert waren.

Die bakteriologischen Untersuchungen von Eiter bei Osteomyelitis ergaben nun, daß es durchaus nicht nur der gelbe Traubenkokkus ist, der diese Krankheit hervorruft, sondern daß diese Fähigkeit allen Bakterien zukommt, die für den Menschen Eitererreger sind, also Staphylococcus albus und citreus, Streptokokken, Bacterium coli, Bacterium typhi, Pneumokokken, Pneumoniebazillen, Gonokokken, Influenzabazillen usw.

Durch die geschilderten Versuche hatte man bewiesen, daß die akute Osteomyelitis eine meist auf dem Blutwege entstandene Infektion des Knochenmarks mit Staphylokokken ist. Warum ist nun aber gerade das Knochenmark **jugendlicher** Individuen besonders zu einer solchen Eiterung geneigt, da doch die Kokken

---

1 Deutsche med. Wochenschrift 1883. S. 664. 2 Mikroorganismen bei Wundinfektionskrankheiten des Menschen. Wiesbaden 1884. 3 Compt. rend. acad. d. sc. Bd. 99. S. 569. 1884. 4 Compt. rend. de Biol. Bd. 42. 1890. S. 186 u. 274. 5 Ann. de l'inst. Past. Bd. 5. S. 209. 6 Deutsche Zeitschrift f. Chir. Bd. 52. S. 293 u. 507. 1899. 7 ZIEGLERS Beitr. Bd. 22. S. 507. 1897. 8 Arch. f. klin. Chir. Bd. 48, 52, 53. v. VOLKMANNS Samml. klin. Vortr. Bd. 173.

mit dem Blutstrom in gleicher Weise auch in alle anderen Organe des menschlichen Körpers verschleppt werden? Als Grund hierfür hat man in erster Linie an die Gefäßverteilung und an die Größe der Gefäße gedacht. LANGER[1], LEXER, KULIGA und TÜRK[2], NUSSBAUM[3] u. a. haben anatomische Untersuchungen an Knochenarterien angestellt z. T. mit Hilfe von Röntgenbildern, und es hat sich gezeigt (NUSSBAUM), daß die Gefäße in der Metaphyse Endarterien sind, während in der Epiphyse und Diaphyse Anastomosen der Gefäße vorhanden sind. Es kommt noch hinzu, daß das Kappillarnetz in der Metaphyse ganz besonders reich verzweigt ist. Das alles wären Dinge, die eine Ablagerung der Staphylokokken in der Metaphyse rein mechanisch begünstigen würden. Immerhin bleibt es unerklärt, warum die Tuberkulose die Diaphyse bevorzugt, die Osteomyelitis die Epiphyse.

Bis zu einem gewissen Grade kann ja die Art der Gefäßverteilung die Ablagerung der Bakterien begünstigen, sie kann aber nicht die alleinige und letzte Ursache für die Entstehung einer Osteomyelitis sein. Hier kommen doch wohl noch irgendwelche vielleicht chemische Affinitäten zwischen Gewebe und Bakterien in Betracht, die wir im einzelnen vorläufig noch nicht kennen, die aber zweifellos den Schlüssel bilden für die oft so rätselhafte Bevorzugung einzelner Gewebe zu entzündlichen Veränderungen. Hierfür lassen sich ja aus der chirurgischen Pathologie sehr viele Beispiele anführen. So beobachtet man, um bei der Osteomyelitis zu bleiben, gelegentlich Patienten, die immer nur an einer bestimmten Knochenart, z. B. den Metatarsal- oder den Metakarpalknochen oder an den verschiedensten platten Knochen osteomyelitische Veränderungen bekommen. Bekannt ist weiterhin, daß Patienten, die ein vereitertes Gelenk haben, häufig Metastasen in andere Gelenke bekommen. Auch aus der experimentellen Pathologie kann man hierher gehörige Beispiele anführen. So beschreibt RASCINSKI einen Dysenteriestamm, den er Hunden und Kaninchen subkutan oder intraperitoneal einspritzte, stets mit dem Erfolge, daß er schwere Veränderungen nur am Darm bekam.

Nun wissen wir besonders durch die Untersuchungen von E. FRAENKEL[4] u. a., daß Bakterien im Knochenmark, wie auch in anderen inneren Organen, gar nicht so selten ohne wesentliche Reaktion von seiten des Gewebes zu finden sind. Es muß deshalb noch etwas anderes hinzukommen, das die eigentliche Erkrankung des Knochenmarks, d. h. die Eiterbildung, auslöst.

1 Denkschr. d. Ak. d. Wissensch. Wien, Mathem. naturw. Kl. 1876.
2 Untersuchungen über Knochenarterien. Berlin 1904. Verlag von Aug. Hirschwald.
3 BRUNS' Beitr. 129. 1923.
4 Mitteil. a. d. Grenzgebieten 1903. Nr. 11—12.

Es bleiben die im Knochenmark abgelagerten Bakterien so lange in Ruhe, als sich Schutzkräfte des Organismus und Giftstoffe der Bakterien mindestens das Gleichgewicht halten. Es wäre aber unrichtig, wenn man aus dem Gesagten folgern wollte, daß nur ein geschwächtes Individuum von Osteomyelitis befallen werden kann. Es kann im Gegenteil eine solche starke lokale Reaktion, wie sie die akute Osteomyelitis darstellt, auch der Ausdruck einer besonders ausgesprochenen Immunität des gesamten Organismus gegen das betreffende Bakterium sein. Das geht aus folgenden Tierversuchen hervor: Spritzt man ein schwach gegen Diphtherie immunisiertes Meerschweinchen subkutan mit Diphtherietoxin, so bekommt es eine starke lokale Entzündung und Nekrose der Haut, bleibt aber am Leben, während ein normales Kontrolltier keine lokale Reaktion zeigt, aber zugrunde geht. Im großen und ganzen sind unsere Kenntnisse darüber, was eigentlich unter dieser „Schutzkraft" zu verstehen ist, warum der eine Mensch so leicht eine Osteomyelitis bekommt, der andere nicht, noch höchst unvollkommen. Nur erscheint die Ansicht, daß das Entstehen der Osteomyelitis einfach die regelmäßige Folge eines rein zufälligen Eindringens von Bakterien in das Knochenmark sei, nach dem oben angeführten Befund von Fraenkel zu einseitig und nicht erschöpfend.

Die histologischen Veränderungen und der Verlauf einer akuten Osteomyelitis hängen nun allerdings weitgehend ab von der Art der Bakterien und von dem, was man ihre Virulenz zu nennen pflegt, wobei man sowohl Eigenschaften des lebenden Bakteriums, seine Stoffwechselprodukte usw., als auch Eigenschaften des toten Bakteriums, also vor allem die Endotoxine in Betracht ziehen muß. Denn bekanntlich wirken auch abgetötete Bakterien und Extrakte aus Bakterien eitererregend (Pasteur[1]. Leber[2], Buchner[3], Römer[4] u. v. a.).

Gegen diese verschiedenen von den Bakterien produzierten Giftstoffe bilden sich im Serum reichlich Antikörper aus, da ja das Knochenmark die Hauptbildungsstätte dieser Antikörper ist. Solche Stoffe sind die Agglutinine, Bakteriolysine, Opsonine, und vor allem die Hämolysine, welch letztere auch für die Diagnostik der Osteomyelitis eine große praktische Bedeutung erlangt haben (Kolle und Otto[5], Koch[6], Flügge[7], Noguchi[8],

---

1 Bull. 1878. 2 Lehre von den Entzündungen. Leipzig 1891. 3 Berliner klin. Wochenschrift 1890. 4 Virchows Archiv Bd. 128. 5 Zeitschrift f. Hyg. Bd. 41. 6 37. Chirurgenkongreß 1908. S. 220. 7 Zeitschrift f. ärztl. Fortbildung 1910. 8 Arch. f. klin. Chir. Bd. 96. 1911.

KRAUS[1], NEISSER-WECHSBERG[2], BRUCH, MICHAELIS und SCHULTZE[3] COENEN[4], HORMUTH[5], ROST[6] und SAITO u. a.).

Am Knochenmark selbst können die Bakterien pathologisch-anatomische Veränderungen verschiedensten Grades machen, von der schwersten Eiterung angefangen bis zur Bindegewebsbildung. Auch im Experiment gelingt es, diese verschiedensten Formen von akuter und chronischer Osteomyelitis durch Einspritzung von Bakterien nachzuahmen (ROST[7]).

Wir haben im vorhergehenden einfach angenommen, daß die Ansiedlung der Bakterien bei der Osteomyelitis stets im Mark des Knochens erfolgt. Gelegentlich sitzt aber der Knochenherd auch in der corticalis des Knochens; das muß man wissen, weil man sonst beim Aufmeißeln das bis dahin gesunde Knochenmark infiziert (vgl. ROST[8]).

Im weiteren Verlauf der Osteomyelitis kommt es zur Bildung von **Sequestern.** Diese Sequesterbildung, d. h. das Absterben umschriebener Teile des Knochens im lebenden Körper hat die Autoren eine Zeitlang lebhaft beschäftigt und Anlaß zu ausgedehnten Experimenten gegeben. Schon im Jahre 1855 hat HARTMANN[9] Knochennekrosen bzw. Sequesterbildung dadurch experimentell herbeigeführt, daß er das Foramen nutritium durch Fixation eines Schwammes in die Wunde verlegte. 1877 erzeugte BUSCH[10] Totalnekrose am Knochen vom Kaninchen, indem er nach Hindurchführen eines Drahtes den Knochen galvanokaustisch zerstörte. W. KOCH[11] unterband die ernährenden Gefäße des Knochen oder verlegte sie durch Embolien, während neuerdings BARNABO[12] dadurch Knochennekrosen zu erreichen suchte, daß er das Periost teilweise aseptisch entfernte oder auf den Knochen Röntgenstrahlen einwirken ließ. Ein Teil der angeführten Versuche, so besonders die Versuche von BUSCH, hatten eigentlich die Aufgabe zu untersuchen, wie sich das Knochenmark der Tiere nach einer Zerstörung regeneriere, und ob das Knochenmark in der Lage sei, Knochen zu bilden. Ausgedehnte und geringe Zerstörungen wurden zu diesem Zwecke von HILTY[13], OLLIER[14], GOUYON, HAAB[15], MAAS[16], BIDDER[17], BAJARDI[18], BUSCH (l. c.),

1 Wiener klin. Wochenschr. 1900. 2 Zeitschr. f. Hyg. Bd. 36. 1901. 3 Zeitschr. f. Hyg. Bd. 50. 1905. 4 BRUNS' Beitr. Bd. 60. 1908. 5 BRUNS' Beitr. Bd. 80. 6 Deutsche Zeitschr. f. Chir. Bd. 125. u. 126. 7 Deutsche Zeitschr. f. Chir. Bd. 125 u. 127. Med. Klinik 1914. 8 Münch. med. Wochenschr. 1920. 9 VIRCHOWS Arch. Bd. 8. S. 114. 10 Arch. f. klin. Chir. Bd. 20. S. 237 u. Bd. 22. S. 794. 11 Arch. f. klin. Chir. Bd. 23. S. 315. 12 Chir. Kongreßbl. III. S. 241. 13 Zeitschr. f. rat. Med. 1853. Bd. 3. Nr. 7. 14 Régénération des os. 2 Bde. Paris 1867. Bd. 1. S. 111. 15 Unters. aus d. pathol. Inst. zu Zürich 1875. Hft. 3. 16 Arch. f. klin. Chir. Bd. 20. 17 Arch. f. klin. Chir. Bd. 22 u. Zentralbl. f. Chir. Bd. 3. 1876. 18 MOLESCHOTTS Unters. z. Naturlehre 1882. Bd. 13.

Cruveilhier, Enderlen[1], Marwedel[2], Rost[3] u. a. beim Tier gesetzt, und dann das Knochenmark nach einiger Zeit mikroskopisch untersucht. Es ergab sich dabei, daß das Knochenmark eine ausgedehnte Regenerationsfähigkeit hat, so daß schon wenige Wochen nach völliger Zerstörung des Knochenmarks, wieder in ganzer Ausdehnung des Knochens ein neugebildetes Mark zu finden ist, das sich histologisch nur wenig von dem ursprünglichen Mark unterscheidet.

Bei Einspritzung bestimmter Reizstoffe (vor allem Paraffinöle) kann man zeigen, daß das **Knochenmark** auf solche Reize mit starker **Bindegewebsbildung** antwortet (Rost). Wir kennen ja auch klinisch einzelne Knochenerkrankungen, wie Ostitis fibrosa u. a., die mikroskopisch dadurch ausgezeichnet sind, daß sich das Knochenmark bindegewebig umwandelt. Ob wir hier auch einen solchen krankhaften chemischen Reiz annehmen müssen, ist noch nicht sicher, bei den einzelnen Erkrankungen wohl auch verschieden (vgl. z. B. Schnüffelkrankheit Schmorl und Ingier[4]), trotz der histologischen Ähnlichkeit. Nur bei der Osteomyelitis der Perlmutterarbeiter, die von Englisch[5] zuerst beschrieben worden ist, und neuerdings von Broca und Tridon[6] auch röntgenologisch untersucht worden ist, ist es nicht unwahrscheinlich, daß die Osteomyelitis Folge eines auf das Knochenmark einwirkenden chemischen Reizes, des Conchiolin, ist (Gussenbauer[7], Rost[8]). Weniger klar liegen die Verhältnisse bei der Osteomyelitis der Hornarbeiter, von der einzelne Autoren ebenfalls annehmen, daß sie auf einer chemischen Reizung des Knochenmarks beruhe (Englisch l. c., Eulenberg[9], Rost l. c.). Hier handelt es sich allerdings um eine akute eiterige Osteomyelitis und fortschreitende Eiterungen werden, wie aus den sehr zahlreich vorliegenden Versuchen von Uskoff[10], Orthmann[11], Councilmann[12], Scheuerlen[13], Grawitz und de Barry[14], Grawitz[15], Klemperer[16] u. a. hervorgeht, ganz allgemein im Körper nur durch eine hinzukommende Infektion hervorgerufen. Nur durch Einspritzung von Terpentinöl, Quecksilber und einige andere Chemikalien wurden um-

1 Deutsche Zeitschrift f. Chir. Bd. 52. 1899. 2 Zieglers Beitr. Bd. 22. 1897. 3 Deutsche Zeitschrift f. Chir. Bd. 125 d. Med. Klinik 1914. 4 Frankfurter Zeitschrift f. Pathol. Bd. 12. 1913 u. Pathologen-Kongreß 1913. 5 Wiener med. Wochenschrift 1870. 6 Revue de chir. 1903. 7 Arch. f. klin. Chir. Bd. 18. 1875. 8 Deutsche Zeitschrift f. Chir. 125. 9 Handbuch d. Gewerbehygiene. Berlin 1876. S. 584. 10 Virchows Archiv Bd. 86. 11 Virchows Arch. Bd. 90. 12 Virchows Archiv Bd. 92. 13 Arch. f. klin. Chir. Bd. 32 u. Bd. 36. 14 Virchows Arch. Bd. 108. 15 Virchows Archiv Bd. 110. 16 Zeitschrift f. klin. Med. Bd. 10.

schriebene Eiterungen, bei denen man eine Infektion sicher ausschließen konnte, beobachtet.

Ebenso wie die Osteomyelitis entsteht auch die **Tuberkulose der Knochen** durch Verschleppung der Bakterien auf dem Blutwege. Experimentell haben MÜLLER[1], FRIEDRICH[2], FRIEDRICH und NÖSSKE[3] u. a. diesen Vorgang nachgeahmt und die für unsere Unfallbegutachtung interessante Tatsache festgestellt, daß im Gegensatz zur Osteomyelitis durch eine Verletzung des Knochens die Ansiedelung der Tuberkelbazillen nicht begünstigt wurde.

Die Besonderheit im Verlauf einer Knochentuberkulose erklärt sich aus der Art des Erregers und der Reaktion des Körpers auf diesen. Im großen und ganzen gelten aber dieselben Überlegungen, die wir bei der Osteomyelitis angestellt haben, auch für die Tuberkulose. Die Tatsache, daß tuberkulöse Fisteln nur sehr schwer heilen, was für uns ja der Grund ist, daß wir tuberkulöse Abszesse nicht spalten, sondern punktieren, erklärten JOCHMANN und BÄTZNER[4] folgendermaßen: Bei den tuberkulösen Entzündungen sind Lymphozyten vorhanden, die kein tryptisches Ferment, wie die polynukleären Leukozyten, besitzen. Ohne dieses tryptische Ferment vermag aber der Körper das tuberkulöse Gewebe nicht abzustoßen. BÄTZNER hat deswegen solche Fisteln mit Trypsin behandelt und gute Erfolge erzielt. Ob aber diese Vorstellung wirklich richtig ist, dürfte zweifelhaft sein. Nach ROST[5] werden beim Zerfall von körpereigenen Zellen Stoffe frei, die das Granulationsgewebe zum Wachstum anregen. Es ist deshalb sehr gut denkbar, daß das eingespritzte Trypsin auf diesem Umwege heilend gewirkt hat. Weiterhin finden wir bei den mischinfizierten Tuberkulosen reichlich polynukleäre Leukozyten mit Trypsin, und doch heilen diese Fisteln ganz besonders schlecht. Die Frage ist also noch nicht geklärt.

Sitzt eine Osteomyelitis in der Nähe des Gelenkes, also in der Epiphyse, so kommt es sehr häufig zum Einbruch des Eiterherdes in das Gelenk und damit **zur eitrigen Gelenkentzündung.** Gelenke sind außerordentlich empfänglich für Infektionen. Diese bekannte klinische Tatsache haben u. a. PEREZ[6], NÖTZEL[7], DREYER[8], MAGNUS[9] auch experimentell erhärtet. Es gelang MAGNUS regelmäßig mit 0,5 ccm einer abgeschwächten Staphylokokkenkultur, bei Kaninchen eine typische Gelenkinfektion zu erzielen. NÖTZEL führt diese

1 Deutsche Zeitschrift f. Chir. Bd. 25. 2 Deutsche Zeitschrift f. Chir. Bd. 53. 3 ZIEGLERS Beitr. z. pathol. Anat. Bd. 26. 1899. 4 Arch. f. klin. Chir. Bd. 95. S. 89. 5 Deutsche Zeitschrift f. Chir. Bd. 133. 6 Deutsche Zeitschrift f. Chir. 63. 7 Arch. f. klin. Chir. 81. 8 BRUNS' Beitr. 75. 9 Arch. f. klin. Chir. 102.

leichte Infizierbarkeit auf die Synoviaflüssigkeit zurück, die sich ihm als guter Nährboden erwies.

Beim Menschen können Infektionserreger das Gelenk außer auf dem Wege einer Fortleitung vom Knochen oder den umgebenden Weichteilen, noch auf dem Blutwege und wohl am häufigsten bei direkten Verletzungen des Gelenks erreichen.

Das klinische Bild einer Gelenkeiterung ist gewöhnlich das einer ganz schweren Infektion, meist verbunden mit sehr hohem Fieber und schlechtem Allgemeinbefinden. Die Gefahr einer allgemeinen Infektion ist bei solchen akuten Gelenkeiterungen keine geringe. Man unterscheidet gegenwärtig das Gelenkempyem (PAYR[1]), auch wohl „gutartige Gelenkinfektion" genannt (KIRSCHNER[2]) von der Kapselphlegmone, der „bösartigen Gelenkinfektion". Bei chronischen Entzündungserregern ist der Verlauf kein so schwerer.

Das Fieber und die schwere Beeinträchtigung des Allgemeinbefindens ist bei den Gelenkeiterungen wie bei allen pyogenen Infektionen der Ausdruck einer reichlichen Toxinresorption. Wie kommt es nun, daß die Gelenkeiterungen so viel schwerer verlaufen als gewöhnliche Weichteileiterungen? Zunächst stellt einmal jedes Gelenk einen ziemlich einheitlichen Raum dar. An einzelnen Gelenken, so am Kniegelenk (PAYR[3]) läßt sich zwar eine Trennung in verschiedene Abschnitte durchführen, was eine gewisse praktische Bedeutung hat. Für unsere Betrachtung fällt aber diese Trennung nicht weiter ins Gewicht. Ein solcher einheitlicher Raum infiziert sich, wenn Eitererreger, aber auch Tuberkelbazillen in ihn eindringen, rasch und gleichmäßig, so daß die Bakterien in kürzester Zeit mit einer sehr großen Oberfläche in Berührung kommen. Dementsprechend bildet sich auch sehr viel Eiter. Es ist weiterhin in diesem Hohlraum der Austausch der Gewebszellen und Bakterien kein so inniger, als bei subkutanen Abszessen (ROST[4]). Die fermentativen Einflüsse von den Gewebszellen auf die Bakterien und wahrscheinlich auch deren Zerstörung sind infolgedessen verzögert. Es fragt sich weiter, ob diese Toxine von der Gelenkinnenhaut vielleicht besonders rasch und reichlich resorbiert werden. Im allgemeinen erfolgt die Resorption von seiten des Gelenkes aus langsam, wie aus den Arbeiten hervorgeht, die untersuchen wollten, wie sich ein Bluterguß im Gelenk verhält (TILLMANNS[5], v. MOSEN-

1 Münchener med. Wochenschrift 1915. 2 In BORCHARD SCHMIEDEN, Die deutsche Chir. im Weltkrieg. II. Aufl. 3 Münchener med. Wochenschrift 1915. Nr. 37/39. 4 Deutsche Zeitschrift f. Chir. Bd. 1671. 1921. 5 Arch. f. mikrosk. Anat. Bd. XII.

GEIL[1], JAFFE[2], RIEDEL[3], BRAUN[4], NÖTZEL[5], KROH[6], CECCA[7], NEUHAUS-HILDEBRAND[8], PAGENSTECHER[9]).

BRAUN (l. c.) konnte bei Einspritzung von wässeriger Flüssigkeit in das Gelenk eine diffuse Färbung des intrazellulären Gewebes der Synovia nachweisen. Die Farblösung fand sich weiterhin in den Lymphdrüsen der Leistenbeuge. Ein anderer Teil der Farbe, besonders die mehr korpuskulären Elemente wurde durch Leukozyten phagozytiert und dann in den Körperkreislauf aufgenommen. Die Resorption von seiten des Gelenkes ging sehr langsam vor sich. Nach den Untersuchungen von CECCA (l. c.), der Jodkalilösung in das Gelenk einspritzte und dann die Ausscheidung im Urin bestimmte, beginnt die Resorption im Gelenk nach etwa 50 Minuten. Durch Massage konnten MOSENGEIL und KROH die Resorption zwar etwas beschleunigen, aber hierbei scheinen Verletzungen der Synovia eine Rolle zu spielen, worauf schon R. v. VOLKMANN hingewiesen hat, der immer der Ansicht gewesen ist, bei Verletzungen des Kniegelenks würden die Blutergüsse nur durch die Verletzungsstelle der Synovia von dem um das Gelenk gelegenen Gewebe resorbiert, während sich die Synovia kaum an der Resorption beteilige.

Die Resorption von Toxinen, die ja nicht ohne weiteres der Resorption von Farblösungen und Blut gleich zu setzen ist, erfolgt vom normalen oder entzündeten Gelenk aus nicht schneller und reichlicher als vom subkutanen Gewebe aus, sie beginnt sogar immer etwas später als bei subkutaner Einspritzung und die Erklärung dafür, daß Gelenkeiterungen mit hohem Fieber und schwerer Beeinträchtigung des Allgemeinbefindens verlaufen, ist nicht in einer Besonderheit der Resorption, sondern in den oben angeführten Besonderheiten der Gelenkeiterungen zu suchen (ROST).

Dieser Ansicht, daß die Gelenke nur sehr unvollkommen und langsam resorbieren, stehen nun die Versuche von NÖTZEL entgegen. Er konnte nach Einspritzung von Bakterienkulturen in das Gelenk schon nach fünf Minuten Bakterien in den inneren Organen nachweisen. NÖTZEL ist auf Grund dieser Versuche der Ansicht, daß auch die gebräuchliche Annahme von dem Schutz der Lymphdrüsen gegen Infektionen unrichtig sei, da in seinen Versuchen die Bakterien so schnell das Lymphgefäßsystem durchwandert hätten. Diese Versuchsresultate und die Schlüsse, die NÖTZEL aus ihnen zieht, sind nicht unwidersprochen geblieben (RIBBERT[10], KRUSE[10], B. FISCHER[10]). Es wurde angeführt, daß bei den Einspritzungen in das Gelenk möglicherweise eine Aufnahme der Bakterien in das Blutgefäßsystem hinein vorgelegen habe. Etwas Genaues wissen wir über die Beteiligung des Blutgefäßsystems

---

1 Arch. f. klin. Chir. Bd. XIX. 2 Arch. f. klin. Chir. Bd. 54. 3 Deutsche Zeitschrift f. Chir. Bd. XII. 4 Deutsche Zeitschrift f. Chir. Bd. 39. 5 Arch. f. klin. Chir. Bd. 81. 6 Deutsche Zeitschrift f. Chir. Bd. 94. S. 215. 7 La clin. Chir. 1907. 8 Arch. f. klin. Chir. 81. S. 422. 9 Mitteil. a. d. Grenzgebieten Bd. 25. 1912. 10 Niederrhein. Ges. f. Natur- u. Heilkunde. Bonn 1908.

an der Resorption von Gelenkergüssen aber nicht. Bei Nachuntersuchungen hat jedenfalls MAGNUS keine Bakterien in den inneren Organen nach Gelenkinfektion nachweisen können. Mit den Lymphgefäßen des Beines steht die Innenhaut des Gelenkes (Synovia) nicht in breiter Verbindung, sondern es geht, wie überall am Körper der zwischen den Zellen liegende Gewebssaft gewissermaßen unmerklich in das eigentliche Lymphgefäßsystem über. Deshalb gelingt es nicht die Lymphgefäße des Beines vom Gelenk aus zu injizieren (MOST[1]). Von den anatomischen Beziehungen der Lympsgefäße des Gelenkes zu denen der Umgebung, geben die Untersuchungen von TILLMANNS[2] Auskunft. Tatsächlich münden ja am Bein Lymphbahnen in verschiedener Höhe in die Vena formalis, so daß nicht alle auf dem Lymphwege aufgenommenen Stoffe durch die Drüsen in der Leistenbeuge hindurchgehen müssen. Das hat zuerst ASHER bewiesen, als er beim Tier das Bein vom Körper löste bis auf die Arterie und Vene; bei Einspritzung von Strychnin in das Bein bekam das Tier sehr rasch Krämpfe. Man kann sich diesen Eintritt der Lymphe in die Vene auch sichtbar machen, wenn man ein frisch amputiertes menschliches Bein mit Kochsalzlösung durchströmt und subkutan Methylenblau einspritzt. Dann wird die aus der Vene ausfließende Flüssigkeit nach einiger Zeit leicht gefärbt (eigene, nicht veröffentlichte Versuche).

Im großen Ganzen scheint der Stoffaustausch zwischen Gelenk und Umgebung träge zu sein. Deshalb bekommt man bei der Einspritzung selbst von reichlich Karbolsäurelösung in das Gelenk nur selten Karbolvergiftung. Ferner dauert es doch recht lange, ehe ein Kniegelenkerguß durch Resorption verschwindet. Umgekehrt ist es auffallend, daß bei schwerstem allgemeinem Ödem (Herzfehler, BRAUN) nur selten vermehrte Flüssigkeit im Gelenk auftritt, wenn auch nach der Mitteilung von MÜLLER[3] eine Beteiligung des Gelenkes am allgemeinen Körperödem gelegentlich vorkommt. Es tritt wohl bei allgemeinen Ödemen dann ein Gelenkerguß ein, wenn die Synovia vorher einmal irgendwie geschädigt war; wenigstens bekam ROST[4] im Tierversuch bei künstlicher Erzeugung von Ödemen nur dann einen Gelenkerguß, wenn das Gelenk einige Zeit vorher durch Verstauchung geschädigt worden war, wobei histologisch Veränderungen in den Fettkörpern auftraten. Solche anatomischen Veränderungen der Synovia und be-

---

1 Chir. d. Lymphgefäße. Neue Deutsche Chir. 24. 2 Zentralbl. f. Chir. 1875 u. Arch. f. mikrosk. Anat. XII. S. 679. 1876. 3 Deutsche Zeitschrift f. Chir. Bd. 100. S. 385. 4 Klin. Wochenschrift 1922. S. 772.

sonders der Fettkörper können die verschiedenste Ursache haben. Wir wissen aber darüber sehr wenig. Ebenso ist nicht bekannt, wie weit die Zusammensetzung der Gelenkergüsse bei den verschiedenen Erkrankungen Übereinstimmung zeigt. BOOTS und GLEEN[1] haben die Wasserstoffionenkonzentration bei einigen Gelenkexsudaten bestimmt; eigene, nicht abgeschlossene Untersuchungen haben mir gezeigt, daß im Fibrin und Eiweißgehalt Verschiedenheiten bestehen.

Die aus der allgemeinen Pathologie bekannten schweren Zerstörungen des Gelenkes bei Eiterungen ebenso wie die Kontrakturstellung der Gelenke bei Erguß sind auch in den Tierversuchen von GIES[2], SCHABLOWSKY[3], DREYER, MAGNUS u. v. a. nachweisbar und sind in allen Einzelheiten auch mikroskopisch untersucht worden. Auch sind therapeutische Maßnahmen bei Gelenkeiterungen im Tierversuch auf ihre Brauchbarkeit hin geprüft worden (DREYER).

Bei der Behandlung der mit **Erguß** einhergehenden **Gelenkerkrankungen** müssen unsere theurapeutischen Maßnahmen nach verschiedenen Richtungen gehen. Sehen wir von der Bekämpfung der Infektion als solcher ab, so bedeutet zunächst die Dehnung der Gelenkkapsel durch den Erguß eine Gefahr, der wir wegen der mangelhaften Aufnahmefähigkeit der Synovia mit Punktionen begegnen müssen. In dieser Weise suchen wir das Schlottergelenk zu vermeiden. Nach PAYR soll allerdings eine gewisse Füllung des Gelenkes mit Flüssigkeit günstig sein, weil dadurch angeblich die Verwachsungen im Gelenk verhindert werden.

Um eine Wiederansammlung des Ergusses zu verhüten, spritzt man allerlei ätzende Stoffe, wie Jodtinktur, Karbolsäure u. a. in das Gelenk.

Nach HILDEBRAND[4] muß man sich vorstellen, daß das Transsudat sich dadurch neu bildet, daß von der Innenhaut der Synovia ein Reiz auf die Nervenendigungen ausgeht, die das Gefäßnetz der Synovia umspinnen. Unter Vermittelung dieser sehr reichlich vorhandenen Nervenendigungen soll sich der Erguß ausbilden, und HILDEBRAND stellt sich nun vor, daß die in das Gelenk eingespritzten Ätzmittel die abnorme Reizbarkeit der Synovialis herabsetzen und dadurch eine Neuansammlung von Exsudat verhindern. Diese Theorie ist aber nicht erschöpfend; denn auch bei völlig gelähmten Gliedmaßen kommen Gelenkergüsse vor.

Weiterhin suchen wir durch Anlegung eines Streckverbandes die Schrumpfung der Gelenkkapsel und Bänder zu verhindern. Man hat vielfach untersucht, wie sich die Druckverhältnisse im Gelenk bei diesen Streckverbänden verhalten und wie stark der Zug sein muß, um die Gelenkflächen voneinander zu entfernen

---

1 Proc. of the soc. f. exp. biol. Bd. 19. 1922. 2 Deutsche Zeitschrift f. Chir. Bd. 18. S. 8. 3 Arch. klin. Chir. Bd. 70. S. 762. 4 Arch. f. klin. Chir. 81. 412.

(SCHULTZE[1], KÖNIG[2], PASCHEN[2], REYHER[3] u. a.). Hierher gehören auch Untersuchungen, die die Zugfestigkeit der Gelenkbänder prüfen (FESSLER[4]). Ein Teil der sogenannten Abrißfrakturen sind ja Belege dafür, daß die Bänder im Körper oft fester sind als die Knochen.

Was die Druckverhältnisse im Gelenk anbetrifft, so hat sich ergeben, daß bei normaler Synovia durch den Streckverband eine Druckherabsetzung erzielt wird; bei entzündlich verändertem Gelenk, besonders bei vermehrter Flüssigkeit tritt hingegen meist eine Drucksteigerung auf. Doch zeigen die einzelnen Gelenke Verschiedenheiten. Warum der Schmerz bei Gelenkveränderung durch den Streckverband herabgesetzt wird, ist danach nicht recht klar. Möglicherweise genügt die Spannungsänderung allein, auch wenn der Druck im Gelenk nicht herabgesetzt wird, um die Nervenendigungen umzustimmen.

Die schon oben wiederholt betonte Wechselbeziehung zwischen Muskel- und Skelettsystem wird uns besonders klar bei unseren operativen Eingriffen am Gelenk, vor allem bei der **künstlichen Mobilisation der Gelenke.** Es ist jedesmal wieder staunenerregend, zu sehen, wie sich nach vollständiger Entfernung aller Bänder und Kapselteile, sowie nach völliger Umgestaltung der Gelenkenden in einiger Zeit ein neues, in seiner Funktion brauchbares Gelenk bildet, das eigentlich alle Eigenschaften des normalen Gelenkes zeigt. Man ist geneigt, die Ausbildung des Gelenkes bei künstlicher Mobilisation in Beziehung zu setzen zur embryonalen Entwicklung der Gelenke. Wenn wir von diesen mit LUDWIG FICK[5] annehmen, daß sie durch die Muskeln geschliffen werden, so darf man dabei nicht vergessen, daß sich beim Fötus immer zuerst die Gelenke, erst später die Muskeln ausbilden (FALDINO[6]). Das rein mechanische Abschleifen ist also nicht die alleinige Ursache für die Ausbildung der Gelenke, wenn auch von nicht zu unterschätzender Bedeutung für ihre Form.

Schon im embryonalen Leben wird dasjenige Gelenkende, bei dem die Muskeln nahe am Gelenk ansetzen, zur Pfanne, dasjenige, an dem sie entfernt angreifen, zum Kopf, wie RUDOLF FICK[7] dieses Entwicklungsgesetz ausgesprochen hat, und deswegen

---

1 Deutsche Zeitschrift f. Chir. Bd. 7. 1877. 2 Deutsche Zeitschrift f. Chir. Bd. 3. 3 Deutsche Zeitschrift f. Chir. Bd. 4. 4 Deutsche Zeitschrift f. Chir. Bd. 82. 5 Zit. nach RUDOLF FICK, Anatomie d. Gelenke im Handbuch der Anat. d. Menschen, herausg. von v. BARDELEBEN. 11. Lief. S. 40. 6 Chirurg d'org. di movin Bd. 5. 1921. Ref. Ber. über die ges. Physiol. Bd. 13. S. 35. 7 Zit. nach RUDOLF FICK, Anatomie d. Gelenke im Handbuch der Anat. d. Menschen, herausgeg. von v. BARDELEBEN. 11. Lief. S. 40.

ist es auch bei unseren Operationen besser, an dem Knochenende den Gelenkkopf zu bilden, an dem er sich beim normalen Gelenk befindet.

Wenn wir bei der Bildung eines künstlichen Gelenkes die grobe Gelenkform an den beiden Knochen mit Meißel, Säge und Feile gestaltet haben, pflegen wir, damit nicht eine Wiederverwachsung der so angefrischten Knochenenden eintritt, irgendwelches Weichteilgewebe in den Gelenkspalt einzuschieben. Zweifellos hat durch diesen Gedanken, den HELFERICH[1] im Jahre 1894 durch Einpflanzung von Muskel in ein künstlich mobilisiertes Gelenk zum erstenmal in die Tat umgesetzt hat, die künstliche Mobilisierung der Gelenke einen gewaltigen Schritt vorwärts getan. Und wenn es auch tatsächlich gelingt, ohne Interposition von Weichteilen ein funktionstüchtiges Gelenk nach Anfrischung der Gelenkflächen zu bekommen (KOCHER[2], SCHMERZ[3], SCHEPELMANN[4]), so hat doch die Sicherheit des Verfahrens durch diesen Vorschlag HELFERICHS so zugenommen, daß es erst auf diesem Wege gelungen ist, gleichmäßige Erfolge zu erzielen.

In zahlreichen experimentellen und klinischen Versuchen sind alle möglichen organischen und anorganischen Stoffe auf ihre Brauchbarkeit zur Einschaltung in künstlich mobilisierte Gelenke geprüft worden. (Silberplättchen, Goldplättchen, Zinn, Zelluloid, Schweinsblase; FÖDERL[5], ROSER[6], CHLUMSKY[7], HÜBSCHER[8], NARATH). Gegenwärtig nimmt man im allgemeinen wegen der besseren Heilungsaussichten ein Gewebe, das von dem betreffenden Patienten selbst herstammt. Und zwar sind augenblicklich am meisten bevorzugt Fascie (PAYR[9]), Fett (LEXER[10], MURPHY[11]) und Periost (HOFMANN[12]).

Untersucht man nach einiger Zeit die so gebildeten Gelenke (HOFMANN l. c., REHN[13], SEGALE[14], SUMITA[15], v. TAPPEINER[16], HOMEYER und MAGNUS[17] u. v. a.), so findet man einen neugebildeten Hohlraum zwischen den beiden Gelenkenden, der also dem Kapselhohlraum des normalen Gelenkes entspricht. In diesem Hohlraum ist eine fadenziehende, schleimige Flüssigkeit vorhanden. Die Ge-

---

1 Chirurgenkongreß 1894. Arch. f. klin. Chir. Bd. 48. 2 Chirurgenkongreß 1901. 3 Zentralbl. f. Chir. 1916. 4 BRUNS' Beitr. 108. 5 Zeitschrift f. Heilkunde Bd. 16. 6 Zentralbl. f. Chir. 1898. 7 Zentralbl. f. Chir. 1900. 8 Korrespondenzbl. f. Schweizer Ärzte 1901. 9 Münchener med. Wochenschrift 1910. Zeitschrft. f. orthopäd. Chir. Bd. 27. Arch. f. klin. Chir. 99. Deutsche Zeitschrift f. Chir. Bd. 129. 10 Arch. f. klin. Chir. 95. Münchener med. Wochenschrift 1913. Deutsche Zeitschrift f. Chir. 135. Zentralbl. f. Chir. 1917. Die freien Transplantationen. Neue Deutsche Chir. Lief. 26a. 1919. 11 Journ. of the Americ. med. Assoc. 1905. S. 1573 u. 1912. S. 985. 12 Arch. f. klin. Chir. Bd. 80 u. BRUNS' Beitr. Bd. 59. 13 Chiurgenkongreß 1910. Arch. f. klin. Chir. Bd. 98. 14 BRUNS' Beitr. z. klin. Chir. Bd. 87. 15 Arch. f. klin. Chir. Bd. 99. 16 Arch. f. klin. Chir. Bd. 107. 17 BRUNS' Beitr. z. klin. Chir. Bd. 94 u. Bd. 131.

lenkenden selbst sind von einem derben Bindegewebe überzogen, das äußerlich große Ähnlichkeit mit Knorpel gewonnen hat. Auch bei Pseudarthrosen kann sich ein solcher mit Synovia gefüllter Hohlraum bilden (BIER[1]). Fälle von Gelenkresektionen, bei denen die mikroskopische Nachuntersuchung echten Knorpel ergeben haben soll, sind von DOUTRELPONT[2], CZERNY[3] und BIER[4] mitgeteilt worden.

Die Hohlraumbildung in dem verpflanzten Material hat vor allem REHN, später EISLEB[5] im Tierversuch studiert, und sie haben dabei gefunden, daß das Fettgewebe sich nur an den Randteilen erhält, während es zentral zugrunde geht. In der Zone der Degeneration bilden sich Zysten und aus dem Zusammenfließen einzelner Zysten schließlich der endgültige Hohlraum des Gelenkes. Die Frage, wie solche mit Flüssigkeit gefüllte Hohlräume im Gewebe entstehen, hat nicht nur Interesse für die künstliche Mobilisation der Gelenke. Ist eine Stelle vom Körper, z. B. das Grundgelenk der großen Zehe bei Hallux vulgus einem regelmäßig wiederkehrenden Druck oder einer Reibung ausgesetzt, so bildet sich hier im Unterhautzellgewebe ein mit Flüssigkeit gefüllter Hohlraum, ein Schleimbeutel. Die traumatische Schädigung führt also auch hier zur Hohlraumbildung, genau wie beim künstlich mobilisierten Gelenk, und zwar bilden sich diese Hohlräume nach LANGEMAK[6] aus dem Fettgewebe.

Er konnte einen lückenlosen Übergang von Fett- zu Bindegewebe mikroskopisch beobachten. Es entsteht so schließlich eine nur noch aus Kollagen bestehende Schwiele, die im Zentrum so gut wie gefäßlos ist. In diesem Zentrum setzt die Verflüssigung, die Umwandlung des Kollagen in Fibrinoid und Albuminoid ein. Die Flüssigkeitsvermehrung ist in solchen Hygromen kein Exsudationsvorgang, sondern es handelt sich dabei nur um aufgelöste Kollagenfasern. Das würde also auch für die Hohlraumbildung bei den künstlich mobilisierten Gelenken gelten, in denen SALKOWSKY[7] Synovin nachgewiesen hat.

Nach PAYK[8] und GASTKAM[9] soll sich auch die Hohlraumbildung bei den Ganglien so erklären, wie es soeben beschrieben wurde, während LEDDERHOSE[8] im Gegensatz dazu die Hohlräume bei den Ganglien für echte zystische Geschwülste hält.

Die normalerweise in den Gelenken vorkommende Flüssigkeit (Gelenkschmiere) soll nach den Untersuchungen von HAMMAR[10] nur ein Abnutzungsprodukt, kein richtiges Sekret sein. Doch wird diese Angabe von RUDOLF FICK bezweifelt.

---

1 Archiv f. klin. Chir. Bd. 127. 2 Arch. f. klin. Chir. 9. 3 Ebendort Bd. 13. 4 Deutsche med. Wochenschrift 1919. S. 620. 5 BRUNS' Beitr. z. klin. Chir. Bd. 102. 6 Arch. f. klin. Chir. Bd. 70. 7 Mitgeteilt von BIER, Deutsche med. Wochenschrift 1919. S. 620. 8 Deutsche Zeitschrift f. Chir. Bd. 49. 9 Deutsche Ztschft. f. Chir. Bd. 157. S. 145. 10 Zit. nach R. FICK, l. c.

Die Zusammensetzung der Synovialflüssigkeit wechselt, wie aus den Untersuchungen FRERICHS[1] hervorgeht, je nachdem, ob das Gelenk ruhig gehalten oder bewegt wird. In der Ruhe enthält die Synovia mehr Wasser, bei Bewegung mehr von den festen Stoffen, die als Abnutzungsprodukte der Gelenkwände aufzufassen sind. Die Synovia dient, wie oben angeführt wurde, zur Ernährung des Gelenkknorpels (vgl. Gelenkmaus und NUSSBAUM[2]) und hindert vielleicht seine Degeneration (KÖNIG[3]).

BIER[4] nimmt an, daß Synovia Fermente enthält, die auflösend auf bestimmte Gewebe, besonders Knochen einwirken, und zwar schließt er das daraus, daß der zum Zwecke einer Arthrodese durch das Gelenk und die beiden anstoßenden Knochen hindurchgeschlagene Knochenspan oder Elfenbeinstift gewöhnlich in kurzer Zeit aufgelöst wird. Nach der Vorstellung von BIER spielt diese das Knochengewebe zerstörende Eigenschaft der Synovia auch bei der Regeneration der Gelenke eine gewisse Rolle, und sie soll daran schuld sein, daß intraartikuläre Knochenbrüche nicht knöchern verheilen, RITTER[5] hat deshalb vorgeschlagen, man solle intraartikuläre Brüche durch Faszienumhüllung vor der Einwirkung der Synovialflüssigkeit schützen, und er hat dieses Verfahren bei Kniescheibenbrüchen angewandt. Wirklich bewiesen ist aber diese Vorstellung von der knochenauflösenden Eigenschaft der Synovia bisher nicht.

Auch innerhalb der Sehnenscheiden wird das Wachstum in irgendeiner Weise gehemmt, so daß Sehnen, die in eine Sehnenscheide genäht werden, nicht zusammenheilen (SALOMON[6], HUECK[7]).

Wie oben gesagt wurde, bilden sich bei einem zum Zwecke der künstlichen Mobilisierung resezierten Gelenk in kurzer Zeit Bänder und Kapsel wieder neu aus, fast in der gleichen Anordnung, wie sie das normale Gelenk hat. Und zwar tritt diese Neubildung der Kapsel auch dann ein, wenn, wie das PAYR tut, alle Kapselreste bei der Operation sorgfältig entfernt worden sind. Nach PAYR entsteht diese Kapsel aus dem gesunden Gewebe in der Umgebung des Gelenks. Man muß sich wohl vorstellen, daß es auch hier wieder zum mindesten teilweise die Funktion ist, die das Bindegewebe in der Umgebung des Gelenkes zur Neubildung einer Kapsel veranlaßt, so daß auch dieser Teil der neuen Gelenkbildung nach einer Resektion in naher Beziehung zu der Ausbildung der Kapsel und Bänder im embryonalen Leben steht (siehe RUDOLF FICK, l. c. S. 44).

Die Abhängigkeit und die Beziehungen der fertigen Kapsel zur Muskulatur ersehen wir daraus, daß durch die Muskulatur eine Einklemmung der Kapsel bei Bewegung verhindert wird. Die Anatomie bezeichnet ja einzelne Muskeln geradezu als Kapselspanner.

---

1 Zit. nach HILDEBRAND, Arch. f. klin. Chir. Bd. 81. S. 412. 2 BRUNS' Beitr. Bd. 130. 1924. 3 Würzb. Physik. med. Ges. 20. VII. 22. 4 Deutsche med. Wochenschrift 1919. S. 225. 5 Münchener. med. Wochenschrift 1920. 6 Zentralbl. f. Chir. 1922. 7 Archiv f. klin. Chir. 127.

Man wird sich jedoch diese Spannung der Kapsel wohl mit RUDOLF FICK besser so vorstellen müssen, daß es nur der Tonus oder die Elastizität der Muskeln ist, die das Einklemmen verhindert. Läßt wie bei Ermüdung der Muskeltonus nach, so reibt bei Bewegungen die Kapsel auf der knöchernen oder knorpeligen Unterlage. Und da diese von einem bestimmten Alter ab (etwa 40 Jahre beim Knie) Rauhigkeiten zeigt, so erklärt es sich, daß wir eine unspezifische Entzündung der Synovialis mit Erguß nach Überanstrengung bekommen (ROST[1]).

Daß die Natur es fertig bringt, mit noch viel spärlicherer Nachhilfe, als sie ihr bei der geschilderten Methode der modellierenden Umbildung der Knochenenden und der Zwischenlagerung von Weichteilen geboten wird, funktionsfähige Gelenke wieder zu bilden, geht schon aus den klassischen Berichten v. LANGENBECKS[2] über die ersten subperiostalen Gelenkresektionen hervor, der sowohl eine Neubildung von Fingergelenken nach subperiostaler Resektion beobachtete, als auch sah, daß sich ein ganzer Humeruskopf nach der Resektion wieder neu bildete. v. LANGENBECK war auf dieses Verfahren der subperiostalen Resektion durch die Tierversuche von HEINE[3] in Würzburg gekommen, die später von OLLIER[3] wiederholt wurden. Fingergelenke und Humeruskopf, Ellenbogengelenk (JAGETHO[3]) und Hüftgelenk (SCHMIEDEN[4]) bildeten sich aus. Die Funktion solcher neuen Gelenke kann übrigens auch bei stark veränderter Gestalt der Gelenkflächen eine gute sein (KAISER[5]).

Im Gegensatz zu diesen einfachen Resektionen stehen die besonders von LEXER[6] und KÜTTNER[7] unternommenen Versuche, ganze Gelenke zu überpflanzen, die durch Amputation oder aus der Leiche genommen worden waren. Auch in dieser Weise ließ sich ein Ersatz für verloren gegangene Gelenke schaffen. Diese Gelenke heilen nicht lebend ein, sondern sterben ab (BORST[8], M. B. SCHMIDT) und verhalten sich damit nicht anders als künstliche Elfenbeingelenke (KÖNIG[9]). Da die Transplantation von Gelenken und Knochen in der allgemeinen Chirurgie so ausführlich besprochen wird, brauche ich hier nicht näher darauf einzugehen.

Auf den **Venen** im Körper lastet ein Druck, der jeweils der Masse des Blutes entspricht, die sich vertikal über der betreffenden Vene

---

1 Klinische Wochenschrift 1922. S. 772. 2 Arch. f. klin. Chir. Bd. 16. 3 Zit. nach JAGETHO, Deutsche Zeitschrift f. Chir. Bd. IV. 4 Chirurgenkongreß 1913. 5 Fortschr. auf d. Geb. d. Röntgenstrahlen Bd. 27. 1920. 6 Arch. f. klin. Chir. Bd. 90 u. Med. Klinik 1908. Die freien Transplantationen. Neue Deutsche Chir. Bd. 26. 7 Arch. f. klin. Chir. Bd. 102. Zentralbl. Chir. 1911. 8 Pathologenkongreß 1912. 9 Zentralbl. f. Chir. 1912.

befindet[1]. Es ist danach entsprechend der aufrechten Haltung des Menschen der Druck in den Venen der unteren Extremität am größten; er entspricht beim Erwachsenen rund 15 cm Hg., ist also annähernd so groß wie der in der Aorta herrschende Druck. Die Wände der Beinvenen sind hingegen bekanntlich wesentlich schwächer und weniger elastisch als die Wände der Aorta, und so müßte denn die notwendige Folge dieses Druckes eine Dehnung der Venenwände bis zum Platzen sein, wenn nicht durch einen besonderen Mechanismus, nämlich durch die sich nur zentripetal öffnenden Klappen, der Druck vermindert würde. Wir wissen aus den Untersuchungen von DELBET[2], daß durch diesen Klappenmechanismus der auf den Wänden der Vena femoralis lastende Druck auf etwa 1 cm Hg. herabgesetzt wird, während er, wie gesagt, ohne Klappen rund 15 cm Hg. betragen würde. Die Klappen halten einen beträchtlichen Druck aus; so blieben in den Versuchen von LÖWENSTEIN[3] die Klappen der Vena saphena magna selbst bei einem Druck von 500 mm Hg. noch dicht. Ganz aufgehoben wird jedoch durch diese Klappen der hydrostatische Druck nicht, und so sehen wir täglich, daß bei allen Beinwunden die Heilung wegen der ungünstigen Zirkulationsverhältnisse sehr verzögert wird, wenn der Patient die Beine hängen läßt, während, wenn der Patient liegt, eine beträchtliche Beschleunigung der Heilung erzielt werden kann, da durch das Liegen der hydrostatische Druck, der auf den Venen und Kapillaren lastet, gleich Null wird. (s. auch MAGNUS[4]).

Die Vorwärtsbewegung des Blutes in den Venen geschieht einmal nach dem Gesetz der kommunizierenden Röhren (vgl. LÖHR[5]). Das Blut, das vom Herzen in die Arterien hineingepreßt wird, schiebt die Blutsäule in den Venen vor sich her. Ganz wesentlich unterstützt wird diese „passive“ Venenzirkulation weiterhin durch die Tätigkeit der Muskeln, die, wie BRAUNE[6] zeigen konnte, die Venen bald verengert, bald erweitert und so das Blut vorwärtspumpt. Berufe, bei denen die Leute lange Zeit ruhig auf einem Fleck stehen müssen, also Bäcker, Wäscherinnen, Chirurgen usw. sollen wegen Fehlens der wechselnden Muskeltätigkeit mehr zu Krampfaderbildung neigen, als andere. Man hat auch versucht, dieses Muskelpumpwerk therapeutisch zur Behandlung der Krampfaderbildung zu benutzen; so schlug KATZENSTEIN[7] vor, die freipräparierte V. saphena in einen aus dem M. sartorius

1 Lit. s. NOBL, Der variköse Symptomenkomplex. 2. Aufl. 1918. 2 Sem. méd. 1897. 3 Mitteil. a. d. Grenzgebieten Bd. 18. 1908. 4 Deutsche Zeitschrift f. Chir. 162. 5 Deutsche Zeitschrift f. Chir. 165. 1921. 6 Festschrift f. LUDWIG 1874. 7 Zentralbl. f. Chir 1911.

gebildeten Muskelkanal zu verlegen. Eine Rückbildung der ja doch schon sekundär schwer veränderten Venen ist durch diese Operation wohl kaum zu erwarten, doch soll nach dem Bericht von KATZENSTEIN eine subjektive Besserung erzielt worden sein. Die Patienten hatten das Gefühl, daß die Beine leichter würden.

Für die Entstehung der Venenerweiterung an der unteren Extremität, der **Varizenbildung** hat man lange Zeit auf diese rein mechanischen Dinge, nämlich auf den hydrostatischen Druck den Hauptnachdruck gelegt. Erschwerung des Blutabflusses, wie er durch intraabdominelle Tumoren oder Gravidität bedingt ist, eine Fettanhäufung am foramen ovale u. a. m. sollten die direkte Ursache für die Venenerweiterung sein. Das ist in der Form sicher nicht richtig; denn einmal treffen die gleichen Schädigungen sehr viele Personen und nur wenige bekommen Varizen, und dann haben wir oben gesehen, daß die Venenklappen, wenn sie normal sind, eine sehr viel größere Drucksteigerung vertragen, ohne schlußunfähig zu werden. Weiterhin bekommt man im Tierversuch durch Unterbindung der Venen niemals Varizen, sondern höchstens Stauungsödem, wie die Versuche von SONTSCHEWSKY[1] und von v. LESSER[2] gezeigt haben.

Diese Überlegungen, ferner die Tatsache, daß Varizen auch angeboren vorkommen und erblich sind, weisen darauf hin, daß die ersten krankhaften Veränderungen an der Venenwand zu suchen sind, und wohl in vielen Fällen in einer angeborenen Minderwertigkeit der Venenwand bestehen. Man hat auch nach anatomischen Unterlagen für solche Minderwertigkeit der Venenwand gesucht (SCHAMBACHER[3]). Verwertbar sind hier nur die Untersuchungen an normalen Venen, wie sie u. a. LÖWENSTEIN[4] angestellt hat. Er glaubt, daß „bei normalen jugendlichen Individuen zwei verschiedene Typen von Venen vorkommen: solche, bei denen die Sinusstelle besonders schwache Muskulatur besitzt und solche, bei denen die muskelschwächste Stelle distal von den Klappen liegt". Von diesen Abweichungen aus soll die Entstehung der verschiedensten Veränderungen an den Venen, die sogenannten Sinusektasien und die echten Varizen erklärt werden. Aber selbst unter der Voraussetzung einer angeborenen schwachen Venenwand ist die Bedeutung des auf den Venen lastenden sogenannten hydrostatischen Druckes noch recht umstritten.

LEDDERHOSE[5] hat darauf aufmerksam gemacht, daß die Er-

---

1 Virchows Archiv Bd. 77. 2 Virchows Archiv Bd. 101. 1885. 3 Deutsche Zeitschrift f. Chir. Bd. 53. 1899. 4 Mitteil. a. d. Grenzgebieten Bd. 18. 5 Mitteil. a. d. Grenzgebieten Bd. 15. 1906.

weiterung bei den Krampfadern sich häufig nicht proximal- und zentralwärts von den Klappen befindet, sondern distal- und peripherwärts, was mit der Ansicht, daß die Krampfadern eine Folge des hydrostatischen Druckes seien, nicht in Einklang zu bringen ist. HASEBRÖCK[1] glaubt, daß die ganze Theorie von dem hydrostatischen Druck als Erklärung für die Entstehung der Varizen falsch sei, daß vielmehr diese Erweiterungen der Venen als eine Folge der Fortpflanzung der arteriellen Pulsation auf die Venen erklärt werden müsse.

Er konnte an Modellversuchen zeigen, daß sich die arteriellen Wellen auf die Venen fortpflanzen und zwar nicht nur auf die in der Nachbarschaft liegenden Venen, sondern auch auf die entfernter liegenden Venen. Es traten in diesen Modellversuchen durch solche pulsatorischen Wellen distal von den Klappen, die in den dünnen Gummischläuchen angebracht waren, umschriebene Erweiterungen auf, die von einem bestimmten Grade an bestehen blieben. Daß diese aus dem Modellversuch entnommenen Betrachtungen sich mit einem gewissen Recht auf die Verhältnisse beim Menschen übertragen lassen, belegt HASEBRÖK mit einer Reihe von klinischen Beobachtungen z. B. mit der Erklärung des sogenannten TRENDELENBURGschen Versuches[2], der bekanntlich darin besteht, daß nach Leerstreichen der Hautvenen die Vena saphena unterhalb der Leistenbeuge durch Druck verschlossen wird. Senkt man nun das Bein, indem man den Druck beibehält, so bleibt die Vene leer oder füllt sich nur ganz langsam von der Peripherie her; sobald man aber den Finger von der durch Druck geschlossenen Vene wegnimmt, schießt das Blut von oben her in die Vene ein. Dieser Versuch zeigt einmal die Bedeutung des ungenügenden Klappenschlusses für die Krampfadern. Man will mit ihm aber zweitens prüfen, ob die Klappen in den Verbindungsvenen von der Saphena zu den tief gelegenen Venen schlußfähig sind. Die Tatsache, daß bei ungenügendem Schluß dieser Klappen in den Verbindungsvenen die TRENDELENBURGsche Operation, die in Unterbindung der Vena saphena besteht, gegen die Krampfadern nicht hilft, erklärt nun HASEBRÖCK so, daß in solchen Fällen die arteriopulsatorischen Wellen ganz besonders stark auf die Hautvenen fortgepflanzt werden. Die arteriopulsatorische Welle wirkt um so stärker, je mehr der Abfluß gehemmt ist. In dieser Weise erklärt HASEBRÖK die Entstehung der Varizen bei Bauchtumoren oder dgl. Ferner werden die arteriopulsatorischen Wellen verstärkt, wenn der Blutzufluß ein besonders großer ist. Das gilt z. B. für die vereinzelt auftretenden Varizen, die gelegentlich am Arm bei schwerarbeitenden Männern gefunden werden. Daß man in stark gefüllten Venen und Varizen nicht ganz selten den Arterienpuls sehen kann, hat übrigens schon LEDDERHOSE betont.

Durch die Theorie von der arteriopulsatorischen Entstehung von Krampfadern wird manches in der Pathologie der Varizen erklärt, was bei der hydrostatischen Theorie unklar geblieben ist. Anderseits kann man sich aber nicht den Einwänden verschließen, die LÖHR[3] gegen diese Modellversuche und daraus abgeleiteten Schlußfolgerungen HASEBRÖKS erhebt. Sind erst einmal Varizen

---

1 Deutsche Zeitschrift f. Chir. Bd. 136. 2 BRUNS' Beitr. Bd. 7. u. Naturforscherversammlung Leipzig 1907. 3 Zeitschrift f. Chir. 165.

in der Anlage vorhanden, so spielt bei ihrer weiteren Entwicklung der hydrostatische Druck eine wichtigere Rolle als wie die arteriopulsatorischen Wellen. Das haben auch die Versuche von MAGNUS[1] gezeigt, der mit dem v. VOLKMANNschen Hämochrometer nachweisen konnte, daß in den Krampfadern das Blut tatsächlich vom Herzen nach der Peripherie zu fließt, sobald sich der Patient aus der horizontalen Lage in die senkrechte erhebt. Für die Erklärung der ersten Entstehung der Varizen wird man hingegen die arteriopulsatorischen Wellen mit Vorteil heranziehen. Immerhin wird man auch bei dieser Theorie nicht um die Annahme herumkommen, daß bei der Entstehung der Varizen außerdem die Schwäche der Venenwand eine gewisse Rolle spielt.

Diese Schwäche der Venenwand kann angeboren, kann aber auch erworben sein; hierher rechnet die Varizenbildung bei Syphilis (Lit. siehe HOFFMANN[2]), die eine große Literatur hat, außerdem Schädigungen der Venen durch andere Infektionskrankheiten und Vergiftungen. Man nimmt ferner Schädigungen der Venen durch Stoffwechselprodukte an, z. B. bei Pellagra, bei Chlorose oder anderen Allgemeinerkrankungen. Auch bei den in der Schwangerschaft auftretenden Varizen sind es nach der Ansicht der Mehrzahl der Autoren nicht die Stauungsvorgänge allein, die zur Varizenbildung führen, sondern irgendwelche toxische Schädigungen, die vielleicht auf innersekretorischem Gebiete zu suchen sind. KUSHIMURA[3] vertritt die Ansicht, daß alle diese Schädigungen, ebenso wie der erhöhte Blutdruck nicht direkt auf die Venenwand einwirken, sondern indirekt auf dem Umwege des Nervensystems. Die Veränderungen an den Venen sollen Folge der Tonusschwankungen sein. LESSER[4] faßt die Varizenbildung als eine neoplastische Wucherung auf.

In dem Blute der Varizen findet sich häufig ein höherer Gehalt an Reststickstoff als in den subkutanen Venen des Armes, wodurch vielleicht eine Stoffwechselstörung in dem Gewebe statthat, von der die schlechte Heilung der Unterschenkelwunden und Geschwüre abhängt (KLAPP).

In diesen varikös erweiterten Venen kommt es nun sehr häufig zur **Thrombose** und zwar besonders dann, wenn solche Patienten wegen irgendeiner anderen Operation im Bett liegen müssen.

Die Grundtatsachen der Morphologie der Thromben werden in der allgemeinen Pathologie und allgemeinen Chirurgie abgehandelt

---

1 Deutsche Zeitschrift f. Chir. Bd. 167. 1921. 2 Arch. f. Dermat. 113. 1912. 3 VIRCHOWS Archiv Bd. 179. 1905. 4 VIRCHOWS Archiv Bd. 101. 5 Archiv f. klin. Chir. 127.

(Zahn[1], v. Recklinghausen, Aschoff[2], Eberth und Schimmelbusch[3], Ferge[4], Beneke[5]). Für die Erforschung der Entstehungsursache einer Thrombose ist der Tierversuch vielfach herangezogen worden.

Es erscheint mir für die Besprechung dieser experimentellen Untersuchungen zunächst der Hinweis nötig, daß solche in der Tierleiche gsfundenen Gerinnsel sich oft gar nicht so leicht als sicher vital entstandene Thromben erkennen lassen. Auch die Leichengerinnsel haben oft einen Aufbau und eine Oberflächenzeichnung, wie man sie sonst nur als charakteristisch für Thromben anspricht (Rost[6]), bei denen diese Zeichnung Folge der Blutbewegung ist (Zahn). Wie weit es sich bei diesen Oberflächenzeichnungen der Leichengerinnsel um einen agonalen Vorgang handelt, wird man aus der Leiche nicht immer sicher erkennen können (Rost, Aschoff[7], Ribbert[8], Marchand[9], Tendeloo). Es gelingt jedenfalls, die gleichen morphologischen Gebilde, die wir gewöhnlich als Leichengerinnsel ansprechen, experimentell darzustellen (Rost[10]) z. B. wenn man den Tieren rasch Kollargol intravenös einspritzt. Das gesamte Blut ist dann geronnen, während das Herz noch schlägt. Mit solcher agonalen Gerinnselbildung muß man bei den Versuchen über experimentelle Thrombose rechnen, um sich vor Fehlschlüssen zu bewahren.

Es hat ja der Vorgang der Thrombose mit der gewöhnlichen Blutgerinnung weitgehende Ähnlichkeit, und ein großer Teil derjenigen Bedingungen, die zur Gerinnung außerhalb des Tierkörpers führen, ist auch ursächlich bedeutungsvoll für die Gerinnselbildung beim lebenden Tier. Da wäre als erstes die Änderung der Strömungsgeschwindigkeit zu nennen, die schließlich zur völligen Stase führt. Zweitens spielt die Beschaffenheit der Gefäßwand, vor allem ihre Glätte eine große Rolle. Wir wissen von zahlreichen physiologischen Experimenten und noch mehr von den Bluttransfusionen her, daß die Gerinnung des Blutes verzögert wird, wenn man die Gefäßwände, mit denen das Blut in Berührung kommt, durch Paraffin glatt macht. Schließlich sind für die Bildung eines Thrombus die gleichen fermentativen und Fällungsvorgänge maßgebend wie für die Gerinnung des Blutes im Reagensglas, und Änderungen in diesem Gleichgewicht der Blutzusammensetzung begünstigen die Gerinnselbildung.

An diesen drei Bedingungen greifen nun die verschiedenen Versuche, die zur Lösung der Thrombosenfrage bisher unternommen worden sind, an. Am übersichtlichsten und klarsten sind die Versuche,

---

1 Festschrift f. Virchow II. S. 201. 2 Virch. Archiv Bd. 130, Med. Klinik 1909, Naturforscherversammlung 1911. 3 Die Thrombose. Stuttgart 1888. 4 Med. Naturw. Arch. Bd. 2. 5 Marchand-Krehl, Handbuch d. allg. Pathol. II 2. 6 Zieglers Beitr. Bd. 52. 1911. 7 Naturforscherversamml. 1911. 8 Deutsche med. Wochenschrift 1916 und Zentralbl. f. Pathologie Bd. 27. 9 Zentralbl. f. Pathologie Bd. 27, S. 193 u. 457. 10 Zentralbl. f. Pathol. 1913.

die die Änderung der Strömungsgeschwindigkeit und die Schädigungen der Gefäßwand zum Ausgangspunkt genommen haben. Grundlegend sind da die Versuche von BRÜCKE[1], der fand, daß das Blut im abgebundenen Blutgefäß flüssig bleibt. Wäre dem nicht so, so würde der Chirurge wohl kaum eine Gefäßnaht und sicher keine Organtransplantation ausführen können. Erst die Zerstörung oder Schädigung der Gefäßwand löst die Gerinnung aus (ZAHN, EBERT und SCHIMMELBUSCH[2] u. v. a.), da das Blut an der toten Zelle der Gefäßwand einen Kristallisationskern findet, von dem ausgehend sich die Gerinnung fortsetzt, und zwar in der Hauptsache so weit, als die Strömungsgeschwindigkeit des Blutes herabgesetzt ist. Man kann dem Blute genau so gut dadurch einen Kristallisationskern geben, daß man einen anderen toten Körper, z. B. einen Seidenfaden, in das Gefäß hineinragen läßt (VIRCHOW[3], ZURHELLE[4] u. a.). Die feineren Vorgänge beim Zustandekommen dieser Formen der Thrombose wurden durch mikroskopische Beobachtung des Netzes oder der Schwimmhaut des lebenden Frosches studiert und dabei beobachtet, daß besonders bei den Versuchen mit Gefäßunterbindung die Blutströmung zunächst stets langsamer wurde. Bei solcher Versuchsanordnung beobachtete man u. a. auch, daß derartige zarte Gebilde, wie die Gefäße des Netzes schon durch Betupfen mit irgendwelchen Chemikalien so weit geschädigt werden können, daß Thrombosen auftreten. Solche Versuche, die ja den Chirurgen für seine Bauchoperationen sehr interessieren müssen, stammen von HÜTER[4], SCHWALBE[5] u. a. In den HÜTERschen Versuchen führte Betupfen mit Äther zur Thrombose. Das Netz des Menschen scheint weniger empfindlich zu sein; wenigstens ist bei der Ätherbehandlung der Peritonitis bisher nichts von Thrombosen im Netz bekannt geworden. In noch höherem Maße wird die Ausbildung von Thromben durch Einspritzung von irgendwelchen chemisch ätzend wirkenden Substanzen in die Blutgefäße begünstigt. ZAHN gebrauchte in seinen Versuchen LUGOLsche Lösung. Um eine Verödung der Varizen durch Thrombose herbeizuführen, empfiehlt LINSER[6] Sublimat oder 15% Kochsalzlösung in die Venen einzuspritzen und eine Behandlungsmethode der Hämorrhoiden bedient sich, von den gleichen Gesichtspunkten ausgehend, der Karbolinjektion, die TAVEL auch für die Behandlung der Varizen in An-

1 VIRCHOWS Arch. Bd. 12. 1857. 2 Die Thrombose nach Versuchen u. Leichenfunden. Stuttgart 1888. 3 Ges. Abh. Frankfurt 1856. 4 ZIEGLERS Beitr. Bd. 47. 1910. Zeitschrift f. Gyn. 1908. 4 Allg. Chirurgie 1873. 5 ZIEGLERS Beitr. Bd. 7. 6 Therapie der Gegenwart 1925.

wendung gezogen hat. In gleicher Weise schädigend wie chemische, wirken thermische Reize, die von außen die Gefäßwand treffen. Klinisch sind die ausgedehnten Thrombosen bei Verbrennungen und Erfrierungen bekannt. Die Kältegangrän, die während des Krieges wieder gehäuft zur Beobachtung gekommen ist, und die gerade mit Vorliebe bei geringen Kältegraden auftritt, beruht in einem Teil der Fälle auf einer solchen Thrombosierung, und auch bei den Verbrennungen und Starkstromverletzungen beobachten wir regelmäßig Thromben in den kleineren und größeren Gefäßen. Experimentell wurden Versuche über Thrombose durch Hitzeeinwirkung auf das Kaninchenohr von KLEBS-WELT[1], EBERTH-SCHIMMELBUSCH u. a. ausgeführt. Thrombose durch Kälteeinwirkung studierte im Tierversuch ZAHN (l. c.) u. a. Es ist nicht immer eine Thrombose bei solchen Kälteschädigungen vorhanden, wie man eine Zeitlang glaubte, sondern in vielen Fällen handelt es sich wohl nur um eine Änderung im Kolloidzustand der Zellen (vgl. NÄGELSBACH[2]).

Daß man sich die Beziehung der Gefäßwandschädigung zur Entstehung der Thromben nicht allzu mechanisch vorstellen darf, geht aus den Befunden von ENDERLEN[3] und BORST an transplantierten Gefäßen hervor. Sie fanden nämlich bei autoplastisch verpflanzten Gefäßen an der Nahtstelle nur ganz geringfügige Plättchenthromben; bei Homoioplastik ging zwar das Wandstück zugrunde, es war aber in der zerstörten Gefäßstrecke kein Thrombus vorhanden; hingegen waren die heterolog verpflanzten Gefäßteile, die ebenfalls zugrunde gingen, thrombotisch verschlossen. Zu ähnlichen Ergebnissen kam STICH[4] bei seinen experimentellen Gefäßtransplantationen. Es folgt daraus, daß der Schutz, den die gesunde Gefäßwand gegen eine Blutgerinnung bietet, ein irgendwie gearteter vitaler, zellspezifischer ist.

Diese Versuche mit Schädigung der Gefäßwand und Änderung der Strömungsgeschwindigkeit liegen verhältnismäßig einfach, das Wesen der Thrombose wird aber durch sie keineswegs restlos erklärt. Für die Hauptmasse der postoperativen Thrombosen müssen wir vielmehr noch eine Änderung in der Blutzusammensetzung zur Erklärung heranziehen. Hierzu liegen sehr zahlreiche Versuche vor. Zunächst führen eine Anzahl von chemischen Körpern bei Einspritzung in die Blutbahn zur Gerinnung. Zu nennen ist das Kollargol (ROST[5]), der Äther, Chloroform (LÖB[6]), Glyzerin,

---

1 ZIEGLERS Beitr. Bd. 4. 2 Deutsche Zeitschr. f. Chir. Bd. 160. 1920.
3 Deutsche Zeitschrift f. Chir. Bd. 99. 1909. 4 BRUNS' Beitr. Bd. 53 u. 62.
5 Zentralbl. f. Pathologie 1913. 6 Bioch. Zentralbl. Bd. 6. 1907.

Pyrogallol, Sublimat u. a. (SILBERMANN[1], KAUFMANN[2]), vgl. auch BENEKE l. c. S. 203). Wir wissen ferner, daß intravenöse Blutinfusionen, besonders wenn fremdes Blut hierzu verwandt wird, oft zu Thrombose Veranlassung gibt; es war ja das der Hauptgrund dafür, daß die intravenöse Infusion von Blut eine Zeitlang gegenüber der subkutanen verlassen wurde (v. ZIEMSSEN[3]). Auch die zahlreichen, besonders experimentellen Seruminjektionen waren oft von Gerinnselbildung gefolgt (LANDOIS[4], COCA[5], BIEDL-KRAUS[6] u. a.). Z. B. reagiert das Kaninchen auf die Einspritzung von Rinderserum gerne mit Gerinnselbildung. Diese Überempfindlichkeit gegen ein Serum steigert sich bei der wiederholten Anwendung; so findet man beim anaphylaktischen Schock, der bekanntlich durch wiederholte Einspritzungen derselben Serumart ausgelöst wird, ziemlich regelmäßig Gerinnselbildung in der Lunge (LÖB u. a.).

Als Ursache für diese Gerinnselbildung nimmt man im allgemeinen eine irgendwie geartete Änderung in der Fermentzusammensetzung des Blutes an. Möglicherweise hängt auch diese Gerinnselbildung mit dem Zerfall von Blutplättchen zusammen, auf deren Rechnung nach den Tierversuchen von FREUND[7] der Schock zu setzen ist, der bei Bluttransfusionen gelegentlich beobachtet wird. Man denkt ferner bei solchen Gerinnungen durch Einspritzungen von Eiweißkörpern an eine Ausfällung von Fibrinferment, und man hat auch mit Erfolg verhältnismäßig frühzeitig versucht, durch intravenöse Einspritzung von Fibrin, Blut- oder Gewebspreßsaft, Eiter, Extrakt aus Tumoren usw. Gerinnselbildung im Tierversuch zu bekommen (ANGERER[8], EDELBERG[9] u. a.). In ähnlicher Weise hat VÖLCKER[10] durch intravenöse Einspritzung zersetzten artgleichen Blutes Thrombosen zu erzielen versucht. Selbstverständlich liegen allen diesen Experimenten bestimmte klinische Vorstellungen zugrunde. So glaubte VÖLCKER, daß ein zersetzter Bluterguß im Operationswundbett möglicherweise durch direktes Eindringen in die Venen zu Thrombose und Embolie führen könne. Nach den Versuchen v. DÜRINGS[11] findet durch die Venenwand bei vorhandenem Hämatom etwa nach Quetschung eine Resorption von Fibrinferment statt, wodurch eine Gerinnselbildung begünstigt werden soll. Auffallend häufig hat die postoperative Thrombose jedoch ihren Sitz nicht im Operationsgebiet, sondern in der Vena saphena, zumal, wenn diese varikös erweitert ist. Die Versuche von WRIGHT[12], der bei Injektion von Hodenpreßsaft nur in CO^2reichen Gebieten Thromben bekam, lassen die Bedeutung der Zirkulationsstörungen noch in einem anderen Licht erscheinen.

Wie weit wird die Bildung der Thrombosen durch bakterielle Entzündungen begünstigt? Es wurden von

1 VIRCHOWS Archiv Bd. 117. 2 Habilitationsschrift Breslau 1888. 3 Samml. klin. Vortr. 1887. 4 Die Transfusion d. Blutes. Leipzig 1875. 5 VIRCHOWS Archiv Bd. 196. 1909. 6 Zeitschrift f. Immun. Forsch. Bd. 7. 1910. 7 Archiv f. exp. Pathol. u. Pharmakologie Bd. 86 S. 266. 8 Klin. u. exper. Studien über d. Resorpt. v. Blutextravasaten. Würzburg 1879. 9 Arch. f. exp. Pathol. XI. 10 Chirurgenkongreß 1914. 11 Zit. nach v. HOFMEISTER u. SCHREIBER im Handbuch d. prakt. Chirurgie Bd. V. S. 7. IV. Aufl. 12 Journ. of physiol. XII. 1891.

TALKE[1], v. BARDELEBEN[2], JAKOWSKI[3], HELLER[4], FROMME[5], LUBARSCH, DIETRICH[6], LÖB[7] u. a. sowohl eine Anzahl Bakterien als auch ihre Stoffwechselprodukte bei direkter Einspritzung ins Blut und bei Einspritzung in die Umgebung der Gefäße geprüft. Es ergab sich, daß man bei Einspritzung der Bakterien selbst (Streptokokken, Diphtherie- und Typhusbazillen) in die Blutbahn nur in einem gewissen Prozentsatz der Fälle Thromben erwarten darf; hingegen bekommt man sehr viel sicherer Thrombosen, wenn man die Bakterienstoffwechselprodukte (Toxine) in die Blutbahn einspritzt. Vielleicht sind die Thrombosen, die man bekommt, wenn man die Bakterien in die Umgebung der Gefäße bringt, auch nur auf ein Durchwandern solcher Toxine zu beziehen. Es gelingt übrigens nicht mit Streptokokken, durch Einspritzung um eine Vene herum Thrombosen zu erzielen, sondern nur mit Bact. coli und Staphylokokken, was ja gut mit den beim Menschen erhobenen Befunden übereinstimmt.

Man hat auch untersucht, ob der geschwächte Organismus besonders zu Thrombose neigt, was ja nach der klinischen Beobachtung sehr nahe liegt. Durch Blutentziehung künstlich anämisch gemachte Tiere bekamen jedoch in den Versuchen von VAQUEZ[8] keine Thrombose. Die Angaben, daß Druck auf die Venen des Beines, z. B. bei Beckenhochlagerung, Thrombosen veranlaßt (ZWEIFEL), wird von TRENDELENBURG[9] bestritten.

Ein sogenannter blander Thrombus ist nach ODERMATT[10] stets schmerzlos. Es treten bei der Thrombose erst dann Schmerzen auf, wenn sich eine Entzündung in das umgebende Gewebe fortsetzt.

Wenn wir diese verschiedenen experimentellen Ergebnisse mit den klinischen Erfahrungen vergleichen, so wird man jedenfalls den bakteriellen Entzündungen und der Bildung von Toxinen im weitesten Sinne des Wortes eine besondere Bedeutung für die Entstehung der Thrombosen zusprechen müssen, wozu noch das Daniederliegen des Kreislaufs bei den bettlägerigen, schwerkranken Leuten kommt.

Gewöhnlich wird ein solcher Thrombus von der Wand des Gefäßes her organisiert; klinisch rechnet man im Durchschnitt mit 21 Tagen, bis völlige Organisation eingetreten ist und damit die Gefahr, daß der Thrombus losgerissen wird (Embolie), beseitigt

---

1 BRUNS' Beitr. Bd. 36. 1902. S. 339. 2 Archiv f. Gyn. Bd. 83. 1907. 3 Zentralbl. f. Bakt. 25 u. 28 u. Monatsschrift f. Gyn. Bd. 14. 4 BRUNS' Beitr. Bd. 65. 1909. 5 Naturforscherversamml. 1908. 6 Zentralbl. f. Pathol. 1912. 7 VIRCHOWS Arch. 153. 8 Thèse de Paris 1890. 9 Prakt. Ergebnisse der Geburtshilfe u. Gynäk. 1913. 10 BRUNS' Beitr. Bd. 127 (Habilitationsschrift).

ist; mikroskopisch findet man die Organisation schon sehr viel früher vollendet. Die Embolie und ihre Folgen haben wir oben bei den Erkrankungen der Lunge im Zusammenhang besprochen.

In unmittelbare Abhängigkeit von den Krampfadern und den dadurch bedingten Stauungszuständen am Bein bringt man die Entstehung der **Ulcera cruris** (Lit. Nobl.[1]). Durch thrombotische und lymphangitische Prozesse ist die Haut geschädigt und so genügen leichte Verletzungen oder länger dauernder Druck, wie er durch Schuhwerk usw. bedingt sein kann, um zu einer Geschwürsbildung zu führen. Diese Vorstellung hat etwas bestechend Einfaches und ist die augenblicklich herrschende; ob sie aber für alle Fälle das Richtige trifft, erscheint gleichwohl einigermaßen zweifelhaft. Zunächst einmal gibt es ausgedehnte Ulcera cruris ohne entsprechende Krampfadern, und bei hochgradigen Krampfadern fehlen Ulzera oft völlig. VERNEUIL weist allerdings darauf hin, daß oft Erweiterungen der tiefen Venen vorhanden wären, wenn die oberflächlichen nichts zeigten. Es heilen ferner alle Geschwürsbildungen und Wunden, auch wenn keine Krampfadern vorhanden sind, an den Beinen wesentlich schlechter, wenn der Patient nicht liegt. Das spricht dafür, daß die Stauung, die beim Hängenlassen der Beine vorhanden ist, die Heilung aller Wunden verzögert, findet sich nach den Untersuchungen von KLAPP[2] doch auch der Reststickstoffgehalt in den Krampfadern erhöht. Ob nun aber die ganz allgemein sehr schlechte Heilungsneigung von Unterschenkelwunden, die auch beim normalen Menschen vorhanden ist, nur eine Folge der erschwerten Zirkulation in den Beinen ist oder nicht vielmehr damit zusammenhängt, daß Wunden an den verschiedenen Stellen der Haut des menschlichen Körpers überhaupt verschieden gut heilen, läßt sich zurzeit nicht entscheiden.

Mit einer Besonderheit der arteriellen Versorgung der Haut scheint das nicht zusammenzuhängen. Wenigstens konnte SPALTEHOLTZ[3] nur geringe Unterschiede in der Dichte des subpapillären Netzes zwischen Fußsohle und Unterschenkel nachweisen. Es wäre interessant zu erfahren, ob dieselbe schlechte Heilung von Unterschenkelwunden auch bei Japanern und Orientalen zu finden ist, die ja wegen ihrer Kleinheit und weil sie viele Stunden am Tage eine kauernde Haltung einnehmen, viel weniger an Krampfadern usw. leiden, als die Europäer. Wenn man wiederum die Stauung so sehr in den Vordergrund stellt, bleibt es auffallend, daß bei Krampfadern der Fuß, auf dem doch die höchste Blutsäule lastet, fast nie von Ulcera cruris befallen wird. Es ist nicht völlig klar, warum das Ulcus cruris immer nur vom Knöchel aufsteigend bis etwa zur Mitte des Unterschenkels gefunden wird. Das Venenpumpwerk arbeitet ja allerdings in diesem Bezirke besonders schlecht, da sich hier die Muskeln zum großen Teil in ihren Sehnen fortsetzen.

---

1 Der variköse Symptomenkomplex. Wien 1918. 2. Aufl. 2 Chirurgenkongreß 1923. 3 Arch. f. Anat. 1893. S. 1.

Von französischer Seite (QUÉNU[1] u. a.) hat man wohl von diesen Bedenken ausgehend vielfach die Ansicht vertreten, daß das Ulcus cruris eine neurotische Ursache haben müsse, und man führte gewisse anatomische Befunde an den Nerven als Beleg für diese Anschauung an. Die anatomischen Veränderungen können jedoch auch sekundärer Natur sein; auffallend bleibt immerhin die Tatsache, daß sich solche, an Ulcus cruris erkrankten Beine meist kalt anfühlen, und daß Temperatur und Tastsinn an den Beinen herabgesetzt ist. Es lassen sich allerdings alle diese Dinge auch ohne Zuhilfenahme einer Nervenerkrankung lediglich aus dem lokalen Befund heraus und aus dem gestörten Stoffwechsel erklären. Therapeutisch hat man aber Nervendehnungen bei Ulcus cruris mit anscheinend gutem Erfolge empfohlen (VOLKMANN[2]).

Wenn an einer Gliedmaße ein größeres **Gefäß unterbunden** worden ist, so tritt das zur Ernährung nötige Blut außerordentlich schnell durch sogenannte Kollateralbahnen nach der Peripherie, und sichert so die Ernährung der Gliedmaße. Die feineren Vorgänge beim Zustandekommen dieses Kollateralkreislaufes sind seit altersher vielfach Gegenstand der Untersuchung gewesen. (Lit. bei RIEDEL[3], SCHULTZ[4], BIER[5], GREIFENBERGER[6], HESS[7], STEGEMANN[8] u. v. a.). Der wichtigste Zeitpunkt ist der erste unmittelbare Ausgleich der Zirkulationsstörung, das was BIER[5] als den „vorläufigen" Kollateralkreislauf bezeichnet.

Da nach jeder Gefäßunterbindung eine Blutdrucksteigerung durch Stauung des Blutes eintritt, so nehmen O. WEBER[9], MAREY, KATZENSTEIN[10] u. a. an, daß dieser erhöhte Druck rein mechanisch das Blut in den durch die Unterbindung anämisch gewordenen Gliedabschnitt presse. Auch bei der Unterbindung kleiner Gefäße ist ein Unterschied im Druckgefälle vorhanden, und auf diese Herabsetzung des Druckes im anämisch gewordenen Bezirke legen v. RECKLINGHAUSEN[11] und NOTHNAGEL[12] das größte Gewicht, um das Zustandekommen des Kollateralkreislaufes zu erklären. Nach BIER[13] soll der anämisch gewordene Bezirk eine Anziehungskraft für Blut haben. Es käme das also auf ein Ansaugen des Blutes heraus, genau so, wie ein Schwamm sich vollsaugt, wenn zu ihm Flüssigkeit hin-

---

1 Traité de Chirurgie de Duplay et Reclus 1890. Bd. II. 2 Zentralblatt f. Chir. 1921 S. 193. 3 Deutsche Zeitschrift f. Chir. Bd. VI. 1876. 4 Deutsche Zeitschrift f. Chir. Bd. IX. 5 VIRCHOWS Arch. Bd. 147 u. 153. 1897 u. 1898. 6 Deutsche Zeitschrift f. Chir. Bd. XVI. 7 BRUNS' Beiträge z. klin. Chir. 122. S. 1. 8 Deutsche Zeitschrift f. Chir. 188. 1924. 9 In PITHA-BILLROTHS Handbuch der Allg. u. spez. Chir. 1865. 10 Deutsche Zeitschrift f. Chir. Bd. 77. S. 189. 1905 u. Bd. 80. 11 Deutsche Chir. Lief. 2 u. 3. 12 Zeitschrift f. klin. Med. Bd. 15 u. Bd. 17 (Suppl.). 13 Deutsche Zeitschrift f. Chir. Bd. 79.

geleitet wird. Außerdem nimmt BIER noch eine vitale Arbeit der Kapillaren an, die darin besteht, daß die kleinsten Gefäße den venösen Rückfluß verhindern. Diese Theorie setzt eine weitgehende Beteiligung der peripheren Gefäße an der Blutverteilung voraus. Hierüber wissen wir folgendes[1]:

Nach den Untersuchungen von W. R. HESS und FLEISCH[2] ist die Annahme, daß das Blut von den Arterien aspiriert würde, verlassen worden. Ebensowenig gibt es eine Systole der Arterien, diese verhalten sich vielmehr bei der Blutzirkulation rein passiv. Hingegen vermögen die Haargefäße gewisse, den Blutstrom fördernde Bewegungen auszuführen (KROGH, O. MÜLLER[3], WEISS, PARRISIUS u. a.). Wenn man einen Arm abschnürt, so zirkuliert das Blut in den Kapillaren weiter, bis sie leer geblutet sind (MAGNUS[4]). Einzelne Gewebe, wie der Darm, vertragen trotz vorhandener Kollateralen in den Kapillaren, die Unterbindung eines zuführenden Gefäßes nur sehr schlecht. Das führt BIER auf das Fehlen einer Anziehungsfähigkeit für Blut zurück, die wieder mit der fehlenden Sensibilität des Darmes zusammenhängen soll.

Daß die Nervenversorgung auf die Blutverteilung von Einfluß ist, dürfte nach dem, was wir oben über die Gefäßinnervation gesagt haben, wohl sicher sein, obgleich die hier vorliegenden Versuche nicht sehr durchsichtig sind (LATSCHENBERGER und DE AHNA[5], ZUNTZ[6] u. a.). Die Durchschneidung eines großen Nerven scheint zwar bei gleichzeitiger Gefäßunterbindung nichts an dem Zustandekommen des Kollateralkreislaufes zu ändern, immerhin vermißte EDEN[7] die Bruchhyperämie nach Durchschneidung der großen Nervenstämme.

Die Frage, welche Arterien man ohne Gefahr für die betreffende Gliedmaße unterbinden kann, hängt in letzter Linie von dem Vorhandensein von Seitenbahnen ab, auf denen der gefährdeten Gliedmaße Blut zugeführt werden kann, also von anatomischen Verhältnissen. Auch hier begegnen wir oft falschen Vorstellungen. So nimmt man meist an, daß bei der Unterbindung der Art. carotis communis das Blut retrograd in die interna strömt. Nach den Untersuchungen von MARQUIS und LEFEUVRE[8] ist das jedoch nicht der Fall. Gar nicht so selten wird man die Beobachtung machen, daß anfänglich nach einer Gefäßunterbindung keine schwereren Zirkulationsstörungen vorhanden sind, solche

---

1 Vgl. KROGH, Anat. u. Physiol. d. Kapillaren. Übersetzt von EBBECKE, Berlin, Springers Verlag. 1924. 2 Schweiz. med. Wochenschrift 1920. S. 461. 3 Klin. Wochenschr. 1923. No. 26. 4 Chirurgenkongreß 1921. 5 PFLÜGERS Arch. f. d. ges. Physiol. Bd. 12. 6 PFLÜGERS Arch. f. d. ges. Physiol. Bd. 17. 7 Chirurgenkongreß 1922. 8 Revue de chir. 39. 1920.

aber einige Tage später auftreten. Das liegt, wie PERTHES[1] annimmt, an einer sekundären Thrombose und Embolie, die von der Unterbindungsstelle ausgegangen ist.

Die Ausbildung des Kollateralkreislaufes bei der **Unterbindung großer Venenstämme** haben NIEBERGALL[2], JORDAN[3], GOLDMANN[4], OPPEL[5] u. v. a. studiert. Auch für die großen Venenstämme gilt die gleiche Regel wie für die Arterien, daß die Ausbildung und Wirkung des Kollateralkreislaufes nicht allein von den vorhandenen anatomisch nachweisbaren Kollateralbahnen abhängt, sondern vielmehr davon, wie die betroffenen Organe die Änderungen im venösen Kreislauf vertragen. So wird z. B. die Unterbindung der Vena cava unterhalb des Abganges der Vena renalis gut vertragen, während die Unterbindung zentral stets vom Tode gefolgt ist, trotzdem die Nierenvene genügende Anastomosen zur Vena azygos usw. hätte. Auch beim Zustandekommen des venösen Kollateralkreislaufes spielt die anfängliche Blutdrucksteigerung bei der Überwindung der Widerstände eine große Rolle. Sie soll nach OPPEL gelegentlich günstig auf den Blutkreislauf in einer Gliedmaße einwirken. Ob bei Unterbindung einer großen Arterie die Ernährung der betreffenden Gliedmaße weniger gefährdet ist, wenn man gleichzeitig die Vene unterbindet, wird verschieden beantwortet. Nach OPPEL und NEY[6] wird der arterielle Blutdruck erhöht, wenn an einer Gliedmaße außer der Arterie zugleich die Vene unterbunden wird, und zwar wird diese Blutdrucksteigerung um so ausgesprochener, je größer die unterbundene Vene ist, also je zentraler sie im Vergleich zur unterbundenen Arterie liegt. Die statistischen Untersuchungen von PUNIN[7] zeigen jedoch, daß die Gangränegefahr bei gleichzeitiger Unterbindung der Vene größer ist als bei Unterbindung der Arterie allein. Allerdings sind diese Zahlen mit Vorsicht zu verwerten, da sich der Einfluß der Wundinfektion auf die Gangrän nicht sicher bewerten läßt.

Es können recht verschiedene Ursachen sein, durch die die Zirkulation in einer Gliedmaße beeinträchtigt wird; aber sie werden alle entweder rein mechanisch durch Einengung der Strombahn störend wirken oder dadurch, daß sie vom Nervensystem aus den Tonus der Gefäße ändern. Wir haben die Blutgefäßinnervation auf S. 551 besprochen; hier sei als Beispiel eines lokalen Gefäß-

---

1 Archiv f. klin. Chir. Bd. 114. S. 403. 2 Deutsche Zeitschrift f. Chir. Bd. 33. S. 540 u. Bd. 37. S. 268. 3 BRUNS' Beitr. Bd. 14. S. 279. 4 BRUNS' Beitr. Bd. 47. S. 162. 1905. 5 Ref. Zentralbl. f. d. ges. Chir. Bd. XVI. 1922. 6 Rev. d. Chir. 32. Nr. 12. 7 Ref. Zentralblatt f. d. ges. Chir. Bd. 18. S. 510.

krampfes die Beobachtung von KÜTTNER-BARUCH[1], LÄWEN u. a. vom Gefäßkrampf nach Schußverletzung angeführt. Die betreffende Arterie war in diesen Fällen nur gequetscht und war an der Stelle der Quetschung so fest kontrahiert, daß das periphere Glied in Gangrängefahr kam.

Genügt die Zirkulation an einer Extremität infolge Arteriosklerose nicht, so kann man in vereinzelten, günstig liegenden Fällen, wie WIETING[2] zuerst gezeigt hat, durch Einleiten des arteriellen Blutes in die Vene das Bein retten. Die Klappen der Venen verhindern offenbar den Rückfluß des Blutes doch nicht völlig. Auch im Tierexperiment ist von EXNER[3], STICH, MAKKAS und THOWMANN[4] u. v. a. eine solche Anastomosierung von Arterie und Vene vorgenommen worden. Über sehr gute Fernresultate mit dieser Operation berichtet neuerdings SCHLOFFER[5], was ja besonders auch vom theoretischen Standpunkt aus sehr intersesant ist. Einzelne Autoren (LERICHE) nehmen allerdings an, daß die Verbesserung der Zirkulation bei solchen Gefäßanastomosen lediglich auf die Entfernung des sympathischen Geflechtes zurückzuführen sei.

Ist bei kleiner äußerer Wunde eine Arterie verletzt, so kann die Blutung nach außen dadurch zum Stillstand kommen, daß die äußere Wunde verklebt und die dicke Muskelschicht, die z. B. bei einem Beinschuß zwischen der verletzten Arterie und der Oberfläche liegt, als Tampon wirkt. Da das Loch in der Arterie bestehen bleibt, so wühlt sich nunmehr das Blut in das umgebende Gewebe und gerinnt hier teilweise. Das umgebende Bindegewebe antwortet auf den Reiz, den das Blut ausübt, damit, daß es den Bluterguß abkapselt, und wir haben dann einen Sack mit flüssigem und geronnenem Blut gefüllt vor uns, der in offener Verbindung mit der verletzten Arterie steht. Das flüssige Blut kreist in diesem Sack, genau wie in der Arterie, deshalb wird der Sack bei jedem Pulsstoß gehoben. Wir nennen ein solches Gebilde ein „pulsierendes Hämatom“ oder allgemeiner ein Aneurysma. Man spricht von einem **Aneurysma arteriovenosum,** wenn außer der Arterie gleichzeitig die Vene verletzt ist und eine Verbindung zwischen diesen beiden Gefäßen besteht. In beiden Fällen ist außer den gewöhnlich vorhandenen Schmerzen und dem Ermüdungsgefühl als objektives Zeichen des Aneurysma ein deutliches Gefäßgeräusch vorhanden, das bei dem Aneurysma arteriovenosum fast an der ganzen Glied-

---

1 BRUNS' Beitr. Bd. 120. S. 1. 2 Deutsche med. Wochenschrift 1908. Nr. 28 und Deutsche Zeitschrift f. Chir. Bd. 110. 3 Wiener klin. Wochenschrift 1903. 4 BRUNS' Beitr. z. klin. Chir. Bd. 53. 5 BRUNS' Beitr. Bd. 120. S. 125.

maße zu hören ist. Wie die Untersuchungen von VERTH[1] gezeigt haben, treten bei solchen arteriovenösen Aneurysmen ganz beträchtliche Störungen im Körperkreislauf ein, die sich in Vergrößerung des Herzens, Herzfehlern sowie leichter reflektorischer Beeinflußbarkeit von Herz und großen Gefäßen äußern (vgl. auch ISRAEL[2]). Eine experimentelle Verbindung von Arterie und Vene führt übrigens nicht zu so starken Herzstörungen, wie das Aneurysma (HOOVER[3]).

Das Zustandekommen der **Gefäßgeräusche,** die bei arteriovenösem Aneurysma auftreten, haben die Chirurgen vielfach beschäftigt (BRAMANN[4], v. WAHL[5], VIGNOLO[6], FRANZ[7], MUCK[8], ISRAEL[9] u. a.) und zu experimentellen Arbeiten veranlaßt. Besonders ist auf die Untersuchungen von FRANZ zu verweisen, der beim Tier Verbindungen von Arterie und Vene herstellte, und dann das Auftreten und Verschwinden der Gefäßgeräusche unter den verschiedensten experimentellen Bedingungen studierte. Zweifellos kommen diese Versuche den natürlichen Verhältnissen am nächsten. Es ergab sich, daß die bei solchen Verbindungen von Arterie zu Vene zunächst auftretenden kontinuierlichen sausenden Geräusche diskontinuierlich wurden und ihren Charakter änderten, wenn das zentrale Venenende unterbunden worden war, während Unterbindung des peripheren Venenendes keinen Einfluß auf das Geräusch hatte. Es geht aus diesen Versuchen hervor, daß das bei arteriovenösem Aneurysma auftretende Geräusch ein Venengeräusch ist und kein Arteriengeräusch, und daß es deshalb in einer gewissen Beziehung zu den allbekannten Venengeräuschen — dem Nonnensausen — steht. Weiterhin geht aus diesen Versuchen hervor, daß für das Auftreten dieses Gefäßgeräusches nicht das Aufeinanderprallen des arteriellen und venösen Blutstromes verantwortlich gemacht werden kann, wie das u. a. BILLROTH annahm.

Was ist aber nun die Ursache für das Auftreten dieses Geräusches? Hier sind die alten Untersuchungen von TH. WEBER[10] grundlegend, die ja auch für die Erklärung der endokarditischen Geräusche jetzt weitgehend herangezogen werden. Bringt man eine Glasröhre in Verbindung mit der Wasserleitung, und läßt Wasser hindurchfließen, so wird man zunächst kein Geräusch hören. Ein sausendes Geräusch tritt erst auf, wenn der Wasserstrom eine gewisse Geschwindigkeit hat. Auch für unsere Gefäßgeräusche bei Aneurysma

1 Deutsche Zeitschrift f. Chir. Bd. 151. 2 Mitt. aus d. Grenzgebieten 37. 3 Transact. of the assoc. of Americ. physiol. Bd. 38. 1923. 4 Arch. f. klin. Chir. Bd. 33 (Lit.). 5 Deutsche Zeitschrift f. Chir. Bd. 21. 6 Policlinico 1902. 7 Arch. f. klin. Chir. Bd. 75. 8 Münchener med. Wochenschrift 1916. 9 Deutsche Zeitschrift f. Chir. 149. 10 Zit. ach SAHLI, Lehrbuch d. klin. Untersuchungsmethoden. 6. Aufl.

wird man annehmen dürfen, daß in erster Linie die Erhöhung der Strömungsgeschwindigkeit des Blutes in der Vene das sausende Geräusch auslöst. Wahrscheinlich kommen dann noch gewisse Eigenschwingungen der Venenwand hinzu, und schließlich die schon oben erwähnte Wirbelbildung an der engen Stelle der Verbindung (v. BRAMANN). Ein solches Venengeräusch durch erhöhte Strömungsgeschwindigkeit bekommt man nach ISRAEL[1] bei jeder intravenösen Kochsalzinfusion, wenn der Druck eine gewisse Höhe hat, und auch das Nonnensausen wird nach den neueren Untersuchungen (MUCK) auf eine erhöhte Strömungsgeschwindigkeit zurückgeführt.

Im Gegensatz zu diesen Venengeräuschen, als die wir also das bei arteriovenösem Aneurysma auftretende Sausen auffassen, stehen die Arteriengeräusche. Man hört z. B. ein Sausen in den Arterien, wenn man durch ein fest aufgesetztes Hörrohr das Arterienrohr verengert. Jedem Chirurgen bekannt ist ferner das nach WAHL (l. c.) genannte Arteriengeräusch, das beim Anschneiden einer größeren Arterie auftritt und einen eigentümlich schabenden intermittierenden Charakter hat, mit einer Verstärkung des Schabegeräusches in der Arteriendiastole (= Herzsystole BRUGSCH-SCHITTENHELM[2]). Dieses Geräusch kann nur an der Öffnung der Arterie entstehen. Es kommt wohl dadurch zustande, daß die Blutmassen aus einer engen Röhre in einen weiten Raum strömen. In ähnlicher Weise sind die Gefäßgeräusche bei weichen Kröpfen zu erklären; auch hier ist der Wechsel von Verengerung und Erweiterung des Arteriennetzes für das Zustandekommen des Geräusches verantwortlich zu machen. Es gehört fernerhin nach BIER (zit. nach ISRAEL) hierher das Sausen, das man in den Arterien in dem Augenblicke hört, wenn man den ESMARCHschen Schlauch abnimmt.

Die bei dem Aneurysma vorhandenen Schmerzen und das Ermüdungsgefühl erklären sich wohl einmal als Druck auf die benachbarten Nerven, dann aber auch als Folge von Ernährungsstörungen.

Auch ohne äußere Verletzung kann es bei irgendwelchen Gewalteinwirkungen zu einer **Zerreißung** selbst **großer Gefäße** kommen. Das hat Veranlassung gegeben, die Elastizität der Gefäße experimentell zu untersuchen (WERTHEIM[3], BRAUNE und v. BARDELEBEN[4]). Es zeigte sich dabei, daß die Elastizität sowohl der Arterien als der Venen eine sehr vollkommene ist, so daß wohl bestimmte Besonderheiten hinzukommen müssen, um ein solches Gefäß zu zer-

---

1 Deutsche Zeitschrift f. Chir. 149. 2 Lehrbuch d. klin. Untersuchungsmethoden 1908. S. 110. 3 Annales de Chimie et de Phys. 1847. 4 Zit. nach BÖTTICHER, Deutsche Zeitschrift f. Chir. Bd. 49.

reißen. Nach BÖTTICHER[1] ist vor allem die plötzliche Dehnung gefährlich. Kommt es nicht zu einer völligen Durchtrennung des Gefäßes, so kann gleichwohl die Intima einreißen, sich aufrollen und dadurch die Gefäßlichtung verlegen.

Eine für die praktische Chirurgie sehr wichtige Möglichkeit einer Gefäßverletzung sei noch erwähnt. Liegt nämlich ein Fremdkörper in der Nachbarschaft einer Arterie[2] z. B. ein Drainrohr, so kann es zu einer allmählichen Arrosion der Arterie kommen, wie das schon CORNELIANI 1843 im Tierversuch gezeigt hat. Entsprechende klinische Beobachtungen teilte BEYME[3] mit.

Bei der subkutanen Zerreißung kleiner Gefäße bekommen wir das, was jeder Laie als „blauen Fleck" kennt. ESCHWEILER[4] hat genaue experimentelle Untersuchungen darüber angestellt, wie die verschiedenen Farbentöne beim blauen Fleck zustande kommen. Nur wenn das Blut so weit gegen die Oberfläche vordringt, daß es 1—1$^1/_2$ mm unter der Haut liegt, gibt es einen „blauen Fleck", der bedingt ist durch den Blutfarbstoff und durch Pigmentschollen, die sich aus dem Blute bilden. Ob es arterielles oder venöses Blut ist, das sich in das Gewebe ergießt, spielt für den Farbenton nur eine sehr geringe Rolle. Er ist hingegen wesentlich abhängig von der Schichtdicke des Blutergusses.

In naher Beziehung zu den Störungen des Blutkreislaufes stehen die **Erkrankungen der Lymphgefäße**[5], wie ja überhaupt das Lymphgefäßsystem und Blutgefäßsystem gewissermaßen zusammengehören; beide dienen der Ernährung der Zellen, an die ja schließlich in letzter Linie alle die Tätigkeiten gebunden sind, die den Begriff des Lebens bilden.

Nach der heute geltenden Anschauung entsteht die Lymphe, wie wir sie in den Lymphgefäßen finden, aus der Gewebsflüssigkeit, die die einzelnen Zellen umspült. Die Gewebsflüssigkeit wiederum ist ein Produkt der Blutkapillaren und des Zellstoffwechsels. Wie diese Gewebsflüssigkeit in die Lymphbahnen gelangt, ist eine Frage, über die eine große Literatur besteht, die aber den Chirurgen nur wenig interessiert. Die Fortbewegung der Lymphe geschieht nur sehr langsam; die intrathorakalen Druckschwankungen bei der Atmung, die Zusammenziehungen der Extremitätenmuskulatur und schließlich auch eigene, in den Lymphgefäßen liegende Muskelfasern sind die Kräfte, die die Fortbe-

1 Zit. nach BÖTTICHER, Deutsche Zeitschr. f. Chir. Bd. 49. 2 S. HEINEKE, Deutsche Chir. Lief. 18. S. 11ff. 3 Deutsche Zeitschrift f. Chir. Bd. 140. 4 Deutsche Zeitschrift f. Chir. Bd. 23. 5 Lit. s. MOST, Chirurgie der Lymphgefäße. Neue Deutsche Chir. Lief. 24.

wegung der Lymphe fördern. Dazu kommt der Druck, den die immer neu gebildete Gewebsflüssigkeit und Lymphe selbst ausübt (vis a tergo). Diese langsame Strömungsgeschwindigkeit bewirkt, daß der Säfteaustausch zwischen den Zellen und der Lymphe ein möglichst ausgiebiger wird; und damit stellt sich der ganze Lymphgefäßapparat als unser wesentlichstes Ernährungsorgan dar. Wenn so die Lymphe bis an die kleinsten Bestandteile unseres Körpers, nämlich die einzelnen Zellen gelangt, ist es selbstverständlich, daß in der Lymphe auch eine unendliche Fülle schädlicher Stoffe zirkuliert. Das können Stoffwechselprodukte, Gifte irgendwelcher Art, vor allem aber Bakterien sein.

Nur über die Beteiligung des Lymphgefäßsystems an dem Kampf mit den Bakterien wissen wir etwas genauer Bescheid und zwar vor allem durch die Untersuchungen von HALBAN[1], MANFREDI[2], NÖTZEL[3] u. v. a. Nach HALBAN sind die Lymphdrüsen besonders wertvolle Schutzvorrichtungen gegen eindringende Bakterien. Die Bakterien werden hier rein mechanisch festgehalten, genau so wie das mit Ruß oder Farbstoffkörnchen geschieht. Es stellen also die Lymphdrüsen Filter dar, die in den Flüssigkeitsstrom der Lymphe eingeschaltet sind. Es kommt nun nach HALBAN sehr auf die Virulenz der Bakterien an, ob diese nur kurze Zeit oder lange in den Lymphdrüsen aufgehalten werden. Nichtpathogene Keime passieren die Drüsen sehr rasch und gelangen in die inneren Organe. Pathogene Bakterien hingegen werden von den Lymphdrüsen aufgehalten. Es findet somit eine sehr zweckmäßige Auswahl von seiten der Lymphdrüsen statt. Abgetötet werden die Bakterien in den Lymphdrüsen im allgemeinen nicht, da diese sehr arm an den Schutzstoffen sind, die wir sonst als spezifisch gegen Bakterien kennen; hingegen werden die Bakterien in ihrer Virulenz durch die Lymphdrüsen abgeschwächt. Wie das im einzelnen zusammenhängt, wissen wir nicht. Wenn die Lymphdrüsen bei diesem Dienst, den sie dem Körper erweisen, vereitern, verändern sie sich in der Folgezeit narbig, gehen damit also mehr oder weniger zugrunde.

Bei der Bedeutung der Lymphdrüsen ist es eine sehr wichtige Frage, ob sich an Stelle solcher zugrunde gegangener oder an Stelle operativ entfernter Lymphdrüsen wieder neue bilden können. Diese Frage ist vielfach experimentell und klinisch studiert worden, so

---

1 Arch. f. klin. Chir. Bd. 55 u. Wiener klin. Wochenschrift 1898. 2 VIRCHOWS Archiv Bd. 155 u. Ders. mit VIOLA, Zeitschrift f. Hyg. Bd. 30. 3 Arch. f. klin. Chir. Bd. 81 u. BRUNS' Beitr. Bd. 51 u. 65.

vor allem von BAYER[1], RITTER[2], DE VECCHI[3], DE GROOT[4], ZEHNDER[5] u. v. a. Nach diesen Versuchen darf man wohl als ziemlich sicher annehmen, daß Lymphdrüsen einmal durch Sprossung aus anderen Lymphdrüsen neu gebildet werden können; daß aber zweitens auch neue Lymphdrüsen aus dem Fettgewebe entstehen. Daß sich auch Lymphbahnen neu bilden, war schon länger bekannt. Man fühlt solche neugebildeten Lymphdrüsen gelegentlich als kleine Knoten im Fett nach Mammaamputation, worauf RITTER[2] zuerst aufmerksam gemacht hat. Diese neugebildeten Lymphdrüsen sind wohl nicht einfach als „Ersatzlymphdrüsen" aufzufassen, sondern sie entstehen auf irgend einen Reiz hin, sei dieser nun ein Karzinomrezidiv, eine Tuberkulose oder dergleichen (s. b. RITTER).

Das **Lymphödem,** d. h. die ungenügende Entleerung der Gewebsflüssigkeit und Lymphe aus dem Unterhautzellgewebe ist eine Erscheinung, der wir am kranken Menschen außerordentlich häufig begegnen. Gerade hierbei zeigt sich die oben erwähnte nahe Beziehung zwischen Blutgefäßsystem und Lymphgefäßsystem, die neuerdings GROSS[6] in einer Reihe von Arbeiten ausgedehnt experimentell und klinisch gestützt hat. Es genügt, worauf wir bei der Besprechung der Elephantiasis näher einzugehen haben, die Verlegung der Lymphbahnen nicht zur Erklärung eines Ödems. Das haben schon die Untersuchungen von COHNHEIM[7], BAYER l. c., DE VECCHI l. c., GROSS l. c. u. v. a. gezeigt. Nach diesen Versuchen kommt es auch nach ausgedehnter Lymphdrüsenentfernung nicht zu einer Lymphstauung. Damit stimmen die klinischen Erfahrungen überein, daß nach Drüsenexstirpation nur dann eine Erweiterung der peripheren Lymphbahnen eintritt, wenn die Operationswunde geeitert hatte. Eine Ausnahme macht hier nur die Unterbindung der Hauptstämme des Lymphgefäßsystems, also des Ductus thoracicus. Bei Unterbindung dieses Ganges kann man eine hochgradige Erweiterung der Lymphbahnen besonders im Bauch erhalten, wenn auch nicht regelmäßig, da oft Kollateralbahnen neben dem Ductus thoracicus vorhanden sind.

Eine Erkrankung, bei der die Lymphstauung besonders im Vordergrund des klinischen Bildes steht, ist die **Elephantiasis.** Nach unseren gegenwärtigen Kenntnissen wird man die Elephantiasis als ein Symptomenbild aufzufassen haben, verursacht durch Behinderung

1 Arch. f. klin. Chir. Bd. 49. 2 Deutsche Zeitschrift f. Chir. Bd. 79. Mitteilungen aus d. Grenzgebiet. 30. Bd. 1918. Archiv f. Anatomie u. Physiol. 1909. Deutsche Zeitschrift f. Chir. Bd. 120 u. 186. 3 Mitteil. a. d. Grenzgebieten Bd. 23. 4 Deutsche Zeitschrift f. Chir. Bd. 119 u. Bd. 122. 5 VIRCHOWS Archiv Bd. 120. 6 Deutsche Zeitschrift f. Chir. Bd. 127 u. 138. Arch. f. klin. Chir. Bd. 76 u. 79. 7 VIRCHOWS Archiv Bd. 47.

des Lymphabflusses. Bei weitem am häufigsten erfolgt diese Verlegung der Lymphbahnen durch irgendeine Art der Entzündung. Bei der Elephantiasis Arabum ist es eine Infektion der Lymphgefäße durch die Filaria Bancrofti [1], die zu gewaltigen Auftreibungen der Beine und des Skrotum führt. Die Elephantiasis Graecorum ist eine besondere Form der Leprainfektion. Für die in unseren Gegenden auftretende Elephantiasis [2] liegen die pathologisch-physiologischen Verhältnisse dort am klarsten, wo es sich um eine Elephantiasis nach Entfernung der Leistendrüsen oder nach karzinomatöser Veränderung von Lymphdrüsen handelt, wie sie besonders bei Mammakarzinomen am Arm zu finden ist. Fraglich bleibt nur, ob die durch solche Zerstörung der Lymphdrüsen bedingte Stauung der Lymphe als Erklärung für das Zustandekommen der starken Schwellungen genügt, oder ob dabei, wie Carle und Jambon [3] meinen, stets noch eine gleichzeitige Entzündung der Lymphbahnen vorhanden sein muß. Tatsache ist, daß wir bei der Elephantiasis pathologisch-anatomisch eine ziemlich gleichmäßige Erweiterung aller Lymphbahnen des betreffenden Gliedes finden, und daß im späteren Verlauf fibröse Verdickungen und Bindegewebsvermehrung auftritt. Es wird schwer zu entscheiden sein, wieweit es sich hierbei um sekundäre Veränderungen handelt. Zweifellos sind die Entzündungen und zwar hauptsächlich die erysipelatösen Entzündungen, die ja pathologisch-anatomisch eine Entzündung der feinsten Lymphbahnen sind, sehr wesentlich für das Auftreten einer Elephantiasis (Bockhardt [4], Bramann [5], Favarger [6], Kuhn [7], Schmidt [8] u. v. a.). Dafür spricht, daß wir auch sonst bei Entzündungen sehr häufig Ödeme haben. Erinnert sei hier an das Ödem des Handrückens bei Phlegmone; der Unterschied dieser Ödeme gegenüber der Elephantiasis ist in der Dauer der letzteren und den sich während der langen Dauer bildenden sekundären Veränderungen zu erblicken. Daß auch syphilitische und tuberkulöse Entzündungen, sowie Zerstörung der Lymphbahnen durch ein stumpfes Trauma, z. B. Überfahren (Rydygier) eine Elephantiasis zur Folge haben können, macht dem Verständnis keine Schwierigkeiten, ebensowenig wie die bei Herzfehlern oder Nierenentzündungen bleibenden elephantiastischen Schwellungen. Gänz-

---

1 Göbel, Ergebn. d. Chir. II. Rost, Über Filariasis. Klin.-therapeut. Wochenschrift XXV. 2 Winiwarter, Deutsche Chir. Lief. 23. Draudt, Ergebn. d. Chir. Bd. 4. Lit. bei Helfrich, Inaug.-Diss. Heidelberg 1919. 3 Gaz. des Hôpitaux 1904. 4 Monatsschrift. f. prakt. Dermat. 1883. 5 Münchener med. Wochenschrift 1902. 6 Wiener klin. Wochenschrift 1901. 7 Wiener klin. Wochenschrift 1905. 8 Bruns' Beitr. Bd. 44.

lich unklar sind jedoch die Ödeme bei Syringomyelie (REMAK). Ein Teil von ihnen ist vielleicht erst die Folge der bei dieser Erkrankung ja häufigen Phlegmonen (ROST[1]).

Schwierigkeiten in der Deutung machen die Fälle, wo ohne eine solche uns bekannte Verlegung oder Zerstörung der Lymphgefäße eine elephantiastische Schwellung des Beines auftritt. Bei der kongenitalen Elephantiasis bleibt uns die Annahme, daß Amnionstränge zu einer Unterbrechung der Lymphbahnen geführt haben (NONNE[2], REINSBACH[3]). Aber nun gibt es sogenannte sporadische Fälle, wo ohne jede bekannte Ursache, meist bei jugendlichen Individuen, eine langsam zunehmende elephantiastische Schwellung des Beines aufgetreten ist, die allmählich zunimmt. Ob wir hier ähnlich wie bei den Varizen eine aus bisher unbekannter Ursache entstandene Erweiterung der Lymphbahnen anzunehmen haben, oder ob es sich dabei auch wieder um eine Verlegung der Abflußwege in der Leistenbeuge handelt, ist bisher nicht geklärt. Für die Therapie wichtig ist es, ob die tiefen Lymphbahnen, also die Lymphbahnen der Muskeln und Knochen, auch mit verändert sind, da man versucht hat, durch Verbindung der oberflächlichen mit den tiefen Lymphbahnen z. B. durch Entfernung der Muskelfaszie eine Besserung der Erkrankung zu erzielen (LANZ[4], KONDOLÉAN[5] u. a.). Unsere Kenntnisse von dem pathologisch-physiologischen Geschehen bei der Elephantiasis werden leider durch diese gelegentlichen Erfolge nicht bereichert. Von der Vorstellung ausgehend, daß die Bildung der Lymphe abhängig sei von der arteriellen Zufuhr, empfahl CARNOCHAN[6] die Unterbindung der Art. femoralis oder iliaca, ein Verfahren, das vielfach nachgeahmt worden ist, doch nur wenig Erfolg gehabt hat, vielleicht weil man sich dazu nur bei Spätfällen entschlossen hat. Die Voraussetzung der Operation ist ja eigentlich richtig, wenn auch die eigentliche Ätiologie der Erkrankung durch sie nicht berücksichtigt wird. Die Keilexzisionen aus der Haut verdanken ihre Erfolge wohl ebenfalls der dadurch unterbrochenen Blutzufuhr (v. EISELSBERG[7]).

Rein äußerlich stehen in einer gewissen Beziehung zur Elephantiasis der Riesenwuchs und die **Trommelschlägelfinger** (Freytag[8], Sternberg[9] u. a.). Es ist schon oben ausgeführt worden, daß die Trommelschlägelfinger hauptsächlich bei chronisch-eitrigen Lungenprozessen und bei Herzfehlern gefunden werden. Sie können je-

1 Münchener med. Wochenschrift 1918. 2 VIRCHOWS Archiv 125. 3 BRUNS' Beitr. Bd. 20. 1898. 4 Zentralbl. f. Chir. 1911. Hft. 1. 5 Münchener med. Wochenschrift 1912 u. 1915. 6 Zit. nach WINIWARTER, l. c. 7 Wiener klin. Wochenschrift 1906. 8 Diss. Bonn 1891. 9 NOTHNAGELS spez. Path. u. Therapie. Bd. VII, 2.

doch auch bei allen möglichen anderen Erkrankungen, z. B. Leberkrankheiten, oder einseitig bei Subclaviaaneurysmen gefunden werden. Wieweit die Ätioliogie der Trommelschlägelfinger von einem einheitlichen Gesichtspunkte aus betrachtet werden kann, ist zurzeit noch unklar. Nach dem Urteil der meisten Autoren (Ebstein[1]) sind die Trommelschlägelfinger nur das Teilsymptom einer Hypertrophie der verschiedensten Körperteile; so soll vor allen Dingen immer das Gesicht eine Verdickung zeigen.

Interessant sind die Mitteilungen von Braun[2], der in drei Fällen von Trommelschlägelfingern Veränderungen an der Hypophyse fand, woraus zu schließen wäre, daß diese Trommelschlägelfinger in gewissen Beziehungen zur Akromegalie stehen. Es bleibt dabei natürlich eine offene Frage, wie diese Veränderungen der Hypophyse zustande kommen und wie sie vor allem mit dem Grundleiden, also z. B. der Erkrankung der Lunge, zusammenhängen. Bamberger[3] vertritt die Ansicht, daß gewisse toxische Stoffe bei Lungenabszessen resorbiert würden und den Riesenwuchs verursachten Die Versuche, die er an Kaninchen anstellte, durch rektale Einverleibung von Sputum aus bronchiektatischen Höhlen eine Vergrößerung der Extremitäten im Sinne der Trommelschlägelfinger zu bekommen, fielen allerdings negativ aus. Man bringt die Trommelschlägelfinger auch in nahe Beziehung zur Osteoarthropathie hypertrophiante von Pierre Marie (Hoffmann[4]). Aber auch die Stellung und die Ätiologie dieser Erkrankung ist zurzeit noch vollständig unklar.

---

1 Arch. f. klin. Med. Bd. 89. S. 67 (hier ausführl. Lit.). Mitteil. a. d. Grenzgebieten. Bd. 22. S. 311. 2 Med. Klinik 1918. Hft. 1. 3 Zeitschrift f. klin. Med. Bd. 18. 1891. 4 Arch. f. klin. Med. Bd. 130. S. 201. 1919.

Register.

Druck von Breitkopf & Härtel in Leipzig